CONTEMPORARY POLYMER CHEMISTRY

Third Edition

고분자화학

제3판

Harry R. Allcock / Frederick W. Lampe / James E. Mark

이영무 · 서동학 · 권순기 옮김

PEARSON

자유아카데미

머리말

Contemporary Polymer Chemistry 3rd Ed.은 앞선 초판과 2nd Ed.과 마찬가지로 화학, 물리학, 화학공학, 재료과학, 생체재료를 공부하는 학생들을 위한 고분자 입문서로 구성하였다. 각 주제에 대한 기본 지식은 대학에서 학부생들을 대상으로 하는 수업에서 가르치고 있다. 특별히, 이 책은 상이한 기술 분야에서 전문가들의 안목을 넓히고, 이들이 고분자화학과 기술의 전망과 중요성, 그리고 앞으로의 잠재력을 인지할 수 있게 하는 데 그 목표를 두고 있다. 그러므로, 이 책을 쓰는 데 있어 저자들은 기초과학에 대한 올바른 지식을 가지고는 있으나, 앞으로의 학술적 연구 방향이나 교육, 또는 고분자 산업에 입문하는 사람 등, 고분자 분야에 대한 더 많은 지식을 필요로 하는 사람들을 고려하였다. 이러한 이유 때문에 이 책에서는 잘 알려져 있는 많은 주제들의 주요 원리를 다루고 있다.

이 책에서 논의된 거의 모든 주제에 대해서는 엄격하고 이해하기 쉽게 다루었으나 합성, 구조적, 동역학적, 그리고 용도에 따른 물질에 대해서 이 한 권의 책에 될 수 있으면 모두 다루고자 하였다. 이 책의 목적은 독자에게 현대 고분자화학에 관해 넓고 조리 있는 개요를 제공하고, 독자로 하여금 고급 과정을 학습하기 위한 자세한 자료에 직접 접근하게 하는 데 있다.

이번 판은 앞선 두 판과 비교하여 내용을 뚜렷하게 확장시켰다. 이것은 고분자화학 분야의 전망이 넓어짐과 동시에 고분자의 특징을 다루는 방법, 주제적인 측면에서 물리학과 재료과학에 대한 확장뿐만 아니라 고분자 합성에 있어서도 최근에 많은 발전이 있었음을 반영한다고 할 수 있다. 새로운 공동 저자인 James E. Mark 교수는 이처럼 상당히 넓혀진 고분자 분야에 대한 내용을 첨가하는 데 큰 기여를 하였다. 특별히, 이번 판에서는 고무와 같은 탄성체, 점탄성체, 생체유사성 고분자, 구조적 적합성을 지닌 재료과학을 포함하여 다양하고 새로운 주제들을 소개하였다. 그리고 더 나은 자료를 제공하기 위해 참고문헌과 연습문제 그리고 해설까지 첨부하였다.

이 책은 총 5부로 이루어졌다. Part I(1～9장)은 여러 부류의 고분자에 대한 안내와 그러한 고분자들의 합성 및 응용에 대한 내용을 담고 있다. 각 장들은 축합, 자유 라디칼, 이온 중합, 배위 중합, 광중합, 방사선 중합, 전해 중합, 고리 화합물의 중합 및 천연 고분자를 다루고 있으며, 합성 고분자를 화학적으로 변형시키는 방법과 무기 원소를 포함하는 고분자에 대해서도 다루고 있다. 또한 각 장에서 일부 내용은 최근 고분자 분야의 발전 상황을 반영하여 재구성하였다. 예를 들어, 새로 첨가된 절에서는 분자량 분포, 덴드리머와 텔레킬릭 고분자, 고분자 표면 화학, 초임계 이산화탄소에서의 고분자 합성 그리고 무기 고분자와 같은 내용을 포함하고 있다. 따라서 이 장들에서는 화학적인 설명, 일반적인 원리 그리고 실험적인 문제들에 대해서 강조하고 있다. 이 부분에 나오는 물질들은 대학에서 일반화학, 유기화학, 무기화학, 또는 생화학과 같은 기본적인 교육을 받은 학생들이면 충분히 이해할 수 있다. 이 장들은 다음에 나오는 내용에 대한 기초가 된다.

Part II(10～13장)는 열역학, 평형 그리고 중합의 속도론에 대해서 다루고 있다. 10장에서는 단량체나 고리 화합물 중합의 유무 및 분자 분해의 유무를 결정하는 중요한 원리에 대해서 기초적인 안목을 제공한다. 11, 12, 13장에서는 각각 축합, 자유 라디칼, 이온 중합의 속도론을 다룬다. 이 장들의 공통점은 각각의 단계에 있어서 중요한 원칙을 설명하기 위해서 속도론 식을 완벽하게 유도하고 있다는 것이다. 이렇게 함으로써 대학에서 물리화학에 관한 기본적인 이해력을 갖춘 학생이라면 누구라도 이 과정을 완벽하게 이해할 수 있게 하였다.

Part III(14～19장)는 고분자를 분석하는 데 사용되는 물리적 방법을 다루고 있다. 각 장은 점도계, 광산란, 초원심 분리에 의한 절대 분자량 측정법, 용액 점도법과 같은 2차 분자량법, 젤 투과 크로마토그래피, 분자량이 높은 고분자 용액의 열역학, 모폴로지, 유리 전이와 결정화도, 배향의 분석, X선 회절 기술에 대해서 설명하고 있다. 각 장에서 독자들은 중요한 이론과 실질적인 방법을 접할 수 있으며, 이러한 분야의 더욱 자세한 연구를 통해 기본적인 실습에 대한 기초 사항들을 알 수 있다.

Part IV(20～21장)에서는 고분자, 섬유의 제조와 고분자 시험법을 포함하는 고분자 과학의 공학적인 측면에 대해서 토의하였다. 여기에서는 고분자 고리의 배향, 재료의 인장 강도, 구조물에서 고분자 물질의 운동을 첨가하였을 뿐만 아니라 탄성체를 다루는 단원에서는 그 내용을 더 확장하였다.

마지막으로, Part V(22～24장)는 고분자의 용도와 고분자 과학자가 분자 구조와 고분자의 성질과 응용을 연관지을 수 있는 방법에 대해서 중점을 두고 있다. 특히 여기서 두 개의 장을 새로이 추가하였다. 22장은 새로운 물질을 설계할 때 실제로 화학자들이 분자 구조와 고분자의 성질을 직감적으로 연관지을 수 있는 방법에 대해서 다루고 있다. 게다가 이 장에서는 고분자의 분자적 특징이 어떻게 고체 상태 재료의 성질로 바뀌게 되는지에 대한 전반적인 지식을 제공하고 있다. 23장은 급속하게 신장되고 있는 분야인 전도성 고분자에 대해서 설명하고 있으며, 이 분야는 앞으로 중점적으로 많은 연구가 이루어질 것으로 기대되는 분야이다. 이번 판에서는 전도성 고분자와 장치에서의 사용, 이온 유도성 고분자와 배터리 및 연료 전지에서의 응용, 리소그래피, 렌즈 · 도파관용 고분자, 반응 선택적 고분자, 발광 고분자, 그리고 광전지용 고분자와 같은 내용도 포함하고 있다. 마지막 장인 24장은 합성 고분자의 의학적 응용에 대해서 다루고 있으며, 이 분야에 대해서 다루는 양이 많아진 것은 이 분야에 대한 새로운 관심을 반영한 것이다. 20～24장에서 다룬 주제들은 과학이나 기술에 관심이 있는 사람이면 누구나 이해할 수 있다. 이 주제들은 고분자에 관한 연구나 고분자 기술 분야에 취업을 원하는 사람이나 고분자 과학자와 교류를 바라는 사람에게 유용한 기초가 될 것이다.

부록 I은 고분자의 명명법에 관한 간단한 설명이고, 부록 II는 중요한 여러 고분자들의 물리적 성질에 대한 자료와 용도를 편집한 것이다. 부록 II는 책 속에서 새로운 고분자를 접하였을 때 하나의 기준이 되는 자료가 될 것이며 관점을 넓혀주게 될 것이다. 그리고 여기에서는 다양한 참고문헌을 제공하여 기존과는 다른 관점에서 새로운 고분자와 만나게 되는 경험을 갖게 될 것이다.

이 책은 아마도 다양한 방법으로 사용될 것이다. 10~13장에서 다룬 것과 같은 특별한 주제들은 두 번째 읽을 때에야 비로소 이해가 되기는 하지만, 이 책은 개괄적으로 연속해서 읽기를 권하는 바이다. 그러나 만일 각 재료에 대한 적절한 응용과 사용을 알고자 하는 사람에게는 1장과 22~25장을 먼저 공부하고 그 다음에 2장을 시작할 것을 권한다.

이번 판을 쓰는 데 있어 우리는 많은 사람들의 도움을 받았다. 특히, 많은 개선점들을 제안해 주신 초판의 독자들과 원고를 재검토해 주신 분들께 감사하는 바이다. 이 분들의 가치 있는 조언들은 이번 판에 모두 반영되었고 다양한 질문에 대한 답은 소책자에 포함시켰다.

마지막으로, 우리는 이번 신판을 준비하는 동안 갑작스런 죽음으로 명을 다하신 Fred Lampe에게 애도를 표한다. 그의 죽음은 그를 알고 있는 모든 사람들에게 놀라움과 큰 슬픔이 되었다. 그는 쾌활하고 사려 깊은 아주 좋은 사람이었다. 그의 죽음은 물리화학 분야에 있어 큰 손실이 아닐 수 없다. 이번 책에 추가된 새로운 내용의 대부분은 그에 의해서 이루어진 것들이었다. 우리는 그의 고전적이고 높은 학식으로 이 책의 출간에 아낌없는 공헌이 그를 기념할 것이라고 믿는다.

HARRY R. ALLCOCK

James E. Mark

저자 소개

*Harry R. Allcock*은 펜실베이니아 주립대학 화학과의 Evan Pugh Professor이며, 런던 대학에서 석 · 박사 학위를 받았다. Purdue 대학과 National Research Council of Canada에서 Postdoc을 한 후에 1966년에 펜실베이니아 주립대학에 재직하기 전까지 5년 동안 미국 산업계에서 연구원으로 일했다. 처음에는 기구적 유기 금속화학에 관한 훈련을 받았고, 그의 연구 관심 분야는 새로운 유기, 무기 고분자의 합성(유기 또는 무기 금속 화합물을 중합 개시제로 이용, 방사선을 이용한 중합, 유기실리콘 화합물)과 X선 회절과 배향적 기술을 이용한 고분자 구조의 분석 등이다. 그는 현재 새로운 고분자의 합성, 무기원소를 함유하는 고분자, 의료용 고분자의 설계를 연구하고 있다. 그와 공동 연구원들은 처음으로 안정한 폴리포스파진을 합성하였고 그의 연구 그룹은 이 분야에서 주요한 발전에 많은 기여를 하였다. 그의 우수한 연구 성과로 인해 American Chemical Society National Awards in Polymer Chemistry and Materials Chemistry 그리고 A.C.S Polymer Division Herman Mark Award in Polymer Science를 포함하여 많은 상을 받았다. 그는 또한 Guggenheim Fellow이며 American Institute of Chemists Chemical Pioneer Award를 받았다. 그는 수많은 강좌에 초대되었으며, 세 권의 연구 도서를 발간하였다. 그리고 세 편의 다른 책을 공동 저술하였고 세 권의 서적의 공동 편집을 맡기도 하였다. Allcock 교수는 단독 저술 또는 공동 저술의 방식으로 440편 이상의 연구 논문과 총설을 출간하였고 그의 연구실에서는 100명 이상의 대학원생과 postdoctoral 학생을 배출하였다.

Frederick W. Lampe(1927 ~ 2000)는 펜실베이니아 주립대학의 화학과 교수였다. Lampe 교수는 시카고에서 태어났다. 그는 1944년에서 1946년까지 3년 동안 미 해군에서 복무하였고 미시간 주립대학에서 석사 과정을 거치고, 콜롬비아 대학에서 A. M.과 Ph.D.를 받았다. 그 후에 7년 동안 Humble Oil and Refining Company에서 일을 하고 1960년에 Penn State로 옮겼다. 그는 물리화학자로서 방사선 중합, 고분자 가공의 동역학, 고분자 분해 과정에 대한 질량 분석의 응용, 통계역학과 분자량법 등의 분야에 많은 관심을 가지고 있었다. 그는 또한 질량 분석, 기상 이온 반응, 광화학, 물질에 대한 이온화 반응의 영향에 대해서도 많은 연구를 하였다. 그는 단독 저술 또는 공동 저술의 형태로 160여 편의 논문을 학술지에 발표하였으며, 고분자화학의 방사선 화학 분야에 대해서 5개의 미국 특허를 가졌다. 그리고 독일의 University of Freiburg와 베를린에 있는 Hahn-Meitner Nuclear Research Institute에서 방문 교수로 일하기도 했다. 그의 수상으로는 Alexander von Humboldt Senior Scientist Award, National Science Foundation Senior Postdoctoral Fellowship과 Robert A. Welch Lecturship이 있다. Lampe 교수는 Pemi State의 화학과에서 학과장으로 5년 동안 활동하기도 했다.

*James E. Mark*는 펜실베이니아의 Wilkes-Barre에서 태어났다. 그는 Wilkes Colleage에서 석사 학위를 받고 University of Pennsylvania에서 물리화학으로 Ph.D.를 받았다. 그리고 Stanford University에서 Paul J. Flory 교수와 함께 Postdoct을 이수한 후에 Polytechnic Institute of Brooklyn에서 조교수를 역임하였다. 그 후 1972년에 University of Michigan에서 정교수가 되었다. 1977년에는 Cincinnati 대학 화학과의 교수로 이직하여 Physical Chemistry division의 chairman과 Polymer Research Center의 director가 되었고, 1987년에 Cincinnati 대학에서 Distinguished Professor가 되었다. Mark 박사의 논문에서는 주로 고분자 물리화학, 고분자 결합망의 탄성, 액체 결정 고분자, 혼성 유기-무기물 복합체 그리고 다양한 컴퓨터 시뮬레이션 등에 대한 내용을 다루고 있다. 그는 광범위한 고분자화학 분야를 강의하였고 산업체에서 컨설턴트를 맡기도 하였으며 수많은 고분자 관련 단기 강좌를 조직하기도 하였다. 또한 그는 600편이 넘는 학술논문을 발표하였을 뿐만 아니라 18차례 공동 저자 및 편집자로 책을 내기도 하였다. 그리고 A.C.S. Applied Polymer Science Award, A.C.S. Polymer Division Paul J. Flory Polymer Education Award, Whitby Award를 수상하였고, A.C.S Rubber Division으로부터 Charles Goodyear Medal을 받기도 하였다. 그는 *Computational and Theoretical Polymer Science*의 Editor이면서 수많은 다른 저널의 Editorial Board를 맡고 있기도 하다. 또한 그는 Turner Alfrey Visiting Professor를 역임하였고 A.C.S Cleveland Section으로부터 Edward W. Morley Award를 수여받았다.

역자 머리말

대학 일선에서 학부와 대학원 과정의 고분자화학 및 이와 관련된 과목을 오랫동안 강의해 온 역자들은 언제나 좋은 교재를 사용하여 보다 최신 지식을 제자들에게 가르치도록 애써왔다. 하지만, 이제까지 사용한 교재들은 「고도로 발전을 거듭하고 있는 고분자 신소재」의 연구 개발에 기초가 되는 올바른 지식을 모두 다루기에는 언제나 부족함이 있었다.

이 책은 그러한 갈망을 채워줄 수 있는 책으로서, 펜실베이니아 주립대학의 교수들인 Harry R. Allcock과 Frederick W. Lampe, 그리고 Cincinnati 대학의 교수인 James E. Mark의 세계적인 명저 "*Contemporary Polymer Chemistry*" 3rd Ed.을 번역한 것이다. 1992년 2판을 최규석 교수님, 홍성일 교수님과 본인이 함께 번역했던 것을 신판이 나옴으로 해서 서동학 교수님, 권순기 교수님과 함께 다시 번역하였다. 내용을 검토한 결과, 출판된 교재 중에서는 내용이 흥미롭고 다채로운 「기능성 고분자 분야」를 새로이 많이 다루고 있다.

역자들은 원저자가 전달하고자 하는 의도를 최대한 반영하여 번역하려고 애썼으나 천학한 탓으로 뜻하지 않게 바로 옮기지 못한 점이 적지 않을 것으로 생각된다. 이 점에서 여러 선배 제현들의 아낌없는 충고가 있기를 바라는 바이다.

끝으로 번역이 완성되기까지 원고 정리에 협조해 준 대학원생 여러분께 감사하며, 이 책의 번역을 위해 힘써 주신 자유아카데미 관계자 여러분께 깊은 감사를 드린다.

2004 년 2월

역자 대표 이영무

차례

11장 축합(단계 성장) 중합의 속도론 303

12장 자유 라디칼 중합의 속도론 329

Part I

고분자의 합성과 반응

1장

고분자화학의 개요

1.1 서론

지난 60년간 고분자화학은 인간 생활의 실용적인 면에 대단한 영향을 미쳐왔다. 제2차 세계대전 전에는 인간의 문화 생활에 필요한 물건을 만드는 데 비교적 적은 수의 물질들만이 사용되었었다. 즉, 건축물에는 철, 돌, 나무, 벽돌, 콘크리트 등이 필요했었고, 의류용으로는 천연섬유인 면, 모 등만이 이용되었다.

제2차 세계대전 후 제품의 범위가 너무 빨리 증가하여 새로운 섬유, 플라스틱, 고무, 접착제, 수지 등의 광범위한 재료들이 발달하게 되었다. 이들 새로운 재료들은 고분자들로 만들어졌으며, 현대를 사는 우리들의 생활에 많은 충격을 주었다. 우리 주위를 살펴보면, 대단히 많은 고분자 제품들을 볼 수 있다. 예를 들면, 합성섬유 의복, 폴리스타이렌 컵, 복합 재료로 만든 보트, 비닐백, 페인트, 에폭시 접착제, 폴리유레테인 발포쿠션, 실리콘 심장밸브, 테플론으로 입혀진 프라이팬 등이 있다.

따라서 고분자를 연구하는 데는 화학, 공업화학, 화학공학, 물리학, 기계공학, 재료공학, 섬유공학 등 많은 분야의 연구자들이 관여하며 연구 개발에 노력해 왔다. 여기에 덧붙여서 생화학, 생물리학, 분자생물학 분야와 고분자화학이 접목하여 보다 중요한 역할을 해왔다.

고분자화학은 화학의 특정 분야라기보다 화학을 포함한 여러 전문 분야를 뛰어넘는 유일하면서도 넓은 학문 분야이다. 한 전문 분야에서 훈련받은 연구자들이 관심을 유사한 분야에 돌릴 때 과학은 항상 번성해 왔다. 이것이 특히 고분자 연구에 그래왔던 것이다. 고분자화학의 도전은 기본적인 화학과 물리적인 기술들과 개념들을 거대하며 복잡한 분자들에 응용한다는 것이다. 이것은 요구되는 일이며, 이렇게 하려면 전통적인 화학이 제공할 수 있는 바로 그 방법을 요구한다.

따라서 고분자화학이 다른 연구 분야보다도 유기화학, 무기화학, 물리화학, 분석화학, 물리, 공학,

생물학 그리고 의학 등의 전통적인 학문 분야를 관통하고 있다는 것이 분명해질 것이다. 고분자화학에 새로 입문하는 분들은 이들 모든 분야들의 지식을 잘 혼합할 수 있어야 한다. 그리하여 이 책이 쓰여져 왔던 과정을 이해할 수 있을 것이다.

1.2 정의

고분자화학에서 사용된 많은 용어들과 정의들을 전통적인 화학교과서들에서는 볼 수 없으며, 따라서 다음에 요약된 용어들이 주어진다. 다음 중 몇 가지 정의들은 꽤 쉽게 알 수 있지만 또 다른 것들은 설명이 필요하다.

1.2.1 단량체

단량체(monomer)란, 고분자로 전환될 수 있는 물질이다. 예를 들면, 에틸렌은 다음 반응 (1)에서와 같이 중합 반응을 일으켜 폴리에틸렌이 된다.

$$CH_2{=}CH_2 \longrightarrow -CH_2-CH_2-CH_2-CH_2-CH_2-CH_2- \qquad (1)$$

아미노산은 단량체로서 반응 중 물을 잃으면 폴리펩타이드가 된다[반응 (2)]. **단량체**라는 용어는 때로는 매우 애매하기는 하나, 이량체(dimer)나 삼량체(trimer) 등에 사용되기도 한다.

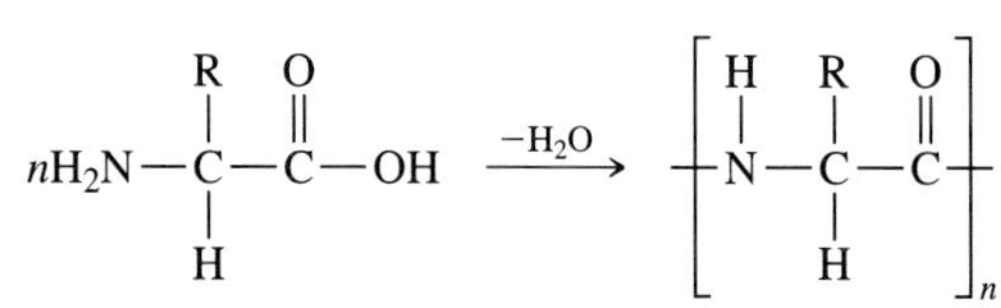

(2)

1.2.2 이량체, 삼량체, 올리고머

단량체들의 중합 반응은 연속적으로 일어난다. 단량체 둘이 반응하여 **이량체**(dimer)를 이루고, 이량체가 단량체와 반응하여 **삼량체**(trimer)를 이루는 식으로 반응이 진행된다. 다시 삼량체가 사량체, 오량체 등을 이루며, 이들은 선형(linear) 또는 고리형(cyclic) 구조를 이루고 있다. 다음 반응 (3)~(5)에서 단량체, 이량체, 삼량체의 예를 들었다. 저분자량의 중합물인 이량체, 삼량체, 사량체, 오량체 등을 **올리고머**(oligomer)라고 부른다. 실제로는 올리고머인 물질을 종종 "고분자"로 착각하여 부르고 있으므로 주의를 기울일 필요가 있다. 그 이유는 이들이 매우 다른 성질을 갖고 있기 때문이다.

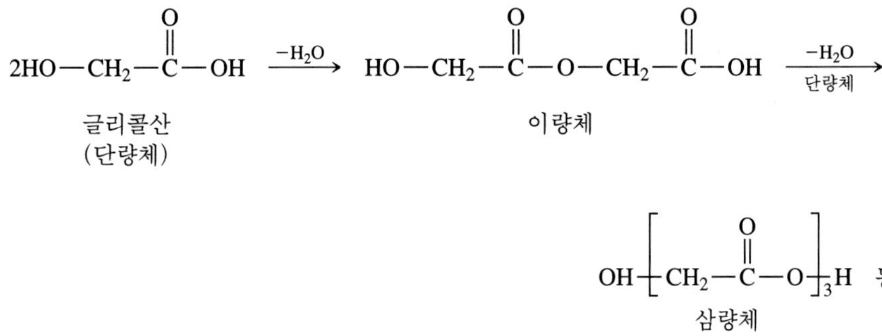

(3)

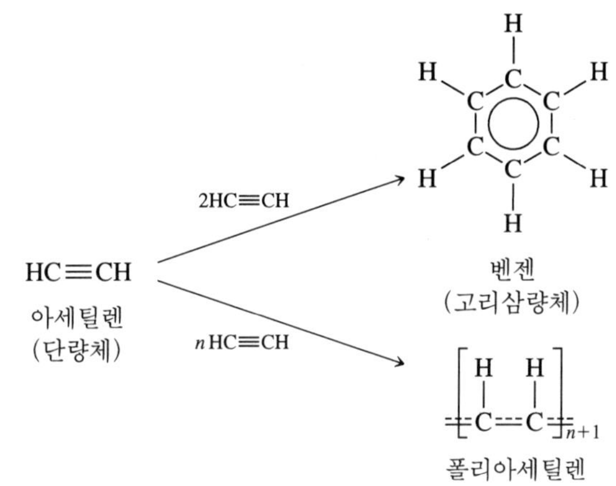

(4)

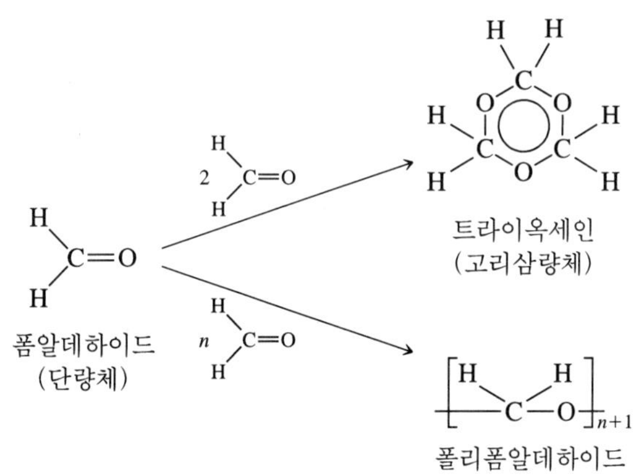

(5)

1.2.3 고분자

고분자(polymer)란, **분자량이 큰 물질**을 말한다. 그러나 이것은 매우 광범위한 정의로서, 실제로는 고분자를 분자량과 구조에 따라 세분할 필요가 있다. 반드시 어떤 규정이 정해진 것은 아니지만, 대체로 분자량 약 1만에서 2만까지를 **저분자량 고분자**, 2만에서 수백 만 사이의 물질을 **고분자**

량 고분자로 부른다.[1] 분명히 이것은 잠정적인 분리법이며, 더 좋은 정의는 구조 내의 반복 단위의 수에 기인하는 방법이다. 예를 들어, 반복 단위가 천에서 2천 또는 그 이상일 때 고분자 성질이 분자량과 무관하므로 이러한 점은 저분자량 고분자와 고분자량 고분자 사이의 분리 방법을 성공적으로 구성할 수 있다.

1.2.4 선형 고분자

선형 고분자(linear polymer)는 치환기가 붙은 골격 원소들의 긴 사슬로 이루어져 있다. 폴리에틸렌(**1**)이 그 중 제일 간단한 예이다. 선형 고분자들은 보통 용매에 녹으며, 일반적인 온도하의 고체 상태에서 고무상이나 유연한 물질 또는 유리상의 열가소성 플라스틱으로 존재한다. 폴리에틸렌 외에 전형적인 선형 고분자로는 폴리바이닐클로라이드[poly(vinyl chloride), PVC](**2**), 폴리메틸메타크릴레이트(PMMA, 일명 Plexiglas, Lucite 등으로 알려져 있음)(**3**), 폴리아크릴로나이트릴(Orion 또는 Creslan)(**4**)[2], 나일론 6,6(**5**) 등이 있다.

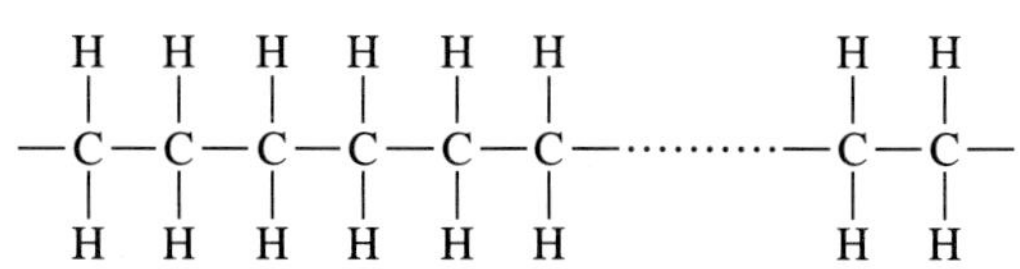

1

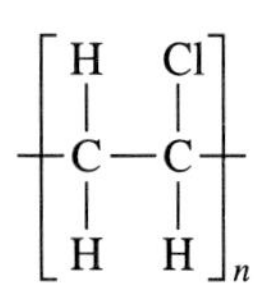

2

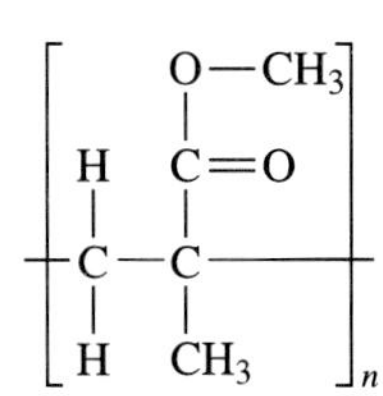

3

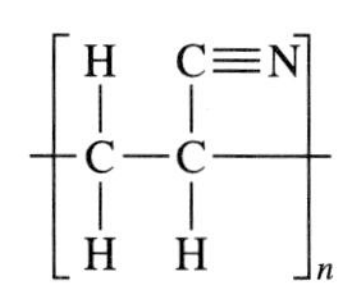

4

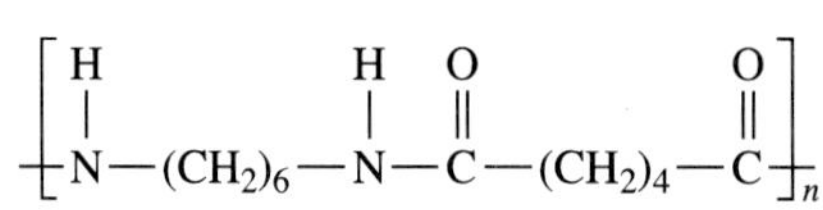

5

1.2.5 가지 고분자

가지 고분자(branched polymer)는 선형 고분자에 가지가 붙어 있는 구조로서, 가지는 주사슬과 동일한 기본 구조를 갖고 있다. 가지 고분자의 예를 그림 1.1에 나타내었다. 가지 고분자들은 선형

[1] "몰질량"이 "분자량"을 대체하도록 추천한다. 최근의 많은 문헌에 아직도 "분자량" 용어가 대다수를 차지한다.

[2] 만약 단량체가 한 단어로 되어 있으면 고분자 이름에 괄호를 사용하지 않음을 유의한다. 즉, 괄호는 단지 애매모호함을 없애 주는 것이다.

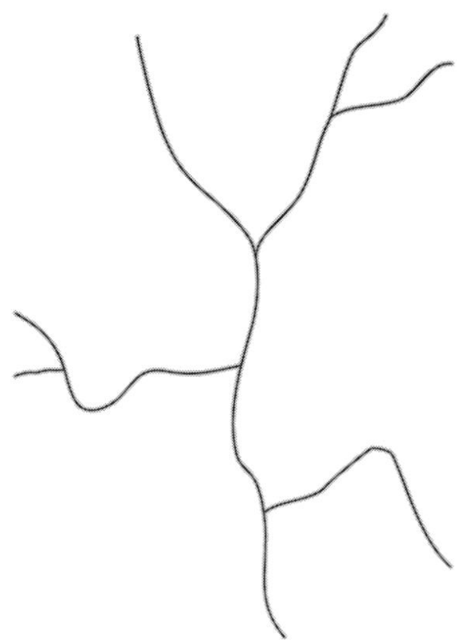

그림 1.1 가지 고분자

고분자들의 용매와 같은 용매에 녹는다. 이런 점에서 가지 고분자는 선형 고분자와 유사한 성질을 지니고 있다고 볼 수 있다. 그러나 선형 고분자와 다른 성질은 결정화 경향이 낮고, 용액의 점도가 다르며, 광산란성이 있다는 점이다. 매우 가지가 많은 고분자의 경우는 특정한 액체에 팽윤하며, 완전히 용해하지 않는다.

1.2.6 가교 고분자

가교 고분자 또는 **망상 고분자**(crosslinked or network polymer)는 그림 1.2에 나타낸 바와 같이

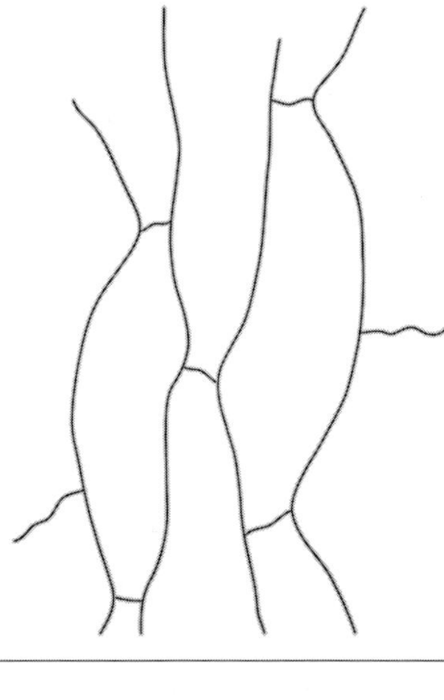

그림 1.2 가교 고분자

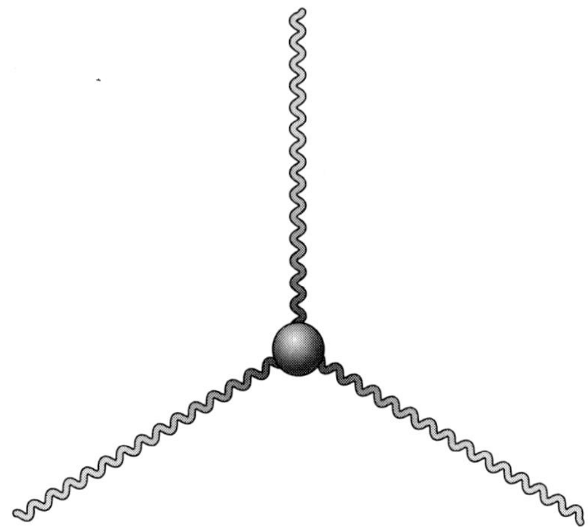

그림 1.3 삼성(tri-star) 고분자

사슬들 사이에 화학 결합이 존재한다. 그러한 물질들은 "용매"에 의해 팽윤되나, **용해하지는 않는다**. 실제로는 이러한 비용해성이 가교 구조를 측정하는 중요한 기준으로 사용되고 있다. 액체에 의해 팽윤되는 양은 가교 밀도에 따라 다르다. 즉, 가교가 많을수록 팽윤량은 적어지게 된다. 가교도가 충분하면 고분자는 매우 단단해지며, 고융점을 갖고, 팽윤도 잘 안되는 다이아몬드와 같은 물질이 된다. 약하게 가교된 사슬은 고무상인 탄성체의 성질을 갖는 물질을 형성한다.

1.2.7 스타 고분자와 덴드리머

스타 고분자(star polymer)는 그림 1.3에 나타낸 것처럼 중심으로부터 팔을 뻗고 있다. 팔의 수는 3에서 6 또는 그 이상으로 변하고 있다. 그러한 고분자들은 다작용성 중심으로부터 중합 반응에 의해 팔이 자라면서 제조되든가 또는 미리 제조한 고분자들이 중심에 반응성 말단기를 고분자에 붙이는 식으로 연결시켜 제조한다. 원칙적으로 스타 고분자 내의 팔의 길이는 제한이 없다.

덴드리머 고분자들(dendrimeric polymer)은 그림 1.4에 나타낸 바와 같은 구조를 갖는다. 다만 구조가 3차원이며 최종 외곽 형태가 구로 되어 있다. 덴드리머는 두 가지 방법으로 제조한다. 첫째

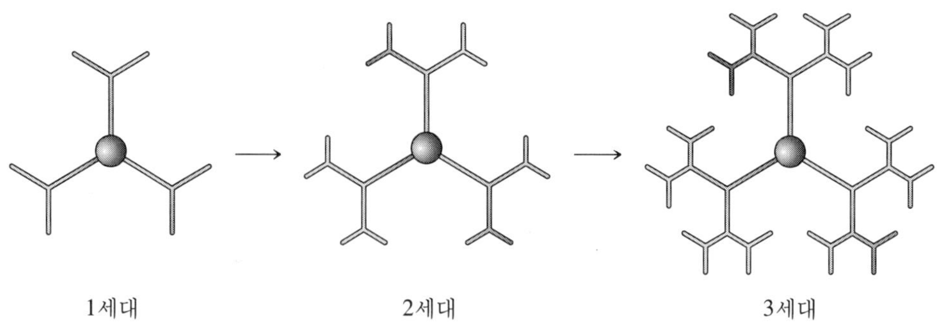

그림 1.4 "starburst" 덴드리머형 고분자의 성장 단계

는 "중심 우선법"으로서 3작용기 이상의 기능성을 갖는 단량체의 다작용성 중심을 반응시켜 만들 수 있다. 연속된 층 또는 "세대(generation)"들이 중심에서 더욱 멀리 움직이면서 분자의 성장이 일어나며, 각 세대에서는 분자의 외곽 쪽으로 작용기의 수를 배가시킨다. 가지점들의 수가 증가할수록 그리고 반응 영역이 중심에서 더욱 바깥쪽으로 움직일수록 그 다음 반응에 필요한 공간이 더욱 적어진다. 따라서 이러한 분자들은 3~4세대만 자라면 그 크기와 구형의 모양이 더 이상 성장할 수 없다. 덴드리머 형성에 관한 두 번째 방법은 "팔우선법"으로서 각각의 가지가 많은 팔을 먼저 합성하고 마지막 단계에서 이들 팔들을 중심에 연결시켜 제조한다.

스타 고분자들과 특히 덴드리머들의 용액 및 고체 물성은 분자량이 같은 선형 고분자들에 비해 매우 다르다. 덴드리머의 구형 모양이 분자간 엉킴(entanglement)을 제한한다. 따라서 용액 및 벌크 점도는 예상치보다는 작다.

1.2.8 고리화 선형 고분자

고리화 선형 고분자(cyclolinear polymer)는 고리계를 연결하여 형성되는 선형 고분자의 특별한 형태로서, 가끔 벤젠 고리를 도입하여 고분자(**6**)를 만들며, 헤테로 고리화나 무기계 고리를 이용하여 고리화 선형 고분자를 만들 수도 있다. 고리화 선형 고분자의 성질은 선형 고분자의 성질과 유사하나, 용해도가 낮고 결정화 경향은 매우 높다.

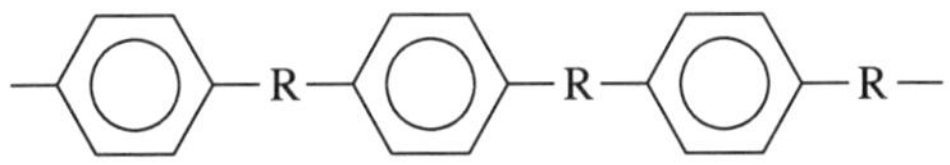

6

1.2.9 사다리형 고분자

사다리형 고분자(ladder polymer)는 구조 **7**에 나타낸 바와 같이 두 개의 주사슬들이 가교에 의해 일정하게 연결되어 선형 고분자를 이루고 있다, 실제로는 방향족 고리들이 연결 단위를 이루고 있다(**8**). 사다리형 고분자는 선형 고분자들보다 더욱 단단한 분자 구조를 갖고 있으며 용해도가 낮다. 그러나 대체로 매우 양호한 열안정성을 나타내는데, 그것은 분자량 감소가 각 끊긴 점에 있는 두 개의 결합이 깨지기 전에 일어나기 때문이다. 그림 1.5에 나타낸 바와 같은 스파이로 고분자도 사다리형 고분자의 일종으로 분류할 수 있다.

1.2.10 고리화 고분자

많은 고분자계에서 알려진 바로는 고리계가 연결되어 삼차원 형태를 이루며, 이와 같은 물질들을 **고리화 고분자**(cyclomatrix polymer)라 부른다. 유기 및 무기계 고리를 도입하여 이러한 물질을

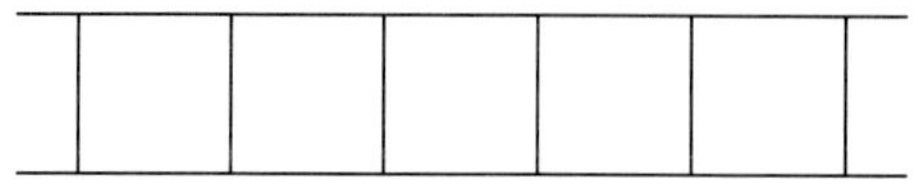

7

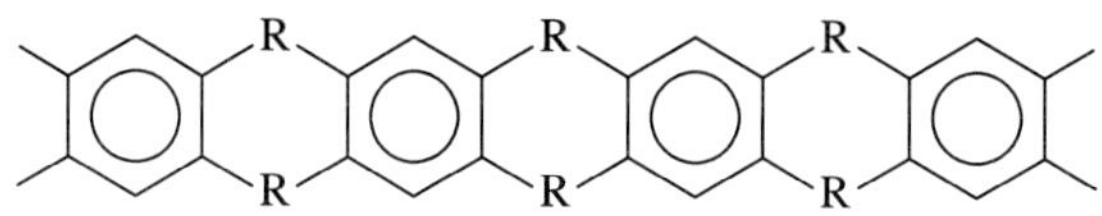

8

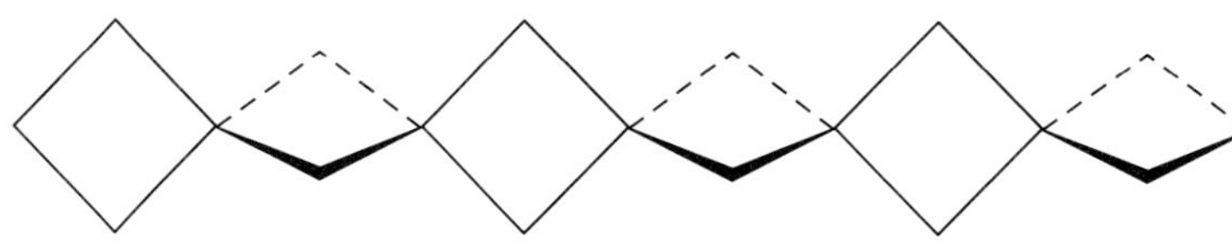

그림 1.5 스파이로 고분자 구조의 모양

제조한 예로는 규산염 광물이나 흑연 또는 실리콘 수지(**9**)를 들 수 있다. 이 계에서는 삼차원 결합망이 생성되므로 고분자들이 용매에 녹지 않는 불용성이 되며, 단단하고 고융점을 가지며, 대체로 고온에서도 안정하다. 이러한 구조는 열경화성 수지(2.2.11 참조)나 내열성 전선 코팅에서 찾아볼 수 있다.

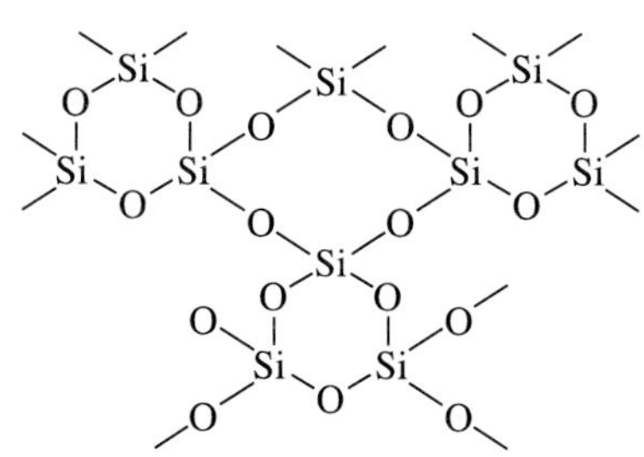

9

흑연은 고리화 고분자의 특별한 예이다. 흑연은 접합 방향족 고리들의 층으로 만들어져 있다. 각 층들은 인접한 층들 사이에 샌드위치처럼 눌려져 있으며 약한 van der Waals 힘으로 유지된다.

1.2.11 공중합체

공중합체(copolymer)란 두 종류 이상의 단량체들로부터 만든 고분자를 말한다. 예를 들면, 스타이렌과 아크릴로나이트릴을 같은 반응기 내에서 중합시키면 공중합체가 생성되는데, 이것은 스타이렌과 아크릴로나이트릴 잔기들을 갖는다[반응(6)]. 공업적으로 생산되는 합성 고분자들 중 많은 것들이 공중합체들이다. 주지할 것은 공중합체 사슬을 따라 단량체 반복 단위의 연결은 합성법과 메커니즘에 따라 달라질 수 있다는 것이다. 보통 다음과 같은 3가지의 연결 배열이 있다.

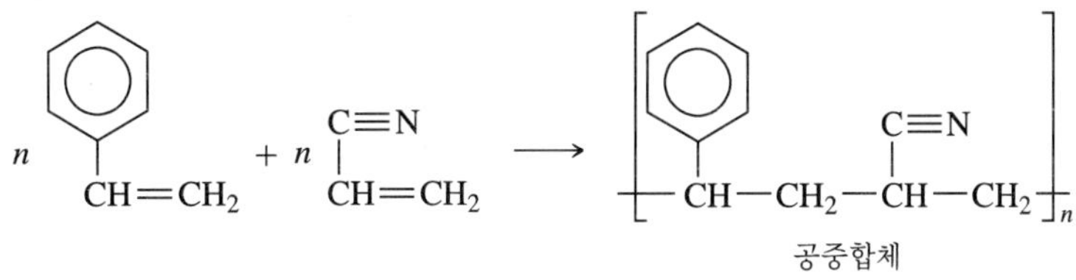 (6)

1. **랜덤 공중합체**(**random copolymer**). 랜덤 공중합체에서는 단량체 단위들의 특정한 연결이 존재하지 않는다. 단량체 A와 B의 공중합체가 **10**과 같이 배열할 수 있다. 일반적으로 랜덤 공중합체는 올레핀 형태의 단량체들이 자유 라디칼형 반응 공정(3장 참조)에 따라 공중합될 때 생성된다. 랜덤 공중합체들의 성질은 관련된 단일 중합체의 성질과 매우 다르다.

—A—B—B—B—A—A—B—A—A—A—A—B—A—B—B—B—

10

2. **교대 공중합체**(**alternating copolymer**). 명칭이 말하듯이, 교대 공중합체들은 두 개의 단량체 단위들이 교대로 연결된 것이다(**11**). 이온 중합 메커니즘(4장)에 의해 생성되는 올레핀 중합으로 이러한 공중합체를 제조할 수 있다. 또한 공중합체의 성질은 관련된 단일 중합체의 성질과 매우 다르다.

—A—B—A—B—A—B—A—B—

11

3. **블록 공중합체**(**block copolymer**). 블록 공중합체는 **12**에 나타낸 바와 같이 한 단량체로 된 블록과 다른 단량체로 이루어진 블록이 연결된 것이다. 블록 공중합체는 일반적으로 이온 중합에 의해 생성된다. 다른 공중합체와는 달리, 이들은 두 단일 중합체의 물리적 특성들을 많이 갖고 있다.

—A—A—A—A—A—A—A—A—B—B—B—B—B—B—B—

12

1.2.12 삼원 공중합체

삼원 공중합체(terpolymer)는 3개의 다른 단량체 단위들을 갖고 있다. 이들은 불규칙적으로 또는 블록을 이루며 연결되어 있다.

1.2.13 그래프트 공중합체

그래프트 공중합체(graft copolymer)는 일반적으로 두 개의 서로 다른 고분자들이 함께 연결되어 있다. 예를 들면, 단량체 A로부터 만들어진 동종 중합체와 단량체 B로 된 동종 중합체와 반응하여 **13**과 같은 그래프트 공중합체를 생성한다. 이와 같은 그래프트 공중합체는 감마선이나 X선을 두 개의 동종 중합체에 조사하여 만들 수 있고, 또는 두 개의 동종 중합체들을 기계적으로 혼합하여도 제조가 가능하다. 또 그래프트 공중합체를 고분자 사슬 A에 개시점을 만들어 단량체 B를 중합하여 제조할 수도 있다. 이와 같은 그래프트 공중합체들은 두 동종 중합체와 연관된 성질들을 나타낸다.

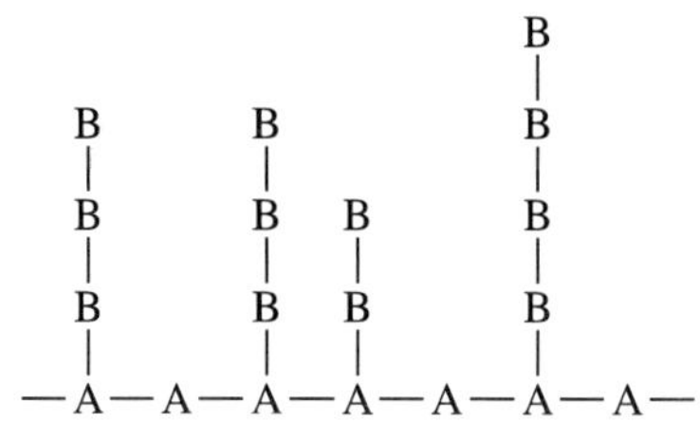

13

1.2.14 텔레킬릭 고분자

텔레킬릭 고분자(telechelic polymer)는 사슬의 하나 또는 두 말단에 반응성 작용기를 갖는 것이다(그림 1.6). 이것은 리빙 중합 반응(4장과 19장 참조)에 의해 제조된다. 텔레킬릭 고분자들은 두 개의 서로 다른 고분자들의 두 말단기를 연결하여 블록 공중합체를 제조하는 데 쓰이거나 스타 또는 덴드리머를 만들거나 말단기 연결에 의해 망상 구조를 만들기도 한다.

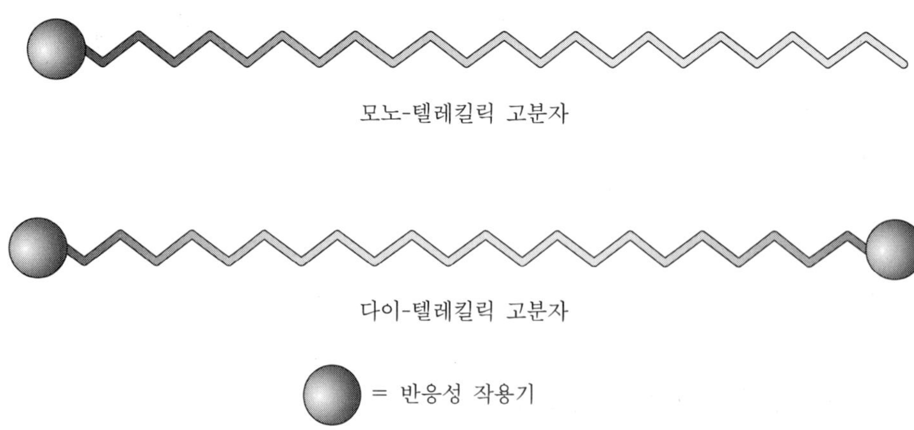

그림 1.6 텔레킬릭 고분자들

1.2.15 평균 분자량과 분자량 분포

고분자의 가장 큰 특징은 거대한 분자량이다. 분자량 20,000 Dalton은 일반적이며 2,000,000 Dalton인 것도 드물지 않다. 그러나 벤젠이나 클로로폼, 또는 효소와 같은 생리학적 고분자들과 같은 작은 분자들과는 달리, 합성 고분자 시료는 정확한 분자량을 갖고 있지 않다. 대신 같은 시료 내에서도 다른 분자량을 갖는 소위 **분포**가 존재한다(그림 1.7). 이러한 이유로 인해 분자량에 관해서는 단일한 값이 있기보다는 **평균 분자량**으로 얘기할 필요가 있다.

고분자화학에서는 여러 가지 다른 평균 분자량이 사용되고 있는데, 그 중 가장 중요한 것은 다음 식 (7)과 (8)에 정의되어 있는 바와 같이 수평균 분자량 M_n과 무게 평균 분자량 M_w이다.

$$\overline{M}_n = \sum_i X_i M_i = \frac{\sum_i N_i M_i}{\sum_i N_i} \tag{7}$$

$$\overline{M}_w = \sum_i W_i M_i = \frac{\sum_i w_i M_i}{\sum_i w_i} = \frac{\sum_i N_i M_i^2}{\sum_i N_i M_i} \tag{8}$$

여기서 N_i는 분자량 M_i를 갖는 분자수이고 X_i는 분자량 M_i를 갖는 분자들의 **수분율** 또는 **몰분율**이다. 또한 w_i는 분자량 M_i를 갖는 분자들의 무게이고 W_i는 분자량 M_i를 갖는 분자들의 무게 분율이다.

14장에서 보듯이 $\overline{M}_n$은 고분자 용액의 삼투압을 알면 구할 수 있으며, $\overline{M}_w$는 광산란법이나 원심분리법으로도 측정할 수 있다. 또한 젤 투과 크로마토그래피법이나 크기 배제 크로마토그래피

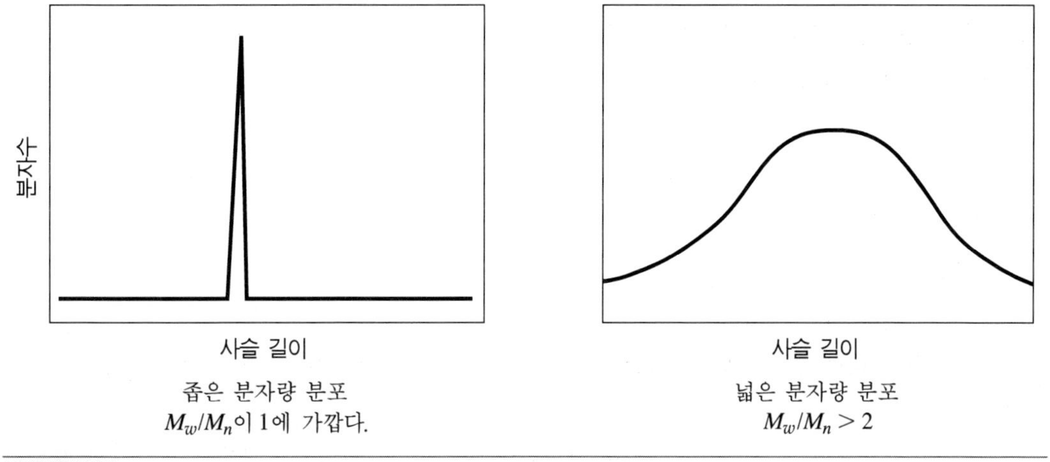

그림 1.7 분자량 분포

(15장)로 $\overline{M}_n$과 $\overline{M}_w$를 구할 수 있다. 일반적으로 $\overline{M}_w$값이 $\overline{M}_n$값보다 큰데, $\overline{M}_w$값을 계산할 때 분자 크기가 큰 분자들을 더 강조하고 $\overline{M}_n$값은 모든 분자들을 다 고려하기 때문이다.

$\overline{M}_w/\overline{M}_n$을 다분산도(polydispersity)라고 부르며 분자량 분포를 측정한다. 만약 $\overline{M}_w/\overline{M}_n$이 1에 가까우면(1.01, 1.02 등) 분자량 분포가 좁다고 표현한다. 만약 분포가 2 이상이면 분자량 분포가 넓다고 한다. 분자량 분포는 몇 가지 중요한 고분자 물성에 영향을 미친다. 예를 들면, 매우 넓은 분자량 분포를 지닌 고분자들은 분자량 분포가 좁은 고분자들에 비해 결정화되기 쉽지 않으며 고체화되는 온도가 낮다. 사슬 길이가 짧으면 고체 물질을 가소화하기 쉽고 부드럽게 만든다. 따라서 유리 전이 온도 T_g, 결정 용융 온도 T_m과 함께 $\overline{M}_w / \overline{M}_n$은 합성 고분자의 중요한 특징이다.

1.2.16 고분자 형태학

고분자 형태학(polymer morphology)은 고분자의 고체 구조와 거동에 관한 학문이다. 또한 고분자가 고체 상태에서 배합될 때 생기는 거동과 상분리에 대한 연구도 포함한다. 그리고 결정성, 다른 상전이, 강도와 탄성, 고분자-사슬 배향 등에 미치는 재료 이력의 영향도 포함한다. 또한 고분자가 온도 변화와 용매에 노출될 때 어떻게 변하는지도 연구하는 분야이다. 또한 고분자의 액체, 기체 및 이온 투과 거동도 연구한다. 분자 수준에서 고분자의 합성과 구조에 관한 연구와 형태학적 연구 사이에는 큰 상호 구분이 없는데, 그 이유는 두 가지 관점이 모두 동등하게 중요하기 때문이다. 17장과 19장부터 21장에 고분자 형태학에 관한 소개를 실었다.

1.2.17 열가소성 플라스틱

기본적으로 열가소성 플라스틱(thermoplastic)이란 열을 가하면 유연하게 되는 물질을 의미한다. 그러나 이 말은 주위 온도가 올라가면 성질 변화가 유발되는 물질들에 쓰여져 왔다. 그림 1.8에 무정형, 결정형 및 액정 고분자들의 열가소성 특성을 비교하여 놓았다. 무정형 고분자는 불규칙하게 꼬인 사슬들을 갖고 있다. 미세결정성(또는 "결정성") 재료는 고분자 사슬이 질서 있는 배열을 하며, 충전된 영역(domain)을 갖고 있다. 이러한 "결정성" 영역들이 무정형 고분자 매트릭스 내에 들어 있다.

무정형 또는 결정성 열가소성 플라스틱들은 저온에서 유리상을 하고 있고, 온도가 상승하면 유리상에서 고무상 탄성체나 유연한 플라스틱으로 변화한다. 유리상에서 탄성체로의 변화는 대체로 좁은 온도 범위(2~5°C)에서 일어나고, 이 전이점이 **유리 전이 온도**(T_g)라고 알려져 있다. 많은 고분자에 있어 유리 전이 온도는 가장 중요한 특성이다. 그것은 마치 저분자량 화합물의 특성이 녹는점(용융성)에 비할 수 있으나, 유의할 점은 T_g란 일반 상식적인 의미의 녹는점이 아니라는 사실이다.

T_g 이상에서는 무정형 고분자가 결정성 고분자와는 다르게 거동한다. 무정형 고분자의 온도가

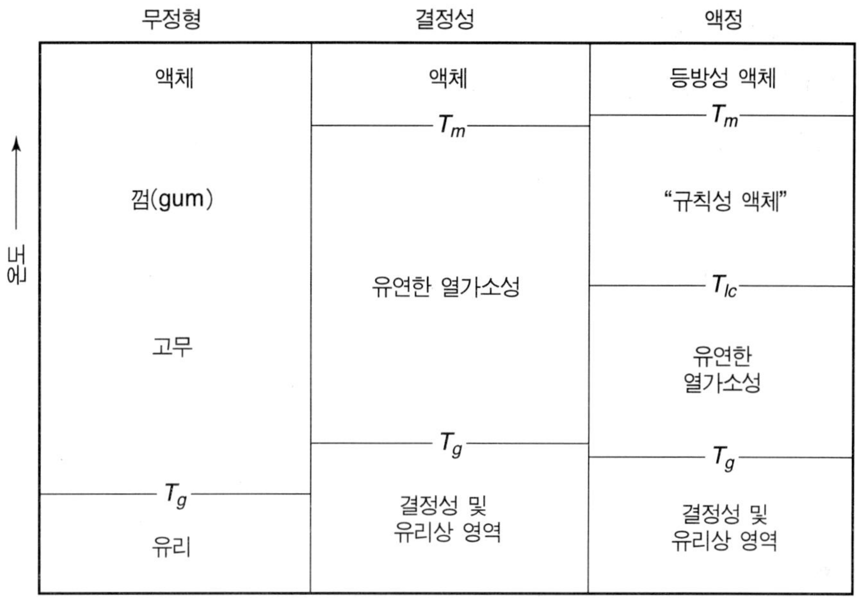

그림 1.8 무정형, 결정성 및 액정 고분자들의 열적 거동의 비교. 주된 물성 차이는 중간 온도 범위에서 나타나는데, 무정형인 고분자는 고무 또는 껌이고, 결정성 고분자는 질기고 유연한 물질이며, 액정성을 나타내는 물질은 규칙적인 액체상을 띤다.

상승하면, 고무상 탄성체 형태가 점차적으로 유연해지고 늘어날 수 있는 고무상이 된 후, 검과 같은 형태에서 최종적으로는 액체가 된다. 결국 날카로운 전이가 상들 간에 일어나지 않으며, 점진적으로 물성 변화만이 일어난다.

반면, 결정성 고분자는 유리 전이 온도 이상에서 고무상 탄성체의 성질이나 유연한 성질을 유지하여 녹는점(T_m)에 이르게 된다. 이 온도에서 물질은 액체가 되며, 동시에 용융되어 광학 복굴절과 결정상을 잃게 된다.

어떤 고분자들은 유리 전이 온도와 등방성 액체 형성 온도 사이에 추가로 상전이가 일어난다. 이러한 고분자를 소위 **액정 고분자**(liquid crystal polymer)라 부른다. 액정 고분자는 열을 가하면 유리상과 미세 결정상을 통과하여 T_m 이하에서 가용융점(T_{lc})을 나타낸다. T_{lc}와 T_m 사이에서 고분자는 용융 물질과 같은 특성을 나타내며, 물리적인 방법으로 이와 같은 구조를 갖고 있는지 알 수 있다. 곁사슬들은 이 상에서 느슨하게 쌓여져 있는 반면 골격 세그먼트들은 배열을 유지한다. 가장 높은 전이 온도(T_m)에서만 구조를 잃어버리며 재료가 액정이 된다.

무정형, 결정성, 액정 등의 거동은 모두 선형 고분자, 가지 고분자, 공중합체, 고리화 선형 고분자의 특성이다. 일반적으로 이러한 특성들은 가교가 많은 고분자들이나 고리화 고분자에서는 찾아볼 수 없다. 후자의 물질들은 가열하여도 강한 성질을 유지하고 있다. 용융 현상이 일어나는 것은 단지 가교 단위나 주사슬 결합이 열에 의해 끊어졌을 때만 일어나게 된다. 약하게 가교된 고분자들은 열가소성을 나타내지만, 액체상을 이루지는 못한다.

1.2.18 탄성체

위에서 설명한 바에 의하면, **탄성체**(elastomer)란 유리 전이 온도와 액화 온도 사이의 온도 범위에 있는 고분자를 일컫는다. 실제로 탄성체 성질은 약하게 가교된 고분자에서 잘 나타난다. 특히 액상 온도(용융 온도)는 가교를 시키면 증가하고, 고분자는 넓은 온도 범위에서 탄성체의 성질을 나타낸다.

탄성체를 연신하여 주사슬 결합들이 비틀림 운동을 하면, 사슬들의 풀림이 일어나 탄성체 성질을 나타낸다(그림 1.9 참조). 사슬들 사이에 있는 가교는 고분자들의 미끄러짐을 방지하며, 재료를 연신하여도 사슬의 영구한 연신이 되는 것을 방지한다. 탄성론에 관한 중요한 의문으로는 왜 탄성체에 가해진 장력을 놓으면 사슬들이 꼬인 상태로 다시 돌아가느냐 하는 것이다. 이에 대한 답으로는 매우 꼬인 상태의 고분자는 무질서도가 심하므로, 신축되거나 배향된 시료보다 엔트로피가 높은 상태에 있다. 따라서 탄성 거동은 계가 최대 엔트로피의 상태를 유지하려는 경향의 직접적인 결과라고 말할 수 있다. 여기서 자유 에너지, 엔탈피, 엔트로피는 통상 다음 식의 관계를 이룬다: $\Delta G = \Delta H - T\Delta S$. 고무줄을 입술 부근에 대고 잡아당기면 더운 것을 느낄 수 있고, 즉시 수축하면 찬 것을 느낄 수 있다.

1.2.19 가소제

많은 순수한 고분자들은 유연한 필름으로 사용하기에는 너무 딱딱하다. 순수한 상태의 폴리바이닐클로라이드는 매우 경질의 재료이다. 이 고분자에 프탈산 에스터와 같은 액체를 첨가하여야 부드럽게 되고, 유연한 필름이나 Tygon 튜브 등으로 사용할 수 있다. 이와 같은 액체 첨가제를 **가소제**(plasticizers)라고 한다. 또한 저분자량 물질이 소량 사용되어 비가소제(antiplasticizer)로 사용되

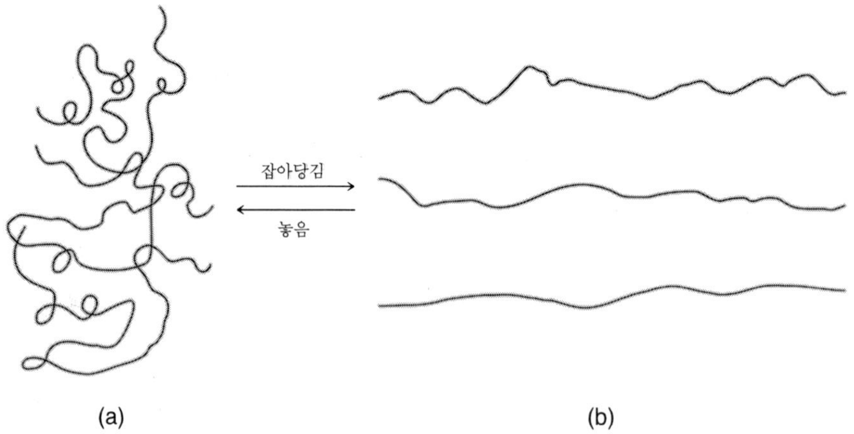

그림 1.9 고무상의 성질들은 고분자 사슬들이 응력에 기인한 사슬 풀림(uncoiling)과 사슬 재꼬임(recoiling)에 의해 나타난다. (a) 완화된 상태: 고엔트로피, (b) 잡아당겨진 상태: 규칙적임–저엔트로피.

는 경우도 있다. 이 물질들은 고분자 사슬들과 매우 강한 상호작용을 하여 저온에서의 운동을 억제하며 딱딱해지는 효과를 일으킨다. 이 상호작용을 충진시키는 데 필요한 양 이상으로 양을 증가시키면 예측된 가소화와 재료의 연성화를 일으킨다.

1.2.20 열경화성 수지

열경화성 고분자(thermosetting polymer)라는 용어는 초기에는 액체로 존재하나, 고체화 반응을 일으켜 매우 가교된 매트릭스를 형성하는 계를 의미한다. 전형적인 예로는 메틸올 멜라민이 축합 반응을 통해 딱딱해지며, 가교된 멜라민 수지(2장 참조)가 되는 것을 들 수 있다. 부분적으로 중합된 계로서 액체와 같이 흐르는 성질을 나타내는 고분자를 **프리폴리머**(prepolymer)라고 부른다. 프레폴리머는 현장에서는 생산 초기 물질로서 더 잘 알려져 있다. 실제로는 가교되지 않은 열가소성 재료는 가열에 의해 다양한 형태로 개질될 수 있지만, **열경화성 수지**(thermosetting resin)는 그렇지 못하다.

1.2.21 고분자 블렌드

둘 이상의 고분자들을 기계적으로 함께 혼합하여 생성된 물질을 **고분자 블렌드**(polymer blend)라 부른다. 많은 고분자들은 각각의 고분자들과는 다른 성질을 나타낸다. 고분자 블렌드는 두 가지 주된 형태가 있는데, 섞임성이 있는 것(miscible)과 섞임성이 없는 것(immiscible)으로 구분된다. 이들 성질과는 겹치지만 추가로 3가지로 구분하면, (1) 간단한 발포 영역 혼합물로 된 고분자, (2) 상호 침투 사슬을 갖는 고분자로서 분자 레벨에서 보면 무질서하게 혼합되어 있는 것, (3) 물리적으로 결합이 파괴되어 형성된 블록 또는 그래프트 공중합체로서 다른 고분자 조각들 사이에 결합된 것으로 구분된다. 세 번째 경우는 둘 이상의 고분자들을 함께 밀링할 경우에 잘 일어난다. 기계적으로 전단 응력을 가하면 결합들의 균형적인 분해가 일어나며, 서로 재결합을 하게 된다.

1.2.22 입체 규칙성

올레핀 고분자로서 독특한 곁사슬을 가지고 있는 프로필렌 [$CH_2=CH(CH_3)$]이나 스타이렌 [$CH_2=CH(C_6H_5)$] 등은 각 단량체 반복 단위에 비대칭 중심을 갖고 있는 고분자를 생성한다. 고분자의 **입체 규칙성**(tacticity)이란, 사슬에 따른 이러한 비대칭 중심들의 연결 방식을 의미한다. 3가지 기본적인 것으로는 아이소탁틱(isotactic), 신디오탁틱(syndiotactic), 아탁틱(atactic) 등이 있다. 이들에 대해서는 4장과 17장에서 더 자세히 설명하겠지만, 여기서는 고분자의 입체 규칙성이 고체의 물리적 성질에 막대한 영향을 미치는 것에 유의하기 바란다. 예를 들면, 아이소탁틱 고분자는 미세결정성 고체를 생성하여 강도나 단단함이 아탁틱 고분자보다 더 높게 된다.

1.3 고분자의 종류

여기서는 합성에 포함되는 반응 형태로 고분자를 분류해 보기로 한다. 3가지 주된 반응의 종류로는 (1) 축합 반응, (2) 부가 반응, (3) 개환 중합 반응 등이 있다. 추후에 알겠지만 이와 같은 분류는 너무 단순하지만 이 분야를 이해하는 데는 유용할 것이다.

1.3.1 축합 반응 고분자(단계 반응)

축합 반응은 둘 이상의 분자들이 서로 반응하여 물이나 암모니아 등을 동시에 잃어버리면서 반응하는 것을 말한다. 이러한 반응은 많은 중요한 고분자들을 합성하는 데 기본적으로 사용되며, 예로는 나일론, 폴리에스터, 페놀-폼알데하이드 수지, 요소-폼알데하이드 수지 등이 있다. 또한 실험실에서 규산염이나 폴리포스페이트 등을 제조하는 데도 기본적인 반응이다.

나일론(nylon)은 축합 고분자로서 다이아민과 다이카복실산이 반응하여 만들어진다. 특히 나일론-6,6은 헥사메틸렌다이아민과 아디프산이 반응하여 반응식 (9)와 같이 제조된다.

$$H_2N\text{+}CH_2\text{+}_6NH_2 + HO\overset{O}{\overset{\|}{C}}-(CH_2)_4-\overset{O}{\overset{\|}{C}}OH \longrightarrow 1:1\ \text{염} \xrightarrow{-H_2O}$$

$$H\text{+}NH(CH_2)_6NH\overset{O}{\overset{\|}{C}}(CH_2)_4\overset{O}{\overset{\|}{C}}\text{+}_nOH \qquad (9)$$

폴리에스터(상품명으로는 Dacron, Terylene, Mylar 등)는 다이카복실산과 다이올을 반응식 (10)과 같이 반응시켜 만든다. 주로 R은 C_6H_4, R′는 CH_2CH_2이다. 반응으로부터 생성된 물은 증류법으로 제거한다. 이 반응을 약간 변형시켜 2가 산의 메틸에스터를 사용하면, 물 대신 메탄올이 제거된다. 전형적인 폴리에스터(PET) 제조에는 테레프탈산($R=C_6H_4$)과 에틸렌글리콜(R′는 CH_2CH_2)을 사용한다. 알키드 페인트 수지는 프탈산 무수물과 글리세롤을 사용하여 제조하는데, 글리세롤의 삼작용성으로 인해 가교 구조를 형성한다(2장과 11장 참조).

$$H-O-\overset{O}{\overset{\|}{C}}-R-\overset{O}{\overset{\|}{C}}-O-H + H-O-R'-OH \xrightarrow[-H_2O]{\text{촉매}}$$

$$H\text{+}O-\overset{O}{\overset{\|}{C}}-R-\overset{O}{\overset{\|}{C}}-O-R'\text{+}_nOH \qquad (10)$$

페놀-폼알데하이드[phenol formaldehyde (Bakelite)] 수지는 딱딱하고 강한 고분자로서, 페놀과 폼알데하이드의 알킬화 반응-축합 반응으로 만들어진다. 이에 대해서는 2장에서 더 자세히 설명하겠다.

요소-폼알데하이드(urea-formaldehyde) 수지는 요소와 폼알데하이드의 '메틸올화' 반응으로 생성되며, 메틸올 단위의 축합으로 생성된 고분자는 반응식 (11)과 같이 반응한다.

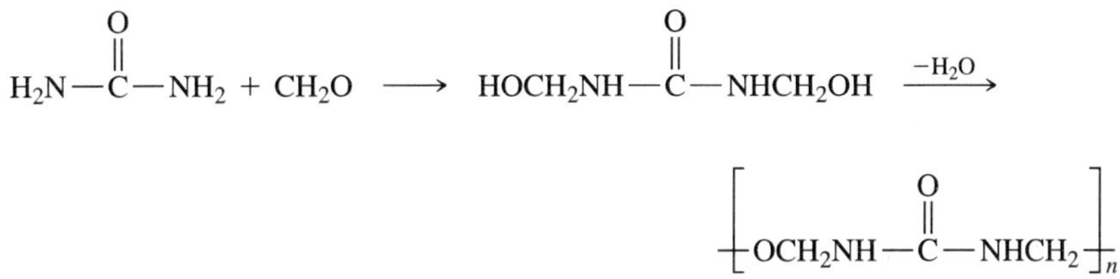

(11)

무기 축합 고분자(inorganic condensation polymer), 예를 들면 폴리실리케이트유리나 폴리포스페이트 등도 적당한 다이-, 트라이-, 테트라하이드록실 단량체로부터 물을 제거하여 반응식 (12)와 같이 만들어진다.

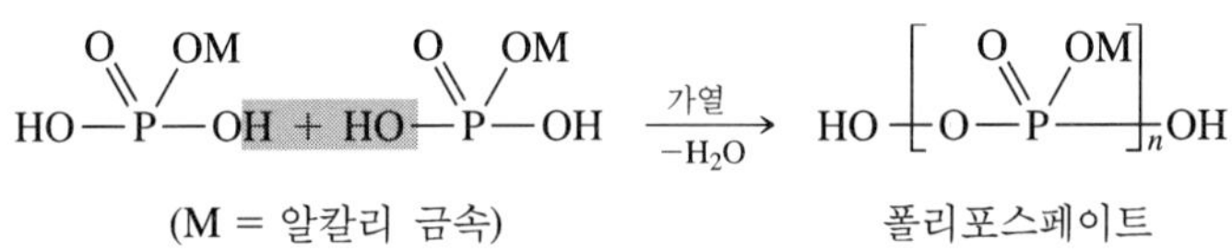

(12)

생물학적 축합 중합(biological condensation polymerization)은 효소 촉매화 축합 반응을 포함하는 것으로서, 아미노산이 중합하여 단백질로 되는 것과 같은 예를 들 수 있다. 당이 축합 반응하여 다당류, 예를 들면 녹말, 셀룰로스, 글리코젠 등을 형성하며, DNA나 RNA와 같은 핵산의 합성 등을 들 수 있다. 생물 고분자에 대해서는 8장에 추가로 설명한다. 이러한 생물학적 고분자들의 생리학적 성질들은 화학적 조성에 의해 결정될 뿐만 아니라, **분자의 입체 형태**(molecular conformation)에 의해서도 좌우된다. 이 점은 8장과 18장에서 다룬다. 많은 천연 고분자들, 특히 단백질이나 셀룰로스 등을 산업에 적용할 때는 화학적으로 변형하여 사용한다. 이에 대해서는 8장에 자세히 언급하도록 한다.

1.3.2 부가 반응 고분자

부가 반응 고분자란 올레핀이나, 아세틸렌, 알데하이드, 기타 "불포화" 결합을 가진 화합물들이 부가 반응을 통해 형성된 거대 분자를 일컫는다. 이러한 반응은 (13)과 같이 표시될 수 있다.

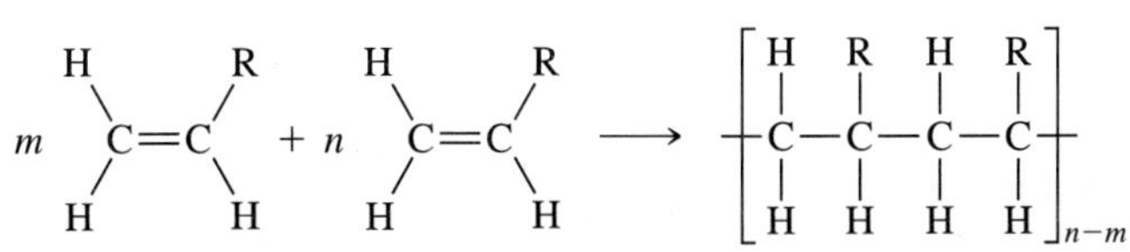

(13)

잘 알려진 열가소성 고분자들이 바로 부가형 고분자로서, 다른 재료들과의 차이점은 주사슬에 다른 치환기들이 존재하고 있는 것이다. 예를 들면, 곁사슬로서 Cl, CN, C_6H_5, $CH_3OC(O)$, CH_3 등이 주사슬에 연결되어 있다. (14)에서 (23)까지 부가 반응과 고분자의 예를 들었다.

(a) $nCH_2{=}CH_2 \longrightarrow \left(CH_2{-}CH_2 \right)_n$ 폴리에틸렌 (14)

(b) 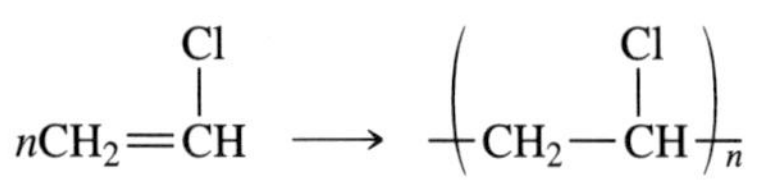 폴리바이닐 클로라이드 (PVC) (15)

(c) 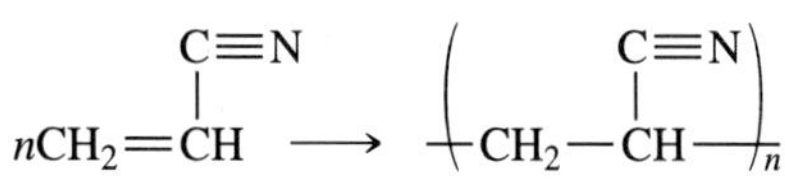 폴리아크릴로나이트릴 (아크릴 섬유, Creslan) (16)

(d) 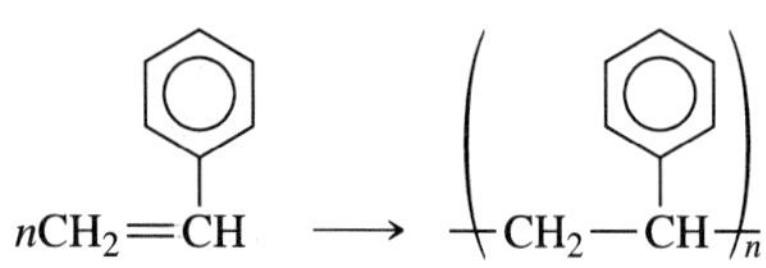 폴리스타이렌 (17)

(e) 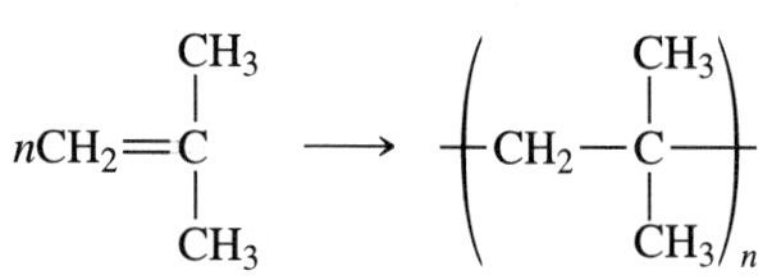 폴리아이소뷰틸렌 (뷰틸 고무) (18)

(f) 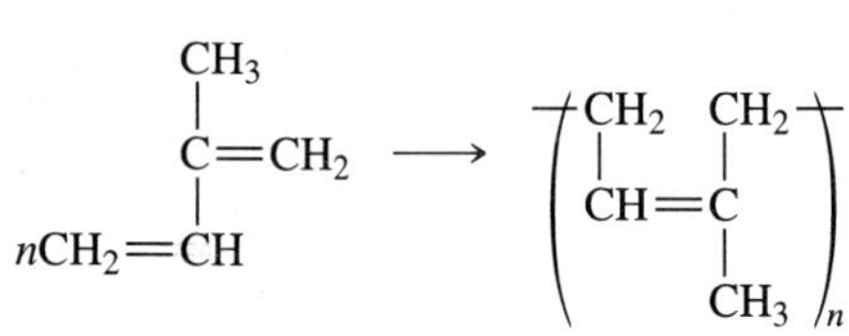 *cis*-1,4-폴리아이소프렌 (천연고무) (19)

(g) 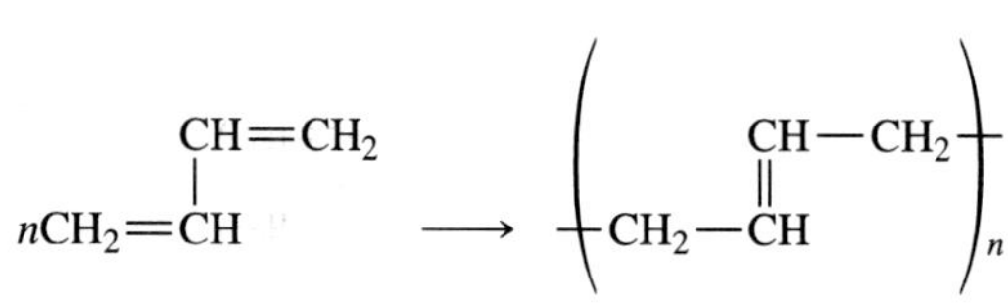 *trans*-1,4-폴리뷰타다이엔 (20)

(h) 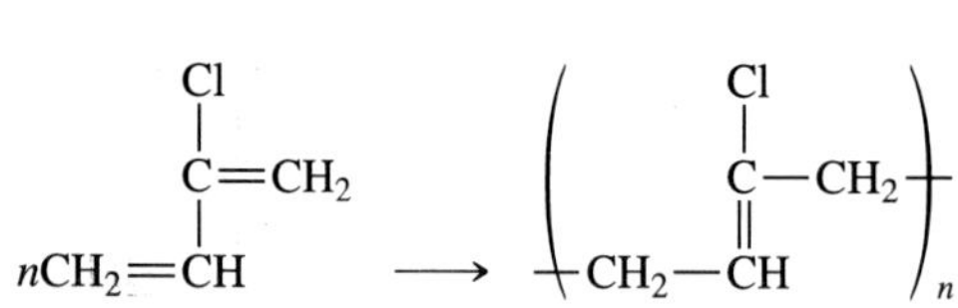 *trans*-1,4-폴리클로로프렌 (네오프렌 고무) (21)

(i) $nCF_2{=}CF_2 \longrightarrow \left(CF_2{-}CF_2 \right)_n$ 폴리테트라플루오로에틸렌 (Teflon[1]) (22)

(j) $nCH_2{=}O \longrightarrow \left(CH_2{-}O \right)_n$ 폴리폼알데하이드 (폴리옥시메틸렌, Delrin[2]) (23)

---

[1] DuPont의 플루오로탄소 수지의 등록상표

[2] DuPont의 아세탈 수지의 등록상표

폴리아크릴로나이트릴, 폴리뷰타다이엔, 폴리클로로프렌 등은 불포화 결합이 더 존재하여 부수적으로 고온 반응이나 가교 반응을 시킬 수 있는 고분자들이다. 부가 반응 고분자에 대해서는 3~5장과 12~13장을 참조하기 바란다.

1.3.3 개환 중합 고분자

고리형 화합물들을 촉매와 같이 처리하면 고리가 깨져서 중합하여 분자량이 큰 고분자를 생성한다.

예를 들면, 반응 (24)와 같이 트라이옥세인이 반응하여 폴리폼알데하이드(폴리옥시메틸렌)가 된다. 카프로락탐이 중합하여 나일론 6이 되고 [반응 (25)], 에폭사이드가 개환 반응하면 폴리에터가 된다[반응 (26)].

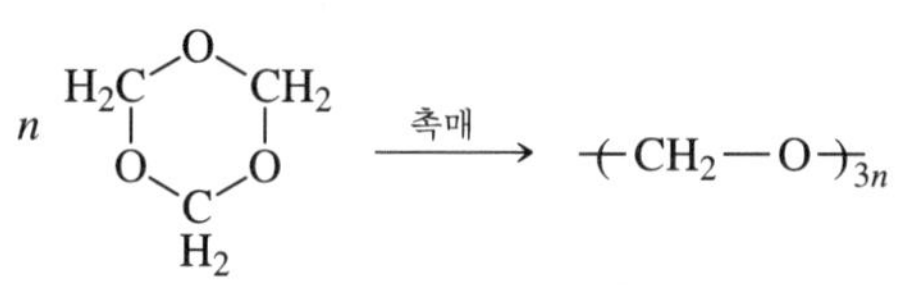

(24)

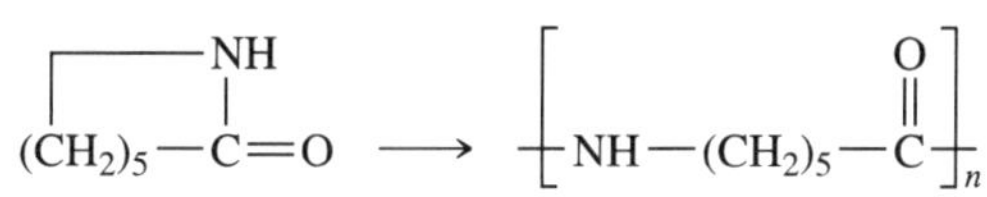

(25)

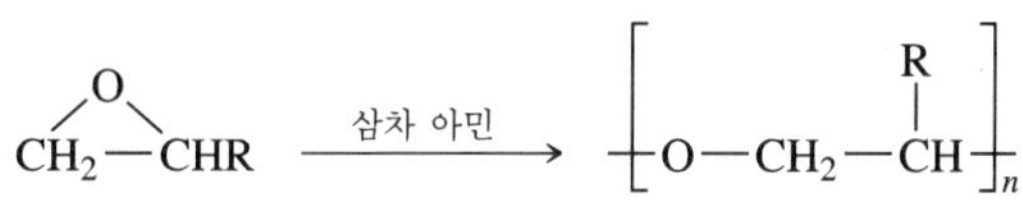

(26)

무기 고리를 가진 것들도 개환 반응으로 중합한다. 사방정계(rhombic) 황, 고리형 실록세인, 고리형 클로로포스파진 등이 이러한 식으로 반응한다[반응 (27)~(29)].

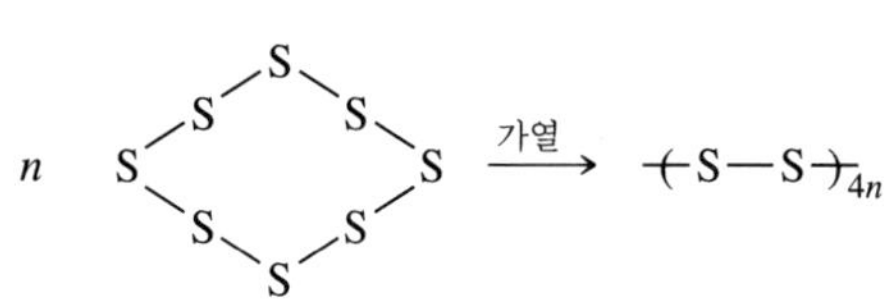

(27)

사방정계(rhombic) 황 플라스틱 황

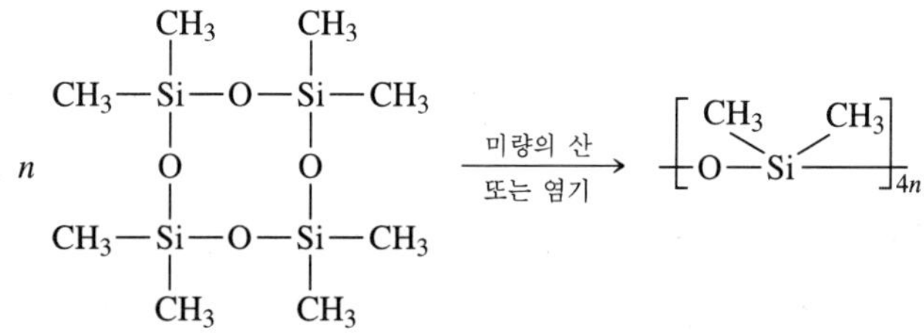

(28)

옥타메틸사이클로테트라실록세인 폴리다이메틸실록세인

헥사클로로사이클로트라이포스파진　　폴리다이클로로포스파진 (무기 고무)　　(29)

개환 반응에 대해서는 6장, 9장, 10장에서 설명한다.

1.3.4 개시제

몇 가지 중합 반응은 자발적으로 일어나지만, 대부분은 **개시제**(initiator)라고 하는 화합물을 소량 첨가하여야 반응이 일어난다. 이들 중 다수는 진정한 의미로는 촉매가 아니다. 그 이유는 사슬 성장 과정을 거치면서 개시제는 화학적으로 변화하기 때문이다. 각기 다른 중합 반응에 따라 다른 촉매를 사용한다. 예를 들면, 과산화물, 아조 화합물, Lewis 산, 유기 금속 화합물, 고에너지 방사선 등을 사용하여 부가 중합을 개시한다. 탈수제나 탈할로젠화제 등은 축합 반응에 필요하다. 향상된 효율을 갖는 개시제를 찾는 것이 바로 고분자의 주된 연구 분야였고, 현재도 대단히 중요하다.

1.4 역사적 배경

1.4.1 거대 분자에 관한 가정

고대로부터 인간은 천연 고분자를 사용해 왔지만, 그 기본적인 구조에 관해서는 19세기 후반까지는 잘 알려지지 않았다. 초기에 고분자화학 연구자들이 겪은 문제는 공유 결합을 한 커다란 분자들이 존재할 수 있다는 사실을 아무도 믿으려 하지 않았다는 것이다. 19세기까지는 Raoult이나 Van't Hoff의 이론에 근거한 용액 내 분자량 측정법이 없었다. 1888년 Brown과 Morris는 저온 기술(cryoscopic)을 이용하여 가수 분해된 녹말의 분자량이 약 3만이 된다고 추정하였다. 같은 기술을 이용해 Gladstone과 Hibbert도 고무의 분자량이 약 6천에서 1만 2천 또는 그 이상이 된다고 추측하였다.

그러나 녹말, 고무 또는 단백질과 같은 물질들의 분자량이 높다고 하여도 과학자들은 이러한 재료들이 고분자 구조를 갖고 있다고 믿지 않았다. 반면, 분자량이 큰 것은 저온 기술의 단점 때문이거나 또는 작은 분자들이 서로 회합되어 뭉쳐 있기 때문이라고 생각하였다. 이와 같은 의견은 1839년 이후 고무 산업이 성장하고 합성 고분자가 제한적으로나마 사용되면서도 계속 지속되었다. 고분자 구조에 관한 증거는 1890~1919년 사이 Emil Fisher의 단백질에 관한 연구로부터 축적되기 시작하였다. 그러나 1920년에 이르러서 Staudinger가 제안한 폴리스타이렌, 고무, 폴리옥시메틸렌 등의 분자들이 공유 결합을 한 거대 분자라는 개념이 나온 후에야 이 구조에 대한 확실한 증거를 제공하기 시작하였다. 그러나 그 후 10년 동안에도 강한 비난을 받았다.

1.4.2 고분자의 구조 연구

유기 화학자들에 의해 정립된 고분자 과학에 물리나 물리화학의 개념들이 도입된 것은 19세기 후반으로 천연 고분자들인 고무, 다당류, 단백질 등의 특이한 성질을 이해하기 위한 시도로부터 출발하였다. 그러나 1920~1930년에 이르러서야 독일의 Mayer와 Mark가 셀룰로스와 고무의 구조를 X선 회절법을 이용해 밝히게 되었다. 고무 탄성론을 고분자 입체 구조 개념으로 해석한 것은 Kuhn, Guth, Mark 등에 의한 1930~1934년 사이였고, 특히 Kuhn은 최초로 고분자 연구에 통계적인 방법을 사용하였다.

고분자에 광산란법을 응용한 것은 제2차 세계대전 중 Debye에 의해서 행해졌다. 이 기간 동안 Flory는 고분자 과학에 통계적인 방법, 입체 구조적인 해석 및 기타 물리화학적인 방법들을 응용하는 일련의 연구를 행하게 되었다. 1950년대 초반에 Watson, Crick, Wilkins, Franklin, Kendrew, Hodgkin 등은 X선 회절법을 이용해 DNA, 헤모글로빈, 인슐린 등과 같은 생체 고분자들의 구조를 결정하게 되었다.

폴리에틸렌 단결정은 Keller와 Till에 의해 1957년 최초로 보고되었다. 1960~1980년 사이에는 핵자기 공명(NMR)이 용액 내의 고분자 분석에 유용한 물리적 도구가 되었다. 1980년에 고체 NMR이 소개되면서 고분자 구조 해석에 주된 영향을 미치게 되었다. 아울러 광산란 실험에 레이저의 응용, Fourier 변환 적외선 분광 분석(FTIR), 표면 분석기의 등장으로 인해 고분자를 이해하는 데 중요한 발전을 이룩하게 되었다.

1.4.3 합성 고분자

고분자의 합성은 1838년과 1839년으로 거슬러 올라가 염화바이닐을 광중합시킬 때나, 스타이렌이 유리처럼 중합된 것이나, 황에 의해 개시된 고무의 가황 반응이 발견된 것 등을 최초의 일로 볼 수 있다. 영국의 Macintosh, Hancock와 미국의 Goodyear에 의한 일련의 발견으로 고분자 재료들이 공업화하는 동기가 되었다. 그 이유는 고무가 타이어나 방수복 등에 널리 사용되었기 때문이다.

표 1.1에 1890~1930년 사이의 많은 새로운 고분자들, 특히 셀룰로스계 고분자의 제조와 공업화된 예를 나타내고 있다. 이러한 기술적 발전을 하고 있는 동안에도 고분자의 구조에 관해서는 전혀 알려져 있지 않았고, 아무도 믿지 않았다는 것은 매우 놀라운 일이 아닐 수 없다.

1930~1945년 사이는 현대 합성 고분자화학 발전의 도약기였다. 1930년이 되어서야 거대 분자에 대한 가정이 인정받기 시작하였다. 더욱이 1929년 미국의 DuPont사의 Carothers는 잘 알려진

표 1.1 개략적인 고분자 합성 개발 순서

1838, 1839	염화바이닐과 스타이렌의 중합, 고무의 가황
1868	'셀룰로이드' (셀룰로스 나이트레이트와 장뇌)
1893	레이온(재생 셀룰로스)
1910	스타이렌-다이엔 공중합체, 페놀 수지
1914	셀룰로스 아세테이트(항공기 'dope')
1920	셀룰로스 나이트레이트 래커(자동차용)
1924	셀룰로스 아세테이트 섬유
1927	셀룰로스 아세테이트 플라스틱, 폴리바이닐클로라이드 제조
1929	요소-폼알데하이드 수지
1930	고분자 가정이 일반적으로 인정받게 됨.
1931	폴리메틸메타크릴레이트
1936	폴리바이닐아세테이트와 폴리바이닐뷰틸레이트로 적층 안전 유리 제조, 나일론 6,6 제조
1937	폴리스타이렌 제조
1939	멜라민-폼알데하이드 수지, 네오프렌 고무, 폴리설파이드 고무(Thiokol)
1939 ~ 1945	폴리에틸렌 제조(영국), 폴리뷰타다이엔 고무(독일), 아크릴로나이트릴-뷰타다이엔 고무(독일), 폴리유레테인(독일), 스타이렌-뷰타다이엔 고무(미국), 폴리아이소뷰틸렌(뷰틸 고무)(미국)
1945 ~ 1960	에폭시 수지, 아크릴로나이트릴-뷰타다이엔-스타이렌(ABS) 수지, 폴리에스터, 폴리아크릴로나이트릴, 폴리실록세인(실리콘), 선형 폴리에틸렌, 폴리프로필렌, '리빙' 음이온 중합, 양이온 중합, 폴리옥시메틸렌, 폴리카보네이트, 폴리유레테인 폼, 플루오로탄소 고분자
1960 ~ 1980s	*cis*-폴리아이소프렌 고무, *cis*-폴리뷰타다이엔 고무, 에틸렌-프로필렌 고무, 폴리이미드, 폴리페닐렌옥사이드, 폴리설폰, 스타이렌-뷰타다이엔 블록 공중합체, 방향족 폴리아마이드, 방향족 사다리형 고분자, 원자단 전환 중합법, 고리화 중합 반응, 올레핀 복분해(metathesis) 중합, 폴리포스파진, 폴리실레인 …
1980s ~ 2000s	ADMET 중합, 원자 라디칼 중합, 초임계 Co_2 내중합, 폴리(페닐렌바이닐렌), 폴리아닐린, 폴리(페로센페인), 비선형 광학 고분자, 텔레킬릭 고분자, 덴드리머, 세라머, 폴리포스파진의 리빙 중합, 박테리아 세포 내의 폴리에스터 합성, 메탈로센 촉매

저분자량의 화합물로부터 고분자를 제조하려는 일련의 시도를 개시하였다. 이러한 일이 성공하여 결국 고분자 이론을 확인하게 되었다. 이로 인해 폴리이미드와 폴리에스터를 개발하게 되어 나일

론 6,6이 1938년 공업적으로 제조되었다. 현재 우리가 알고 있는 고분자 합성에 관한 많은 기초 연구가 바로 이 시기에 행해졌던 것이다. 더욱이 제2차 세계대전으로 인해 군사적 목적으로 기술이 필요하게 되었고, 화학자들로 하여금 많은 새로운 고분자 물질들을 합성하는 계기가 되었다. 예를 들면, 레이더 장치용 단열 재료로 폴리에틸렌의 개발이라든가, 천연고무 대체용으로 대용량 합성고무의 탄생 등이 바로 이 시기에 이루어졌다.

1945~1960년 사이는 석유 화학 산업으로부터 새로운 단량체들이 대량으로 생산되고, 일련의 과학적 발견들로 인해 고분자 합성의 발전이 가속되었다. 중요한 과학적 발견들로는 Ziegler와 Natta의 에틸렌 중합용 유기 금속 화합물 개시제의 개발과 다른 올레핀 중합용 촉매의 개발을 들 수 있다. Szwarc에 의한 "리빙" 폴리머 발견도 이 시기에 일어났고, 다른 많은 합성도 발전하였다.

1960년대 이후에는 많은 발전이 일어났는데, 이들로 인해 고분자 과학과 관련 기술들의 변혁이 일어나게 되었다. 그러나 1980년대 후반에는 고분자 과학이 새로운 위상 속으로 들어가고 있음이 명백하다.

이러한 합성 고분자화학의 새로운 위상이란, 경제적이며 "상품화된" 많은 고분자들에 대해 자세히 연구되어 왔으며, 그 응용에 대해서도 광범위하게 개발되었다는 것이다. 요즈음의 관심은 새로운 고분자로서 고성능, 고강도, 저온 유연성, 전기 전도성, 분리 기능성, 생체 적합성, 고온 안정성, 내화염성 등을 갖는 **기능성 고분자**들의 합성에 초점이 맞추어지고 있다. 새로운 고분자 합성법으로서 원자단 전환 중합법(group transfer polymerization)의 이용이나, 복분해(metathesis) 개시제의 이용 등으로 인해 특유의 성질을 갖는 넓은 범위의 특수 고분자를 제조할 수 있게 되었다. 방향족 사다리형 고분자, 예를 들면 주사슬에 액정을 갖는 폴리아마이드나 폴리에스터 등이 많은 관심을 끌고 있다. 또한 고분자들이 전이 금속 촉매나 효소 결합용 고정 기질로도 이용되고 있다.

1990년대와 2000년대는 수많은 진보가 있었다. 스타 구조나 덴드리머 구조와 같은 새로운 고분자 구조와 새로운 형태의 블록 및 그래프트 공중합체가 개발되었다. 새로운 고분자 합성법, 예를 들면 원자 전이 라디칼 중합, 메탈로센 중합, 아크릴계 다이엔 복분해 중합 등이 그 예들이고, 개환 복분해 반응에 대해서도 획기적인 성장이 있었다. 초임계 유체를 용매로 한 중합 반응이 시행됨으로써 대규모 중합 반응이 환경 친화적으로 진행될 수 있음을 보여 주었다. 다양한 물성과 용도를 지닌 많은 폴리포스파진들과 폴리(페로세노페인)들이 나타나기도 하였다. 나노 구조 분야에서도 고분자가 중요한 역할을 하였는데, 그 예로는 고분자들이 물체의 표면에서 매우 작은 형태를 나타내며 결정 격자를 침투하는 작은 나노 채널들 내에서 guest 분자로 작동하기도 하였다. 고분자-세라믹 복합체도 더욱 발전하여서 고분자들이 반도체 레지스트, 전계발광(electroluminescent) 재료, 배터리의 전해질, 연료 전지 내의 수소 이온 전도막으로 사용되기도 한다. 생물학 및 의학과 연계하여 마이셀, 베시클, 마이크로스피어, 수화젤, 생체 적합성 표면에 관해 꾸준히 연구가 강화되고 있다. 따라서 고분자 과학은 고분자 재료를 이용하는 다른 과학과 공학 분야에도 상당한 영향을 미치는 매우 성장하는 분야임이 명확하다. 사실, 다른 모든 과학과 기술 분야가 많은 의존을 하는 핵심적인 과학이 되었다. 이러한 추세는 장래에 계속될 전망이다.

1.4.4 공학과 재료과학

고분자화학은 고도로 발달된 과학으로서 합성으로부터 분자 구조 연구에 이르는 모든 일들이 이론물리나 물리화학 및 공학에까지 연관이 되고 있다. 고분자의 공학적인 장점들(강도, 탄성률, 경량, 내부식성, 저가) 때문에 산업에 많이 적용되고 있다. 뒤에서 설명하겠지만, 고분자들은 순수한 형태로 쓰여지는 것이 아니므로 요즈음 고분자에 관한 많은 연구 개발 경향은 순수한 고분자를 특정한 응용에 적당하게 변성하는 일에 초점이 맞추어지고 있다. 이러한 변성에 관한 시도로는 고분자의 결정성을 물리적으로 변화시킨다든가 가소제나 보강제의 첨가 또는 다른 종류의 고분자의 첨가로 인한 블렌드 제조 등을 들 수 있다. 이와 같은 고분자화학과 공학, 레올로지, 고체물리와 접목된 학문을 일컬어 **재료과학**(materials science)이라고 한다. 1960년대 중반 이후로 고분자 과학의 재료 과학적 측면이 관심을 끌어 괄목할 만한 성장을 이루었으며, 많은 연구자들이 잘 알려진 합성 고분자들의 특성 향상에 많은 노력을 기울여 왔다. 이러한 일련의 연구들이 더욱 중요한 것은 관련 산업이 계속해서 향상된 특성을 갖는 새로운 재료의 개발을 요구하기 때문이다.

따라서 재료과학은 고분자, 금속, 세라믹, 다양한 무기 반도체 및 광재료 및 광전재료 등의 분야를 포함한다. 많은 현대적 장치들은 이들 광범위한 네 분야의 재료를 혼합하여 이용하고 있다. 고분자 과학의 장래는 한편으로는 합성 화학자들과 물리화학자, 재료과학자, 화학공학자들과의 상호 밀접한 관계를 요구하고 있다.

연|습|문|제

1. 유기화학 교과서를 참조하여 석유로부터 염화바이닐, 테트라플루오로에틸렌, 스타이렌, 에틸렌 글리콜, 테레프탈산을 제조하는 합성법을 기술하라.
2. 중동 전쟁에서 일어나는 경우와 같은 석유 파동이 수년간 계속되어 석유로부터 단량체 공급이 지장받는다면, 과연 어떠한 비상 수단을 강구해야 하는지를 예견해 보라.
3. 이 장에서 언급한 반응을 제외하고 여러분의 경험과 지식을 바탕으로 부가 중합 반응, 축합 중합 반응, 개환 반응, 생물 축합 중합 반응의 예를 들어 보라.
4. 무정형, 결정형, 가교 고분자들을 실험적으로 구분할 수 있는 방법은?
5. 고리화 선형 고분자, 사다리형 고분자, 스파이로 고분자를 합성하는 몇 가지 방법을 고안하라. 이 문제에 10분을 소요한 후 2장을 참조하고 여러분의 아이디어를 재평가해 보라.
6. 물리나 화학에 근거한 지식으로 왜 고무는 실온에서 탄성체이지만, 유리는 실온에서 탄성을 나타내지 않는지 설명하라.
7. 다음 장들을 참조하지 말고 어떻게 그래프트 고분자를 제조할 수 있는지 고안해 보라. 그리고 블록 공중합체에 대해서도 고안해 보라.

8. 폴리아이소뷰틸렌 시료 3개가 있다. 시료 A의 분자들은 분자량 30,000 g/mol이다. 시료 B의 분자들은 분자량 70,000 g/mol이다. 시료 C에는 분자량 100,000 g/mol인 분자들이 있다. 시료 A 10 g을 시료 B 5 g과 시료 C 1 g에 섞을 때 평균 분자량 $\overline{M}_n$과 $\overline{M}_w$를 계산하라.

9. 다음 장을 읽기 전에 30분 동안 나머지 장들을 훑어 보라. 제목과 부제목들, 구조식, 그림 그리고 장 후미의 연습문제들을 훑어보기 바란다. 그 후 각 장들을 자세히 공부하기 바란다.

참|고|문|헌

FLORY, P. J., *Principles of Polymer Chemistry*. Ithaca, NY: Cornell University Press, **1953**.

FRECHET, J. M., "Functional Polymers and Dendrimers," *Science*," **1994,** *263*, 1710.

GROSBERG, A. Y., and KHOKHLOV, A. R., *Giant Molecules. Here, There, and Everywhere*. San Diego: Academic Press, **1997**.

HERMES, M. E., *Enough for a Lifetime* (a biography of Wallace Carothers), American Chemical Society, Washington, D.C., and the Chemical Heritage Foundation, Philadelphia, **1996**.

MORAWETZ, H., *Polymers: The Origins and Growth of a Science*. New York: Wiley, **1985**.

TOMALIA, D. A., NAYLOR, A. M., and GODDARD, W. A., "Starburst Dendrimers," *Angew. Chem., Int. Ed. Engl.* **1990,** *29*, 138.

TONELLI, A. E., and SRINIVASARAO, M., *Polymers from the Inside Out*, New York: Wiley Interscience, **2001**.

2장

축합 및 그 외 단계 반응형 중합

2.1 서론

2.1.1 정의

1장에서 설명한 것처럼, 중합 공정은 크게 3가지 부류로 나눌 수 있다. 즉, 축합, 부가 및 개환 중합이다. 축합 반응에서는, 단량체 분자들이 반응하여 물과 같은 저분자를 방출한다. 부가형 고분자들은 올레핀류나 카보닐 화합물들의 중부가 반응으로 생성된다. 개환 중합은 고리가 열림과 동시에 또는 고리가 열린 후에, 자라나는 사슬 끝에 선형 생성물을 부가하는 방식으로 일어난다. 3장에서 5장까지는 부가 중합에 대하여 설명되어 있으며, 6장에서는 개환 공정을 취급하고 있다. 이 장에서는 표 2.1에 나타낸 축합과 그 외의 단계 반응에 의해 형성되는 고분자들에 대해 설명한다.

위에서 설명한 중합 부류는 여러 가지 단량체 구조를 반영하고 있다. 그러나 연관은 있으나, 명확한 분류는 관계된 **일반 반응 기구**에 근거를 두고 있다. 이런 분류에서 중합 공정은 단계 반응과 연쇄 반응으로 나누어진다. **단계 반응**에서 연쇄 성장은 천천히 그리고 단계적으로 일어나는 반응이다. 두 개의 단량체 분자들이 반응하여 이량체를 형성한다. 다음 이량체는 다른 단량체와 반응하여 삼량체를 만들거나 다른 이량체들끼리 반응하여 사량체를 만든다. 그래서 계의 평균 분자량은 시간이 경과함에 따라 서서히 증가한다. 축합 중합과 Diels-Alder 부가와 같은 몇 가지 비축합성 반응들은 이런 범주에 속한다. 반면에, **연쇄 중합**(chain polymerization)은 성장하는 연쇄 말단에 올레핀 분자들이 빠르게 부가됨으로써 일어난다. 연쇄 성장이 급격히 일어나기 때문에, 계는 일반적으로 미반응된 단량체와 분자량이 큰 중합체만을 함유하게 된다. 대개는 중간체성의 고분자를 분리할 수 없다. 이러한 두 가지 반응 기구 형태에는 다소 분명한 차이점이 있게 된다.

표 2.1 이 장에서 설명된 단계형 중합체의 요약

화합물명	일반적인 반복 구조
	축합 반응에 의해 생성되는 중합체들
폴리에스터류	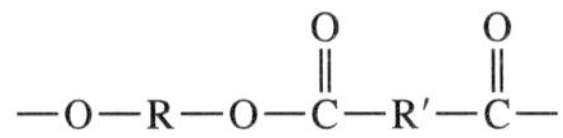
폴리카보네이트류	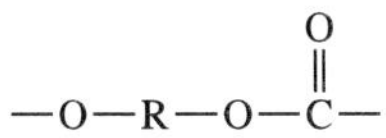
고분자 무수물류	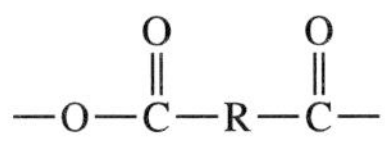
폴리아마이드류	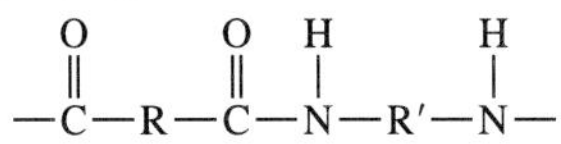
폴리이미드류	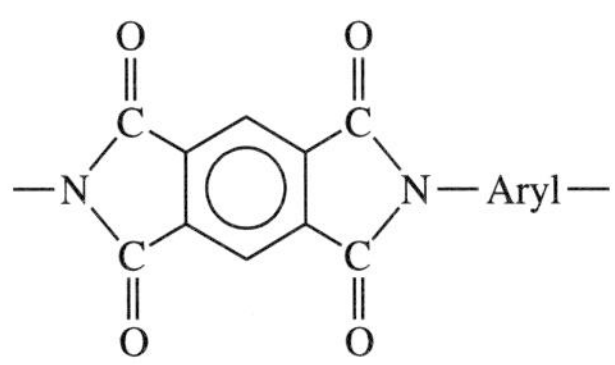
폴리벤즈옥사졸류	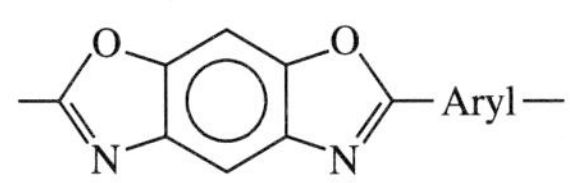
폴리벤즈싸이아졸류	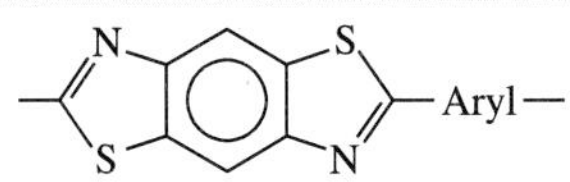
폴리벤즈이미다졸류	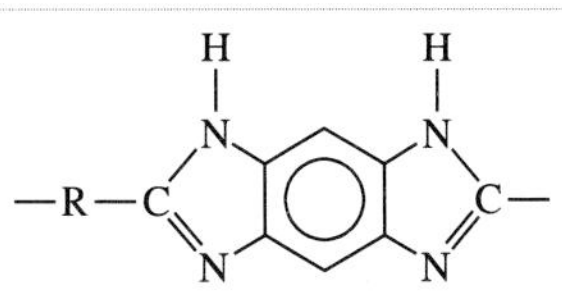
폴리퀴녹살린류	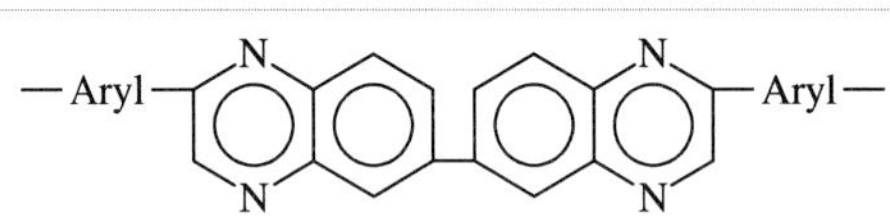
방향족 사다리형 고분자류	다음 구조로 구성된 여러 가지 구조들이 있음. 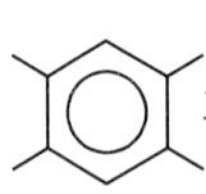 또는 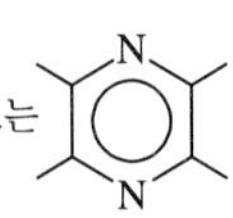 단위
페놀-폼알데하이드 중합체들	$-CH_2-Aryl-CH_2-O-$
요소-폼알데하이드 중합체류	$-N(H)-C(O)-N(H)-CH_2-O-$

(계속)

표 2.1 (계속)

화합물명	일반적인 반복 구조
멜라민-폼알데하이드 중합체류	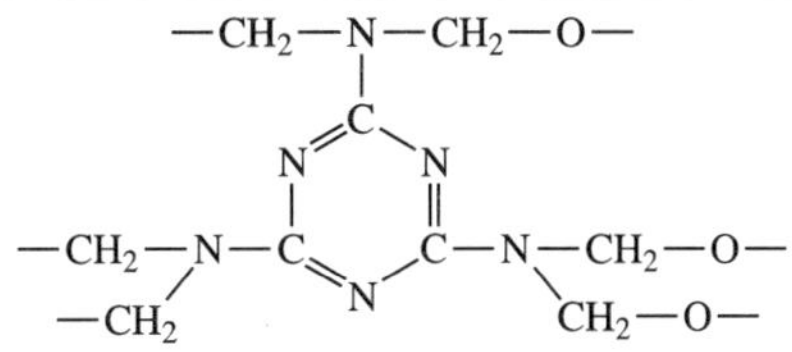
폴리아세탈류	$—CH_2—O—R—O—$
비축합, 단계 반응에 의해 생성되는 중합체들	
폴리설폰류(폴리에터류)	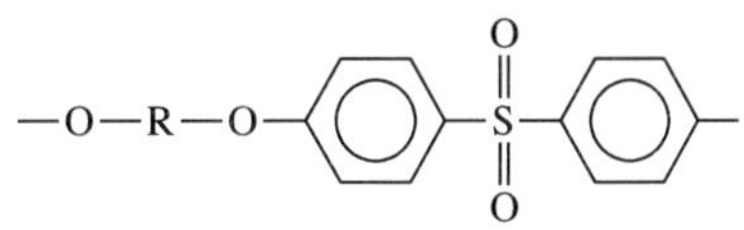
폴리페닐렌옥사이드(폴리에터류)	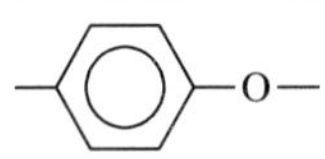
Diels-Alder에 의해 생성된 중합체류	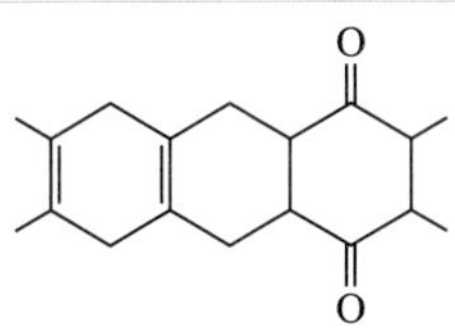
폴리유레테인류	—C(O)—O—R—O—C(O)—N(H)—R —N(H)—
폴리아릴렌류	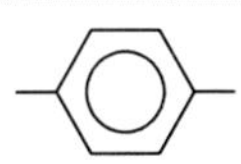

2.1.2 단계 중합과 연쇄 중합의 비교

단계 중합과 연쇄 중합을 구별하는 것은 고분자화학에서 중요한 개념이 되고 있다. 그래서 이러한 점에서 이런 두 가지 계에서 관찰할 수 있는 차이점을 요약할 필요가 있다.

첫째, 단계 중합에서는 계 내에 있는 두 개의 분자들이 서로 반응을 할 수 있다. 초기에, 단량체들이 반응하여 이량체를 형성하며, 이량체들은 자기들끼리도 반응할 수 있다. 반면에, 연쇄 중합에서는 연쇄 성장이 오직 몇 개의 "개시된" 연쇄의 말단에서만 일어난다.

둘째, 이런 차이점으로 인해서 단계 반응은 중합 초기 단계에 단량체가 사라지는 것과 반응 후기에 폭넓은 분자량 분포를 갖게 되는 특징을 나타낸다. 연쇄 중합의 경우, 단량체 농도는 반응 전반에 걸쳐 꾸준히 감소하여, 이상적으로는 임의의 단계에서 반응 혼합물은 단량체와 분자량이 높은 고분자만 함유되어야 한다.

셋째, 반응 중 여러 단계에서 중합체의 분자량에 차이를 보이는 것은 서로를 구별할 수 있는 특징을 나타낸다. 단계 반응에서 고분자의 분자량은 반응이 진행됨에 따라 서서히 증가한다. 연쇄 반응에서는 고분자량 중합체는 각 개시된 단량체에서 신속히 형성된다. 따라서 각 중합체 분자의 분자량은 초기에 급속한 성장 반응 후에는 크게 증가하지 않는다. 반응 시간을 더 길게 하면 중합체 분자의 수는 증가하나, 이미 형성된 중합체들의 분자량은 증가하지 않는다.

2.1.3 축합 반응의 종류

축합 반응의 특징은 각 축합 단계에서 물 분자가 제거된다는 점이다. 폴리에스터류와 폴리아마이드류가 그러한 예이며, 일반 반응은 (1)과 (2)로 나타낸다. 같은 분자 내에 하이드록실기와 카복실산기 둘다 가진 경우 및 아민기와 카복실산기를 가지고 있는 분자종이 축합하는 경우도 있다[반응 (3)과 (4)]. 또한 카복실산 에스터류가 알코올류와 반응할 때 일어나는 에스터 교환형 공정도 축합이나 단계형 부류에 포함된다(5). 산 염화물 또한 폴리아마이드류를 합성할 때 다이아민류와 반응을 한다(6). 고리형 축합은 (7)에 나타낸 반응처럼 폴리벤즈이미다졸류를 만들 때 사용된다. 이러한 것과 다른 형태의 단계 중합은 다음 절들에서 설명한다.

$$\mathrm{HO{-}R{-}OH} + \mathrm{HO}{-}\overset{\overset{\mathrm{O}}{\|}}{\mathrm{C}}{-}\mathrm{R'}{-}\overset{\overset{\mathrm{O}}{\|}}{\mathrm{C}}{-}\mathrm{OH} \xrightarrow{-\mathrm{H_2O}} \mathrm{H}{\left[\mathrm{O{-}R{-}O}{-}\overset{\overset{\mathrm{O}}{\|}}{\mathrm{C}}{-}\mathrm{R'}{-}\overset{\overset{\mathrm{O}}{\|}}{\mathrm{C}}\right]_n}\mathrm{OH} \tag{1}$$

$$\mathrm{H_2N{-}R{-}NH_2} + \mathrm{HO}{-}\overset{\overset{\mathrm{O}}{\|}}{\mathrm{C}}{-}\mathrm{R'}{-}\overset{\overset{\mathrm{O}}{\|}}{\mathrm{C}}{-}\mathrm{OH} \xrightarrow{-\mathrm{H_2O}} \mathrm{H}{\left[\overset{\overset{\mathrm{H}}{|}}{\mathrm{N}}{-}\mathrm{R}{-}\overset{\overset{\mathrm{H}}{|}}{\mathrm{N}}{-}\overset{\overset{\mathrm{O}}{\|}}{\mathrm{C}}{-}\mathrm{R'}{-}\overset{\overset{\mathrm{O}}{\|}}{\mathrm{C}}\right]_n}\mathrm{OH} \tag{2}$$

$$\mathrm{HO{-}R}{-}\overset{\overset{\mathrm{O}}{\|}}{\mathrm{C}}{-}\mathrm{OH} \xrightarrow{-\mathrm{H_2O}} \mathrm{H}{\left[\mathrm{O{-}R}{-}\overset{\overset{\mathrm{O}}{\|}}{\mathrm{C}}\right]_n}\mathrm{OH} \tag{3}$$

$$\mathrm{H_2N{-}R}{-}\overset{\overset{\mathrm{O}}{\|}}{\mathrm{C}}{-}\mathrm{OH} \xrightarrow{-\mathrm{H_2O}} \mathrm{H}{\left[\overset{\overset{\mathrm{H}}{|}}{\mathrm{N}}{-}\mathrm{R}{-}\overset{\overset{\mathrm{O}}{\|}}{\mathrm{C}}\right]_n}\mathrm{OH} \tag{4}$$

$$\mathrm{HO{-}R{-}OH} + \mathrm{R'O}{-}\overset{\overset{\mathrm{O}}{\|}}{\mathrm{C}}{-}\mathrm{R''}{-}\overset{\overset{\mathrm{O}}{\|}}{\mathrm{C}}{-}\mathrm{OR'} \xrightarrow{-\mathrm{R'OH}} \mathrm{H}{\left[\mathrm{O{-}R{-}O}{-}\overset{\overset{\mathrm{O}}{\|}}{\mathrm{C}}{-}\mathrm{R''}{-}\overset{\overset{\mathrm{O}}{\|}}{\mathrm{C}}\right]_n}\mathrm{O{-}R'} \tag{5}$$

$$\mathrm{H_2N{-}R{-}NH_2} + \mathrm{Cl}{-}\overset{\overset{\mathrm{O}}{\|}}{\mathrm{C}}{-}\mathrm{R'}{-}\overset{\overset{\mathrm{O}}{\|}}{\mathrm{C}}{-}\mathrm{Cl} \xrightarrow{-\mathrm{HCl}} \mathrm{H}{\left[\overset{\overset{\mathrm{H}}{|}}{\mathrm{N}}{-}\mathrm{R}{-}\overset{\overset{\mathrm{H}}{|}}{\mathrm{N}}{-}\overset{\overset{\mathrm{O}}{\|}}{\mathrm{C}}{-}\mathrm{R'}{-}\overset{\overset{\mathrm{O}}{\|}}{\mathrm{C}}\right]_n}\mathrm{Cl} \tag{6}$$

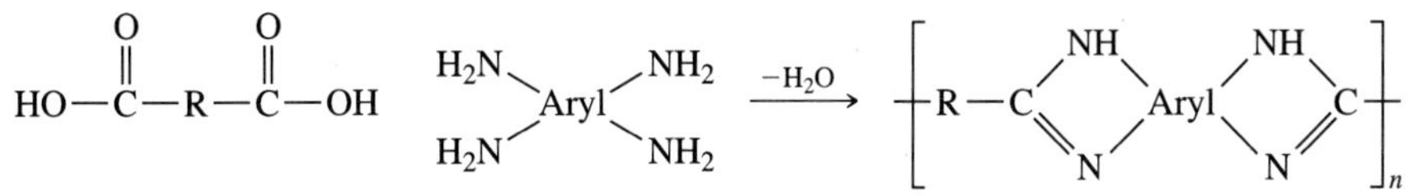

(7)

2.1.4 축합 중합 기구

반응식 (1)~(6)으로 나타낸 공정들은 이런 식들로 나타낸 것들보다 훨씬 더 복잡하다. 실제, 그러한 반응들은 다음 식에 나타낸 **카보닐 부가-제거 반응**(carbonyl addition-elimination reaction)으로 알려져 있는 분야에 속한다.

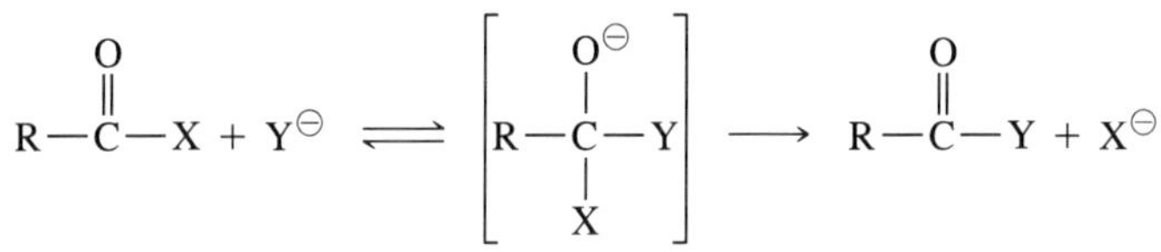

카보닐기가 존재함으로써, 일시적인 중간체로서 한정적으로만 존재할 것으로 생각되는 4차 배위 전이 상태를 안정화시킬 것으로 추정된다. 그러나 전반적인 반응 속도는 초기 중간체의 형성뿐만 아니라, 중간체의 $Y^{\ominus}$보다는 $X^{\ominus}$의 제거가 얼마나 쉬우냐에 좌우된다. 중간체의 평형 상태 형성은 $C—O^{\ominus}$ 단위체에 배위할 수 있는 금속 양이온, 양성자산류, Lewis 산의 존재가 바람직하다. 그래서 금속 산화물, 아세테이트류나 설폰화산과 같은 촉매를 폴리에스터화 반응에 첨가하면 반응 속도를 높여 주게 된다.

2.1.5 고분자량을 얻기 위한 방법

고분자량의 축합 중합체들은 출발 원료가 순수하고, 작용기들(NH_2와 COOH, OH와 COOH)이 정확한 당량으로 되어 있으면 얻을 수 있다. 만약 어느 한쪽 기(group)가 과잉으로 존재하면 그 기는 작거나 중간 정도의 분자량으로 된 중합체의 연쇄 말단에 미반응된 상태로 남게 된다. 그래서 두 작용기의 비를 정확히 1:1로 하는 것은 매우 중요한 조건이 되고 있다. 여기에는 3가지 선택 방법이 있다. 첫째, 두 시약(예를 들어, 다이올과 다이카복실산)을 가능한 한 1:1에 가깝게 투입하는 것이다. 둘째, 단량체는 서로 다른 작용기 두 개를 가진 것을 선택한다. 글리콜산 $HOCH_2COOH$이나 아미노산 $H_2NRCOOH$이 그 예이다. 셋째, 다이카복실산 일부를 다이아민류로서 1:1 염을 형성하도록 하여 사용하는 것이다. 헥사메틸렌다이아민 $H_2N(CH_2)_6NH_2$은 아디프산 $HOOC(CH_2)_4COOH$과 1:1 염을 형성한다. 나일론 6,6의 제조시 이 염을 정제하여 바로 사용한다.

때로는 작거나 중간 정도의 분자량으로 된 중합체를 제조할 필요가 있는 경우가 있다. 이 경우에는 소량의 모노카복실산, 알코올, 아민 등을 축합 중합계에 투입하여 얻을 수 있다. 예를 들어, 1몰%의 아세트산을 폴리에터 축합계에 투입하면 중합도를 200 이하의 값으로 조절할 수 있다. 물론 이작용성 시약이 약간 과잉으로 존재하면 비슷한 효과를 낼 수 있다. 그러나 일작용성 시약을 사용하면, 고분자 연쇄 말단들은 더 이상 활성을 갖지 않게 되는 이점이 있다. 그래서 경쟁적(scrambling) 변화와 분자량의 변화는 고분자를 차후에 가열하더라도 일어나지 않게 된다.

2.1.6 경쟁 반응

활성기를 가진 축합 고분자들은 온도를 올림에 따라 분자량이 변한다. 예를 들어, 카복실산이 말단기로 된 고분자는 다른 아마이드 연결 부위를 공격할 수 있다(8). 분자의 총수는 같으나, 평균 분자량은 변하게 된다.

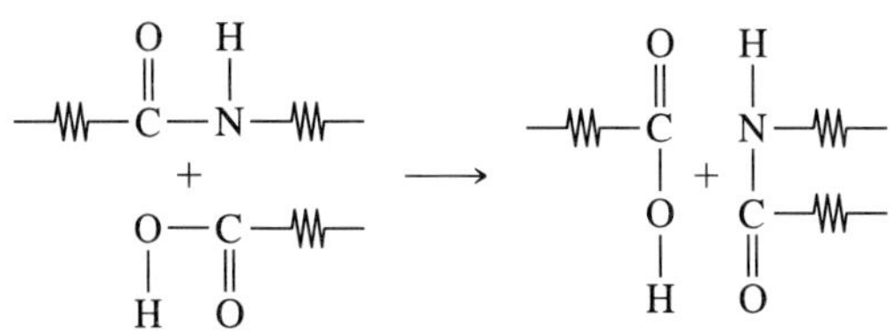

(8)

또한 다른 분자량 분포로 되어 있는 두 개의 다른 고분자를 혼합하여 가열하면, 그 계는 경쟁적으로 반응하여 가장 가능성 있는 분자량 분포를 갖게 된다. 이것을 그림 2.1에 나타내었다.

2.1.7 고리 형성을 통한 중합

중합 반응시 모든 단계에서 선형 연쇄 성장이 일어나 **고리화**가 될 가능성이 있다. 이것은 특히 연쇄 성장이 느린 단계형의 중합에서 일어난다. 예를 들어, 글리신(**1**)과 같은 아미노산의 중합시 초기 단계를 생각해 보면, 초기 축합에서는 **2**가 생성되며, 두 가지의 작용 경로가 계에서 일어난다. 선형 성장으로 인해 **4**가 생성되는 한편, **2**는 고리화하여 다이케토피페라진(**3**)을 생성한다.

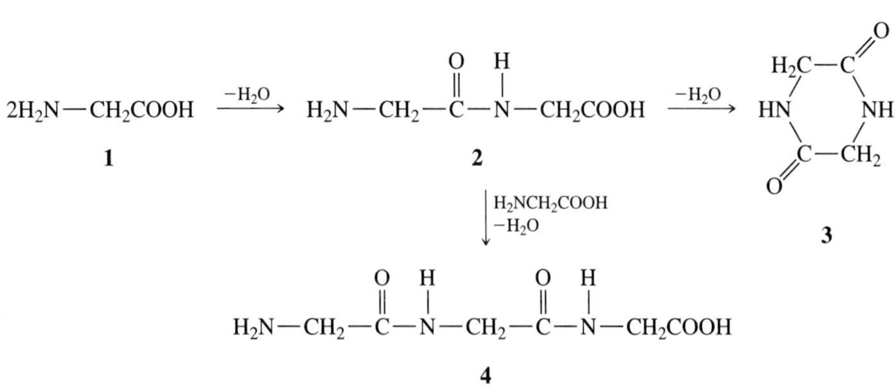

고리화가 됨으로써 이량체, 삼량체 또는 그보다도 더 큰 고리형 올리고머가 생성될 수 있다. 이것은 폴리아마이드류나 폴리에스터류 합성시 부반응으로 일어난다. 10장에서 설명하겠지만, 고리

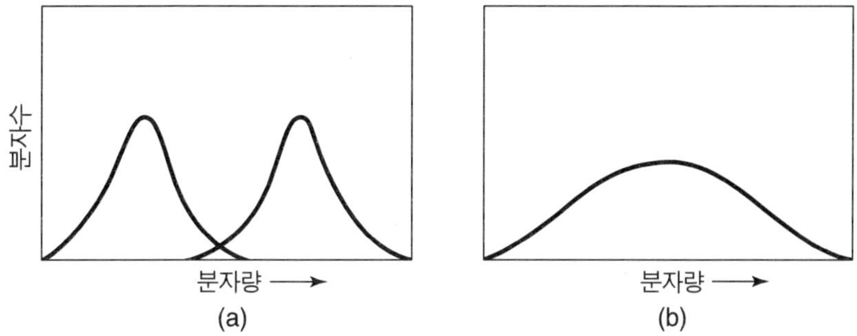

그림 2.1 분자량 분포가 다른 두 고분자의 혼합률: (a)는 온도를 올림에 따라 경쟁 반응이 일어나 (b)의 분자량 분포를 나타내는 평형 혼합물을 생성한다.

화가 일어나기 쉬운 정도는 골격의 결합각, 결합 길이, 곁사슬의 입체 장애 효과, 결합들의 비틀림성, 고리 장력 등에 좌우된다. 대체로, 일단 중합도가 커져서 12 또는 15 원환을 생성할 정도가 되면, 고리화할 확률은 감소된다. 높은 농도의 반응물을 사용하면, 선형 성장에서는 비교적 고리화하기 쉽다. 이런 효과는 선형 성장은 이분자 공정인 반면에, 고리화는 일분자 공정이기 때문이다.

2.2 특별한 축합 중합

2.2.1 선형 폴리에스터류

대표적인 선형 폴리에스터인 폴리에틸렌 테레프탈레이트에 대하여 설명한다. 폴리에틸렌테레프탈레이트(**7**)는 테레프탈산의 다이메틸에스터(**5**)와 에틸렌글리콜(**6**) 사이에서 2단계 에스터 교환 반응으로서 제조된다. 실험실에서는 다이메틸테레프탈레이트와 에틸렌글리콜의 몰비를 1:2.4로 하여 제조한다.[1] 혼합물은 아세트산칼슘과 삼산화안티모니와 같은 축합 촉매 존재하에 197°C 이상의 온도로 3시간 가열한다. 이 단계에서 메탄올이 빠져 나온다. 두 번째 단계는 약 283°C에서 감압이나 비활성 가스를 흘려 에틸렌글리콜을 뽑아내면서 행한다. 두 단량체 사이의 정량적인 균형이 이 단계에서 이루어진다. 과잉의 에틸렌글리콜을 제거하지 못하면, 저분자량의 생성물이 얻어진다. 이 단계(진정한 중합)는 3시간 정도의 반응 시간이 필요하다. 이 생성물은 질기고 유연한 고분자여서, 용융 상태에서 용융 압착하여 필름이나 연신하여 배향할 수 있는 섬유로 만들어진다. 이 고분자는 260~270°C에서 녹는다.

폴리에틸렌 테레프탈레이트는 가장 대표적으로 알려진 폴리에스터이다. 몇 가지는 결정성이며,

[1] W. R. Sorenson and T. W. Campbell, *Preparative Methods of Polymer Chemistry*, 2nd ed. (New York: Wiley-Interscience, **1968**), p. 131.

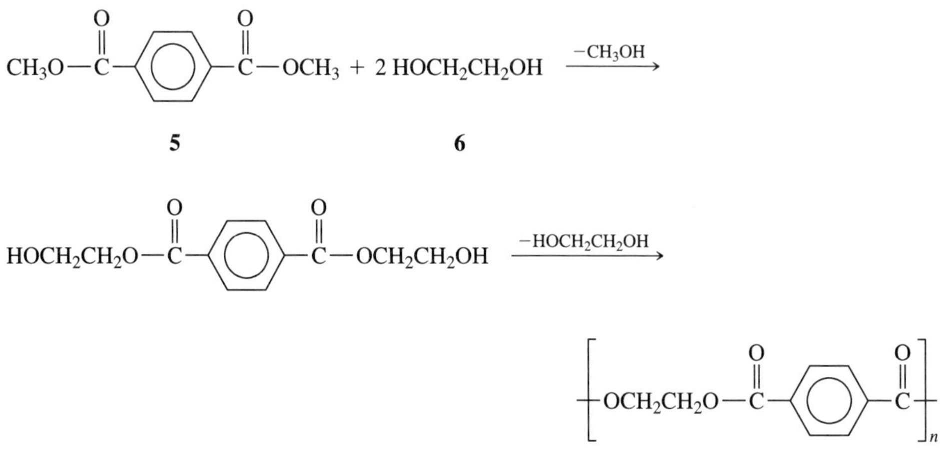

5 6

7

그 외는 무정형상이다. 결정성 고분자인 경우에는 비대칭성 치환기를 방향족 고리에 도입하여 용융 온도를 낮춘다. 다이올 성분에 붙어 있는 메틸기는 결정화를 방해한다.

폴리에스터류는 *p*-하이드록시벤조산과 같은 방향족 하이드록시카복실산류의 축합 반응으로 제조된다. 그러한 "방향족 폴리에스터류"는 온도를 올림에 따라 액정 특성을 나타내는데, 이는 고분자의 "단단한 막대(rigid-rod)" 특성에 의한 것이다(22장 참조).

폴리에스터류는 알칼리성 물에 녹인 다이올 HO—R—OH과 물에 섞이지 않는 유기 용매에 녹인 다이액시드클로라이드 Cl—C(O)R′C(O)—Cl를 반응시켜도 합성할 수 있다. 반응 혼합물을 에멀션이 되게 하고 두 액체 사이의 접촉 면적을 증가시키기 위해 매우 저어 준다. 그러면 두 계면 사이에서 중합 반응이 일어나고 생성되는 HCl은 수용액상에서 중화가 된다. 이와 같은 계면 중합은 고분자 합성 분야에서 중요하며 폴리카보네이트와 폴리아마이드류 제조에 관한 설명시 다시 설명하도록 한다.

2.2.2 가지 및 가교가 된 폴리에스터류

이작용성 시약으로서 선형 폴리에스터를 제조하는 것은 이미 설명하였다. 그러나 만약 시약 중 어느 하나가 3개 이상의 작용기로 되어 있으면, 중합시 가지를 가진 고분자가 생성된다. 예를 들어, 글리세롤(**8**)이 2가산이나 무수물과 반응한다면, 각 글리세롤 성분에 한 개의 가지점이 생기게 된다(구조 **9**, 여기서 G=글리세롤 성분, A=산성분). 이러한 분자들은 분자량이 매우 크게 성장을 하며, 무한히 큰 고분자 가교 구조를 형성한다. 만약 내부에서 짝지음이 일어나면(같거나 또는 다른 분자의 가지에 존재하는 수산기와 산의 반응) 고분자는 가교가 된다. 이런 상태에서, 고분자는 용매에 의해 팽윤은 되나 용해되지는 않는다. 가교가 많이 일어난 고분자는 용매의 영향을 거의 받지 않는다.

8

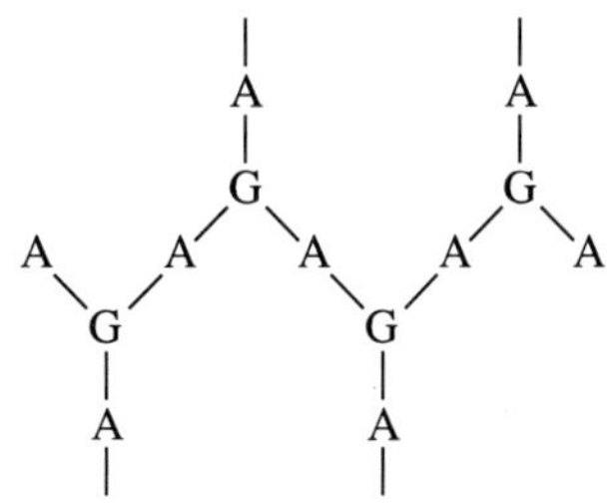

9

폴리에스터계에서 가지나 가교를 이루는 정도는 다이올에 대해 투입되는 트라이올의 양으로 조절할 수 있다.

2.2.3 폴리카보네이트류

폴리카보네이트류는 **10**에 나타낸 일반 구조로 된 고분자이다. 이 고분자들은 카복실산, $(HO)_2C{=}O$에서 유도된 폴리에스터이다. 그 중 특히 중요한 것은 비스페놀 A라고 알려진 2,2-비스(4-하이드록시페닐)프로페인(**11**)에서 제조되는 폴리카보네이트류이다.

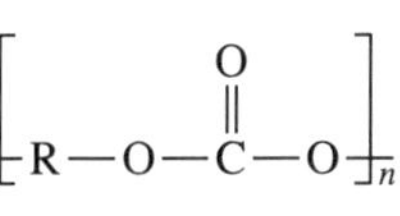

10

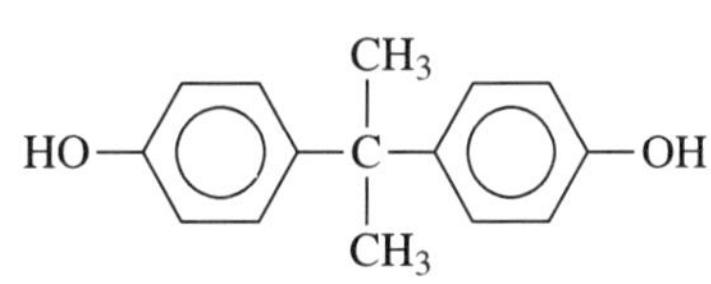

11

이 화합물은 페놀과 아세톤을 축합시켜 대규모로 합성되고 있다. 이 단량체를 이용하여 폴리카보네이트를 제조하는 데는 두 가지 반응 방법이 활용되고 있다. 첫째로는, 용융 비스페놀 A와 다이페닐 카보네이트와 같은 유기 카보네이트를 에스터 교환 반응시키는 것이다[반응 (9)].

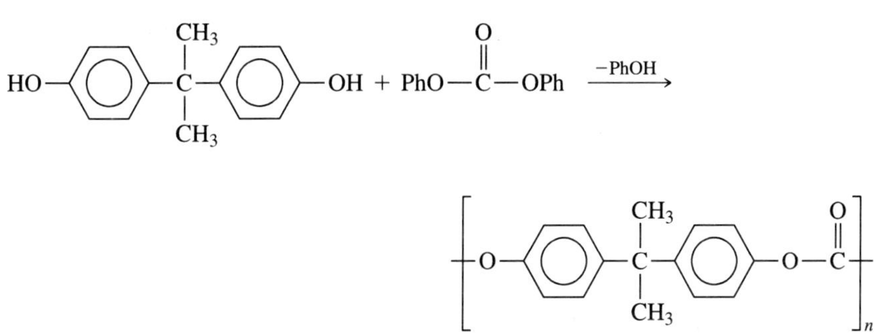

(9)

초기에 1~3시간 진공하에서 180~220°C로 혼합물을 가열하면, 프리폴리머가 형성된다. 그런 다음 온도를 280~300°C로 서서히 올리고 압력을 낮추어 잔류 페놀을 제거한다. 생성된 용융 고분자는 매우 점도가 높다. 이것을 냉각하면 투명한 고체로 된다. 이것을 용융-가압하거나 용액-

주조(20장 참조)하면 질긴 필름으로 된다.

폴리카보네이트류를 합성하는 두 번째 방법은 비스페놀 A와 포스젠을 반응시키는 것이다(10). 이 방법은 25~30°C에서 피리딘을 용매로 하여 비스페놀 A를 녹인 용액 속에 포스젠을 주입하면서 행하는 것이다.[1] 피리딘은 염화수소 수용체로서 작용한다.

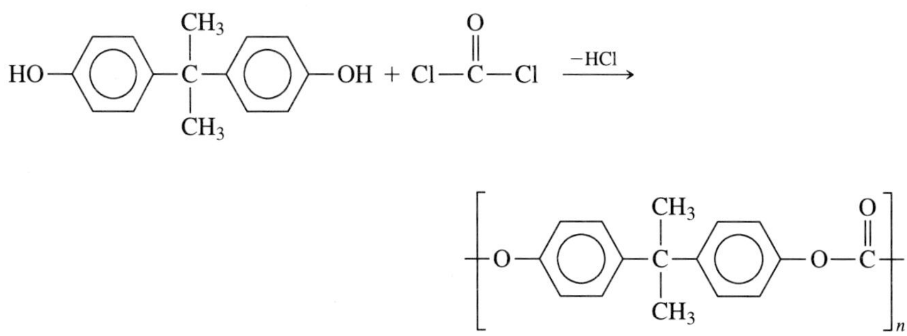

(10)

생성된 고분자는 물이나 메탄올에 침전시켜 분리해 낸다. 불균일상 에멀션계를 사용하는 별도의 방법도 이용되고 있다. 즉, 염화메틸렌, 수산화소듐 수용액 및 4차 암모늄 할로젠화물 촉매로 된 비스페놀 A의 에멀션을 격렬하게 저으면서 포스젠을 통과시키는 것이다. 고분자의 회수는 유기물층을 분리하고, 염화메틸렌을 증발시켜 행한다.

매우 독성이 높은 기체인 포스젠을 사용하는 대신 중합 반응 조건에서 포스젠을 발생시키는 액상의 트라이클로로메틸 클로로오쏘포메이트, $CCl_3OC(O)Cl$로 대체할 수 있다. 테트라뷰틸암모늄 브로마이드와 같은 4차 암모늄 할로젠화물은 물-유기 용매 계면을 통과하는 분자들의 이동을 가속화시킨다. 이와 같은 계면 중합은 폴리아마이드류의 제조에도 사용된다(2.2.5절 참조).

2.2.4 고분자 무수물류

고분자 무수물들은 다이카복실산을 탈수 축합하여 제조되는 고분자이다. 그러나 실제로는, 이 직접 축합에 몇 가지 부수 방법이 적용되고 있다.[2] 이러한 것들을 반응 (11)~(13)에 요약하였다.

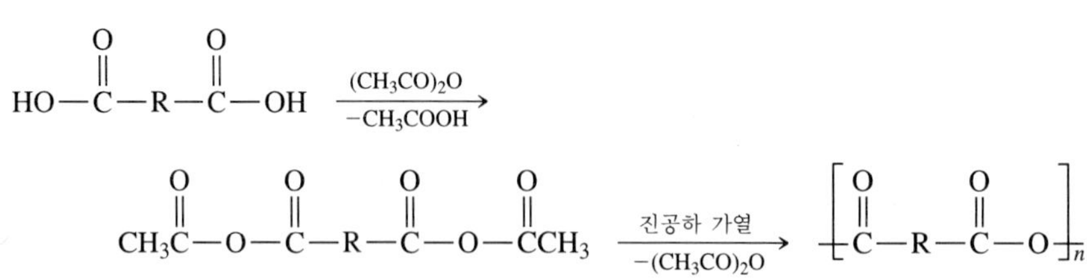

(11)

[1] 적당한 사전 예방 조치를 취해야 한다. 포스젠은 독성이 매우 높은 기체이다.

[2] K. W. Leong, V. Simonte and R. Langer, *Macromolecules*, **1987**, *20*, 705.

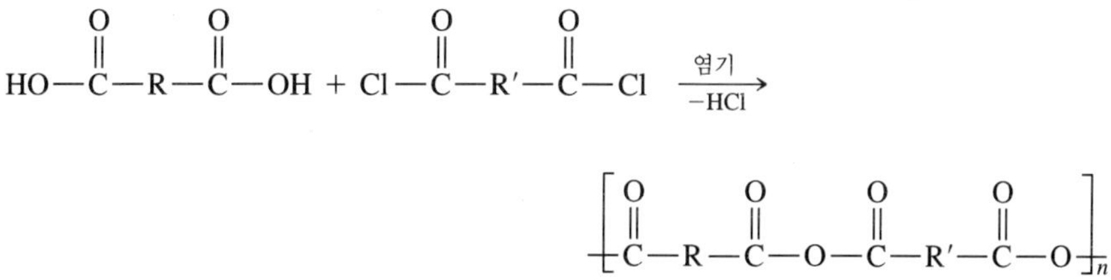

(12)

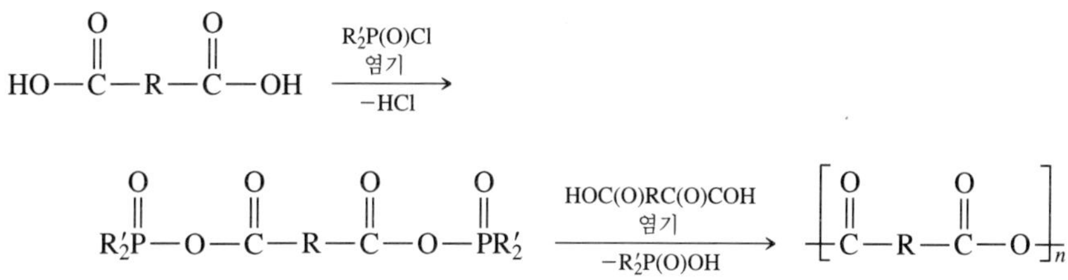

(13)

반응 (11)은 진공하 아세트산 무수물을 제거하면서 용융 중합을 시킨다. 대체로 이 방법은 매우 분자량이 큰 고분자를 생성한다. 130°C 이상에서는 분해 반응이 일어나기 때문에 중합 온도 조절에 세심한 주의가 필요하다. 소위 Schotten-Baumann 축합이라고 하는 두 번째 방법(12)은 용액 상태에서 실온하 급격히 일어나 중간 정도의 분자량으로 된 고분자를 생성한다($\overline{M}_n \approx 10^4$). 또한 세 번째 방법(13)은 온화한 반응 조건하에서 중간 정도의 분자량으로 된 고분자를 생성한다. 아울러, 고리 무수물을 개환 중합하여 고분자 무수물을 제조할 수도 있다(6장 참조).

고분자 무수물들은 원래 습기에 대하여 불안정하여, 저분자의 다이카복실산으로 전환된다. 이러한 것이 불리한 점으로 보일 수 있으나, 실제로 이런 특성으로 인해 몇 가지 (지방족) 고분자 무수물이 화학 요법용 의약품 분자에 서방성을 부여하기 위한 생체계에서 "붕괴될 수 있는" 매트릭스로서 사용되고 있다(24장 참조). 주사슬 내 방향족 고리를 함유하고 있는 고분자 무수물들은 약간 더 나은 가수 분해 안정성을 나타내고 있다. 이것은 무정형 고분자류가 보다 더 빨리 가수 분해되기 때문에, 결정화도가 높은 결과로 인한 것이다.

2.2.5 폴리아마이드류

일반 특성 폴리아마이드류나 "나일론"은 최초로 합성된 고분자들 중 하나이며, 대량으로 사용되고 있다. 1935년에 Carothers와 공동 연구자에 의해 발견되어 합성 고분자의 새로운 시대를 열었으며, 상식을 벗어날 정도로 기술과 일상 생활에 변화를 가져오게 하였다.

고분자량의 폴리아마이드류를 합성하는 데는 4가지 방법이 있다: (1) 다이카복실산과 다이아민의 반응, (2) 아미노산의 탈수-축합, (3) 2가산 염화물과 다이아민의 반응, (4) 고리 아마이드류의 개환 중합 등. 네 번째 방법은 6장에 설명되어 있다. 다른 3가지 방법은 여기서 설명하고자 한다.

용융 중합 다이카복실산과 다이아민을 직접 작용시키는 것은 폴리아마이드류를 합성하는 가장 일반적인 방법이다. 실제에 있어서는 두 반응물을 1:1 염으로 하여 정확히 두 반응물의 비가 1:1이 되도록 하는 것이 바람직하다. 전반적인 절차는 (14)에 나타낸 반응식에 요약해 놓았다. 실제 중합 공정은 **용융 중합**(melt polymerization)으로 알려져 있다. 왜냐하면 반응물과 고분자의 녹는점 이상에서 중합이 일어나기 때문이다. 이런 형태의 중합은 후에 설명할 "계면 중합"과 구별되어야 한다.

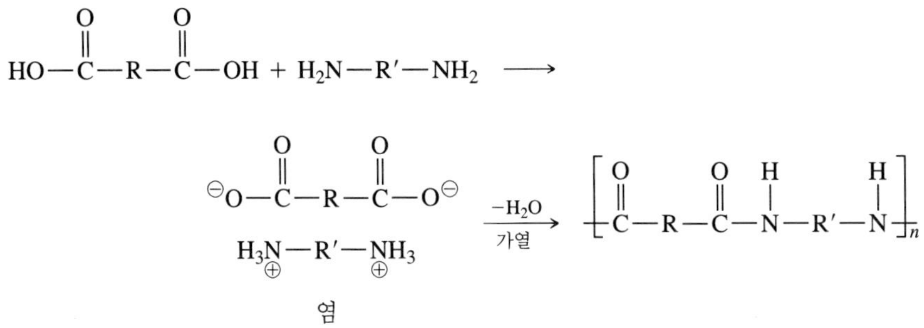

(14)

가장 잘 알려져 있는 용융 중합은 헥사메틸렌다이아민 $H_2N(CH_2)_6NH_2$과 아디프산 $HOOC(CH_2)_4COOH$과의 반응으로 나일론 6,6, $\text{-[}NH-(CH_2)_6-NH-CO-(CH_2)_4-CO\text{]}_n\text{-}$을 제조하는 것이다. 통칭으로 사용되는 숫자들은 두 단량체 중의 탄소 원자수를 의미하는 것이다. 앞의 숫자는 다이아민의 탄소 원자수를 나타낸다. 다음에 설명하는 방법은 실험실 규모로 행할 수 있는 것이다.[1]

우선 등몰의 아디프산 에탄올성 용액에 건조 에탄올에 녹인 헥사메틸렌다이아민의 따뜻한 용액을 첨가한 다음, 실온으로 냉각하여 1:1 염을 만든다. 백색의 결정성 염은 약 196～197°C에서 녹는다. 이 염을 중합관에 주입하고, 질소를 관에 도입하여 공기를 제거하고 봉합한다. 다음 단계로 그 관을 215°C로 가열하여 1.5～2시간 유지한다. 그러나 이 단계에서 중합관은 **잠재성 폭탄**과 같다. 높은 내부 압력으로 인해 갑자기 폭발할 수 있다. 그래서 이 반응은 중합관을 개방된 강철관 용기와 강철 폭발 방패막으로 차폐하여 행하여야 한다. 이 단계의 반응 후 냉각이 되었다 하더라도, 가죽이나 석면 장갑을 끼고 방호막 뒤에서 취급해야 한다. 그러한 사전 예방 조치를 취하지 않으면 큰 사고를 유발할 수 있으며, 이러한 이유 때문에 실험실에서 합성이 능숙한 사람들만 이 반응을 행하여야 한다. 초기 단계 후, 중합관을 열고(적당한 방호막 뒤에서 행함), 우선 질소 기류하 내용물을 270°C로 가열하고 1시간 동안 진공하에 유지한다. 중합관이 냉각되고 있어도, 중합관이 균열이 일어나면서 흩어지는 유리로부터 다치지 않도록 차폐되어야 한다. 대규모 작업에서는 가압 용기 내에서 반응을 행한다. 얻어진 질기고 흰 고분자는 용융 주조하며 필름을 제조하거나 또는 용융 연신하여 섬유로 제조된다. 이것은 녹는점이 267°C이며, 폼산, 페놀류 및 크레졸류에 녹는다.

아미노산류의 중합 11-aminoundecanoic acid $H_2N-(CH_2)_{10}-COOH$와 같은 아미노산류의 중합은 220°C에서 용융 중합하여 행한다. 그러나 "모델" 폴리펩타이드류를 제조하는 데 자주 사용되는 별도의 절차에서는 탈수제로서 dicyclohexylcarbodiimide(**12**)를 사용한다. 이 경우, 중합은 비교적 저온에서 행한다.

---

[1] Sorenson and Campbell, op. cit., p. 74.

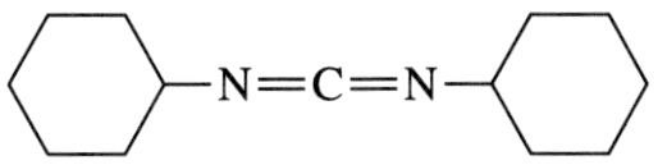

12

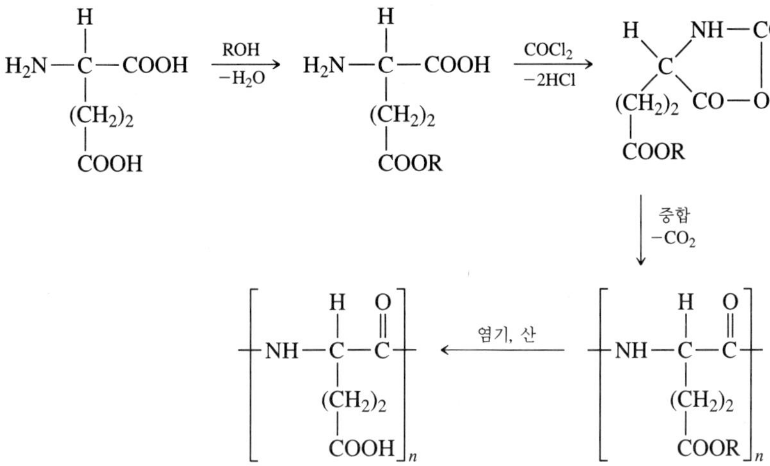

(15)

13

폴리글루탐산(**13**)은 반응 (15)에 나타낸 방법으로 제조된다. 이 고분자는 용액 방사하여 실크성 섬유로 제조된다. 이러한 것들은 미생물에 의해 분해가 일어나기 쉽다.

계면 중합 계면 중합 공정은 다이아민과 2가산 염화물 사이의 반응으로 가장 잘 나타낼 수 있다. 계면 중합은 두 단량체가 혼합되지 않는 두 용매 내에 존재할 때 일어난다. 즉, 반응은 두 액체 사이의 계면에서 일어난다. 실제로는 중합 반응이 비교적 낮은 온도에서 신속히 일어날 때만 공정이 효과적으로 진행될 수 있다. 그러나 용융 중합에서 필요로 하는 온도보다 훨씬 낮은 온도에서 고분자가 합성된다는 점에서 그 중요성이 있다. 계면 중합에서 얻어진 중합체의 분자량은 용융 중합에서 얻어진 것들보다 대체로 훨씬 더 크다. 단량체 분자들은 그들이 성장하는 것보다 중합체 분자들이 훨씬 더 빨리 반응하는 경향이 있다. 왜냐하면, 반응이 너무 빨라서 단량체가 중합체 층으로 확산되지 못하기 때문이다. 그래서 엄밀한 의미에서 단계형 중합이 되지 않고 있다. 더욱이 두 단량체의 정확한 1:1 균형이 필요치 않다.

두 가지 예를 통해 그 기술을 설명하고자 한다. 첫째, 에틸렌다이아민(**14**)은 테레프탈로일 클로라이드(**15**)와 반응하여 폴리에틸렌 테레프탈아마이드(**16**)를 생성한다[반응 (16)]. 다이아민은 수산화포타슘 수용액(염화수소 수용체)에 녹이고, 2가산 염화물은 염화메틸렌에 녹인다. 가정용 믹서기나 실험실용 고속교반기를 사용하여 실온에서 10분 동안 두 층을 유화시킨다. 그런 후, 고분자를 단순히 여과, 세척 및 건조하여 얻는다.

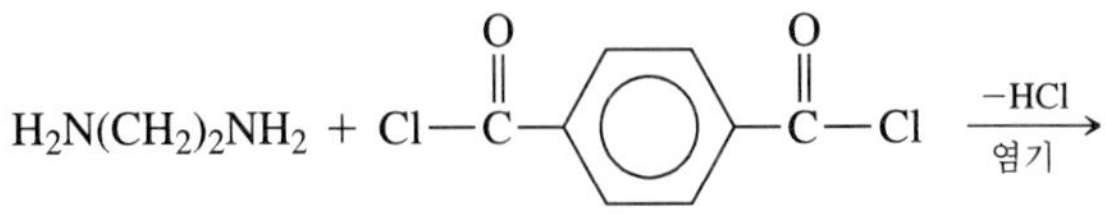

14 15

(16)

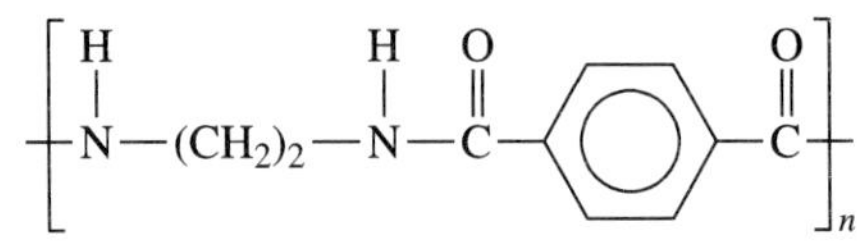

16

두 번째 방법은 중합과 섬유 연신 기술이 복합된 것을 이용하는 것이다. 이 방법의 좋은 예로는 폴리헥사메틸세바카마이드(나일론 610)를 제조하는 것이다. 사염화에틸렌으로 된 세바코일 클로라이드(sebacoyl chloride), Cl—C(O)—$(CH_2)_8$—C(O)—Cl 용액을 비커에 넣고 헥사메틸렌다이아민 수용액을 여기에 주의하여 붓는다. 계면에서 고분자가 형성된다. 그런 다음 고분자를 핀셋이나 집게 등으로 집어 비커로부터 들어올린다. 이것은 연속상의 고분자 필라멘트로 되어 혼합물로부터 끄집어 낼 수 있다. 때로는 기계적인 장치(그림 2.2)를 사용하여 반응으로 생성된 모노필라멘트를 끌어내기도 한다.

방향족 폴리아마이드류 폴리아마이드 합성에 있어 최근에 개발된 가장 중요한 몇 가지는 주사슬 내 지방족 단위가 없는 중합체인, 소위 "아라마이드" 고분자로 불리는 것이다.[1] 한 예로는 Kevlar[2]이

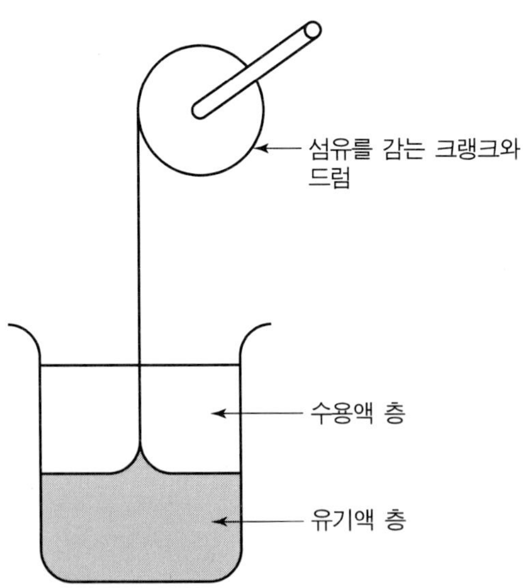

그림 2.2 계면 중합 실험에서 바로 집어내어지는 모노필라멘트 섬유

[1] P. W. Morgan, *L. Polym. Sci. Polym. Symp.*, **1985**, *72*, 27.

[2] 이것은 DuPont사의 상품명이다.

며, 이 폴리아마이드는 *p*-페닐렌다이아민과 테레프탈로일 클로라이드와의 반응으로 제조된다.

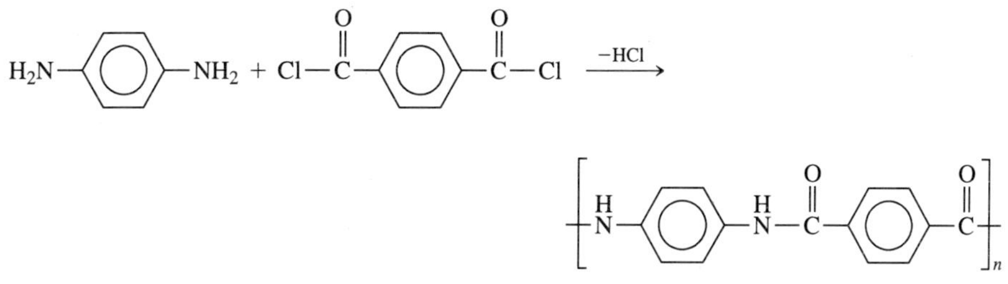

17

이 고분자(**17**)의 연쇄에는 지방족 단위가 없기 때문에 열산화 안정성이 매우 우수하다. 그러나 가장 뚜렷한 특성은 이 딱딱한 중합체가 단단한(강성) 막대 성질을 나타내는 것이다. 이 물질은 연신된 사슬들이 잘 충전해 있음으로 해서 높은 결정성을 유지하고 있다. 이 중합체를 녹이는 몇 가지 액체 중 하나는 황산이다. 단단한 막대 구조는 주사슬 액정성을 띠게 된다. 이것은 22장에서 설명한다. *m*-페닐렌다이아민으로 제조된 관련 고분자는 이 선형 구조가 결여되어 있어 더 잘 용해된다.

2.2.6 폴리이미드류

폴리이미드류는 다이아민류와 다이무수물과의 축합 반응에 의해 제조되는 고분자이다. 전형적인 구조를 **19**에 나타내었다[반응 (17)]. 폴리이미드류는 방향족 무수물류와 지방족 다이아민류, 방향족 무수물류와 방향족 다이아민류와의 반응으로 합성된다. 후자의 생성물은 방향족 폴리이미드류라고 불리우고 있다. **방향족 폴리이미드**(aromatic polyimides)류는 대개 용융되지 않고 또 녹지도 않는다. 그래서 중합의 중간 단계에서 침전이 일어난다. 이런 문제를 피하기 위해서 축합은 두 단계로 진행된다. 첫째, 70°C 이하의 온도에서 적당한 극성 용매 내에서 신속히 반응하여 비고리화되고, 가용성이며 선형의 고분자(**18**)를 생성시킨다. 고분자 **18**은 적당한 형태로 만든 다음, 300°C 이상의 온도로 가열하여 **19**로 고리화시킨다. 그러한 중합체들은 경질이고, 매우 높은 녹는점을 가진 열적으로 안정한 물질이다. 유연한 연결 단위를 가진 다이아민류를 사용하여 고분자 구조에 어느 정도 유연성을 부여할 수 있다. 그 예로서는 4,4′-다이아미노다이페닐에터, $H_2N—C_6H_4—O—C_6H_4—NH_2$이다. 폴리이미드류는 기계장치 부속품과 고온에 견디는 라미네이트에 사용된다.

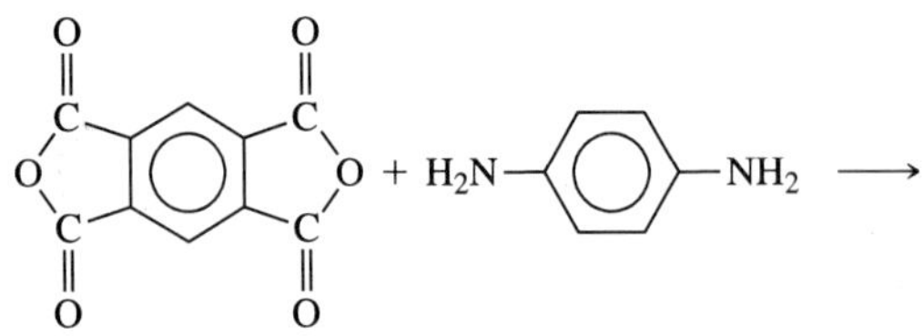

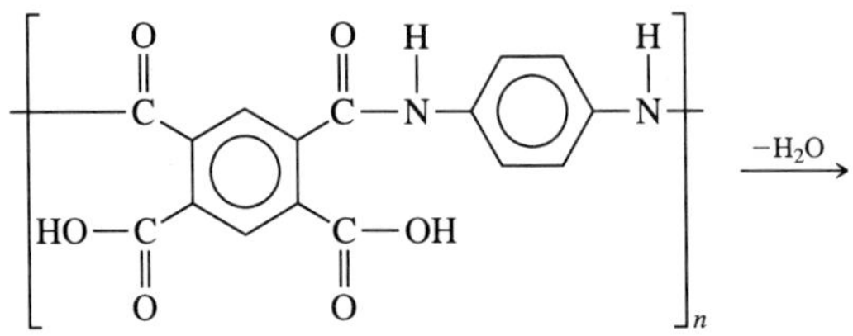

18

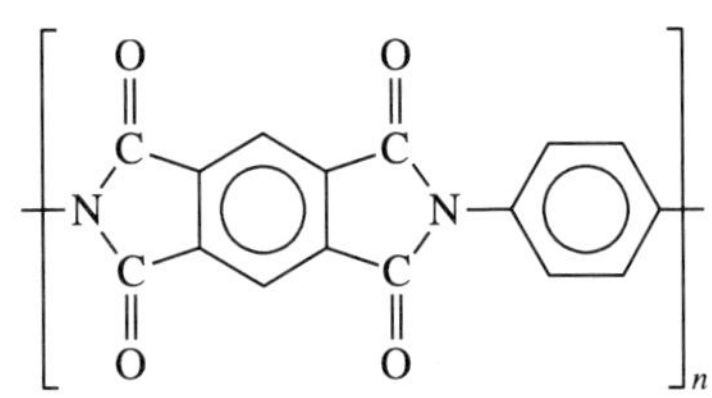

19

(17)

2.2.7 폴리벤즈이미다졸류[1]

폴리벤즈이미다졸류(**21**)는 방향족 테트라아민류와 다이카복실산의 축합으로 만들어지는 고분자이다[반응 (18)]. 그 한 예로서는 3,3′-다이아미노벤지딘(**20**)과 다이카복실산의 축합으로 얻어지는 중합체이다. 비록 세바식산 $HOOC(CH_2)_8COOH$과 3,3′-다이아미노벤지딘(**20**)의 반응이 1단계 공

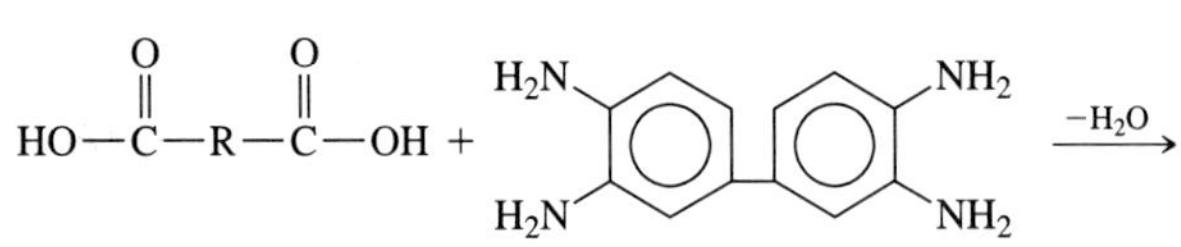

20

(18)

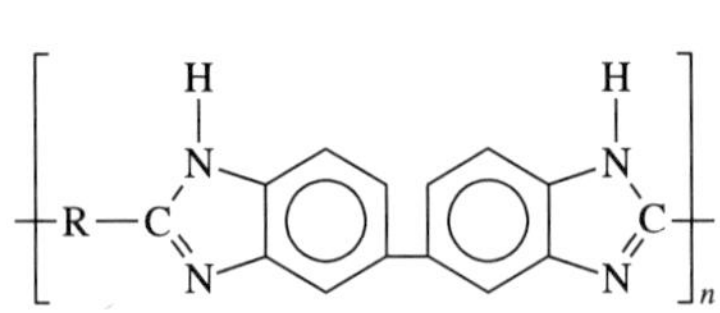

21

[1] C. S. Marvel, in *High Temperature Polymers*, C. L. Segal, ed.(New York: Dekker, **1967**), p. 1.

정으로 265°C에서 3.5시간으로 행해질 수 있기는 하나, 2단계 반응이 바람직하다. 그러나 일반적으로는 중합체가 350~400°C로 가열되어야만 축합이 완결된다. 보다 분자량이 크고, 열적으로 안정한 중합체는 방향족 2가산의 다이페닐에스터류를 사용함으로써 얻을 수 있다. 폴리벤즈이미다졸류는 내열성이 있는 제품과 고온에 사용되는 전선에나멜 및 도료에 사용된다.

2.2.8 폴리벤즈옥사졸류와 폴리벤즈싸이아졸류[1]

단단한 막대(rigid-rod) 특성과 열산화 안정성으로 잘 알려져 있는 축합 고분자의 또 다른 부류는 폴리벤즈옥사졸류(polybenzoxazoles)이다. 그의 전형적인 예는 **22**에 나타낸 고분자이며, 다가인산 매체 내에서 테레프탈산과 4,6-다이아미노-1,3-벤젠다이올이염산을 반응시켜 제조한다.

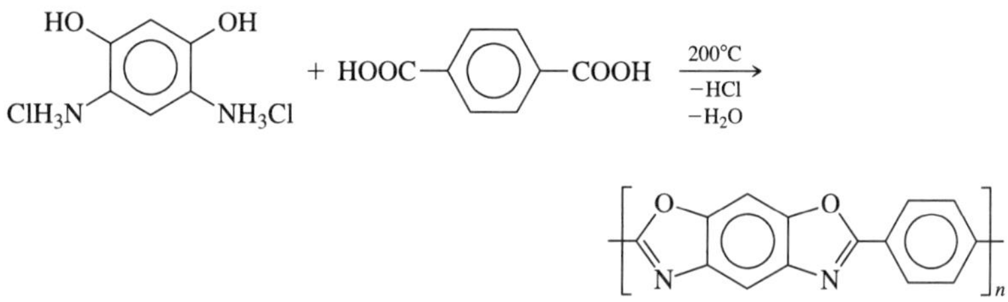

(19)

22

헤테로 고리에 산소 대신 황으로 된 유사체들은 2,5-다이아미노-1,4-벤젠다이싸이올이염산과 테레프탈산의 반응으로 제조된다[반응 (20)].

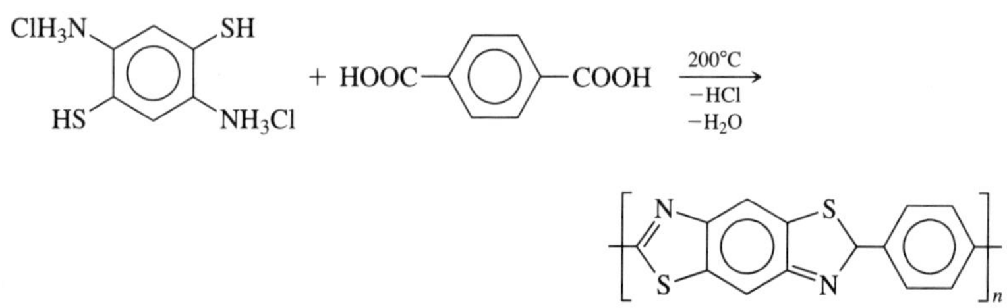

(20)

2.2.9 폴리퀴녹살린류

폴리퀴녹살린류(polyquinoxalines)는 방향족 테트라민류와 방향족 다이글리옥살류의 축합으로 제조된다. 특정 예는 반응(21)에 나타낸 반응이다. 이런 형태의 고분자는 열안정성이 매우 높다. 이 반응은 2단계로 행하는 것이 바람직하다. 첫 단계에서는 헥사메틸포스포아마이드와 같은 용매 내에서 용액 중합을 하며, 두 번째 단계에서는 진공하 약 375°C에서 고온 열분해하는 것이다. 대

[1] 이것을 보다 더 상세히 알고자 하면, *Macromolecules, 14*, 909−950(**1981**)에 수록된 폴리벤즈옥사졸린류와 폴리벤즈싸이아졸류로 제목이 붙여진 여러 저자들의 논문을 참조하라.

부분의 폴리페닐퀴녹살린류는 고온 열가소성 구조로 된 물질이다.

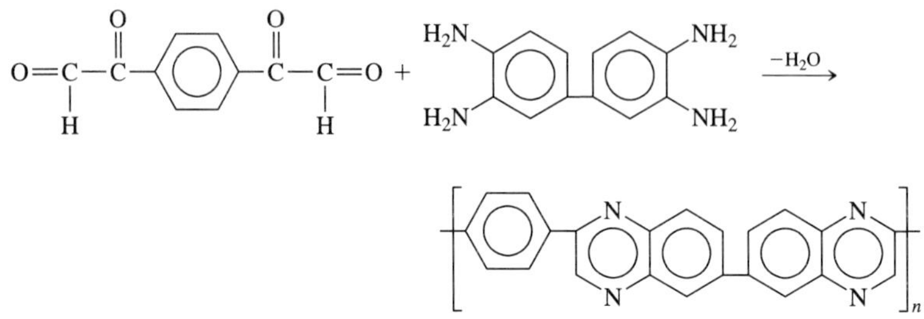

(21)

2.2.10 방향족 사다리형 고분자

이상에서 설명한 모든 축합 고분자들은 단일 사슬형 중합체들이다. 몇 개의 사다리형 구조로 된 것이 있기는 하나(앞에서 설명한 폴리퀴녹살린류, 폴리벤즈이미다졸류, 또는 폴리이미드류에서처럼), 반복 단위당 한 개의 골격 결합으로 되어 있으면 사다리형 구조가 아니다. 이러한 단일-사슬 결합들은 어느 정도 제한적으로 골격에 유연성을 부여하기는 하나, 고온에서 비가역성 골격 절단을 제공하는 위치가 되기도 한다.

단일-사슬 결합을 가지고 있지 않은 고분자를 제조하려는 시도로서, 방향족 사다리형 중합체가 있다. 그러한 물질들은 매우 열안정성이 높을 것으로 추정된다. 단일-사슬 고분자 내에서 골격 절단 반응이 일어나면, 연쇄 길이가 감소하며 마침내는 고분자 특성을 저하시킨다. 사다리형 고분자에서는 연쇄가 깨어지기 전에 같은 위치에 연결된 성분의 두 결합이 깨어져야 한다. 이러한 것이 일어날 확률은 매우 작다. 더구나 사다리형 고분자 내 한 개의 결합이 깨어진다면, 두 개의 깨어진 말단들은 손상되지 않는 가닥이 남아 있음으로 해서 병렬 위치로 유지되게 되며, 깨어진 결합의 "원상 회복"이 일어난다. 사다리 구조들이 일반적으로 매우 딱딱하다는 사실은 전이 온도들을 증가시키는 장점을 갖고 있다. 이와 같은 강성화는 용융 엔트로피 ΔS_m을 낮추는데, 이것은 녹는점 T_m이 $\Delta H_m/\Delta S_m$(여기서 ΔH_m은 용융열)이며 T_m은 크게 증가할 수 있다. 강성은 사슬의 운동을 방해하며 따라서 유리 전이 온도 T_g가 증가한다. 여기서 T_g 이상에서는 이와 같은 사슬의 운동으로 고분자가 더욱 유연해진다. 따라서 방향족 사다리 고분자들은 매우 고온에서도 견딜 수 있다. 대표적인 방향족 사다리형 고분자는 이미 설명한 형태인 폴리벤즈이미다졸류와 **23**과 **24**에 나타낸 것과 같은 구조로 된 폴리이미다조피롤론류나 폴리퀴녹살린류이다[반응 (22)와 (23)]. 아미노페놀류와 퀴논류를 축합하면 반응 (24)에 나타낸 것과 같은 **25**의 중합체가 형성된다. 그와 유사하게, 테트라민류와 테트라케톤이나 그들 전구체(precusor)들을 축합시키면 **26**[반응 (25)]과 같은 사다리형 고분자가 생성된다. 많은 방향족 사다리형 고분자들은 그들의 특이한 레올로지 특성으로 인해 단단한 막대 중합체로서 주목을 받고 있다.

또 다른 사다리형 고분자계는 실록세인 성분으로부터 합성되며, 폴리아크릴로나이트릴의 열분해로서도 합성되고 있다. 이러한 반응들은 각각 7장과 9장에서 설명한다.

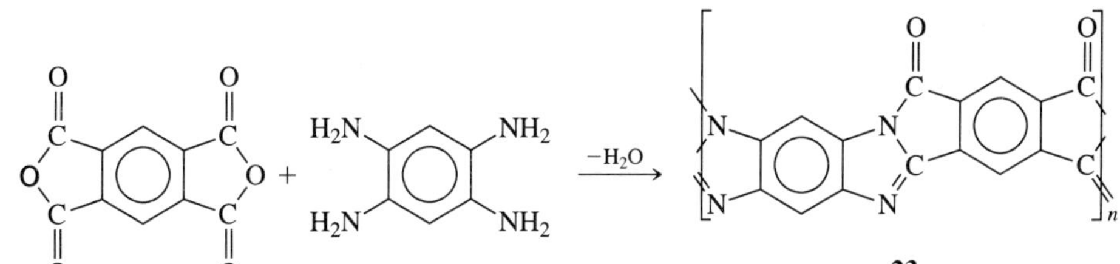

(22)

23

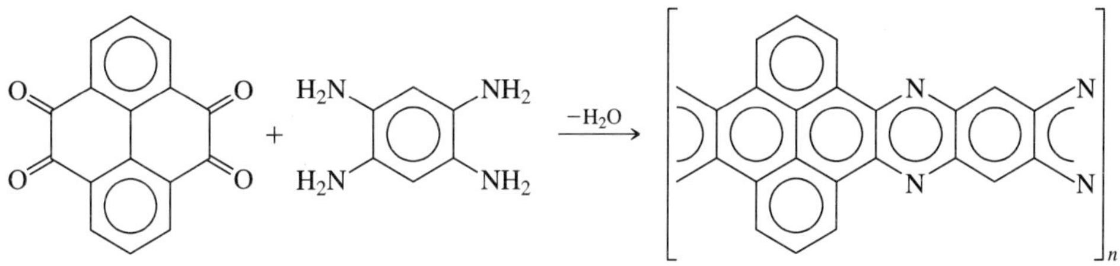

(23)

24

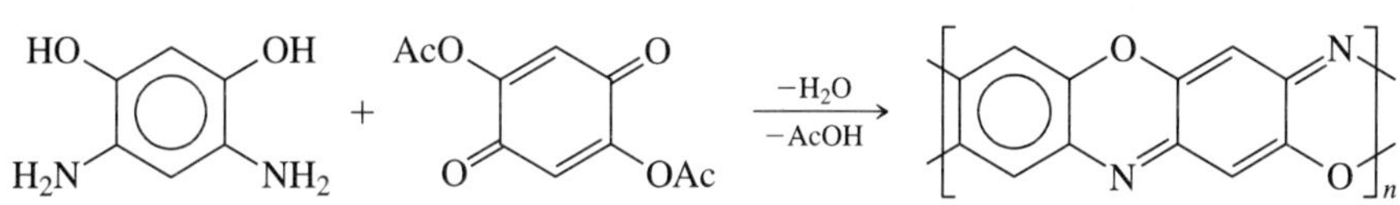

(24)

25

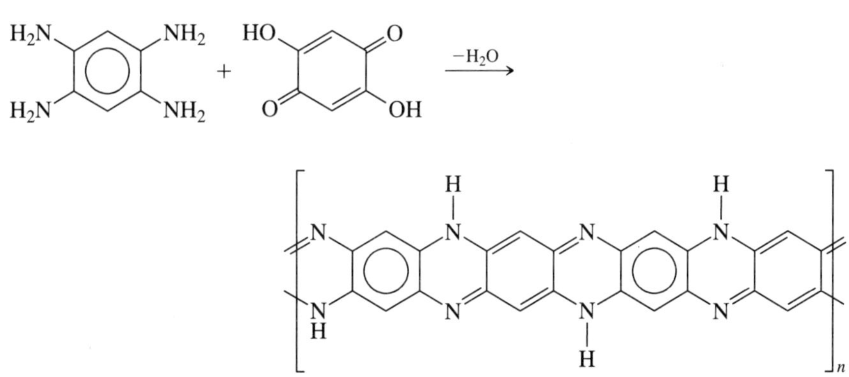

(25)

26

2.2.11 페놀-, 요소- 및 멜라민-폼알데하이드 수지류

페놀, 요소 및 멜라민과 폼알데하이드와의 반응으로 형성되는 수지의 반응들은 매우 복잡하다. 이러한 공정들의 초기 단계에서는 축합이 일어나지 않으나, 후반기의 "경화" 단계에서는 물의 제거가 수반된다. 그래서 이러한 반응들을 축합 중합으로 분류하여 여기서 설명하기로 한다.

페놀-폼알데하이드 고분자류 페놀과 폼알데하이드의 반응으로 생성된 수지들은 일찍이 1872년에 알려졌다. 20세기 전반에는 "베크라이트 수지류"의 형태로서, 성형할 수 있는 열경화성 재료를 가공하는 데 사용할 수 있는 귀중한 합성 고분자 재료로 생산되었다. 여기서 망상 구조의 고분자를 제조하는 단계는 3가지로 나눌 수 있다.

우선, 페놀과 폼알데하이드를 반응시켜 메틸올페놀류의 혼합물을 만든다[반응 (26)]. 이 반응은 산성이나 염기성 조건하에서 행해진다. 만약 산성 조건이 사용되면 자발적인 축합이 일어나 분자량이 적은 중합체가 생성된다. 염기가 촉매로 사용된 반응에서 생성된 것은 "레졸"이라고 불리는 가용성 프리폴리머이다.

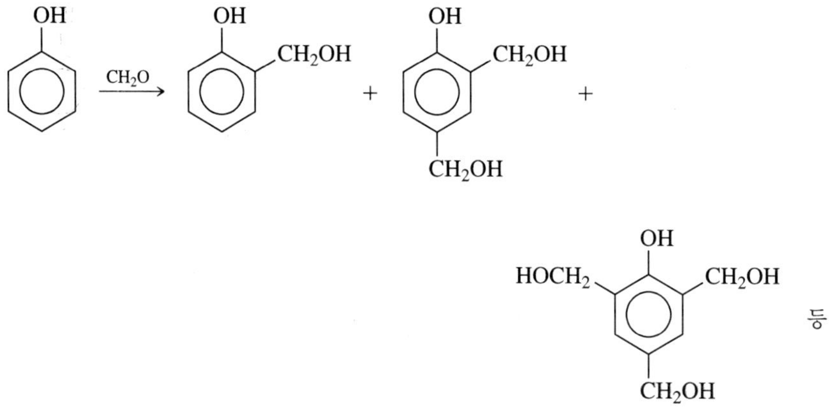

(26)

중성이나 산성 조건하에서 약 105°C 이상의 온도로 프리폴리머를 가열하면, 축합이 일어나 (27)에 나타낸 반응을 통해 성형 가능한 고리 선형이나 가지를 가진 형태의 중합체가 생성된다. 더 온도를 올리면, (28)에 나타낸 형태의 반응으로 메틸렌 결합이 생긴다. 여기서 물과 폼알데하이드의 유리가 수반된다. 이러한 구조들이 최종 가교된 수지에 대체적으로 일어날 것으로 생각되고 있다. 그러나 이러한 단계들의 화학은 이들 반응식으로 나타낸 것보다 훨씬 더 복잡하다.

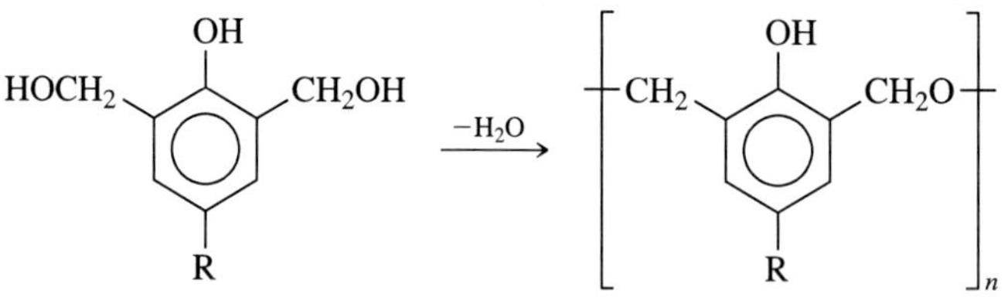

(27)

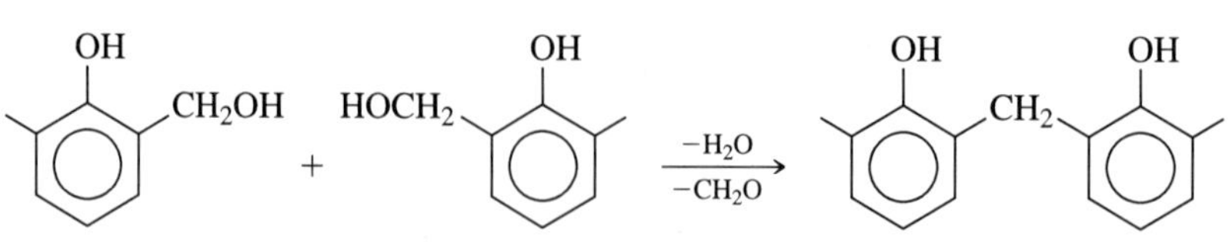

(28)

노볼락 수지는 설명한 산 촉매로 생성된 저분자 중합체로 만든 페놀-폼알데하이드 중합체이다. 이들은 헥사메틸렌테트라민 $(CH_2)_6N_4$를 첨가하면 암모니아가 유리되면서 가교된다.

요소-폼알데하이드 수지류 폼알데하이드는 아미노 화합물과 반응하여 메틸올(methylol) 유도체를 생성한다. 그런 다음, 비교적 저온에서 메틸올 단위들의 축합이 일어난다. 요소와 멜라닌[트라이아미노-*s*-트라이아진, $\leftarrow N{=}CNH_2 \rightarrow_3$]은 이러한 형태의 반응에 참여하는 아미노 화합물들이다.

요소는 알칼리성 매체하에서 폼알데하이드 수용액과 반응하여 모노메틸올과 다이메틸올 유도체를 생성한다(**27**과 **28**)[반응 (29)]. 그러한 생성물들은 서로 분리한 화합물이나 혼합물로 유리하여 수지를 만드는 데 바로 사용된다. 혼합물을 제거하여 시럽으로 만든 다음, 산성화하여 약 100°C로 가열하면 축합이 일어나 젤화된다. 정확한 가교 반응 기구는 밝혀져 있지 않으나, 물이 빠져 나오면서 $-CH_2OH$와 $-NH_2$기 또는 두 개의 $-CH_2OH$기 사이에서 축합이 일어날 수 있다. 또한 메틸렌 결합들은 물과 폼알데하이드 둘 다가 소실되면서 형성될 수 있으며, 그 밖에 다른 많은 반응들이 생각되고 있다, 요소–폼알데하이드 수지류는 투명하며 무색이다. 이들은 페놀–폼알데하이드 수지보다 더 딱딱하며, 충전제로서 보강이 되거나 착색하여 여러 가지 용도로 사용되고 있다.

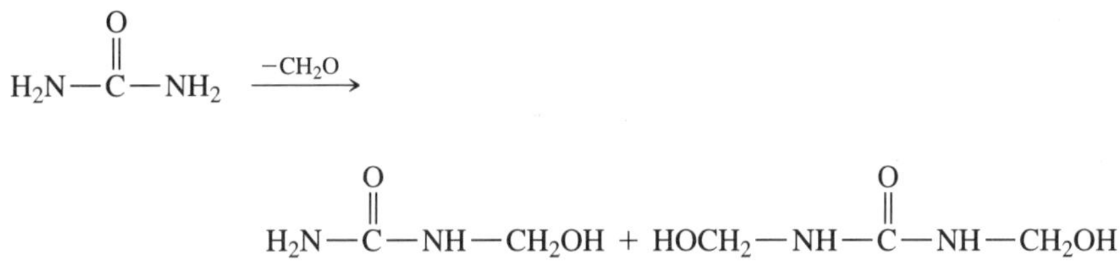

27 **28**

(29)

멜라민–폼알데하이드 고분자류 멜라민(트라이아미노-*s*-트라이아진)(**29**)은 메틸올화[반응 (30)]하여 6개까지의 메틸올기를 가진 생성물로 만들 수 있다(**30**). 이러한 물질들은 물에 용해하여 수용액 상태로 섬유 가공에 편리하게 사용할 수 있다. 온도를 올리면 메틸렌이나 메틸렌–에터 연결이 형성되어 가교된 수지가 얻어진다. 경화된 메틸올–멜라민을 함유한 섬유들은 "영구 프레스 가공" 특성을 가지고 있다. 성형 분말로 제조된 벌크 고분자류는 "멜라민 수지"로 잘 알려져 있다.

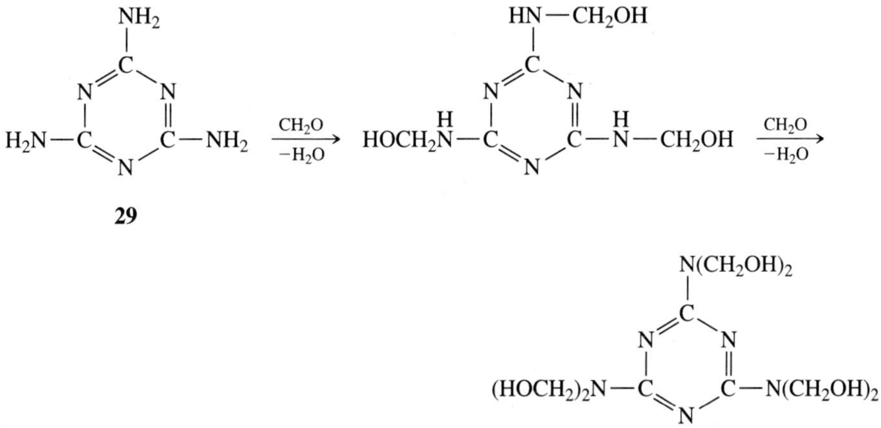

29 **30**

(30)

2.2.12 폴리아세탈류

폼알데하이드는 지방족 다이올과 반응하여 물이 빠져 나오면서, **폴리아세탈류**(polyacetals)로 알려져 있는 폴리에터류를 생성한다. 전반적인 공정은 반응 (31)에 나타낸다. 실제로 이 축합 공정은 산 촉매하에서 일어나는 카보닐 부가-치환 반응이다. 일반적으로 긴 사슬의 다이올류는 고리화 경향을 감소시키는 데 필요하다. 폼알데하이드가 고리형 다이올류와 반응하면 높은 녹는점을 가진 결정성 폴리폼알류가 생성된다. "폴리아세탈"이라는 용어는 알데하이드가 부가 중합체에도 사용된다는 데 유의해야 한다(4장 참조).

$$CH_2{=}O + HO{-}R{-}OH \xrightarrow{-H_2O} \left[CH_2{-}O{-}R{-}O \right]_n \qquad (31)$$

2.3 그 밖의 단계형 중합들

축합 반응은 단계형 중합의 오직 한 분야에 속한다. 그 밖의 많은 유기 반응 공정들이 단계 중합 고분자들에 적용되고 있으며, 몇 가지 예들을 다음 절에서 간략히 설명한다.

2.3.1 방향족 치환에 의한 폴리에터류

방향족 다이올류의 축합 반응에서 저분자량의 폴리에터류가 생성되기는 하나, 고분자량 중합체는 친핵 치환이나 산화 커플링 방법을 사용하여 제조된다. 친핵 치환 반응은 비스페놀 A의 2소듐염(**31**)과 4,4′-다이클로로다이페닐설폰(**32**)을 반응시켜 소위 **폴리설폰**(**33**)을 합성하는 데 사용되고 있다[반응 (32)]. (**32**)의 설폰기는 염소 원자들을 활성화하여 일반 방향족 염소 화합물에서는 불가능했던 친핵 치환이 일어나게 한다. 다이메틸설폭사이드가 이러한 반응의 용매로 적합하며, 반응은 160°C에서 행해진다. 고분자는 200°C 부근에서 연화한다. 280°C에서 주조하거나 압착하여 필

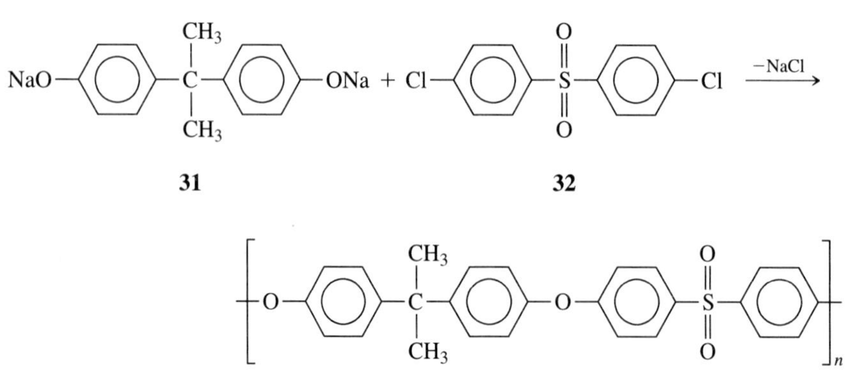

31 **32** **33**

(32)

름을 제조하며, 용융 기술을 사용하여 섬유를 얻을 수 있다. 폴리설폰류는 전기 절연용과 내열 제품을 제조하는 데 사용되고 있다.

2.3.2 산화 커플링 반응에 의한 폴리에터류

방향족 폴리에터류는 2,6-이치환페놀류를 유기 용매에 녹인 용액에 산소를 불어 넣으면 생성된다. 이 반응에서 구리염과 4차 아민에서 형성된 촉매 착물이 필요하다. 전반적인 공정은 반응 (33)에 나타낸다. 고분자 **34**는 공업적으로 "폴리페닐렌옥사이드[poly(phenylene oxide)]"로 알려져 있다. 기계부품, 특히 열안정성이 요구되는 것을 제조하는 데 이것이 사용된다.

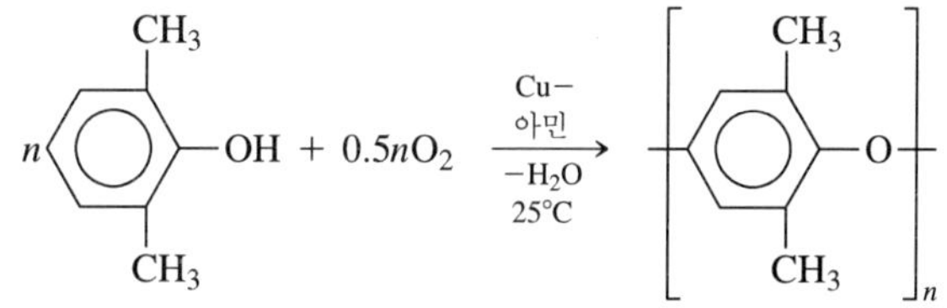

(33)

34

2.3.3 Diels-Alder 부가 고분자류

이 장의 앞에서 사다리형 중합체의 중요성에 대해 이미 설명하였다. 이런 형의 중합체를 제조하는 또 다른 좋은 방법은 반응 (34)에서 **35**의 형성과 같은 퀴논류와 바이닐 화합물 사이에서 Diels-Alder형 부가를 하는 것이다. 그러한 반응은 비교적 저온에서 신속히 일어난다. 그러나 종종 부반응으로 인해 구조적 불규칙성이 형성되기도 한다.

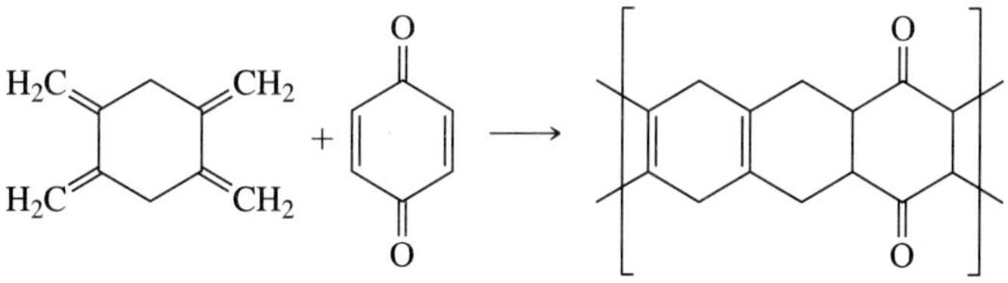

(34)

35

2.3.4 폴리유레테인과 폴리유레아

폴리유레테인은 가장 중요한 합성 고분자들 중 하나이다. 이들은 "스판덱스" 또는 발포 고무 형태의 탄성체로 사용되기도 하고 페인트나 바니시용의 표면 코팅제 또는 접착제로 사용될 수 있을 뿐만 아니라 의료용 재료로서도 광범위하게 사용되어 왔다. 폴리유레테인폼 탄성체의 문제로는 이들이 오랫동안(수십 년) 사용하면 껌 형태가 되면서 붕괴되는데 아마도 대기 중의 수분의 영향으로 유레테인 결합(—NH—COO—)이 반응하는 결과인 것으로 추측된다. 또 다른 문제로는 이들이 매우 발화성이 크다는 점이다.

폴리유레테인은 하이드록시 말단기와 다이아이소사이아네이트의 반응에 의해 미리 형성된 고분자가 결합하여 생긴 거대한 분자이다. 전반적인 반응은 다음 반응 (35)에 나타내었다.

$$\begin{aligned}&\text{HO}-\text{고분자}-\text{OH} + \text{O}=\text{C}=\text{N}-\text{R}-\text{N}=\text{C}=\text{O} \longrightarrow \\ &\text{O}=\text{C}=\text{N}-\text{R}-\text{NH}-\text{C(O)}-\text{O}-\text{고분자} \\ &\quad -\text{O}-\text{C(O)}-\text{NH}-\text{R}-\text{N}=\text{C}=\text{O}\end{aligned} \tag{35}$$

만약 과량의 다이아이소사이아네이트를 사용하면 생성된 고분자는 말단에 아이소사이아네이트기를 갖고 있어 다양한 고분자량의 다이올과 반응하여 사슬을 연장시킬 수 있거나 트라이올과 반응하여 가교된 고분자를 형성하기도 한다.

고분자 다이올은 하이드록시 말단기를 갖는 폴리(에틸렌옥사이드)나 폴리(오가노실록세인)(9장) 또는 원칙적으로 모든 형태의 하이드록시 말단기를 갖는 고분자가 될 수 있다. 두 개의 서로 다른 고분자 다이올을 이용하면 하나는 친수성 블록을, 또 다른 것은 소수성 세그먼트를 만들 수 있으며, 또는 하나는 폴리(에틸렌옥사이드)와 같은 "부드러우면서" 유연한 블록을, 또 다른 하나는 딱딱한 "하드" 세그먼트를 만들 수 있다. 다이아이소사이아네이트는 **36**과 **37**에 나타낸 것처럼 하드세그먼트를 형성할 수 있다.

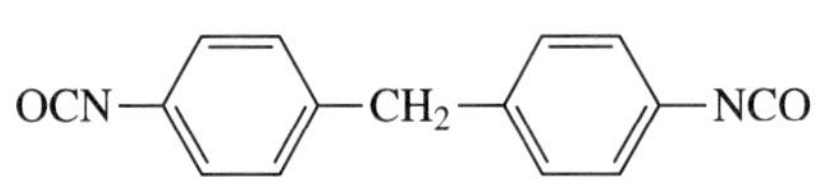

36

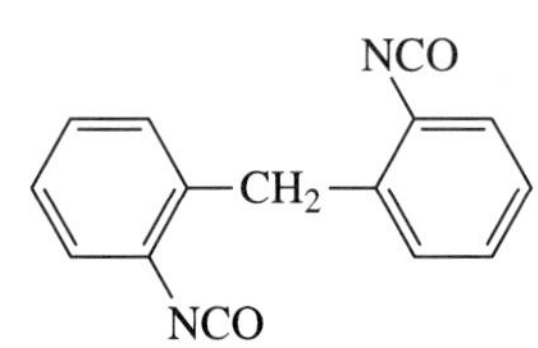

37

소프트블록과 하드블록들은 상분리가 일어날 수 있어 탄성체의 강도를 높일 수 있다. **단사슬** 다이올을 "사슬 연장제"로 사용하면 단단한 유레테인 단위 대 고분자 사슬의 비를 증가시키며 찢김강도와 강성을 증가시킨다.

유레테인 커플링 반응들은 다이메틸틴다이로레이트 $Me_2Sn[OC(O)(CH_2)_{10}CH_3]_2$와 같은 분자들에 의해 촉매 반응이 일어나는데, 이것은 주석 원자들이 아이소사이아네이트기의 말단 산소에 공유 결합하여 하이드록시기 내의 산소 원자가 아이소사이아네이트기의 탄소 원자를 공격하도록 해준다. 다른 촉매들은 트라이에틸렌다이아민("Dabco") 또는 Lewis 염기이다. 이들은 아이소사이아네이트기들이 물과 반응하여 폼고무를 형성하는 이산화탄소가 되도록 한다.

폴리유레테인과 유사한 것이 **폴리유레아**이다. 이것은 다음 반응 (36)에 나타내었듯이 다이아이소사이아네이트와 아민 말단기를 갖는 고분자와 반응하여 형성된다.

$$\begin{aligned} &H_2N-\text{고분자}-NH_2 + O=C=N-R-N=C=O \longrightarrow \\ &\quad O=C=N-R-NH-C(O)-NH-\text{고분자} \\ &\qquad -NH-C(O)-NH-R-N=C=O \end{aligned} \tag{36}$$

예를 들어, 전구체(precursor) 고분자는 아민 말단기를 갖는 폴리(에틸렌옥사이드)가 될 수 있다. 유레아 결합은 폴리유레테인보다 더 좋은 탄성체 성질을 나타낼 수 있다, 아미노기들은 아이소사이아네이트와 더욱 활발히 반응할 수 있어 고분자량의 물질을 더욱 빨리 만들게 된다. 38과 같은 다이아민들은 폴리유레아를 딱딱하게 만든다.

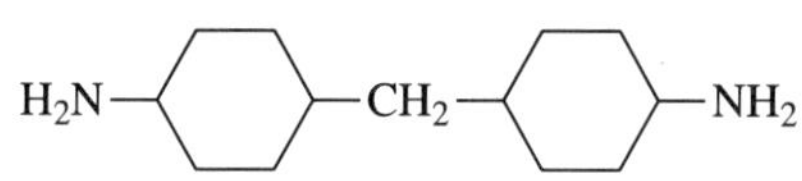

38

2.3.5 친전자성 방향족 치환으로 생성되는 고분자류

방향족 고리 선형 고분자들은 Friedel-Crafts형 치환과 관련 공정을 사용하여 실험적으로 제조되고 있다. 예를 들면, 분자량이 12,000 정도인 폴리(아릴렌–알킬렌)[poly(arylene-alkylenes)]은 염화알루미늄 존재하에서 1,2-다이클로로메테인과 벤젠을 반응시키면 얻을 수 있다. 불용성 폴리(*p*-페닐렌류)(**39**)는 Lewis 산이 첨가된 벤젠과 산화제 계를 반응시키면 생성된다.

39

2.4 결론

이 장에서 몇 가지 단계형 계들은 제외하였다. 왜냐하면 무기 성분의 화합물이 포함되어 있기 때문이다. 이러한 것들은 9장에서 취급하는 것이 더 나을 것 같다. 그러나 축합과 그 밖의 다른 단계형 반응을 통해 새로운 중합체가 합성되고 있으며, 첨단 합성 연구 분야에 풍요로운 장을 마련할 것이라는 것은 이 장에서 설명한 반응의 다중성으로 보아 자명한 사실이다. 현재의 추세로 분명한 것은 이 분야의 장차 연구 대상은 고온에서 안정하며 내연소성이 있고, 특별한 전기적 특성을 가진 새로운 중합체의 합성이다.

발견된(대부분 유기) 단계 반응이 굉장히 다양하기 때문에, 여전히 이 분야는 기술적(記述的)인 반응 화학으로 설명하는 것이 큰 위치를 점유하고 있다. 가장 잘 알려져 있는 계에 대해서만 자세한 물리화학적 방법에 의거하여 반응 기구적 그리고 속도론적으로 분석되어 있다. 이 반응 기구적인 면은 11장에서 설명한다. 반면에, 바이닐-부가형 중합은 오직 한 형태의 반응을 사용해서 여러 가지 많은 중합체가 합성된다. 즉, 올레핀류의 선형 부가 등이 그렇다. 그래서 올레핀 중합 분야는 상세한 반응 기구의 분석과 물리적 특성을 위해 검토해야 할 많은 부분이 있다. 다음 장에서는 올레핀 중합을 취급하여 이와 같은 사실을 분명히 하고자 한다.

연|습|문|제

1. (a) 단계형 중합과 (b) 연쇄 반응 중합이 시간에 따라 일어나는 분자량 분포 변화를 비교하는 그림을 그려라.
2. 반응물 중 한 성분만 과잉으로 첨가하면 축합 중합 생성물의 분자량이 조절되는 이유에 대하여 설명하라.
3. 폴리에스터류를 제조하는 데 사용되는 여러 가지 다이카복실산류와 다이올류를 목록으로 작성하고, 각 상대 성분을 조합하는 데 따른 이점과 발생되는 문제점에 대하여 기술하라. 최종 중합체에 어떤 특성 차이가 있는가를 추정해 보라.
4. 비스페놀 A가 단계형 중합 합성에 가장 광범위하게 사용되는 단량체인 이유에 대해 설명하라.
5. 만약 폴리에스터에 가지를 도입하고 가교시키는 데 글리세롤을 첨가함으로써 행해질 수 있다면, 폴리아마이드나 폴리에터 합성에서 유사한 결과를 얻기 위해서 어떤 특정 시약이 사용되는가?
6. 페놀류를 산화 커플링하여 고분자 방향족 에터류가 생성되는 반응 기구에 대하여 기술하라. 페닐 고리에 붙어 있는 두 개 이상의 메틸기를 함유한 페놀류는 두 개 이하의 메틸기를 가진 것들보다 반응이 더 빠른지 또는 느린지를 예상해 보라.
7. 350°C 이상의 온도에서 견딜 수 있는 유기 고분자에 요구되는 분자 구조적 사항에 대한 것을 기술하라.
8. 메틸올화 반응에 사용되고 있는 멜라민이나 요소 이외의 아미노 화합물을 조사하고, 차후 수지로 전환되는 사항에 대해 기술하라. 이런 특정 온도에 대한 각 화합물의 장 · 단점을 생각해 보라.
9. 여기서는 설명하지 않았으나, **유기화학 서적**[예를 들어, J. D. Roberts and M. C. Caserio, *Basic Principles of Organic Chemistry*(New York: Benjamin, 1977)]을 참조하여 단계형 중합 방법으로 저분자 화합물을 얻을 수 있는 몇 가지 일반적인 반응을 조사하라. 이런 반응들이 중합 공정으로 사용될 수 있을 때의 장점과 일어날 수 있는 문제점에 대해 기술하라.

참|고|문|헌

ALBERTSSON, A-C., and LUNDMARK, S., "Synthesis of Poly(adipic anhydride) by Use of Ketene," *Macromol. Sci., Chem.*, **1988**, *A25*, 247.

BEEVER, W. H., and STILLE, J. K., "Synthesis and Thermal Properties of Aromatic Polymers Containing 3,6-Quinoline Units in the Main Chain," *Macromolecules*, **1979**, *12*, 1033.

HERGENROTHER, P. M., "Heat-Resistant Polymers," in *Encyclopedia of Polymer Science and Engineering*, Vol. 7 (H. F. Mark, N. Bikales, C. G. Overberger, G. Menges, and J. I. Kroschwitz, eds.). New York: Wiley, **1987**, p. 639.

HERGENROTHER, P. M., WAKELYN, N. T., and HAVENS, S. J., "Polyimides containing Carbonyl and Ether Connecting Groups," *J. Polymer Sci.* (*A*), **1987**, *25*, 1093.

MARVEL, C. S., "Trends in High Temperature Polymer Synthesis," *Macromol. Chem.*, **1975,** *C13* (2), 219.

MORGAN, P. W., "Aromatic Polyamides," *ChemTech.*, **1979**, *9*, 316.

NOREN, G. K., and STILLE, J. K., "Polyphenylenes," *J. Polymer Sci. (D), Macromol. Rev.*, **1971**, *5*, 385.

ODIAN, G., *Principles of Polymerization* (3rd ed.), New York: Wiley-Interscience, **1991**.

OVERBERGER, C. G., and MOORE, J. A., "Ladder Polymers," *Advan. Polymer Sci.*, **1970**, *7*, 113.

STILLE, J. K., "New Developments in High Temperature and High Strength Polyquinolines," *Contemp. Top. Polymer Sci.*, **1984**, *5*, 209.

STILLE, J. K., "Polyquinolines," *Macromolecules*, **1981**, *14*, 870.

TSURUYA, S., NAKAGAWA, K., and MASAI, M., "Catalysis of Copper(II) Chelate-Amine Complexes in the Oxidative Coupling of 2,6-Dialkylphenols." *J. Polymer Sci.*, **1987**, *25*, 995.

3장

자유 라디칼 중합

3.1 부가 반응

많은 합성 고분자들이 불포화 유기 화합물의 중부가 반응(polyaddition reaction)으로 제조되고 있다. 일반적으로 이와 같은 중합 반응은 반응 (1)과 같이 나타낼 수 있으며, 이와 같은 반응들은 자유 라디칼 생성 시약의 부가에 의해서나, 또는 산이나 유기 금속 화합물과 같은 이온성 개시제로 인해 일어난다. 이온 중합에 대해서는 4장에서 다루기로 하고, 여기서는 자유 라디칼 중합 공정에 대해 설명하기로 한다.

$$n\,\begin{matrix} H & & R \\ | & & | \\ C & = & C \\ | & & | \\ H & & H \end{matrix} \longrightarrow \left[\begin{matrix} & H & & R & \\ & | & & | & \\ - & C & - & C & - \\ & | & & | & \\ & H & & H & \end{matrix}\right]_n \qquad (1)$$

3.2 자유 라디칼 부가 반응

자유 라디칼 부가 중합 반응에서는 성장 사슬의 홀전자를 갖는다(**1**). 사슬 말단이 불포화 결합을 갖는 단량체를 공격하여 부가 반응이 진행된다. 따라서 각 부가 단계에서 홀전자가 새로운 사슬 말단으로 이동한다.

1

이와 같은 중합 반응은 매우 일반적인 것으로 많은 올레핀들이 저장 중에 “자발적으로” 중합 반응을 일으켜 많은 경우에 올레핀 중합이 문제시되고 있다. 따라서 실험실이나 생산 단계에 이르기까기 소위 중합 금지제를 단량체에 첨가하여 중합을 금지시켜 주고 있다. 자유 라디칼 중합 반응은 용매 없는 액상이나 또는 용매 존재하의 용액상에서 진행할 수 있다.

자유 라디칼 중합 반응은 공업적으로 매우 중요하다. 반응에 쓰이는 단량체들은 석유 화학 산업으로부터 대량 생산이 가능하고, 이들로부터 얻어지는 고분자들이 고분자 산업의 주류를 이루고 있다. 저밀도 폴리에틸렌, 폴리메틸메타크릴레이트, 폴리스타이렌, 폴리아크릴로나이트릴, 폴리바이닐클로라이드 등 많은 공업적으로 중요한 고분자들이 자유 라디칼 공정으로 제조되고 있다. 자유 라디칼 중합은 2장의 단계 중합보다는 반응 기구면에서 더 잘 알려진 편이다. 대개는 자유 라디칼 중합 반응들은 하나의 특이 반응 형태의 미미한 변형으로 이루어져 있다는 사실의 결과이다. 그러므로 용매 효과, 개시제 변화, 곁가지 변화 효과 등에 의해 이와 같은 이유에 대해 미묘한 비교가 이루어질 수 있다. 더 자세한 반응 기구의 접근이 이 장과 12장에서 다루어질 것이다.

3.3 자유 라디칼 중합 개시제

표 3.1에 바이닐 화합물의 자유 라디칼 중합용 시약을 요약하였다. 처음 4가지 화합물들은 열이나 방사선에 의해 자유 라디칼로 분해한다. 5번과 6번은 단량체나 용매로부터 자유 라디칼들을 생성하는 데 영향을 미치는 **물리적** 방법들이다. 일반적으로 이들 개시제들은 공기 중에 있는 수분을 제거하지 않고도 취급할 수 있다(4장 참조). 이것은 다음 장의 이온 중합 개시제들과 다른 점이다. 그러나 대기 중의 산소는 제거하여야 한다. 유기과산화물을 개시제로 사용할 경우에는 특별히 주의해야 하는데, 이들 중 다수는 충격이나 고온에 이르면 폭발할 위험이 있다. 벤조일퍼옥사이드는 다른 과산화물보다 충격에 덜 민감한 편이라 가장 보편적으로 사용되고 있다. 개시제의 역할에 대

표 3.1 자유 라디칼 개시제

개시제의 종류	화학식 또는 예
1. 유기과산화물류나 하이드로과산화물류	벤조일퍼옥사이드, $PhC(=O)OOC(=O)ph$
2. 레독스제	퍼설페이트류 + 환원제, 하이드로과산화물류 + 철 이온(II)
3. 아조 화합물류	아조비스아이소뷰티로나이트릴 $Me_2C(CN)N{=}NC(CN)Me_2$
4. 유기 금속 시약	알킬화은류
5. 열, 빛, 자외선 또는 고에너지 조사	
6. 전해질의 전자 이동	

해서는 추후 설명하기로 한다.

3.4 자유 라디칼 중합용 단량체

여러 종류의 불포화 유기 화합물들이 자유 라디칼 중합을 일으킬 수 있다. 단량체의 예를 표 3.2에 나타내었다. 일반적으로 이들 단량체의 구조는 $CH_2{=}CHR$과 같은 일반식으로 나타내며, 여기서 R은 유기물, 할로젠, 나이트릴 또는 무기물까지도 포함된다. 몇 가지 단량체들은 $CH_2{=}C(R)(R')$과 같은 식으로 표시되며, α-탄소에 치환기들이 두 개 붙어 있다. 대부분의 단량체들은 전자 공여성 치환기를 갖고 있으며, 치환기의 전자 지향 효과(directing effect)는 자유 라디칼 중합 반응에서는 이온 중합만큼 영향이 크지는 않다.

표 3.2 자유 라디칼 중합용 단량체류

스타이렌	$CH_2{=}CHPh$	에틸렌	$CH_2{=}CH_2$
α-메틸스타이렌	$CH_2{=}C(Me)Ph$	염화바이닐	$CH_2{=}CHCl$
1,3-뷰타다이엔	$CH_2{=}CH{-}CH{=}CH_2$	염화바이닐리덴	$CH_2{=}CCl_2$
메틸메타크릴레이트	$CH_2{=}C(Me)COOMe$	테트라플루오로에틸렌	$CF_2{=}CF_2$
바이닐에스터류	$CH_2{=}CHOOCR$	아크릴로나이트릴	$CH_2{=}CHC{\equiv}N$
N-바이닐피롤리돈	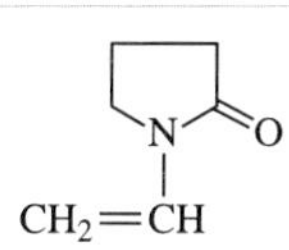	아크릴아마이드	$CH_2{=}CHCONH_2$

3.5 용매 및 반응계

자유 라디칼 중합 반응은 벌크 상태로 진행된다. 그러한 경우에 단량체 자체가 중합 초기에 용매로 작용한다. 이 방법은 직접 중합시켜 고분자 주형을 행할 수 있는 이점이 있다. 그러나 중합 반응이 매우 발열인 경우는 반응이 매우 격렬하거나 국부적으로 열이 발생하여 기포나 숯이 생기게 된다.

용액상으로 중합하면 이와 같은 문제를 최소화할 수 있다. 그러나 많은 유기 용매들이 자유 라디칼 반응에서 연쇄 이동제로 작용하여 분자량 저하가 일어난다. 아크릴로나이트릴이나 아크릴아마이드와 같은 단량체의 중합에 물이 사용되는데, 이들 단량체는 물에 부분적으로라도 용해되며, 특히 수용성 과황산염(persulfate)을 개시제로 사용할 때 물에 용해가 잘 된다. 예를 들면, 폴리테트라플루오로에틸렌(Teflon)은 테트라플루오로에틸렌을 물속에서 과황산염을 개시제로 사용하여 제조한 중합체이다.

단량체가 수용성이 아니더라도 물은 반응매체로 사용될 수 있는데, 그 이유는 단량체를 수용성 유기상 매체에 교반하면서 미세한 방울로 뜨게 할 수 있기 때문이다. 다른 방법으로는 계면 활성제를 중합 시스템에 첨가하여 물 내에 단량체의 에멀션을 발생시키기도 한다. 이 경우 수용성 개시제를 사용하면, 개시제가 에멀션 입자들에 침투해 들어가서 중합을 개시하게 된다.

3.6 대표적인 실험 과정의 예

3.6.1 스타이렌의 열중합(반응 2)

공업용 스타이렌(**2**)은 소량의 불순물과 중합 금지제가 들어 있으므로, 이들은 진공 증류법이나 알루미나 크로마토그래피 컬럼에 단량체를 통과시켜 제거해야 한다. 정제한 후 단량체를 유리로 된 중합용 튜브에 질소 기류하에 넣어 봉하고 125°C에서 1 ~ 7일간 가열해 준다. 튜브 내용물은 중합이 계속될수록 점차적으로 점성을 띠게 된다. 생성물(**3**)을 벤젠에 용해시키고 메탄올에 침전시켜 미반응 단량체와 올리고머들을 제거한다. 이와 같이 제조한 생성물은 분자량이 약 15만 정도이다.

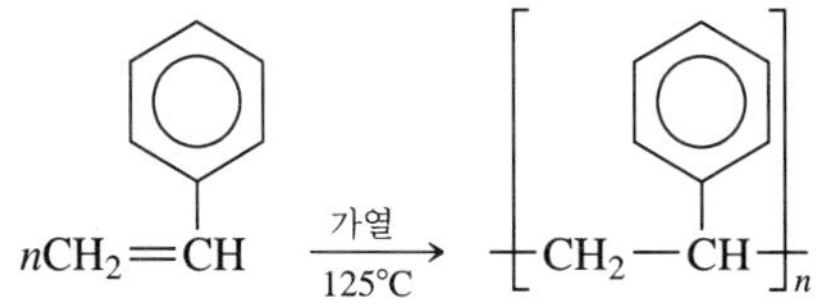

(2)

2 **3**

3.6.2 AIBN으로 개시된 메틸메타크릴레이트의 벌크 중합(반응 3)

새로 정제한 메틸메타크릴레이트 단량체(**4**)를 소량의 아조비스아이소뷰티로나이트릴(AIBN, 단량체/개시제 중량비 약 200/1)과 소량의 메타크릴산과 함께 반응시킨다. 혼합물을 40°C에서 1일간 방치시키면, 투명한 유리상의 고분자(**5**)가 생성된다. 때로는 점도를 높이기 위해 폴리메틸메타크릴레이트(PMMA)를 초기 반응 혼합물에 첨가하기도 한다. PMMA 유리판을 제조할 때는 두 유리판 사이에 고무 개스킷을 끼우고, 클램프로 조인 형태의 몰드에 부어서 만든다(20장 참조).

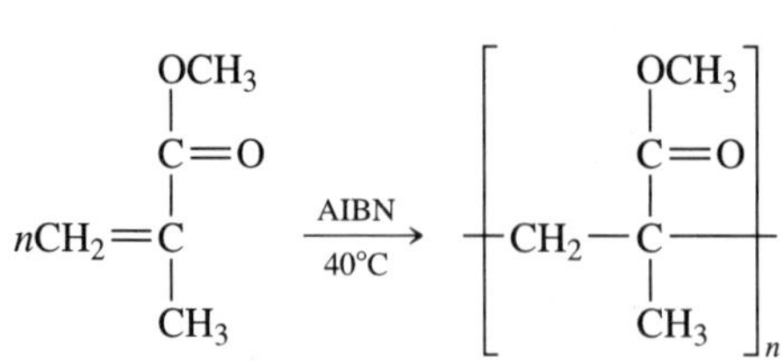

(3)

4 **5**

3.6.3 아크릴로나이트릴의 에멀션 중합(반응 4)

먼저 아크릴로나이트릴(**6**)을 실리카젤 컬럼을 통과시켜 중합 금지제를 제거시켜야 한다. 계면 활성제, 과황산포타슘 및 소량의 아황산수소소듐을 질소 유입하에 첨가하고, 아크릴로나이트릴과 물의 혼합물을 교반하면 중합이 일어난다. 35°C에서 2~3시간 후면 물 안에 백색의 폴리아크릴로나이트릴(**7**) 에멀션이 생성되는데, 응고시켜 여과하여 고분자를 얻는다.

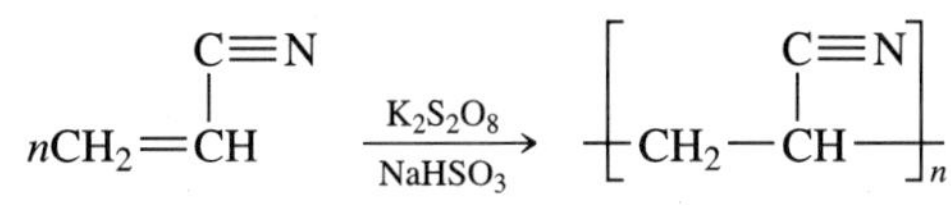

(4)

6 **7**

3.7 연쇄 반응

자유 라디칼 중합은 연쇄 반응이다. 단량체 분자를 연쇄 말단에 부과하면, 연쇄 말단에 다시 활성점을 생성한다. 따라서 많은 단량체 분자들이 소모되어 각각의 활성점을 반응계에 만들게 된다. 연쇄 중합 반응에서는 다음과 같은 4가지의 독특한 공정이 있다.

1. **개시 반응**— 반응의 시작으로 매우 반응성이 강한 일시적인 분자들 또는 활성점이 형성된다.
2. **성장 반응**— 활성 연쇄 말단에 단량체가 부가되어 다시 사슬 끝에 활성점을 생성한다.
3. **연쇄 이동**— 활성점을 다른 분자들(예로서, 단량체, 용매 등)에게 이동시킨다. 활성점을 잃어버린 분자는 연쇄 성장 관점에서 죽은 분자들이다. 활성점을 받은 분자는 새로운 연쇄를 만들 수 있다.
4. **정지 반응**— 활성 연쇄 중심이 파괴되는 반응이다. 연쇄 반응에는 자유 라디칼, 양이온, 음이온 중합 등이 있다. 자유 라디칼 반응에서는 위의 4가지 단계들이 잘 구분된다.

위의 4가지 단계를 그림으로 표시하면 식 (5)~(11)과 같다. 여기서 M은 단량체 분자, $R'\cdot$은 개시제로부터 생성되는 자유 라디칼, $R_n\cdot$은 중합도 n을 갖는 성장 자유 라디칼, YZ는 연쇄 이동제로서 단량체, 용매, 개시제, 또는 고분자 등이며, P_n은 최종 생성물인 비활성 고분자이다. 어떤 경우에는 개시제가 단량체 자체일 경우도 있다.

개시 반응:

$$\text{개시제} \longrightarrow 2R'\cdot \qquad (5)$$

$$R'\cdot + M \longrightarrow R_i\cdot \qquad (6)$$

성장 반응:

$$R_i\cdot + M \longrightarrow R_2\cdot \qquad (7)$$

$$\cdots\cdots$$

$$R_n\cdot + M \longrightarrow R_{n+1}\cdot \qquad (8)$$

$$R_n\cdot + YZ \longrightarrow R_nY + Z\cdot \quad \text{연쇄 이동} \tag{9}$$

$$\left.\begin{array}{l} R_n\cdot + R_m\cdot \longrightarrow P_{n+m} \quad (10) \\ R_n\cdot + R_m\cdot \longrightarrow P_n + P_m \quad (11) \end{array}\right\} \text{정지 반응}$$

실제로, 이와 같은 일반적인 연쇄 중합의 사슬 구조는 염화바이닐의 중합에서 확인할 수 있다. 이 반응은 다이-*t*-뷰틸 퍼옥사이드에 의해서 개시될 수 있다. 이때의 사슬 구조는 반응 (12)~(17)에 나타낸다. 여기에는 연쇄 이동 반응은 포함되어 있지 않다.

$$Me_3COOCMe_3 \xrightarrow{\text{가열}} 2Me_3CO\cdot \quad \text{개시제 분해} \tag{12}$$

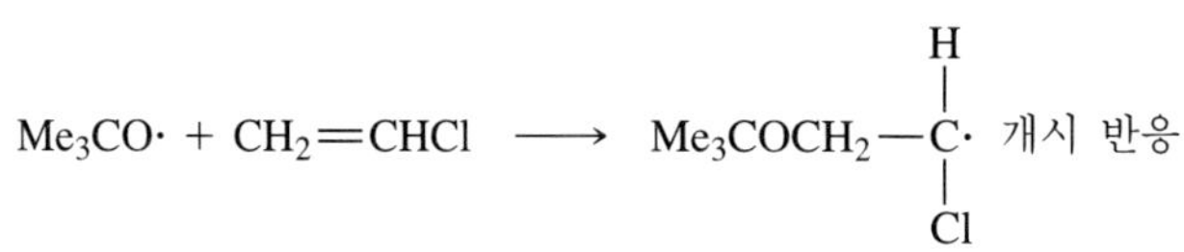

(13)

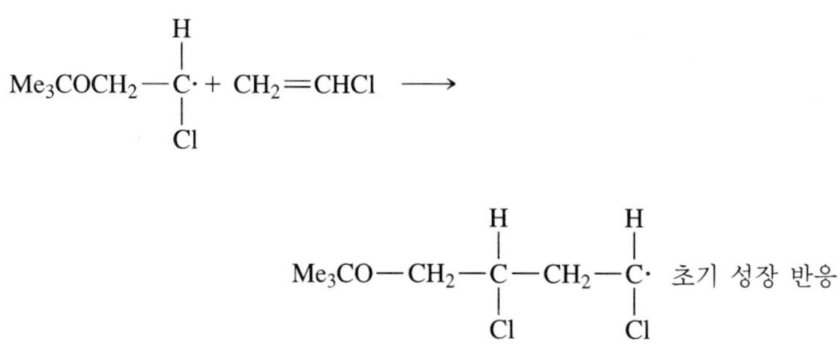

(14)

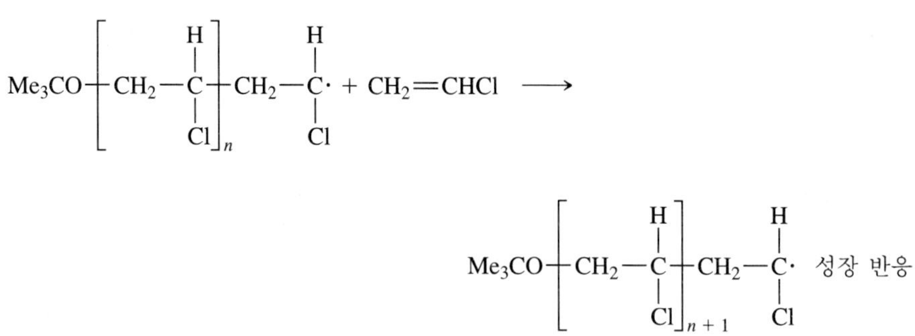

(15)

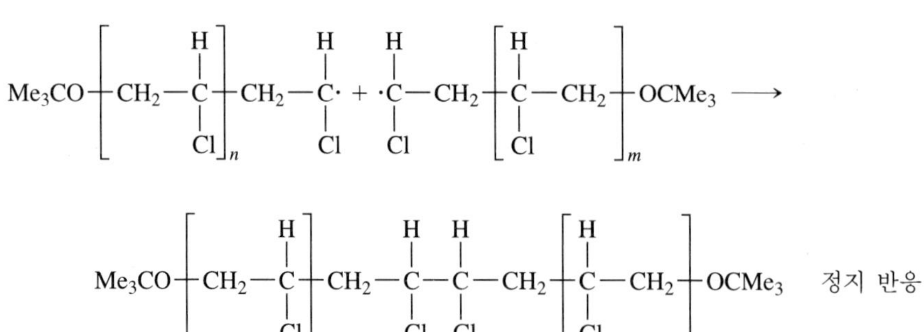

(16)

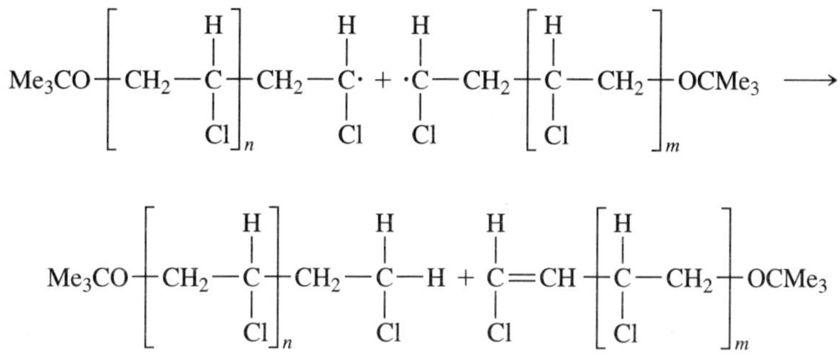

정지 반응 (17)

3.8 자유 라디칼 개시제

자유 라디칼 중합의 개시 반응에 있어서는 불포화 단량체의 존재하에서 자유 라디칼이 생성되어야 한다. 개시되는 자유 라디칼은 단량체로부터 직접 생성될 수 있어야 한다(예를 들면, 고에너지의 방사선 조사 등에 의해서). 하지만 라디칼들이 부가한 개시제로 인해서 생성되는 것이 보다 더 정상적이라 할 수 있다. 이와 같은 개시제는 열에 의해서나 빛이나 방사선 조사 등에 의해서 한 쌍의 개시제 라디칼을 생성할 수 있는 분자이다. 앞 절에서 설명한 다이-*t*-뷰틸 퍼옥사이드의 열분해가 이와 같은 형태의 한 반응 예이다. 그밖에, 어떤 개시제들은 산화 환원 반응(redox reaction) 형태로 작용하기도 한다. 여기서는 한 개시제 분자에서 한 개의 개시 라디칼만을 생성한다. 다음에서 개시 반응에 관련된 반응 기구들을 요약하기로 한다.

3.8.1 개시제의 열분해

많은 물질들은 가열하면 분해해서 자유 라디칼들을 생성한다. 이때 분해 온도가 중합에 필요한 알맞은 온도와 일치하게 되면, 이 물질은 유용한 개시제가 될 수 있다. 실제로, 어떤 화합물의 개시제로서의 유용성은 온도에 따른 개시제 분해 속도로 결정된다. 이와 같은 열분해는 일반적으로 1차 반응 기구로, 한 개시제 분자로부터 두 개의 자유 라디칼을 생성한다.

12장에서 상세히 설명하겠지만, 중합 속도는 개시 반응 속도의 제곱근에 비례한다. 따라서 개시제 농도의 증가나 온도의 상승은 중합 속도를 촉진시키는 결과를 초래한다. 한편으로는, 개시 반응 속도를 증가시키면 평균 사슬 길이는 짧아진다. 즉, 개시제의 선택과 개시 온도의 선정은 빠른 중합 반응과 고분자량의 중합체 제조와 직결된다.

한 열개시제에 대한 실제 온도 범위를 추산하는 데 사용되는 유용한 일반식은 **개시 라디칼의 생성 속도는 개시제 농도가 0.1 M일 때 10^{-7} ~ 10^{-6} mol · L^{-1} s^{-1}의 영역에 이른다**는 것이다. 바꿔 말하면, 유용한 반응 조건은 1차 분해 속도 상수가 10^{-6} ~ 10^{-5} s^{-1} 영역이 되는 온도 범위가 된다는 것이다. 대부분의 자유 라디칼 중합은 부반응을 방지하기 위해서 150°C 이하의 온도에서 진행시켜야 하기 때문에 유용한 열개시제로서는 유기과산화물, 유기하이드로과산화물, 아조 화합물 및 금속 알킬 등으로 크게 제한된다. 이 개시제들에 관해서는 다음에 차례로 설명하겠다.

다이알킬과산화물, ROOR은 산소–산소 결합이 절단되는 방식으로 열분해되어 식 (18)에 나타낸 것처럼, 두 개의 알콕시라디칼, RO·를 생성한다. 이와 같은 분해에 관한 예로서 R이 Me_3C인 특별한 경우를 이미 앞에서 설명하였다.

$$\text{ROOR} \longrightarrow \text{RO}\cdot + \text{RO}\cdot \tag{18}$$

그러나 이때 알콕시라디칼들은 개시 반응이 일어나기 전에 또다시 분해되어 알킬라디칼과 알데하이드나 케톤을 생성한다. 예를 들면, 다이-*t*-뷰틸 퍼옥사이드의 경우는 이 2차 분해에서는 식 (19)에 나타낸 것처럼 메틸라디칼과 아세톤을 생성한다. 다음으로 메틸라디칼이 단량체와 반응함으로써 개시 반응이 일어나게 된다. 다이-*t*-뷰틸 퍼옥사이드의 분해에 대한 1차 반응 속도 상수[1]는 $6.3\times10^{15}\,e^{-37.5000\text{cal}/RT}\,\text{s}^{-1}$이다. 위에서 설명한 규칙의 응용으로 다이-*t*-뷰틸 퍼옥사이드에 대한 예측되는 유용한 개시제 온도는 100~120°C 범위이다.

$$\text{Me}_3\text{CO}\cdot \longrightarrow (\text{Me})_2\text{C}{=}\text{O} + \text{CH}_3\cdot \tag{19}$$

다이아실과산화물, RC(O)OO(O)CR도 산소–산소 결합의 첫 단계 절단으로 유사한 방식으로 분해한다. 일반적으로 이와 같은 화합물들은 다이알킬과산화물들보다 개시 반응에서의 유용한 온도 범위가 낮은 편이다. 예를 들면, 과산화벤조일은 식 (20)에서와 같은 첫 결합 절단이 일어나는데, 이때 1차 속도 상수는 $1\times10^{14}\,e^{-29,900/RT}\,\text{s}^{-1}$이다. 이 속도 상수로부터 과산화벤조일은 60~80°C 온도 범위에서 유용한 열개시제임을 알 수 있다. 이와 같은 개시제의 유용한 온도 범위가 상당히 낮음에도 불구하고 식 (20)에서와 같은 반응이 일어나기 전에 식 (21)과 같이 분해되기도 한다. 그러나 반응 (21)의 발생은 전체 개시 속도에 매우 적은 영향을 미친다. 반응 (21)의 페닐라디칼은 그들 자체가 개시 반응에 참여하기 때문이다.

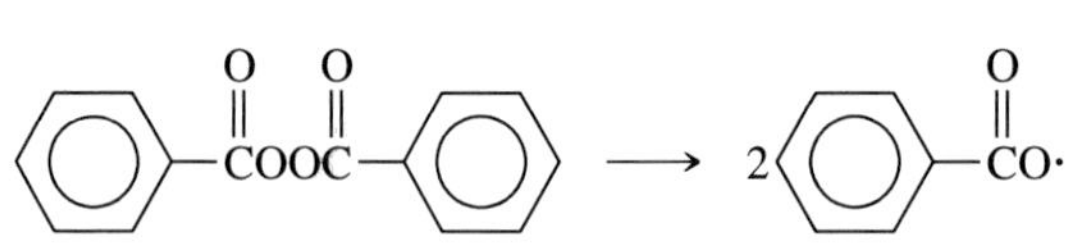

(20)

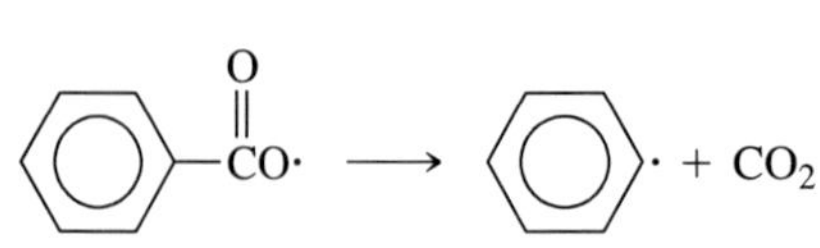

(21)

[1] W. H. Richardson and H. E. O'Neal, in *Comprehensive Chemical Kinetics*, Vol. 5. C. H. Bamford and C. F. H. Tipper, eds(Amsterdam: Elsevier, **1972**).

유기하이드로과산화물, ROOH 역시 열개시제로 사용되고 있다. 여기서도 반응 (22)의 큐밀하이드로 퍼옥사이드에 대해서 나타낸 것처럼 산소–산소 결합이 먼저 절단된다.

그러나 식 (22)에서 나타낸 것과 같이 과산화수소 두 분자가 반응하는 다른 분해 과정이 존재하며 이 과정이 더 낮은 에너지 과정이다.

$$2\,\mathrm{ROOH} \longrightarrow \mathrm{RO\cdot} + \mathrm{ROO\cdot} + \mathrm{H_2O} \tag{22}$$

즉, 하이드로과산화물들은 정상적인 개시 반응 온도에서 HO·나 RO·(또는 R·) 라디칼들에 의해서 공격을 받기 쉬운 점이다. 반응 (24)~(26)에 나타낸 바와 같은 이 라디칼 반응에서의 자유라디칼 생성물들은 퍼옥시라디칼들이다. 하지만 이들은 단량체에 부가할 정도로 반응성이 크지는 않다. 따라서 이들은 중합 반응을 개시하지 않는다.

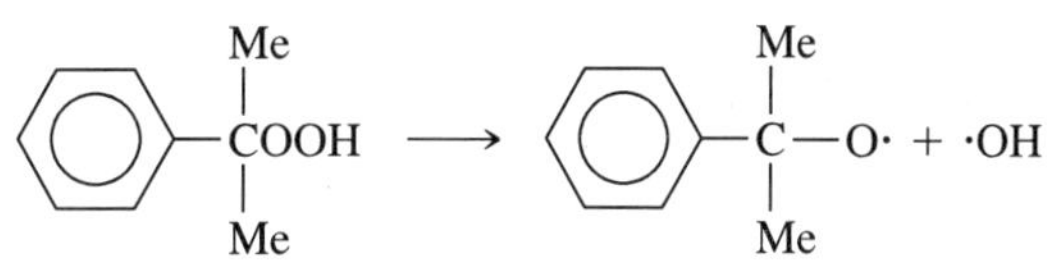

(23)

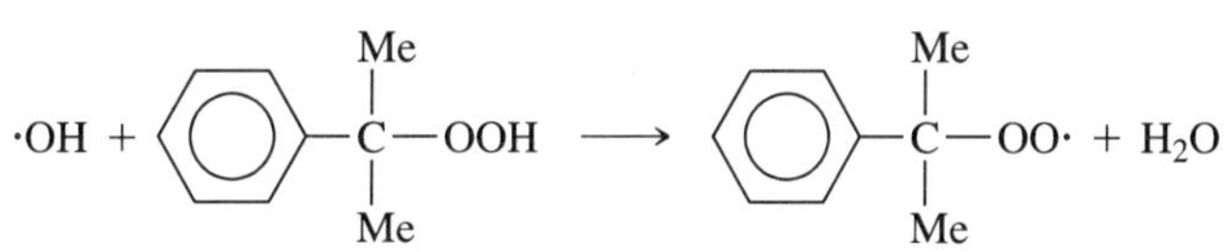

(24)

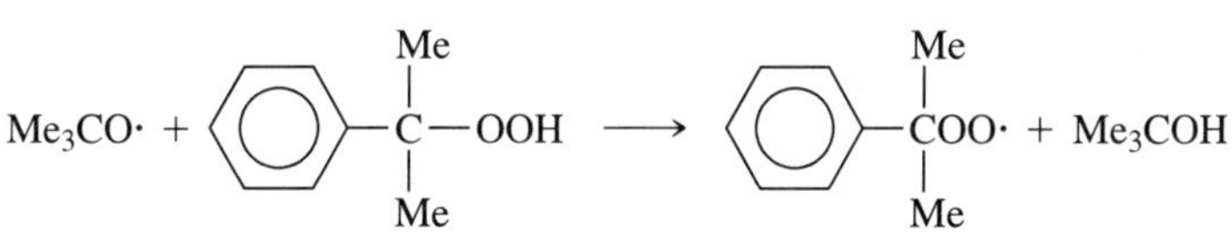

(25)

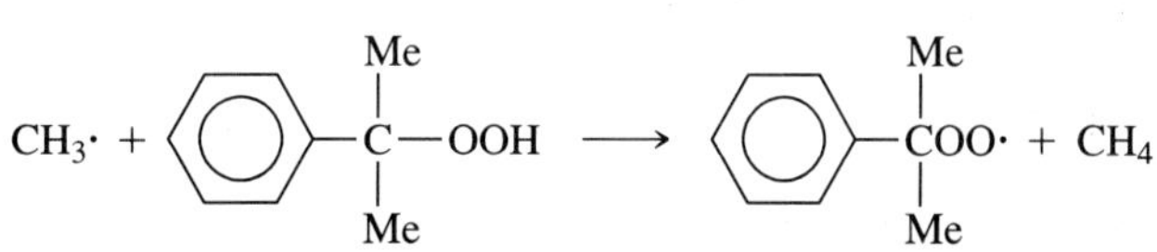

(26)

아조비스아이소뷰티로나이트릴(azobisisobutyronitrile) 및 RN═NR과 같은 아조 화합물들은 반응 (27)에서 나타낸 것처럼 열적으로 분해되어 질소와 두 개의 알킬라디칼을 생성한다. 아조 화합물들은 유용한 사용 온도 범위가 넓기 때문에 많이 사용되고 있는 열개시제들이다. 또한 분해될 때 질소 가스가 발생하기 때문에 생성된 질소의 양을 측정함으로써 생긴 개시 라디칼의 수를 알 수 있다. 나아가 개시 효율 대 라디칼 재결합을 예측할 수도 있다[용매 바구니(cage) 내에서].

$$(\mathrm{CH_3})_2\overset{\overset{\displaystyle \mathrm{CN}}{|}}{\mathrm{C}}\mathrm{N}{=}\mathrm{N}\overset{\overset{\displaystyle \mathrm{CN}}{|}}{\mathrm{C}}(\mathrm{CH_3})_2 \longrightarrow 2(\mathrm{CH_3})_2\overset{\overset{\displaystyle \mathrm{CN}}{|}}{\mathrm{C}}\cdot + \mathrm{N_2} \tag{27}$$

표 3.3에는 많은 아조 화합물들에 대해서 활성화 에너지와 유용한 사용 온도 범위(ΔT)를 나타내었다. 아조메테인과 아조아이소프로페인은 대단히 안정하기 때문에 정상적인 중합 반응에서의 열

표 3.3 R′N=NR′ 화합물을 사용한 개시 반응의 활성화 에너지와 유용한 온도 범위

R′	E_{act}(kcal/mol)	유용한 개시 온도 범위(°C)*
CH_3	50.2	225~250
$(CH_3)_2CH$	40.8	180~200
$C_6H_5(CH_3CH)$	36.5	105~125
$(C_6H_5)_2CH$	26.6	20~35
$(CH_3)_2(CN)C\cdot$	30.8	40~60

자료: Richardson, W. H., and O'Neal, H. E., in *Comprehensive Chemical Kinetics*, Vol. 5, C. H. Bamford and C. F. H. Tipper, eds. (Amsterdam: Elsevier, 1972).

*k_1이 10^{-6}~10^{-5} s^{-1}의 범위 조건에 한함.

개시제로 중요시되고 있다. 아조비스아이소뷰티로나이트릴(AIBN)에 대한 유효 온도 범위를 보면, 이것이 가장 중요한 열개시제들 중의 하나인 사실을 알 수 있다.

위에서 설명한 모든 자유 라디칼 개시제들은 단지 실온 또는 실온보다 높은 온도에서 중합시킴에 알맞다. 그러나 알킬은(silver alkyls)들은 −20~−60°C 정도의 낮은 온도에서 개시하는 라디칼 중합에 사용되고 있다. 예를 들면, 에틸은(ethyl silver)은 반응 (28)에 나타낸 반응처럼 분해되는 것으로 알려져 있다. 알킬은들은 실온 이하의 저온에서 분해되기 때문에 저온에서 제조해야 하고, 또 가능한 한 빨리 사용해야 한다.

$$Ag-C_2H_5 \longrightarrow Ag + C_2H_5\cdot \quad (28)$$

3.8.2 레독스 반응에 의한 개시 반응

앞에서 설명한 중합 예 중에서 사용되고 있는 수용성 개시제는 과황산염과 산성아황산염이다. 이들에 의한 개시 반응은 **레독스 반응**에 속한다. 산성아황산 이온(HSO_3^-)은 과황산 이온($S_2O_8^{2-}$)을 환원시켜 황산 이온(SO_4^{2-})과 $SO_4^{\overline{\cdot}}$ 라디칼 이온을 생성한다. 후자가 물과 반응하여 황산수소 이온(HSO_4^-)과 하이드록시라디칼($\cdot OH$)을 생성한다. 싸이오황산 이온($S_2O_3^{2-}$) 역시 환원제로 사용된다. 그밖에 미량의 철 3가 이온도 관여한다. 반응 (29)에서 (31)까지 이 과정들을 요약한다. 이 공정에서 생긴 라디칼들이 중합을 개시하게 된다.

$$S_2O_8^{2-} + HSO_3^- \longrightarrow SO_4^{2-} + SO_4^{\overline{\cdot}} + HSO_3\cdot \quad (29)$$

$$S_2O_8^{2-} + S_2O_3^{2-} \longrightarrow SO_4^{2-} + SO_4^{\overline{\cdot}} + S_2O_3^{\overline{\cdot}} \quad (30)$$

$$HSO_3^- + Fe^{3+} \longrightarrow HSO_3\cdot + Fe^{2+} \quad (31)$$

관련된 레독스 반응들은 알킬하이드로과산화물(ROOH)과 환원제인 Fe^{2+} 이온을 사용하여 수용

액 중에서 진행된다. 즉, 큐밀하이드로과산화물(cumyl hydroperoxide)은 반응 (32)처럼 Fe^{2+} 이온과 반응하여 큐밀옥시라디칼을 생성한다. 이 반응은 큐밀옥시라디칼이 15~50°C 정도의 낮은 온도에서도 생성될 정도로 대단히 빠르게 진행된다. 그러나 이 과산화물을 직접 열분해시키려면 85~105°C 정도의 온도가 필요하다. 더욱이, 부반응이나 큐밀옥시라디칼의 2차 분해 등은 이와 같이 낮은 온도에서 일어나지 않을 것이다. 이 계의 그 밖의 장점은 Fe^{3+} 이온으로 변하는 것을 체크하면, 과산화물의 분해 정도를 알 수 있다는 것이다.

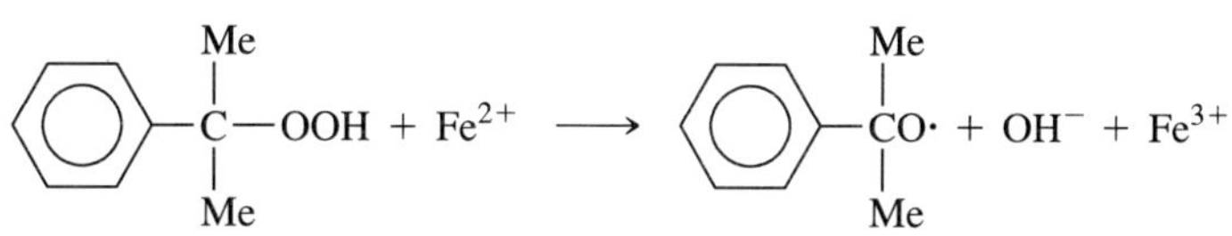

(32)

3.8.3 직접 열개시 및 광개시 반응

어떤 단량체를 단순히 가열할 때나 또는 빛에 쬐었을 때 자유 라디칼 중합을 일으키는 것이 있다. 스타이렌이 이와 같은 성질을 띠는 것으로 잘 알려진 단량체이다. 개시 반응 기구는 아직도 완전히 밝혀지지 않고 있다.

개시 반응은 두 단량체 분자 사이의 충돌에 의해 생성된 3중항 상태가 다이라디칼을 포함하고 있다고 생각되어졌다. 그러나 후에 제시된 증거는 모노라디칼이 사슬 성장종이라고 제시되었고, 최근에는 개시 반응은 스타이렌 단량체의 Diels-Alder 산화 부가 반응에 이어 고분자 라디칼 형성 과정이라고 제시하고 있다[반응 (33)].[1]

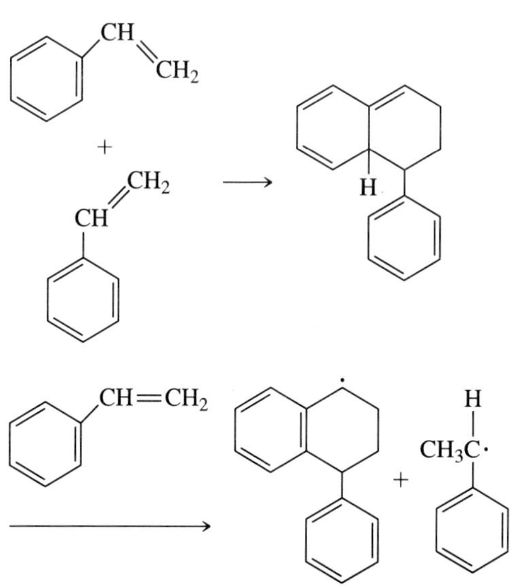

(33)

[1] H. F. Kauffmann, *Makromol. Chem.*, **1981**, *180*, 2649, 2665, 2681.

알려져 있는 중합 반응들 중에서 가장 오래된 이와 같은 반응의 기구가 아직까지 밝혀져 있지 않다는 사실은 흥미롭다.[1]

많은 단량체들은 계 내에 알맞은 "광증감제"가 존재할 때 빛을 조사하기만 하면 중합할 수 있다. 이와 같은 개시 반응은 5장에서 상세히 설명하기로 한다.

3.8.4 이온화 방사선에 의한 개시 반응

자유 라디칼 중합 반응은 단량체에 고에너지 방사선, 즉 X선, γ선, α-입자, 고에너지 전자, 프로톤 등을 조사함으로써 일어날 수 있다. 이때 단량체는 벌크상이거나 용액상 모두 가능하다. 단량체에 의한 에너지 흡수는 빛을 사용할 때보다 이온화 방사선을 사용할 때가 선택성이 줄어든다. 계(단량체 및 용매) 내에 존재하는 모든 종들이 에너지를 흡수하여 분해하고 자유 라디칼을 생성한다. 이 라디칼들이 다음으로 중합을 개시하게 된다.

그러나 이 과정은 빛을 흡수한 경우보다 훨씬 더 복잡하다. 이온화 방사선은 자유 라디칼과 함께 양이온과 음이온을 생성한다. 이 이온들이 단량체와 반응하기도 하고, 또 어떤 이온들은 2차 이온이나 자유 라디칼을 생성하기도 하고, 이들이 이온인 경우 이온성 연쇄 중합을 개시하기도 한다. 말하자면, 반응 기구는 너무나 복잡하다. 이에 관해서는 5장에서 자세하게 검토하기로 한다.

3.9 개시제 라디칼과 단량체와의 반응

두말할 것 없이 라디칼 중합에서 다음으로 중요한 단계는 개시 라디칼이 단량체 분자에 부가하는 반응이다. 연쇄 개시 반응 속도가 개시 라디칼의 생성 속도보다 느리기 때문에 개시 라디칼의 일부만이 단량체 분자에 부가하게 된다.

그 밖의 빠른 반응들과의 경쟁 때문에 개시 라디칼의 낭비가 생긴다. 첫째, 과산화물들이나 아조화합물들의 분해로 개시제 라디칼들은 보통 쌍으로 생성되는 것으로 알려져 있다. 분해될 순간에 있어서 두 개의 개시 라디칼은 이들이 확산에 의해서 분리되기 이전에 충돌하거나 재결합할 기회가 매우 큰 셈이다. 이 효과에 있어서 단량체 분자들로 둘러싸인 경우가 중요한데, 그 이유는 라디칼과 단량체 간의 반응은 일반적으로 두 개의 자유 라디칼들의 재결합 때보다 훨씬 많은 충돌이 있어야 이루어질 수 있기 때문이다. 이 과정을 **1차 재결합**(primary or geminate recombination)이라고 한다.

[1] E. Simon, *Ann, Chem.*, **1839**, *31*, 265.

표 3.4 **개시세 라디칼들의 가능한 소멸 방법**

	→ 용매 바구니 내에서 라디칼의 재결합: R· + ·R → R—R
	→ 바구니 외부에서 2차 재결합: R· + ·R → R—R
R·→	→ 고분자 라디칼들과 반응: R· + ·—ww— → R—ww—
	→ 개시제와 반응: R· + R′—R′ → R—R′ + ·R′
	→ 라디칼 탈취: R· + H—R′ → R—H + ·R′
	→ 용매와 반응: R· + ·CCl_4 → R—Cl + Cl_3C·
	→ 연쇄 개시 : R· + 단량체 → R-단량체·

둘째로, 용매 분자들로 둘러싸인 경우는 원래의 다른 라디칼로부터 떨어져 나간 개시 라디칼이 다른 용매 분자로부터 생긴 라디칼과 결합하기도 한다. 이로 인해서 개시 반응의 효율을 저하시키게 된다. 이 과정을 **2차 재결합**(secondary recombination)이라 부른다. 라디칼 생성 속도가 감소하거나 단량체 농도가 증가하게 되면 이 재결합은 줄어든다.

셋째로, 개시제 라디칼은 성장하는 고분자 라디칼들과 반응하여 정지 반응을 일으키게 되면 소모된다. 넷째로, 개시제 라디칼들은 원래의 개시제와 반응해서 반응성이 낮은 라디칼을 생성하는 경우도 있다. 라디칼들이 염소를 빼앗거나 용매로부터 다른 라디칼을 빼앗거나 또는 정지되어 있는 고분자로부터 수소를 빼앗는 경우도 있기 때문에 개시 반응의 효율은 일반적으로 낮다(표 3.4). 일반적으로 최고의 개시 효율은 낮은 온도(라디칼 생성 속도를 감소시키기 위해서)를 사용할 때와 단량체에 비해서 개시제 농도를 낮게 할 때(개시 반응의 확률을 증가시키기 위해서) 달성된다.

정량적인 연구 결과[1] 개시제 효율(일반적으로 f로 표시)은 0.1 ~ 0.8의 값을 나타낸다. 이 값은 매체의 점도와 대체적으로 상관되며 온도와는 무관하다.

3.10 라디칼 연쇄 성장

연쇄 성장 반응은 자유 라디칼이 단량체 분자의 이중 결합에 부가함으로써 일어나게 된다. 따라서 생성물은 자유 라디칼을 갖게 되고, 같은 반응이 무수히 반복된다. 사실상, 수천 개의 단량체 분자들이 연속적으로 연쇄 말단에 부가하는 것이 보통이다.

[1] P. E. M. Allen and C. R. Patrick, *Kinetics and Mechanisms of Polymerization Reactions* (New York: Wiley, **1974**), p. 114.

단량체 부가에서 가장 보편적인 형태가 **머리-꼬리 부가**로 이루어진 구조이다[반응 (34)]. 그밖에 부가 생성물 중에 **머리-머리**[반응 (35)], 즉 **꼬리-꼬리**[반응 (36)] 구조가 있다. 구조 **9**, **11** 및 **13**이 분자 사슬 중에 무질서하게 분포될 수 있기는 하지만, 사실상 머리-꼬리 결합(**9**)이 거의 대부분을 차지한다. 예를 들면, 폴리바이닐알코올, $-[CH_2CH(OH)]_n-$에 있어서,[1] 이 중합체를 25°C에서 제조했을 때 **11** 구조(따라서 **13** 구조도 마찬가지)가 중합체 중에 1.1% 존재하고, 100°C에서 제조한 중합체 중에는 단지 1.8% 함유되어 있음이 알려져 있다.

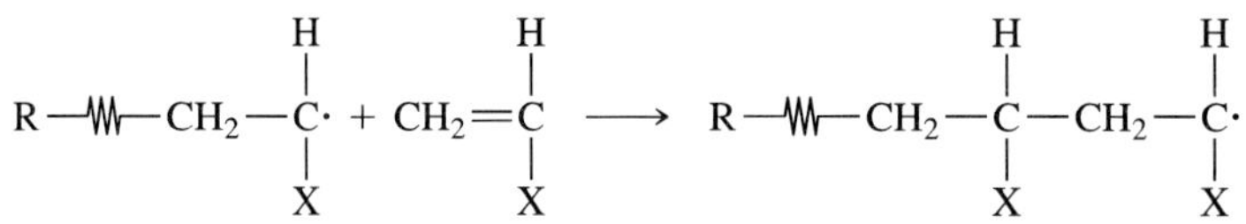

(34)

8 **9**

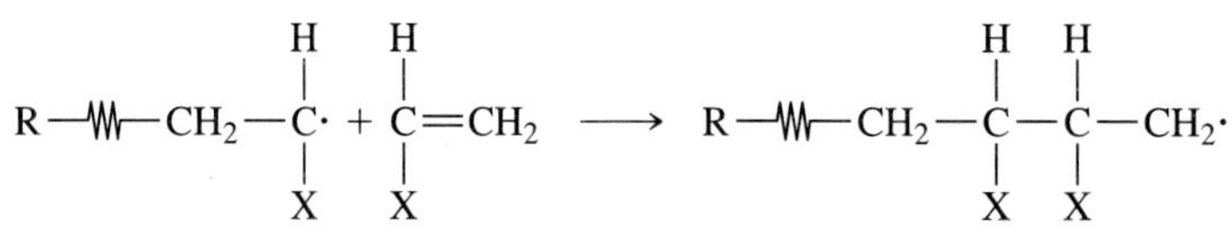

(35)

10 **11**

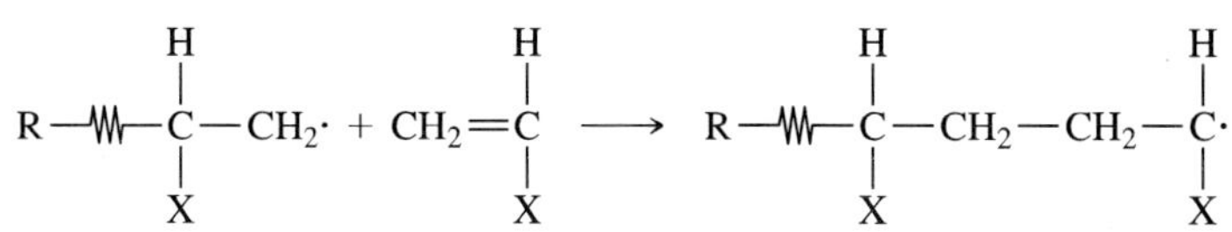

(36)

12 **13**

머리-꼬리 부가가 주로 일어나는 주된 이유는 **12** 구조보다 **8**과 같은 라디칼이 열역학적으로 안정하고, 또 반응 (35)에서는 입체 장애가 있기 때문으로 알려져 있다. 실제로, 메틸라디칼이 프로필렌, $CH_2{=}CHMe$에 부가할 때는 메틸기가 CHMe보다 CH_2 쪽에 부가할 때 3.8 kcal/mol만큼 더 유리하다. 즉, 225°C에서의 반응에서는 CH_2 쪽에서 반응이 일어나고, 뷰틸라디칼을 사용할 때도 마찬가지로 CH_2기 쪽에서 반응이 일어난다. 하지만, 이와 같은 열역학적 영향이 평형 조건이 우선할 때는 가장 중요하지만, 동역학적 인자(입체 효과 및 활성화 에너지)가 가장 강하게 영향을 미치고 있는 것으로 생각되고 있다.

[1] P. J. Flory and F. S. Leutner 7. *J. Polymer Sci*., **1948**, *3*, 880; **1950**, *5*, 267.

3.11 연쇄 이동 반응

"이상적인" 자유 라디칼 중합에서는 연쇄가 개시되고, 선형적으로 성장 반응을 일으킨 다음에는 정지 반응을 일으킨다. 이와 같은 이상적인 경우는 가끔 이온 중합에서 볼 수 있지만, 자유 라디칼 중합에서는 드물다. 이상적이 못되고 벗어나는 것은 성장하는 올리고머나 중합체 라디칼이 부가 반응이 아니고 빼앗는 방식으로 다른 분자와 반응하기 때문에 일어나게 된다. "빼앗는 반응"이란, 제2의 분자로부터 라디칼이 제거되고 동시에 제2의 분자로부터 라디칼 잔기가 생기는 반응을 말한다. 예를 들면, 반응 (37)처럼 YZ가 제2의 분자를 나타내는데, 이것은 단량체나 용매, 개시제, 중합체 분자 또는 반응 혼합물에 관여한 다른 분자(고의적으로 넣은 것이나 우연히 관여하거나간에) 들이 될 수 있다.

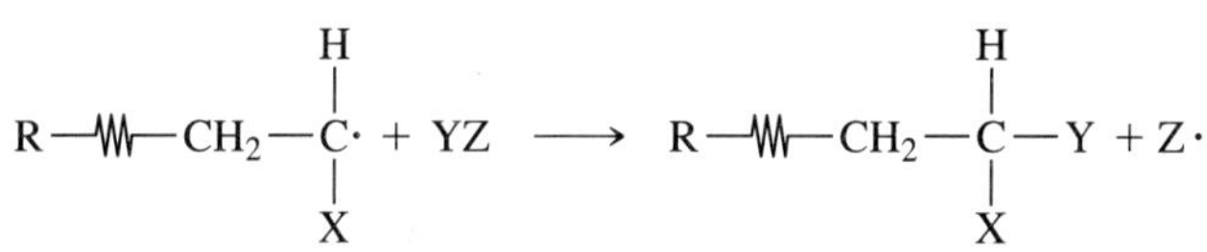

(37)

14

그러나 고분자 사슬(**14**)이 완전히 정지된 것이라 할지라도 Z·의 반응성이 정상적인 성장 라디칼 정도일 것 같으면, 다시 이 고분자 사슬을 공격해서 새로운 연쇄 반응을 일으킬 수 있음은 중요하다. 이와 같은 공정을 **연쇄 이동**(chain transfer)이라 한다. 어떤 순간에 있어서의 성장 라디칼의 수는 일정하지만 **생성된 중합체의 평균 사슬 길이는 짧아진다**.

제2의 분자가 중합체 분자일 때 그 결과로는 보통 가지 고분자가 된다. 즉, 중합체로부터 수소를 빼앗는 경우는 **15** 구조로 되고, 여기서 다시 성장 반응이 일어나 **16**과 같은 것이 된다.

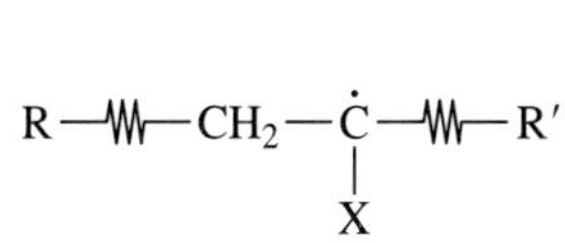

15

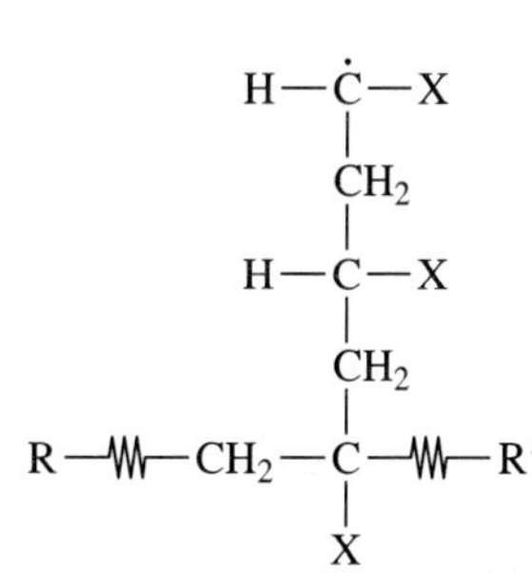

16

만일 제2의 분자 YZ가 단량체와의 반응성이 없는 Z·를 생성한다면 YZ 물질은 **금지제**(inhibitor) 역할을 하는 셈이 되고, 이와 같은 공정을 "금지 반응(inhibition)"이라 한다. 이와 같은 물질들을 때때로 단량체에 첨가하여 수송 단계나 저장할 때 중합이 일어나지 않게 하고 있다. 반면에 Z·가 단량체와 반응은 하되, 그 반응성이 정상적인 성장 라디칼보다 작을 때는 YZ가 **지연제**(retarder)가 된다.

3.12 자유 라디칼 연쇄 정지 반응

자유 라디칼 연쇄는 성장하는 중합체 라디칼이 계 내에 있는 다른 자유 라디칼과 반응하여 정지하게 된다. 첫째로, 가장 간단한 경우는 중합체 라디칼이 반응 (38)에 나타낸 것처럼 반응 개시 후에도 계속 생성되고 있는 개시제 라디칼과 반응할 수 있다. 그러나 이것은 개시제 라디칼의 낭비가 되는데, 실제로는 개시 반응 속도를 충분히 낮게 조절함으로써 피할 수 있다.

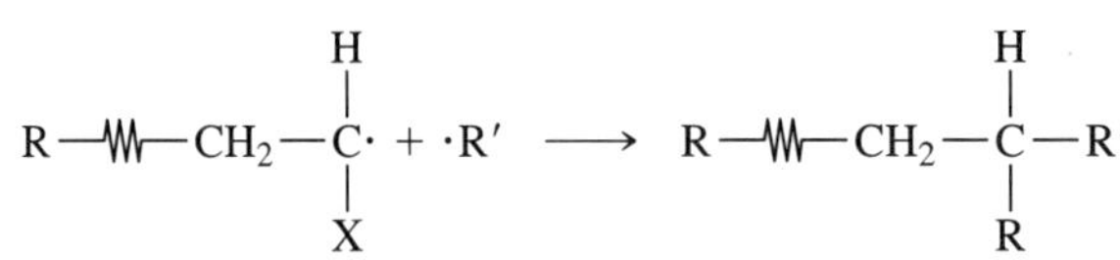
(38)

둘째로, 더욱 중요한 반응은, 정지 반응이 다른 고분자 라디칼과 결합하면서 일어나거나[반응 (39)] 또는 한 중합체 라디칼로부터 다른 중합체 라디칼로 한 원자(보통 수소)의 전달에 의해 일어나게 된다[반응 (40)]. 만일 반응 (39)가 우세한 경우는 정지 반응이 끝난 최종 고분자에 최소한 한 개의 머리-머리 결합을 갖게 된다. 이 양은 전체 결합의 1%에 해당한다. 반응 (39)로 정지 반응이 일어나는 경우는 최종 고분자의 분자량이 크게 증가하는 결과를 가져온다.

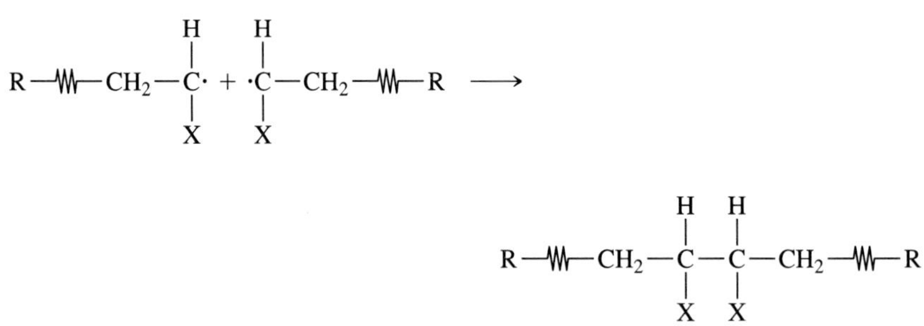
(39)

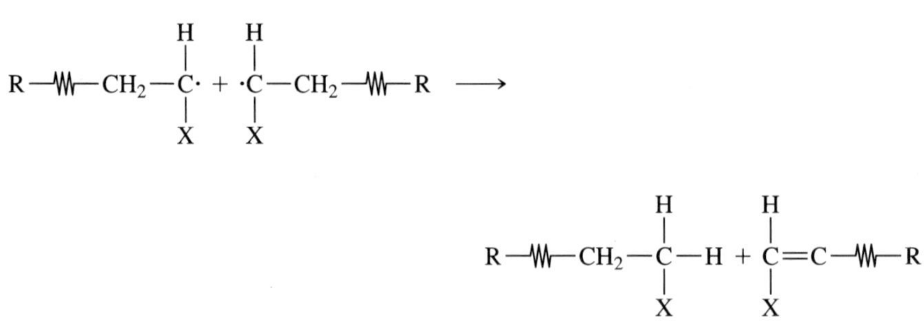
(40)

불균등화(diproportionation)로 알려진 반응 (40)이 우세한 경우는 화학적으로 상이한 두 개의 고

표 3.5 60°C에서의 자유 라디칼 중합의 결과

단량체	화학식	불균일화(%)	결합(%)
아크릴로나이트릴*	$CH_2{=}CH{-}CN$	~0	~100
메틸메타크릴레이트†	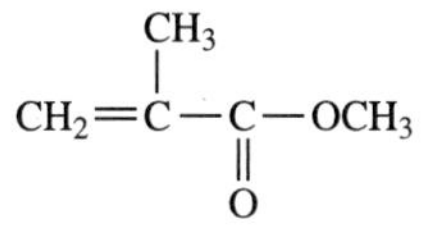	79	21
스타이렌‡	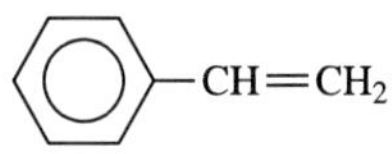	23	77
바이닐아세테이트§	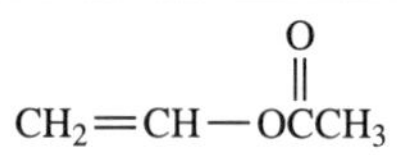	~100	~0

* Bamford, C. H., Jenkins, A. D., and Johnston, R, *Trans. Faraday Soc.*, **1959**, *55*, 179.

† Bevington, J. C., Melville, H. W., and Taylor, R. P., *J. Polymer Sci.*, 12;449; **1954**, *14*, 463.

‡ Berger, K. C., *Makromo Chem.*, **1975**, *176*, 3575.

§ At 90°C. C. H. Bamford and A. D. Jenkins, *Nature*, **1955**, *176*, 78.

분자가 생기게 된다. 반응 (39) 또는 (40)에 나타낸 공정들에서 어느 것이 우세한가 하는 문제는 단량체의 성질과 온도에 의존된다. 온도 의존성이 있다는 것은 결합 반응이 한 화학 결합을 절단하는 반응[반응 (40)]보다 일반적으로 낮은 활성화 에너지를 가지고 있다는 사실 때문이다. 그러므로 결합은 일반적으로 낮은 온도에서 잘 일어나고 불균등화는 높은 온도에서 잘 일어난다. 이에 대한 예는 메틸메타크릴레이트[1]나 스타이렌[2]의 중합에서 알 수 있다. 반응 (39)와 (40)이 일어날 수 있는 상대 확률은 이들 두 공정의 상대 반응 속도와 같다. 따라서 상대 확률은 다음 식에서 계산할 수 있다.

$$\frac{\text{결합 확률}(c)}{\text{불균등화 확률}(d)} = \frac{k_c}{k_d} = \frac{A_c}{A_d} e^{(E_d - E_c)/RT} \tag{41}$$

여기서 k와 A는 각각 속도 상수와 빈도 인자(frequency factor)이고, E는 활성화 에너지를 나타낸다.

실제로는 결합과 불균등화의 상대 빈도는 최종 생성물에서 발견된 중합체 분자당 R′ 개시제 단편의 평균수로부터 측정하고 있다. 반응 (39)에서는 분자당 두 개의 개시제 단편을 갖는 중합체를 생성하지만, 반응 (40)에서는 분자당 하나의 R′ 단위를 갖는 중합체를 생성한다. 이와 같은 측정은 정확성을 기하기 어렵지만, 몇 가지 명확한 실험 방법으로는 개시제 분자로 ^{14}C을 사용하는 방법이 사용되고 있다. 몇 가지 중합계에 대한 결과를 표 3.5에 나타내었다.

---

[1] J. C. Bevington, H. W. Melville, and R. P. Taylor, *J. Polymer Sci.*, **1954**, *13*, 449.

[2] K. C. Berger, *Makromol. Chem.*, **1975**, *776*, 3575.

3.13 원자 전달 라디칼 중합(ATRP)

자유 라디칼(free-radical) 중합이 연쇄 이동 과정에 매우 취약하다고 생각되어져 왔을지라도(탄소의 자유 라디칼의 높은 반응성 때문에) 그러한 부반응을 억눌러서 "리빙"(즉, nonterminated) 중합[1]을 할 수 있다는 것이 현재 알려져 있다. 이러한 반응에서 단량체의 고갈은 계의 비가역 비활성에 이른 것이 아니라 단량체를 더 넣을 때 사슬 성장이 활동을 계속하고 있지 않은(휴면) 말단기의 형성에 이른다. 이것들을 아래와 같은 이유에서 원자 전달 라디칼 중합이라 부른다.

이와 관련 중합의 전형적인 개시제는 1-클로로-1-1페닐에테인과 구리(I) 바이페닐(**17**)이 결합된 형태이다. 이 두 종은 반응 (42)에서 나타낸 과정에 의해 라디칼 개시제를 발생한다.

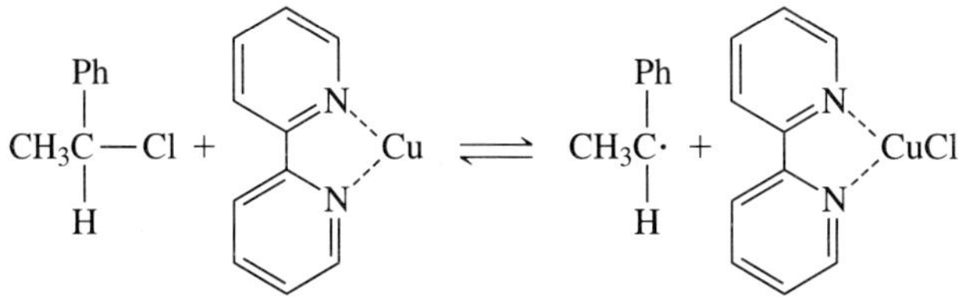
(42)

(Cu(I) (bpy))　　(Cu(II) (bpy) Cl)

17

즉, 스타이렌의 라디칼 개시는 스타이릴 이량체 라디칼(**19**)을 발생시키고 이것은 Cu(II) 클로라이드 착체로부터 다시 클로린을 빨리 받아들인다. 고분자 사슬은 이 과정이 반복되면서 성장한다.

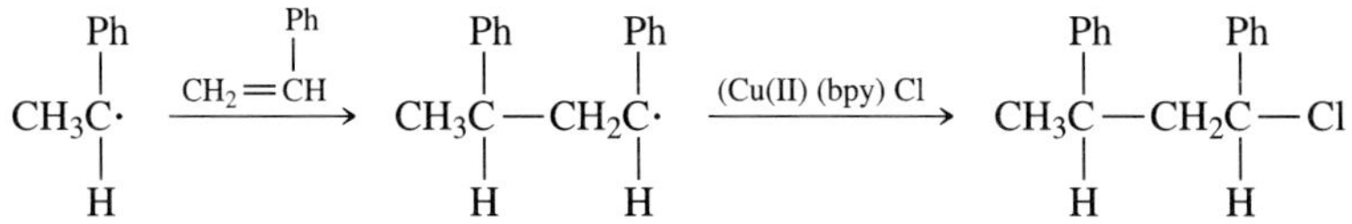
(43)

18　　**19**

나이트로옥사이드와 같이 안정한 자유 라디칼을 혼합물에 첨가하는 것은 반응 (43)에서 **18** 또는 **19** 단계에서 수소를 빼앗음으로써 일어나는 정지 반응을 억누른다. 예로 반응 (44)에서 보여 주는 것과 같이 사슬 말단에 의한 공격을 방지하기에 충분한 보호를 제공함으로써 시스템에 존재하는 C—H 결합이 있는 나이트로옥사이드 라디칼은 라디칼 사슬 말단에서 가역적으로 반응한다.

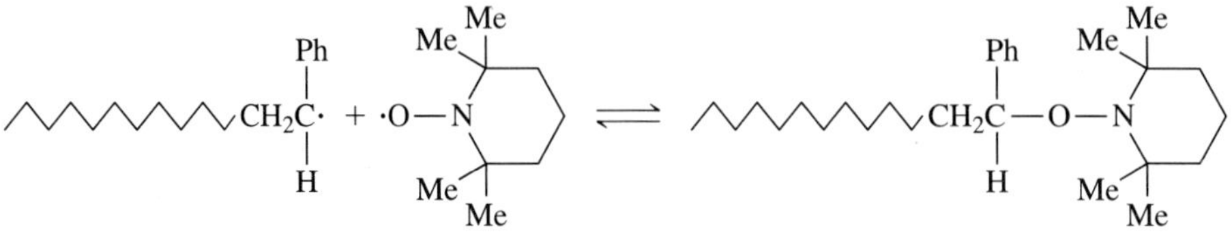
(44)

[1] J. -S. Wang, and K. Matyjaszewski, *J. Am. Chem. Soc.*, **1995**, *117*, 5614.

따라서 중합은 "리빙"이고 사슬 길이는 단량체와 개시제의 비율에 의해 조절된다. 고분자의 분자량 분포는 좁고 블록 공중합체의 형성도 가능하다.

3.14 초임계 CO_2에서의 중합

임계 온도(T_c)가 31.1°C 그리고 임계 압력(T_p)이 73.8 bar인 초임계 이산화탄소는 중합 반응[1-3]의 매체 용매로서 사용 가능한 자유 액체이다. 이것은 역시 자유 라디칼에 비활성이고 용매와 관련된 사슬 이동 반응이 없어 자유 라디칼 중합을 할 수 있는 매력적인 용매이다. 플루오린화 단량체와 그 고분자는 이 매체에 잘 녹고 다른 용매에는 녹지 않아서 제조가 어렵거나 불가능한 플루오린화 고분자 합성에 대해 가능성이 크다.

초임계 이산화탄소에서의 자유 라디칼 중합은 두 가지 형태로 나눌 수 있다. 첫째, 단량체와 고분자가 이 용매에 녹고 일반적으로 용액상 중합과 같이 진행되는 형태로 증류에 의한 용매 제거의 용이성과 용매 사슬 이동이 거의 없거나 완전히 없는, 그리고 가연성 또는 독성 용매를 피할 수 있는 장점을 가지고 있다. 초임계 이산화탄소에서 균일 반응에 적합한 단량체는 테트라플루오로에틸렌, 1,1-다이하이드로퍼플루오로옥틸아크릴레이트 또는 벤젠 고리의 **파라** 위치에 플루오린화알킬그룹을 지닌 스타이렌 유도체들이다. 추가로 플루오린화 단량체는 고분자화 과정 중 고분자의 침전 없이 메틸메타크릴레이트, 에틸렌 또는 스타이렌과 같은 플루오린을 함유하지 않은 단량체와 공중합도 가능하다.

둘째, 더 자주 발생하는 것으로 단량체와 개시제는 초임계 이산화탄소에 녹지만 고분자는 녹지 않은 형태이다. 이 경우는 **분산** 중합 형태로 반응의 조건과 분산 안정제 존재에 의존하며 100 nm에서 10 μm 범위의 직경을 가지는 미세 콜로이드 입자 형태로 고분자가 만들어진다. 놀랍게도, 이와 같은 형태의 과정은 CO_2에 의한 침전 고분자의 가소화와 안정제의 존재 때문에 균일 과정에서 얻을 수 있는 분자량이 큰 고분자를 얻을 수 있다. 스타이렌, 메틸메타크릴레이트, 그리고 다른 유기 단량체와 고분자가 이와 같은 형태를 보인다.

환경과 프로세스 관점으로부터 초유체 CO_2에서 자유 라디칼 바이닐 중합은 기존의 유기 용매 사용에 비해 많은 장점을 가지고 있다. 더욱이, 이 방법은 자유 라디칼 반응에 국한되어져 있지 않다. 폼알데하이드나 바이닐에터(4, 6장 참조) 양이온 중합은 초유체 CO_2에서 에폭사이드나 옥세테인의 링 개환 중합 그리고 노보넨 링 개환 복분해 중합(ROMP)(4장 참조)이 가능하다. 축합 중합

[1] A. Quadir, R. Snook, R. Gilbert, J. M. DeSimone, *Macromolecules*, **1997**, *30*, 6015–23.

[2] D. A. Canelas, D. E. Betts, J. M. DeSimone, M. Z. Yates, *Macromolecules*, **1998**, *31*, 6794–6805.

[3] J. G. Hamilton, J. J. Rooney, J. M. DeSimone, C. Mistele, *Macromolecules*, **1998**, *31*, 4387–89.

(2장)도 역시 초유체 CO_2에서 가능하다. 그래서 중합 용매로서 초유체 CO_2의 사용은 다가오는 미래에 점점 더 놀랄 만하게 사용량이 증가될 것 같이 보인다.

연|습|문|제

1. 개시제로서 AIBN을 사용하여 바이닐아세테이트($CH_2{=}CHOC(O)CH_3$)와 메틸메타크릴레이트($CH_2{=}C(CH_3)C(O)OCH_3$)를 자유 라디칼 연쇄 중합시켰을 때, (5)~(11)과 같은 단일 단계 반응(elementary reaction)을 쓰라. 만약 사염화탄소를 반응계에 투입하였다면, 사염화탄소가 고분자 조성과 평균 분자량에 미치는 연쇄 이동 현상에 대하여 기술하라.

2. 연쇄 이동이 없음에도 불구하고, 다이-*t*-뷰틸 퍼옥사이드로 개시된 아이소프렌($CH_2{=}C(CH_3)CH{=}CH_2$)의 자유 라디칼 중합에서 가지화 현상이 어떻게 일어나는가를 문제 1과 같은 식으로 나타내라. 분해된 산소가 존재함으로써(다이라디칼로 보여짐) 중합에 어떠한 영향을 미치는가?

3. 다이에틸퍼옥사이드 분해의 속도 상수는 $1.0 \times 10^{14}\, e^{35{,}000\text{cal}/RT}\,\text{s}^{-1}$라고 알려져 있다. 다이에틸퍼옥사이드가 개시제로서 효과를 발휘하는 온도 범위를 계산하라.

4. J. C. Bevington은 벤젠을 용매로 한 스타이렌 중합의 개시제인 AIBN의 열분해에 의해 생성한 라디칼 분율은 사용한 가장 적은 단량체 농도에서 0.17인 값을 가지며, 단량체 농도를 증가시킴에 따라 한계값인 0.65까지 증가한다고 보고하고 있다. 단량체 농도가 증가함에 따라 이 분율이 증가하는 이유와 이 값이 0.65보다 더 큰 효율로 되지 않는 이유를 설명하라.

5. 다음 결과는 메틸메타크릴레이트가 불균등화에 의해 일어나는 사슬 정지의 온도 의존성을 백분율로 나타낸 것이다.

t(°C)	40	60	80
불균등화 %	50	59	70

(a) 불균등화와 결합 사이의 활성화 에너지 차이점을 계산하라.

(b) 어떤 온도에서, 결합에 의해 90%의 정지 반응이 일어나는가?

6. K. C. Berger는 스타이렌 중합에서 결합에 의한 다음의 정지 퍼센트를 보고하고 있다.

t(°C)	30	52	62	70	80
결합 %	86	80	77	68	60

(a) 정지 단계에서 불균등화와 결합 사이의 활성화 에너지 차이를 계산하라.

(b) 결합과 정지의 속도가 같은 온도를 계산하라.

7. 필요한 데이터를 문헌에서 찾아, 에틸화은(ethyl silver)을 개시제로서 사용할 수 있는 온도 범위를 계산하라.

8. 자유 라디칼 사슬 정지와 성장하는 자유 라디칼 정지 사이의 차이점을 설명하고, 전자 없이 후자가 어떻게 진행할 수 있는지를 밝혀라.

참|고|문|헌

ALEXANDER, E. A., and NAPPER, D. H., "Emulsion Polymerization," *Progr. Polymer Sci.* (A. D. Jenkins, ed.), **1971**, *3*, 145.

AMBADE, A. V., and KUMAR, A., "Controlling the Degree of Branching in Vinyl Polymerization," *Progr. Polym. Sci.*, **2000**, *25*(8), 1141.

CANELAS, D. A., and DESIMONE, J. M., "Polymerization in Liquid and Super-critical Carbon Dioxide", *Adv. Polym. Sci.*, **1997**, *133*, 103.

CANELAS, D. A., BETTS, D. E., DESIMONE, J. M., YATES, M. Z., and JOHNSTON, K. P., "Poly(vinyl acetate) and Poly(vinyl acetate-co-ethylene) Latexes via Dispersion Polymerization in Carbon Dioxide," *Macromolecules*, **1998**, *31*, 6794.

HAMILTON, J. G., ROONEY, J. J., DESIMONE, J. M., and MISTELE, C., "Stereo-chemistry of Ring-Opened Metathesis Polymers Prepared in Liquid CO_2 at High Pressure Using $Ru(H_2O)_6(Tos)_2$ as Catalyst," *Macromolecules*, **1998**, *31*, 4387.

KAMACHI, K., "Influence of Solvent on Free Radical Polymerization of Vinyl Compounds," in *Advances in Polymer Science*, Vol. 38. Berlin: Springer-Verlag, **1981**, p. 55.

KUBISA, P., "Radical Polymerization with Reversible Deactivation of Active Species," *Polymery*, **2000**, *45*(11–12), 741.

MATYJASZEWSKI, K. (ed.), *Controlled Radical Polymerization, ACS Symp. Ser.*, **1998**, *685*.

MAYADUNNE, R. T. A., RIZZARDO, E., CHIEFARI, J., CHONG, Y. K., MOAD, G., and THANG, S. H., "Living Radical Polymerization with Reversible Addition-Fragmentation Chain Transfer (RAFT Polymerization) Using Dithiocarbamates as Chain Transfer Agents," *Macromolecules*, **1999**, *32*, 6977.

MISHRA, M. K., and YAGEI, Y., *Handbook of Radical Vinyl Polymerization*, New York: Dekker, **1998**.

MOAD, G., and SOLOMON, D. H., *The Chemistry of Free Radical Polymerization*, Oxford (U.K.) and Tarrytown, N. Y., Pergamon, **1995**.

MOAD, G., CHIEFARI, J., CHONG, Y. K., KRISTINA, J., MAYADUNNE, R. T. A., POSTMA, A., RIZZARDO, E., and THANG, S. H., "Living Free Radical Polymerization with Reversible Addition-Fragmentation Chain Transfer (the Life of RAFT)," *Polym. Int.*, **2000**, *49*(9), 993.

ODIAN, G., *Principles of Polymerization*, New York: Wiley-Interscience, **1991**.

OTSU, T., "Inferter Concept and Living Radical Polymerization," *J. Polym. Sci., Polym. Chem.* **2000**, *38*(12), 2121.

QUADIR, M. A., SNOOK, R., GILBERT, R., and DESIMONE, J. M., "Emulsion Polymerization in a Hybrid Carbon Dioxide/Aqueous Medium," *Macromolecules*, **1997**, *30*, 6015.

PATTEN, T. E., and MATYJASZEWSKI, K., "Atom Transfer Radical Polymerization and the Synthesis of Polymeric Materials," *Adv. Mater.*, **1998**, *10*, 901.

SCHELLEKENS, M. A. J., and KLUMPERMAN, B. J., "Synthesis of Polyolefin Block and Graft Copolymers," *J. Macromol. Sci. Reviews*, **2000**, *C40*(2–3), 167.

SEYMOUR, R. B., and CARRAHER, C. E., Jr., *Polymer Chemistry*, 2nd. ed. New York: Dekker, **1988**, Ch. 9 and 10.

VEREGIN, R. P. N., GEORGES, M. K., KAZMEIER, P. M., and HAMER, G. K., "Free Radical Polymerizations for Narrow Dispersity Resins, -ESR Studies of the Kinetics and Mechanism," *Macromolecules*, **1993**, *26*, 5316.

WALL, L. A. (ed.), *Fluoropolymers*, New York: Wiley-Interscience, **1971, 1972**.

4장

이온 중합 및 배위 중합

4.1 서론

이온 중합이란, 성장하는 연쇄 말단이 음전하나 양전하를 가진 부가 중합을 말한다.

 음이온 중합

 양이온 중합

이때 성장하는 연쇄 말단이 음전하를 가진 경우를 **음이온 중합**(anionic polymerization)이라 하고, 양전하를 가진 경우를 **양이온 중합**(cationic polymerization)이라 한다. 이들 두 중합 기구는 촉매와 반응 조건들이 서로 다르다. Ziegler-Natta 촉매나 또는 전이 금속 착물에 의해서 개시되는 중합 반응을 "배위 중합(coordination polymerization)"이라 하는데, 이 반응 기구는 전이 금속과 단량체의 π-전자 간에 착물이 형성되면서 진행하는 것으로 믿어지기 때문이다. 그러나 알려진 이 부류의 대부분의 반응들은 음이온 중합과 많은 유사점들을 가지고 있기 때문에 음이온 중합의 일부라고 생각되고 있다. 따라서 여기서는 음이온 중합을 먼저 설명하고, 다음으로 양이온 중합을 설명하기로 한다. 이온 중합에서의 반응 조건들은 라디칼 반응(3장)과는 현저히 다르다는 사실에 유의해야 한다.

4.2 입체 규칙성 고분자

이온 중합이나 배위 중합으로는 입체 규칙성 구조의 고분자를 합성할 수 있다. 골격(주사슬) 원자에 있어서 비대칭 중심을 가진 단량체 분자는 입체 특이성 고분자를 형성할 수 있다. 사슬에 관여하는 단량체의 순서에 따라 3가지로 분류된다. 즉, **아이소탁틱**(isotactic), **신디오탁틱**(syndiotactic) 및 **아탁틱**(atactic) 중합들이다.

아이소탁틱 중합체들은 사슬 중에 단지 한 가지 대칭성을 가진 단량체 단위만이 존재하게 된다. 예를 들면, 아이소탁틱 폴리스타이렌의 예를 **1**에 나타내었다. 또는 이 구조를 더 간단히 **2**와 같이 나타내기도 한다. 아이소탁틱 중합체의 특성 중의 하나는 쉽게 결정화할 수 있다는 점이다. 이것은 치환기가 사슬에 따라 규칙적인 배열을 하기 때문에 규칙적인 나선형 입체 형태(conformation)를 취할 수 있고, 또 인접 사슬들과 질서 정연하게 충전될 수 있기 때문이다.

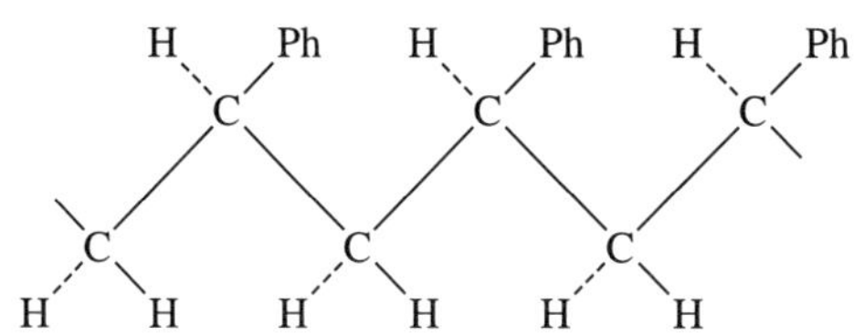

1

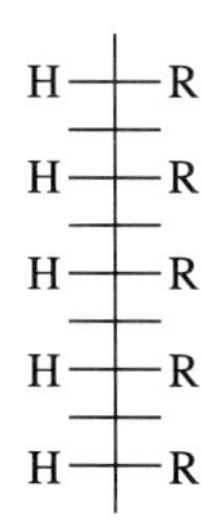

2

신디오탁틱 중합체는 **3**에 나타낸 것처럼 구조가 하나씩 엇갈리는 형태로 되어 있다. 이 구조를 간략히 나타내면 **4**와 같다. 이 신디오탁틱 중합체 역시 나선형이나 밀집 충전이 가능하기 때문에 쉽게 결정화할 수 있다.

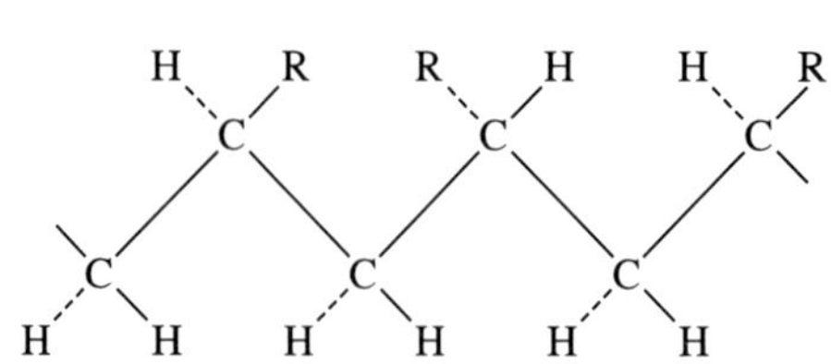

3

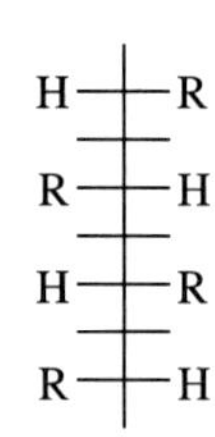

4

아탁틱 중합체, 즉 **헤테로탁틱**(heterotactic) 중합체는 단량체 구조의 규칙적인 연쇄를 갖지 않는 형태이다. 따라서 이 중합체는 결정화가 어렵다.

가장 간단한 입체 규칙성 중합체는 위의 설명과 같이 단량체 구조가 $CH_2{=}CHR$인 형태에서 가능하다. CHR＝CHR 구조의 단량체와 CHR＝CHR′ 구조의 단량체에서는 다음과 같이 더 많은 형태들이 가능하다.

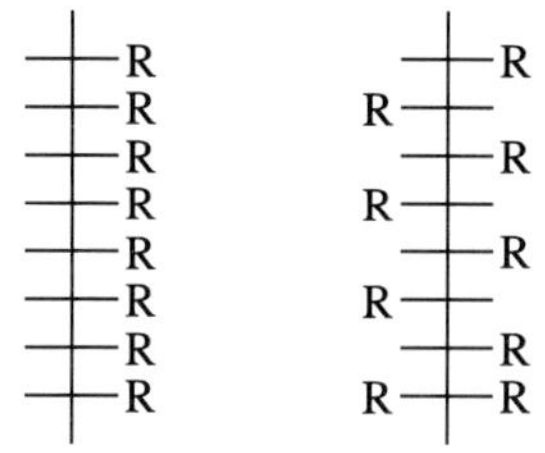

Isotactic Syndiotactic

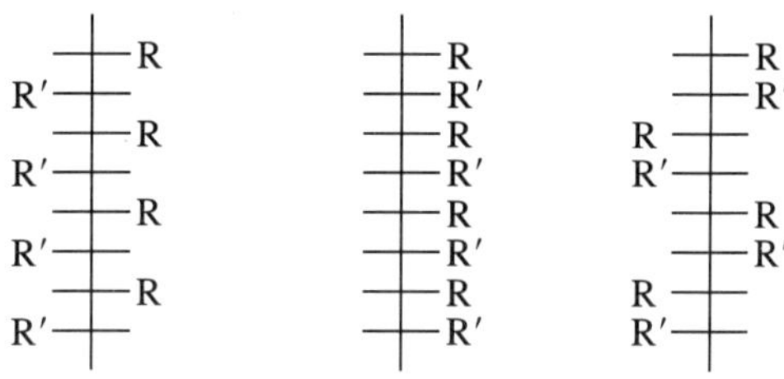

Threodiisotactic Erythrodiisotactic Disyndiotactic

또한 에틸렌과 CHR＝CHR로부터 합성한 공중합체에서는 다음과 같은 구조들이 가능하다.

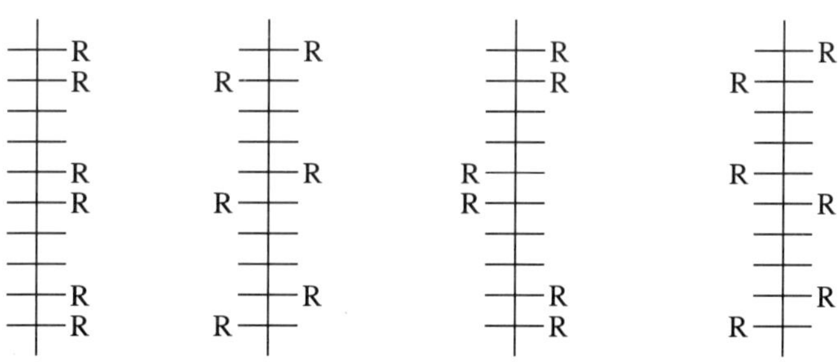

Erythrodiisotactic Threodiisotactic Erythrodisyndiotactic Threodisyndiotactic

폴리(1,4-뷰타다이엔)에서처럼, 주사슬에 이중 결합이 규칙적으로 존재할 때도 입체 규칙성 명명이 필요하다. 즉, 각 이중 결합에 있어서 *cis* 또는 *trans* 배치가 다음과 같이 존재한다.

Cis-tactic *Trans*-tactic

끝으로, 중합체 중에는 상이한 입체 규칙성 연쇄의 블록이 연결된 구조를 이룬 것도 있다. 이와 같은 것을 **스테레오블록**(stereoblock) 고분자라고 한다.

일반적으로 **이온성** 촉매, 특히 **음이온성** 촉매의 경우 입체 규칙성 고분자의 생성이 용이하다. 즉, 이들의 경우는 미세결정성(microcrystalline) 고분자의 합성이 용이하다. 반면, 자유 라디칼 촉매로서는 결정화도가 낮은 아탁틱 고분자가 주로 생성된다.

4.3 음이온 중합

4.3.1 음이온 중합 개시제[1]

표 4.1에는 음이온 중합이나 배위 중합을 개시할 수 있는 개시제들을 열거하였다. 이들 개시제 중에서 알칼리 금속 서스펜션은 용융 알칼리 금속들을 비활성 유기 용매에 분산시켜 제조한다. 예로서, 유기리튬 시약은 용융 알칼리 금속들을 비활성 유기 용매에 분산시켜 제조하고, 또 Grignard 시약들은 금속 마그네슘을 유기 할로젠화물과 반응시켜 제조한다. 이와 같은 촉매와 알킬화알루미늄은 공업적으로 제조되고 있다. 그러나 나프탈렌화소듐과 같은 라디칼 음이온은 에터 형태의 용매 내에서 나프탈렌을 금속 소듐과 반응시켜 만든다[반응 (1)]. 이때 짙은 녹색을 띠므로 이 물질의 생성은 이 색으로 확인할 수 있다. 물기는 철저히 제거되어야 한다.

표 4.1 대표적인 음이온 및 배위 중합 개시제

개시제 분류	구조식 또는 예
1. 알칼리 금속 서스펜션	THF 또는 액체 NH_3 내에서 Na
2. 알킬리튬 또는 아릴리튬 시약	nC_4H_9Li
3. Grignard 시약	RMgX(R=alkyl 또는 aryl, X=할로젠)
4. 알킬화알루미늄	AlR_3
5. 유기 라디칼 음이온	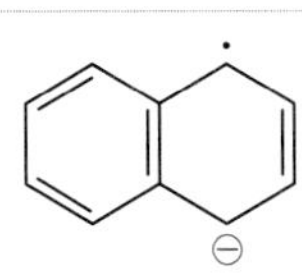 Na^+(나프탈렌화소듐)
6. Ziegler-Natta 촉매	$TiCl_4$ + AlR_3
7. 메탈로센 개시제	$R_2Si(C_9H_6)_2ZrCl_2$
8. ROMP 촉매	$(Cy_3P)_2Ru(Cl_2)CHPh$*
9. ADMET 개시제	$(ArO)_2WCl_3$
10. 전이 금속 π-알릴 착물	$(\pi C_4H_7)_2Ni$
11. 전이 금속 산화물	V, Ti, Cr, Co, Ni, 또는 W의 산화물들
12. 이온화 방사선	X선, γ선 또는 전자

*Cy=cyclohexyl

[1] “개시제” 및 “촉매”란 말은 고분자 화학에서 가끔 혼용되고 있다. 그러나 개시에 사용된 물질이 반응이 끝난 후 회수되지 않는 점으로 보아 “촉매”란 말은 부적합하다고 할 수 있다.

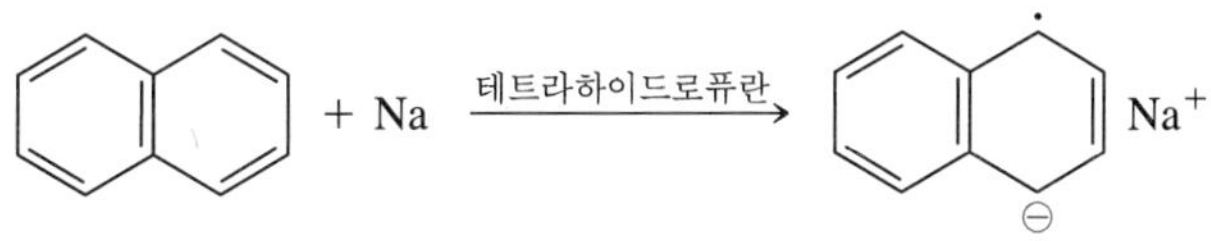
(1)

특히 주의할 점은 알킬화알루미늄은 공기 중에서 자연 발화하며, 또 Grignard 시약들과 유기 리튬 화합물들은 고체 상태로 분리하였을 때 폭발성이 크다는 점이다. 따라서 이와 같은 시약들은 비활성 기체 존재하 유기 용매 중에서 용액 상태에서 언제나 취급되고 있는 실정이다.

4.3.2 음이온 중합용 단량체

음이온 중합을 일으키는 대표적인 단량체는 **스타이렌(5)**, **메틸메타크릴레이트(6)** 및 **아크릴로나이트릴(7)** 등이다. 여기서 중요한 것은 음이온 중합을 일으키는 단량체들은 일반적으로 **전자 흡인성 치환기들을 가지는 것들**이란 점이다. 어떤 음이온 중합에서는 반응 혼합물이 **짙은 색깔**을 띠는 것도 있다.

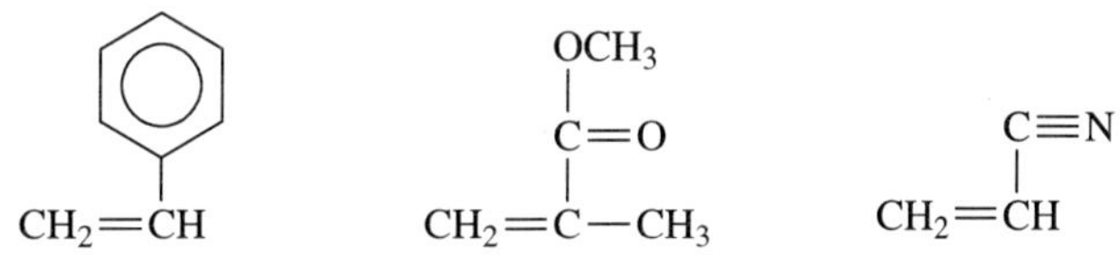
5 6 7

4.3.3 중합 방법

한 예로서 *n*-뷰틸리튬을 촉매로 사용한 스타이렌의 중합을 설명하기로 한다. 이 반응은 에터나 또는 테트라하이드로퓨란(THF)과 같은 용매 중에서 행해진다. 물과 이산화탄소(CO_2)는 용매, 단량체, 촉매 및 반응 장치 내부에서 철저히 제거되어야 한다. 그리고 단량체 자체도 몹시 순수해야 하고, 중합 금지제도 없어야 한다. 나아가 극소량의 개시제를 투입하는 장치가 갖추어져 있어야 한다.

장치 예를 그림 4.1에 나타내었다. 이 장치에는 중앙에 고무마개로 막고, 한쪽에는 수은 또는 실리콘 오일 마노미터를 달고, 다른 쪽에는 용매 증류 장치를 부착시킨 플라스크와 연결되어 있다. 반응 플라스크 내에는 테플론이 코팅된 자기 교반 막대를 넣어 둔다. 반응계 내의 공기를 축출하기 위해서 건조 질소나 헬륨을 사용한다.

용매(이 경우는 테트라하이드로퓨란)는 수소화칼슘(CaH_2)이나 수소화리튬알루미늄[1]으로부터 증

[1] $LiAlH_4$, 어떤 경우든 이 수소화물들은 물과 접촉해서는 안 된다. 물과 접촉하면 불이 나거나 폭발하게 된다. 특히 $LiAlH_4$는 취급시 특별히 주의해야 하고, 또 이것을 건조제로 사용하여 용매를 증류할 때는 보호 장치(shield) 뒤에서 해야 한다.

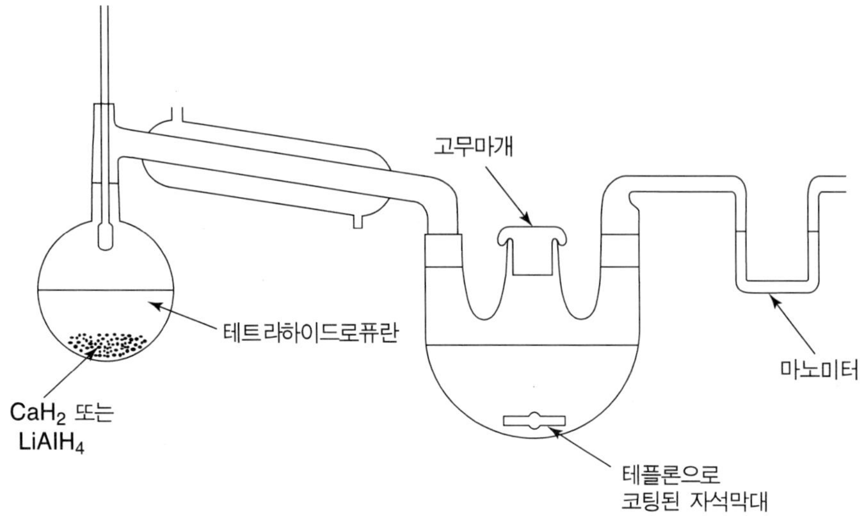

그림 4.1 개시제로서 *n*-뷰틸리튬을 사용하여 스타이렌을 음이온 중합하는 장치

류하여 건조시킨 것을 반응 플라스크 내로 보낸다. 테트라하이드로퓨란을 증류할 때 폭발성이 큰 과산화물이 잔류액 중에서 농축되어 폭발하는 일이 없도록 약간의 용매를 남겨서 방지해야 한다. 용매를 플라스크 내로 증류시킨 다음에는 냉각관을 제거하고 유리마개로 막는다.

스타이렌과 같은 공업용 단량체에는 자유 라디칼 중합을 지연시키기 위한 중합 금지제가 언제나 소량씩 함유되어 있다. 보통, 이 중합 금지제는 액체 단량체를 알루미나(Al_2O_3)로 채운 크로마토그래피관을 통과시키면 제거된다. 단량체를 진공 증류시키는 것도 정제 방법이 된다. 스타이렌은 주사기를 사용하여 고무마개를 통해서 반응액 중에 주입시킨다. 이 단계에서 보통 반응 혼합물의 온도는 낮아진다.

n-뷰틸리튬과 같은 촉매는 펜테인과 같은 탄화수소 내에 녹여 일정 농도의 용액으로 시판되고 있다. 이것의 농도는 산–염기 적정으로 체크하든지 또는 가수 분해시킬 때 발생한 뷰테인의 양으로 결정한다. 이 결정이 끝나면 단량체를 교반시키면서 일정량의 촉매 용액을 고무마개를 통해서 주사기로 주입하면, 무색에서 오렌지로 변색된다. 반응이 끝나면 활성 연쇄 말단은 물이나 드라이아이스를 가해서 파괴시킨다. 이때 용액은 무색으로 변하고, 중합체가 분리된다. 드라이아이스를 정지 반응에 사용한 경우는 카복실산의 리튬염 말단기를 유리 카복실산기로 변화시키기 위해서 묽은 산의 수용액으로 처리해야 한다.

음이온 중합에서 많은 경우, 가하는 촉매의 양이 중합체의 사슬 길이를 결정하게 된다는 사실은 중요하다[13장 반응 (9) 참조]. 원칙적으로 각 촉매 분자가 한 중합체 사슬을 형성하게 되는 셈이다. 따라서 촉매량이 많으면 많을수록 분자량은 더 적어지게 된다. 실제로, 이 방식으로 제조된 폴리스타이렌은 분자량 분포가 매우 좁은데, 그 이유는 이 계에서 연쇄 이동이 적게 일어나기 때문이다.

다른 촉매들을 사용할 때도 이와 유사한 장치가 이용되고 있다. 나프탈렌화소듐은 알킬리튬 시약보다 습기나 이산화탄소에 더 예민하기 때문에 나프탈렌을 소듐과 반응시킬 때 유리로 된 진공

라인을 사용하는 경우가 많다. 나프탈렌화소듐을 사용하기 전에 용매는 철저히 건조시켜 사용해야 한다.

4.3.4 음이온 중합 기구

전체적인 반응은 개시 반응, 성장 반응 및 정지 반응으로 나누어진다.

1. **개시 반응**(initiation)은 단량체의 이중 결합에 개시제가 부가하면서 일어난다[반응 (2)]. 이 식에서 R′는 페닐이나 사이안기처럼 전자 흡인기를 나타낸다. 이 식은 너무 간략화된 반응식인데, 실제로는 대부분의 음이온 개시제들은 유기 금속 이온쌍으로 반응에 참여한다. 예를 들면, *n*-뷰틸리튬은 일반적으로 구조상 공유 결합의 성격을 띠지만, 알맞은 단량체 존재하에서는 리튬-탄소 결합이 불균등하게 절단되어 이온들을 형성한다(3). 촉매에서 생긴 음이온은 전자 흡인성인 R′기가 붙어 있는 탄소로부터 먼 쪽으로 부가하여 이온쌍을 형성한다는 사실을 유의해야 한다. 물론 이때 반응에 관여하는 탄소 원자는 전자 밀도가 작은 쪽이다(4). 그리고 개시 반응이 일어났을 때 연쇄 말단에는 언제나 반대 이온(counterion)이 붙어 있는 점을 잊어서는 안 된다. 이 반대 이온의 존재로 인해서 음이온 중합과 라디칼 중합에 많은 차이점이 생기게 된다.

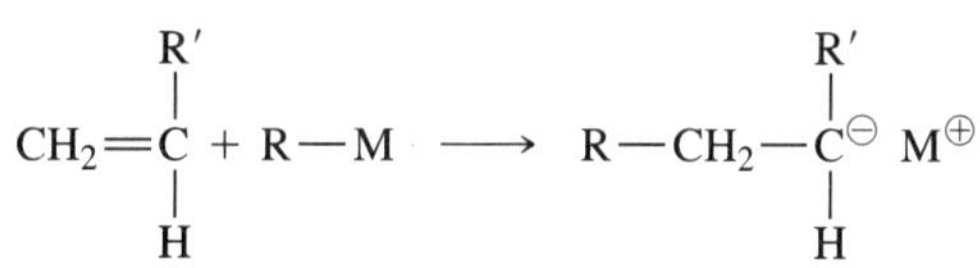
(2)

$$n{-}C_4H_9Li \longrightarrow nC_4H_9^{\ominus}\ Li^{\oplus} \qquad (3)$$

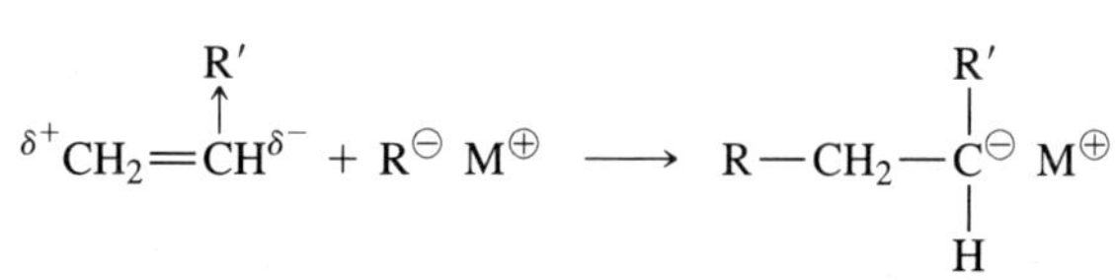
(4)

2. **성장 반응**(propagation)은 말단 "이온" 결합에 단량체 분자가 연속적으로 부가하면서 일어난다(5). 이 연쇄 성장 반응은 단량체가 모두 소모되든지 또는 반응이 정지될 때까지 계속된다.

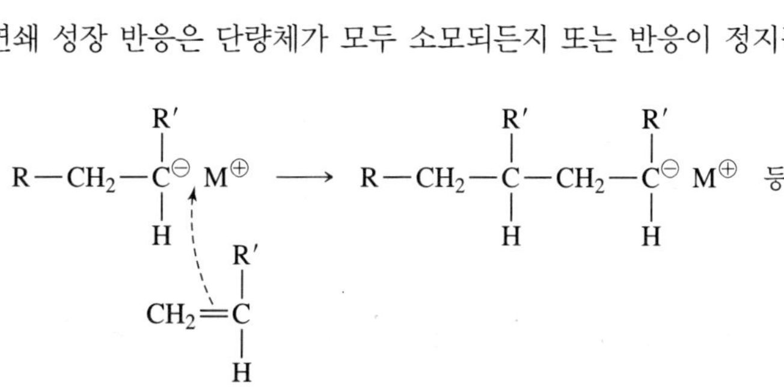
(5)

3. **연쇄 이동**(chain transfer)이나 **사슬 가지화** 현상은 음이온 중합계에서는 잘 일어나지 않는 편이다. 더욱이 반응이 저온에서 일어날 때 그러하다.

4. 연쇄의 **정지 반응**(termination)은 활성 연쇄 말단이 이산화탄소, 물, 알코올 또는 다른 프로톤을 가진 시약들과 반응할 때 일어난다[(6) 또는 (7)]. 그러나 정지용 시약이 존재하지 않는 경우는, 연쇄는 활성을 지닌 채 오랫동안 그대로 있게 된다. 실제로 유리 기구 내부에 존재하는 극미량의 물기를 제거하기란 불가능한 일이고, 가령 제거할 수 있다고 하더라도 유리 표면에 있는 Si—OH기로 인해서 정지 반응이 일어나게 된다. 그러나 철저히 잘 건조된 계에서는 활성 말단기가 살아 있음을 나타내는 밝은 색깔이 며칠 동안 유지될 때도 있다.

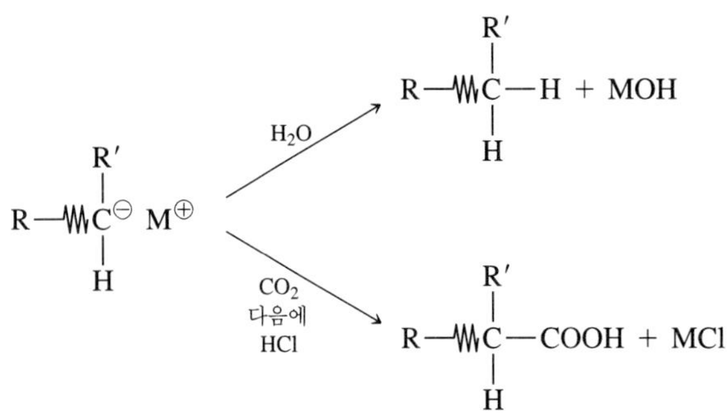

(6)

(7)

4.3.5 "리빙" 중합체

"리빙" 중합체(living polymer)란 용어는 정지 반응이 일어나지 않는 이온 중합에 적용된다. 이 계는 같은 단량체나 또는 상이한 단량체를 첨가했을 때 연쇄가 더욱 더 성장하게 된다. 연쇄 정지제가 없다고 하면, 이론적으로는 단량체를 점차 첨가했을 때 반응이 정지될 이유가 없다. 실제로는 소량의 정지제가 필연적으로 들어가게 된다. 결과적으로 연쇄 성장이 느려지는데, 이것은 계의 높은 점도나 사슬이 불용성으로 변하기 때문이다.

가장 격렬한 "리빙" 중합을 일으키는 개시제들은 개시 과정에서 라디칼 음이온들을 생성하는 것들이다. 금속 소듐이나 나프탈렌화소듐 등이 이와 같은 부류에 속한다. 금속 소듐의 작용을 먼저 생각해 보기로 한다. 중합 반응은 다음과 같은 명확한 단계로 분류된다.

1. 소듐으로부터 단량체로 한 전자가 이동하여 라디칼 음이온이 생기는 **개시 반응**이 일어난다(8).

$$CH_2{=}\underset{H}{\overset{R}{C}} + Na \longrightarrow \cdot CH_2{=}\underset{H}{\overset{R}{C}}{}^{\ominus}\ Na^{\oplus} \tag{8}$$

2. 라디칼 음이온의 **이량체화**(dimerization)로 **다이아니온**(dianion)을 생성한다(9).

$$Na^{\oplus}\ {}^{\ominus}\underset{H}{\overset{R}{C}}{-}CH_2\cdot + \cdot CH_2{-}\underset{H}{\overset{R}{C}}{}^{\ominus}\ Na^{\oplus} \longrightarrow Na^{\oplus}\ {}^{\ominus}\underset{H}{\overset{R}{C}}{-}CH_2{-}CH_2{-}\underset{H}{\overset{R}{C}}{}^{\ominus}\ Na^{\oplus} \tag{9}$$

3. 이온 결합에 단량체 분자들이 부가되면서 이량체(9)의 **양쪽 말단에서 성장 반응**이 일어난다. 즉, 성장 연쇄(성장 사슬)는 (10)에서 나타내는 구조를 갖는다.

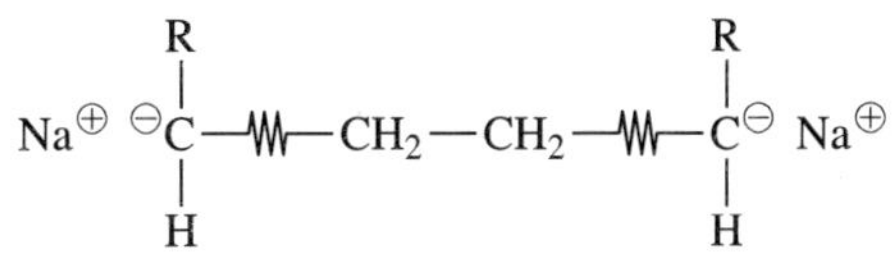
(10)

나프탈렌화소듐도 이와 유사한 방식으로 작용한다. 나프탈렌 라디칼 음이온(**8**)이 단량체에 전자 하나를 전달하여 단량체 라디칼 음이온을 생성하든지 또는 나프탈렌 라디칼 음이온이 직접 단량체 중합을 개시시킨다.

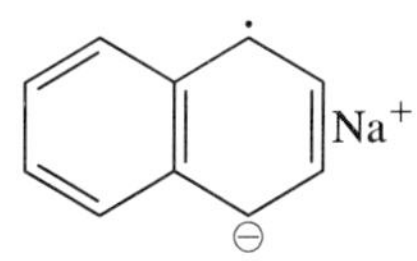

8

"리빙" 중합체 계의 특성 중 하나는 분자량 분포가 몹시 좁은 중합체를 생성하는 점이다(그림 4.2). 이 현상은 13장에서 더 상세히 논의된다. 그러나 정성적인 관점에서 보면, 분자량 분포가 좁은 것은 개시 단계의 속도가 빠르기 때문이라 볼 수 있다. 모든 연쇄는 근본적으로 같은 시점(촉매를 주입했을 때)에서 개시된다. 그리고 이들은 모든 단량체가 소모될 때까지 모두 같은 속도로 성장한다. 연쇄 이동(프로톤의 제거)이 저온에서는 일어나지 않는다는 사실은 분자량 분포를 좁히는 원인이 된다. 즉, 음이온 중합은 자유 라디칼 중합보다 훨씬 "깨끗이" 진행된다.

4.3.6 공중합

많은 음이온 연쇄 말단들은, 특히 저온에서 단량체가 모두 소모되었어도 정지 반응을 일으키지

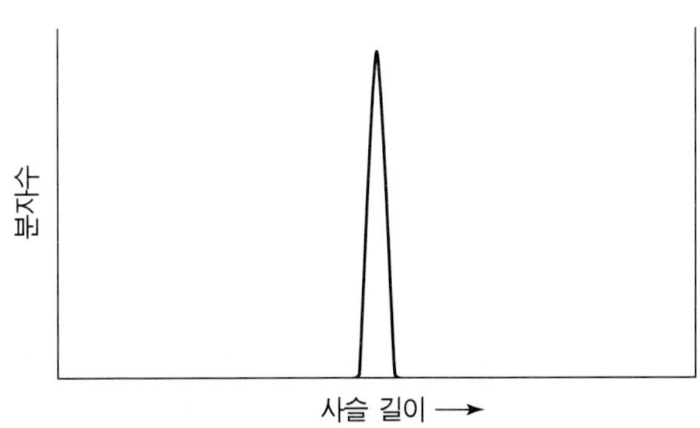

그림 4.2 음이온 중합과 라디칼-음이온 중합에서 특징적으로 나타나는 분자량 분포폭이 매우 좁은 생성물

않고 "활성"을 띠고 있으므로, 같은 단량체를 다시 추가하거나 다른 단량체를 첨가하면, 연쇄 성장 반응이 다시 일어나게 된다. 이때 상이한 단량체를 첨가했을 경우는 공중합체가 생성된다. 만일 처음 단량체를 A라 하고 나중에 가한 것을 B라고 하면, 생성된 공중합체는 **9**에 나타낸 구조가 된다. 결과적으로 단량체를 더 첨가하든지 또는 제3의 단량체 C를 가하든지 하면, **블록 공중합체**(block copolymer)를 합성할 수 있게 된다.

$$^{\ominus}BBBBBBBBAAAAAAAACH_2-CH_2AAAAAAAABBBBBBB^{\oplus}$$

9

실제는 블록 공중합 반응에 있어서 어떤 단량체를 사용해야 하는 문제에서 어느 정도 제한이 있다. 상호 재개시 반응이 일어나게 하기 위해서는 두 단량체가 유사한 전자 친화력을 가져야 한다. 그런데, 만일 단량체 B가 단량체 A보다 전자 친화력이 훨씬 큰 경우(즉, 이것이 더 강력한 전자 흡인성 치환기를 가지고 있다) A 블록의 말단에 B 블록의 성장은 일어날 수 있지만, B 블록의 말단에 A 분자가 부가해서 개시될 수는 없다. 바꿔 말하면, B 형태의 말단기에 단량체 A가 중합할 수 없다는 뜻이다. 그러나 더 극성이 큰 단량체 C와 같은 것은 개시될 수 있다.

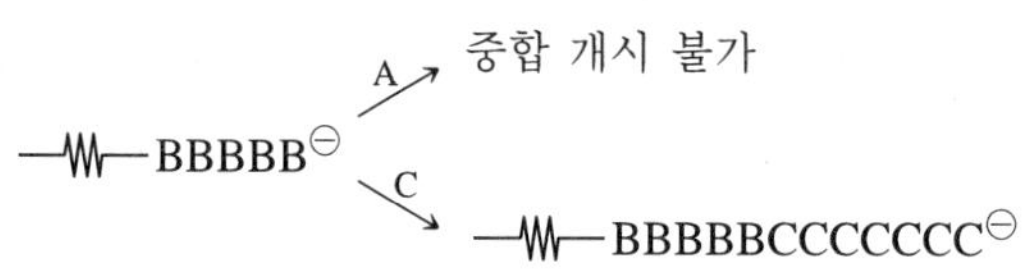

(11)

(12)

이것을 (11)과 (12)에 나타내었다. 예를 들면, 메틸메타크릴레이트(B)로 된 활성 연쇄에 아크릴로나이트릴(C)은 부가해서 반응할 수 있지만, 스타이렌(A)은 반응하지 않는다. 한 단량체에 대한 폴라로그래피에 의한 환원 퍼텐셜은 전자 친화도에 대한 좋은 척도가 된다. 특히, 블록 공중합 계열은 환원 퍼텐셜의 상대 순위로부터 잘 알 수 있다.

4.3.7 Ziegler-Natta 촉매

일찍이, 1950년 Karl Ziegler와 그의 공동 연구자는 고압하에서 에틸렌이 알킬화알루미늄과 반응하여 유기 금속 올리고머인 폴리에틸렌을 생성하는 사실을 발견하였다[반응 (13)]. 이어서 $TiCl_4$나 VCl_4 같은 전이 금속 "**공촉매**(cocatalyst)"를 가할 때 에틸렌이 **상온 상압**에서 중합됨을 발견하였다. 사실상 고분자량의 폴리에틸렌을 송입시킴으로써 생성된다. 이탈리아의 Natta와 그의 공동 연구자들은 이와 같은 형태의 촉매들이 결정성인 입체 규칙성 중합체를 알게 되었다. 그 후 이와 관련한 중합에 관하여 방대한 양의 연구가 이루어졌으며, 이들의 공업적 이용에 관하여 광범위하게 개발되었다. Ziegler-Natta 촉매는 너무나 그 분야가 넓기 때문에 여기서는 그 일부만 다루기로 한다. 따라서 다음 절에서는 이들 반응의 일반적인 특색, 중합의 입체 특이성, 촉매의 조성, 반응 기구 및 다이엔 및 사이클로올레핀의 중합에 관한 이들 촉매의 작용 등을 간략히 다루기로 한다.

$$AlEt_3 + 3nCH_2{=}CH_2 \longrightarrow Al[(CH_2{-}CH_2)_n{-}Et]_3 \tag{13}$$

반응의 일반 특성 먼저, 강조하는 바는 Ziegler-Natta 촉매를 사용하면, 가지가 없는 입체 특이성 고분자를 제조할 수 있다는 사실이다. 이 공정에서 제조된 폴리에틸렌은 선형 구조로 되어 있고, 자유 라디칼 중합에 의해서 제조된 것보다 밀도가 크다. Ziegler-Natta 촉매로 프로필렌을 중합하면, 공업적으로 대단히 유용한 특성을 지닌 아이소탁틱 폴리프로필렌을 생성한다. 많은 무극성 불포화 유기 단량체들은 이와 유사한 방식으로 중합할 수 있다. 다음에서는 이와 같은 중합에 관하여 실험실적 방법을 설명하기로 한다.[1]

먼저, 촉매는 데카하이드로나프탈렌에 사염화타이타늄($TiCl_4$)과 트라이아이소뷰틸알루미늄[2]을 녹인 용액을 건조시킨 질소 기류 중에서 데카하이드로나프탈렌 희석제 내에 첨가하여 제조한다. 이때 흑갈색 침전의 서스펜션이 생겼다가 이 혼합물을 185°C로 40분 동안에 가열하면 짙은 보라색으로 변한다. 이 단계를 "**숙성**(aging)" 단계라 한다. 이 혼합물을 냉각시키고 반응 용매로서 사이클로헥세인을 가하고 트라이아이소뷰틸알루미늄을 더 추가하면, 흑자색 서스펜션을 얻는다. 다음, 에틸렌의 중합은 이 혼합물에 에틸렌 가스를 불어넣으면 일어나게 된다. 중합이 일어나면 열이 발생하기 때문에 빙수 중에서 플라스크 외부를 냉각시켜야 한다. 계 내로 에틸렌을 송입하는 동안에는 폴리에틸렌이 침전한다. 그런 다음, 아이소프로판올을 교반시키면서 여기에 위에서 생긴 슬러리를 추가하면 중합체가 분리한다. 이것을 여과하여 분리한다. 마찬가지 방법으로 촉매의 서스펜션 속에 프로필렌을 불어넣으면, 아이소탁틱 폴리프로필렌이 생성된다.

입체 규칙성 이 장 앞에서 설명한 바와 같이, 이중 결합을 중심으로 치환기가 대칭이 아닌 단량체들은 치환기가 특이한 입체 화학적으로 배열된 중합체들을 생성할 수 있다. Ziegler-Natta 촉매는 고도의 입체 규칙성 중합체를 생성한다. 바이닐 단량체는 일반적으로 이와 같은 개시제에 의해서 아이소탁틱 중합체를 생성하며, 특수한 조건에서 프로필렌은 신디오탁틱 중합체도 생성한다. 입체 규칙성도는 다음과 같은 여러 가지 인자들에 의존된다. 즉, 촉매의 균일성과 불균일성, 촉매의 상세한 조성과 제조 방식 및 단량체 내의 곁사슬의 성질 등이다. 촉매의 영향은 다음 절에서 다루기로 한다.

촉매의 조성 Ziegler-Natta 촉매는 두 가지 성분으로 이루어지고 있다. (1) 주기율표의 4족에서 8족에 이르는 전이 금속 화합물과 (2) 1족에서 3족 금속으로부터 유도되는 타이타늄, 바나듐, 크로뮴, 몰리브데넘, 또는 지르코늄의 할로젠화물이나 옥시할로젠화물이며, 제2의 성분은 알루미늄, 리튬, 마그네슘, 또는 아연의 알킬화물, 아릴화물 또는 수소화물들이다. 이들 중에서 가장 잘 알려져 있

---

[1] 더 상세한 것은, W. R. Sorenson and T. W. Campbell, *Preparative Methods of Polymer Chemistry*, 2nd ed. (New York: Wiley-Interscience, **1967**), pp. 289~312를 참조하라.

[2] 알루미늄알킬류는 대기 중 산소나 물과 접촉할 때 매우 위험하게 자연 발화되므로 취급할 때는 비활성 분위기나 적당한 안전 조치를 취한 상태에서 행해야 한다.

표 4.2 촉매 변화에 따른 폴리프로필렌의 입체 규칙성도

촉매	입체 규칙성도(%)
R_3Al* + $TiCl_4$	35.2
R_3Al + α-$TiCl_3$	84.7
R_3Al + β-$TiCl_3$	45
R_3Al + $TiCl_4$ + NaF	97
R_3Al + $TiCl_4$ + compounds of P, As, or Sb	98
R_3Al + $TiCl_3$ + amine	81
R_3Al + Ti(O-iso-Bu)$_4$ †	20
R_3Al + V(acac)$_3$ ‡	0
R_3Al + Ti(C_5H_5)Cl_2	70~90
R_3Al + Ti(C_5H_5)$_2Cl_2$	85
R_2AlX_4 + $TiCl_3$	90~99
$RAlX_2$ + γ-$TiCl_3$ + amine	>99
$RAlX_2$ + $TiCl_3$ + HPT¶	97
RNa + $TiCl_3$	90
RNa + $TiCl_4$	90
RLi + $TiCl_4$	90
R_2Zn + $TiCl_3$	65
R_2Zn + $TiCl_3$ + amine	93

자료: Reprinted by permission. D. O. Jordan, *The Stereochemistry of Macromolecules*, Vol. I, A. D. Ketley, ed. (New York: Marcel Dekker, Inc., **1967**).

* R = alkyl. † Bu = butyl. ‡ (acac) = acetylacetonate.

§ X = halogen. ¶ HPT = hexamethyl phosphoric triamide.

는 것이 $TiCl_4$ 또는 $TiCl_3$와 트라이알킬화알루미늄이다. 이 촉매계는 불균일계(약간의 타이타늄계) 또는 가용성(대부분의 바나듐 함유 화합물)이다. 이들 촉매의 입체 규칙성은 아민과 같은 Lewis 염기를 첨가하면 변하게 된다.

촉매계에서의 변화는 중합체의 수율, 사슬 길이 및 입체 규칙성도에 영향을 미친다. 폴리프로필렌 경우의 촉매 변화에 따른 입체 규칙성도를 표 4.2에 나타내었다. 한 가지 알킬화알루미늄에 대해서 전이 금속의 할로젠 화합물을 변화시킬 때 입체 규칙성도의 변화를 표 4.3에 나타내었다. 폴리프로필렌의 입체 규칙성도는 알루미늄에 붙어 있는 유기 그룹의 크기가 커질수록 **감소**한다.

Ziegler-Natta 촉매의 성질에 관해서는 아직도 논의 대상이 되고 있다. 가용성인 촉매는 구조가 확인되어 있다. 예로서, bis(cyclopentadienyl)titanium dichloride와 triethylaluminum으로 이루어진 촉매계는 다음과 같은 염소 가교 구조(**10**)로 되어 있다.

표 4.3 **전이 금속의 영향에 따른 폴리프로필렌의 입체 규칙성도**

전이 금속 화합물	입체 규칙성도(%)
$TiCl_4$	48
$TiBr_4$	42
$TiCl_3$, α, γ, or δ	80~92
$TiCl_3$, β	40~50
$ZrCl_4$	55
VCl_3	73
$CrCl_3$	36
VCl_4	48
$VOCl_3$	32

자료: Reprinted by permission. D. O. Jordan, *The Stereochemistry of Macromolecules*, Vol. I, A. D. Ketley, ed. (New York: Marcel Dekker, Inc., **1967**).

* 각 경우의 유기 금속 화합물은 $Al(C_2H_5)_3$이다.

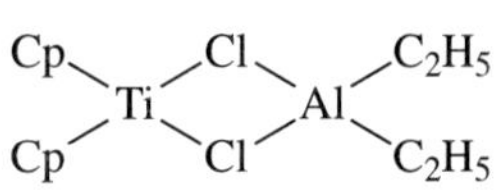

10

그러나 $TiCl_4$나 $TiCl_3$는 대단히 복잡한 개시제 역할을 하기 때문에 그 구조는 아직도 명확하지 않다. 한 가지 분명해지고 있는 사실은 진짜 촉매는 처음 금속 할로젠화물과 알킬화알루미늄으로 생긴 단순한 배위 부가물은 아니라는 것이다. 이 촉매가 최고의 활성을 나타내는 데는 일정 기간이 필요하고, 복잡한 반응들은 이 기간 동안에 일어난다는 것이다. 아마도 이들 반응은 (14)와 (15)에서 나타낸 것처럼 두 금속 간에 치환기의 교환이 먼저 일어나고, 전이 금속과 탄소 간에 결합이 형성되는 것으로 생각되고 있다. 이 유기타이타늄할로젠화물들은 불안정하고 (16)과 (17)에 나타낸 것과 같은 환원성 분해 공정을 일으킬 수 있다.

$$AlR_3 + TiCl_4 \rightleftharpoons R_2AlCl + RTiCl_3 \quad (14)$$

$$R_2AlCl + TiCl_4 \rightleftharpoons RAlCl_2 + RTiCl_3 \quad (15)$$

$$RTiCl_3 \longrightarrow R\cdot + TiCl_3 \quad (16)$$

$$R_2TiCl_2 \longrightarrow R\cdot + RTiCl_2 \quad (17)$$

$TiCl_3$는 $TiCl_4$ 대신에 초기 촉매 성분으로 사용될 수 있다. 더 환원시키면 $TiCl_2$를 생성하고 이것은 알루미늄트라이알킬 배위자 교환 그룹과 반응할 수 있다. 불균일계 촉매에 있어서는 반응들

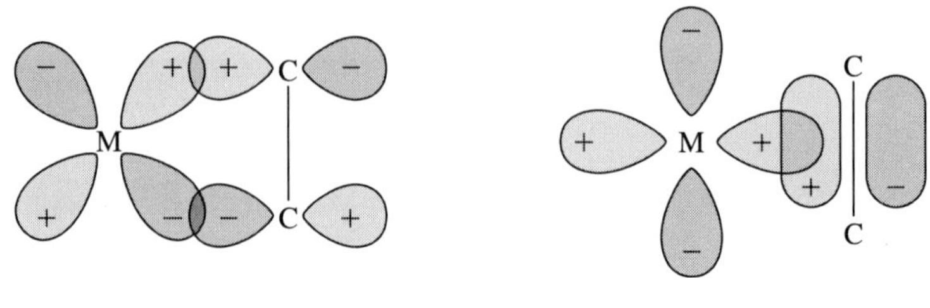

그림 4.3 올레핀과 전이 금속 사이의 π-형 상호작용 형성의 궤도함수 중첩도: (a) 올레핀의 π-반결합성 궤도함수의 사용, (b) 금속에서의 $d_{x^2-y^2}$ 궤도함수와 올레핀의 π-결합 궤도함수의 로브(lobe)의 중첩.

이 이들 반응식으로 나타낸 것보다 더 복잡하다. 그러나 유사 구조의 바나듐 함유계는 가용성이고, (14)~(17)에 표시한 반응으로 명확히 나타낼 수 있다.

이들 계에 있어서 가장 중요한 단계 중의 하나는 전이 금속이 저원자가 상태로 **환원**되는 것인데 이때 금속은 충족되지 않은 배위자 자리를 갖게 된다. 이와 같은 저원자가 전이 금속종이 진짜 촉매 구실을 하거나 또는 진짜 촉매의 선구 물질로 믿어지고 있다.

중합 메커니즘 Ziegler-Natta 촉매들은 올레핀과 저원자가 전이 금속 사이에서 일시적인 π-착물을 형성하여 작용한다. 올레핀류와 전이 금속 사이에서 안정한 π-착물에 관해서는 잘 알려져 있다. 착물은 올레핀의 π-궤도함수와 전이 금속의 *d*-궤도함수가 서로 중첩되어 이루어진다(그림 4.3). 그림 4.3a에 나타낸 것처럼, 금속의 d_{xy} 궤도함수는 올레핀의 π-반결합성(anitbonding) 궤도함수와 중첩할 수 있다. 또한 그림 4.3b에서 나타낸 것처럼 $d_{x^2-y^2}$ 궤도함수의 한 로브(lobe)와 올레핀 π-궤도함수 사이에서도 중첩이 가능하다. Ziegler-Natta 촉매 반응에서, 만약 전이 금속이 그의 가장 높은 원자가 상태(바꿔 말해서, 만약 모든 배위 위치가 강하게 결합한 배위자들로서 점유되어 있다면)로 되어 있으면, π-착물 형성은 일어나지 않는다. 그래서 앞서 설명한 환원 공정은 촉매 활성을 위해 매우 중요하다. 그러나 배위 양식과 올레핀 부가 기구의 정확한 것은 아직도 밝혀져 있지 않다.

전이 금속의 빈 위치의 올레핀이 배위하는 "단일 금속" 기구(monometallic mechanism)와 전이 금속과 알루미늄 원자 둘 다가 참여하는 "이중 금속" 기구(bimetallic mechanism)의 두 가지 기구가 제안되어 있다.

단일 금속 기구는 Scheme 1에 나타낸다. 올레핀(이 경우, 에틸렌)은 전이 금속 배위자의 빈 위치에 배위한다(a). 그런 다음, 유기기 R은 금속에서 올레핀으로 옮겨간다(b). 다시 말해, 올레핀은 약한 금속–탄소 결합 속으로 삽입된다. 그런 다음, 들어가는 올레핀 분자는 새로이 형성된 빈 위치에 배위하여 금속–알케인 결합 속으로 삽입된다. 삽입되는 방법은 금속–탄소 σ-결합에 연결된 기하 형태와 빈 배위 위치에 따라 결정된다(c나 d).

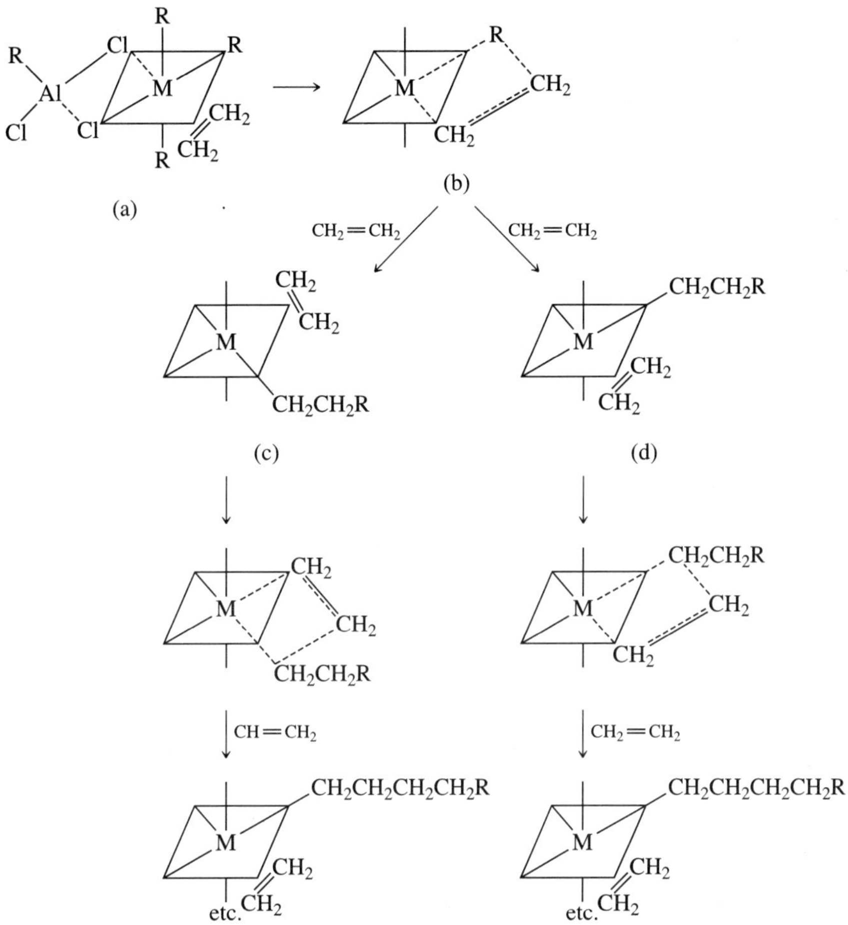

(18)

Scheme 1

이 기구를 통하여 입체 특성 부가의 원리를 조금이나마 이해할 수 있을 것으로 생각된다. 올레핀의 곁사슬들은 입체적으로 배위와 삽입 형태를 결정한다. π-결합의 존재로 인하여 일단 단량체가 촉매에 부착되면 방향 쟁탈은 끝나게 된다.

이중 금속 기구는 Scheme 2에 나타낸다. 촉매의 알킬기는 (a) 연결체(bridging unit)로서 작용한다. 그런 거동은 다른 유기 금속 중에서도 볼 수 있다. 우선 올레핀의 π-배위는(b에 나타낸 것과 같음) 올레핀이 타이타늄–탄소 결합 속에 끼어들어 새롭게 연결된 종(d)을 형성한다. 그런 다음, 연속적인 올레핀 분자들의 배위와 삽입이 반복된다.

두 기구 모두 용액 상태의 촉매 작용에 대해서 받아들여지고 있다. 불균일계일 때 결정 표면에 결함이 있으면 입체 규칙성 중합 특성에 영향을 미친다.

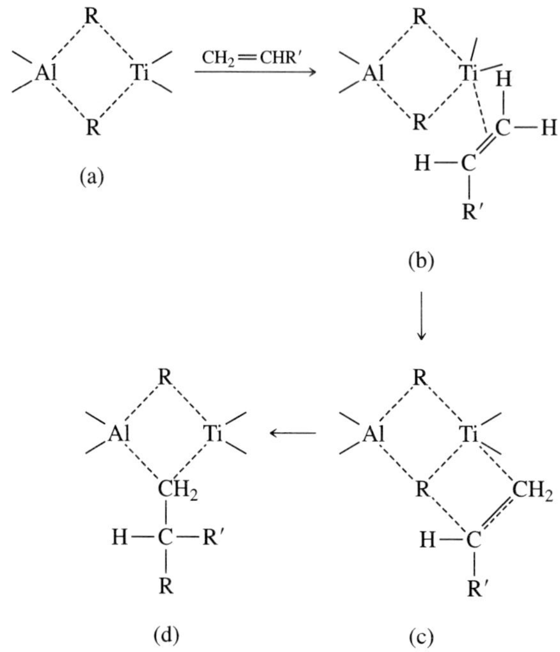

Scheme 2

다이엔과 고리 올레핀 중합 Ziegler-Natta 개시제들은 모노올레핀뿐만 아니라, 다이엔류 중합 촉매로도 유용하다. 1,3-뷰타다이엔이나 아이소프렌은 Ziegler-Natta계 촉매로서 입체 특이성 중합을 하여, 사용하는 촉매 종류에 따라 *trans*-1,4, *cis*-1,4, 신디오탁틱이나 아이소탁틱 1,2-폴리뷰타다이엔 또는 *trans*-1,4, *cis*-1,4, 또는 3,4-폴리뷰타다이엔을 생성한다. 예를 들어, $A1R_3/VCl_4$ 촉매는 97~98%의 *trans*-1,4-폴리뷰타다이엔을 생성하지만 AlR_3/TiI_4 촉매에서는 93~94%의 *cis*-1,4-고분자가 합성된다. 이런 현상들이 나타나는 이유는 아직도 연구 중에 있다.

끝으로 Ziegler-Natta 촉매들은 사이클로뷰텐류, 사이클로옥타다이엔류, 사이클로데카다이엔류 등과 같은 고리 올레핀의 개환 중합에도 사용된다. 사이클로뷰텐은 $Al(C_2H_5)_3/TiCl_4$ 촉매계 존재하에서 *cis*와 *trans*-폴리뷰타다이엔 혼합물을 생성한다.

4.3.8 촉매로서의 π-알릴 착물들

뷰타다이엔과 같은 다이올레핀류의 중합에서는 기술적으로 중요한 문제가 있다. 따라서 $(\pi\text{-}C_4H_7)Ni$(**11**)과 같은 전이 금속 π-착물들이 뷰타다이엔을 고분자량의 중합체로 생성하는 데 촉매 작용을 한다는 사실은 상당히 관심을 끌고 있다. 실제로 $(\pi\text{-}C_4H_7)_3Cr$, $(\pi\text{-}C_4H_7)_3Nb$, $(\pi\text{-}C_4H_7)_4Ti$, $(\pi\text{-}C_4H_7)_4Zr$과 같은 관련 착물들은 같은 방법으로 작용한다. 중합 수율, 중합 속도 그리고 입체 특이성들은 Ziegler-Natta 촉매 작용에서 나타나는 것들과 유사하다.

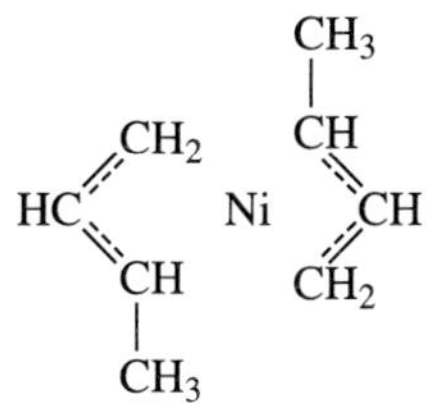

11

그러나 π-알릴 착물들에 의한 촉매 작용의 기구는 완전히 정립되어 있지 않다. 그러한 반응에서 형성된 고분자는 *cis*나 *trans*-폴리뷰타다이엔으로 알려져 있으며, 다이엔이 금속에 붙는 방식이 부가 입체 화학을 정의하는 것으로 생각되고 있다. 더욱이, π-알릴 착물을 생성하고, 다음으로 이것의 배위자가 한 개의 탄소 원자에 금속이 공유 결합을 한 σ-착물(**12**)로 재배열된다고 알려져 있다. 이 형태의 일시적인 재배(19)열은 배위자–탄소 결합 속에 다이엔이 삽입하는 패턴에 크게 영향을 미친다.

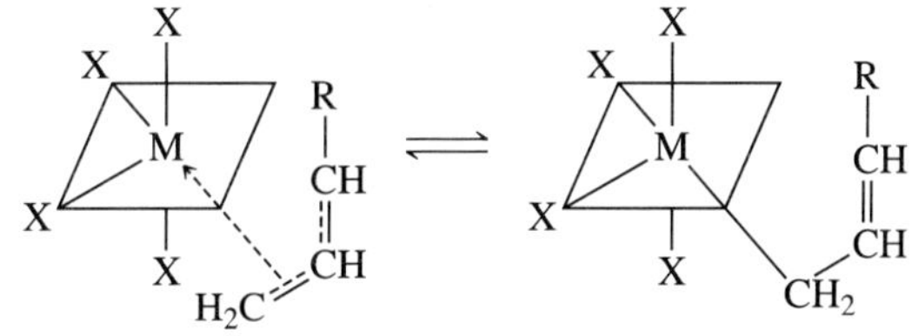 (19)

(a) (b)

12

4.3.9 메탈로센을 이용한 중합

메탈로센은 두 불포화 링(주로 사이클로펜타다이에닐 또는 그와 관련된 구조)이 금속에 배위된 샌드위치형 유기 금속 분자이다. 이와 관련해서 발견된 최초의 분자가 페로센(**13**)이지만, 예로 현재 (**14**)와 (**15**)를 포함해서 다른 많은 종류가 알려져 있다.

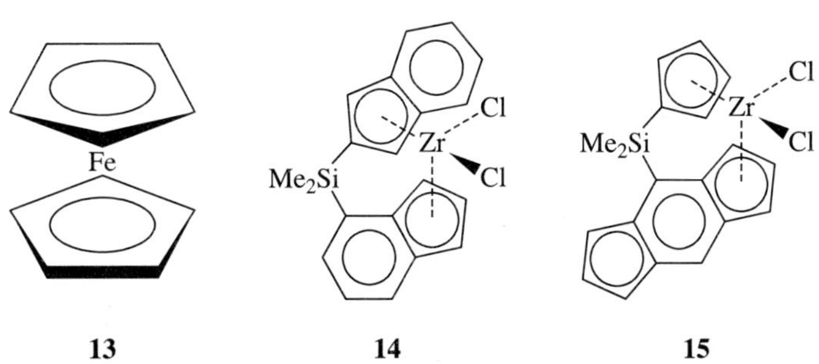

13 **14** **15**

타이타늄과 하프늄 착체도 사용되고 있다. (**14**) 또는 (**15**)와 같은 착체는 종종 다이에틸알루미늄 클로라이드나 메틸알루모센(methylalumoxane)과 같은 공촉매 존재하에 사용된다.

메탈로센 개시제에 의해 에틸렌 또는 프로필렌의 중합은 폴리올레핀 생산에 매우 큰 영향을 주고 있고, 이들 반응은 Ziegler-Natta 촉매계보다 많은 장점을 나타낸다. 예를 들어, 대부분의 Ziegler 촉매계와는 달리 메탈로센 촉매계는 최종 고분자의 물성과 구조에 대한 정교한 조절을 가능케 하는 단일사이트 개시제이다. 그래서 순수 아이소탁틱이나 신디오탁틱 폴리프로필렌이 **(14)** 또는 **(15)** 촉매에 의해 각각 제조될 수 있다. 이것은 아이소탁틱 형태보다 더 큰 충격 저항성, 유연성을 가진 투명하고 부드러운 순수 신디오탁틱 폴리프로필렌을 제조하는 유일한 방법이다. 고분자의 분자량, 분자량 분포 또는 녹는점 모두가 조절될 수 있다. 어떤 zirconocene 촉매에서는 zirconocene에 붙어 있는 두 유기 그룹이 어떤 온도 위에서 금속 주위를 회전할 수 있기 때문에 온도를 내리거나 높임으로써 촉매 구조를 변화시킬 수 있다. 최종 고분자의 입체 규칙성은 촉매의 비대칭성에 의존하고, 그래서 단량체의 농도나 온도를 변화시킴으로써 순수 아탁틱 또는 아이소탁틱 형태의 어느 것보다 더욱 더 탄성을 가지는 아탁틱과 아이소탁틱 블록 폴리프로필렌 공중합체를 제조할 수 있다.

촉매의 메커니즘은 들어오는 올레핀 분자가 전이 금속에 배위되고 나서 금속과 성장 고분자 사슬 끝 사이에 삽입(insert)되는 점에서 Ziegler-Natta 촉매 시스템과 메커니즘에서 닮았다고 여겨진다. 촉매의 비대칭성 성형은 삽입 모드를 조절하고, 따라서 형성된 고분자 구조 형태를 조절한다.

메탈로센 촉매는 Ziegler-Natta 촉매계와 비교해서 몇 가지 단점도 있다. 이들은 합성하기가 어려우며 결과적으로 더 비싸다. 또한 최종 고분자로부터 촉매를 제거하기가 어렵다. 또한 이들은 산소와 수분에 더 민감하다. 그럼에도 불구하고 이들은 최종 고분자 구조에 대한 조절 용이성에 대해 놀랄 만한 향상을 나타낸다.

4.3.10 다른 음이온형 촉매

알루미나, 실리카 또는 목탄을 지지체로 한 여러 가지 전이 금속 산화물들은 다이엔류의 입체 특이성 중합을 일으킨다. 촉매로서는 바나듐, 타이타늄, 크로뮴, 코발트, 니켈 및 텅스텐의 산화물들이 사용되고 있다. 촉매 작용에 대한 반응 기구는 많은 경우 극히 일부만이 알려져 있으나, Ziegler-Natta 촉매 작용과 유사한 π-배위 메커니즘의 몇 가지 형태는 밝혀져 있다.

또한 다이엔류는 Alfin 촉매를 사용하면 입체 특이적으로 중합한다. 이러한 것들은 아릴소듐, 소듐 아이소프로폭사이드 그리고 염화소듐의 상호작용에 의해 형성된 불균일계 촉매들이다. 후자의 성분은 촉매지지제로 작용한다. Alfin 촉매들은 고분자량의 입체 규칙성 폴리아이소프렌이나 폴리(*trnas*-1,4-뷰타다이엔)을 제조하는 데 사용된다. 이러한 반응들의 메커니즘은 완전히 정립되어 있지 않으며, 음이온과 자유 라디칼 메커니즘 둘 다 제시되어 있다.

4.3.11 CO와 에틸렌의 교대 공중합을 위한 촉매

$[Pd(PPh_3)_x(MeCN)_{4-x}]^{2+}(BF_4^-)_2$(여기서 $x=1\sim3$)와 같은 팔라듐의 어떤 화합물은 일산화탄소와

에틸렌의 교대 공중합을 실온에서 일으켜 구조 **16**과 같은 폴리케톤류를 생성한다.

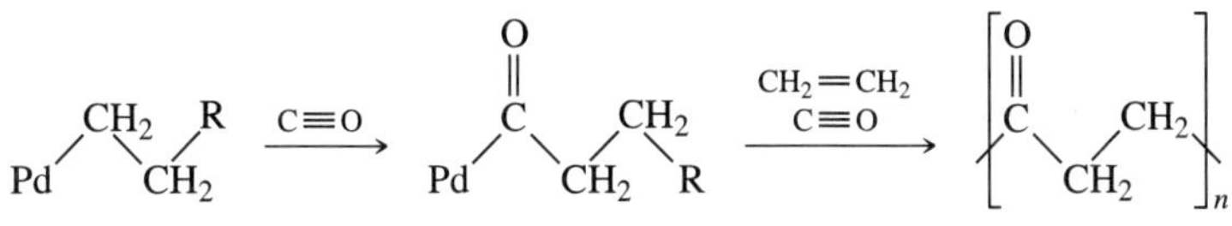
(20)

16

이 반응의 메커니즘은 식 (20)에서 나타낸 것처럼 팔라듐-탄소 결합 속으로 에틸렌과 일산화탄소가 교대로 삽입되는 것으로 믿어지고 있다.

4.3.12 개환 복분해 중합(ROMP)

올레핀 복분해(olefin metathesis)라는 용어는 식 (21)~(23)에 나타낸 반응을 말한다. 비록 반응 (21)이 다른 두 개와 근본적으로 다르기는 하지만, 실제로 3가지 모두 비슷한 전이 금속 촉매계에 의해 진행되며, 각 경우의 반응 메커니즘은 유기 금속 중간체, 특히 메탈로카벤(metallocarbene)을 거쳐 진행된다.

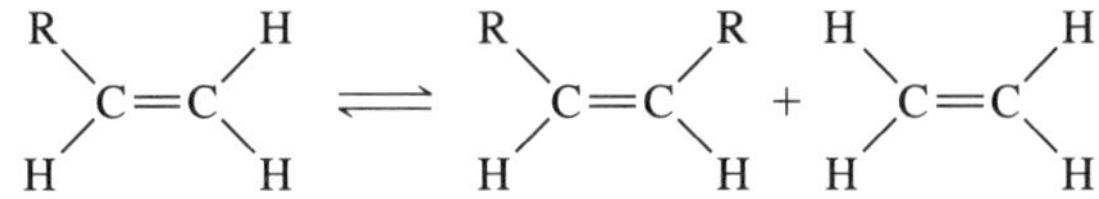
(21)

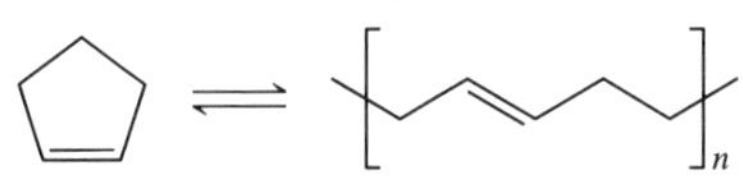
(22)

17 **18**

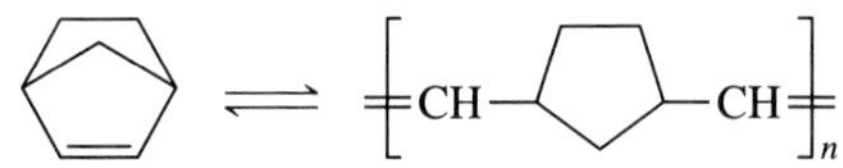
(23)

19

첫 복분해 반응은 1955년에 발표되었으며, 그 당시 노보넨(바이사이클로-[2.2.1]헵텐)은 사염화타이타늄과 브로민화에틸마그네슘에서 생성된 촉매를 사용하였다. (**19**)의 복분해 중합은 1976년에 공업화되었다. 사이클로펜텐(**17**)을 복분해 중합하면, 탄화수소를 골격으로 한 고분자 중에서 가장 낮은 유리 전이 온도(−114°C)를 가진 고분자(**18**)를 생성한다. 이것은 고무타이어용 탄성체로 적합하다. 사이클로펜텐은 복분해 중합을 하여 경질 탄성체로 된다.

여러 가지 고리 올레핀들은 복분해 조건하에서 중합한다. 이러한 것들에는 사이클로뷰텐류, 사이클로옥텐류 그리고 더 많은 고리를 가지고 있는 단량체들이 있으나, 장력이 작용하지 않는 사이클로핵센류는 예외이다. 불포화 탄소 원자가 알킬 치환체를 가진 것들은 중합을 방해한다. **19**와 같은 이중고리 올레핀류는 복분해 조건하에서 중합한다. 사이클로옥타테트라엔은 폴리아세틸렌으로 된다(후에 기술함).

복분해 중합을 일으키는 촉매계에는 WCl_6, $WOCl_4$, MoO_3와 루테늄이나 루테늄의 할로젠 화합물들이 있다. 금속 할로젠화물이 올레핀과 반응할 때, 유기 금속 화합물들은 **공촉매**(cocatalysts)로서 필요로 하거나 형성되기도 한다.

ROMP 반응을 유도할 수 있는 전형적인 최신 몰리브데넘 또는 루테늄 촉매가 (**20**)에서 (**22**)[1–4]에 나타나 있다.

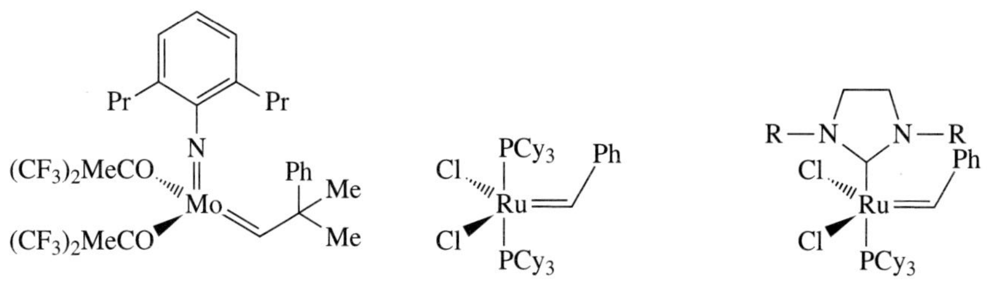

20 Pr = Propyl

21 Cy = Cyclohexyl

22 R = Mesityl (C_6H_2–2,4,6–Me_3)

몰리브데넘 촉매(**20**)가 루테늄 촉매계(**21**)보다 반응성이 더 크고 따라서 몰리브데넘 촉매가 입체 장애가 더 크고 또는 전자적으로 비활성화된 환형 올레핀을 중합시킬 수 있다. 그러나 루테늄 촉매는 일상적인 조건에서 더 안정하고 하이드록실, 카복실산 그리고 알데하이드 그룹 등의 폭넓은 작용기를 지닌 단량체에 대해서도 잘 견딘다. 루테늄 촉매(**22**)는 높은 활성을 가지지만 아마도 사슬 이동이나 혼성 입체 규칙성 때문에 넓은 분자량 분포를 가진 고분자를 제조한다.

이러한 촉매들이 작용하는 중합 반응 기구에 관하여 명확히 밝혀지지는 않았지만, 복분해 중합들이 일시적인 금속 카벤(carbene) 중간체와 금속 함유 사이클로뷰텐류를 형성하여 진행하는 것만은 확실하다. 이 반응 기구를 Scheme 3에 나타내었다.

블록 공중합체와 분자량 분포가 좁은 것을 생산하는 "리빙" 복분해 중합은 오늘날 잘 알려져 있다.

이 촉매로부터 중합할 수 있는 단량체는 노보넨과 치환된 노보넨으로부터 사이클로펜텐, 2-메틸사이클로펜텐, 사이클로옥텐, 사이클로옥타다이엔, 하이드록시와 아실사이클로옥텐 그리고 1,5-다이메틸-1,5-사이클로옥타다이엔에 이른다.

전자 활성(electroactive)인 고분자의 관점에서 볼 때(23장), 폴리아세틸렌을 생성하는 두 가지

---

[1] R. R. Schrock, J. S. Murdzek, G. C. Bazan, J. Robbins, M. Dimare, and M. J. O'Regan, *Am Chem Soc*. **1990**, *112*, 3875–86.

[2] S. T. Nguyen and R. H. Grubbs, *Organometal. Chem*. **1995**, p. 195.

[3] P. Schwab, R. H. Grubbs and J. W. Ziller, *J. Am. Chem*. Soc. **1996**, *118*, 100–10.

[4] C. W. Bielawski and R. H. Grubbs, *Angew, Chem. Int. Ed*, **2000**, *39*, 2903-5.

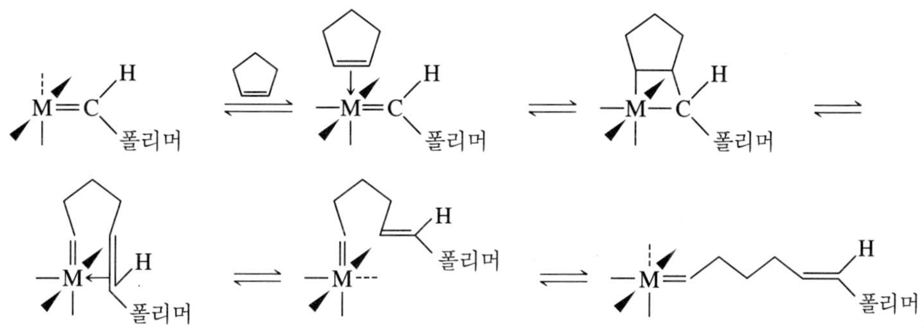

(M = 금속, | = 리간드의 결합, ¦ = 빈 배위 위치)

Scheme 3

상이한 복분해 중합은 흥미롭다. 이들은 식 (24)와 (25)에 나타내었다. 시스형은 열 이성화를 통해 트랜스 폴리아세틸렌이 된다.

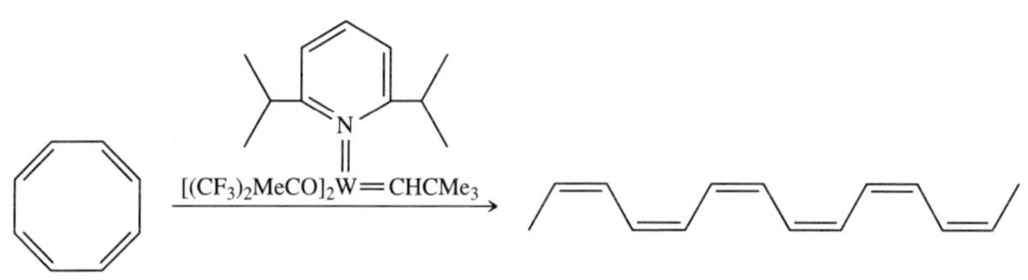

(24)

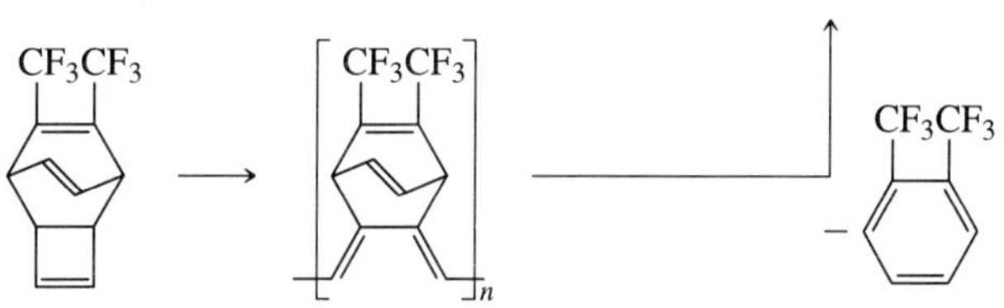

(25)

마지막으로 비중합성 올레핀 복분해 반응[반응 (21)]에 의해서 많은 올레핀 및 바이닐 단량체가 생성되고, 이들은 다른 중합 경로를 거쳐 고분자를 생산한다는 사실은 주목할 만하다.

4.3.13 Acyclic Diene 복분해 중합(ADMET)

중합에 대한 복분해(metathesis) 화학의 또 다른 이용은 ADMET 반응[1]에서 찾아볼 수 있다. 여기서 다이엔을 복분해 촉매를 처리했을 때 올레핀을 잃어버림과 동시에 고분자가 생성된다[식 (26)].

(26)

[1] D. Tindall, J. H. Pawlow, and K. R. Wagener, in "Alkene Metathesis in Organic Synthesis," Vol 1, p.184: in *Topics in Organometallic Chemistry*(A. Furstner, ed.) Springer-Verlag, Bern, Heidelberg, **1998**.

이것은 평형 과정이고 저압 조건하에서 전형적으로 에틸렌을 휘발시켜 제거함으로써 분자량이 큰 고분자를 제조할 수 있다.

이 과정에 대한 촉매는 (**23**)과 (**24**)에서 보여 준 형태의 금속 알킬리덴-타입 촉매 또는 (**25**)와 (**26**)과 같은 ROMP 형태 촉매이다. ROMP 촉매 (**25**)와 (**26**)은 $SnBu_4$, $SnBu_3H$ 또는 $SnMe_4$의 처리에 의해 금속 카벤의 형태로 활성화된다.

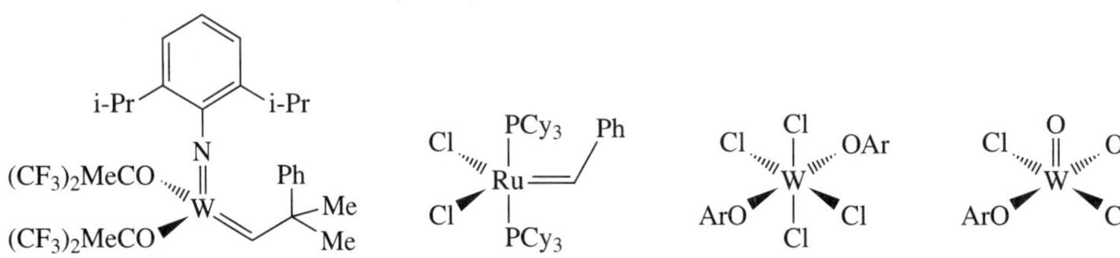

23 **24** **25** **26**

Ar = 2,6–dibromo–or diphenylbenzene

(**27**)~(**30**)에 나타낸 예를 포함하며 많은 다이엔 단량체가 이 과정에 의해 중합된다.

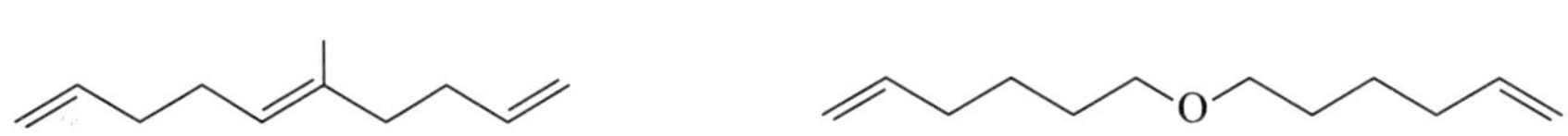

27 **28**

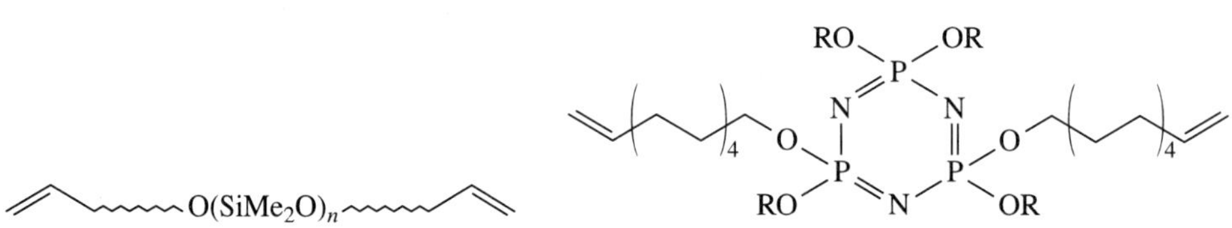

29 **30**

OR = OAr or $OCH_2CH_2OCH_2CH_2OCH_3$

주사슬에 작용기 도입의 요구 조건은 단량체 속에 올레핀 반복 단위가 기능 자리(site)로부터 (–O–, –S–, 포스파진 등) 최소한 두 개 탄소 원자에 의해서 분리되어야만 한다. 그래야만 기능 자리가 촉매에 배위하지 않고, 그래서 중합을 멈추지 않게 한다.

1,4-폴리뷰타다이엔과 같은 제조 고분자로부터 에틸렌 존재하에 메타세시스 촉매를 사용하면 다이엔 단량체를 높은 수율로 얻을 수 있다. 이것은 재생 고분자나 블록 공중합체에 사용 가능한 텔레킬릭(telechelic) 올리고머 제조를 위한 합성 방법을 제공한다.

4.4 그룹 트랜스퍼 중합

이것은 곁사슬 구조에 카보닐이나 나이트릴 단위를 함유한 바이닐 단량체들을 용액 중합시키는 새로운 방법이다. 이 반응은 트라이메틸실릴기(trimethylsilyl group)가 성장하는 고분자 사슬 끝에 존재하는 카보닐(또는 나이트릴) 작용기로부터, 사슬 끝에 바이닐기가 잇달아 또는 동시에 들어붙어, 들어오는 단량체의 카보닐이나 나이트릴 곁사슬기로 이동하는 반응을 말하는데, 이 반응은 바이플루오라이드 이온인 F_2^- 존재하에서 개시된다. Scheme 4에서는 HF_2^- 존재하 실릴케텐아세탈에 의해 개시된 메타크릴산메틸의 중합을 나타낸다. 친핵체인 HF_2^-는 개시제인 규소 원자에 결합되

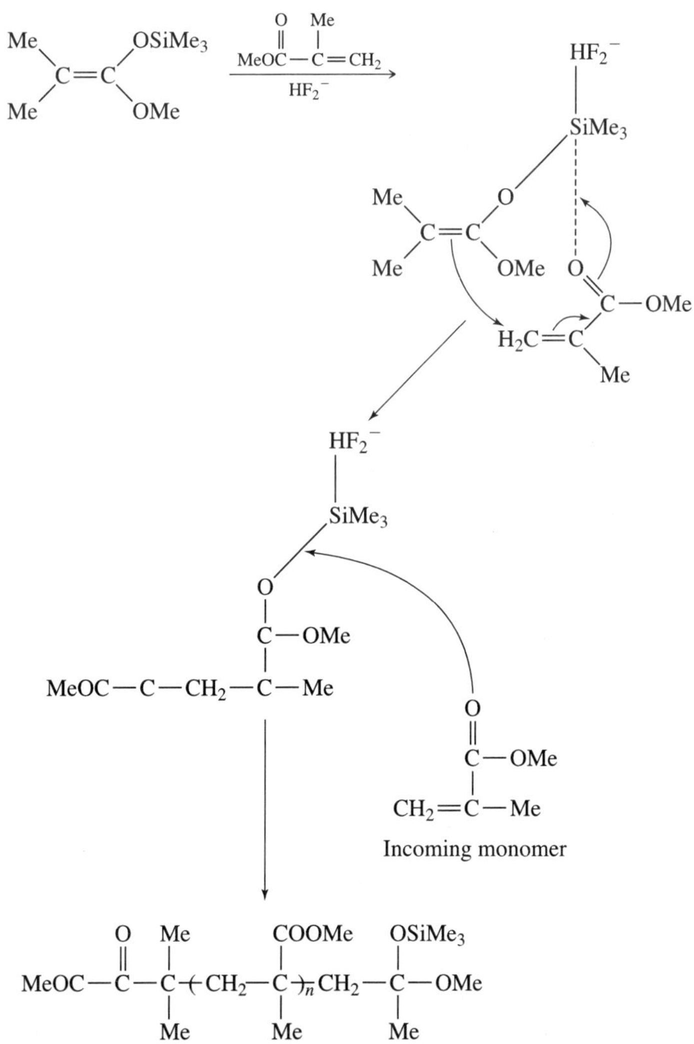

Poly(methyl methacrylate)

Scheme 4

며, 반면에 처음으로 들어오는 단량체의 카보닐기는 같은 규소에 배위하여 착물에 바이닐 부가가 일어나기 시작한다. 그런 후 계속적인 성장 단계가 같은 방법으로 진행된다.

이것이 바로 이 프로세스를 발견한 DuPont팀에 의해 제안된 소위 회합 메커니즘(associative mechanism)이다.[1] 그러나 다른 팀은 엔올레이트 음이온과 실릴케톤 말단기가 5배위 실리콘 종(species)과 빠른 평형 상태에 있다는 다른 해석을 제안하였다.[2–5] 이 평형은 매우 낮은 농도의 엔올레이트 음이온 말단 단위를 발생시킴으로써 실릴 그룹으로 하여금 성장 고분자 사슬들 사이의 교환을 허용케 한다[반응 (27)].

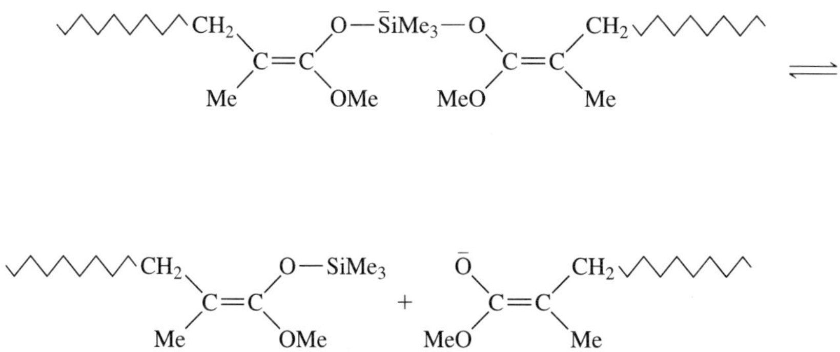

(27)

그룹 트랜스퍼 중합(GTP)에 의해 생성된 고분자는 고온에서 진행되는 것 말고는 확실하게 고전적 음이온 중합 기술에 의해 생성된 고분자와 매우 유사하다. 이 과정의 정확한 메커니즘은 여전히 논쟁 중이다. 사실 두 과정이 다른 실험 조건하에서 이루어질 수 있다.

이 반응 기구에서는 곁사슬에 카보닐이나 나이트릴 단위가 없는 단량체들은 반응이 일어나지 않는다. 이것이 한계점이다. 그러나 이 공정은 몇 가지 특이한 장점이 있다. 실온에서 신속히 진행하여 정량적인 수율로 고분자를 생성하고 분자량 분포가 좁다. 실제로 고분자는 활성을 띠고 있다. 더구나 중합도는 단량체와 실릴케텐아세탈(silyl ketene acetal) 개시제의 비로 조정될 수 있다. 그룹 트랜스퍼 중합은 가교 반응 없이 종래 자유 라디칼 중합에서는 기대할 수 없었던 곁사슬기를 가진 고분자를 생성한다(예를 들어, 알릴에스터 곁사슬기를 가진 고분자들). 이 방법은 Ziegler-Natta 방법에 의해 얻은 것보다 대체로 입체 규칙성이 떨어지기는 하나, 어느 정도 입체 규칙성을 가진 고분자를 만들 수 있다.

---

[1] O. W. Webster, *Makromol Chem. Symp*. **1993**, *67*, 365.

[2] A. H. E. Muller, *Makromol. Chem. Macromol*. Symp. **1990**, *87*, 32.

[3] S. Bywater, *ibid*, **1993**, *339*, 67.

[4] R. P. Quirk, J. Ren, G. Bidinger, *ibid*, **1993**, *351*, 67.

[5] A. D. Jenkins, *Eur. Poly. J*., **1999**, *649*, 27.

4.5 양이온 중합

4.5.1 양이온 중합 개시제

이미 설명한 것과 같이 양이온 중합은 성장하는 사슬 말단에 (+) 전하를 가지고 있다. 표 4.4에는 양이온 중합을 개시한다고 알려져 있는 대표적인 화합물을 나타내었다. 이들 두 가지 부류에는 강한 양성자성 산과 Lewis 산류가 있다.

대부분의 Lewis 산류는 물이나 메탄올과 같은 공촉매가 등몰농도 이하로 존재할 때만 촉매로서 작용한다. 그러한 경우, 실제 촉매는 반응 (28)에 나타낸 것과 같은 공정에 의해 형성되는 양성자–음이온 착물이다. 공촉매가 과잉으로 존재하면, 계의 촉매 활성을 잃게 된다.

$$F_3B{:}OH_2 \rightleftharpoons [F_3BOH]^- + H^+ \tag{28}$$

4.5.2 양이온 중합용 단량체

양이온성 촉매들을 사용하여 중합되는 단량체들은 대체로 **전자 공여성** 치환기를 가지고 있다. 예로서는 아이소뷰틸렌(**31**), 1,3-뷰타다이엔(**32**), 바이닐에터(**33**), *p*-치환스타이렌류(**34**), α-메틸스타이렌(**35**)과 알데하이드류(**36**)가 있다.

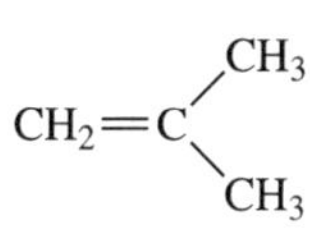

31

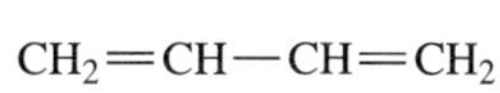

32

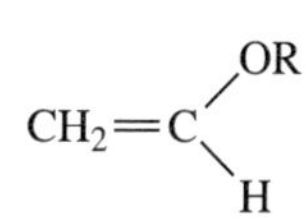

33

표 4.4 양이온 촉매

촉매 부류	예
1. 강산류	H_2SO_4
	$HClO_4$
	HCl
2. Lewis 산류 및 그들의 착물들	BF_3
	$BF_3{:}O(C_2H_5)_2$
	BCl_3
	$TiCl_4$
	$AlCl_3$
	$SnCl_4$

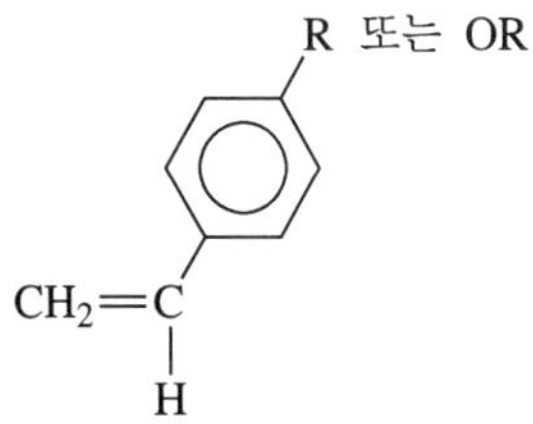

34

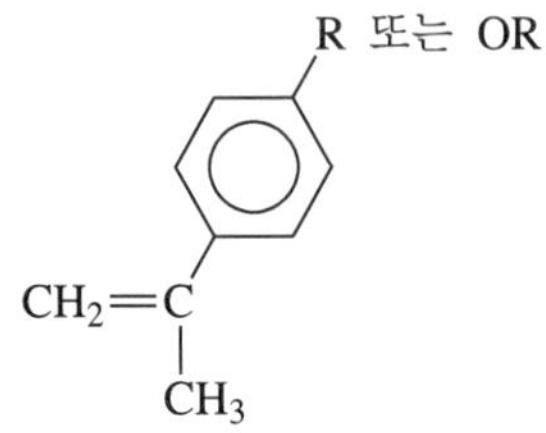

35

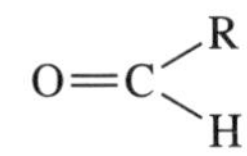

36

4.5.3 양이온 중합을 위한 실험 조건

원하지 않는 부반응을 억제하기 위해서는 저온 중합으로 행한다. 또한 사용하는 용제들은 반응성이 없고, 매우 건조해야 한다.

양이온 반응의 예로서는 삼플루오린화붕소 수화물 존재하에서 메틸스타이렌도 사용 전에 증류하여 같은 건조제로 건조한다. 삼플루오린화붕소는 가스 실린더에서 쉽게 얻을 수 있다. 공촉매로 필요한 물은 사전에 습기를 뽑아내더라도 이미 계 내에 존재하고 있다. 두 가지 실험 방법을 사용할 수 있다. 하나는(그림 4.4) 맥주나 음료수병에 단량체 용액을 넣고 건조 질소를 사용하여 공기를 제거한다. 병은 고무마개로 밀폐하고 병과 내용물을 −78°C로 냉각한다. 촉매는 주사기를 사용하여 고무를 통해 가스 상태로 주입하고, "반응기"는 −78°C에서 수 시간 동안 흔든다. 중합이 완결되었을 때(점성이 큰 반응 혼합물 존재가 확인되었을 때), 마개를 제거하고 반응 생성물은 메탄올에 추가하여 촉매를 파괴시킨다.

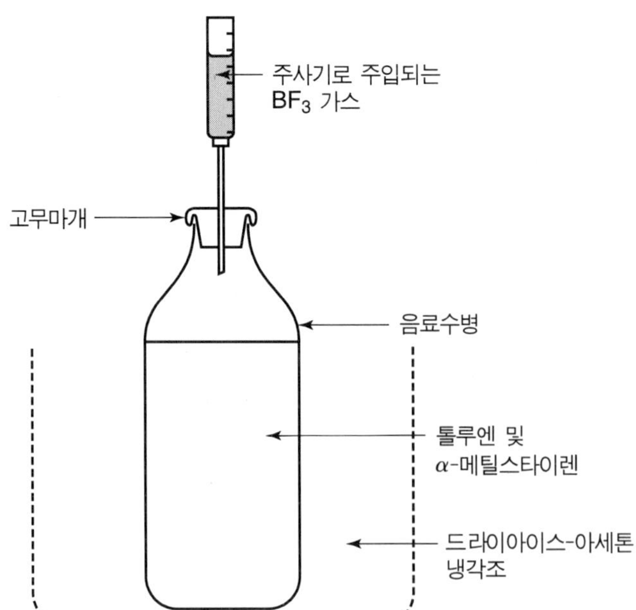

그림 4.4 α-메틸스타이렌의 소규모 양이온 중합용 장치

두 번째 방법은 가스상 단량체를 중합하는 데 적당하다. 반응은 진공라인에 부착된 유리 반응기 내에서 행한다(그림 4.5). 단량체(예를 들어, 아이소뷰틸렌), 용매, 촉매, 공촉매는 진공라인에 부착된 가스 저장 용기나 플라스크에 따로 저장하고, 이 양은 부피를 알고 있는 용기 내의 가스량으로 측정한다. 교반은 자석 교반기로서 하며, 반응의 진행은 마노미터를 이용하여 단량체 증기압을 측정하여 행한다. 반응 용기는 발생하는 열이 제거되도록 냉각한다. 이와 같은 장치는 반응에 대한 여러 가지 촉매와 공촉매의 영향을 연구하는 데 사용된다.

4.5.4 양이온 중합 반응 기구

전반적인 반응 기구는 개시, 성장, 연쇄 이동과 정지 단계로 나누어진다.

1. 실제로 **개시 반응**은 두 개의 연속 단계로 이루어진다: 양성자의 발생과 그 양성자가 단량체에 부가하는 단계. 식 (29), (30)과 (31)에 나타낸 것과 같이 비액상 매체 내에 있는 강한 양성자성 산류는 일반 이온화 공정에 따라 양성자들을 방출한다. Lewis 산류는 공촉매와 서로 반응하여 (32), (33)이나 (34)와 같은 반응에 따라 양성자 공여체(donor)를 생성한다.

$$H_2SO_4 \rightleftharpoons H^+ + HSO_4^- \tag{29}$$

$$HClO_4 \rightleftharpoons H^+ + ClO_4^- \tag{30}$$

$$HCl \rightleftharpoons H^+ + Cl^- \tag{31}$$

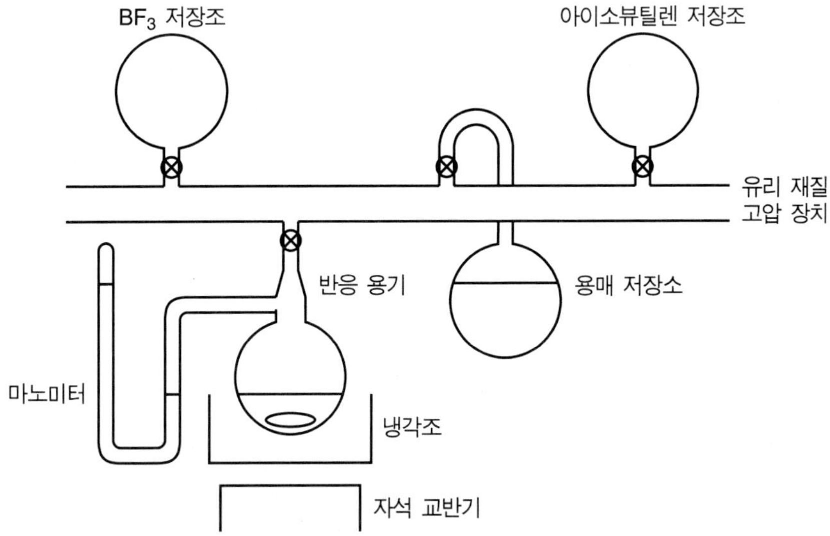

그림 4.5 잘 조정되는 조건하에서 휘발성 단량체의 중합 속도를 측정하기 위해 설계된 유리 재질의 고압 장치

$$BF_3 + H_2O \longrightarrow F_3B{:}OH_2 \rightleftharpoons F_3BOH^- + H^+ \quad (32)$$

$$BF_3 + CH_3OH \longrightarrow F_3B{:}OCH_3H \rightleftharpoons F_3BOCH_3^- + H^+ \quad (33)$$

$$SnCl_4 + H_2O \longrightarrow [Cl_4Sn{:}OH_2] \rightleftharpoons Cl_4SnOH^- + H^+ \quad (34)$$

삼플루오린화붕소와 염화주석은 물이나 메탄올과 같은 공촉매가 없으면 촉매로서 작용하지 않는다. 그러나 그러한 공촉매들을 계 내에 주입하지 않더라도 장치의 내부면에 흡수된 물 분자들이 존재하기 때문에 공촉매 작용을 한다. 실제로 촉매 대 공촉매의 최적비(optimum ratio)(흔히 1:1)에서 최대 반응 속도를 나타내고 있다. 공촉매가 더 많이 존재하면 촉매의 파괴로 인해 반응 속도는 감소한다. 공촉매 농도를 가장 적당한 양 이하로 낮추면 중합 속도는 늦어진다. 그림 4.6에 나타낸 것처럼, 가장 낮은 공촉매 농도에서는 재현성이 없으나, 곡선을 외삽해 보면 공촉매가 전혀 없으면 중합 속도는 0으로 된다는 것을 나타내고 있다. 그래서 실제로는, 거의 모든 양이온성 촉매들은 식 $H^{\oplus}X^{\ominus}$로 생각할 수 있다.

대체로 단량체 분자의 개시는 이중 결합에 촉매 이온쌍을 첨가함으로써 일어난다[반응 (35)].

$$H^{\oplus}X^{\ominus} + CH_2{=}CR_2 \longrightarrow HCH_2{-}C^{\oplus}R_2X^{\ominus} \quad (35)$$

이중 결합에 첨가되는 방법은 양성자가 가장 큰 전자 밀도를 가진 탄소 원자에 첨가되어 가장 안정한 카보늄 이온을 형성하는 것이다. 만약 곁사슬기 R이 전자 공여성기라면 부가는 반응 (35)에 나타낸 것과 같이 된다.

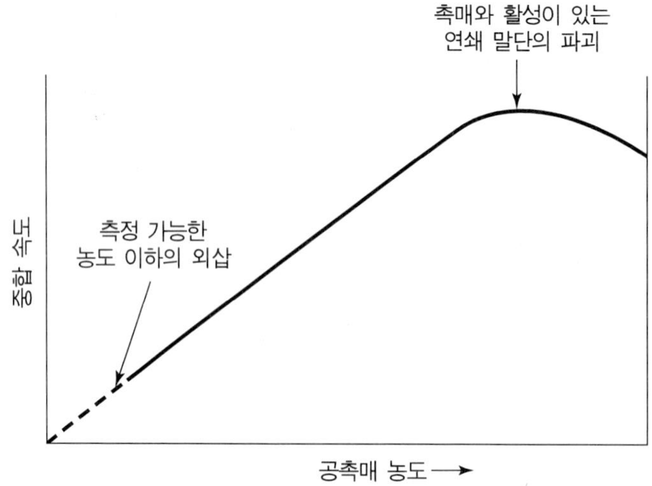

그림 4.6 공촉매량을 최적비 아래로 감소시킴에 따라 양이온 중합 속도가 떨어지는 현상

2. **성장 반응**은 양이온-음이온 "결합" 속으로 단량체들이 연속 삽입됨으로써 일어난다. 이량체(dimer)를 생성하는 성장 반응의 초기 단계를 반응 (36)에 나타내었다. 저온에서, 사슬(연쇄) 성장은 연쇄 이동 없이 신속히 일어난다.

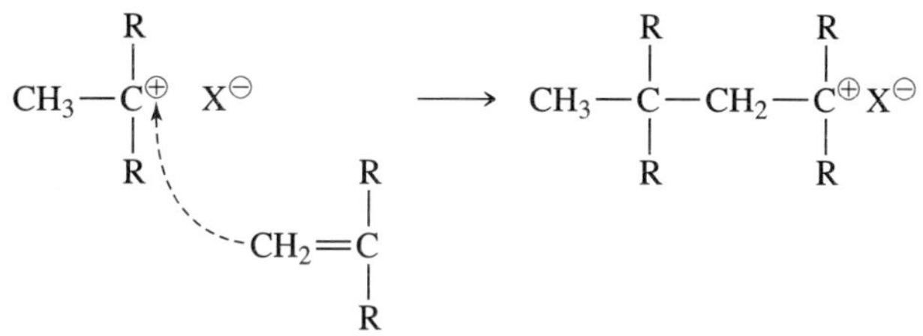

(36)

3. **연쇄 이동**은 실온 부근의 온도에서 중요하다. 중요한 이동 단계는 말단 곁사슬기에서 단량체 분자로 양성자를 공여하는 과정이다[반응 (37)]. 물론 새로이 개시된 단량체 분자는 새로운 사슬을 형성한다. 만약 많은 사슬들이 이런 방법으로 개시된다면, 계 내 고분자의 평균 사슬 길이는 감소하게 된다. 따라서 만약 고분자량의 중합체를 얻고자 하면 반응 온도를 낮게 유지해야 한다[13장 참조, 식 (48)과 (50)].

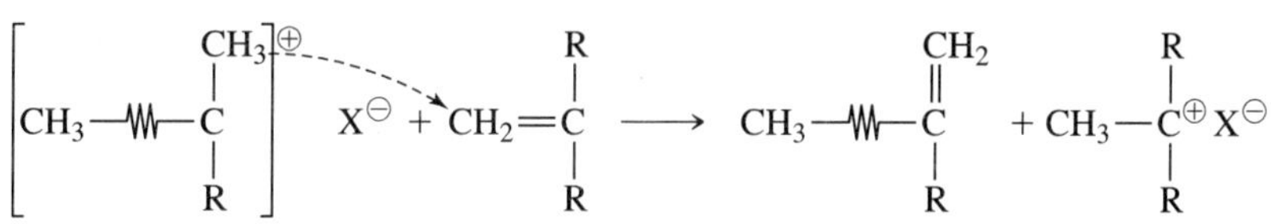

(37)

4. 고분자 사슬의 **정지**는 이미 설명한 이동 반응 기구나 $X^{\ominus}$ 반대 이온에 의해 양성자가 소실됨으로써 일어난다. 또한 정지 반응은 미량의 물이나 다른 양성자성 시약이 성장 사슬 끝과 반응해서도 일어날 수 있다[반응 (38)]. 이런 형태의 정지 반응은 잘 건조된 유리 반응기 내에서조차도 일어난다.

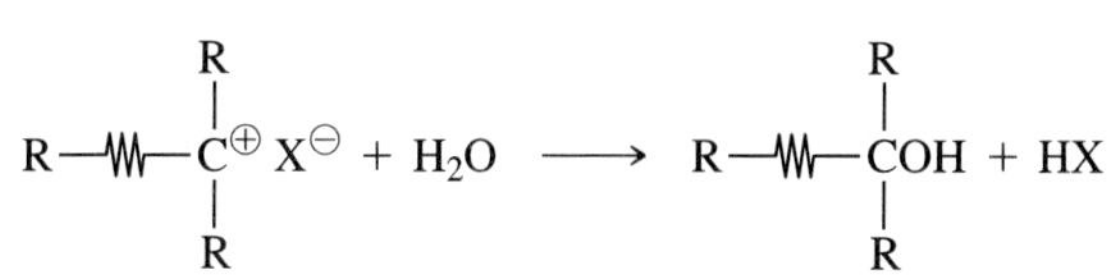

(38)

위에서 설명한 각 단계들은 중합 공정에 이온들이나 이온쌍의 참여로 일어난다. 그러나 몇 가지 양이온성의 단량체들은 특별한 "배위" 메커니즘에 의해 중합되는 것들도 있다. 그러한 메커니즘의 한 예는 "리빙" 탄소 양이온 중합이라는 제목으로서 다음에 설명한다.

4.5.5 일반적인 양이온 중합들의 특징

양이온 중합에 대한 속도론적 특징은 13장에서 설명한다. 여기서는 이들 속도론적 특징의 결과에 대해 설명하기로 한다. 양이온 반응에서는 연쇄 이동 반응이 중요하기 때문에, 반응 온도를 낮춤에 따라 연쇄 이동, 성장 및 정지 속도 사이에는 특이한 상관 관계가 존재한다. 만약 정지 반응의 활성화 에너지가 연쇄 이동의 것보다 더 크다면, **반응 온도가 낮아짐에 따라 중합 속도는 증가된다**. 이것은 자유 라디칼 중합의 거동과 대조를 이룬다. 더구나 만약 정지와 이동의 활성화 에너지가 성장 에너지보다도 크다면 분자량 역시 온도가 낮아짐에 따라 증가된다.

4.5.6 리빙 탄소 양이온 중합

최근까지만 해도, 양이온 중합 공정은 음이온 중합과 견줄 만한 "리빙" 중합체류를 생성할 수 없다고 생각되었다. 그 이유는 일반적인 탄소 양이온 중합에서 성장하는 양이온은 단량체에 대한 연쇄 이동이 본질적으로 불안정하기 때문이다. 그러나 *t*-뷰틸아세테이트와 같은 3차 에스터류로 제조된 개시제들은 삼플루오린화붕소와 착물을 이루어 아이소뷰틸렌과 같은 단량체를 리빙 중합으로 개시할 수 있다.

이러한 반응들의 기구는 아직 분명하지 않다. 그러나 **37**과 같은 개시 착물이 먼저 형성되고, 그런 다음 Scheme 5에 나타낸 바와 같이 아이소뷰틸렌 분자가 삽입되는 것으로 제안되어 있다.[1] 일반적인 양이온 중합과는 달리, 이런 반응들은 습기에 덜 민감하다. 더구나, 그러한 반응들은 그들의 리빙 특성으로 인해 블록 공중합체를 제조하는 데 사용되고 있다. 그 이외의 리빙 중합들에서는 바이닐에터류나 *p*-메톡시스타이렌과 같은 바이닐 단량체에 아이오딘화 수소/아이오딘 개시제가 사용되고 있다.

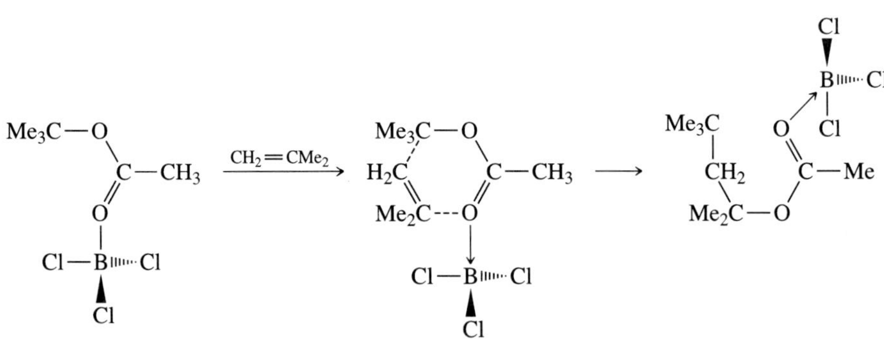

37

Scheme 5

[1] R. Faust and J. P. Kennedy, *J. Polymer Sci. (A), Polymer Chem. Ed.*, **1987**, *45*, 1847.

4.5.7 리빙 양이온 중합에서 가역 정지

Szwarc에 의해 요약된 것과 같이 리빙 양이온 중합에 흥미를 자아내는 결과[1]가 있다. 탄소–할로젠 결합(C-X)에 의해 종료되는 식 (39)에 **38** 형태의 고분자를 생각해 보자. C-X 결합은 이온화해서 $CH_2^+X^-$로 될 것 같지 않다. 따라서 이 말단 그룹은 "dead"이며, 다른 단량체 분자의 부가가 있을 수 없다. 그러나 만약 적합한 복합제[complexing agent(Y)]가 부가된다면, 식 (39)에서 보여 주는 것과 같이 이온화되어질 수도 있고 여러 평형에 도달될 수도 있다.

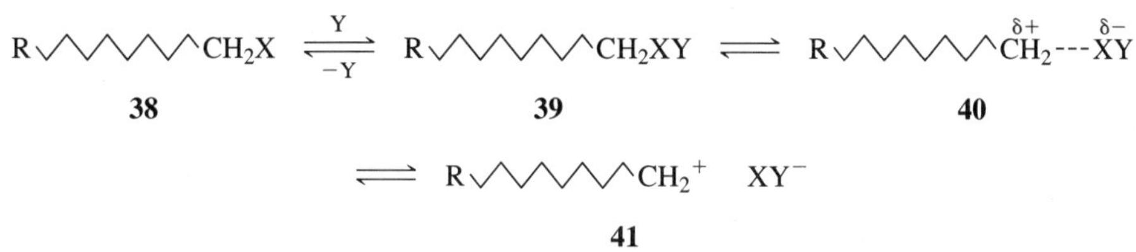

(39)

38과 **39**는 사슬 성장을 할 수 없지만 **40**과 **41**은 사슬 성장을 잘 할 수 있다. 따라서 **39**, **40** 그리고 **41**이 평형에 도달하는 조건하에서는 어떤 사슬(**40** 그리고/또는 **41**)은 활성이고 어떤 사슬(**39**)은 비활성하게 될 것이다. 그러므로 가역 정지가 되어질 수 있다.

만약 어떠한 이유에서 활성 사슬 말단이 활성을 잃게 된다면(즉, 정지) 평형은 **39**의 이온화에 의해 다시 만들어질 것이며, 따라서 시스템은 활성종 **40** 또는 **41**의 수명이 짧아지더라도 "리빙"이다.

더욱이, 평형이 Lewis 산 Y의 성격에 의존하기 때문에 연구자는 종 **39**의 농도를 조절함으로써 시스템을 조절할 수 있고 따라서 리빙 성격의 정도와 성장 속도에 영향을 줄 수 있다. 더욱더 중합 속도는 종 **38**로부터 **39**의(빠른) 생성과 **39**에서 **40**과 **41**로 빠른 분해에 의존하게 될 것이다. 그래서 중합 속도는 매우 빠를 수 있다.

4.5.8 알데하이드류의 양이온 중합

지금까지 설명한 것들은 올레핀류의 양이온 중합에 관한 것이었다. 그러나 두 번째 단량체 알데하이드류는 특히 양이온 중합을 잘 일으킨다.

예를 들면, 폼알데하이드는 삼플루오린화붕소–물 촉매 존재하에서 중합한다. 반응 메커니즘은 이미 설명한 올레핀 단량체들의 것과 비슷하다. 개시 반응은 알데하이드 산소 원자의 양성자화로 일어난다[식 (40)과 (41)].

$$F_3B{:}OH_2 \longrightarrow F_3^{\ominus}BOH + H^{\oplus} \quad (H^+X^-) \tag{40}$$

[1] M. Szwarc, *Ionic Polymerization Fundamentals*, Hanser, New York, **1996**.

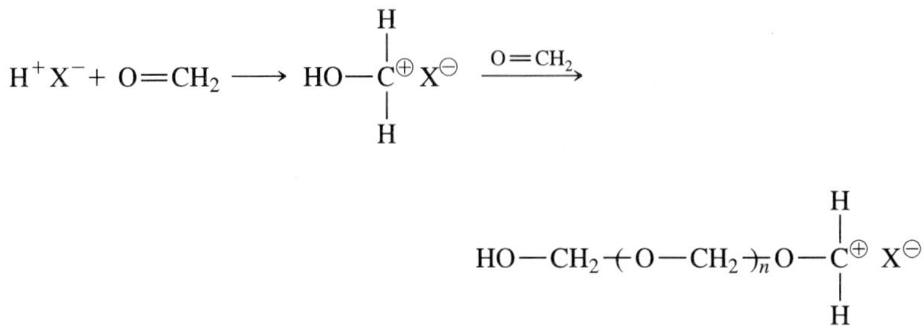

(41)

이 반응에서 삼플루오린화붕소 단독으로 촉매로서 작용할 수 있다는 것은 이미 알려져 있다 (42). 그러나 이 반응 기구에 의해 일차원적으로 성장하기 위해서는, 일어나기 어렵겠지만 음이온과 양이온 전하가 점차 멀어져 가야 한다. 전하가 멀어지는 과정은 **42**에 나타낸 것과 같은 "유사 고리화(pseudocyclic)" 성장 메커니즘에 의해서만 피할 수 있다.

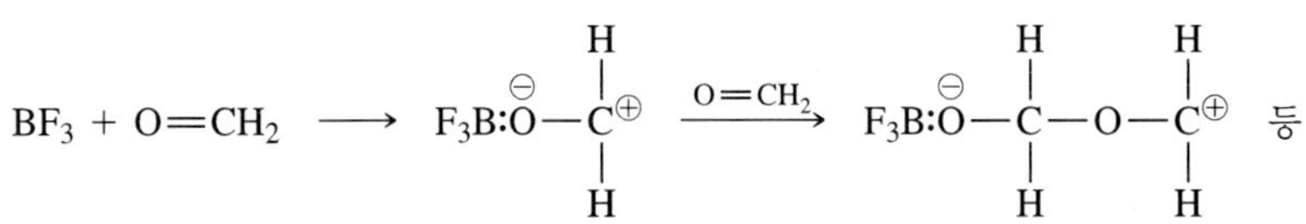

(42)

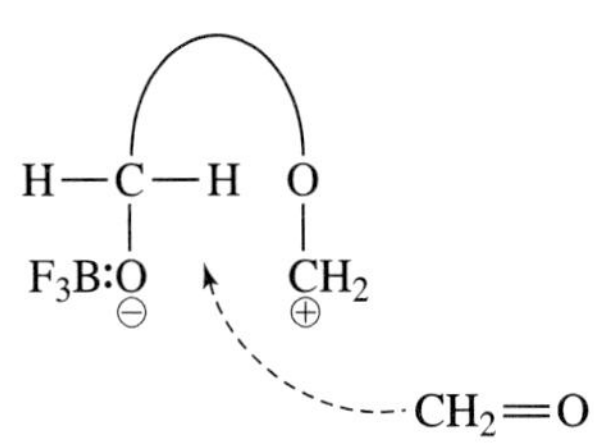

42

폼알데하이드 역시 냉각시켰을 때 촉매를 투입하지 않아도 중합한다. 미량의 폼산 불순물이 촉매로서 작용한다. 폴리폼알데하이드는 질긴 열가소성 물질이다. 이 고분자는 Delrin[1]이라는 상품명으로 시장에 공급되고 있고, 기어바퀴의 재료로 사용된다.

또한 아세트알데하이드는 어는점 이하나 양성자성 산 또는 Lewis 산으로 처리하면 "자발적으로" 중합한다. 무정형 폴리아세트알데하이드는 약 40,000 정도의 분자량으로 된 고무상 고분자이다. 만약 사슬 끝을 처리하지 않고 그대로 두면, 바로 해중합이 일어나 아세트알데하이드로 된다.

프로피온알데하이드나 뷰틸알데하이드와 같은 분자량이 큰 알데하이드류는 저온 및 고압하에서만 중합한다. 이들은 대기압하에서 공기 중에 노출될 때는 원래의 알데하이드로 해중합한다. 이 해중합 현상은 많은 고분자계에서 다소 중요한 열역학 특성을 나타내는데, 더 자세한 것은 10장에서 설명한다.

---

[1] 아세탈 수지에 대한 DuPont사의 상품명

4.6 여러 가지 방법으로 제조된 고분자들의 비교

여기서는 지금까지 설명한 것과 뒷장에서 취급할 고분자 합성법의 장단점에 대해 일반적인 사항을 요약한다. 그 내용은 표 4.5에 나타내었다. 이들은 다만 일반적인 관점에서 본 것이다. 왜냐하면 몇 가지 단점들은 리빙 탄소 양이온계의 개발이나 새로운 유기 금속 배위 개시제의 발명에 의해 극복될 수 있기 때문이다.

표 4.5 여러 가지 고분자 합성법의 장단점

중합 또는 합성 방법	장점	단점
축합	가능한 단량체의 수가 많음	비교적 저분자량이고 분자량 분포가 넓음; 입체 선택성 결여; 반응이 느림; 열을 필요로 함
자유 라디칼	단량체의 수가 많음	선택성이 불량하고 입체 규칙성 조절이 불가능; 열 또는 방사선 조사가 필요함
일반 음이온	분자량 분포 폭이 좁음; 어느 정도 입체 규칙성 조절이 가능함; "리빙" 중합체를 거쳐 블록 공중합체를 얻을 수 있음	단량체의 수가 제한되어 있음; 저온을 필요로 함
Ziegler-Natta	매우 높은 선택성과 입체 특이성; 실온에서 반응	올레핀류에는 적합하나 바이닐 화합물에는 부적합; 분자량이 그다지 크지 않음
복분해	주사슬 내 불포화 결합을 가진 고분자를 생성함; "리빙"된 상태로 할 수 있음	고리 올레핀류(또는 알카인류)에만 적용
그룹 트랜스퍼	리빙 중합체류와 실온 반응; "민감한" 곁사슬기를 가진 단량체의 중합이 가능함	곁사슬기에 C=O나 C≡N기를 가진 단량체류에 국한됨
일반 양이온	분자량 조절이 가능함	연쇄 이동에 의해 분자량이 제한됨; 올레핀류에 국한됨; 냉각이 필요함; 습기에 민감함
"리빙" 양이온	분자량 조절이 가능함; 분자량 분포 폭이 좁음; 블록 공중합체 합성이 가능; 비교적 습기에 덜 민감함	
개환	축합 반응보다 훨씬 높은 분자량을 얻을 수 있음; 대부분의 축합 공정보다 편리함	단량체의 수가 제한되어 있음; 분자량 분포 폭이 넓음; 열이나 방사선 조사가 필요함
고분자 치환	다른 방법을 이용해서 만들 수 없는 고분자를 생성함; 몇몇 무기 고분자와 반응함; 매우 폭넓은 유도체성 고분자를 만들 수 있음	대부분의 유기 고분자와 치환이 효과적이지 못함; 적용할 수 있는 무기 고분자 중간체의 수가 제한되어 있음

*이 표는 H. F. Mark 박사가 발표한 것에서 발췌한 것이다.

연|습|문|제

1. 스타이렌 100 g을 n-뷰틸리튬으로 음이온 중합하기 위한 적당한 장치와 조건이 갖추어져 있다. 만약 정확히 뷰틸리튬 500분자를 사용했을 때 예상되는 생성 리빙 중합체 사슬의 평균 분자량을 계산하라. 단량체와 개시제의 전량이 사용되었고, 정지 반응은 없다고 가정하라.
2. 음이온, 양이온, 자유 라디칼 및 축합 중합체들의 주된 차이점을 서술하라. 이런 반응 중 어떤 것이 부반응을 가장 적게 일으키는가?
3. 음이온이나 배위 중합에 있어서, 여러 가지 개시제 RM, 즉 같은 R기를 갖고 있으나 M^1, M^2, M^3 등과 같은 다른 금속으로 된 것을 사용할 때 $R—M$ 결합이 $R—M^1$, $R—M^2$ 등으로 점점 공유성을 띠게 되는 사실에 대하여 설명하라.
4. 만약 10년 동안 정지되어 있지 않은 음이온성 고분자를 보관할 필요가 있다면 어떤 저장 조건이 필요한가?
5. n-뷰틸리튬으로 개시된 바이닐 중합을 연속 흐름 반응기로 행할 수 있는 실험 장치나 대규모 반응 장치를 설계하라. 이러한 공정에서 나타날 수 있는 장단점을 기술하라. Alfin 촉매나 불균일성 Ziegler-Natta 계를 사용하는 실험에 대해서도 설명하라.
6. 일반적으로 다음 단량체들은 이온 공정으로는 중합하지 않는 이유에 대해서 설명하라.

   아크릴산, 알릴알코올, 아크릴아마이드, 염화바이닐
7. 만약 삼플루오린화붕소를 촉매로 사용하는 중합에서 용매가 염화메틸렌에서 벤젠으로 변경된다면 어떤 결과가 예상되는가?
8. 유기 금속 시약으로 개시되는 부가 중합의 기구를 규명하기 위해서는 어떤 형태의 실험 장치를 설계해야 하는가? 이러한 반응에서 촉매들의 반응 기구를 밝히고자 연구하는 사람들이 직면하는 많은 어려운 점은 왜 발생하는가? 이런 질문이 중요한 이유는 무엇이라고 생각하는가?

참|고|문|헌

음이온 중합

ARJUNAN, P., MCGRATH, J. E., and HANLON T. L., (Eds.), *Olefin Polymerization: Emerging Frontiers*, Washington, D. C.: American Chemical Society, **2000.**

HALASA, A. F., SCHULZ, D. N., and TATE, D. P., "Organolithium Catalysis of Olefin, and Diene Polymerization," *Adv. Organomet. Chem* (F. G. A. Stone and R. West, Eds.), **1979,** *18.*

HSIEH, H. L., *Anionic Polymerization: Principles and Practical Applications*, New York: Marcel Dekker, **1996.**

MORTON, M., and FETTERS, L. J., "Homogeneous Anionic Polymerization of Unsaturated Monomers," *J. Polymer Sci. (D), Macromol. Rev.,* **1967,** *2,* 71.

ROBBINS, O., *Ionic Reactions and Equilibria*, New York: Macmillan, **1997.**

SZWARC, M., *Living Polymers and Mechanisms of Anionic Polymerization*, Advances in Polymer Science Series. New York: Springer-Verlag, **1983.**

SZWARC, M. *Ionic Polymerization and Living Polymers*, New York: Chapman & Hall, **1993**.

VAN BEYLEN, M., BYWATER, S., SMETS, G., SZWARC, M., and WORSFELD, D. J., "Developments in Anionic Polymerization: A Critical Review," *Advan. Polymer. Sci.*, **1988,** *86,* 87.

배위 중합

AMASS, A. J., "Metathesis Polymerization," in *Comprehensive Polymer Science*, Vol. 4, Part II (G. C. Eastmond, A. Ledwith, S. Russo, and P. Sigwalt, eds.). Oxford: Pergamon Press, **1989,** p. 1.

BRINTZINGER, H. H., FISCHER, D., MULHAUPT, R., REIGER, B., and WAYMOUTH, R. M., "Stereospecific Olefin Polymerization with Chiral Metallocene Catalysts," *Angew. Chem. Ed. Engl.*, **1995,** *34,* 1143.

CARRICK, W. L., "The Mechanism of Olefin Polymerization by Ziegler-Natta Catalysts," *Fortschr. Hochpolymer-Forsch*, **1973,** *12,* 65.

DRAGUTAN, V., and STRECK, R., *Catalytic Polymerization of Cycloolefins: Ionic, Ziegler–Natta, and Ring-Opening Metathesis Polymerization*. New York: Elsevier, **2000.**

FEAST, W. J., "Metathesis Polymerization Applications," in *Comprehensive Polymer Science*, Vol. 4, Part II (G. C. Eastmond, A. Ledwith, S. Russo, and P. Sigwalt, eds.), Oxford: Pergamon Press, **1989,** p. 135.

HU, Y., CARLSON, E. D., FULLER, G. G., and WAYMOUTH, R. M., "Elastomeric Polypropylenes from Unbridged 2-Phenylindene Zirconocene Catalysts: Temperature Dependence of Crystallinity and Relaxation Properties," *Macromolecules*, **1999,** *32,* 3334.

IVIN, K. J., *Olefin Metathesis*. London: Academic Press, **1983.**

IVIN, K. J., *Olefin Metathesis and Metathesis Polymerization*. San Diego: Academic Press, **1997.**

KLABUNDE, U., MULHAUPT, R., HERSKOVITZ, T., JANOWICZ, A. H., CALABRESE, J., and ITTEL, S. D., "Ethylene Homopolymerization with P,O-Chelated Nickel Catalysts," *J. Polymer Sci. (A), Polymer Chem. Ed.*, **1987,** *25,* 1989.

KLAVETTER, F. L., and GRUBBS, R. H., "Polycyclooctatetraene: Synthesis and Properties," *J. Am. Chem. Soc.*, **1988,** *110* (23), 7807.

LEINO, R., GOMEZ, F. J., COLE, A. P., and WAYMOUTH, R. M., "Syndiospecific Polypropylene Polymerization with C1 Symmetric Group 4 ansa-Metallocene Catalysts," *Macromolecules*, **2001,** *34,* 2072.

MCKNIGHT, A., and WAYMOUTH, R. M., "Group 4 ansa-Cyclopentadienylamido Catalysts for Olefin Polymerization," *Chem. Rev.*, **1998,** *98,* 2587.

SCHROCK, R. R., FELDMAN, J., GRUBBS, R. H., and CANNIZZO, L., "Ring-Opening Polymerization of Norbornene by a Living Tungsten Alkylidene Complex," *Macromolecules*, **1987,** *20,* 1169.

SCHROCK, R. R., "Ring-Opening Metathesis Polymerization," in *Ring-Opening Polymer-*

ization (D. J. Brunelle, Ed.) New York; Hanser, **1993,** Ch. 4.

SEN, A., "The Copolymerization of Carbon Monoxide with Olefins," *Advan. Polymer Sci.*, **1986,** *73/74,* 125.

TAIT, P. J., "Monoalkene Polymerization: Ziegler–Natta and Transition Metal Catalysts," in *Comprehensive Polymer Science*, Vol. 4, Part II (G. C. Eastmond, A. Ledwith, S. Russo, and P. Sigwalt, eds.). Oxford: Pergamon Press, **1989,** p. 1.

TINDALL, D., PAWLOW, J. H., and WAGENER, K. B., "Recent Advances in ADMET Chemistry" in *Alkene Metathesis in Organic Synthesis* (A. Furstner, ed.), Heidelberg: Springer-Verlag, **1998,** pp. 183–196.

WEBSTER, O. W., "Group Transfer Polymerization," in *Encyclopedia of Polymer Science and Engineering*, Vol. 7 (H. F. Mark, N. Bikales, C. G. Overberger, G. Menges, and J. I. Kroschwitz, eds.) New York: Wiley, **1987,** p. 580.

XU, G., CHUNG, T. C., "Borane Chain Transfer in Metallocene-Mediated Oletin Polymerization," *J. Am. Chem. Soc.*, **1999,** *121,* 6763.

ZAMBELLI, A., SACCHI, M. C., and LOCATELLI, P., "Syndiotactic Specific Polymerization of Propene: Some Evidence for Insertion of the Monomer on the Metal-Carbon Bond," *Macromolecules*, **1979,** *12,* 1051.

양이온 중합

FAUST, R., SHAFFER, T. D. (Eds.), *Cationic Polymerization: Fundamentals and Applications*, Washington, D.C.: American Chemical Society, **1997.**

FAUST, R., and KENNEDY, J. P., "Living Carbocationic Polymerization. IV. Living Polymerization of Isobutylene," *J. Polymer Sci. (A), Polymer Chem. Ed.*, **1987,** *45,* 1847.

HIGASHIMURA, T., MIYAMOTO, M., and SAWAMOTO, M., "Mechanism of Living Polymerization of Vinyl Ethers by the Hydrogen Iodide/Iodine Initiating System," *Macromolecules*, **1985,** *18,* 611.

KENNEDY, J. P., *Cationic Polymerization of Olefins*. New York: Wiley, **1975.**

LYONS, A. R., "Polymerization of Vinyl Ketones," *J. Polymer Sci. (D), Macromol. Rev.*, **1972,** *6,* 251.

MATYJASZEWSKI, K., and SIGWALT, P., "Are There Covalent Active Species in the Polymerization of Styrene Initiated by Trifluoromethanesulfonic Acid?" *Makromol. Chem.*, **1986,** *187,* 2299.

SAWAMOTO, M., and AIDA, T., "Living Polymerizations: Cationic Alkenyl" in *Encyclopedia of Polymer Sci. and Eng., Supplement Vol.*, New York, Wiley, **1989,** pp. 412–420.

5장

광중합, 방사선 중합 및 전해 중합

5.1 서론

화학적인 촉매와 개시제를 사용하는 것은 올레핀 중합을 유도하는 한 방법이다. 가시광선 또는 UV선, 고에너지나 이온화를 시키는 방사선으로 조사하여 개시할 수 있도록 에너지를 공급하거나, 전류를 흘림으로써 중합을 시킬 수 있다. 단량체가 고분자로 전환할 때 일반적으로 성장, 정지 및 연쇄 이동 반응을 거쳐 일어난다(3장과 4장 참조). 단지 개시 공정만이 다르다.

5.2 광화학 중합

5.2.1 장점과 용도

바이닐 중합의 개시를 위해 광을 사용하면 몇 가지 장점들이 있다. 실험실적 연구에서 가장 큰 장점으로는 개시제 잔류 성분에 의한 화학적 오염을 피할 수 있다는 점이다. 더욱이 많은 연구자들은 광화학 반응이 매우 편리하다고 한다.

실제로, 광중합은 포토그래픽 공정에 사용된다. 한 예로, 판이나 필름을 아크릴아마이드 [$CH_2=CHC(O)NH_2$]와 같은 단량체와 미량의 다이바이닐 화합물로 코팅한다. 광증감성 염료도 또한 사용될 수 있다. 빛에 도막의 일부를 노출시키면 다이바이닐 성분이 가교하면서 아크릴아마이드가 광중합을 하게 된다. 노출된 도막은 물로 씻어 현상한다. 미중합된 단량체는 빛에 차단되어 이 부분에서 제거되고, 노출된 부분은 고분자의 화상이 나타나게 된다(그림 5.1). 만약 염료를 매트릭스 내에 투입하면 착색된 상이 남게 된다.

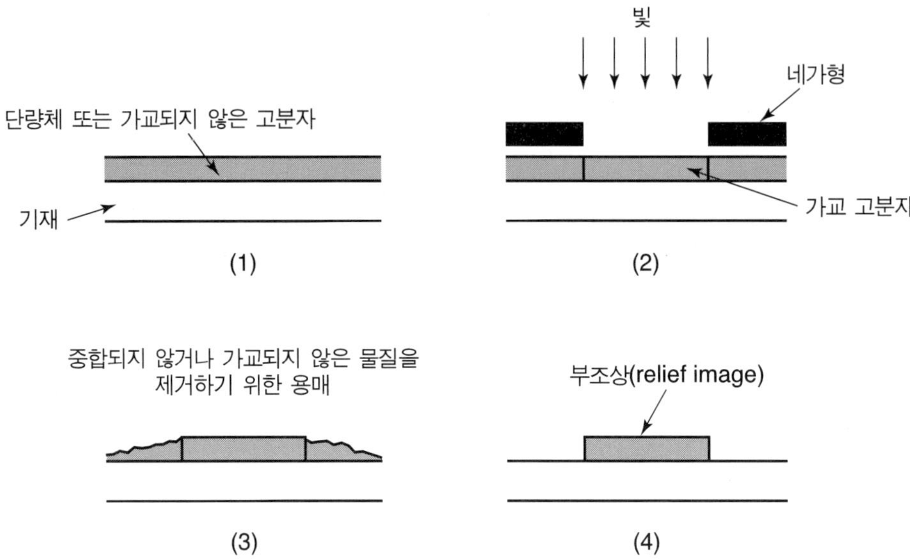

그림 5.1 포토그래픽 공정으로서의 광중합 단량체나 가교할 수 있는 고분자를 조사하면 불용성의 화상이 새겨진다.

고분자를 광으로 가교하는 데에는 또 다른 방법이 있다. 예를 들어, 폴리바이닐신나메이트나 셀룰로스신나메이트와 폴리바이닐신나메이트의 혼합물은 빛을 차단하면 가용 물질 상태로 남게 된다. 그러나 네가(negative)를 통해 강한 빛(일반적으로 UV선)을 이러한 물질의 필름에 쪼이면, 4개의 투명한 부분 아래 있는 것들이 가교하여 불용화된다. 가교 반응 기구는 다른 사슬이 가지고 있는 신나모일기(cinnamoyl group)가 고리 이량화로 되기 때문이다.

광중합이나 광가교에 의해 만들어진 화상은 인쇄와 집적 회로 생산과 활판인쇄판 그리고 석판인쇄판, 자필인쇄판의 제조에 광범위하게 사용되고 있다. 상업적인 할로젠화은 사진술에서처럼 광중합은 원래의 광화학 분야를 **확장**(amplication)할 수 있는 방법을 제공한다. 이 경우 확장 영역에서는 부가 중합의 연쇄 반응도 포함된다. 그러나 가장 빠른 광중합 공정은 할로젠화은계의 가시광에 대한 중간 속도와 감도의 약 1000분의 1배 정도 밖에 되지 않지만, 이 분야는 계속 발전하고 있어 장차 더 빠른 에멀션이 개발될 것으로 기대된다. 이 분야는 사진에서 은의 사용이 급격히 줄어들기 전에 도래할 것으로 희망하고 있다.

5.2.2 광중합을 일으키는 단량체

연쇄 중합을 하는 단량체는 광중합 또는 광증감 중합을 할 수 있다. 단순히 빛을 흡수함으로써 자유 라디칼이나 이온을 생성한다. 또한 사슬 성장 단계와 정지 반응은 일반적으로 영향을 받지 않는다. 광중합과 광증감 중합의 장점은 개시 공정이 폭넓은 온도 범위에서 일어나며, 화학적으로 개시된 계에서 나타나는 것보다 더 큰 특성이 나타난다는 데 있다.

바이닐알킬케톤류와 브로민화바이닐과 같은 몇 가지 단량체들은 300 nm나 그 이상 되는 파장의 빛을 흡수하여 바로 자유 라디칼로 분해된다. 이러한 라디칼들이 중합을 개시한다. 스타이렌이나 메틸메타크릴레이트와 같은 단량체들도 300 nm나 더 짧은 파장의 빛에 노출되면 바로 광중합을 개시한다. 이 경우 성장하는 라디칼들의 자세한 형성 반응 기구는 완전히 밝혀져 있지 않으나, 전기적으로 단량체의 여기일중항 상태(excited singlet state)가 수명이 긴 여기삼중항 상태(excited triplet state)로 전환되는 것으로 이해되고 있다.

직접적인 광중합은 자유 라디칼의 개시에만 국한되어 있지 않다. 예를 들어, 아이소뷰틸렌의 양이온 연쇄 중합은 117과 123 nm 파장의 빛으로 조사하면 개시된다(진공 UV선 조사).[1] 아이소뷰틸렌에서는 그러한 조사로 인한 직접적인 흡수에 의해 양이온과 전자를 생성하여 중합을 개시한다. 이온성 연쇄 중합을 할 수 있는 다른 단량체들도 진공 UV선을 조사하면 바로 광중합이 될 수 있다.

이러한 사실들에도 불구하고 실험실적으로 작업을 하는 데 가장 편리한 파장 범위인 250~500 nm 사이에서 빛을 흡수한다고 알려진 불포화 단량체는 몇 가지 없다고 알려져 있다. 어떤 단량체들은 **증감제**가 계 내에 투입되어야 한다. 증감제들은 편리한 영역의 스펙트럼 빛을 흡수하여 단량체를 자유 라디칼로 분해하거나 에너지를 바로 전달하는 화합물들이다. 증감제는 다음 절에서 더 상세히 설명한다.

5.2.3 실험 기술: 스타이렌의 광증감 중합

Pyrex관, 일반실험실 코르크, 또는 고무마개 그리고 15 W '흑광(black light)'[2]이 장치된 간단한 광중합 장치를 그림 5.2에 나타내었다. 이 램프에서 나온 빛은 약 360 nm의 파장에서 최대 강도를 가지고 있으며, 이것은 아조알케인류의 근자외선 흡수 최댓값과 거의 비슷하다. 조사된 램프의 유효 표면적은 약 280 cm^2이며, 조사된 빛의 양은 1.0×10^{-8} einstein/$cm^2\cdot s$이다(1 einstein은 6.02×10^{23} light quanta에 상당한다). 램프 A는 코르크 마개 B를 드릴로 구멍을 내어 지지시키고, 충전관 C와 배수관 D도 동일한 방법으로 설치한다.

장치를 조립하기 전에, 코르크 마개들을 잘 소제한 다음, 사용하는 용매에 수시간 동안 담가 둔다. 벤젠을 사용하여 잘 증류된 스타이렌 2 M 용액과 아조아이소프로페인 0.2 M 용액을 제조하여, 3 L 시료로 만든다. 아조 화합물은 증감제로 사용된다. 용액은 1시간 동안 질소 가스를 보내어 산소를 제거한 다음, C관을 통해 장치 속에 넣고, 광조사를 한다. 2시간 후 광조사를 멈추고, 용액을 반응기에서 꺼내고 벤젠 용매는 증발시켜 제거한다.[3] 평균 분자량 20,000인 폴리스타이렌 8 g이 성분으로 남아야 한다.

---

[1] E. W. Schlag and J. J. Sparapany, J. *Am. Chem, Soc*. **1964**, *86*, 1875.

[2] General Electric Co.에서 제조된 것을 사용할 수 있음.

[3] 벤젠은 독성이 있기 때문에, 벤젠을 증발시킬 때는 회전 증발기나 배풍실 내에서 행해야 한다.

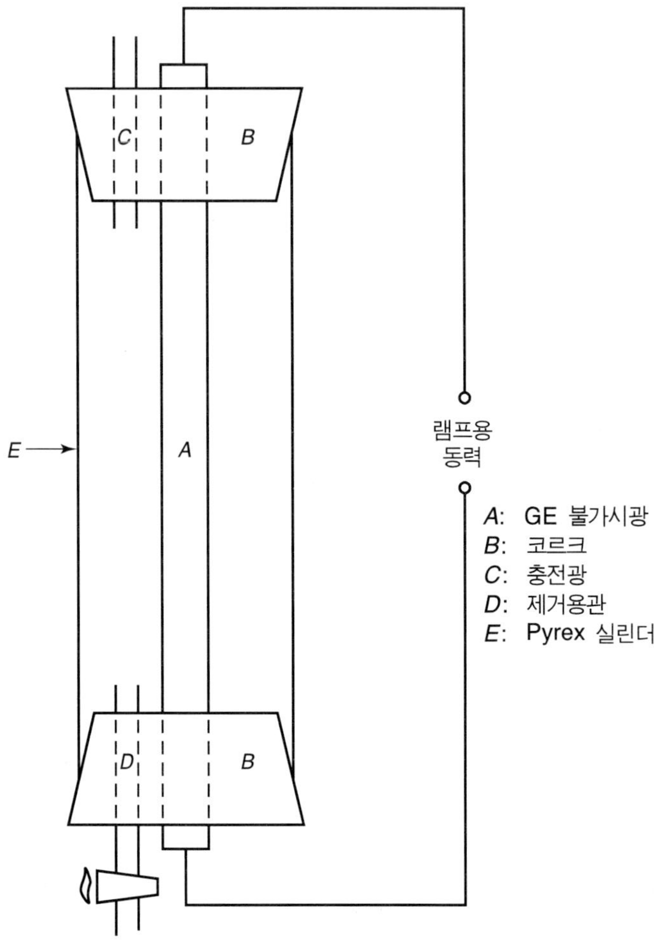

그림 5.2 간단한 광화학 반응기

후에 설명할 식 (13)을 사용하여 개시 속도를 계산하기 위해서 1차 양자수율 ϕ은 0.3, 흡광 계수 ε는 10 L/mol · cm로 가정한다.[1]

5.2.4 단량체의 직접 광분해로 개시되는 반응 기구

많은 단량체들은 자외선이나 가시광선에 노출되면 자유 라디칼이 연쇄 중합을 일으킨다. 순수한 단량체의 광중합은 3장에서 설명한 바와 같이 사슬 **성장** 공정으로 일어난다. 그러나 **광개시**의 전반적인 반응 기구는 아직 밝혀져 있지 않다.

직접적인 광개시는 두 가지 다른 형태로 생각할 수 있다. 첫째, 빛의 흡수로 인해 전자적으로 여기된 단량체 분자가 생성된 후 분해를 일으켜 라디칼 프래그먼트를 생성한다. 이들 둘 다 식

[1] J. G. Calvert and J. N. Pitts, *Photochemistry* (New York: Wiley, **1966**), p. 464.

(1)~(3)에 나타낸 반응과 같이 자외선 반응을 조사하면 해리한다. 여기서 R·은 알킬라디칼이다. 단량체가 광분해하여 생긴 모노라디칼들은 단량체에 첨가되어 라디칼 연쇄 중합이 일어난다.

$$\mathrm{R{-}\overset{\overset{\displaystyle O}{\|}}{C}{-}CH{=}CH_2} \xrightarrow{h\nu} \mathrm{R{-}\overset{\overset{\displaystyle O}{\|}}{C}\cdot + \cdot CH{=}CH_2} \tag{1}$$

$$\mathrm{R{-}\overset{\overset{\displaystyle O}{\|}}{C}\cdot} \longrightarrow \mathrm{R\cdot + CO} \tag{2}$$

$$\mathrm{CH_2{=}CHBr} \xrightarrow{h\nu} \mathrm{Br\cdot + CH_2{=}CH\cdot} \tag{3}$$

사슬의 개시 속도와 단량체 농도 및 온도에 따른 속도 의존성은 열개시의 경우는 광화학 개시와는 크게 다르다. 예를 들어, 열개시제 I이 라디칼원으로 사용될 때 개시 라디칼 형성 속도는

$$\frac{d[\mathrm{R}\cdot']}{dt} = 2k_d[\mathrm{I}] \tag{4}$$

이며, 여기서 k_d는 개시제의 1차 분해 속도 상수이고, [I]는 개시제의 농도이다. 순수한 단량체를 사용한 광개시의 계 전반에 걸친 라디칼 형성 속도는

$$\frac{d[\mathrm{R}\cdot']}{dt} = \frac{2\phi I_0 A}{V}(1 - e^{-\alpha[\mathrm{M}]L}) = \frac{2\phi I_0 A}{V}\left(\alpha[\mathrm{M}]L - \frac{1}{2}(\alpha[\mathrm{M}]L)^2 + \cdots\right) \tag{5}$$

이며, 여기서 I_0는 초당 계에 입사된 cm^2당 einstein 수이다. 또한,

α: 흡광 계수(L/mol · cm)(만약 빛이 단파장이 아니면 평균값이다.)

[M]: 단량체 농도(mol/L)

L: 광 진행 거리(cm)

A: 계에 조사된 면적(cm^2)

V: 부피(cm^3)

ϕ: 라디칼쌍을 형성하는 데 흡수된 광양자의 분율

이다. 만약 계에 일정하게 조사된다면, 흡수되는 분율은 작은 값을 유지해야 한다. 이런 조건은 무시될 수 있는 오차로서 일차항을 버린 다음, 모든 항을 지수 표현을 전개한 형태로 하여 식 (5)의 [M]*L*항을 충분히 작게 하면 만족한다. 이런 조건하에서 흡광 계수로 α를 대체하면 식 (5)는 (6)으로 변형된다. 대부분의 광분해계에 적용하는 기하학적 인자(*LA*/*V*)는 거의 1이 된다.

$$\frac{d[\mathrm{R}\cdot']}{dt} = 4.6\phi I_0 \varepsilon[\mathrm{M}]\frac{LA}{V} \tag{6}$$

식 (4)로서 식 (5)와 (6)을 비교하면 개시제의 열분해와 단량체의 광분해에 의해 개시되는 것 사

이에 큰 차이점을 보이고 있다. 열분해 공정에 의해 개시되는 라디칼의 형성은 온도에 크게 의존하며, 단량체 농도와는 관계가 없다. 반면에 식 (5)와 (6)의 $\phi I_0 \alpha$와 $\phi I_0 \varepsilon$ 항은 온도와는 거의 독립적이다. 따라서 **광개시 공정에서 개시되는 라디칼의 형성 속도는 온도에는 거의 독립적이지만 단량체 농도에는 비례한다**.

개시 반응 기구의 두 번째 형태로서 스타이렌이나 메틸메타크릴레이트 광중합을 예로 들 수 있다. 이 경우 빛을 흡수하더라도 단량체 분자들은 분해를 하지 않는다. 대신 이미 밝힌 바와 같이[1] 광의 흡수로 단량체가 여기일중항 상태(excited singlet state)로 되고 이것은 형광 또는 여기삼중항 상태(excited triplet state)로 변환한다. 후자는 라디칼, 즉 $\cdot CH_2 - \dot{C}(H)R$로 생각된다. 이 다이라디칼이 단량체를 공격함으로써 두 개의 모노라디칼이 생성되며, 이어 중합이 개시된다. 이런 복잡한 개시 반응 기구의 예는 식 (7)~(11)에 의한 스타이렌 광중합으로 알 수 있다.

$$Ph-CH=CH_2 \xrightarrow{h\nu} (PhCH=CH_2)^* \rightarrow PhCH=CH_2 + h\nu' \tag{7}$$

$$(PhCH=CH_2)^* \rightarrow Ph\dot{C}H-CH_2\cdot \tag{8}$$

$$Ph\dot{C}H-CH_2\cdot + PhCH=CH_2 \longrightarrow Ph\dot{C}H-CH_2-CH_2-\dot{C}HPh \tag{9}$$

$$Ph\dot{C}HCH_2CH_2\dot{C}HPh \longrightarrow 2\,PhCH=CH_2 \tag{10}$$

$$Ph\dot{C}HCH_2CH_2\dot{C}HPh + PhCH=CH_2 \longrightarrow CH_3\dot{C}HPh + PhCH=CHCH_2\dot{C}HPh \tag{11}$$

단량체 농도가 높을 때는 모든 다이라디칼들은 식 (10)보다는 식 (11)과 같이 반응하며, 11장에서 설명할 개시 라디칼의 형성 속도는 단량체 농도인 [M]에 비례한다는 정상 상태 방법으로 알 수 있다. 반면 단량체 농도가 너무 낮으면 다이라디칼들은 주로 식 (10)과 같이 단량체로 전환하며, 개시제의 형성 속도는 식 (7)에서 나온 [M]과 식 (9)에서 나온 것의 곱인 $[M]^2$에 비례하게 된다. 두 가지의 경우에, 이러한 속도들은 식 (6)에 나타낸 것과 같이 광의 강도와 단량체의 흡광 계수에 비례한다.

5.2.5 광증감 중합

직접적인 광중합이 일어나도록 하기 위해서는 단량체가 계에 충돌하는 빛의 일부를 흡수해야 하다. 그러나 그러한 직접적인 광흡수가 일어나지 않는다 하더라도, 증감제가 존재하면 중합은 개시된다. 증감제는 자외선이나 가시광선이 흡수될 때 자유 라디칼을 생성하는 물질이다. 열개시를 위해 사용되는 같은 물질이 감광 작업에도 자주 이용된다. 예를 들어, 아조 화합물과 과산화물은 증감제이며, 광개시 반응은 열개시 공정과 같다. 그러나 라디칼 형성을 개시하는 데 빛 흡수 방법이 사용되면 훨씬 낮은 온도에서도 행할 수 있다. 더구나 많은 개시제들은 적당한 속도로 적당한 온

[1] R. G. Norrish and J. P. Simons, *Proc. Roy. Soc.* (London), **1959** *A251*, 4.

표 5.1 광산란에 의한 톨루엔 내의 폴리스타이렌 분자량의 측정

화합물 형태	예	중합 메커니즘
카보닐 화합물	아세톤	라디칼 형성
	비아세틸(biacetyl)	라디칼 형성
	벤조페논	라디칼 형성
	벤조인	라디칼 형성
	α-클로로아세톤	라디칼 형성
여러 고리 방향족 화합물	안트라센	에너지 이동
	t-뷰틸퍼옥사이드	라디칼 형성
	과산화수소	라디칼 형성
유기 설파이드	다이페닐다이설파이드	라디칼 형성
	다이벤조일다이설파이드	라디칼 형성
아조 화합물	아조아이소프로페인	라디칼 형성
	아조비스아이소뷰티로나이트릴	라디칼 형성
	아릴다이아조늄염	양이온성(에폭사이드류)
할로젠을 함유한 화합물	염소	라디칼 형성
	클로로폼	라디칼 형성
	사염화탄소	라디칼 형성
	브로모트라이클로로메테인	라디칼 형성
	브로모폼	라디칼 형성
	브로민	라디칼 형성
금속 카보닐 화합물	망가니즈 펜타카보닐과 사염화탄소	라디칼 형성
	레늄 펜타카보닐 및 사염화탄소	라디칼 형성
무기 이온 화합물	$FeOH^{2+}$	라디칼 형성
	$FeCl_4^-$	라디칼 형성

도에서 **열적으로** 분해되지 않는다 하더라도 증감제로 사용될 수 있다. 몇 가지 증감제에 대한 예를 표 5.1에 나타내었다.

예를 들어, 아조아이소프로페인은 180°C 이하에서 충분히 빠른 속도로 분해하지 않아, 열개시제로서는 적당하지 않다. 그러나 근자외선으로 조사할 때는 낮은 온도에서도 광분해를 한다.

$$\mathrm{Me_2CHN{=}NCHMe_2} + h\nu(300\ \mathrm{nm} < \lambda < 400\ \mathrm{nm}) \longrightarrow 2\mathrm{Me_2}\overset{\displaystyle \mathrm{H}}{\overset{|}{\mathrm{C}}}\cdot + \mathrm{N_2} \tag{12}$$

앞에서 설명한 것에서 예상할 수 있듯이, 그러한 증감에서 라디칼이 형성되는 속도는

$$\frac{d[\mathrm{R}\cdot']}{dt} = 4.6\phi I_0 \varepsilon_s [\mathrm{S}] \frac{LA}{V} \tag{13}$$

과 같이 나타낼 수 있다. 여기서 ε_s는 증감제의 흡광 계수이며, [S]는 증감제의 농도이고, 다른 기호는 앞에서 정의한 것과 같다.

안트라센과 같은 여러 고리 방향족 화합물은 보다 복잡한 형태의 감광 공정을 일으킨다. 광조사를 하면 안트라센은 여기삼중항 상태로 된다. 그런 다음, 이 여기된 분자들은 A로 나타낸 안트라센과 모노라디칼을 생성한다. 모노라디칼들은 중합을 개시한다. A로 나타낸 안트라센과 단량체 $RCH{=}CH_2$는 식 (14)~(19)의 단계로 나타낸 개시 반응 기구로 진행한다.

$$A + h\nu \longrightarrow A^* \tag{14}$$

$$A^* \longrightarrow A + h\nu \quad (\text{형광}) \tag{15}$$

$$A^* \longrightarrow {}^3A \quad (\text{삼중항 상태}) \tag{16}$$

$${}^3A + M \longrightarrow (AM)^* \quad (\text{중간 다이라디칼}) \tag{17}$$

$$(AM)^* \longrightarrow A + M \tag{18}$$

$$(AM)^* + A \longrightarrow RCH{=}CH{-}A\cdot + HA\cdot \tag{19}$$

개시하는 모노라디칼들의 형성 속도를 나타내는 데는 복잡한 수학적 표현이 필요하다. 그러나 만약 모든 삼중항 상태의 안트라센 분자들이 단량체와 반응한다면, 그 속도는 단량체 농도와는 독립적으로 된다. 모든 경우에, 개시하는 라디칼들의 형성 속도는 입사광의 강도에 비례한다. 증감제의 농도가 충분히 높을 때는, 속도는 [A]에 비례하는 반면에 증감제 농도가 충분히 낮으면 $[A]^2$에 비례한다.

금속카보닐/사염화탄소 계에서는 약간 다른 형태의 증감제가 있다.[1] 예를 들어, 미량의 사염화탄소 존재하에서 $Mn_2(CO)_{10}$이나 $Re_2(CO)_{10}$은 광분해하여 바이닐 단량체들의 자유 라디칼 중합을 개시한다. 비록 이 반응 기구는 확실히 밝혀져 있지 않으나, 실제 개시 라디칼은 $\cdot CCl_3$일 것이라고 추정된다. 이 라디칼은 사염화탄소와 금속카보닐 광분해 생성물과 반응하여 생성된 것이다.

5.2.6 양자 수율

간단한 광화학 반응의 양자 수율(quantum yield)은 흡수된 광의 양자당 소비된 반응물이나 형성된 생성물의 분자수로서 정의된다. 광중합에서, 개시에 대한 양자 수율은 흡수도나 빛의 양자당 개시된 **연쇄**수로서 정의된다. 이것은 다음과 같은 속도항으로 나타낼 수 있다.

$$\alpha_i = \frac{\text{연쇄 개시 속도}}{\text{빛 흡수 속도}} \tag{20}$$

---

[1] C. H. Bamford, P. A. Crowe, and R. P. Wayne, *Proc. Roy. Soc.* (London), **1965** *A284*, 455.

간단한 광개시제가 일어나서 흡수된 화합물이 바로 두 개의 모노라디칼로 분해될 때, ϕ_i는 0과 2 사이에 있어야 한다.

광중합의 **전체** 양자 수율은 양자당 **소비된 단량체**의 분자수를 말한다. 이것은 식 (21)과 같이 표현된다. 고분자량의 중합체가 형성되기 위해서는 긴 사슬 공정이 필요하기 때문에 ϕ_p는 수백에서 수천 정도이다.

$$\phi_p = \frac{\text{단량체가 소비되는 속도}}{\text{빛 흡수 속도} } \tag{21}$$

5.3 방사선 중합

5.3.1 일반적인 특징

연쇄 중합은 순수한 단량체를 높은 에너지나 이온화하는 방사선으로 조사하면 일어난다. α입자, β선(전자), γ선 또는 가속기에서 나온 고속 입자들 모두가 사용될 수 있다. 다양한 단량체들, 즉 스타이렌, 아크릴로나이트릴, 메틸메타크릴레이트, 염화바이닐, 뷰타다이엔, 아이소프렌, 또는 자유라디칼 반응 기구에 의해 중합하는 어떤 다른 단량체들이 이런 방법으로 중합된다. 또한 아이소뷰틸렌과 같은 단량체는 방사선을 조사하여 저온 양이온 중합이 일어나도록 할 수 있다.

실제로, 고에너지 조사에 의한 단량체의 빠른 중합과 고분자의 가교는 가능한 제조 공정으로 생각되고 있다. 그러나 다음 항에서 분명히 알 수 있듯이, 방사선 조사 반응을 대규모로 행하는 데는 화학적으로 행하는 반응보다 다소 불편하다. 그러나 이것은 장차 발전하여 변화될 것으로 생각된다.

5.3.2 실험 방법

방사선 중합에 사용되는 단량체와 용매는 종래 자유 라디칼이나 이온 중합의 경우와 같은 방법으로 정제되어야 한다. 일반적으로 산소는 반응에 치명적이며, 따라서 단량체는 질소를 흘려 보호하거나 진공이 된 반응 용기 내에서 밀폐하여 보관한다.

단량체, 조사 형태, 그리고 중합 규모에 따라 여러 가지 반응 용기가 사용된다. 그림 5.3에는 γ선이나 X선을 사용할 때 소규모 실험실 시험에 편리한 간단한 반응 장치를 나타내었다. 옆으로 유리관이 붙어 있는 작고 얇은 유리 실린더로 되어 있다. 단량체는 유리관을 통해 반응기에 도입되며, 공기는 진공으로 하여 제거하고, 시험관은 밀폐한다. 열매나 냉매의 윗부분이 납작한 반응기 면이 접하도록 가열 욕조나 냉각 욕조에 놓는다. 그런 다음, 반응기는 X선이나 γ선 광원 아래에 놓고, 내용물 위에서 조사한다. 고분자는 적당한 용매로 녹이거나 반응기를 파괴하여 얻는다.

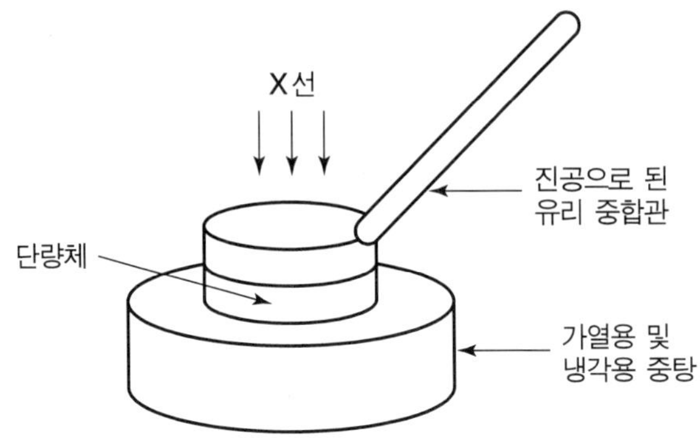

그림 5.3 중합 후 파괴되는 유리 용기 내의 단량체의 방사선 중합

만약 실험시 γ선 핵조사 설비를 사용한다면 다른 방법을 이용한다. 특히 간단한 핵조사 설비를 사용하여 반응기를 ^{60}Co 원에 근접한 장소 바로 아래 놓는다. 대부분의 ^{60}Co 조사 설비에서, ^{60}Co는 "수영장 풀"의 물 표면 바로 아래 많은 스테인레스 스틸 "연필(pencil)" 속에 넣고 캡슐화하고 있다. 이 연필들은 풀의 표면 위로 일렬로 세워진 수직 알루미늄관(지름 약 7.5 cm) 주위에 배열한다. 반응물에 다른 선량을 공급하기 위해 여러 가지 모양의 연필들이 사용된다. 조사된 반응물은 위치만 낮추어 주고, 사전에 결정된 선량(dose)이 전달될 때까지 그대로 유지한다. 그런 다음, 분석을 하기 위해 반응물을 꺼낸다. 이러한 설비에서 특정 γ선 선량은 0.1 ~ 1 Mard/h^{-1}($10^7 \sim 10^8$ ergs-g^{-1}h^{-1}) 범위이다.

보다 치밀한 핵조사원에서는 차폐 목적으로 물 대신에 납을 사용한다. 이런 형태의 예로는 그림 5.4에 도식적으로 나타낸 ^{137}Cs 조사기가 있다. ^{137}Cs는 큰 주 조사실을 둘러싼 고정된 관을 갖고 있다. 보조 조사실은 차폐 목적으로 나타낸 ^{137}Cs 관에 인접하여 위치하고 있다. 다시 반응물들은 사전에 정한 시간 동안 조사실에 장치한 후, 집어내어 실험에 사용한다.

5.3.3 방사선의 흡수

높은 에너지의 방사선에 의한 중합 개시 방법은 빛으로 개시하는 것보다는 덜 사용되고 있는 공정이다. 다양한 단량체들은 여러 가지 높은 에너지 방사선으로서 중합할 수 있다. 실제로 중합의 개시는, 특정 화학 반응의 선택적 유도에 의한 것보다는 계로부터 받는 "손상"에 의해서 일어나는 것 같다. 이러한 선택성의 결함 때문에 정확한 양자수율을 계산하는 것은 불가능하다. 방사선 반응에서 에너지 수율은 대체로 *G*-값으로 나타낸다. 이것은 어떤 물질 A에 대해 식 (22)로 정의된다.

$$G(\pm A) = 100\left(\frac{\text{형성되거나 소비된 A 분자의 수}}{\text{흡수된 에너지의 전자-볼트 수}}\right) \tag{22}$$

순수한 단량체나 단량체 용액을 높은 에너지로 조사를 하면 자유 라디칼이나 이온을 생성한다.

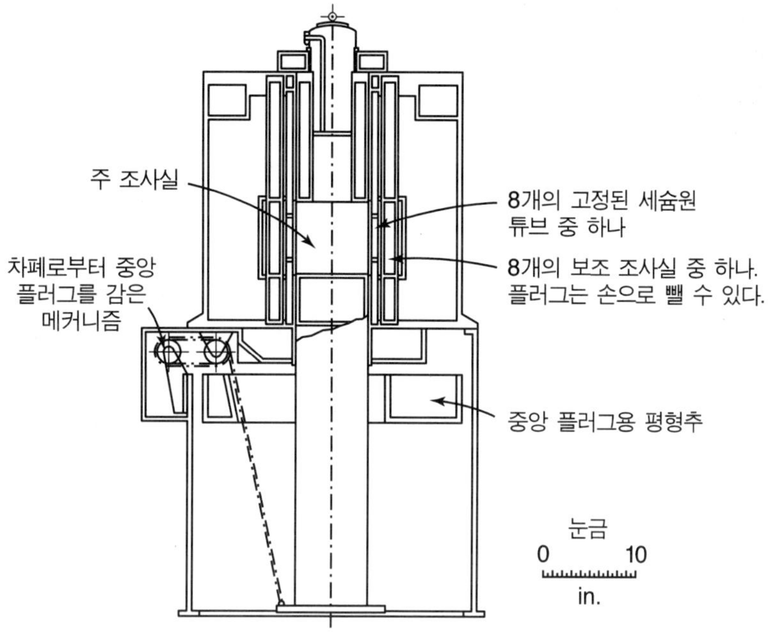

그림 5.4 차폐된 원을 사용하여 단량체나 고분자 시료를 조사하기 위한 장치

그 결과 자유 라디칼 중합이나 이온 연쇄 중합이 일어난다. 어떤 반응 기구가 우세한가는 온도 및 시약의 순도뿐 아니라, 단량체의 성질에 좌우된다. 아크릴산에스터류, 바이닐에스터류와 플루오린화바이닐과 같은 단량체들은 자유 라디칼 반응 기구로만 중합한다. 양이온 연쇄 반응 기구로 중합하는 것은 아이소뷰틸렌 밖에 없다. 스타이렌, 아크릴로나이트릴 및 아이소프렌과 같은 것들은 라디칼과 이온적 형태의 연쇄 반응 기구로 중합한다. 이온 중합은 대체로 저온에서 잘 일어난다. 어느 정도 차이는 있지만, 두 반응 기구 다 산소나 물과 같은 일반 불순물 존재하에서는 민감하다. 두 가지 반응 기구의 예는 다음 절에서 설명한다.

γ선 조사는 높은 침투력으로 인해 계에 균일하게 조사되기 때문에, 중합 개시를 위한 높은 에너지 방사선으로 가장 편리한 형태이다. 더구나 γ선은 액체에서처럼 고체에서도 같은 정도로 흡수되기 때문에 고체 단량체는 신속히 중합된다. 이로 인해 많은 단량체가 이 방법으로 저온에서 중합한다.

순수한 단량체를 조사하면 가장 간단한 개시를 일으킬 수 있는데, 그 이유는 오직 한 종류의 화학 물질만이 방사선을 흡수하기 때문이다. 그러나 단량체와 용매 둘 다를 함유한 계에서는 보다 복잡한 개시 반응이 일어난다. 그 이유는 두 종이 방사선 에너지를 흡수하여 이온과 자유 라디칼을 생성하기 때문이다. 이런 에너지 흡수 공정에 관한 자세한 사항은 이 책의 영역을 벗어난다. 그러나 매우 유용한 근사치로서, 용액 내 특정 종에 의해 흡수되는 전체 에너지의 분율은 그 종의 **전자 분율**(electron fraction)에 비례한다고 생각할 수 있다. 전자 분율은 그 성분 내 함유된 전자의 수를 전 용액 내 전자의 총수로 나눈 것으로 정의된다.

예를 들어, 사염화탄소 내 0.1 M 스타이렌 용액을 생각하면, 사염화탄소의 농도는 약 10 M이 되며, 스타이렌과 사염화탄소 분자 내 전자의 수는 각각 56과 74이다. 따라서 사염화탄소의 전자 분율은 식 (23)으로 계산된다.

$$\varepsilon CCl_4 = \frac{74\,M_{CCl_4}}{74\,M_{CCl_4} + 56\,M_{C_8H_8}} = \frac{740}{740 + 5.6} = 0.993 \tag{23}$$

즉, 이 용액을 조사하는 동안 흡수된 에너지의 99.3%가 용매에 의해 흡수되며, 개시되는 이온과 자유 라디칼의 대부분은 용매로부터 나온다. 이 예에서 스타이렌 중합은 주로 CCl_2^+, CCl_3^+, Cl·, CCl_3· 등과 같은 종에 의해 개시된다.

방사선 중합에서 3가지 분명한 상이 확인된다. 단량체와 용매 분자에서 방사선에 의한 상호작용은 $10^{-16} \sim 10^{-15}$ s 사이에서 일어난다. 이런 짧은 기간 동안 전자의 이동만이 개시 상호작용 후 약 $10^{-14} \sim 10^{-10}$ s에서 일어나는 두 번째 상에서는 여기 분자, 이온 및 전자들이 분해하거나 단량체와 반응하여 개시하는 자유 라디칼과 이온들을 생성한다. 세 번째 상은 연쇄 중합 반응의 특징인 개시, 성장, 이동 그리고 정지의 일반적인 각 요소 반응으로 이루어져 있다. 이것은 개시 상호작용 후 $10^{-10} \sim 10^{-1}$ s의 시간 범위에서 이루어진다.

5.3.4 자유 라디칼 연쇄 개시

이미 설명한 바와 같이, 방사선이 촉매가 된 자유 라디칼 중합은 주로 개시 반응 기구 항목에서만 화학적으로 일어난 것과 다르다. 성장, 연쇄 이동, 정지 과정은 3장에서 설명한 것과 유사하다. 그래서 여기서는 개시 공정에 대해서만 초점을 맞추어 설명하기로 한다.

순수한 단량체를 방사선으로 자유 라디칼 중합을 일으키는 개시 단계는 식 (24)로 나타낼 수 있다. 표기 $\rightsquigarrow$[1]은 높은 에너지가 조사되고 있는 것을 의미한다. M은 단량체를 나타내며, R·′은 개시 라디칼을 나타낸다. 만약 방사선 중합이 용액상으로 행해진다면, 식 (25)에서 나타낸 개시 단계도 포함되어야 한다. 식 (25)에서, S는 용매를 나타내며, S·은 용매에서 나온 개시 라디칼을 나타낸다. 그래서 이런 간단한 것에서조차도 두 가지 형태의 라디칼이 발생될 수 있다. 그러나 잘 정의된 개시 공정에서조차도 R·′와 S·은 전 개시 라디칼을 나타내며, 꼭 단일 종만 지칭하는 것은 아니다. 더구나 간단한 식 (24)와 (25)는 구체적인 화학 반응으로 생각해서는 안 된다는 것을 명심해야 한다.

$$\mathrm{M} \rightsquigarrow 2\mathrm{R}\cdot' \tag{24}$$

$$\mathrm{S} \rightsquigarrow 2\mathrm{S}\cdot \tag{25}$$

[1] 이것은 고분자 사슬을 나타내는 유사한 표기와 혼동해서는 안 된다.

이들은 오히려 초기 에너지 흡수에 따른 가장 빠른 일련의 요소 반응에 의한 자유 라디칼의 생성량을 나타낸다. 이러한 공정들은 이온과 여기 분자의 분해, 이온과 전자의 재결합 그리고 이온들의 매우 빠른 충돌 반응, 병진 운동하는 "들뜬(hot)" 원자와 라디칼들이 포함되어 있다. 방사선 흡수에 따른 빠른 요소 반응들을 고찰하기 위해, 독자들은 이 장 끝부분에 수록된 방사선 화학에 대한 서적과 논문들을 참고하기 바란다.

개시 단계의 가장 중요한 특징은 주어진 방사선량이 흡수되어 발생되는 라디칼의 **수율**이다. 이러한 극성은 개시하는 라디칼의 G-값이나 100 eV 수율로 정의된다. 이것은 방사선 에너지의 단량체나 용매에 대한 흡수 여하에 따라, $G_M(R\cdot')$나 $G_S(S\cdot)$로 나타낸다. 몇 가지 특정 단량체와 용매에 대해 개시하는 많은 라디칼의 100 eV 수율은 라디칼 제거 기술을 사용하여 결정되고 있다. 몇 가지 특정값을 표 5.2에 나타내었다. 이러한 값을 알면, 열개시와 광화학 개시에 대하여 이미 설명한 것과 같은 방법으로 방사선으로 개시된 라디칼의 형성 속도를 계산할 수 있다. 그래서 순수한 단량체나 용액 내 단량체의 방사선 중합에 대해서, 그 개시 라디칼의 형성 속도는 식 (26)과 (27)로 각각 나타낼 수 있다. 여기서 ε는 전자 분율이며, Q_A는 단위 부피당 흡수된 에너지이다.

$$\frac{d[R\cdot']}{dt} = \frac{G(R\cdot')}{100}\left(\frac{dQ_A}{dt}\right) \qquad \text{(순수한 단량체)} \tag{26}$$

$$\frac{d[R\cdot']}{dt} = \left(\frac{\varepsilon_M G_M(R\cdot')}{100} + \frac{\varepsilon_s G_s(S\cdot')}{100}\right)\left(\frac{dQ_A}{dt}\right) \qquad \text{(용액)} \tag{27}$$

표 5.2 단량체류와 용매류에서 라디칼을 개시하는 100 eV 수율

단량체 또는 용매	구조식	$G(R\cdot')$(radicals/100 eV)
아크릴로나이트릴	$CH_2{=}CHCN$	5.0
아이소뷰틸렌	$CH_2{=}C(CH_3)_2$	3.9
메틸아크릴레이트	$CH_2{=}CH{-}\overset{O}{\overset{\Vert}{C}}{-}OCH_3$	6.3
메틸메타크릴레이트	$CH_2{=}C(CH_3)\overset{O}{\overset{\Vert}{C}}{-}OCH_3$	6.1
스타이렌	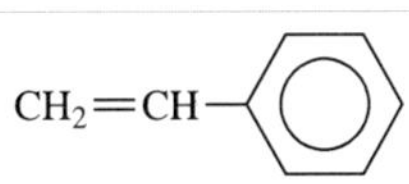	0.66
바이닐아세테이트	$CH_2{=}CH{-}O{-}\overset{O}{\overset{\Vert}{C}}{-}CH_3$	9.6
벤젠		0.66
n-헥세인	$CH_3(CH_2)_4CH_3$	5.8
톨루엔	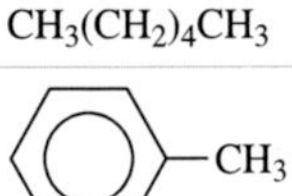	2.4

단위 부피당 에너지 흡수는 Q_A, 단위 부피당 에너지 흡수 속도 dQ_A/dt는 계의 밀도에 의한 선량(dose)과 선량 속도(dose rate)[1]와 관련되어 있다.

관련 방사선 화학자들은 rad라 불리는 단위당 선량으로 나타내고, 100 ergs/g으로 정의하고 있다. ^{60}Co γ선원에서 나온 특정 선량 속도는 10^6 rads/h나 1 Mard/h이다. 다음에 열개시 및 광화학 개시와 비교하기 위해 개시하는 라디칼의 형성 속도를 계산하는 예를 나타낸다.

γ선을 사용하여 1 Mard/h의 선량 속도로, 20°C에서 순수한 아크릴로나이트릴을 조사한다면(밀도=0.81 g/cm³), 에너지 흡수와 개시하는 라디칼 형성 속도 둘 다를 계산할 수 있다. 단위 부피당 에너지 흡수 속도는,

$$
\begin{aligned}
dQ_A/dt &= 1 \times 10^6 \text{ rads/h} \times 10^2 \text{ ergs/g-rad} \times 0.81 \text{ g/cm}^3 \\
&\quad \times 6.24 \times 10^{11} \text{ eV/erg} \times 2.78 \times 10^{-4} \text{ h/s} \\
&= 1.4 \times 10^{16} \text{ eV/cm}^3\text{-s}
\end{aligned}
$$

이다. 이 값으로부터 개시 라디칼 형성 속도를 계산한다. 식 (26)과 표 5.2에 이 값이 수록되어 있다. 그 결과, $d[\text{R}\cdot']/dt = 0.050 \times 1.4 \times 10^{16} = 7.0 \times 10^{14}$ rads/cm³-s로 된다. 이것은 60°C 0.1 M 벤조일퍼옥사이드 용액에서 라디칼이 형성되는 속도와 같다.

5.3.5 이온성 연쇄 개시

단량체와 용매로부터 이온이 형성되는 것은 식 (28)과 (29)로 나타낼 수 있다. 한편 (28)과 (29)에 나타낸 공정은 알짜 반응은 아니다. 이들은 초기 이온화에 의한 매우 빠른 일련의 반응에 의해 개시되는 전반적인 이온들의 형성을 나타낸다. 따라서 초기 단계에서 형성된 M^+, S^+, e^-는 식 (28)과 (29)의 R^+와 R^-로 나타낸 개시 이온들로 빠른 반응에 의해 전환된다. 상세한 고찰을 위해서는 방사선 화학에 대한 참고서와 연구 논문을 참고하기 바란다.

$$\text{M} \rightsquigarrow \text{R}^+ + \text{R}^- \tag{28}$$

$$\text{S} \rightsquigarrow \text{R}'^+ + \text{R}'^- \tag{29}$$

액체에 있어 이온쌍의 **초기** 형성에 대한 *G*-값은 3～4 범위에 있다. 자유 라디칼 형성에서 나타나는 *G*-값과 비교될 정도이지만, 이온 개시 효율은 자유 라디칼 개시의 경우보다 훨씬 더 낮다. 초기에 형성된 "반대 이온(gegenion)"의 대부분은 서로 분리되지는 않으나, 대신에 서로 전하 중성화가 일어난다. "자유" 이온들의 방사선 수율은 매체의 유전 상수에 좌우된다. 탄화수소에 있어서 이들은 유전 상수가 낮은 용매들이다. "자유" 이온의 *G*-값은 오직 0.1이며, 이것은 형성되는 30개나 40개의 이온에서 1개만이 이온 중합의 개시를 계속한다는 것을 의미한다. 유전 상수 20～40의 범

---
[1] 이러한 용어들은 방사선 화학자들이 단위 질량당 에너지 흡수를 나타내는 데 사용된다.

위에 있는 알코올류는 0.6~1.5의 자유 이온 G-값을 나타내며, 유전 상수 78인 물은 약 2.5의 자유 이온 G-값을 가진다.

자유 라디칼 중합과 유사하게, 방사선 조사로 순수한 단량체 내에서 개시하는 양이온의 형성 속도를 나타내는 데는 식 (30)을 사용할 수 있고, 용액 내 단량체에 대해서는 식 (31)을 사용할 수 있다.

$$\frac{d[\mathrm{R}^+]}{dt} = \frac{G(\mathrm{R}^+)}{100}\left(\frac{dQ_A}{dt}\right) \tag{30}$$

$$\frac{d[\mathrm{R}^+]}{dt} = \left(\frac{\varepsilon_{\mathrm{M}} G_{\mathrm{M}}(\mathrm{R}^+)}{100} + \frac{\varepsilon_{\mathrm{s}} G_{\mathrm{s}}(\mathrm{R}^+)}{100}\right)\frac{dQ_A}{dt} \tag{31}$$

앞에서처럼, ε는 전자 분율, Q_A는 단위 부피당 흡수된 에너지, M과 S는 각각 단량체와 용매를 나타낸다. 음이온의 형성 속도에 대해서도 같은 방법으로 나타낸다. 개시하는 이온의 형성 속도는 위에서 나타낸 것과 유사한 방법을 사용하여, 방사선 선량 속도로부터 추정할 수 있다.

이온 연쇄 중합은 특히 미량의 불순물에 대해 민감하며, 이들 불순물들은 강한 반응 억제 효과를 나타낸다. 예를 들어, 스타이렌의 양이온 중합 반응에서 성장하는 연쇄들은 반응식 (32)에 나타낸 것처럼, 물 분자로 양성자가 이동하여 잘 파괴된다. 화학계에서 미량의 물을 제거하는 것은 매우 어려운 일이며, 이런 실험적인 문제로 인해 양이온 연쇄 반응 기구로 방사선 중합을 행할 수 있다는 생각을 크게 늦추고 있다. 즉, 소듐 포타슘 합금에서 증류한 건조한 스타이렌은 단순 증류에 의해 얻은 스타이렌보다 방사선 조사하에서 약 200배 더 빨리 중합된다. 이온 중합은 대체로 자유 라디칼 중합보다 훨씬 더 빨리 일어난다. 만약 물이 존재하면, 방사선 중합에 의한 라디칼 성분의 발생이 느려지는데, 그 이유는 양이온 성분이 효과적으로 금지되기 때문이다.

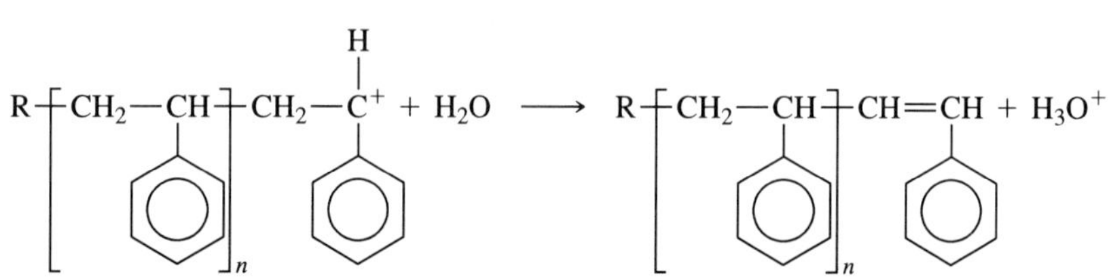

(32)

5.3.6 고체상의 방사선 중합

일반적인 특징 결정성 단량체나 결정성 고리 화합물들은 고체 상태에서 중합할 수 있다. 특히, 단량체들의 결정들은 저온에서 전자선, γ선, 또는 X선으로 조사된다. 방사선원은 가속기, 방사선 동위원소 또는 X선 발생기 등이 사용된다. 중합은 조사 온도나 실온에서 결정을 서서히 가온하는 중에 일어난다. 후자 형태의 공정은 **후중합**(postpolymerization)이라고 부른다. 중합이 완결된 후 반응하지 않은 단량체는 고분자만 남겨놓고 녹이거나, 진공으로 증발시키거나, 고분자를 빈 용매에 넣어 침전시켜 제거한다.

이런 방법으로 중합되는 단량체들은 아크릴아마이드, 아크릴로나이트릴, 스타이렌, 아이소뷰틸렌, 아이소프렌, 뷰타다이엔, 아크릴산 및 메타크릴산과 그들 염, 폼알데하이드, 아세트알데하이드와 아세톤이다. 고체상으로 방사선 중합이 행해지는 고리 화합물에는 트라이옥세인, 헥사메틸사이클로트라이실록세인, β-프리피오락톤, 다이케텐, 3,3-비스클로로메틸사이클로옥사뷰테인 그리고 헥사클로로사이클로트라이포스파진이 있다. 다음 예에서는 고체상 중합 중 특정 불포화 단량체나 고리삼량체들의 거동에 대해 설명한다.

다이아세틸렌류 많은 다이아세틸렌류는 결정성 배열로 결정화되어 있어 고체상으로 중합한다. 이 공정을 그림 5.5에 나타내었다. 중합은 X선, γ선, 또는 자외선으로 결정을 조사하거나 융점 이하의 온도에서 가열함으로써 행해진다. 각각의 사슬은 격자 내 무질서한 점에서 출발하여 서로 독립적으로 성장한다. 중합이 진행되어감에 따라, 폴리콘쥬게이션의 간격이 각 사슬 성장과 함께 뻗어져, 각 결정의 색깔은 금속성 광택을 가진 짙은 붉은색으로 변한다. 중합 반응 기구는 카벤류를 생성하여(예를 들어, 다이라디칼류) 말단 탄소 원자와 결합하는 과정으로 이루어진다.

아크릴아마이드 아크릴아마이드는 실온에서 고체이다(녹는점 84°C). 이 단량체의 γ선 중합은 1954년에 처음 행해졌으며, 고체상 중합 분야의 발전을 최초로 시도한 예이다. −78°C에서 조사하면 거의 중합이 일어나지 않는다. 그러나 사전에 조사된 고분자를 급격히 가온하면 격렬한 중합이 일어난다. 온도를 점진적으로 상승시키면 수개월에 걸쳐 계속되는 느린 중합이 일어난다. 단량체를 고분자로 모두 전환시키려면 27°C에서 후중합시켜야 한다.

조사 과정 중 자유 라디칼이 형성되고, 후중합이 진행함에 따라 라디칼 농도가 일정하게 남아 있다는 것이 전자 스핀 공명(electron spin resonance) 기술에 의해 알려졌다. 각 라디칼은 한 개의 사슬과 연결되어 있다. 따라서 만약 중합이 자유 라디칼 공정이라면 라디칼 정지 단계는 없는 것

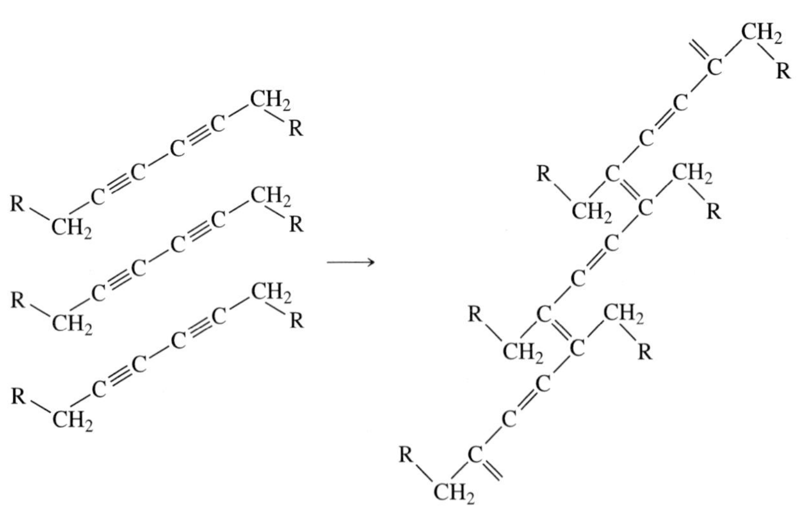

그림 5.5 R은 $-OSO_2-C_6H_4-CH_3$나 *N*-carbazolyl을 포함한 여러 가지 기이다.

으로 나타나는데, 이것은 아마도 라디칼들이 고분자 매트릭스 내에 잡혀 있기 때문인 것으로 생각되고 있다. 그러나 자유 라디칼이 존재한다고 해서 자유 라디칼 반응 기구라고는 볼 수 없다. 라디칼 음이온이나 양이온들은 이온 중합을 일으킬 수 있으며, 라디칼이 발견될 때라도 마찬가지이다.

이 공정으로 생성된 폴리아크릴아마이드는 무정형이다. 분명히 이 중합은 결정격자의 결함 부위에서 일어난다. 만약 결정이 상처가 나 있다면, 중합은 이 상처 부위를 따라 급격히 진행한다. 그래서 결함과 변형(strain)은 결정-고분자 상호 표면에서 발생된다고 추정된다. 붙들린(trapped) 라디칼들은 이러한 위치에서 방출되며, 그 결과 중합이 더 잘 일어난다.

아크릴로나이트릴 −196°C에서 고체 아크릴로나이트릴을 연속적으로 조사하면, 폴리아크릴로나이트릴이 생긴다. 그러나 고분자로의 전환율은 약 5% 이상을 넘지 못한다. 그러나 5% 고분자-95% 단량체 혼합물을 녹인 다음 냉각하고 재조사하면, 보다 높은 전환율로 고분자가 생긴다. 이런 효과는 잇달아 녹은 순수한 단량체 결정들이 결정화하거나, 부수적으로 고분자-단량체 상호면에 결함이 생기기 때문이다. −196°C에서 7.8×10^5 rads로 아크릴로나이트릴을 조사하고 실온으로 되도록 서서히 가열하면, 녹는점에 도달하기 전에 폭발적인 중합이 일어난다고 보고되어 있다. 많은 양의 고분자들이 분명히 이 과정에서 형성된다.

−196°C에서의 중합은 이온 반응 기구라고 생각되나, 녹는점 부근의 온도에서는 자유 라디칼 공정이 지배적이다.

바이닐카복실레이트류와 유도체들 아크릴 및 메타크릴산 에스터의 염인 $M^+\ {}^-OOC—CH{=}CH_2$나 $M^+\ {}^-OOC—C(CH_3){=}CH_2$는 고체상에서 γ선 조사를 하면 중합한다. 그러나 양이온, M^+의 변화가 중합 속도에 영향을 미친다. −78°C에서 포타슘염은 소듐염보다 더 빨리 중합하며, 리튬염보다도 더 빨리 중합한다. 이러한 변화는 다른 염의 결정 구조에서의 차이로 설명된다. 마찬가지로 여러 가지 아크릴레이트염들의 수화물은 상이한 속도로 중합한다. 메틸메타크릴레이트는 고체상에서는 중합이 억제된다,

알데하이드류 이온화하는 방사선으로 −196°C에서 고체 폼알데하이드를 조사하면 거의 폭발적인 중합 공정이 일어난다. 만약 조사된 고체 폼알데하이드에 열이나 기계적 충격이 가해지면 반응이 더 격렬해진다. 이 반응의 다른 특징으로서는 52% 전환율에서 높은 G-값(5.4×10^6)과 평균 중합도 10^4을 갖는다는 점이다. 이러한 사실은 종래 이온 또는 자유 라디칼 반응 기구들이 적용되지 않는다는 것을 의미한다. 조사를 함으로써 $H_2C^+—O^-$와 같이 붙들린 폼알데하이드가 들뜬상태로 되어, 온도를 올리면 중합을 개시한다고 제안되고 있다. 이와 같은 방법으로 형성된 고분자는 외관이 섬유상을 하고 있다.

트라이옥세인 트라이옥세인$(O—CH_2)_3$의 결정들은 γ선이나 α입자로서 조사하면 고체 중합을 한다(6장 참조). 조사 중 온도는 −78°C∼+55°C이다. 방사선 중합은 용융 상태나 용액상에서는 일어나지 않는다. 중합을 시작하기 전에는 유도 기간이 없으며, 중합 속도는 확실히 자유 라디칼 제거

제나 공기의 영향을 받지 않는다. 반응 속도는 방사선 선량 속도에 비례한다. 이러한 이유들로 해서, 이온 반응 기구가 제안되고 있으나, 이것은 보편적으로 받아들여지고 있는 이론은 아니다. 트라이옥세인의 "인소스(in-source)" 중합은 고압을 적용함으로써 완전히 억제할 수 있다.

55°C에서 트라이옥세인에서 폴리옥시메틸렌으로의 전환율은 35%를 초과하지 않는다. 이 한계점은 방사선 공정이 고분자의 분해를 일으키기 시작하는 점과 관련이 있다고 생각되고 있다. 고분자 매트릭스는 외관상 큰 결정으로 되어 있으며, 생성된 고분자 섬유는 그들이 형성하고 있었던 삼량체의 단결정과 같은 길이로 되어 있다. 트라이옥세인을 α선 조사를 하여 생성된 폴리옥시메틸렌은 폼알데하이드를 일반 중합하여 만든 고분자보다 더 높은 녹는점과 열안정성을 가지고 있다.

트라이옥세인의 결정과 그들 내에 형성된 고분자의 X선 회절 분석에 의하면 트라이옥세인 결정

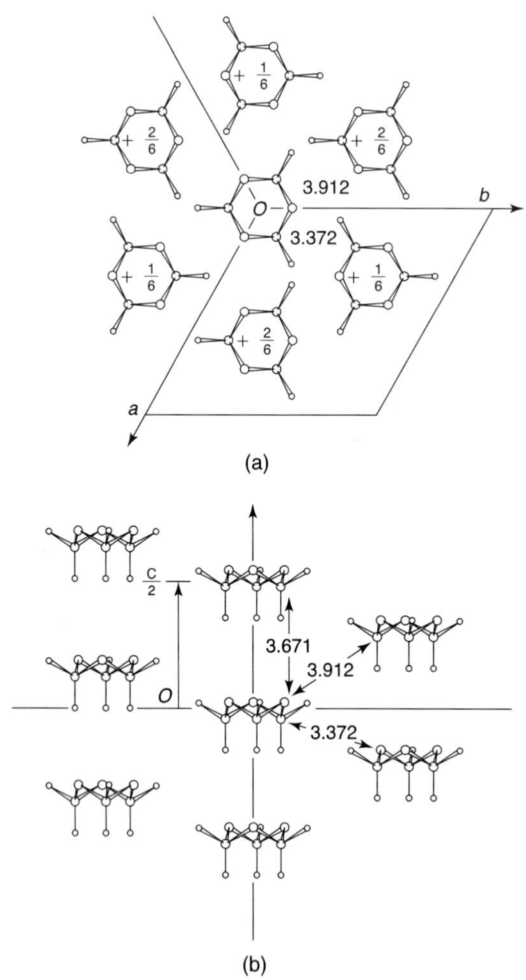

그림 5.6 (a) c-축 아래쪽으로 본 $z=0$과 $z=1/2$ 사이의 트라이옥세인 분자들의 충전. 각 분자의 z의 높이가 나타나 있다. (b) (110)면에 있는 접촉된 3중축 분자들의 충전. 중합은 3중축 위에 서로 쌓인 분자들 사이에서 일어나거나 혹은 1/6 c로 옮겨진 다른 축 위의 분자들 사이에서 일어난다.

구조가 성장 반응에 영향을 주고 있음을 나타내고 있다. 트라이옥세인 결정들은 그림 5.6에 나타낸 분자 충전(packing) 배열로 된 삼각형으로 되어 있다. 고분자 결정들은 두 가지 다른 나선형 사슬축이 폴리옥시메틸렌을 구별할 수 있도록 쌍을 이루고 있다. 이러한 두 개의 사슬 배향은 트라이옥세인 결정의 *c*-축 아래로 성장 반응하거나, *c*-축에 대해 76.1°로 각을 이룬 대각선을 따라 분자 연결이 배향됨으로써 일어난다. 이러한 두 가지 가능성들은 그림 5.6에 나타내었다.

트라이옥세인 결정에 입자를 조사하면 분명히 여러 가지 쌍을 이룬 변성을 일으킨다. 이 경우 중합은 α-입자 궤도에 의해 남겨진 손상 자국(damage streak)에서부터 시작된다. 테트라옥세인 $(O—CH_2)_4$ 또한 γ선 조사하에서 중합을 하여 쌍을 이룬 고분자 결정을 생성한다. 그러나 이 쌍을 이룬 구조는 트라이옥세인의 것과는 다르다. 그 이유는 테트라옥세인의 결정 구조가 다르기 때문이다(단사정, monoclinic).

다른 고리 화합물 Hexachlorocyclotriphosphazene$(NPCl_2)_3$(7장 참조)은 X선으로 조사하면 결정 상태에서 중합한다. 고분자의 최대 수율은 약 10%이다. 실제 중합 속도는 중합 속도가 0으로 떨어지는 점인 녹는점(114°C)에 도달할 때까지 온도에 따라 증가한다. 이것은 활성점들이 결정 격자 내에서는 안정화되지만, 액체 상태에서는 급히 파괴되기 때문인 것으로 생각되고 있다.

포접(clathrate) **결정 내 붙들린 바이닐 단량체들의 방사선 중합** 몇 가지 저분자들은 공동들이 결정 구조 내에 존재하는 것과 같은 방법으로 결정화한다. 이러한 공동들은 대체로 결정화를 위해 사용하는 용매 분자들에 의해 점유되어 있다. 이러한 계를 **포접류**(clathrate)라고 부른다. 이 현상은 매트릭스 분자들("host")이 허용된 결정계 내의 한 곳이 충분히 채워지는 것을 방해하는 어색한 형태를 가질 때 일어난다. 특별한 경우에, 구멍들은 늘어진 형태를 가지며, "채널"이나 "터널" 형태로 결정들이 전반에 걸쳐 분포되어 있다. 터널을 점유하는 유입(guest) 분자들에는 올레핀류나 바이닐 단량체들이 있다. 그러한 포접류를 감마선으로 조사하면, 각 터널 내에서 단량체 분자들이 중합을 하게 된다. 터널의 구조로 인해 각 터널 내에서 한 고분자가 형성되기 때문에, 이는 고분자들이 서로 서로 분리되는 조건에서만 고분자들에 대한 연구를 할 수 있는 기회를 제공한다. 더구나 각 터널 내에 채워진 단량체 분자들은 입체 규칙성 중합을 한다. 고분자들은 조사한 후 적당한 용매로 호스트를 용해하여 고분자를 침전하거나, 고분자에서 호스트 분자들을 단순히 증발시켜 분리한다.

많은 호스트 계들이 이같은 중합에 대한 매트릭스로서 연구되고 있다. 이러한 것 중에는 요소와 싸이오유레아, 데옥시콜산(deoxycholic acid), 퍼하이드로트라이페닐렌(**1**)과 스파이로사이클로포스파진류(**2**와 **3**)[1,2]가 있다. 사이클로포스파진류의 경우 결정 형태를 그림 5.7에 나타내었다. 매트릭스 분자 **3**은 더 긴 곁가지 때문에 터널 지름이 10 Å인 반면, 매트릭스 분자 **2**는 5 Å이다.

---

[1] H. R. Allcock, G. K. Dudley and E. R. Silverberg, *Macromolecules*, **1994**, *27*, 1039–1044.

[2] H. R. Allcock, E. R. Silverberg, G. K. Dudley and S. R. Pucher, *Macromolecules*, **1994**, *27*, 7550–7555.

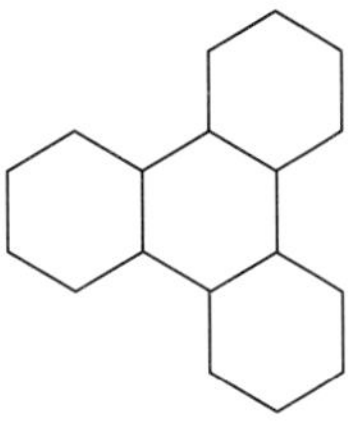

1

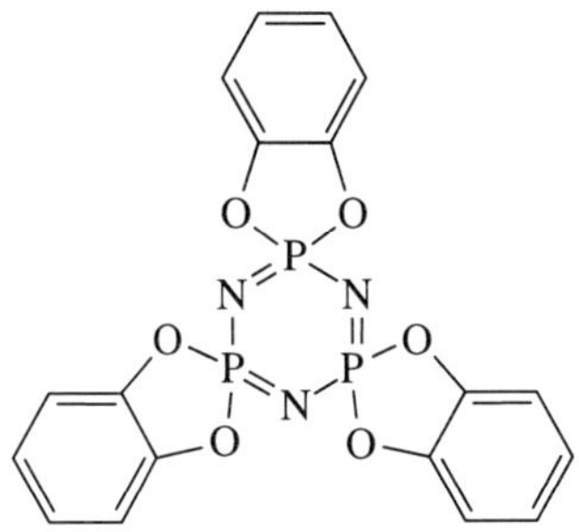

2

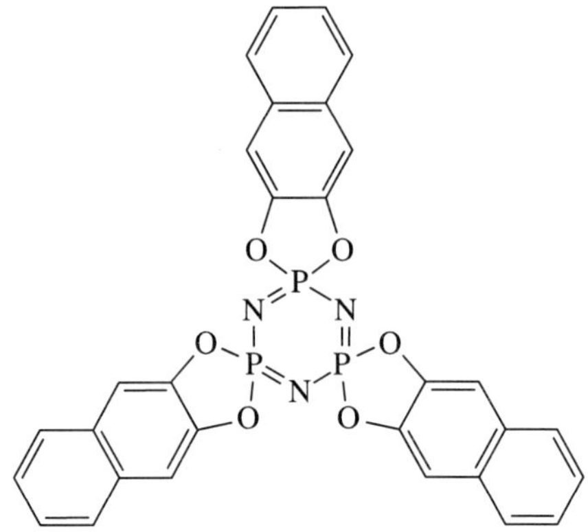

3

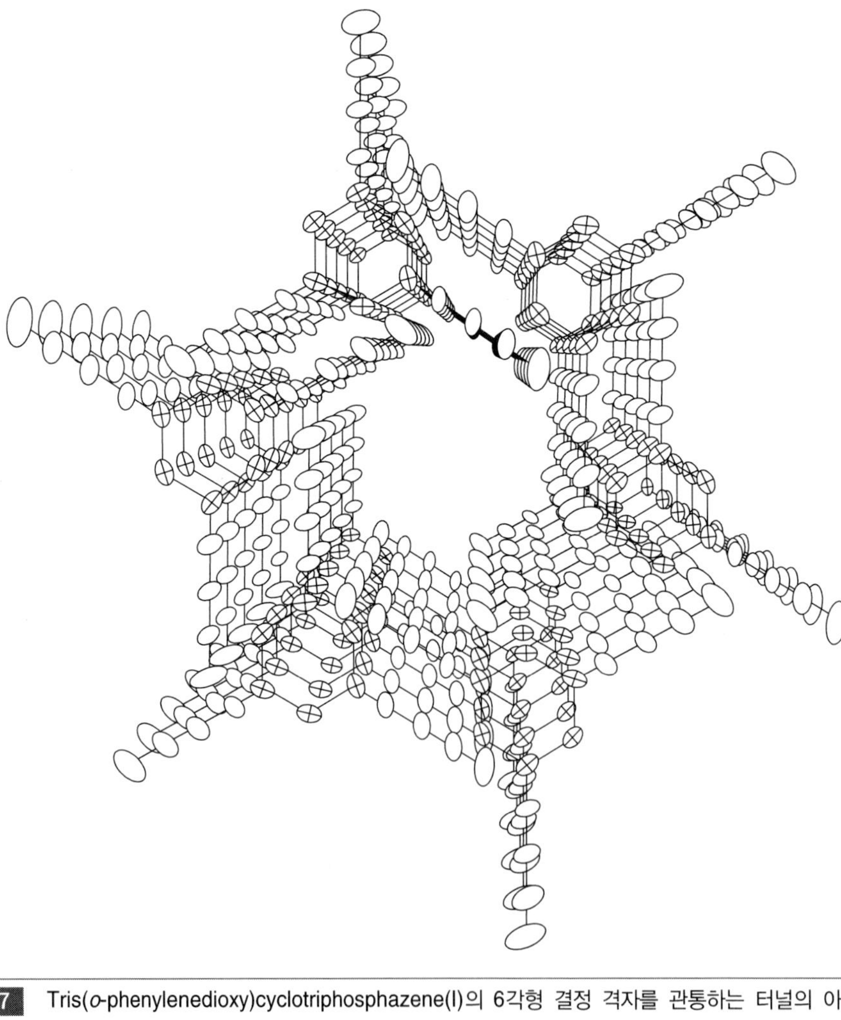

그림 5.7 Tris(*o*-phenylenedioxy)cyclotriphosphazene(I)의 6각형 결정 격자를 관통하는 터널의 아래에서 투시해 본 것, 지름 5-Å 터널은 유기 단량체 분자들을 수용할 수 있다.

터널 포접류 내에서 중합되는 단량체 분자들에는 뷰타다이엔, 1,3-펜타다이엔, 아이소프렌, 2,3-다이메틸뷰타다이엔, 염화바이닐, 아크릴산, 아크릴산 무수물, 아크릴로나이트릴, 메틸메타크릴레이트와 다이바이닐벤젠이 있다. 이 터널 포접 방법이 실용화된 예로는, 다이바이닐벤젠의 중합시 가교되지 않은 고분자를 생성하는 것이다. 반면에 터널 밖에서 중합된 것은 상당히 가교가 된 것이 생성된다. 두 개의 다른 단량체의 공중합에서도 터널 포접 방법이 행해지고 있다. 아마도 이런 분야에 있어 가장 특징적인 것은 단량체나 포접 호스트의 결정 구조와 중합 방법 사이의 관계일 것이다. 이것은 앞으로 근본적인 연구가 많이 되어야 할 부분이다.

결론 방사선으로 행해지는 고체상 공정에서는 많은 실용적인 이점이 있다. 첫째로, 이 방법은 낮은 천정 온도[1]를 가진 화합물과 일반 방법인 열중합될 수 없는 화합물의 중합을 가능하게 하며, 둘째로, 고체상 반응이기 때문에 반응성 용매가 없는 상태에서 중합되며, 셋째로, 고분자 배열과 결정성은 "틀"과 같은 단량체들의 결정성 구조를 사용함으로써 형성될 수 있다는 것이며, 넷째로, 촉매 분자나 잔류 성분에 의한 오염이 없으며, 다섯째로, 몇 가지 "단량체들"은 액체와 고체 상태에서는 다른 고분자를 생성한다. 다이케텐($CH_2{=}C{-}O{-}C(O){-}CH_2$)이 고분자 $\left[C({=}CH_2){-}CH_2{-}C(O){-}O\right]_n$로 전환하는 것은 고체 상태에서만 일어난다.

5.4 플라스마 중합

플라스마란, 저압에서 가스로부터 라디오파(megahertz) 유도에 의해 형성된 가스상 이온과 라디칼이다. 플라스마는 가스 내에서 분자들을 활성화하고, 이온화하여 조각을 내며, 생성물은 재결합하여 더 큰 분자를 형성한다. 형성된 고분자들은 반응기 벽면 위나 플라스마 지역의 가스 흐름 아래에 위치한 어떤 물체에 침적된다.

플라스마 중합은 일반적인 중합 반응에서 일어나는 것보다 복잡한 중간체와 반응 기구가 수반된다. 따라서 침적된 생성물은 기대하지 않은 조성물일 수도 있다. 더구나 거의 대부분 유기 분자들은 이와 같은 공정으로 중합할 수 있다. 이 방법은 부착성이 뛰어나고, 핀홀이 없는 코팅물을 제조하는 데 사용된다. 이런 방법으로 만들어지는 몇 가지 물질들은 일반 고분자와 중간 위치를 나타내고 있다(9장 참조).

[1] 천정 온도란 그 이상에서는 고분자가 존재할 수 없는 온도를 말한다(10장 참조).

5.5 전기 화학으로 개시된 중합

5.5.1 일반적 원리

액체를 통해 전기가 흐르는 경로는 음극에서 양극으로 전자들이 이동함으로써 일어난다. 일반 전기 분해에서 전류는 그림 5.8에 나타낸 것처럼, 이온들에 의해 용액 내에서 옮겨진다.

만약 불포화된 단량체가 용액 내에 존재한다면, 전자는 음극에서 단량체로 옮겨져 라디칼 음이온을 발생할 수 있다. 양극에서 전자는 불포화 화합물에서 제거되어 라디칼 양이온을 생성한다. 이와 같은 공정을 식 (33)과 (34)에 나타내었다.

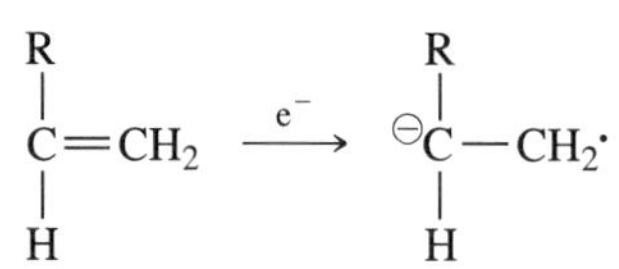

(음극에서) (33)

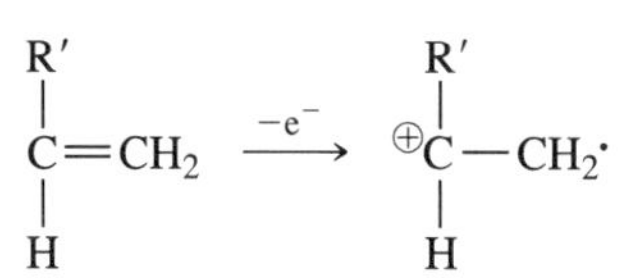

(양극에서) (34)

실제로 각 바이닐 단량체는, 어떤 환원 전위 이하에서는 전극에서 단량체로 전자 이동이 일어나지 않는 고유 환원 전위(specific reduction potential)를 가지고 있다. 단량체 내의 전자 흡인기(electron-withdrawing group)들은 환원이 되어 더 낮은 환원 전위로 된다. 역으로, 전자 공여기(electron-supplying group)들은 단량체의 환원 전위를 올리지만 양극에서 산화 전위를 더 낮춘다.

식 (33)과 (34)에 나타낸 것과 같이 전자로 개시된 단량체들은 음이온, 양이온 또는 자유 라디칼 연쇄 반응을 일으킬 수 있다. 실제로, 정확한 중합 반응 기구를 밝히는 것은 매우 어렵다. 다음 예에서 몇 가지 가능성과 문제를 설명한다.

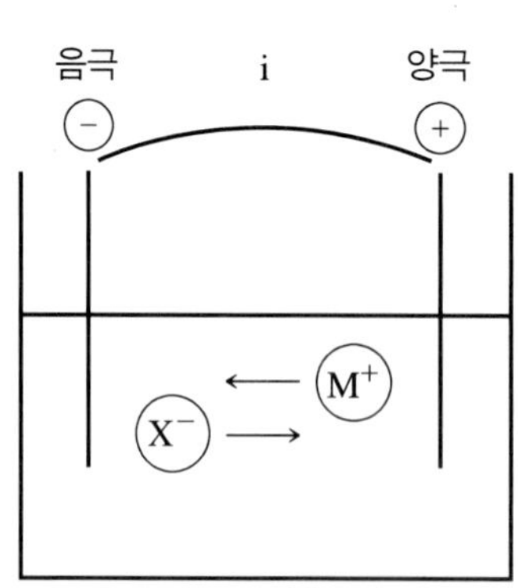

그림 5.8 일반 전기 분해

아크릴로나이트릴, 메틸메타크릴레이트, 스타이렌은 전해 건조하 DMF 용매 내에서 중합한다. 질산소듐은 지지 전해질로서 투입된다. 분명히, 아크릴로나이트릴은 단량체의 직접적인 양극 환원과 라디칼 음이온의 이량화에 의해 개시된 음이온 반응 기구로 중합한다(35). 각 전자가 단량체로 이동하여 3개 이상의 고분자 사슬을 형성하는 것은 연쇄 이동 공정이 존재한다는 것을 뜻하는 것이다. 중합체 분자량은 전류 밀도나 단량체 농도와는 관계가 없다.

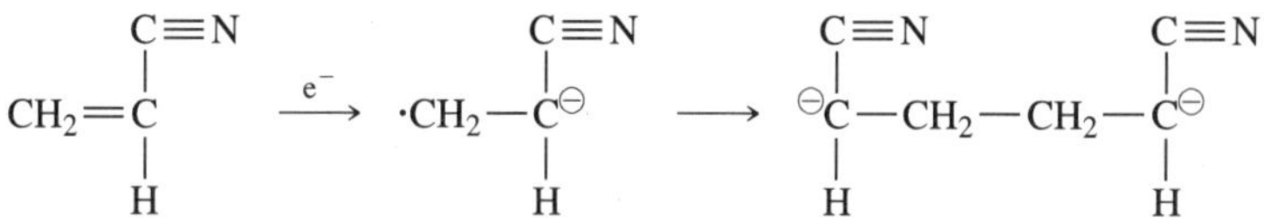
(35)

테트라메틸암모늄클로라이드 존재하에서 스타이렌이나 메틸메타크릴레이트를 DMF 용액 내에서 전기 분해하면, 음이온 반응 기구에 의해 폴리스타이렌이나 폴리메틸메타크릴레이트가 생성된다. 공중합도 가능하다. 예를 들어, 스타이렌과 메틸메타크릴레이트 공중합체는 DMF 내 단량체 혼합물들의 전자 개시에 의해 생성된다. 그리고 이것은 음이온이나 자유 라디칼 공정일 수도 있다. 그러나 THF 내에서는 폴리메틸메타크릴레이트 동종 중합체가 주 생성물이다.

바이닐 중합의 전기 화학적인 개시는 불균일상의 단량체-수용액 계에서 시도되고 있다. 중합체는 스타이렌, 염화바이닐, 메틸메타크릴레이트와 그 외의 단량체들로부터 만들 수 있으나, 이런 조건 하에서는 자유 라디칼 반응 기구가 작용하는 것 같다. 양이온 연쇄 공정은 나이트로벤젠 용매하에서 일어나며, 이때 지지 전해질로서는 과염소산염류가 사용된다.

5.5.2 전극 표면에서의 중합

전극 중합 방법은 전극 표면에 전기적으로 도전성인 고분자를 불용성 필름상으로 만드는 데 사용되고 있다. 실제로 이것은 "유기 금속"으로서 폭넓게 주목받고 있는 두 가지 고분자인 폴리피롤과 폴리아닐린 합성의 주요한 방법이다(23장 참조).

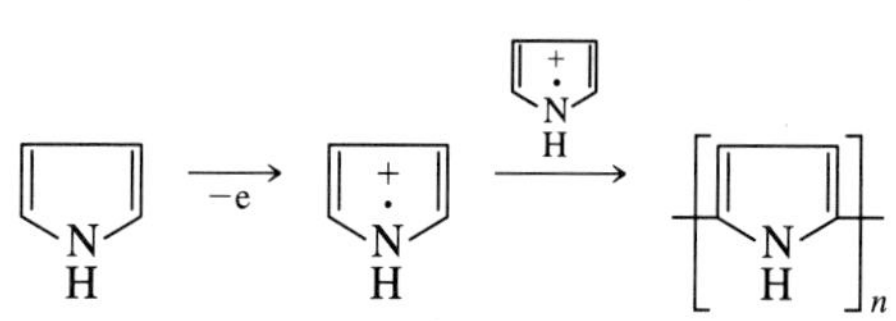
(36)

4

폴리피롤(**4**)은 피롤의 전기 화학적 산화에 의해 만들어진다. 아세토나이트릴과 같은 용매와 지지 전해질이 필요하다. 음극에서 피롤이 산화되면 라디칼 양이온이 발생된다. 이들은 결합하여 **음극 표면 위에** 고분자를 형성한다. 고분자가 전기적으로 도체이기 때문에(23장 참조), 고분자가 침적해도 공정은 중단되지 않는다. 대신에 고분자는 비교적 두꺼운 도막이 형성될 때까지 침전이 계속된다. 그런 다음, 도막을 날카로운 칼을 사용하여 전극으로부터 떼어낸다. 대규모 연속 침적 공정에서는 음극으로서 매끈한 회전 드럼을 사용하는 것이 개발되어 있으며, 침적된 고분자는 연속상의 도막으로서 제거된다.

"도펀트"가 치환체를 구성하는 종도 포함하여 *N*-치환 피롤류도 같은 방법으로 중합되고 있다. 싸이오펜과 그들 유도체들 또한 전기 화학적 산화에 의해 폴리싸이오펜으로 중합된다. 폴리아닐린은 전기 화학적 반응으로 생성되며, 보다 복잡한 구조로 되어 있다. 이것 또한 전도성 물질로서 관심을 끌고 있다. 마지막으로, 곁사슬기로 유기 금속 단위를 갖고 있는 바이닐 단량체를 전극 중합하면, 전기 화학 전지의 환원 전극에서 고분자 필름이 침적된다. 고분자 매트릭스 내의 전이 금속들은 전자−이동, 전극 매체로서 작용하며, 이러한 계들은 새로운 촉매 공장으로서 큰 관심을 끌고 있다(7장 참조).

연|습|문|제

1. 화학 시약의 첨가로 개시되는 것들과 비교할 때, 방사선, 광화학적으로 또는 전해질적으로 행하는 중합을 사용함으로써 어떤 실제적 장점이 있는가? 또 결점은 무엇인가?

2. 높은 유전 상수를 가진 물을 중합 용매로 사용하면 어떤 조건하에서 유리한가?

3. X선 결정학 문헌을 조사하고(Chemical Abstracts에서부터 출발하라) 여러분들이 찾을 수 있는 바이닐 단량체나 고리 화합물의 결정 구조를 조사하라. 각각의 경우, 결정 내 분자의 배열이 고체상 중합에 적당한지 어떤지를 생각해 보라.

4. 366 nm 파장과 3.0×10^{15} 양성자/cm^2-s의 강도를 가진 빛의 평행 광선이 지름 0.500 in, 길이 1.50 in인 실린더 셀에 입사되고 있다. 만약 셀 내 벤젠에 0.0100 mol/L의 아조에테인이 녹아 있고, 366 nm에서 아조에테인의 흡광 계수가 9.00 L/mol-cm이면, 단위 부피당 양성자의 흡수 속도는 어떻게 되겠는가?

5. 연습문제 4에서 광중합이 15분 동안 진행되었을 때, 용액에서 나온 N_2를 27°C, 10 cm^3 부피의 용기에 담았을 때 2.59 torr의 압력을 나타내었다.

(**a**) 아조에테인의 1차 양자 분해 수율을 계산하라.

(**b**) 용액 내 C_2H_5 라디칼 형성 속도를 계산하라.

(**c**) 개시 효율이 0.4라고 가정하면, 3 mol/L의 스타이렌을 함유한, 같은 용액 내에서의 중합 개시 속도를 계산하라.

6. 366 nm에서 10^{16} quant/cm^2-s를 방사하는 광원과 얼마의 아조비스아이소뷰티로나이트릴(1차 양자 수율이 0.43이고 366 nm에서 $\varepsilon=9.5$)이 있다. 벤젠 내 메틸메타크릴레이트의 광개시 중합의 계를 고안하라. 용액의 전 부피는 50 cm^3가 되어야 하고, 개시 속도는 1×10^{-7} mol/L-s이어야 한다. 개시 효율은 0.50이라고 가정하라.

7. 연습문제 6의 계를 사용하여 메틸메타크릴레이트를 15분 동안 가교할 때, 평균 분자량 50,000

을 가진 고분자 0.25 g을 얻었다. 전체 중합의 양자 수율, 즉 단량체가 사라지는 데 대한 양자 수율을 계산하라.

8. 다음 계에 γ선 유도 중합을 했을 때 단량체에 흡수된 에너지 분율을 계산하라.

(**a**) 5 M 메틸아크릴레이트/사이클로헥세인($\rho = 0.779$ g/cm^3)

(**b**) 0.1 M 브로민화바이닐/톨루엔($\rho = 0.867$ g/cm^3)

(**c**) 스타이렌($\rho = 0.906$ g/cm^3)과 (**d**) 메틸아크릴레이트($\rho = 0.950$ g/cm^3)의 등몰 혼합물

9. ^{60}Co 방사선 조사기가 1.5 Mards/h의 선량 속도를 생성한다. 이 장의 데이터를 사용하고, 개시 효율을 0.5라고 가정하여 다음 액상 단량체의 자유 라디칼 개시 속도를 계산하라.

(**a**) 스타이렌($\rho = 0.906$ g/cm^3)

(**b**) 바이닐아세테이트($\rho = 0.93$ g/cm^3)

(**c**) 아크릴로나이트릴($\rho = 0.806$ g/cm^3)

(**d**) 메틸아크릴레이트($\rho = 0.950$ g/cm^3)

10. 1 M 아크릴로나이트릴($\rho = 0.806$ g/cm^3)/벤젠($\rho = 0.879$ g/cm^3) 용액을 ^{60}Co γ선을 사용하여 1.0 Mards/h의 선량 속도로 조사했을 때, 용매나 단량체 어느 하나에서 나온 모든 라디칼이 효율 0.7로서 중합을 개시한다고 가정하고, 자유 라디칼 중합 개시 속도를 계산하라.

11. 연습문제 10에서 단량체의 소멸에 대한 *G*-값이 1500분자/100 eV인 것으로 밝혀졌다. 아크릴로나이트릴의 중합 속도를 계산하라.

12. 독자들이 0.50 Mards/h의 선량 속도를 가진 원을 사용하여 10^{-7} mol/L-s의 개시 속도로 벤젠 용액 내($\rho = 0.879$ g/cm^3)에서 메틸아크릴레이트($\rho = 0.95$ g/cm^3)를 중합하고자 한다고 할 때, 개시 효율 0.5라고 가정하고, 용액을 제조하기 위해 벤젠 100 cm^{3}에 투입해야 하는 메틸아크릴레이트의 무게를 계산하라.

참|고|문|헌

광화학 중합

COHEN, A. B., "Photopolymer Images," *Ind. Res.*, December, 39 **1976**.

CURTIS, H., IRVING, E., and JOHNSON, B. F. G., "Organometallic Photoinitiated Polymerizations," *Chem. Britain*, (April **1986**) *22*, 4, 327.

LABANA, S. S., "Photopolymerization," *J. Macromol. Sci., Rev. Macromol. Chem.*, **1974** *C11*(2), 229.

RANBY, B., "Photoinitiated Reactions of Organic Polymers," in *Polymer Science in the Next Decade* (O. Vogl and E. H. Immergut, eds.). New York: Wiley, **1987**, pp. 121–133.

방사선 중합

ALLCOCK, H. R., FERRAR, W. T., and LEVIN, M. L., "Polymerization in Clathrate Tunnel Systems: Stereocontrolled Polymerization of Unsaturated Monomers in Crystals of Tris(*o*-phenylenedioxy)cyclotriphosphazene," *Macromolecules*, **1982**, *15*, 697.

ALLCOCK, H. R., and LEVIN, M. L., "Stereocontrolled Polymerization of Acrylic Monomers within a Tris(*o*-phenylenedioxy)cyclotriphosphazene Tunnel Clathrate," *Macromolecules*, **1985**, *18*, 1324.

CARAZZOLO, G., LEGHISSA, S., and MAMMI, M., "Polyoxymethylene from Trioxane by Solid State Polymerization," *Makromol. Chem.*, **1963**, *60*, 171.

CHATANI, Y., UCHIDA, T., TADOKORO, H., HAYASHI, K., NISHII, M., and OKAMURA, S., "X-Ray Crystallographic Study of Solid State Polymerization of Trioxane and Tetraoxymethylene," *J. Macromol. Sci., Phys.*, **1968**, *B2*(4), 567.

EASTMOND, G. C., "Solid State Polymerization," *Progr. Polymer Sci.* (A. D. Jenkins, ed.), **1970**, *2*, 1.

FARINA, M., "Inclusion Compounds of Perhydrotriphenylene," in *Inclusion Compounds*, Vol. 2 (J. L. Atwood, J. E. D. Davies, and D. D. MacNichol, eds.). London: Academic Press, **1984**, Chap. 3, p. 69.

FARINA, M., "Inclusion Polymerization," in *Inclusion Compounds*, Vol. 2 (J. L. Atwood, J. E. D. Davies, and D. D. MacNichol, eds.). London: Academic Press, **1984**, Chap. 10, p. 297.

GARRATT, P. G., "Radiation-Induced Solid State Polymerization," *Polymer*, **1962**, *3*, 323.

HENGLEIN, A., SCHNABEL, W., and WENDENBURG, J., Einführung in die Strahlenchemie. Weinheim, West Germany: Verlag Chemie, **1969**, pp. 299–354.

HERZ, J. E., and STANNETT, V., "Copolymerization in the Crystalline Solid State," *J. Polymer Sci. (D), (Macromol. Rev.)*, **1968**, *3*, 1.

STANNETT, V. T., and DEFFIEUX, A., "Cationic Polymerization and Grafting Initiated by High Energy Radiation," in *Cationic Polymerization and Related Processes*. New York: Academic Press, **1984**.

TABATA, Y., "Solid State Polymerization," *Advan. Macromol. Chem.*, **1968**, *1*, 283.

WEGNER, G., "The Mechanism of Solid-State Polymerizations," *Mol. Cryst. Liq. Cryst.*, **1979**, *52*(1–4), 535.

WEGNER, G., in *Molecular Metals* (W. E. Hatfield, ed.). New York: Plenum Press, **1979**.

WILSON, J. E., *Radiation Chemistry of Monomers, Polymers and Plastics*. New York: Dekker, **1974**.

플라스마 중합

SHEN, M., and BELL, A. T., (eds.), *Plasma Polymerization, ACS Symp. Ser.*, **1979**, *108*, 344.

YASUDA, H., *Plasma Polymerization*. New York: Academic Press, **1985**.

전기 화학적으로 개시된 중합

BRETTENBACH, J. W., OLAJ, O. F., and SOMMER, F., "Polymerisationsanregung durch Elektrolyse," *Fortschr. Hochpolymer.-Forsch.*, **1972**, *9*, 47.

DENISEVICH, P. D., ABRUNA, H. D., LEIDNER, C. R., MEYER, T. J., and MURRAY, R. W., "Electropolymerization of Vinylpyridine and Vinylbipyridine Complexes of Iron and Ruthenium: Homopolymers, Copolymers, Reactive Polymers," *Inorg. Chem.*, **1982**, *21*, 2153.

FUNT, B. L., "Electrolytically Controlled Polymerizations," *J. Polymer Sci. (D), Macromol. Rev.*, **1967**, *1*, 35.

NAARMANN, H., "Electrochemical Polymerization:-An Interesting Principle for Synthesis of Electrically Conductive Polymers," *Angew. Makromol. Chem.*, **1988**, *162*, 1.

NAARMANN, H., "New Aspects on Intrinsically Conducting Organic Systems and Their Synthesis," *Makromol. Chem., Macromol. Symp.*, **1987**, *8*, 1.

REYNOLDS, J. R., "Advances in the Chemistry of Conducting Organic Polymers: A Review," *J. Mol. Electron.*, **1986**, *2*, 1.

REYNOLDS, J. R., "Electrically Conductive Polymers," *ChemTech.*, **1988**, *18*, 440.

STREET, G. B., LINDSAY, S. E., NAZZAI, A. I., and WYNNE, K. J., "The Structure and Properties of Polypyrrole," *Mol. Cryst. Liq. Cryst.*, **1985**, *118*, 137.

YAMAZAKI, N., "Electrolytically Initiated Polymerization," *Advan. Polymer Sci.*, **1969**, *6*, 377.

6장

고리 유기 화합물의 중합

6.1 서론

중합 반응 공정에 대한 3가지 일반적인 부류 중 두 가지, 즉 축합과 올레핀 중합 반응에 관해서는 2장과 5장에서 이미 설명하였다. 여기서는 전반적인 공정[식 (1)]으로 표현되는 환형 화합물의 개환 중합인 세 번째 부류를 소개하고자 한다.

$$\begin{array}{c} \mathrm{A-B} \\ |\quad\;\; | \\ (\mathrm{A-B})_n \\ \mathbf{1} \end{array} \longrightarrow \left(\mathrm{A-B}\right)_{n+1} \qquad (1)$$

앞에서 다룬 두 가지 중합 반응 형태와는 큰 차이점이 있는데, 그 첫 번째로서는 축합 반응과 비교해, 중합 반응 중 저분자의 손실이 없다는 것이며, 둘째로는 개환 중합 반응은 다중 결합 엔탈피의 손실을 수반하지 않는다는 것이다. 반면에 올레핀 중합 반응에서는 불포화의 손실이 강력한 추진력이 되고 있다. 사실상 고리 화합물들과 이들로부터 형성된 고분자들은 반복 세그먼트(segment)당 엔탈피가 거의 같다. 이 사실에 대한 결과들은 10장에서 보다 더 상세히 다룰 것이다.

9장의 주제인 무기 고분자들의 합성에 있어서도 개환 중합은 중요한 방법이다. 이 장에서는 주로 유기물 유도체를 특별히 강조하면서, 고리 화합물들의 중합에 대한 개괄적인 배경, 실험 기술 및 일반 반응 기구를 다루고자 한다.

중합 가능한 고리 유기 화합물들에는 고리 에터류, 락톤류(고리 에스터), 락탐류(고리 아마이드)와 이민류(고리 아민)들이 있다. 이러한 고전적인 개환 중합 반응과 더불어, 수립된 범위들을 벗어나는 많은 새로운 반응들이 개발되어 왔다. 이러한 것들은 쯔비터 이온(zwitterion) 중합 반응, "무촉매" 중합, 여러 고리화 중합들(고리화와 동시에 중합됨), 두고리(bicycle) 단량체들의 중합, 그리고 *p*-자일렌의 특별한 중합 반응들이 있다. 비록 이러한 고분자 합성 반응들 중 몇 가지는 엄격히 말해서 "개환 중합 반응"은 아니지만, 다른 합성과 개념적으로 연관성을 가지고 있으며, 이에 대해서는 이 장의 마지막에서 설명하려고 한다. 중합되어진 고리계의 요약은 표 6.1에 나타내었다.

6.2 중합을 하지 않는 고리 화합물

벤젠(**2**), *s*-트라이아진(**3**), 보라진(**4**), 사이클로헥세인(**5**), 테트라하이드로퓨란(**6**) 그리고 1,4-다이옥세인(**7**)들에 대해 개환 중합 반응을 일으키려고 시도해 왔으나, 아직 성공하지 못하고 있다. 이러한 거동을 이해하는 데는 반응 기구 및 열역학적인 두 가지 이유를 들 수 있다. 첫째로는 골격 결합의 파괴와 이온 전개 반응을 개시하는 데 필요한 적당한 촉매들이 아직까지 발견되지 않았다는 것이다. 그러나 보다 근본적인 이유로서는 이러한 화합물들은 고리 내에 장력이 전혀 작용하지 않는 데 기인한다. 더욱이 벤젠, *s*-트라이아진 및 보라진은 방향족성 π-결합 또는 유사 방향족성 π-결합으로 인해 안정화되어 있다. 그 결과 이러한 화합물들은 중합계(polymeric series)에서 "에너지 트랩(energy trap)"을 구성한다. 만약 이 "트랩"을 피할 수 있다면 아세틸렌, 나이트릴류, 에틸렌 등과 같은 단량체에서 고분자들이 만들어질 수 있다. 그러나 일단 고리 삼량화 반응(cyclotrimerization)이 일어나면, 더 이상 중합 반응은 진행되지 않는다. 이러한 개환 중합 반응에 대한 것들과 그 밖의 영향에 관해서 10장에서 좀 더 자세히 설명하기로 한다.

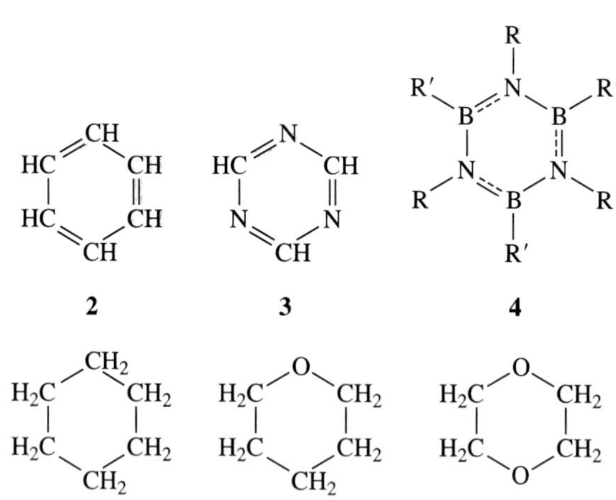

2 **3** **4** **5** **6** **7**

표 6.1 개환 중합할 수 있는 단량체와 촉매들

분류	구조	고리의 크기[a]	촉매의 형태[b]
올레핀		4, 5, 8	개환 복분해(W, Mo, Ru, Re, Ti, Ta)
에터		3, 4, 5, 7	양이온, 음이온, 공유 친핵성
싸이오에터		3, 4	양이온, 음이온, 공유 친핵성
아민		3, 4, 7	양이온, 공유 친핵성
락톤	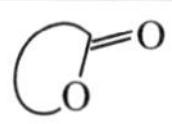	4, 6, 7, 8	음이온, 양이온, 공유 친핵성
싸이오락톤	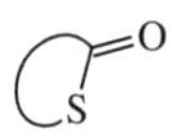	4~8	음이온, 공유 친핵성, 양이온
락탐	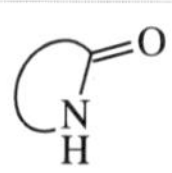	4~8, 보다 큰 고리	음이온, 양이온
다이설파이드	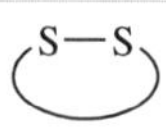	4~8, 보다 큰 고리	라디칼
무수물	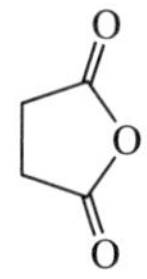	5, 7, 8, 보다 큰 고리	음이온
카보네이트	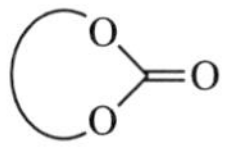	6, 7, 8, 20, 보다 큰 고리	음이온, 공유 친핵성
폼알	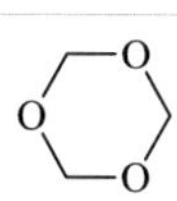	5, 7, 8, 보다 큰 고리	양이온
실리콘	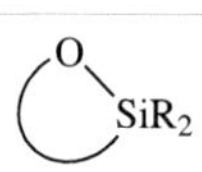	6, 8, 10, 보다 큰 고리	음이온, 양이온
포스파진	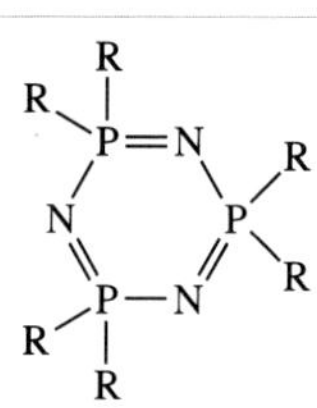	6	양이온
포스포나이트	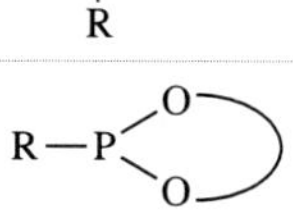	3, 5, 6, 7	공유 친핵성, 레독스
아이소옥사졸	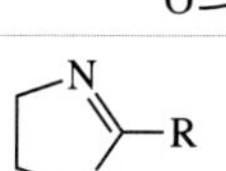	5	양이온, 공유 친핵성

[a] 높은 분자량의 고분자를 산출할 수 있는 고리의 크기.

[b] 공유 친핵성 메커니즘은 알킬화 작용제(예; 벤질클로라이드), 루이스 산(예; 보론트라이플루오라이드)과 유기 금속 화합물(예; R — Sn — X)을 포함한다.

위의 표는 D. J. Brunelle, *Ring-Opening Polymerization*, New York, Hanser, **1993**, p. 3의 허가하에 인용한 것임.

6.3 고전적인 개환 중합 반응의 일반적인 반응 기구

개환 중합 반응에 대해 일반적인 두 가지 형태의 반응 기구가 제안되어 있다. 첫째로는 촉매가 초기에 고리를 공격함과 동시에 또는 공격 후에 고리 절단(cleavage)이 일어나고, 여기서 생긴 이온 또는 쯔비터 이온(zwitterion)성 말단기가 다른 고리를 공격하여 동시에 고리 절단이 일어나는 방식으로 진행된다. 이러한 전반적인 공정은 식 (2)에 나타내었다.

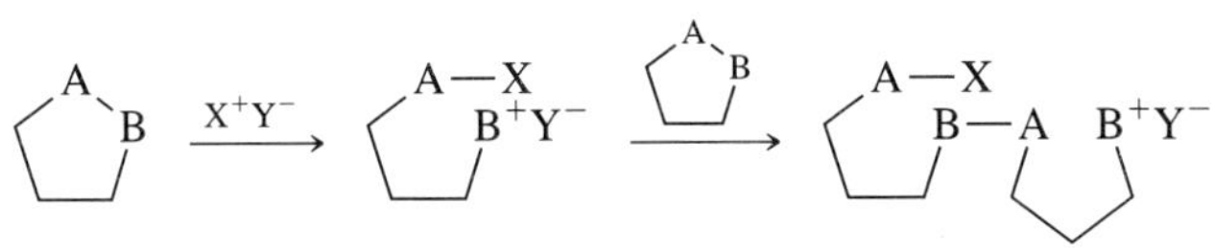

등 (2)

또 다른 반응 기구는 초기에는 고리 절단이 일어나지 않으나, 대신에 촉매와 고리 단량체가 서로 작용해서 실제 개시종으로 작용하는 배위 중간체(coordination intermediate)(주로 옥소늄 이온)를 만든다. 이것은 식 (3)에 나타내었다. 많은 경우에 두 가지 경로를 명백히 구별하기는 매우 어렵다.

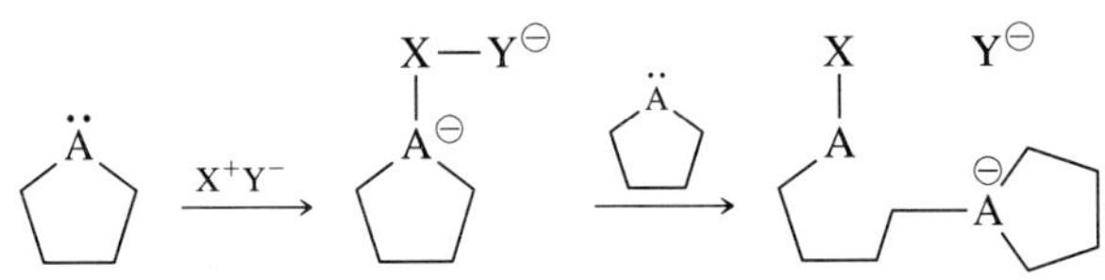

등 (3)

6.4 고리 에터류

6.4.1 트라이옥세인

트라이옥세인(**8**)은 식 (4)에 나타낸 것과 같이 다양한 반응 조건하에서 중합하여 폴리옥시메틸렌(polyoxymethylene)(polyformaldehyde)(**9**)을 생성한다. 이 중합 반응은 (a) 트라이플루오린화붕소(boron trifluoride)나 여러 가지 Lewis 산 촉매 존재하에서 (b) 고리 삼량체의 승화나 (c) 결정성 삼량체의 γ선 조사 과정을 통하여 일어난다.

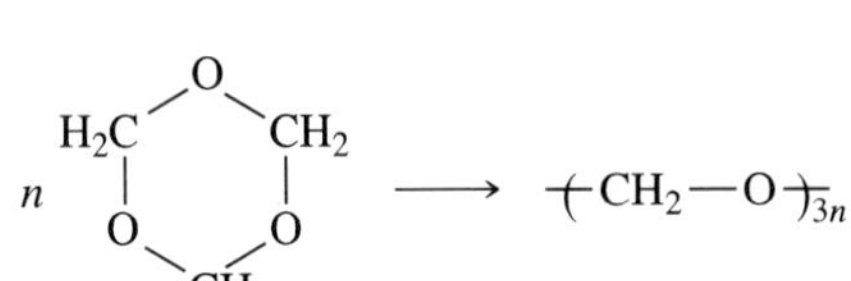

8 **9** (4)

Lewis 산이 촉매로 된 트라이옥세인의 중합 반응에 사용되는 실험 절차는 매우 간단하다. 유리 재질로 된 반응기 내에 트라이옥세인의 사이클로헥세인 농축 용액에 건조 질소를 불어넣어 공기를 치환한다. 그런 다음, 트라이플루오린화붕소의 에터화물 촉매를 투입하고, 혼합물을 55～60°C로 가열하면서 몇 시간 동안 공기와 접촉을 차단시키면서 저어 준다. 폴리옥시메틸렌은 백색 분말 상태로 용액에서 분리된다. 이 고분자는 180～220°C에서 압축 성형시키고 연신시키면 배향이 되어 질기고 반투명한 필름을 생성한다. 폴리옥시메틸렌은 비교적 낮은 온도하에서 해중합되어 폼알데하이드로 되는 경향을 가지고 있다. 이런 해중합 현상은 아실화 반응이나 에스터화 반응이나 에터화 반응의 "말단기 캡핑(end capping)"에 의해, 또는 미량의 에폭사이드로 공중합시킴으로써 사슬을 안정화시켜 억제할 수 있다. 승화 과정 중 트라이옥세인이 폴리옥시메틸렌으로 부분적으로 작용하는 것은 폼산 불순물로 인한 것이다. 트라이옥세인의 방사선 조사로 인한 고체 상태의 중합 반응은 5장에서 이미 설명한 바 있다. 그러나 그 밖의 고체상 중합은 Lewis 산 촉매 용액을 트라이옥세인 결정들과 접촉시킴으로써 가능하다. 이때 중합 반응은 결정 외부 표면에서 내부 쪽으로 진행하게 된다. 테트라옥세인[$(O-CH_2)_4$] 또한 결정 상태에서 중합을 하며, 특히 γ선이 조사될 때 중합한다.

물론, 트라이옥세인에 대해서 반응 조건들이 달라지면 다른 중합 기구로 중합 반응이 일어난다. 일반적인 산-촉매 반응들에서는 식 (5)와 (6)에서 나타낸 것과 같은 개시 및 성장 반응이 수반될 것으로 믿어지고 있다. 즉, 성장 반응은 **10**, **11**의 이온 결합 $CH_2^+\cdots X^-$ 사이에 트라이옥세인이 삽입되면서 일어난다. 중합 반응은 또한 해중합과 평형에 의해서도 완성될 수 있다. 후자의 공정들은 트라이옥세인을 재생시키거나 단량체(폼알데하이드)를 생성할 수 있다. 더구나 테트라옥세인 [$(O-CH_2)_4$]은 "백 바이팅(back-biting)" 과정에 의해 생길 수 있다. 이러한 과정들에 관하여는 10장에서 더욱 상세히 논의하도록 하겠다. 사슬 정지는 사슬 말단기들이 음이온과 반응하거나 말단 카보늄 이온에 의한 수소 음이온의 제거에 의해 일어난다.

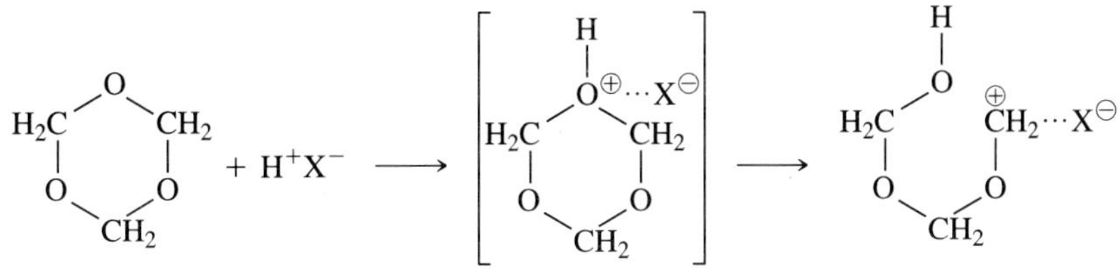

10

(5)

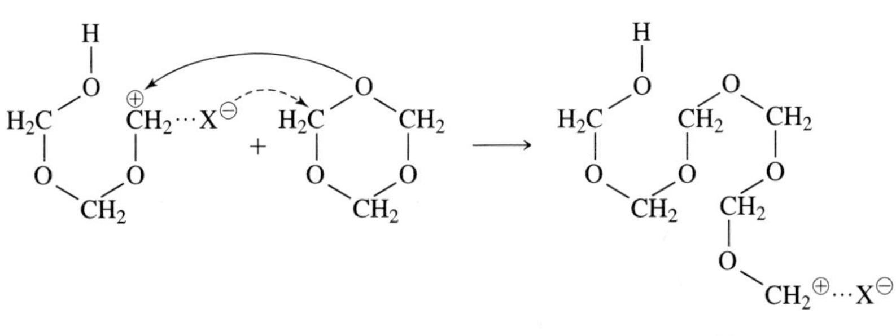

11

(6)

트라이플루오린화붕소와 같은 무수 Lewis 산 촉매의 존재하에서 염화메틸렌 용액 내에서의 트라이옥세인 중합 반응은 다른 반응 기구로 진행된다. 분명히 어떠한 촉매(물)를 필요치 않으며, 쯔비터 이온(**12**)의 형성이 수반되는 중합 반응이라고 제시되어 왔다. 그것을 식 (7)과 (8)에 나타내었다. 연속적인 성장 반응으로 인해 전하들을 분리시키는 골격의 원자수들이 점차 증가하기 때문에, 사슬 말단들이 매우 근접한 상태로 있게 된다고 생각된다. 그렇게 되면, 중합 반응은 거대한 고리 단위 속으로 삼량체 분자가 연속적으로 삽입되면서 진행하는 것으로 생각할 수 있다.

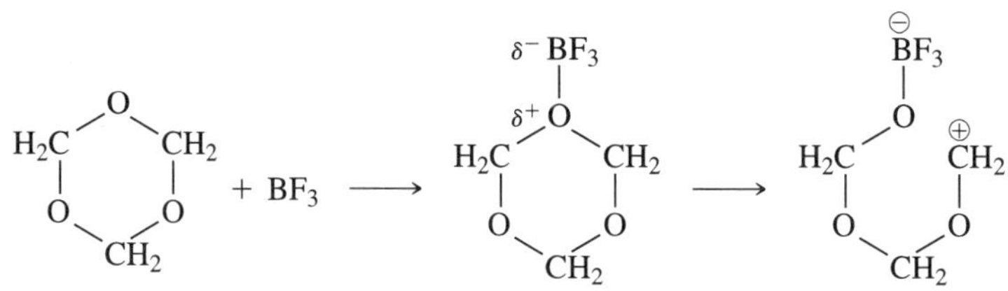

12

(7)

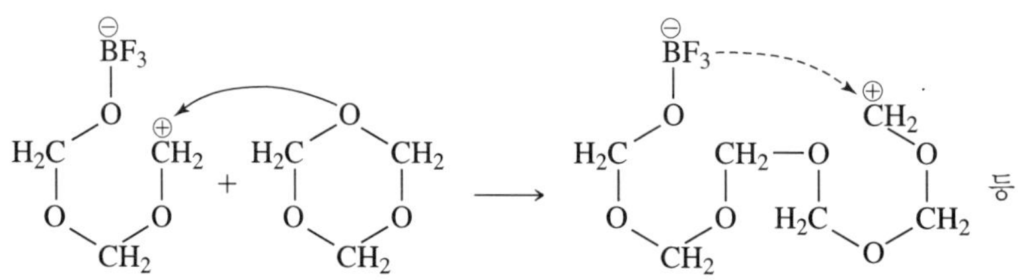

(8)

트라이옥세인의 **방사선 고체 상태**(radiation-induced solid state) 중합 반응 기구는 아직도 논쟁의 대상이 되고 있는 과제이다. 한 이온 반응 기구가 제안되어 있기는 하나, 라디칼 또는 양이온 라디칼 반응 기구도 고려되지 않으면 안 된다.

6.4.2 트라이싸이안과 테트라싸이안

트라이싸이안(**13**)과 테트라싸이안(**14**)은 각각 싸이오폼알데하이드의 고리모양 삼량체와 사량체이다. 이 두 가지 고리 화합물들은 폴리싸이오폼알데하이드(**15**)를 생성한다. 이 고리 삼량체(**13**)는 녹는점이 215~216°C인 안정한 결정성 고체이다. 이 물질은 γ선의 조사나 또는 트라이플루오린화붕소 또는 안티모니류와 같은 양이온형 촉매를 용융 상태로 하여 투입하면 고체 상태에서 중합한다. 테트라싸이안은 고리 오량체처럼 거동한다. 이 중합은 양이온 중합 반응 기구로 설명되고 있다.

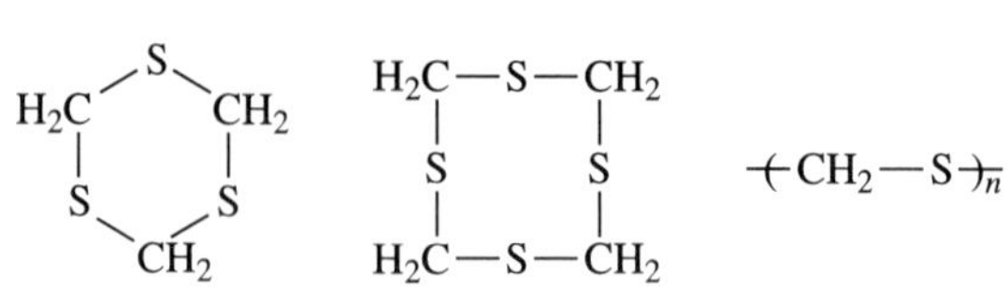

13 **14** **15**

6.4.3 테트라하이드로퓨란

테트라하이드로퓨란(**16**)과 1,4-다이옥세인(**17**)은 일반 중합 조건하에서는 반응하지 않지만, 테트라하이드로퓨란(**18**)은 촉매로서 펜타플루오린화인이나 펜타플루오린화안티모니 또는 $[Ph_3C]^+[SbCl_6]^-$ 등의 존재하에서는 중합한다. 테트라하이드로퓨란이 가진 5원 고리로 이런 차이점이 생긴다.

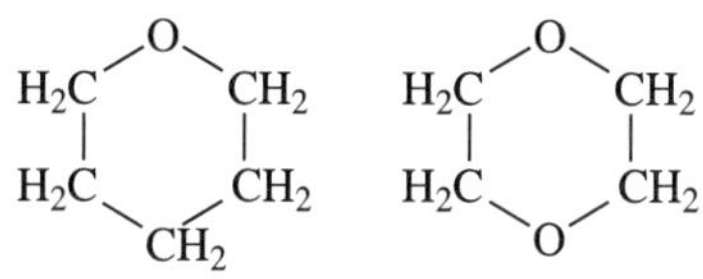

16 **17**

실제로 테트라하이드로퓨란은 중합 반응이 수행되기 전에 순수하게 정제해야 한다. 그 화합물은 수산화소듐 펠렛 존재하에서 환류시키면서 끓이고, 질소 기류하에서 증류하고, 다시 $LiAlH_4$ 존재하에서 환류시킨 다음, 사용 직전에 증류해야 한다. 적당한 중합 촉매가 펜타플루오린화인을 함유한 테트라하이드로퓨란의 배위 복합체이다. 30°C에서, 6시간 동안 중합시키면 분자량이 약 300,000으로 된 폴리테트라메틸렌옥사이드(**19**)를 생성한다. 전반적인 공정은 반응식에 나타내었다. 이때 중합 촉매로서 펜타클로로안티모니를 사용하면 분자량이 낮은 고분자를 생성하게 된다. 폴리테트라메틸렌옥사이드는 결정 용융 온도가 45°C인 질긴 필름을 형성하는 물질이다.

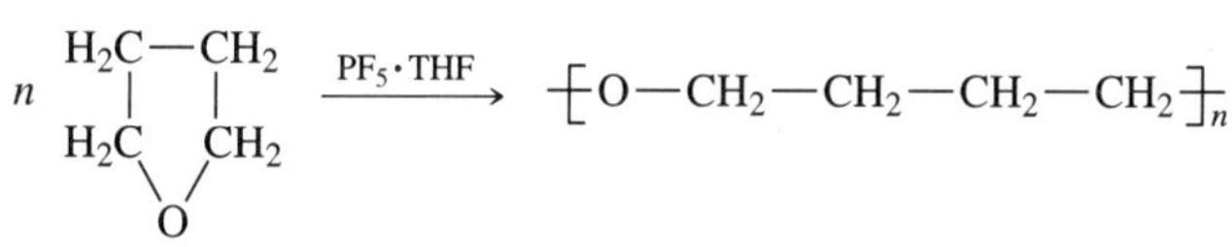

(9)

18 **19**

개시제로서 트라이플루오로메테인설폰산(trifluoromethanesulfonic acid)(CF_3SO_3H)을 사용하면 두 가지 형태의 생성물을 얻게 된다. 즉, 고분자량의 폴리테트라메틸렌옥사이드 중합체와 크라운에터(crown ether)이다. 이 반응에서 성장하는 사슬은 양쪽 말단에 수산기와 옥소늄 이온(oxonium ion)을 가지고 있을 것이라고 믿어진다(**20**).

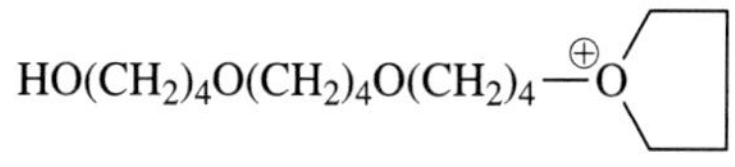

20

만약 같은 올리고머 사슬에 있는 머리와 꼬리가 반응하게 되면 크라운 에터가 생성된다. 고분자량의 중합체는 한 개의 선형 올리고머의 머리가 다른 선형 올리고머의 꼬리와 반응하여 생성된다.

미량의 물 존재하에서 Lewis 산류들은 에터성 산소 원자의 양성자화[반응 (10)]에 의해 테트라하이드로퓨란 분자들이 화합물 **21**의 이온 결합 속으로 삽입됨으로써 일어나게 된다. 그러나 중합 반응이 물이 존재하지 않는 상황에서도 일어날 수 있는 몇 가지 실험적인 증거들이 있다. 이것이 사실이라면 펜타플루오로인이나 펜타클로로인과 같은 촉매들은 $PF_4^{\oplus}$, $PF_6^{\ominus}$, $PCl_4^{\oplus}$, $PCl_6^{\ominus}$와 같은 이온 착물로서 작용하는 것이 된다.

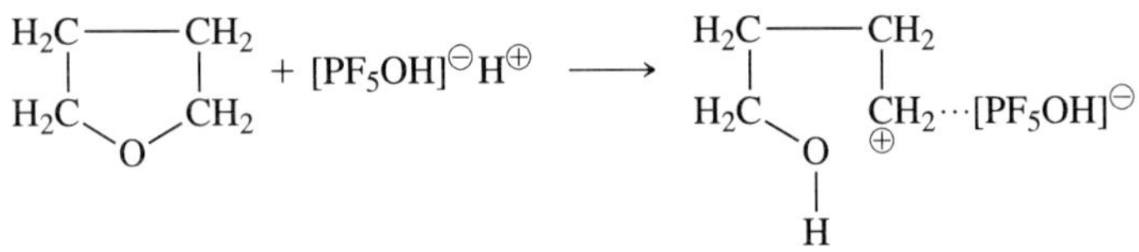

(10)

21

특히 후자의 배합은 고체 상태에서 PCl_5로 잘 알려져 있다. 만약 이러한 이온 착물들을 X^+Y^-와 같은 기호로 나타낸다면, 반응식 (11)에 나타낸 중합 기구로 생각할 수 있으며, 성장 반응은 테트라하이드로퓨란 분자들이 화합물 **22**와 같은 $—CH_2^{\oplus}\cdots Y^{\ominus}$의 이온적인 결합종 속으로 삽입되는 것으로 추정할 수 있다.

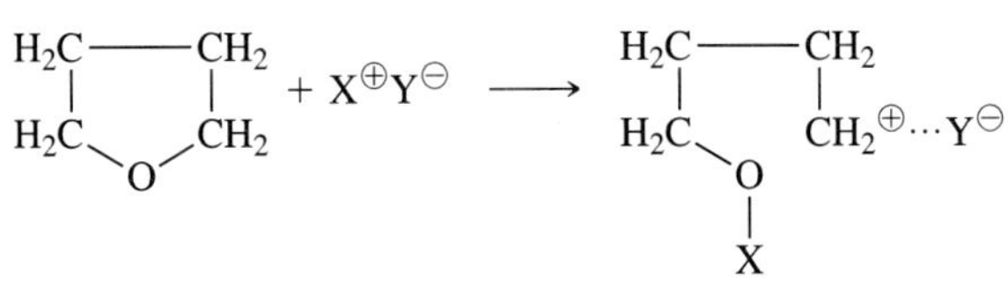

(11)

22

공촉매가 없을 때는 화합물 **23**과 같은 Lewis 산/Lewis 염기 복합체가 실제 촉매종으로서 작용할 수 있다.

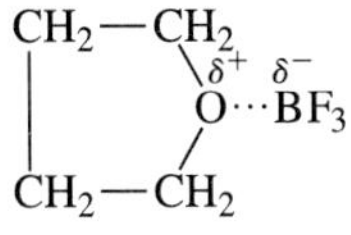

23

6.4.4 옥세테인류와 옥세페인류

24와 같은 치환된 옥세테인류는 PF_5의 같은 Lewis 산 촉매 존재하에서 중합될 수 있다[반응식 (12)]. 화합물 **24**에서 고리 장력이 풀리면서 중합 반응의 추진력을 제공하는 것이 확실하다. 고분자 **25**는 결정성이며, 177°C에서 녹아 필름을 형성하는 물질이다. 옥세테인(**26**)은 그 자체가 0°C나 그 이하의 온도에서 신속히 중합하여 높은 수율로 고분자 **27**을 생성한다[반응식 (13)].

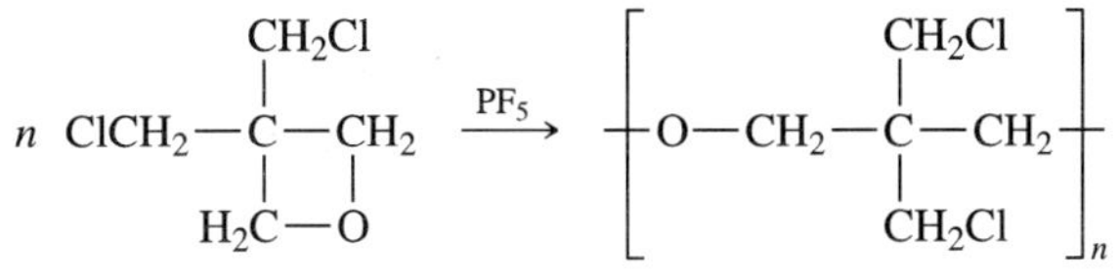

(12)

24 **25**

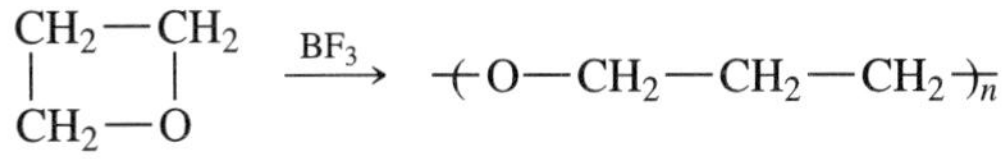

(13)

26 **27**

반응식 (14)에 나타낸 것처럼, 옥세페인(**28**)은 고리 장력이 미량 방출되어도 $[(C_2H_5)_3O]^+(BF_4)^-$나 $[(C_2H_5)_3O]^+(SbCl_6)^-$와 같은 촉매 존재하에서 천천히 중합한다. 그러나 이 중합 반응은 가역적이다. 왜냐하면 30°C에서 화합물 **29**가 **28**로 되돌아가는 해중합이 일어나서 화합물 **28**이 2~3%, 화합물 **29**가 97~98%를 함유하는 평형 혼합물을 생성하기 때문이다.

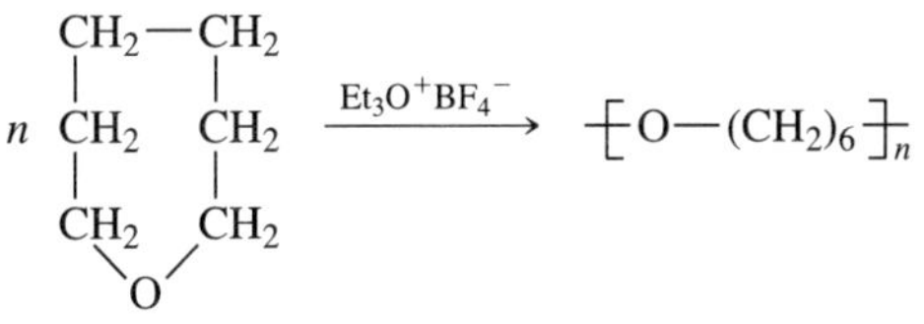

(14)

28 **29**

중합 반응의 반응성은 옥세테인 > 테트라하이드로퓨란 > 옥세페인 순으로 떨어진다.

6.4.5 에폭사이드류

에폭사이드 중합 반응은 공업적으로 중요한 과제이다. 여기서 다시 개환 중합 반응의 용이성은 고리 장력의 풀림을 반영함을 말해 주고 있다. 특히 산화에틸렌(**30**)은 음이온 및 양이온형 촉매 둘 다의 존재하에서 폴리에틸렌옥사이드(**31**)로 신속히 중합한다[반응식 (15)]. 적당한 음이온으로는 알콕사이드 이온류, 수산화물류, 금속 산화물류 그리고 몇 가지 유기 금속 유도체류들이 있다. 양이온 중합 반응은 Lewis 산류나 양성자성 시약에 의해 개시된다.

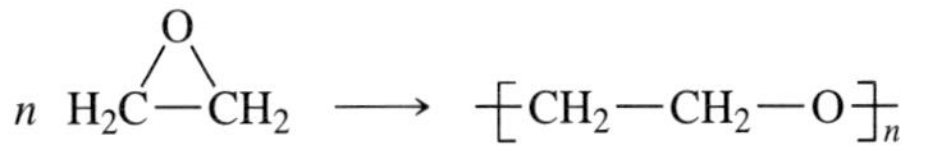

(15)

30 **31**

산화에틸렌 중합 반응은 촉매로서 탄산스트론튬을 사용하여 밀봉된 중합관 내에서 50°C에서 행한다. 초기에는 유도 기간이 있으며, 그 후 매우 빠르게 반응이 진행되고 실제로 너무 빨라 **폭발이 일어날 수도** 있다. 중합 반응은 대체로 2시간 내에 완결된다. 그런 다음, 중합체는 용액으로 하여 캐스팅하면 매우 결정성이 높은 필름을 생성하게 된다.

산화프로필렌(**32**)과 같은 다른 산화물류도 개환 중합시킬 수 있으며, 황화알킬류(alkylene sulfide)도 마찬가지이다. 반면에, 잘 알려진 에폭시 수지들은 에피클로로하이드린(**33**)과 같은 에폭사이드와 비스페놀 A와 같은 폴리하이드록시 화합물을 염기 존재하에서 반응시켜 제조한다. 이 반응에서는 수산기들로 인한 초기의 염기성 촉매에 의한 에폭사이드 고리의 절단으로 인해 프리폴리머가 생성된다. 전반적인 공정은 반응식 (16)에 나타내었다. 최종 생성물은 말단 에폭사이드기와 중간에 수산기를 함유하고 있다. 다음 이 프리폴리머의 가교 반응은 아민류와 같은 시약을 첨가함으로써 이루어진다. 즉, 에폭시 수지는 단순한 개환 중합에 의해서 생성된다기보다는 축합에 의해서 생성된다고 특징지을 수 있다.

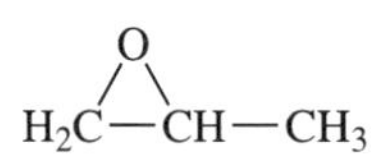

32

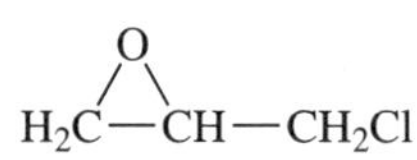

33

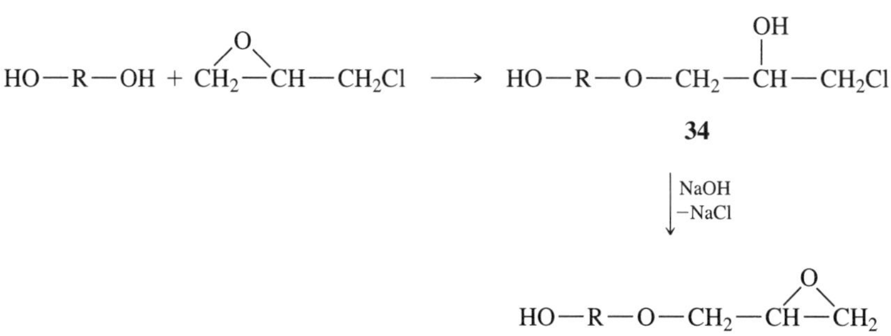

34 (16)

에폭사이드류의 음이온 중합은 알콕사이드류, 수산기류, 금속 산화물류 및 알킬화아연류와 같은 유기 금속종에 의해 개시된다. 이들을 X^+Y^-, 즉 M^+OR^-, M^+OH^- 등으로 나타낼 수 있다. 음이온 개시 공정은 식 (17)에 나타낸 것처럼 진행한다. 촉매의 사용으로 인해 —O$^\ominus$···X$^\oplus$ 결합은 —CH_2—Y 결합보다 더 이온성을 띠기 때문에 성장 반응은 식 (18)에서 나타낸 것처럼 단량체 분자들이 —O$^\ominus$···X$^\oplus$ 속으로 삽입됨으로써 일어난다.

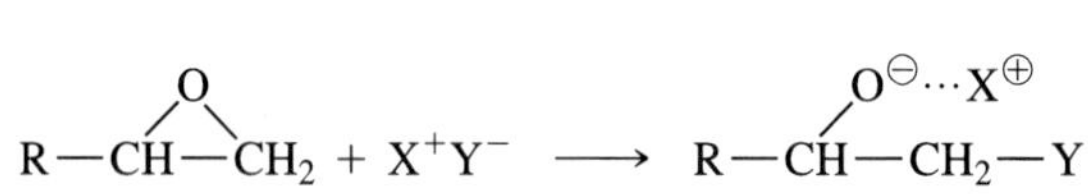

(17)

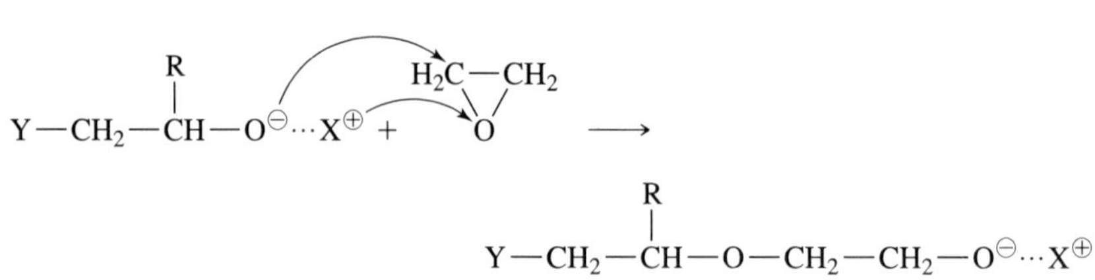

(18)

등

정지 반응은 양성자성 시약이 첨가되지 않으면 일어나지 않는다. 그러나 고분자의 분자량은 보통 연쇄 이동으로 인해서 크지는 않다. 연쇄 이동은 반응식 (19)에 나타낸 것처럼 말단 음이온이 알킬기 R에서 양성자를 빼앗아 알릴에테 음이온(**35**)이 생겨 일어나게 된다.

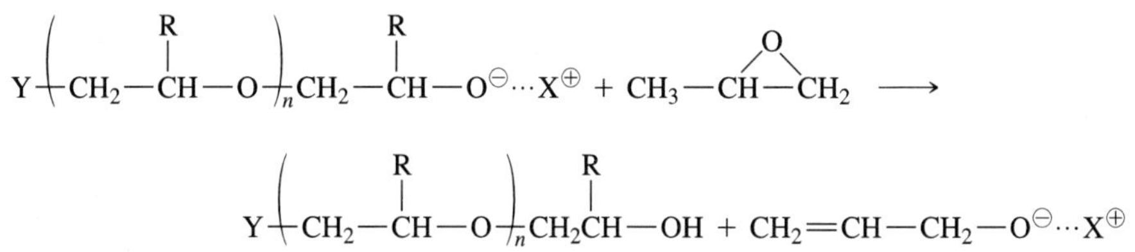

(19)

35

에폭사이드류의 양이온 중합은 아마도 트라이옥세인과 테트라하이드로퓨란에서 나타낸 것과 같은 반응 기구로 진행하는 것으로 생각된다. 예를 들어, 개시제로서 CF_3SO_3H를 사용하면 먼저 고리 절단이 일어나서 옥소늄 이온(**36**)을 생성하게 된다(Scheme 1). 또한 고리 닫힘 대 성장 반응에 대한 통계학적인 사실에 따라, 크라운 에테르류는 분자 내 머리–꼬리 반응에 의해 형성되거나, 고분자량의 중합체류는 분자 간 대응물들의 반응으로 생성되는 것으로 알려져 있다.

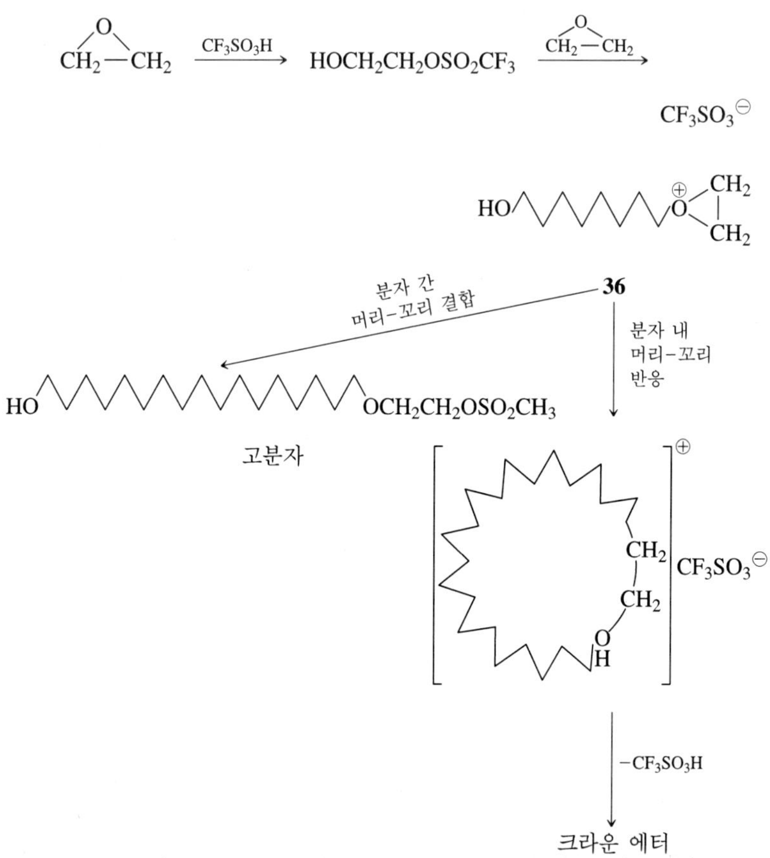

Scheme 1

6.5 락톤류

락톤류(**37**)는 음이온이나 양이온 촉매를 사용하여 폴리에스터류로 중합된다. 개시제의 예로서는 알코올류, 아민류, 유기 금속 화합물류 그리고 알코올-타이타늄알콕사이드 혼합물들이 있다. 그러나 락톤류의 중합성에 고리 크기가 중요하면서 다소 묘한 영향을 미치는 점에 주목해야 한다. 5원(five-membered) 고리를 가지고 있는 γ-뷰티로락톤은 중합하지 않는다. 반면에 6원 고리를 가진 δ-발레로락톤은 중합한다.

$$n\ \overline{O\!-\!(CH_2)_x\!-\!C}{=}O \longrightarrow \left[O-(CH_2)_x-\overset{\overset{\displaystyle O}{\|}}{C} \right]_n \qquad (20)$$

37

6.6 글리콜라이드와 락타이드

폴리(글리콜산), 폴리(락트산)과 그 공중합체는 가수 분해와 생부식(bio-erosion)에 민감하기 때문에 생의학 재료로서 중요하다(24장 참조). 이러한 고분자들을 생산하는 확실한 방법은 글리콜산이나 락트산으로부터 전형적인 축합 중합에 의한 것이다. 하지만, 높은 분자량의 고분자는 글리콜라이드나 락타이드로 알려진 고리형 이량체의 개환 중합에 의해서 합성된다. 이러한 반응식은 아래에 나타내었다[반응식 (**21**)].

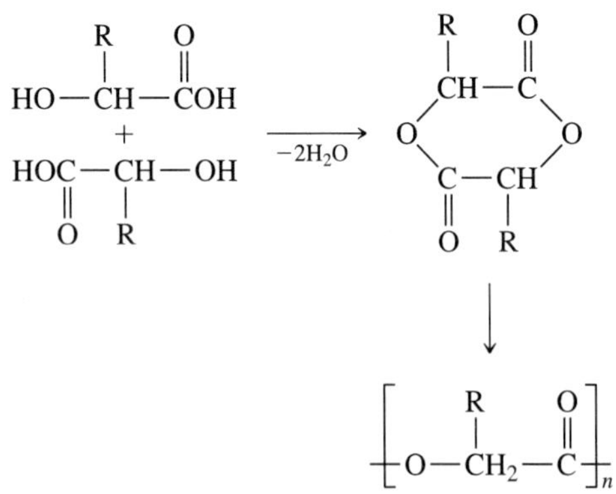

(21)

R = H (글리콜릭), CH_3 (락틱)

이러한 중합은 염화주석(stannous chloride), 옥토에이트주석(stannous octoate)이나 트라이플루오린화안티모니(antimony trifluoride)나 파라-톨루엔 설폰산에 의해 촉진된다. 공중합체는 글리콜라이드나 락타이드의 혼합물로부터 만들어진다. 생부식은 생물학적으로 받아질 수 있는 글리콜산이나 락트산의 가수 분해 결과로서 생긴다. 부식의 속도는 글리콜라이드와 락타이드의 비에 의해 조절이 가능하다.

6.7 고리 무수물

Oxepane-2,7-dione(adipic anhydride)와 같은 고리 무수물류(**38**)는 용액 상태에서 개환하여 폴리무수물류를 생성한다. 수소화소듐이나 아세트산포타슘과 같은 음이온 개시제와 염화알루미늄이나 삼플루오린화에터화붕소와 같은 양이온 개시제, 2-에틸헥사노에이트주석과 같은 배위 개시제들은 고분자량의 중합체를 생성한다. 이 책의 다른 장에서 설명한 바와 같이, 폴리무수물류는 생(生)부식성 생체 재료로서 관심을 끌고 있다.

$$n\ \mathrm{O{=}\overset{\frown O \frown}{C{+}CH_2{)_x}C}{=}O} \longrightarrow \left[\mathrm{\overset{O}{\overset{\|}{C}}-(CH_2)_x-\overset{O}{\overset{\|}{C}}-O}\right]_n \qquad (22)$$

38

6.8 고리형 카보네이트

고전적인 유화 축합 기술에 의해 제조될 수 있는 폴리카보네이트(2장)는 개환 중합에 의해서도 만들어질 수 있다. 고리형 단량체는 다음의 반응식에 의해 합성되었다[반응식 (**23**)].

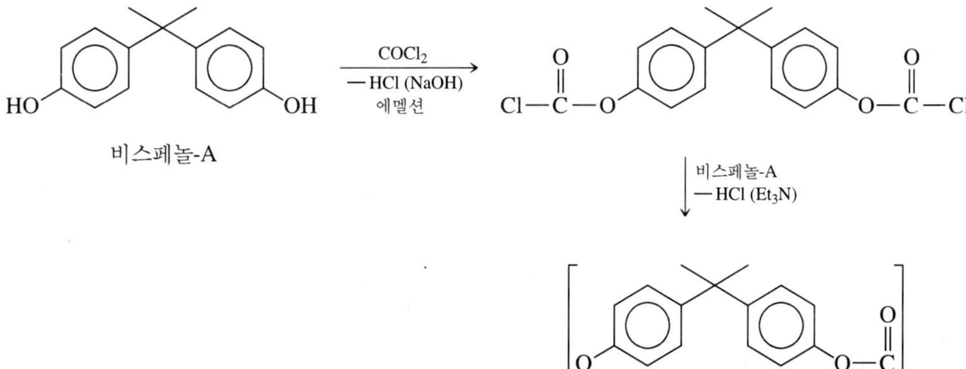

(23)

이 반응에서 형성된 고리 화합물의 혼합물은 200°C 이하의 녹는점을 가지며, 이것은 250~275°C에서 무용매 개환 중합을 통해 쉽게 고분자화된다. 리튬스테아레이트(lithium stearate)는 높은 분자량의 고분자를 합성할 수 있는 개시제 중의 하나이다. 일반적인 축합 공정을 능가하는 개환 중합의 장점은 중합 반응 동안 부반응물을 생성하지 않는다. 그러므로 중합은 몰드나 압출기 내에서 수행할 수가 있으며, 액상의 출발 물질은 높은 용융 고체로의 전환이 바로 가능하다.

6.9 락탐류

락탐류(**39**), 특히 카프로락탐(**40**)의 중합은 비축합 공정을 거쳐 나일론을 합성하는 데 사용되고 있다[반응식 (25)]. 중합 반응은 강염기(수소화금속류, 알칼리 금속 및 금속아마이드류), 양성자성 산, 방향족 아민류와 같은 시약이나 물에 의해 개시될 수 있다. 염기를 촉매로 사용한 개시 반응 *N*-아실화락탐류의 중합에서 특징적으로 나타나는 긴 유도 기간이 없기 때문이다.

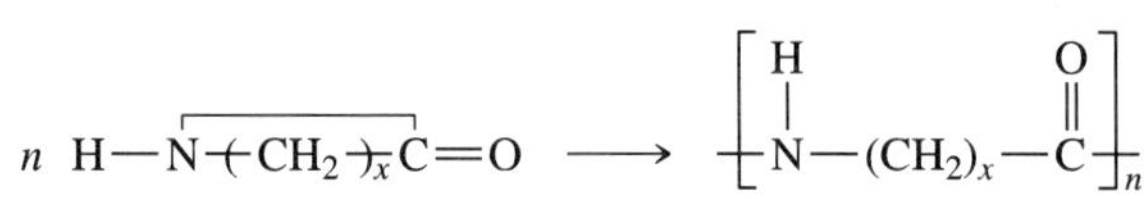

39 (24)

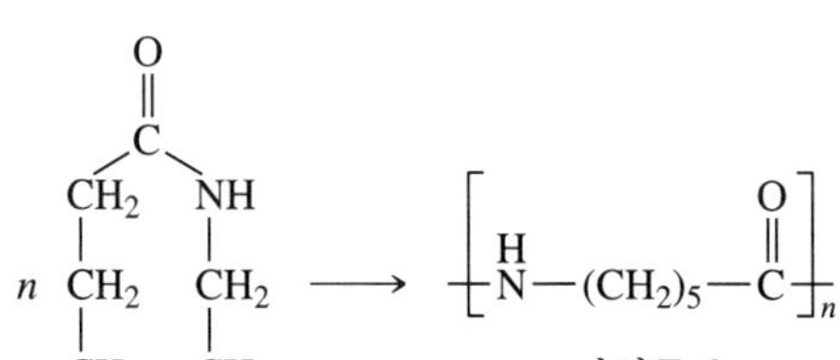

나일론 6

40 (25)

물 존재하에서 카프로락탐의 중합은 사전에 안전 장치를 잘 갖추어서 실험 규모로 행할 수 있다.[1] 잘 정제된 카프로락탐과 물을 약 50:1의 무게비로 혼합하여 질소 기류 중에서 두꺼운 중합관에 밀봉해 넣는다. 이 관은 가열되었을 때는 폭발의 위험이 있으므로 방패막 같은 것을 설치하는 사전 주의를 취해야 한다. 다음에 이 관을 250°C로 가열하여 약 6시간을 유지하고 냉각한 다음, 적당한 방패막을 사용하면서 관 끝부분을 조심스럽게 제거한다. 질소 기류를 고분자 표면에 통과시키면서 관 내용물을 250~255°C로 가열한다. 대부분의 물은 계로부터 증발하게 되고, 용융된 반응 혼합물은 점도가 상승하기 시작한다. 약 2시간 정도 가열하면 용융 방사하여 섬유로 뽑는 데 적당한 분자량의 고분자(나일론 6)로 된다.

락탐의 중합에 대해서는 개시제의 종류에 따라 다양한 반응 기구가 제안되어 있다. 여기서는 공

[1] W. R. Sorenson and T. W. Campbell, *Preparative Methods of Polymer Chemistry*, 2nd ed. (New York: Wiley-Interscience, **1968**), p. 344.

업적으로 중요한 공정인 염기류와 물에 의한 촉매 반응에 대해 고찰하고자 한다. 강염기들은 반응식 (26)에 나타낸 바와 같이 양이온에 의해 화합물 **41**의 N—H 잔기 내의 수소 치환으로 인해 **42**로 되면서 중합이 개시되는 것 같다. 그러나 그 다음 반응 기구는 복잡해진다. 개시된 단량체의 개환은 일어나지 않고 대신에 음이온 중심이 **43**의 형성에서 나타낸 것처럼 **느린** 공정으로 다른 고리의 카보닐 탄소를 공격하는 것으로 생각된다.

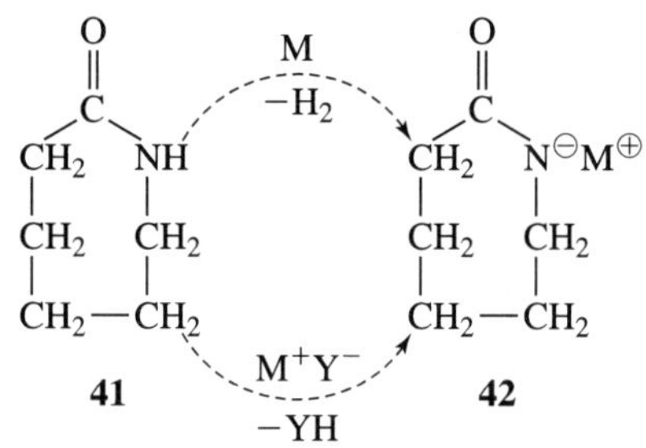

(26)

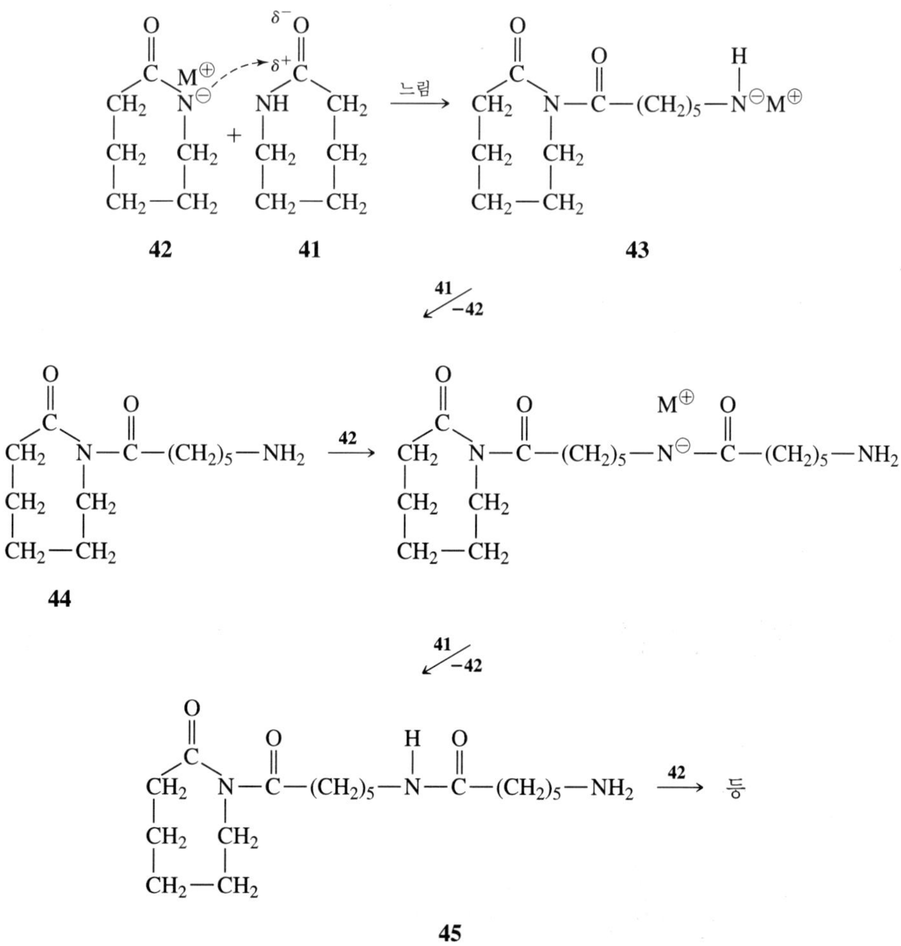

(27)

이 중합 반응에서 나타나는 긴 유도 기간은 이 단계가 느림으로 인한 결과로 생각된다. 그러나 화합물 **43**은 진정한 개시종인 것 같지는 않다. 대신에 화합물 **44**가 **42**와 반응하여 충분히 그 기능을 이행하는 것으로 믿어진다. 성장 반응은 분자 **42**가 —NH—CO— 결합 속으로 **삽입**하는 특이한 공정을 거친 다음, 중합체에 의한 다른 단량체 분자의 재금속화가 일어나 진행되는 것으로 생각되고 있다. 그 예는 **45**와 같다. 염기 존재하에서의 중합은 긴 유도 기간이 없기 때문에 **46**과 같은 *N*-아실카프로락탐류에 편리하게 적용될 수 있다.

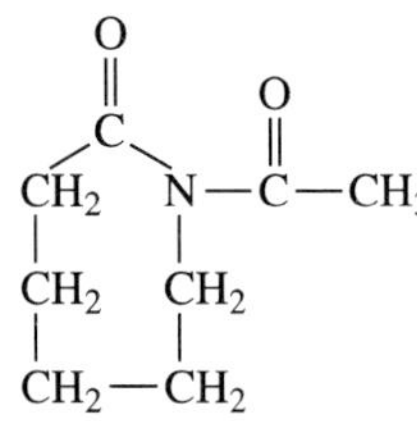

46

물이 촉매가 된 카프로락탐 반응은 더 간단한 반응 기구로 진행된다. 1차 단계에서는 카프로락탐이 아미노산(**47**)으로 가수 분해된다[반응식 (28)]. 다음에 성장 반응은 카프로락탐에 화합물 **47**이 바로 개환 공격을 하거나, 아미노산 쯔비터 이온인 $H_3N^{\oplus}—(CH_2)_5C(O)O^{\ominus}$가 고리 단량체를 개환하여 일어난다.

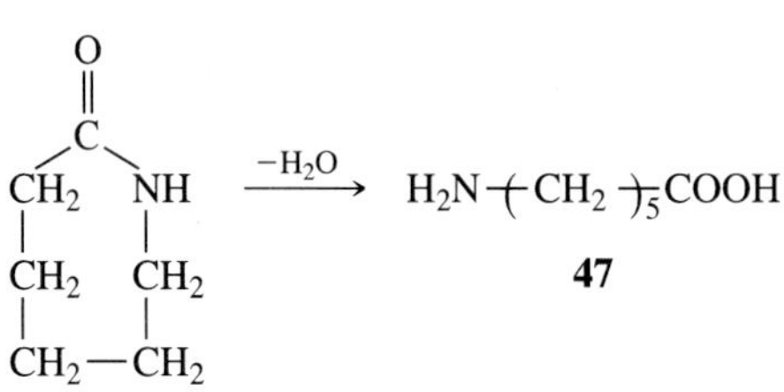

(28)

6.10 에틸렌이민

에틸렌이민(**48**)은 양이온 개시제의 존재하에서 매우 신속히 중합하는데, 아마도 고리 장력의 해리에 의한 것 같다. 이 단량체는 발암성으로 인해서 사용이 제한되고 있다.

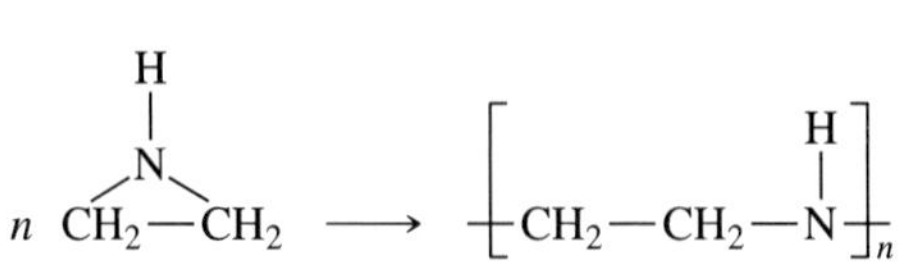

(29)

48

6.11 고리 알켄류

사이클로펜텐과 같은 사이클로알켄류는 치환 촉매하에서 쉽게 개환 중합을 일으킨다. 이러한 반응들은 이미 4장에서 설명하였다.

6.12 옥사졸린 중합의 특이한 경우

옥사졸린류(고리 이미노 에터, cyclo imino ethers)는 반응 조건에 따라 여러 가지 많은 중합 반응을 일으키며, 여러 가지 고분자 구조를 생성하기 때문에 특이한 단량체이다. 바이닐옥사졸린류는 Scheme 2에서 나타낸 것과 같이 특히 재미있는 단량체이다.

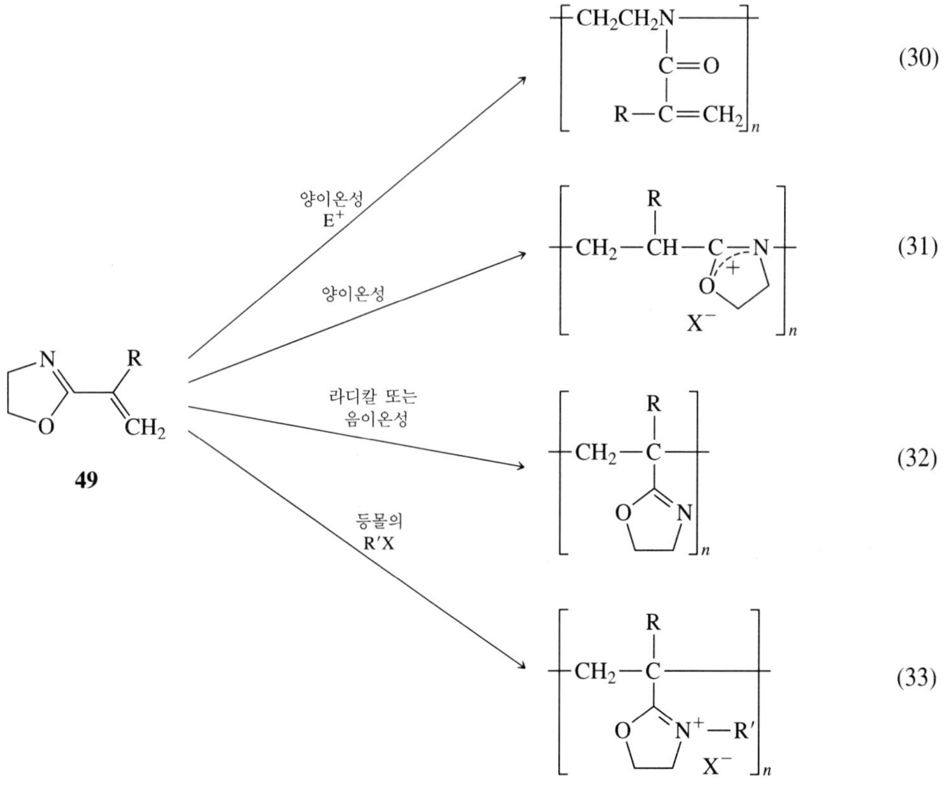

Scheme 2

Scheme 2에 나타낸 공정에는 고리 질소가 사슬 내로 합해지는 양이온 개환 중합[식 (30)]; 또 개환은 없으나 고리 C—N과 바이닐기 둘 다가 사슬 내로 들어가는 양이온 중합[식 (31)]; 또 곁사슬에 옥사졸린기를 가진 중합체가 생성되는 바이닐기를 통한 자유 라디칼이나 음이온 중합[식 (32)]; 등몰의 할로젠화알킬 존재하에 바이닐기를 통한 "자발적인" 중합[식 (33)] 등이 포함되어 있다.

양이온 개환 중합 반응은 비바이닐계 옥사졸린류에서도 광범위하게 일어난다. 예를 들어, 화합물 **50** 형태의 종들(X=H, CH_3, OCH_3, Cl, NO_2)은 poly(*N*-acylalkyleneimines)(**51**)를 생성한다. 에틸렌이민 단량체를 사용하지 않고도 이들을 가수 분해하면 폴리에틸렌 이민을 생성한다. 친전자체(E^+)인 $CH_3OSO_2CF_3$나 $CH_3OSO_2C_6H_4CH_3$들이 개시제로 사용된다. 중합 반응 기구는 반응식 (34)에 나타낸 경로로 진행되는 것으로 믿어지고 있다.

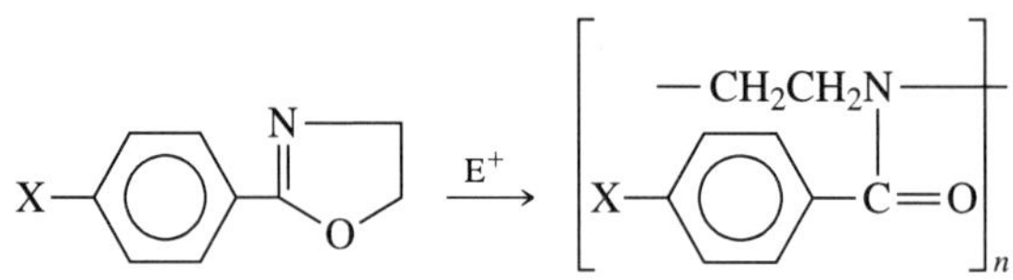

50 **51** (34)

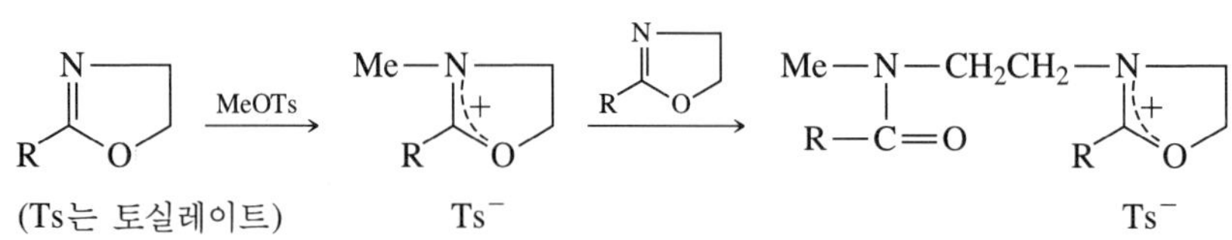

등

즉, 개시제 중의 메틸기는 말단에 남게 되며, 양(+)전하는 들어오는 옥사졸린 고리로 옮겨가게 된다. 다음 절에서 옥사졸린 중합에 대해 상세히 다루도록 하겠다.

6.13 무촉매 공중합

만약 두 개의 고리 단량체가 하나는 친핵체이고 다른 하나는 친전자체로 되어 있다면, 각각은 다른 고리의 개환 중합 반응을 개시하여 1:1 교대 중합체를 생성할 가능성이 있다. 여기서는 개시제가 필요치 않으며 이러한 공정들은 잘 알려져 있다. 이들은 쯔비터 이온 중간체를 거쳐 진행된다.

한 예로서 옥사졸린(**52**)과 β-프로피오락톤(**53**) 사이의 공중합 반응이 있다. 공중합은 실온에서 자발적으로 Scheme 3에 나타낸 반응 형태로 진행된다.

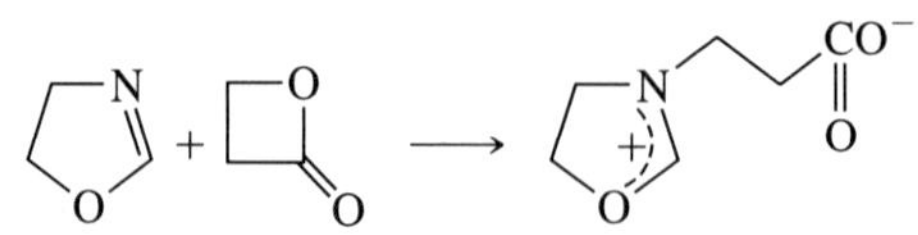

52 **53** 쯔비터 이온

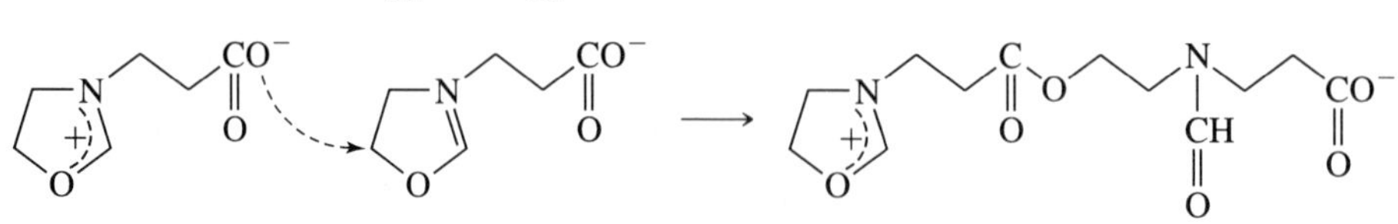

Scheme 3

이러한 반응 형태에 참여하는 친핵체와 친전자체들은 대단히 많다. 다른 예로서, 고리 phosphonite(**54**)와 β-프로피오락톤이나 아크릴산의 어느 하나가 상호 반응하는 공정이다(Scheme 4). 그런 다음, 쯔비터 이온 **55**의 중합이 앞의 예에서와 같이 진행되어 교대 고분자를 생성한다. 이 중합은 120°C 이상의 고온을 필요로 한다.

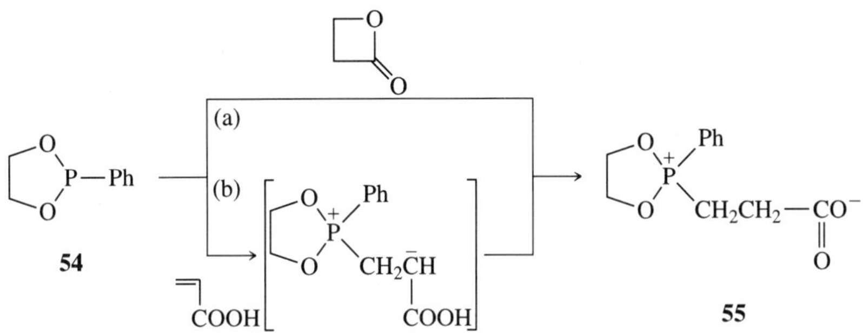

Scheme 4

6.14 자유 라디칼 개환 반응

위에서 설명한 바와 같이, 대부분의 개환 중합들은 이온 공정들이며, 최근에 와서야 라디칼 경로를 통해 일어나는 몇 가지 개환 중합 반응의 예들이 알려졌다. 이러한 예들은 대체로 바이닐사이클로프로페인이나 다이사이클로뷰테인 유도체와 같이 장력을 받고 있는 고리가 열리는 것들이다. 그러나 장력이 작용하지 않는 단량체들은 자유 라디칼 개환 중합을 하는 것으로 알려져 있다. 이런 종류에는 화합물 **56**과 같은 1,3-다이옥세페인류들이 있다(Scheme 5).

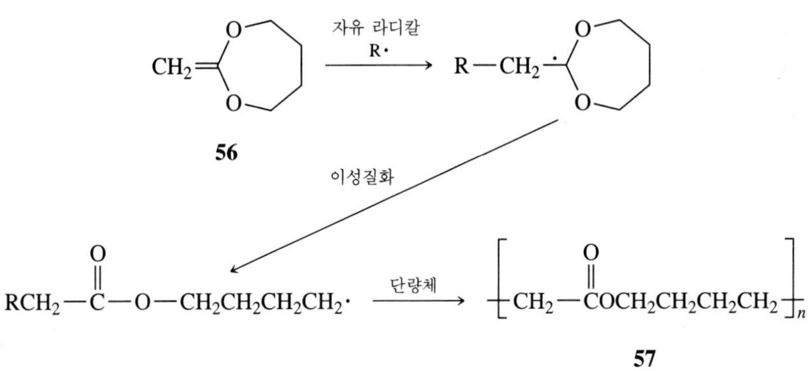

Scheme 5

Scheme 5에 나타낸 반응 기구는 라디칼 부가가 어떻게 하여 말단 자유 라디칼을 가진 선형 형태로 재배열되어, 사슬 성장 공정이 시작되는가를 나타내고 있다. 생성물(**57**)은 폴리(ε-카프로락톤)이다. 반면에 5원 고리로 된 유사체 **56**은 양이온 개시제에 극히 민감하며, 라디칼이 없는 조건에서 단량체의 50%만이 개환을 일으켜 중합된다.

자유 라디칼 개환 중합에 관련된 것들은 대부분의 중합과는 달리 **부피 팽창**을 나타낸다는 점에서 매우 흥미롭다. 이것은 불포화 spiro ortho carbonate(**58**)로 130°C에서 다이-*t*-뷰틸퍼옥사이드로 처리할 때 개환 중합을 일으킨다. 이 공정은 Scheme 6에서 나타낸 단계가 확장되어 형성되는 폴리카보네이트가 생성물이다. 높은 전환율에서는 곁사슬의 불포화 단위들로 인해 가교가 일어난다.

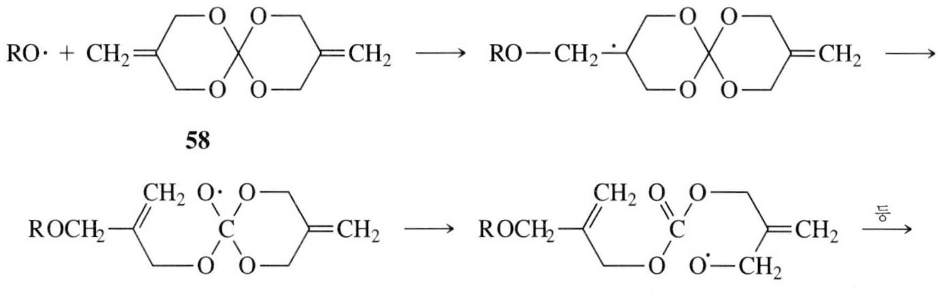

Scheme 6

6.15 고리화 중합

고리화 중합(cyclopolymerization)이라는 용어는 비공액계 다이엔류들의 부가 반응으로, 중합시 고리가 **형성**되는 반응을 말한다. 그러한 반응들은 대체로 분자 간-분자 내 성장 반응 공정들이 교대로 일어나는 것으로 생각되고 있다. 이들은 개환 중합이 아니고 폐고리(고리가 생기는) 중합이지만, 개환 공정과 비교하는 것이 유익하다.

고리화 중합에 대한 일반적인 예는 Scheme 7에 나타내었다. 여기서 라디칼 R·에 의해서 개시된 1,6-다이엔(**59**)은 라디칼 **61**을 형성하여 분자 내 고리화로 진행하는 선형의 올레핀(**60**)을 생성한다. 성장 반응에서는 6원 고리뿐만 아니라 5원 고리도 생성된다.

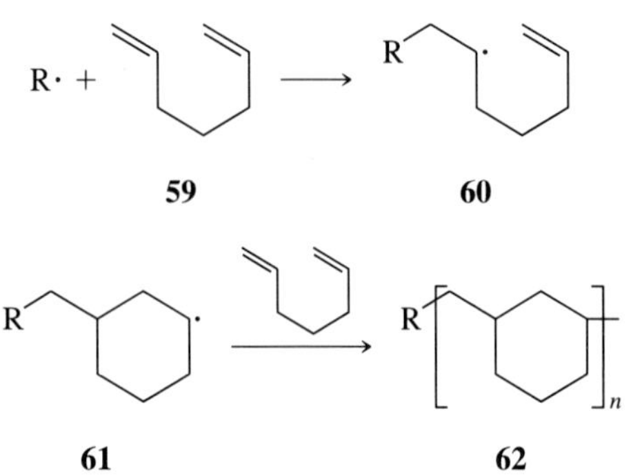

Scheme 7

이것은 복잡한 중합이며, 반응 기구를 규명하기 위해 많은 연구가 행해졌다. 반응 경로는 고리 형성의 통계학 및 에너지론과 비공액계 2중 결합계를 가진 라디칼 중간체의 상호 반응 등에 의존하는 것으로 믿어진다.

고리화 중합은 결정성 단량체에 γ선을 조사하여도 일어난다. 그 예는 반응식 (35)에 나타내었으며, 6원 고리와 5원 고리가 모두 형성된다. 일반적으로 자유 라디칼 개시 반응에서는 지방족계 5원 고리를 생성한다. 이 계에서는 메틸기가 관여하는 입체 장애 효과가 고리 형성에 영향을 주는 것으로 생각된다.

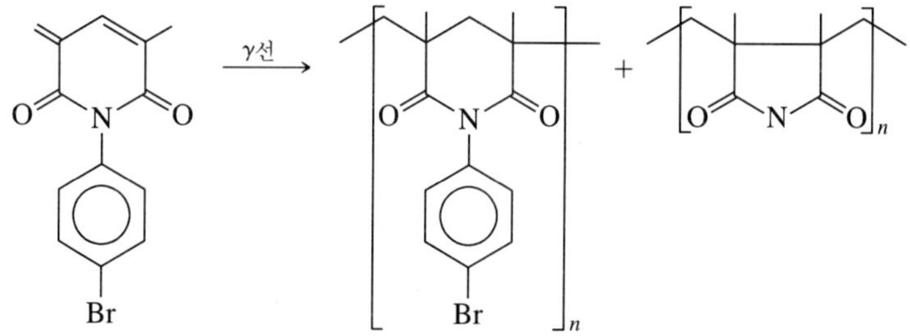

(35)

마지막으로 다이바이닐에터와 말레산 무수물 사이의 반응에서는 Scheme 8에 나타낸 것과 같이 라디칼로 유도되는 고리화 중합이 일어난다. 이 반응에서 형성된 고분자량의 생성물(**63**)은 DIVEMA로 알려져 있다. 이것과 이것으로부터 유도된 폴리음이온은 인터페론의 제조 시약이며 항암성을 가지고 있다.

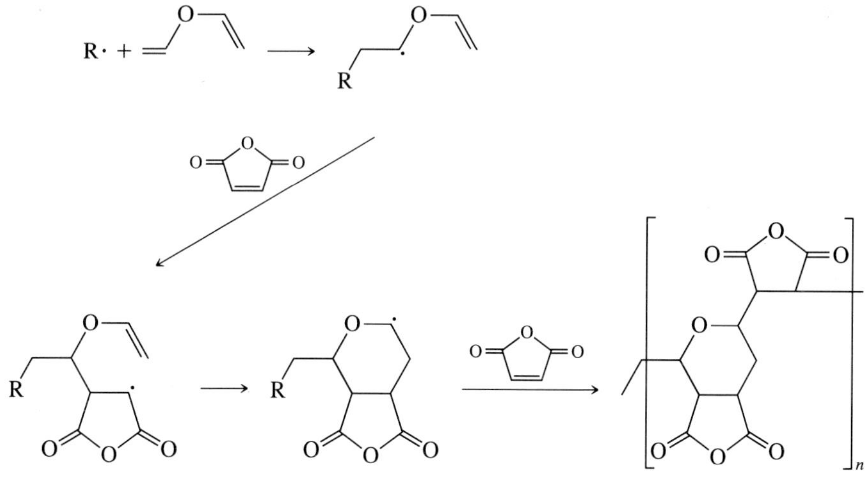

63

Scheme 8

6.16 폴리(*p*-자일렌)

6장에서는 고리화 반응을 시작으로 해서 고리 절단을 거쳐서 불포화를 가진 단량체를 만들어 보았고, 그 단량체의 자유 라디칼 중합 공정을 이 장에서 마무리하려고 한다. 전반적인 반응들은 Scheme 9에 나타나 있다.

p-자일렌은 950°C 이상의 온도에서 산화 열분해하여 다이*p*-자일렌(**64**)으로 알려진 고리 이량체를 생성한다. 550~650°C에서 이 화합물은 진공하에서 해리하여 *p*-자일릴렌(**65**)을 생성하며, 이 단량체는 진공하 30°C 정도의 온도에서 표면에서 자발적으로 중합하여 폴리(*p*-자일렌)(**66**)을 생성한다. 즉, 최종 단계는 라디칼 반응 기구가 적용되는 부가 중합인 것으로 생각된다. 중합 속도 기구는 극히 빠르며, 이 공정은 증착에 의해서 재료를 코팅(특히 생의학적 장치)하는 데 사용될 수 있다.

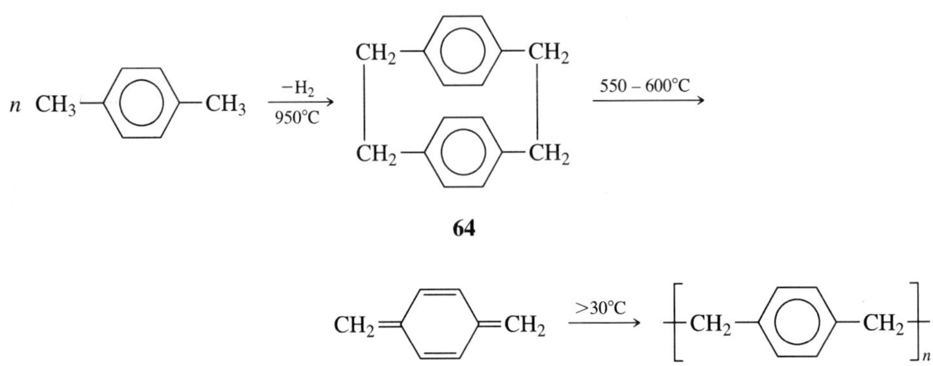

64

65 **66**

Scheme 9

연|습|문|제

1. 이 장에서 논의한 몇 가지 개환 중합이 "리빙" 중합 범위에 들어갈 가능성이 있는지에 대해 설명하라. 어떠한 구조적 요소로 그럴 가능성이 있다고 생각하며, 또 없다고 생각하는가?

2. 이 장에서 논의한 대부분의 반응 중 몇 가지는 라디칼 반응 경로이기는 하나 대부분 이온 반응 기구에 따른다. 어떤 단량체 구조들이 이온 반응 기구를 따르며, 어떤 것이 라디칼 반응 기구를 따르는가? 이온적이거나 자유 라디칼 반응 기구임을 어떻게 증명할 수 있는가?

3. 에폭사이드류에 적용할 수 있는 양이온 중합 기구를 서술하라.

4. 10장을 참조하지 않고, 사이클로헥세인을 개환 중합시켜 폴리에틸렌을 얻을 수 없는 이유들에 대해 상세히 설명하라.

5. 몇 가지 고분자(예; 폴리옥시메틸렌)는 단량체(폼알데하이드)나 고리 단량체(트라이옥세인)로부터 제조될 수 있다. 이러한 각 방법들에 대해 무엇이 실용적으로 중요한 장점과 단점인가?

6. 이 장에 언급하지 않은 유기 고리 화합물들의 분류 목록을 유기화학 서적에서 발췌하여 정리하라. 그런 다음, 이들이 중합하는 데 사용되는 가능한 방법을 제시하라.

7. 만약 트라이옥세인 중합이 폼알데하이드로 먼저 해리되고, 그 후 단량체가 중합이 진행된다고 가정하면, 이 반응 기구와 폼알데하이드가 트라이옥세인으로 먼저 삼량체화하고, 다음에 중합되는 것 사이의 차이점에 대하여 기술하라.

8. 테트라하이드로퓨란은 실험실에서나 공업적으로 대량으로 자주 사용되는 일반적인 유기 용매이다. 만약 중합 과정(있음직한 위험)을 피하고자 한다면, 테트라하이드로퓨란과 접촉해서는 안되는 시약(PF_5 이외에)은 무엇이 있는가? 정상적인 실험실에서 사용 중에 테트라하이드로퓨란의 중합은 일어나지 않는다는 것을 어떻게 확신할 수 있는가?

9. 에폭사이드가 카프로락탐과 공중합할 수 있는가에 대해 생각해 보고, 이 공정에는 어떤 반응 조건을 선택해야 하는가? 어떠한 복잡한 사항들이 예상되는가?

참|고|문|헌

AOI, K., and OKADA, M., "Polymerization of Oxazolines," *Progr. in Polymer Sci.*, **1996**, *21*(1), 151.

BAILEY, W. J., "Free Radical Ring-Opening Polymerization," *ACS Symp. Ser.*, **1985,** *286*, 47.

BAILEY, W. J., NI, Z., and WU, S.-R., "Free Radical Ring-Opening Polymerization of 4,7-Dimethyl-2-methylene-dioxepane and 5,6-Benzo-2-methylene-1,3-dioxepane," *Macromolecules*, **1982**, *15*, 711.

BRUNELLE, D. J. "Preparation and Polymerization of Cyclic Carbonates," *Ring-Opening Polymerization* (D. J. Brunelle, Ed.). New York: Hanser, **1993**.

BRUNELLE, D. J. (Ed.), *Ring-Opening Polymerization*. New York: Hanser, **1993**, Ch. 11.

BUTLER, G. B., XING, Y., GIFFORD, G. E., and FLICK, D. A., "Physical and Biological Properties of Cyclopolymers Related to DIVEMA," in *Macromolecules as Drugs and as Carriers for Biologically-Active Materials* (D. A. Tirrell, L. G. Donaruma, and A. B. Turek, Eds.), *Ann. N.Y. Acad. Sci.*, **1985**, *446*, 149.

CHUJO, Y., and SAEGUSA, T., "Polymerization of Oxazoline Family," in *Ring-Opening Polymerization* (D. J. Brunelle, Ed.) New York: Hanser, **1993**, Ch. 8.

CRIVELLO, J. V., LAI, Y. L., and MALIK, R., "The Synthesis and Photoinitiated Cationic Polymerization of Cyclic Ketene Acetals," *Cationic Polymerization*, **1997**, *665*, 83.

GOETHALS, E. J., "Telechelic Polymers by Ring-Opening Polymerization," in *Ring-Opening Polymerization* (D. J. Brunelle, Ed.) New York: Hanser, **1993**, Ch. 10.

HALL, H. K., "Bond-Forming Initiation in Spontaneous Addition and Polymerization Reactions of Olefins," in *Synthetic Polymers* (Proc. Robert A. Welch Foundation Conf.), **1983**.

HASHIMOTO, K., "Ring-Opening Polymerization of Lactams. Living Anionic Polymerization and its Applications," *Progress in Polymer Sci.*, **2000** *25*(10), 1411.

INOUE, S., and AIDA, T., "Living Polymer Systems: Epoxides and Lactones," in *Encyclopedia of Polym. Sci. & Eng., Suppl. Vol.* New York: Wiley, **1989**, p. 412.

IVIN, K. J., and SAEGUSA T., (Eds.), *Ring-Opening Polymerization*. New York: Elsevier, **1984**.

KOBAYASHI, S., and SAEGUSA, T., "Alternating Copolymerization involving Zwitterions," in *Alternating Copolymerization* (J. M. G. Cowie, Ed.). New York: Plenum Press, **1985**, pp. 189–238.

KOBAYASHI, S., TOKUZAWA, T., and SAEGUSA, T., "Cationic Ring-Opening Isomerization Polymerization of 2-[*p*-(Substituted)phenyl]—2-oxazolines: Effects of the Substituent on the Reactivities," *Macromolecules*, **1982**, *15*, 707.

MCGRATH, J. E. (Ed.), *Ring Opening Polymerization, Kinetics, Mechanisms, and Synthesis, ACS Symp. Ser.*, **1985,** *286*.

MIYAMOTO, M., SANO, Y., KIMURA, Y., and SAEGUSA, T., "'Spontaneous' Vinyl Polymerization of 2-Vinyl-2-oxazolines," *Macromolecules*, **1985**, *18*, 1641.

PENCZEK, S., and KUBISA, P., "Living Polymer Systems: Cationic," in *Encyclopedia of Polym. Sci. & Eng., Suppl. Vol.* New York: Wiley, **1989**, p. 380.

PENCZEK, S., and KUBISA, P., "Cationic Ring-Opening Polymerization," in *Ring-Opening Polymerization*, D. J. Brunelle (ed). New York: Hanser, **1993**, Ch. 2.

ROKICKI, G., "Aliphatic Cyclic Carbonates in Spiro-orthocarbonates as Monomers," *Progr. in Polymer Sci.*, **2000**, *25*(2), 259.

SAEGUSA, T., "Spontaneous Copolymerization of Phosphorus(III) Compounds via Zwitterion Intermediates: Redox Copolymerization and Deoxy Polymerization," *Pure Appl. Chem.*, **1981**, *53*(3), 691.

SAEGUSA, T., and KOBAYASHI, S., "Cyclic Imino Polymerization Chemistry and Polymer Characteristics," *Makromol. Chem., Macromol., Chem. Symp.* **1986,** *1*(1), 23.

SANDA, F., and ENDO, T., "Radical Ring-Opening Polymerization," *J. Polym. Sci. (A), Polym. Chem.*, **2001**, *39*(2), 265.

SEMLYEN, J. A., "Cyclic Siloxane Polymers," in *Siloxane Polymers*, (S. J. Clarson and J. A. Semlyen, Eds.), Englewood Cliffs, NJ: Prentice Hall, **1993**, p. 135.

SEMLYEN, J. A. (Ed.), *Large Ring Molecules*, New York: John Wiley & Sons, **1996**.

SLOMOWSKI, S., and DUDA, A., "Anionic Ring-Opening Polymerization," in *Ring Opening Polymerization* (D. J. Brunelle, Ed.). New York: Hanser, **1993**, Ch. 3.

STEVELS, W. M., DIJKSTRA, P. J., and FEIJEN, J., "New Initiators for the Ring-Opening Polymerization of Cyclic Esters," *Trends in Polymer Sci.*, **1997**, *5*(9), 300.

STONE-ELANDER, S. A., BUTLER, G. B., DAVIS, J. H., and PALENIK, G. J., "Conformational Effects on the Cyclopolymerization of N-(*p*-Bromophenyl)-dimethacrylamide,"

Macromolecules, **1982**, *15*, 45.

SURENDRAN, G., GAZICKI, M., JAMES, W. J., and YASUDA, H., "Polymerization of *Para*-xylylene Derivatives (Parylene Polymerization). VI. Effects of the Sublimation Rate of Di-*p*-xylylene on the Morphology and Crystallinity of Parylene Deposited at Different Temperatures," *J. Polymer Sci. (A), Polymer Chem. Ed.*, **1987**, *25*, 1481.

TIRRELL, D. A., "Progress in Ring-Opening Polymerization of Cyclic Ethers and Cyclic Sulfides," in *Polymer Science Technology*. New York: Plenum Press, **1984**, pp. 431–441.

VOGEL, O. and FURUKAWA, J., *Polymerization of Heterocycl.*es. New York: Dekker, **1973**.

7장

합성 고분자의 반응

7.1 서론

분자량이 큰 합성 고분자들은 화학 약품과 접촉하거나 고온으로 가열하면 여러 가지 반응을 일으킨다. 대체로 이러한 반응들은 두 가지로 나눌 수 있다. 즉, 주사슬이 반응에 참여하는 것과 곁사슬이 참여하는 것이다.

7.2 주사슬이 참여하는 반응

7.2.1 주사슬 반응이 중요한 이유

고분자 골격의 반응이 중요한 이유는 세 가지가 있다. 첫째로, 골격의 반응은 한 고분자의 사슬 형태에서 다른 것으로 전환되는 것이다. 예를 들어, 탄소 골격이 불포화되어 있으면 포화될 것으로 전환하고, 또 그 역으로도 전환된다. 둘째로, 골격의 절단 반응을 파악함으로써 어떤 고분자는 열적 또는 화학적으로 불안정하지만, 다른 것은 그렇지 않은 이유를 알 수 있다. 이러한 정보는 보다 안정한 고분자를 설계하는 데 도움을 준다. 마지막으로 X선이나 전자선으로 조사할 때 한 고분자 사슬이 효과적으로 작은 분자로 깨어질 수 있느냐 하는 것은 집적 회로 제조시 "레지스트(resists)용" 재료의 선택에서 매우 중요하다.

7.2.2 부가 반응

염소는 천연고무나 폴리뷰타다이엔과 같은 불포화 고분자의 이중 결합에 부가될 수 있다. 천연고무를 사염화탄소에 용해하여, 고분자가 66% 이상의 염소를 함유할 때까지 반응기 속으로 염소를 주입한다. 염화고무는 불연성이다. 반응 기구적으로 이 반응은 할로젠 부가 및 치환, 골격들의 고리화가 일어나는 매우 복잡한 것이다. 반면에, 폴리뷰타다이엔은 다음의 **1**에서 **2**로 전환하는 반응처럼, 거의 부가 반응 기구만에 의해 염소와 반응한다.

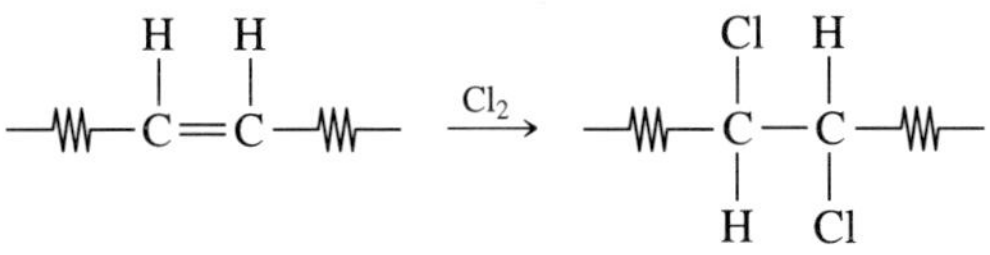

1 **2**

염화수소는 클로로폼 용액 내에서 폴리아이소프렌의 이중 결합에 부가되어 "염화수소 고무"라고 알려진 물질을 생성한다. 폴리뷰타다이엔과 같은 불포화 고분자들의 수소화 반응은 니켈이나 귀금속 촉매를 사용하고 있다. 고분자 내 이중 결합 전부를 포화시키기는 일반적으로 어렵다. 수소화 반응도가 증가함에 따라 주로 고분자 결정성이 증가하게 된다. 그러나 과도한 수소화 반응, 특히 온도가 높을 때는 골격 절단이 일어난다. 이와 같은 것은 오래된 고무 타이어를 가솔린으로 전환하는 방법에 사용하고 있다.

7.2.3 골격 불포화를 일으키는 반응

폴리아세트산바이닐(**3**)은 열로 인해 분해하여 아세트산을 방출한다. 착색된 성분은 폴리아세틸렌형의 구조(**4**)를 가지고 있을 것이라고 생각되고 있다. 130°C 부근의 온도로 폴리염화바이닐을 가열하면 고분자는 착색되기 시작한다. 이때 다시 염화수소가 발생하게 되고, 폴리아세틸렌과 같은 구조(**5**)가 생긴다.[1] 불포화 고분자들은 대기 중에 노출되면 변색이 일어난다. 이것은 불포화로 된 구조의 공기 산화에 의해 일어나는 것이다.

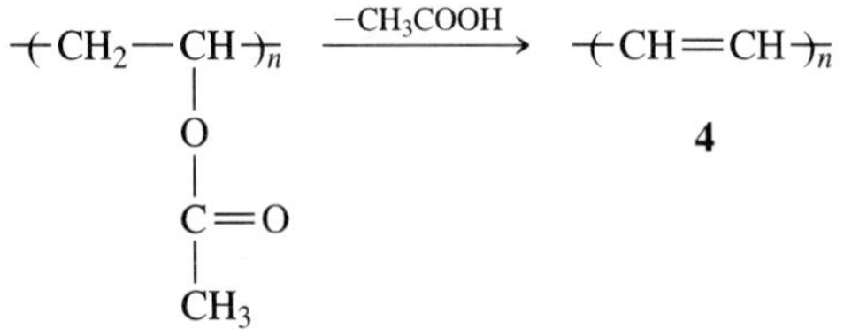

4

3

[1] W. H. Starnes, and S. Girois, *Polymer Yearbook*, **1998**, *12*, 105–131.

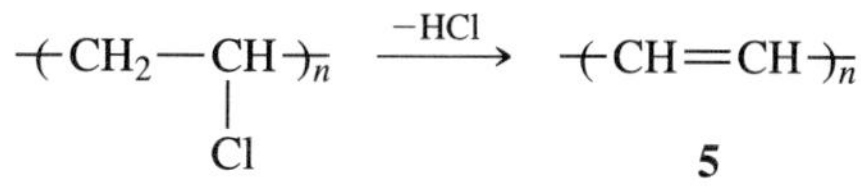

5

제거 반응을 이용하여 폴리아세틸렌(**5**)을 제조하는 또 다른 방법은 고분자 **6**에서 1,2-이치환된 벤젠 유도체들을 손쉽게 분해시키는 것이다. 이 방법은 고분자들의 전기적 특성을 연구하는 데 사용되는 폴리아세틸렌 제조법 중의 하나이다(23장 참조).

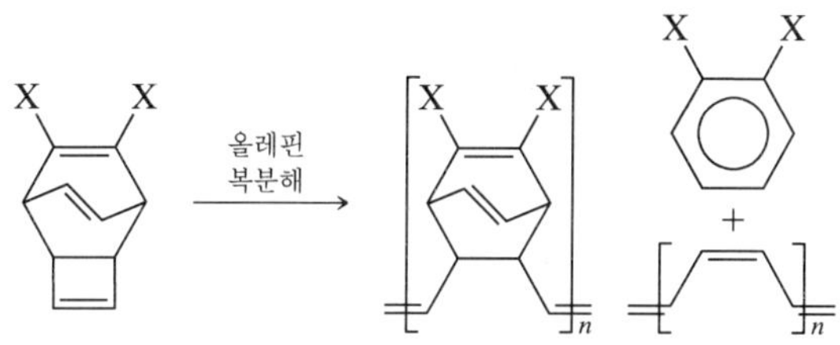

6 **5**

7.2.4 가수 분해성 사슬 절단

8장에서는 다당류와 단백질류가 가수 분해성 골격 절단이 일어나는 반응을 다룰 것이다. 몇 가지 합성 고분자들이 이와 유사한 거동을 한다.

폴리에스터류는 가수 분해에 의해 사슬 절단이 일어난다. 예를 들어, 폴리에틸렌테레프탈레이트는 중성 또는 염기성 매체하에서 가수 분해될 수 있다. 반응이 산 촉매로 되기 때문에, 중성적 가수 분해는 카복실산 말단기의 형성으로 인해 촉진될 것으로 생각된다(**7**). 이 고분자는 불균일계에서 염기성 가수 분해도 일으키므로 이 고분자의 미세 섬유들이 알칼리성 염료 중탕을 통과할 때 여러 가지 문제를 일으킬 수 있다. 합성 폴리아마이드류는 특히 산성 매체하에서 가수 분해성 절단을 잘 일으킨다.

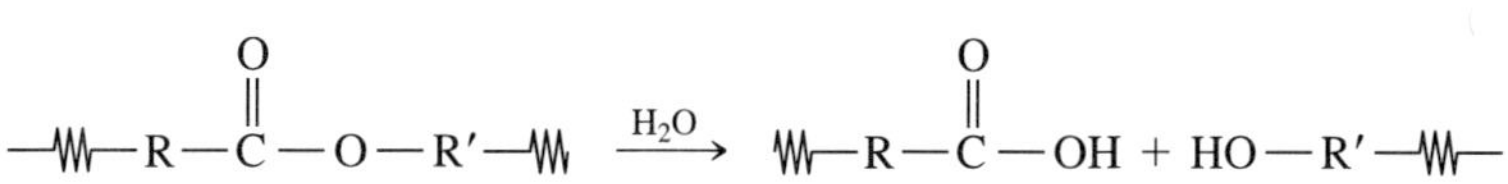

7

7.2.5 합성 고분자들의 효소 분해 반응

셀룰로스나 피혁과 같은 천연 고분자 물질에 비해, 합성 고분자들의 주된 장점 중의 하나는 박테리아나 곰팡이들의 공격에 저항성이 있다는 점이다. 그래서 대체로 합성 물질은 보다 영구적이다. 그러나 몇 가지 합성 고분자는 생물학적인 분해를 일으키며, 이는 응용면에서 볼 때 고분자들이 어떤 생물학적인 환경하에서 가장 취약한지를 아는 데 매우 중요하다. 더구나 생태학적인 고찰에서, 폐기될 때 분해가 잘 되는 고분자를 설계하는 데 관심이 기울여지고 있다.

특히 폴리유레테인류(2장 참조)는 미생물 공격을 받는 것으로 나타나고 있다. 폴리에터폴리유레테인류는 폴리에스터폴리유레테인류들보다 생물학적 분해가 잘 일어나지 않는다. 이러한 분해 반응에 대한 상세한 반응 기구들은 완전히 파악되어 있지 않으나, 생물학적 분해의 반응 기구는 규칙에서 다소 벗어나고 있다. 폴리아마이드류, 플루오로카본류, 폴리에틸렌, 폴리프로필렌, 폴리플루오로카본류, 폴리카보네이트류 그리고 많은 다른 고분자들은 생물학적 공격에 잘 견디는 것으로 나타나고 있다. 돌연변이 박테리아나 곰팡이들이 대부분의 합성 고분자를 공격하여 증식할 가능성은 있으나, 아직 이런 현상은 발견되지 않았다.

7.2.6 산화 반응

많은 합성 고분자는 대기 공기와 접촉하면 산화된다. 빛이 없는 실온에서는 반응이 매우 느리다. 그러나 온도가 높거나 자외선에 노출될 때는 산화 속도가 매우 빨라진다. 폴리에틸렌의 분해는 2년 미만에서도 옥외 노출될 때 현저히 일어나며, 광산화로 인한 1차 영향은 불과 몇 개월 내에서도 확실히 나타난다. 폴리프로필렌은 광산화 분해가 더 잘 일어난다. 그러나 폴리아이소뷰틸렌은 폴리에틸렌과 비교해 같은 조건하에서 더 안정하다. 그리고 폴리스타이렌에서도 마찬가지이다. 기계적 응력이나 라디칼을 생성하는 시약과 고분자를 접촉시키면 산화 공정은 가속화된다. 대체로 고분자는 산화가 되면 취약성이 증대되고, 강도 저하를 초래한다. 특별한 용도에 대한 고분자의 이용 가치는 그 산화에 대한 저항도에 좌우된다.

일반적으로 유기 고분자의 산화적 분해는 자유 라디칼 반응에 의해 진행된다. 자유 라디칼들은 화학 결합들이 열이나 광에 의해 분해하여 생성된다. 그런 다음, 라디칼들은 산소와 반응하여 반응식 (1)~(7)에서 나타낸 것과 같은 공정에 따라 과산화물류와 하이드로퍼옥사이드류를 생성한다(여기서 R·은 고분자 라디칼을 나타낸다). 이러한 반응들은 사슬 절단과 가교 등으로 이어진다. 가교 반응은 인접 사슬들의 라디칼들이 결합함으로써 일어난다. 사슬 절단은 단순한 골격의 분해나 그 자신의 사슬의 말단 라디칼 단위의 공격으로도 일어날 수 있다.[1]

$$\mathrm{RH} \longrightarrow \mathrm{R\cdot + H\cdot} \tag{1}$$

$$\mathrm{RR} \longrightarrow \mathrm{2R\cdot} \tag{2}$$

$$\mathrm{R\cdot + O_2} \longrightarrow \mathrm{ROO\cdot} \tag{3}$$

$$\mathrm{ROO\cdot + RH} \longrightarrow \mathrm{ROOH + R\cdot} \tag{4}$$

$$\mathrm{ROOH} \longrightarrow \mathrm{RO\cdot + HO\cdot} \tag{5}$$

$$\mathrm{RO\cdot + RH} \longrightarrow \mathrm{ROH + R\cdot} \tag{6}$$

$$\mathrm{HO\cdot + RH} \longrightarrow \mathrm{H_2O + R\cdot}\ \text{등} \tag{7}$$

[1] 식 (1)의 첫 번째 단계 반응은 과도하게 단순화된 것이다. 왜냐하면 RH가 한 개 이상이 관여한 반응이기 때문이다.

특히 폴리스타이렌은 광산화적 분해가 심하다. 페닐기들은 태양 광선으로부터 자외선을 흡수하여 고분자 단위체 가까이에 이 에너지를 전달하여 일련의 반응을 일으킨다. 산소 라디칼, 하이드로퍼옥사이드 단위, 카보닐기 형성, 사슬 절단, 심지어는 페닐기 고리 절단 반응도 일어난다. 그 결과로 고분자는 황변하고 취약해진다(brittle).

불포화 결합을 갖고 있는 폴리아이소프렌이나 폴리뷰타다이엔과 같은 고분자는 산소뿐 아니라 대기 중 오존의 공격을 받는다. 이어서 자유 라디칼 절단과 가교로 인해 일어나는 산화 반응으로 고분자의 물성을 저하시킨다. 폴리염화바이닐은 산화와 탈수소할로젠화 반응이 특히 잘 일어나며, 반면에 플루오린을 함유한 고분자는 매우 안정하다.

자유 라디칼 유도 분해 반응이 일어나지 않도록 여러 가지 화합물들을 첨가한다. 이러한 첨가류에는 광산화 속도를 감소시키는 치환 벤조페논류와 같은 UV 흡수체들이 있다. 페놀성 화합물들은 라디칼 연쇄 소멸제로서 첨가된다. 카본 블랙은 UV 차폐제와 연쇄 소멸제로서 작용한다. 황 화합물들은 과산화물 활성 억제제로서 첨가된다. 그 외 다른 첨가제들은 라디칼 형성에 관여할 수 있는 미량의 금속 성분을 비활성화하는 데 사용된다.

불포화기를 갖고 있는 고분자들을 잘 산화시켜 에폭시 고분자로 만들 수 있다. 예를 들어, 폴리뷰타다이엔이나 폴리아이소프렌을 과산화수소나 지방족 과산(peracid)으로 처리하면 고분자량의 에폭사이드 화합물(**8**)이 된다.

8

7.2.7 고온 분해 반응

대부분의 유기 고분자들은 고온으로 가열하면 분해를 일으킨다. 이러한 이유로, 150~200°C 이상의 온도에서는 불과 몇 개의 합성 고분자들만을 장기간 사용할 수 있다. 비록 합성 고분자들이 보다 값이 싸고 무게 기준으로 해서 더 강하다 할지라도 많은 용도에 여전히 금속이나 세라믹 재질이 사용되는 이유가 여기에 있다.

대부분의 고분자들은 열에 불안정하기 때문에 결합 강도에 근거하여 열적 안정도를 예측하거나, 또는 저분자 출발 화합물과 고분자를 비교함으로써 열안정성을 예측하려고 했던 연구자들은 크게 곤란을 겪고 있다. 폴리에틸렌, 폴리바이닐클로라이드 그리고 많은 폴리아크릴레이트들은 사슬이 짧은 파라핀, 염화파라핀류 또는 간단한 에스터류의 분해 온도보다 낮은 200°C에서도 분해한다.

유기 고분자량 중합체들이 열적으로 불안정한 것은 다음 중 한두 가지 이유에 기인한 것으로 생각된다. (1) 고분자가 저분자 화합물로 분해되는 것은 엔탈피 효과에 의해 고온에서 더 잘 일어난다(10장 참조); (2) 탄소−탄소 결합들은 비교적 약하다; (3) 탄소−탄소 결합은 산화에 불안정하다; (4) 분지점(가지점: branch point)과 같은 구조적으로 비정상인 요인이 사슬에 존재한다; (5) 말단 촉매성 위치가 해중합을 일으킨다; (6) 긴 사슬 내의 원자들은 단량체 "해중합" 공정과 같은 분해 연쇄 반응을 촉진한다.

열에 안정한 고분자량의 중합체를 연구하는 데는 대체로 두 가지 방향에서 행해지고 있다. 첫 번째로는 골격 내 무기 성분을 함유하는 고분자를 합성하는 것이다. 이것에 대해서는 9장에서 설명하기로 한다. 두 번째 방법으로는 분해를 억제하는 데이터를 얻기 위해서 분해 반응 기구를 규명하는 것이다. 여기서는 그 두 번째 방법을 설명하겠다.

열분해 반응 기구의 세 가지 유형은 다음과 같다: (1) 해중합, 즉 바이닐형 고분자에서 단량체를 생성하는 반응; (2) 랜덤 사슬 단편을 생성하는 사슬 분해 반응; (3) 곁사슬 구조의 분해로 인해 일어나는 분해 반응. 세 번째 반응 기구는 주로 곁사슬기 구조의 산화로 인해 일어나며, 이것은 바로 앞 장에서 간단히 설명하였다. 실제로 반응 기구 1과 2는 많은 고분자에서 두 과정 다 일어나기 때문에 서로 복합되어 있다.

많은 올레핀형 고분자들은 열에 의해 분해하여 올레핀 단량체(**9**)를 생성한다. 이러한 해중합 반응은 원래의 중합 공정과는 역순으로 된다. 실제로, 그러한 반응들은 단량체를 깨끗이 재생시키는 방법이 되므로 "재생" 고분자에 적용할 수 있다. 실제로는 불과 몇 가지 고분자들만이 단량체로 100% 전환되는 분해가 이루어진다. 대부분의 고분자들은 단량체와 단편을 생성하며, 그 방식도 다양하다고 알려져 있다. 즉, 완전한 해중합에서 완전한 랜덤 프래그멘테이션에 이르기까지 모든 상황이 포함되어 있다. 다음 예에서 이러한 사슬을 분명히 알 수 있다.

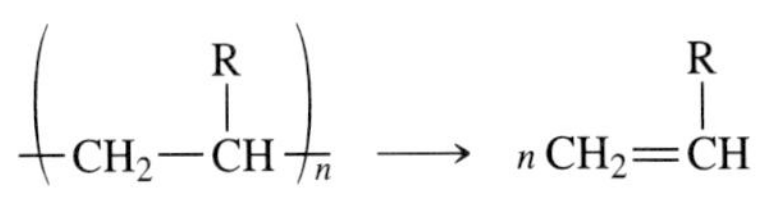

9

폴리메틸메타크릴레이트, 폴리(α-메틸스타이렌) 그리고 폴리테트라플루오로에틸렌은 가열하면 100% 단량체로 전환되는 세 가지 고분자이다. 그러나 이런 상태로 유도하는 정확한 조건은 세 가지 경우에 있어 모두 다르다. 폴리메틸메타크릴레이트는 "완전한" 해중합을 나타내는 일반적인 예이다. 해중합은 사슬 끝에서 시작되는 자유 라디칼 공정에 의해 일어난다. 개시된 각 사슬은 바로 "해중합(unzip)"하여 단량체를 생성한다. 즉, 어떤 순간에 있어 이 계는 미반응된 고분자와 단량체를 함유하게 된다. 모든 사슬들이 하나의 빠른 사슬 반응으로 해중합하므로 이것은 "해중합 길이(zip length)"가 크다고 한다. 활성을 가진 말단 사슬의 성질에 대해서는 아직 밝혀져 있지 않다. 비교적 낮은 온도(220°C)에서는 고분자의 절반만이 해중합하며, 나머지 고분자가 더 분해되기 위해서는 온도를 더 올려야 한다(350°C). 220°C에서 해중합한 사슬들은 불포화기로 정지되어 있는 반면, 보다 높은 온도에서 해중합한 것들은 포화 말단기로 되어 있다.

폴리(α-메틸스타이렌)도 해중합 공정에 의해 단량체를 생성한다. 그러나 연쇄 반응은 사슬 말단에서가 아니고 랜덤 프래그멘테이션 위치에서 시작한다. 이 때문에, 단량체 생성 속도는 고분자의 분자량에 좌우된다. 아마, 더 긴 고분자 사슬을 가진 중합체일수록 짧은 사슬의 것들보다 무질서한 분해를 일으킬 것으로 생각된다. 폴리테트라플루오로에틸렌은 저압 및 고온하에서만 단량체로 해중합한다. 대기압하에서는 단량체 분자들이 재결합하여 이량체와 다른 종을 형성한다. 이 고분자는 열에 가장 안정한 폴리올레핀류로 알려져 있으나, 약 350~400°C 이상의 온도에서 장기간 노출될 때는 견디지 못한다.

폴리스타이렌은 350°C에서 열분해하여 몇 가지 단량체를 생성하는 것 중의 하나이다. 실제로 단량체, 이량체, 삼량체 그리고 사량체가 40:10:8:1의 상대 비율로 형성된다. 열분해 공정은 사슬의 약한 결합에서부터 시작된다. 이것은 불포화로 연결된 것들이 약한 점으로 생각되고 있기 때문이다. 이러한 위치들에서 최초의 사슬 분해가 일어난 후, 자유 라디칼 반응 기구에 따라 단량체의 유리와 분자 내 백바이팅 공정이 이루어지게 된다. 후자의 공정에서 식 (8)에 나타낸 것과 같은 반응 기구로 이량체, 삼량체 등이 유리된다.

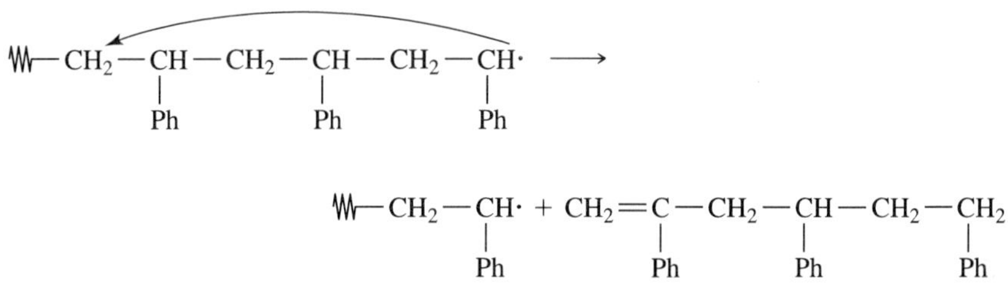

(8)

폴리에틸렌은 실제로 단량체를 생성하지 않는다. 약 300°C 이상에서 분해 생성물은 탄소 원자들이 1개에서 최소한 70개로 된 불포화 탄화수소의 연속상으로 되어 있다. 분명히, 이것은 무질서한 사슬 분해 공정일 것이라는 것을 의미한다. 생성물들은 분자 내, 분자 간 연쇄 이동 등에 의해 진행되는 약한 결합(아마도 산화된 위치)에서 사슬 분해가 복합적으로 일어난 결과라고 생각된다. 사슬 분지점이 존재하면, 이동 공정은 쉽게 일어난다. 폴리프로필렌은 폴리에틸렌과 거의 같은 방법으로 거동한다.

앞에서 설명한 것들은 주로 올레핀 부가 고분자들에 적용되는 것이지만, 몇 가지 축합 고분자의 경우에서도 적용된다. 폴리아마이드류도 용융 방사나 성형 공정에서 분해가 일어난다. 그러한 분해 반응이 적게 일어나더라도 고분자의 물리적 특성에 영향을 미친다. 분명히, 분해 공정은 $—NH—CH_2—$ 골격 결합이 단순한 절단에 의해 형성된 자유 라디칼들에 의해 시작된다. 그때 물과 CO_2가 유리되며, 물은 아마이드 결합[—NH—(CO)—]을 가수 분해하여 사슬을 보다 더 짧게 만든다. 또한 카보닐기와 말단 아민의 반응에 의해 가지들이 형성된다[반응 (9)]. 마침내, 분자화에 의해 용융 고분자는 젤화된다.

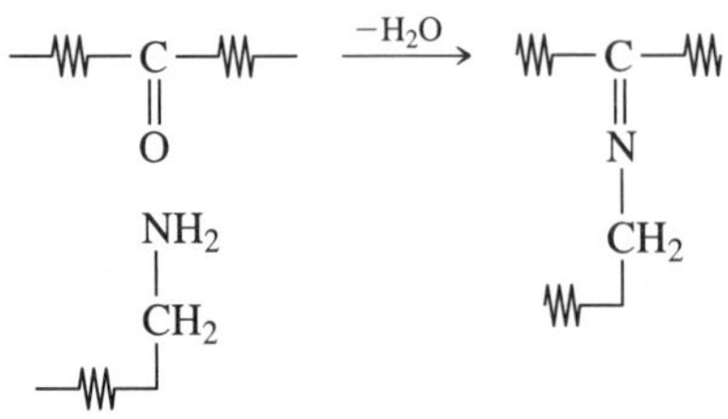

(9)

폴리에틸렌테레프탈레이트와 같은 폴리에스터류는 용융 온도보다 약간 높은 온도에서도 꽤 안정하다. 그러나 300～550°C 사이의 온도에서, 이 고분자는 분해가 되기 시작하여 물, 메테인, 아세틸렌 등과 같은 소량의 분해 물질과 함께 이산화탄소, 아세트알데하이드 및 테레프탈산을 생성한다.

7.2.8 전자선 해중합

고온에서 단량체로 해중합하는 몇 가지 고분자들은 X선, γ선, 전자선으로 조사되었을 때 같은 반응이 일어난다. 이런 현상은 집적 회로 제조시, 레지스트를 섬세하게 에칭하는 코팅물에 사용한다. 이 공정의 원리는, 실리콘 칩 표면을 전자선에 노출하면 표면을 덮고 있는 보호레지스트를 해중합하여 현상되는 것을 이용한 것이다. 그런 다음 현상된 실리콘을 도핑한다. 높은 에너지를 가진 방사선은 자외선보다 파장이 짧기 때문에 다른 광가교 공정에 사용하는 것보다 레지스트를 보다 정밀하게 에칭하는 것이 가능하다(5장). 폴리메틸메타크릴레이트는 에칭형 레지스트로 폭넓게 연구되고 있다. 폴리실레인류 또한(9장) 이러한 용도로 가능성이 있는 재료이다.

7.2.9 주사슬 반응에 대한 결론

몇 가지 합성 고분자의 중합 반응은 고분자 특성을 변성하거나 향상시키는 방법을 제공한다는 면에 있어서 유익하다. 그러나 대부분의 용이한 반응 중 몇 가지 반응, 특히 산화와 사슬 절단이 수반되는 것들은 고분자에 치명적이다. 그래서 고분자의 산화나 열분해를 억제하려는 기술들을 중심으로 광범위하게 연구되고 있다. 이런 기술들 중 몇 가지는 10장에서 설명하는 근본적인 열화학적 원리 및 기구학적 원리에 기초하고 있다.

7.3 곁사슬기가 참여하는 반응

7.3.1 일반적인 고찰

주사슬들의 반응들이 비록 고분자들의 특성에 큰 영향을 미치기는 하나, 고분자 구조 결정에 가장 큰 변수를 초래하는 것은 곁사슬 반응들이다. 그래서 중합시 일어나는 곁사슬의 변화는 축합,

부가 그리고 개환 중합 다음으로 구조를 변성하는 데 중요한 방법이 되고 있다.

결사슬 반응을 개발하려는 이유는 다양하다. 가장 분명한 이유로는 곁사슬기를 변화시킴으로써 고분자 고체 특성(벌크 특성)이나 용액 특성을 변화시키려는 것이다. 이것은 바람직한 곁사슬기들이 단량체 중합 조건하에서 변화를 초래할 때 더욱 필요하게 된다. 두 번째 이유로는 그래프트나 가교 반응을 개발하려는 것이다. 세 번째로는 곁사슬기 변성 반응에서 고분자에 "활성" 단위들, 즉 촉매성 전이 금속이나 생화학적으로 활성 단위를 가진 기의 부착이 필요할 때이다. 이것은 합성 기질(substrate)에 효소들을 결합시키는 데 큰 발전이 되고 있다. 그 목적은 생화학적 "공급 원료(feedstocks)"를 고정화된 효소의 컬럼에 통과시켜 대규모 생화학적 반응을 수행하려는 데 있다. 이들에 대해서는 8장에서 설명한다. 마지막으로, 고체 고분자 **표면**에서 반응을 행하면, 본래의 특성에 영향을 주지 않고 표면 특성을 변화시킨다. 탄화수소 고분자 표면을 플루오린화 반응, 또는 고분자 표면에 효소들이나 다른 생화학적 활성제들을 연결시키는 것들이 그 예이다.

이론적으로, 많은 일반 유기, 무기 화학 반응이 고분자의 곁사슬을 변성하는 데 사용될 수 있으나, 실제로는 몇 가지 제한 사항이 있다. 저분자 수준에서는 신속하고도 효율적으로 진행되는 반응이 고분자에서는 잘 일어나지 않는다. 이런 사실에도 불구하고, 이론적으로는 희석 용액 내에 크고 작은 분자 사이의 반응에는 차이가 거의 없거나 완전히 없어야 한다.

이와 같은 모순이 나타나는 데는 두 가지 이유가 있다. 첫째로, 고분자량의 분자들은 대체로 용액 내에서 무질서하게 코일상을 이루고 있다. 이런 코일상은 시약 분자들이 접근하는 것을 입체적으로 방해하여 사슬 내 단량체 성분들이 대부분 차폐된다. 그래서 시약과 고분자 사이의 반응들은 불완전하게 되거나 굉장히 느리게 된다. 둘째로, 새로운 한 치환기가 도입되는 것은 이웃하고 있는 기의 극성과 입체 장애 효과 때문에 인접한 단량체 위치에 두 번째 기의 도입이 방해를 받는다. 일반적으로, 시약들에 대해 유기 곁사슬기가 반응성이 낮으면 보다 많은 문제가 있다.

반면에 많은 고분자 반응들은 유사한 비고분자성 반응보다도 유사하거나 더 빠른 속도로 진행하는 것으로 알려져 있다. 효소 과정은 이러한 효과의 눈에 띄는 예를 제공한다. 많은 고분자의 역할은 유동성이 큰 두 시약 간의 반응보다 오히려 유동성이 큰 시약과 비교적 유동성이 적은 기질 사이의 것이 반응하도록 반응 종 사이에서의 충돌 효율을 높이는 데 있다. 비유하자면 날아가는 총탄보다 움직이는 코끼리를 맞추기가 더 쉽다는 것이다. 더구나 새로운 치환기의 도입 초기에는 사슬 내에서 인접하고 있는 새로운 단위를 도입하는 데 촉매 작용을 한다.

폴리포스파진류와 같은 고분자계에서는 고분자 치환 반응이 매우 효과적이어서, 그러한 반응은 고분자 합성과 구조를 다양화하는 중요한 방법이다(9장 참조). 이것은 골격에 무기질 성질이 존재함으로써 반응성이 매우 높은 고분자 중간체로 되기 때문이다. 불행히도 그러한 중간체들은 유기 고분자계에서는 매우 드물다.

그러나 고분자들에 대한 여러 가지 많은 반응들이 개발되고 있으며, 여기서는 몇 가지 예만 검토한다. 고분자류에 대한 몇 가지 중요한 치환 반응을 이 책의 8장과 9장에 설명하였다. 다음 예에서 몇 가지 가능성에 대하여 간략히 생각해 보기로 한다.

7.3.2 곁사슬 구조의 가수 분해 반응

폴리바이닐에스터(**10**)나 폴리바이닐아마이드가 폴리바이닐카복실산(**11**)으로 가수 분해[반응식 (10)]되는 것은 저분자 에스터류나 아마이드류가 카복실산으로 가수 분해되는 일반적인 가수 분해 반응과는 크게 다르다. 몇 가지 에스터나 아마이드 결합이 가수 분해되면, 전하를 띠지 않는 나머지 기들은 전하를 띤 카복실레이트기들에 의해 둘러싸인 고분자(**12**)를 생성한다. 이러한 음전하를 띤 기들이 존재함으로써 인접한 에스터나 아마이드기들에 OH^-과 같은 시약의 접근을 제지할 것으로 추정되며, 따라서 반응 속도가 감소하게 된다.

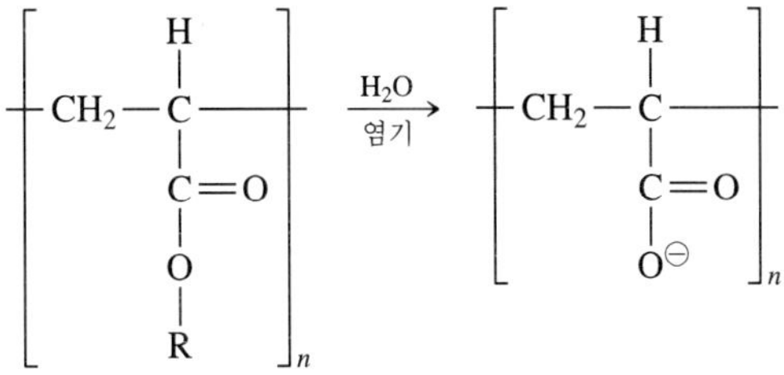

(10)

10 **11**

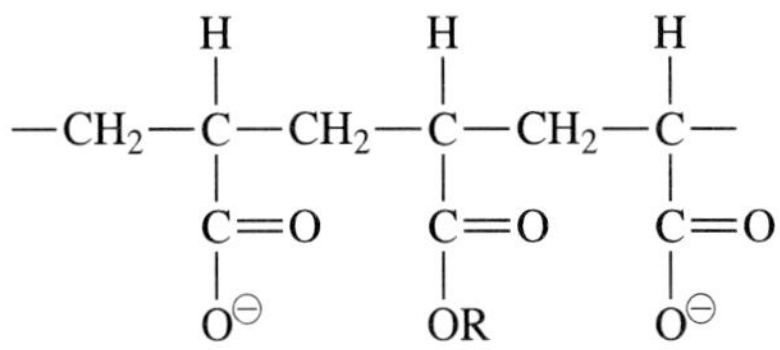

12

폴리메타크릴아마이드(**13**)의 가수 분해 반응에서 이런 현상이 나타난다[반응식 (11)]. 이 고분자는 염기성 매체에서 가수 분해되어 카복실레이트 곁사슬기를 가진 생성물을 형성한다. 그러나 모든 아마이드기들이 제거되지는 않으며, 그 이유는 수산화 이온이 둘러싸고 있는 카복실레이트 단위의 극성 영역에 침투할 수 없기 때문이다(**14**).

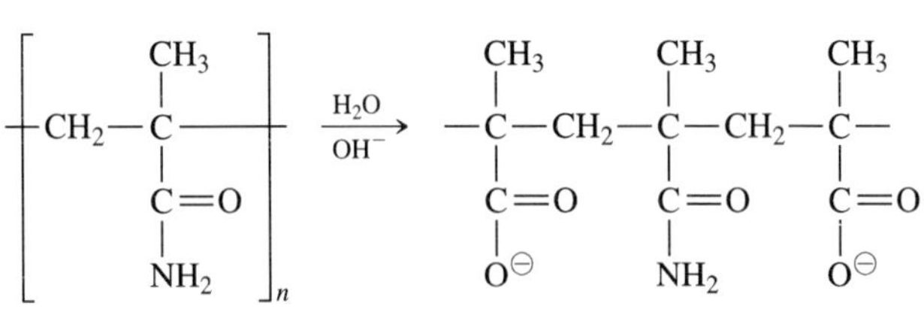

(11)

13 **14**

그러나 전하를 띤 카복실레이트 이온이 존재함으로써 이웃하고 있는 에스터의 가수 분해 속도를 촉진한다는 몇 가지 예가 알려져 있다. 예를 들어, 아크릴산과 *p*-나이트로페닐메타크릴레이트의 공중합체는 저분자의 카복실산으로 된 나이트로페닐*p*-에스터류보다도 훨씬 가수 분해된다. 이것은 카복실레이트 이온 자체가 인접하고 있는 에스터를 공격할 수 있기 때문이다(**15**). 그러한 분자 내 효과들은 구조 인자에 의존한다. 실제로 아이소탁틱 폴리메틸메타크릴레이트는 신디오탁틱이나 아탁틱 변성체들보다 훨씬 빨리 가수 분해된다.

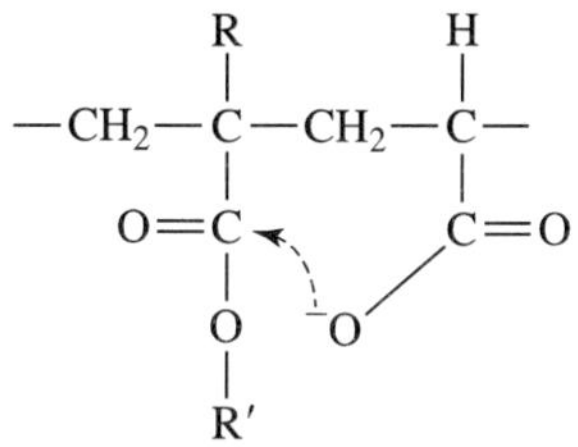

15

가장 중요한 고분자 가수 분해 반응 중 하나는 폴리바이닐아세테이트(**16**)를 폴리바이닐알코올(**17**)로 전환하는 것이다. 폴리바이닐알코올은 단량체 중합(바이닐알코올은 불안정하다)으로는 얻을 수 없다. 그래서 고분자 가수 분해 반응은 이런 공업적으로 중요한 고분자 제조에 매우 필요하다. 그러나 고분자 전하를 띠지 않는 곁사슬기를 가지고 있는 경우에서조차도 모든 에스터 단위들을 가수 분해하기 어렵다.

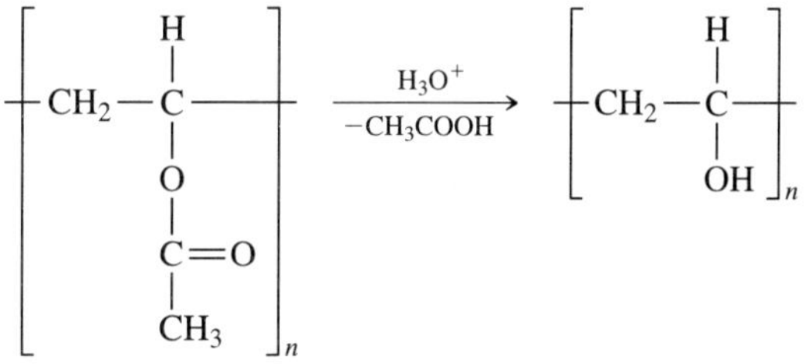

16 **17**

방향족 아미노기 곁사슬의 아실화 반응과 활성이 있는 에스터 성분을 가진 곁사슬의 아미노화 반응을 포함한 다양한 연구에서, 고분자 곁사슬기 반응들은 고분자 주변에 있는 매체의 **국부적인** 극성에 의존하는 것이 밝혀져 있다. 용액 내에서 코일로 된 고분자 사슬은 그 주변에 있는 용매 분자들의 거동을 지배한다. 따라서 이것은 예측할 수 없는 곁사슬기의 반응성에 영향을 미친다. 이런 영향은 고분자류와 그들의 저분자 유사체들 사이의 반응성이 크게 다른 이유를 설명하고 있다.

부분적으로 고분자가 존재함으로써 반응에 큰 영향을 미친다고 하는 보다 진보된 생각은, 고분자를 용매로 하는 저분자들의 반응에 영향을 주는 고분자를 사용하는 데에서 밝혀지고 있다. 예로서, 폴리바이닐이미다졸은 *p*-나이트로페닐아세테이트의 가수 분해를 촉진하는 데 이미다졸 자체보다 훨씬 효과적이다. 이것은 인접한 이미다졸 단위들이 함께 작용하기 때문이며, 효소와 같은 촉매로서 합성 고분자에 적용되고 있다.

7.3.3 고분자가 참여한 유기 반응들

고분자 화학에서 가장 중요하고 빨리 발전되어 온 분야 중의 하나는 고분자를 화학 시약류의 "담체(carrier)"나 "지지체(support)" 또는 촉매나 기질(substrate)로서 사용하는 것이다. 고분자는 고체로 된 **불용성** 입자 형태로 되어 있고, 용매에 팽윤되거나, 가교된 젤 또는 표면 활성이 있다. 불용성 지지체에 시약, 촉매 또는 기질 분자들을 부착시킬 수 있으면 많은 이점들이 있다. 첫째로, 생성물의 정제가 매우 간단한데 이것은 반응물이 고정화되어 있고, 불용인 것들이 생성물로부터 단순히 여과하거나 원심 분리함으로써 정제가 가능하게 된다. 더구나, 반응 생성물이 지지체에 부착된 채로 남아 있다면, 과잉의(가용성) 반응물을 생성물과 분리하지 않고 사용할 수 있다. 둘째로, 불용성 지지체에 부착된 시약이나 촉매는 쉽게 회수하여 재사용될 수 있다. 셋째로, 생성물에서 시약이나 촉매를 분리하기 쉬우면 복잡한 화학 반응을 자동화할 수 있다(8장의 Merrifield 단백질 합성 공정을 참조하라). 마찬가지로, 고정화된 시약들은 컬럼 속에 채워 넣어서, 연속 흐름 반응기에 사용될 수 있다. 끝으로 독성이 있거나 유해한 시약들은 고정화될 때는 안전하게 다룰 수 있다.

이런 분야는 두 가지 면으로 나누어진다: 시약, 촉매 또는 기재를 고분자에 결합시키는 것과 고분자에 부착되어 있으면서 활성제로서 작용하는 반응. 두 가지 방법 모두 광범위하고 이 책의 범위를 벗어나는 과제들이다. 그러나 고정화하는 몇 가지 방법을 여기서 설명하여 보다 연구를 깊이 수행하는 출발점이 되도록 한다. 다른 예들은 8장과 24장 및 참고문헌을 참조하기 바란다.

폴리스타이렌의 클로로메틸화 첫 번째 예로는, 바로 활용할 수 있는 출발 물질(폴리스타이렌-선형 또는 가교된 것)을 변성하여 많은 재미있고 유용한 유도체 고분자로 만드는 것이다. 폴리스타이렌은 클로로메틸에터와 염화알루미늄이나 염화아연과 같은 Friedel-Crafts 촉매의 존재하에서 클로로메틸화된다. 전반적인 반응은 반응식 (12)에 나타내었다. 약간 클로로메틸화된 폴리스타이렌 수지는 단백질류의 실험실 합성시 기재(substrate)로서 사용된다(8장 참조). 클로로메틸화 반응은 높은 전환율로 얻어지며, 폴리(바이닐벤질클로라이드)(**18**)와 거의 유사한 것이 된다. 그러한 고분자들은 3차 아민류로서 4차화되어 수용성 고분자, 이오노머류 및 이온 교환 수지(**19**)를 생성한다[반응 (13)]. 한편, 반응식 (14)에 나타낸 것처럼, 클로로메틸화된 폴리스타이렌은 포스파이드(phosphide)로 처리하여 금속 배위착물의 결합용 포스핀(phosphine) 리간드(**20**)를 도입할 수 있다. 이러한 것은 다음 절에서 설명할 고분자 결합용 촉매계로서 사용되고 있다. 또한 클로로메틸화된 폴리스타이렌은 싸이오에터 단위($KSCH_3$와 반응)와 반응하여 알데하이드 기능($Me_2S{=}O/NaHCO_3$)을 나타내게 되며, 이는 산화되어 카복실산기로 전환된다.

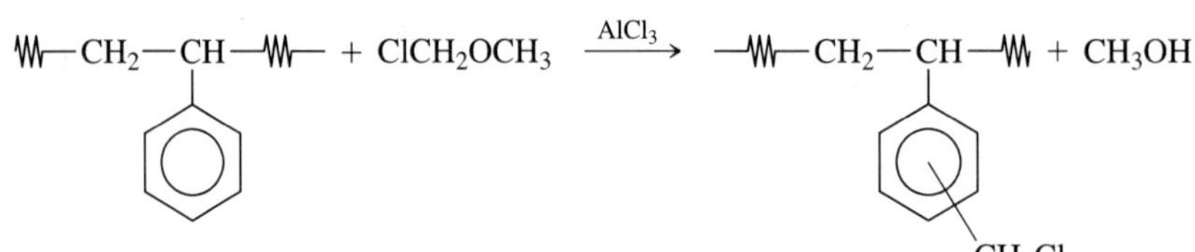

(12)

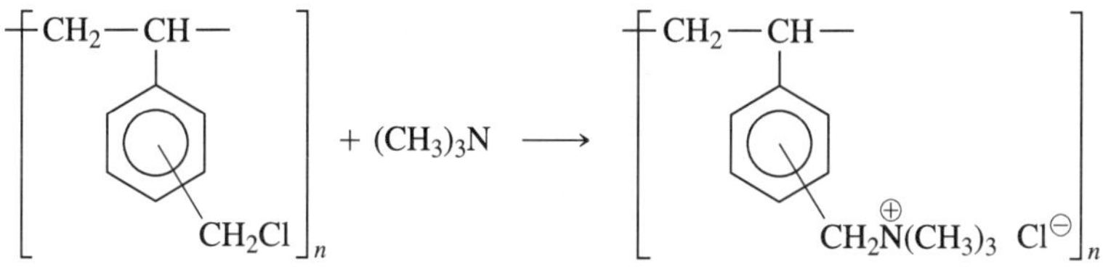

18 **19** (13)

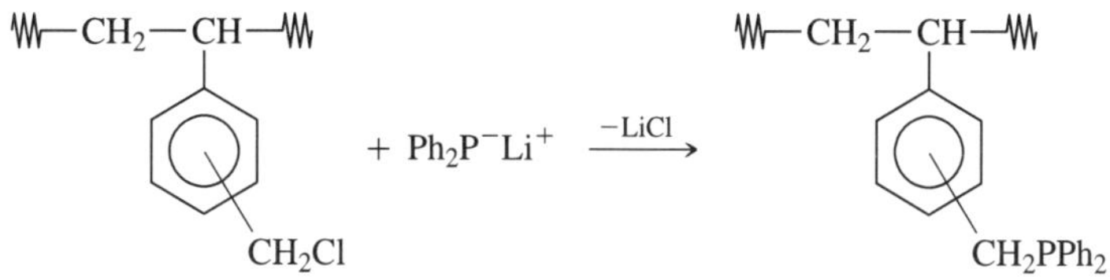

20 (14)

리티오폴리스타이렌 유도체를 근거로 한 반응들 저분자 유기 화학에서 리튬 아릴 유도체들은 대단히 중요하다. 유사한 합성 경로가 리튬폴리스타이렌(**21**)에서 개발되어 있다. 즉, *n*-뷰틸리튬과 테트라메틸에틸렌다이아민(TMEDA)을 사용하여 폴리스타이렌을 직접 리튬화하거나 폴리(*p*-브로모스타이렌)과 *n*-뷰틸리튬을 반응시킴으로써 제조된다.

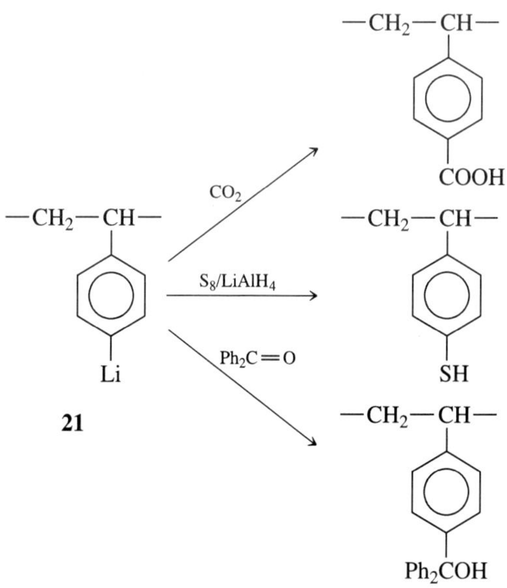

21

유기 합성용 고분자량의 보호기 유기 합성에서 "보호기"의 개념은 폭넓게 사용되고 있다. 불용성 고분자로 된 보호기는 이미 설명한 바와 같이 많은 장점을 가지고 있으며, 특히 반응 혼합물 내의 여러 화합물에서 생성물을 분리해 내기가 쉽다. 대체로 이와 같은 방법이 가장 많이 사용되는 것은 실험실에서 단백질과 핵산(nucleic acid)을 합성할 때이다(8장 참조). 그러나 이 원리는 알데하이드성 폴리스타이렌 유도체(**22**)로서 글루코스 유도체 내 수산기를 선택적으로 보호하는 것과 같은 폭넓은 분야에 적용되고 있다.

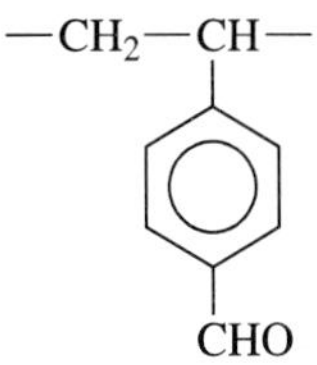

22

7.3.4 고분자와 결합된 전이 금속들

많은 중요한 유기 화학 반응에서는 균일한 유기 금속 촉매가 필요하다. 그러나 이러한 반응을 기초로 한 대규모 제조 공정에서는 반응이 완결된 후 촉매 회수에 극히 어려움을 겪고 있다. 그러한 촉매들은 대체로 값이 매우 비싸고 귀한 금속류로 되어 있어 촉매가 소량이라 할지라도 단가에 미치는 영향이 크다.

가교된 고분자들은 유기 또는 수용액 매체에 녹지 않는다. 만약 촉매가 활성을 잃지 않고 가교된 고분자 기질에 붙어 있다면, 촉매 회수는 고분자 입자들을 여과하여 제거함으로써 간단히 이루어질 수 있다.

촉매를 고분자에 결합시키기 위한 가장 일반적인 방법 중 하나는 가교된 폴리스타이렌에 그 자신이 결합하고 있는 포스핀 리간드를 이용하는 일이다. 가교된 고분자는 미량의 다이바이닐벤젠과 스타이렌을 공중합하여 제조할 수 있다. 포스핀은 앞 장에서 설명한 바와 같이, 클로로메틸화된 폴리스타이렌을 거쳐 고분자에 부착된다. 전형적인 예는 구조 **23**이며, Wilkinson 수소화 촉매인 $(Ph_3P)_3RhCl$가 고분자 기질에 부착된 포스핀 리간드에 결합되어 있다. 로듐뿐 아니라, 이리듐, 코발트, 크로뮴, 니켈 그리고 타이타늄을 함유한 여러 가지 촉매들은 포스핀 리간드에 의해서뿐만 아니라, 방향족-고리를 함유한 π-복합체로서 폴리스타이렌에 결합되어 있다.

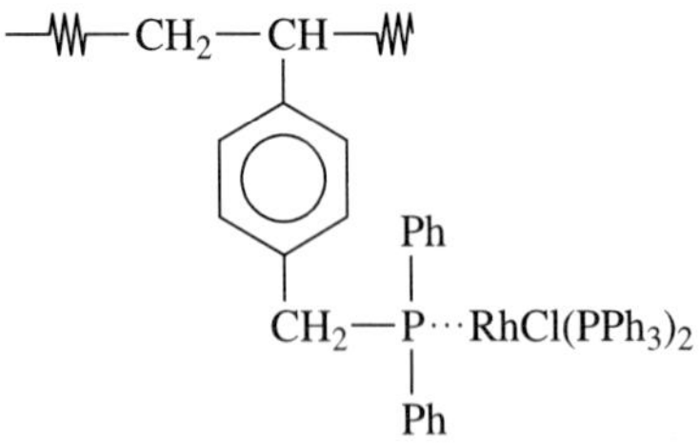

23

팽윤을 많이 하지만 불용성인 폴리스타이렌 입자들은 각 고분자 "입자" 내부에 촉매 활성점을 가지고 있다. 따라서 반응 분자들은 팽윤된 매트릭스에 침투하여 반응하고, 균일계에서처럼 신속히 확산되어 나간다. 대체로 촉매 분자들은 서로 분리되어 불균일 반응 기구보다는 균일 반응 기구로 작용하게 된다. 포스핀-금속 배위 결합은 불안정하다는 데 주목해야 한다. 실제로, 이것은 촉매 활성의 전제 조건이다. 불행히도 이런 특성은 미량의 촉매가 많은 반복 반응이나 연속 흐름 반응기 내에서 소실된다는 것을 의미한다. 촉매의 소실은 또한 하이드로폼일화(hydroformylation) 반응 조건하의 포스핀-결합계에서도 일어난다. —아릴—PPh_2기에 의해 결합된 코발트 카보닐 촉매를 사용할 때는 아릴-인(P) 결합이 깨어져 유리된 포스핀-금속 착물이 빠져 나가기 때문에 촉매 손실이 일어난다.

전이 금속들은 곁사슬기 말단에서 질소 공여체나 사이클로펜타다이에닐 단위에 의해 고분자와 연결되어 있다. 이런 종류의 것들은 일반적인 화학 촉매 반응과 전극 표면 위 도금에 이용되며, 이들은 전극 촉매 반응시 전극 매체 필름으로 작용한다.

7.3.5 그래프트 중합체 형성

그래프트 중합은 이미 제조되어 있는 고분자에 새로운 단량체가 가지 성장을 개시할 수 있도록 위치를 제공할 때 일어난다. 그래서 그래프트 공중합체는 구조 **24**로서 나타낼 수 있다.

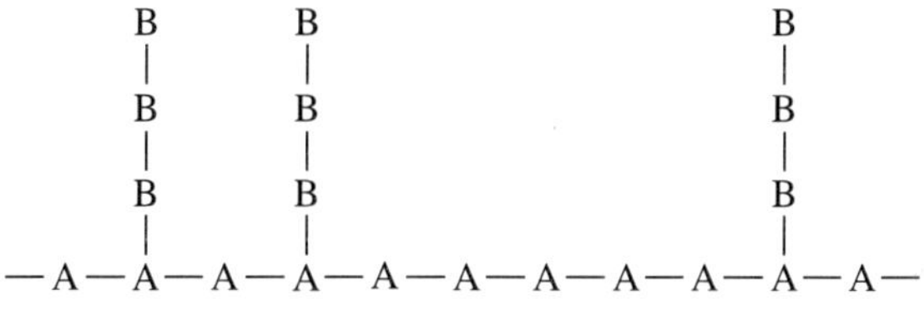

24

그래프트 공중합체를 만드는 데는 여러 가지 많은 기술들이 사용된다. 이들 중 대부분은 다음 4가지 범주에 속한다.

1. 자유 라디칼 촉매는 한 개의 수소 원자를 유기 고분자 사슬에서 뽑아내는 데 사용되며, 그런 후 고분자량의 라디칼이 바이닐 단량체 성장을 개시하게 된다.
2. 성장 반응을 하고 있는 바이닐 고분자 사슬이 한 개의 수소 원자를 연쇄 이동 단계에서 미리 형성된 고분자에서 뽑아내는 것이다. 그런 다음, 고분자량의 라디칼이 단량체 사슬 성장을 개시하게 된다.
3. 고분자를 UV, γ선 혹은 X선을 조사하여 사슬 내에 자유 라디칼 위치를 발생시킨다. 단량체가 존재하면, 이러한 자유 라디칼들은 그래프트 중합을 시작하게 된다(3장 참조).
4. 미리 만들어진 두 개의 고분자를 기계적으로 혼합하거나 용액 상태에서 고속으로 교반한다. 사슬 골격들은 이 공정에서 기계적인 힘에 의해 깨어진다. 라디칼 재결합과 추출 공정으로 인해 블록 공중합체와 그래프트 공중합체가 생성된다.

위의 1~3항에서 설명한 내용들이 그래프트 공중합체를 합성하거나 단량체에서 동종 중합체를 만드는 데 일반적으로 사용하는 방법이다. 또한 불포화 치환기를 가지고 있는 고분자들은 특히 그래프트 중합 반응에 적당하다. 실험적으로, 성공적인 그래프트 중합을 얻기 위해서는 고분자, 단량체 및 촉매의 성질에 좌우된다. 몇 가지 단량체들은 어떤 고분자의 라디칼에 의해서도 중합하지 않는다. 그래프트 공중합체가 신속히 생성되는 계의 한 예로는 벤조일퍼옥사이드 존재하에서 폴리스타이렌과 메틸메타크릴레이트 단량체가 반응하는 것이다. 한 고분자에 다른 것을 방사선 그래프트하는 것은 매우 강력한 기술 수단이며, 특히 하나가 셀룰로스와 같은 생체 고분자일 때 이용된다(8장 참조).

7.3.6 가교 반응

결사슬을 이용하여 고분자를 가교시키는 것은 탄성체의 제조 기술, 집적 회로 레지스트 제조 기술 시약의 고정화 연구 등의 분야에서 중요하다. 특히 대규모로 사용되고 있는 가장 간단한 가교 방법은 벤조일퍼옥사이드와 같은 자유 라디칼 개시제를 사용하여 지방족 곁사슬기를 가진 고분자를 가열하는 것이다. 탄소 라디칼 위치들이 곁사슬기 위에서 발생되며, 이들은 인접한 다른 사슬과 결합하여 탄소-탄소 가교를 형성한다. 고에너지의 방사선 조사도 같은 가교 작용을 한다. 또 다른 방법으로는 곁사슬기에 불포화 지방족 단위를 도입하고, 자유 라디칼 개시제를 이용하여 여러 가지 사슬에 이량화나 올리고머성 활성 위치를 생기게 하는 것이다. 고무의 가교("경화")와 많은 다른 고분자의 가교에 이런 원리를 이용한다.

좀 더 조절된 반응을 통해 그러한 가교 구조를 형성시킬 수 있다. 하나는 말단만이 반응성이 있는 사슬과 다작용성 말단 결합체와의 결합에 기인한 것이다. 가장 중요한 예로는 하이드록실 말단기를 갖는 폴리실록세인으로서 말단이 유기실리케이트(실온 경화체)와 결합된 예와, 하이드록실 말단기를 갖는 폴리옥사이드가 트라이아이소사이아네이트와 결합한 예(폴리유레테인 탄성체)를 들 수 있다.

7.3.7 미세패턴 공정과 고분자의 반응

5장에서 설명한 바와 같이, 폴리바이닐신나메이트[poly(vinylcinnamate)]와 같은 고분자를 광가교하는 것은 패턴 공정(lithography)과 미세패턴 공정(microlithography) 분야에 중요한 공정이다. 실제로, 미세패턴 공정 분야에 고분자를 사용하는 데는 3가지 방법이 있다. 광조사로 네트워크를 형성하면 소위 **네가티브 레지스트**라 불리우는 것을 생성한다. 여기서 조사된 고분자는 남게 되나, 조사되지 않은 부분은 용매에 용해되어 제거된다. 이 장에서 이미 설명한 광해리 중합에서는 조사된 고분자 부분이 소실된다는 의미에서(증기화에 의함) **포지티브 레지스트**가 생성된다. UV선에 조사된 폴리(*p*-폼일옥시스타이렌)(**25**)은 일산화탄소의 소실로 인해 폴리(*p*-하이드록시스타이렌)(**26**)으로 전환된다.

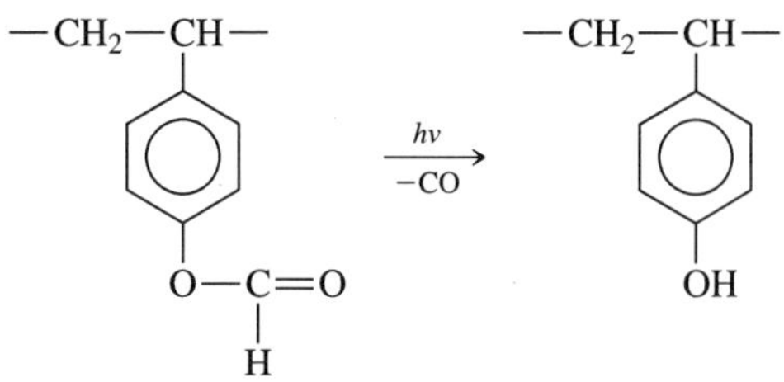

25 26

이러한 곁사슬의 변형을 통해 고분자의 **용해도**가 변하게 된다(가교가 수반되지 않음). 초기에 고분자 (**25**)는 알코올이나 염기에 녹지 않으나 생성 고분자는 이들 매체에 용해하여 포지티브 레지스트를 생성한다. 반면에 클로로벤젠이나 아니솔과 같은 비극성 용매로 처리하면, 고분자 (**25**)는 제거되나 고분자 (**26**)은 영향을 받지 않는다. 집적 회로에서 섬세하고 우수한 화상은 이런 방법을 통해 얻고 있다.

7.4 고분자의 표면 반응

고분자들의 표면 특성은 그들의 고체 특성만큼이나 중요하다. 고체들은 유연성, 탄성, 경질성, 강도나 무게 등을 결정하는 데 반해, 표면 특성은 부식재, 용매류, 연료류, 햇빛 그리고 산화(단기간)에 대한 저항성을 좌우한다. 덧붙여, 고정화 지지체로서 사용되는 많은 고분자들에 표면 반응이 행해진다. 마지막으로 혈관, 심장 펌프 그리고 도뇨관과 같은 생체 의학적으로 고분자를 사용하는 데는 고분자들의 고체 특성보다는 고분자의 표면 특성으로 인해 극히 한정되고 있다(24장 참조). 이런 모든 이유로 해서, 표면에서 일어나는 반응은 큰 관심의 대상이 되고 있으나, 아직 초기 단계에 머물러 있다. 거의 모든 표면 반응은 치환기를 변환하는 공정을 포함하고 있다.

7.4.1 표면 플루오린화 반응

이 탄소-플루오린 결합은 고분자에서 특별한 특성을 나타낸다. 이들은 친유성, 생의학적 상용성, 내산화성 그리고 내용매성이나 연료 저항성이 있다. 불행히도 플루오로고분자(폴리테트라플루오로에틸렌)의 고체 특성과 제조의 용이성은 이상과는 꽤 거리가 있다. 그런데 플루오린화되지 않은 고분자를 표면 플루오린화 반응을 시켜, 표면의 탄소-수소 결합을 탄소-플루오린 결합으로 전환하면 유리한 점이 있다. 이것은 실온에서 1~15분 동안 질소로 플루오린 가스를 5~10%로 희석하여 고분자 표면에 노출시키면 된다. 표면 변성(**27**)은 자유 라디칼 공정에 의해 일어날 것으로 생각된다. 플루오린을 표면에 너무 과다하게 노출하면 골격이 끊어져 일반적으로 분해가 일어나므로 주의해야 한다. 플루오린은 표면 아래까지 침투한다. 플루오린화 반응은 30~800 Å 정도의 깊이까지 진행된다. 이 공정은 대규모로 행할 수 있다. 표면 플루오린화된 폴리에틸렌 장갑이 제조되고 있으며, 폴리에틸렌이나 폴리프로필렌 재질로 된 자동차 연료통은 이제 표면 플루오린화를 하여 내연료성을 향상시키고 있다.

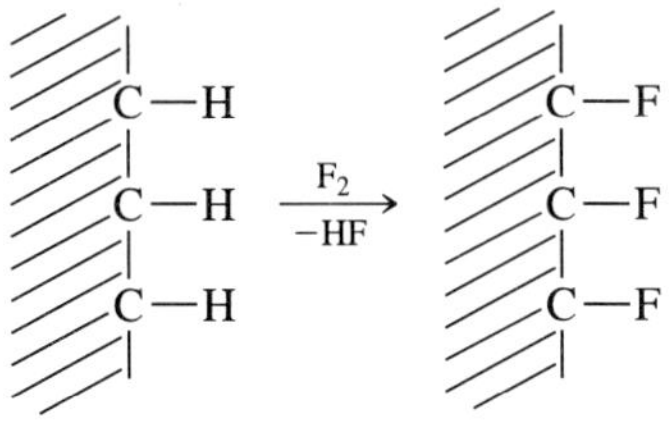

27

7.4.2 표면 나이트로화 반응과 설폰화 반응

용액상의 스타이렌은 질산과 황산의 혼합물에서 나이트로화될 수 있다. 이런 방법으로 만들어진 폴리나이트로스타이렌(**28**)은 다시 일반적인 기술을 사용해 폴리아미노스타이렌(**29**)으로 환원된다. 그러나 이러한 반응들은 복잡한 혼합 생성물을 생성하며, 많은 경우에 쓸모가 없다. 고체 고분자 표면 위의 아릴기들은 바로 그리고 효과적으로 나이트로화되어 고체 특성에 영향을 주지 않고 환원된다. 이 방법은 표면 위에 효소를 고정화하는 전 단계로 폴리(다이페녹시포스파진) 표면을 변성하는 데 사용되고 있다. 다른 생물학적 및 생의학적 예들은 8장과 24장에서 설명한다.

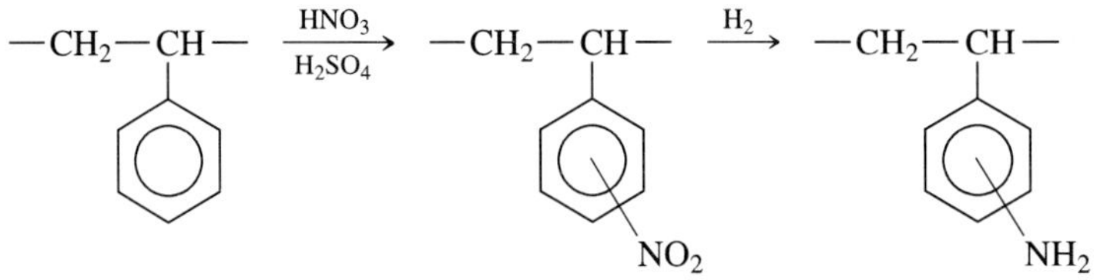

(15)

28 **29**

폴리스타이렌과 같은 고분자를 용액 설폰화하면, 복잡하게 가교된 생성물이 된다. 반면에 **표면 설폰화**(surface sulfonation)하면 고체 특성에는 영향을 주지 않고 친수성인 SO_3H기를 생성한다.

7.4.3 표면 산화

폴리에틸렌과 같은 탄화수소 고분자들의 표면은 크로뮴산으로 산화하여 변성될 수 있다. 이러한 반응들은 표면 위에 카복실산 단위들을 도입하여 친수성, 부착성, 금속 결합 특성 그리고 다른 물성들을 변화시킨다. 엄격히 말해서, 폴리에틸렌의 경우, 이것은 골격 산화 반응이다. 그러나 곁사슬기의 산화는 폴리프로필렌이나 다른 고분자에서 일어날 것으로 생각된다.

7.4.4 기타

마지막으로 폴리포스파진(9장 참조)과 같은 기타 고분자들은 재료의 성질 변화 없이 다양한 표면 반응을 한다. 전형적인 예로 이러한 반응들은 표면의 소수성 또는 친수성을 변형시키는 데 사용되거나 생리 활성 분자들이나 금속 이온을 고정화시키는 기능성 영역을 부여하는 데 사용되기도 한다. 몇 가지 예를 들어 차트 7.1에 나타내었다.[1]

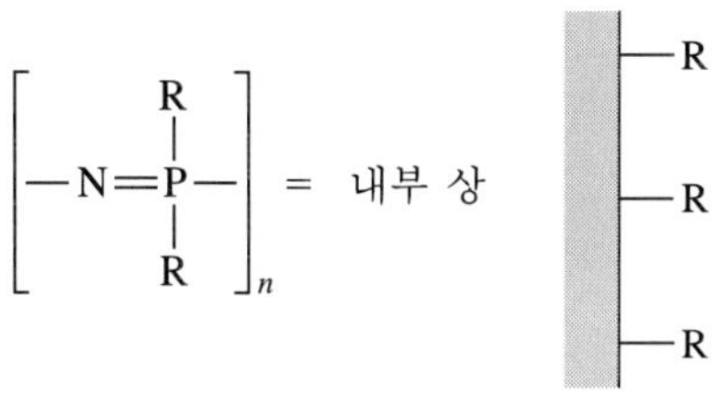

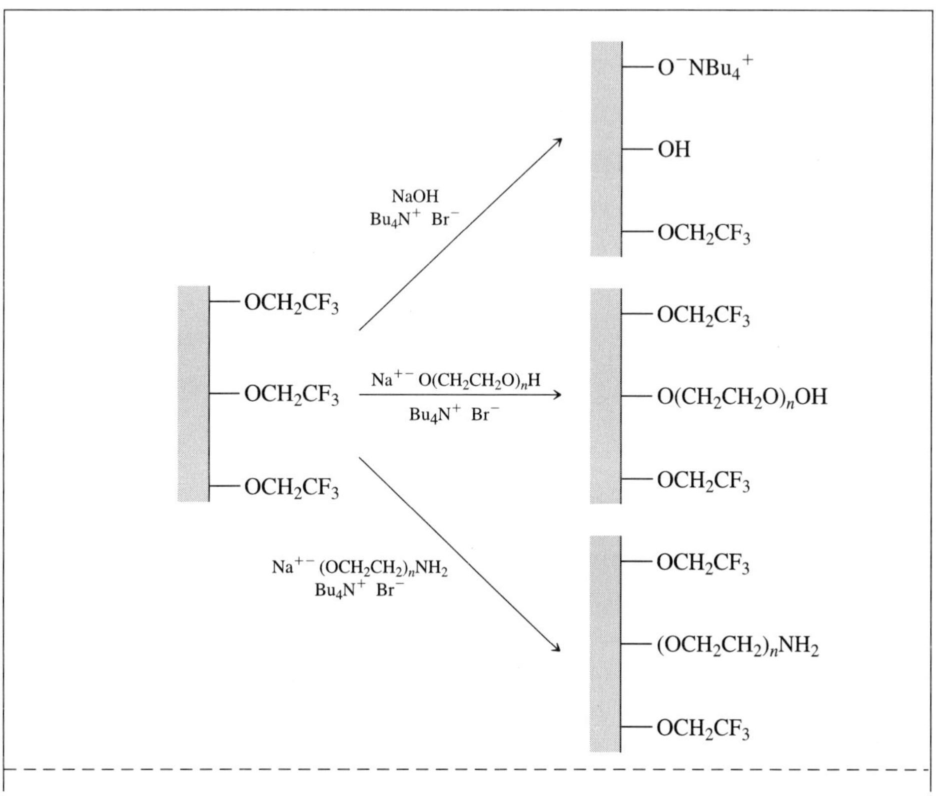

차트 7.1 폴리포스파진에 행해진 표면 반응들

[1] H. R. Allcock, R. J. Fitzpatrick, *Chemistry of Materials*, **1991**, 5, 450–454.

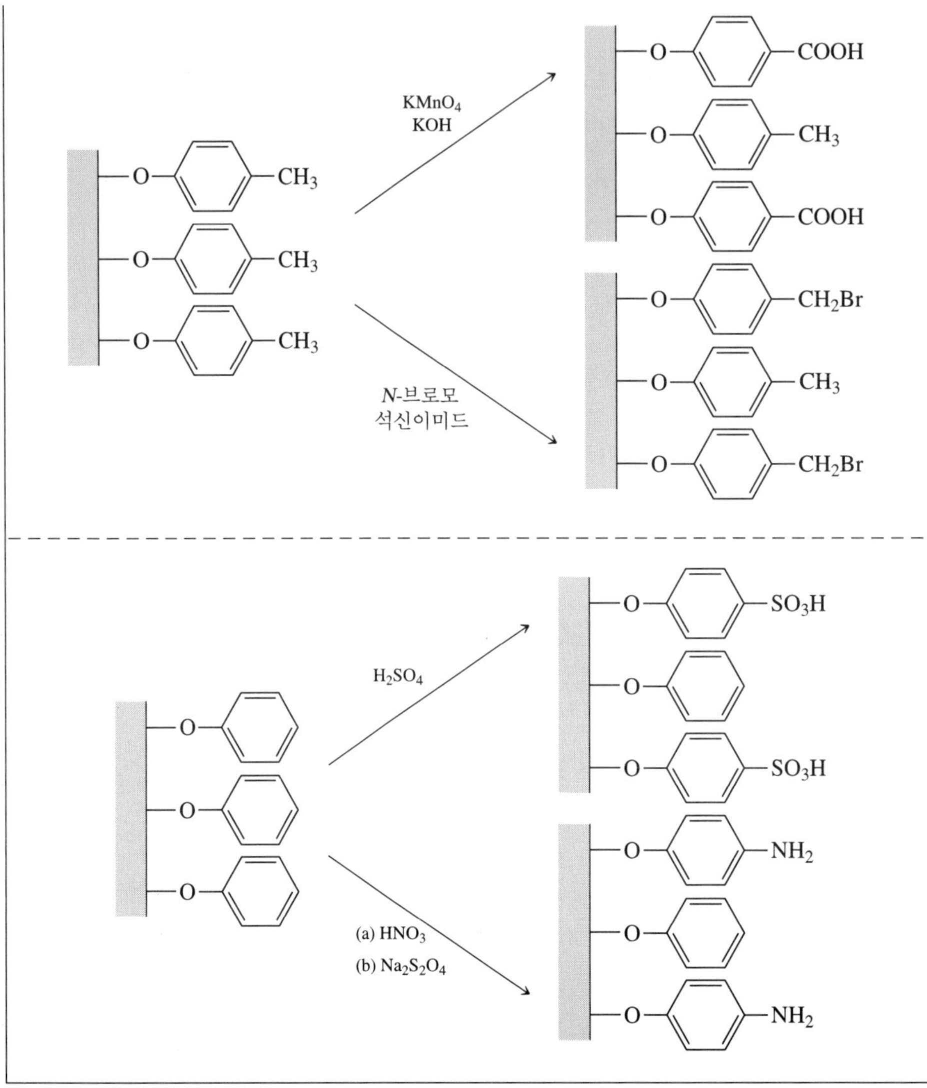

차트 7.1 (계 속)

따라서 표면의 트라이플루오로에톡시기들은(9장에 기술된 방법으로 제조되는데) $^-$OH기나 O$^-$ NBu$_4^+$기에 의해 바뀌어서 소수성인 표면이 친수성으로 바뀐다. 트라이플루오로에톡시기들은 다른 알콕시기로 바꾸면 다른 분자들을 결합시키는 기능성기가 될 수 있다. 폴리포스파진의 표면에 있는 메틸페녹시기들은 산화되어 아릴카복실기로 되거나 메틸기가 브로민화될 수도 있다. 페녹시기들은 표면이 설폰화되거나 질산화되기도 하며 그러한 나이트로기들은 환원되어 아미노기가 된다.

7.4.5 표면 특성 분석

화학 반응이 고분자 표면에 국한될 때 일어나는 변화들은 다양한 특성 분석 기법으로 연구하여 반응의 깊이와 표면의 변화된 기의 밀도를 측정하는 데 이용된다. 이러한 기법으로는 물방울을 이용하여 접촉각을 측정하여 친수성과 소수성을 결정하는 방법이 있다. 물의 친수성 표면에서는 퍼지고 소수성 표면에서는 방울을 이루는 성질을 이용한 것이다. 다른 기법으로는 전내부 반사 Fourier 전환 적외선 분광법(TIR-FTIR)으로서 표면의 새로운 화학기들을 알아낼 수 있으며, X선 광전자 분광법(XPS)은 표면에 존재하는 원소들과 이러한 원소들의 환경을 알아내는 데 사용된다. 주사 전자 현미경(SEM)은 변형된 표면의 거칠기와 평활도를 알아내는 데 사용되는데 에너지 분산 X선 분광법(EDX)을 이용하면 원소의 조성에 관한 정보를 알 수 있다. 예를 들어, 염기성 염료는 산성 표면을 침투할 수는 있으나 재료의 내부는 침투하지 못한다. 따라서 예를 들면 설폰화 반응과 같은 산성 형성 반응의 깊이를 추정할 수 있다. 변형된 표면을 박테리아나 mammalian 세포 배양 시험과 같은 생물학적 평가를 수행하면 표면이 세포 colonization이나 spreading을 선호하는지, 방해하는지를 알 수 있다.

연|습|문|제

1. 고분자 반응을 연구하는 데 있어 “모델 화합물” 방법의 타당성, 즉 고분자의 직접적인 연구를 위한 대체물로서 저분자 반응의 연구에 대하여 상세하게 설명하라.
2. 폴리에틸렌이나 폴리스타이렌으로부터 출발하여 수용성 곁사슬을 도입하는 방법을 설계하라. 어떤 공정 단계가 가장 어려울 것 같은가? 그 이유는 무엇인가? 반응 최종 생성물의 용도를 들어라.
3. 폴리아마이드의 가수 분해 반응이 유리할 것이라고 생각되는 용도를 들어라.
4. 고분자의 반응이 그 고분자의 입체 규칙성을 측정하는 데 사용될 수 있는 가능성에 대하여 설명하라.
5. 고분자 치환 반응이 대체로 폴리다이메틸실록세인을 변성하는 데는 사용되지 않는 것에 대해 설명하라.
6. 대기하에서 온도를 올림에 따라 방향족 사다리형 고분자가 산화성 분해(2장 참조)를 하는 반응식을 그려라.
7. (a) 고분자를 전자선으로 분해하거나, (b) 단량체의 광중합이나 고분자를 광가교함으로써 미세회로를 제조하는 데 무엇이 장 · 단점인가를 설명하라.

참|고|문|헌

주사슬이 참여하는 반응

FEAST, W. J., "Synthesis and Properties of Some Conjugated, Potentially Conductive, Polymers," *Chem. Ind. (London)*, **1985**, *8,* 263.

GUILLET, J. E., "Studies of the Mechanism of Polyolefin Photodegradation," *Pure Appl. Chem.*, **1980**, *52*, 285.

MILLER, R. D., RABOLT, J. F., SOORIYAKUMARAN, R., FLEMING, W., FICKES, G. N., FARMER, B. L., and KUZMANY, H., Soluble Polysilane Derivatives. Chemistry and Spectroscopy, in *Inorganic and Organometallic Polymers* (M. Zeldin, K. J. Wynne, and H. R. Allcock, Eds.), *ACS Symp. Ser.*, **1988**, *360*, 43.

RANBY, B., and LUCKI, J., "New Aspects of the Photodegradation and Photooxidation of Polystyrene," *Pure Appl. Chem.*, **1980**, *52*, 295.

SUGITA, K., "Application of Photodegradable Polymers to Imaging and Microfabrication Technologies: A Review of Recent Research Papers in the Last 4 Years," *Progress in Organic Coatings*, **1997**, *31*(1–2), 87–95.

TROZZOLO, A. M., and WINSLOW, F. H., "A Mechanism for the Oxidative Photodegradation of Polyethylene," *Macromolecules*, **1968**, *1*, 98.

곁사슬이 참여하는 반응

BHATTACHARYYA, S., "Polymer-Supported Reagents and Catalysts: Recent Advances in Synthetic Applications," *Combinatorial Chemistry and High Throughput Screening*, **2000**, *3(2)*, 65.

COLLMAN, J. P., HEGEDUS, L. S., COOKE, M. P., NORTON, J. R., DOLCETTI, G., and MARQUARDT, D. N., "Resin-Bound Transition Metal Complexes," *J. Am. Chem. Soc.*, **1972**, *94*, 1789.

DUBOIS, R. A., GARROU, P. E., LAVIN, K. D., and ALLCOCK, H. R., "Cobalt Hydroformylation Catalyst Supported on a Phosphinated Polyphosphazene: Identification of Phosphorus-Carbon Bond Cleavage as a Mode of Catalyst Deactivation," *Organometallics*, **1986**, *5,* 460.

EVANS, D., and CROOK, M. A., "Irradiation of Plastics: Damage and Gas Evolution," *Mater. Res. Soc. Bull.*, **April 1997**, 36.

FRECHET, J. M. J., "Synthesis Using Polymer-Supported Protecting Groups," in *Polymer-Supported Reactions in Organic Synthesis* (P. Hodge and D. C. Sherrington, eds.). New York: Wiley, **1980**, p. 293.

HEITZ, W., "Polymeric Reagents: Polymer Design, Scope, and Limitations," *Advan. Polymer Sci.*, **1977**, *23*, 1.

HODGE, P., "Polymer-Supported Reagents," in *Polymer-Supported Reactions in Organic Synthesis* (P. Hodge and D. C. Sherrington, eds.). New York: Wiley, **1980**, p. 83.

HODGE, P., and SHERRINGTON, D. C., (eds.), *Polymer-Supported Reactions in Organic Synthesis*. New York: Wiley, **1980**.

HOLMES-FARLEY, S. R., BAIN, C. D., and WHITESIDES, G. M., "Wetting of Functionalized Polyethylene Film Having Ionizable Organic Acids and Bases at the Polymer–Water Interface: Relations between Functional Group Polarity, Extent of Ionization, and Contact Angle with Water," *Langmuir*, **1988**, *4*(4), 921.

HOLMES-FARLEY, S. R., and WHITESIDES, G. M., "The Thermal Stability of a Surface Modified Solid Organic Polymer, *Polymer Mater. Sci. Eng.*, **1985**, *53*, 127.

INOUE, K., "Functional Hyperbranched and Star Polymers," *Progress in Polymer Science*, **2000**, *25(4)*, 453.

KANG, A., and ZHANG, Y., "Surface Modification of Fluoropolymers Via Design," *Adv. Mater.*, **2000**, *12(20)*, 1481.

KUNITAKE, T., "Enzyme-like Catalysis by Synthetic Linear Polymers," in *Polymer-Supported Reactions in Organic Synthesis* (P. Hodge and D. C. Sherrington, eds.). New York: Wiley, **1980**, p. 195.

LAN, M.-J., and OVERBERGER, C. G., "Synthesis of Linear Poly(ethylenimine) Containing Nucleic Acid Pendants as Polynucleotide Analogs," *J. Polymer Sci. (A), Polymer Chem. Ed.*, **1987**, *25*, 1909.

MARK, J. E., and ERMAN, B., *Rubberlike Elasticity: A Molecular Primer*. New York: Wiley-Interscience, **1988**.

MORAWETZ, H., Comparative Studies of the Reactivity of Polymers and Their Low Molecular Weight Analogs," *J. Polymer Sci., Polymer Symp.*, **1978**, *62*, 271.

MURRAY, R. W., "Polymer Modification of Electrodes," *Ann. Rev. Mater. Sci.*, **1984**, *14*, 145.

SMITH, S. D., and ALEXANDRATOS, S. D., "Ion-Selective Polymer-Supported Reagents," *Solvent Extraction and Ion Exchange*, **2000**, *18(4)*, 779.

WARD, W. J., and MCCARTHY, T. J., "Surface Modification," in *Encyclopedia of Polymer Sci. and Eng., Suppl. Vol.* New York: Wiley, **1989**, 674.

YANG, W., and RANBY, B., "Radical Living Graft Polymerization on the Surface of Polymeric Materials," *Macromolecules*, **1996,** *29*, 3308.

8장

생체 고분자와 그들의 반응

8.1 서론

생물들은 그들이 고분자로 되어 있기 때문에 생존하고 번식한다. 진화 과정 초기에, 자연 상태에서 큰 분자들이 화학적으로 합성됨에 따라 원시 생물체(복제되지 않는 것)에서조차도 재생성이 있는 반응 기구가 생기게 되었다. 생물 유기체가 계속적으로 진화를 거듭한 결과 이 고분자들은 보호 코팅제, 분리막, 에너지 저장용, 의료용, 전기 전도용 등의 여러 가지 목적으로 사용되고 있다.

생물학적 고분자는 3가지 주된 부류로 나누어진다.

1. 다당류
2. 단백질과 폴리펩타이드류
3. 핵산 고분자류

이 장에서는 이 3가지 형의 고분자에 대해서 생각해 보기로 한다. 다당류는 식물의 골격 유지 분자나 동 · 식물의 에너지 저장 분자로 주로 존재하고 있다. 단백질은 동물의 보호나 부양 분자로서만이 아니고 산소를 옮기는 분자와 같은 촉매 기질로서 폭넓게 사용되며, 세포나 유기체의 화학 반응을 촉진하거나 제어하는 역할로도 작용한다. 핵산은 대부분 유전 정보의 축적, 세포 복제 그리고 단백질 합성의 용도로 사용된다.

이러한 고분자들은 다이올류, 아미노산 또는 무기산을 반응시켜 물을 제거함으로써 생성된 **축합 반응** 고분자들이다. 이러한 축합 반응은 액상 상태를 적당한 온도에서 반응시키면 신속히 일어난다. 따라서 생물학적 합성의 효율 문제는 생물학자들만이 아니라, 합성 화학자들에게도 큰 관심을 끌고 있다.

8.2 다당류

8.2.1 다당류의 일반 조성

다당류는 당류의 축합 반응으로 생성되는 고리로 된 선형 폴리에터류이다. 많은 종류의 다당류가 발견되어 있지만, 그 중 잘 알려져 있는 것들은 셀룰로스, 녹말 및 글리코젠이다. 동종 중합체와 공중합체들은 선형 또는 가지형으로 되어 있다고 알려져 있다. 인산염, 황산염, 말론산염 또는 피루브산염으로부터 유도된 에스터 성분과 미량의 비탄수화물 성분을 함유하고 있다. 중합도는 낮은 것은 30에서 높은 것은 10^5 정도이다.

다당류에서 여러 가지 당의 단량체 성분이 발견되고 있으나, 가장 많이 발견되는 것 중 두 가지는 고리형 글루코스 형태를 하고 있다(**1**과 **2**). 이러한 고리형 분자들은 글루코피라노스(당의 피란 형태)라고 부른다. **1**에서 나타낸 글루코스 분자는 α-D-글루코스(또는 α-D-글루코피라노스)이다. **2**로 나타낸 이성질체는 β-D-글루코스이다. 녹말, 글리코젠 그리고 셀룰로스는 글루코스의 동종 중합체이다. 곤충의 외부 골격에서 발견되는 다당류 구조를 하고 있는 키틴은 *N*-아세틸-D-글루코사민의 동종 중합체이다(**3**).

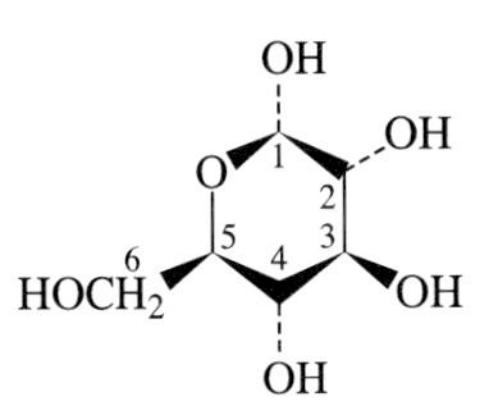

1

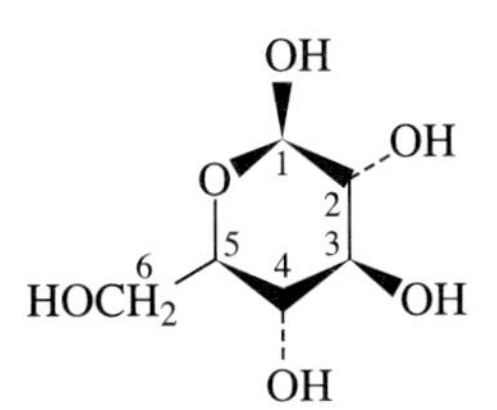

2

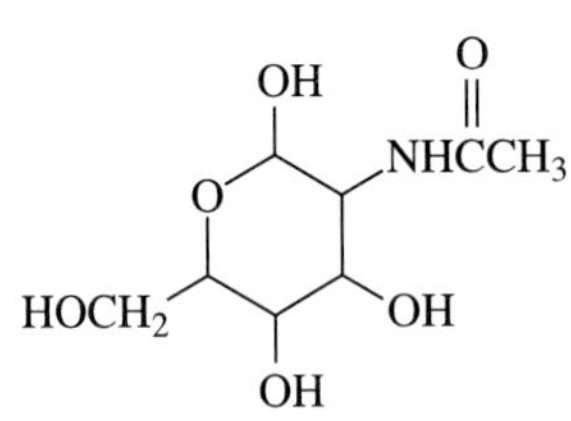

3

8.2.2 특수 다당류

녹말, 글리코젠과 셀룰로스는 1:4 위치의 수산기가 축합하여 생성된 글루코피라노스 성분(**1**이나 **2**)으로 이루어진 동종 중합체에 거의 가깝다. 따라서 이 3가지 고분자들의 기본 반복 구조는 **4**로 나타낼 수 있다. 이들 3가지 고분자의 큰 차이점은 단량체 성분의 입체 배열의 형태나 사슬이 가지를 이루는 정도의 차이에 있다.

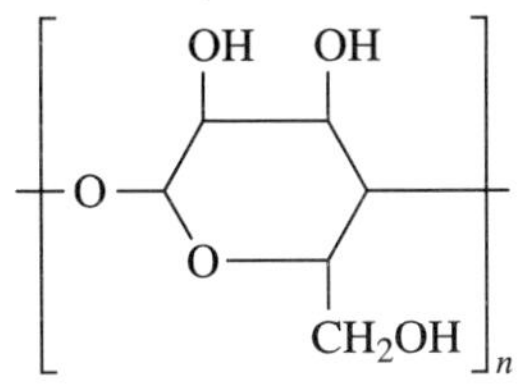

4

녹말은 광합성 식물들의 주된 에너지 저장 다당류이다. 이것은 주로 α-D-글루코스(**1**)의 동종 중합체이다. 대부분의 녹말들은 **아밀로스**와 **아밀로펙틴**이라고 불리는 구조가 다른 두 개의 성분으로 구성되어 있다. 아밀로스는 선형 고분자인 반면에 아밀로펙틴은 가지를 매우 많이 가지고 있다. 이

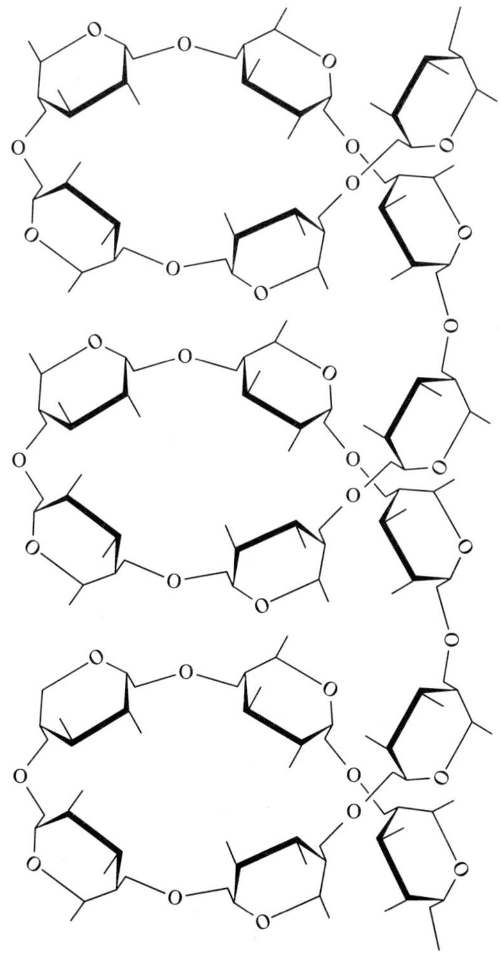

그림 8.1 전분의 아밀로스 부분을 추정한 나선 입체 형태

런 가지를 가진 성분이 녹말의 70~80%를 구성하고 있다.

아밀로스 성분은 물속에서 수화된 마이셀 형태를 하고 있으며, 다당류 사슬은 나선형 형태로 꼬여져 있다(그림 8.1). 이 나선 구조 내에서 생긴 채널 안에 아이오딘 분자들을 수용하여 진청색의 녹말-아이오딘 착물을 형성한다. 사슬들의 분자량은 중합도가 100~6000으로 매우 다양하다. 이것은 고분자를 단리하거나 분별할 때 가수 분해성 사슬 절단이 일어나 분자량이 변했기 때문이다.

아밀로펙틴은 6개에서 12개째 글루코스 성분 위치에 분지점이 있는데, 각 가지는 12~15의 글루코스 잔기로 구성되어 있다. 가지들은 메틸올기로 되어 있다. 즉, 골격 성분의 1, 4 및 6번 탄소 원자에서 축합 반응이 일어난다. 아밀로펙틴은 아이오딘과 반응하면 자줏빛 갈색을 띠게 된다.

글리코젠(glycogen)은 동물의 조직에서 발견되는 저장성 다당류이다. 이것의 일반 조성은 녹말과 아주 유사하나 녹말의 아밀로펙틴 성분보다 훨씬 많은 가지를 가지고 있다. 글리코젠과 아밀로펙틴의 분자량은 거의 비슷하나(계산값: 약 10^7), 평균적으로 3개의 글루코스 성분당 각각의 분지점을 가지고 있다. 글리코젠은 아이오딘과 반응하여 적갈색을 띤다.

셀룰로스(cellulose)는 식물에 존재하는 가장 풍부한 구조 물질이다. 목화는 거의 100% 셀룰로스로 되어 있고, 목재는 약 50% 셀룰로스로 되어 있다. 녹말과 글리코젠처럼 셀룰로스는 글루코스의 동종 중합체(사슬당 약 3500잔기)이나, 글루코스의 입체 배위는 α가 아니고 β형으로 되어 있다(구조 **2** 참조). 이 입체 배위가 다름으로써 성질에서도 차이를 나타낸다. 셀룰로스는 시트(sheet) 내에서 수소 결합으로서 완전히 펴진 사슬로 되어 있어 매우 결정성이 높은 구조를 형성한다. 따라서 셀룰로스는 물에 불용성이며, 구조 보강재로 적합한 재료이다. 셀룰로스는 영장류의 에너지원으로는 사용되지 않는다. 왜냐하면 셀룰로스를 글루코스나 말토스로 분해시키는 데 필요한 가수 분해성 효소들이 소화기 내에는 존재하지 않기 때문이다. 그러나 반추 동물(예를 들어, 소)들은 장내에 공생 박테리아를 가지고 있기 때문에 음식물로 셀룰로스를 활용할 수 있다. 이들은 셀룰로스를 글루코스로 가수 분해하는 데 필요한 효소를 분비하고 있다.

8.2.3 다당류의 생물학적 합성

녹말과 셀룰로스는 식물로부터 풍부한 양을 얻을 수 있기 때문에 당류로부터 다당류를 합성하려는 연구 시도는 없었다. 그러나 녹말, 글리코젠 그리고 셀룰로스가 글루코스에서 만들어지는 생물학적 과정은 매우 중요하다. 출발 원료는 글루코스-6-포스페이트(**5**)이며, 먼저 효소에 의해 글루코스-1-포스페이트(**6**)로 전환된다. Uridine-5′-triphosphate나 adenosine-5′-triphosphate(ATP)와 같은 nucleoside-5′-triphosphate와 glucose-1-triphosphate의 효소 유도 반응에 의해 nucleoside *di*phosphate(NDP)-1-sugar와 pyrophosphate가 생성된다[반응식 (1)].

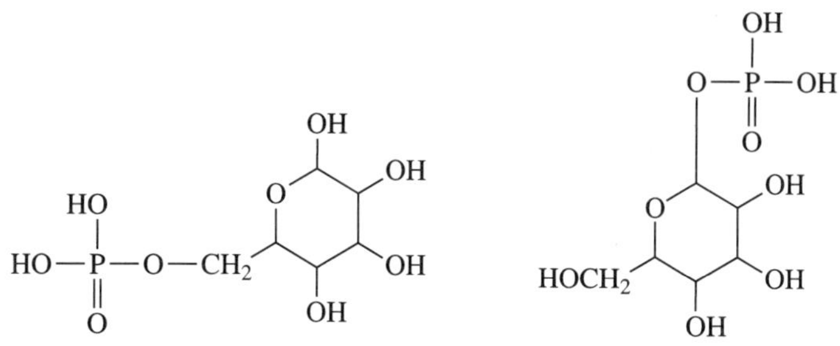

5　　　　　　6

이 pyrophosphate는 가수 분해에 의해 계로부터 이탈되며, 이것이 반응 추진력이 된다.

$$\text{NTP} + \text{sugar 1-phosphate} \rightleftharpoons \text{NDP-sugar} + H_2O_3P—O—PO_3H_2 \quad (1)$$

즉, ATP와 같은 nucleoside *tri*phosphate가 분해되어 에너지를 발생하고, 가수 분해성 환경하에서조차도 축합 반응을 일으킬 수 있는 에너지가 풍부한 nucleoside *di*phosphate로 된다. 사슬의 성장은 글루코스 고리의 1-탄소 위치에서 효소 촉매로 인해 NDP가 떨어져 나가고, 기본 단위가 두 번째 당 분자의 4-탄소 위치에서 축합됨에 따라 일어난다[반응식 (2)]. 6번 탄소에서 축합 반응이 일어나 사슬이 가지를 가지게 되는 것은 특별한 "분지 효소(branching enzyme)"가 존재할 때만 생성된다.

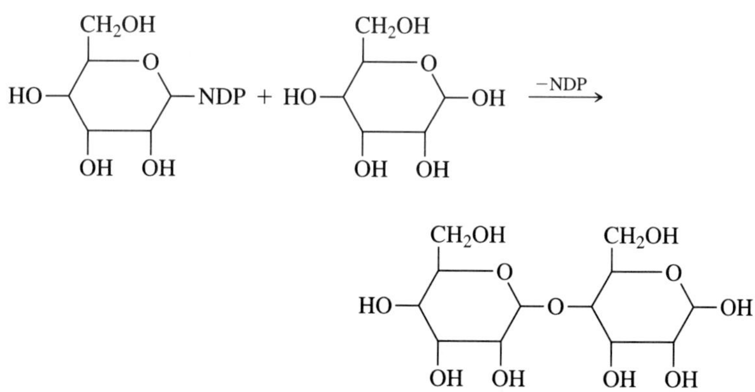

(2)

8.2.4 다당류의 반응

가수 분해 α-아밀레이스와 β-아밀레이스의 두 효소는 녹말의 아밀로스 성분이 가수 분해 반응을 하는 데 촉매로 작용한다. 입의 침과 취장액에서 생성되는 α-아밀레이스는 위장계 내에서 우선 아밀로스를 중간 분자량의 "덱스트린류"로 전환시켜 글루코스와 말토스로 만드는 작용을 한다. 맥아에서 발견되는 식물 효소인 아밀레이스는 아밀로스를 말토스로 가수 분해하는 데 촉매 역할을 한다. 가지를 많이 가진 녹말의 아밀로펙틴 성분은 α-와 β-아밀레이스의 영향으로 오직 "표면의 가지들"만 글루코스나 말토스로 전환되는 가수 분해가 일어난다. 그러나 가수 분해가 되지 않은 가지를 가진 "핵심"은 다른 "가지 제거" 효소들에 의해 가수 분해된다. 박테리아나 곰팡이들에 의해 분비되는 셀룰로스 효소들은 따뜻하고 습한 환경하에서 면의 질을 저하시킨다.

다당류는 효소를 사용하지 않는 공정에 의해서도 당류로 가수 분해될 수 있다. 예를 들면, 셀룰로스는 산성 용액하에서 골격 가수 분해 반응이 일어나, 분자량이 감소하거나 인장 강도가 떨어진다. 고분자의 결정 영역은 무정형 부분보다 가수 분해가 훨씬 덜 일어난다. 가수 분해 초기에는 올리고머성 다당류를 생성하나 가수 분해 반응의 최종 단계에서 글루코스가 된다. 공정은 반응식 (3)에 요약하였다.

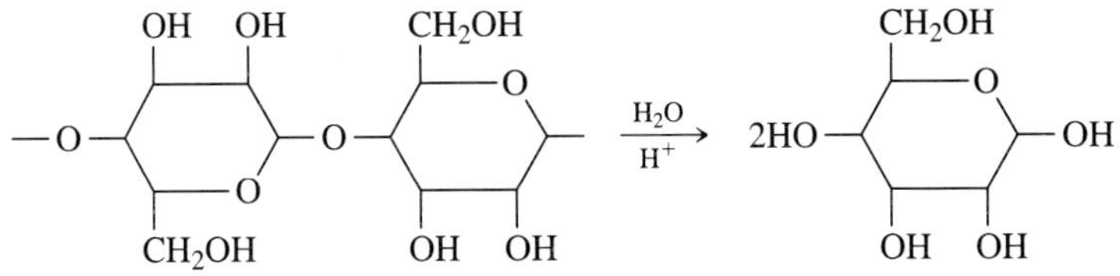

(3)

에스터 다당류 내의 각 고분자는 수산기를 갖고 있기 때문에, 이 수산기에서 치환 반응이 일어난다. 이러한 반응들에는 에스터화 반응, 에터화 반응, 가교 및 그래프트 공정이 있다. 여기에서는 이들 반응 중 두 가지만 설명한다.

셀룰로스의 에스터화 반응은 유기산이나 무기산에 의해서 일어난다. 나이트로화 반응은 셀룰로스를 실온에서 약 1.5시간 질산과 황산의 혼합물로 처리할 때 일어나며, **질산셀룰로스**(질화면)가 생성된다. 실제로는 미반응된 수산기와 황산염이 약간 잔존해 있다. 실제 나이트로화 시약은 나이트로늄 이온이며, 이들은 고분자의 결정 및 무정형 영역 둘 모두와 반응한다. 12.5~13.4%의 질소를 함유한 질화면들은 폭발성이 있으며, "면화 약"으로 알려져 있다. 11~12%의 질소를 함유한 고분자들은 래커, 필름, 플라스틱류로 사용되고 있으나, 오늘날에는 보다 새롭고 불연성인 합성 고분자로 대체되고 있다.

아세트산이나 아세트산 무수물과 셀룰로스를 반응시키면 **셀룰로스 아세테이트**를 생성한다. 일반적으로는 아세트산으로 셀룰로스를 전처리한 다음, 아세트산 무수물과 황산으로 반응시킨다. 이 반응에서 생성된 것은 거의 트라이아세테이트로 되어 있다. 이것은 매우 높은 녹는점을 갖고 있고 용해성이 적은 물질이다. 아세트산 용액으로 처리함으로써 부분 가수 분해가 일어나 황산에스터로 치환된다. 이 2차 공정으로 생성되는 고분자는 공업적인 용도로 광범위하게 사용된다.

레이온 제조 레이온은 목재 펄프로부터 간단히 만들어지는 재생 셀룰로스이다. 셀로판은 동일 재료로 된 필름이다. 레이온을 제조하는 데는 두 가지 공정이 있다. 즉, 잔테이트(xanthate) 공정과 구리암모니아 공정이다. 잔테이트 방법은 셀룰로스를 에스터화 반응하는 데 많이 사용된다. 이 공정은 수산화소듐 용액과 이황화탄소로 천연 셀룰로스성 물질을 처리하여 반응식 (4)에 나타낸 공정과 같이 가용성 에스터를 만드는 것이다.

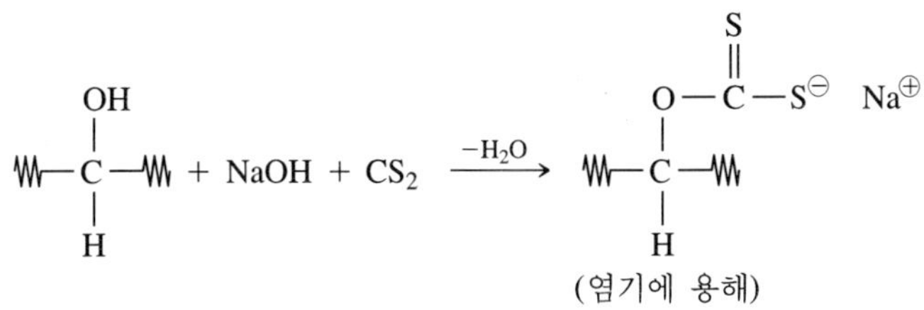
(4)

산으로 잔테이트 에스터를 처리하여 셀룰로스를 재생시킨다. 실제로는 셀룰로스를 황산소듐과 황산아연염류를 함유한 황산 욕조 내에서 잔테이트 용액("비스코스")을 방사구를 통하여 압출하여 섬유로서 침전시킨다.

구리암모니아 공정은 셀룰로스가 암모니아와 산화구리로 만들어진 용액에 녹는다는 것을 이용한 것이다. 그런 다음 용액을 물속에서 압출하여 방사시킨다. 구리암모니아 공정이 잔테이트 방법보다도 더 간단한 원리로 되어 있으나, 공정 중 구리의 손실로 인한 단가 문제로 거의 사용되지 않는다. 섬유 재료로서 레이온과 이들 유도체의 문제점 중 하나는 가연성이 높다는 것이다. 따라서 용도에 따라 난연제(flame retardants)를 첨가한다.

에터화 셀룰로스의 에터류는 알칼리성 셀룰로스 성분을 염화메틸과 같은 할로젠화알킬로 처리하면 생성된다. 이 반응은 식 (5)에 나타내었다.

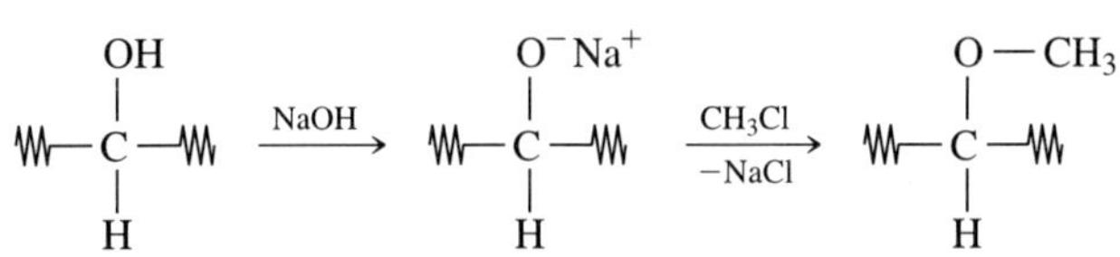
(5)

아이오딘화메틸이나 다이메틸황산염 역시 메틸화제로 사용된다. 공업적인 메틸셀룰로스는 약산의 수산기를 함유하고 있으며 물에 녹는다. 에틸셀룰로스는 염화메틸과 알칼리성 셀룰로스와의 반응으로 공업적으로 제조된다. 카복시메틸셀룰로스는 알칼리성 셀룰로스와 클로로아세트산이나 소듐클로로아세테이트와의 반응으로 제조된다(6).

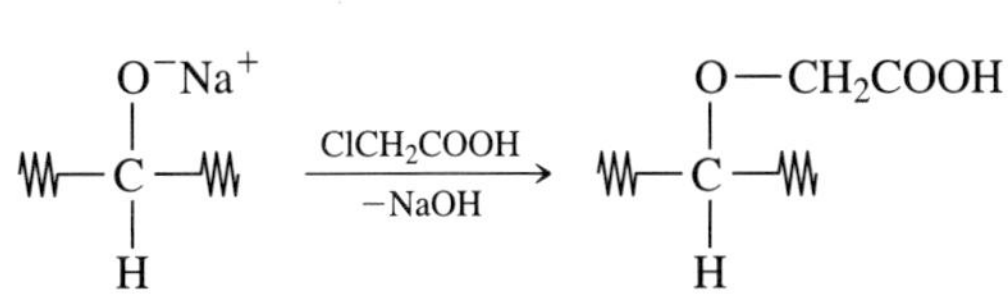
(6)

그 외의 셀룰로스 반응 한 고분자에 다른 고분자를 그래프트시켜 합성 고분자와 셀룰로스 특성을 겸비한 것을 만들려는 시도가 있었다. 이 분야에는 γ선을 이용한 그래프트 반응이 관심을 끌고 있다. 마지막으로, 셀룰로스에 염료 분자를 공유 결합시킬 수 있는 여러 반응이 있다. 예를 들어, 착색된 방향족 바이닐설폰류들은 면의 수산기에 부가될 수 있다[반응식 (7)]. 한편 염료류는 활성 염소 원자를 가진 *s*-트라이아진류와 결합할 수 있다. 이 염소 원자들은 셀룰로스의 수산기와 반응한다[반응식 (8)].

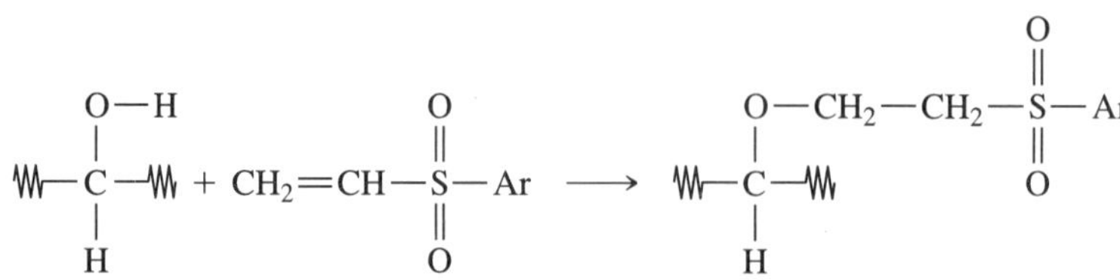

(7)

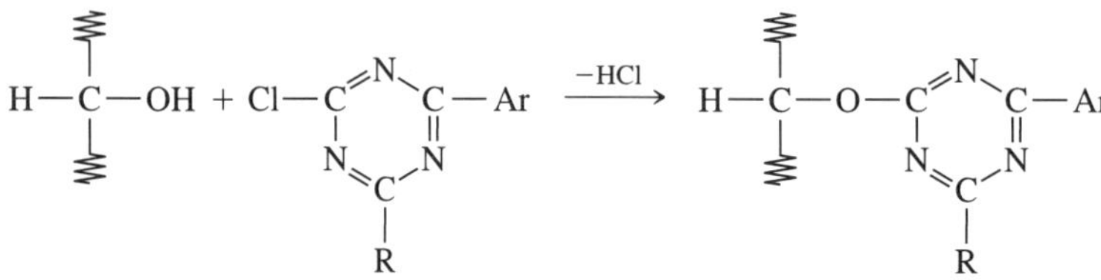

(8)

8.3 단백질과 폴리펩타이드류

8.3.1 단백질과 폴리펩타이드류의 일반 조성

단백질류는 아미노산류의 축합 반응으로 생성된 복잡한 폴리펩타이드 공중합체이다(9). 합성 폴리펩타이드 공중합체와 동종 중합체들도 제조되고 있다. 단백질류는 무수히 많은 구조로 되어 있으며, 이들 단백질은 중합도가 50 정도에서 8000 이상으로서, 분자량은 약 6000~1,000,000 정도이다. 어떤 단백질은 두 개 이상의 분리된 사슬을 가진 거대 분자의 집합체로 되어 있으며, 이 경우 집합체의 총 분자량은 40,000,000에 달한다.

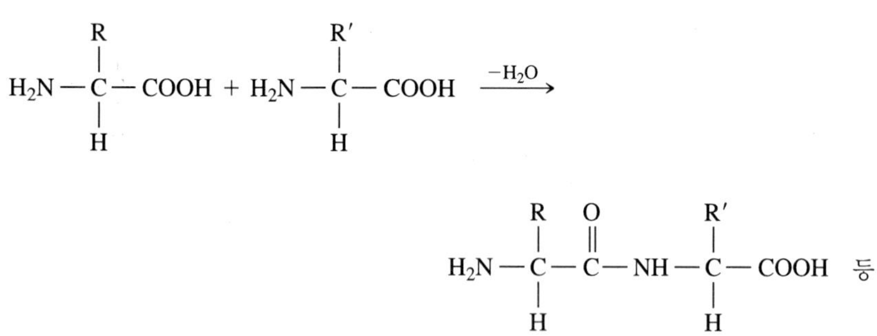

(9)

폴리펩타이드와 더불어, 어떤 단백질은 **보결분자족**(補缺分子族, prosthetic group)이라고 하는 단백질이 아닌 성분을 함유하고 있다. 이 보결분자기는 헤모글로빈, 미오글로빈 그리고 사이토크롬 c에 존재하는 포피린철류에서 금속 함유 단백질류에 존재하는 수산화철, 아연 또는 구리에 이르기까지 다양한 구조로 되어 있다. 인산염 보결분자성 성분들은 카세인에 존재한다. 리보핵산류는 바이러스류나 리보솜의 보결분자를 구성하고 있다. 보결분자족을 함유한 단백질들은 생물계의 화학반응을 일으키는 물질인 구형 단백질이다. 예를 들어, 포피린철 보결분자기는 산소와 결합하여 헤

표 8.1 천연에서 생기는 아미노산

명칭	구조	기호	분자 내 상호작용성
Alanine	$H_2N-CH(CH_3)-COOH$	Ala (or A)	
Phenylalanine	$H_2N-CH(CH_2Ph)-COOH$	Phe (F)	
Valine	$H_2N-CH(CH(CH_3)_2)-COOH$	Val (V)	
Leucine	$H_2N-CH(CH_2CH(CH_3)_2)-COOH$	Leu (L)	
Isoleucine	$H_2N-CH(CH(CH_3)CH_2CH_3)-COOH$	Ile (I)	무극성, 소수성 곁사슬
Methionine	$H_2N-CH(CH_2CH_2SCH_3)-COOH$	Met (M)	
Proline	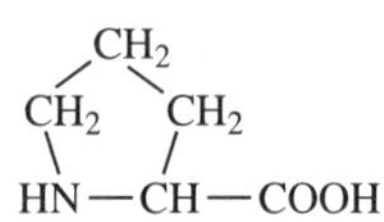	Pro (P)	
Tryptophane	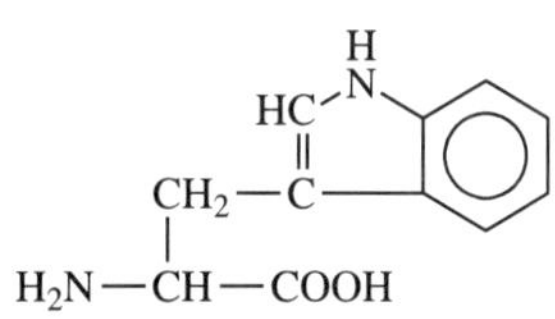	Trp (W)	
Glycine	$H_2N-CH(H)-COOH$	Gly (G)	
Serine	$H_2N-CH(CH_2OH)-COOH$	Ser (S)	
Cysteine	$H_2N-CH(CH_2SH)-COOH$	Cys (C)	
Threonine	$H_2N-CH(CH(CH_3)OH)-COOH$	Thr (T)	극성, 친수성 곁사슬
Tyrosine	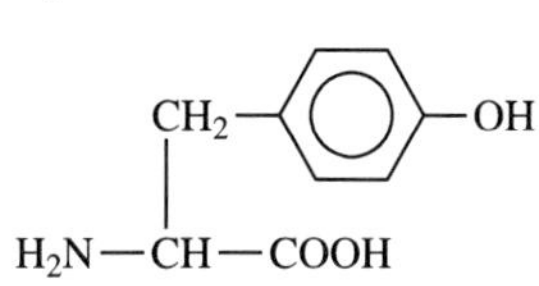	Tyr (Y)	
Asparagine	$H_2N-CH(CH_2C(O)NH_2)-COOH$	Asn (N)	

표 8.1 (계 속)

명칭	구조	기호	분자 내 상호작용성
Glutamine	$CH_2CH_2C(O)NH_2$ $H_2N-CH-COOH$	Gln (Q)	극성, 친수성 결사슬
Histidine	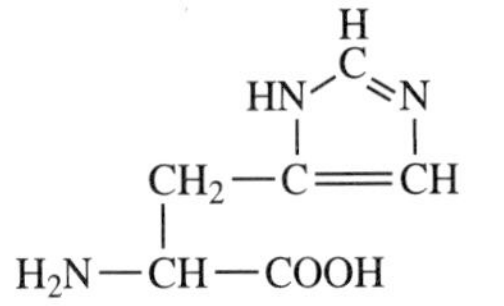	His (H)*	극성, 친수성 결사슬
Lysine	$(CH_2)_4NH_2$ $H_2N-CH-COOH$	Lys (K)	염기성 곁사슬
Arginine	$(CH_2)_3N(H)C(=NH)NH_2$ $H_2N-CH-COOH$	Arg (R)	염기성 곁사슬
Aspartic acid	CH_2COOH $H_2N-CH-COOH$	Asp (D)	산성 곁사슬
Glutamic acid	CH_2CH_2COOH $H_2N-CH-COOH$	Glu (E)	산성 곁사슬

* pH 7.0에서, 염기성 성분보다 극성, 친수성 단위로서 더 작용하는 경계 위치의 아미노산

모글로빈과 미오글로빈을 운반하는 작용을 한다. 많은 효소 내에 금속 성분들이 실제 촉매 반응을 일으키는 활성점이다.

여러 가지 단백질들은 보결분자족의 존재 유무뿐만 아니라, 폴리펩타이드 사슬 내에 존재하는 다른 아미노산 성분 때문에 구분이 된다. 일반적으로 아미노산은 20개 정도이지만(표 8.1), 20개의 성분으로 이어지는 순열조합의 수는 막대하다. 만약 300개 이하의 단위로 된 작은 단백질 내에 12개의 상이한 아미노산이 동일한 양으로 존재해 있다면 10^{300}개 이상의 상이한 아미노산 연쇄가 존재할 수 있다.

폴리펩타이드 내에 있는 일련의 아미노산 연쇄를 **1차 구조**(primary structure)라 한다. 이것이 고분자 사슬의 **입체 형태**(conformation)를 결정하고 있으며, 또 "랜덤한 코일", 구부러져 있거나 나선형으로 된 세그먼트의 존재를 결정하는 **2차 구조**(secondary structure)도 알려져 있다(18장 참조). 사슬 내에 랜덤 코일의 위치, 굽힘 및 α-나선형의 위치, 분자 간 가교나 상호인력이 작용하는 성분들의 위치 등에 의해 전반적인 분자 모양이 결정되며, 이를 **3차 구조**(tertiary structure)라고 부른다. 2차 및 3차 구조 특성은 초분자계 내에서 각 단백질 사슬들이 덩어리를 형성하는 방식에 영향을 미친다. 이와 같이 덩어리를 형성하는 방식을 **4차 구조**(quaternary structure)라 한다. 따라서 폴리펩타이드 사슬 내 아미노산의 정확한 배열은 특정 단백질의 특성과 기능을 결정하는 주요한 인자 중의 하나이다.

8.3.2 아미노산

이미 설명한 바와 같이, 일반적인 단백질에는 20개의 상이한 단량체 분자들이 발견되었으며, 이들 성분들이 사슬을 따라 연속적으로 "암호화(coding)"되어 있어 이것이 단백질의 형태와 대부분의 기능을 결정한다. 일반 아미노산들을 표 8.1에 나타내었다.

여러 가지 아미노산들 중 두 가지 중요한 차이점은 특정한 성분이 내부 S—S 가교(cystein 성분)를 일으킬 수 있느냐 없느냐에 있으며, 더 중요한 것은 같은 사슬에 있는 다른 성분들이 부착된 곁사슬들이 서로 당기거나 밀치는 능력의 정도이며, 이들은 사슬의 입체 형태를 결정한다. 표 8.1에 나타낸 아미노산들은 곁사슬의 친유성, 친수성, 염기성 또는 산성 등의 특성에 따라 분류되어 있다. 액상 분위기하에서, 친유성기들은 기름 방울들이 물에서 엉기는 것과 같은 방법으로 서로를 당기는 효과가 있다. 더구나 높은 쌍극이나 전하를 띠고 있는 기들은 다른 쌍극이나 반대 전하를 띤 성분들을 당긴다. 특정한 아미노산들은 보결분자기들이 결합할 수 있는 위치를 제공한다. 예를 들어, 히스티딘(histidine)의 이미다졸 성분은 단백질과 헤모글로빈과 미오글로빈 내 Fe(II)-포피린(porphyrin) 단위를 배위 결합하도록 한다.

8.3.3 여러 가지 단백질과 그들의 기능

단백질은 섬유질과 구형 단백질로 크게 나누어진다. 이런 분류 방법은 고분자의 입체 형태의 특징과 생물계 내 단백질이 기여하는 작용과 밀접한 관계가 있다.

섬유질 단백질 섬유질 단백질은 포유류, 새 및 파충류의 보호 조직 및 결합 조직에서 발견되는 딱딱하고 불용성인 물질이다. 이들은 X선 회절 기술로 연구된 최초의 고분자이며(19장 참조), 그들의 2차 구조는 구형 단백질류의 것들보다 훨씬 간단하다. 섬유질 단백질은 α-케라틴류, 콜라젠류 그리고 β-케라틴류의 3가지로 나누어진다.

α-케라틴류는 머리털, 양모, 뿔, 손발톱, 깃털 그리고 가죽에서 발견되며, 대체로 이들 물질은 탄성이 없다. 이들은 옛날부터 인간들에 의해 사용되어 온 딱딱하거나 유연한 원료 물질들이다. α-케라틴에서 볼 수 있는 분자 구조 형태는 수소가 결합된 α-나선형이다. 대부분은 많은 α-나선형 사슬들이 서로 엉켜 "밧줄(rope)" 형태를 취하고 있다. 그림 8.2에 이것을 나타내었다. 섬유질 α-케라틴류의 α-나선형 배열은 우선성 나선형으로 배열된 L-아미노산 성분으로 되어 있다. α-케라틴 물

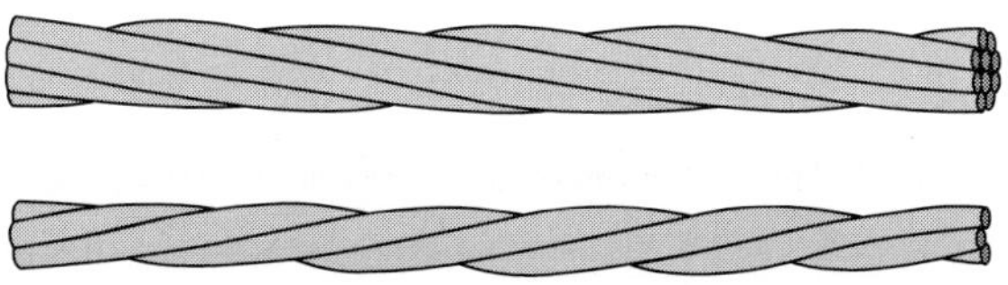

그림 8.2 "로프"를 형성하는 α-나선형 폴리펩타이드의 과밀꼬임(supercoiling)

질의 강도와 강성(toughness)은 그의 입체 형태 내의 나선 구조를 붙들고 있는 다중 수소 결합과 시스테인 성분 사이의 —S—S— 가교의 존재로 알 수 있다. 그래서 환원제를 사용하여 가교의 절단과 S—H의 결합을 형성하여 α-케라틴 구조를 연화시킬 수 있다.

콜라젠은 포유류의 연결 조직과 힘줄에 존재하는 딱딱하고 섬유질성의 단백질이다. 이 단백질에서는 일반적인 α-나선형 배열을 하지 않고 있다. 대신에, 각 폴리펩파이드 사슬들은 두 개의 다른 사슬끼리 분자 간 수소 결합을 하여 삼중으로 꼬인 밧줄 형태를 한 느슨한 나선 구조를 하고 있다. 이런 배열은 사슬 서로끼리 미끄러지지 않도록 한다.

세 번째 섬유질 단백질 구조는 β-케라틴이나 실크 피브로인(silk fibroin)이다. β-케라틴류는 열이나 "증기"에 의한 습기에 노출될 때 어느 정도 연신된다. 이런 현상은 분자 내 수소 결합이 절단되어 α-나선형 코일이 펼쳐진 지그재그 입체 형태로 전환하기 때문이다. 그렇게 되면 펼쳐진 사슬들은 분자 내 수소 결합을 함으로써 이웃 사슬과 연결되어 주름잡힌 시트 배열을 형성하게 된다.

구형 단백질 구형 단백질류는 수용액 매체에 녹는다. 이들은 생물계에서 일어나는 화학 반응에 참여한다. 효소들, 항체류, 헤모글로빈, 미오글로빈, 세륨알부민 그리고 몇 가지 호르몬류는 모두 구형 단백질이다. 구형 단백질류는 섬유질형과는 다르다. 왜냐하면 이들은 α-나선 구조와 나선 구조가 아닌 세그먼트 둘 다를 함유하고 있는 복잡하게 겹쳐 있는 분자이기 때문이다. 단백질 내에는 물 분자들이 있기도 하고, 보결분자기들도 가끔 존재한다.

구형 단백질 구조들을 상세히 설명하는 것은 이 장의 범위를 벗어난다. 실제로 현재 상세하게 구조가 밝혀진 구형 단백질은 없다. 구형 단백질의 구조와 기능을 부분적으로나마 알기 위해서는 3가지 접근 방법이 필요하다. 첫째로는, 각 사슬에 존재하는 아미노산 연결 성분들이 화학적인 방법에 의해 규명되어야 하며, 둘째로, X선 회절 또는 NMR, ESR 또는 스펙트럼 기술을 사용하여 사슬의 입체 형태와 보결분자족의 위치들을 결정해야 한다. 셋째로, 같은 사슬 내 여러 가지 아미노산 성분 사이의 인력이나 반발력으로 인해 2차와 3차 구조로 되어 있는가를 파악해야 한다. 이런 3가지 연속적인 단계를 실시해 감에 따라 난이도는 더욱 증가한다. 그래서 여태 구형 단백질이 완전히 규명되고 있지 않은 것 같다.

구형 단백질 중 미오글로빈, 사이토크롬 c와 라이소자임(lysozyme)에 대해서만 설명한다. 미오글로빈은 모든 포유동물의 조직 내에 존재하는 철을 함유한 단백질이며, 고래류나 물개류와 같은 수중에서 수영하는 척추동물의 근육들에서 발견된다. 이 단백질의 기능은 산소를 저장하는 역할을 한다. 미오글로빈은 분자량이 약 16,700이며, 153개의 아미노산 성분을 가진 비교적 간단한 단백질이다. 이것은 한 개의 폴리펩타이드 사슬에 한 개의 Fe(II)-포피린이나 헴(heme) 단위가 부착되어 있다. 헴 단위의 한쪽 면은 히스티딘 부분의 이미다졸 성분에 철로서 배위 결합되어 있다. 반면에, 두 번째 히스티딘 부분은 반대쪽 같은 자리에 느슨하게 위치하고 있다. 그림 8.3에 이 배열을 나타내었다. 폴리펩타이드 사슬은 비나선형 벤드(bend)로 분리된 8개의 나선형 영역으로 나누어진다. 3차 구조 전부는 헴 성분을 둘러싸고 있는 유연한 상자 형태를 하고 있으며, pH가 변함에 따

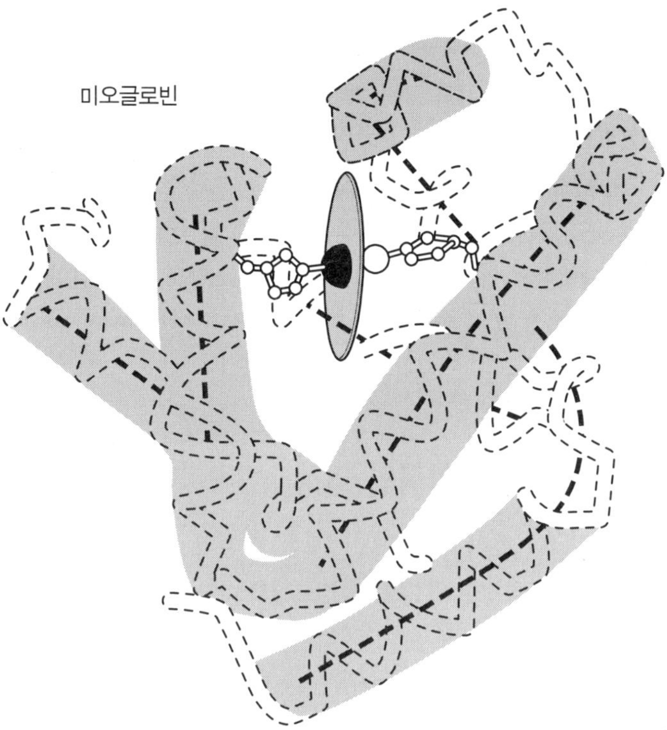

그림 8.3 꼬여진 미오글로빈 단백질 사슬 내 Fe(II)-포피린 단위의 위치

라 상자 형태와 중심 공동(cavity)이 약간 변화하며, 분자가 pH 7.5에서 산소와 결합하며, 탄산 가스나 젖산에 의해 주변 조직의 pH가 낮아질 때는 방출된다. 헤모글로빈은 거대 분자 내에 응집된 4개의 미오글로빈성 분자들을 함유하고 있다. 미오글로빈과 헤모글로빈의 합성 모델과 일시적으로 가능한 치환제들에 관해서는 연구되어 있다(24장 참조).

사이토크롬 c는 동식물류에 폭넓게 분포되어 있는 단백질이다. 그 기능은 말단 산화 사슬 내 산화–환원 중간체로서 작용한다. 사이토크롬 c는 일반 조성상 미오글로빈과 유사하며, 104개의 아미노산 성분으로 된 단일 폴리펩타이드 사슬과 헴 단위로 되어 있다. 그러나 α-나선 구조 부분은 함유하고 있지 않으나 대신에 β-케라틴류에 대해 이미 설명한, 펴진 β-입체 형태를 한 성분들을 많이 함유하고 있다. 더구나 사이토크롬 c의 헴 단위는 미오글로빈과 헤모글로빈에서처럼 히스티딘 성분에 배위 결합으로 연결되어 있지 않으나, 대신에 주사슬 중 두 개의 시스틴 성분들로 연결된 포피린 고리에 붙어 있는 두 개의 곁사슬을 통해 배위 결합되어 있다.

라이소자임은 근육이나 달걀 흰자 내에 존재하는 효소이며, 박테리아의 세포벽을 공격하여 박테리아를 죽인다. 라이소자임은 금속 원자나 보결분자기를 함유하고 있지 않다. 129개의 아미노산 성분으로 구성된 1개의 폴리펩타이드 사슬로 되어 있다. 이 사슬은 4개의 분자 내 시스틴 가교(disulfide bridge)와 오직 3개의 α-나선형 세그먼트를 가지고 있다. 3차 구조는 친유성 아미노산 성분이 분자의 내부에, 친수성 성분은 바깥쪽에 있는 형태로 되어 있다. 그 구조는 구형 내에 전반적으로 찌그러지거나 갈라진 틈이 있는 특징이 있으며, 활성 다당류 절단 위치가 있을 것이라고 추측되는 곳이 갈라진 틈이다.

부동 단백질 매우 인상깊은 단백질이 물고기에 의해 사용되는데 이는 매우 추운 물에서 수영시 수용성 유체 내의 물이 어는 것을 방지해 주는 역할을 한다. 녹는점(T_m) 내림의 일부가 14장에 설명되어 있는데 14장에는 분자량을 측정하기 위한 녹는점 내림 측정법이 기술되어 있다. 그러나 이 식들을 체액 내의 부동 단백질의 양과 분자량을 대입하면 소량의 T_m 내림만 관측할 수 있다. 대부분의 녹는점 내림은 동적이어서 부동 단백질들이 물의 결정 표면에 붙어 있어 성장하는 것을 방해한다.

8.3.4 단백질의 생물학적인 합성

생물세포 내 단백질들은 효소들의 작용으로 리보솜 위치의 아미노산류에서 합성되며, m-RNA 내 핵산의 배열에 의해 구조가 결정된다. 중합에 필요한 에너지는 ATP에 의해 공급된다.

단백질 합성은 4단계로 일어난다. 첫 단계는 아미노산들이 에스터화 반응에 의해 효소적으로 t-RNA 분자에 결합되며, 둘째로 아미노산-t-RNA 에스터와 m-RNA 사이에서 **개시 콤플렉스**가 형성된 다음, m-RNA가 지시한 암호에 따라 아미노산 성분이 연속적으로 증가(buildup)하기 시작하여 폴리펩타이드가 합성된다. 각 아미노산 성분이 도입되고 난 후에, m-RNA와 t-RNA-폴리펩타이드 사슬 둘 다가 다음으로 지정된 위치를 향하여 리보솜을 따라 움직인다. 끝으로, m-RNA가 최종으로 정해준 지시가 수행된 후에는 완성된 단백질은 리보솜으로부터 분리된다. 단백질의 합성은 2차 아미노산의 아미노산 잔기와 1차 아미노산의 **카복실산 말단**(carboxylic acid end) 사이의 축합 반응으로 시작된다.

단백질류를 생물학적으로 합성하는 것은 이제 생물공학 분야의 주요한 일부가 되고 있다. 유전자 결합 기술을 이용하면 박테리아의 DNA나 고등 유기체를 만들 수 있다. 박테리아 세포 내 변형된 DNA는 본래의 물질과는 아미노산의 배열이 다른 변성된 단백질이 형성된다. 이것은 단백질 내 여러 가지 아미노산 배열층의 영향과 3차 구조의 특징을 연구하는 수단으로 사용된다. 한편, 만약 다른 유기체로부터 외부 유전자가 박테리아성 DNA 속으로 도입되면, 박테리아 세포는 외부 유전자의 특성을 가진 단백질을 생산할 것이다. 이런 방법으로 인간의 인슐린과 같은 단백질들을 대규모로 생산할 수 있다.

8.3.5 폴리펩타이드의 실험적인 합성

동종 중합체 합성 호모폴리펩타이드류는 글리신, 알라닌 또는 페닐알라닌과 같은 간단한 아미노산류와 일반 축합 반응(2장)에 의해 바로 합성될 수 있다. 그러한 고분자들은 단백질이 아니다. 즉, 이들은 물에 거의 녹지 않으며, 매우 결정성이 높고 다분산성 분자량을 가지며, 용액이나 고체 상태에서 중첩된 입체 형태로 되어 있지 않다. 그러나 호모폴리펩타이드류는 섬유나 흡수성이 있는 외과 봉합사로서 공업적으로 관심의 대상이 되고 있으며, 이들은 입체 형태를 결정하거나 천연에서 생기는 폴리펩타이드류 내 특정 아미노산 성분들이 행하는 역할을 평가하는 중요한 모델을 제시한다. 또한 18장에서 설명한 것과 같이, 단백질류에 관한 입체 형태 에너지 계산을 위한 기초 데이터를 제공하고 있다.

공중합체 합성 단순히 자연 상태에서 생성하는 폴리펩타이드류는 세심한 일련의 공중합 반응으로서 합성되어 왔다. 단백질 합성에 있어 중요한 문제는 성장 분자의 **양끝**에서 축합이 방해를 받는다는 것이다. 폴리펩타이드 사슬은 한쪽 말단기에서만 정상적인 축합이 일어나면서 단계적으로 커져야 한다. 그러한 공정에서는 원치 않고, 배열이 되지 않은 반응이 일어나는 것을 방지하기 위해 "봉쇄기(blocking group)"나 "보호기(protective group)"를 사용해야 한다. 그 방법은 식 (10)에 나타내며, X와 Y는 보호기이다. 축합 단계에서 일반적으로 사용되는 탈수제는 다이사이클로헥실카보다이이미드이다.

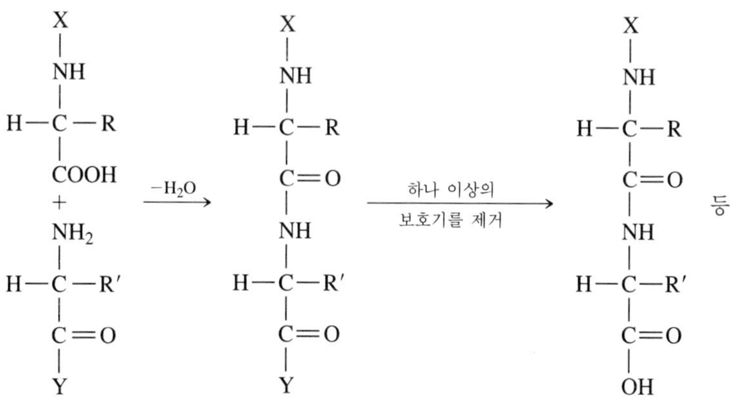

(10)

일반적인 실험실에서는 이 방법을 사용하여 인슐린 사슬들의 합성뿐만 아니라, 9~39개의 성분을 함유한 간단한 펩타이드 호르몬 합성을 하고 있다. 그러나 복잡한 단백질의 합성에 이런 공정을 확대 적용하는 것은 매우 힘든 일이다. 여러 가지 일련의 단계를 자동적으로 작동하여 복잡한 폴리펩타이드 공중합체를 높은 수율로 생산할 수 있는 기계가 1959~1964년[1] 사이에 개발되어 단백질 합성에 뚜렷한 돌파구가 마련되었다.

전 공정이 진행되는 기본 개념은 다음과 같다. 폴리펩타이드 사슬은 불용성이나 용매에 팽윤이 되는 수지 입자에 부착된 분자 말단에서 합성된다. 이러한 것은 단순히 고체 입자들을 여과하여 각 단계의 공정에서 부반응 생성물, 용매류, 기타 물질 등을 제거한다. 이러한 방법을 사용함으로써 각 단계에서 생성된 펩타이드를 결정화하여 정제에 필요한 시간 소비와 힘든 작업을 하지 않아

[1] R. B. Merrifield, *Science*, **1965**, *150*, 178.

도 된다. 이 기계는 아미노산, 용매 그리고 시약 저장소가 선택 밸브를 통해 연결되어 있으며, 각 반응 용기에 측정용 펌프가 부착되어 있다. 불용성 수지는 클로로메틸에터와 염화주석으로 처리하면, 클로로메틸화된 가교 폴리스타이렌이 된다[반응 (11)]. 기계의 핵심은 반응 용기에 들어가는 일정량의 시약과 용매의 양을 마이크로스위치류로 조절하는 컴퓨터이다.

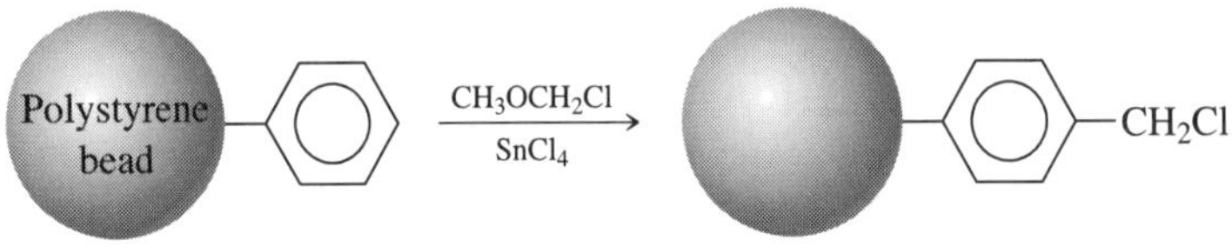

(11)

또한 컴퓨터는 반응 시간과 각 반응 단계의 마지막에 사용되지 않은 시약과 용매를 제거하는 여과 공정을 조절한다. 장치의 도식적인 흐름도를 그림 8.4에 나타내었다. 작업자는 컴퓨터 내 일련의 화학적인 작동을 프로그램한 다음, 합성이 컴퓨터에 의해 제어가 되도록 한다. 합성 단계는 다음 과정을 거쳐 진행한다.

7에 나타낸 것처럼 아미노산 출발 물질은 먼저 아미노산 성분에서 봉쇄가 일어나고, 첫 번째 아미노산이 카복실산기(**8**)를 통해 수지와 결합한다. 산으로 **8**을 처리하면, CO_2와 아이소뷰틸렌과 같은 봉쇄기가 제거된다. 그런 다음 두 번째로, 아미노기가 봉쇄된 아미노산은 다이사이클로헥실카보다이이미드와 같은 강력한 축합제를 사용하여 다시 결합시킬 수 있다. 이런 단계들을 여러 번 반복하여, 마지막으로 폴리펩타이드는 다이플루오로아세트산에 브로민화수소를 녹인 시약으로 처리하여 수지로부터 분리한다.

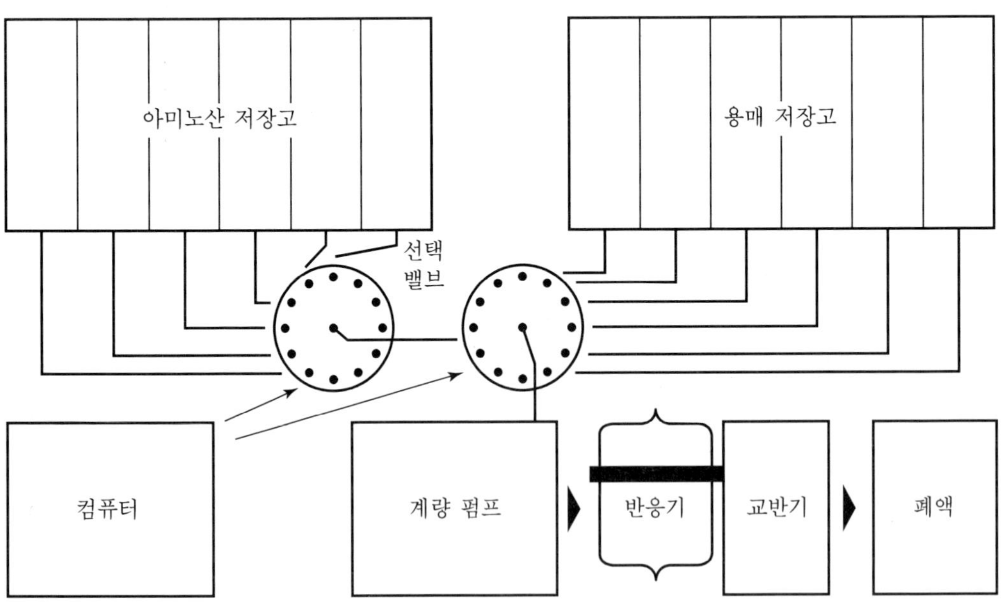

그림 8.4 Merrifield 단백질 합성기의 개략도

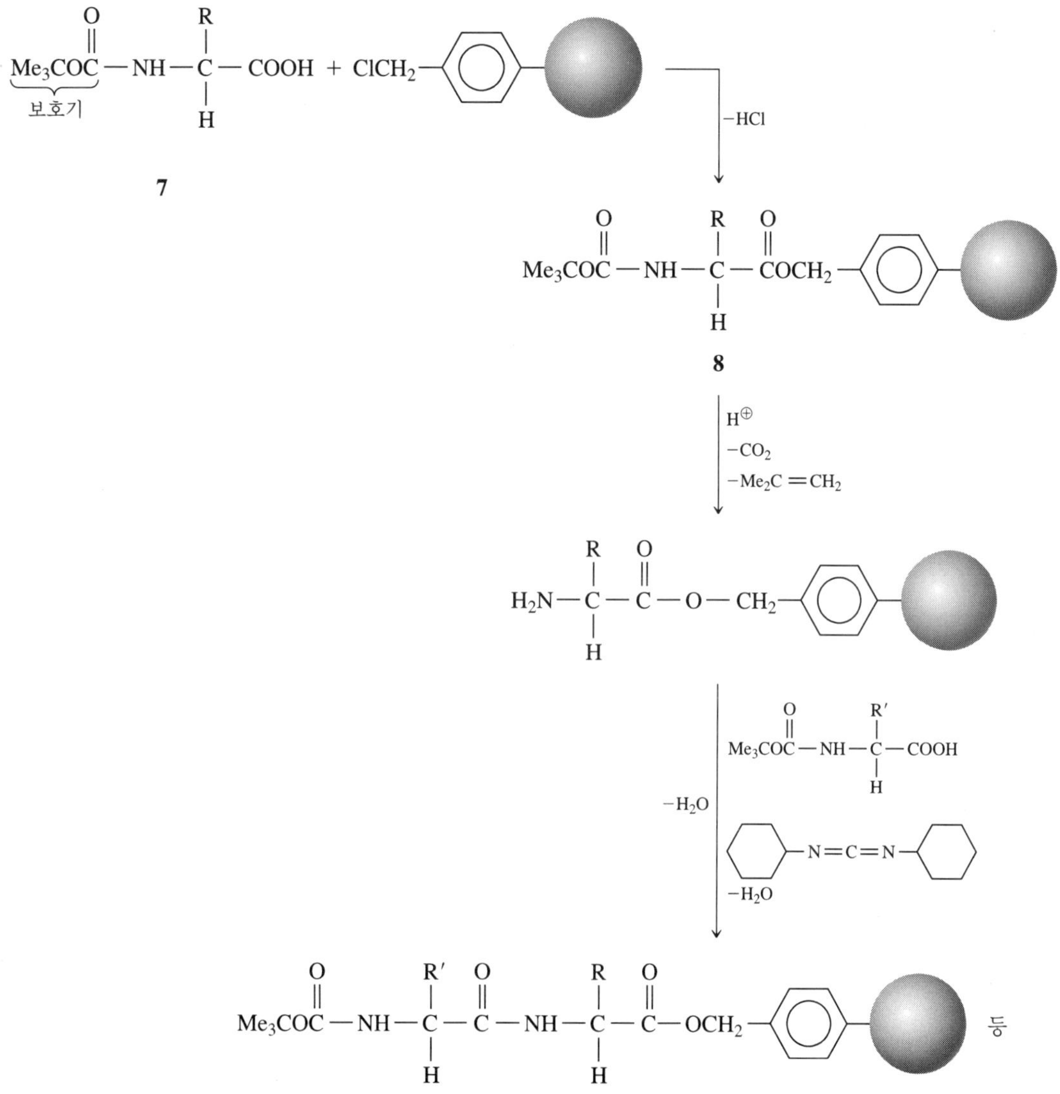

각 단계에서 높은 수율과 배열의 자동적 특성을 가진 nonapeptide, bradykinin이 27시간(펩타이드 결합당 3시간) 내에 합성되었다. 21개 성분으로 된 인슐린의 A-사슬은 8일 내에 합성되었으며, B-사슬(30개 성분)은 11일만에 합성되었다. 124개 성분으로 된 Ribonuclease는 6주만에 합성되었다. 이 공정의 큰 결점은 같은 위치에서 반응이 일어나 100% 생성물로 되지 않는다는 것이다. 공정 중 어떤 단계에 사슬 성장 반응이 일어나지 않았던 고정화된 사슬들은 결함을 가진 폴리펩타이드로 축적된다. 그래서 합성시 가능한 한 모든 단계에서 100% 전환율에 가깝도록 최대한의 노력을 하는 것이 중요하다. 각 단계에서 시약을 과잉으로 사용함으로써 높은 수율을 얻을 수 있으며, 과잉으로 사용된 것은 여과에 의해 고정화된 생성물로부터 쉽게 제거될 수 있다.

분자 생물학과 생화학 실험실에서 주로 Merrifield 합성기를 사용하는 것은 보편화되어 있으며, 비생물학적 축합 고분자 합성에서도 이제 사용되기 시작하고 있다.

단백질 합성 분야에서 가장 최근의 독특한 노력 중의 하나는 존재하는 유기체에 의해 제공되는 선택들을 넘어선 유전자 코드를 확장하는 것이다. 이것은 "비자연적인" 아미노산들을 삽입하여 원하는 단백질을 만드는 작업이며 새로운 생명 형태도 가능하게 된다. 이제까지의 두 가지 주된 접근 방법으로는 stop codon suppression법과 정확하지 못한 아미노산들을 제거하는 데 editing scheme transfer RNA synthetase를 사용하지 못하게 하는 것이다.

8.3.6 단백질들의 반응

변성(denaturation)**과 재꼬임**(recoiling) 단백질들의 생물학적 활성은 그 구조와 분자 입체 형태에 바로 연관되어 있다. 이것은 특히 구형 단백질류에서 그러하다. 따라서 2차 또는 3차 구조를 분해하면, 생물학적 활성은 파괴된다. 열, 과다한 냉각, pH 변화나 많은 화학약품들이 이런 효과를 가지고 있다. 이런 과정을 **변성**이라고 하며, 이것은 가역 또는 비가역적이다. 달걀 흰자를 가열할 때 응고되는 것은 비가역적인 변성이다.

변성으로 인해서 단백질의 화학적 조성은 변화되지 않는다는 것을 알아야 한다. 아미노산 성분들은 본래와 같은 배열로 존재한다. 다만, 사슬의 입체 형태가 일정한 나선 구조와 벤드(bends)의 형태가 보다 무질서한 코일 배열로 변화된 것이다. 이미 알고 있는 바와 같이, 3차 구조는 주로 친유성과 친수성의 분자 내 상호작용에 주로 의존한다[몇 가지 단백질에서는 이황화(disulfide) 결합의 존재가 더 있다]. 따라서 생물학적으로 활성이 있는 입체 형태는 교란시키는 조건이 제거되면 다시 회복할 수 있을 것으로 생각된다. 실제로 이것은 생물 세포 내가 아닌 실험실에서도 가능하다. 사슬들의 재겹침은 구부려지고 꼬인 사슬들이 서로 여러 가지 인력 형태를 띠고서 분자를 생물학적인 활성 형태로 되돌려놓음에 따라 자발적으로 일어난다. 거대 분자로 된 단백질들의 각 사슬들이 우선 분리되어 서로 뭉쳐질 때 이같은 현상을 관찰할 수 있다. 헤모글로빈은 α-와 β-사슬의 혼합물에서 그 자체들끼리 신속히 재집합한다. 또한 헴 성분들이 제거되고 난 다음 구조 내로 재결합한다. 더구나 효소들의 금속 원자들은 제거되어 전 활성 손실을 일으킬 수 있으나, 금속을 재도입하면 촉매력을 회복한다. 몇 가지 효소에서, 여러 가지 금속 원자들은 단백질 복원(renaturation) 단계에서 도입되어, 원래의 것과 비슷한 생물학적 활성을 가진 금속을 함유한 단백질을 생성한다. 그러한 금속의 작용들은 효소 활동의 반응 기구를 규명하는 데 중요하다. 현대 고분자 연구의 주요한 분야로는 왜 그리고 어떻게 단백질 꼬임이 일어나는가 상세히 이해하는 것이다.

아미노산 성분과 꼬인 단백질 형태 사이에 관계가 맺어지면 사슬을 따라 하나 또는 소수의 아미노산 잔기들을 바꾸어서 단백질 기능이 변화될 수 있다. 단백질 꼬임이 독립적인 아미노산 잔기들의 소수성과 친수성에 기인하며 입체성, 수소 결합 능력, 내부 가교 능력 등에도 기인하므로 구형 단백질의 형태와 기능을 예측할 수 있다. 간단한 고분자로부터 어떻게 이렇게 할 수 있는지에 관한 힌트를 18장에 기술하였다. 다른 아미노산 성분들에 대한 단백질의 입체 형태를 예측하는 데 도움을 줄 수 있는 컴퓨터 프로그램이 가능하고 실험적으로 얻은 입체 형태와 계산에 의한 입체 형태를 비교하여 이러한 프로그램들이 꾸준히 향상되고 있다. 궁극적으로는 컴퓨터 시뮬레이션을 통해 새롭고 원하는 폴리펩타이드 성분을 디자인할 수도 있을 것이며 따라서 살아 있는 세포 내의 DNA를 변형시켜 그 단백질을 구할 수 있게 될 것이다.

가수 분해 반응 단백질을 올리고머 형태의 펩타이드류와 아미노산류로의 가수 분해 전환은 선사 이래 인간들이 동식물의 조직을 아교로 또는 젤라틴과 같은 바로 섭취할 수 있는 식료품으로 전환하는 데 사용되어 온 반응이다. 보다 정교하게 행하면 단백질들은 선택적으로 가수 분해되므로 구조를 확인하는 방법으로 사용될 수 있다. 기본적인 가수 분해 반응은 (12)에 나타낸다. 산성하 가수 분해(예를 들어, 밀폐된 계에서 100～120°C에서 10～24시간 6*N* 염산으로 처리)를 하면 유리 아미노산의 염산염이 생성된다. 트립토판(tryptophane)은 이 과정에서 파괴되며, 글루타민과 아스파라진은 글루탐산과 아스파트산으로 전환된다. 그러나 일반적으로 가수 분해물의 아미노산 조성은 단백질의 조성을 반영한다. 알칼리성 가수 분해에서는 트립토판은 분해하지 않으며, 다른 아미노산이 파괴된다.

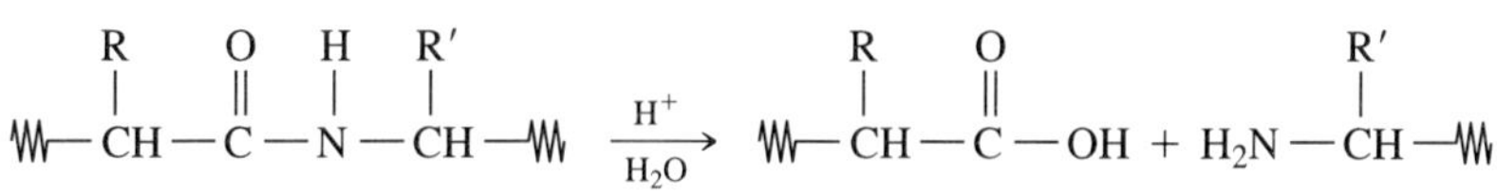

(12)

단백질 분석은 두 가지 방법으로 할 수 있다. 첫째로, 종이 크로마토그래피, 전기 영동이나 이온 교환 크로마토그래피를 사용하여 가수 분해물의 총 아미노산 조성을 결정하는 것이며, 둘째로, 사슬 내 아미노산 성분들의 **순서**를 반드시 결정해야 한다. 이 일련의 작업에는 (1) 사슬 말단에 아민이나 카복실기-말단 성분의 확인, (2) 트립신(trypsin)을 사용하여 단백질을 절단하여 올리고머성 펩타이드류로 한 다음, 이들 단편 말단 성분을 확인하는 것이다. 이 작업은 배열을 알 수 있을 때까지 계속한다.

아민 말단 아미노산의 확인 작업은 2,4-다이나이트로플루오로벤젠과 단백질을 반응시켜 행한다. 이 시약은 식 (13)에 나타낸 것과 같이 말단 또는 아민기와 반응하며, 가수 분해 반응에서도 절단되지 않는다.

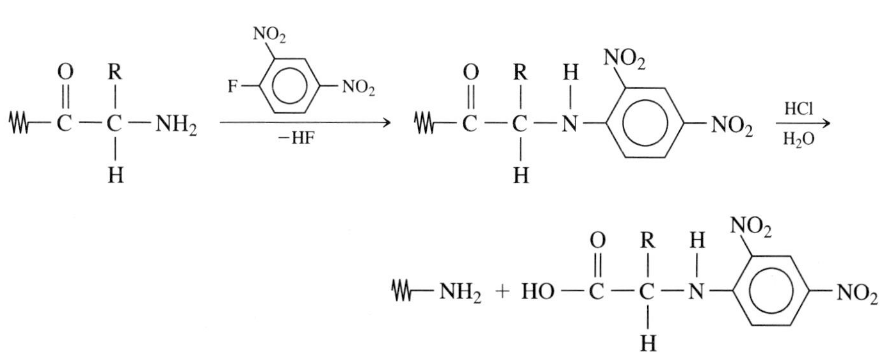

(13)

다음 가수 분해에서 아미노산 혼합물이 생성되며, 그 중 하나는 2,4-다이나이트로플루오로벤젠(DNP)을 포함하고 있다. 또한 페닐아이소사이아네이트도 식 (14)에 나타낸 것처럼 아민 말단과 반응하는 시약으로 사용될 수 있다. 이 시약의 이점은 페닐싸이오하이단토인(phenylthiohydantoin) (**9**)을 생성하는 가수 분해 반응에서 오직 말단 아미노산만 제거하는 것이다. 따라서 이 공정은 실제의 아미노산 배열을 결정하기 위해 반복적으로 계속할 수 있다. 카복실기 말단 성분은 알코올로 환원하여, 단백질의 가수 분해와 아미노 알코올을 확인하거나 카복시펩티데이스를 사용하여 말단 성분을 효소 분해하여 확인할 수 있다.

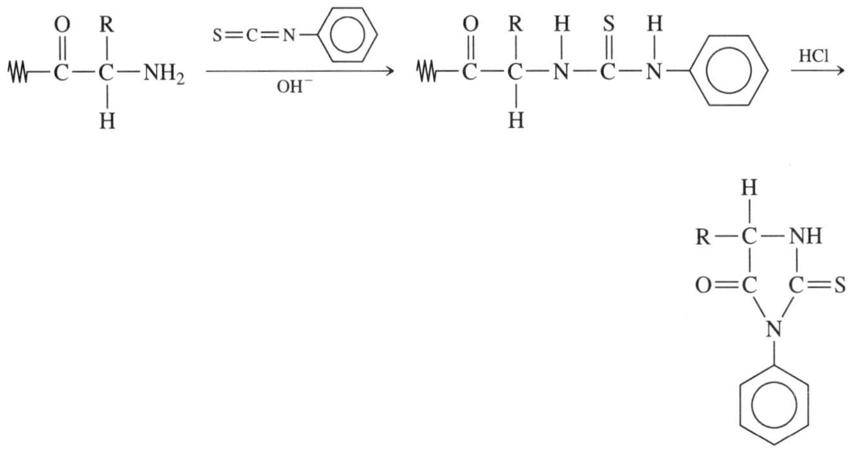

9

(14)

특정 아미노산 성분에 인접한 펩타이드 골격 결합을 선택적으로 분해하는 몇 가지 시약들이 알려져 있다. 브로민이나 *N*-브로모석신이미드는 타이로신펩타이드 결합들을 선택적으로 분해한다. 메싸이오닌(methionine)펩타이드 결합은 아이오딘아세트아마이드나 cyanogen bromide를 사용하여 분해한다. 그 밖에 많은 선택적 분해 공정이 알려져 있다.

단백질 곁사슬기의 반응 첫 번째로 가장 분명한 것은 deuterium oxide나 tritium oxide를 사용하여 고분자를 처리함으로써 펩타이드 결합의 수소 원자들을 교환할 수 있다[식 (15)]. 그러나 교환율은 사슬 내 특정 펩타이드 결합의 위치나 역할에 좌우된다. 친유성 곁사슬기(R)나 N—H기를 가진 수소 결합은 교환을 지연한다. 따라서 변성되지 않는 단백질의 특정 아미노산 성분의 환경을 검토하는 데 듀테륨-교환 방법이 사용된다.

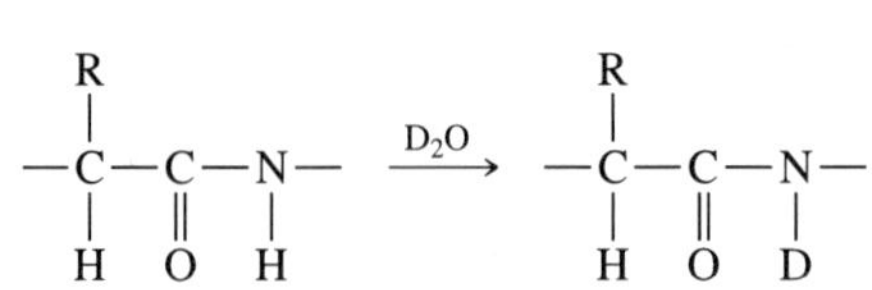

(15)

단백질에 있는 다른 치환기(R)들은 —OH, —COOH, $—NH_2$, —NH—, $—CONH_2$, —SH나

—SCH_3 작용기들이 있으며, 이들은 적당한 시약을 사용하면 반응한다. 그러한 반응들은 구조를 결정하는 데 사용하거나, 생리학적 거동에서 나타나는 변화를 관찰하기 위해서 특정 위치에서 단백질이 변성되게 할 수 있다. 공업적인 규모에서는, 결사슬기 반응은 단백질을 함유한 생성물의 전반적인 물리적 특성을 향상시키는 데 사용된다.

할로젠을 함유한 시약은 —SH, —OH, —NH_2나 —COOH기와 반응한다. 예를 들어, 아이오딘아세트산인 ICH_2COOH는 —SH나 —NH_2기와 반응한다. 시스테인 성분들은 이런 방법을 사용하여 확인되며 변성이 된다[식 (16)].

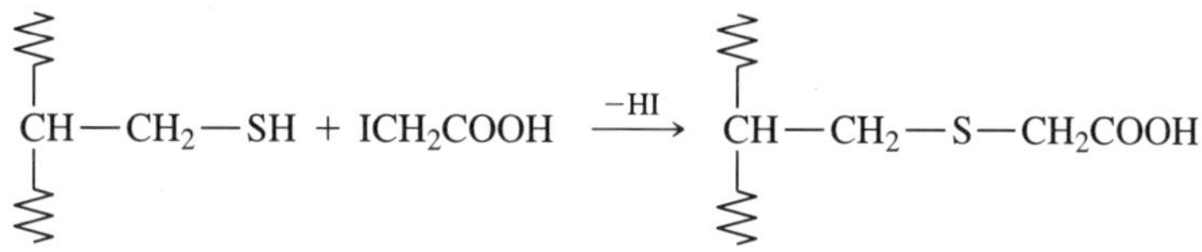
(16)

아실할로젠화류나 무수물류는 —OH, —NH_2, —COOH기와 반응한다[식 (17)]. 아세트산 무수물은 양모의 아미노기를 거의 90% 아실화시킨다.

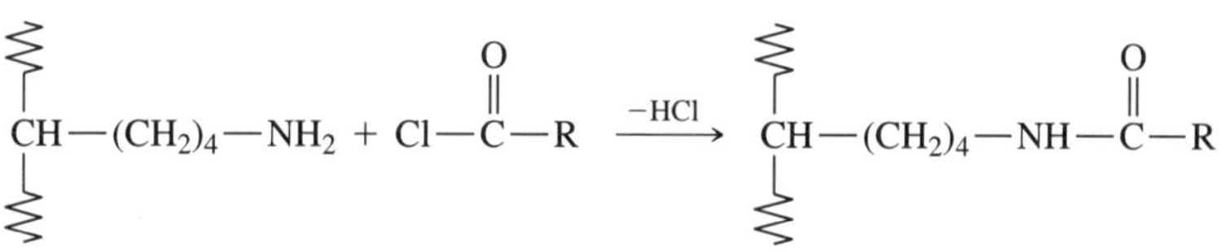
(17)

카복실산기는 산성 매체하 알코올류와 반응하여 에스터화한다. 아황산은 —OH나 —SH기들과 반응하여 황산에스터류나 싸이오에스터류를 생성한다[식 (18)].

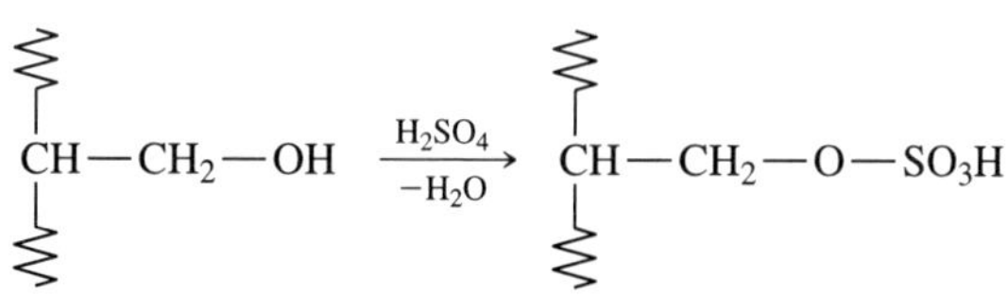
(18)

타이로신 단위의 방향족 성분을 질산화하기 위해서는 온화한 조건하에서 질산으로 처리한다. 격렬한 질산화 반응 조건으로 행하면 단백질의 분해를 일으킨다. 중성이나 염기성 매체하에서 단백질들을 아이오딘화하면 타이로신 성분은 3,5-다이아이오도타이로신 단위로 전환된다.

단백질들은 다이아조염과 반응하여 다이아조단백질을 생성한다[식 (19)]. 한편, 단백질 그 자체는 아질산과 다이아조화하여 아민과 커플링된다[식 (20)].

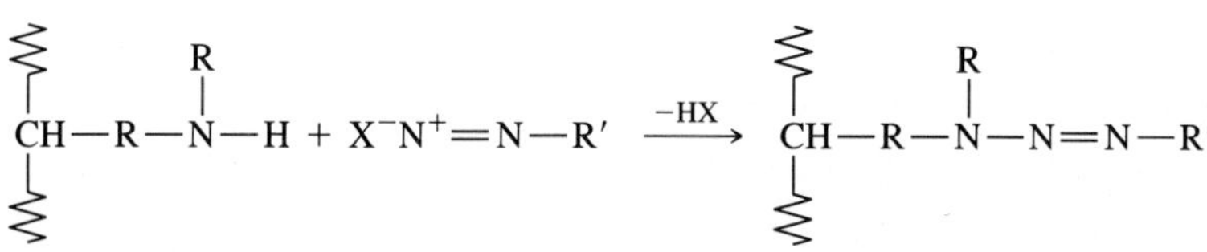
(19)

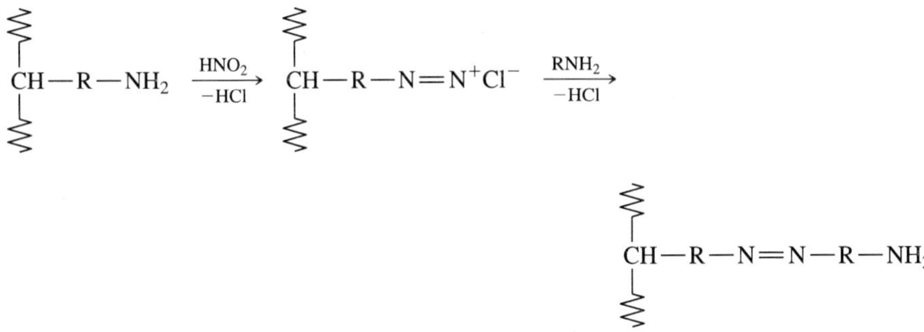

(20)

많은 불포화 시약들은 단백질과 부가 반응을 한다. 예를 들어, 반응식 (21)에 나타낸 것과 같이, 폼알데하이드는 아미노기나 아미도기에 부가되어 메틸올 유도체를 형성한다. 2장에서 설명한 바와 같이 메틸올기는 축합하여 중합체 분자들 사이에 가교가 형성되는 경향을 보이고 있다. 아이소사이아네이트류는 —OH, —SH 혹은 —NH_2기에 부가될 수 있다. 반응 (22)에 한 예를 나타내었다.

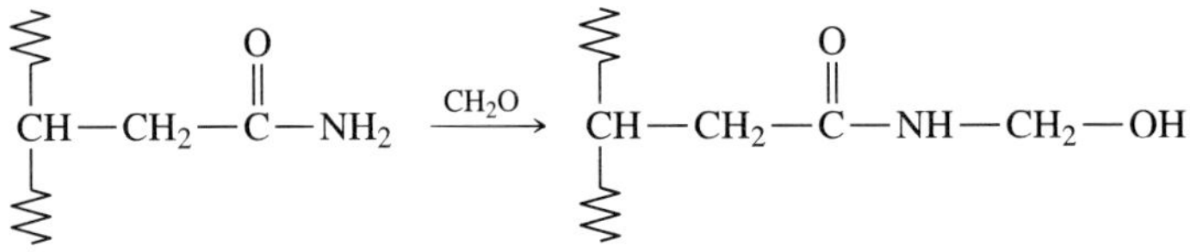

(21)

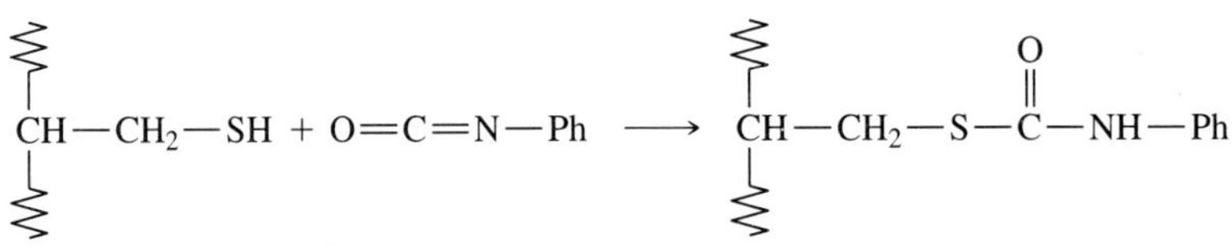

(22)

가교를 수반하는 반응들 단백질류에서 발견되는 주요한 가교 단위는 이황화(disulfide) 결합이다(10). 이황화 결합들은 식 (23)에 나타낸 산화 공정에 의해 시스테인 성분으로부터 생긴 것이다. 단백질류의 가교에서 재미있는 사실은 두 가지가 있다. 즉, (1) 시약을 사용하여 이황화 결합을 절단하는 것과 (2) 단백질계 내에 새로운 가교를 도입하는 반응의 연구이다.

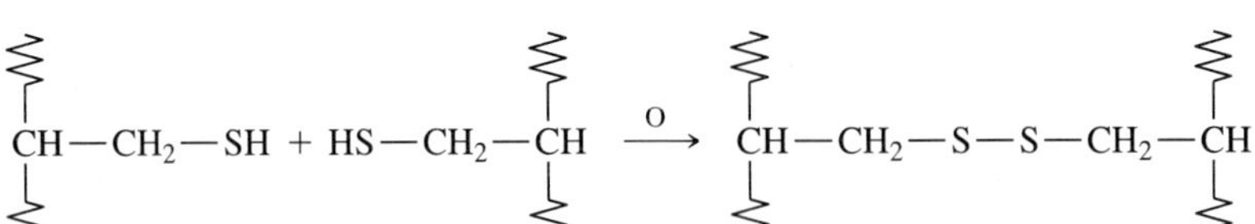

(23)

10

이황화 결합들은 결합을 산화시키는 과산소산류(performic이나 peracetic acid류) 과산화물류 또는 염소와 borohydride류, bisulfite류 또는 싸이올류 같은 환원제 시약으로서 절단할 수 있다. 물이나 수산기 이온은 가수 분해에 의해 이황화 결합을 절단한다. 열이나 UV선도 결합을 파괴한다. 물론, 원래의 가교가 파괴됨으로써 단백질은 물에서 팽윤하거나 심지어 녹기까지 한다.

단백질을 좀 더 가교시키면 기술적으로 유용한 물질로 된다. 예를 들어, 가죽, 양모 또는 실크들이 산, 알칼리, 산화제 또는 곤충류의 공격에 대해서도 안정한 것은 가교를 별도로 시켰기 때문이다. 많은 시약들이 이러한 목적으로 사용되고 있다. 앞 장에서 설명한 많은 반응들은 변성시켜 가교를 생기게 할 수 있다. 가죽을 형성하고 있는 동물의 피부를 탄닌류(나무껍질 페놀성 추출물), 크로뮴염이나 또는 폼알데하이드 등으로 처리하여 탄닌 작업을 행함으로써 수소 결합, 공유 결합 또는 금속 배위 결합에 의해 콜라젠 사슬의 가교가 일어난다.

8.3.7 효소의 고정화

생물학적 세포계 외부에서 효소-촉매 화학 반응이 일어날 수 있다는 것은 생화학과 일반 유기합성 두 분야에 많은 이점이 되고 있다. 그러나 대부분의 효소는 세포 밖에서는 안정성에 제한이 있으며, 반응물과 생성물을 분리하기가 어렵다. 따라서 고체나 젤 고분자성 담체 위에 효소를 고정화하려는 시도가 실험실에서나 공업적 규모로 폭넓게 개발되어 왔다. 놀랍게도, 효소의 활성은 고정화 후에도 유지된다. 어떤 경우에는 효소의 변성에 대한 저항성이 실제로 향상되고 있다.

고분자의 표면이나 가교된 고분자 젤류에 효소를 공유적으로 결합시키기 위해 여러 가지 기술이 개발되고 있다. 여기서 몇 가지 예를 설명한다. 우선, 표면이나 가교된 젤매트릭스 어느 한 곳에 작용성기를 가진 담체 고분자를 사용해야 한다. 비록 친수성 표면이 효소에 대해 가장 적합한 환경을 제공한다는 생각이 들기는 하지만, 실제 친유성 표면도 꽤 잘 작용한다. 담체 고분자 위에 다양한 작용성기를 작용시킬 수 있다(OH, NH_2, COOH기 등). 커플링 반응은 단백질의 노출 말단인 아민 말단 단위와 같은 특정한 위치에 이상적으로 일어나야 한다. 커플링 반응에 대한 예는 Scheme 1에 나타내었다.

이같은 방법으로 고정화된 효소에는 트립신과 글루코스-6-포스페이트와 같은 것들이 있다.[1] 젤에 효소를 커플링시키는 것은 *N*-아크릴록시석신이미드 반복 단위를 함유한 폴리아크릴아마이드 공중합체를 사용하면 된다. Scheme 2에서 나타낸 바와 같이 곁사슬기들은 효소의 아미노 말단들과 반응한다. 이 커플링 방법은 비교적 민감한 많은 효소들을 고정화하는 데 유용하다. 대체적으로, 분산된 효소 분자들을 포함한 고체상의 수용성 고분자를 방사선 가교시키면 효소가 가교점들 사이의 물로 채워진 영역 내에 물리적으로 포집된 수화젤을 얻게 된다.[2] 방사선에 의해 유도되어 단백질이 젤 고분자에 붙는 것도 가능하다.

효소를 고정화하는 최대 이점으로서는 효소-지지 콘쥬게이트 입자(conjugate particle)들을 컬럼 내에 채워 연속 흐름 반응기에 사용할 수 있다는 것이다. 이러한 것은 생화학 또는 화학제품을 연속적이고 대규모로 생산할 수 있게 한다. 대규모 생산에 있어 효소 공정을 이용한다는 관점에서 고분자 담체 위에 박테리아, 식물, 곰팡이 또는 동물세포를 고정화하는 것이 연구되고 있다.

---

[1] H. R. Allcock, and *Macromolecules*, **1986**, *19*, 1502.

[2] H. R. Allcock, S. R. Pucher, and K. B. Visscher, *Biomaterial*, **1994**, *15*, 502.

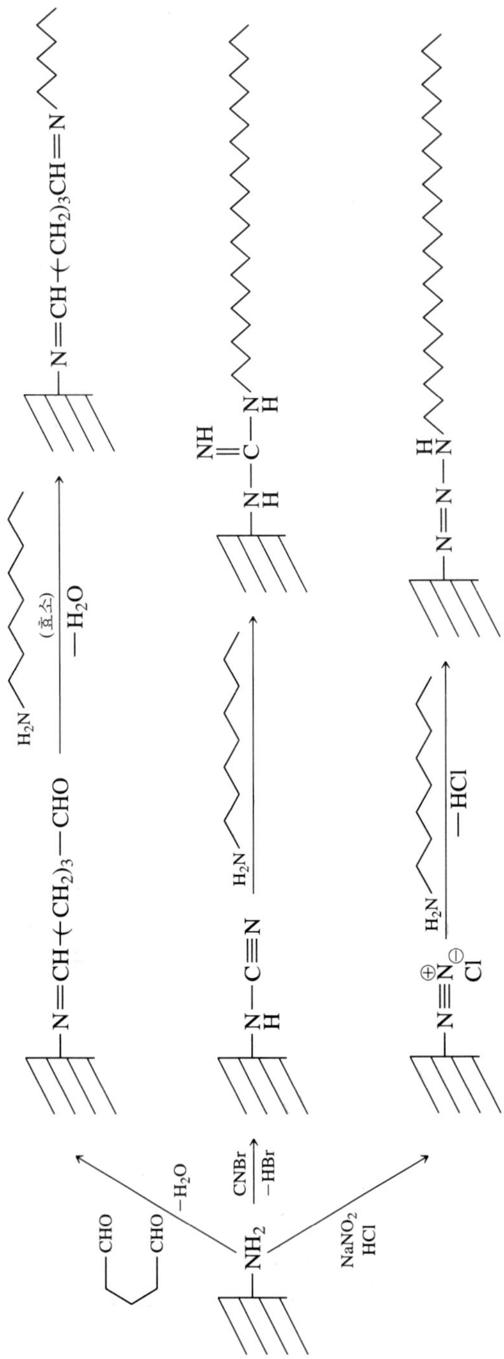

Scheme 1

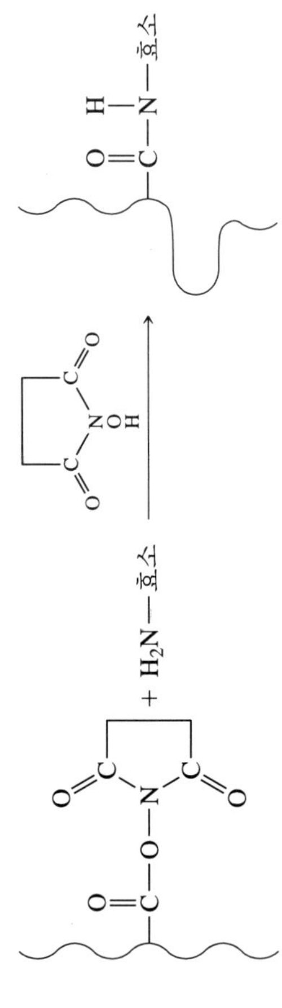

Scheme 2

8.4 폴리뉴클레오타이드류

8.4.1 폴리뉴클레오타이드의 일반 조성

폴리뉴클레오타이드는 고분자이며, 생물 세포에 존재하고, 유전 정보를 저장, 복제, 단백질 합성을 지시하는 틀(template)을 제공하는 역할을 한다. 이들은 매우 밀접하게 관련이 있는 단량체 분자들 사이에서만 축합하여 형성되는 복잡한 공중합체이다.

폴리뉴클레오타이드는 데옥시리보핵산(DNA)과 리보핵산(RNA)의 두 가지 종류가 알려져 있다. DNA 분자들은 세포핵의 염색체 유전자 내 유전 정보를 저장하며, 세포 분열 중 그 정보를 복제하는 역할을 한다. RNA 분자들은 DNA 분자들에서 리보솜 분자로, 그들 구조 내 암호로 된 정보를 전달하며, 단백질 합성의 형태를 지시한다.

폴리뉴클레오타이드류가 만들어지는 단량체를 모노뉴클레오타이드라고 한다. 각 단량체는 세 부분으로 구성되어 있다. 주쇄 내 인산 성분과 당 성분 그리고 당(**11**)에 부착된 곁사슬기를 구성하는 이종 원소 고리 유기 염기가 그것이다. 여러 가지 모노뉴클레오타이드 단량체들은 두 가지 당, 즉 고리로 된 탄소수 5개의 리보스(**12**)나 데옥시리보스(**13**) 중 하나와 (**14**)~(**18**)에 나타낸 것과 같은 5개의 이종 원소 고리 염기들 중 하나를 함유하고 있다. 몇 가지 폴리뉴클레오타이드류에서 다른 미량의 염기들도 발견되었다. 주쇄 내 인산염에 당이 연결되는 위치는 **로서 표시되어 있으며, 당과 이종 원소 고리 염기 사이의 연결 위치는 †로서 나타내어져 있다. 따라서 특정 뉴클레오타이드 단량체 성분은 **19**에 나타낸 것과 같다.

RNA는 당 리보스와 4개의 염기인 아데닌, 구아닌, 사이토신, 유라실 및 이들 염기들이 메틸화된 것들의 미량을 함유하고 있다. DNA의 여러 가지 형태들에는 당 데옥시리보스와 4개의 염기인 아데닌, 구아닌, 사이토신과 타이민 및 주 염기류가 메틸화된 유도체들은 특이한 미량의 염기를 함유하고 있다. 대부분 세포의 RNA량은 DNA량의 5~10배이다.

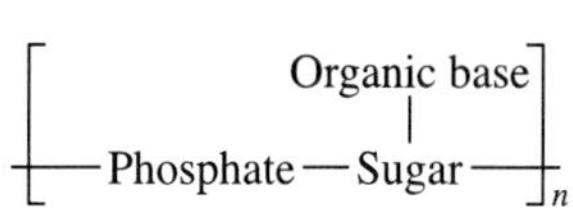

11

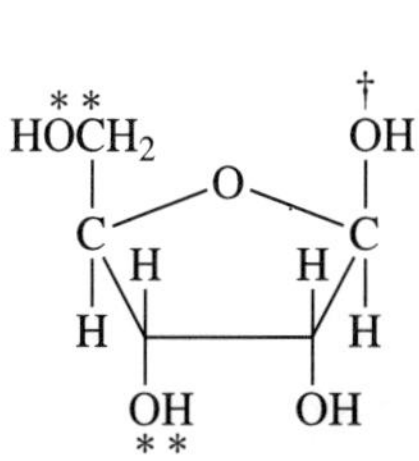

12
리보스(Ribose)

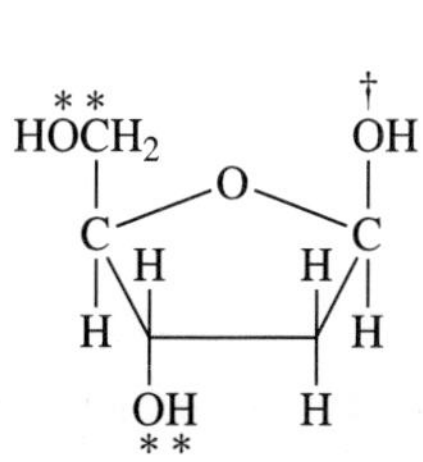

13
데옥시리보스(Deoxyribose)

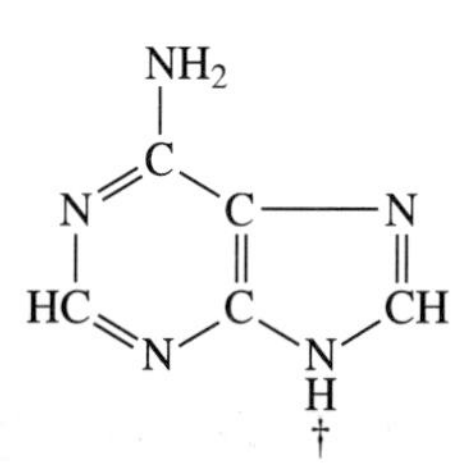

14
아데닌[Adenine(A)]

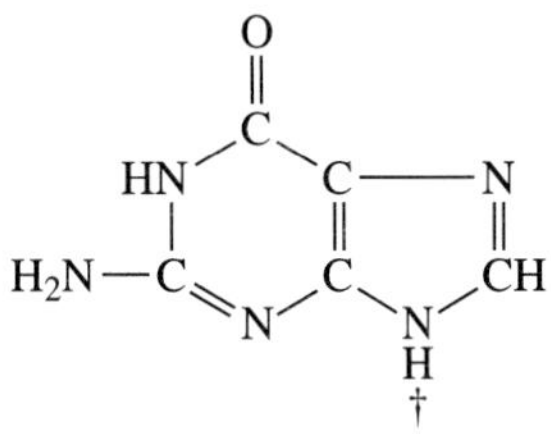

15
구아닌[Guanine(G)]

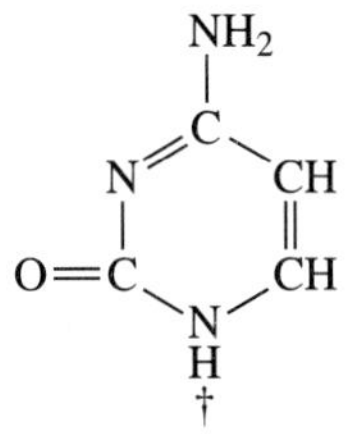

16
사이토신[Cytosine(C)]

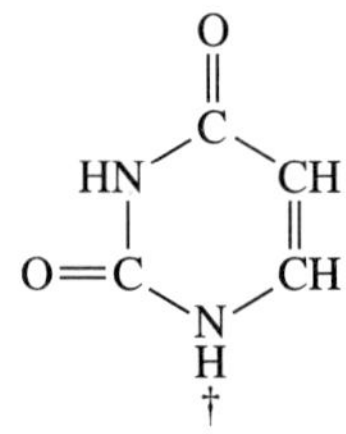

17
유라실[Uracil(U)]

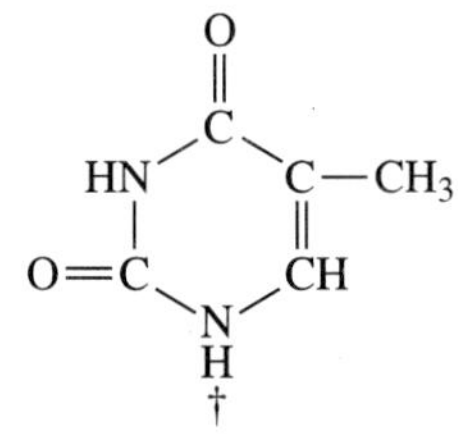

18
타이민[Thymine(T)]

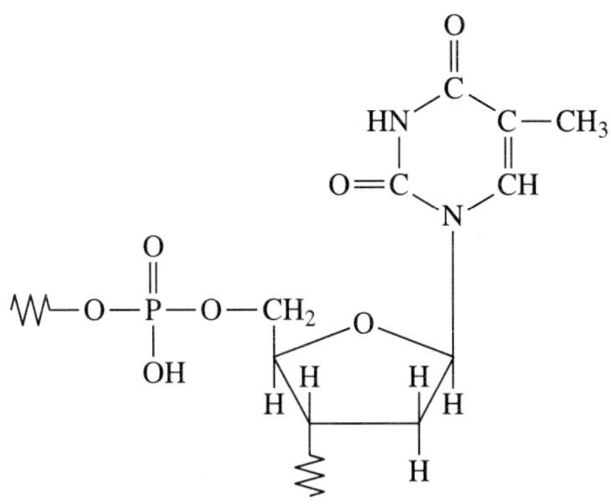

19

세포 내 DNA 분자의 배열은 복잡하여 인간 세포에서는 23쌍의 염색체가 함유되어 있으며, 약 30,000개의 유전자들이 이 염색체 물질에 골고루 분포되어 있다. 각 유전자는 1000개에서 100,000개 이상의 뉴클레오타이드 단량체 단위를 함유하고 있는 단일 유전자로서 한 단백질을 암호화하고 있다. 그러나 사람의 염색체는 약 30억 염기쌍으로 되어 있기 때문에, 이는 존재하고 있는 염기쌍의 약 1~1.5%에 대해서만 설명하고 있다. 나머지 98.5~99%의 역할은 아직 밝혀져 있지 않다.

인간의 모든 유전자를 그리기 위해 여러 실험실이 참여하는 프로젝트가 출범하여 2000년에 최초의 결론에 도달하여 2001년에 대략적인 수의 유전자가 밝혀졌다. 도입된 기술로는 DNA를 조각들로 자르고 컴퓨터로 각기 다른 조각들의 말단 영역을 중첩시키고 단위들을 조합시켜 23개의 인간 염색체 각각을 나타낸다. 이러한 작업의 중요한 목표는 유전자 내의 뉴클레오타이드 성분과 그로부터 생성되는 단백질과의 연관성을 알아내어 인간 건강을 위해 특정한 단백질 생산을 촉진시키거나 억제시키는 방법을 알아내기 위한 것이다.

식물과 동물의 DNA를 다른 유기체로부터 유전자를 도입하여 변형시키는 것은 잘 확립되어 있으나 현재 농업이나 동물 생물학에서 논쟁거리 중 하나이다.

8.4.2 여러 가지 폴리뉴클레오타이드류의 역할

DNA 데옥시리보핵산은 궁극적으로 단백질 합성 형태를 결정하는 일련의 고분자의 해독 암호를

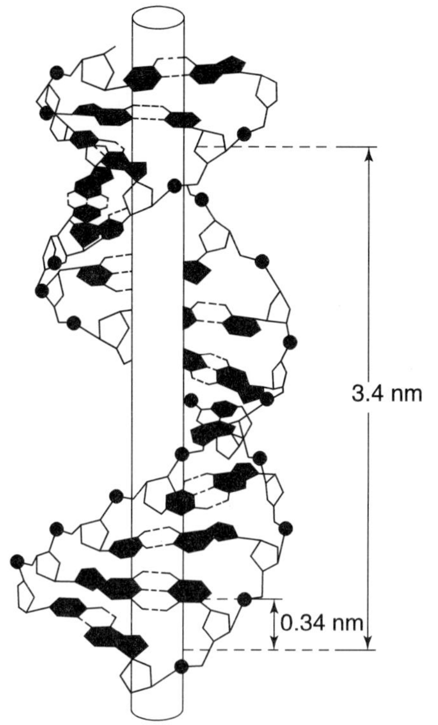

그림 8.5 DNA 이중 나선 구조. 5각형은 당 성분을 나타내며, 검은 점은 포스페이트 단위의 위치를 나타내고, 점선은 수소 결합을 나타낸다.

제공한다. 각 DNA 거대 분자 단위는 "이중 나선" 형태로 서로 감겨진 두 개의 고분자 가닥으로 구성되어 있다고 알려져 있다. 이중 나선은 나선 구조 내부의 등평면에 염기쌍이 쌓여져서 서로 붙들고 있다(그림 8.5). 허용이 가능한 염기쌍의 조합은 **20**과 **21**에 나타낸 수소 결합 연결 형태로 서로 붙들고 있는 각 염기쌍이 아데닌-타이민과 구아닌-사이토신이다. 이렇게 쌓인 배열에는 나선 구조 내부에 염기류와 바깥쪽에 당-포스페이트 주쇄가 위치하고 있다. 복제는 이중 나선의 두 개 가닥이 분리되어, 그들 각각이 새로운 보충 동종체를 합성하기 위한 틀(template)로서 작용하여 이루어진다(그림 8.6). 몇 개의 DNA 분자들은 선형보다는 고리형을 하고 있다.

아데닌

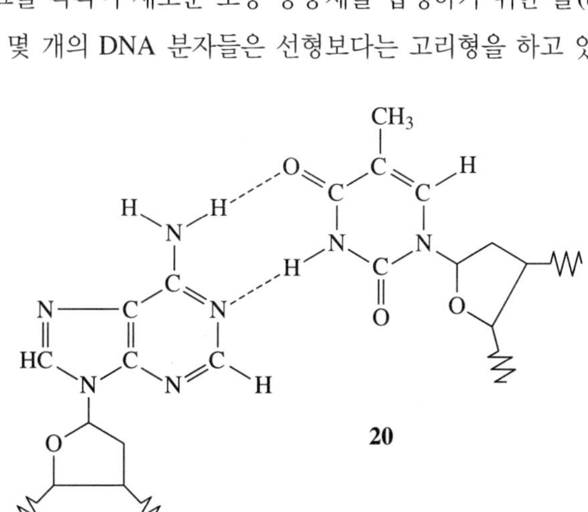

타이민

20

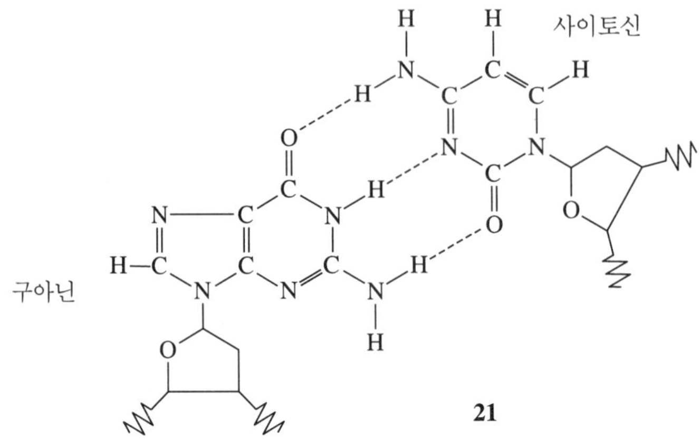

21

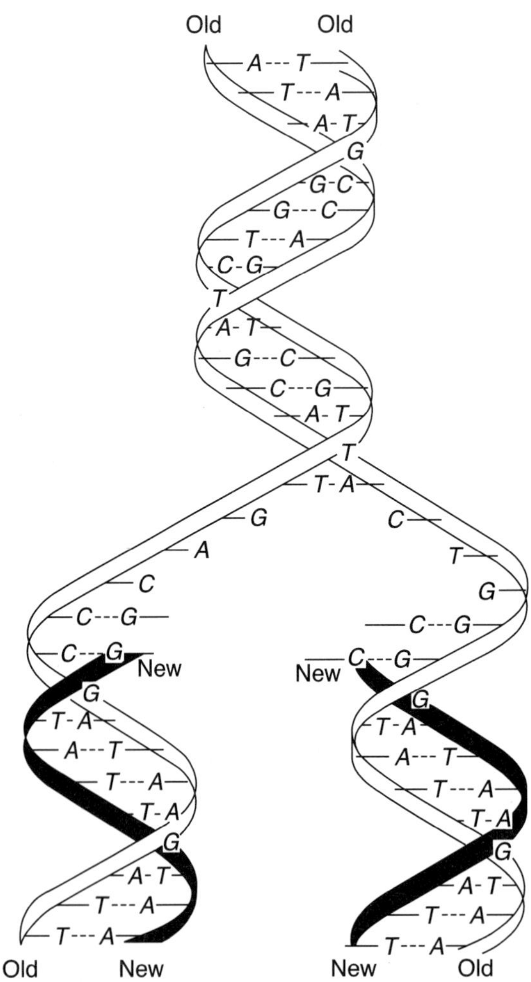

그림 8.6 DNA 복제 메커니즘의 도식적 표현. 오래된 DNA 띠 둘 다는 틀(template)로서 작용하여 트라이포스페이트류의 영역에서 단량체 단위로 배향한다. 중합은 효소인 DNA synthetase의 작용으로 일어난다.

m-RNA 이런 형태의 RNA는 세포핵 내에서 생기는 단일 가닥의 폴리뉴클레오타이드이다. 이것은 리보솜 위치에서 단백질 합성용 틀로서 작용하며, 틀로서 사용되는 단일 가닥의 DNA에서 효소 작용에 의해 합성된다. 그래서 m-RNA는 관련 DNA 가닥의 염기를 보충하는 역할을 한다.

t-RNA 이러한 분자들은 사슬이 짧은 폴리뉴클레오타이드(75~90개의 단량체로 되어 있음)이며, 리보솜 위치에서 m-RNA로 아미노산을 전달한다. 각 형태의 t-RNA들은 각 형태의 아미노산을 옮긴다. 아미노산들은 카복실산 성분과 아데닐산의 **말단 성분**인 2′나 3′의 수산기 사이에서 형성된 에스터 결합에 의해 폴리뉴클레오타이드에 연결된다.

Ribosomal RNA 이름에서 알 수 있는 것처럼, 이런 형태의 폴리뉴클레오타이드는 리보솜에 존재하며, 단일 가닥의 고분자로 추정된다. 그 기능은 확인되지 않으며, 리보솜류는 단백질과 관련된 RNA를 구성하고 있다.

바이러스 바이러스들은 단백질막에 의해 둘러싸인 폴리뉴클레오타이드핵을 함유한 거대 분자 구조로 이루어져 있다. 존재하고 있는 폴리뉴클레오타이드의 형태에 따라, RNA나 DNA 바이러스로 나누어진다. 이들은 생물 세포의 공격과 리보솜으로부터 host m-RNA 분자를 해체하는 작용을 한다. 그런 다음, 바이러스 폴리뉴클레오타이드는 바이러스를 위해서 단백질막으로 된 host 세포로서 합성을 위한 틀을 마련하며, 또한 보다 많은 바이러스 폴리뉴클레오타이드 합성이 되도록 한다. 많은 바이러스들은 결정화되어 있어 X선 회절이나 전자 현미경으로 연구되고 있다(그림 8.7 참조).

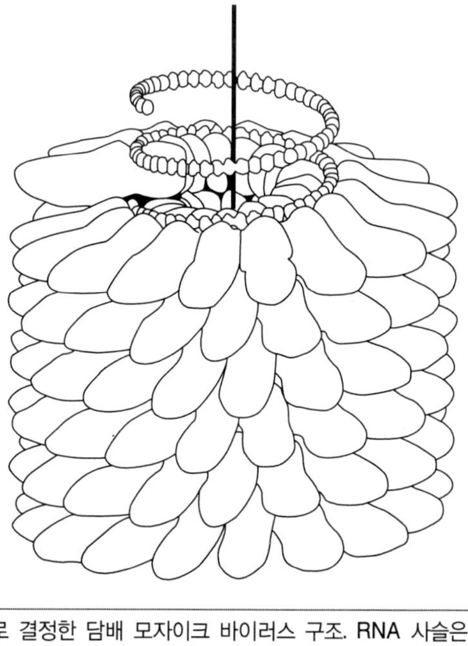

그림 8.7 X선 구조 해석으로 결정한 담배 모자이크 바이러스 구조. RNA 사슬은 단백질 소단위에 의해 둘러싸인 내부 나선 구조로 나타낸다.

8.4.3 폴리뉴클레오타이드류의 고분자량의 암호화

DNA 분자 내 염기들의 선형 암호 배열은 특정한 단백질 내에서 아미노산 성분의 선형 배열에 크게 작용한다는 것이 알려져 있다. 이미 살펴본 바와 같이, DNA의 염기 배열은 m-RNA 사슬의 보충된 염기 배열로 "전환"된다. 이어 단백질 형성의 실제 틀로서 작용한다. 특정 아미노산을 설명하기 위해서 필요한 폴리뉴클레오타이드 사슬에 부여된 정확한 암호의 성질이 밝혀져 있다. 한 아미노산을 설명하는 데는 배열 내 오직 3가지 염기 분자들만이 필요하다. 따라서 m-RNA 사슬의 GCU 배열은 알라닌용 암호이며, CUG는 루이신용 암호이다. 그러나 **몇 가지** 유사한 뉴클레오타이드 "용어"가 **같은** 아미노산을 암호로 하고 있다면, 그것은 계가 변질되고 있다는 것을 의미한다. 이것은 폴리뉴클레오타이드 사슬 내 어느 한 점에서 돌연변이가 정보를 방해하는 경우에 안전 장치를 제공하는 것으로 생각된다. 삼중 암호 정보는 한 단백질 사슬의 끝과 다음 사슬의 출발점에 존재하나, 사슬 내의 각 아미노산용 삼중 암호 사이에는 "punctuation 암호"가 존재하지 않는다. 따라서 만약 삼중으로 된 한 암호(C, A, G나 U)에서 돌연변이로 인해 같은 아미노산이나 최소한 유사한 배열이 생기면 유리한 점이 있게 된다. 그 결과, 돌연변이가 일어난 후 계의 변질로 인해 단백질 합성이 잘못되는 것을 방지하며, 최악의 경우에도 진화적 생존을 할 수 있는 아미노산 조성에 거의 변화가 없도록 한다. 뉴클레오타이드 배열에 대한 돌연변이적 변화의 영향에 대한 철저한 조사가 되고 있으며, 이 분야의 연구에 상당한 영향을 미치므로 계속 진행될 것이다.

8.4.4 폴리뉴클레오타이드류의 합성과 변성

생물 세포 내에서의 합성 DNA는 잘 알려진 효소인 DNA 폴리머레이스(polymerase)의 작용으로 생물 세포 내에서 뉴클레오타이드 단량체로부터 합성된다. 이 공정은 틀과 반응 "primer"로서 작용하는 미리 형성된 단일 가닥의 DNA[1]가 존재할 때만 일어난다. *Escherichia coli* 박테리아에서 추출되는 DNA 폴리머레이스는 약 1000개의 펩타이드 성분을 함유한 단일 사슬의 폴리뉴클레오타이드이다. 이 효소는 분당 약 1000개의 펩타이드 성분을 폴리뉴클레오타이드 사슬로 만들 뿐 아니라, 과잉의 pyrophosphate가 존재할 때는 폴리뉴클레오타이드 사슬을 가수 분해적으로 깨뜨리는 촉매 작용도 한다. 두 번째 효소인 DNA ligase는 완전한 DNA 분자를 합성하는 데 촉매 작용을 할 수 없으나, 깨어진 폴리뉴클레오타이드 사슬을 재생시키거나 선형의 박테리아성 폴리뉴클레오타이드를 고리화하여 고리형 DNA를 형성한다. 다른 요소들은, DNA 사슬들이 UV선 조사에 노출될 때 형성되는 가교들을 깨는 역할을 한다.

RNA형 폴리뉴클레오타이드 사슬들은 RNA 폴리머레이스 효소 작용으로 모노뉴클레오타이드 단량체로부터 합성된다. 이 경우 DNA는 마그네슘 이온 존재하에서 틀과 사슬 프라이머로서 작용

[1] 확실히 이중 나선 DNA는 중합 틀로서는 완전히 비활성이다.

한다. 고농도의 pyrophosphate가 존재할 때는 동일 효소가 폴리뉴클레오타이드 사슬을 한 번 더 분해할 수 있다.

유전자 접합(Gene splicing) 효소들은 DNA 분자들의 특정 위치를 분해하는 데 활용할 수 있다(제한 효소). 다른 효소들은 폴리뉴클레오타이드 말단 단위들을 결합하는 능력이 있다. 이러한 과정이 숙주 세포(host cell)의 DNA 속에 핵산 성분을 삽입할 수 있게 한다. 삽입되는 물질은 생물 물질로부터 나온 것이나 합성 고분자일 수도 있다. 그런 다음, 변성된 DNA는 "외부" 단백질의 생산을 지시한다. 생물학적 기술에서 이런 현상은 충격으로 받아들여지고 있다.

폴리뉴클레오타이드류의 실험실 합성 폴리뉴클레오타이드 포스포릴레이스 효소는 모노뉴클레오타이드류에서 동종 중합체나 공중합체를 합성하기 위해 실험적 작업에 사용되고 있다. 이러한 합성 뉴클레오타이드류는 단백질 합성시 사용되는 삼중 암호를 해독하는 중요한 실험에 이용된다.

효소를 사용하지 않고 올리고머성 뉴클레오타이드 사슬을 제조하는 것은 자동화된 합성기에서 축합 반응을 통해 행해지고 있다. 화학 반응은 매우 특이하고, 복잡한 보호-비보호된 프로토콜(protocol)이 필요하기는 하지만, 적용되는 근본 원리는 폴리펩타이드 합성기에서 사용되는 것과 유사하다. 사슬 성장을 고정화하기 위해 사용되는 고체상은 실리카 입자나 합성 고분자이다. 블록을 형성하는 보호된 염-당-인 화합물들이 우선 모아지고, 그런 다음 이들은 서로 짝지어 배열하게 된다. 현재 여러 가지 많은 화학적인 방법이 사용되고 있으나, 반응에 나타낸 것은 특히 자동화된 합성에 유용하다고 보고되어 있다. 소위 phosphoramidite route라 불리우는 이 방법은 올리고머성 뉴클레오타이드가 생성되고 난 후 3가인 원자들이 포스페이트 결합으로 산화되는 것이다. 그런 다음, 이런 방법으로 형성된 올리고머성 뉴클레오타이드 단위의 짧은 블록들은 서로 연결되어 더 긴 사슬을 형성하게 된다.

8.4.5 폴리뉴클레오타이드류의 반응

사슬꼬임(Coiling)**과 사슬풀림**(uncoiling) **반응** DNA의 이중 나선 구조는 주로 염기쌍들 사이의 수소 결합으로서 서로를 붙들고 있다. 수소 결합은 비교적 약하다. 즉, 이들은 액상계에서 온도를 올리거나, 수소보다도 산소나 질소에 보다 더 신속히 배위할 수 있는 시약을 첨가하거나, 또는 알코올류, 케톤류 또는 요소를 첨가하면 깨어질 수 있다. 이런 이유로 해서, DNA 이중 나선 구조는 꼬이지 않고, "용융"이라고 알려진 변성 공정에서 각각의 단일 가닥으로 분리될 수 있다. 용융 현상은 변성이 일어나는 과정에서 점도가 급격히 감소하거나 260 nm에서 UV 흡수가 증가되는 것으로 알 수가 있다. 여러 가지 세포원에서 채취된 DNA들은 다른 용융 온도를 가지고 있다.

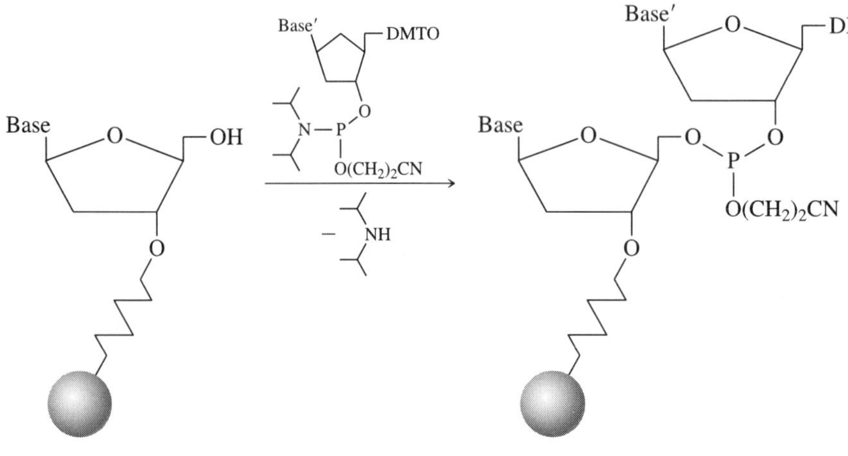

(Base′ = protected base, DMT = dimethyoxytrityl)

Scheme 3

사슬꼬임–사슬풀림 공정 중 가장 특별한 특징은 변성된 DNA가 원래의 환경 조건으로 돌아간 후에는 사슬재꼬임(recoiling)이 일어나 이중 나선 구조를 형성하기 쉽다는 것이다. 만약 12개나 그 이상의 성분들이 여전히 나선 형태로 꼬인 점에서 진행하면 나머지 세그먼트의 사슬재꼬임은 아주 신속하게 일어난다. 반면에, 모든 가닥들이 분리되면, 이중 나선 구조의 회복은 훨씬 느려지게 된다. 이것은 최종 구조가 이중 나선 구조를 생성하여 자체적으로 정렬하기 전에 보충되는 가닥들의 사슬 말단 사이에서 무질서한 충돌이 일어나기 때문이다.

금속 이온들은 사슬꼬임–사슬풀림 공정에 큰 영향을 미친다. 골격의 P—OH 성분에 우선적으로 결합하는 금속 이온들은 나선 구조를 안정화하며 용융점을 높인다. 이런 효과는 $P—O^{\ominus}$ 전하의 중화로 인한 직접적인 결과이다. 반면에 염기류에 결합되는 Cu(II), Zn(II)과 같은 2가 금속 이온은 고온에서 풀림을 도와 가(假)배위 가교를 생성하여 용융점을 낮춘다. 이와 동시에, 온도가 다시 낮추어질 때는 다시 엉기는 현상을 도운다. 이와 같은 현상은 몇 가지 금속들의 독성 돌연변이성 또는 항암 특성을 밝히는 데 사용되고 있다.

돌연변이 뉴클레오타이드 배열이나 특정 모노뉴클레오타이드의 화학 조성에 어떤 변화가 일어나면, 복제 형태에 변화를 가져오고 그 틀(template)에서 생성된 단백질의 구조가 바뀌게 된다. 정상적인 복제 과정에서 가끔 일어나는 오류로 인해 잘못된 DNA나 RNA가 생성될 수 있다. 더구나 생물 세포들은 폴리뉴클레오타이드에 해를 입힐 수 있는 환경하에 끊임없이 노출되어 있다. 우주선 조사로 인해 사슬 절단이 일어난다. 우주선, X선 또는 UV 조사에 의해 세포 내에 과산화물이 형성되어 각 뉴클레오타이드 성분을 변성시키거나 사슬을 가교시킨다. 많은 화학약품들은 DNA나 RNA와 반응할 수 있다.

폴리뉴클레오타이드 사슬들이 단순히 절단되거나 가교함으로써 바로 돌연변이가 일어나지는 않는다. 왜냐하면, 절단된 사슬 끝을 재결합하고, 가교된 것을 깨뜨릴 수 있는 효소들이 존재하기 때문이다. 더구나, 보충되는 뉴클레오타이드 쌍의 DNA 이중 나선 구조 내에서 다른 것으로 대체되기 때문에 비교적 변화가 덜하다. 궁극적으로 이런 현상은 사슬 내 잘못된 아미노산 성분으로 된 단백질 분자가 합성될 수 있으며, 변화하는 환경에 무해하거나 이로운 변성이 될 수 있다.

그러나 만약 **특이한** 뉴클레오타이드 성분이 DNA 사슬 내에 합쳐지게 되거나 뉴클레오타이드가 빠져버리게 되면, DNA 암호는 크게 잘못 해독되어진다. 그래서 그러한 돌연변이체에서 합성된 단백질들은 세포의 생화학적 반응 기구를 방해하여 세포를 죽게 하거나 유해한 변화를 일으킨다.

폴리뉴클레오타이드류의 가수 분해 DNA와 RNA는 특정 효소에 의해 분해되며, 그러한 분해는 폴리뉴클레오타이드들 내의 염기 배열을 분석하는 데 이용된다. 그러나 비효소적 가수 분해에서도 귀중한 구조 정보를 얻을 수 있다. 예를 들어, 묽은 산으로 DNA를 가수 분해하면 골격 결합을 절단하지 않고 곁사슬기의 염기들이 제거된다. DNA는 염기성 가수 분해에는 안정하다. 그러나 RNA는 염기에 의해 가수 분해될 수 있다. 폴리뉴클레오타이드류를 배열하는 기술로서 효소와 비효소적 가수 분해를 사용하는 것은 단백질을 배열하는 것보다 훨씬 복잡한 문제이다. 왜냐하면 가수 분해물로부터 생성되는 **정확한** 양이 매우 적기 때문이다. 폴리뉴클레오타이드 구조에 5가지 주요한 염기들이 함유되어 있으며, 단백질류에서 발견되는 20개 이상의 아미노산류와 비교가 된다.

8.5 폴리에스터의 생합성

폴리에스터류가 종래의 축합법에 의해(2장) 주로 합성되나 특정한 미생물들이 다양한 지방족 탄화수소류와 지방족 카복실산들로부터 폴리에스터를 합성할 수 있다. 폴리에스터들은 세포 내 에너지와 탄소원 저장 물질로서 세포 내에 침착된다.[1–3] 예를 들어, *Pseudomonas oleovorans*는 옥테인, 노난산 또는 10-운데칸산 식 (24)[4]으로부터 폴리(3-하이드록시알카노에이트)를 생산할 수 있다.

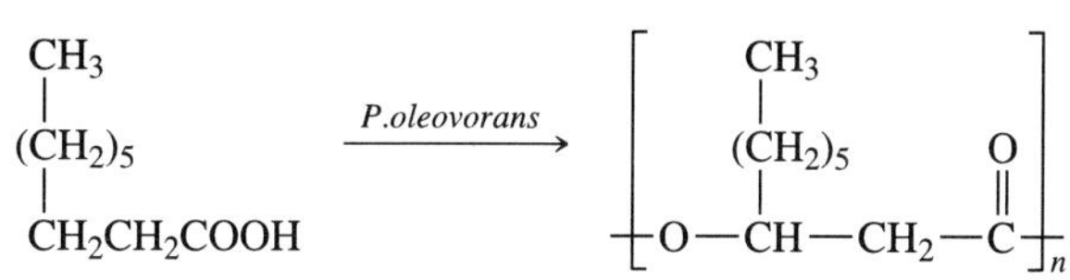

(24)

[1] J. A. Aderson, and E. A. Dawes, *Microbiol. Rev.*, **1990**, *54*, 450.

[2] Y. Doi, and C. Abe, *Macromolecules*, **1990**, *23*, 3705.

[3] Y.-B. Kim, R. W. Lenz, and R. C. Fuller, *Polymer J.*, **1992**, *24*, 1852.

[4] Y.-B. Kim, Y.-H. Rhee, R. W. Lenz, and R. C. Fuller, *Polymer J.*, **1997**, *29*, 894.

아릴, 아릴록실기가 말단 탄소에 존재할 때 생합성이 일어난다. 예를 들어, 1-클로로-옥테인은 옥테인과 함께 탄소원으로 사용되어 C_5H_{11}, $C_5H_{10}Cl$, C_3H_7 그리고 C_3H_6Cl 치환기를 갖는 공중합체를 만든다. 미생물은 노난산과 운데칸산에 대해 동일한 반응을 보여서 수평균 분자량 50,000~70,000을 갖고 다분산도 2~3을 갖는 고분자를 만든다. 같은 수의 반복 단위가 곁사슬에 상관없이 조합된다. 일반적으로 고분자들은 탄성체로서 T_g가 −20°C 이하이고 녹는점은 60°C 이하이다. 그러나 곁사슬의 방향족기들은 T_g값을 올려서 0~10°C 범위에 있다.

이러한 방법으로 생산되는 폴리에스터류의 장점으로는 환경 내의 미생물에 의해 분해될 수 있다는 점이다. 따라서 환경 친화적인 고분자들로서 관심을 끌고 있고, 분해성 용기나 포장재, 농약의 방출 조절용 기제, 생붕괴성 의료용 재료로서 사용된다.

연|습|문|제

1. 셀룰로스는 다른 유도체로 치환하기 위한 출발 물질이 되는 몇 가지 고분자 중 하나이다. 이 장에서 설명하지는 않았지만 셀룰로스를 변성하여 그 용도를 넓히는 다른 반응에 대하여 설명하라.

2. 녹말은 치환 반응을 이용하여 유용한 비식품성 고분자 유도체 합성을 위한 출발 원료로 사용할 수 있다고 생각하는가?

3. 아밀로스의 나선 구조(그림 8.1)가 아이오딘 분자를 수용할 수 있는 능력에 대하여 설명하고, 어떤 다른 저분자나 고분자들이 나선 채널에 도입되도록 할 수 있는지 설명해 보라. 그런 부가물을 만들기 위한 실험 조건을 들어라.

4. 공중합체 성분으로서 미량의 histidine, lysine, aspartic acid, cysteine이나 methionine과 같은 것들을 합성 폴리아마이드계로 도입하는 데 따른 장 · 단점을 설명하라.

5. α-케라틴류가 나선형 배열을 형성할 때, 나일론 6,6과 같은 일반 합성 고분자가 고체 상태에서 뻗어진 지그재그 입체 형태를 왜 나타내는가?

6. 면이나 양모섬유를 증기로 압착하면 주름이 없어지거나 생기는 이유를 설명하라. 인간의 머리카락을 "파마"할 때 생기는 반응들을 연상해 보아라.

7. 구형 단백질에서 보여지는 서로 얽히고 포개진 구조를 가진 합성 고분자를 만들 수 있는가? 만약 할 수 있다면, 그러한 고분자는 어떻게 합성되는가? 그러한 물질들은 어떤 용도로 사용될 수 있다고 생각되는가?

8. 미오글로빈과 헤모글로빈에서 단백질 사슬들은 어떤 작용들을 하는가? 이러한 사슬들은 계의 산소 운반 능력을 잃지 않고 어느 정도로 변성될 수 있는가? 합성 고분자 단백질 사슬 대신으로 사용할 수 있는가?

9. Merrifield 합성에서 어떤 다른 고분자들이 고정상(stationary phase)으로 사용되는가?

10. 이 장에서 단백질들의 많은 반응을 설명하고 있다. 합성 폴리아마이드류를 변성하기 위해 이들 반응을 이용할 수 있는가?

11. 폴리뉴클레오타이드의 반응을 참고하여, 새로운 고분자 합성을 위한 틀(가능하면 입체 규칙적인 틀)로서 작용할 수 있도록 합성 고분자를 제조할 수 있는가?

12. 반복 단위 [—CHR—CO—NH—]를 갖는 단백질은 지방족 Nylon류[—$(CH_2)n$—CO—NH—] 인 Nylon-2의 하나로 간주될 수 있다. 일반적으로 단백질들의 물성이 Nylon-6과 같은 나일론들의 물성과 매우 다른 이유는 무엇인가?

참|고|문|헌

ALLCOCK, H. R., and KWON, S., "Covalent Linkage of Proteins to Surface-Modified Poly(organophosphazenes): Immobilization of Glucose-6-Phosphate Dehydrogenase and Trypsin," *Macromolecules,* **1986,** *19,* 1502.

ALLCOCK, H. R., PUCHER, S. R., and VISSCHER, K. B., "The Activity of Urea Amidohydrolase Immobilized Within Poly[dl(methoxyethoxyethoxy)-phosphazene] Hydrogels," *Biomaterials*, **1994,** *15,* 502.

BOHR, H., and BRUNAK, S., (eds.), *Protein Folds—A Distance-Based Approach,* Boca Raton, Fla.: CRC Press, **1966**.

BORMAN, S., "Doing What Comes Unnaturally," *Chem. & Eng. News*, **2001,** *May 7*, 57.

CHOI, M. H., YOON, S. C., and LENZ, R. W., "Production of Poly(3-hydroxybutyric acid) and Poly(4-hydroxybutyric acid) without Subsequent Degradation by Hydrogenophaga Pseudoflava," *Applied and Environmental Microbiology*, **1999,** *65*(4), 1570.

CLELAND, J. F. (ed.), *Protein Folding: In Vivo and In Vitro*, Washington, D. C.: *American Chemical Society, Symp. Ser.,* **1993,** *526* .

DANIEL, J. R., "Cellulose, Structure, and Properties," *Encyclopedia of Polymer Science and Engineering*, Vol. 3, 2nd ed. (H. F. Mark, N. M. Bikales, C. G. Overberger, G. Menges, and J. I. Kroschwitz, Eds.). New York: Wiley, **1985,** p. *90*.

DORING, V., MOOTZ, H. D., NANGLE, L. A., HENDRICKSON, T. L., CRECY-LAGARD, V. D., SCHIMMEL, P., and MARLIERE, P., "Enlarging the Amino Acid Set of Escherichia Coli by Infiltration of the Valine Coding Pathway," *Science*, **2001,** *292*, 501

DUTTON, G. G. S., "Polysaccharides," *Encyclopedia of Polymer Science and Engineering*, Vol. 3, 2nd ed. (H. F. Mark, N. M. Bikales, C. G. Overberger, G. Menges, and J. I. Kroschwitz, Eds.). New York: Wiley, **1985,** p. *87*.

FINDLAY, J. B. C., and GEISOW, M. J., (Eds.), *Protein Sequencing: A Practical Approach.* Oxford; New York: IRL Press, **1988**.

FOSTER, L. J. R., FULLER, R. C., and LENZ, R. W., "Activities of Extracellular and Intracellular Depolymerases of Polyhydroxyalkanoates," *Hydrogels and Biodegradable Polymers for Bioapplications*, **1996,** *627*, 68.

GRUBB, D. T., and JELINSKI, L. W., "Fiber Morphology of Spider Silk: The Effects of Tensile Deformation," *Macromolecules*, **1997,** *30*, 2860.

HAASE, W. C., and SEEBERGER, P. H., "Recent Progress in Polymer-Supported Synthesis of Oligosaccharides and Carbohydrate Libraries," *Current Organic Chemistry*, **2000,** *4*(5), 481.

HARTMEIER, W., *Immobilized Biocatalysts—An Introduction*, Heidelberg; New York: Springer-Verlag, **1986**.

KAWAGOE, Y., and DELMER, D. P., "Recent Progress in the Field of Cellulose Synthesis," *Trends in Glycoscience and Glycotechnology*, **1988,** *10*(54), 291.

KINTER, M., and SHERMAN, N. E., *Protein Sequencing and Identification Using Tandem Mass Spectrometry*. New York: Wiley-Interscience, **2000**.

LEHNINGER, A. L., NELSON, D. L., and COX, M. M., *Principles of Biochemistry*, 3rd. ed. New York: Worth Publishing, **2000**.

MANECKE, G., and SCHLIISEN, J., "Immobilized Enzymes," in *Polymeric Drugs* (L. G. Donaruma and O. Vogl, eds.). New York: Academic Press, **1978**, p. 39.

Materials Research Society Bulletin, "Reprocessing Paper and Wood-Based Materials," (multiple articles and authors), **February 1994,** *19*(2).

MERZ, K. M., Jr., and LEGRAND, S. M., (Eds.), *The Protein Folding and Tertiary Structure Prediction*. Boston: Birkhauser, **1994.**

MERRIFIELD, B., "Solid Phase Synthesis," *Science*, **1986,** *232,* 241.

O'BRIEN, J. P., FAHNSTOCK, S. R., TERMONIA, Y., GARDNER, K. H., "Nylons from Nature: Synthetic Analogs to Spider Silk," *Advanced Materials*, **1998,** *10*(15), 1185.

POLLACK, A., BLUMENFELD, H., WAX, H. M., BAUGHN, R. L., and WHITESIDES, G. M., "Enzyme Immobilization by Condensation into Crosslinked Polyacrylamide Gels," *J. Am. Chem. Soc.,* **1980,** *102,* 6324.

SMITH, J. B. (ed.), *Protein Sequencing Protocols*. Totowa, N. J.: Humana Press, **1997**.

STEWART, J. M., "Polymer-Supported Synthesis and Degradation of Peptides," in *Polymer-Supported Reactions in Organic Synthesis* (P. Hodge and D. C. Sherrington, eds.). New York: Wiley, **1980,** p. 343.

TIRRELL, J. G., and TIRRELL, D. A., "Synthesis of Biopolymers, Polyesters, and Polynucleotides," *Current Opinion in Solid State & Mater. Science*, **1996,** *1*(3), 407.

TISCHER, W., and WEDEKIND, F., "Immobilized Enzymes: Methods and Applications," *Top. Curr. Chem.*, **1999,** *200,* 95.

VLASSOV, V. V., VLASSOVA, V. V., and PAUTOVA, L. V., "Oligonucelotides and Polynucleotides as Biologically-Active Compounds," *Prog. in Nucleic Acid Res. and Molec. Bio.*, **1997,** *57,* 95.

WANG, L., BROCK, A., HERBERICH, B., and SCHULTZ, P. G., "Expanding the Genetic Code of Escherichia Coli," *Science*, **2001,** *292,* 498.

WHITESIDES, G. M., and WONG, C.-H., "Enzymes in Organic Synthesis," *Angew. Chem.*, **1985,** *97,* 617.

9장

고분자의 무기 성분

9.1 고분자에 무기 성분을 혼합시키는 이유

지난 50여 년간 합성되거나 연구된 대부분의 고분자는 석유나 생물체에서 유도된 유기 고분자이다. 이러한 탄소 골격 고분자가 우세했던 것은 여러 가지 원인이 있다. 이 원료는 석유 화학 산업에서 싼 가격으로 얻을 수 있으며, 여러 가지 성질을 지닌 범용 고분자로 전환이 가능하였다. 특히 이러한 유기 고분자는 무게가 가볍고, 부식에 대한 내성이 있으며, 적당한 온도에서 가공이 쉽고 대부분이 우수한 전기 절연체이다.

그러나 이러한 장점에도 불구하고 탄소 고분자는 한계를 가지고 있다. 몇몇 플루오린화탄소 고분자와 방향족 고분자를 제외하면, 150°C 이상에서의 장시간 가열에 의해 녹거나 분해되며, 분해가 일어날 때 탄소 원자가 대기 중의 산소와 반응을 일으켜 연소된다. 또한 뜨거운 유기 용매나 윤활유에 녹거나 팽윤되므로 첨단 공업에 응용할 수 없다. 더욱이 유기 고분자는 높은 온도와 낮은 온도에서 모두 유용해야 하기 때문에, 충분히 넓은 온도 영역에서 유연성을 유지하거나 고무 상태를 유지해야 하는데, 그렇지 못하다. 예로서, 극한이나 고공 항공에서 유기 고분자가 낮은 온도에서 경도(hardness)와 취화도(brittleness)를 가지면 이로 인해 심각한 피해를 일으킬 수 있다. 한편 자외선 조사에 오랜 시간 내성이 요구된다든지, 방염 가공이 필요한 직물이라든지, 인공 장기 제조와 같은 의학 분야가 응용 가능한 용도이지만, 이에 적합한 고분자들이 발견되지 않고 있다. 따라서 수많은 고분자 화학자들은 고분자에 탄소 원자를 무기 성분으로 대치함으로써 고분자의 성질을 확장하고, 단점을 극복하고자 시도하고 있다.

이러한 생각의 이론 체계를 그림 9.1에 나타내었다. 유기 고분자는 3가지 주요한 “물질” 중의 하나이고, 또 다른 둘은 세라믹과 금속이다. 유기 고분자는 재료의 4가지 주요 분류 중 하나이다. 다른 주요 세 분류는 세라믹, 금속 그리고 넓은 범위의 무기 반도체 및 광재료이다.

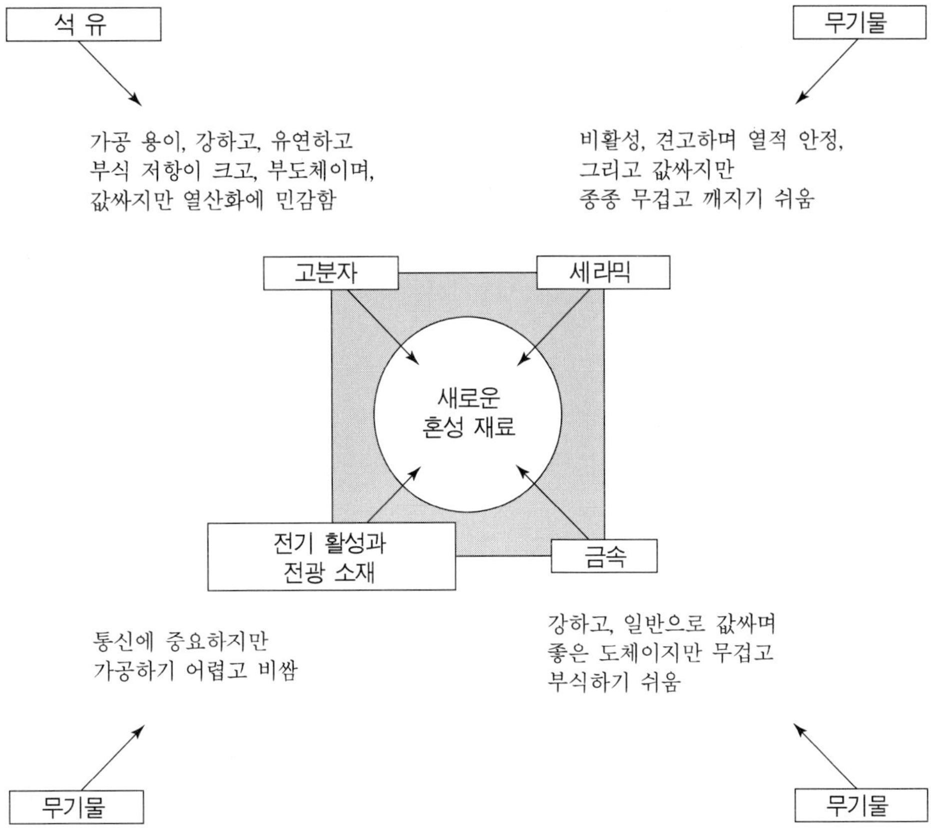

그림 9.1 소재의 4가지 주요 분류 간 상관관계와 연결

세라믹은 복잡한 무기 물질로서, 선형 무기 사슬과 결정 영역이 동시에 존재하는 삼차원의 공유결합으로 가교된 "초구조(ultrastructure)"로 되어 있다. 대부분의 세라믹은 광물학적 규산염(mineralogical silicate), 탄화규소(silicon carbide), 질화규소(silicon nitride)의 고온 공정으로 제조된다. 세라믹은 열과 산화에 대한 내성 때문에 매우 유용하며, 대부분 매우 단단하고 내화학성이 있다. 그러나 매우 무겁고 깨지기 쉬워, 제조와 가공에 많은 에너지가 필요하다.

세 번째 분류는 금속과 그 합금으로 금속은 강직하고 연성이 있으며, 세라믹에 준하지는 않으나 내열성을 지니는 좋은 전기 전도체이다. 반면, 금속은 무겁고 부식이 용이하며, 광물로부터 분리와 가공에 많은 에너지가 요구된다.

네 번째 분류는 실리콘 또는 갈륨아시나이드와 같은 고전적 반도체, 초전도체 그리고 무기 원소를 근거로 한 광전 유리를 포함한다.

가장 중요한 점은 이러한 4가지 유형의 물질들이 어느 것도 다른 둘이 지닌 장점과 단점을 공유하지 않으므로, 혼성계는 이들 4가지 장점을 지닐 수 있고, 동시에 단점을 최소화할 수 있다. 이와 같은 목적에 대한 접근은 세라믹, 금속 원자 전도체 또는 광재료의 장점뿐만 아니라 유기 고분자의 모든 특성을 가지는 고분자를 설계하고 합성하는 것이다. 따라서 이러한 목적을 달성하기 위해 긴 고분자 사슬에 기인한 유연성과 가공성, 무기 성분(세라믹, 금속)에 기인한 열안정성, 전기 전도성을 지닌 고분자를 설계하고 합성한다. 즉, 그림 9.1의 삼각형 내부는 새로운 물질의 분자 설계와 합성 영역으로, 합성 화학자는 현명한 분자 설계를 통해 그 물성을 변화시킬 수 있다.

9.2 전망

이 장의 나머지 부분에서는 그림 9.1의 분자 설계와 합성에 존재하는 몇몇 조건에 대해 살펴본다. 일반적 접근 방법으로 새로운 영역이 유기 고분자 관점에서 어떻게 시작되고 발전되는지를 다음의 4가지 측면에서 살펴보고자 한다.

첫째, 무기 성분이 유기 고분자의 **곁사슬**에 혼합된 경우로, 유기 성분 성질은 심하게 변하지 않으며, 곁사슬의 전이 유기 금속 단위는 본래 고분자가 지니지 않는 촉매 성질을 부여한다. 예로서, 곁사슬의 방염 원소는 가연성의 고분자에 방염성을 부여하나, 이 방법에 의해서는 새로운 현상으로 인한 획기적인 발견이 있을 수 없다.

둘째, 무기 원소를 고분자 주사슬의 **골격**인 탄소와 함께 도입하거나 탄소 없이 단독으로 도입하는 방법이다. 이 고분자는 **무기 고분자**(inorganic polymer) 또는 **무기-유기 고분자**(inorganic-organic polymer)로 알려져 있으며, 그림 9.1의 삼각형 내부 영역에 해당된다. 이러한 곁사슬이나 골격 구조의 변화는 유기 고분자, 세라믹, 금속의 성질로 변화시킬 수 있다.

셋째, 세라믹의 전구체 역할을 하도록 설계된 유기-무기 고분자에 대해 살펴본다. 이 고분자는 골격에 무기 원소를 가지고 높은 온도에서 반응하여 공유 결합에 의해 가교된 초구조를 형성하는 무기 또는 유기 곁사슬을 가진다. 이것들은 질화붕소, 질화규소, 탄화규소 또는 규산염, 알루미노규산염의 전구체로 사용되는 "주 세라믹(pre-ceramic)" 고분자로 불리워진다. 이 장은 광물학적 고분자에 관계되며, 9.3절은 그림 9.1의 사각형의 오른쪽 상부 영역에, 전이 전도 고분자 물질에 관한 금속으로의 고분자는 사각형의 오른쪽 하부 영역에 해당되며, 이들에 관해서는 23장에서 살펴본다.

9.3 곁사슬에 무기 성분을 지닌 유기 고분자

곁사슬에 무기 또는 유기 금속 단위를 가지는 유기 고분자의 합성에는 두 가지 방법이 있다. 첫째는 곁사슬에 무기 원소를 가지는 바이닐 단량체를 중합하는 방법으로, 기존의 유기 단량체와 공중합에 의해 무기 곁사슬 단위를 조절할 수 있다는 장점이 있다. 따라서 용해성, 유리 전이 온도, 전기 활성 등의 성질도 적정선으로 조정할 수 있다.

두 번째는 무기 단위를 부착하기 위해 배위 또는 치환이 가능한 기능성 유기 고분자를 합성하는 것이다.

9.3.1 무기 치환기를 갖는 불포화 단량체의 중합

화합물 **1–7**은 바이닐기에 헤테로 원소를 직접 연결하는 경우로, 이에 대한 입체 장애 효과 또는 곁사슬의 라디칼 비편재화로 인해 바이닐기의 자유 라디칼 부가 중합의 활성이 저하된다. 몇몇 화합물은 스타이렌, 메틸메타크릴레이트, 아크릴로나이트릴 등의 단량체와 낮은 자유 라디칼 공중합의 반응성을 나타낸다. 많은 무기 단위들이 음이온 또는 양이온에 민감하므로 이온 개시에 유리하다. 화합물 **2**는 양이온 중합을 하며, **4**는 "리빙(living)" 반응 기구에 의해 Grignard 개시로 중합된다. 중합성은 지방족 또는 방향족 스페이서기(spacer group)에 의해 바이닐 단위에서 이질 성분을 분리할수록 개선된다.

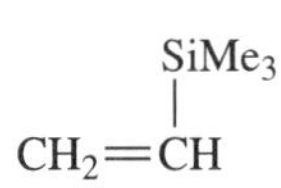
1

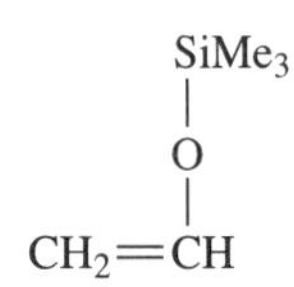
2

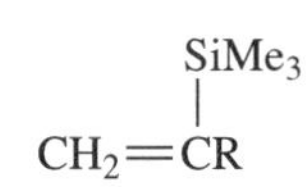
3

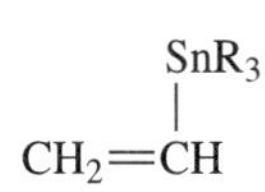
4

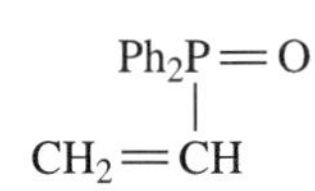
5

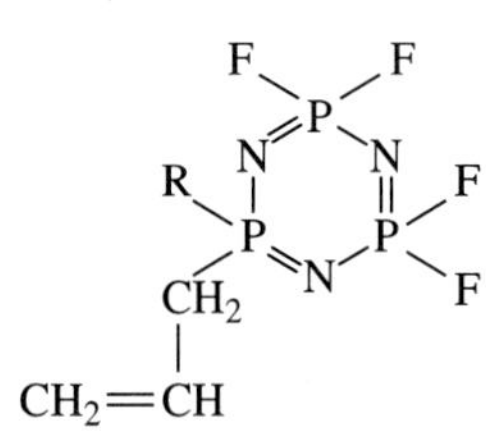
6

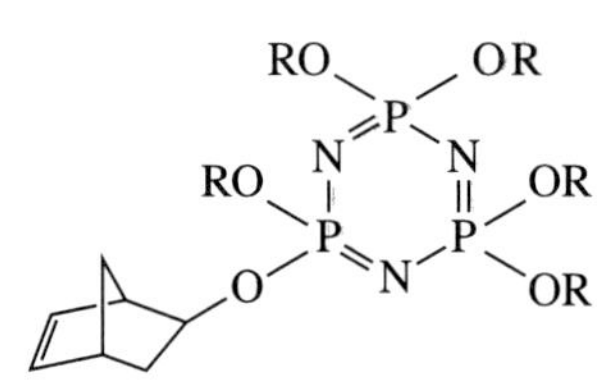
7

화합물 **6**은 자유 라디칼 개시에 의해 바이닐 단량체와 공중합한다. 단량체 **7**은 ROMP 방법에 의해 중합할 수 있으며, 그 결과로 사이클로포스파진 링이 연결된 넓은 범위의 곁사슬을 가진 폴리노보넨을 얻을 수 있다.

바이닐페로센(vinylferrocene)(**8**)은 자유 라디칼(AIBN), 양이온 및 Ziegler-Natta 조건에 의해 중합된다. 그러나 음이온 개시에 대해서는 반응하지 않으며, 과산화물은 페로센 단위를 산화시키므로, 자유 라디칼 개시제로 사용할 수 없다. 유기 바이닐 단량체와 화합물 **8**의 공중합 반응은 널리 연구되고 있으며, 중합 반응성은 유기 금속 단위로부터 바이닐기로의 강한 전자 공급에 의존한다.

바이닐페로센 고분자는 특히 전극 표면(23장)에서 산화–환원 매개체로 주목받고 있다. 화합물 **9**는 라디칼 중합되며, 화합물 **10**은 전기 화학 전지를 이용한 환원 전극에서 중합된다.

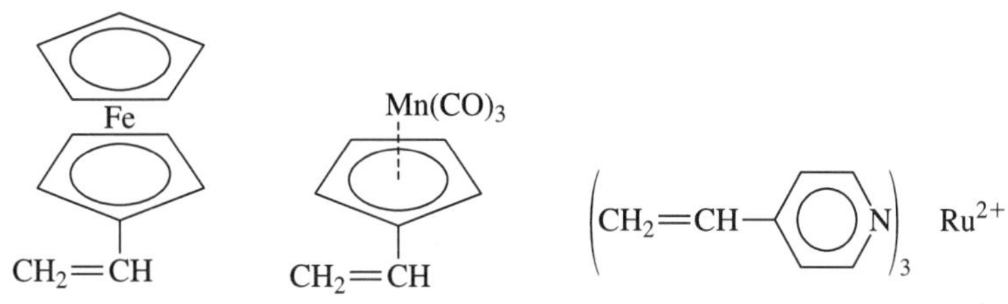

8 **9** **10**

9.3.2 무기물 또는 유기 금속 반응물과 유기 고분자의 반응

유기 고분자는 화합물 **11** 또는 **12**와 같이 금속의 배위 자리 또는 화합물 **13**과 같이 염 형성 자리를 함유하게끔 합성할 수 있다. 무기물 또는 유기 금속 화합물은 이들 자리에 강한 배위 결합을 형성한다. 이것은 무기 원소를 고분자에 부착시킬 수 있는 효과적인 방법이다. 이에 대해서는 23장에서 자세히 설명한다. 또 다른 방법, 즉 무기물 또는 금속 유기 반응물을 유기 고분자에 **치환**하는 방법은 대부분의 유기 고분자가 낮은 반응성을 갖기 때문에 효과가 매우 적다.

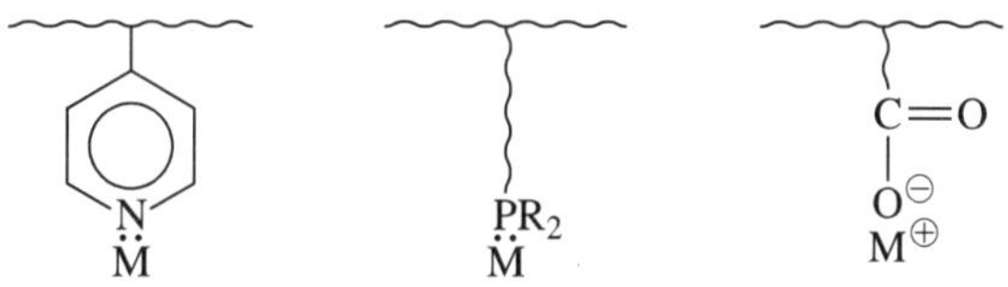

11 **12** **13**

마지막으로 7장에서 언급한 것과 같이 사이클로포스파진 링은 스타이릴다이페닐포스핀과 결합될 수 있고, 그 결과 단량체 **14**를 주고 단량체 **14**는 자유 라디칼 개시에 의해 동종 중합이 되고, 스타이렌이나 메틸메타크릴레이트와 같이 공중합할 수 있다. 이 경우에 인과 질소 원소는 유기 성분에 대해 난연제 역할을 한다.

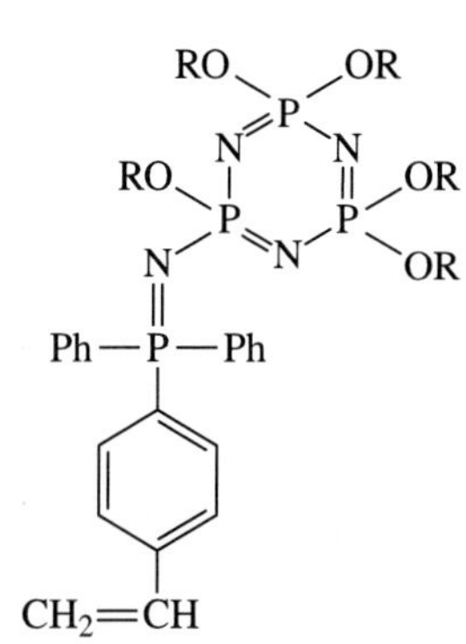

14

9.4 주사슬에 무기 성분을 지닌 고분자

이 분야는 무기 성분을 기초로 하는 방대한 고분자 분야를 의미하는 것으로 그림 9.1에 요약되어 있는 특성 범위를 포함한다. 그리고 이 분야는 미래 고분자화학과 기술에 있어서 가장 유망한 분야 중 하나이다. 이 고분자는 비금속 무기 원소(Si, P, S, O, N 등)들이 **공유 결합**으로 골격을 이룬 것과 주사슬에 금속을 배위한 두 가지 유형으로 구분된다. 특히 공유 사슬 구조는 지금까지 가장 주목을 받아왔던 구조이다. 하지만 배위 결합에 의한 구조도 응용 가능성 타진을 위해 설명하고자 한다.

9.5 유기실록세인 고분자(실리콘 고분자)

9.5.1 합성

폴리실록세인(polysiloxane) 사슬은 유리나 무기 규산염에서 다양하게 존재한다. 이 물질은 이온 단위나 공유 결합에 의해 가교되어 있기에, 부서지기 쉽고 세라믹형 물질이 된다. 따라서 비전하(uncharged) 유기기를 곁사슬이나 공유 가교점에 도입하면 폴리실록세인이 충분한 분자 유연성을 나타내므로 유용하게 응용될 수 있다.

이 개념이 유기실록세인 고분자(일명 실리콘 고분자)의 설계에 기초가 되었다. 가장 널리 사용되는 실리콘, 폴리다이메틸실록세인은 두 개의 메틸기가 규소에 치환되어 산소 원자와 교대로 사슬을 이루고 있다(**16**).

올리고-와 폴리-유기실록세인은 케톤의 유기 실리콘 유사물을 연구하던 중 1930년경 최초로 Kipping에 의해 우연히 제조되었다. 그의 아이디어는 R_2SiCl_2와 같은 화합물을 $R_2Si(OH)_2$로 가수분해해서 만들고 이 화합물로부터 물 1분자를 제거하면 “silicones” $R_2Si{=}O$를 얻는 것이었다. 하지만 그와 같은 반응은 일어나지 않았고, 대신 축합이 일어나서 $(R_2Si{-}O)_n$의 구조를 가진 올리고머나 고분자가 생겼다. 이 화학은 피츠버그 소재의 Mellon 연구소, GE, 다우코닝 그리고 유니온 카바이트에 의해 poly(organosiloxanes)으로 상품화되었다. 이와 같이 부정확한 이름은 “silicone polymers” 초기 연구의 잔존물이다. 분자량이 큰 고분자는 R_2SiCl_2의 가수 분해에 의해 직접적으로 얻을 수 없었으며, $(R_2Si{-}O)_4$와 같은 환형 올리고머의 개환 중합으로부터 얻는다.

개환 중합에 사용되는 주요 환형 올리고머는 옥타메틸사이클로테트라실록세인(**15**)이며 이는 다이메틸다이클로로실레인의 가수 분해에 의해 얻어진다. 다이메틸다이클로로실레인의 가수 분해에 의해 작은 사이즈의 링과 짧은 사슬의 혼합물이 얻어진다.

고리형 사량체(cyclic tetramer)(**15**)는 무색, 유성(oily) 물질로서, 미량의 산 또는 염기 존재하에서 100°C 이상으로 가열하면 높은 점도의 액체 또는 고무(**18**)를 형성한다. 이 고분자는 규소-산소의 반복 단위가 25,000개 이상에 해당하는 2×10^6의 고분자량을 갖는다. "실리콘 고무"는 자유 라디칼 형성 과정에 의해 사슬의 가교로 고무를 형성한다. 가교 결합은 가수 분해 반응에 의해 일어나거나 바이닐 곁사슬에 Si—H의 부가에 의해 일어난다. 실리콘 그리스(grease)는 저분자량의 다이메틸실록세인 고분자에 충전제로 실리카를 첨가한 올리고머가 이용된다.

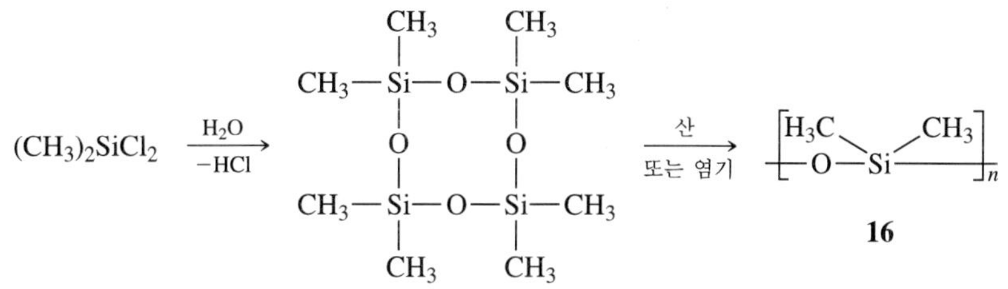

15 16

실록세인의 중합 메커니즘은 이온 과정을 따른다. 알칼리 금속 수산화물이나 알콕사이드(alkoxide)와 같은 염기성 촉매가 규소-산소 골격 결합을 분해하여 사슬 성장 자리로 작용할 수 있는 선형 화합물을 형성한다. 고리 분자의 삽입은 $—O^-K^+$ 이온 "결합"에서 일어난다. 즉, 개시된 분자의 $—O^-$가 $[OSi(CH_3)_2]_4$의 규소 원자를 공격하고 K^+은 인접한 고리의 산소 원자에 배위 결합한다. 이 메커니즘을 **15**~**18**로 도식화하였다.

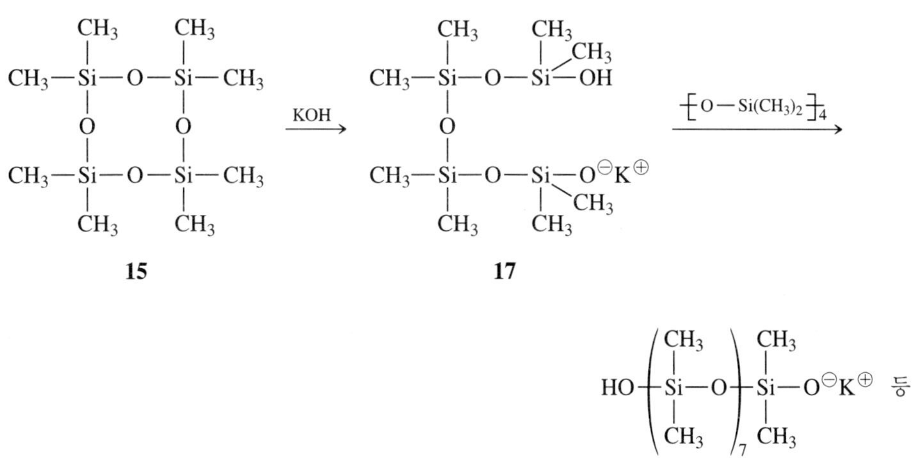

15 17 18

촉매 농도가 높을수록, 평균 사슬 길이는 줄어든다. 실제 응용에서는, 사슬 길이를 줄이고 중합계에 말단-봉쇄 시약 첨가로 사슬을 안정화시키는 것이 종종 필요하다. 가장 보편적인 정지제(terminator)는 헥사메틸다이실록세인(hexamethyldisiloxane)(**20**)이다. 성장 실록세인 사슬(**19**)은 이 시약을 공격하여 말단-봉쇄 고분자와 새로운 촉매 분자를 형성한다. 이 반응은 말단-봉쇄 과정과 연쇄 이동 과정으로 작용하기 때문에 고분자 사슬 길이는 가한 헥사메틸다이실록세인의 양에 반비례하게 된다.

염화수소와 같은 산성 시약은 촉매로 잘 알려져 있지 않으나, 규소-산소 결합을 절단하여 중합을 개시할 것이라고 추정되고 있다. 또한 고리 모양 고분자 유사체들의 혼합물이 산 또는 염기 촉매 작용에 의해 형성되고 있다.

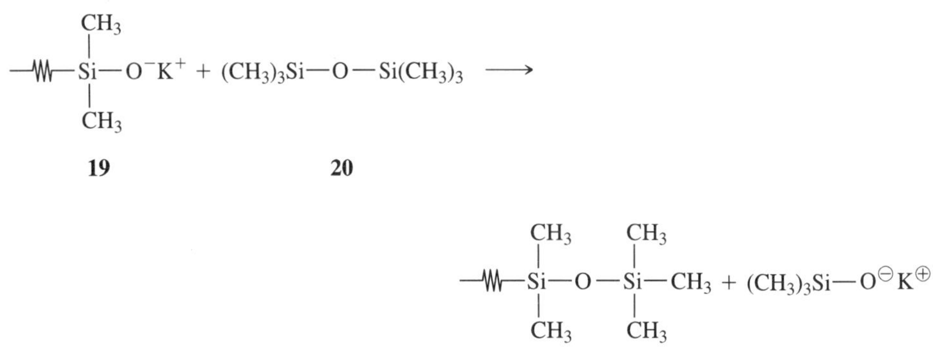

다이메틸실록세인의 구조가 대부분의 실리콘 고분자의 기초를 이루고 있지만 바이닐, 에틸, 트라이플루오로프로필 (trifluoropropyl), *p*-사이아노에틸 (p-cyanoethyl), 페닐 (phenyl), 바이페닐 (biphenyl)기 등의 다른 치환기들이 도입되고 있다. 또한 특수한 기의 도입으로 내유성, 강도, 강성 (toughness), 방염성 및 상용성을 부여한다. 치환기는 다음의 두 가지 방법으로 도입된다. 첫째, 두 개 이상의 다른 사이클로실록세인의 공중합에 의해 제조된다. 예로서, $(O—SiPh_2)_3$는 $(O—SiMePh)_3$ 또는 $(O—SiMePh)_4$와 공중합한다. 이런 삼량체가 매우 빠른 속도로 중합한다고 할지라도 반응이 진행됨에 따라 고분자는 종종 해중합한다. 이는 열역학적 문제로 10장에서 설명하겠다.

따라서 중합 과정에 의해 폴리유기실록세인에 도입될 수 있는 곁사슬은 제한되나, 중합 후 반응에 의해 부가적인 구조의 다양성을 유도할 수 있다. 예를 들면, Si—H 곁사슬 단위를 갖는 폴리실록세인은 사이클로실록세인의 중합이나 공중합에 의해 중합이 용이하므로, Si—H 결합은 새로운 곁사슬을 도입하기 위한 작용성 자리로 활용된다.

폴리유기실록세인의 성질 다이메틸실록세인 고분자의 가장 두드러진 성질은 매우 넓은 온도 범위에 걸쳐 유연성과 탄성을 가진다는 점이다. 유리 전이 온도는 −130°C이며, 실리콘 고무의 탄성 온도 범위는 −30°C 또는 −40°C에서 250°C이다. 더 낮은 온도에서는 결정화가 진행된다. 벌크 고분자 (bulk polymer)가 유연성이 있다는 것은 주사슬 비틀림이 가능하다는 증거이며, 사실 유기 실록세인 고분자는 가장 유연한 고분자로 알려져 있다.

폴리유기실록세인의 특이한 물성에 대한 이유는 수년 동안 논쟁이 되어 왔고 폴리유기실록세인과 폴리유기포스파진의 주쇄가 아주 다름에도 불구하고, 폴리유기포스파진$[(NPR_2)_n]$과의 유사성에 대해 주목을 받아왔다. 한 유사성은 Si—O와 P═N 골격의 매우 강한 결합력과 짧은 결합 및 산소와 질소에서의 넓은 각도이다. 이와 같은 것은 산소나 질소의 인접한 실리콘이나 인 원자로 비공유 전자쌍을 줄 수 있다. 이들 고분자의 또 다른 특이성은 그들 사슬의 유연성에도 불구하고 일부 고분자는 액정상을 형성할 수 있는 능력이다.

이같은 커다란 비틀림 운동성은 곁사슬에 부착되어 있다는 사실에 기인한다. 이런 이유로 다른 유기 고분자와는 구조적으로 매우 다르며, 다른 곁사슬과 충돌하거나 다른 주사슬을 잡아당기거나 밀어낼 기회가 더 적다. 실리콘 고분자는 매우 유연하며, 실리콘 고무는 산소에 대해 높은 투과성을 나타내기 때문에 실리콘 고무필름은 잠수 목적을 위해 물로부터 용해 산소를 추출시킬 수 있는 "인공 아가미(artifical gill)"로 응용이 시도되고 있다.

다른 응용 예로는 "Soft" 리소그래피, 실리콘 콘택트렌즈, 약물 전달 디바이스, 의료용 도료관 그리고 반도체칩 코팅, 다양한 용도의 방수 코팅 등에 실리콘 고무가 사용된다. 방수는 심한 대기 오염에 노출된 아파트, 빌딩 보호를 위해서 액체로서 사용된다. 다른 무기 고분자보다도 실리콘 고분자의 더 많은 응용이 상업적으로 개발되어 왔다.

그 이유는 폴리유기실록세인이 강한 발수성을 지니기 때문이다. 따라서 이러한 성질을 이용하여 자동차 광택제, 조리용 무마제 및 생의학적 물질로 사용하고 있다. 한편, 인공심장 밸브와 실험적 심장 순환 펌프 제조에 실리콘 고무가 이용되는데, 이는 대부분의 유기 고분자가 갖는 혈액 응고성이나 조직 자극성을 낮추는 경향이 있기 때문이다(24장 참조).

유기실록세인 사다리형 고분자 무기 주사슬을 갖는 고분자의 개발 동기 중 하나는 이런 물질들이 유기 고분자보다 높은 온도에서 안정하다는 확신 때문이다. 그러나 폴리유기실록세인은 200°C까지의 온도에서 상당히 산화에 안정하나 250°C 이상의 온도에서는 실록세인 사슬이 고리로 분해되어 고분자의 성질을 잃게 된다. 이 해중합은 고분자 황(polymeric sulftir)에서 관찰되는 현상과 유사하다

이 문제에 대한 하나의 해답은 각섬석(amphibole) 또는 이중 사슬 규산염과 유사한 고분자를 설계하는 것이다. 이러한 고분자의 비이온 유사체(nonionic analogues)는 페닐트라이클로로실레인 ($C_6H_5SiCl_3$)의 가수 분해에 의해 전하를 띤 곁사슬 산소 원자의 자리에 페닐기를 치환시켜 만든다. 이를 **실리콘 사다리형 고분자(21)** 또는 폴리페닐세스퀴실록세인이라 한다. 예측되는 바와 같이 이중-사슬 구조는 주사슬의 규소-산소 결합의 운동성을 제한하기 때문에 고분자는 높은 용융성이며 비탄성인 재료이다. 또한 유기 용매에 실리콘 사다리형 고분자가 용해될 때 점성이 큰 용액을 형성하며, 더욱이 소량의 용매 첨가에 의해 팽윤된 실리콘 사다리형 고분자는 늘어나며, 배향시킬 수 있다. 페닐실리콘 사다리형 고분자는 300°C까지도 안정하다.

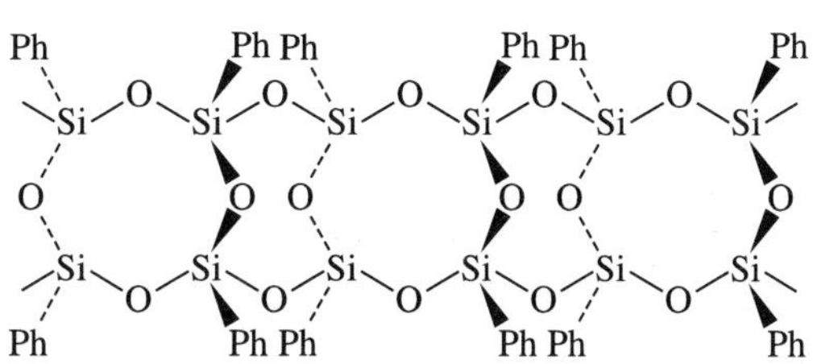

21

9.6 실록세인-아릴렌과 실록세인-카보레인 고분자

선형 유기실록세인 고분자는 열적 불안정성 때문에 많은 가혹한 환경에서 응용이 어렵다. 따라서 폴리유기실록세인 구조를 개선하여 사슬 유연성을 유지하고, 열적 안정성을 향상시키려는 시도가 진행되고 있다. 하나의 접근 방법은 **22**에서와 같이 아릴렌(arylene) 고리나 카보레인 바구니(carborane cage)를 골격에 도입하여 고리화와 해중합을 지연시키는 것이다. 이 고분자는 450°C까지 열에 안정하며 폴리다이메틸실록세인(−126°C)보다 더 높은 유리 전이 온도(−25°C)를 가지고 있으나, 여전히 탄성체이다.

카보레인은 붕소와 탄소 원자의 구조를 가지는 바구니형 분자이다. Scheme 1에 나타낸 **메타-카보레인**(meta-caborane)은 이런 유형의 화합물의 한 예이다. 붕소(○)와 탄소(●) 원자는 각각 수소 원자를 가지고 있다.

카보레인은 "전자 싱크(electron sink)"와 같기 때문에 고유의 안정성을 갖는다. 즉, 카보레인의 결합에서는 전자가 전체 바구니에 걸쳐 자유로이 이동한다. 결과적으로 카보레인 바구니는 실록세인 사슬 등에 결합됨으로써 인접한 단위를 안정화시킬 수 있다. 이 고분자는 하나 이상의 실록세인 연결 단위(**23**)에 걸쳐 카보레인 바구니를 함유하도록 한다. 이 합성법은 Scheme 1에 나타내었다.

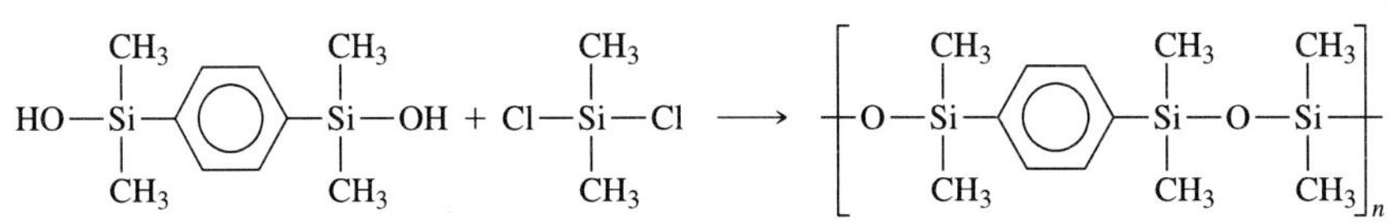

22

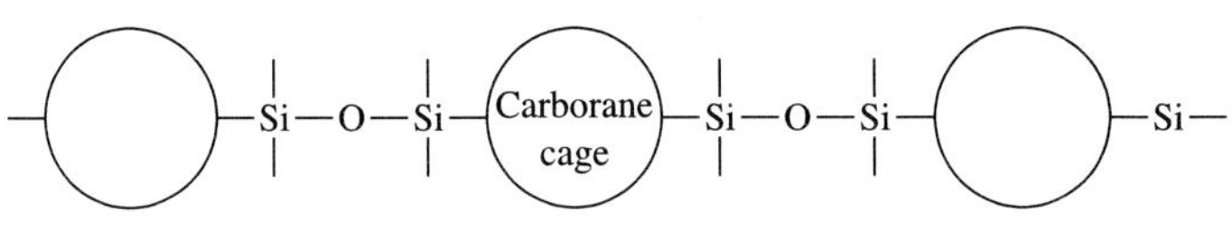

23

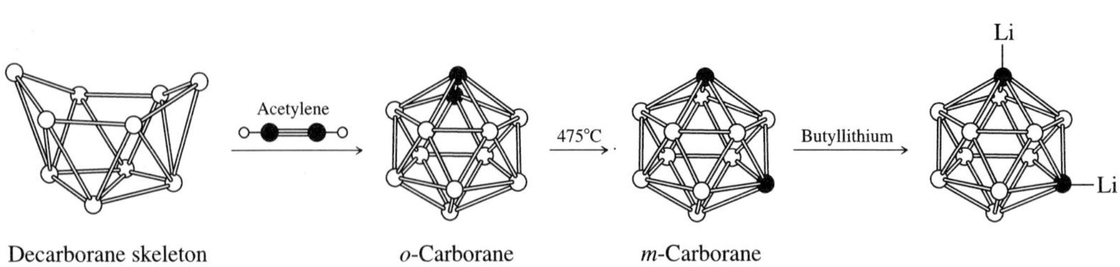

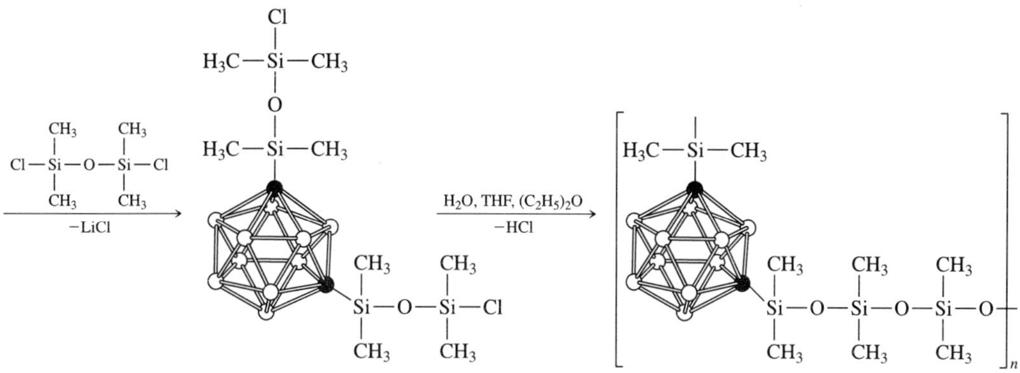

Scheme 1

9.7 프탈로사이아닌 "꼬치(Shishkebar)" 고분자

프탈로사이아닌(phtahlocyanine)은 **24**와 같이 금속 또는 준금속(metalloid)과 매우 안정한 착물을 형성하는 거대한 고리이다. 규소, 저마늄, 또는 틴다이올(tin diol) 단위는 고리에 배위될 수 있으며, 다이올 작용기는 **25**에서와 같이 축적된 프탈로사이아닌 폴리실록세인으로 축합된다. 이 고분자는 강산에 녹여 섬유로 방사할 수 있다. 아이오딘을 도프(dope)한 경우는 전기 전도성을 나타낸다 (23장 참조).

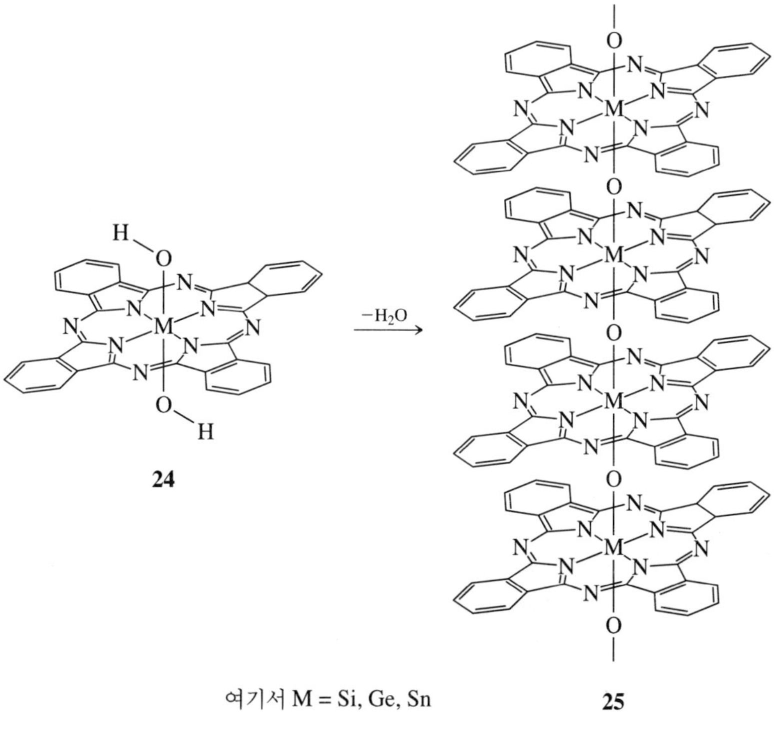

24

여기서 M = Si, Ge, Sn

25

9.8 폴리유기실레인과 폴리카보실레인

폴리유기실레인은 실리콘을 함유한 새로운 고분자로서 각 실리콘에 두 개의 유기기가 치환된 Si—Si 결합을 가진 고분자이다. 이 전형적인 예는 **26**으로 다이유기다이클로로실레인(diorganodichlorosilane)이 알칼리 금속 작용에 의해 중합되거나, $(SiR_2)_6$ 등의 고리 올리고머가 가열에 의해 분자량이 큰 올리고머나 고분자로 중합된 것이다. 이 폴리다이메틸실레인[poly(dimethylsilane)](**26**)은 불용성, 불융성이고 가공이 어려운 재료이나, 프리세라믹(pre-ceramic) 고분자의 탄화규소 전구체로 주목받고 있다. 이에 대해서는 다음 절에서 자세히 설명한다.

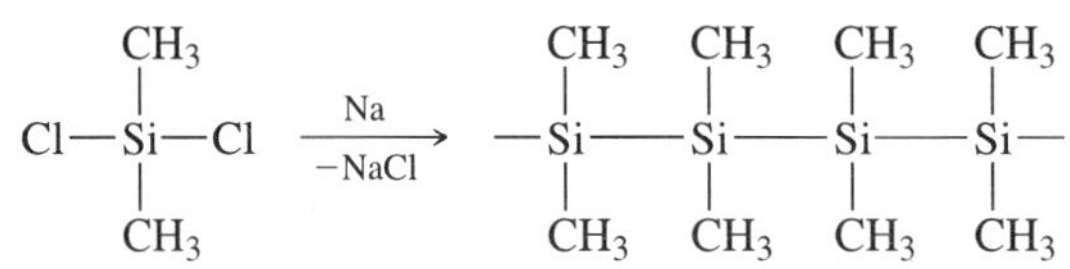

26

메틸기뿐만 아니라 페닐기를 분자 구조에 도입한 **27**, **28** 단량체를 공축합한 고분자는 가용, 가융의 고분자 **29**가 된다. 이와 같은 공중합법은 사슬에 메틸기 이외에 다른 여러 가지 알킬기를 도입한 고분자에도 응용된다. 가장 주목받는 폴리실레인의 용도가 세라믹 전구체이지만, 특이한 전기적 스펙트럼을 갖는다는 점과 사슬 절단뿐 아니라 광가교가 일어난다는 특성을 이용, 집적 회로의 레지스트 재료나 광개시제 및 광전도체로도 사용된다.

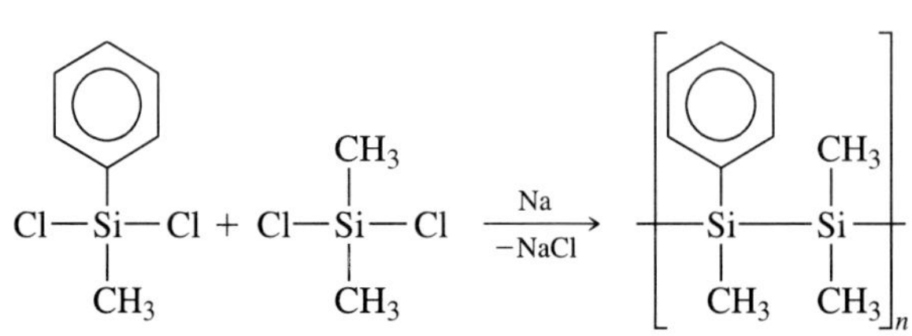

27 **28** **29**

수많은 폴리실레인은 주쇄 실리콘 원자에 다양한 유기 곁사슬을 붙임으로써 제조되었다. 메틸 그룹 이외에 에틸부터 옥틸에 이르는 알킬 그룹이 제조되었으며 곁사슬이 달라짐에 따라 물성도 바뀐다. 예로서 노말헥실 그룹을 지닌 고분자의 T_g는 −75°C인 반면에, 노말프로필 곁사슬을 지닌 고분자의 T_g는 25°C이고, 사이클로헥실 그룹을 지닌 경우의 T_g는 120°C이다. 두 치환체가 다른 혼합 치환 고분자, $(SiPhMe)_n$의 T_g는 70°C이다. 폴리실레인은 UV(자외선)에 노출되었을 때 Si—Si 결합이 끊어지는 용이성과 산화되었을 때 반도체 물성 때문에 매우 흥미 있는 화합물이다. 폴리실레인의 광학적 흡수가 유기 곁사슬의 길이에 따라 변하며, 그 이유로는 주쇄의 형태가 side unit의 입체 장애 특성에 따라 변하고 이것이 주쇄의 전자 비편재화에 영향을 주기 때문이다.

폴리실레인에서의 주 관심사가 세라믹 전구체로 활용하는 것에서부터 기인함에도 불구하고, 특이한 전기적 분광성을 가지는 것과 광학적 사슬 절단처럼 광학적 가교도 잘 일어나는 것 또한 알려져 있다.

폴리실레인의 가열은, **30**에서 **31**로의 전환에서 보듯이, 골격에 도입된 메틸 탄소 원자를 골격 안으로 이동시킨다. 이 Scheme에서 보는 것만큼 반응이 명확하게 되지는 않으나, 이 전환과 유사한 변화가 폴리실레인에서 실리콘카바이드로의 전환의 첫 단계이다.

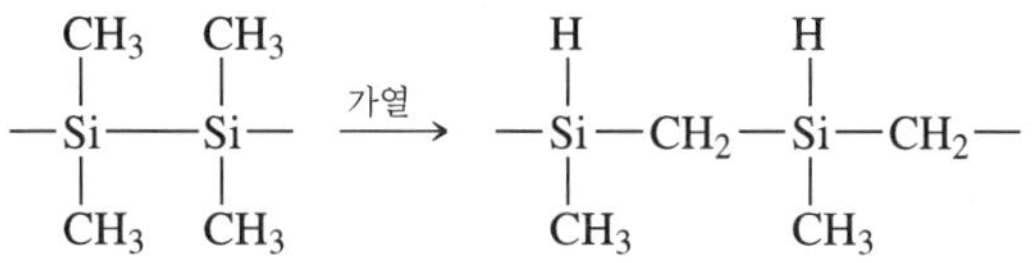

30 **31**

그러나 폴리카보실레인(polycarbosilanes)은 다른 방식으로도 제조되는데, 테트라하이드로퓨란 중에서 **32**를 마그네슘과 반응시키면 실라사이클로뷰테인(silacyclobutane)(**33**)이 생성된다. 300°C에서 실라사이클로뷰테인을 열분해시키면 폴리카보실레인을 생성한다. 이 종류의 고분자(또는 올리고머)는 Si—H 결합이 부족하기 때문에 프리세라믹 전구체로서의 유용성이 낮다.

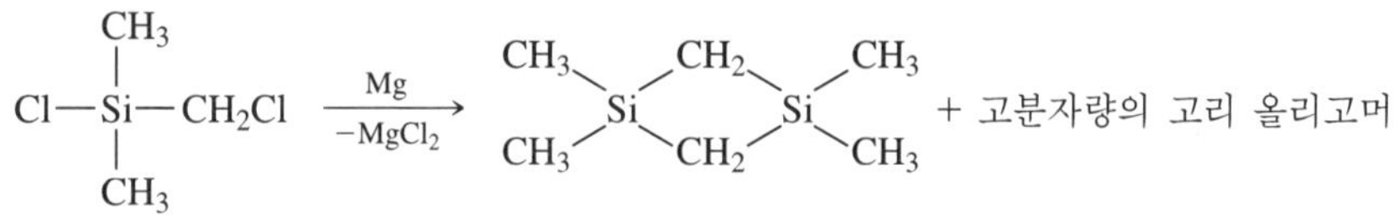

32 **33**

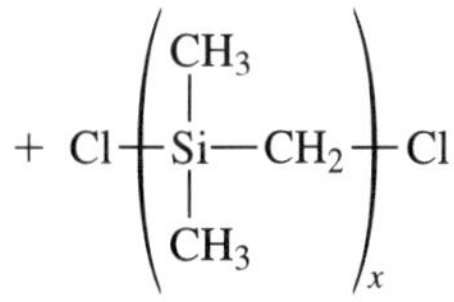

폴리실레인의 물성은 폴리에틸렌, 폴리프로필렌 또는 폴리아이소뷰틸렌과 같은 폴리알케인보다는 폴리아세틸렌이나 그의 유도체와 공통점이 더 많다. 어떤 점에서는 이와 같은 차이는 반도체 실리콘과 부도체 다이아몬드의 대조적인 특성을 닮은 것 같다.

덴드리머 실리콘-카본 고분자도 알려져 있다. 초음파 처리 조건하에서 소듐-포타슘 합금을 가지고 $RSiCl_3$와 반응시킴으로써 덴드리머를 제조한다. 이 화합물을 **폴리실라인**(poly silyne)이라 칭한다. 이 화합물은 전기 반도체 거동을 나타내며 열분해하면 세라믹이 될 수 있다.

폴리실레인의 저마늄 유사체 역시 합성되었다. 특히 소듐과 n-Bu_2GeCl_2의 반응에 의해 $(n\text{-}Bu_2Ge)_n$은 쉽게 얻어지며, 이 고분자는 유기 매체에 용해된다.

부가적으로, 폴리스탠난, $(R_2Sn)_n$이 알려졌으며,[1] 폴리실레인과 같이 역시 주쇄에서 전자 비편재

[1] T. Inori, V. Lu, H. Cai, and T. D. Tilley, *J. Am. Chem. Soc.*, **1995**, *117*, 9931.

화 구조를 하고 있으며 도핑했을 때 반도체가 된다. 또한 이들은 가시광선에 민감하다. 그리고 대기 중 수분과 산소에 의해 분해된다.

규소와 질소를 가지는 비슷한 골격의 고분자로 폴리실라제인(polysilazane)이 있다. 이 올리고머와 고분자는 거의 프리세라믹 성질을 지니고 있는데, 다음에서 살펴보기로 한다.

9.9 포스파진 고분자

무기 고분자 연구와 기술 중에서 가장 빠른 발전을 보이는 분야가 포스파진 고분자(phosphazene polymer)이다.[1] 폴리포스파진 분자(**34**)는 인과 질소 원자가 교대로 배열되어 있으며, 각 인 원자마다 두 개의 치환체를 가지고 있다. 이들 고분자의 분자량은 일반적으로 매우 높아, 거의 15,000 이상이다.

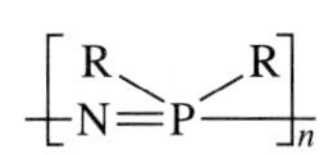

34

700여 종 이상의 폴리포스파진이 합성되었고 연구되었다. 이것은 지금까지 무기-유기 고분자 분야에서 가장 광범위하고 다양하게 연구가 진행된 분야이다. 이와 같이 포스파진 고분자의 다양성은 폴리포스파진 주쇄에 다양한 곁그룹 도입 용이성 때문이다.

다른 곁사슬(R)의 도입에 의해 개선되어지는 성질은 다른 고분자계에서보다 다양하다. 따라서, 어떤 폴리포스파진은 저온 탄성체, 생체 물질, 고분자 의약품, 수화젤(hydrogel), 액정 물질, 불연성 섬유 및 전기 반도체로서 사용된다. 여러 가지 면에서 폴리포스파진은 그림 9.1에서 보여 준 삼각형 내부의 연구 측면과 같이, 다른 곁사슬기들을 고분자 사슬에 부착시킴으로써 유기 고분자, 세라믹, 금속 또는 반도체의 어느 것으로도 성질을 변화시킬 수 있다. 이는 (1) 개환 중합, (2) 고분자 치환 반응, (3) 축합 반응에 의한 직접 합성 등에 기초를 둔 다양한 합성 반응에 의해 이루어진다.

9.9.1 개환 중합에 의한 합성

폴리오가노포스파진 합성의 중요한 방법은 반응성이 있는 고분자량의 폴리포스파진 중간체에 치환하는 것으로, 이 고분자 중간체는 개환 중합으로 얻어진다. 5염화인(PCl_5)과 염화암모늄의 반응으로 $(NPCl_2)_n$(여기서 n은 3, 4, 5, 6…)의 구조식을 갖는 고리 무기 화합물이 얻어진다. 특히 주요 생성물은 고리 삼량체(**35**)로, 헥사클로로사이클로트라이포스파진(hexachlorocyclotriphosphazene)

[1] H. R. Allcock, *Chemistry and Application of Polyphosphazenes*, New York, John Wiley, **2003**.

또는 "포스포나이트릴릭클로라이드 삼량체(phosphonitrilic chloride trimer)"로 불리운다. 이 화합물은 흰색 결정 고체로 114°C에서 녹으며, 유기 용매에 용해된다. 밀폐된 유리 튜브 또는 반응로에서 230~300°C로 가열하면 투명한 고무 고분자(**36**)인 폴리다이클로로포스파진이 되며 이는 "무기 고무"로 알려져 있다. 15,000 이상의 반복 단위를 가져 분자량이 2백만 이상인 이 거대 분자 중간체는 폴리포스파진 합성에 이용된다.

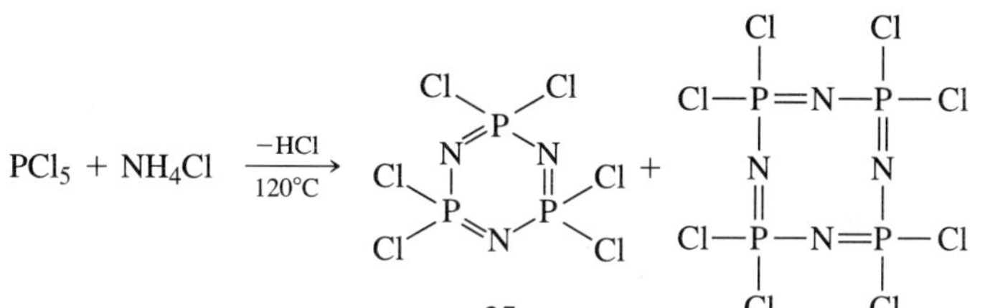

35

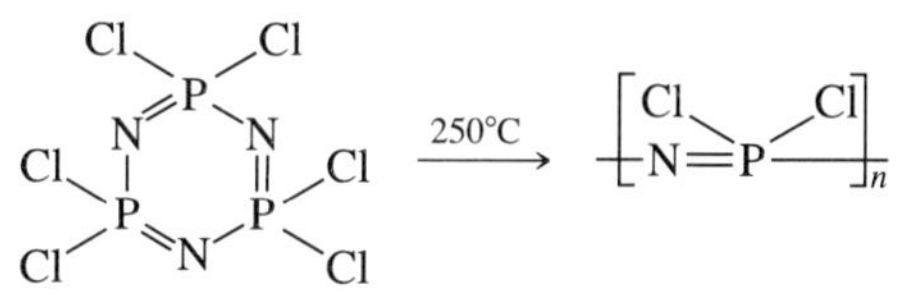

35 36

이 중합 기구는 잘 알려져 있지 않으나, 이온 반응 기구로 P—Cl 결합의 이온화가 **37**에서와 같이 일어나 개시 반응을 일으키는 것이 입증되고 있다. **37**과 같은 이온화된 화합물은 사슬 중합 개시를 위해 다른 고리의 질소 원자를 공격한다. 그러나 물이 존재하면 중합은 가속화되며 습기나 다른 양성자성(protonic) 시약은 촉매로 작용한다.

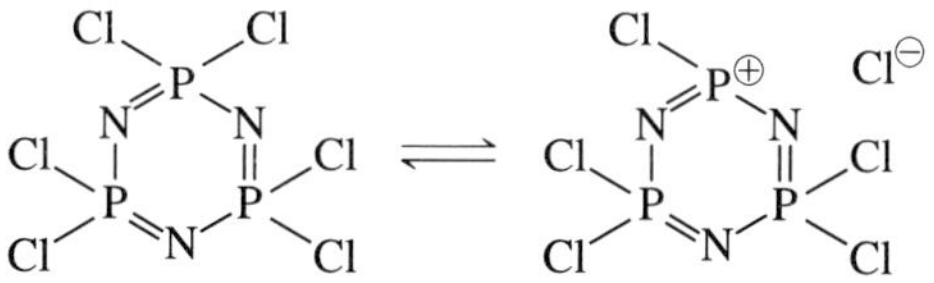

37

폴리다이클로로포스파진이 순수한 무기 물질로부터 만들어질 때, 응력-완화 거동에서 천연고무보다 이상적인 탄성체이므로 주목할 만하다. 또한 낮은 온도에서는 고무상이고 −63°C의 유리 전이 온도 근처에서는 경화된다는 것은, 이 고분자가 많은 사슬 운동을 한다는 점으로 매우 흥미 있다.

온화한 중합 조건하에서 생성된 고분자는 실제적으로 폴리다이클로로포스파진의 가교체이다. 이는 유기 용매에 팽윤되거나 용해되지 않는다. 또한 350°C까지의 온도에서 열분해에 대한 놀랄 만한 저항성을 나타낸다. 한편 대기 중의 습기와 천천히 반응하여 인산, 암모니아, 염산 등을 발생하는 경향만 갖지 않는다면 매우 유용한 재료이나 이 반응이 일어나는 동안 탄성체 가루로 분쇄된다. 그러나 이러한 단점이 또한 유용한 효과를 제공하기도 한다. 습기에 대한 반응성은 P—Cl 결합이 친핵성 시약에 민감하다는 의미로 무기 친핵성 물질을 염소 원자 대신 치환시키면, 물에 안정한 고분자가 된다. 유기 곁사슬기가 존재하면 인-질소 골격은 물에 더욱 안정하다. 따라서 안정한 폴리오가노포스파진의 주요한 합성 경로는 대부분의 기존 고분자보다 높은 반응성을 지닌 곁사슬 치환 고분자 합성이 전제되어야 한다.

이 방법에 사용되는 수많은 고분자 중간체 중 하나가 폴리다이클로로포스파진이다. 폴리다이플루오로포스파진, $(NPF_2)_n$은 고리 삼량체, $(NPF_2)_3$의 개환 중합에 의해 제조되며, 특히 유기 금속 친핵체를 연속하여 고분자 치환 반응에 사용할 때 가능하다. **38**–**40**과 같은 유기 치환 포스파진 고리 삼량체나 사량체는 열중합이 가능하며, 생성된 고분자는 염소 원자 치환을 위한 중간체로도 사용된다.

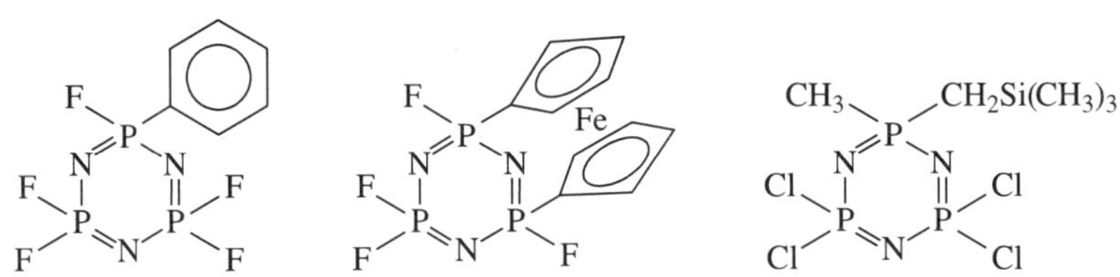

38 **39** **40**

9.9.2 고분자 치환 단계

유기 고분자에 치환 반응을 시키려는 시도는 곁사슬의 낮은 반응성으로 인해 종종 좌절되기도 한다. 게다가 용액상에서 고분자 사슬의 코일 형성과 사슬 주위의 근접기 효과는 해당 저분자의 경우보다 상대적으로 치환 반응을 더디게 한다.

이러한 제한은 폴리다이클로로포스파진과 유사 고분자에는 예외이다. P—Cl 또는 P—F 결합의 반응성이 높아서, 고분자 치환 반응은 매우 빠르고 또 완결되기 때문이다. 따라서 비가교된 폴리다이클로로포스파진은 알콕사이드, 소듐에톡사이드, 소듐트라이플루오로에톡사이드와 같은 아릴옥사이드 및 아닐린, 뷰틸아민 등의 아민과 용액에서 처리하면 쉽게 할로젠 치환 반응이 일어난다(Scheme 2). 유기 금속 시약(유기리튬 등)은 폴리플루오로포스파진의 플루오린을 알킬, 아릴기로 치환시킨다. 그러나 이것은 사슬 절단이 동반된다.

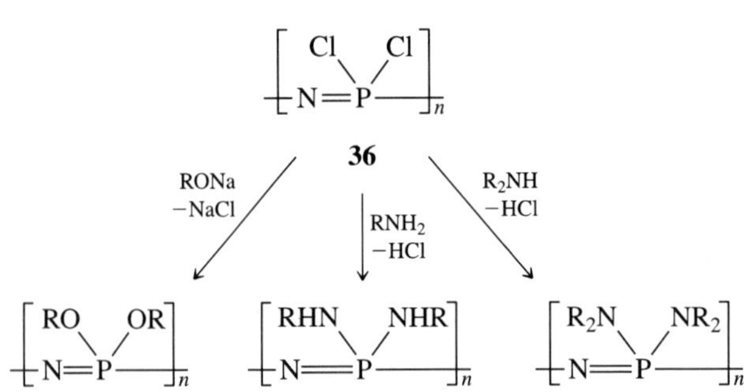

Scheme 2

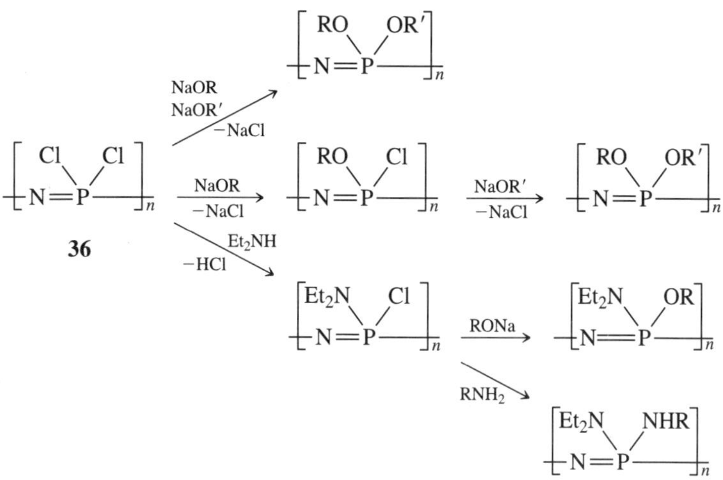

Scheme 3

고분자 치환 반응의 놀랄 만한 특징은 전형적으로 30,000 클로린 원자가 대부분의 경우에는 주쇄 절단과 같은 측쇄 반응의 증거가 거의 없거나 완전히 없이 각 고분자와 치환한다. 이와 같은 특징은 거의 모든 다른 고분자 시스템으로부터 폴리포스파진 고분자를 별도로 취급하게 하는 요소이며, 그리고 다양하게 다른 유도체를 만들 수 있는 광범위한 구조적 특징을 가지고 있다.

250 이상의 다른 시약은 폴리포스파진에 광범위하고 다양한 측쇄를 도입하는 데 사용되어져 왔다. 이들의 측쇄 그룹은 페닐링, 폴리방향성 아릴알콕사이드, 방향족 아조화합물, 스테로이드, 방향족 및 지방족 아민, 아미노산에스터, 올리고펩타이드, 글루코스, 아다만틸기, 카보레인, 보라진 잔여물, 그리고 금속카보닐과 메탈로센과 같은 많은 유기 금속을 포함해서 선형알콕사이드, 플루오로알콕사이드, 아릴알콕사이드가 도입되었다. 더욱이 많은 측쇄 그룹의 대부분은 1차 고분자 치환 단계에서 후까지 남아 있지 못하는 작용기의 도입이나 또는 보호 그룹을 떼어내는 2차 반응도 행해져 왔다.

39–**41**, **42**로의 전환과 같이, 유기 또는 유기 금속 곁사슬을 갖거나 할로젠 곁사슬을 갖는 고리 삼량체로부터 얻어진 고분자 중간체는 이런 유형의 치환 반응이 가능하다.

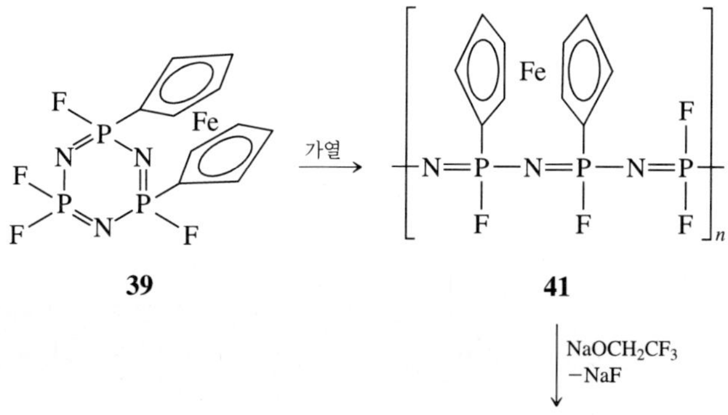

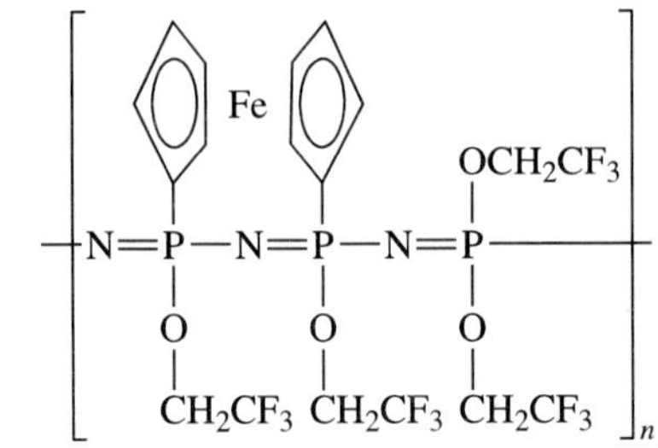

42

38–**40**의 삼량체의 중합 가능 능력에 따라, 고분자 치환 방법은 여러 범주의 고분자를 합성 가능하게 한다. 여기서 성질 변화는 곁사슬 형태에 따라 다양하게 유도할 수 있으며, 다른 곁사슬기의 혼합비 변화에 의해서도 가능하다. 이러한 성질을 이용하여 유기 또는 유기 금속 곁사슬을 고분자 사슬에 도입한 후, 여기서 행해진 3차 반응으로 좀 더 구조를 개선할 수 있다.

고분자 설계와 성질 변화에 대한 가능성을 다음에서 설명한다. 폴리다이클로로포스파진이 소듐 트라이플루오로에톡사이드와 테트라하이드로퓨란–벤젠 용매하에서 반응하여, 염소 원자가 트라이플루오로에톡시기로 대체되어 폴리[비스(트라이플루오로에톡시)포스파진](**43**)이 된다(그림 9.2 참조). 이 고분자는 아세톤 또는 에틸메틸케톤 용액으로 주형하고 무색, 유백색광의 유연성 필름을 생성하며, 외견상으로는 폴리에틸렌 필름과 유사하다. 이 고분자 용액을 비용매 내로 사출시키면, 유연하고 약간의 탄성을 지닌 섬유를 생성한다.

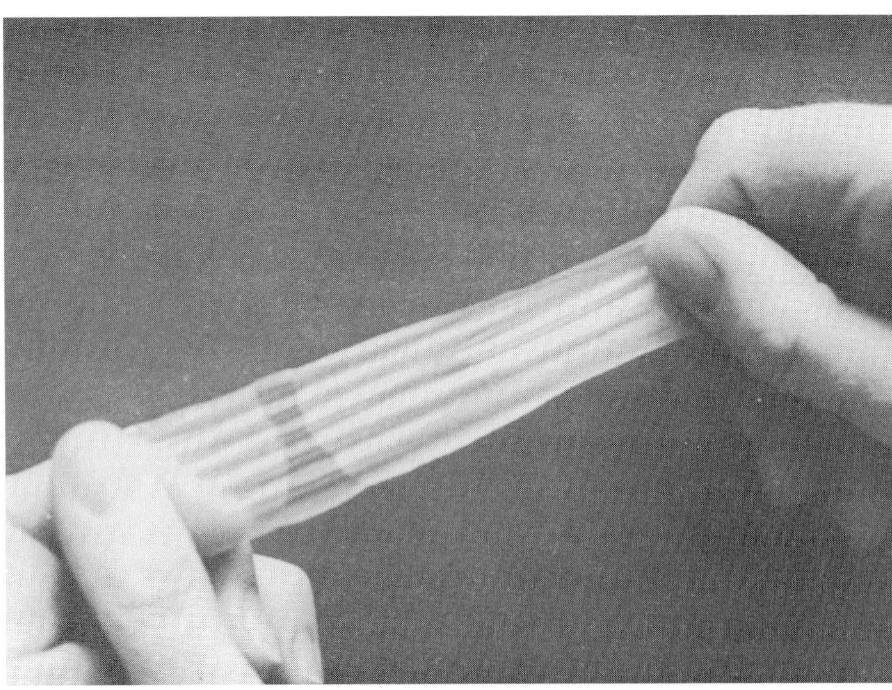

그림 9.2 폴리[비스(트라이플루오로에톡시)포스파진)], $[NP(OCH_2CF_3)_2]_n$의 배향된 필름

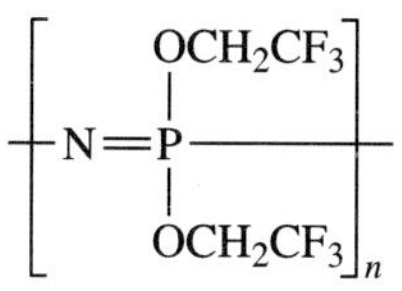

43

이 고분자는 낮은 전이 온도(−66°C)를 가지며, 이 온도로부터 녹는점 242°C까지 유연성을 지닌다. 특히 플루오린화 곁사슬의 영향으로 테플론 또는 실리콘보다 높은 발수성을 갖는다. 이 고분자는 높은 결정성에 의해 유백광의 외견을 나타내며, 결정성은 신축과 배향에 의해 향상되어, 강한 섬유나 필름을 형성한다. 따라서 이 고분자는 X선 회절 사진에서 높은 결정성을 보이는데, 이것은 사슬을 따라 치환기가 규칙적으로 배열되어 있기 때문이다. 한편 두 개 이상의 다른 치환기를 무작위 도입함으로써 결정성을 파괴하여 탄성체 성질을 부여할 수도 있다. 소듐트라이플루오로에톡사이드와 긴 사슬의 플루오로알콕사이드의 혼합물을 폴리다이클로로포스파진과 반응시키면 저온, 내용매성 탄성체라는 새로운 계열의 고분자를 얻을 수 있다(그림 9.3 참조).

다양한 성질을 가진 다른 예는 메틸아미노, 글루코실, 알콕시에터 및 글리세릴 곁사슬을 도입하거나, 스테로이달(steroidal), 항박테리아, 펩타이드 곁사슬을 함유한 폴리포스파진을 합성하여 생물학적 활동에 의해 수용성을 부여한다. 이런 구조 성질 관계를 표 9.1에 나타내었다.

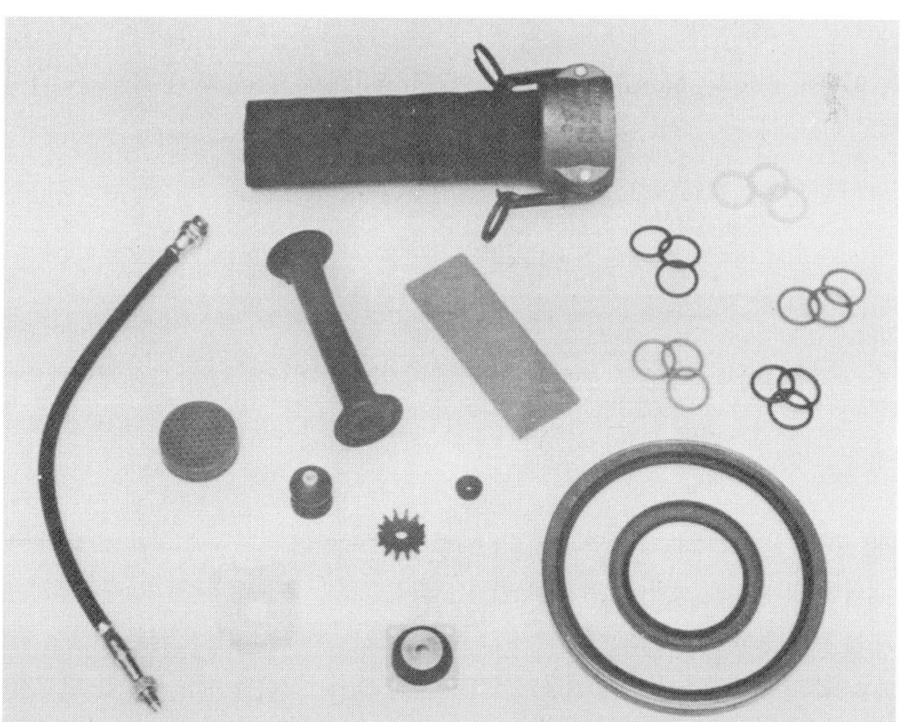

그림 9.3 혼합 치환 플루오로알콕시포스파진 탄성체로부터 제조된 개스킷, 파이프 및 시트 탄성체(sheet elastomer)

표 9.1 폴리포스파진의 곁사슬 변화로 주어지는 성질 변화

OC_2H_5	탄성체
OCH_2CF_3	소수성, 미세결정 열가소성
OCH_2CF_3 + $OCH_2(CF_2)_xCF_2H$	탄성체(낮은 T_g)
OC_6H_5	소수성, 미세결정 열가소성
OC_6H_5 + OC_6H_4R	탄성체
$NHCH_3$	수용성
$OCH_2CH_2OCH_2CH_2OCH_3$	수용성
$OCH_2CH(OH)CH_2OH$	수용성, 생체 분해성
글루코실(glucosyl)	수용성
$NHCH_2COOC_2H_5$	생체 분해성
$OC_6H_4P(C_6H_5)_2$	전이 금속의 배위 리간드
페로세닐기(ferrocenyl group)	전극 매체 고분자

9.9.3 폴리포스파진의 축합 중합

폴리(유기포스파진)의 다른 합성 방법은 포스포란이민의 축합 중합에 의해 개발되었다. 포스포란이민의 일반적 구조식은 $Me_3SiN{=}PR_3$이며, 여기서 R은 할로젠 원소나 유기 그룹이다. 전체 반응은 다음 식과 같다.

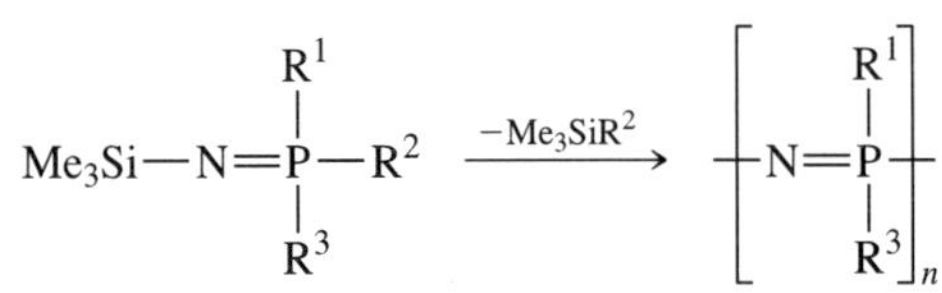

축합 중합 과정은 3가지 방법으로 개발되었다. 실온에서 리빙 양이온 과정, 고온 무촉매 반응 그리고 적절한 온도 음이온 중합이다. 관련된 반응은 $Cl_2P(O)N{=}PCl_3$의 열중합에 의해 $(NPCl_2)_3$이 제조되고 $P(O)Cl_3$가 방출된다.

리빙 양이온 중합 실온에서 PCl_5 용액 흔적(적은 양)이나 또는 PCl_5 자체에 의한 포스포란이민과의 반응은 리빙 과정에 의해 중합이 된다. 이 방법은 직접적으로 유기포스파진(R^1과 R^3 = 유기 그룹)을 제조하는 데 사용되었을지라도 지금까지 그 주요 용도는 부차적 고분자 치환 반응을 위한 폴리다이클로로포스파진을 제조하는 데 사용되어졌다(Scheme 4). 고분자 사슬 길이는 단량체와 개시제 비율에 의해 조절될 수 있고, 분자량 분포는 좁고, 프로세스의 리빙 성격은 두 개 이상의 다른 측쇄 그룹을 가진 포스파진-포스파진 블록 공중합체를 제조할 수 있기 때문에 이것은 $(NPCl_2)_3$의 개환 반응과 다르다. 더욱 더 중요한 것은 유기 텔레킬릭 고분자의 기능성 말단 그룹과 텔레킬릭 폴리포스파진을 결합시켜서 포스파진-유기 블록 공중합체를 제조하는 방법을 제공하였다. 폴리스타이렌, 폴리에틸렌옥사이드 그리고 심지어 폴리(다이메틸실록세인)과의 블록 공중합체가 합성되었다.

개시

$$Cl_3P{=}NSiMe_3 \xrightarrow[-ClSiMe_3]{2\,PCl_5} Cl_3P{=}N{-}PCl_3^+\ PCl_6^-$$

성장

$$Cl_3P{=}N{-}PCl_3^+\ PCl_6^- \xrightarrow[-ClSiMe_3]{Cl_3P=NSiMe_3} Cl_3P{=}(PCl_2{=}N)_n{-}PCl_3^+\ PCl_6^-$$

"리빙" 고분자 말단기가 같은 단량체 혹은 다른 단량체를 개시한다.

$ClSiMe_3$는 단량체 합성 과정에 재사용 가능하다.

Scheme 4

열중합 두 번째 접근법은 다음의 반응식에서도 나타낸 것과 같이 유기포스포란이민을 열처리하면 $Me_3SiOCH_2CF_3$가 제거되면서 폴리유기포스파진이 합성된다.

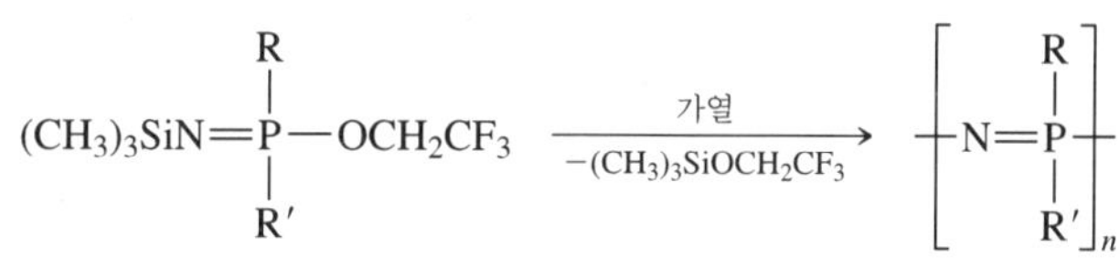

이 방법은 고분자 치환 반응 없이 직접적으로 폴리유기포스파진을 합성한다. 이 방법에 의해 형성된 주쇄와 측쇄에 연결된 탄소-인 결합을 가진 고분자는 폴리(다이클로로포스파진)으로부터 합성하기가 가장 어려운 고분자이다.

예로 R과 R′가 메틸이나 에틸인 고분자는 알려져 있다. 여기서 R은 메틸 또는 에틸이고 R′는 Ph이다. 메틸 그룹이 리튬화될 수 있고, $-CH_2$ Li 측쇄는 유기실리콘할라이드, 클로로포스파진 그리고 페로센 유도체와 같은 친전자 치환 반응을 할 수 있기 때문에 이와 같은 고분자는 고분자 중간체로 사용될 수 있다. 이 과정에 의해 제조된 고분자$[NP(CH_3)_2]_n$는 폴리(다이메틸실록세인)과 구조적 유사체이다. 그러나 이것은 엘라스토머가 아니며 측쇄 변화에 더 안정하다.

음이온 중합 세 번째 방법은 두 번째 방법에 근거로 한다. 리빙 프로세스에 의해 저온에서 Bu_4NF와 같은 음이온 개시제를 사용해서 중합을 유도한다. 이 접근법은 알콕시 치환 포스파진 고분자를 제조하는 데 사용해왔다.

아자이드 분해 방법 인아자이드로부터 질소를 제거하면서 폴리포스파진을 합성하는 아주 다른 축합법이다. 이들의 단량체는 폭발성이 있기 때문에 순수한 상태에서 결코 분리할 수 없다. 그러나 용액에서 주의깊게 제조해서 사용한다면 다른 어떤 방법으로 제조하기 어려운 폴리아릴포스파진을 제조할 수 있다.

폴리포스파진과 폴리유기실록세인을 아주 다르게 취급한다는 것은 바로 폴리포스파진 합성의 다양성이다. 폴리(다이클로로포스파진)과 비교해서 반응성 있는 고분자 중간체 폴리실록세인 시스템은 지금까지 발견되지 않았기 때문에 치환 반응은 폴리실록세인에서는 이용될 수 없었다. 더욱이 인–질소 주쇄 결합이 실리콘–산소 결합보다 시약 공격에서 안정하다는 것은 명백하다. 그러므로 측쇄 그룹에 3차 반응은 폴리실록세인의 경우 주쇄의 절단에 이르지만 폴리유기포스파진의 경우는 가능하다.

9.9.4 폴리포스파진의 구조적 특징

폴리포스파진에 대해 알려져야 할 여러 의문 중 가장 대표적인 두 가지가 (1) 주사슬의 전자 구조는 어떠한가? (2) 왜 포스파진은 특이한 물질적 성질, 즉 낮은 T_g값, 탄성, 이상한 결정 전위 등을 나타내는가?이다.

주사슬의 전자 구조는 잘 알려져 있지 않다. 만일 이 고분자에 정상적인 공유 구조를 가정한다면, 각 골격 질소 원자에 3개의 전자와 각 인(phosphorous) 원자에 하나의 전자가 존재한다. 가장 타당한 최근 설명(그림 9.4)에 의하면, 주사슬의 질소 원자에 있는 두 개의 전자는 "비공유쌍"으로 이 분자에 염기성과 배위 결합 능력을 제공한다. 질소와 인에 남아 있는 전자는 질소의 *p*-궤도와 인의 *d*-궤도 간의 겹침으로 인해 π-계를 형성한다(그림 9.4).

이것은 주사슬의 결합을 강하게 하는 한편, 각 질소의 *p*-궤도가 인의 *d*-궤도로부터 다른 궤도로 겹침이 전환되는 자유뒤틀림을 허용한다. 이 특이한 주사슬의 뒤틀림 자유도(많은 폴리포스파진의 유연성과 탄성의 이유)는 질소의 넓은 결합 각도와 모든 다른 골격 원자에 치환된 치환기의 부재와 관련이 있어 보인다. 또한 폴리포스파진은 가능한 한 곁사슬들끼리 멀리 배위하기 위해서 *cis-trans*-평면(0°, 180°) 입체 형태를 나타낸다(그림 9.5).

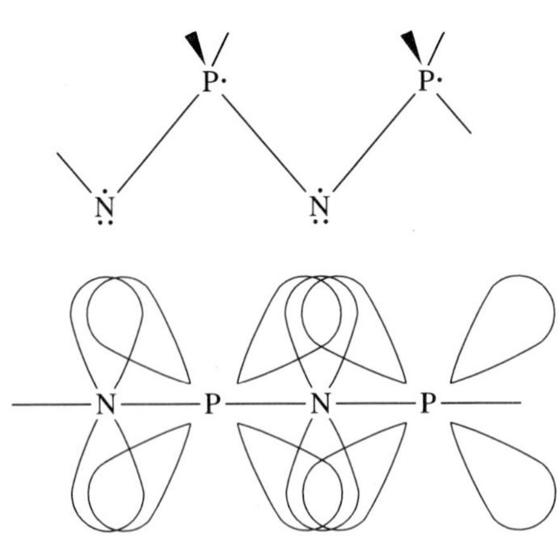

그림 9.4 폴리포스파진의 가능한 결합 배열. 위 그림은 전자쌍의 σ-결합을, 아래 그림은 인과 질소 원자 각각에서 하나의 전자가 d_x–p_x 시스템을 이루어 안정한 여기 상태가 됨을 나타낸 것이다. 궤도 중첩은 인의 3*d* 궤도와 질소의 2*p* 궤도에 의해 이루어진다.

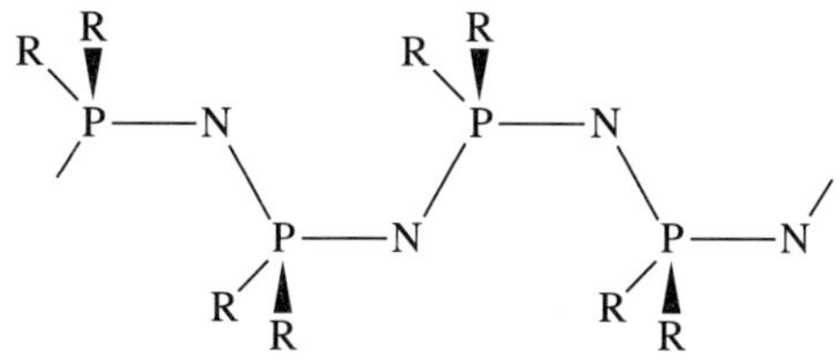

그림 9.5 수많은 고체상 폴리포스파진의 특성인 *cis-trans*-평면 골격 배열. 이 형태는 곁사슬을 가장 멀리 위치하기 위해 일어난다.

9.9.5 폴리유기포스파진의 용도

유기포스파진 탄성체는 연료관, 호스, 개스킷, O-링 및 불연성 발포고무 제품(그림 93) 등에 이용되며, 최근에 사용되는 기술적 용도의 대부분은 내유성, 불연성 및 낮은 전이 온도를 이용한 것이다. 한편, 다른 예로 무기 항암제의 수용성 수송 분자, 스테로이드 등에 사용되거나 체내에서 포스페이트(phosphate), 암모니아 및 아미노산 등을 내놓는 생체 의학 고분자로 이용된다. 많은 생물학적 활성체가 그러하듯이, 유기 염료도 폴리포스파진 사슬에 공유 결합되어 이용된다.

다른 폴리포스파진은 리튬 충전 2차 전지의 고체 이온 전도체, 연료 전지에서 양성자 전도막 그리고 고굴절률 광학 재료로서 사용된다. 많은 폴리포스파진 고분자의 난연성은 그 자체나 또는 다른 유기 고분자의 첨가제로서 항공 분야와 자동차 응용에 많은 관심을 나타내왔다.

9.10 폴리(카보-, 싸이오- 그리고 싸이오닐-포스파진)

주사슬에 인, 질소와 다른 원소를 지닌 폴리포스파진과 매우 유사한 고분자가 있다. 이들은 폴리(카보포스파진)(**44**), 폴리(싸이오포스파진)(**45**) 그리고 폴리(싸이오닐포스파진)(**46**)이다.[1-3]

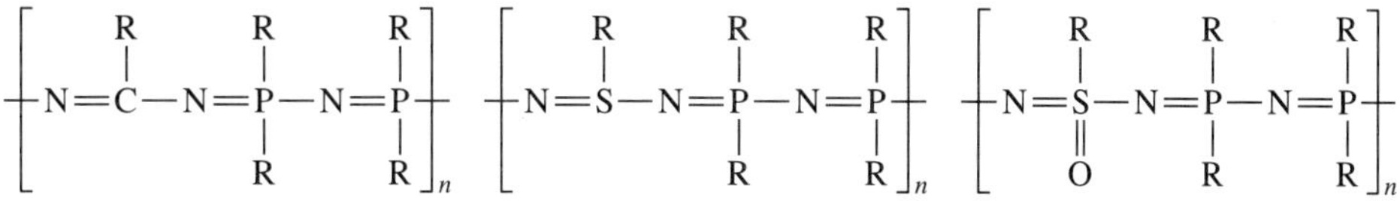

44 **45** **46**

이들 모두는 적당한 클로로 사이클로 삼량체의 개환 중합에 의해 합성되며 이어서 할로젠 원자는

[1] H. R. Allcock, S. M. Coley, I. Manners, G. Renner, and O. Nuyken, *Macromolecules*. **1991**, *24*, 2024.

[2] H. R. Allcock, J. A. Dodge, and I. Manners, *Macromolecules*. **1993**, *26*, 11.

[3] D. P. Gates, Me A. Williams, and I. Manners, *Macromolecules*. **1998**, *31*, 3494.

알콕시, 아릴옥시 또는 아민 측쇄 그룹에 의해 치환된다. 유기 친핵제에서의 변화는 측쇄 그룹의 범위가 전형적 폴리포스파진만큼 크지 않지만 다른 물성을 가진 고분자를 만든다. 카보포스파진은 C=N 결합의 뒤틀림 장벽 에너지가 P=N의 것보다 더 높기 때문에 같은 측쇄 그룹을 가진 폴리포스파진보다 유리 전이 온도가 더 높다. 폴리(싸이오포스파진)은 폴리포스파진보다 더 유연하며 싸이오(황 VI) 유도체(**46**)는 싸이오닐(황 IV) 종(**45**)보다 더 안정하다. 이들 세 고분자 시스템은 위치 특이적 치환이 가능한데, 그 이유는 C−할로젠, S(IV)−할로젠 또는 S(VI)−할로젠 결합의 반응성이 P−할로젠 결합의 것과 다르기 때문이다.

9.11 고분자 황

가장 일찍 만들어진 공유 무기 고분자이며, 가장 매력적인 고분자가 고분자 황이다. 실온에서 황의 안정한 형태는 8개의 황 원자가 고리 분자를 이룬 사방황(rhombic sulfur)이다(그림 9.6).

사방황은 깨지기 쉬운 결정 재료로 113°C에서 녹아 황적색 액체를 형성하며, 이 액체 황은 159°C 이상에서 온도가 상승함에 따라 점도가 상승하므로, 대부분의 다른 액체와는 반대 거동을 나타낸다. 점도 증가는 팔각 고리의 개환에 기인하며, 자유 라디칼 중합에 의해 긴 사슬로 전환된다. 긴 사슬은 고리보다 효과적으로 엉키기 때문에 점도는 증가한다. 온도가 175°C 이상으로 상승하면 점도는 감소하기 시작하는데, 이는 긴 사슬이 고리로 전환하는 해중합이 일어나기 때문이다(10장 참조).

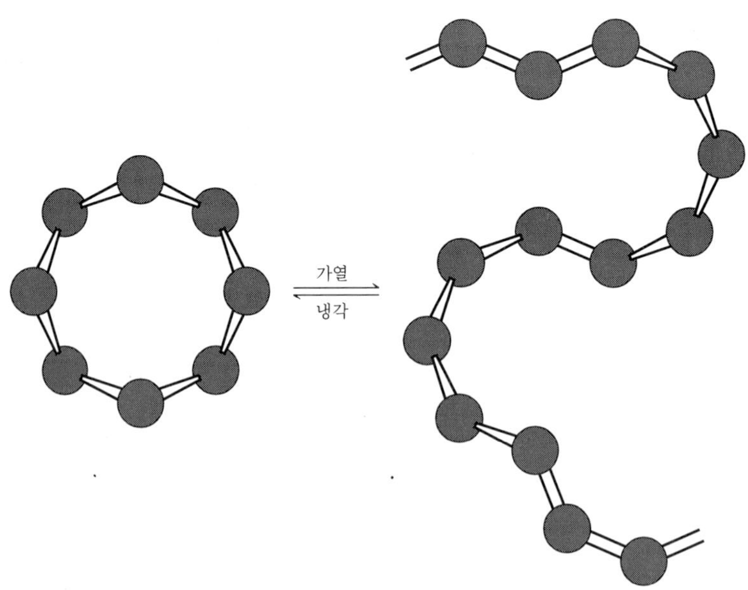

그림 9.6 S_8의 팔량체 고리를 함유한 사방황. 140°C 이상으로 가열하면 개환하여 고분자 황이 되며, 냉각에 의해서 가역 반응이 일어난다.

이 고분자 형태의 황은 다음과 같이 급냉되거나 단리시킬 수 있다. 첫째, 만일 용융 고분자를 드라이아이스-아세톤 냉각욕(−78°C)에 넣어 급냉하면, 고분자는 노란색 반투명 유리로 단리된다. 이 물질은 −30°C 이하의 온도에서 비결정으로 존재하며, −30°C의 겉보기 유리 전이 온도보다 높게 가열시 높은 탄성을 나타낸다. 이는 S_8 고리에 의해 가소화된 고분자 황이 생성됨을 의미한다. 이황화탄소(carbon disulfide)로 S_8 분자를 추출하여 제거하면 +75°C의 유리 전이 온도를 갖는 가소화되지 않은 고분자가 형성된다. −10°C보다 높은 온도에서 냉각 고분자는 S_8 고리의 결정화가 진행됨에 따라 경화된다.

둘째, 만일 용융 고분자를 물에 넣어(그림 9.7) 실온으로 냉각시키면, S_w로 알려진 반결정 고분자와 S_8 결정 혼합물을 형성한다. 이 물질을 90°C 이상의 온도로 가열하면, 매우 빠른 속도로 사방황으로 전환하며, 실온에서는 고리화-해중합 속도가 매우 낮다. 따라서 고분자 황은 제한된 용도로만 사용되나, 이 열적 거동은 많은 무기 고분자계의 특징을 설명하므로, 즉 고리는 긴 고분자 사슬로 전환하며, 높은 온도에서는 반대 반응이 일어나려는 경향이 있으므로 그 의의는 크다.

폴리셀레늄(polyselenium)은 고리 Se_8을 고분자 황 제조에서 설명한 방법으로 얻을 수 있다. 황 중합이 자유 라디칼 과정이므로 바이닐 단량체와 공중합이 가능하나, 이런 반응은 실제로는 일어나지 않는다. 이는 말단 황 라디칼의 유기 불포화 화합물에 대한 반응성이 매우 낮기 때문이다(테트라플루오로에틸렌은 제외). 그러나 황은 프로필렌설파이드(propylene sulfide)와 같은 유기 고리설파이드(cyclic sulfide)와 음이온 공중합한다.

그림 9.7 고분자 황은 사방정계 황을 140~170°C로 가열하여 제조한다. 이 고분자를 차가운 물에 급냉시키면 실온에서 유연한 탄성을 나타내지만, 급냉을 시키지 않으면 본래의 고리 올리고머 형태로 되돌아간다.

9.12 폴리설퍼나이트라이드(폴리싸이아질)

9.12.1 합성과 외견

가장 주목받는 무기 고분자계 중의 하나가 폴리설퍼나이트라이드, $(SN)_n$이다.[1] 이 고분자는 고리 "테트라설퍼테트라나이트라이드(tetrasulfurtetranitride)"(**47**)의 연속적인 반응으로 제조되며, 테트라나이트라이드는 황과 액체 암모니아나, SF_4 또는 S_2F_{10}과 암모니아로부터 제조되는데, 이것은 암모니아와 S_2Cl_2와의 반응에 의한 것이다. 이 고리 사량체는 오렌지-노란색 결정 고체로, 융점은 178°C이며, 고체로 보관하면 폭발할 수도 있다.

진공에서 승화 온도(85°C)로 가열할 때나, 200～300°C의 가열된 실버 울(silver wool)에 증기 상태로 통과시킬 때, 고리 사량체는 액체 질소에서 응축 가능한 흰색 고체인 폭발성 고리 이량체(**48**)로 전환된다. 고리 이량체는 먼저 25°C의 트랩, 다음 0°C의 차가운 트랩을 사용하여 진공 승화하여 흰색 고체로 정제할 수 있다. 고리 이량체의 고상 중합은 25°C에서 3일간 반응시키고, 진공에서 75°C로 2시간 가열함에 의해 일어난다. 중합시 결정은 무색(반자성, diamagnetic)에서, 청흑색(상자성, paramagnetic)으로 변한 후 다시 광택이 있는 금색(반자성)으로 변한다. (**49**)의 중합은 결정의 표면에서 내부로 진행된다. 중합이 진행되는 동안 스페이스-그룹(space-group)의 대칭은 변하지 않는다.

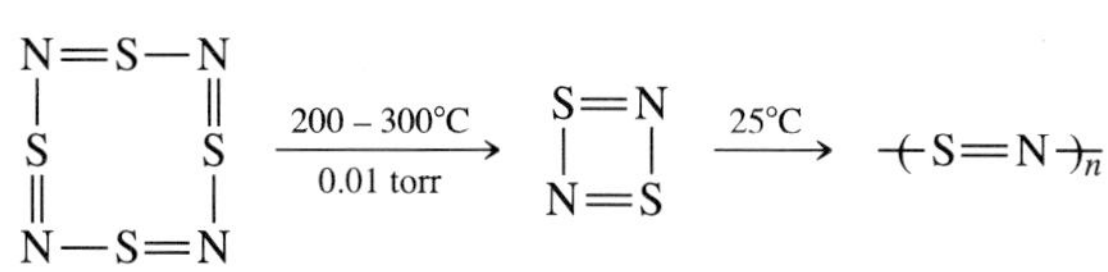

47 **48** **49**

고상 중합의 진행은 고리 이량체 중 한 개의 결합이 절단되어, 두 개의 라디칼을 형성, 인근 분자와 그림 9.8에서와 같이 결합하여 고분자를 형성한다. 이 고분자는 유리, 배향된 폴리테트라플루오로에틸렌, 또는 폴리에틸렌테레프탈레이트 위에서 에피텍셜(epitaxial) 중합에 의해 얇은 필름(박막)을 형성시킬 수 있다. 145°C에서는 $(SN)_n$이 해중합되어 선형 S_4N_4가 되며, 이는 유리 위 또는 유기 고분자 표면에서 다시 중합된다. $(SN)_n$ 섬유는 고분자 지지체의 배향 방향을 따라 서로 평행하게 배열된다. 이 필름은 투과광에 의해 암청색을 나타낸다.

$(SN)_n$ 결정은 평행한 섬유(parallel fibrous) 구조를 가지며, 긴 섬유상(fibrous strands)은 각 결정

---

[1] A. J. Banister, I. B. Gonell, Adv. Mater. **1998**, *10*, 1415–1429.

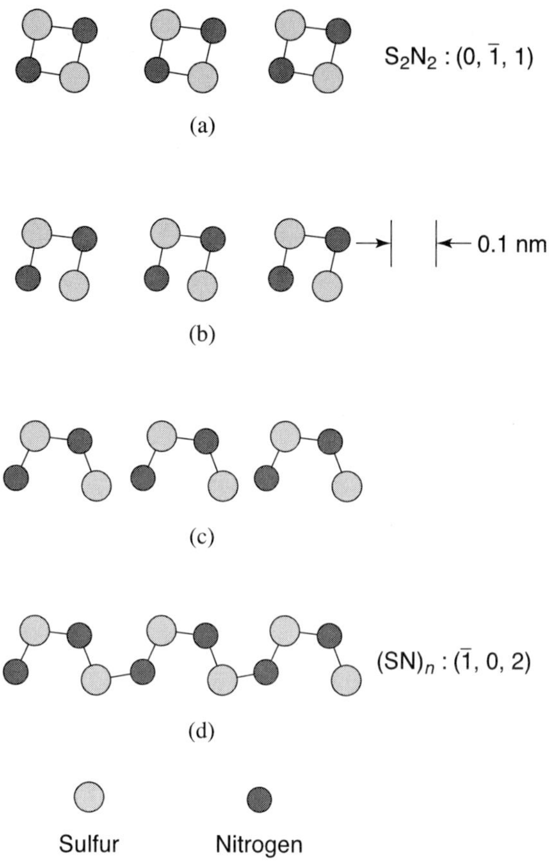

그림 9.8 고리 이량체에서 개환 생성된 라디칼의 곁사슬 결합에 의한 $(SN)_2$에서 $(SN)_n$으로 중합을 나타내는 반자성 효과

으로부터 기계적으로 벗겨낼 수 있다. 결정의 끝은 항상 금색보다는 검정색이다. 금색은 전자의 금속형 배열을 반영한다. 결정은 부드럽고 금색 판상을 형성할 수 있으나, 압축하면 폭발할 수도 있다.

25°C에서 고분자는 상대적으로 물, 공기에 비활성이며, 짧은 시간, 공기하에서 변색 없이 가열할 수 있다. 그러나 공기나 물에 장시간 노출되면 분해되고(흰–회색 가루), 고온에서 장기간 가열하면 황, 질소 및 다른 화합물로 분해한다. 반응을 일으키지 않는 용매에는 불용성이다. 특히 실온에서는 금속과 비슷한 전기 전도도를 나타내며, 0.3K로 냉각시에는 초전도성을 띠기 때문에 $(SN)_n$은 매우 주목되고 있다. 이 성질은 23장에서 설명한다.

9.13 주사슬에 금속이 배위된 고분자

9.13.1 전자 주개 배위자를 통한 주쇄 결합

금속 원자를 사슬의 한 부분으로 구성하고 있는 고분자의 합성에 대한 연구가 상당히 진행되고 있다. 몇몇 구조는 골격에 금속-산소 또는 금속-탄소 공유 결합을 가지지만, 알려진 많은 금속성 고분자는 배위 결합에 의해 결합된 골격 구조를 가지며, 여기서 산소 또는 질소 등의 공여체(donor) 원자는 금속에 전자를 제공한다. 이러한 구조의 많은 예들이 설명되었으며, 이러한 고분자는 **50**과 같은 도식 구조를 가진다.

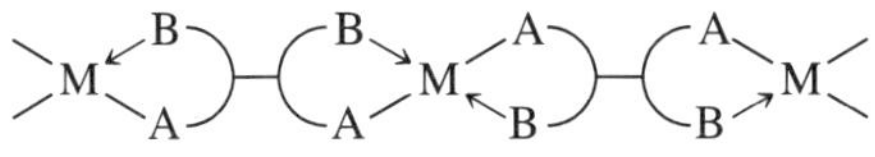

50

Schiff 염기, δ-퀴놀리놀(δ-quinolinol), β-다이케톤(β-diketones) 등의 유기 배위자(리간드)나 포스피네이트(phosphinate) 단위는 이런 방식으로 구리, 니켈, 코발트, 아연, 마그네슘, 팔라듐 등의 금속을 배위한다. 그러나 대부분은 10～20개의 반복 단위를 가지는 중합도에 이르면 불용성이 된다. 또한 분자 간 배위와 배위자 교환 반응이 일어나기 때문에 이 재료의 특성화가 어렵다. 이 고분자 구조는 배위 액체와 접촉하는 것을 방해하나 가끔은 배위자가 강한 "유기" 성질을 가진다면, 배위 고분자는 다른 고분자처럼 거동한다. 예로 Ni^{2+} 또는 Fe^{2+}이 5-페닐테트라졸레이트(5-phenyltetrazolate)와 배위하여 형성된 고분자는 점성 용액이 되며, 섬유 또는 유연한 필름으로 가공할 수 있다.

9.13.2 주쇄에 메탈로센을 지닌 고분자

고분자 주쇄에 페로센을 도입하는 시도가 초기에는 축합 반응에 의해, 최근에는 개환 중합 방법에 의해 1970년대 이래 연구되어 왔다. 이들 고분자에 대한 관심은 페로센의 두 가지 특징 때문이다. 열에 대한 안정성과 용이한 전기 화학적 산화 거동 때문이며 후자의 물성은 전자 반도체 근거가 될 수 있다.

축합 반응에 대한 전형적 방법은 다음 화학식에서와 같이 이염기산할라이드와 **51**과 같은 화합물과의 반응에 의해 제조된다. 유사한 프로세스가 다이올과 타이타노센의 반응에 대해 개발되었다.

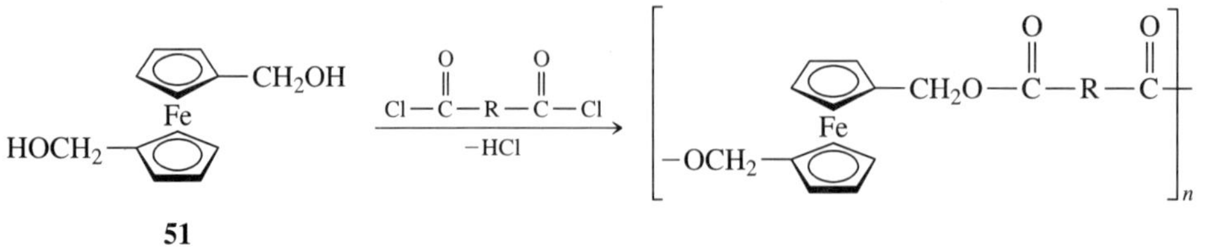

51

두 개환 반응을 소개하겠다. 아래 화학식은 (R이 뷰틸일 경우) 분자량이 12,000~260,000에 이르는 고분자를 제조하는 특별한 탈황 중합 프로세스이다.[1]

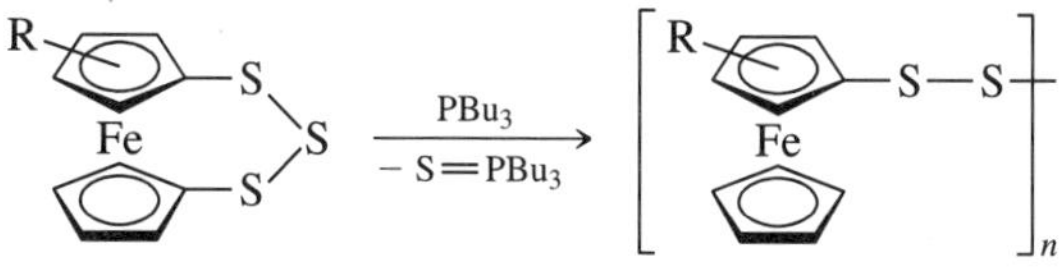

사슬에 따라 교대 페로센 단위의 연속적인 산화에 의해 야기된다고 생각되어지는 가역 전기 화학적 산화가 두 개의 분리된 단계에서 일어난다. 이 고분자는 공기 중에서 자외선에 노출되는 동안 광분해된다. 황 대신 셀레늄으로 치환된 화합물도 연구되었다.

그러나 가장 안정한 페로센 고분자의 일부는 아래의 화학식에 요약된 프로세스에 의해 화합물 **52**와 같은 링 뒤틀린 페로세노페인의 개환 중합에 의해 얻어진다.[2]

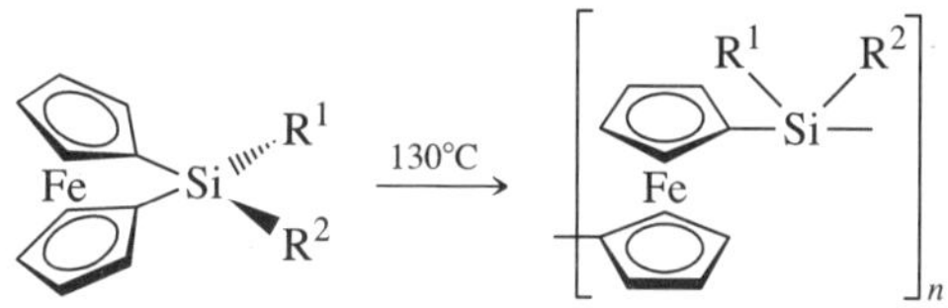

52 Red-orange crystalline material

53 Poly(ferrocenophanes)

화합물 **52**에서의 링 뒤틀림은 동일 평면상 사이클로펜타다이에닐 링의 기울어짐으로부터 알 수 있다. 중합에 의해 단량체의 뒤틀림이 완화되어 $10^5 \sim 10^6$의 무게 평균 분자량, 그리고 $M_n > 10^5$(~400 반복 단위)의 호박색 고분자 **53**이 합성된다. 측쇄 그룹, R^1과 R^2는 메틸로부터 헥실에 이른다. 고분자들은 R^1이 메틸이고, R^2가 고분자 치환 반응에 이용할 수 있는 클로린 원자를 지닐 때도 역시 가능하다. 이 고분자의 T_g는 측쇄 R에 의존한다. 즉, R^1 = 메틸과 R^2 = 페로세닐일 때 +99°C에서 $R^1 = R^2$ = 헥소시일 때 −51°C에 이른다. 지금까지 이들 고분자의 주요 관심은 전자 (홀) 전도체와 자성 세라믹 전환용 세라믹 전구체 화합물이다. 폴리스타이렌이나 폴리실록세인과의 블록 공중합체도 합성되었다.[3] 폴리실록세인 블록을 가진 고분자는 헥세인에 자기조립하여 내부 코어를 형성하는 페로센 단위를 가진 벌레 형태의 마이셀을 만든다. 저마늄이나 실리콘 대신 —CH_2—CH_2— 단위를 가진 관련 고분자도 제조되었다.

---

[1] P. F. Brandt, and T. B. Rauchfuss, *J. Am. Chem. Soc.*, **1992**, *114*, 1926.

[2] D. A. Foucher, B.-Z. Tang, and I. Manners, *J. Am. Chem. Soc.*, **1992**, *114*, 6246.

[3] J. Massey, K. N. Power, M. A. Ninnik, I. Manners, *J. Am. Chem. Soc.*, **1998**, *120*, 9533–9540.

9.13.3 그 외의 시스템

끝으로 살펴볼 흥미 있는 금속성-골격 고분자 중 하나는 백금알킬, 팔라듐알카인(palladium alkynes)(**54**)이 (**55**)에 나타낸 산화 커플링 반응으로 생성된 것이다. 이 노란색 고분자는 공기 중에서 안정하고, 여러 가지 유기 용매에 용해되며, 150,000 정도의 분자량을 가진다. 이 고분자는 막대형이다. 이 물질의 가장 주목받는 특징은 전기적으로 전도성 고분자라는 점이다(23장 참조).

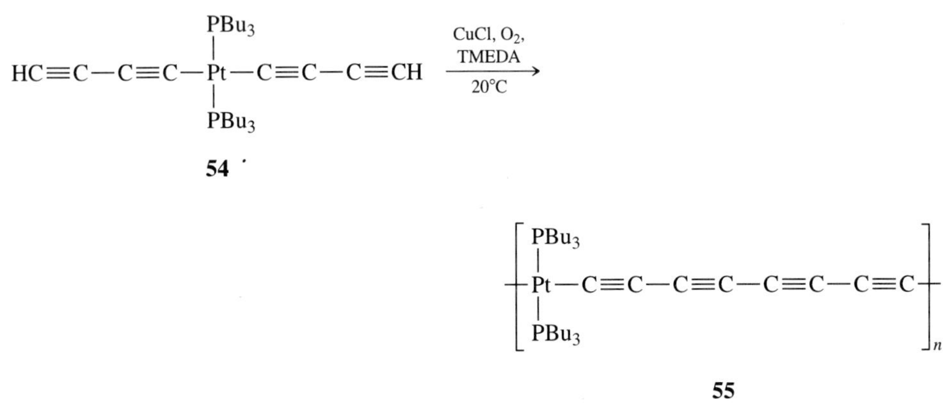

9.14 광물학적 고분자, 프리세라믹 고분자

9.14.1 광물학적 고분자와 세라믹

규산염 형태의 여러 가지 무기 고분자는 지각에서 발견된다. 몇몇은 선형 고분자이고, 다른 것들은 사다리형 구조나 판상 구조이며, 삼차원으로 가교된 초구조도 많다. 규산염의 3가지 유형은 건축 재료, 열 절연체, 무기나 도구 등으로 모두 인류에 의해 이용되었다. 대부분의 역사에서 고분자화학과 광물학은 서로 분리되어 완전히 독립적으로 발전해왔으며, 서로는 공통점을 갖지 않는 이질적 학문으로 생각했으나, 최근에 두 분야의 유사점이 발견되면서 두 분야를 더욱 확대, 교차 연구를 진행하고 있다.

유리, 선형 규산염, 석영 따위의 광물 고분자는 왜 유기 고분자와 다른가? 폴리유기실록세인이나 폴리유기포스파진은 전형적인 유기 고분자와 많은 공통점을 가지기 때문에, 이러한 비탄소 원소들의 존재는 유기, 무기 고분자 간의 차이에 직접적인 효과가 거의 없음을 알 수 있다. 폴리실리케이트의 강성과 높은 온도 안정성은 이온 측쇄 구조와 산화 원소의 부재에 주로 기인한다.

폴리실리케이트는 하이드록시실리콘(hydroxysilicone) 단량체의 축중합에 의해 생성된다. 최초의 단량체인 규산(silicic acid)(**56**)이 모노-, 다이-, 트라이- 또는 테트라-염 구조를 형성하기 때문에 Scheme 5에서와 같이 중합 작용성은 0, 1, 2, 3이다. 실제는 Scheme 5에서보다 더 복잡하며, 높은 온도에서는 재배열 반응으로 고리, 사슬, 복잡한 초구조를 형성한다. 그럼에도 불구하고 Scheme 5는 반응을 이해하는 데 좋은 정보를 제공한다.

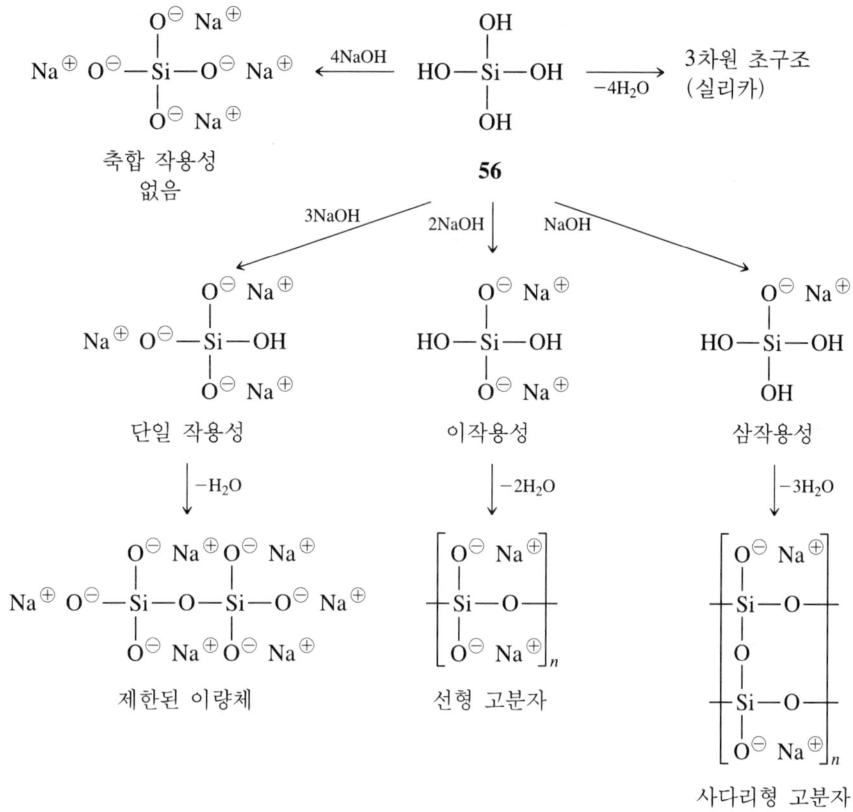

Scheme 5

그림 9.9에 나타낸 두 개의 구조에 대해 살펴보기로 한다. 유기 고분자 견해로는 단일-가닥(single-strand) 규산염은 유연하거나 탄성 물질(폴리다이메틸실록세인에서 나타나는)을 형성하리라 생각되나, 실제는 광물이 결합된 강성 물질(rigid material)이 된다. 이는 곁사슬 사이의 이온 상호작용에 의해서, 특히 음의 전하가 Ca^{2+}나 Al^{3+}와 같은 이가 및 삼가 양이온에 의해 중화할 때 강성 물질을 형성한다. 이 이온 결합은 공유 가교 같은 역할을 하며, 강성 매트릭스(matrix)에 분자를 결합시키는 역할을 한다. 석면의 한 형태인 각섬석 광물에서 볼 수 있는 사다리형 규산염은 이온력에 의해 주위에 구속된다. 따라서 분자 차원의 유연성이 매우 제한되어 있으며, 삼차원 공유 가교(Scheme 5)로 다루기 어려운 구조가 된다. 이 구조의 장점은 열안정성과 구조 강성으로 이를 필요로 하는 곳에 이용된다.

각 사슬이나 규산염 판(층)상을 연결하고 있는 이온 가교는 가끔 화학 시약에 의해 파괴되기도 한다. 예로서, vermiculite나 montmorillonite 같은 층상 규산염은 알킬암모늄 양이온 처리에 의해 파괴된다. 다른 규산염을 트라이메틸클로로실레인으로 처리하면 실리콘형 사다리형 고분자로 전환

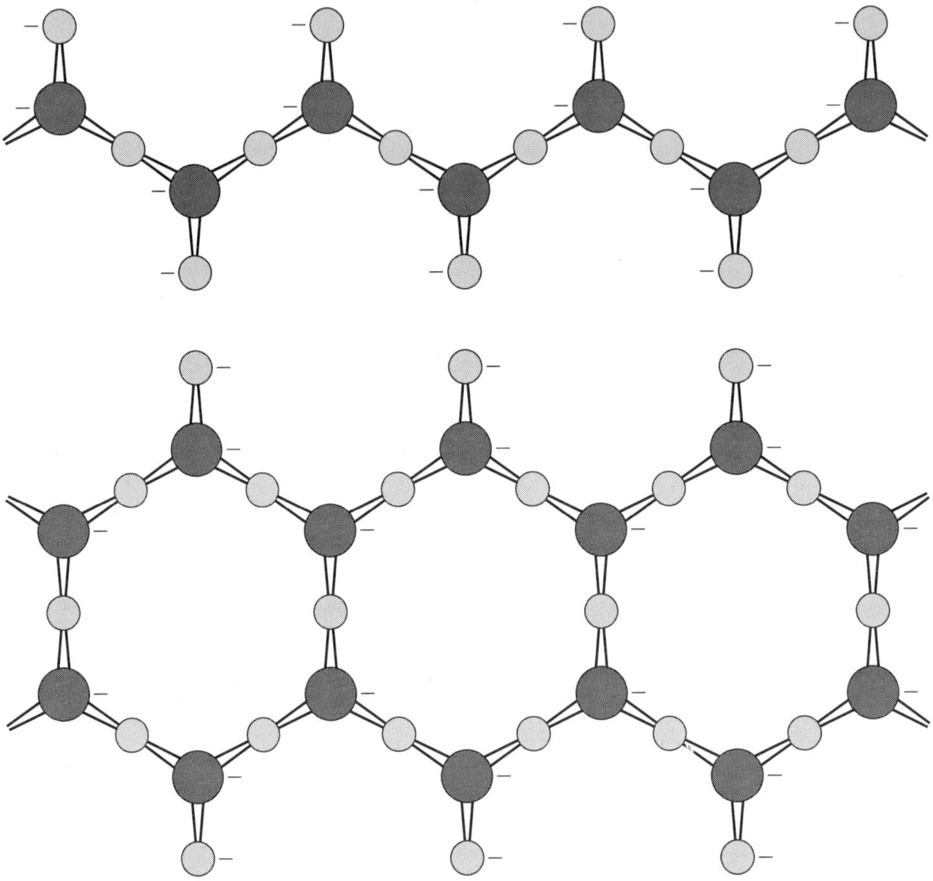

그림 9.9 많은 광물 고분자는 아래와 같은 각섬석의 이중-가닥 구조나 위의 휘석(pyroxenes)에서와 같이 단일-사슬 구조를 갖는다. 골격 규소 원자의 연결은 전하를 띤 곁사슬 산소 원자에 의해 이루어지며, 이 곁사슬기들은 다가의 금속 양이온에 의해 이온 가교되어 강성(剛性), 높은 용융 구조를 형성한다.

된다. 크리소틸(chrysotile) 석면은 트라이메틸클로로실레인(trimethylchlorosilane)과 반응하여 이온기를 제거하면, 공유 결합만을 가지므로 유기-용매에 팽윤되는 고분자가 된다. 이 반응은 무기화학과 유기화학의 관련성을 잘 설명해 주고 있다.

많은 광물들은 일찍이 더 이상의 화학적 가공 없이 사용되어 왔으나, 문명이 발달되면서 광물을 조리 기구, 장식, 용기 및 건축 재료로 가공하기 시작하였다. 이러한 개선된 규산염이 세라믹 분류에 속한다고 알려져 있다.

세라믹은 규산염이 다른 무기 재료를 용융 또는 재형성하거나, 녹는점 아래에서 가열하는 소결(sintering)에 의하거나, 가교를 제거하고 유리를 형성하기 위해 탄산소듐을 처리하는 화학적 방법에 의해 제조된다. 세라믹은 다른 재료에 비해 열에 안정하지만, 이의 제조, 가공에는 많은 에너지가 요구된다. 특히 질화붕소, 탄화규소, 질화알루미늄 등의 비규산염 세라믹의 제조는 더욱 그러하다. 또한 이러한 재료는 일단 형태가 형성된 후에는 모양을 성형하기 어렵다. 이러한 두 가지 문제 때문에 다음 절의 졸-젤(sol-gel) 합성과 프리세라믹 고분자가 필요하다.

9.14.2 졸-젤 과정

세라믹 규산염은 자연에서만 발견되는 것은 아니다. 보통의 세라믹 과정에 필요한 것보다 좀 더 낮은 온도 처리로 합성이 가능하다. 따라서 많은 에너지가 절감되며, 합성된 물질은 다공성이어서 가벼운 세라믹이 될 수 있다.

졸-젤(sol-gel)은 반응성, 다작용성의 무기 단량체의 가수 분해를 포함한다. 이 한 예가 테트라에틸실리케이트(**57**)의 가수 분해이다. 이 화합물은 용액에서 규산[$Si(OH)_4$]으로 가수 분해되며, 이 단량체는 빠르게 가교 매트릭스(초구조)로 축합되어, 결국은 실리카가 된다(Scheme 6).

실제로, 가수 분해로 용액("졸") 형성이 용이하며, 가교 매트릭스("젤")는 조절된 조건, 에탄올 용매하에서 일어난다. 즉, 미리 모양을 성형한 후 잔존 물, 알코올을 제거하여 매트릭스를 실리카와 유사한 조성의 가교 세라믹으로 만든다. 이 방법은 타이타늄, 알루미늄 및 다른 원소들의 알콕사이드에도 적용된다. 이 방법의 중요한 단점은 마지막 축합시 상당량의 부피 수축이 일어난다는 점이다.

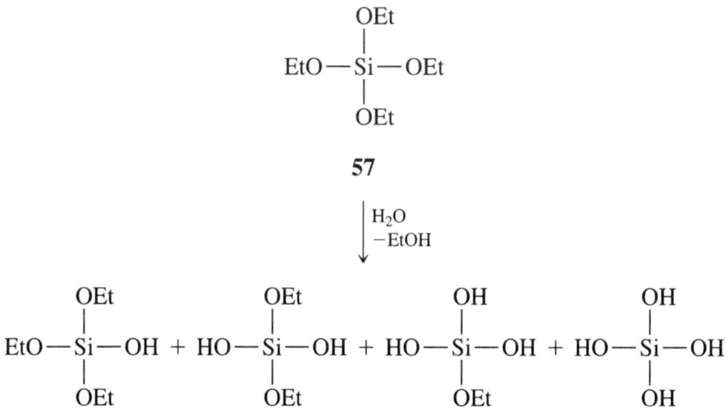

Scheme 6

졸-젤 세라믹의 깨지기 쉬움과 부피 수축은 실리케이트 네트워크에 친수 또는 물에 녹는 유기 고분자를 넣어줌으로써 감소시킬 수 있다. 그래서 최종 화합물은 세라믹 성분이 강도를 나타내고 고분자는 충격 저항을 제공하는 상호 침투 복합 재료이다. 이러한 재료는 **세라머**(ceramers) 또는 ORMOSILS(ORganically MOdified SILicas)로 알려져 있다.

하이브리드 유기/무기 복합체는 21장에서 논의될 것이다.

9.14.3 프리세라믹 고분자

선형 고분자는 쉽게 섬유나 필름으로 가공할 수 있으나, 작은 분자들과 가교 세라믹은 그렇지 못하다. 그러나 만일 고분자를 원하는 모양(20장 참조)으로 가공할 수 있고, 후에 가교 열처리시켜 세라믹을 만든다면 성형이 가능하다. 물론 열처리에 의해서 곁사슬 성분은 소실되므로 부피 수축을 일으킨다. 따라서 최소의 무게와 부피 소실로 세라믹 전환 가능한 고분자를 사용한다. 전체 유기 고분자가 세라믹 전구체로 사용할 수 있으나, 이러한 이유로 붕소나 규소를 함유한 고분자로 세라믹을 만들려는 노력이 계속되고 있다. 더 나아가 탄화규소, 질화규소 및 질화붕소와 같은 비산화 세라믹 조성으로 산소의 양을 최소화해 세라믹을 제조하고자 한다.

9.14.4 탄소 섬유

탄소 원자가 유기 고분자의 주요 성분이라고 할지라도, 무기형 탄소 고분자도 또한 잘 알려져 있다. 다이아몬드, 석탄, 흑연이 이 종류에 해당한다. 최근에는 "무기" 탄소 고분자에서 실을 제조하려는 새로운 연구가 진행되고 있다. 탄소 섬유는 레이온 또는 폴리아크릴로나이트릴 등의 기존의 유기 섬유를 단섬유 또는 직물 형태로 열처리하여 수소를 제거하고 방향족 구조를 갖게 함으로써 얻는다.

예로서, 폴리아크릴로나이트릴(**58**)은 열처리시 내부 부가 반응에 의해 "흑색 올론(black Orlon)" (**59**)으로 알려진 축합 다환(polycyclic)이 생성된다. 열처리를 계속 진행하면 수소 원자가 제거되면서 방향족 구조(**60**)를 형성할 것으로 추정된다. 일반적 연소 반응은 거의 1000°C에서 일어나며, "흑연화(graphitization)"는 거의 2800°C의 높은 온도에서 행해진다.

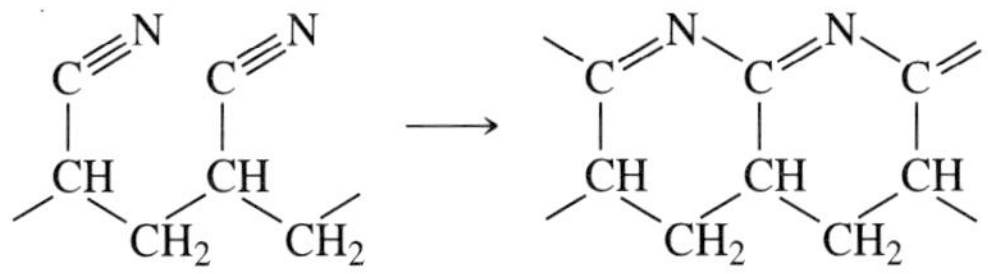

58 **59**

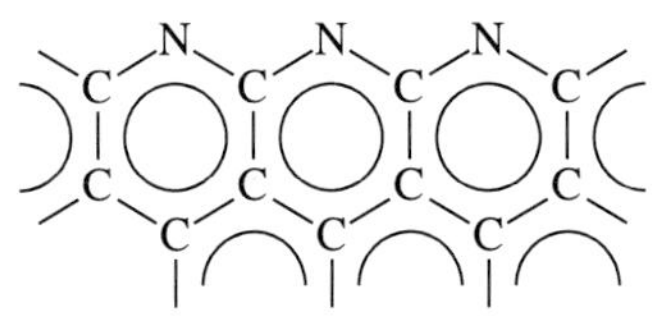

60

이 방법으로 만들어진 섬유는 무게가 매우 가볍고 화학적으로 비활성이며, 전기적으로 반도체 또는 전도체가 된다. 또한 놀랄 정도의 열안정성을 지닌다. 탄소 섬유 직물(carbon fiber fabrics)은 탄다거나 분해됨이 없이 높은 온도까지 가열시킬 수 있으며, 유리 섬유보다 강성(剛性)이기 때문에 강화 재료로서 용도가 계속 증가하고 있다.

9.14.5 탄화규소의 전구체인 폴리실레인과 카보실레인

이론적으로는 어떠한 무기 주사슬 고분자도 열처리하여 초구조 세라믹을 형성할 수 있다. 그러나 실질적으로 한계가 있다. 고분자에 가교가 일어나기 전에 고리 올리고머로 해중합한다면, 이는 액체가 되거나 휘발한다. 따라서 열처리 초기 단계에서의 빠른 가교는 프리세라믹 고분자가 생성되는 결정적인 요인이다. 또한 극한 온도까지 순간적으로 노출시키기보다 온도를 천천히 상승시키는 열처리도 이 과정에 도움이 된다. 앞에서 설명한 바와 같이 가장 효율적인 프리세라믹은 곁사슬기 물질이 최소로 포함되어 있고, 동시에 연소물에 요구되는 원소 비율을 갖추어야 한다.

폴리실레인이 카보실레인을 경유하여 탄화구조로 전환하는 것은 최근에 가장 주목받는 분야로, 이 계는 일반적인 프리세라믹 특징을 나타낸다.

앞에서 설명한 폴리다이메틸실레인(**26**)은 450°C에서 재배열되어 폴리메틸카보실레인(**31**)이 되며, 350°C 공기 중과 1300°C 질소 중에서 열처리하면 β-탄화규소가 된다. 이 과정은 복잡하다. 카보실레인은 헥세인에 용해되며, 분자량은 거의 8000이다. 용융 방사(20장 참조)에 의해 350°C에서 표면 산화되어 충분한 강성을 갖는 섬유가 된다. 800°C의 열처리 단계에서 메테인과 수소는 상실되어 무정형 세라믹이 되며, 1300°C까지 가열하면 β-SiC로 결정화한다. 이 섬유는 매우 높은 인장강도(350 kg/mm^2)를 가진, 가장 강한 물질 중 하나이다. 최종 세라믹은 SiC를 형성하기 위해 필요한 과잉 탄소가 함유되어 있다.

가용 폴리실레인[$(PhMeSi)(Me_2Si)]_n$은 직접 섬유로 방사한 후 열처리한다. 작은 분자 사이클로실레인에도 적용될 수 있는데, 이는 초기 열처리로 섬유 또는 성형 물질로 가공할 수 있는 고분자화된 재료가 된다. 사실 일상 공정에 사용되는 폴리실레인과 폴리카보실레인에는 결합되거나 축합환식 고리 구조를 가지고 있다. 이 분야의 첨단 연구는 매트릭스의 초기 강도를 높이기 위해서 바이닐기, 수소 원자 등의 가교에 민감한 단위를 갖는 폴리실레인 또는 폴리카보실레인을 합성하는 것이다. 그러나 많은 탄소 원자를 곁사슬에 지닌 고분자는 열처리시 무게, 부피 손실이 크기 때문에 부적합하다.

9.14.6 질화규소의 전구체인 폴리실라제인

실라제인은 규소-질소 결합을 갖는 분자로서 암모니아 또는 아민을 유기클로로실레인과 반응시켜 얻는다. 규소에 부착된 비할로젠기나 아민의 성질에 따라 고리 실라제인 또는 보다 복잡한 고리, 고리 선형 및 고리 매트릭스 물질이 형성된다. 이들은 질화규소(Si_3N_4) 세라믹의 전구체이다.

암모니아와 $(CH_3)_2SiCl_2$의 반응은 주로 $[(CH_3)_2Si—NH)]_x$인 고리 올리고머를 형성하나 탄소 함량이 높기 때문에 이상적인 프리세라믹 재료는 아니다. 그러나 H_2SiCl_2가 암모니아와 반응시켜 얻는 복잡한 고리 선형이나 고리 기질 올리고머는 **61**에 나타낸 구조를 가지고 있다. 이 화합물을 1200°C까지 가열하면 암모니아를, 좀 더 높은 온도에서는 $H_3SiNHSiH_3$를 손실하며 고분자화하다가, 결국 69% 수율의 Si_3N_4를 얻는다. 메틸아민과 H_2SiCl_2의 반응에 의해 개시된 위와 비슷한 과정은 Si_3N_4와 규소 성분의 복합물을 형성한다. Si—H 결합의 반응성은 초구조 형성을 촉진하는 중요한 역할을 한다.

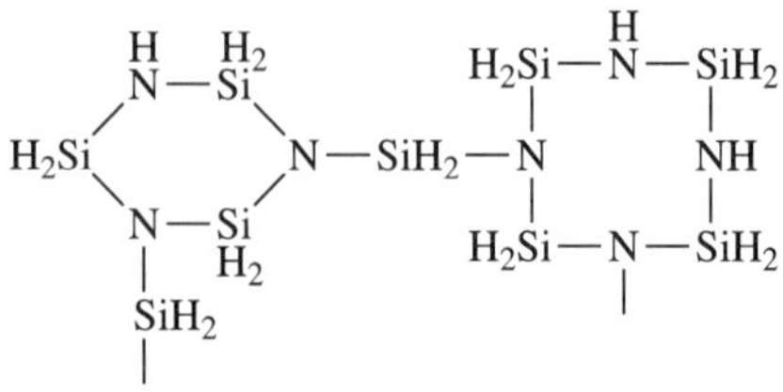

61

9.14.7 질화붕소 전구체

질화붕소(BN)는 신비의 재료로 2000°C 이상에서도 열에 안정하고, 1800°C까지도 전기 절연체이며, 화학 시약에 대해서도 예외적인 내성이 있다. 그러나 섬유, 필름, 성형 물질로 가공하기에 가장 어려운 물질 중의 하나이다.

가장 최초의 프리세라믹 고분자의 하나인, 질화규소 섬유 제조는 특이한 반응과 열처리 공정에 의해 이루어졌다. 산화붕소(boron oxide, B_2O_3) 고분자 섬유는 붕산(boric acid, $B(OH)_3$)(**62**)의 탈수화로 제조되며, 암모니아 기류에서 열처리한다. 붕소–산소 고리가 붕소–질소(아마 보라진, borazine) 고리로 전환할 때 물이 생성된다. 600°C 이상에서 이 고리들이 서로 엉켜 층상(흑연) 구조를 형성하며, 1800°C에서는 구조가 재배열되어 다결정(다이아몬드형) 질화붕소(**63**)를 형성하나 여전히 섬유형이다.

최근 연구에서, 보라진 고리는 서로 연결되어 초기에 고리–선형 화합물(**64**)을 형성하고, 열처리에 의해 흑연(**65**), 후에 다이아몬드형 질화붕소가 형성됨이 알려져 있다.

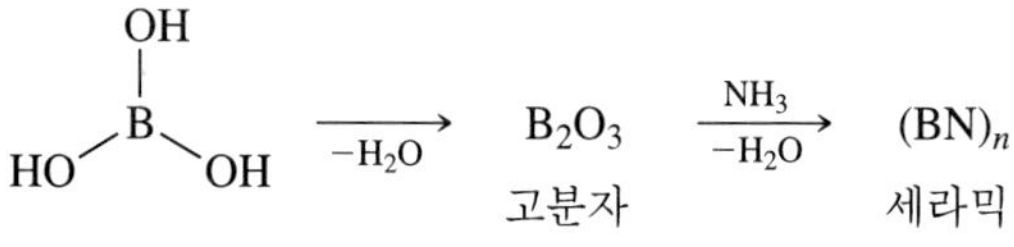

62 **63**

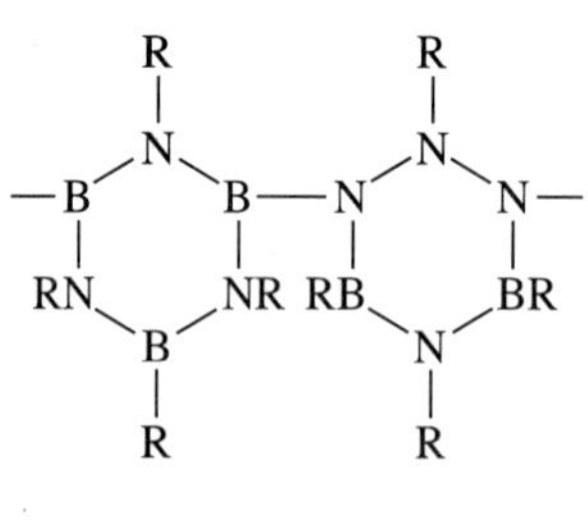

64

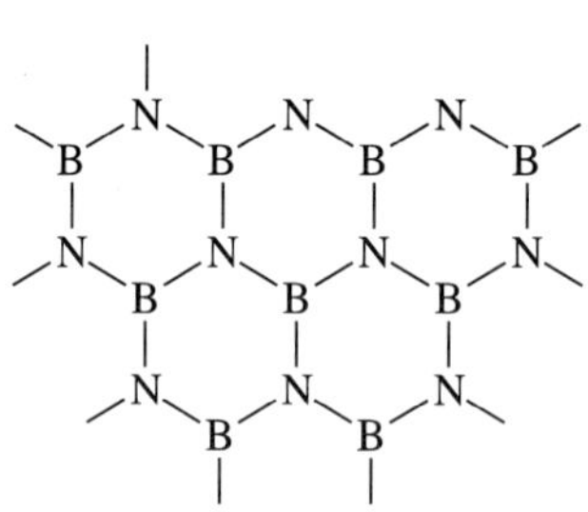

65

9.15 결론

고분자화학의 주요한 연구 노력은 가공이 용이하며, 일단 가공되면 강인하고 열 안정성이 있는 새로운 물질을 만드는 것이다. 따라서 비결정 물질(폴리스타이렌, 폴리메틸메타크릴레이트)에서 미세 결정 물질 폴리아마이드, 폴리에스터로, 강성-막대형 고분자 방향족 폴리아마이드, 폴리에스터, 폴리이미드 및 방향족 사다리형 고분자 그리고 세라믹으로 연구되고 있다. 세라믹 접근 측면은 고분자과학에서는 거의 초기 상태이며, 페놀-폼알데하이드와 멜라민-폼알데하이드 수지는 유기 세라믹의 한 예이다. 또한 고리 매트릭스 포스파진은 1960년대에 연구되었다. 그러므로 이 고분자화학, 무기 합성, 세라믹과학의 혼성화는 미래에 연구되어야 할 중요한 과제이다.

연|습|문|제

1. 높은 온도에서 고리 올리고머로 해중합하려는 경향을 갖는 무기 고분자의 열안정성을 향상시키는 방법은 무엇인가?

2. 탄소, 질소, 산소, 인, 황 및 규소 이외에 다른 원소를 주사슬로 갖는 고분자는 매우 적다. 이렇게 제한되는 이유와 이 고분자 합성법에 대해 논술하고, 주석 또는 안티모니가 주사슬에 도입될 때 실질적인 장점에 대해 설명하라.

3. 주사슬의 유기 배위자에 배위된 전이 금속을 갖는 고분자 합성의 주요한 문제점에 대해 설명하라.

4. 폴리설퍼나이트라이드는 전기 전도체이다. 이러한 현상이 나타나는 화학적, 물리적 원인을 예측하라. 이러한 현상을 갖는 다른 고분자는 어떤 것이 있을까?

5. 다음 용도에 적합한 성질을 갖는 폴리포스파진의 합성 경로를 설계하라. **(a)** 인공심장 밸브로 사용될 탄성체, **(b)** 전선 절연체, **(c)** 순환하는 수냉 장치의 진동을 감소시키기 위한 재료, **(d)** 자외선에 안정된 고분자, **(e)** 의약품 수송 분자.

6. 원소 황은 싼 값의 유용한 재료이다. 이 출처와 대량의 고분자 황을 제조하는 방법은 무엇이며, 고분자는 **(a)** 해중합과 **(b)** 결정화에 대해 어떻게 안정화시킬 수 있는가? 만일 두 가지 문제를 해결하면 고분자 황의 전망은 어떠한가?

7. 폴리아크릴로나이트릴과 셀룰로스 이외의 고분자로 탄소 섬유를 제조하는 데 대해 논의하고, 다른 고분자의 사용시 장단점에 대해 설명하라.

8. 고분자화학, 세라믹과학, 금속학의 세 분야가 지난 150년 동안 분리되어 있던 이유에 대해 논술하고, 이들 분야의 연관을 위해 극복해야 할 이론적 장애에 대해 설명하라.

9. 고분자 치환은 폴리포스파진의 합성에 매우 중요한 문제이다. 다른 무기-주사슬 고분자로 이

에 가능한 것은 무엇이 있을까? 유기 주사슬 고분자를 이에 응용하면 어떠한가?(7장 참조)

10. 카보레인과 금속프탈로사이아닌은 특별한 성질을 부여하기 위해 고분자에 도입하는 안정한 단위이다. 이 성질은 무엇인가? 페로센 단위를 고분자에 부여할 때 장점은 무엇인가? 보라진 단위가 실록세인 사슬이나 유기 사슬에 도입되면, 고분자 성질은 어떻게 변화하는지 설명하라.

11. "졸-젤" 고분자 합성의 대응물이 유기 고분자의 경우 존재하는가? 이 두 과정을 결합함으로써 혼성 유기-무기 고분자를 합성할 수 있는가? 가능하다면 어떤 문제점을 극복해야 하는가?

12. 화학 결합과 분자 기계적 관점에서 폴리유기실리콘과 폴리유기포스파진의 저온 유연성에 대한 이유에 대해 논하라.

13. 다음 관찰에 대해 논하라: 폴리유기실리콘에서 물성의 다양성은 고분자 사슬 길이나 가교도 정도의 변화를 통해 매우 적은 교대 측쇄를 사용해서 얻는 반면에, 폴리포스파진에 있어서 물성의 다양성은 폭넓은 다른 측쇄 그룹의 사용을 통해 주로 얻을 수 있다.

참|고|문|헌

(a) 일반 문헌

ARCHER, R. D., *Inorganic and Organometallic Polymers*. New York: Wiley-VCH, **2001**.

ALLCOCK, H. R., "Inorganic Macromolecules," *Chem. & Eng. News*, **1985**, *63*, 22.

CARRAHER, C. E., SHEATS, J. E., and PITTMAN, C. U., (Eds.), *Organometallic Polymers*. New York. Academic Press, **1978**.

COCKE, D. L., and CLEARFIELD, A., (Eds.), *Design of New Materials*. New York: Plenum Press, **1987**.

HARROD, J. E., and LAINE, R. M., (Eds.) *Inorganic and Organometallic Oligomers and Polymers*, Dordrecht: Kluwer, **1990**.

LAINE, R. M. (Ed.), *Inorganic and Organometallic Polymers with Special Properties*, Dordrecht: Kluwer, **1992**.

MANNERS, I., "Polymers and the Periodic Table: Recent Developments in Inorganic Polymer Science," *Angew. Chem. Int. Ed. Eng.*, **1996**, *35*, 1602.

MARK, J. E., ALLCOCK, H. R., and WEST, R., *Inorganic Polymers*, Englewood Cliffs, NJ: Prentice Hall, **1992**.

PITTMAN, C. U., CARRAHER, C. E., ZELDIN, M., SHEATS, J. E., and CULBERTSON, B. M., (Eds.), *Metal-Containing Polymeric Materials*, New York, Plenum, **1996**.

WISIAN-NEILSON, P., ALLCOCK, H. R., and WYNNE, K. J., *Inorganic and Organometallic Polymers II. Advanced Materials and Intermediates, ACS Symp. Ser.*, **1994**, *572*.

ZELDIN, M. (Ed.), *Journal of Inorganic and Organometallic Polymers*, (Plenum, New York), **1991**, *1,* and subsequent issues.

ZELDIN, M., WYNNE, K. J., and ALLCOCK, H. R., (Eds.), *Inorganic and Organometallic Polymers, ACS Symp. Ser.*, **1988,** *360*.

(b) 곁사슬에 무기 원소를 갖는 유기 고분자

ALLCOCK, H. R., HARTLE, T. J., TAYLOR, J. P., and SUNDERLAND, N. J., "Organic Polymers with Cyclophosphazene Side Groups," *Macromolecules,* **2001,** *34,* 3896.

ALLCOCK, H. R., LAREDO, W. R., DE DENUS, C. R., and TAYLOR, J. P., "Ring-Opening Metathesis Polymerization of Phosphazene-Functionalized Norbornenes," *Macromolecules*, **1999**, *32*, 1719.

ALLEN, C. W., BROWN, D. E., HAYES, R. F., TOOZE, R., and POYSER, G. L., "Copolymerization Reactions of Inorganic Rings Containing Olefinic Substituents. Quantitative Reactivity Studies," *ACS Symp. Ser.*, **1994**, *572*, 389

ALLEN, C. W., "Hybrid Inorganic-Organic Polymers Derived from Organo-functional Phosphazenes," in *Inorganic and Organometallic Polymers* (M. Zeldin, K. J. Wynne, and H. R. Allcock, Eds.), *ACS Symp. Ser.* **1988**, *360*.

ASAMI, R., OKU, J., TAKEUCHI, M., NAKAMURA, K., and TAKAKI, M., "Anionic Polymerization of Vinylsilanes, I. Novel Isomerization in the Anionic Polymerization of Trimethylvinylsilane," *Polymer J. (Tokyo)*, **1988**, *20*(8), 699.

BRYANTSEVA, I. S., KHOTIMSKII, V. S., DURGAR'YAN, S. G., and PETROVSKII, P. V., "Branching during Anionic Polymerization of Vinyltrimethylsilane." *Vysokomol. Soedin., Ser. B*. **1985**, *27*(2), 149.

DENISEVICH, P., ABRUNA, H. D., LEIDNER, C. R., MEYER, T. J., and MURRAY, R. W., "Electropolymerization of Vinylpyridine and Vinylbipyridine Complexes of Iron and Ruthenium," *Inorg. Chem*. **1982**, *21*, 2153.

HARTLE, T. J., SUNDERLAND, N. J., MCINTOSH, M. B., and ALLCOCK, H. R., "Phosphinimine Modification of Organic Polymers," *Macromolecules*, **2000**, *33*, 4307.

PITTMAN, C. U., "Vinyl Polymerization of Organometallic Monomers containing Transition Metals," in *Organometallic Polymers* (C. E. Carraher, J. E. Sheats, and C. U. Pittman, Eds.). New York: Academic Press, **1978**, p.1.

PITTMAN, C. U., CARRAHER, C. E., and REYNOLDS, J. R., "Organometallic Polymers," in *Encyclopedia of Polymer Science and Engineering*, 2nd ed. (H. F. Mark, N. Bikales, C. G. Overberger, G. Menges, and J. I. Kroschwitz, Eds.). New York: Wiley, **1987**.

RICKLE, G. K., "The Anionic Polymerization of Trimethylvinylsilane," *J. Macromol. Sci. Chem.* **1986**, *A23*(11), 1287.

(c) 주사슬에 실리콘을 갖는 고분자

BARRY, A. J., and BECK, H. N., in *Inorganic Polymers* (F. G. A. Stone, and W. A. G. Graham, eds.) New York: Academic Press, **1962**, p. 189.

BOUQUEY, M., BROCHON, C., BRUZAND, S., MINGOSTAND, A. F., SCHAPPACHER, M., and SOUM, A., "Ring-Opening Polymerization of Nitrogen-Containing Cyclic Organosilicon Monomers," *J. Organomet. Chem.*, **1996**, *521*, 21.

BROOK, M. A., *Silicon in Organic, Organometallic, and Polymer Chemistry*. New York: John Wiley & Sons, **2000**.

CLARSON, S. J., FITZGERALD, J. J., OWEN, M. J., and SMITH, S. D., (Eds.), *Silicones and Silicone-Modified Materials*. Washington, D. C.: American Chemical Society, **2000**, Vol. *729*.

DAVISON, J. B., and WYNNE, K. J., "Silicon Phthalocyanine-Siloxane Polymers: Synthesis and ^{1}H Nuclear Magnetic Resonance Study," *Macromolecules*, **1978**, *11*, 186.

KOIDE, N., and LENZ, R. W., "Preparation and Properties of Poly(silylarylene) siloxanes," *J. Polymer Sci.*, **1983**, *70*, 91.

LI, H., and WEST, R., "Structures and Photophysical Properties of Silicon-Containing Phenyleneethynylene Polymers," *Macromolecules*, **1998**, *31*, 2866.

LIU, Q., SHI, W., BABONNEAU, F., and INTERRANTE, L. V., "Synthesis of Polycarbosilane/Siloxane Hybrid Polymers," *Chem. Mater.*, **1997**, *9*, 2434.

MARK, J. E., ALLCOCK, H. R., and WEST, R., *Inorganic Polymers.*, Ch. 4 and 5, Englewood Cliffs, NJ: Prentice Hall, **1992**.

MARKS, T. J., "Electrically Conductive Metallomacrocyclic Assemblies," *Science*, **1985**, *227*, 881.

MCGREGOR, R. R., *Silicones and their Uses*. New York: McGraw-Hill, 1954. (Although this book is long out-of-print, the reader who can locate a copy will be rewarded with a valuable insight into the applications aspects of poly(organosiloxanes)).

MILLER, R. D., HOFER, D., FICKES, G. N., WILLSON, C. G., MANINERO, E., TREFONAS, P., and WEST, R., "Soluble Polysilanes: An Interesting New Class of Radiation Sensitive Materials," *Polym. Eng. Sci.*, **1986**, *26*, 1129.

PETERS, E. N., "The Development of Carborane-Siloxane Polymers," *Ind. Eng. Chem. Prod. Res. Develop.* **1984**, *23*, 28.

PRANGE, R., and ALLCOCK, H. R., "Telechelic Synthesis of the First Phosphazene-Siloxane Block Copolymers," *Macromolecules*, **1999**, *32*, 6390.

ROCHOW, E. G., *Silicon and Silicones*. New York: Springer-Verlag, **1987**.

RUSHKIN, H. L., and INTERRANTE, L. V., "Synthesis of Poly(silylenemethylenes) through Reactions Carried Out on Preformed Polymers," *Macromolecules*, **1996**, *29*, 3123.

Silicon-Containing Polymers: The Science and Technology of Their Synthesis and Applications (R. G. Jones, W. Ando, and J. Chojnowski, Eds.), Dordrecht: Kluwer Academic Publishers, **2000**.

WARRICK, E. L., *Forty Years of Firsts. The Recollections of a Dow Corning Pioneer*, New York: McGraw-Hill, **1990**.

WEST, R., and MAXKA, J., "Polysilane High Polymers: An Overview," in *Inorganic and Organometallic Polymers* (M. Zeldin, K. J. Wynne, and H. R. Allcock, eds.), *ACS Symp. Ser.*, **1988**, *360*, 6.

YILGOR, I., and MCGRATH, J. E., "Polysiloxane-Containing Copolymers," *Adv. Polymer Sci.*, **1988**, *86*, 1.

ZEIGLER, J. M., "One-Dimensional Conjugated Polysilylenes—Science and Technology," *Mol. Cryst. Liq. Cryst.* **1990**, *190*, 265.

(d) 폴리스태난(polystannanes)

Inori, T., Lu, V., Cai, H., and Tilley, T. D., *J. Am. Chem. Soc.*, **1995**, *117*, 9931.

Wolfe, P. S., Gomez, F. J., and Wagener, K. B., "Metal-Containing Polymers Synthesized via Acyclic Diene Metathesis: Polycarbostannanes," *Macromolecules*, **1997**, *30*, 714.

(e) 폴리포스파진

Allcock, H. R., *Chemistry and Applications of Polyphosphazenes*. New York: John Wiley, **2003.**

Allcock, H. R., *Phosphorus-Nitrogen Compounds*. New York: Academic Press, **1972.**

Allcock, H. R., and Kugel, R. L., "Synthesis of High Polymeric Alkoxy- and Aryloxyphosphonitriles," *J. Am. Chem. Soc.*, **1965**, *87*, 4216.

Allcock, H. R., Singler, R. E., Penton, H. R., Neilson, R. H., Wisian-Neilson, P., and Haddon, R. C., and their co-workers, a series of papers in *Inorganic and Organometallic Polymers, ACS Symp. Ser.,* **1980**, *360*, 250–302.

Allcock, H. R., "Functionalized Polyphosphazenes," Ch. 18 in *Functional Polymers* (A. O. Patil, D. N. Schulz, and B. M. Novak, eds.), *ACS Symp. Ser.*, **1998**, *704*.

Allcock, H. R., and Kuharcik, S. E., "Hybrid Phosphazene-Organo-silicon Polymers, II," *J. Inorg. Organomet. Polymers*, **1996**, *6*, 1.

Allcock, H. R. "Polyphosphazenes and their Diversity," Ch. 28 in *Macromolecular Design of Polymeric Materials* (K. Hatada, T. Kitayama, and O. Vogl, eds.), New York: Dekker, **1996**.

Allcock, H. R., Crane, C. A., Morrissey, C. T., Nelson, J. M., Reeves, S. D., Honeyman, C. H., and Manners, I., " "Living" Cationic Polymerization of Phosphoranimines as an Ambient Temperature Route to Polyphosphazenes with Controlled Molecular Weights," *Macromolecules*, **1996**, *29*, 7740.

Allen, C. W., "Linear, Cyclic, and Polymeric Phosphazenes," *Coord. Chem. Rev.*, **1994**, *130*, 137.

De Jaeger, R., and Gleria, M., "Poly(organophosphazenes) and Related Compounds: Synthesis, Properties, and Applications." *Prog. Polym. Sci.*, **1988**, *23*, 179.

Gleria, M., and De Jeager, R., (Eds.), *Phosphazenes: A Worldwide Insight.* Nova Science Publishers, **2003.**

Guglielmi, G., Brusatin, G., Facchin, G., and Gleria, M., "Poly-(organophosphazenes) and the Sol-Gel Technique," *Organomet. Chem.*, **1999**, *13*, 339.

Mark, J. E., Allcock, H. R., and West, R., *Inorganic Polymers*, Englewood Cliffs, NJ: Prentice Hall, **1992**, Ch. 3.

Matyjaszewski, K., Franz, U., Montague, R. A., and White, M. L., "Synthesis of Polyphosphazenes form Phosphoranimines and Phosphine Azides," *Polymer*, **1994**, *35*, 5005.

Neilson, R. H., and Wisian-Neilson, P., "Polyalkyl/arylphosphazenes) and their Precursors," *Chem. Rev.*, **1988**, *88*, 541.

SINGLER, R. E., SCHNEIDER, N. S., and HAGNAUER, G. L., "Polyphosphazenes-Synthesis-Properties-Applications," *Polymer. Eng. Sci.*, **1975** *15*, 5, 321.

TATE, D. P., "Polyphosphazene Elastomers," *J. Polymer Sci., Polymer Symp.* **1974**, *48*, 33.

WISIAN-NEILSON, and NEILSON, R. H., *J. Am. Chem. Soc.*, **1980**, *102*, 2848.

WISIAN-NEILSON, P., ZHANG, C. P., KOCH, K. A., and GRUNEICH, J. A., "Poly(alkyl/arylphosphazenes and their Derivatives," *Phosphorus, Sulfur and Silicon and the Related Elements*, **1999**, *146*, 69.

WISIAN-NEILSON, P., ZHANG, C., and KOCH, K. A., "Deprotonation-Substitution Reactions of Poly(methylalkylphosphazenes) and their N-Silylphosphoranimine Precursors," *Macromolecules*, **1998**, *31*, 1808.

(f) 주사슬에 금속을 함유한 고분자

ANDRIANOV, K. A., *Metalorganic Polymers*. New York: Wiley-Interscience, **1965**.

ARCHER, R. S., WANG, B., TRAMONTANO, V. J., LEE, A. Y., and OCHAYA, V. O., "Soluble Metal Chelate Polymers of Coordination Numbers 6, 7, and 8," in *Inorganic and Organometallic Polymers* (M. Zeldin, K. J. Wynne, and H. R. Allcock, Eds.), *ACS Symp. Ser.*, **1988**, *360*, 463.

COMPTON, D. L., BRANDT, P. F., RAUCHFUSS, T. B., ROSENBAUM, D. F., and ZUKOSKI, C. F., "Organometallic Polymers Based on S-S and Se-Se Linked Butylferrocenes," *Chem. Mater.*, **1995**, *7*, 2342.

GONSALVES, K. E., and RAUSCH, M. D., "Cationic and Condensation Polymerization of Organometallic Monomers," in *Inorganic and Organometallic Polymers* (M. Zeldin, K. J. Wynne, and H. R. Allcock, Eds.), *ACS Symp. Ser.*, **1988**, *360*, 437.

HANACK, M., and LANG, M., "Conducting Stacked Metallophthalocyanines and Related Compounds," *Adv. Mater.*, **1994**, *6*, 819.

MANNERS, I., "New Polymers Based on Inorganic Elements," *Polymer News*, **1993**, *18*, 133.

MARCAT, L., MALDIVI, P., and MARCHON, J.-C., "Metallopolymers: Preparation of Polymer Films with a High Content of Metal Centers via Photopolymerization of Metal-Containing Liquid Crystalline Monomers," *Chem. Mater.*, **1997**, *9*(10), 2051.

NEUSE, E. W., "Polymetallocenylenes: Recent Developments," in *Advances in Organometallic and Inorganic Polymer Science* (C. E. Carraher, J. E. Sheats, and C. U. Pittman, Eds.). New York: Dekker, **1982**, p. 3

NGUYEN, P., GOMEZ-ELIPE, and MANNERS, I., "Organometallic Polymers with Transition Metals in the Main Chain," *Chem. Rev.,* **1999**, *99*, 1515.

PECKHAM, T. J., MASSEY, J. A., EDWARDS, M., MANNERS, I., and FOUCHER, D. A., "Synthesis, Characterization, and Properties of High Molecular Weight Poly(ferrocenylgermanes) and Poly(ferrocenylsilane)-Poly(ferrocenylgermane) Random Copolymers, *Macromolecules*, **1996**, *29*, 2396.

TAKAHASHI, S., MURATA, E., SONOGASHIRA, K., and HAGIHARA, N., "Studies on Polyyne Polymers Containing Transition Metals in the Main Chain," *J. Polymer Sci.*, **1980**, *18*, 661.

(g) 광물성 및 프리세라믹 고분자

BIROT, M., PILLOT, J.-P., and BUNOGUES, J., "Comprehensive Chemistry of Polycarbosilanes, Polysilazanes, and Polycarbosilanes as Precursors of Ceramics," *Chem. Rev.*, **1995**, *95*, 1443.

BRINKER, C. J., and SCHERER, G. W., *Sol-Gel Science*. San Diego: Academic Press, **1990**.

CURRELL, B. R., and PARSONAGE, J. R., "Trimethylsilylation of Mineral Silicates," in *Advances in Organometallic and Inorganic Polymer Science* (C. E. Carraher, J. E. Sheats, and C. U. Pittman, Eds.). New York: Dekker, **1982**, p. 141.

ECONOMY, J., "Now, That's an Interesting Way to Make a Fiber," *Chem. Tech.*, **1980**, *10*, 240.

FRAZIER, S. E., BEDFORD, J. A., HOWER, J., and KENNEY, M. E., "An Inherently Fibrous Polymer," *Inorg. Chem.*, **1967**, *6*, 1693.

HENCH, L. L., and ULRICH, D. R., (Eds.), *Science of Ceramic Processing*, New York: Wiley-Interscience, **1986**.

HJELM, R. J., NAKATANI, A. I., GERSPACHER, M., and KRISHNAMOORTI, R., (Eds.), *Filled and Nanocomposite Polymers Materials*. Warrendale, PA: Materials Research Society, **2001**, Vol. *661*.

INTERRANTE, L. V., LIU, Q., RUSHKIN, I., and SHEN, Q., "Poly(silylene-methylenes)—A Novel Class of Organosilicon Polymers," *J. Organomet. Chem.*, **1996** *521*, 1.

LAINE, R. M., BLUM, Y. D., TSE, D., and GLASER, R., "Synthetic Routes to Organosilazanes and Polysilazanes: Polysilazane Precursors to Silicon Nitride," in *Inorganic and Organometallic Polymers* (M. Zeldin, K. J. Wynne, and H. R. Allcock, Eds.), *ACS Symp. Ser.*, **1988**, *360*, 124.

LAINE, R. M., SANCHEZ, C., GIANNELIS, E., and BRINKER, C. J., (eds), *Organic/Inorganic Hybrid Materials—2000*. Warrendale, PA: Materials Research Society, **2001**, Vol. *628*.

MACKENZIE, J. D., and ULRICH, D. R., (Eds.), *Ultrastructure Processing of Advanced Ceramics*. New York: Wiley-Interscience, **1988**.

NARULA, C. K., SCHAEFFER, R., PAINE, R. T., DATYE, A., and HAMMETER, W. F., "Synthesis of Boron Nitride Ceramics from Poly(borazinylamine) Precursors," *J. Am. Chem. Soc.*, **1987**, *109*, 5556.

PACIOREK, K. L., KRONE-SCHMIDT, J. W., HARRIS, D. H., KRATZER, R. H., and WYNNE, K. J., "Boron Nitride and Its Precursors," in *Inorganic and Organometallic Polymers* (M. Zeldin, K. J. Wynne, and H. R. Allcock, Eds.), *ACS Symp. Ser.*, **1988**, *360*, 392.

SANCHEZ, C., and RIBOT, F., "Design of Hybrid Organic-Inorganic Materials Synthesized via Sol-Gel Chemistry," *New J. Chem.*, **1994**, *18*, 1007.

SCHILLING, C. L., WESSON, J. P., and WILLIAMS, T. C., "Polycarbosilane Precursors for Silicon Carbide," *Am. Ceram. Soc. Bull.*, **1983**, *62*, 912.

SEYFERTH, D., WISEMAN, G. H., SCHWARK, J. M., YU, Y.-F., and POUTASSE, C. A., "Organosilicon Polymers as Precursors for Silicon-Containing Ceramics," in *Inorganic and Organometallic Polymers* (M. Zeldin, K. J. Wynne, and H. R. Allcock, Eds.), *ACS Symp. Ser.*, **1988**, *360*, 143.

SEYFERTH, D., "Preceramic Polymers: Past, Present, and Future," in *Materials Chemistry: An Emerging Discipline*, L. V. Interrante, and M. Hampden-Smith (Eds.). Wiley-VCH,

1995, 132.

WEN, J., and WILKES, G., "Organic/Inorganic Hybrid Network Materials by the Sol-Gel Approach," *Chem. Mater.*, **1996**, *8*, 1667.

WRIGHT, J. D., and SOMMERDIJK, N. A. J. M., *Sol-Gel Materials. Chemistry and Applications*. Amsterdam: Gordon and Breach Science Publishers, **2001**.

YAJIMA, S., "Special Heat-Resisting Materials from Organometallic Polymers," *Am. Ceram. Bull.,* **1983**, *62*, 893.

(h) 황 함유 고분자

GOETHALS, E. J., "Sulfur-Containing Polymers," *J. Macromol. Sci., Rev. Macromol. Chem.*, **1968**, *C2*, 74.

LABES, M. M., LOVE, P., and NICHOLS, L. F., "Polysulfur Nitride: A Metallic, Superconducting Polymer," *Chem. Rev.*, **1979**, *79*, 1.

MIKULSKI, C. M., RUSSO, P. J., SAVAN, M. S., MACDIARMID, A. G., GARITO, A. F., and HEEGER, A. J., "Synthesis and Structure of Metallic Polymeric Sulfur Nitride, $(SN)_x$ and Its Precursor, Disulfur Dinitride, S_2N_2," *J. Am. Chem. Soc.*, **1975**, *97*, 6360.

SCHMIDT, M. "Sulfur Polymers," in *Inorganic Polymers* (F. G. A. Stone and W. A. G. Graham, eds.). New York: Academic Press, **1962**, p. 98.

TOBOLSKY, A. V., and MACKNIGHT, W. J., *Polymeric Sulfur and Related Polymers* (*Polymer Reviews*, Vol. 13). New York: Wiley-Interscience, **1965**.

(i) 그 외 시스템

COLQUHOUN, H. M., HERBERTSON, P. L., WADE, K., BAXTER, I., and WILLIAMS, D. J., "A Carborane-Based Analogue of Poly(*p*-phenylene)," *Macromolecules*, **1998**, *31*, 1694.

Part II

중합 반응의 열역학과 속도론

10장

중합과 해중합의 평형

10.1 서론

고리 화합물의 개환 중합에 의한 유기, 무기 고분자의 합성은 6장과 9장에서 살펴보았다. 이 고분자는 종종 높은 온도에서 분해하여 고리 올리고머를 생성하거나, 초기에 고리 화합물이 된다. 또한 많은 부가 중합체들도 높은 온도에서 분해하여 본래의 단량체가 된다. 따라서 대부분의 경우에 중합과 해중합은 단순히 평형의 다른 측면으로 생각된다. 중합과 해중합이 주어진 온도에서 어떻게 일어나는지는 그 온도에서의 평형 위치에 의존한다.

이 중합–해중합 평형은 고분자의 열안정성이나 고리 구조와 불포화 화합물의 고분자로의 전환을 이해하는 데 매우 중요하다.

고려해야 할 의문점들은 다음과 같다. 우선 어떤 불포화 단량체 또는 고리 화합물이 선형 고분자화하는 이유는 무엇이며, 다른 화합물은 왜 그렇지 못한가? 어떤 고분자가 높은 온도에서 다른 고분자에 비해 안정한가? 어떤 분자 형태가 고리나 단량체보다 더 사슬을 안정화시키는가? 중합이나 해중합 **기구**는 무엇이 결정하는가? 단량체 화합물은 고리–사슬 전환에 기여하는가? 고리 화합물이 단량체–고분자 평형에 기여하는가? 등이다.

이런 질문에 대답하기 위해서는 우선 단량체–고분자 또는 고리–사슬 평형을 갖는 몇몇 예를 고찰함으로써 여러 가지 일반적인 관찰을 수식화할 수 있게 된다.

10.2 단량체-고분자 평형

높은 온도에서 폴리메틸메타크릴레이트는 메틸메타크릴레이트로, 폴리테트라플루오로에틸렌은 테트라플루오로에틸렌 단량체로 해중합된다(**1**). 폴리(α-메틸스타이렌), 폴리메틸메타크릴로나이트릴, 폴리바이닐리덴사이아나이드도 이러한 해중합 거동을 나타낸다. 이러한 고분자로부터 생성된 단량체들은 α-수소 탈리가 일어날 수 없다. 따라서 수소 탈리 부반응은 해중합에 의한 단량체 생성에 영향을 미치지 않는다.

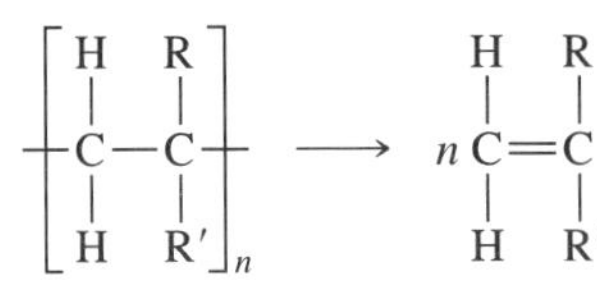

1

또한 아세트알데하이드, 프로피온알데하이드, 뷰틸알데하이드 및 아세톤 등의 단량체는 중합할 수 있으며, 또 적당한 온도에서는 단량체로 해중합한다. 높은 압력, 낮은 온도는 중합 반응 조건이 되며, 압력을 낮추고 실온으로 가온하면 해중합을 일으킬 수 있다.

반면, 폴리스타이렌은 열분해되어 스타이렌뿐만 아니라 불규칙 사슬 절단, α-수소 탈리, 연쇄 이동 과정으로 이루어진 생성물이 형성된다. 그러므로 해중합은 높은 온도에서 일어날 수 있는 여러 가지 공정 중의 하나라는 점을 알아야 한다(9장 참조).

10.3 고리-고분자 상호 전환의 예

9장에서 논의한 사방정계 황(rhombic sulfur) S_8은 160°C 이상에서는 S_n으로 중합하고, 더 높은 온도에서는 다시 S_8로 해중합한다. 셀레늄도 비슷한 경향을 보인다. 트라이옥세인[trioxane, $(OCH_2)_3$], 테트라옥세인[tetraoxane, $(O{-}CH_2)_4$]은 γ 또는 X선 이상에서는 단량체(폼알데하이드) 또는 고리 올리고머로 해중합된다. 트라이싸이이안[trithiane, $(S{-}CH_2)_3$], 테트라싸이이안[tetrathiane, $(S{-}CH_2)_4$] 및 분자량이 큰 고리 화합물도 이러한 경향을 나타낸다.

실제로 흥미 있는 평형은 아이소사이아네이트 계열로, 단량체(**2**), 고리 이량체(**3**), 고리 삼량체(**4**) 및 고분자(**5**)들이 모두 평형에 관여한다. 다이메틸실록세인 계에서는 고리 삼량체 $[(O{-}SiMe)_3]$, 사량체$[(O{-}SiMe_2)_4]$가 양이온, 음이온 개시제에 의해 쉽게 폴리다이메틸실록세인 $[(O{-}SiMe_2)_n]$으로 중합되지만, 300~400°C에서는 고리 사량체로 해중합한다.

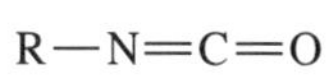 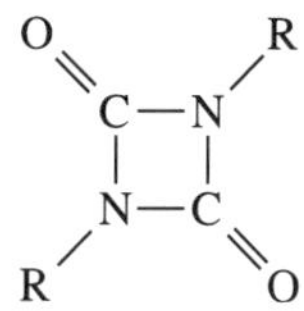 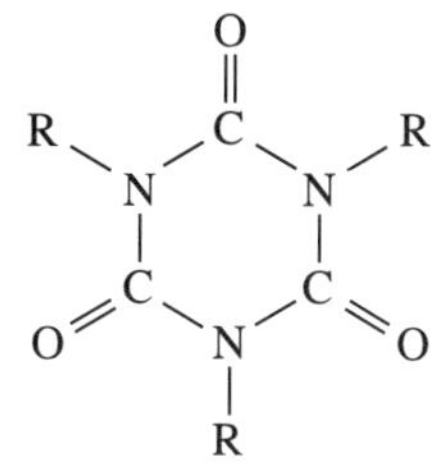 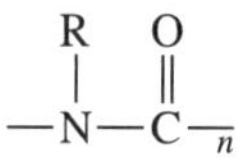

2 **3** **4** **5**

$(NPCl_2)_3$, $(NPCl_2)_4$, $(NPF_2)_3$, $(NPBr_2)_3$ 등의 할로젠 치환 사이클로포스파진(cyclophosphazenes)은 열중합되나, $(NPPh_2)_3$나 $[NP(OCH_2CF_3)_2]_3$과 같은 유기 치환 고리 유도체는 그렇지 않다. 그러나 $[NP(OCH_2CF_3)_2]_n$나 $[NP(OPh)_2]_n$ 등의 유기 치환 고분자는 다른 방법으로 중합되고(7장 참조), 승온에 의해 적당한 고리 삼량체나 그 이상의 올리고머로 해중합한다. 무기물 계에서도 이런 중합과 해중합 현상이 나타난다. 예로서, 질화황(sulfur nitride)의 고리 이량체(**6**), 고리 사량체(**7**) 및 고분자(**8**)가 평형 계를 이룬다.

 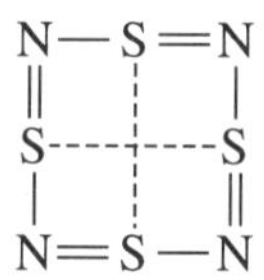 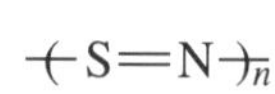

6 **7** **8**

10.4 "중합할 수 없는" 화합물

많은 고리 화합물과 올레핀 유도체들이 중합되기 때문에 벤젠, 사이클로헥세인, *s*-트라이아진(*s*-triazine), 1,4-다이옥세인(1, 4-dioxane), 테트라하이드로피란(tetrahydropyran) 및 보라진(borazines) 등의 고리 화합물이 중합될 수 없다는 사실, 즉 중합될 수 없는 화합물이 많다는 사실이 무시되었다. 그러나 아세틸렌은 벤젠으로 삼량화하거나 폴리아세틸렌으로 중합된다. 벤젠은 **9**에서 나타내었듯이 고분자 계열에서는 에너지 트랩 구실을 한다. *s*-트라이아진(*s*-triazine)도 나이트릴을 중합하려는 시도에서 생긴 주요한 화합물이다(**10**). 테트라메틸사이클로다이실싸이안(tetramethylcyclodisilthiane)(**11**)과 같은 몇몇의 고리 삼량체(**12**)와 평형을 이루기는 하나, 고분자를 생성하지는 못한다. 이 이유에 대해서는 다음 장에서 논의하기로 한다.

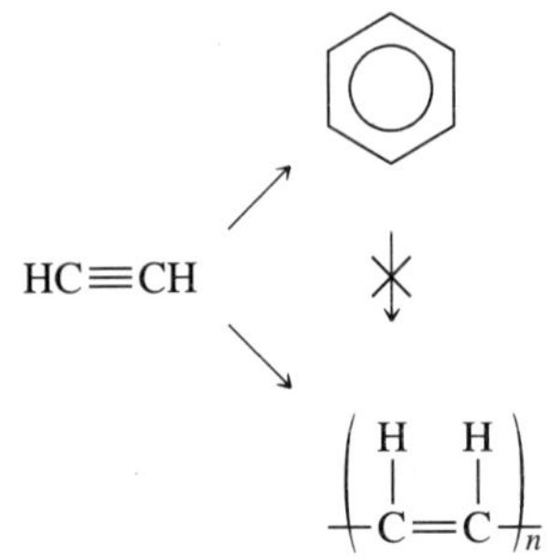

9

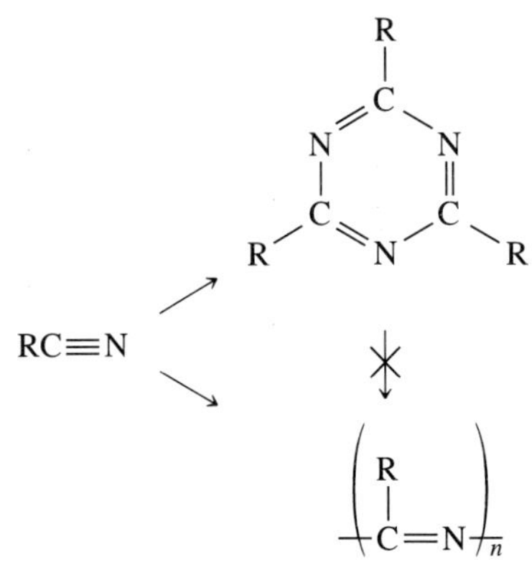

10

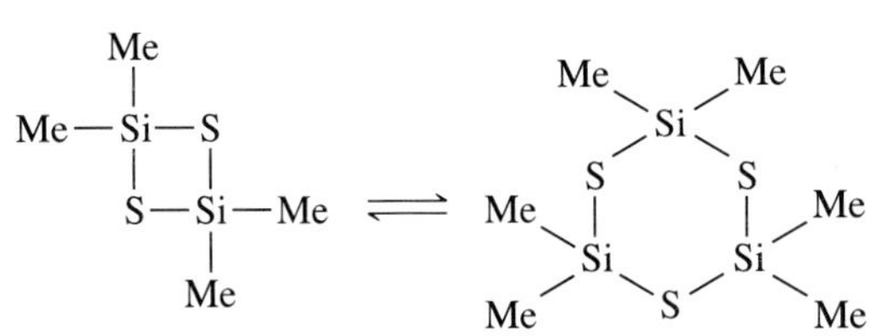

11 12

10.5 일반적인 열역학 문제

열역학적 요인[1]에 의존하는 단량체 또는 고리 올리고머의 중합과 고분자의 해중합을 고려하면, 앞 절에서 설명한 여러 예들을 이해할 수 있다.

우선 단량체 A═B로부터 고분자 $(A—B)_n$가 생성되는 반응에서 화합물을 가상하여 생각하자.

[1] 이 장의 뒷부분에서 살펴볼 내용에서와 같이, 실제로는 동역학적 요인이 열역학적 영향보다 우세할 수도 있다.

저분자량의 올리고머는 고리형으로, 고분자는 거대 고리나 선형이라고 가정하고,

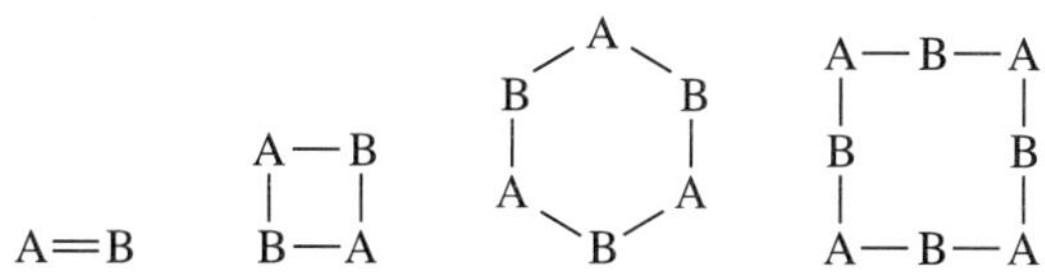

$(AB)_5$ $(AB)_6 \cdots (AB)_n$

이들 사이에 평형이 존재할 때 이 계열의 모든 화합물들은 비슷한 자유 에너지를 필요로 한다. 다시 말하면, 주어진 온도, 압력에서 다른 화합물과 비슷한 안정성을 지녀야 평형에서 공존한다.

그러나 실제로 어떤 것들은 다른 것에 비해 안정하므로 평형에서 더 많이 존재한다. 극단적인 경우는 하나나 두 화합물만이 존재하는 예도 있다. 벤젠, *s*-트라이아진, 보라진 등이 이런 예이다. 그러나 여러 화합물 사이에 평형이 존재한다면, 실제로 이들 전환에 관계되는 평형 상수를 계산할 수 있으며, 자유 에너지 변화도 연관시켜 생각할 수 있다.

10.6 특수한 열역학적 효과

잘 알려진 열역학 법칙

$$\Delta G = \Delta H - T\Delta S \tag{1}$$

은 중합-해중합 거동을 이해하는 데 기초가 된다. 열역학적으로 중합을 가능하게 하기 위해서는 Gibbs 자유 에너지 변화가 음의 수 $\Delta G_p < 0$ 이어야 하며, 양의 수인 경우 해중합에 유리하다. **어떤 계에서 특정 물질의 엔탈피를 낮추거나 엔트로피를 높이게 되면, 반응은 그 물질을 생성하는 쪽으로 평형을 이동시키므로,** 이 개념을 이용하여 단량체-고분자 또는 고리-고분자 평형을 이해하게 된다.

중합은 하나의 분자를 형성하기 위해서 여러 개의 분자들이 모이는 **회합** 반응이다. 따라서 이 과정에서는 이 계의 병진 및 회전의 자유도를 상당량 손실한다. 3개의 단량체로부터 고리 삼량체를 형성할 때에도 이 계에 분자수가 줄어들기에 병진 엔트로피가 감소한다. 이 감소된 엔트로피는 유연쇄 고분자 사슬의 비틀림과 진동 자유도에 기인한 엔트로피로 보상될 수 없으므로, 중합 과정에서는 항상 엔트로피 변화가 음의 수($\Delta S_p < 0$)가 된다. 이 현상은 올레핀 단량체들이 중합하거나 고리 화합물들이 중합할 때에도 동일하다. 따라서 엔트로피만을 고려한다면 항상 해중합이 중합보다 유리하다. 만일 중합이 해중합에 비해 우세하다면, 손실된 엔트로피를 보상할 만한 충분히 큰 음의 수의 ΔH_p가 있어, ΔG_p 항이 음의 수가 되기 때문이다. 실제 중합은 $T\Delta S_p$ 항이 작은 값을 갖는 낮은 온도에서 종종 일어나며, 높은 온도에서는 $T\Delta S_p$ 항이 커져 해중합이 일어난다. 이것이 많은 고분자들이 높은 온도에서 열 안정성을 갖지 못하는 이유이기도 하다.

좀 더 자세히 살펴보면, 많은 고분자 계에서 그 이상의 온도에서는 더 이상 고분자가 존재하지

않는 **천정 온도**(ceiling temperature, T_c)를 관찰할 수 있다. 이 경우는 온도가 증가함에 따라 $T\Delta S_p$ 항이 급격히 증가하여, 천정 온도에서 ΔH_p 항 값보다 훨씬 큰 값을 가진다. 이 천정 온도는 Le Châtelier 원리와 조금 다른 방향의 고찰로 이해될 수 있는데, 이는 계가 받는 응력을 완화할 수 있는 방향으로 응력에 대응한다고 설명될 수 있다. 이상에서 알 수 있는 바와 같이 대부분의 중합은 발열 반응이 분명하며, 해중합은 흡열 반응이다. 따라서 가열에 의해 계의 온도를 증가시키면 해중합이 중합에 우선한다. 천정 온도에서는 중합과 해중합의 열역학적 거동은 동일하나, 이 이상의 온도에서는 중합이 열역학적으로 불리하다.

또한 다른 계에서는 어떤 온도 이하에서 고분자를 관찰할 수 없는 **바닥 온도**(floor temperature, T_f)가 존재한다. 어떤 단량체-고분자 또는 고리-고분자 계의 온도 상승에 의한 정확한 거동은 각각 계의 ΔH_p와 ΔS_p 사이의 관계에 의존한다. 우리가 알아야 할 실질적 문제는 이 계에 영향을 미치는 ΔH_p와 ΔS_p의 크기가 어떻게 다른가 하는 것과 분자 구조 변화가 ΔH_p와 ΔS_p에 미치는 영향을 추정하는 것이다. 첫 번째 문제는 다음 두 절에서 살펴본다.

10.7 중합의 표준 엔탈피, 엔트로피 및 자유 에너지

중합의 일반적 과정은 화학량론식에 의해 다음과 같이 나타낼 수 있다.

$$M(l) \rightarrow \frac{1}{n} P_n(a) \tag{2}$$

이 식은 액체 상태의 단량체 1몰이 무정형 또는 약간 결정성의 평균 중합도 n인 고분자 $1/n$몰로 전환됨을 의미한다. 많은 중합의 표현이 그러하듯이 단량체와 고분자의 회합 상태로 표현한다. 실제 흥미 있는 중합은 위와 같은 용액이나 비활성 용매에서보다 반응물과 생성물의 물리적 상태로, 여러 온도에서 행해진다. 그러나 비교와 일관성을 위해서는, 설명한 바와 같은 표준 상태와 실제 중합 조건 사이의 직접 전환이 가능하다. 식 (2)는 평형이 고분자 쪽에 있으며, 비가역 과정임을 나타낸다.

이제 중합의 표준 엔탈피, 엔트로피 및 자유 에너지 변화를 실험적으로 어떻게 얻을 것인지에 대해 살펴본 후, 평형에 대한 배려가 중요하거나 그렇지 않은 특별한 몇 가지 예에 대해 살펴보기로 한다.

중합 표준 엔탈피 ΔH_p°는 기지의 단량체에서 기지의 고분자로 중합될 때 소모된 열의 양을 직접 열량 측정에 의해 얻을 수 있다. 따라서 중합 엔탈피는 단량체와 고분자를 형성할 때 필요로 하는 연소열을 직접 측정하여, 표준 생성 엔탈피 ΔH_f°를 구하여 측정할 수 있다. 식 (2)를 따르는 중합 반응 엔탈피는 다음 식으로 구한다.

$$\Delta H_p^\circ = \frac{1}{n} \Delta H_f^\circ(P_n) - \Delta H_f^\circ(M) \tag{3}$$

중합 표준 엔트로피 ΔS_p°는 단량체와 고분자의 절대 엔트로피로부터 계산된다.

$$\Delta S_f^\circ = \frac{1}{n} S^\circ(P_n) - S^\circ(M) \tag{4}$$

절대 엔트로피는 넓은 온도 영역에서 단량체와 고분자의 열용량의 열량 측정으로부터 구할 수 있다.

$$S^\circ(T) = \int_0^T \frac{C_p}{T} dT \tag{5}$$

여기서 C_p는 절대 온도 T와 일정 압력에서의 몰 열용량이다. 그 적분값은 대개 실험 데이터로부터 도식적으로 구해진다. 매우 적은 값에서는 ΔH_p보다는 ΔS_p를 이용한다.

중합의 표준 자유 에너지 변화 ΔG_p°는 기지의 ΔH_p°, ΔS_p°를 사용하여 식 (1)의 계산으로 쉽게 얻을 수 있다.

10.8 특수한 단량체-고분자 평형

실제 단량체가 중합되는 온도 범위와 대략의 천정 온도에 대한 정보는 필요하다. 천정 온도(T_c) 아래에서는, 단량체에서 고분자로 전환하는 데는 자유 에너지 감소가 일어나므로 중합이 일어난다. T_c 이상에서는 해중합이 일어날 때 자유 에너지가 감소하기에, 해중합이 우선하며, T_c에서는 중합과 해중합 경향이 동일하다. 따라서 천정 온도는 $T_c = \Delta H_p^\circ / \Delta S_p^\circ$에 의해 실제 중합에서 얻어진 ΔH°와 ΔS° 값에서 계산된다.[1] 표 10.1에 몇몇의 올레핀과 알데하이드 중합 시스템에 대한 ΔH_p°와 계산된 ΔG_p°, T_c를 나타내었다. 표 10.1의 자료들을 살펴보면, 단량체-고분자 계에서의 ΔH_p° 값들은 큰 차이를 보인다. *n*-뷰틸알데하이드는 −5.1 kcal/mol, 메타크릴산 에스터(methacrylic ester)는 −13 kcal/mol, 스타이렌은 −17 kcal/mol을 나타내며, 테트라플루우오로에틸렌은 −37 kcal/mol로 매우 큰 발열 반응을 나타낸다.

에틸렌으로부터 프로필렌, 아이소뷰틸렌으로 감에 따라 중합의 발열 정도가 감소되는데, 이는 동일한 탄소에 치환된 수소를 메틸기로 대치하여 입체 장애 효과가 증가했기 때문이다. 첫 번째 메틸기 치환에 따른 효과는 미미하나, 두 번째 메틸기가 치환된 아이소뷰틸렌의 경우는 발열 정도가 상당히 줄어든다. 같은 현상은 에틸렌, 스타이렌, α-메틸스타이렌에서도 관찰된다. 그러나 스타이렌 방향족 고리에 치환 효과는 거의 없음을 스타이렌과 2,4,6-트라이메틸스타이렌의 ΔH_p° 값으로부터 알 수 있다. 분명히 중합 열화학에 입체 장애 효과는 커다란 영향을 미친다.

---

[1] 또는 $T_c = \Delta H_0 / [\Delta S_0 + R \ln [M]/[M]_0]$

표 10.1 25°C에서 여러 가지 단량체-고분자의 중합에 대한 표준 엔탈피, 엔트로피, 자유 에너지 및 천정 온도*

단량체	$-\Delta H_p^\circ$ (kcal/mol)	$-\Delta S_p^\circ$ (cal/deg-mol)	$-\Delta G_p^\circ$ (kcal/mol)	천정 온도 (°C)($T_c = \Delta H_p^\circ/\Delta S_p^\circ$)
아세트알데하이드	—	—	—	−35 to −40†
뷰타다이엔	17.6	20.5	11.5	585
n-뷰틸알데하이드	5.1†	22.3‡	—	−45‡
클로랄	8.0‡	28.0‡	—	13‡
에틸렌	21.2	24	14.0	610
폼알데하이드	7.4	19	1.7	116
아이소뷰틸렌	12.9	28.8	4.3	175
아이소프렌	17.9	24.2	10.7	466
메틸메타크릴레이트	13.2	28	4.9	198
α-메틸스타이렌	8.4	24.8	1.0	66
스타이렌	16.7	25.0	9.2	395
테트라플루오로에틸렌	37	26.8	29	1100
2,4,6-트라이메틸스타이렌	16.7	—	—	—

자료: Mortimer, C. T., *Reaction Heats and Bond Strengths* (New York: Pergamon Press, **1962**), Chap. 5; Joshi, R. M. and Zwolinski, B. J., in *Vinyl Polymerization*. Part I, G. H. Ham, ed. (New York: Dekker, **1967**), Chap. 8; Dainton, F. S. and Ivin, K. J., *Rev. Chem. Soc.* (*London*), **1958**, *22*, 61; T. Ohtsuka and C. Walling, *J. Am. Chem. Soc*., **1966**, *88*, 4167.

* 이 자료는 단량체는 순수한 액체, 고분자는 무정형 또는 약간 결정성 고분자의 표준 상태에 해당한다.

† 실험치

‡ mol/L 용액의 표준 상태에 해당되는 자료

ΔH_p° 크기에 영향을 미치는 다른 중요한 인자는 중합이 일어날 때 결합 혼성 변화에서 기인되거나 중합시 손실된 공명 안정성에 기인한 단량체와 고분자의 에너지 차이이다. 단량체와 고분자에 있는 수소 결합의 정도 차이도 ΔH_p°에 영향을 미칠 수 있다.

반면 ΔS_p°의 값은 ΔH_p° 값에 비해 편차가 적다. 표 10.1에서 ΔS_p° 값은 −19~−28 cal/deg-mol을 나타내는데, 이는 ΔS_p°에 영향을 주는 인자는 현존하는 분자수 감소에 의해서만 가능한 병진 엔트로피 손실이기 때문이다. 이 인자는 여러 시스템에서 거의 상수이다.

표 10.1에서 제시한 대부분의 단량체-고분자 계에서, 25°C의 평형은 단량체보다는 고분자 쪽에 있다. 이러한 사실은 ΔG_p° 값에 의해 알 수 있으며, 잘 알려진 식 (6)에 의해 표준 자유 에너지 변화와 평형 상수를 연관지어 생각할 수 있다.

$$\Delta G^\circ = -RT \ln K_{eq} \tag{6}$$

그러나 온도 상승에 따라 평형은 단량체 쪽으로 이동하고, 충분히 높은 온도에서는 해중합이 지배적이다. 표 10.1의 천정 온도는 이 변화를 반영하며, T_c값도 넓은 영역에 분포한다. 폴리폼알데하이드와 폴리메타크릴레이트는 100~200°C 사이에서 분해되며, 폴리(*n*-뷰틸알데하이드)는 −45°C 이상에서 불안정하나, 폴리테트라플루오로에틸렌은 잘 폐쇄된 시스템에서는 이 온도 이하에서도 절단 반응이 일어난다. 천정 온도 개념은 평형에서 밀폐된 계에만 적용됨을 주의하여야 한다. 계가 밀폐되지 않은 경우, 단량체가 승화로 소실되기도 하므로 천정 온도보다 낮은 온도에서 해중합이 일어날 수 있다. 따라서 실제 적용에서는 어떤 고분자도 천정 온도로서 열안정성을 설명할 수 없다.

10.9 고리-사슬 평형에 대한 ΔH와 ΔS의 영향 (개략적인 방법)

Gee[1]가 제시한 접근 방법은 ΔH와 ΔS의 크기 변화로 고리-사슬 평형에 미치는 영향을 정성적으로 예측하는 것이다. 이 방법은 최소의 열역학적 자료를 이용하는 가장 유용한 시스템 중의 하나이다.

고리 화합물이 긴 고분자 사슬로 중합하는 계에 대해 살펴보자.

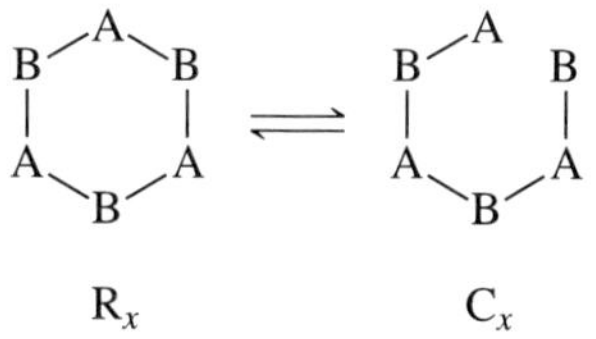

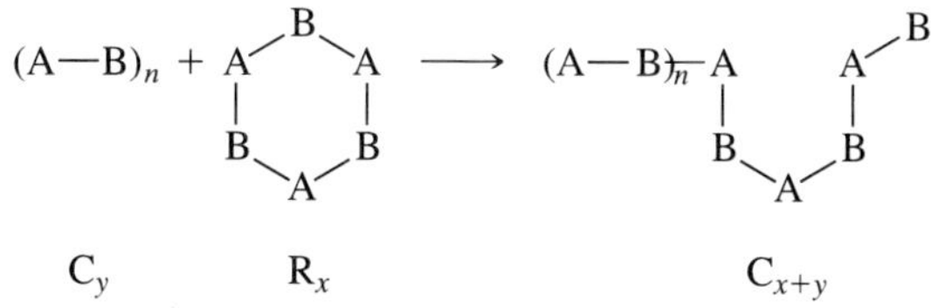

평형의 마지막 위치에만 관심을 가지므로 이 과정의 반응 기구는 중요하지 않다.

중합 과정은 다음 두 단계로 요약된다. 즉, (a) 고리(R_x)가 개환하여 짧은 사슬(C_x)을 형성하는 단계와 (b) 고리가 개환 반응에 의해 개환한 후 사슬(C_y)의 말단과 반응하는 단계이다. 이 계의 평형 상태는 다음과 같이 나타낼 수 있다.

$$R_x \rightleftharpoons C_x \tag{7}$$

[1] G. Gee, *Chem. Soc. (London), Spec, Publ.*, **1961**, *15*, 67.

$$R_x + C_y \rightleftharpoons C_{x+y} \tag{8}$$

반응 (7)에서는 결합의 절단이 일어나므로, 흡열 반응이 되어 ΔH_7 값은 0보다 크다. 한편, 선형 조각(fragment) C_x는 고리 화합물 R_x보다 비틀림 엔트로피와 진동 엔트로피가 크기 때문에 이 단계의 엔트로피 변화(ΔS_7)도 0보다 크다.

그러나 반응 (8)에 관계되는 엔탈피와 엔트로피는 예측하기 어렵다. 하나의 결합이 절단된 후, 또 하나의 결합이 생성되기 때문에 ΔH_8은 거의 0에 가까운 값을 가질 것이다. 한편, 고리가 (8)단계에서 엔트로피 증가와 함께 개환된다고 할지라도 2개의 "분자"가 하나로 결합되기에 3개의 병진 자유도를 소실한다. 이는 ΔS_8이 일반적으로 0보다 적음을 의미한다. 따라서 반응 (8)이 자발적으로 일어나려면 ΔH_8은 $T\Delta S_8$보다 적어, 자유 엔지인 G_8의 감소가 반드시 일어나야 한다.

고리가 사슬로 전환하는 평형에서 평형 상수 K_8은 다음과 같이 나타낼 수 있다.

$$K_8 = \frac{[C_{x+y}]_{eq}}{[C_y]_{eq}[R_x]_{eq}}$$

여기서 첨자 "eq"는 **평형 농도**를 의미한다. 만일 평형이 긴 사슬 끝에 고리가 첨가되는 점까지 진행된다면, $[C_y]$는 $[C_{x+y}]$와 거의 유사하다. 따라서 K_8은

$$K_8 \approx \frac{1}{[R_x]_{eq}}$$

로 된다. **표준** 자유 에너지 변화 ΔG_8°와 평형 상수 사이의 관계는

$$\Delta G_8^\circ = -RT \ln K_8$$

으로 주어지며, K_8의 치환에 의해

$$\Delta G_8^\circ = RT \ln [R_x]_{eq}$$

을 얻을 수 있다.

이제, 이 계의 중합 또는 해중합 상태를 정의하기 위해서는 (a) 사슬 (ϕ로 표시) 형태로 존재하는 분자의 무게 분율과 (b) 사슬의 중합도를 알아야 한다. 만일 $[R_x]_0$가 순수한 고리 화합물의 고리 농도라면, 열역학의 표준 방법에 의해 ΔG_8°와 ΔG_8을 연결시킬 수 있다. 따라서 반응 (8)에 대해 고려하면,

$$\Delta G_8 = \Delta G_8^\circ + RT \ln \frac{[C_{x+y}]}{[C_y][R_x]}$$

로 ΔG_8°와 ΔG_8이 연결된다. 평형의 초기 단계를 포함한 모든 단계에서 $[C_{x+y}] \approx [C_y]$를 가정할 수 있다면

$$\Delta G_8 = \Delta G_8^\circ - RT \ln [\mathrm{R}_x]_0$$

이 되며, ΔG_8°의 치환에 의해

$$\Delta G_8 = RT \ln \frac{[\mathrm{R}_x]_{\mathrm{eq}}}{[\mathrm{R}_x]_0}$$

로 된다. 만일 용매가 존재하지 않는다면, $[\mathrm{R}_x]_{\mathrm{eq}}/[\mathrm{R}_x]_0 = 1-\phi$가 되고 $\Delta G_8 = \Delta H_8 - T\Delta S_8$이므로 이를 치환하면

$$-R \ln(1-\phi) = \Delta S_8 - \frac{\Delta H_8}{T} \tag{9}$$

를 얻을 수 있다. 계산된 ϕ값이 0~1 사이의 값이면, 이 근사식으로부터 상당히 정확한 사슬의 무게 분율(ϕ)을 알 수 있다. 만일 ϕ가 이 범위에 존재하지 않는다면, 이 근사법은 분명히 잘못된 것으로, 좀 더 명확한 접근 방법이 있어야 한다. 이 식에 여러 가지 ΔH_8과 ΔS_8 값을 대입하여, ϕ와 온도가 무관하다는 사실을 그림 10.1에 나타내었다.

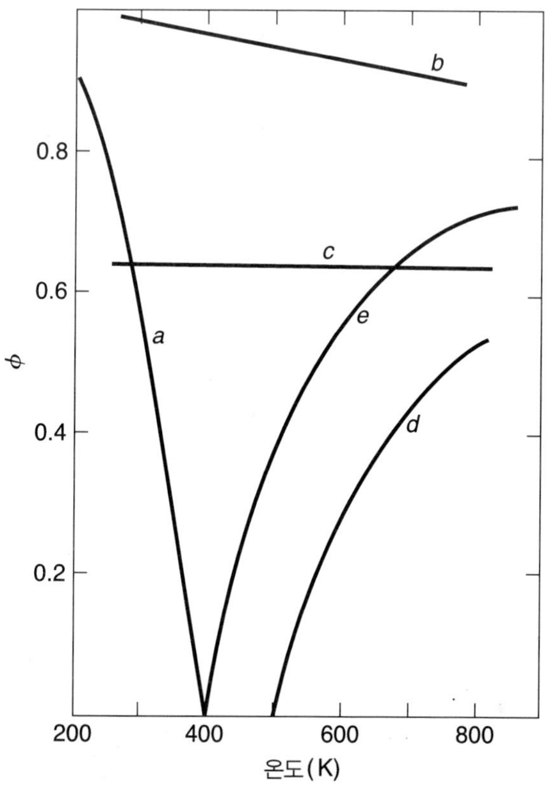

곡선	a	b	c	d	e
ΔH_2 (kcal/mol)	−2	−2	0	2	2
ΔS_2 (cal/deg-mol)	−5	2	2	4	5

그림 10.1 사슬 고분자의 평형비(이론값)

여기에는 3가지 주요 평형 상태가 있다.

1. 만일 단계 (8)이 발열 반응이라면($\Delta H_8 < 0$), ΔS_8은 거의 0이거나 양의 값을 갖기 때문에, 고분자 농도(ϕ로 표시)가 온도 증가에 따라 줄어든다[그림 10.1의 곡선 b에 해당]. 그러나 ΔS_8의 값이 음의 값을 갖는다면 $\Delta H_8/\Delta S_8$로 정의되는 **천정 온도** 이상에서는 어떤 고분자도 존재하지 않으며, 이러한 가능성을 그림 10.1의 곡선 a로부터 알 수 있다.
2. 만일 ΔH_8이 0이라면, 고분자 농도는 온도에 무관하며, $-R\ln(1-\phi)=\Delta S_8$로 된다[그림 10.1의 곡선 c에 해당]. 즉, ΔS_8이 음의 값일 때만 현저한 ϕ값을 얻을 수 있으며, 0이거나 양의 값이라면 고분자는 고리에 비해 항상 불안정하다.
3. 만일 ΔH_8과 ΔS_8의 값이 양이라면 온도 증가에 따라 고분자 농도는 **증가**하며, **바닥 온도**(T_f) 이하에서는 어떤 고분자도 존재하지 않음을 그림 10.1의 곡선 d, e로 알 수 있다. **바닥 온도**(floor temperature)는 $\Delta H_8/\Delta S_8$로 주어지므로 식 (9)는 다음과 같이 나타낼 수 있다.

$$-\ln(1-\phi) = \frac{\Delta H_8}{R}\left(\frac{1}{T_f} - \frac{1}{T}\right) \tag{10}$$

그러나 ΔS_8의 값이 0이거나 0보다 적은 경우는, 어떤 온도에서도 고분자는 존재하지 않는다.

용매가 존재하면 고분자가 분해되어 고리 화합물을 생성한다. 이는 $R\ln c$(여기서 c는 용액 중 존재하는 용질의 무게 분율)가 식 (9)의 우변에 부가되기 때문이다.

만일 고리의 크기가 두 가지 이상인 것과 고분자가 동시에 평형을 이룬다면, 식 (9)의 $(1-\phi)$ 고리의 무게 분율을 고려한 ϕ_x로 대치되어야 한다. 따라서 두 개의 고리(R_{x1}과 R_{x2})가 존재한다면, 다음의 두 식이 성립된다.

$$-\ln\phi_{x1} = \frac{\Delta H_{81}}{R}\left(\frac{1}{T_{\phi 1}} - \frac{1}{T}\right) \tag{11}$$

$$-\ln\phi_{x2} = \frac{\Delta H_{82}}{R}\left(\frac{1}{T_{\phi 2}} - \frac{1}{T}\right) \tag{12}$$

$\phi_{x1}+\phi_{x2}$의 값이 1보다 작기 때문에, 이 방법은 두 개의 고리와 고분자가 동시에 많이 존재하는 경우로 제한한다.

이 접근 방법은 $S_8 \rightleftharpoons S_n$ 평형에서 가장 적합한 결과를 제공하며, 바닥 온도는 159°C이다. 이 방법은 정확한 열역학 자료를 쓸 수 없는 계에서 매우 가치 있는 접근 방법으로, 새로운 고리-사슬 평형에 대해서 ΔH_8과 ΔS_8을 **평가**함으로써 바닥 온도와 천정 온도의 존재 여부를 예측할 수 있다.

10.10 황 평형(명확한 방법)

고리-사슬 평형 계산의 명확한 방법은 Tobolsky[1-3]에 의해 행해졌으며, 또한 이 방법을 황 계에 성공적으로 적용하였다. ΔS_8은 두 개의 라디칼에 의한 반응이기에 다음 세 단계로 고려하여야 한다.

(a) $S_8 \overset{k}{\rightleftharpoons} \cdot SSSSSSSS\cdot$ (또는 S_8^*) (개시)

(b) $S_8^* + S_8 \overset{k_3}{\rightleftharpoons} S_{16}^*$ (초기 성장)

(c) $S_{8n}^* + S_8 \overset{k_3}{\rightleftharpoons} S_{8(n+1)}^*$ (일반 성장)

초기와 일반 성장 단계에서의 평형 상수는 동일하다고 가정하지만, 초기 단계에서는 다른 K값을 가진다. 따라서 S_8(고리)을 M으로, S_8^*는 M_1^*으로, S_{8n}^*는 M_n^*으로 표시하면, 평형 상수는 각 단계 (a), (b), (c)에 따라 다음과 같이 나타낼 수 있다.

(a) $K = \dfrac{[M_1^*]}{[M]}$ 또는 $[M_1^*] = K[M]$

(b) $K_3 = \dfrac{[M_2^*]}{[M_1^*][M]}$ 또는 $[M_2^*] = K_3[M_1^*][M] = K[M]\,(K_3[M])$

(c) $K_3 = \dfrac{[M_3^*]}{[M_2^*][M]}$ 또는 $[M_3^*] = K_3[M_2^*][M] = K[M]\,(K_3[M])^2$

그러므로

$$[M_n^*] = K[M]\,(K_3[M])^{n-1}$$

이로부터 [M]과 수평균 중합도 P를 알면, 어떤 온도에서 K와 K_3를 계산할 수 있다. $P = [W]/[N]$(여기서 [W]는 고분자 혼합물 내의 S_8 단위의 농도이고, [N]은 고분자의 전체 농도이다)이므로 [W]와 [N]은 다음으로부터 얻을 수 있다.

[1] A. V. Tobolsky, *J. Polymer Sci.*, **1957**, *25*, 220; **1958**, *31*, 126.

[2] A. V. Tobolsky and A. Eisenberg, *J. Am. Chem. Soc.*, **1959**, *81*, 780, 2303; **1960**, *82*, 289.

[3] A. V. Tobolsky and W. J. MacKnight, in *Polymeric Sulfur and Related Polymers*, H. F. Mark and E. H. Immergut, Eds. (New York: Wiley-Interscience, **1965**).

$$[N] = [M_1^*] + [M_2^*] + [M_3^*] + \cdots$$

$$[N] = K[M]\{1 + K_3[M] + (K_3[M])^2 + \cdots\}$$

$$[N] = \frac{K[M]}{1 - K_3[M]}$$

$$[W] = [M_1^*] + 2[M_2^*] + 3[M_3^*] + 4[M_4^*] + \cdots$$

$$[W] = K[M]\{1 + 2(K_3[M]) + 3(K_3[M])^2 + \cdots\}$$

$$[W] = K[M]/(1 - K_3[M])^2$$

여기서

$$P = \frac{1}{1 - K_3[M]}$$

단량체와 고분자 중 S_8 단위의 전체 농도 $[M_0]$는 다음과 같다.

$$[M_0] = [M] + [W] = [M] + \frac{K[M]}{(1 - K_3[M])^2}$$
$$= [M](1 + KP^2)$$

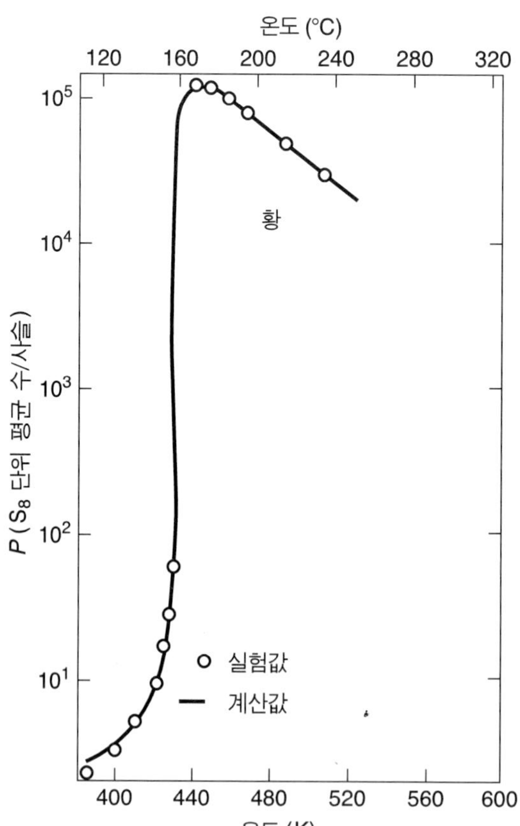

그림 10.2 액체 황의 P와 T의 관계

[M]을 제거하면 마지막 식은 다음과 같다.

$$[M_0] = \frac{P-1}{PK_3} + \frac{KP(P-1)}{K_3}$$

$[M_0]$는 황 1 kg당 S_8 단위의 몰수로서 모든 온도에서 3.90 mol/kg의 값을 갖는다.

따라서 두 온도에서 K와 K_3 값을 구하기 위해, $\Delta H°$, $\Delta S°$, $\Delta H_3°$ 및 $\Delta S_3°$를 계산하고, 모든 평형 상수는 van't Hoff식을 따른다는 가정하에서 $\ln K$와 $\ln K_3$을 구할 수 있다.

$$\ln K = -\left(\frac{\Delta H°}{RT}\right) + \left(\frac{\Delta S°}{R}\right)$$

$$\ln K_3 = -\left(\frac{\Delta H_3°}{RT}\right) + \left(\frac{\Delta S_3°}{R}\right)$$

$1/T$에 대한 $\ln K$와 $1/T$에 대한 $\ln K_3$의 직선 관계에서 모든 온도에 대한 K, K_3, [M] 및 [P]를 얻을 수 있다. 그림 10.2와 그림 10.3에 나타낸 바와 같이 바닥 온도 주위에서 실험치와 계산치가 놀랍

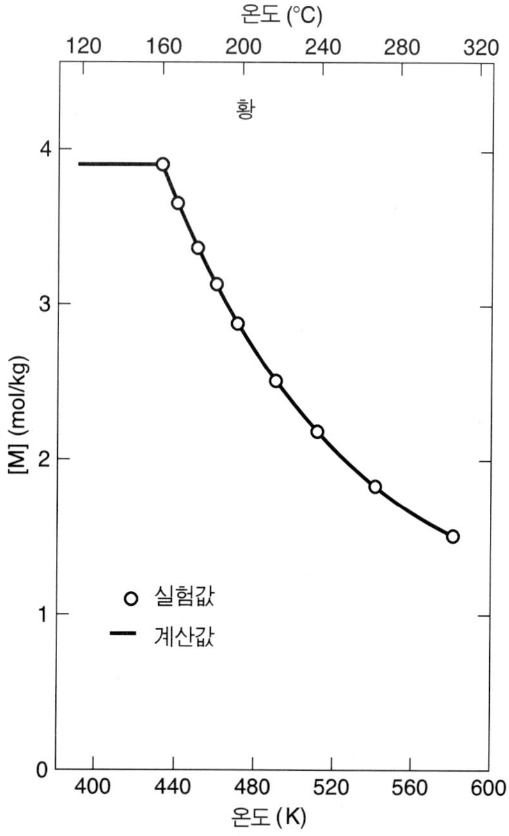

그림 10.3 액체 황의 [M]과 T의 관계

게 일치함을 알 수 있다.

다른 반응 기구[1,2]를 통해 유도된 고리-사슬 평형에서도 비슷한 표현이 나타나지만, 다른 대부분의 계에는 충분한 실험 데이터가 없어 적용할 수가 없다.

고리-사슬 평형을 실험적으로 측정한 열역학적인 데이터로 해석하는 데는 기술이 필요하다는 점은 분명하다. 불행히도 이 방법들로는 새롭거나, 잘 알려지지 않은 고분자의 열적 거동을 자세히 예견하기는 어렵다.

10.11 통계적 영향

고리-사슬 평형은 통계적 관점에서 쉽게 해석할 수 있다. 이에 대한 두 가지 접근 방법은 개환 사슬 유사물과 고리 화합물 간의 농도의 평형을 고리 폐쇄 **확률**로 고려하는 것과 평형을 단량체와 말단 봉쇄 단위 사이의 쟁탈 반응으로 고려하는 것이다.

성장 고분자의 사슬에 대해 살펴보자.

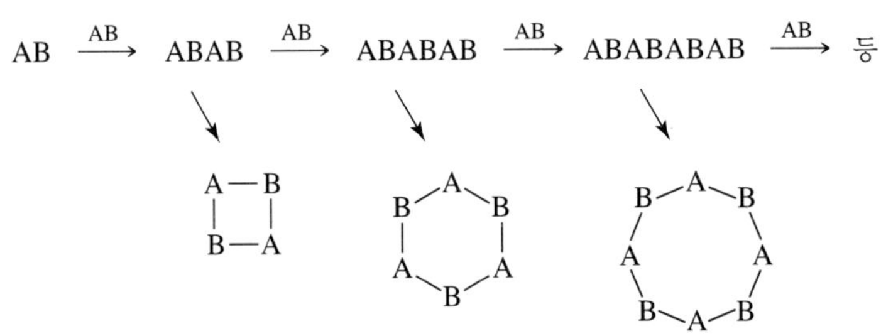

개환-사슬 화합물 형성의 각 단계에서 고리화가 일어날 가능성이 있다. 이를 그림으로 표시하지 않지만, 고리화는 종종 말단 봉쇄 촉매의 손실로 이루어지며, 고리화 가능성은 사슬 말단이 고리를 이룰 수 있는 용이한 결합 각도, 결합 길이, 골격 결합의 비틀림 유연성 등의 영향을 받는다. 많은 골격 결합 각도가 109~120° 이므로 고리 올리고머는 고리 삼량체와 사량체로 표현되기도 하며, 중합도가 증가함에 따라 고리 화합물의 선형 사슬 농도는 점차 증가한다.

고리의 중합과 사슬의 해중합은 동일한 골격의 쟁탈 과정의 다른 면으로 이해된다. 극성 골격 결합은 온도 상승에 따라 쉽게 중합-해중합 쟁탈 반응이 일어나기 때문에 이런 현상이 무기 골격계에서 종종 발견되어진다.

---

[1] Tobolsky, op. cit.

[2] Tobolsky and Eisenberg, op. cit.

[3] H. Jacobson and W. H. Stockmayer, *J. Chem. Phys.*, **1950**, *18*, 1600.

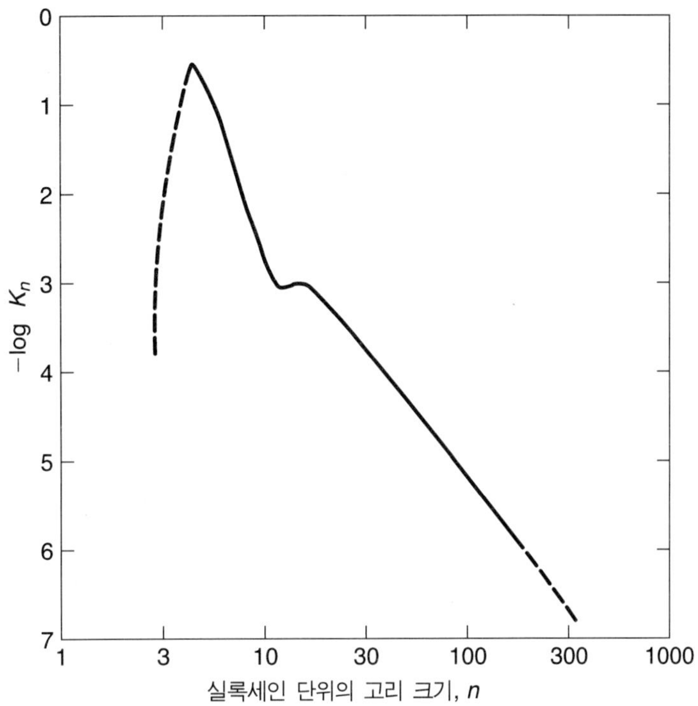

그림 10.4 몰 고리화 상수(K_n)의 실록세인 단위수(n)에 대한 의존성. (n은 110°C 톨루엔 용매 중에 폴리다이메틸실록세인의 고리에 대한 실록세인 단위의 수를 의미한다.)

몇몇 학자들은 사슬 길이와 분자 매개변수들로 고리화 가능성에 대해 검토하였다. 한 예로[3] 랜덤 코일 고분자에서 고분자 말단과 말단 사이의 거리 분포를 Gauss 함수로 가정하면 다음 식이 주어진다.

$$R_n = BVx^n n^{-5/2}$$

여기서 R_n은 어떤 중합도 n을 지닌 고리의 수, $B=(3/2\pi\nu)^{3/2}/2b^3$, V는 계의 부피, x는 사슬의 반응된 말단기 분율, ν는 단량체 단위당 골격 원자수, 그리고 b는 사슬의 "효율적 연결 길이(effective link length)"로 각 결합 길이의 $(1+\cos\alpha)/(1-\cos\alpha)$배와 동일하다. α는 골격 결합각이다. 이 모델이 유용하다면 log n에 대한 log R_n의 도시는 $-(5/2)$의 기울기를 갖는 직선을 나타낸다.

폴리다이메틸실록세인은 충분히 연구되어 고리–사슬 평형에 대해 가치 있는 자료들이 많다. 따라서 이 계는 위에서 설명한 이론에 의해 실제로 분석을 행하기에 적당하다. 실험적 자료들은 평형에 존재하는 화합물의 고리 크기 고찰에 유용하다.[1] 이 자료를 그림 10.4에 나타내었는데, 여기서 $K_n=x^{-n}V^{-1}R_n$이다. 고리 삼량체 $(Me_2Si—O)_3$는 사량체보다 항상 적은 양이 존재한다. $n=35$에서

[1] J. F. Brown and G. M. J. Slusarczuk, *J. Am. Chem. Soc.*, **1965**, *87*, 931.

$n=200$까지에서는 예상된 분포를 이루지만, n이 3과 35 사이에서는 이론적 오차가 매우 크다. $n=12$과 $n=16$ 사이에서 골이 발견되는데, 이는 이 화합물이 이론적으로 예견되었던 것보다 적은 양이 존재함을 의미하다.

이 이론의 가장 중요한 약점은 골격 결합의 자유 비틀림을 가정했다는 것이다. 다른 접근 방법은 사슬에 대한 삼겹 회전 이성체 모델을 가상함으로써[1] 사용될 수 있다. 이 방법은 평형의 삼량체와 사량체의 상대적 농도를 성공적으로 설명하였으나, 더 큰 올리고머에서는 그렇지 못하였다. $n=15\sim200$에서의 평형률은 **트랜스**-평면(*trans*-planar) 형태를 고려한 통계적 계산 가중치로 정확히 예측할 수 있다.[2]

저분자량 고리 유사체의 고리화에 지대한 영향을 주는 특정한 분자 효과 때문에 이론적 결과와는 편차가 있다. 고리 변형(장력), 분자 내 반발력과 인력, 극성 사슬 말단에 의한 정전기적 효과 등은 특히 $n=3\sim20$ 사이의 고리화 반응에 지대한 영향을 준다. 불행히도 비교 자료가 다른 골격계에는 없어 이 이론의 타당한 외삽이 어렵다.

두 번째 통계적 접근 방법은 고리나 사슬을 생성하기 위한 사슬 말단 단위와 사슬 중간 단위의 무작위 쟁탈에 관해 고찰하는 것이다.[3] 평형 시스템은 사슬 단위, 말단 단위, 리간드 혼합물의 쟁탈로 살펴본다. 예로서 이전에 사용한 용어에 의하면, 식 $(A—B)_n$의 고리와 식 $X(A—B)_nY$의 사슬 사이의 단순한 평형은 A—B, XY, $X(A—B)_nY$ 및 다른 단위 사이의 쟁탈 반응으로 해석한다.

무작위 쟁탈을 가정한다면, 평형 상수 분석에서는 사슬-사슬 평형이 희석 상태에서는 영향을 받지 않으나, 높은 희석 상태에서는 고리-사슬 평형이 작은 고리와 XY 화합물 쪽으로 이동한다.[4] 무기 고분자계는 특히 이러한 분석에 적합하며, Si—O, Si—S 및 S—O 골격 결합을 갖는 계에서 실험적으로 연구되고 있다.

10.12 분자 구조 효과(정성적 방법)

이 장까지 중합-해중합 평형에 영향을 미치는 일반적인 열역학 요인에 대해 살펴보았다. 불행하게도 많은 유기계와 거의 모든 무기계에서, 정확한 열역학적 거동을 예견하는 데는 불충분한 열역학 자료로 인해 정확한 결론을 내리기는 곤란하다. 그러나 다행히 정성적인 경향은 알 수 있어 분자 구조의 생김새와 중합과 해중합 거동에 관한 상관 관계를 얻을 수 있다. 이러한 경향은 개략적

[1] J. B. Carmichael and J. B. Kinsinger, *J. Polymer Sci.*, **1963**, *A1*, 2459.

[2] P. J. Flory and J. A. Semiyen, *J. Am. Chem. Soc.*, **1966**, *88*, 3209.

[3] J. R. Van Wazer, *J. Macromol. Sci.*, 1967, *A1(1)*, 29.

[4] 3과 동일

이기는 하나 유용한 해석 방법으로, 특정한 분자 요인으로는 (1) 골격 결합 에너지 분석, (2) 골격 결합각의 영향, (3) 유사 방향족성(pseudoaromaticity)의 존재 여부 및 (4) 곁사슬 상호작용 등을 고려해야 한다.

10.13 골격 결합 에너지

어떤 중합계에서, 단량체로부터 고리 또는 선형 올리고머, 고분자 등 모든 종류의 화합물들을 알 수 있다. 이미 살펴본 바와 같이, 평형에 존재하는 화합물의 양은 자유 에너지에 의존한다. 통계적 영향이 중요하지만 가장 중요한 요인은 엔탈피이다. 다시 말하면, 골격 결합 에너지의 영향은 매우 크다.

많은 계에서, 고리 올리고머에서 고분자가 될 때까지의 구조 사이에는 골격 에너지의 변화가 거의 없으므로, 이들은 균형 있게 존재한다. 그러나 단량체 또는 고리 이량체, 고분자 유사체 사이에는 결합 에너지의 차가 크기 때문에 고리 이량체는 종종 고리 변형에 의해 활성화될 수 있으며, 이 요인은 다음 절에서 설명한다.

그러나 올레핀형 단량체는 이중 결합에 적재된 에너지 때문에 고리형 올리고머나 고분자보다 높은 엔탈피를 갖는다. 따라서 대부분의 불포화 단량체는 발열 반응으로 중합되며, 음의 엔트로피 변화를 갖는다(표 8.1 참조). 중합의 발열 정도는 단량체의 π-결합 에너지, 다시 말해서 치환기의 종류에 의존한다.

다중 결합 형태는 중요하다. $R_2Si{=}O$, $R_2Si{=}NR'$, $R_2P{\equiv}N$, $S{\equiv}N$의 어떤 불포화 단량체도 평형 과정에서는 존재하지 않고, 순간적인 고에너지 함유 매개체로 존재한다. 실질적으로 규소는 $p_\pi - p_\pi$ 결합 형성을 피하려는 강한 경향을 나타내므로 폴리유기실록세인과 폴리유기포스파진으로부터 해중합 생성물은 단량체보다 고리 올리고머가 된다.

10.14 골격 결합각

고리 변형 현상은 잘 알려져 있다. 고리 화합물을 생성할 때에는 그들에 적당한 결합각 비틀림이 있다. 따라서 고리-변형 화합물이 활성화하는 것은 엔탈피가 증가되기 때문이다. 선호되는 결합각을 에너지샘(energy well)의 바닥으로 표현하며, 각 비틀림을 갖게 되는 경우, 높은 엔탈피 값을 갖는다.

예를 들어, 만일 모든 골격 결합각이 120°C에서 최소의 에너지를 갖는다면, 6각고리가 평형에서 가장 유리하며, 4각고리의 경우 좀 더 높은 에너지가 필요하기에 평형에서 매우 적은 양이 존재하거나 거의 발견되지 않는다. 고리 변형은 고리 사량체, 오량체 또는 육량체에도 존재하나, 분자량이 큰 올리고머는 입체 형태 유동성(conformational mobility) 때문에 변형이 감소한다.

그럼에도 불구하고 몇몇 결합들은 결합각 유연성이 매우 커서, 결합각이 30° 범위에서 변화를 갖는다. 이 유연성은 혼성이 가능한 원자 성질, 큰 원자 반지름, 이온성 결합 등을 할 수 있는 골격 원소와 관련이 있다. 따라서 109.5° 결합각을 갖는 정사면체 탄소 결합 또는 정사면체 규소 결합은 결합각 유연성을 갖지 못하나, 두 개의 배위 결합을 갖는 골격 산소, 질소, 황 결합은 상당한 변형 엔탈피를 가지기까지는 넓은 범위에서 변화할 수 있다.

고리 변형이 심한 것에 대한 예는 평형에서 옥시메틸렌 내의 폼알데하이드 이량체 $(H_2C—O)_2$가 존재하지 않고 실록세인, 포스파진, 바이닐형 내의 고리 이량체가 존재하지 않는데서 알 수 있다. 반면 $(S{=}N)_2$나 $[(CF_3)_2C—S—]_2$로 존재하는 고리 이량체들은 쉽게 중합된다(종종 격렬히 폭발). 이 고리 변형은 평형 혼합물에서 고리 삼량체의 농도를 줄이는 요인이다. 예로, 다이메틸실록세인 내의 고리 화합물 $(Me_2Si\text{-}O)_3$가 낮은 평형 농도를 유지한다는 것은 고리 변형이 3~9 kcal/mol 정도가 됨을 반영한다. 분자량이 큰 고리 올리고머는 종종 고리가 움츠러들어서 결합각 변형을 완화시킬 수 있다.

10.15 방향족성과 비편재화

방향족성과 비편재화 개념은 잘 알려져 있다. 몇 개의 중심에 걸친 π-결합 전자들의 비편재화는 낮은 분자 엔탈피를 유도한다. 만일 고분자가 반복 단위당 비편재화가 특히 우세한 어떤 화합물을 함유한다면, 분자는 충분히 안정화되어 평형에서 우세한 화합물이 될 수도 있다.

가장 대표적인 예가 벤젠이다. 이 분자는 120° 골격 결합각과 평면성을 갖기 때문에 비편재가 우수하다. 한편 사이클로뷰타다이엔은 불안정하며 "비방향족성"으로, 사이클로옥타테트라엔(cyclooctatetraene)은 고리가 움츠려진 비방향족성으로 알려져 있다. 잘 알려진 Huckel 법칙($4n+2\pi$ 전자 법칙)은 벤젠의 안정성을 이론적으로 설명한다. *s*-트라이아진(*s*-triazines)과 보라진(borazines)에서도 비슷한 현상이 나타난다.

그러나 골격의 다중 결합이 $d_\pi - p_\pi$형이라면, 이런 주장이 적용되지 않는다. 예로, 포스파진(**13**)은 인의 3*d*-궤도에 의한 "불포화" 상태이다. 이 $d_\pi - p_\pi$ 결합은 $p_\pi - p_\pi$ 결합과는 다른 대칭 요건을

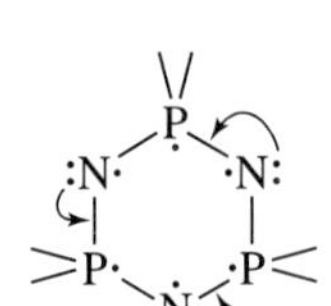

13

지니기에 일반적인 방향족 제한이 포스파진에 적용되지 않으며, 어느 유사체도 이 효과에 의해 안정화될 수 없다. 비슷한 예로 실록세인도 $d_\pi - p_\pi$ 결합에 의해 안정화될 수 있다고 믿어지지만, 삼량체는 다른 유사체와 비교시 안정하지 않다.

전자 편재 현상은 다른 단량체보다 스타이렌 등의 바이닐 단량체를 안정화시키는데, 이 안정화열은 기대되는 중합열보다 적을 것으로 예견된다.

10.16 곁사슬 상호작용

거대한 곁사슬이 고분자 사슬에 달려 있는 경우, 단량체 또는 고리 올리고머에 비해 고분자가 불안정한 경우가 있다. 이런 현상은 매우 큰 영향을 미쳐 이미 설명했던 여러 요인 중 많은 것을 압도해 버릴 수 있다.

고리 올리고머와 고분자 사이에 평형이 존재할 때, 평형 위치는 일반적으로 상대 엔탈피에 의해 결정된다. 만일 골격에 부착된 곁사슬이 작다면, 올리고머와 고분자 내에서 분자 간 반발을 비교할 수 있다. 그러나 거대 곁사슬이 존재한다면, 고분자에 고리 올리고머(삼량체, 사량체)가 중합하면 엔탈피 증가, 즉 고분자 내에서 분자 간 입체 장애 반발을 수반하게 된다(이러한 것은 그림 10.5에 나타낸 중합 과정과 그림 10.6에 나타낸 에너지 변화로서 알 수 있다).

고분자 사슬의 바람직한 입체 형태에 관계없이, 고리 이량체, 삼량체 및 사량체에서보다 고분자에서 곁사슬의 사슬 거리는 항상 짧다. 고분자에서 분자 간 거리가 짧으면 van der Waals 반발력이 항상 크게 되어, 고리 이량체, 삼량체 및 사량체보다도 고분자가 불안정하게 된다. 이러한 이유로 많은 고리 화합물이 중합할 수 없고, 다른 방법(7장 참조)으로 중합되었더라도 장애받는 고분자(hindered polymer)는 해중합이 용이하다. 실제로, 분자 모델 또는 경구체(hard-sphere) van der Waals 반지름을 이용하거나 짧은 고분자 세그먼트가 가지고 있는 에너지를 대충 계산하면 곁사슬 단위가 특이한 골격계를 불안정화시키는 것을 어느 정도 예측할 수 있다.

메틸기보다 큰 곁사슬을 가지고 있는 고분자량의 폴리실록세인류를 제조하는 데는 여러 가지 어려움이 있다. 예를 들어, 메틸실록세인의 평형 반응에서 87%의 선형 고분자와 약 13%의 고리 사량체, 오량체의 혼합물이 생성되나, $(F_3CC_2H_4Si(CH_3){-}O)_n$에서 규소 원자당 한 개의 트라이플루오로프로필기가 존재하면, 평형 상태가 크게 옮겨가 고리 올리고머를 생성한다.[1] 그 결과, $n=3 \sim 6$인 고리 화합물이 평형에서 86.5%가 존재한다. 에틸, 아릴, 트라이알킬실릴(trialkylsilyl) 곁사슬이 존재할 때에도 동일한 현상이 보고되어 있다. 단, 반응 기구는 각 경우에 따라 조금씩 다르다.

폴리(오가노포스파진)의 해중합 용이성과 치환기의 크기 사이에는 개략적 상관관계(rough

[1] E. D. Brown and J. B. Carmichael, *J. Polymer Sci.*, **1965**, *B3*, 473.

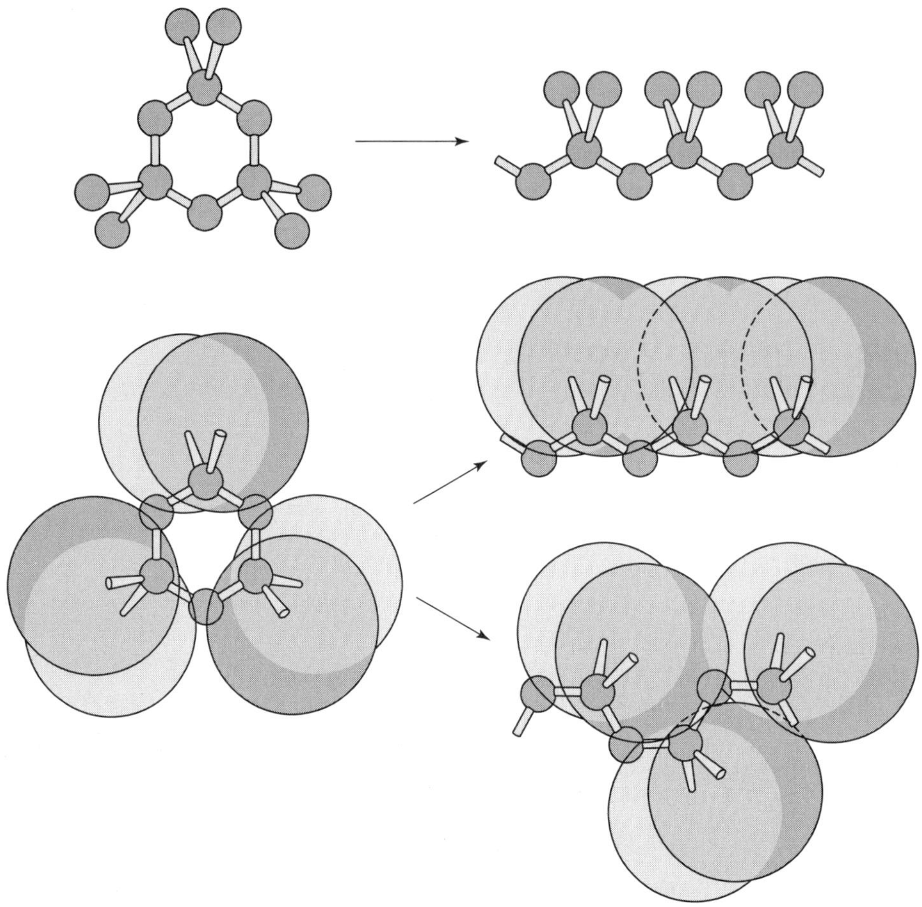

그림 10.5 작은 곁사슬에 의해서는 사슬이 안정하므로, 고리가 사슬로 중합될 때는 서로 방해하지 않는다(위 그림). 만일 고리가 거대 곁사슬을 가지고 있으면, 곁사슬들은 서로 반발하기 때문에 중합이 어려워진다(아래 그림). 또한, 거대 곁사슬을 갖는 사슬은 작은 곁사슬을 갖는 사슬보다 낮은 온도에서 해중합하기도 한다.

correlation)가 있다. 예를 들어, 폴리(다이클로로포스파진)은 350°C보다 낮은 온도에서 해중합이 일어나기 어려운 반면에, $[NP(OCH_2CF_3)_2]_n$ 또는 $[NP(OPh)_2]_n$ 등의 선형 유기포스파진 고분자는 곁사슬들이나 곁사슬과 사슬 원자 사이에서 상당한 분자 내 입체 장애가 존재한다. 이러한 고분자에 대한 van der Waals 반지름형 분자 모델은 다소 문제점은 있으나 구상될 수 있다. 입체 장애로 인한 특유의 불안정성은 특히 온도 상승시 심각하다. 반면 동일한 치환기를 가진 고리 삼량체 또는 사량체인 경우는 곁사슬이 다른 곁사슬이나 인접 골격 원소로부터 멀리 배향되기에 분자 내 입체 장애가 미비하다. 따라서 많은 유기 치환 선형 폴리포스파진은 이의 **고리** 삼량체나 사량체보다 열역학적으로 덜 안정하다고 생각되어진다. 적당한 온도에서 고분자는 해중합에 대해 동역학적으로 안정하나, 높은 온도에서는 삼량체를 선호하는 평형이 이루어진다. 높은 온도에서 유기 고리 포스파진을 중합할 수 없는 이유가 이러한 점에서 쉽게 이해된다.

만일 불포화 단량체가 해중합에 의해 형성된다면, 이때는 곁사슬 영향이 더욱 심각하다. 고리 올

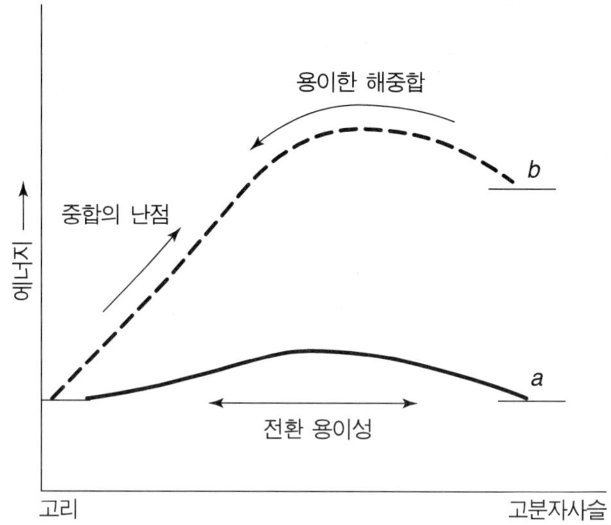

그림 10.6 에너지 측면에서 고찰한 고리의 고분자 사슬로의 중합. 이때 중합할 수 있는 고리들은 원래의 고리 분자들과 에너지가 비슷한(반복 단위당) 고분자 사슬을 생성한다(a). 그러나, 만약 거대 치환기가 존재하게 되면(b), 고분자의 에너지는 작은 고리의 것들보다 훨씬 높다. 그러한 경우, 고온에서 고분자는 고리들에 대한 작은 에너지 장벽을 쉽게 넘을 수는 있으나, 고리들은 사슬로 중합되지는 않는다.

리고머 또는 고분자의 불포화 단량체로의 전환은 그림 10.5에서 설명한 반발력을 완화시킬뿐 아니라 같은 골격 원자에 부착된 두 개의 곁사슬기 사이의 반발력 또한 완화시킨다(**14**). 아이소뷰틸렌시 중합시 비교적 엔탈피(−12.6 kcal/mol)가 낮은 것은 단량체가 고분자로 전환하는 데 있어, 메틸기에 의한 입체 장애가 있다는 것을 의미한다. 예를 들어, 폴리알데하이드의 알데하이드로의 전환은 탄소의 혼성을 sp^3에서 sp^2로 되게 한다. 따라서 R—C—R 결합각이 109.5 ~ 120°로 변화하고, 커다란 R에 의한 반발력이 해중합에 의해 쉽게 완화된다.

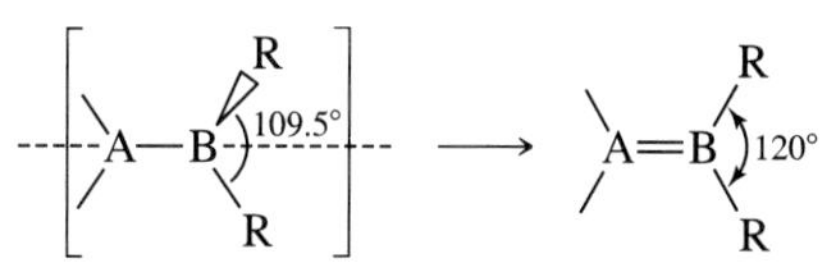

14

폼알데하이드가 트라이옥세인(trioxane), 테트라옥세인(tetraoxane) 및 폴리옥시메틸렌(polyoxymethylene)으로 중합된다고 할지라도, 수소보다 큰 곁사슬을 가진 알데하이드나 케톤은 중합이 어렵다. 한 예로 아세트알데하이드의 평형은 15°C에서는 고리 삼량체 $(MeHC—O)_3$가 94.3 wt%, 0°C에서는 단량체가 5.6%, 고리 삼량체가 91% 그리고 고리 사량체가 3.2%로 평형을 이룬다. 높은 분자량 고분자는 −40°C의 천정 온도 이하에서만 형성되고, 실온에서는 해중합된다. 이 고분자의 열에 대한 불안정성은 폴리(옥시메틸렌)[poly(oxymethylene)]과 대조되는데, 이 차이는 메틸 곁사슬에 의한 입체 장애 효과에 기인한다. 메틸기보다 큰 곁사슬인 경우 고분자는 해중합이 더욱

용이함은 주목할 만하다. 에틸, *n*-프로필, 아이소프로필, *n*-뷰틸 및 사이클로헥실(cyclohexyl)기를 갖는 알데하이드는 높은 압력과 종종 낮은 온도에서 중합되며, 일단 중합된 고분자는 임의의 조건 하에서 단량체로 해중합된다. 폴리아세톤(polyacetone)은 폴리(헥사플루오로싸이오아세톤)[poly(hexafluorothioacetone) $[(F_3C)_2C{-}S]_n$]이 그러하듯이 실온에서 쉽게 해중합한다.[1]

10.17 반응 기구적 측면

불포화 단량체 또는 고리 올리고머의 중합과 고분자의 해중합은 자유 에너지 변화뿐만 아니라, 반응의 활성화 에너지에도 의존한다. 사실 중합과 해중합이 에너지 측면에서 용이하다고 해도 동역학적으로 불가능한 경우도 종종 있다. 만일 활성화 에너지가 높다면, 평형 도달 속도는 보통 온도에서 매우 느리다. 만일 중합 과정에 대한 활성화 에너지가 높고, 높은 온도에서는 해중합이 열역학적으로 우선할 때 단량체나 고리 올리고머의 무촉매 중합에 가능한 조건을 찾기는 어렵다. 따라서 촉매는 대부분의 단량체-사슬과 고리-사슬 평형 과정을 촉진하는 중요한 역할을 한다. 이는 반응 기구의 영향을 열역학적 인자들로부터 분리하는 데 많은 실험적 문제점이 있음을 의미한다. 예로 많은 계에서 하나의 유사체 농도 변화를 온도 상승에 따라 고찰하면, 농도 변화는 평형 상수 변화가 아니라 부반응에 기인한다. 따라서 평형 자료를 해석하는 데는 매우 조심하여야 한다.

대부분의 고리-사슬 상호 전환은 촉매나 말단 봉쇄제에 따라 매우 다르다. 따라서 헤테로 고리(heterolytic ring) 절단의 개시는 일반적으로 개시제에 의한 반응이 되며, 일반적인 반응 기구는 다음과 같다.

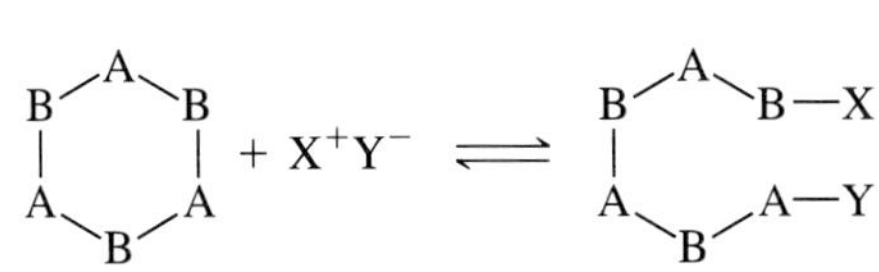

여기서 X^+Y^-는 개시제이고, B는 골격에 있는 가장 전기 음성도가 큰 원소이다. 전파는 BX 또는 AY 결합이 다른 올리고머 분자를 공격함으로써 이루어진다.

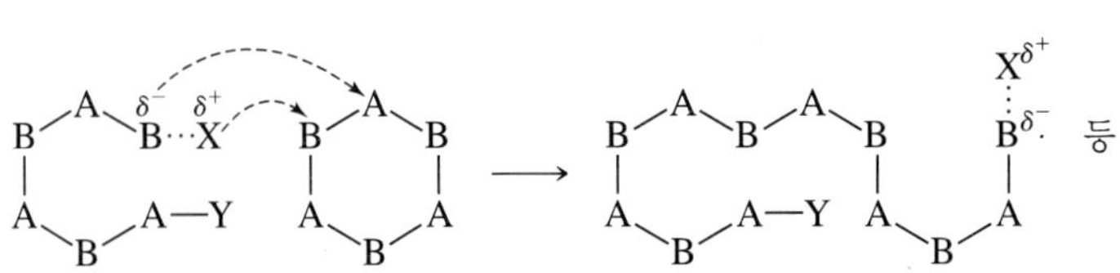

[1] W. J. Meddleton, H. W. Jacobson, R. E. Putnam, H. C. Walter, D. G. Pye, and W. H. Sharkey, *J. Polymer Sci.*, **1965**, *A3*, 4115.

만일 사슬이 짧다면, 고리화는 다음과 같이 일어난다.

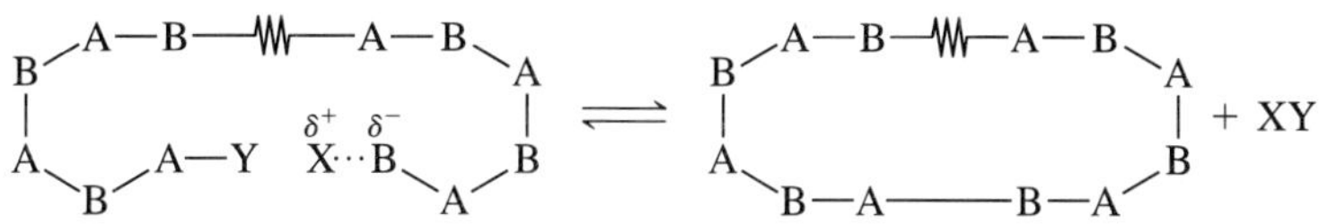

그러나 사슬이 길다면, 고리화는 가끔 일어나고 말단 봉쇄된 고분자량 사슬이 상당량 존재한다. 물론 사슬 말단이 정전기력에 의해 묶여 있다면, 고리화는 더욱 용이해진다. 고분자가 가장 열적으로 불안정한 이유는 활성 말단기를 갖는 고분자량 사슬이 존재하기 때문이다. 따라서 어느 정도 또는 높은 온도에서 고리화-해중합 반응이 다음의 반응 기구로 쉽게 일어난다.

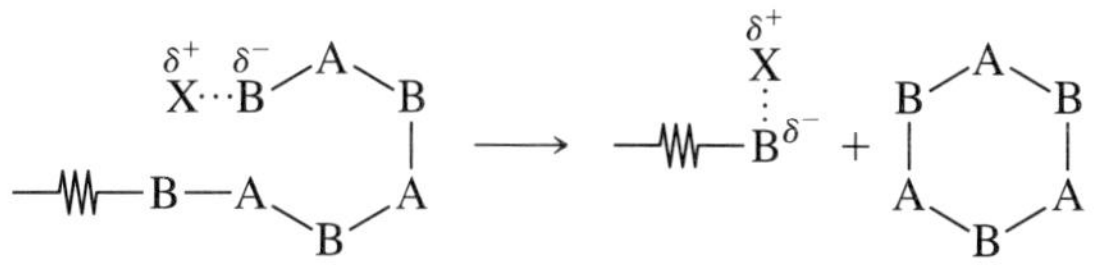

이 일반적인 반응 기구는 트라이옥세인[(trioxane, (6장)], 실록세인(siloxane) 및 포스페이트[phosphates, (7장)]의 중합, 해중합에 적용된다. 이 반응 기구에 의하면, 해중합에서 낮은 에너지 경로를 갖기 때문에 이러한 반응 기구를 갖는 고분자는 적당한 온도에서 쉽게 해중합한다. 이런 이유로 촉매를 제거하거나 비이온 치환에 의해 말단기를 대체함으로써 분자량이 높은 고분자의 열적 안정성을 향상시킬 수 있다.

탄소-탄소 결합의 자유 라디칼 절단 과정은 200~300°C 사이에서 쉽게 일어난다. 그러나 고분자 사슬(평형에서는 나타나지 않는)의 **불규칙** 절단(random fragmentation)과 해중합이 일어나 사슬 말단으로부터 생긴 단량체의 "unzipping" 사이의 구별은 중요하다.

연|습|문|제

1. 트라이옥세인 등의 고리 화합물이 벤젠과는 달리 중합되는 이유는 무엇인가?

2. 고리 삼량체 (A—B)$_3$는 100°C 용융 상태에서 선형 고분자 (A—B)$_n$로 중합되며, 평형 상태에서는 40 wt%의 고분자가 존재한다. 삼량체 단위가 성장 사슬 말단에 부가될 때, ΔG와 ΔH를 계산하라. $\Delta S = 28$ cal/deg-mol이라 가정한다.

3. 중합-해중합 평형에 영향을 미치는 촉매는 무엇이며, 왜 그러한가?

4. "천정 온도"와 "바닥 온도"를 정의하라. 왜 이 정의는 폐쇄된 계에서만 적용되는가?

5. S_8의 중합이 두 개의 라디칼 [·S—S_6—S·]에 의하기보다 쯔비터 이온(zwitterion) [$^+$S—(S_6)—S^-] 형성에 의해 진행된다고 가정하면, 평형, T_c, T_f, ΔS_p 및 ΔH_p는 어떻게 예측되는가?

6. 유기실록세인의 메틸 곁사슬을 에틸, 페닐, 클로로, 플루오로, 사이아노 또는 트라이메틸실릴(trimethylsilyl)기로 대치할 때 평형 거동에는 어떤 영향이 있는가?

7. 고리 화합물의 개환 중합 반응[식 (8) 참조]은 7.0 kcal/mol의 발열 반응으로 −21 cal/deg-mol의 엔트로피 변화를 갖는다.

(**a**) Gee의 접근 방법을 이용하여, 온도의 함수로서 사슬로 존재하는 분자 무게 분율을 도시하라.

(**b**) 중합에 대한 천정 온도는 얼마인가?

(**c**) 몇 °C에서 사슬의 무게비가 0.95가 되는가?

(**d**) 계산시 설정한 가정의 의미를 설명하라.

8. S_8 고리의 단량체에서 사방정계로 중합될 때의 평형에 대한 자료들이다.

	267°C	167°C
수평균 중합도	1.0×10^4	9.5×10^4
단량체 농도(mol/kg)	1.82	3.63

(**a**) Tobolsky 접근법으로 황 평형에 대한 $\Delta H°$, $\Delta S°$, ΔH_3°와 ΔS_3°을 구하라.

(**b**) K와 K_3에 대해 van't Hoff 관계를 도시하라(ln K와 $1/T$).

(**c**) 200°C에서 평형을 이룬 이 시스템의 평균 중합도와 단량체 농도를 계산하라.

9. 생유기체에 의한 DNA와 같은 환형 폴리뉴클레오타이드의 합성은 이 장에서 설명한 환형 방법과 어떻게 다른가를 논하라.

참|고|문|헌

BILLMEYER, F. W., Jr. *Textbook of Polymer Science*, 3rd ed. New York: John Wiley, **1984**, Chaps. 2, 3, 6.

CLARSON, S. J., FITZGERALD, J. J., OWEN, M. J., and SMITH, S. D., (Eds.), *Silicones and Silicone-Modified Materials*. Washington: American Chemical Society, **2000**.

DAINTON, F. S., and IVIN, K. J., "Some Thermodynamic and Kinetic Aspects of Addition Polymerization," *Quart. Rev. Chem. Soc. (London)*, **1958**, *22*, 61.

ELIAS, H. F., *Macromolecules*, Vol. 2, 2nd ed. New York: Plenum, **1984**, Chap. 16.

GRASSIE, N., "Degradation," *Encycl. Polymer Sci. Technol.* (H. F. Mark, N. G. Gaylord, and N. M. Bikales, Eds.), **1966**, *4*, 647.

JELLINEK, H. H. G., "Depolymerization," *Encyl. Polymer Sci. Technol.* (H. F. Mark, N. G Gaylord, and N. M. Bikales, Eds.), **1966**, *4*, 740.

LENZ, R. W., *Organic Chemistry of Synthetic High Polymers*,. New York: Interscience Publishers, **1967**.

ODIAN, G., *Principles of Polymerization*, 3rd ed. New York: Wiley-Interscience, **1991**.

PLATE, N. A., LITMANOVICH, A. D., and NOAH, O. V., *Macromolecular Reactions. Peculiar-*

ities, Theory, and Experimental Approaches. Chichester: John Wiley & Sons, **1995**.

SAUVAGE, J.-P., and DIETRICH-BUCHECKER, C. (Eds.), *Molecular Catenanes, Rotaxanes, and Knots*. Weinheim: Wiley-VCH, **1999**.

SAWADA, H., "Thermodynamics of Polymerization. V. Thermodynamics of Copolymerization, Part 1," *J. Macromol. Sci., Rev. Macromol. Chem.,* **1974**, *C10*, 293.

SAWADA, H., "Thermodynamics of Polymerization. VI. Thermodynamics of Copolymerization, Part 2, *J. Macromol. Sci., Rev. Macromol. Chem.*, **1974**, *C11*, 257.

SEMYLEN, J. A., "Ring-Chain Equilibria and the Conformations of Polymer Chains." *Advan. Polymer Sci.*, **1976**, *21*, 41.

SEMYLEN, J. A., "Cyclic Siloxane Polymers," in *Siloxane Polymers* (S. J. Clarson and J. A. Semylen, Eds.) Englewood Cliffs: Prentice Hall, **1993**, p. 135.

SEMYLEN, J. A. (Ed.), *Large Ring Molecules.* New York: John & Wiley & Sons, **1996**.

TOBOLSKY, A. V., *Properties and Stucture of Polymers.* New York: Wiley, **1960**.

11장

축합(단계 성장) 중합의 속도론

11.1 서론

2장에서 논의한 것처럼 축합(단계 성장) 중합은 단계 반응으로 일어나며, 반응이 진행됨에 따라 중합체의 평균 분자량과 중합도가 증가한다. 대개 이 반응은 물 등의 저분자 물질을 방출하면서 일어나는데, 일반적으로 사용하는 **축합 중합**(condensation polymerization)이라는 말은 이 때문이다. 물이 방출되면서 일어나는 반응을 다음 (1)~(6)으로 나타낼 수 있다.

$$\text{단량체} + \text{단량체} \rightarrow \text{이량체} + H_2O \tag{1}$$
$$\text{단량체} + \text{이량체} \rightarrow \text{삼량체} + H_2O \tag{2}$$
$$\text{단량체} + \text{삼량체} \rightarrow \text{사량체} + H_2O \tag{3}$$
$$\text{이량체} + \text{이량체} \rightarrow \text{사량체} + H_2O \tag{4}$$
$$\text{이량체} + \text{삼량체} \rightarrow \text{오량체} + H_2O \tag{5}$$
$$\text{삼량체} + \text{삼량체} \rightarrow \text{육량체} + H_2O \tag{6}$$

등등

일반적으로 이 반응은 가역 반응이다. 그러므로 고중합도를 얻으려면 생성되는 물을 계속 제거해 주어야 한다. 반응 속도론으로 이들 반응(연속적으로 안정한 이량체, 삼량체, 사량체, 오량체, … 고분자를 생성한다)을 표현하는 것은 매우 어려워 보인다. 그러나 다행히 이것을 간소화한 가정을 도입함으로써 쉽게 속도론 문제를 해결할 수 있다.

예를 들어, 이염기산(dibasic acid)과 글리콜 사이의 폴리에스터화 반응을 생각해 보자. 생성물의 반응도와 분자량에 관계없이 각 단계에서의 화학 작용이 일정하다고 가정하면, 이것을 (7)로 나타낼 수 있다. 속도론적 문제를 풀기 위해 (7)의 반응 상수는 작용기가 붙어 있는 분자의 크기에 무관하다고 가정한다. 분자 크기가 여러 가지 저분자 반응의 반응 상수에 미치는 영향은 그림 11.1에 나타낸 것처럼 단계 중합(stepwise polymerization)의 경우와 아주 유사하다.

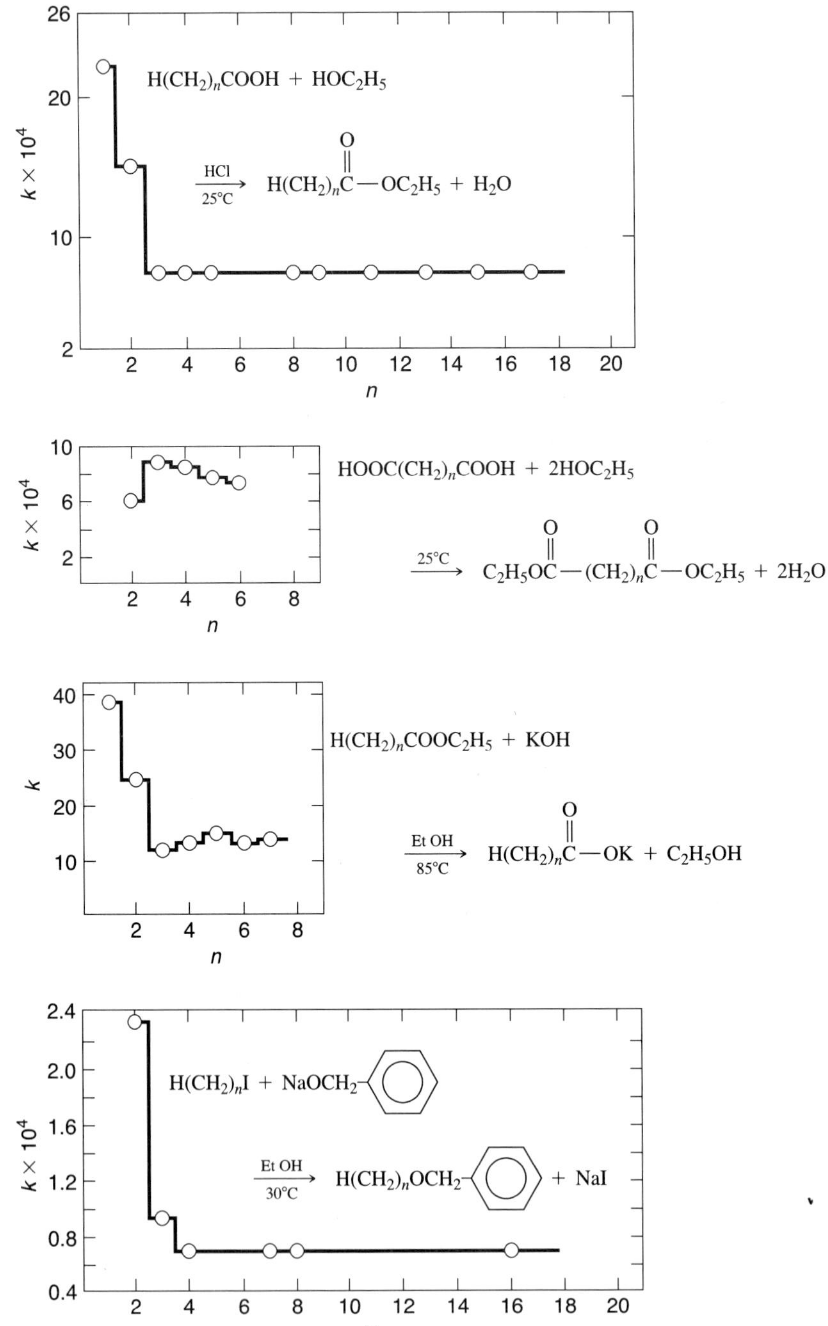

그림 11.1 작용기 반응 속도 상수의 분자 크기 의존성

그림에서 알 수 있는 바와 같이 아주 작은 반응물들($n \leq 2$)을 제외하면 반응 상수나 반응도는 분자 크기와 무관하다. 따라서 폴리에스터화 반응에서 각 축합 반응이 같은 반응 상수를 갖는다는 가정은 타당하다. 중합 반응 전체 중 극히 일부분인 아주 초기 단계에서만 이 가정을 벗어난다.

$$\sim\!\sim\!\text{—COOH} + \text{HO—}\!\sim\!\sim \longrightarrow \sim\!\sim\!\text{—}\overset{\overset{\displaystyle \text{O}}{\|}}{\text{C}}\text{—O—}\!\sim\!\sim + H_2O \qquad (7)$$

11.2 고분자의 반응성

분자 크기의 변화에도 불구하고 반응 속도가 일정하다는 가정은 일견 놀라운 것이다. 그러므로 이 가정을 정당화하기 위한 물리적 합리화 과정이 필요하다. 이에 대한 두 가지 이유가 있다.

1. 한 분자가 폴리에스터화 반응으로 여러 가지 형태를 갖는 긴 사슬이 되고, 말단에 COOH기를 갖는다고 생각해 보자. 이 분자의 무게 중심은 COOH기로부터 멀리 떨어져 있으므로, 분자가 길어질수록 용액 속에서 무게 중심의 확산이 느려진다. 그러나 용액 속에서 COOH와 OH기의 운동 속도는 무게 중심의 운동 속도와 아주 다르고, 결국 각 작용기가 접촉해서 화학 반응을 일으킨다. 따라서 고분자 사슬의 형태 변화를 통해 분자량으로 추정되는 것보다 더 빠른 속도로 작용기 COOH와 OH가 접촉하게 된다. 즉, 접촉 속도는 고분자의 형태 변화에 의존하고, 분자 크기에는 거의 무관하다.
2. Rabinowitch와 Wood[1]의 액체 바구니 이론(liquid cage theory)에 따르면, 충돌하는 입자들(또는 작용기들)은 용매 분자들이 형성하는 바구니(cage)에 둘러싸여 있게 된다. 이 충돌 입자가 확산에 의해 바구니 밖으로 나가서 서로 떨어지기 전에 빈번히 충돌할 것이다. 기체와 달리 액체는 낮은 확산 속도를 나타내므로 두 작용기가 빠르게 접촉하지는 않지만, 그렇다고 한번 가까워진 것이 빠르게 분리되는 것도 아니다. 따라서 각 접촉마다 여러 번의 충돌이 일어난다. 매 접촉당 평균 충돌수와 충돌 사이의 시간은 분자 크기의 증가(즉, 확산 속도의 감소)에 따라 함께 증가한다.

   이것을 A, B 두 화합물의 속도론으로 표현하면 다음과 같다.

$$\text{A} + \text{B} \underset{k_{-8}}{\overset{k_8}{\rightleftharpoons}} (\text{A} + \text{B}) \qquad (8)$$

$$(\text{A} + \text{B}) \xrightarrow{k_9} \text{P} \qquad (9)$$

[1] E. Rabinowitch and W. C. Wood, *Trans. Faraday Soc.*, **1936**, *52*, 1381.

여기서 (A + B)는 액체 바구니에 갇힌 두 작용기를 나타내고, P는 생성된 고분자를 나타낸다. k_8과 k_{-8}은 액체 바구니에 들어가고 나오는 반응물의 확산 속도 상수이고, k_9는 화학 반응의 속도 상수이다. 갇힌 작용기의 농도가 일정하다고 가정하면, 생성물의 겉보기 속도 $d[\mathrm{P}]/dt$는 다음과 같다.

$$\frac{d[\mathrm{P}]}{dt} = \frac{k_8 k_9}{k_{-8} + k_9}[\mathrm{A}][\mathrm{B}] \tag{10}$$

여기서 두 가지 경우를 생각할 수 있다.

(a) 확산이 화학 반응보다 월등히 빠를 때, 즉 $k_{-8} \gg k_9$일 때, 겉보기 속도 상수는 다음과 같다.

$$\text{경우 (a):}\quad \frac{d[\mathrm{P}]}{dt} = \frac{k_8}{k_{-8}} k_9[\mathrm{A}][\mathrm{B}] \tag{11}$$

k_8과 k_{-8}이 액체 바구니에 들어가고 나오는 확산 속도를 나타내므로, 이들 역시 반응물의 크기 증가에 의해 영향을 받는다. 따라서 반응 속도에 미치는 분자 크기의 영향은 k_9에 미치는 분자 크기의 영향에 의해 결정된다. **같은 용매 바구니에 들어 있는** 두 작용기의 반응 속도 상수는 이들의 분자 크기에 무관하다. 따라서 (a)의 경우, 확산이 화학 반응보다 빠를 때 겉보기 속도 상수는 틀림없이 분자 크기에 무관할 것이다.

(b) 화학 반응이 확산보다 월등히 빠를 때, 즉 $k_9 \gg k_{-8}$일 때 (10)은 다음과 같다.

$$\text{경우 (b):}\quad \frac{d[\mathrm{P}]}{dt} = k_8[\mathrm{A}][\mathrm{B}] \tag{12}$$

여기서 겉보기 속도 상수는 확산 속도 상수와 같고, 이것 자체는 분자 크기에 의존하다.

액체 바구니 이론의 토대 위에서 (10)~(12)를 볼 때, 반응 속도 상수가 분자 크기에 의한 영향을 덜 받으려면 화학 반응이 확산보다 느려야 한다는 것을 알 수 있다. 축합 반응의 특징인 이러한 반응들은 적어도 12 kcal/mol 정도의 활성화 에너지를 갖는 느린 유기 화학 반응에서 잘 나타난다. 따라서, 일반적으로 이들 화학 반응의 속도 상수는 확산 속도 상수보다 크게 낮다는 결론에 도달하게 된다. 그러므로 (11)에 의해 축합 중합의 속도 상수는 분자 크기에 무관하다. 또한 (13)~(15)로 표현되는 폴리에스터화 반응, 폴리아마이드화 반응, 폴리유레테인 형성 반응의 속도 상수 k, k', k'' 등도 각 작용기가 붙어 있는 분자의 크기에 무관하다는 가정이 가능하다.

$$\sim\!\sim\!-\mathrm{COOH} + \mathrm{HO}-\!\sim\!\sim \xrightarrow{k} \sim\!\sim\!-\overset{\overset{\displaystyle\mathrm{O}}{\|}}{\mathrm{C}}\mathrm{O}-\!\sim\!\sim + \mathrm{H_2O} \tag{13}$$

$$\sim\!\sim\!-\overset{\overset{\displaystyle\mathrm{O}}{\|}}{\mathrm{C}}-\mathrm{Cl} + \mathrm{H_2N}-\!\sim\!\sim \xrightarrow{k'} \sim\!\sim\!-\overset{\overset{\displaystyle\mathrm{O}}{\|}}{\mathrm{C}}-\mathrm{NH}-\!\sim\!\sim + \mathrm{HCl} \tag{14}$$

$$\sim\!\sim\!-\mathrm{N{=}C{=}O} + \mathrm{HO}-\!\sim\!\sim \xrightarrow{k''} \sim\!\sim\!-\mathrm{NH}\overset{\overset{\displaystyle\mathrm{O}}{\|}}{\mathrm{C}}\mathrm{O}-\!\sim\!\sim \tag{15}$$

11.3 축합 반응의 속도

축합 중합 반응의 속도 상수(또는 두 작용기의 반응성)가 분자 크기에 무관하므로, 작용기의 농도를 결정함으로써 반응 속도를 시간의 함수로 간단히 측정할 수 있다. 예를 들어, 폴리에스터화 반응에서는 적정(titration)에 의해 미반응 카복실산의 농도를 쉽게 측정할 수 있다. 식 (13)에서 알 수 있는 바와 같이, 폴리에스터화 반응에서는 임의 시간 t에서 작용기 —COOH와 —OH의 소비 속도가 같다. 그러므로 여러 단계에서 반응 혼합물을 추출하여 카복실산의 농도를 측정한다. 반응 속도는 다음과 같이 정의된다.

$$\text{반응 속도} = -\frac{d[\mathrm{COOH}]}{dt} \tag{16}$$

11.4 폴리에스터화의 속도론

산 촉매에 의한 에스터화 반응은 유기화학에서 잘 알려져 있다. 폴리에스터화도 예외가 아니다. 속도식은 다음과 같다.

$$-\frac{d[\mathrm{COOH}]}{dt} = k[\mathrm{COOH}][\mathrm{OH}][\text{산}] \tag{17}$$

더 자세히 살펴보면 이 반응계에 있어서 산 촉매를 사용하지 않는 경우와, 촉매를 사용하고 이것의 농도가 중합 과정에서 일정하게 유지되는 경우로 구분해야 할 필요가 있다.

11.4.1 산 촉매를 사용하지 않을 때

이때에는 카복실산 자체가 산 촉매로 작용하므로 (17)은 다음과 같이 된다.

$$-\frac{d[\mathrm{COOH}]}{dt} = k_3[\mathrm{COOH}]^2[\mathrm{OH}] \tag{18}$$

k에 붙은 첨자는 3차 반응 속도 상수를 나타낸다. 여기서 반응 초기에 화학량론적 양이 존재한다고 생각하자. 즉, $t = 0$에서

$$[\mathrm{COOH}]_0 = [\mathrm{OH}]_0 = 2[\mathrm{HOOC{-}R{-}COOH}]_0 = 2[\mathrm{HOR'OH}]_0 \tag{19}$$

(13)의 일반식에서 알 수 있는 바와 같이 COOH와 OH는 같은 속도로 소멸된다. 따라서, 항상

[COOH] = [OH]이고, 무촉매 반응의 속도식 (18)은 다음과 같이 고쳐 나타낼 수 있다.

$$-\frac{d[\mathrm{COOH}]}{dt} = k_3[\mathrm{COOH}]^3 \tag{20}$$

이것을 적분하면 식 (21)이 된다.

$$\frac{1}{[\mathrm{COOH}]^2} = \frac{1}{[\mathrm{COOH}]_0^2} + 2k_3t \tag{21}$$

반응도는 반응한 COOH기(또는 OH기)의 분율로 나타내면 편리하다. P를 반응한 COOH기의 분율이라고 하면, 식 (22) 또는 (23)으로 나타낼 수 있다.

$$P = 1 - \frac{[\mathrm{COOH}]}{[\mathrm{COOH}]_0} \tag{22}$$

또는

$$[\mathrm{COOH}] = [\mathrm{COOH}]_0(1 - P) \tag{23}$$

식 (23)을 (21)에 대입하면 식 (24)가 된다.

$$\frac{1}{(1 - P)^2} = 1 + 2[\mathrm{COOH}]_0^2k_3t \tag{24}$$

실험값을 $1/(1-P)^2$과 시간의 그래프로 그려보면, P값이 0에서 약 0.80(즉, —COOH와 —OH기의 에스터화가 80% 진행되었을 때) 사이일 때 식 (24)에서 벗어나는 것을 알 수 있다. 반응도가 80%를 넘어서면 적분 속도식 (24)가 아주 잘 적용된다. 80% 이하에서의 편차는 이염기산을 일염기산으로 바꾼 단순 에스터화(simple esterification)에서도 나타나므로 **폴리에스터화 반응**에 국한된 것은 아니다.

80% 이하에서 식 (24)에 따르지 않는 주된 이유는 반응 중간체가 초기의 순수 화합물에서 에스터 화합물로 바뀌기 때문이다. 고분자 화학자들의 주도적인 견해는[1] (전체는 아니지만) 반응 매체가 본질적으로 변화가 없을 때, 축합 중합의 속도론은 반응의 마지막 20%에서만 의미를 갖는다는 것이다. 따라서 **참** 반응 속도 상수는 $1/(1-P)^2$과 시간 그래프의 직선부에서 얻을 수 있다. 아디프산(adipic acid)과 1,10-데칸다이올(1,10-decanediol)의 무촉매 폴리에스터화 반응, 즉

$$n\mathrm{HOOC{-}(CH_2)_4{-}COOH} + n\mathrm{HO(CH_2)_{10}OH} \longrightarrow \mathrm{HO{+}\overset{\overset{\displaystyle O}{\|}}{C}{-}(CH_2)_4\overset{\overset{\displaystyle O}{\|}}{C}{-}O(CH_2)_{10}O{+}_nH} + (2n-1)\mathrm{H_2O} \tag{25}$$

---

[1] O. H. Solomon, in *Step-Growth Polymerizations*, D. H. Solomon, Ed. (New York: Dekker, **1972**), Chap. 1.

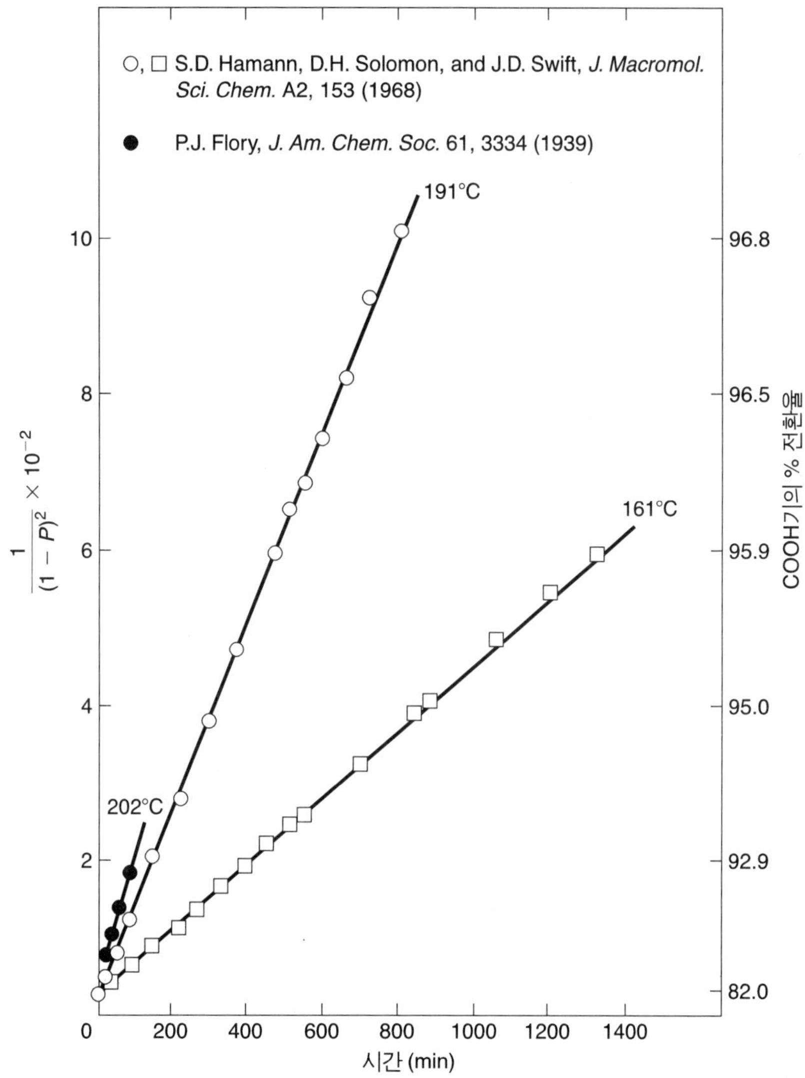

그림 11.2 아디프산과 1,10-데카메틸렌글리콜의 무촉매 폴리에스터화 반응의 말기 단계 그래프

표 11.1 아디프산의 무촉매 폴리에스터화 반응의 속도 상수들

글리콜	A(kg/equiv)^2 min^{-1}	E(kcal/mol)	k at 202˚C (kg/equiv)^2 min^{-1}
$HO-(CH_2)_2-OH$	—	—	~0.005
$HO-(CH_2)_{10}-OH$	4.8×10^4	14	0.0175
$HO-(CH_2)_{12}-OH$	—	—	0.0157
$HO-(CH_2)_2-O-(CH_2)_2-OH$	4.7×10^2	11	0.0041

의 말기 20% 그래프를 예로 들면 그림 11.2와 같다. 기울기와 [COOH]기의 초기 농도로부터 구한 속도 상수를 아디프산과 몇 가지 다른 다이올과의 반응과 비교하여 표 11.1에 나타내었다. 속도 상수의 농도 단위는 "당량/kg"이다. 반응계의 부피가 크게 감소하므로 "mol/L"로 나타내는 것보다는 편리하다. 일정한 온도에서 속도론적으로 측정한 식 $k = Ae^{-E/RT}$의 Arrhenius 변수 A와 E를 역시 표 11.1에 나타내었다.

11.4.2 산 촉매 폴리에스터화

폴리에스터화 반응계(COOH와 OH는 같은 농도로 유지)에 산 촉매를 가했을 때 일반식 (17)은 다음과 같다.

$$-\frac{d[\mathrm{COOH}]}{dt} = [\mathrm{COOH}]^2(k_3[\mathrm{COOH}] + k_{\mathrm{cat}}[\mathrm{H}^+]) \tag{26}$$

여기서 k_3는 무촉매 반응의 속도 상수이고, k_{cat}는 외부 촉매 반응의 속도 상수이다. 촉매의 정의에 의해, $[\mathrm{H}^+]$는 반응 중 변하지 않고 $k_{\mathrm{cat}}[\mathrm{H}^+] \gg k_3[\mathrm{COOH}]$이다. 따라서 식 (26)은 (27)의 근사식으로 나타낼 수 있고, 여기서 2차 속도 상수 k_2는 $k_2 = k_{\mathrm{cat}}[\mathrm{H}^+]$로 k_{cat}와 관련된다.

$$-\frac{d[\mathrm{COOH}]}{dt} = k_2[\mathrm{COOH}]^2 \tag{27}$$

식 (27)을 적분하고 여기에 식 (23)을 대입하면 식 (28)이 된다.

$$\frac{1}{1-P} = 1 + k_2[\mathrm{COOH}]_0 t \tag{28}$$

이것은 촉매 폴리에스터화에서 반응 시간에 대한 전환율의 의존성을 나타낸 것이다. *p*-톨루엔설폰산(*p*-toluene sulfonic acid) 촉매에 의한 아디프산과 1,10-데칸다이올, 에틸렌글리콜과의 폴리에스터화 반응에서 식 (28)에 따른 말기 20%의 2차 속도 상수 그래프를 그림 11.3에 예로 나타내었다. 그림 11.2와 11.3에서 각각의 전환율을 시간에 따라 비교해 보면 산 촉매의 첨가로 반응 속도가 증가된 것을 알 수 있다. 촉매 폴리에스터화 반응의 2차 속도 상수는 식 (28)에 따르는 이러한 그래프의 기울기와 카복실기의 초기 농도로부터 얻을 수 있다.

이런 방법을 사용한 몇 가지 폴리에스터화, 폴리아마이드화 반응의 2차 속도 상수를 표 11.2에 나타내었다.

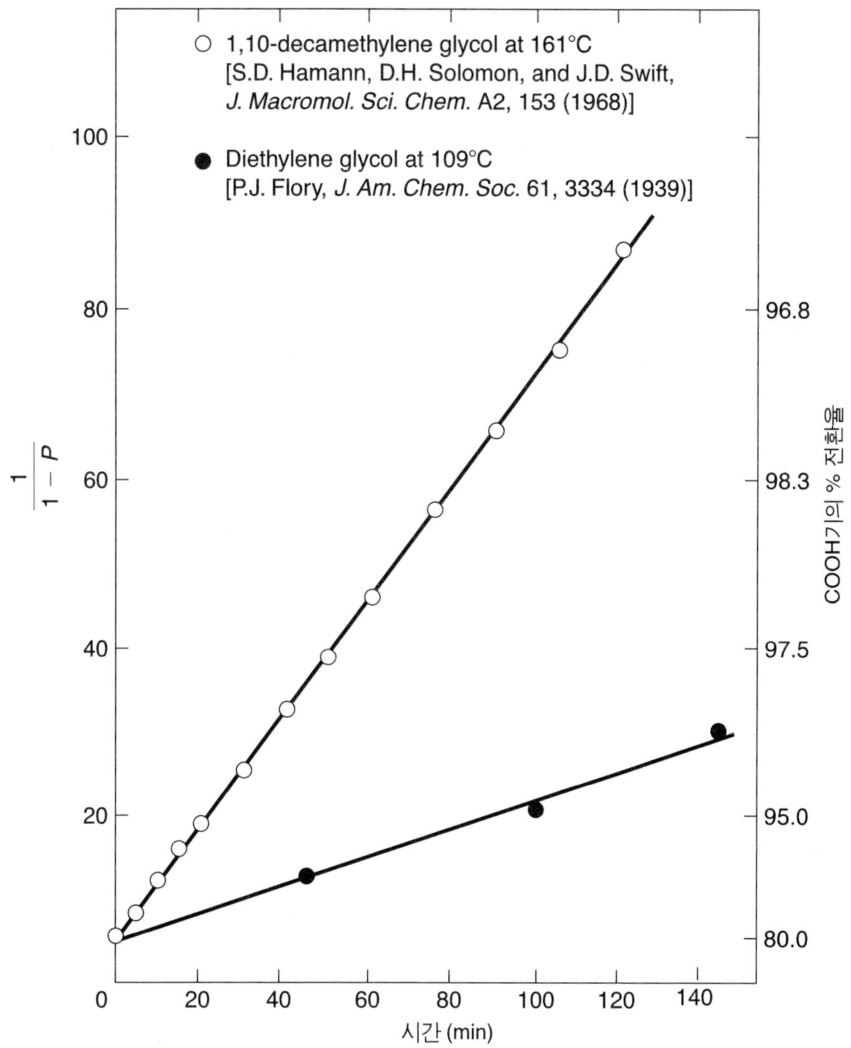

그림 11.3 *p*-톨루엔설폰산 촉매에 의한 아디프산의 폴리에스터화 반응의 말기 단계 그래프(반응 시간 0은 COOH 기의 약 82% 에스터에 해당한다.)

표 11.2 몇 가지 산 촉매 폴리에스터화. 폴리아마이드화 반응의 속도 상수

단량체	촉매	T(˚C)	k_2 (kg/equiv-min)	A (kg/equiv-min)	E (kcal/mol)
$HO(CH_2)_2O(CH_2)_2OH$ + $HOOC(CH_2)_4COOH$	0.4% *p*-톨루엔설폰산	109	0.013	—	—
$HO(CH_2)_{10}OH$ + $HOOC(CH_2)_4COOH$	0.4% *p*-톨루엔설폰산	161	0.097	—	—
$H_2N{-}(CH_2)_{16}{-}COOH$	*m*-크레졸(용매)	175	0.012	1.7×10^{12}	29
$H_2N{-}(CH_2)_{10}{-}COOH$	*m*-크레졸(용매)	176	0.011	1.4×10^{13}	31

11.5 평균 중합도와 평균 분자량의 시간 의존성

초기에 같은 양의 이염기산과 글리콜이 존재하는 이작용기 단량체의 폴리에스터화 반응을 생각해 보기로 한다. 이 계에서 초기의 COOH기의 수는 계 내에 존재하는 총 분자수와 같다. 식 (7)과 같이 각 에스터화 반응마다 한 개의 COOH가 소비되지만 총 분자수는 변하지 않는다.

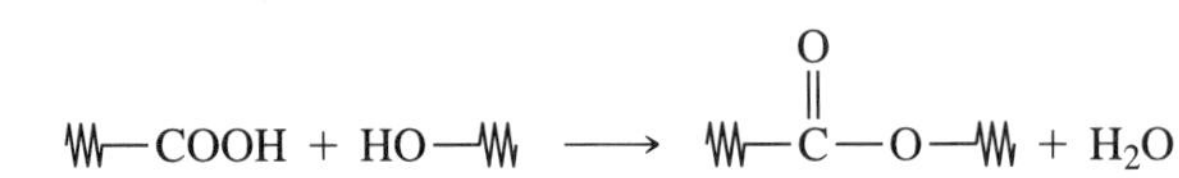
(7)

그러나 반응으로 생성되는 물을 제거하면(이것은 고중합도의 고분자를 얻기 위해 꼭 필요한 것이다), 하나의 COOH기가 소비될 때마다 계에서 한 분자씩 사라지게 된다. 따라서 물을 효과적으로 제거하면 계 내에서 존재하는 COOH기의 수는 초기뿐만 아니라, 반응 전체를 통해서도 계 내의 분자수와 같게 된다. 계 내의 총 분자수를 N, 부피를 V라 하면 다음 식이 성립된다.

$$\frac{N}{V} = [\mathrm{COOH}] = [\mathrm{COOH}]_0(1 - P) \tag{29}$$

각 폴리에스터 분자의 **반복 단위**는 단량체 HOOC—R—COOH와 HOR′OH로부터 형성된다. 즉,

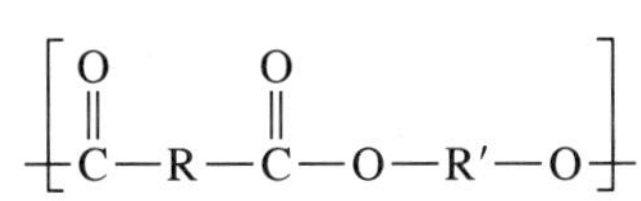

는 글리콜로부터의 한 **구조 단위** —O—R′—O—와 이염기산으로부터의 한 **구조 단위** —C(=O)—R—C(=O)—로 구성된다. 구조 단위는 계로부터 제거될 수 없다. 그러므로 존재하는 구조 단위의 총수는 항상 일정하고, 이것은 초기의 분자수와 같다. 따라서 식 (29)를 다음과 같이 나타낼 수 있다.

$$\frac{N_{\text{구조 단위}}}{V} = [\mathrm{COOH}]_0 \tag{30}$$

계의 평균 중합도 $\overline{DP}$는 한 분자당 구조 단위의 평균수로 정의된다. 따라서 식 (23), (29), (30)을 종합하면 $\overline{DP}$를 다음과 같이 정의할 수 있다.

$$\overline{DP} = \frac{[\mathrm{COOH}]_0}{[\mathrm{COOH}]} = \frac{1}{1 - P} \tag{31}$$

두 화합물로부터 얻어지는 축합계 고분자에서, 각 분자당 **반복 단위**의 평균수는 평균 중합도의 1/2이라는 것은 중요하다.

반복 단위를 구성하는 구조 단위의 평균 분자량을 $\overline{M}_0$라 하면, 폴리에스터의 수평균 분자량은 식

(32)가 된다.

$$\overline{M}_n = \frac{\overline{M}_0}{1-P} + 18 \qquad (32)$$

여기서 18은 각 폴리에스터의 말단에 미반응으로 남아 있는 작용기를 계산한 것이다.

반응도와 평균 분자량의 관계를 살펴보기 위하여 아디프산 [HOOC—$(CH_2)_4$—COOH]과 1,10-데칸다이올 [HO—$(CH_2)_{10}$—OH]의 폴리에스터화 반응을 예로 든다. 구조 단위의 평균 분자량은 $\overline{M}_0 = (112 + 172)/2 = 142$이다. 따라서 반응도 P와 수평균 분자량의 관계는 식 (32)로부터 다음과 같이 얻을 수 있다.

$$\overline{M}_n = \frac{142}{1-P} + 18$$

이 계의 반응도 P와 $\overline{M}_n$을 그림 11.4에 그래프로 나타내었다. 분자량 10,000을 넘는 유용한 고분자를 얻기 위해서는 아주 높은 중합도가 필요하다는 것을 알 수 있다.

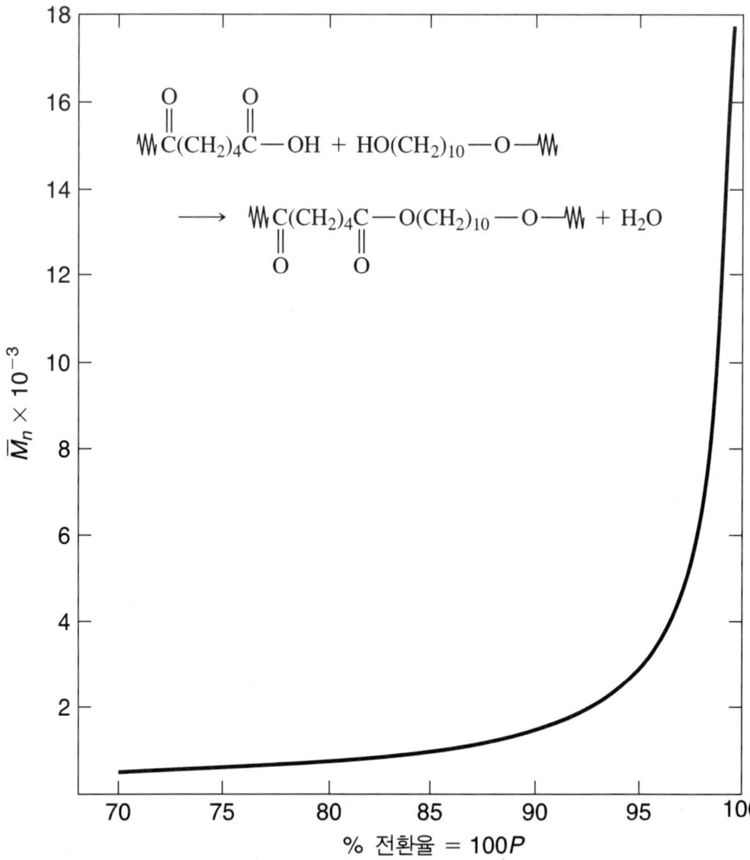

그림 11.4 전환율의 함수로 나타낸 폴리-1,10-데칸다이올아디페이트(poly-1,10-decanedioladipate) 수평균 분자량

식 (32)와 (24), (28)을 종합하여, 무촉매와 촉매 폴리에스터화 반응의 반응 시간과 분자량과의 관계를 계산하면 다음과 같다.

$$\overline{M}_n = \overline{M}_0(1 + 2[\mathrm{COOH}]_0^2 k_3 t)^{1/2} + 18 \tag{33}$$

$$\overline{M}_n = \overline{M}_0(1 + [\mathrm{COOH}]_0 k_2 t) + 18 \tag{34}$$

식 (24)와 (28)의 속도론적 고찰은 약 80% 이상의 반응도에서 잘 맞는다. 이 정도의 반응도에서는 일반적으로 (33), (34)의 괄호 안에 있는 1을 무시해도 좋을 정도로 t값이 크다. 근사식으로 표현하면 다음과 같다.

$$\overline{M}_n(\text{무촉매}) \approx \overline{M}_0[\mathrm{COOH}]_0(2k_3)^{1/2}t^{1/2} \tag{35}$$

$$\overline{M}_n(\text{촉매}) \sim \overline{M}_0[\mathrm{COOH}]_0 k_2 t \tag{36}$$

이 식들은 표 11.1, 11.2의 속도 상수를 이용하여 수평균 분자량을 시간에 따른 그래프로 그리는데 사용된다.

여기서 유도한 대부분의 속도론적 관계식들은 이염기산과 글리콜 간의 폴리에스터화 반응에 관계된 것이지만, 다른 이작용기 단량체의 단계 성장 중합에도 쉽게 확장시킬 수 있다.

11.6 선형 축합 고분자의 분자량 분포

앞에서는 평균 분자량과 반응 시간과의 관계를 주로 살펴보았다. 그러나 분자량의 분포와 이 분포의 반응 시간에 대한 의존성을 결정하는 것도 역시 중요하다. 분자량 **분포**에 대한 평가는 작용기의 반응성이 그 작용기가 붙어 있는 분자의 크기에 무관하다는 일반적인 가정하에서 쉽게 이루어질 수 있다.

일례로, $H_2N—R—COOH$의 구조를 가진 아미노산의 폴리아마이드화 반응을 생각해 보자. 단일 성분계에서는 반응하는 작용기의 수가 항상 같고(즉, $[NH_2] = [COOH]$), 오직 한 가지만의 구조 단위가 존재한다(즉, NH—R—C—). 분석을 해보면 축중합이나 단계적 성장 중합에 두 이작용기 단량체의 상호작용이 포함된다는 것이 명백하지만, 이러한 경우에도 쉽게 논리를 확장시킬 수 있다.

중합체 혼합물에서 무작위로 한 분자를 추출했을 때 그것이 **정확히** x개의 구조 단위를 가질 확률은 얼마인가? 다른 말로, 이 무작위 추출 고분자의 NH_2 말단기를 생각한다면, 그것이 정확히 x개의 구조 단위와 결합할 확률은 얼마인가? 이 질문에 답하기 위해 시간 t에서 반응한 COOH기의 분율 P를 생각하자. 그러면 $1 - P$는 시간 t에서 남아 있는 COOH기의 분율이다. 즉, P는 시간 t에서 주어진 COOH기가 반응할 확률이다. 따라서 $1 - P$는 시간 t에서 주어진 작용기가 반응하지 **않을** 확률이 된다. 이 상태에서 폴리아마이드화의 진행을 표현하는 표 11.3을 고려하는 것이 효과적이다.

표 11.3 폴리아마이드화의 진행

분자	존재하는 구조 단위수	반응한 COOH기의 수
$H-NHRC(=O)-OH$	1	0
$H-NHRC(=O)-NHRC(=O)-OH$	2	1
$H-NHRC(=O)-NHRC(=O)-NHRC(=O)-OH$	3	2
$H-NHRC(=O)-NHRC(=O)-NHRC(=O)-NHRC(=O)-OH$	4	3
⋮		
$H\!\left[NHRC(=O)\right]_{x-1}NHRC(=O)-OH$	x	$x-1$

이 상태에서 표 11.3을 보면 x-량체(즉, 무작위 추출된 고분자가 정확히 x개의 구조 단위를 가지는 것)에서는 $(x-1)$개의 반응 COOH기와 한 개의 미반응 COOH기가 각 NH_2기와 연결되어 있는 것을 알 수 있다. 무작위 추출된 고분자의 말단 NH_2기로부터 시작해서, $(x-1)$개의 반응 COOH기와 한 개의 미반응 COOH기가 발견될 확률이 고분자가 정확히 x개의 구조 단위로 이루어질 확률이고, 이것은 다음과 같이 나타낼 수 있다.

$$\text{Prob}(x) = P^{x-1}(1-P) \tag{37}$$

무작위 추출된 고분자가 정확히 x개의 구조 단위를 가질 확률은 식 (37)과 같고, 이것은 x-량체로 이루어진 분자의 분율과 같다. 따라서 N 분자계에서 x-량체의 수 N_x는 다음과 같다.

$$N_x = NP^{x-1}(1-P) \tag{38}$$

앞에서 살펴본 것과 같이 계에 있는 구조 단위의 총수는 초기의 분자수와 같다. 또한 생성되는 물이 제거되면 COOH기의 수는 항상 계 내에 존재하는 분자수와 같게 된다. 따라서 다음과 같이 나타낼 수 있다.

$$N_{\text{COOH}} = N = N_0(1-P) \tag{39}$$

이것을 식 (38)에 대입하면 x-량체의 수와 초기 분자수 N_0의 관계식이 된다.

$$N_x = N_0(1-P)^2P^{x-1} \tag{40}$$

식 (40)의 분포식은, 어떤 주어진 반응도 P(또는 반응 시간 t)에서 가장 높은 확률은 저분자량 고

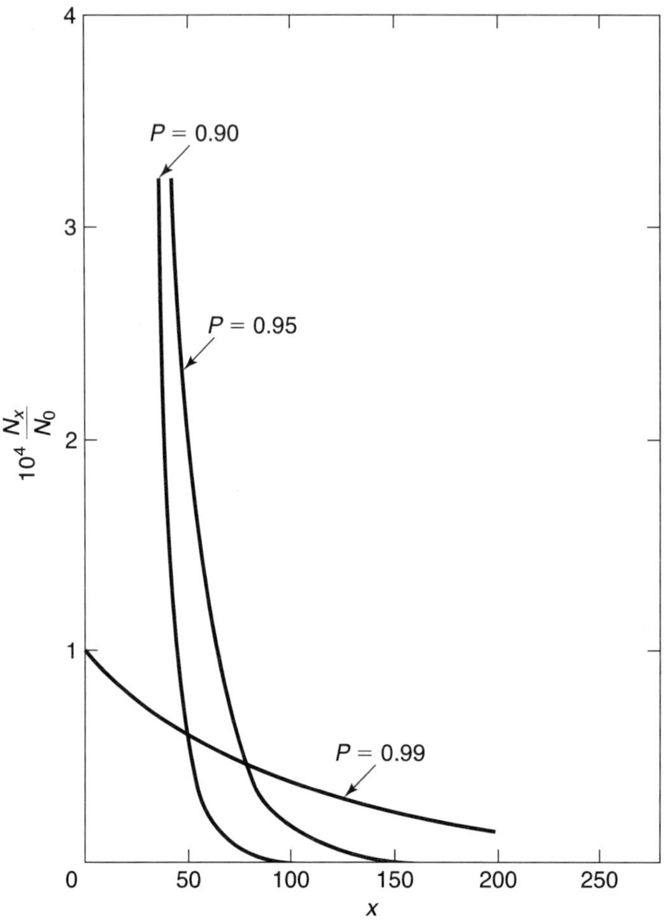

그림 11.5 반응도 90%, 95%, 99%인 축합계 고분자의 구조 단위수의 수분포[식 (40) 참조]

분자로 존재하는 것이라는 것을 나타낸다. 그러나 반응도가 증가할수록 분자량 분포는 넓어지고, 평균 분자량은 증가한다. 이것은 반응도 90, 95, 99%일 때의 분율 N_x/N_0를 x의 함수로 나타낸 그림 11.5에 명백히 나타난다. N_x/N_0와 정의에 따라, 각 곡선 하단의 면적은 $1-P$와 같다.

수평균 분자량은 식 (37)의 확률 함수로부터 구해지고, 대개 산술 평균으로 정의된다. 말단기의 물의 무게를 무시하면 x-량체의 분자량은 $M_{x-\text{량체}} = xM_0$가 된다. 여기서 M_0는 구조 단위의 분자량이다. 따라서 다음 식이 성립된다.

$$\overline{M}_n = \sum_{x=1}^{N_0} xM_0 \,\text{Prob}\,(x) \tag{41}$$

식 (37)을 (41)에 대입하면, 수평균 분자량은 다음과 같다.

$$\overline{M}_n = M_0 \sum_{x=1}^{N_0} x(1-P)P^{x-1} = M_0(1-P) \sum_{x=1}^{N_0} xP^{x-1} \tag{42}$$

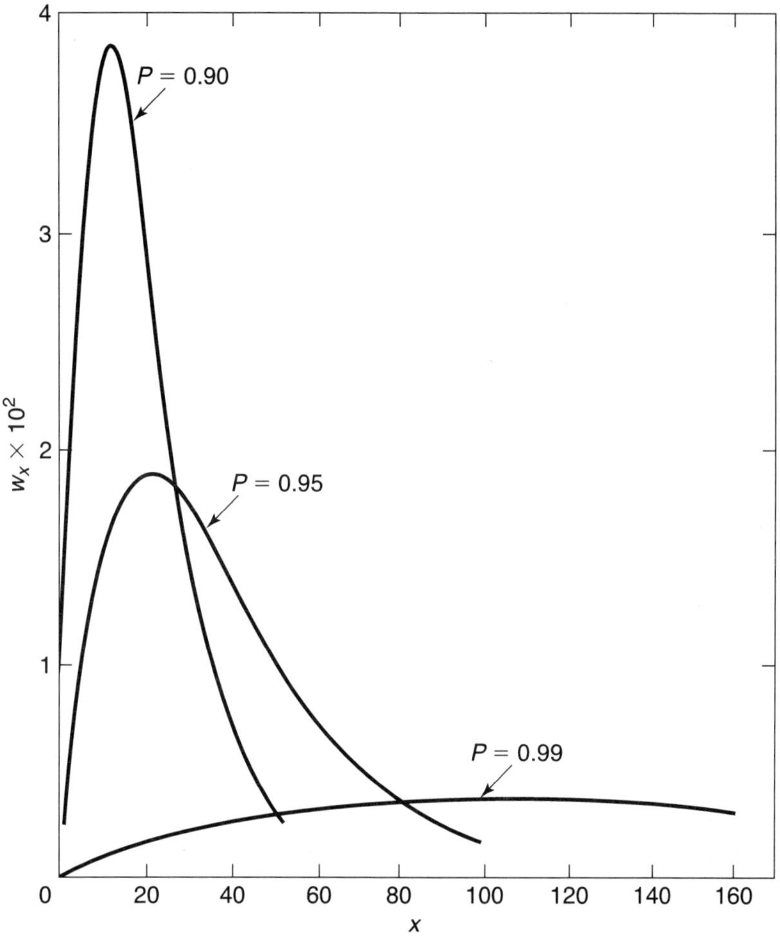

그림 11.6 반응도 90%, 95%, 99%인 축합계 고분자의 구조 단위수의 무게 분포[식 (44) 참조]

x-량체의 무게 분율 W_x는 정확히 x개의 구조 단위로 이루어진 분자들의 무게를 고분자의 전체 무게로 나눈 값이다.

$$W_x = \frac{N_x M_x}{\sum_{x=1}^{\infty} N_x M_x} = \frac{M_0 x N_x}{M_0 \sum_{x=1}^{\infty} x N_x} = \frac{x(1-P)^2 P^{x-1}}{\sum_{x=1}^{\infty} x(1-P)^2 P^{x-1}} \tag{43}$$

뒤에 설명하겠지만 $\sum_{x=1}^{\infty} xP^{x-1} = (1-P)^{-2}$ 이고, 따라서 식 (43)으로부터 x-량체의 무게 분율 분포를 반응도 P의 함수로 구할 수 있다. 이 분포는 식 (44)와 같다. 이것을 여러 가지 반응도에 대한 그래프로 그림 11.6에 나타내었다.

$$W_x = x(1-P)^2 P^{x-1} \tag{44}$$

무게 평균 분자량 $\overline{M}_w$는 식 (45)로 정의되는데, 단순한 평균의 개념이다.

$$\overline{M}_w = \sum_x W_x M_x = M_0 \sum_x x W_x \tag{45}$$

식 (44)를 (45)에 대입하면, 무게 평균 분자량은 다음과 같다.

$$\overline{M}_w = (1-P)^2 M_0 \sum_{x=1}^{N_0} x^2 P^{x-1} \tag{46}$$

수평균 분자량 (42)와 무게 평균 분자량 (46)을 종합해 보면, $P<1$인 것을 알 수 있다. 정의에 의해 P값은 1보다 작기 때문이다. 이것을 정리하면 다음과 같다.

$$\sum_{x=1}^{N_0} x P^{x-1} = 1 + 2P + 3P^2 + 4P^3 + \cdots + nP^{n-1} + \cdots = \left(\frac{1}{1-P}\right)^2 \tag{47}$$

$$\sum_{x=1}^{N_0} x^2 P^{x-1} = 1 + 4P + 9P^2 + 16P^3 + \cdots + n^2 P^{n-1} + \cdots = \frac{1+P}{(1-P)^3} \tag{48}$$

식 (47), (48)을 식 (42), (46)에 각각 대입하면 식 (49), (50)의 평균 분자량식이 된다.

$$\overline{M}_n = \frac{M_0}{1-P} \tag{49}$$

$$\overline{M}_w = M_0\left(\frac{1+P}{1-P}\right) \tag{50}$$

무게 평균 분자량은 항상 수평균 분자량보다 크게 나타난다. 실제로 단계 성장(축중합) 기구로 생성되는 고분자에 대해서는 식 (49), (50)을 결합해서 다음 관계식으로 나타낸다.

$$\overline{M}_w = \overline{M}_n(1+P) \tag{51}$$

11.7 선형 축합 고분자에 대한 비화학량론적 반응비의 영향

축중합 반응에서 고분자량을 얻으려면 아주 높은 전환율로 반응을 시켜야 한다. 즉, 아주 작은 수의 **사슬 말단**(chain end)을 갖는 고분자를 만들어야 한다. 일반적으로 이것은 반응하는 작용기들이 반응 전체를 통해 일정 농도를 유지할 때에만 가능하다. 이것은 반응이 화학량론적 반응비에서 시작되어야 할 뿐만 아니라, 계 전체에 같은 작용기를 갖는 불순물이 없어야 한다는 것을 의미한다. 또 선택적으로 작용기가 소비되고 작용기 농도의 균형적 감소를 파괴하는 부반응이 일어나지 않아야 한다.

이작용성기를 갖는 단량체 A(즉, COOH)와 역시 이작용성기를 갖는 단량체 B(즉, OH)의 중축합 반응을 생각해 보자. 일반적인 반응은 에스터화 반응이고, 이것은 다음과 같이 나타낼 수 있다.

$$\mathrm{A{-}\!\!\sim\!\!{-}A + B{-}\!\!\sim\!\!{-}B \longrightarrow A{-}\!\!\sim\!\!{-}ab{-}\!\!\sim\!\!{-}B + a'b'} \tag{52}$$

N_A^o와 N_B^o를 초기에 존재하는 각 작용기의 수라고 하고, 이들의 비율을 r이라고 하자. r은 1보다 작은 수이다(즉, $r = N_A^o/N_B^o < 1$). 매 구조 단위마다 두 작용기가 존재하므로 구조 단위의 **총수** N_{su}는 식 (53)으로 나타낼 수 있다.

$$N_{su} = \tfrac{1}{2}(N_A^o + N_B^o) = \tfrac{1}{2}N_A^o\left(\frac{1 + r}{r}\right) \tag{53}$$

P를 시간 t에서 반응한 A 작용기의 분율이라고 하자. A, B 두 작용기가 1 : 1의 같은 비율로 소비되므로(즉, $\Delta N_A = \Delta N_B$), 시간 t에서 반응한 B 작용기의 분율은 rP이고, 이것은 다음과 같이 나타낼 수 있다.

$$\frac{\Delta N_B}{N_B^o} = \frac{\Delta N_A}{N_B^o} = \frac{r\Delta N_A}{N_A^o} = rP \tag{54}$$

임의의 시간 t에서 사슬 말단수 N_{ce}는 **미반응** A, B 두 작용기 수의 합과 같아야 한다.

$$N_{ce} = (1 - P)N_A^o + (1 - rP)N_B^o \tag{55}$$

$N_B^o = N_A^o/r$이므로 이것은 쉽게 식 (56)으로 나타낼 수 있다.

$$N_{ce} = N_A^o\left[2(1 - P) + \frac{1 - r}{r}\right] \tag{56}$$

이작용성 단량체와 선형 고분자에서 사슬 말단수 N_{ce}는 항상 계 내에 존재하는 총 분자수의 2배가 된다[즉, $N = (1/2)N_{ce}$]. 이를 식 (56)에 대입하면 총 분자수는 다음과 같다.

$$N = N_A^o\left(1 - P + \frac{1 - r}{2r}\right) \tag{57}$$

앞에서 살펴본 바와 같이 평균 중합도 $\overline{DP}$는 구조 단위수와 분자수와의 관계식으로 나타낼 수 있다.

$$\overline{DP} = \frac{N_{su}}{N} \tag{58}$$

식 (53), (57)을 (58)에 대입하면 식 (59)가 되는데, P는 평균 중합도이고, r은 그 비율이다.

$$\overline{DP} = \frac{1 + r}{2r(1 - P) + 1 - r} \tag{59}$$

$r = 1$일 때(즉, 화학량론적 반응비일 때) 식 (59)는 (31)이 되는 것을 알 수 있을 것이다.

$r < 1$일 때는 B 작용기가 다량으로 존재하고, 따라서 반응은 A 작용기가 모두 소비되었을 때 종결된다. 그러므로 최대 평균 중합도는 A 작용기의 완전한 전환율(즉, $P = 1$)에 상당한다고 생각할 수 있다. 식 (59)에 따라 최대 $\overline{DP}$는 다음과 같다.

$$(\overline{DP})_{\max} = \overline{DP}(P = 1) = \frac{1 + r}{1 - r} \tag{60}$$

(60)은 고순도 시약을 사용하고 정확한 화학량론적 작용기 농도를 유지해야 한다는 것을 명백히 나타내고 있다. 또 고분자량의 중합체를 좋은 순도로 얻으려면 작용기가 선택적으로 소비되는 부반응이 일어나지 않아야 한다. 한 예로, 아디프산과 에틸렌글리콜의 폴리에스터화 반응에서 아디프산에 들어 있는 1%의 모노카복실산(monocarboxylic acid) 불순물의 영향을 생각해 보자.

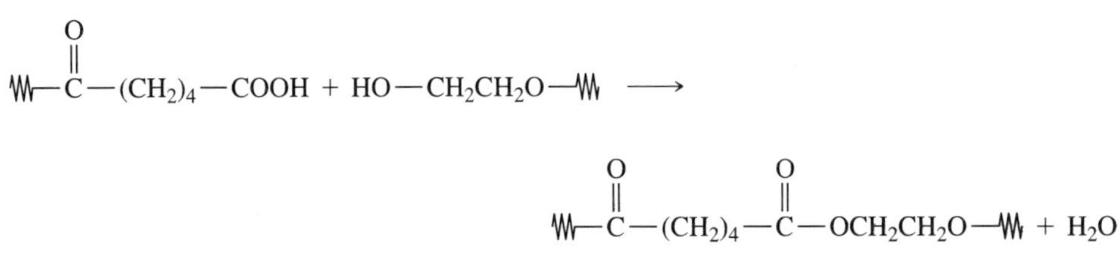

이 고분자에서 $\overline{M}_0 = 86$ g/mol이다. 산에 1%의 불순물이 들어 있으므로 r의 값은

$$r = \frac{[\text{Acid}]_0}{[\text{Glycol}]_0} = 0.99$$

따라서 식 (60)에 따라 최대 평균 중합도와 평균 분자량은 다음과 같이 나타낼 수 있다.

$$(\overline{DP})_{\max} = \frac{1.99}{0.01} = 199$$

$$(\overline{M}_n)_{\max} = (199)(86) = 17{,}114 \text{ g/mol}$$

11.8 분지 고분자와 가교 축합 고분자

앞에서 **이작용성** 단량체들이 반응하여 **선형 축합 고분자**를 생성하는 반응을 살펴보았다. 그러나 반응물 중 적어도 하나가 3개 이상의 작용기를 가질 때는 중합 반응으로 분지 고분자가 생성된다.

일례로, 글리세롤, $HOCH_2CH(OH)CH_2OH$와 다이카복실산 또는 그 무수물과의 반응에서는 각 글리세롤 분자가 완전히 반응하여 분지점을 생성한다. B를 글리세롤의 미반응 OH기, b는 글리세롤의 반응한 OH기라고 하자. 또 A와 a는 산에서 반응하지 않은 것과 반응한 COOH기라고 하자.

그러면 9몰의 산과 4몰의 글리세롤과의 반응을 식 (61)과 같이 나타낼 수 있다. 생성 분자 **1**은 6개의 미반응 산 작용기를 가지고 있고, 이 둘은 계속해서 글리세롤과 반응할 수 있다. 따라서 이러한 분지 고분자는 아주 큰 분자량으로 성장할 수 있고, 궁극적으로는 무한 가교를 일으키게 된다. 만일 분자 내 반응이 일어난다면(하이드록시와 같은 분자 또는 다른 분자에서 갈라져 나온 산 작용기와의 반응), 고분자는 가교를 일으킨다. 실제로 이 고분자는 광범위한 분지와 가교로 "젤화(gelation)"를 일으킨다. 가교가 많이 일어난 고분자는 용매에 의해 팽윤되지만, 용해되지는 않는다.

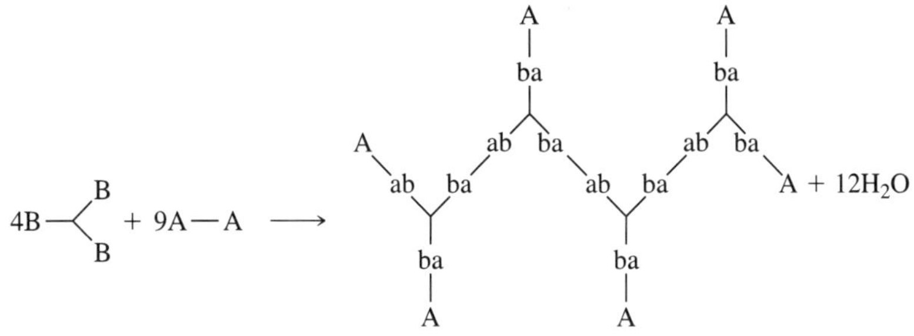

(61)

1

만일 한 가지의 다이올 B—B가 존재한다면 A—A와 B—B의 중합체는 선형 고분자이다. 분명히 식 (61)의 분지와 가교 정도는 계에 첨가되는 트라이올(triol)과 다이올의 상대적인 양으로 조절할 수 있다. Carothers 식을 사용하여 젤화점(gel point)에 이르는 것을 피하거나, 일으키기 위한 조건을 계산할 수 있다.

$$P = \frac{2}{F_{av}} - \frac{2}{\overline{DP}\, F_{av}} \tag{62}$$

여기서 P는 반응도, F_{av}는 계의 평균 작용기수, $\overline{DP}$는 평균 중합도를 나타낸다. 젤화는 평균 중합도가 무한대로 커질 때 일어난다고 생각되는데, 이때에는 식 (62)를 다음과 같이 나타낼 수 있다.

$$P_c = \frac{2}{F_{av}} \tag{63}$$

일례로, 글리세롤 2몰과 이염기산(diacid) 3몰의 계(계 X)와 글리세롤 2몰, 다이올 1몰, 이염기산 4몰의 계(계 Y)의 두 가지 폴리에스터화 반응을 비교해 보자. 계 X에는 5개의 단량체 분자마다 12개의 작용기가 존재한다. 따라서 F_{av}는 12/5 또는 2.4이다. 그러므로 계 X의 젤화는 83.3% 반응의 임계점(P_c)에서 일어날 것이다. 한편, 계 Y에서는 7개의 단량체 분자마다 16개의 작용기가 존재해서 F_{av}는 2.29이다. 젤화는 87.3% 반응에서 일어날 것이다. 실제로 이러한 접근 방법은 젤화가 일어나는 반응점을 과대 평가하는 것이다. 그 이유는 고분자 중에는 평균값보다 높은 분자량을 갖는 것들이 존재하기 때문이다. 이것들은 전체가 평균 분자량에 이르기 전에 젤화점에 도달할 것이다.

젤화점을 예측하는 또 하나의 방법으로 통계 처리에 의한 방법이 있다. 이 방법의 기본 원리는 한 분자 내에서 3개 이상의 분지점이 존재하면 젤화를 일으키기에 충분하다는 것이다. 따라서 이것은 **2**와 같은 세그먼트의 4개의 말단 분지 중 하나가 다른 분지점을 생성하는 확률의 계산과 관련된다.

2

분지점 단량체의 작용성도(functionality)를 f라 하면, 사슬 말단에서 이 단위의 잔류 작용성도는 $f-1$이 되므로, 4분지 중의 하나가 다른 분지점을 생성할 확률은 $1/(f-1)$이 된다. 이것이 젤화를 일으키는 확률로서 다음과 같이 표현할 수 있다.

$$\alpha_c = \frac{1}{f-1}$$

여기서 α_c는 젤 형성에 필요한 임계 분지 계수(critical branching coefficient)이다.

계산을 쉽게 하려면 여러 가지 가정들이 필요하다. 첫째로, 모든 작용기가 같은 반응성을 갖는다고 가정한다. 사실상 이것은 틀린 가정이다. 글리세롤의 경우에도 2차 OH기가 1차 OH기보다 반응성이 작다는 것이 알려져 있다. 둘째로, 모든 축합 반응은 서로 다른 단량체 사이에서만 일어나고, 세그먼트 **2**와 같은 분자 내 축합은 일어나지 않는다고 가정한다. 이러한 가정들이 이론과 실험치 사이의 오차를 야기할 것이다.

실제로 중요한 문제는 다른 비율의 삼(또는 그 이상)과 이작용기 화합물에서 젤화가 일어나는 점을 계산하는 것이다. 삼작용성 단량체가 있을 때, α(분지 계수)가 1/2보다 크면 젤화가 일어날 것이다. 따라서 $\alpha = 1/2$이라는 값은 무한 가교를 일으키는 임계 조건이 된다. 더 일반적으로, α의 극한값은 앞서 논의한 바와 같이 $\alpha(f-1)=1$ 또는 $\alpha = 1/(f-1)$로 정의된다.

따라서 α값의 산출이 꼭 필요하다. 이것은 앞서 논의한 통계 처리와 유사한 방법을 사용하여 산출하면, 그 결과는 다음과 같다.

$$\alpha = \frac{P_B^2 p}{r - P_B^2(1-p)} = \frac{rP_A^2 p}{1 - rP_A^2(1-p)} \tag{64}$$

앞서 논의한 바와 같이, P_A와 P_B는 반응한 A, B 작용기의 분율이다. 또한 r은 B의 초기 분자수에 대한 A의 초기 분자수의 비율이다. p는 삼(또는 그 이상)작용성 단량체에 있는 A기의 분율이다. α_c는 $1/(1+p) < 1+p$의 조건에서만 얻어진다.[1]

식 (64)의 세 가지 흥미로운 특별한 예들이 있다.

[1] P. J. Flory, *J. Am. Chem. Soc.,* **1941**, *63*, 3083.

1. A기를 함유하는 이작용성 단량체가 없다. 이 경우 $p = 1$이고, 식 (64)는 다음과 같이 간소화된다.

$$\alpha = rP_A^2 = \frac{1}{r}P_B^2 \tag{65}$$

2. A, B의 초기 분자수가 같을 때. 이 경우 $r = 1$이고 $P_A = P_B = P$로서 식 (64)는 다음과 같이 간소화된다.

$$\alpha = \frac{P^2 p}{1 - P^2(1 - P)} \tag{66}$$

3. A, B의 초기 분자수가 같고 A기를 함유하는 이작용성 단량체가 없을 때, 식 (64)는 다음과 같이 간소화된다.

$$\alpha = P^2 \tag{67}$$

예를 들어, 이 결과식들을 앞서 언급한 가상적인 계의 젤화점의 결정에 적용해 보자.

글리세롤 2몰과 이작용기산 3몰의 계 X에서는 $r = 1$이고 $p = 1$이다. 이 삼작용기 계에서 임계 분지 계수는 $\alpha_c = 1/2$이다. 따라서 식 (67)에서 젤화점을 다음과 같이 계산할 수 있다.

$$P = \sqrt{\tfrac{1}{2}} = 0.707$$

또는 전환율 70.7%.

글리세롤 2몰과 다이올 1몰, 산 4몰의 계 Y에서는 $r = 1$이고 $p = 3/4$이다. $\alpha_c = 1/2$이고, 식 (66)에서 젤화점은 다음에서 일어나거나

$$P = \sqrt{\tfrac{8}{14}} = 0.756$$

또는 전환율 75.6%에서 나타난다.

연|습|문|제

1. 단분산 폴리1,10-데칸다이올아디페이트[poly(1,10-decanedioladipate)] 3개가 다음과 같이 혼합되어 있다. 분자량 40,000인 A가 10 g, 분자량 100,000인 B가 5 g, 분자량 200,000인 C가 3 g일 때 다음을 계산하라.

(a) 이 고분자 혼합물의 수평균 분자량

(b) 이 고분자 혼합물의 무게 평균 분자량

2. 다음과 같은 분자량 분포를 갖는 축합 고분자가 있다. 무게 평균 분자량과 수평균 분자량을 구

하라.

범위 $M \times 10^{-3}$	무게(mg)	범위 $M \times 10^{-3}$	무게(mg)
0 ~ 20	0.35	120 ~ 140	14.43
20 ~ 40	2.52	140 ~ 160	14.70
40 ~ 60	5.70	160 ~ 180	13.77
60 ~ 80	8.75	180 ~ 200	12.16
80 ~ 100	11.52	200 ~ 220	8.40
100 ~ 120	13.31	220 ~ 240	5.75

3. 하이드록시산 HO—$CH_2CH_2CH_2CH_2$—COOH를 축합 중합하여 다음과 같은 고분자를 얻었다. 이 고분자의 무게 평균 분자량은 18,400 g/mol이었다. 다음을 계산하라.

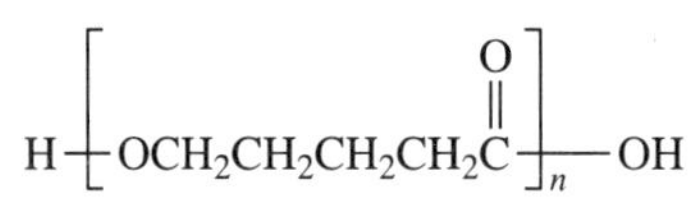

(a) 에스터화된 카복실기의 백분율 [**답**: 98.9%]

(b) 수평균 분자량 [**답**: 9250 g/mol]

(c) 평균 구조 단위수 [**답**: 92.5]

(d) 임의 추출 고분자가 평균 구조 단위수의 2배를 가질 확률

4. *m*-크레졸 용액 중에서 아미노헵타노산, H_2N—$(CH_2)_5$—CH_2COOH를 축합시켜 폴리아마이드를 얻었다고 보고되었다. 이 반응은 아미노산 농도에서 2차 반응이고 아래에 속도 상수를 나타내었다.

T(°C)	150	187
k(kg/mol-min)	1.0×10^{-3}	2.74×10^{-2}

(a) 단량체가 축합되어 분자량 12,718 g/mol인 폴리아마이드가 되는 화학 반응을 써라.

(b) Arrhenius 식에서 반응 상수의 지수전 인자와 반응의 활성화 에너지를 계산하라.

(c) 수평균 분자량 4.24×10^3 g/mol을 갖는 폴리아마이드를 얻으려면, 어느 정도의 단량체 전환율이 필요한가?

(d) 무게 평균 분자량 2.22×10^4 g/mol을 갖는 폴리아마이드를 얻으려면, 어느 정도의 전환율이 필요한가?

5. 3.3 mol/kg 농도인 아미노헵타노산(연습문제 4 참조)의 *m*-크레졸 용액을 만들고, 급속히 187°C로 승온시켰다.

(a) 중합도를 반응 시간의 함수로 나타내는 식을 유도하라. 아미노산의 0.65%로 카프로산이 계 내에 존재할 때는 어떻게 되겠는가?

(**b**) 수평균 분자량 6340 g/mol을 갖는 폴리아마이드의 생성에 필요한 반응 시간을 계산하라.

(**c**) 1 kg 용액에서 (b)에서 계산한 시간만큼 중합을 시켰다면, 분자량 12,718 g/mol을 갖는 폴리아마이드의 무게는 얼마인가?

6. 반응 속도 상수, 카복실기의 초기 농도, 반응 시간에 대한 x-량체의 몰분율 관계식을 (**a**) 무촉매 폴리에스터화 반응, (**b**) 산 촉매 폴리에스터화 반응으로 구분하여 유도하라. $x = 10$과 $x = 100$인 고분자의 몰분율을 반응 시간의 함수로 그려 보라.

7. 다음의 수치들은 Hamann, Solomon, Swift 등이 데칸다이올과 아디프산을 같은 몰비로 폴리에스터화 반응시켜 얻은 것이다 .

$$HO—(CH_2)_{10}—OH + HOOC—(CH_2)_4—COOH$$

시간 0분에서 초기 COOH의 82% 에스터화까지의 속도론을 연구하였다. $[COOH]_0$는 1.25 equiv/kg이다.

폴리1,10-데칸다이올아디페이트의 후중합

(a) 온도 190°C		(b) 온도 161°C		(c) 온도 161°C, p-톨루엔설폰산 촉매 (고분자 1몰당 0.004몰)	
시간 (분)	% 반응	시간 (분)	% 반응	시간 (분)	% 반응
0	0	0	0	0	0
30	20.6	20	9.1	5	34.6
60	39.0	40	16.0	10	54.7
90	50.2	100	31.6	15	65.5
150	61.2	150	41.1	20	70.8
225	66.8	210	47.9	30	77.9
300	71.5	270	52.5	40	82.9
370	74.4	330	57.0	50	85.7
465	77.2	390	60.0	60	87.9
510	78.2	450	62.6	75	90.1
550	78.8	510	64.6	90	91.5
600	79.6	550	65.5	105	92.6
660	80.6	700	69.2	120	93.6
730	81.7	840	71.9		
800	82.5	880	72.4		
		1060	74.8		
		1200	76.2		
		1320	77.2		

(**a**) 무촉매 반응에서의 속도 상수와 활성화 에너지를 구하라.

(**b**) 촉매 반응에서의 속도 상수를 구하라.

8. 1,10-데칸다이올과 아디프산의 촉매 중합에 대해 연습문제 7에서 얻은 속도 상수로부터 120분과 240분에서의 x-량체 [N_x/N 대 x와 W_x 대 x]의 몰분율과 무게 분율을 계산하고 그래프로 그려 보라.

9. 연습문제 7의 폴리에스터화 반응에서, 아디프산이 우리가 알지 못하는 불순물을 0.85 mol% 함유하고 있다고 가정하자. 반응으로 얻을 수 있는 수평균 분자량과 무게 평균 분자량의 최댓값은 얼마인가?

10. 다음 수치들은 166°C에서 다이에틸렌글리콜과 아디프산을 중합하여 얻은 것이다.

시간(분)	% 전환율	시간(분)	% 전환율
6	13.79	321	86.72
12	24.70	398	88.37
23	36.75	488	89.74
37	49.75	596	90.84
59	60.80	690	91.63
88	68.65	793	92.20
170	78.94	900	92.73
203	81.61	1008	93.03
235	83.49	1147	93.54
270	85.00	1370	94.05

(**a**) 카복실기의 농도에 대한 반응 차수를 구하라.

(**b**) 적당한 단위로 반응의 속도 상수를 구하라. (힌트: 반응물의 kg당 COOH의 몰수로 농도 단위를 취하고 $[OH]_0 = [COOH]_0$로 하라.)

(**c**) 반응 시간 270분, 1370분에서 얻어진 분자량의 분율 분포를 구하고, 그래프를 그려 보라.

11. 아디프산 50 mol%, 에틸렌글리콜 40 mol%, 글리세롤 10 mol%, 혼합물에서 젤화가 일어날 때의 산의 전환율을 계산하라.

12. 폴리펩타이드 폴리알라닌이 합성될 수 있는 축합 반응식을 그려 보라.

13. 석신산[$HOOC(CH_2)_2COOH$]과 다음 (a), (b)의 다이올 단량체와의 각각의 축합 반응을 고려해 보라.

(**a**) $HOCH_2C(CH_3)_2CH_2OH$

(**b**) $HOCH_2C(CH_3)_2CH_2CH_2OH$

낮은 결정성을 가진 폴리에스터를 만들기 위해 왜 (b) 다이올 단량체의 사용이 기대되는가?

참|고|문|헌

ALLEN, P. E. M., and PATRICK, C. R., *Kinetics and Mechanisms of Polymerization Reactions*. New York: Wiley, **1974**, Chap. 5.

BILLMEYER, F. W., JR., *Textbook of Polymer Science*, 3rd ed. New York: Wiley, **1984**, Chaps. 1, 2.

CARRAHER, C. E., JR., *Seymour/Carraher's Polymer Chemistry*, 5th ed., New York: Marcel Dekker, Inc., **2000**.

CRAVER, C., and CARRAHER, C. E., JR. (Eds.), *Applied Polymer Science—21st Century*, Washington: American Chemical Society, **2000**.

FLORY, P. J., *Principles of Polymer Chemistry*. Ithaca, N.Y.: Cornell University Press, **1953**, Chap. 3.

HIEMENZ, P. C., *Polymer Chemistry*. New York: Dekker, **1984**, Chaps. 1, 5.

LENZ, R. W., *Organic Chemistry of Synthetic High Polymers*. New York: Wiley-Interscience, **1967**, Chap. 3.

ODIAN, G., *Principles of Polymerization*, 3rd ed., New York: Wiley-Interscience, **1991**.

REMPP, P., and MERRILL, E. W., *Polymer Synthesis*, Basel: Huthig & Wepf, **1986**.

12장

자유 라디칼 중합의 속도론

12.1 서론

중합 반응 속도, 생성 고분자의 분자량, 공중합체 조성, 부반응 생성물 등은 실험실적 실험이나, 고분자 생산 공정에 있어서 지대한 영향을 미치는 주요 항목들이다. 화학 반응을 시작하기 전에, 생성물과 수율을 결정하는 다른 반응 조건들의 영향에 관한 기본 원리들을 이해할 필요가 있다.

중합 기구와 반응 속도론에 관한 연구는 전체 공정을 예측하기 위한 기본 원리들을 살펴보는 데 그 목적이 있다. 이 장에서는 잘 알려져 있는 자유 라디칼 중합을 다루고, 11, 13장에서는 축중합과 이온 중합을 다루기로 한다.

자유 라디칼 중합에 포함되는 각 요소 반응들에 대해서는 3장에서 이미 설명하였다. 여기서는 중합을 설명하기 위해 다음의 기구들을 사용하였다. 여기서 라디칼 반응을 따르지 않는 고분자는 단량체에서 고분자로의 전환율이 극히 낮다.

개시제	$\xrightarrow{k_i}$ $2R'$	자유 라디칼의 생성
$R' + M$	$\xrightarrow{k'}$ R_1	연쇄의 개시
$R_1 + M$	$\xrightarrow{k_{1p}}$ R_2	연쇄의 성장
$R_2 + M$	$\xrightarrow{k_{2p}}$ R_3	연쇄의 성장
$R_n + M$	$\xrightarrow{k_{np}}$ R_{n+1}	연쇄의 성장
$R_n + R_m$	$\xrightarrow{k_{tnmc}}$ P_{n+m}	연쇄의 정지
$R_n + R_m$	$\xrightarrow{k_{tnmd}}$ $P_n + P_m$	연쇄의 정지

이 기구에서 M은 단량체 분자이고, R′는 개시 라디칼, R_n은 중합도 n을 갖는 성장 라디칼, P_n은 중합도 n의 고분자이다. 각 반응의 속도 상수를 화살표 위에 나타내었다. 이 기구를 간략화하기 위해 연쇄 이동 반응은 고려하지 않는다. 단량체나 용매로의 연쇄 이동과 연쇄 이동제를 포함하는 기구에 대해서는 이 장의 뒷부분에서 논의하기로 한다.

12.2 근사식

이 기구의 엄격한 속도론적 처리는 아주 복잡하므로, 쉽고 유용한 결과를 도출하기 위해서는 몇 가지 간략화 과정과 근사식이 필요하다.

12.2.1 동역학적 사슬 길이

동역학적 사슬 길이는 아주 길다고 가정한다. 이것은 연쇄의 개시 반응에 사용된 단량체 분자수(즉, R′와 결합한 것)가 성장 반응에 사용된 분자수에 비해 무시할 정도로 작다는 것을 의미한다. 따라서 정의에 의해 생성물을 많은 단량체 단위를 갖는 고분자로 취급할 때, 이 근사치는 아주 잘 맞는다.

12.2.2 단량체로의 라디칼 부가 방향

오직 한 가지의 라디칼이 연쇄 이동제로 존재한다고 가정한다. 단량체로의 각 라디칼 부가가 같은 방법으로 이루어진다면, 이것은 옳다. 3장에서 살펴본 바와 같이 머리-꼬리(head-to-tail) 부가가 머리-머리(head-to-head) 부가보다 월등히 우세하다. 따라서 머리-꼬리 부가 반응만이 일어난다고 가정한다. 이것은 $CH_2{=}CHX$의 중합에서 성장 라디칼의 구조가 **1**과 같다는 것을 의미한다. 여기서 지그재그 라인은 $-\!\!(CH_2CHX)\!\!-$ 단위의 고분자 사슬을 나타낸다.

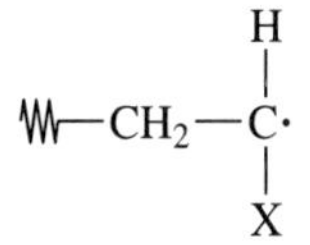

1

12.2.3 라디칼 반응성과 크기

성장 라디칼의 반응성은 라디칼의 크기나 중합도에 무관하다고 가정한다. 이 가정의 결과로, 성장 반응의 속도 상수들 k_{1p}, k_{2p}, k_{3p}, ⋯, k_{np}, ⋯를 같게 취급하고, 간단히 k_p로 쓸 수 있다. 마찬가지로, 정지 반응의 속도 상수 k_{nmc}와 k_{nmd}도 n과 m에 무관하다고 가정하고 간단히 k_{tc}와 k_{td}로 쓴다.

이 가정을 성장 반응에 응용하려면, 단순 충돌 이론(simple collision theory)을 살펴보는 것이 좋다. 이 이론에 의하면, 성장 반응의 속도 상수 k_p를 다음과 같이 나타낼 수 있다.

$$k_p = \xi_p \sigma_p \left(\frac{RT}{\pi\mu} \right)^{1/2} e^{-E_p/RT} \tag{1}$$

여기서 ξ_p는 입체 인자(steric factor), σ_p는 충돌의 단면, μ는 두 충돌체의 환산 질량(reduced mass), E_p는 성장 반응의 활성화 에너지, R은 기체 상수, T는 절대 온도를 나타낸다. 성장 라디칼 R_n의 성장 말단이 단량체 M과 충돌해야만 반응이 일어나므로 생성된 $\xi_p\sigma_p$는 대체적으로 라디칼의 중합도에 무관하다. 라디칼 반응 말단의 화학적 특성이 중합도에 무관하므로 E_p도 라디칼의 중합도에 무관하다. 환산 질량은 다음과 같이 정의된다.

$$\mu = \frac{M_R M_M}{M_R + M_M} \tag{2}$$

여기서 M_R과 M_M은 성장 라디칼과 단량체의 질량인데, 대부분의 성장 반응에서 M_R은 M_M보다 월등히 크다. 따라서 식 (2)는 다음과 같은 근사식으로 잘 표현할 수 있고,

$$\mu \approx M_M \tag{3}$$

결론적으로 k_p는 상수가 되며, 라디칼 크기에 무관하다. 이것은 성장 반응의 개시 단계를 제외하면 일반적으로 잘 맞는 근사식이다.

그러나 k_t가 크기에 무관하다는 가정[1]은 항상 유효하지 않다. 이것은 대부분의 정지 반응에서 속도 상수가 라디칼의 충돌 빈도(확산-조절 반응, diffusion-controlled reaction)에 의해 결정되기 때문이고, 따라서 환산 질량은 식 (3)과 같이 라디칼 크기에 무관하지 않게 된다. 그럼에도 불구하고 유용한 결과를 얻기 위해 이 가정을 사용해야 한다. 그러므로 이 가정의 한계에 유의해서, 대개의 경우 **평균 정지** 반응 상수가 사용된다는 것을 인식해야 한다.

12.2.4 정상 상태 근사식

계 내에 존재하는 모든 자유 라디칼은 정상 상태 농도라고 가정한다. 이것은 성장 라디칼(이것은 모든 중합도의 성장 라디칼 농도의 합이다)의 전체 농도 역시 정상 상태값을 갖는다는 것을 의미한다. 이것을 수식으로 표현하면 다음과 같다.

[1] $k_t = k_{tc} + k_{td}$

$$\frac{d[\mathrm{R}']}{dt} = \frac{d[\mathrm{R}_n]}{dt} = \frac{d[\mathrm{R}]}{dt} = 0 \tag{4}$$

여기서 $[\mathrm{R}] = \Sigma_n[\mathrm{R}_n]$이고, 다른 부호는 앞서 설명한 것과 같다.

이 가정의 정당성에 관한 증명은 다음과 같다. $[\mathrm{M}]_0$를 단량체의 초기 농도라고 하자. 반응한 단량체 분자는 성장 라디칼이나 고분자(즉, 생성 분자)에 포함되어 있다. 그러므로 모든 시간에서 화학량론적으로 식 (5)가 지켜져야만 한다.

$$[\mathrm{M}]_0 = [\mathrm{M}] + \sum_n n[\mathrm{P}_n] + \sum_n n[R_n] \tag{5}$$

식 (5)를 시간에 따라 미분하고 재배열하면 식 (6)이 된다.

$$-\frac{d[\mathrm{M}]}{dt} = \sum_n n\left(\frac{d[\mathrm{P}_n]}{dt}\right) + \sum_n n\left(\frac{d[\mathrm{R}_n]}{dt}\right) \tag{6}$$

실험적으로 반응의 아주 초기 단계(일반적으로 무시한다)를 제외하면, 실제 단량체가 손실되는 양은 생성되는 고분자를 분석함으로써 정량적으로 계산할 수 있다. 따라서 식 (6)은 (7)로 고쳐 쓸 수 있다.

$$-\frac{d[\mathrm{M}]}{dt} = \sum_n n\left(\frac{d[P_n]}{dt}\right) \tag{7}$$

일반적으로 식 (7)은 식 (4)가 유효할 때만 잘 적용된다.

12.3 성장 라디칼의 정상 상태 농도

정상 상태 근사식 (4)는 아마 12장 서론에 나타낸 기구에 적용되는 속도식의 유효한 해를 얻는 데 가장 중요한 가정일 것이다. 이 근사식은 라디칼 농도를 단순한 **대수식**의 풀이에 의해, **안정한** 물질의 농도항으로 나타낼 수 있게 해준다. 이 근사식이 없으면, 일련의 비선형 연립 미분 방정식으로 풀어야 한다.

이 기구의 각 성장 반응마다 한 라디칼이 소멸되고, 다른 라디칼이 생성된다. 따라서 전체의 연쇄 성장 반응은 성장 라디칼의 전체 농도에 영향을 주지 않는다. (4)의 가정처럼 이 **전체** 농도가 정상 상태를 유지한다면, 성장 라디칼의 개시 속도는 정지 반응 속도와 같게 된다. 즉,

$$\frac{d[\mathrm{R}]}{dt} = r_i - r_t = 0 \tag{8}$$

여기서 r_i와 r_t는 성장 라디칼의 개시 반응 속도와 정지 반응 속도이다.

12장 서론의 기구와 개시 라디칼이 정상 상태라는 가정하에 개시 반응을 다음 식으로 나타낸다.

$$r_i = k'[\mathrm{R}'][\mathrm{M}] \propto 2k_i[\mathrm{I}] \tag{9}$$

3장에서 논의한 바와 같이 실제로는 이 기구에 나타나지 않는 부반응으로 개시 라디칼의 일부가 손실된다. 이 사실을 염두에 두고 개시 반응 속도를 다음과 같은 일반식으로 나타낸다.

$$r_i = 2fk_i[\mathrm{I}] \tag{10}$$

여기서 f는 실제로 단량체에 부가되어 개시 라디칼 R_1을 형성하는 분율을 나타낸다.

정지 반응 속도 r_t를 보면, **같은** 라디칼의 반응과 **다른** 라디칼의 반응을 구분할 필요가 있음을 알게 된다. 따라서 결합(combination)에 의한 정지 반응과 불균등화(disproportionation)에 의한 정지 반응을 구분한다.

$$\mathrm{R}_n + \mathrm{R}_n \xrightarrow{k_{tnn}} \text{고분자} \tag{11}$$

$$\mathrm{R}_n + \mathrm{R}_m \xrightarrow{k_{tnm}} \text{고분자} \tag{12}$$

화학적으로 모든 성장 라디칼은 동일하며, 다른 것은 크기뿐이다. 따라서 우리가 반응성이 크기에 무관하다고 가정하였으므로 속도 상수 k_{tnn}과 k_{tnm}의 차이는 2라는 숫자뿐이다. 이것은 같은 라디칼과 다른 라디칼들의 상대적인 충돌 빈도의 결과이다(즉, $k_{tnm} = 2k_{tnn}$).

잘 알려진 이 결과를 다음과 같이 살펴볼 수 있다. 두 종류의 라디칼 R_n, R_m이 존재하는 경우를 생각해 보자. 전체 충돌 속도는

$$\text{충돌 속도} = \alpha[\mathrm{R}]^2 \tag{13}$$

여기서 α는 속도 상수이다. 총 라디칼 농도 $[\mathrm{R}] = [\mathrm{R}_n] + [\mathrm{R}_m]$을 (13)에 대입하면 충돌 속도는 다음과 같다.

$$\text{충돌 속도} = \alpha[\mathrm{R}_n]^2 + 2\alpha[\mathrm{R}_n][\mathrm{R}_m] + \alpha[\mathrm{R}_m]^2 \tag{14}$$

(14)에서 처음과 마지막 항은 같은 라디칼의 충돌 상수이고, 두 번째 항은 다른 라디칼의 충돌 속도이다. 다른 라디칼의 충돌 속도 상수는 같은 라디칼의 충돌 속도 상수의 2배, 즉 2α이다. 따라서 연쇄 정지 속도 상수항에서 $k_{tnm} = 2k_{tnn}$이 된다. 질량 작용의 법칙을 (11), (12)에 적용하면 중합도 n인 라디칼의 정지 반응 속도는 다음과 같다.

$$r_t(n) = 2k_{tnn}[\mathrm{R}_n]^2 + [\mathrm{R}_n]\sum_{m \neq n} k_{tnm}[\mathrm{R}_m] \tag{15}$$

(15)에서 2는 (11)에서 중합도 n인 라디칼이 소멸되기 때문에 생긴 것이다. 반면, 식 (12)에서는 오직 하나만 소멸된다. $k_{tnm} = 2k_{tnn}$이므로 (15)는 (16) 또는 (17)이 된다.

$$r_t(n) = 2k_{tnn}[\mathrm{R}_n]\left\{[\mathrm{R}_n] + \sum_{m \neq n}[\mathrm{R}_m]\right\} \tag{16}$$

또는

$$r_t(n) = 2k_{tnn}[\mathrm{R}_n]\sum_{m}[\mathrm{R}_m] = 2k_t[\mathrm{R}_n][\mathrm{R}] \tag{17}$$

여기서 k_t는 같은 라디칼의 정지 반응 속도 상수이고, [R]은 총 라디칼 농도이다. 하첨자 nn은 12.2.3절의 라디칼 반응성과 크기 항에서 가정을 했으므로 생략한다. 모든 라디칼의 총 정지 반응 속도는 n에 대한 총합으로 얻어진다.

$$r_t = \sum_{n} r_t(n) = 2k_t[\mathrm{R}]\sum_{n}[\mathrm{R}_n] = 2k_t[\mathrm{R}]^2 \tag{18}$$

(10)과 (18)을 (8)에 대입하면 성장 라디칼의 정상 상태 농도가 된다.

$$[\mathrm{R}] = \left(\frac{r_i}{2k_t}\right)^{1/2} = \left(\frac{fk_i[\mathrm{I}]}{k_t}\right)^{1/2} \tag{19}$$

광 또는 방사선-유도 중합인 경우, 성장 라디칼의 생성 속도는 $2k_i$[I]이고 5장에서 설명한 성장 라디칼 생성 반응의 근사 속도식으로 간단히 치환된다.

12.4 중합 속도

중합 속도 r_p는 (20)과 같이 시간에 따른 단량체 농도 [M]의 순간적인 감소량으로 정의된다. 중합 속도는

$$r_p = -\frac{d[\mathrm{M}]}{dt} \tag{20}$$

일반적으로 단량체 농도에 의존하고, 단량체 농도는 시간 0에서 가장 정확하게 알 수 있으므로, (21)과 같이 중합 **초기 속도**를 사용하는 것이 좋다.

$$r_p^0 = -\left(\frac{d[\mathrm{M}]}{dt}\right)_0 = \lim_{\Delta t \to 0}\frac{[\mathrm{M}]_0 - [\mathrm{M}]}{\Delta t} \tag{21}$$

특별한 언급이 없으면 다음 장에서 논의하는 모든 속도는 초기 속도이고, 따라서 (21)에서 r_p와 (d[M]/dt)의 상첨자와 하첨자는 생략한다.

(21)로 중합 속도를 구하려면 단순한 시간의 함수로 [M]을 측정해야 하고, 다음에 t에 대한 [M]

의 그래프에서 **초기** 기울기를 구한다. 일반적으로 이러한 그래프는 단량체 소모율이 10~15% 정도일 때 충분한 직선을 유지하므로 여기서는 한 개나 두 개의 실험 조건만 잡으면 된다. 이같은 측정법은 단순하지만, 실제로 이론적 반응 기구에 대한 여러 가지 정보를 얻기 위해, 다양한 조건하에서 중합 속도를 측정한다.

12.4.1 중합 속도의 실험적 측정

중합 속도를 구하려면 단량체 농도 [M]을 반응 시간의 함수로 측정해야 한다. 이것을 측정하는 가장 쉽고 확실한 방법은 일정 시간별로 반응을 중지하고(즉, 반응물의 급냉), 고분자 생성물에서 단량체를 분리하는 것이다. 이후, 이 반응에서의 단량체 잔류량과 고분자 생성량을 간단히 무게로 측정한다. [M]을 시간 t의 함수 그래프로 그리기에 충분한 정보를 얻을 때까지 이 조작을 반복한다. 초기 기울기 $\lim_{\Delta t \to 0}\Delta[\mathrm{M}]/\Delta t$는 초기 속도 r_p이다.

그러나 이 방법으로 [M]을 측정하는 데는 많은 시간이 소요되고, 농도-시간 그래프의 각 점마다 새로운 반응 혼합물을 준비해야 한다. 이 방법은 **절대 농도**가 바로 얻어지므로 표준 방법으로 유용하다. 단량체 농도와 관련된 반응 혼합물의 **물리적 성질**을 측정하는 데 더 빠르고 더 일반적인 방법은 중합 공정에 따라 차이가 있다. 몇 가지 유용한 물리적 분석 방법이 가능하지만, 중합 속도를 측정하는 데 **팽창계법**(dilatometry)[1]이 가장 많이 이용된다. 이 방법에서 팽창계(dilatometer)는 단

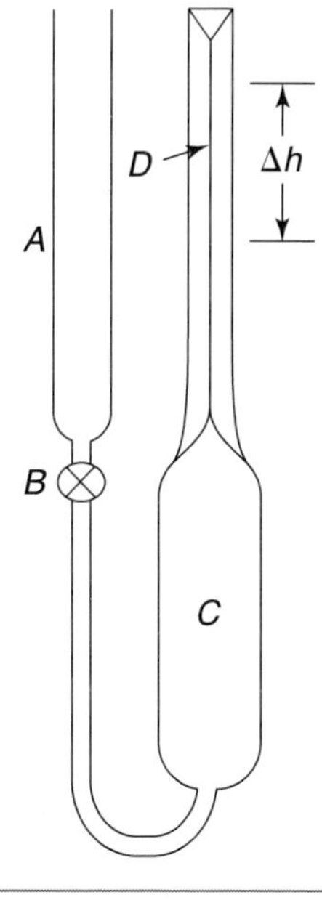

그림 12.1 간단한 팽창계

[1] L. C. Rubens and R. E. Skochdopole, *J. Appl. Polymer Sci.*, **1965**, *9*, 1487.

량체가 고분자로 전환함에 따라 발생하는 부피의 수축을 측정하는 데 이용된다.

팽창계의 작동 원리를 그림 12.1과 같은 간단한 장치로 설명한다. 단량체나 단량체 용액이 포함된 용매를 개시제와 함께 충전관 A를 통해 장치에 도입하고, 모세관 D에 잘 올라갈 때까지 채운다. 다음 스톱코크(stopcock) B를 잠그고, 장치를 원하는 반응 온도로 조절되는 반응조에서 ±0.002°C로 유지한다. 모세관의 지름과 전체 높이는 중합이 순수 단량체에서 이루어지느냐, 단량체 용액에서 이루어지느냐에 따라 달라진다. 반응이 진행됨에 따라 모세관의 액면 높이 Δh가 변하고, 이것을 캐시토미터(cathetometer)에 견고하게 장치된 수직 이동 망원경으로 측정한다.

반응계의 전체 부피는 다음과 같다.

$$V = V_{\mathrm{BC}} + \pi r^2 h \tag{22}$$

여기서 V_{BC}는 스톱코크 B에서 C관을 통해 모세관 D에 유입되기까지의 공간에 포함된 부피이고, r은 모세관의 반지름, h는 임의의 모세관에서 임의의 기준점 위에 있는 액면의 높이이다. 부피 변화는 h의 변화에 비례한다.

$$\Delta V = V_0 - V = \pi r^2 \Delta h \tag{23}$$

여기서 V_0는 계의 초기 부피이고, V는 시간 t에서의 부피이다.

계의 부피 변화는 다음과 같이 단량체 농도, 수율, 반응 속도와 관련된다. 임의의 시간 t에서 계의 전체 부피 V는

$$V = w_m\bar{v}_m + w_p\bar{v}_p + w_s\bar{v}_s \tag{24}$$

여기서 w_m, w_p, w_s는 단량체, 고분자, 용매의 무게이고, $\bar{v}_m$, $\bar{v}_p$, $\bar{v}_s$는 부분 비부피(partial specific volume)[1]이다. 아주 유용한 근사식으로 $w_p = w_m^\circ - w_m$이 있다. 여기서 w_m°는 단량체의 초기 무게이다. 식 (24)를 시간 t에서의 단량체 무게로 나타내면 다음과 같다.

$$w_m = \frac{V - w_m^\circ\bar{v}_p - w_s\bar{v}_s}{\bar{v}_m - \bar{v}_p} \tag{25}$$

초기에는 고분자가 없으므로 초기 부피는

$$V_0 = w_m^\circ\bar{v}_m + w_s\bar{v}_s \tag{26}$$

이고, 반응이 완결되어서 모든 단량체가 고분자로 전환되었을 때의 최종 부피는

$$V_\infty = w_m^\circ\bar{v}_p + w_s\bar{v}_s \tag{27}$$

[1] G. N. Lewis and M. Randall, *Thermodynamics*, revised by K. S. Pitzer and L. Brewer(New York: McGraw-Hill, **1961**), p. 208.

이다. 식 (26)과 (27)을 이용하여 (25)의 $\bar{v}_m - \bar{v}_p$와 $w_s\bar{v}_s$를 제거하면 (28)이 얻어진다.

$$w_m = \frac{V - V_\infty}{V_0 - V_\infty} w_m^o \tag{28}$$

wt%로 나타낸 반응 수율 Y는

$$Y = 100 \frac{w_m^o - w_n}{w_m^o} = 100 \frac{V_0 - V}{V_0 - V_\infty} \tag{29}$$

또는

$$Y = \frac{100\,\Delta V}{V_0 - V_\infty} = \frac{100\;\Delta h(t)}{\Delta h(t=\infty)} \tag{30}$$

똑같이 (28)로부터 시작하여 초기 중합 속도 (21)의 정의를 이용하면 다음과 같다.

$$r_p = \frac{Y}{100}\frac{[\mathrm{M}]_0}{t} = \frac{\Delta h(t)}{\Delta h(t=\infty)}\frac{[\mathrm{M}]_0}{t} \tag{31}$$

50°C에서의 메틸메타크릴레이트의 중합에서 몇 가지 고분자 수율[팽창계법으로 측정하고 (30)으로 계산한]과 이에 상응하는 중합 속도[(31)로 계산한]를 표 12.1에 나타내었다. 이 표에서 보는 바와 같이 전환율 17% 이상에서는 r_p가 일정한 값을 나타내고, 반응물의 소모가 초기 속도의 측정에 중대한 영향을 끼치지는 않는다.

이 간단한 방법을 더 명확하게 그림 12.2에 나타내었다. 여기서는 팽창계법과 절대적 방법(고분자와 단량체의 분리에 의한 방법)으로 결정한 수율을 시간에 대한 그래프로 그렸다.

팽창계법이 많은 중합체에 잘 적용되지만, 이것은 절대적인 방법은 아니고 문제점이 발생할 수

표 12.1 50°C에서의 메틸메타크릴레이트의 중합. 개시제: 1% 벤조일퍼옥사이드

반응 시간 (s)	수율 (wt%)	$r_p \times 10^4$ (mol-L^{-1}s^{-1})
0	0	—
480	0.77	1.5
1200	2.17	1.64
1920	3.50	1.65
4080	7.27	1.62
5880	10.38	1.60
8280	14.60	1.60
9600	17.16	1.62

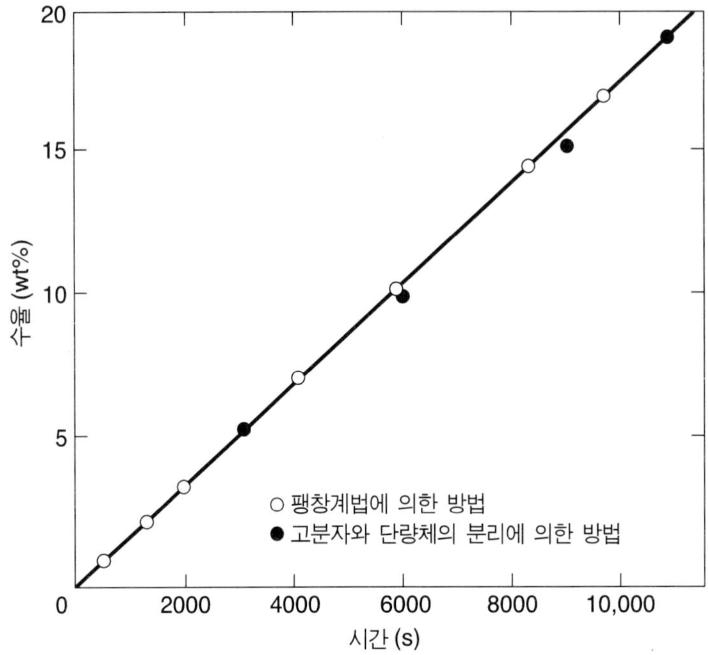

그림 12.2 50˚C에서의 메틸메타크릴레이트 중합의 반응 수율

도 있다. 미확인 계에 대해서는 이 방법의 적용 가능성을 예측할 수 없고, 처음에는 **절대적** 방법으로 측정을 해야 한다. 그림 12.2에 나타낸 형태로 특정한 계에 적합한 팽창계법을 예로 들었는데, 아마도 이것이 중합 속도를 측정하기에 가장 간편하고 빠른 방법일 것이다. 여러 가지 조건에서 측정된 이러한 실험 속도들을 근거로 하여 중합에 관한 자유 라디칼 기구가 발전되어 왔다.

12.4.2 이론적 중합 속도

질량 작용의 법칙을 12장 서론에 주어진 기구에 적용하면 (32), (33)과 같은 **이론적** 중합 속도식이 얻어진다.

$$r_p = k'[\mathrm{R}'][\mathrm{M}] + k_{1p}[\mathrm{R}_1][\mathrm{M}] + k_{2p}[\mathrm{R}_2][\mathrm{M}] + \cdots \tag{32}$$

또는

$$r_p = [\mathrm{M}]\left\{k'[\mathrm{R}'] + \sum_n k_{np}[\mathrm{R}_n]\right\} \tag{33}$$

앞서 논의한 "긴 사슬의 가정(assumption of long chains)"에 의하면 $k'[\mathrm{R}']$는 $\Sigma_n k_{np}[\mathrm{R}_n]$보다 아주 작으므로 (33)의 괄호 안에서 제거할 수 있다. 비슷하게, 라디칼 크기와 반응성에 대한 가정에 의하면 $k_{1p} = k_{2p} = \cdots = k_{np} = k_p$이다. 이 두 근사식을 식 (33)에 대입한다.

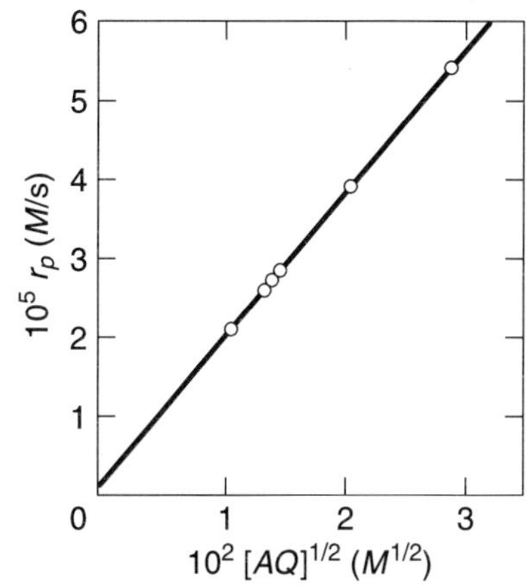

그림 12.3 30˚C THF에서 안트라퀴논(anthraquinone)의 농도에 따른 중합 개시 반응 속도의 변화

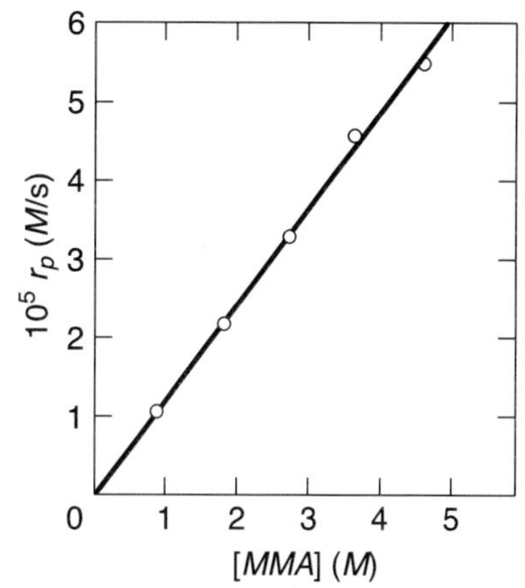

그림 12.4 30˚C THF에서 MMA의 농도에 따른 중합 개시 반응 속도의 변화([AQ] = 2.91× 10^{-4} M)

$$r_p = k_p[\mathrm{M}]\sum_n [\mathrm{R}_n] = k_p[\mathrm{M}][\mathrm{R}] \tag{34}$$

여기서 [R]은 성장 라디칼의 전체 농도이다. 우리는 이미 정상 상태 라디칼 농도식 (19)를 개시 반응 속도 항으로 유도해 놓았다. (19)를 (34)에 대입하면, 정상 상태 속도식이 된다.

$$r_p = \left(\frac{k_p^2}{2k_t}\right)^{1/2} r_i^{1/2}[\mathrm{M}] = \left(\frac{k_p^2}{2k_t}\right)^{1/2} (2fk_i)^{1/2}[\mathrm{I}]^{1/2}[\mathrm{M}] \tag{35}$$

여기서 (35)의 마지막 항은 개시제의 열분해에 의한 개시와 관련된다.

식 (35)는 **주어진 온도에서의 중합 속도가 개시 반응 속도나 개시제 농도의 제곱근, 그리고 단량체 농도에 따라 변화한다는 것을 나타낸다.** 이 식이 유용하다는 것은 여러 번 증명되었다. 예로서, 개시제 농도에 미치는 r_p의 영향을 그림 12.3에, 단량체 농도에 미치는 r_p의 영향을 그림 12.4에 나타내었다.

(35)에 따라 그림 12.4에 나타낸 것과 같이 [M]에 대한 r_p의 그래프에서 얻어진 직선의 기울기는 $(k_p^2/2k_t)^{1/2} r_i^{1/2}$이다. 일반적으로 r_i를 알고난 후에 그림 12.4와 같은 그래프를 그리고 비율 $(k_p^2/2k_t)^{1/2}$의 수치를 얻는다. 60°C에서의 단량체 수의 중합에 대한 주요 비율들을 표 12.2에 나타내었다.

그림 12.4의 그래프에서 얻은 $(k_p^2/2k_t)^{1/2}$ 값은 어느 한 온도에서 얻은 것이다. 만일 그런 값들이 여러 온도에서 얻어졌다면 속도 상수의 Arrhenius 식과 이런 값들의 조합으로 많은 정보를 얻을 수 있다. 따라서 개개의 속도 상수는

$$k_j = \frac{A_j e^{-E_j}}{RT} \tag{36}$$

여기서 A_j는 지수전 인자(preexponential factor), E_j는 j번째 반응의 활성화 에너지이고, 속도 상수의 비는 다음 식으로 나타낼 수 있다.

표 12.2 자유 라디칼 중합에서의 속도 상수 비와 온도 의존성

단량체	$\left(\frac{k_p^2}{2k_t}\right)^{1/2}$ [(L/mol-s)$^{1/2}$ at 60˚C]	$\left(\frac{A_p^2}{2A_t}\right)^{1/2}$ [(L/mol-s)$^{1/2}$]	$E_p - \frac{1}{2}E_t$(kcal/mol)
메타크릴로나이트릴	0.053	4.3×10^4	9.0
메틸아크릴레이트	0.99	1.03×10^3	4.6
메틸메타크릴레이트	0.12	2.0×10^2	4.9
스타이렌	0.029	6.2×10^2	6.6
바이닐아세테이트	0.13	1.6×10^2	4.7

$$\left(\frac{k_p^2}{2k_t}\right)^{1/2} = \left(\frac{A_p^2}{2A_t}\right)^{1/2} - \exp\left(\frac{E_p - E_t/2}{RT}\right) \tag{37}$$

또는

$$\ln\left(\frac{k_p^2}{2k_t}\right)^{1/2} = \ln\left(\frac{A_p^2}{2A_t}\right)^{1/2} - \frac{E_p - E_t/2}{R}\frac{1}{T} \tag{38}$$

식 (38)에 의해 $\ln(k_p^2/2k_t)^{1/2}$과 $1/T$ 그래프의 절편과 기울기로부터 Arrhenius 매개변수 $(A_p^2/2A_t)^{1/2}$과 $(E_p - E_t/2)$를 얻는다. 여러 단량체에 대한 이들 매개변수 값들을 표 12.2에 나타내었다.

표 12.2의 Arrhenius 매개변수로부터 임의의 온도에서 비율 $(k_p^2/2k_t)^{1/2}$값을 계산할 수 있다. 이러한 정보는 $(k_p^2/2k_t)^{1/2}$ 값과 개시 반응 속도 r_i로부터 중합 속도뿐 아니라, 평균 동역학적 사슬 길이, 평균 중합도, 중합도 분포 등까지 예측할 수 있게 해주므로 대단히 유용하다.

12.4.3 평균 동역학적 사슬 길이

평균 동역학적 사슬 길이 ν는 개시된 사슬당 중합된 단량체 분자의 평균수나 개시 반응의 단위 속도당 중합 반응의 속도로 구해진다. 따라서 식 (18)과 (34)로부터 (39)가 쉽게 얻어진다.

$$\nu = \frac{r_p}{r_i} = \frac{k_p[\mathrm{M}]}{2k_t[\mathrm{R}]} = \left(\frac{k_p{}^2}{2k_t}\right)^{1/2}\frac{[\mathrm{M}]}{r_i^{1/2}} \tag{39}$$

이 식은 주어진 개시 반응 속도와 표 12.2에 나타낸 속도론적 자료로 중합의 평균 동역학적 사슬 길이를 계산할 수 있음을 나타내고 있다. (35)와 (39)를 결합하면 다음과 같은 유용한 식이 된다.

$$(r_p\nu)^{1/2} = \left(\frac{k_p^2}{2k_t}\right)^{1/2}[\mathrm{M}] \tag{40}$$

이 식으로부터 개시 반응 속도에 대한 정보 없이도 $(k_p^2/2k_t)^{1/2}$을 구할 수 있다.

12.5 평균 중합도와 평균 분자량

12장 서론에 나타낸 기구에 따르면, **결합**에 의한 정지 반응에서는 정지되는 라디칼보다 더 큰 고분자가 생성된다. 반면 **불균등화**(disproportionation)에 의한 정지는 정지되는 라디칼과 같은 크기의 고분자를 생성한다. 평균 중합도 $\overline{DP}$가 고분자당 단량체 분자의 평균수로 구해지므로, 이 두 가지 정지 반응에 의한 차이가 드러나게 된다. 따라서 고분자의 전체 생성 속도는 (41)로 정의된다. (이는 불균등화 정지 반응에서 두 개의 고분자가 생성되기 때문이고, 결합 정지 반응에서는 한 분자만이 생성된다.)

$$\frac{d[\mathrm{P}]}{dt} = (k_{tc} + 2k_{td})[\mathrm{R}]^2 \tag{41}$$

순간 평균 중합도는 다음과 같다.

$$\overline{DP} = \frac{-d[\mathrm{M}]/dt}{d[\mathrm{P}]/dt} = \frac{k_p[\mathrm{M}]}{(k_{tc} + 2k_{td})[\mathrm{R}]} \tag{42}$$

(40), (42)와 관계식 $k_t = k_{tc} + k_{td}$에서 $\overline{DP}$를 평균 동역학적 사슬 길이로 나타낼 수 있다.

$$\overline{DP} = 2\nu\left(\frac{k_{tc} + k_{td}}{k_{tc} + 2k_{td}}\right) \tag{43}$$

때때로 한 종류의 정지 반응이 다른 것보다 우세하게 일어난다. 그럴 때는 다음과 같이 (43)을 간소화할 수 있다.

1. 결합에 의한 정지 반응이 우세할 때는 $k_{tc} \gg k_{td}$이고,

$$\overline{DP} = 2\nu \tag{44}$$

2. 불균등화에 의한 정지 반응이 우세할 때는 $k_{tc} \ll k_{td}$이고,

$$\overline{DP} = \nu \tag{45}$$

따라서 어떤 라디칼 중합에서 연쇄 이동이 일어나지 않으면 $\overline{DP}$는 ν와 2ν 사이에 있게 된다.

평균 중합도는 고분자에 포함된 단량체 분자의 평균 수로 구해지므로 평균 분자량은 다음과 같이 쓸 수 있다.

$$\overline{M} = M_0\overline{DP} \tag{46}$$

여기서 M_0는 단량체의 분자량이다. 이렇게 얻은 평균 분자량은 수평균 분자량인데, 이에 대해서는

14, 15장에서 더 상세히 설명할 것이다. 평균 분자량의 측정은 $\overline{DP}$를 구하는 데 가장 손쉬운 방법이다.

12.6 중합도 분포와 분자량 분포[1]

12장 서론에 주어진 기구와 정상 상태 근사식에 따라 **중합도** n인 성장 라디칼의 속도식을 다음 식으로 표현할 수 있다.

$$\frac{d[\mathrm{R}_n]}{dt} = k_p[\mathrm{M}][\mathrm{R}_{n-1}] - k_p[\mathrm{M}][\mathrm{R}_n] - 2k_t[\mathrm{R}_n][\mathrm{R}] = 0 \tag{47}$$

$[R_{n-1}]$으로 나누고 재배열하면

$$\frac{[\mathrm{R}_n]}{[\mathrm{R}_{n-1}]} = \frac{k_p[\mathrm{M}]}{k_p[\mathrm{M}] + 2k_t[\mathrm{R}]} = \left(1 + \frac{2k_t[\mathrm{R}]}{k_p[\mathrm{M}]}\right)^{-1} \tag{48}$$

ν의 정의를 기초로 (48)을 다음과 같이 편리한 식으로 고쳐 쓸 수 있다.

$$\frac{[\mathrm{R}_n]}{[\mathrm{R}_{n-1}]} = \left(1 + \frac{1}{\nu}\right)^{-1} \tag{49}$$

(49)의 비율을 연속 곱셈하여 비율 $[\mathrm{R}_n]/[\mathrm{R}_1]$에 대한 다음 식을 얻는다.

$$\frac{[\mathrm{R}_n]}{[\mathrm{R}_1]} = \left(\frac{[\mathrm{R}_n]}{[\mathrm{R}_{n-1}]}\right)\left(\frac{[\mathrm{R}_{n-1}]}{[\mathrm{R}_{n-2}]}\right)\left(\frac{[\mathrm{R}_{n-2}]}{[\mathrm{R}_{n-3}]}\right)\cdots\frac{[\mathrm{R}_2]}{[\mathrm{R}_1]} \tag{50}$$

또는

$$[\mathrm{R}_n] = [\mathrm{R}_1]\left(1 + \frac{1}{\nu}\right)^{-(n-1)} \tag{51}$$

f_n을 중합도 n인 성장 라디칼의 분율로 정의하면 (51)에서 다음 식이 유도된다.

$$f_n = \frac{[\mathrm{R}_n]}{[\mathrm{R}]} = \frac{[\mathrm{R}_1]}{[\mathrm{R}]}\left(1 + \frac{1}{\nu}\right)^{1-n} \tag{52}$$

[1] A. M. North, *The Kinetics of Free Radical Polymerization* (New York: Pergamon Press, **1966**), pp. 14–16.

여기서 전체 라디칼 농도 [R]의 정상 상태식과 최소 성장 라디칼 농도 [R_1]을 생각하면 다음과 같다.

$$\frac{d[\mathrm{R}]}{dt} = r_i - 2k_t[\mathrm{R}]^2 = 0 \tag{53}$$

$$\frac{d[\mathrm{R}_1]}{dt} = r_i - k_p[\mathrm{M}][\mathrm{R}_1] - 2k_t[\mathrm{R}_1][\mathrm{R}] = 0 \tag{54}$$

식 (53), (54)를 재배열하면

$$\frac{[\mathrm{R}_1]}{[\mathrm{R}]} = \frac{1}{\nu}\left(1 + \frac{1}{\nu}\right)^{-1} \tag{55}$$

이고, (55)를 (52)에 대입하면 성장 라디칼의 중합도에 관한 분포 함수 (56)이 얻어진다.

$$f_n = \frac{1}{\nu}\left(1 + \frac{1}{\nu}\right)^{-n} \tag{56}$$

고분자에서 중합도(또는 분자량) 분포는 f_n과 고분자 생성 기구로부터 결정된다. 12장 서론에 기술한 단순한 반응 기구에서 알 수 있듯이 고분자는 오직 성장 라디칼의 결합 반응과 불균등화 반응에 의해서만 생성된다.

n의 $\overline{DP}$ (또는 X_n)를 갖는 고분자의 몰분율은 다음과 같은 속도 비로 주어진다.

$$X_n = \frac{d[\mathrm{P}_n]/dt}{\sum_n d[\mathrm{P}_n]/dt} = \frac{d[\mathrm{P}_n]/dt}{d[\mathrm{P}]/dt} \tag{57}$$

여기서 분모는 이미 (41)로 주어져 있다. 분자를 구하려면 P_n을 형성하는 모든 반응 속도의 합이 필요하다. 이 반응들을 아래에 열거한다.

결합 반응	불균등화 반응	
$R_{n-1} + R_1 \rightarrow P_n$	$R_n + R_1 \rightarrow P_n + P_1$	(58)
$R_{n-2} + R_2 \rightarrow P_n$	$R_n + R_2 \rightarrow P_n + P_2$	(59)
⋮	⋮	
$R_{n-m} + R_m \rightarrow P_n$	$R_n + R_m \rightarrow P_n + P_m$	(60)
⋮		
$R_1 + R_{n-1} \rightarrow P_n$		(61)

식 (58)~(61)의 결합 반응 속도의 합에서[즉, 총합 지수(summation) m의 값이 (58)의 1에서 (61)의 $(n-1)$일 때까지], 모든 반응은 하나를 제외하고 2배로 계산한다. 단, 하나의 예외는 $m = n - m = n/2$인 반응일 때이고, 이것은 상수 n이 짝수일 때 같은 라디칼 사이의 반응에서만 가능하다. 만일 n이 짝수라면

$$\frac{d[\mathrm{P}_n]}{dt} = k_{tnnc}[\mathrm{R}_{n/2}][\mathrm{R}_{n/2}] + \frac{1}{2}\sum_{\substack{m=1 \\ m \neq n/2}}^{n-1} k_{tnmc}[\mathrm{R}_{n-m}][\mathrm{R}_m] + 2k_{td}[\mathrm{R}_n][\mathrm{R}] \tag{62}$$

여기서 1/2은 각 반응의 2배에 의한 것이다. 다른 라디칼 정지 반응의 속도 상수는 같은 라디칼의 2배라는 것을 상기하라(즉, $k_{tnm} = 2k_{tnn} = 2k_t$). 따라서 식 (62)는 다음과 같이 쓸 수 있다.

$$\frac{d[\mathrm{P}_n]}{dt} = k_{tc}\sum_{m=1}^{n-1}[\mathrm{R}_{n-m}][\mathrm{R}_m](1)^m + 2k_{td}[\mathrm{R}_n][\mathrm{R}] \tag{63}$$

$\overline{DP}$가 홀수인 고분자를 생성하는 같은 라디칼끼리의 결합 반응은 있을 수 없으므로 속도의 합으로부터 바로 식 (63)이 얻어진다. (56)을 여기에 대입한다.

$$\frac{d[\mathrm{P}_n]}{dt} = \left[\frac{k_{tc}}{\nu^2}\left(1+\frac{1}{\nu}\right)^{-n}\sum_{m=1}^{n-1}(1)^m + \frac{2k_{td}}{\nu}\left(1+\frac{1}{\nu}\right)^{-n}\right][\mathrm{R}]^2 \tag{64}$$

물론 이 합은 $(n-1)$과 같고, 따라서 (65)가 성립된다.

$$\frac{d[\mathrm{P}_n]}{dt} = \frac{1}{\nu}\left(1+\frac{1}{\nu}\right)^{-n}\left(\frac{n-1}{\nu}k_{tc} + 2k_{td}\right)[\mathrm{R}]^2 \tag{65}$$

(41)로 나누면 최종적으로 인 고분자의 몰분율이 얻어진다. 즉,

$$X_n = \frac{1}{\nu}\left(1+\frac{1}{\nu}\right)^{-n}\frac{(n-1)/\nu + 2(k_{td}/k_{tc})}{1 + 2(k_{td}/k_{tc})} \tag{66}$$

(66)에서 보는 바와 같이 연쇄 이동이 없는 자유 라디칼 연쇄 반응 기구로 생성된 고분자의 중합도 분포 함수는 오직 동역학적 사슬 길이와 불균등화 반응 대 결합 반응에 대한 비율에만 의존한다.

12장 서론에 언급된 두 가지 극단적인 경우가 (66)으로부터 쉽게 유도된다.

1. 만일 $k_{td} = 0$이고 결합에 의한 정지 반응만 일어난다면,

$$X_n = \frac{n-1}{\nu^2}\left(1+\frac{1}{\nu}\right)^{-n} \tag{67}$$

2. $k_{tc} = 0$이고 불균등화에 의한 정지 반응만 일어난다면,

$$X_n = \frac{1}{\nu}\left(1+\frac{1}{\nu}\right)^{-n} \tag{68}$$

(66)에서 ν와 k_{td}/k_{tc}에 미치는 분포 함수의 기능적 의존성을 그림 12.5에 그래프로 나타내었다. 그림 12.5b에서 모든 분포 곡선이 같은 점을 통과한다는 것을 주목하라. 이것은 $\overline{DP} = n$인 고분자의

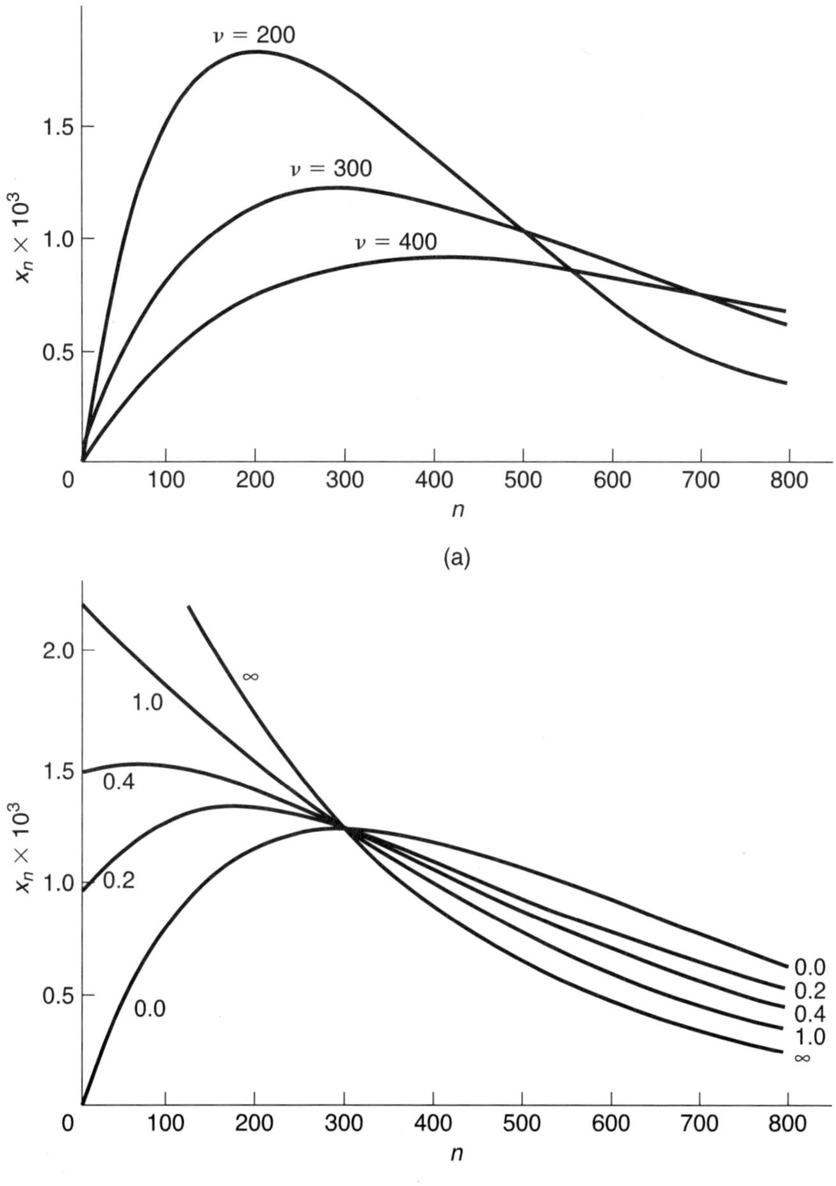

그림 12.5 중합도의 산술 분포: (a) 여러 동역학적 사슬 길이 값에 대한 결합 정지 반응, (b) 여러 k_d/k_c 값에서의 $\overline{\nu}=300$에 대한 분포

몰분율이 k_{td}/k_{tc}에 무관한 n값이 존재한다는 것을 의미한다. 이 값의 산출 과정은 여기에 예시하지 않는다. 이 값은 $n=\nu+1$이다.

50°C의 벤젠 용액에서 얻어진 평균 중합도 626의 폴리스타이렌 분포를 실험적으로 측정하여 그림 12.6에 점으로 나타내었다. 그림 12.6의 실선은 $\nu=374$와 $(k_{td}/k_{tc})=0.24$[식 (42)와 3장의 연습문제 6 참조]를 사용하여 (66)으로 계산한 값이다. 이론값과 실험값이 잘 일치되는 것으로 보아 유

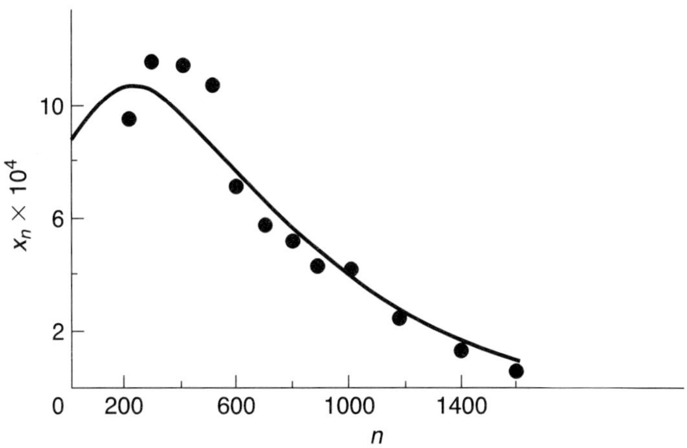

그림 12.6 중합도의 실험적, 이론적 산술 분포[식 (66)을 사용하여 계산]

도한 분포 함수의 명확성과 유용성을 잘 나타내 준다. M = M_0X이므로 분자량 분포는 X_n으로부터 쉽게 얻어진다. 여기서 M_0는 단량체의 분자량이다.

독자들은 (66)~(68)과 그림 12.5, 12.6의 분포가 **산술** 또는 **몰분율 분포**라는 것을 유의해야 한다. 중량 분율 분포 W_n은 몰분율 분포(66)에 $n/\overline{DP}$를 곱해서 얻을 수 있다. 이는 문제 8에서 공부하도록 남겨 둔다. 결과는 다음과 같다.

$$W_n = \frac{n}{2\nu^2}\left(1 + \frac{1}{\nu}\right)^{-n} \frac{(n-1)/\nu + 2(k_{td}/k_{tc})}{1 + (k_{td}/k_{tc})} \tag{69}$$

12.7 연쇄 이동

실제로 평균 중합도가 ν보다 약간 또는 크게 작아서, 12장 서론에 묘사한 간단한 반응 기구가 맞지 않는 경우가 가끔 발생한다. 더구나 자유 라디칼 중합에 특정 시약을 가할 때, 중합 속도에는 영향을 주지 않고 평균 중합도가 ν보다 큰 값에서 훨씬 작은 값으로 감소하는 경우도 있다.

이 현상에 대한 가장 간단한 해석은 성장하는 자유 라디칼이 안정한 분자와 반응해서 순간적으로 새로운(일반적으로 작은) 자유 라디칼을 갖는 고분자를 생성하는 것이다. (70)에 나타낸 이러한 반응은 12장 서론의 경우에는 포함되지 않는 것이다. (70)에서 X·는 분자 X에서 유도된 자유 라디칼이다.

$$R_n + X \xrightarrow{k_x} P_n + X\cdot \tag{70}$$

만일 X·가 R_n과 비슷하게 단량체에 대한 반응성을 갖는다면, (70)은 대개의 경우 다음과 같이 된다. 성장 라디칼 농도 [R]이 변하지 않으므로 중합 속도 r_p 또는 평균 동역학적 사슬 길이 ν도 변하지 않는다. 그러나 평균 중합도가 뚜렷하게 변하므로 평균 분자량과 분자량 분포가 변한다. 반응 (70)은 거의 대부분 (71)을 수반하는 연쇄 이동 반응이고, 이때의 X를 연쇄 이동제라고 부른다.

$$X\cdot + M \longrightarrow R_1 \tag{71}$$

만일 [(70)에서 생성된] X·가 단량체에 대해 R_n의 반응성보다 아주 낮은 반응성을 갖는다면, X·의 다른 반응이 (71)처럼 완전히 효과적으로 일어나고, (70)은 금지 반응이 되며, 이때 X는 금지제 또는 억제제(retarder)라고 부른다. 만일 자유 라디칼 X가 단량체(M)와 반응하지 않는다면, 계 내에 존재하는 다른 안정한 분자들, 즉 고분자(P_n), 개시제(I), 첨가제(X) 등과도 반응하지 않을 것이다. 일반적으로, 이런 금지 반응의 경우 미반응 X·는 다른 자유 라디칼과 반응하여 정지된 동역학적 사슬을 형성하게 된다. 이제부터는 우리가 연쇄 이동이라고 부르는 X·가 단량체와 반응하는 경우만을 생각하기로 하자.

만일 (70)이 항상 (71)을 수반한다면 (70)이 일어나도 전체 라디칼 농도 [R]은 변하지 않는다. 따라서 중합 속도와 동역학적 사슬 길이는 각각 (35)와 (39)에서 벗어나지 않는다. 그러나 평균 중합도와 중합도 분포는 크게 변한다.

12.7.1 평균 중합도에 대한 연쇄 이동의 영향

반응 (70)이 안정한 고분자를 생성한다는 것을 인식함으로써, 연쇄 이동의 발생을 간단히 평균 중합도의 개념에 통합시킬 수 있다. 연쇄 이동은 어떤 중합도를 갖는 라디칼에서도 일어나므로 전체 고분자 생성 속도는 다음과 같이 된다.

$$\frac{d[P]}{dt} = \sum_n \frac{d[P_n]}{dt} = (k_x[X] + k_{tc}[R] + 2k_{td}[R])[R] \tag{72}$$

(42)에서 $k_x = 0$이면, 평균 중합도는

$$\overline{DP} = \frac{k_p[M]}{k_x[X] + (k_{tc} + 2k_{td})[R]} \tag{73}$$

이것을 평균 중합도의 **역수**로 생각하는 것이 더 편리하다. (34)와 (39)를 이용해서 [R]을 소거하면 다음 식을 얻는다.

$$(\overline{DP})^{-1} = \frac{k_x[X]}{k_p[M]} + \frac{(k_{tc} + 2k_{td})r_p}{k_p^2[M]^2} = \frac{k_x[X]}{k_p[M]} = \frac{k_{tc} + 2k_{td}}{2\nu(k_{tc} + k_{td})} \tag{74}$$

연쇄 이동 반응이 특별히 그 목적으로 첨가된 물질에 국한되지 않는다는 것을 기억해야 한다. 연쇄 이동은 단량체(M), 고분자(P), 용매(S), 개시제(I), 계 내에 존재하는 불순물 등으로 인해 일어남에 따라 k_x[X]항은 실제로 다음과 같이 복합적으로 표현된다.

$$k_X[X] = k_M[M] + k_S[S] + k_I[I] + k_{고분자}[P] + k_Y[Y] \tag{75}$$

여기서 Y는 이 목적으로 특별히 첨가한 연쇄 이동제를 나타내고, k_i는 i종으로의 연쇄 이동을 나타낸다. (75)를 (74)에 대입하고 **연쇄 이동 상수** C_i를 $C_i \equiv k_i/k_p$로 정의하면

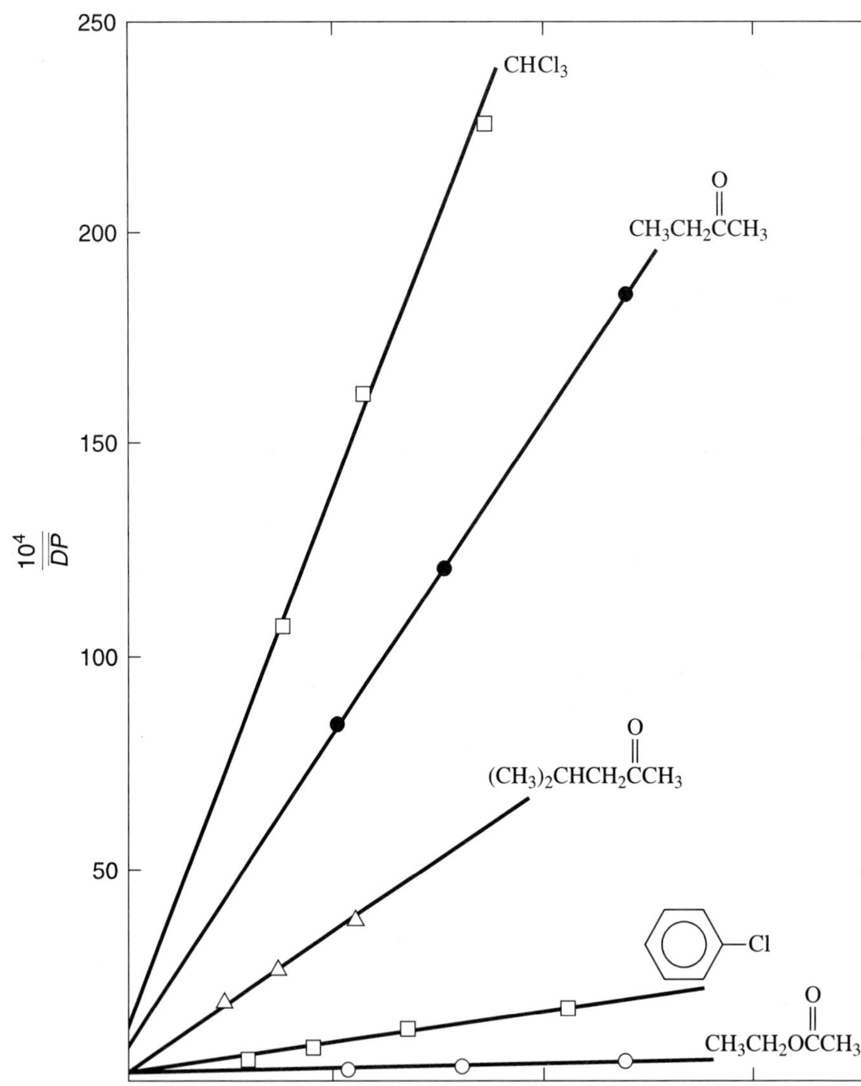

그림 12.7 60˚C에서 바이닐아세테이트 중합에서의 여러 용매에 대한 연쇄 이동

$$(\overline{DP})^{-1} = (\overline{DP})_0^{-1} + C_{\text{I}}\frac{[\text{I}]}{[\text{M}]} + C_{\text{S}}\frac{[\text{S}]}{[\text{M}]} + C_{\text{Y}}\frac{[\text{Y}]}{[\text{M}]} + C_{\text{고분자}}\frac{[\text{P}]}{[\text{M}]} \tag{76}$$

여기서

$$(\overline{DP})_0^{-1} = C_{\text{M}} + \frac{(k_{tc} + 2k_{td})r_p}{k_p^2[\text{M}]^2} \tag{77}$$

일반적으로, 개시제나 고분자로의 연쇄 이동을 제거하거나, 최소한으로 억제하는 조건이 선택되므로, 앞으로의 논의에서는 이 점을 염두에 두고자 한다. 따라서 (75)에 부합하는 항목은 무시한다.

(76)에 따라, 연쇄 이동 상수 C_S와 C_Y는 용매의 농도와 $r_p/[\text{M}]^2$의 비율로 고정된 연쇄 이동제 농도의 함수로 나타낸 평균 중합도의 실험값으로부터 얻을 수 있다. 따라서 $(\overline{DP})^{-1}$과 [S]/[M]이나 [Y]/[M]의 그래프는 절편 $(\overline{DP})_0^{-1}$과 기울기 C_S나 C_Y를 갖는 직선이 된다. 60°C에서 바이닐아세테이트 중합에서의 여러 용매에 대한 전형적인 연쇄 이동 그래프를 그림 12.7에 나타내었다.

표 12.3 자유 라디칼 중합에서의 연쇄 이동 상수

중합하는 단량체	연쇄 이동제 Y	$C\times10^4$ (60°C)	$E_y - E_P$ (kcal/mol)
스타이렌*	스타이렌	0.6	7.9
	벤젠	0.018	15
	사이클로헥세인	0.024	13
	트라이페닐메테인	35	5.1
	사염화탄소	92	5.0
	사브로민화탄소	13,600	3.0
바이닐아세테이트†	바이닐아세테이트	2.5	3.1
	벤젠	2.2	15
	사이클로헥세인	6.6	
	트라이페닐메테인	850	
	사염화탄소	960	1.4
	사브로민화탄소	390,000	−7.6
메틸메타크릴레이트*	메틸메타크릴레이트	0.07	
	벤젠	0.075	
	사이클로헥세인	0.1	
	사염화탄소	2.4	
	사브로민화탄소	2,700	

* Ham, G. E., in *Vinyl Polymerization*, G. E. Ham, Ed. (New York: Dekker, **1967**), Chap. 1.

† Lindemann, M. K., in *Vinyl Polymerization*, G. E. Ham, Ed. (New York: Dekker, **1967**), Chap. 4.

실제적으로 연쇄 이동 상수는 요소 반응들의 **속도 상수 비**이므로, 활성화 에너지와 연쇄 이동이 같은, 실제로는 불가능한 경우를 제외하면, 이들은 온도에 의존한다. 따라서 용매로의 연쇄 이동 상수의 온도 의존성은 다음 식으로 주어진다.

$$C_s = \frac{A_s e^{-E_s/RT}}{A_p e^{-E_p/\mathrm{RT}}} = \left(\frac{A_s}{A_p}\right) e^{(E_p - E_s)/RT} \tag{78}$$

여기서 A_s와 A_p는 이동과 성장 반응의 빈도 인자(frequency factor)들이고, E_s와 E_p는 활성화 에너지이다. 식 (78)에 따라, 속도론적 매개변수 A_s/A_p와 $E_s - E_p$는 $1/T$의 함수로 나타낸 C_s의 대수(logarithm) 그래프에서 절편과 기울기로 주어진다. C_s값은 위와 같이 각 온도마다 결정된다.

연쇄 이동 상수는 중합하는 단량체들과 여러 가지 시약들과의 반응으로 결정된다. 60°C에서의 이들 상수값과 활성화 에너지 차 $E_s - E_p$(또는 $E_y - E_p$)를 종합해서 표 12.3에 나타내었다.

12.7.2 중합도 분포에 대한 연쇄 이동의 영향

연쇄 이동은 중합 속도 r_p나 평균 동역학적 사슬 길이 ν에 영향을 끼치지 않는다. 그러나 앞 장에서 논의한 바와 같이 평균 중합도와 평균 분자량에는 커다란 영향을 끼칠 수 있다. 분명히, 중합도 분포와 분자량 분포도 영향을 받을 것이다. 연쇄 이동은 (66)~(69)에서 전개한 것과 같은 과정을 통해 중합도의 분포 함수에 도입된다. 유도 과정을 생략하고 결과만을 분포 함수로 나타내면 다음과 같다.

$$f_n = \frac{[\mathrm{R}_n]}{[\mathrm{R}]} = \frac{1 + \gamma\nu}{\nu}\left(1 + \frac{1}{\nu} + \gamma\right)^{-n} \tag{79a}$$

$$X_n = \frac{1 + \gamma\nu}{\nu}\left[\frac{(n-1)\left(\frac{1 + \gamma\nu}{\nu}\right) + 2\gamma\nu\left(1 + \alpha + \frac{\alpha}{\gamma\nu}\right)}{1 + 2\gamma\nu\left(1 + \alpha + \frac{\alpha}{\gamma\nu}\right)}\right]\left(1 + \gamma + \frac{1}{\nu}\right)^{-n} \tag{79b}$$

여기서 γ은 연쇄 이동 항으로 (80a)와 같이 정의한다.

$$\gamma = C_\mathrm{M} + C_\mathrm{S}\frac{[\mathrm{S}]}{[\mathrm{M}]} + C_\mathrm{Y}\frac{[\mathrm{Y}]}{[\mathrm{M}]} \tag{80a}$$

그리고

$$\alpha = \frac{k_{td}}{k_{tc}} \tag{80b}$$

(80a)에서 S는 용매를, Y는 연쇄 이동을 목적으로 첨가한 시약을 나타낸다.

12.7.3 $\overline{DP}$와 $\overline{DP}$의 분포에 미치는 연쇄 이동 영향의 예

연쇄 이동은 평균 중합도와 분자량 분포에 극적인 영향을 끼칠 수 있다. 한 예로 25°C 벤젠–사염화탄소 용액에서 1 *M*의 스티이렌을 중합하는 경우를 생각해 보자. $r = 10^{-8}$ mol/L-s(25°C, 0.4 *M*의 AIBN)의 개시 반응 속도에서 3장의 연습문제 6, 표 12.2와 12.3, (39), (76)의 데이터로부터 다음 값이 얻어진다.

$$\nu = 90$$
$$\overline{DP}(C_6H_6) = 162 = 1.80\nu$$
$$\overline{DP}(CCl_4) = 24 = 0.27\nu$$

(79b)로 계산한 중합도의 이론적인 중량 분포와 미리 주어진(연습문제 8 참조) W_n과 X_n의 관계를 그림 12.8에 나타내었다. 이 그림에서 벤젠을 용매로 사용했을 때, 연쇄 이동이 아주 없는 경우($\gamma = 0$)의 분포를 분간할 수는 없다.

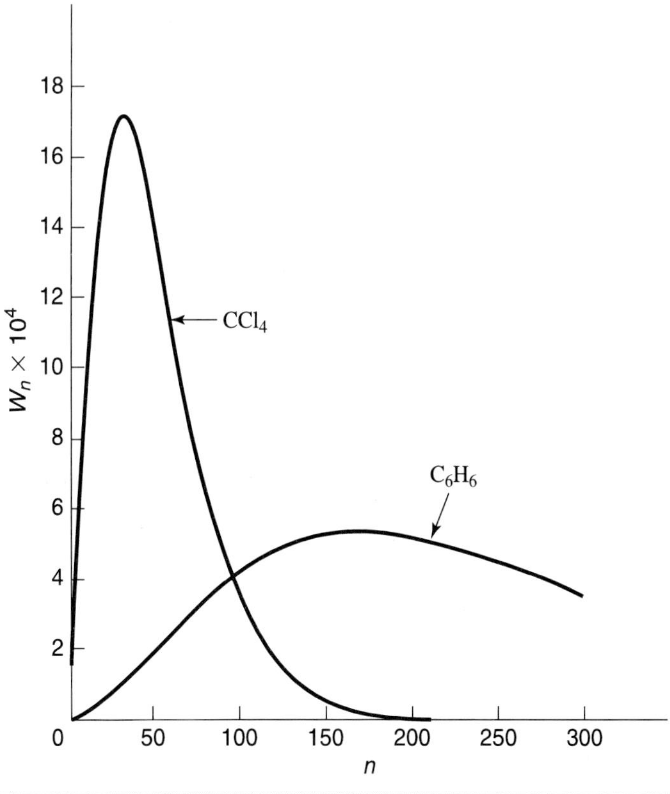

그림 12.8 25°C, 1 *M* 스티이렌의 중합에서($r_1 = 10^{-8}$ mol/L-s)의 분포에 미치는 용매로의 연쇄 이동의 영향

12.7.4 중합도의 온도 의존성

평균 중합도는 개시 반응이 온도에 의존하는가(즉, 개시제의 열분해), 온도에 무관한가(즉, 광개시나 방사선 개시)와 연쇄 이동이 어느 정도 일어났는가에 따라 달라진다.

먼저 연쇄 이동을 무시할 수 있는 경우를 생각해 보자. 이때는 (44)와 (45)에 따라 평균 중합도가 v와 $2v$ 사이에 있게 되고, 이것은 연쇄 정지 단계에서 결합과 불균등화 반응의 상대적 기여도에 의존한다. (44)를 적용하기 위해 간단히 $k_{td} = 0$이라고 하자. 그러면 (81)이 성립한다.

$$\overline{DP} = 2v = \frac{2(k_p^2/2k_t)^{1/2}[\mathrm{M}]}{(2fk_i[\mathrm{I}])^{1/2}} \tag{81}$$

만일 속도 상수가 Arrhenius 식으로 표현되고 f는 온도에 무관하다면[1], (82), (83)이 성립한다.

$$\overline{DP} = \frac{A_p[\mathrm{M}]}{(A_tA_if[\mathrm{I}])^{1/2}} \exp\left[\frac{-(E_p - \frac{1}{2}E_t - \frac{1}{2}E_i)}{RT}\right] \tag{82}$$

또는

$$\ln \overline{DP} = \ln K - \frac{E_p - \frac{1}{2}E_t - \frac{1}{2}E_i}{RT} \tag{83}$$

여기서 (82)의 온도-독립 항은 K로 나타낸다. 여러 가지 단량체와 열분해 개시제에 대한 $[E_p - (1/2)E_t]$와 E_i의 전형적인 값을 표 12.2와 3.3에 나타내었다. 이들 활성화 에너지의 크기를 보면, 열분해 개시가 일어날 때, $\overline{DP}$는 온도가 상승함에 따라 **감소**하는 것이 명백해진다. 한편, 광이나 조사에 의한 개시(또는 온도에 무관한 어떤 개시 방법)에서는 $E_i = 0$이다. 따라서 (83)에 의해 $\overline{DP}$는 온도 상승에 따라 **증가**한다.

특별한 예로 스타이렌의 중합을 생각하자. 여기서 $[E_p - (1/2)E_t] = 6600$ cal/mol이고, 개시 방법은 다음과 같다: (1) AIBN(azobisisobutyronitrile)의 열분해에 의한 방법($E_i = 30{,}800$ cal/mol), (2) 아조프로페인(azopropane)의 광분해에 의한 방법($E_i = 0$). (1)의 경우에 (84)를 적용한다.

$$\frac{d \ln (\overline{DP})_1}{dT} = -\frac{8800}{RT^2} < 0 \tag{84}$$

반면, (2)의 경우에는 (85)가 적당하다.

$$\frac{d \ln (\overline{DP})_2}{dT} = +\frac{6600}{RT^2} > 0 \tag{85}$$

---

[1] K. C. Berger, *Makromol. Chem.*, **1975**, *176*, 3575.

연쇄 이동을 무시할 수 없을 때는 (74)를 적용한다. 만일 이 식의 두 항목이 서로 비슷하다면 온도 의존성은 복잡해지고, $1/T$에서의 직선식은 쓸 수 없게 된다. 아주 극단적으로 첨가제 Y로의 연쇄 이동이 고분자 생성을 지배하는 경우에는 (86)을 적용할 수 있다.

$$\ln \overline{DP} = \ln\frac{[\mathrm{M}]}{[\mathrm{Y}]} + \ln\frac{A_{\mathrm{P}}}{A_{\mathrm{Y}}} + \frac{E_{\mathrm{Y}} - E_{\mathrm{P}}}{RT} \tag{86}$$

여기서 각 기호들은 표 12.3과 같다. 대개의 경우 연쇄 이동제나 용매에 대한 $E_y - E_p$는 양수이므로 $\overline{DP}$는 온도의 상승과 함께 감소한다.

12.8 절대적 성장과 정지 반응 속도 상수

앞서 유도한 모든 속도론적 항들은 개시 반응 속도, 단량체 농도, 속도 상수비 $(k_p^2/k_t)^{1/2}$, C_{M}, C_{Y}에 의존한다. 우리가 본 것과 같이, 만일 개시 반응 속도를 알면 여러 농도의 단량체, 연쇄 이동제에서의 중합 속도와 평균 중합도를 실험적으로 측정하여, 표 12.2와 12.3에 주어진 속도 상수 비를 아주 쉽게 구할 수 있다. 그러나 k_p, k_t, k_y의 **절대적인** 값을 구하는 것은 아주 어렵다. 왜냐하면, 이들은 r_p, v, $\overline{DP}$ 등의 간단한 속도론적 표현식으로 이끄는 정상 상태로부터 벗어나야 하기 때문이다.

개별적인 속도 상수들을 구하는 데 자주 사용되는 한 방법으로 간헐적(intermittent) 또는 펄스를 갖는 조명(pulsed illumination)을 수반하는 광개시 중합이 있다. 간헐적 조명은 성장 라디칼 농도가 정상 상태로부터 주기적으로 이탈하게 되어서 조명 중단 시간의 함수로 중합 속도(평균 라디칼 농도)를 나타내면, 라디칼 연쇄의 정상 상태 **수명**(steady-state lifetime) $\bar{\tau}_s$를 산출한다. 정상 상태 수명이 (87)로 나타나므로,

$$\bar{\tau}_s = \frac{[\mathrm{R}]}{2k_t[\mathrm{R}]^2} = \frac{k_p}{2k_t}\left(\frac{[\mathrm{M}]}{r_p}\right) \tag{87}$$

표 12.4 60°C에서의 성장과 정지 반응의 속도 상수

단량체	k_p[(L-mol^{-1}-s^{-1})×10^{-3}]	k_t[(L-mol^{-1}-s^{-1})×10^{-7}]
메타크릴로나이트릴	0.36	2.3
메틸아크릴레이트	1.6	0.13
메틸메타크릴레이트	0.71	1.8
스타이렌	0.074	0.33
바이닐아세테이트	1.0	3.2

$\bar{\tau}_s$, [M]과 r_p를 측정하여 비율 k_p/k_t를 계산할 수 있다. 이 비율과 표 12.2의 $(k_p^2/2k_t)^{1/2}$을 결합하면 k_p와 k_t를 분리해서 얻을 수 있다. k_p와 표 12.3의 C_Y를 조합하면 k_y가 산출된다.

이 방법에 관한 더 상세한 내용은 더 전문화된 책들을 참고하기 바란다. 60°C에서의 성장 반응과 정지 반응의 개별적인 속도 상수를 표 12.4에 나타내었다.[1] 앞서 언급한 것처럼, 60°C에서의 연쇄 이동의 절대 속도 상수들은 표 12.4의 k_p와 표 12.3의 적당한 연쇄 이동 상수를 포함시켜 얻을 수 있다.

12.9 공중합

12.9.1 공중합 조성식: 반응성비

앞서 논의한 속도론은 한 가지 단량체의 중합에만 국한된다. 이제 반응계에 두 가지 단량체가 존재하고, 이들이 모두 자유 라디칼 중합을 할 수 있다고 생각해 보자. 이때에도 (88)~(91)과 같은 4가지 형태의 성장 반응이 존재할 것이다.

$$\text{∿∿}\!-\!M_1\cdot + M_1 \xrightarrow{k_{p11}} \text{∿∿}\!-\!M_1\cdot \tag{88}$$

$$\text{∿∿}\!-\!M_1\cdot + M_2 \xrightarrow{k_{p12}} \text{∿∿}\!-\!M_2\cdot \tag{89}$$

$$\text{∿∿}\!-\!M_2\cdot + M_2 \xrightarrow{k_{p22}} \text{∿∿}\!-\!M_2\cdot \tag{90}$$

$$\text{∿∿}\!-\!M_2\cdot + M_1 \xrightarrow{k_{p21}} \text{∿∿}\!-\!M_1\cdot \tag{91}$$

여기서 특정한 라디칼의 반응성은 그것의 크기와 무관하고 라디칼 $M_1\cdot$과 $M_2\cdot$이 붙어 있는 고분자 사슬의 특성에도 무관하다고 가정한다. 일반적으로 고분자는 두 가지 단량체 단위들이 분자 사슬 안에서 서로 결합된 형태로 얻어지는데, 이것을 **공중합체**라고 한다. (88)~(91)에서 공중합 속도론적 거동의 두 가지 극단적인 형태를 상기할 수 있다. 첫째는 $k_{p12}/k_{p11} = k_{p21}k_{p22} = 0$인 경우로 이때는 공중합이 일어나지 않고 M_1과 M_2가 중합하여 동종 중합체 $(M_1)_n$과 $(M_2)_m$을 생성하게 된다. 두 번째 경우는 $k_{p11}/k_{p12} = k_{p22}/k_{p21} = 0$인 경우로 이때는 공중합이 일어나 교호 공중합체 $(M_1M_2)_n$를 생성한다. 대부분의 공중합은 이 두 가지 극단 사이에 위치하고 있다.

단량체 분자가 성장 반응에 의해서만 소비된다는 "긴 사슬 가정(long-chain assumption)"을 이용하면 (88)~(91)에서의 단량체 소모율은 다음과 같이 된다.

[1] J. G. Calvert and J. N. Pitts, Jr., *Photochemistry* (New York: Wiley, **1966**), pp. 651 ff.

$$-\frac{d[\mathrm{M}_1]}{dt} = k_{p11}[\mathrm{M}_1\cdot][\mathrm{M}_1] + k_{p21}[\mathrm{M}_2\cdot][\mathrm{M}_1] \tag{92}$$

$$-\frac{d[\mathrm{M}_2]}{dt} = k_{p12}[\mathrm{M}_1\cdot][\mathrm{M}_2] + k_{p22}[\mathrm{M}_2\cdot][\mathrm{M}_2] \tag{93}$$

이제 공중합체에서 단량체 M_1의 수와 단량체 M_2의 수의 비를 $\gamma = n_{\mathrm{M}_1}/n_{\mathrm{M}_2}$라고 정의하면 (92)와 (93)으로부터 (94)를 얻는다.

$$\gamma = \frac{-d[\mathrm{M}_1]/dt}{-d[\mathrm{M}_2]/dt} = \frac{[\mathrm{M}_1]}{[\mathrm{M}_2]}\left(\frac{k_{p11}[\mathrm{M}_1\cdot] + k_{p21}[\mathrm{M}_2\cdot]}{k_{p12}[\mathrm{M}_1\cdot] + k_{p22}[\mathrm{M}_2\cdot]}\right) \tag{94}$$

여기서 $[\mathrm{M}_1]/[\mathrm{M}_2]$는 반응 혼합물에서의 단량체들의 몰비이다.

정상 상태 근사식을 라디칼 $\mathrm{M}_1\cdot$과 $\mathrm{M}_2\cdot$에 적용하고,

$$-\frac{d[\mathrm{M}_1\cdot]}{dt} = \frac{d[\mathrm{M}_2\cdot]}{dt} = k_{p12}[\mathrm{M}_1\cdot][\mathrm{M}_2] - k_{p21}[\mathrm{M}_2\cdot][\mathrm{M}_1] = 0 \tag{95}$$

이것을 재배열한다.

$$\frac{[\mathrm{M}_2\cdot]}{[\mathrm{M}_1\cdot]} = \frac{k_{p12}[\mathrm{M}_2]}{k_{p21}[\mathrm{M}_1]} \tag{96}$$

(96)을 (94)에 대입하면 최종적으로 다음 식을 얻는다.

$$\gamma = \frac{1 + r_1([\mathrm{M}_1]/[\mathrm{M}_2])}{1 + r_2([\mathrm{M}_2]/[\mathrm{M}_1])} \tag{97}$$

여기서 **반응성비** r_1과 r_2는 $r_1 = k_{p11}/k_{p12}$와 $r_2 = k_{p22}/k_{p21}$로 정의된다. (97)은 **공중합 조성식**(copolymer composition equation)으로 알려져 있다. 이 식은, 주어진 순간에 형성된 공중합체의 조성을 단량체 혼합물의 조성과 두 단량체의 반응성비 항목으로 나타내 주기 때문이다.

공중합 조성식 (97)은 잘 검토되어 왔으며 다음과 같은 성질들을 갖고 있다고 알려져 왔다.

1. r_1, r_2와 농도비는 무차원이므로, 이 식은 희석과는 무관하다.
2. 개시와 정지 반응의 속도 상수들이 나타나지 않으므로, 이 식은 개시 반응 속도에 무관하다.
3. 매체의 특성을 크게 변화시키는 시약을 첨가해도 r_1과 r_2가 변하지 않으므로, 이 식은 반응이 이루어지는 매체에 무관하다.

반응 혼합물의 조성에 대한 고분자 조성의 의존 관계를 보려면 공중합 조성식을 고분자에서의 몰분율 f_i, 반응 혼합물 중에서의 몰분율 F_i로 고쳐 쓰는 것이 편리하다. 따라서 (98)이 얻어지는데,

$$\frac{f_1}{f_2} = \frac{1 + r_1(F_1/F_2)}{1 + r_2(F_2/F_1)} = \frac{F_1(F_2 + r_1F_1)}{F_2(F_1 + r_2F_2)} \tag{98}$$

여기서 $f_2 = 1 - f_1$과 $F_2 = 1 - F_1$의 관계식을 도입하면 (99)가 된다.

$$f_1 = \frac{F_1(1 + [r_1 - 1]F_1)}{(r_1 + r_2 - 2)F_1^2 + 2(1 - r_2)F_1 + r_2} \tag{99}$$

그림 12.9에 F_1에 대한 f_1의 기능적 의존성을 여러 가지 r_1, r_2 조합에 대하여 그래프로 나타내었다.

특별히 $r_1 = r_2$인 경우에는 같은 점(0.5, 0.5)을 지나는 곡선의 집단이 얻어진다. 곡선의 형태는 r 값이 1보다 크거나 작게 됨에 따라 변화한다. 이러한 계에서 모든 반응 혼합물은 공비 특성(azeotropic property)을 나타낸다. 이것은 임의의 혼합물에서 중합이 진행됨에 따라 반응물의 몰분율이 0.5가 되면 단량체 조성이 더 이상 변하지 않고 고분자 중의 단량체 비가 반응 혼합물의 단량체 농도비와 같게 된다.

이것은 $r_1 \neq r_2$인 계에서 공비 반응 혼합물(azeotropic reaction mixture)이 생길 가능성이 있음을 말해 준다. 따라서 공비 조건, 즉 $\gamma = [M_1]/[M_2]$를 적용하면 다음 결과식을 얻는다.

$$\left(\frac{[M_1]}{[M_2]}\right)_{공비} = \frac{1 - r_2}{1 - r_1} \tag{100}$$

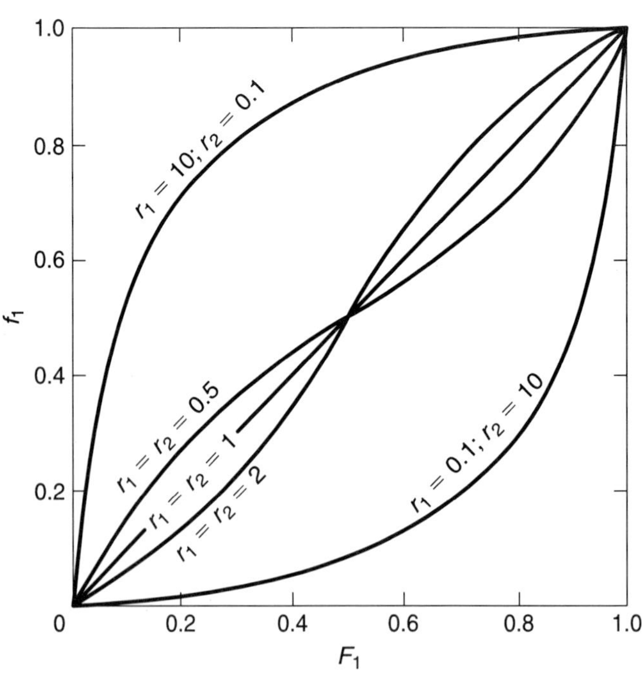

그림 12.9 반응물의 조성에 대한 공중합 조성의 의존 한계

단량체의 농도비는 항상 양의 수이므로 (100)은 공비 반응 혼합물이, r_1과 r_2가 모두 1보다 작거나 모두 클 때 가능하다는 것을 보여 준다. 실제로 r_1과 r_2가 1보다 큰 많은 공비 계(azeotropic system)가 알려져 있다. 그러나 두 반응성 비가 1보다 작은 경우는 극히 드물다.

12.9.2 반응성비의 실험적 측정

반응성비의 실제적인 산출값은 초기 단량체의 농도비를 알고 있는 반응 혼합물에서 만들어진 공중합체의 단량체 몰비를 실험적으로 측정해서 결정한다. 따라서 (97)을 r_2에 대해 풀면 (101)이 얻어진다.

$$r_2 = \frac{1}{\gamma}\left(\frac{[M_1]}{[M_2]}\right)^2 r_1 + \frac{[M_1]}{[M_2]}\left(\frac{1}{\gamma} - 1\right) \tag{101}$$

이것은 주어진 $[M_1]/[M_2]$값에서 **화학적 분석**에 의해 상대적인 γ값으로 결정할 수 있다. 이 값들을 (101)에 대입하면 r_1의 함수로서 r_2가 양의 기울기를 갖는 직선식이 된다. $[M_1]/[M_2]$ 값이 각기 다른 여러 가지 실험을 통해 양의 기울기를 갖는 직선식을 얻는다. r_2 대 r_1의 그래프에서 이들 직선식의 교점 좌표는 조사하는 특정 단량체 조합에 대한 반응성비이다. 물론 r_1과 r_2는 반응 속도 상수의 비이므로, 이들 값은 그 공중합이 진행되는 온도의 영향을 받을 것이다. 그림 12.10에 실제로 한 점이 아니라 한 영역의 교점을 가지는 전형적인 그래프를 나타내었다. 이것은 주로 실험 오차에 기인한다. 표 12.5에 몇 가지 r_1, r_2의 전형적인 값들을 나타내었다.

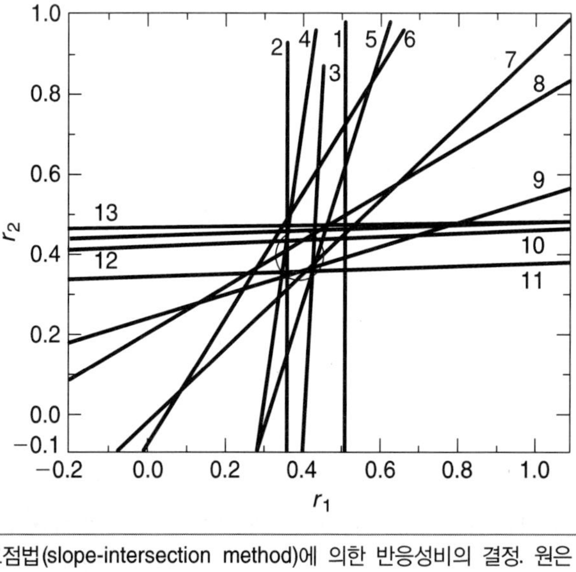

그림 12.10 기울기-교점법(slope-intersection method)에 의한 반응성비의 결정. 원은 r_1, r_2값에 가장 적당한 영역을 나타낸다.

표 12.5 자유 라디칼 공중합 반응성비

M_1	M_2	온도(°C)	r_1	r_2
메틸메타크릴레이트	아크릴로나이트릴	80	1.22	0.15
메틸메타크릴레이트	뷰타다이엔	90	0.25	0.75
메틸메타크릴레이트	*p*-클로로스타이렌	60	0.42	0.89
스타이렌	뷰타다이엔	60	0.78	1.39
스타이렌	메틸메타크릴레이트	60	0.52	0.46
스타이렌	메틸메타크릴레이트	131	0.59	0.54
스타이렌	바이닐아세테이트	60	55	0.01
바이닐아세테이트	아크릴로나이트릴	70	0.07	6.0
바이닐아세테이트	메틸메타크릴레이트	60	0.015	20
바이닐아세테이트	바이닐클로라이드	60	0.23	1.68

자료: Mark, H., Immergut, B., Immergut, E. H., Young, L. J, and Beynon, K. I., in *Copolymerization*, G. E. Ham, Ed. (New York: Wiley-Interscience, **1964**), pp. 695 ff.

12.9.3 공중합에서의 개별 단량체 반응성

각 공중합체의 반응성비는 특정한 성장 연쇄에 첨가되는 두 단량체의 상대적인 경향을 나타낸다. 성장 연쇄의 반응 말단은 두 단량체 중의 하나로 이루어진 자유 라디칼이다. 명백히 두 가지 형태의 반응 말단이 존재하므로 반응성비가 쌍(pairs)으로 결정된다. 더구나, 실험적으로 얻은 값이 **상대적인 값**이므로 이들은 단량체들의 한 가지 **특별한** 쌍에만 부합된다. 따라서 어떤 상호 관계가 없는 상태에서는 반응성비들을 각 단량체 쌍들에 대한 실험값으로 결정해야만 한다. 반면에, 다른 모든 단량체와의 공중합에 적용될 수 있는 반응성 매개변수(reactivity parameter)가 각 단량체에 미치는 영향을 알려고 하면, 그 상호 관계 파악에 필요한 자료의 축적과 도표 작성에 많은 경비가 소요된다.[1]

이러한 복잡한 이론적 기초를 가진 여러 가지 상호 관계식이 제안되었는데, 가장 잘 알려지고 널리 사용되는 것은 Alfrey-Price의 $Q-e$개념이다. 이 상호 관계에서 각 성장 속도 상수는 다음과 같이 쓸 수 있다.

$$k_{ij} = P_i Q_j \exp(-e_i e_j) \tag{102}$$

[1] n개의 단량체의 경우 $n(n-1)/2$의 공중합 쌍이 가능하다. 따라서 두 가지 매개변수의 상호 관계를 가지는 $n = 100$만큼의 자료를 수집하려고 할 때, 200개의 도표만 있으면 되지만, 이러한 상호 관계가 없을 때는 9900개가 필요하게 된다.

표 12.6 60°C에서의 Alfrey-Price의 $Q-e$값

단량체	Q	e
아크릴로나이트릴	0.60	1.20
뷰타다이엔	2.39	−1.05
p-메톡시스타이렌	1.36	−1.11
p-사이아노스타이렌	1.61	0.30
메틸아크릴레이트	0.42	0.60
메틸메타크릴레이트	0.74	0.40
메틸바이닐케톤	1.0	0.7
스타이렌	(1.0)	(−0.8)
바이닐아세테이트	0.026	−0.22
바이닐클로라이드	0.044	0.20

여기서 P_i는 라디칼 i의 반응성을 나타내고, Q_j는 단량체 j의 반응성을, e_i와 e_j는 라디칼과 분자의 극성 상호작용(polarity interaction)을 나타낸다. (102)로부터 반응성비가 각각 얻어지고

$$r_1 = \frac{Q_1}{Q_2}\exp(-e_1[e_1 - e_2]) \tag{103}$$

$$r_2 = \frac{Q_2}{Q_1}\exp(-e_2[e_2 - e_1]) \tag{104}$$

이들을 곱하면 (105)가 된다.

$$r_1 r_2 = \exp(-[e_1 - e_2]^2) \tag{105}$$

한 단량체가 선정되면 그것에 대한 임의의 Q, e값이 정해지고 r_1, r_2의 실험값으로부터 Q, e의 표를 작성할 수 있게 된다. 이것은 전기화학의 전지에서 표준 전극 전위표를 만드는 것과 유사하다. 이러한 절차를 통해 각 단량체에 대한 두 가지 매개변수를 얻는다. 이들은 Q, e값을 적용할 수 있는 어떤 단량체 쌍을 공중합시킬 때 식 (103), (104)에 대입하여 반응성비들을 계산하는 데 이용된다. 물론 r_1과 r_2가 온도에 의존하므로 Q, e값은 온도에 의존하는 형태로 결정된다. 표 12.6은 60°C에서의 몇 가지 전형적인 값이고, 여기에 쓰인 단량체는 $Q_{\text{스타이렌}} = 1.0$과 $e_{\text{스타이렌}} = -0.8$ 값을 갖는 스타이렌이다. 이 표의 자료들은 반응성비를 계산하거나 45개의 공중합쌍에 대한 공중합체-단량체 조성 도표를 작성하는 데 사용된다.

비록 $Q-e$ 개념의 이론적인 의미가 아직 명확치 않지만(이론적인 기초로 이를 설명하려는 수많은 시도에도 불구하고) 제안된 형태 그대로, 이것은 공중합 반응에서 상대적인 반응성에 대한 극히 유용한 상호 관계 구조(correlation framework)로 남아 있다.

12.9.4 공중합에서의 단량체 분포[1]

비록 생성된 공중합체를 화학적으로 분석하여 이 안에 존재하는 단량체들의 몰비를 알 수 있지만, 이것이 그대로 공중합체에서의 단량체 단위의 분포를 의미하는 것은 아니다. 두 단량체 M_1, M_2의 몰비 $\gamma = (N_{M_1}/N_{M_2})_{고분자}$는 다음에 밑줄 친 전형적인 공중합체 배열 $\text{-}(M_1)_n\text{-}$과 $\text{-}(M_2)_n\text{-}$의 평균 길이에 대해 아무런 정보도 주지 못한다.

$$\underline{-M_1-M_1-M_1-M_1}-\underline{M_2-M_2}-\underline{M_1}-\underline{M_2-M_2-M_2}-\underline{M_1-M_1-M_1}$$

이제 반응성비에서 M_1과 M_2 단위의 평균 배열 길이를 어떻게 계산해 낼 것인가에 대한 속도론적 논리를 생각할 필요가 있다.

P_{11}을 성장 라디칼 사슬 $M_1\cdot$이 단량체 M_1에 부가될 확률이라고 하자. 성장 사슬 $M_1\cdot$이 M_1 또는 M_2에 부가되는 두 가지 가능한 경우만을 생각하는 것이 좋다. 따라서 이것을 다음과 같은 확률식으로 쓸 수 있다.

$$P_{11} = \frac{k_{p11}[M_1\cdot][M_1]}{k_{p11}[M_1\cdot][M_1] + k_{p12}[M_1\cdot][M_2]} \tag{106}$$

또는

$$P_{11} = \frac{r_1[M_1]}{r_1[M_1] + [M_2]} = 1 - P_{12} \tag{107}$$

여기서 P_{12}는 $M_1\cdot$이 M_2와 반응할 확률이다. 공중합체에서 $M_1\cdot$의 라디칼이 주어졌다면, 이제는 $P_{M_1}(m)$으로 표시되는 단량체 M_1이 **정확히** m단위의 배열을 형성할 확률을 생각하자. 여기에는 표 12.7의 구조가 도움이 된다. **정확히** m단위의 배열을 형성하려면, 그 배열이 표의 마지막 열과 같이 끝나야 한다. 그것은 표에서 마지막 성장 라디칼이 M_2와 반응해야 한다는 것을 의미한다. 따라서 확률은 다음과 같다.

$$P_{M_1}(m) = P_{11}^{m-1}P_{12} \tag{108}$$

표 12.7 M_1 단위 배열의 형성

반응	배열 길이	확률
$M_1\cdot + M_1 \longrightarrow M_1M_1\cdot$	2	P_{11}
$M_1M_1\cdot + M_1 \longrightarrow (M_1)_2M_1\cdot$	3	P_{11}^2
$\text{-}(M_1)_{m-2}\text{-}M_1\cdot + M_1 \longrightarrow \text{-}(M_1)_{m-1}\text{-}M_1\cdot$	m	P_{11}^{m-1}

[1] North, op. cit., pp. 90–92.

마찬가지로, M_2로부터 유도된 라디칼에서 M_2가 m단위의 배열을 형성할 확률은

$$P_{M_2}(m) = P_{22}^{m-1}P_{21} \tag{109}$$

이제 평균 배열(사슬) 길이(average sequence length) $\overline{m}_{M_1}$, $\overline{m}_{M_2}$는 산술 평균의 정의를 사용해서 (108), (109)로부터 결정할 수 있게 된다. 따라서,

$$\overline{m}_{M_1} = \frac{\sum_{m=1}^{\infty} mP_{M_1}(m)}{\sum_{m=1}^{\infty} P_{M_1}(m)} = \frac{\sum_{m=1}^{\infty} mP_{11}^{m-1}}{\sum_{m=1}^{\infty} P_{11}^{m-1}} \tag{110}$$

이다. $(1/1 - P_{11})^2$으로 주어지는 분자와 $(1/1 - P_{11})$으로 주어지는 분모를 정의[(110)에서 합의 첫 번째 소항을 그대로 쓰고, 이것을 대수학 급수와 비교함으로써]하여 식 (111)로 쓸 수 있다.

$$\overline{m}_{M_1} = \frac{1}{1 - P_{11}} = \frac{1}{P_{12}} \tag{111}$$

P_{11}과 r_1의 관계 (107)로부터 최종적으로 (112)를 얻는다.

$$\overline{m}_{M_1} = 1 + r_1\frac{[M_1]}{[M_2]} \tag{112}$$

똑같이 M_2의 평균 배열 길이는 다음과 같이 주어진다.

$$\overline{m}_{M_2} = 1 + r_2\frac{[M_2]}{[M_1]} \tag{113}$$

공중합체의 **결합수**(run number) R은 단량체 단위 100개당 한 단량체 배열의 평균수로 정의된다. 이 항목의 의미를 살펴보기 위해 아래에 밑줄 친 가상적인 공중합체 단면을 생각하자. 여기서 배열의 수는 9이고 20개의 단량체 단위가 존재한다. 따라서 $R = 9(100/20) = 45$이다.

$$\underline{M_1—M_1}—\underline{M_2—M_2—M_2}—\underline{M_1—M_1—M_1—M_1}—\underline{M_2}—\underline{M_1—M_1}$$
$$\underline{—M_2—M_2—M_2—M_2}—\underline{M_1—M_1}—\underline{M_2}—\underline{M_1}$$

길이에 상관없이 배열 형성 속도 dS/dt는 간단히 배열이 끝나는 속도이다. 연쇄 정지를 무시하면 이것은 다음과 같다.

$$\frac{dS}{dt} = k_{12}[M_1\cdot][M_2] + k_{21}[M_2\cdot][M_1] \tag{114}$$

여기서 속도 상수에 붙는 첨자 p는 편의상 사용하지 않았다. 전체 중합 속도는 다음과 같다.

$$-\frac{d([M_1] + [M_2])}{dt} = k_{11}[M_1\cdot][M_1] + k_{12}[M_1\cdot][M_2] + k_{21}[M_2\cdot][M_1] + k_{22}[M_2\cdot][M_2] \tag{115}$$

(114)와 (115)를 결합하여 시간을 제거하고 정상 상태 근사식 (95)를 적용한다.

$$-\frac{d([M_1] + [M_2])}{dS} = \frac{k_{11}[M_1] + k_{12}[M_2]}{2k_{12}[M_2]} + \frac{k_{22}[M_2] + k_{21}[M_1]}{2k_{21}[M_1]} \tag{116}$$

또는

$$-\frac{d([M_1] + [M_2])}{dS} = 1 + \frac{r_1}{2}\frac{[M_1]}{[M_2]} + \frac{r_2}{2}\frac{[M_2]}{[M_1]} \tag{117}$$

앞에서 정의한 것과 같이 **결합수**는 단량체 100단위당 평균 배열수이다. 이것을 다음과 같이 쓸 수 있다.

$$R = 100\left(-\frac{dS}{d([M_1] + [M_2])}\right) \tag{118}$$

여기에 (117)을 대입하면 최종적으로 다음 식이 얻어진다.

$$R = \frac{200}{2 + r_1([M_1]/[M_2]) + r_2([M_2]/[M_1])} = \frac{200}{\overline{m}_{M_1} + \overline{m}_{M_2}} \tag{119}$$

식 (112), (113), (119)는 $[M_1]$, $[M_2]$, r_1, r_2에 관한 정보를 이용하여 평균 몰비 γ뿐 아니라 고분자 단위 길이당 단량체 단위의 평균 배열수와 각 단량체의 평균 배열 길이도 예측할 수 있다는 것을 의미한다. 공중합체의 여러 가지 중요한 성질이 단량체 단위의 분포에 의존하므로, 상대적으로 적은 실험 데이터로 이러한 예측을 할 수 있는 능력을 갖추는 것은 대단히 중요하다.

연|습|문|제

1. 60°C에서의 스타이렌의 자유 라디칼 중합에서, $k_p = 74$, $k_t = 3.3 \times 10^6$ L-mol^{-1}-s^{-1}이다. 성장 라디칼의 전형적인 개시 반응 속도는 10^{-6} mol-L^{-1}-s^{-1}이다. 개시 반응 속도는 상수라고 가정한다.

(a) 자유 라디칼의 정상 상태 농도를 계산하라.

(b) 자유 라디칼 농도의 시간 의존성을 나타내는 식을 유도하고 정상 상태 값의 95%에 이르기까지에 필요한 시간을 계산하라.

(c) 초기 단량체의 농도가 5 mol/L라고 할 때, 단량체의 20%가 중합하는 데 필요한 시간을 계산하라.

(d) 정상 상태 가정의 명확성을 논의하기 위해 이 결과들을 사용하라. 예를 들어, 답 (c)에서 정상 상태 가정을 사용할 때 얼마만큼의 오차가 발생할 것인가를 말하라.

2. 77°C 벤젠 용액에서 AIBN 분해 개시에 의한 메틸메타크릴레이트(MMA)의 중합 초기 속도가

다음과 같이 보고되었다.

[MMA] (mol/L)	[AIBN] × 10^4 (mol/L)	Rate × 10^3 (mol/L-min)	[MMA] (mol/L)	[AIBN] × 10^4 (mol/L)	Rate × 10^3 (mol/L-min)
9.04	2.35	11.61	4.75	1.92	5.62
8.63	2.06	10.20	4.22	2.30	5.20
7.19	2.55	9.92	4.17	5.81	7.81
6.13	2.28	7.75	3.26	2.45	4.29
4.96	3.13	7.13	2.07	2.11	2.49

(a) (35)의 속도식이 이 자료와 조화를 이루는가? 왜 그런가?

(b) AIBN의 분해 속도 상수가 $k_1 \sim 10^{15.2} e^{-30{,}800\ cal/RT}\ \mathrm{s}^{-1}$이고 개시 효율이 0.7일 때, 이들 자료로부터 속도 상수 $k_p/k_t^{1/2}$의 값을 계산하라.

3. 0.0413 M 벤조일퍼옥사이드(benzoyl peroxide)의 열분해 개시를 이용하여 50°C와 70°C 벤젠 용액에서의 메틸메타크릴레이트 중합을 실시하고 다음과 같은 자료를 얻었다.

[MMA]	$r_p \times 10^5$ (50°C)		$r_p \times 10^5$ (70°C)	
(M)	M/s	$\overline{DP}$ (50°C)	M/s	$\overline{DP}$ (70°C)
0.944	1.53	630	8.2	210
1.89	3.34	1200	18.6	450
3.78	6.74	2120	38.4	840
5.66	9.72	2900	56.6	1190

(a) 이들 자료가 (35)와 일치하는가?

(b) 개시 효율이 온도와 무관하다고 가정하고, 이들 데이터로부터 $E_p - (1/2)E_t + (1/2)E_i$를 추정하라.

(c) 이 장에서 주어진 자료를 이용하여 벤조일퍼옥사이드의 분해에 대한 활성화 에너지를 계산하라.

(d) $\overline{DP}$에 대한 단량체 농도와 온도의 영향을 설명하라.

4. 식 (69)를 유도하라.

5. 연쇄 이동이 없고 **(a)** $k_{tc} = 0$과 **(b)** $k_{td} = 0$일 때, DP의 중량 분율 분포를 계산하고 그래프로 그려라.

6. 연쇄 이동이 있고 $k_{td} = 0$일 때 DP의 산술 분포 함수, 즉 (79)를 유도하라.

7. 연습문제 4에서와 유사하게 연쇄 이동이 있고, $k_{tc} = 0$일 때 DP의 산술 분포 함수를 유도하라.

8. DP, W_n의 중량 분율 분포가 산술 분율 분포 X_n과 $n/\overline{DP}$를 곱한 것과 같다는 것을 보여라.

9. 60°C 벤젠 용액에서 벤조일퍼옥사이드(0.05 M) 개시제로 4 M의 바이닐아세테이트를 중합하였

다. 벤조일퍼옥사이드의 분해 속도 상수 $k_d = 3.0 \times 10^{13} e^{-29{,}600\ cal/RT}\ s^{-1}$이고, 개시 효율은 0.75라고 가정한다. 또 $k_{tc} = 0$이라고 가정한다(표 3.5 참조). 이 장의 자료를 이용하여 다음을 계산하라.

(a) 중합 속도

(b) 동역학적 사슬 길이

(c) 평균 중합도

(d) *DP*에 대한 분포 함수를 구하고 적당한 그래프를 그릴 것

(e) 동역학적 사슬의 수명

(f) $DP = 15$인 성장 라디칼의 수명, 바이닐아세테이트와 벤젠의 밀도는 0.93과 0.87 g/cm³이다.

10. 8.6 mol/L의 스타이렌과 0.1 mol/L의 사염화탄소를 함유하는 반응 혼합물로 0°C에서 광조사로 중합시켰다. 평균 동역학적 사슬 길이는 1000이었다. 이 장에서 주어진 자료를 이용하여 다음을 계산하라.

(a) 개시 반응 속도

(b) 평균 중합도

(c) 100°C에서 개시 반응 속도가 그대로일 때의 평균 중합도

11. 자유 라디칼 중합으로 얻은 폴리스타이렌 시료를 분자량 차로 21개로 나누어서 다음과 같은 자료를 얻었다. [Schulz, G. V., Scholz, A., Figini, R. V., *Makromol. Chem.*, **1962**, *57*, 220, published by Hüthing and Wepf Verlag, Basel]

시료의 무게(mg)	시료의 $\overline{DP}$	시료의 무게(mg)	시료의 $\overline{DP}$
25.60	138	23.05	885
51.65	274	47.55	960
55.95	365	51.15	1050
37.40	428	52.65	1160
45.05	480	50.10	1260
52.85	535	47.70	1420
31.30	605	44.75	1600
33.75	673	36.25	1890
40.10	740	27.00	2100
38.75	795	28.90	2030
42.60	835		

(a) 이들 자료로 분자량의 중량 분포와 수분포를 그려라. (힌트: 먼저 주어진 M보다 작은 M을 가지는 분자량의 중량 분율과 주어진 M을 그래프로 그려서 적분 분포 곡선을 그려라. 이어서 이 곡선을 미분하라. 같은 방법으로 수분포 곡선을 그려라.)

(b) (a)로 얻는 실험 분포와 (67)로 계산한 이론 분포를 비교하라.

12. 3.5 *M*의 바이닐아세테이트와 1.5 *M*의 바이닐클로라이드를 함유하는 벤젠 용액이 있다. 0.1 *M*의 AIBN을 넣고 60°C로 가열하여 자유 라디칼 중합을 개시하였다. 다음을 계산하라.

(a) 초기에 생성된 공중합체의 조성

(b) 초기에 생성된 공중합체에서 바이닐아세테이트와 바이닐클로라이드의 평균 배열 길이

(c) 초기에 생성된 공중합체의 결합수

(d) 8개의 바이닐아세테이트 단위를 갖는 배열이 형성될 확률

13. Alfrey–Price $Q - e$값을 사용하여 다음 공중합계 내에서의 반응성비를 계산하라.

(a) 아크릴로나이트릴–뷰타다이엔

(b) 메틸아크릴레이트–바이닐클로라이드

(c) 메틸바이닐케톤–*p*–메톡시스타이렌

(d) 스타이렌–*p*–메톡시스타이렌

14. 퍼옥사이드 결합(—O—O—)의 열분해에서, $—O^{+}$와 $—O^{-}$보다 두 개의 —O·이 왜 더 많이 생성되는가?

15. 용매의 사슬 전이 상수(chain transfer constant)는 작지만, 용매에 의한 사슬 전이가 상대적으로 왜 더 중요한가?

16. 개시제의 사슬 전이 상수는 크지만, 개시제에 의한 사슬 전이가 상대적으로 왜 덜 중요한가?

17. 단량체의 농도 [M]을 증가시키는 것은 단량체에 의한 사슬 전이를 더 중요하게 만들 것인가?

참|고|문|헌

ALLEN P. E. M., and PATRICK, C. R., *Kinetics and Mechanisms of Polymerization Reactions*. New York: Wiley, **1974**, Chaps. 2, 3, 7.

BEVINGTON, J. C., *Radical Polymerization*. New York: Academic Press, **1961**.

BILLMEYER, F. W., Jr., *Textbook of Polymer Science*. New York: Wiley, **1984**, Chaps. 3, 5.

CRAVER, C., and CARRAHER, C. E., Jr. (Eds.), *Applied Polymer Science—21st Century*, Washington: American Chemical Society, **2000**.

DAINTON, F. S., *Chain Reactions*. London: Methuen, **1956**, Chap. 7.

FISCHER, H., "The Persistent Radical Effect: A Principle for Selective Radical Reactions and Living Radical Polymerizations," *Chem. Rev.*, **2001,** *101,* 3581.

FLORY, P. J., *Principles of Polymer Chemistry*. Ithaca, N.Y.: Cornell University Press, **1953,** Chap. 4.

GRIDNEV, A. A., and ITTEL, S. D., "Catalytic Chain Transfer in Free-Radical Polymerizations," *Chem. Rev.*, **2001,** *101*, 3611.

HAWKER, C. J., BOSMAN, A. W., and HARTH, E., "New Polymer Synthesis by Nitroxide Mediated Living Radical Polymerizations," *Chem. Rev.*, **2001,** *101*, 3661.

HIEMENZ, P. C., *Polymer Chemistry*. New York: Dekker, **1984,** Chap. 6.

KAMIGAITO, M., ANDO, T., and SAWAMOTO, M., "Metal Catalyzed Living Radical Polymerization," *Chem. Rev.*, **2001,** *101,* 3689.

LOVELL, P. A., and EL-AASSER, M. S. (Eds.), *Emulsion Polymerization and Emulsion Polymers*, Chichester: John Wiley and Sons, **1997**.

MATYJASZEWSKI, K. (Ed.), *Controlled Radical Polymerization*, Washington, DC: American Chemical Society, **1998**.

NORTH, A. M., *The Kinetics of Free Radical Polymerization*. New York: Pergamon Press, **1966**.

SCOTT, G. E., and SENOGLES, E., "Kinetic Relationships in Radical Polymerization," *J. Macromol. Sci., Rev. Macromol. Chem.*, **1973,** *C9*, 49.

SEYMOUR, R. B., and CARRAHER, C. E., *Polymer Chemistry*, 2nd ed. New York: Dekker, **1988,** Chaps. 9, 10.

13장

이온 중합의 속도론

13.1 이온 중합과 자유 라디칼 중합 속도론의 차이

4장에서 논의한 바와 같이 이온 중합은 많은 단량체 분자가 한 단일 사슬 중심에 부가되는 연쇄 기구에 의해 일어난다. 따라서 이온 중합은 개시, 성장, 이동, 정지 반응 등이 자유 라디칼 중합과 유사하다. 둘 사이의 유일한 차이는 활성 사슬 말단의 특성, 즉 그것이 라디칼인가, 양이온 또는 음이온인가 하는 것이다.

그러나 이온 중합의 속도론은 자유 라디칼 중합과 아주 다르다. 이온 중합의 개시 반응은 아주 작은 활성화 에너지만을 갖고 있으므로 광개시 자유 라디칼 중합과 아주 유사하다. 자유 라디칼 중합에서는 연쇄의 정지가 두 고분자 라디칼이 같이 파괴되면서 일어나지만, 이온 중합에서는 두 양이온 또는 음이온들의 반응에서 전하가 중성이 되지 않으므로, 이러한 일이 일어날 수 없다. 이온 중합에서는 용매가 작용하여 전하를 분리하므로 용매 효과가 훨씬 더 중요하다. 따라서 유전 상수가 높은 용매에서는 자유 이온들에 의해 중합이 진행된다. 유전 상수가 낮은 용매에서는 연쇄 중심이 이온 쌍이 되거나 이온 쌍과 자유 이온이 된다. 자유 라디칼 중합에서는 용매가 이러한 작용을 하지 못한다.

앞에 설명한 모든 특징들은 이온 중합의 속도론이 자유 라디칼 중합의 속도론보다 훨씬 더 복잡하다는 것을 말해 준다. 이온 중합의 복잡성은 대개 개시 반응에서 발생한다. 각 이온 중합에서 나타나는 여러 가지 개시 반응의 가능성은 아주 독특하여 일반적인 속도론으로는 처리할 수 없는 것이다. 그러나 특별히 음이온 중합에서, 개시제가 **완전히** 활성 이온으로 분해하고, 그것이 상당한 양의 중합이 일어나기 **전**에 발생하는 몇 가지 경우가 존재한다. 이런 경우에 중합 속도론은 간단해져 이온 중합 개시제를 그것이 정량적으로 또 순간적으로 분해하는지 안하는지에 따라 유용하게 분류할 수 있다.

13.2 음이온 중합

13.2.1 개시제의 정량적, 순간적 분해

리빙 고분자 앞서 설명한 바와 같이, 특별히 간단한 속도론은 이온 중합 개시제가 중합이 일어나기 전에 완전히 분해할 때 성립한다. 이러한 개시제의 예(표 4.1 참조)는 (1) 알칼리 금속과 Lewis 염기 수용액과의 현탁액(suspension), (2) 유기 리튬 화합물(리튬 이온에 대해 Lewis 염기로 작용하는 용매를 같이 사용), (3) 소듐과 나프탈렌 사이에 전자 교환 반응이 일어나도록 한 소듐나프탈레나이드(sodium naphthalenide)가 있다.

미분해 개시제를 GA로 표시하면 중합 매개체에서의 분해 반응(1a)이 순간적으로 완전히 일어난다고 가정할 수 있다.

$$\mathrm{GA} \longrightarrow \mathrm{G}^+ + \mathrm{A}^- \tag{1a}$$

한 단량체 분자가 A^-에 부가되어야 고분자의 개시 반응이 일어난다.

$$\mathrm{G}^+ + \mathrm{A}^- + \mathrm{M} \longrightarrow \mathrm{G}^+ + \mathrm{AM}^- \tag{1b}$$

용매에 따라 성장 음이온은 자유 이온 AM^- 이온 쌍 AM^-G^+ 또는 양쪽 모두의 거동을 나타낸다. 간소화하기 위해 속도론적 처리에 적합한 한 가지 형태(즉, 자유 이온)만을 생각하자. 그러면 성장 반응은 다음과 같이 나타낼 수 있다.

$$\mathrm{A{-}M^-} + \mathrm{M} \longrightarrow \mathrm{A{-}M{-}M^-} \tag{2}$$

$$\mathrm{A{-}M{-}M^-} + \mathrm{M} \longrightarrow \mathrm{A{-}M_2{-}M^-} \tag{3}$$

$$\mathrm{A{-}M_{n-1}{-}M^-} + \mathrm{M} \longrightarrow \mathrm{A{-}M_n{-}M^-} \tag{4}$$

양이온 G^+는 각 단계에서 항상 음이온 연쇄 중심 부근에 있다고 가정한다. G^+와 음이온 사이에서의 전하 분리의 정도는 용매의 유전 상수에 의존한다. 이 경우에 불순물이나 정지를 일으키는 물질을 첨가하지 않으면, 정지 반응은 존재하지 않는다. 중합은 단량체가 모두 소모되었을 때에만 정지한다. 단량체를 더 첨가하면 반응이 다시 시작된다. 이러한 이유 때문에, 이런 특별한 경우로 생성된 고분자를 소위 "리빙 고분자"라고 부른다.

이런 상황에서는 중합 **중**에 개시 반응이 일어나지 않으므로 속도론이 특히 간단해진다. 단량체 분자에 부가되는 연쇄 중심의 수는 중합 중에 변하지 않는다.

중합 속도 중합 속도는 자유 라디칼 중합에서 논의한 것과 유사한 형태로 정의된다.

$$r_p = -\frac{d[\mathrm{M}]}{dt} = k_p[\mathrm{A}^-][\mathrm{M}] \tag{5}$$

여기서 $[A^-]$는 모든 중합도를 갖는 음이온의 전체 농도이다. 전체 농도 $[A^-]$는 상수이고, 분해 전의 개시제 농도는 $[GA]_0$로 주어진다. 따라서

$$r_p = -\frac{d[M]}{dt} = k_p[GA]_0[M] \tag{6}$$

이 일차 속도식을 적분하면 다음과 같이 단량체 농도의 시간 의존 관계식이 나온다.

$$[M] = [M]_0 e^{-k_p[GA]_0 t} \tag{7}$$

음이온 중합 속도는 12장의 자유 라디칼 중합에서 논의한 것과 같이 중합 개시 후 여러 시간대에서 [M]을 측정하여 실험적으로 구한다. [M]값은 직접 측정하거나 확립된 두 관계식에서 2차적으로 구한다. 실험 측정값과 알고 있는 $[GA]_0$값으로부터 (6) 또는 (7) 식에 의해 k_p를 구한다. 이 값의 중요성은 이 장의 뒷부분에서 논의하겠다.

평균 동역학적 사슬 길이 "리빙(living)" 중합에서는 정지 반응이 없으므로 동역학적 연쇄 성장은 단량체가 완전히 소모되었을 때에만 끝이 난다. 평균 동역학적 사슬 길이는 다음과 같이 정의된다.

$$\nu = \frac{\text{단량체 소모량}}{\text{연쇄 중심의 수}} = \frac{[M]_0 - [M]}{[GA]_0} \tag{8a}$$

여기에 식 (7)의 [M]을 대입하면 (8b)와 같은 시간의 함수가 된다.

$$\nu = \frac{[M]_0}{[GA]_0}(1 - e^{-k_p[GA]_0 t}) \tag{8b}$$

(8b)에 따라, $t \to \infty$인 극한에서는 반응이 완결된다.

$$\nu_\infty = \frac{[M]_0}{[GA]_0} \tag{8c}$$

평균 중합도 평균 중합도는 생성된 고분자당 중합된 단량체 분자의 수이다. 생성된 고분자의 수는 연쇄 중심이나 개시제의 수와 같으므로 (9)가 얻어진다.

$$\overline{DP} = \frac{[M]_0 - [M]}{[GA]_0} = \frac{[M]_0}{[GA]_0}(1 - e^{-k_p[GA]_0 t}) = \nu \tag{9}$$

쌍음이온(dianion)을 수반하는 경우가 있는데, 이를 설명하려면 (9)를 수정해야 한다(4장 참조). 스타이렌의 소듐나프탈레나이드 개시 중합을 예로 들어 보자. 반응 기구는 (10), (11)과 같다.[1]

[1] M. Szwarc, M. Levy, and R. Milkovich, *J. Am. Chem. Soc.*, **1956**, *78*, 2656.

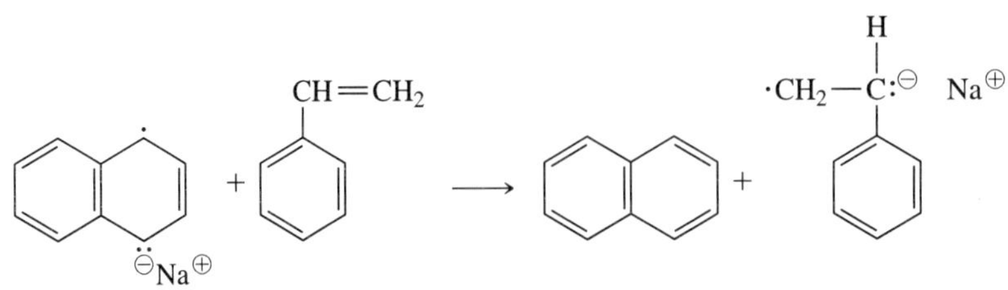

(10)

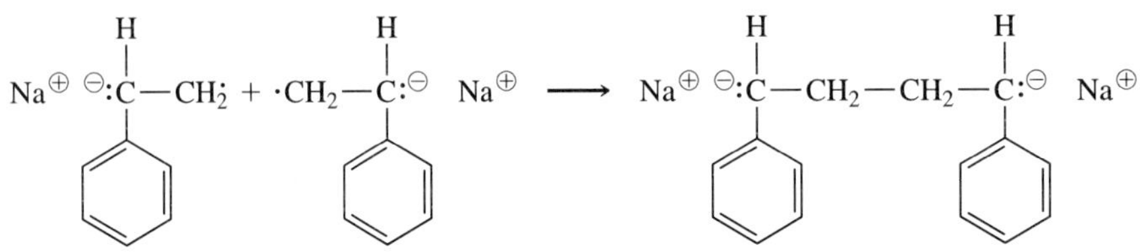

(11)

이 경우에 (11)의 생성물이 참 개시종이므로 생성된 고분자의 수는 연쇄 중심이나 개시제 수의 1/2이다. 중합도는 다음과 같다.

$$\overline{DP} = \frac{[M]_0 - [M]}{\frac{1}{2}[GA]_0} = 2\frac{[M]_0}{[GA]_0}(1 - e^{-k_p[GA]_0 t}) = 2\nu \tag{12}$$

중합도 분포 정지나 이동 반응이 없는 이온 중합, 자유 라디칼 중합과 정지 또는 연쇄 이동 반응이 있는 이온 중합의 가장 근본적인 차이는 중합 분포도가 아주 다르다는 것이다. 분포 함수는 Flory[1]에 의해 속도론적으로 유도되었는데, 이것은 앞서 논의한 자유 라디칼 반응과 유사하다. 그러나 여기에서는 간소화된 정상 상태 근사식을 사용할 수 없다.

이 중합에서 (1)~(4)의 반응 기구를 살펴보자. 만일 k_p가 크기에 무관하고, 개시 반응(1a와 1b)이 순식간에 일어난다고 가정하면, 질량 작용의 법칙을 이용하여 (13)~(16)과 같은 속도식을 유도할 수 있다.

$$\frac{d[AM^-]}{dt} = -k_p[AM^-][M] \tag{13}$$

$$\frac{d[AMM^-]}{dt} = k_p[M]\{[AM^-] - [AMM^-]\} \tag{14}$$

$$\frac{d[AMMM^-]}{dt} = k_p[M]\{[AMM^-] - [AMMM^-]\} \tag{15}$$

$$\vdots$$

$$\frac{d[AM_nM^-]}{dt} = k_p[M]\{[AM_{n-1}M^-] - [AM_nM^-]\} \tag{16}$$

(7)의 [M]을 처음 속도식에 대입하고

[1] P. J. Flory, *J. Am. Chem. Soc.*, **1940**, *62*, 1561.

$$\int \frac{d[\mathrm{AM}^-]}{[\mathrm{AM}^-]} = -k_p[\mathrm{M}]_0 \int e^{-k_p[\mathrm{GA}]_0 t}\,dt \tag{17}$$

$t=0$, $[\mathrm{AM}^-]=[\mathrm{GA}]_0$에서 적분하면 다음과 같다.

$$[\mathrm{AM}^-] = [\mathrm{GA}]_0 \exp\left[-\frac{[\mathrm{M}]_0}{[\mathrm{GA}]_0}(1 - e^{-k_p[\mathrm{GA}]_0 t})\right] \tag{18}$$

(8)의 평균 동역학적 사슬 길이에 관한 표현식으로 보면, 이 마지막 식은 다음과 같이 고쳐 쓸 수 있다.

$$[\mathrm{AM}^-] = [\mathrm{GA}]_0 e^{-\nu} \tag{19}$$

여기서 남아 있는 식 (14)~(16)의 시간 t를 소거하는 것이 좋다. 이것은 평균 동역학적 사슬 길이에 관한 식 (8b)를 이용하면 쉽게 할 수 있다. 시간으로 (8b)를 미분하면, 식 (20)이 된다.

$$d\nu = k_p[\mathrm{M}]_0 e^{-k_p[\mathrm{GA}]_0 t}\,dt \tag{20}$$

식 (7), (19), (20)을 (14)에 대입해 t를 소거하고, $[\mathrm{AMM}^-]$에 대한 이 속도식을 미분 방정식으로 변형시킨다.

$$\frac{d[\mathrm{AMM}^-]}{d\nu} + [\mathrm{AMM}^-] = [\mathrm{GA}]_0 e^{-\nu} \tag{21}$$

속도식 (21)은 선형 일차 미분 방정식이고, 그 해는 다음과 같다.

$$e^{\nu}[\mathrm{AMM}^-] = \int e^{\nu}[\mathrm{GA}]_0 e^{-\nu}\,d\nu + C \tag{22}$$

여기서 e^{ν}는 적분 인자이고, C는 적분 상수이다. (22)를 적분하고, $\nu=0$(즉 $t=0$), $[\mathrm{AMM}^-]=0$인 조건에서 C를 구하면 다음 식을 얻는다.

$$[\mathrm{AMM}^-] = [\mathrm{GA}]_0 \nu e^{-\nu} \tag{23}$$

속도식 (14)를 풀어서 (23)을 구하는 절차를 속도식 (15)에도 그대로 적용해 보자. (7), (20), (23)을 (15)에 대입해 t를 소거하면 미분 방정식 (24)가 된다.

$$\frac{d[\mathrm{AMMM}^-]}{d\nu} + [\mathrm{AMMM}^-] = [\mathrm{GA}]_0 \nu e^{-\nu} \tag{24}$$

여기서 적분 인자 e^{ν}를 사용해 (21)과 같은 방법으로 해를 구하면 결과는 다음과 같다.

$$[\mathrm{AMMM}^-] = \tfrac{1}{2}[\mathrm{GA}]_0 \nu^2 e^{-\nu} \tag{25}$$

이 절차를 반복하면 n개의 단량체 분자를 갖는 음이온 농도가 다음 식으로 주어진다는 것이 명백해진다.

$$[AM_{n-1}M^-] = [GA]_0 \frac{\nu^{n-1}e^{-\nu}}{(n-1)!} \tag{26}$$

중합이 완료될 때 (8c)로 주어지는 동역학적 사슬 길이는 $[M]_0/[GA]_0$이다. 나아가서, 정지 반응이 없으므로 각 초기 음이온은 한 고분자 사슬을 생성한다. 따라서 반응 말기에 중합도 n을 갖는 고분자 분율은

$$X_n = \frac{n\text{개의 단량체를 갖는 음이온의 수}}{\text{음이온의 수}} = \frac{[AM_{n-1}M^-]}{[GA]_0} \tag{27}$$

또는

$$X_n = \frac{\nu_\infty^{n-1}e^{-\nu_\infty}}{(n-1)!} = \frac{1}{(n-1)!}\left(\frac{[M]_0}{[GA]_0}\right)^{n-1} e^{-[M]_0/[GA]_0} \tag{28}$$

이다.

(28)에 주어진 ν(또는 DP)의 분포를 $\nu_\infty = 50$에 대한 그래프로 그림 13.1에 나타내었다. 또 비교를 위해 같은 ν값에서 자유 라디칼 중합(결합에 의해 정지한 것)으로 만든 고분자의 분포를 나타

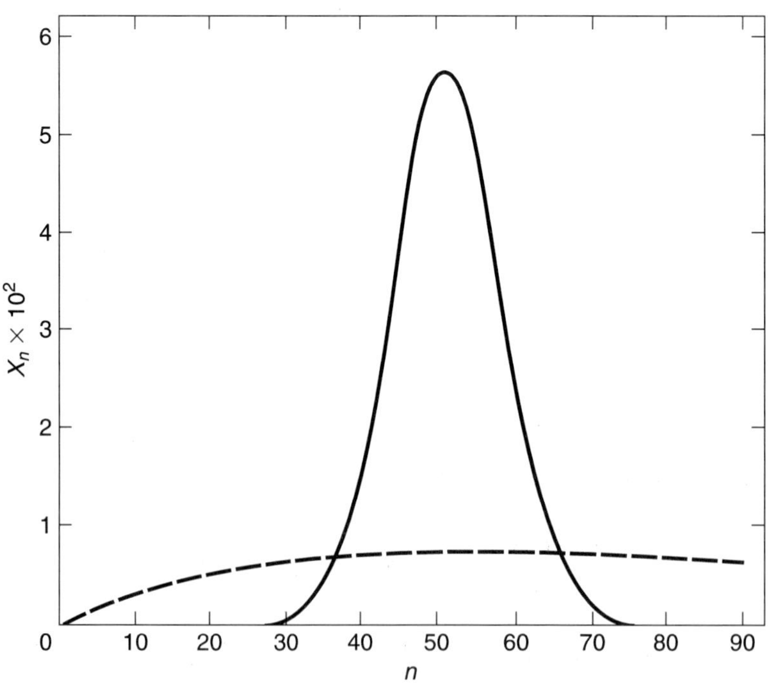

그림 13.1 $\nu = 50$에서 "리빙 고분자"(실선)[식 (28)]와 자유 라디칼 중합(점선)[12장 식 (67)]에 대한 중합도 분포

내었다. 리빙 고분자는 분포가 아주 좁은 것이 특징이다. 실제로 관찰되는 *DP*의 분포는 대개 (28)로 예측한 것보다 다소 넓다. 이것은 성장–분해 평형(propagation-depropagation equilibrium)이 존재하기 때문인데, (28)의 유도 과정에서는 고려하지 않은 요소이다.

$$\mathrm{A{-}M}_n\mathrm{{-}M^-} + \mathrm{M} \rightleftharpoons \mathrm{A{-}M}_{n+1}\mathrm{{-}M^-} \tag{29}$$

그럼에도 불구하고 때때로 관찰된 분포가 예측된 것에 아주 가깝게 나타난다.

간단한 속도론과 좁은 분포가 음이온 중합의 일반적인 경향이 아니라는 것과 그것이 독특한 특징이 될 수 없다는 것을 기억해야 한다. 이것들은 전체 개시 반응이 성장 반응 전에 일어나고, 연쇄 중심을 파괴하는 정지 반응이 일어나지 않을 때 성립한다.

13.2.2 성장 반응의 속도 상수

성장 반응이 일어나기 전에 정량적으로 분해하는 개시제를 사용하고 정지 반응이 없으면 중합도나 중합 속도로 측정하고, 식 (6)과 (7)을 이용하여 바로 k_p를 구할 수 있다. 반대 이온(G^+)이 Na^+인 테트라하이드로퓨란 용매에서 이 방법으로 25°C에서 측정한 값을 표 13.1에 나타내었다.

앞에서 성장 반응이 자유 음이온, 이온 쌍 또는 양쪽 모두를 수반할 수 있다는 것을 언급하였다. 실험적으로 k_p가 반대 이온의 특성과 용매에 따라 변한다는 것이 확인되었다. 만일 성장 반응 중에 한 연쇄 중심만이 자유 이온이라면, 이러한 효과들은 모두 일어나지 않는다. 이온 쌍이 중요한 연쇄 운반체이고, 아마도 음이온 중합에서 **유일한** 연쇄 중심이라고 결론을 내릴 수밖에 없다. 따라서 표 13.1의 k_p값은 이온 쌍과 자유 이온에 의한 성장 반응을 복합적으로 표현한 것이다.

원칙적으로 어떤 평형에서 아래 형태의 분해도는 계가 용매에 의해 희석됨에 따라, 또는 농도 $[GA]_0$가 감소함에 따라 오른쪽으로 이동할 것이다.

$$A^-G^+ \rightleftharpoons A^- + G^+ \tag{30}$$

k_p의 실험값을 무한히 희석될 때로 외삽하면 자유 이온에 의해서만 성장 반응이 일어날 때의 k_p가

표 13.1 25°C 음이온 중합에서의 성장 속도 상수; 용매 = 테트라하이드로퓨란, 반대 이온 = Na^+

단량체	k_p(L-mol^{-1}-s^{-1})	단량체	k_p(L-mol^{-1}-s^{-1})
α-메틸스타이렌	2.5	스타이렌	950
p-메톡시스타이렌	52	1-바이닐나프탈렌	850
o-메틸스타이렌	170	2-바이닐피리딘	7300
p-t-뷰틸스타이렌	220	4-바이닐피리딘	3500

자료: Szwarc, M., and Smid, J., in *Progress in Reaction Kinetics*, Vol. 2, G. Porter, Ed. (New York: Pergamon Press, **1964**), p. 249.

얻어진다. 이러한 연구는 자유 이온 성장 반응의 k_p값이 이온 쌍의 성장 반응에 의한 것보다 아주 크다는 것을 지적하고 있다. 따라서 전체 성장 반응에 대한 자유 이온의 기여는 낮은 유전 상수를 갖는 용매에서도 중요하게 작용한다. 또 중합 속도로부터 얻은 실험적 k_p값은 이온 쌍과 자유 이온을 수반하는 반응 기구의 복합적인 값이라는 결론이 내려진다. 불행하게도 k_p값의 유용성은 제한을 받는다. 왜냐하면 이러한 속도 상수들은 중합이 정확히 같은 조건에서 수행될 때(즉, 정확히 같은 용매, 개시제, 개시제의 농도, 온도)에만 사용할 수 있기 때문이다. 자유 라디칼 중합에서 측정한 k_p 값은 온도의 영향을 제외하면 이러한 조건들과 무관하다.

13.2.3 개시제의 불완전 분해

어떤 성장 반응이 일어나기 전에 개시제가 비활성종 GA에서 활성종 G^+A^-(또는 $G^+ + A^-$)로 **완전히** 전환하므로, 앞서 논의한 음이온 중합의 간단한 속도론이 존재한다. 그러나 어떤 개시제들(즉, 아릴과 알킬리튬)은 활성종과 비활성종 사이에 평형이 유지된다. 더구나 이 평형이 성장하는 음이온 연쇄에서도 일어난다. 이런 상황에서는 개시 반응을 다음과 같이 써야 하고,

$$GA \rightleftharpoons G^+A^- \rightleftharpoons G^+ + A^- \qquad (1a')$$

$$G^+A^- + M \longrightarrow AM^-G^+ \rightleftharpoons AMG \qquad (1b')$$

성장 반응도 다음과 같이 써야 한다.

$$AM^-G^+ + M \longrightarrow AMM^-G^+ \rightleftharpoons AM_2G \qquad (2')$$

$$AM_{n-1}{-}M^-G^+ + M \longrightarrow AM_n{-}M^-G^+ \rightleftharpoons AM_{n+1}G \qquad (4')$$

여기서는 이온 쌍에 의한 성장 반응만을 고려하였다. (2′)와 (4′) 같은 기구에서 자유 이온에 의한 성장 반응도 역시 완전한 형태로 고려해야 한다.

이 기구는 다음과 같은 평형의 존재 때문에 “리빙 중합”보다 훨씬 더 복잡하다.

$$AM_nG \rightleftharpoons AM_n^-G^+ \qquad (31)$$

앞에서 살펴본 바와 같이, 이러한 평형은 개시 반응뿐 아니라, 성장 반응에도 역시 존재한다. 더구나 반응 기구에는 명확히 나타나 있지 않지만, 평형은 용매에 의한 용매화 기여 효과(solvation contribution)를 수반한다. 마지막으로, 더 복잡한 특징으로 단량체가 역시 평형에 영향을 끼친다. 이러한 경우에 다른 모든 조건들, 즉 용매, 온도, 농도, 개시제 등이 고정되어도 개시 반응 속도는 단량체의 특성에 의존한다.

앞서 논의한 복잡성 때문에 중합 속도, 동역학적 사슬 길이, 평균 중합도, 중합도 분포 등을 12장의 자유 라디칼이나 이 장 앞부분의 완전히 분해하는 이온 개시제의 경우처럼 명백한 일반식으로 나타내는 것이 실제로 불가능하다. 따라서 앞서 논의한 계들을 제외하면 음이온 중합(그리고 양이온 중합)에서 각 계는 별개로 분리해서 풀 수밖에 없는 독특한 형태의 속도론으로 표현된다.

13.2.4 음이온 공중합

음이온 반응 기구에 의한 두 단량체의 중합에 대해, 다음과 같이 12장에서 기술한 것과 비슷한 요소 성장 반응들을 쓸 수 있다.

$$\sim\!\!\sim M_1^- + M_1 \xrightarrow{k_{11}} M_1^- \tag{32}$$

$$\sim\!\!\sim M_1^- + M_2 \xrightarrow{k_{12}} M_2^- \tag{33}$$

$$\sim\!\!\sim M_2^- + M_2 \xrightarrow{k_{22}} M_2^- \tag{34}$$

$$\sim\!\!\sim M_2^- + M_1 \xrightarrow{k_{21}} M_1^- \tag{35}$$

똑같이 반응성비, 즉 $r_1 = k_{11}/k_{12}$, $r_2 = k_{22}/k_{21}$를 정의하고, 생성 공중합체의 조성으로부터 이러한 비들을 결정한다. 그러나 일련의 문제가 있다. 성장 속도 상수 k_{ij}는 자유 이온에 의한 것과 이온 쌍에 의한 것의 **복합** 속도 상수이다. 따라서 반응성비도 이온 쌍과 자유 이온 모두에 의한 복합량이다. 자유 이온과 이온 쌍의 상대적 기여도는 반응 조건들에 크게 의존하므로 반응성비 역시 이 조건들에 의존한다. 따라서 이러한 비들은 그것이 결정된 특정 계에만 적용될 수 있으므로, 그 유용성이 자유 라디칼 중합에서보다 음이온 중합에서 훨씬 더 제한적이다.

여러 가지 단량체에 대한 스타이렌의 음이온 공중합의 반응성비들을 표 13.2에 나타내었다. 이

표 13.2 스타이렌의 음이온 공중합에서의 반응성비

M_2	개시제	용매	온도(°C)	r_1	r_2
아크릴로나이트릴*	C_6H_5MgBr / 톨루엔	사이클로헥세인	−45	0.05	15.0
메틸메타크릴레이트*	C_6H_5MgBr / 에터	톨루엔	−30	0.01	25.0
메틸메타크릴레이트*	C_6H_5MgBr / 에터	에터	−30	0.05	14.0
메틸메타크릴레이트*	C_6H_5MgBr / 에터	에터	−78	0.02	20.0
메틸메타크릴레이트*	C_6H_5MgBr / 에터	에터	+20	0.30	2.0
p-메톡시스타이렌†	C_4H_9Li	톨루엔	0	10.9	0.05
p-메톡시스타이렌†	Li	테트라하이드로퓨란	0	2.9	0.23
α-메틸스타이렌‡	Na-K 합금	테트라하이드로퓨란	+25	35	0.003
p-메틸스타이렌§	Na-K 합금	테트라하이드로퓨란	+25	5.3	0.18
p-메틸스타이렌†	Na	테트라하이드로퓨란	0	1.97	0.38

* Dawans, F., and Smets, G., *Makromol. Chem.*, **1963**, *59*, 163.

† Tobolsky, A. V., and Boudreau, R. J., *J. Polymer Sci.*, **1961**, *51*, S53.

‡ Lee, C. L., Smid, J., and Szwarc, M., J. *Am. Chem. Soc.*, **1961**, *83*, 2961.

§ Shima, M., Bhattacharyya, D. N., Smid, J., and Szwarc, M., *J. Am. Chem. Soc.*, **1963**, *85*, 1306.

표에 나타난 대부분의 값들은 12장에서와 같이, 공중합체 조성을 측정하여 단량체 농도의 함수로 결정한 것이다. "리빙 공중합"을 이용하여(한 단량체가 먼저 중합된 후에 두 번째 단량체를 투입하여) 반응 (33)과 (35)를 독립적으로 조사하고, 바로 속도 상수 k_{12}, k_{21}을 측정하였다. 원칙적으로 속도 상수 k_{11}과 k_{22}는 순수 단량체의 중합으로부터 결정한다. 따라서, 몇 가지 음이온 계에서는, 개시제가 완전히 분해(즉, 리빙 고분자)됨으로써 속도 상수비뿐만 아니라, 개별적인 속도 상수까지도 측정할 수 있다. 표 13.2에서 스타이렌과 α-메틸스타이렌 및 *p*-메틸스타이렌과 중합 반응에 대한 반응성비도 이런 방법으로 측정한 것이다.

표 13.2의 스타이렌-메틸메타크릴레이트의 자료로부터 음이온 공중합 반응성비에 미치는 반응 중간체와 반응 조건들의 극적인 효과를 알 수 있다.

13.3 양이온 중합

13.3.1 중합 속도

양이온에 의한 부가 중합에 포함되는 요소 반응들은 형식적으로 음이온 중합에서 확립한 것과 같다. 유일한 차이는 성장 연쇄 중심과 반대 이온의 전하가 바뀐 것이다. 음이온 중합과 같이 성장 반응은 이온 쌍과 자유 이온 모두에 의해서 일어난다. 이러한 유사성에도 불구하고 양이온 중합의 속도론은 음이온 중합보다는 덜 이해되고 있다. 이것은 아마도 개시제가 미리 완전히 분해되는(즉, "리빙 중합") 양이온 중합 계의 수가 상대적으로 적기 때문일 것이다. 알려져 있는 모든 양이온 중합은 개시 반응이 일어나고 동시에 반드시 성장 반응이 일어난다. 음이온 중합에서 본 것과 같이, 다양한 개시 기구와 이에 따르는 복잡한 회합-분해 평형(association-dissociation equilibria)으로 인해 일반적인 반응 속도식(kinetic scheme)을 유도하기는 어렵다. 더구나 양이온 중합의 개시 반응은 가끔 공촉매를 필요로 하므로 더 복잡해진다. 공촉매 현상은 중합이 일어나기 전에 개시제와 함께 특정한 첨가제의 투입이 필요할 때 발생한다(4.5.4절 참조).

다음의 요소 반응들로 양이온 중합을 설명하고자 한다. 여기서 C는 촉매 또는 개시제, RX는 공촉매, M은 단량체이다.

개시:

$$\mathrm{C + RX \underset{k_{-1}}{\overset{k_1}{\rightleftharpoons}} R^+CX^- \underset{k_{-2}}{\overset{k_2}{\rightleftharpoons}} R^+ + CX^-} \tag{36}$$

$$\mathrm{R^+CX^- + M \xrightarrow{k_i} RM^+CX^-} \tag{37}$$

성장:

$$\mathrm{RM^+CX^- + M \xrightarrow{k_p} RMM^+CX^-} \tag{38}$$

$$\cdots\cdots\cdots\cdots$$

$$\mathrm{RM_{n-1}{-}M^+CX^- + M \xrightarrow{k_p} RM_n{-}M^+CX^-} \tag{39}$$

$$R{-}M_n{-}M^+CX^- + M \ \rightarrow \ M^+CX^- + R{-}M_nM \quad \text{연쇄 이동} \tag{40}$$

$$RM_n{-}M^+CX^- \ \rightarrow \ RM_{n+1}{-}X + C \quad \text{연쇄 정지} \tag{41}$$

(37)~(41)에는 이온 쌍을 수반하는 중합만을 나타내었다. 자유 이온에 의한 비슷한 중합 연쇄 $RM_n{-}M^+$이 동시에 일어날 수 있고, (36)과 같이 이온 쌍과 자유 이온을 수반하는 평형이 모든 크기의 이온 쌍에 대해 존재할 수 있다는 것을 기억해야 한다. 이러한 기구의 예로, 다음과 같이 염화알루미늄 존재하의 염화메틸 용액에서 아이소뷰틸렌을 중합시키는 경우를 들 수 있다.

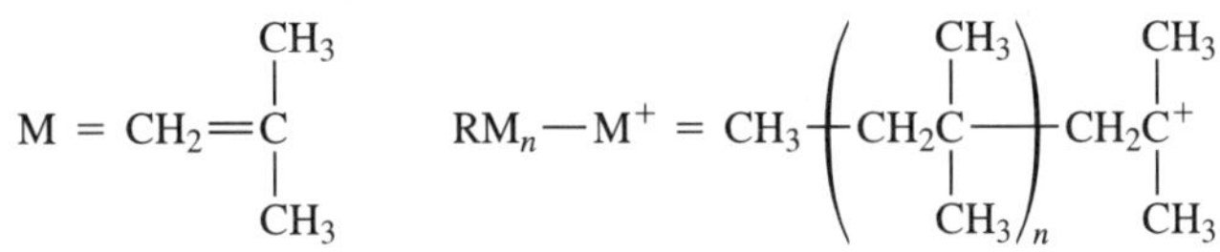

$C = AlCl_3$

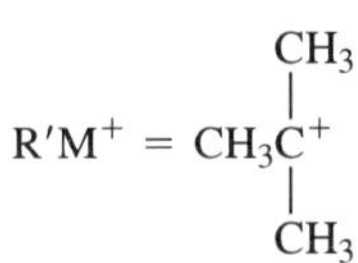

$RX = CH_3Cl$
$R^+ = CH_3{}^+$

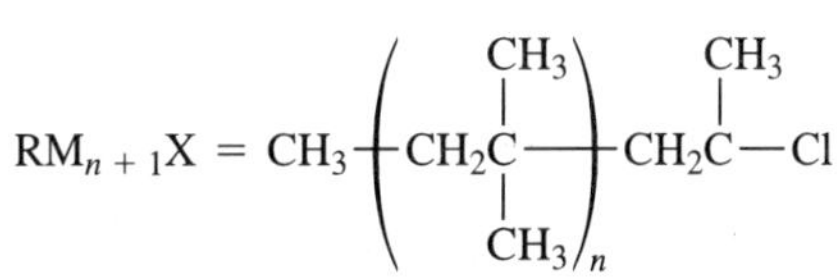

$CX^- = AlCl_4^-$

이온 쌍에 의한 중합 속도는 다음과 같이 쓸 수 있다.

$$\frac{-d[M]}{dt} = r_p = k_p[M] \sum_{n=0}^{\infty} [RM_n{-}M^+CX^-] \tag{42}$$

촉매 이온 중합에서의 정지 반응 속도는 성장 연쇄 농도에 대하여 1차일 것이다. 이것은 정전기적인 근거로 이해할 수 있다. 일반적으로 반대 이온은 이온 쌍(또는 "자유 이온")이 속도론적으로 보면 한 가지 물질로 거동할 만큼 양의 연쇄 중심에 가까이 있어야 한다. 따라서 r_t는 다음과 같다.

$$r_t = k_t \sum_n [RM_n{-}M^+CX^-] \tag{43}$$

만일 성장하는 연쇄들의 농도가 정상 상태라고 가정하면(이것의 타당성은 자유 라디칼 중합의 경우처럼 거의 확정적이지는 않다) $r_t = r_i$가 되고, (43)으로부터 다음 식이 얻어진다.

$$\sum_{n=0}^{\infty}[\mathrm{RM}_n—\mathrm{M}^+\mathrm{CX}^-] = \frac{r_i}{k_t} \tag{44}$$

따라서 이온 쌍에 의한 중합 속도는 다음과 같다.

$$r_p = \left(\frac{k_p}{k_t}\right)[\mathrm{M}]r_i \tag{45}$$

자유 이온에 의한 중합 속도도 이와 비슷하다.

개시 반응 속도 r_i의 속도론적 표현이 복잡하고 다양하므로 양이온 중합에 대한 일반적인 속도식을 유도하려는 시도가 성공을 거두지 못하고 있다. 주어진 온도와 용매에서 개시 반응 속도는 이온 쌍, 자유 이온, 촉매, 공촉매, 단량체 사이에 존재하는 평형이나 정상 상태에 의해 결정된다. 따라서 다음 식이 유도된다.

$$r_i = f([\mathrm{C}], [\mathrm{RX}], [\mathrm{M}]) \tag{46}$$

그러나 함수 f는 어떤 주어진 계에서 실제적인 실험에 의해서만 확실히 결정될 수 있는 다양한 형태를 가지고 있다는 것을 기억해야 한다.

13.3.2 중합도

12장의 자유 라디칼 속도론에서, 평균 중합도는 단량체 소비 속도와 고분자 생성 속도의 비로 간단히 구할 수 있었다. 양이온 중합의 경우에도 같은 관계를 가지고 있다. 따라서 정지와 이동 반응, 즉 (40)과 (41) 양자에 의해 고분자가 생성되므로 다음 식이 얻어진다.

$$\overline{DP} = \frac{r_p}{r_t + r_{\mathrm{Tr}}} \tag{47}$$

(36)~(41)에 나타낸 양이온 기구에서 연쇄 이동이 단량체로만 일어나므로, (47)은

$$\overline{DP} = \frac{k_p[\mathrm{M}]}{k_t + k_{\mathrm{Tr}}[\mathrm{M}]} \tag{48}$$

또는 Mayo 식으로 알려진 역수 형태로 나타낸다.

$$\frac{1}{\overline{DP}} = \frac{k_{\mathrm{Tr,M}}}{k_p} + \frac{k_t}{k_p}\frac{1}{[\mathrm{M}]} \tag{49}$$

그림 13.2에 −30°C와 −50°C에서 α-메틸스타이렌을 양이온 중합시킬 때 속도 상수의 비 $k_{\mathrm{Tr,M}}/k_p$와 k_t/k_p를 얻기 위한 Mayo 식 (49)의 사용 예를 나타내었다. 그림 13.2에서 직선의 기울기와 절편으로부터 다음 값들이 얻어진다.

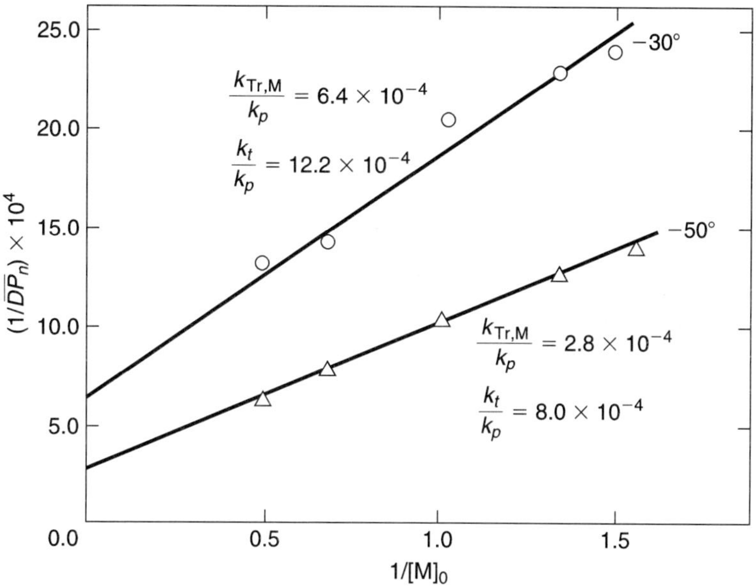

그림 13.2 다이클로로메테인 용액에서 메틸스타이렌을 양이온 중합시킬 때 단량체로의 연쇄 이동

$$\frac{k_{Tr,M}}{k_p} = 6.4 \times 10^{-4} \quad (-30°C에서)$$

$$\frac{k_{Tr,M}}{k_p} = 2.8 \times 10^{-4} \quad (-50°C에서)$$

$$\frac{k_t}{k_p} = 1.22 \times 10^{-3} \quad (-30°C에서)$$

$$\frac{k_t}{k_p} = 8.0 \times 10^{-4} \quad (-50°C에서)$$

이 속도론적 변수들은 두 온도에서만 측정한 값이므로 근사치이지만, 이들 결과로부터 반응에 대한 다음의 Arrhenius 매개변수들을 제시할 수 있다.

$$E_{Tr,M} - E_p = 4.5 \text{ kcal/mol}$$

$$\frac{A_{Tr,M}}{A_p} = 6.4$$

$$E_t - E_p = 2.3 \text{ kcal/mol}$$

$$\frac{A_t}{A_p} = 0.13 \text{ mol/L}$$

연쇄 이동은 때때로, 부주의하게 계 내에 투입된 불순물 쪽으로도 일어날 수 있다. 이런 경우에는 더 첨가된 연쇄 이동을 고려하여 (49)를 (50)으로 변형시켜야 한다.

$$\frac{1}{\overline{DP}} = \frac{k_{\mathrm{Tr,M}}}{k_p} + \frac{k_t}{k_p}\frac{1}{[\mathrm{M}]} + \frac{\sum_x k_{\mathrm{Tr,X}}}{k_p}\frac{[\mathrm{X}]}{[\mathrm{M}]} \tag{50}$$

자유 라디칼 중합과는 대조적으로, 양이온 중합에서 고분자의 생성은 주로 정지보다는 연쇄 이동에 의해 일어난다. 따라서, 만일 양이온계에서 모든 불순물을 완전히 제거한다면(즉, [X] = 0), (50)은 $k_t \ll k_{\mathrm{Tr,M}}[\mathrm{M}]$일 때 $\overline{DP}$가 [M]에 무관하고 오직 $k_p/k_{\mathrm{Tr,M}}$비 값에 의해서만 결정된다는 것을 보여 준다. 실제로 이것은 어려운데, 그 이유는 $\overline{DP}$를 떨어뜨리는 불순물이 아주 미량으로 존재해야 하기 때문이다. 예를 들어, −78°C의 에틸클로라이드 용액에서 염화제이주석(stannic chloride) 촉매로 아이소뷰틸렌을 중합시킬 때, 이량의 물이 존재하면 (51)의 반응이 확실시되므로 $\overline{DP}$가 $k_p/k_{\mathrm{Tr,M}}$ 수준에 도달하는 것을 방지할 수 있다.[1]

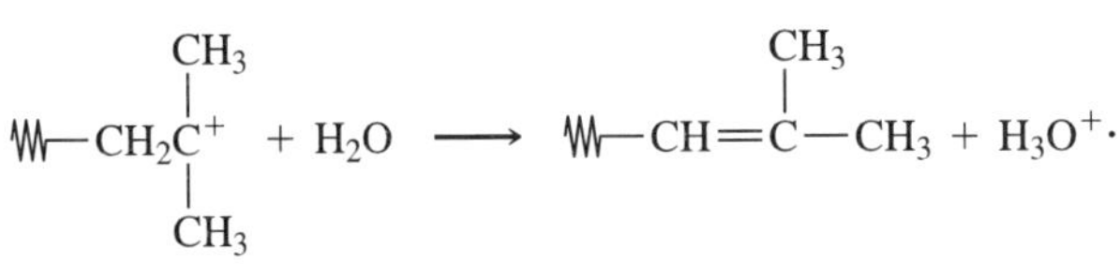
(51)

13.3.3 온도의 영향

이온 쌍과 자유 이온으로 양이온 중합을 할 때, 개시 반응 속도의 의존성은 아주 작다. 이것은 중합 속도에 대한 온도의 영향이 k_p/k_t 또는 k_p'/k_t'의 온도 의존에 의해 결정될 수 있다는 것을 의미하는데, 여기서 ′(prime)은 자유 이온에 대한 속도 상수로 나타내고, ′(prime)이 없는 것은 이온 쌍에 대한 속도 상수를 나타낸다. 성장 반응이 우세할 때(즉, 자유 이온 또는 이온 쌍), 속도 상수를 Arrhenius 식으로 표시하면 다음과 같다.

$$r_p \propto \frac{A_p}{A_t} e^{(E_t - E_p)/RT} \tag{52}$$

양이온 중합에서, 정지 반응(41)의 활성화 에너지는 통상 **성장 반응**(39)의 활성화 에너지보다 크다. 결과적으로 양이온 중합 속도는 대개 온도가 **내려감**에 따라 **증가**할 것이다. 이것은 자유 라디칼 중합과 직접 대조가 된다. 이 효과는 주로 양이온의 성장 반응의 활성화 에너지가 자유 라디칼의 개시와 성장 반응보다 낮기 때문이다.

불순물이 없는 계에서 중합도(그리고 고분자의 분자량)에 미치는 온도의 영향은 (48)을 살펴보면 알 수 있다. 만일 정지 반응이 단량체로의 연쇄 이동보다 더 중요하다면 $k_t \gg k_{\mathrm{Tr}}[\mathrm{M}]$이 된다. 그러면 중합도는 (52)에 주어진 중합 속도로서 온도에 같이 의존할 것이다. 앞서 언급한 것처럼, 일반적으로 E_t가 E_p보다 크므로 $\overline{DP}$는 온도가 내려갈수록 상승한다.

[1] R. G. W. Norish and K. E. Russell, *Trans. Faraday Soc.*, **1952**, *48*, 91.

반면, 연쇄 이동이 연쇄 정지보다 더 중요할 때는 $k_{Tr,M}[M] \gg k_t$가 되고, (48)은 (53)이 된다.

$$\overline{DP} = \frac{k_p}{k_{Tr,M}} = \frac{A_p}{A_{Tr,M}} e^{(E_{Tr}-E_p)/RT} \tag{53}$$

대개 단량체로의 연쇄 이동의 활성화 에너지는 성장 반응의 활성화 에너지보다 크고, 따라서 $\overline{DP}$는 온도가 내려감에 따라 다시 상승한다.

13.3.4 성장 반응의 속도 상수

촉매 양이온 중합에서 겉보기 속도 상수는 복합량으로서 자유 이온과 이온 쌍으로부터의 기여도를 포함하고 있다. 두 가지 기여도에 대한 상대적인 중요성은 실험 조건들에 의존한다. 자유 이온에 의해서만 성장 반응이 일어나는 계에서 양이온 성장 반응의 속도 상수들을 얻을 가능성이 있다. 이러한 계는 (1) 반대 이온이 없이 이온화 방사선(ionizing radiation)에 의해 개시되는 중합, (2) $(C_6H_5)_3C^+SbCl_6^-$, $C_7H_7^+SbCl_6^-$와 같은 안정한 카보늄 이온염에 의해 개시되는 중합으로, 여기서 자유 이온으로의 분해는 순식간에 완전히 일어난다. 이러한 계에서 결정한 자유 이온의 전형적인 속도 상수들을 표 13.3에 나타내었다. 이들 값은 매우 커서 저온에서 구한 속도 상수값들은 자유 라디칼 중합으로 60°C에서 결정한 속도 상수들에 필적하거나 더 크다는 것에 유의할 필요가 있다.

표 13.3의 속도 상수들은 자유 이온의 성장 반응을 나타내고 있는데, 방사선에 의한 개시 반응으로 얻은 값이 안정한 카보늄 염에 의한 개시 반응에서 얻은 값보다 더 큰 것을 알 수 있다. 이것은 이온 쌍 성장 반응이 표 13.3에 나타낸 $C_7H_7^+SbCl_6^-$ 염에 의한 양이온 중합 개시 반응에서 중요한 역할을 담당하고 있다는 것을 나타내 준다.

표 13.3 자유 양이온에 의한 성장 반응 속도 상수

단량체	용매	온도(°C)	개시제	k_p' (L/mol-s)
스타이렌	없음	15	방사선	3.5×10^6
α-메틸스타이렌	없음	0	방사선	4×10^6
아이소뷰틸바이닐에터	없음	30	방사선	3×10^5
아이소뷰틸바이닐에터	CH_2Cl_2	0	$C_7H_7^+SbCl_6^-$	5×10^3
t-뷰틸바이닐에터	CH_2Cl_2	0	$C_7H_7^+SbCl_6^-$	3.5×10^3
메틸바이닐에터	CH_2Cl_2	0	$C_7H_7^+SbCl_6^-$	1.4×10^2

자료: Ledwith, A. and Sherrington, D. C., in *Reactivity Mechanism and Structure in Polymer Chemistry*, Jenkins A. D., and A. Ledwith, Eds. (New York: © John Wiley and Sons, Ltd., **1974**), p. 278.

표 13.4 스타이렌의 양이온 공중합에 대한 반응성비

M_2	개시제	용매	온도(°C)	r_1	r_2
α-메틸스타이렌	$BF_3O(C_2H_5)_2$	SO_2	−40	<0.1	>20
	$BF_3O(C_2H_5)_2$	CH_2Cl_2	−20	0.2 ~ 0.5	12 ± 2
	$TiCl_4$—CCl_3COOH	CH_2Cl_2	−78	0.24 ± 0.05	1.12 ± 0.09
아이소뷰틸렌	$TiCl_4$	톨루엔	−78	1.20 ± 0.10	1.78 ± 0.10
	$TiCl_4$	*n*-헥세인	−20	1.20 ± 0.11	0.54 ± 0.24
	$SnCl_4$	SO_2	−78	1.1	3.1
아이소프렌*	$SnCl_4$	C_2H_5Cl	−30~0	0.8	0.1

자료: Tsukamoto, A. and Vogl, O., *Progr. Polymer Sci.* (A. D. Jenkins, Ed.), **1971**, *3*, 199.

*Lipatova, T. E., Gantmakher, A. R., and Medvedev, S. S., *Dokl. Akad. Nauk SSSR*, **1955**, *100*, 925.

13.3.5 양이온 공중합

양이온 공중합은 음이온 공중합과 같은 형태로 취급할 수 있다. 성장 반응의 기구는 (32) ~ (35)의 음기호를 양기호로 대체해서 간단히 얻을 수 있다. 음이온 공중합에서의 반응성비에 대해 앞서 논의한 여러 가지 제한들이 양이온 반응성비에도 그대로 적용된다. 그러나 양이온 계에서 k_{11}, k_{12}, k_{21}, k_{22}를 개별적으로 측정할 수 있는 리빙 고분자 기법은 아직 확립되지 않았다. 따라서 절대적인 면에서 양이온계가 음이온계보다 덜 알려져 있다. 스타이렌의 양이온 공중합에 대한 몇 가지 전형적인 반응성비를 표 13.4에 나타내었다.

연|습|문|제

1. 테트라하이드로퓨란의 소듐나프탈레나이드(sodium naphthalenide) 용액에 스타이렌을 첨가하였다. 반응 혼합물에서 스타이렌과 소듐나프탈레나이드의 초기 농도는 각각 0.2 *M*, 1×10^{-3} *M*이다. 25°C에서 5초 동안 반응시켰더니 스타이렌의 농도는 1.73×10^{-3} *M*이었다. 다음을 계산하라.

(**a**) 중합 성장 반응의 속도 상수 [답: 950 L/mol-s]

(**b**) 중합 개시 반응 속도

(**c**) 10초 후의 중합 속도

(**d**) 10초 후의 고분자의 수평균 분자량

(**e**) 반응 완료 후 분자량의 몰분율 분포 중 최대 1/2 높이(half-height)에서의 폭

2. 연습문제 1에서 반응이 완결된 후에 초기 농도 0.15 *M*의 *p*-메톡시스타이렌을 첨가하였다. 본 장의 자료를 사용하여 다음을 계산하라.

(**a**) 초기 중합 속도

(**b**) 10초 후의 중합 속도

(**c**) 100초 후 공중합체의 평균 중합도

3. 25°C 테트라하이드로퓨란 용액에서 C_4H_9Li 개시제로 *p*-메톡시스타이렌(1 *M*)과 스타이렌(0.5 *M*)을 공중합시켰다. 다음을 계산하라.

(**a**) 초기에 형성된 공중합체의 조성

(**b**) 공중합체에서의 *p*-메톡시스타이렌과 스타이렌의 평균 배열 길이

(**c**) 스타이렌이 5개 단위 길이의 배열을 형성할 확률

4. 연습문제 3의 공중합에서 다음 가정들을 사용하여 단량체의 농도와 시간의 관계를 계산해 그래프로 그려라.

(1) 두 단량체로부터 유도된 성장 음이온 센터의 농도는 변하지 않는다.

(2) $C_4H_9^-Li^+$가 스타이렌과 *p*-메톡시스타이렌에 상대적으로 부가될 확률은 같다.

5. 25°C 테트라하이드로퓨란 용액에서 5×10^{-3} *M*의 C_4H_9Li을 개시제로 0.75 *M*의 1-바이닐나프탈렌을 음이온 중합시켰다. 다음을 계산하라.

(**a**) 평균 중합도

(**b**) 중합도의 수분율 분포와 중량 분율 분포

6. $TiCl_4$를 촉매로 H_2O를 공촉매로 사용하여 아이소뷰틸렌을 저온 중합시키는 연구를 수행하면서, 평균 중합도에 미치는 단량체 농도의 영향을 −35°C에서 측정하여 다음의 결과를 얻었다.

$[C_4H_8]$ (mol/liter)	0.667	0.333	0.278	0.145	0.059
$\overline{DP}$	6940	4130	2860	2350	1030

이 자료로부터 속도 상수의 비 k_{Tr}/k_p와 k_t/k_p를 구하라.

7. Biddulph, Plesch, Rutherford 등이 온도 범위를 넓히면서 비슷한 연구를 수행하여 $(\overline{DP})^{-1}$ 대 $[C_4H_8]^{-1}$의 그래프 교점값을 다음과 같이 구하였다.

T(°C)	+18	−14	−35	−48
$10^3/\overline{DP}$	4.37	0.50	0.098	0.027

(**a**) 이 자료로부터 연쇄 성장과 단량체로의 연쇄 이동 반응의 활성화 에너지 차이를 구하라.

(**b**) 연쇄 이동 반응과 성장 반응에 대한 지수전 인자(preexponential factor)의 비를 구하라.

(**c**) 고분자 생성에 연쇄 이동 반응이 정지 반응보다 훨씬 더 중요하다고 가정하고, 온도에 대한 $\overline{DP}$의 의존 관계를 구하고 그래프를 그려라.

8. 음이온 중합에서 흔히 얻어지는 좁은 분자량 분포에 대해 간단한 물리적 그림을 그려라.

참|고|문|헌

음이온 중합

ALLEN, P. E. M., and PATRICK, C. R., "The Kinetics of Addition Polymerization," in *Kinetics and Mechanisms of Polymerization Reactions*. New York: Wiley, **1974**, Chap. 7.

BILLMEYER, F. W., JR., *Textbook of Polymer Science*, 3rd ed. New York: Wiley, **1984**, Chap. 4.

BYWATER, S., "Anionic Polymerization," in *Progress in Polymer Science*, Vol. 4 (A. D. Jenkins, ed.). New York: Pergamon Press, **1975**, Chap. 2.

CARRAHER, C. E., JR., *Seymour/Carraher's Polymer Chemistry*, 5th ed., New York: Marcel Dekker, Inc., **2000**.

CUBBON, R. C. P., and MARGERISON, D., "The Kinetics of Polymerization of Vinyl Monomers by Lithium Alkyls," in *Progress in Reaction Kinetics*, Vol. 3 (G. Porter, ed.). New York: Pergamon Press, **1965**, Chap. 9.

HIEMENZ, P. C., *Polymer Chemistry*, New York: Dekker, **1984**, Chap. 6.

MORTON, M., "The Mechanism of Stereospecific Polymerization of Propylene," in *Vinyl Polymerization*, Vol. 1, Part 2 (G. E. Ham, ed.). New York: Dekker, **1969**, Chap. 5.

MULVANEY, J. E., OVERBERGER, C. G., and SCHILLER, A. M., "Anionic Polymerization," *Fortschr. Hochpolymer-Forsch.*, **1961**, *3*, 106.

PARRY, A., "Anionic Polymerization," in *Reactivity, Mechanism and Structure in Polymer Chemistry* (A. D. Jenkins and A. Ledwith, eds.). New York: Wiley, **1974**, Chap. 11.

SZWARC, M., and SMID, J., "The Kinetics of Propagation of Anionic Polymerization and Copolymerization," in *Progress in Reaction Kinetics*, Vol. 2 (G. Porter, ed.). New York: Macmillan, **1964**, Chap. 5.

VAN BEYLEN, M., BYWATER, S., SMETS, G., SZWARC, M., and WORSFOLD, D. J., "Developments in Anionic Polymerization: A Critical Review," *Advan. Polymer Sci.*, **1988**, *86*, 87–143.

WILSON, A. D., and PROSSER, H. J. (Eds.), *Developments in Ionic Polymers—2*, London: Elsevier Applied Science Publishers, **1986**.

양이온 중합

ALLEN, P. E. M., and PATRICK, C. R., "The Kinetics of Addition Polymerization," in *Kinetics and Mechanisms of Polymerization Reactions*. New York: Wiley, **1974**, Chap. 7.

ALLEN, P. E. M., and PLESCH, P. H., "A Comparison of the Radical, Cationic and Anionic Mechanisms of Addition Polymerization," in *The Chemistry of Cationic Polymerization* (P. H. Plesch, ed.). New York: Macmillan, **1963**, Chap. 3.

BILLMEYER, F. W., JR., *Textbook of Polymer Science,* 3rd ed. New York: Wiley, **1984**, Chap. 4.

CARRAHER, C. E., JR., *Seymour/Carraher's Polymer Chemistry*, 5th ed., New York: Marcel Dekker, Inc., **2000**.

FAUST, R., and SHAFFER, T. D. (Eds.), *Cationic Polymerization. Fundamental and Applications,* Washington, DC: American Chemical Society, **1997**.

HIEMENZ, P. C., *Polymer Chemistry*, New York: Dekker, **1984**, Chap. 6.

LEDWITH, A., and SHERRINGTON, D. C., "Reactivity and Mechanism in Cationic Polymerization," in *Reactivity, Mechanism and Structure in Polymer Chemistry* (A. D. Jenkins and A. Ledwith, Eds.). New York: Wiley, **1974**, Chap. 9.

MATYJASZEWSKI, K. (Ed.), *Cationic Polymerizations. Mechanisms, Synthesis, and Applications*, New York: Marcel Dekker, Inc., **1996**.

PEPPER, D. C., "Ionic Polymerisation," *Quart. Rev.*, **1954**, *8*, 88.

PLESCH, P. H., "The Propagation Rate Constants in Cationic Polymerisations," *Advan. Polymer Sci.*, **1971**, *8*, 137.

WILSON, A. D., and PROSSER, H. J. (Eds.), *Developments in Ionic Polymers—2*, London: Elsevier Applied Science Publishers, **1986**.

ZLAMAL, Z., "Mechanisms of Cationic Polymerization," in *Vinyl Polymerization*, Vol. 1, Part 2 (G. E. Ham, Ed.). New York: Dekker, **1969**, Chap. 6.

Part III

고분자의 물리적 측정법

14장

절대 분자량의 측정

14.1 서론

고분자와 저분자의 분자량 사이에는 두 가지 중요한 차이점이 있다. 하나는 중합 반응이 무질서한 공정으로서, 다른 성장 사슬들이 성장하는 데 매우 다른 점에서 정지할 수 있다. 이로 인해 저분자량 물질의 특징인 단일 분자량을 갖기보다는 분자량의 **분포**가 존재하게 되는 것이다. 따라서 고분자에 대해서는 이러한 분포의 **크기**를 측정할 필요가 있는데, 왜냐하면 일정한 평균 분자량에서도 분포가 고분자 물성에 심오한 영향을 미치기 때문이다. 두 번째는 고분자의 분자량은 일반적으로 간접법에 의해 측정함으로써 생긴다. 따라서 고분자는 용매에 녹여 용액의 성질을 측정하고 열역학적 성질을 이용하여 고분자의 분자량을 측정한다. 그러나 다른 측정 가능한 성질들은 각기 다른 방법으로 분자량에 의존하며 이로 인해 얻어진 평균 분자량의 형태에 영향을 미친다. 예를 들어, 용액 내의 고분자 사슬로부터 산란된 빛이 분자량의 **2승**에 의존한다. 따라서 큰 분자들은 그 수에 비례하여 산란한다. 만약 시료가 두 개의 사슬로 되어 있고, 하나는 분자량이 백만, 두 번째 사슬은 분자량이 2백만이라고 한다면, 두 번째 사슬은 첫 번째 사슬보다 4배나 더 산란이 되며 결국 평균화 과정에서 불균일하게 공헌하게 된다. 이것은 마치 선거 과정에서 몸무게가 많이 나가는 사람들이나 혹은 부자들이 다른 사람들보다 투표권이 더 있는 것과 같다.

가장 중요한 분자량 형태들을 살펴보면 다음과 같다.

(a) 수평균 분자량, $\overline{M}_n$(말단기 분석과 총괄적 방법)
(b) 무게 평균 분자량, $\overline{M}_w$(주로 광산란법)
(c) Z-평균 분자량, $\overline{M}_z$(주로 원심 분리법)
(d) 점도 평균 분자량, $\overline{M}_\eta$(용액 점도법)

(e) GPC-평균 분자량, $\overline{M}_{GPC}$(젤 투과 크로마토그래피법)

같은 고분자 시료임에도 이같이 평균 분자량들이 다르다는 사실은 15장에 기술된 가장 간단한 분자량의 다분산성에 관한 측정을 하게 되는 사유가 된다. 이것은 무게 평균 분자량과 수평균 분자량의 비로서, $\overline{M}_w/\overline{M}_n$, "다분산도"라고 부른다. 이 값이 1이면 단분산성, 그 이상이면 얼마나 분포가 넓은지의 정도를 나타낸다. 전형적인 고분자 중합 반응에서 나타나는 값은 약 2.0인데 에틸렌의 고온 고압 반응에서처럼 그보다 훨씬 클 수도 있다. 이 예에서는 가지화가 되면서 시료 내의 가장 긴 사슬들의 분자량을 증가시켜 분포를 넓힐 수 있다.

그림 14.1은 왜 새로 제조된 고분자의 분자량에 대한 연구를 즉각 해야 하는지에 관한 이유 중의 하나를 나타내었다. 분자량이 증가함에 따라 많은 고분자의 물성이 증가하다가 어느 분자량 이상에서는 더 이상 증가하지 않는 현상을 보여 준다. 그림의 저분자량 부분에서는 재료가 아직 고분자가 아니며, 따라서 관심 있는 물성의 수가 아직 적다. 예로는 저분자량(올리고머 형태)의 폴리에틸렌으로서 이 경우는 상업적으로 응용되는 고체의 폴리에틸렌이라기보다는 그리스나 왁스와 같은 형태이다. 그러므로 그림의 M_l값 이상에서 물성을 갖는 고분자를 생산할 수 있으며 고분자의 분자량을 제한 없이 늘릴 수 있다. 그러나 상한선인 M_u 이상의 분자량을 가질 때 현실적인 어려움이 나타나는데, 이는 가공이 힘들 정도로 고분자의 점도가 증가하기 때문이다.

따라서 고분자의 분자량을 아는 것은 구조와 성질 간의 관계를 미리 이해하는 데 매우 중요하다. 더욱이 앞 장에서 설명한 바와 같이 분자량 **분포**는 중합 반응 기구를 설명하는 데 중요하다. 두 가지 기본적인 접근 방법이 고분자 분자량 측정에 이용되는데, 이는 절대적 방법(absolute method)과 상대적 방법(secondary method)이다. 절대적 방법은 분자량의 **직접적인** 측정값을 얻을 수 있다. 상대적 방법은 서로 다른 고분자의 분자량 간 **비교값**을 얻게 되므로 절대적 방법 중 하나에 의해 연구된 시스템에 대한 기준값에 의해 보정되어야 한다. 절대적 방법에 대해서는 이 장에

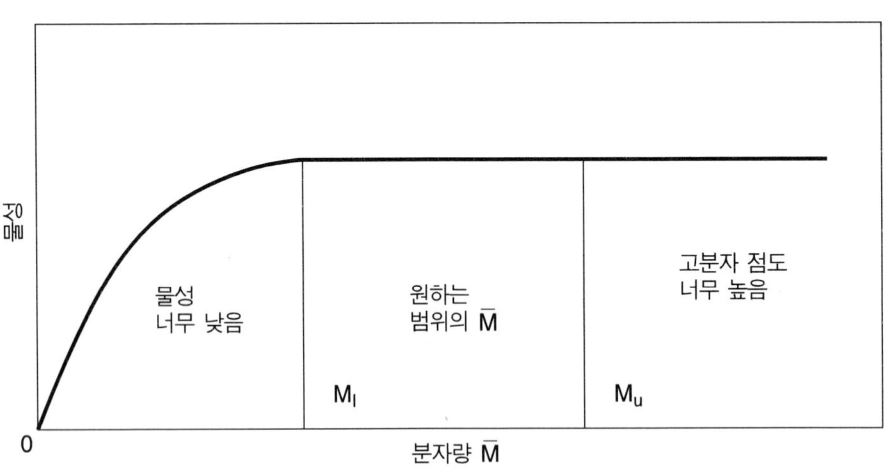

그림 14.1 고분자의 분자량이 물성(예를 들어, 탄성률)에 미치는 효과

서 다루고 상대적 방법에 대해서는 15장에서 다루기로 한다.

고분자의 절대 분자량의 측정은 쉽지 않다. 실험을 하게 되면 비휘발성이고 매우 큰 분자량을 가지며 유기 용매에 거의 녹지 않는 물질을 연구하는 문제에 직면한다. 더구나, 시료의 무게 평균 분자량을 결정하는 데 사용되는 물리적 방법은 고분자 시료가 용매에 우선 녹아야 하는 것을 조건으로 한다. 그러므로 고분자 용해도의 특징을 간단히 살펴보는 것이 적절할 것이다.

14.2 고분자의 용해도

14.2.1 정성적 관점

그것이 화학적이든 물리적이든 어느 공정이든 일어나려면 주어진 온도와 압력 조건에서 Gibbs 자유 에너지 변화가 음의 값을 가져야 한다.[1]

$$\Delta G_{T,p} = \Delta H - T\Delta S < 0 \tag{1}$$

이 경우 관심 있는 공정은 고분자가 용매에 용해되어 용액이라 부르는 분자의 분산 형태를 만든다. 앞서 언급하였듯이 그러한 용액의 제조는 많은 이유로 인해 중요하며 특히 그로부터 나오는 물성을 연구하는 데 중요하고 이 정보를 해석하여 용질의 분자량을 결정한다.

불행히도 모든 용질–용매 조합에 대한 ΔH는 양의 값을 가지며 이것은 "같은 것이 같은 것을 녹인다(like dissolves like)." 법칙을 반영하는 것이다. 사실, 용질과 용매의 구조가 조금만 달라도 에너지를 증가시키며 이것은 앞의 식 (1)에 호의적이지 못한 기여를 하게 된다. 비교적 드문 ΔH가 음인 경우는 수소 결합 공여체와 수여체 사이의 경우처럼 용질과 용매 사이에 매우 강한 호의적 상호작용에 의해 나타나게 된다.[2] 이것은 용해가 일어날 때 엔트로피가 유발되는 공정이라는 뜻이다. 자세히 보면 양의 혼합 엔트로피 ΔS_{mix}에 양의 절대 온도를 곱하면 음인 $-T\Delta S$가 되고 결국 양의 ΔH값보다 크게 된다.

이와 같은 간단한 주장을 표 14.1에 기술한 다수의 일반적인 관측을 분자적으로 해석하는 데 이용할 수 있다.

첫 번째 관측은 저분자 물질의 용매를 찾는 것보다 저분자와 유사 종으로 만든 고분자의 용매를 찾기가 힘들다는 것이다. 예를 들어, 폴리스타이렌의 용해와 스타이렌 단량체의 용해를 비교해 보

[1] P. W. Akins, *Physical Chemistry*, 4th ed. Oxford: Oxford University Press, **1990**.

[2] K. Kamide, and T. Dobashi, *Physical Chemistry of Polymer Solutions. Theoretical Background*. Amsterdam: Elsevier, **2000**.

표 14.1 통상의 용해도 관찰에 관한 해석

관찰	해석
고분자가 용해하기 어렵다.	고분자 내의 반복 단위 연결이 ΔS_{mix}를 낮춘다.
두 고분자가 섞이지 않는다.	두 성분 내의 연결이 ΔS_{mix}를 더욱 낮춘다.
봉상 고분자들은 특히 용해가 어렵다.	매우 규칙적인 입체 형태는 ΔS_{mix}를 더욱 낮춘다.
온도 증가는 일반적으로 용해도를 증가시킨다.	호의적인(**음의**) $-T\Delta S_{mix}$항은 상당히 증가한다.
결정성 고분자는 매우 딱딱해서 녹이기 어렵다.	용해에 대한 ΔH는 큰 양의 융해열을 갖는다.

자. 스타이렌 단량체의 경우 용액 중 어느 부분을 시료 채취할 수 있으나 사슬 구조 내의 반복 단위로 변환된 형태에서는 매우 제한을 주게 된다. 이같은 제한은 고분자의 경우 혼합 엔트로피 ΔS_{mix}를 낮추며 결국 음의 ΔG에 기여하는 호의적 $-T\Delta S_{mix}$를 낮추게 된다.

다른 관측으로는 두 개의 고분자들이 서로 잘 섞이지 않는 경우이다. 이 경우 "용매"는 저분자이기보다는 고분자이다. 두 성분 모두 사슬이 연결되어 있어 ΔS_{mix}가 감소한다.

봉상 고분자는 특히 용해하기 어렵다. 봉상인 사슬로 매우 규칙적인 입체 형태를 갖고 있어 ΔS_{mix}를 매우 낮춘다.

세 번째는 온도가 올라가면 용해도를 높인다는 잘 알려진 관측이다. $-T\Delta S_{mix}$가 절대 온도와 직접 비례하므로 이 호의적인 항은 절대 온도가 증가하면 증가하게 된다.

최종 예로는 부분 결정성 고분자는 무정형 고분자보다 용매를 찾기가 어렵다는 관측이다. 결정성 (아이소탁틱) 폴리프로필렌은 무정형인 (아탁틱) 폴리프로필렌보다 용해하기 어렵다. 여기서 식 (1)의 ΔH는 모든 공정에 대한 열역학적 요구 사항으로서 이 경우 부분 결정성 고분자 내의 결정들의 용융을 포함하므로 좀 어려움이 있다. 결국 이미 양의 값인 ΔH_{mix} 외에 양의 용융열을 추가해야 한다. 공정이 어찌되든, 결정에 있는 고분자 사슬들을 용매 내의 자유 분자로 분사된 고분자 사슬로 전환하는 공정에서 용융이 일어난다.

열역학적으로 용해를 이해하기 위해서는 고분자 결정화와 비교하는 것이 좋다. 두 경우는 서로 반대 경우인데, 왜냐하면 용해는 사슬들이 용매 내로 **무질서화**되는 것인 반면 결정화는 사슬들이 결정으로 **질서화**하는 것이다. 따라서 표 14.2의 두 번째 줄에 있듯이 ΔS_{mix}가 두 경우 서로 반대이

표 14.2 용해와 결정화의 비교

	용해	결정화
ΔS	양	음
$-T\Delta S$	음	양
ΔH	양	음
공정의 종류	엔트로피 유도	에너지 유도
촉진을 위한 온도 변화	증가	감소

다. $-T\Delta S$의 부호도 반대로서 용해에서 결정화로 되면서 호의적에서 비호의적으로 변한다. 공정열도 또한 부호가 변한다. 서로 싫어하는 용매와 고분자 사이의 반발은 결정상 내에서 효과적으로 충진되면서 사슬들 사이에 인력으로 바뀐다(이것은 마치 두 원자들 사이에 화학 결합이 형성될 때 에너지가 감소하는 것과 유사하다. 이러한 질서화의 비우호적인 효과는 공유 결합으로 인한 에너지 감소에 의해 상쇄된다). 따라서 용해는 엔트로피 유발 공정이며, 반면 결정화는 에너지 유발 공정이다. 결국 온도 증가에 의해 용해는 촉진되는 반면 결정화는 낮아진다.

용매 내에서 고분자 시료의 용해는 두 가지 특이한 단계를 거친다. 먼저, 첫 단계에서 고분자 시료는 용매를 흡수하여 팽윤된 젤이 된다. 이러한 첫 단계는 시료가 궁극적으로 실제 용액을 "형성하든지" 안하든지에 관계없이 모든 무정형, 선형 또는 가지가 있거나 약간 가교된 고분자에서 볼 수 있다. 용해의 두 번째 단계는 팽윤된 젤이 사라지며, 주어진 용매 내에서 고분자의 실제적인 용액이 되는 것이다. 이런 두 번째 단계는 가교된 고분자에서는 볼 수 없으며, 미세결정 영역을 갖는 고분자에서도 볼 수 없을 때가 있다. 가교된 고분자는 그 가교가 파괴되지 않는 한, 어떤 용매에도 녹지 않는다. 그러므로 가교된 망상 고분자는 분자량 측정의 대상에서 제외된다.

어떤 액체의 분자 구조가 고분자의 구조 단위와 화학적으로 또는 물리적으로 비슷하면, 그 액체는 고분자에 대해 "양"용매(good solvent)가 된다. 이러한 상황에서, 용매와 고분자 간의 접착력은 용매 분자 간 또는 고분자 분자 간에 존재하는 상호작용력에 약산의 변화를 일으키거나 혹은 아무 변화도 일으키지 않는다. 열역학적 측면에서 말하면, "양"용매 내에서 고분자의 용해는 무시할 정도로 작은 혼합열을 수반한다고 말할 수 있다. 저명한 화학자의 법칙대로 "같은 것이 같은 것을 녹인다(like dissolves like)."는 표현이 좋을 것이다. 예를 들면, 이 규칙에 따르면 용매 분자와 고분자 구조 단위 간의 유사성 때문에 큐멘과 에틸벤젠(**1**과 **2**)은 폴리스타이렌(**3**)에 대해 좋은 용매이어야 한다.

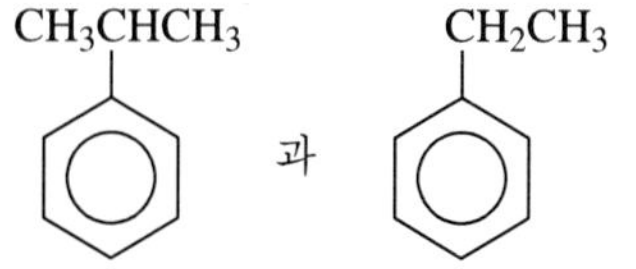

1 **2**

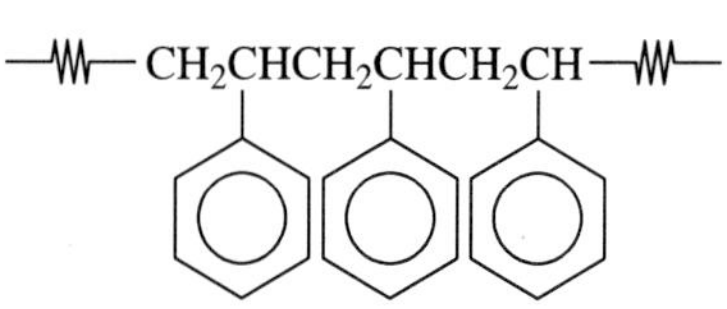

3

14.2.2 응집 에너지 밀도와 용해도 매개변수

"같은 것이 같은 것을 녹인다."라는 말을 더 정량적으로 해석할 수 있다. 어떤 물질이 기화될 때 분자 간의 응집력을 극복할 수 있는 에너지가 필요하다. 이러한 응집력의 양은 어느 정도의 물질을 기화시킬 수 있는 에너지의 양에 의해 표시될 수 있다. 그러한 양을 **응집 에너지 밀도**(cohesive energy density)[1]라고 하며 (2)와 같이 정의된다.

$$\delta^2 = \frac{E_0}{V_0} \tag{2}$$

여기서 E_0는 물질의 부피 V_0에 대한 기화 에너지이다. 용매와 고분자 간의 접합력이 용매–용매와 고분자–고분자 간의 응집력과 비슷하다고 하면, 용매와 고분자의 응집 에너지 밀도는 거의 같아지는 것이 확실하다. 대체적으로 흡열 용해에서(고분자가 관계된 보통 경우), 단위 부피당 엔탈피의 변화는 (3)과 같다. 여기서 ϕ_1은 용매의 부피 분율이고, ϕ_2는 고분자의 부피 분율이다.

$$\Delta H_{\text{dissolution}} = \phi_1\phi_2(\delta_1 - \delta_2)^2 \tag{3}$$

주어진 고분자에 대한 양용매는 ΔH가 가능한 한 0에 가까운 것이어야 한다. 즉, 응집 **에너지 밀도** δ_1^2과 δ_2^2가 거의 같아야 한다.

용매의 응집 에너지 밀도나 용해도 매개변수 δ_1의 실험값을 얻는 것은 매우 간단하다. 만약 문헌에 비용적이나 밀도값이 주어지지 않았으면 피크노미터(pycnometer)나 딜라토미터(dilatometer)를 이용하여 쉽게 측정할 수 있다. 몰 증발열 ΔH_{vap}는 대부분의 용매에 대해 보고되어 있고 만약 없으면 등온 등압에서 열량 측정법으로 측정이 가능하다. 그러나 측정값의 작은 변형은 필요한데 그 이유는 δ를 정의할 때 요구되는 값이 몰 증발 에너지 ΔE_{vap}이기 때문이다. 등압에서 $\Delta H_{vap} = \Delta E_{vap} + \Delta(pV)$이고, $\Delta(pV) = p\Delta V$임을 유의하라. $p\Delta V$항은 $p(V_{vapor} - V_{liq})$인데 그 이유는 증기의 부피가 대략 액체의 10^3 정도이고, pV_{liq}와 같다. 만약 증기가 이상 기체라면 ΔH_{vap}는 간단히 RT를 빼어서 ΔE_{vap}와 같다.

그러나 고분자에 대한 용해도 매개변수 실험값 δ_2를 얻는 것은 간단하지 않은데 그 이유는 고분자들이 증기화되어 필요한 ΔH_{vap}값을 얻을 수 없기 때문이다. 따라서 δ_2를 측정하는 방법은 다양한 범위의 δ_1값을 갖는 일련의 용매들을 선택하는 방법이다. 각 용매가 들어 있는 시험관에 고분자 조각을 넣고 용해가 일어나는지를 눈으로 관찰하는 방법이다. 결과는 간단히 "용해", "비용해" 형태로 δ_1에 관해 프로트한다. 고분자의 미지의 δ_2값에 비해 용매의 δ_1값이 훨씬 낮으면 용해되지 않는다[일반적으로 $\delta(\text{cal/cc})^{1/2}$값들은 1.5 이상 차이가 나지는 않는다]. 그와 유사하게 δ_2보다 매우 큰 δ_1값을 갖는 용매도 용해시키지 못한다. 고분자를 용해하는 용매들은 고분자의 δ_2와 매우 유사

---

[1] J. H. Hildebrand, and R. L. Scott, *Solubility of Non-electrolytes*, 3rd ed. (New York: Reinhold, **1950**), p. 124.

한 δ_1값을 갖는다. 따라서 용해시키는 용매들의 평균 δ_1값을 고분자의 δ_2값으로 한다.

좀 더 정확한 방법으로는 같은 용매를 사용하여 온도를 상승시켜 고분자를 성공적으로 용해시키는 것이다. 이것이 일어나는 온도를 δ_1에 대해 프로트한다. 용해에 필요한 가장 작은 온도 상승에 해당하는 δ_1값, 즉 곡선의 저점을 δ_2값으로 한다. 대체 방법으로는 어느 일정 온도에서 용해도 자체를 프로트할 수 있는데 이것은 최댓값을 지난다. 이러한 여러 용매에 대한 용액 점도 데이터를 알 수 있는 경우에, 점도와 δ_1값을 프로트한다. 곡선에서 최댓값이 가장 큰 점도값인 δ_1을 δ_2값으로 여긴다. 이것은 16장에 기술한 사슬 팽창 효과 때문에 가장 큰 점도값을 나타내는 것이 최선의 용매라는 사실에 따른 것이다.

만약 고분자가 가교되었으면 어느 용매에도 녹지 않으나 용매에 팽윤되는 정도는 21장에 기술한 바와 같이 크다. 여기서 관심 사항은 δ_2를 예측하는 것이다. δ_2에 가장 가까운 δ_1값을 갖는 용매들은 고분자를 가장 많이 팽윤시키며, 따라서 최대 팽윤도로부터 δ_2값을 예측할 수 있다. 실제 실험값을 그림 14.2에 나타내었다.

흥미로운 외삽법을 사용하여 δ_2를 예측할 수 있다. 관심 있는 고분자의 저분자량 유사체인 "올리고머"가 있느냐에 기인한다. 이러한 분자들은 ΔH_{vap}를 측정하여 직접 δ_1값을 얻는다. 이러한 δ_1값들은 분자량 M의 역의 값에 대해 프로트하여 곡선이 무한대의 M을 갖도록 외삽하여 고분자의 δ_2값을 얻는다. 예를 들면, *n*-헥세인, *n*-옥테인, *n*-데케인, *n*-헥사데케인 등을 이용해 얻은 값으로부터 폴리에틸렌의 δ_2를 예측한다.

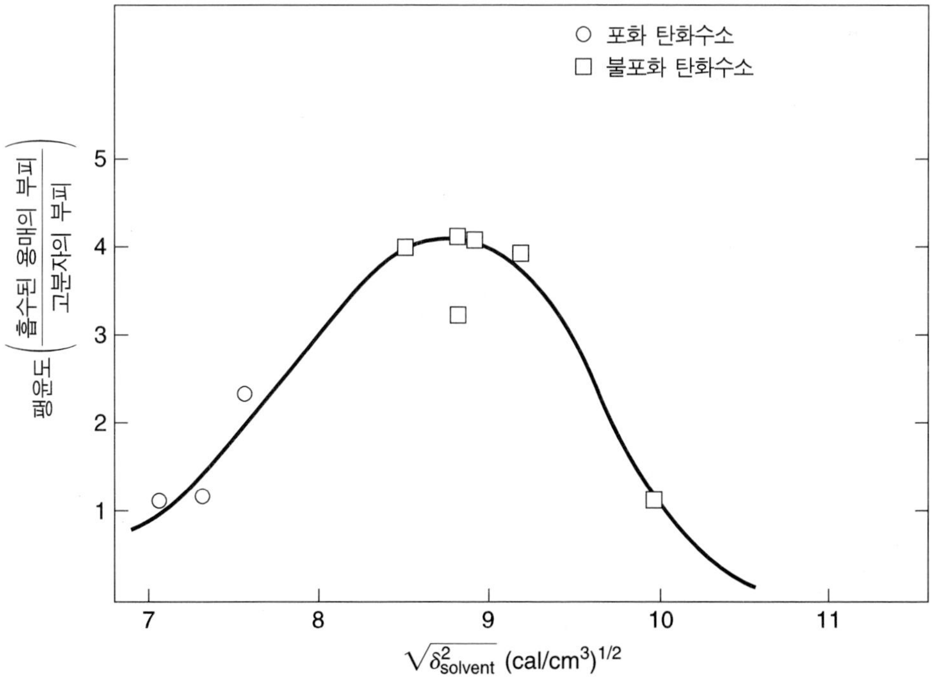

그림 14.2 용매의 응집 에너지 밀도 함수에 대한 천연고무의 팽윤도

표 14.3 용매와 고분자의 응집 에너지 밀도

고분자	δ^2(cal/cm^3)	용매	δ^2(cal/cm^3)
폴리에틸렌	62.4	n-C_6H_{14}	52.4
폴리스타이렌	74.0	CCl_4	73.6
폴리메틸메타크릴레이트	82.8	C_6H_6	83.7
폴리바이닐클로라이드	90.3	$CHCl_3$	85.4
나일론 6,6	185	$(CH_3)_2C{=}O$	94.3
폴리아크릴로나이트릴	237	CH_3OH	210

그룹 활동도 scheme은 컴퓨터 계산법의 예이다. 목표는 다양한 원소들과 기들이 고분자의 δ_2에 미치는 공헌을 추정하는 것이다. 예로는 메틸렌기의 공헌을 추정하는 것으로서, n-노네인과 n-옥테인과 같은 두 연속되는 n-알케인류의 용해도 매개변수 사이의 차이를 보는 것이다. 즉, $\delta_1(CH_2) = \delta_1(C_9H_{18}) - \delta_1(C_8H_{16})$. 다른 예로는 염소의 용해도 매개변수 값을 대칭인 다이클로로에테인과 에틸렌으로부터 추정하는 것이다. $2\delta_1(Cl) = \delta_1(C_2H_4Cl_2) - \delta_1(C_2H_4)$. 반복 단위 내의 모든 원소들과 기들의 공헌을 합하고 단위의 몰부피로 나누면 2추정치가 된다. 직접 용해도 매개변수를 계산하는 소프트웨어는 Accelrys(미국 San Diego)와 같은 회사에서 구입할 수 있다. 이것은 분자들 사이의 상호작용 에너지(즉, ΔE_{vap})와 액상에서 분자의 충진(즉, 몰부피)에 관한 계산을 포함한다. 이런 식으로 계산한 δ_1과 δ_2값들은 실험값과 일치한다.

용매들과 고분자들에 대한 전형적인 응집 에너지 밀도 값들을 표 14.3에 나타내었다. 비극성 용매로부터 극성 용매 쪽으로 또한 수소 결합과 동시에 극성인 용매로 변할수록 값들이 증가한다. 이러한 경향은 쌍극자(dipole)와 수소 결합 상호작용으로부터 증가된 호의적 인력에서 기인하는 ΔE_{vap}의 증가 결과이다. (이러한 주장들은 왜 수증기에 의한 화상이 무서운지를 설명한다. 물을 증기화할 때 수소 결합이 파괴되는 데는 커다란 에너지가 필요하다. 그러므로 ΔH_{vap}가 매우 크다. 수증기가 어느 물체에 응축하면 $\Delta H_{cond} = -\Delta H_{vap}$ 만큼의 열이 물체에 흡수되어야만 한다.)

이와 같이 δ_2를 예측하는 다양한 방법들이 표 14.3의 첫째 컬럼에 나와 있는 전형적인 값들과 대체로 잘 맞는다. 이것은 어느 용매가 실온에서 특정한 고분자를 잘 녹이는지 안내하는 매개변수로서의 주용도로 충분하다. 목적은 용해도 매개변수 차이를 가능한 줄이는[즉, $(\delta_1 - \delta_2)$의 최소화] 것이 목표이며 표에서 보면 첫 번째 컬럼의 고분자와 세 번째 컬럼의 용매가 쌍을 잘 이룸을 알 수 있다. 예를 들어, 사염화탄소와 벤젠은 각각 폴리스타이렌과 폴리(메틸메타크릴레이트)에 대해 양용매이다. 그러나 이와 같은 예측값은 고분자와 용매 모두 액상에 대한 것임에 주의해야 한다. 따라서 결정성 고분자들은 이 scheme에 포함되지 않는다. 예를 들어, 이 표에서 온도가 충분히 높아 폴리에틸렌이 무정형이고 액상인 경우를 제외하고는 폴리에틸렌이 δ_1^2값이 약 62 cal/cm^{3}인 용매에 녹는 것을 예측하는 데는 유용하지 못하다.

이 그림에서 좀 더 정밀한 형식으로 표현하면 에너지를 van der Waals, 쌍극자 그리고 수소 결합력 성분으로 에너지를 나눈 경우도 존재한다.[1] 이 경우는 3개의 용해도 매개변수 값들, 즉 3가지 $(\delta_1 - \delta_2)$값들이 주어진다. 이것을 그림으로도 비교할 수 있다.

이 결과를 다르게 응용하면 특정한 액체에 접촉하고 있을 때 팽윤이 가장 잘 안되는 고분자를 선택하는 데도 이용할 수 있다. 예를 들면, 액체를 펌핑하는 호스 내에 사용되는 고분자를 선택하거나 액체를 포함하는 개스킷 또는 실을 선택하는 데 사용될 수 있다. 이 경우 용해도 매개변수의 최대 불일치 허용 한도가 필요하다. 다시 말하면 $(\delta_1 - \delta_2)$가 최대가 되어야 한다. 이것은 표에서 첫째와 셋째 컬럼이 대각선으로 짝을 맺는 것을 말한다.

14.3 말단기 분석, 총괄적 성질 그리고 수평균 분자량[2]

14.3.1 말단기 분석

직선상 고분자의 분자량을 직접 측정하는 방법 중 하나는 말단기와 중간 단위들의 비를 결정하는 것이다. 적당한 말단기의 예로는 개환 중합으로 합성한 고분자의 양 말단($\gamma = 2$)의 하이드록실기들이나 자유 라디칼 중합하는 동안 붙은 개시제로부터 나온 라디칼 조각들(커플링에 의한 정지 반응시 $\gamma = 2$, 불균등화 반응에 의한 정지 반응시 $\gamma = 1$)이 있다. 이러한 말단기들은 특히 이 말단기들이 사슬의 나머지 부분과 화학적으로 매우 다르거나 방사성, 형광성 등을 지니면 쉽게 검출되며 분석된다. 유사하게 축합 중합에서 A-B 단량체로부터 얻은 고분자는 A 또는 B($\gamma = 1$)(예를 들면, 카복실기나 아민 말단기)로 정량된다.

어느 경우든 사슬 말단에 대한 분석은 Q값을 구하며 사슬의 수는 $N = Q/\gamma$이다. 사슬의 몰수 n은 N을 Avogadro 수로 나눈 값이며 분자량은 간단히 분석한 시료의 중량을 n으로 나눈 값이다. 이것은 확실히 직접 셈이 포함되어 있으므로 수평균 분자량이다. 총괄적 성질로부터 얻은 값도 같은 형태의 평균이다. 총괄적이란 "같이 묶다"는 뜻이고 수밀도나 용액 내의 몰농도에만 의존하는 모든 성질들을 묶어 놓은 것이다. 이에 대해서는 다음 절에 자세히 설명한다.

14.4 총괄적 성질과 수평균 분자량

원칙적으로 어는점 내림, 삼투압 등의 용액의 총괄적 성질(colligative property) 중 어느 것이라

---

[1] W. van Krevelen, *Properties of Polymers*. (Amsterdam: Elsevier, **1997**).

[2] 수평균 분자량은 용질의 총 질량을 용질 입자수로 나눈 값이다.

도 용해된 고분자 시료의 무게 평균 분자량을 측정하는 데 이용될 수 있다. 용액의 총괄적 성질은 용질의 도입에 의한 용액의 화학 퍼텐셜 저하와 관련이 있는 성질이다.

고전 열역학에 따르면, 식 (4)는 용매의 증기가 이상 기체처럼 행동할 때, 용액 내 액체 용매의 화학 퍼텐셜을 나타낸다.

$$\mu_s = \mu_s^o + RT \ln \frac{P_s}{P_s^o} \tag{4}$$

여기서 μ_s^o는 온도 T에서 순수한 용매의 화학 퍼텐셜이고, P_s^o는 온도 T에서 순수한 용매의 증기압, P_s는 온도 T에서 용액 내의 용매의 증기압이다.

Raoult의 법칙에 따르면, 용액이 충분히 희석될 경우, 이는 모든 용액에서 논리적 타당성을 가지며, 식 (5)가 성립된다.

$$\frac{P_s}{P_s^o} = X_s \tag{5}$$

여기서 X_s는 용액 내에서 용매의 몰분율이다. 식 (4)와 (5)로부터 용액 내 용매의 화학 퍼텐셜은 식 (6)으로 표현될 수 있다.

$$\mu_s = \mu_s^o + RT \ln X_s \tag{6}$$

용액 내에서 X_s는 1보다 작아야 하고, 식 (6)에 따르면 μ_s는 μ_s^o보다 작아야 한다. 그러므로 용질이 존재하여 용매의 화학 퍼텐셜을 저하시킨다. 이러한 효과와 관련있는 측정 가능한 양을 **총괄적 성질**이라 부르며 이러한 양들에는 다음과 같은 것들이 있다.

1. 증기 압력 강하(vapor-pressure lowering, 식 (5) 참조)
2. 끓는점 오름(boiling-point elevation)
3. 어는점 내림(freezing-point depression)
4. 삼투압(osmotic pressure)

이러한 4가지 성질은 모두 다음과 같은 형태로 바꿀 수 있다.

$$\Delta y_i = K_i \frac{c}{\overline{M}_n} \tag{7}$$

여기서 c는 용질의 농도(단위 부피당 무게), $\overline{M}_n$은 용질의 수평균 분자량, K_i는 용매에 의존하는 상수이고, Δy_i는 실제 관측된 실험적 요소[예: 어는점 내림$(T_0 - T)$]이다.

일반적인 관계는 다음 식의 녹는점 내림 식으로 나타낼 수 있는데:

$$\Delta T_f = (T_{f,o} - T_f) = K_f m \tag{8}$$

여기서 K_f는 어는점 내림 상수(어는점과 순수한 용매의 어는 엔탈피만의 함수)이고, $m = c/\overline{M}$은 몰농도이다. ΔT_f를 측정하고 문헌에서 K_f를 얻고 c를 용액 kg당 용질 g을 삽입하면 $\overline{M}$을 직접 구한다. 식 (7)에서 평균 분자량 $\overline{M}$이 커질수록 Δy_i는 분명히 작아진다. 이것은 고분자의 분자량을 결정하는 위의 4가지 방법 중 처음의 세 방법이 사용될 수 없음을 나타낸다.

예를 들어, 벤젠에 고분자를 첨가하여 어는점 내림이 일어난다고 생각해 보자. 10^{-3} g/cm^{3}의 농도(희석 용액 법칙이 근사적으로 적용되기 시작하는 농도)에서 약 0.0002°C의 어는점 내림이 25,000의 분자량을 갖는 고분자 물질에서 나타난다. 이러한 온도 변화는 정확한 측정의 한계를 벗어나고 있으며, 같은 고분자들에 의한 끓는점 오름이나 증기 압력 내림은 훨씬 더 측정하기 어렵다.

14.5 절대 분자량의 삼투압 측정

14.5.1 원리

삼투압은 고분자의 평균 분자량 측정을 위한 실제적 방법을 제공하는 4가지 총괄적 성질 중의 하나이다. 실제로, 삼투압 측정은 분자량이 3×10^4에서 1×10^6까지의 영역일 때 이용된다.

삼투압 측정의 원리는 그림 14.3에 나타낸 개략적인 장치로 설명된다.[1] 점선은 고분자는 통과하지 못하고 용매만이 통과할 수 있는 반투막을 나타낸다. 이 장치의 양쪽이 순수 용매만을 함유하면 평형에서의 액면은 같은 높이이고, 양쪽 피스톤에 가해지는 외압은 P_0가 된다. 용매의 화학 퍼텐셜로 나타내면 식 (5)는 다음과 같이 요약된다.

$$\mu_s(\text{왼쪽}) = \mu_s(\text{오른쪽}) = \mu_s^{\circ} \tag{9}$$

그림 14.3에 나타낸 장치의 왼편에 고분자 용질이 첨가되면, 그 용질은 막을 통과하지 못하므로 왼편에 남아 있게 된다. 용액을 왼편에 그리고 순수 용매를 오른편에 함유한 이러한 시스템은, 식 (6)으로부터 $\mu_s(\text{왼쪽}) < \mu_s(\text{오른쪽})$으로 나타낼 수 있는 용매의 화학 퍼텐셜로 나타낼 수 있다. 용액 쪽의 외압이 용매 쪽과 동일하게, 즉 P_0로 유지된다면 왼편의 액체 표면은 올라갈 것이다. 이런 용매의 움직임은 용액 쪽의 외압의 증가량을 용액의 **삼투압** π라고 한다.

막을 통해 용액으로 들어온 용매의 움직임에 대한 추진력은 고분자가 용매에 녹을 때 생기는 용매의 화학 퍼텐셜의 감소량이다[식 (6)]. 한편, 용매의 유동을 막고, 따라서 용액에 미치는 외압을 증가시켜 용액 쪽의 μ_s를 μ_s°로 되돌릴 수 있다. 명백하게, 용매의 화학 퍼텐셜은 일정 온도에서 농도와 외압의 함수이므로 (10)의 일반식이 나올 수 있다.

[1] I. M. Klotz, *Chemical Thermodynamics* (Englewood Cliffs, NJ.: Prentice-Hall, **1950**), pp. 261–263.

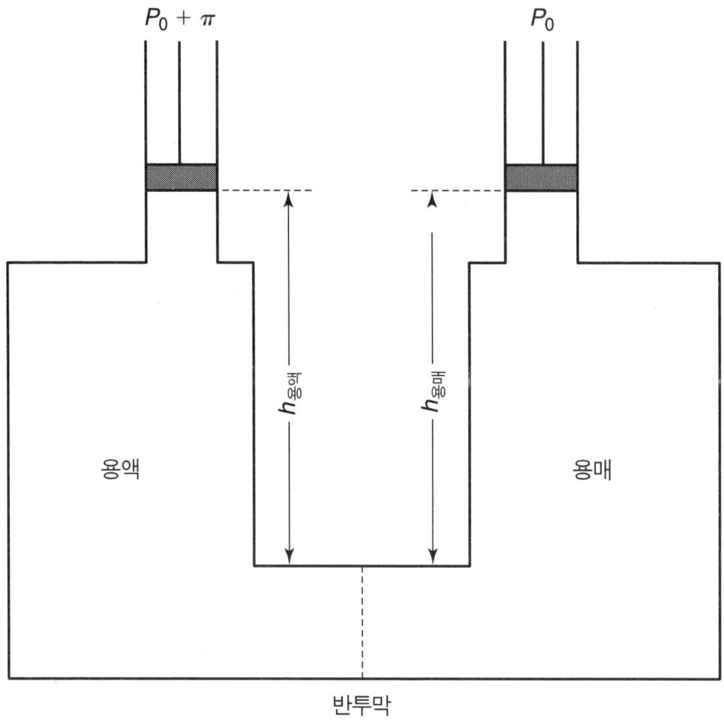

그림 14.3 삼투압 측정기

$$\mu_s = f(P, X_p) \tag{10}$$

여기서 X_p는 용액 내에서 고분자의 몰분율이다. 식 (10)을 미분하면(일정 온도라 가정), 식 (11)을 얻는다.

$$d\mu_s = \left(\frac{\partial \mu_s}{\partial P}\right)_{T,X_p} dP + \left(\frac{\partial \mu_s}{\partial X_p}\right)_{T,P} dX_p \tag{11}$$

용매의 유동을 막기 위해 용액의 압력을 증가시키면 용액의 μ_s값은 μ_s°에서 일정하게 된다. 그러므로 $d\mu_s = 0$인 조건에서 식 (10)이 얻어진다.

$$\left(\frac{\partial \mu_s}{\partial P}\right)_{T,X_p} dP = -\left(\frac{\partial \mu_s}{\partial X_p}\right)_{T,P} dX_p \tag{12}$$

용매의 화학 퍼텐셜[1]의 정의에 의해 다음 식을 얻을 수 있다.

[1] W. J. MOORE, *Physical Chemistry*, 4th ed. (Englewood Cliffs, N.J.: Prentice-Hall, **1972**), p. 205.

$$\mu_s = \left(\frac{\partial G}{\partial n_s}\right)_{T,P,n_p} \tag{13}$$

여기서 G는 Gibbs의 자유 에너지, n_s는 용매의 몰수, n_p는 고분자의 몰수이다. 기초 열역학으로부터, 일정한 온도와 일정한 조성에서 압력으로 Gibbs 자유 에너지를 미분하면 용액의 부피가 된다.

$$\left(\frac{\partial G}{\partial P}\right)_{T,X_p} = V \tag{14}$$

일정한 조성에서 P로 식 (13)을 미분하고 n_s에 대해 식 (14)를 미분하여 각각 식 (15), (16)을 얻는다.

$$\left(\frac{\partial \mu_s}{\partial P}\right)_{T,X_p} = \frac{\partial^2 G}{\partial P\, \partial n_s} \tag{15}$$

$$\frac{\partial^2 G}{\partial n_s \partial P} = \left(\frac{\partial V}{\partial n_s}\right)_{T,P,n_p} = \overline{V}_s \tag{16}$$

식 (16)에서 $\overline{V}_s$는 용매의 **부분 몰부피**(partial molar volume)이다. 식 (15), (16)을 같다고 놓으면 (17)을 얻고

$$\left(\frac{\partial \mu_s}{\partial P}\right)_{T,X_p} = \overline{V}_s \tag{17}$$

식 (6)을 일정한 T와 P에서 X_p에 대해 미분하면 다음과 같이 된다.

$$\left(\frac{\partial \mu_s}{\partial X_p}\right)_{T,P} = \left(\frac{dX_s}{dX_p}\right)\left(\frac{\partial \mu_s}{\partial X_s}\right)_{T,P} = -\frac{RT}{1 - X_p} \tag{18}$$

식 (17)과 (18)을 식 (12)에 대입하면 다음과 같이 된다.

$$\int_{P_0}^{P_0+\pi} \overline{V}_s\, dP = RT \int_0^{X_p} \frac{dX_p}{1 - X_p} \tag{19}$$

용매의 부분 몰부피는 P_0에서 $P_0 + \pi$의 압력 범위에서 외압과 무관하다고 가정할 수 있고, 식 (19)를 적분하면 다음과 같이 된다.

$$\pi = -\frac{RT}{\overline{V}_s} \ln(1 - X_p) \tag{20}$$

식 (5)를 적용시킬 만큼의 희석 용액에서 X_p는 너무 작아 다음의 식이 유효하게 된다.

$$\ln(1 - X_p) \approx -X_p \approx -\frac{n_p}{n_s}$$
$$n_s\overline{V}_s = V_s \approx V_{용액}$$

식 (20)에 이 근사식을 이용하면 잘 알려진 van't Hoff의 근사식이 나온다.

$$\frac{\pi}{c} \approx \frac{RT}{\overline{M}_n} \tag{21}$$

여기서 c는 용액의 단위 부피당 고분자 무게의 농도이고, π와 R은 삼투압과 기체 상수이다. 이 식은 재배열한 이상 기체 방정식 $p/(w/V) = RT/M$과 유사하다. 총괄적 성질을 측정하는 것은 용액 내의 **입자수**(number of particles)를 세는 것이므로 식 (21)에서의 무게 평균 분자량은 **수평균 분자량**이다.

언급한 대로 식 (19)는 Raoult의 법칙에 따르는 이상 용액에 적용된다. 일반적으로 이상성은 무한 희석의 극한에 접근할 수 있고 고분자의 용액에 특히 적합하므로, 분자량에 대한 삼투압의 정확한 표현은 아래와 같다.

$$\lim_{c \to 0}\left(\frac{\pi}{c}\right) = \frac{RT}{\overline{M}_n} \tag{22}$$

식 (22)의 형태는 삼투압에 의해 분자량을 결정하기 위해서는 c의 함수로서 π/c를 $c = 0$의 값을 가질 때까지 외삽하는 것이 필요함을 나타낸다. π/c는 발산하지 않음에 유의해야 하는데, 이는 π와 c가 모두 0에 가까이 가기 때문이다.

π/c의 농도 의존성은 다음과 같은 형태로 쓸 수 있다.

$$\left(\frac{\pi}{c}\right) = \frac{RT}{\overline{M}_n}(1 + \Gamma c + g\Gamma^2 c^2 + \cdots) \tag{23}$$

이 식과 $A_2, A_3, \cdots$ 상수를 포함하는 대체식은 압력이나 부피의 역수를 포함하는 실제 기체에 대한 비리얼 팽창과 대응된다.

앞으로 16장에서 기술하는 바와 같이 2차 비리얼 계수(second virial coefficient) Γ는 다음의 고분자 용액에 대한 Flory-Huggins 이론으로 주어진다.

$$\Gamma = \frac{\overline{M}_n \rho_s}{M_s \rho_p^2}\left(\frac{1}{2} - \chi_1\right) \tag{24}$$

여기서 ρ_s와 ρ_p는 용매와 고분자의 밀도이고, M_s는 용매의 분자량, χ_1은 고분자–용매의 상호작용 상수이다. 식 (23)에서 상수 g의 값은 양용매(good solvent)에서 $\sim\frac{1}{4}$로 흔히 가정한다. $g = \frac{1}{4}$이라면 식 (23)은 식 (25)로 축소된다. 이 식 (25)의 형태는 양용매에서, 식 (23)에 의해 주어진 것이 직선이 아니므로, π/c 자료를 농도 0으로 외삽하는 것을 이용하는 것이 편리하다.

$$\left(\frac{\pi}{c}\right)^{1/2} = \left(\frac{RT}{\overline{M}_n}\right)^{1/2}\left(1 + \frac{1}{2}\Gamma c\right) \tag{25}$$

빈용매(poor solvent)에서 $g \approx 0$이므로 (23)에서 주어진 그림은 측정 농도 영역에서 보통 직선으로 나타나게 된다.

14.5.2 실제적 삼투압 측정법

간단하면서 많이 사용되는 삼투압 측정기를 그림 14.4[1]에 나타내었다. 이 장치에서 두 반투막 M은 구멍난 금속판 P에 의해, 끝이 열린 실린더형 셀의 곱게 갈린 유리벽 A에 붙어 있다. 두 모세관 B와 C는 실린더형 셀의 한편에 붙어 있다. C는 2 mm의 안쪽 지름을 갖는 필러 튜브(filler tube)이고, B는 0.5 mm의 안쪽 지름을 갖는 측정 모세관이다. 기준 모세관 D는 안쪽 지름이 0.5 mm이다.

고분자 용액이 관 C를 통해 셀에 채워지고, 잘 맞는 금속봉 B가 C에 들어간다. 이 장치를 용매 내에 담가 용액의 삼투압을 모세관 B와 D 내 액면의 차이로 측정한다. 일반적으로 두 모세관에서 액면의 차는 캐시토미터(cathetometer)로 측정한다.

액면의 높이 차 Δh와 용액의 삼투압과의 관계는 다음 식과 같다.

$$\pi = \rho_{용액} g' \Delta h \tag{26}$$

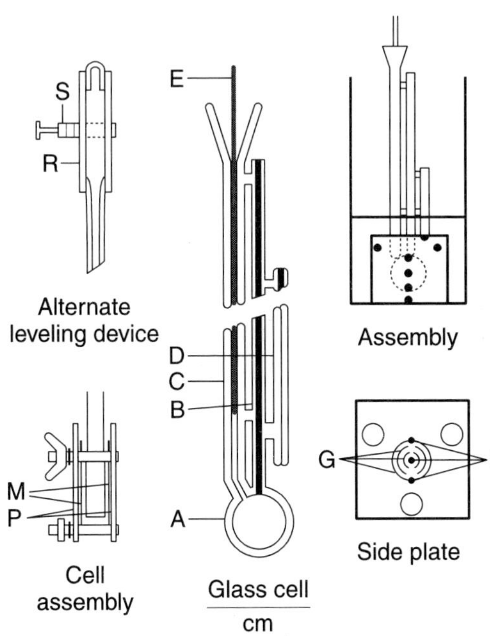

그림 14.4 단순한 삼투압 측정기

[1] 더 정교한 기기도 사용할 수 있다.

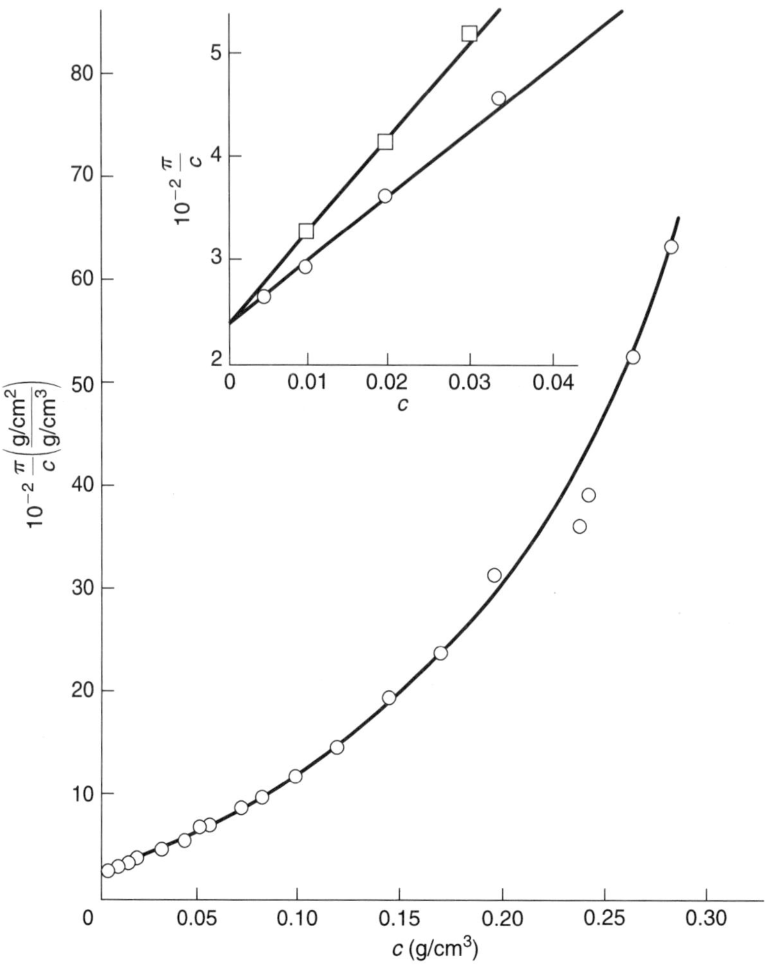

그림 14.5 폴리아이소뷰틸렌-클로로벤젠 용액의 삼투압 농도 의존성

여기서 $\rho_{용액}$은 용액의 밀도이고, g'은 중력 가속도이다. 무게가 g으로, 부피가 cm^3로, 높이가 cm로 측정되면 π의 단위는 dyn/cm^2이다. 삼투압은 π/g'으로 나타내는 것이 보통이고, 그 단위는 용액의 g/cm^2이다. 이러한 단위들은 π/c값을 외삽한 것을 수평균 분자량으로 전환할 때 명심하고 있어야 한다.

클로로벤젠에 녹인 폴리아이소뷰틸렌의 경우 고분자 용액을 삼투압으로 측정한 결과를 그림 14.5와 그림 14.6에 나타내었다. 그림 14.5[식 (23) 참조]에서, π/c 대 c의 관계는 약간의 곡률을 보여 준다. 이것은 클로로벤젠이 폴리아이소뷰틸렌에 대한 좋은 용매임을 나타낸다. 그러나 그림 14.5의 작은 그림에서 보듯이, 낮은 농도에서 $c=0$으로 외삽하면 $\lim_{c\to 0}(\pi/c)$를 쉽게 얻을 수 있다. 그림 14.6은 $(\pi/c)^{1/2}$와 c의 관계가 측정 농도의 전 영역에서 직선 관계임을 보여 주고 있으며, 이것은 식 (23)에서 g가 $\sim\frac{1}{4}$인 것을 나타낸다.

그림 14.5(또는 14.6)로부터 얻는 자료는 수평균 분자량과 2차 비리얼 계수를 계산하는 데 효과

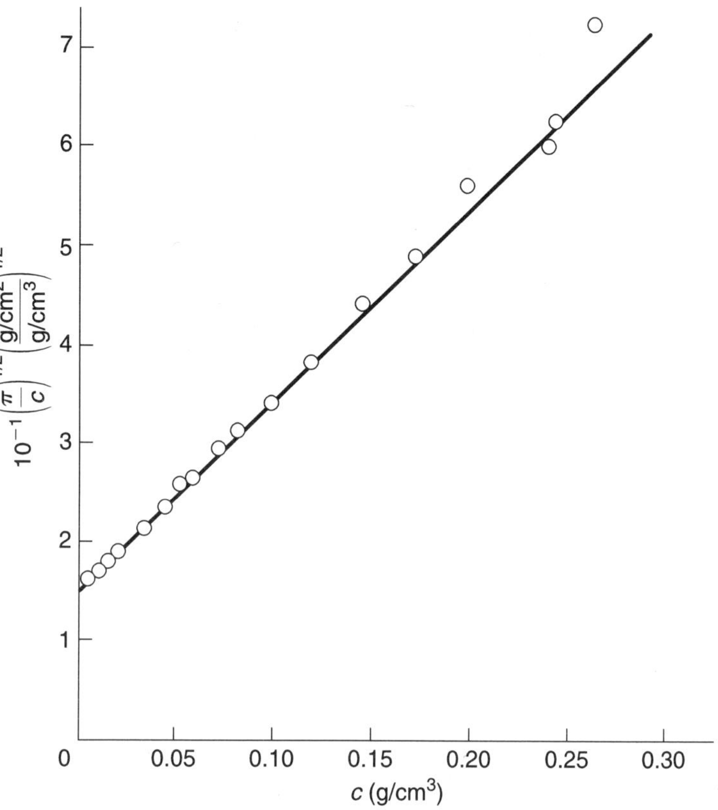

그림 14.6 폴리아이소뷰틸렌-클로로벤젠 용액의 환원 삼투압 1/2승의 농도 의존성

적이다. 그림 14.5로부터, 25°C에서 절편으로부터 다음 결과를 얻을 수 있다.

$$\lim_{c\to 0}\left(\frac{\pi}{c}\right) = 235(\text{g/cm}^2)\text{-concn.}^{-1}$$

식 (22)로부터, 수평균 분자량은

$$\overline{M}_n = \frac{RT}{\lim_{c\to 0}(\pi/c)} = \frac{(82.06\ \text{cm}^3\text{-atm/mol-deg})(298\ \text{deg})(1.013\times 10^6\ \text{g/cm-s}^2\text{-atm})}{(235\ \text{g/cm}^2\text{-concn.})(980\ \text{cm/s}^2)}$$

가 되어

$$\overline{M}_n = 1.07\times 10^5\ \text{cm}^3\text{-concn./mol} = 1.07\times 10^5\ \text{g/mol}$$

이 된다. 그림 14.5의 작은 그림으로부터 25°C에서 초기 기울기는 6350 g/cm^2-concn^{2}이 되고, 식 (23)으로부터 2차 비리얼 계수를 얻게 된다.

$$\Gamma = (6350 \text{ g/cm}^2\text{-concn.}^2)\left(\frac{\overline{M}_n}{RT}\right)\frac{(6350 \text{ g/cm}^2\text{-concn.}^2)(1.075 \times 10^5 \text{ g/mol})(980 \text{ cm/s}^2)}{(1.013 \times 10^6 \text{ g/cm-s}^2\text{-atm})(82.06 \text{ cm}^3\text{-atm/mol-deg})(298 \text{ deg})}$$

또는

$$\Gamma = 27.0 \text{ cm}^3/\text{g}$$

삼투압으로부터 측정된 분자량의 정확도 그림 14.5와 14.6에 나타난 자료의 뛰어난 **정밀도**에도 불구하고 삼투압법으로 얻어진 고분자 분자량의 절대적인 **정확도**는 그렇게 만족할 정도가 아니다. 이는 그림 14.7을 조사해 보면 알 수 있다. 이 그림은 미국, 캐나다, 유럽의 8개 연구소에서 폴리스타이렌 시료로 각자 연구해 얻은 π/c와 c의 관계를 나타낸다. 측정은 톨루엔과 에틸메틸케톤에서 실시되었는데, 두 용매는 각각 폴리스타이렌의 양용매와 빈용매의 대표적인 예이다. 이 두 용매는 명백하게 자료마다 차이가 있다. 이는 주로 각 연구소에서 사용한 반투막이 다르기 때문이다. 그림 14.7에서 얻어진 수평균 분자량과 2차 비리얼 계수는 다음과 같다.

(a) 톨루엔: $\overline{M}_n = 4.50 \pm 1.0^8 \times 10^5$

$\Gamma = 214 \pm 27 \text{ cm}^3/\text{g}$

(b) 에틸메틸케톤: $\overline{M}_n = 4.60 \pm 0.82 \times 10^5$ g/mol

$\Gamma = 60 \pm 32 \text{ cm}^3/\text{g}$

두 가지 용매에서 같은 분자량이 얻어진 것은 고무적이다. 그러나 정확도는 하나의 삼투압 측정기와 막에서부터 얻어진 자료로부터 확인될 만큼 좋지 않다(그림 14.5 참조). 빈용매에서는 가능한 한 더 정확하게 $c = 0$으로 외삽하면 덜 부정확한 무게 평균 분자량을 얻는다는 것은 주목할 만하다. 물론 이렇게 정확도를 높이면 2차 비리얼 계수의 %오차를 높이는 결과를 초래한다. 이것은 위에 주어진 결과들로부터 알 수 있다.

14.5.3 반투막

반투막(semipermeable membrane)은 삼투압법으로 분자량을 측정할 때 가장 중요한 실험 요소이다. 사실, 다양한 막의 반투과성 정도의 변화가 그림 14.7에서 나타나는 π/c 오차의 주요 원인이 된다고 생각된다.

전처리된 젤 셀로판은 널리 쓰이는 유기막 재료이다. 대체로 그러한 막은 먼저 NaOH 수용액으로 처리하여 물로 세척한 뒤 에탄올에 1~2시간 담근 후, 사용될 용매와 에탄올 혼합물에 담그고, 마지막으로 순수 용매에 담근다. 이러한 막은 10^4 g/mol 이상의 분자량 측정에 적당하다고 알려져 있다.

그 밖에 유기 용매에 보통 사용되는 막으로는 고무, 폴리바이닐알코올, 폴리유레테인, 폴리트라

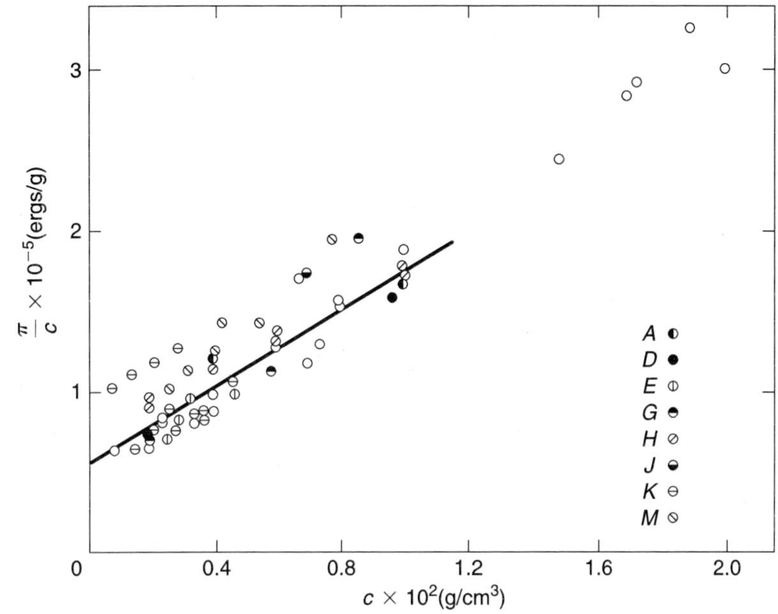

(a)

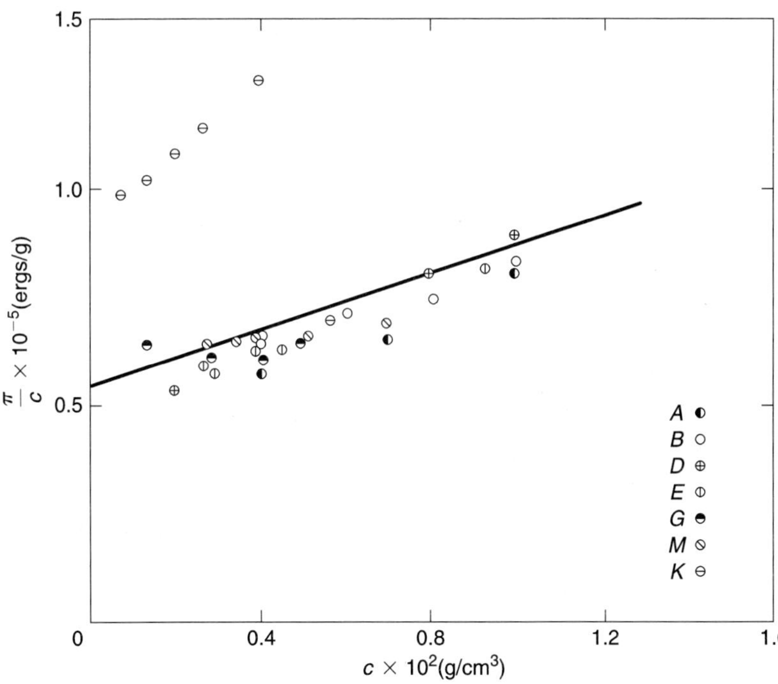

(b)

그림 14.7 25°C, 두 가지 용매에서 폴리스타이렌에 대한 삼투압의 농도 의존성: (a) 톨루엔, (b) 에틸메틸케톤. 각 표시는 다른 연구소로부터 얻은 결과임.

이플루오로클로로에틸렌[poly(trifluorochloroethylene)]이 있다. 나이트로셀룰로스막은 주로 수용액에서 사용된다. 이 막은 거의 모든 유기물에 녹거나 팽윤되므로 유기 용매에는 거의 사용되지 않는다.

14.6 절대 분자량과 크기 측정을 위한 광산란

14.6.1 산란광 강도: Rayleigh 비

단색광이 계를 지나 빛의 흡수가 일어나지 않을 때, 빛의 통과는 완전하지 않다. 일부분의 입사광이 산란되어 입사광 강도가 감소한다. 빛은 입사광에 대해 모든 방향으로 산란되고, 산란된 빛의 많은 부분은 입사광과 같은 파장을 갖는다.

약 100년 전 Lord Rayleigh[1]는 각 분자의 광학 성질로 빛의 산란을 생각하였다. 그는 희석한 기체에서 산란된 빛의 세기를 다음과 같이 나타내었다.

$$\frac{i(\theta)r^2}{I_0(1+\cos^2\theta)} = R(\theta) = \frac{2\pi^2}{\lambda^4 N_0}\frac{(n-1)^2 M}{c} \tag{27}$$

여기서 I_0는 계에 파장 λ의 빛이 입사할 때의 강도이고, $i(\theta)$는 계의 중앙으로부터 r만큼 떨어지고 입사광 방향으로부터 θ각에서 발견되는 계의 단위 부피당 산란광 강도이며, M은 기체의 분자량, n은 굴절률, c는 기체의 밀도 또는 농도(단위 부피당 무게)이고, N_0는 Avogadro 수이다. $R(\theta)$는 **Rayleigh 비**라고 하고, 이 비의 단위는 length^{-1}이며 계를 통과한 단위 통과 길이당 θ각에서 산란된 빛의 분율을 의미한다.

희석 기체에서 액체로 광산란의 Rayleigh 식을 적용할 때 어려운 문제가 발생한다. 이러한 어려움의 주요 원인은 희석 기체에서는 없는 액체에서의 강한 분자간 힘(intermolecular force)이 존재하기 때문이다. Einstein에 의해 연구된 액체 내 광산란에 관한 다른 접근법은 이 문제를 어떻게 피하는지를 보여 준다.[2] 그는 밀도의 국부적인 변동으로부터 생기는 산란이 분자의 열적 거동에 기인한다고 생각하였다. 밀도의 변동은 굴절률의 국부적 변동과 입사광 산란의 변동으로 이어진다. Einstein이 순수 액체에 대해 Rayleigh 비를 변환시킨 것이 식 (28)이다. 이 식에서 p는 액체에 미치는 유체정역압(hydrostatic pressure)이고, β는 압축률(compressibility), 즉 $\beta = -(1/V)(\partial V/\partial p)_T$이다. 다른 항들은 앞의 정의와 같다.

---

[1] J. W. Strutt (Lord Rayleigh), *Phil. Mag.*, **1871**, *41*, 107, 274, 447.

[2] A. Einstein, *Ann. Physik*, **1910**, *33*, 1275.

$$R(\theta) = \frac{i(\theta)r^2}{I_0(1 + \cos^2\theta)} = \frac{2\pi^2}{\lambda^4 N_0}\frac{RT}{\beta}\left(n\frac{dn}{dp}\right)^2 \tag{28}$$

고분자는 기체나 순수 액체로 존재하지 않고 액체 용매에 녹는다. 그러나 고분자의 분자량과 크기를 결정하기 위해 광산란법을 이용하는 것은 액체 용액에서 광산란의 이론적 처리가 부족한 가운데에서 시도되었다. 이러한 이론적 처리는 1944년 Peter Debye에 의해 실행되었다.[1] Debye는 용질 농도의 국부적인 변동에 의해서(순수 용매에 대해) 용액에 의한 부수적인 광산란이 일어남을 알아내었다. 순수한 액체에서 밀도 변동에 대한 Einstein의 처리와 유사하게, Debye는 무질서한 열운동에 기인한 용질 농도의 국부적 변동이 용액의 삼투압과 반대가 된다고 생각하였다. 이러한 모델로부터 용질에 의한 산란에 Rayleigh 비를 적용한 식 (29)를 구하였다.

$$R'(\theta) = \frac{i'(\theta)r^2}{I_0(1 + \cos^2\theta)} = \frac{2\pi^2}{\lambda^4 N_0}n_0^2(n - n_0)^2\frac{RT}{c(\partial\pi/\partial c)_T} \tag{29}$$

여기서 ′표시는 용질에 기인한 액체로부터의 과다 산란(excess scattering)이고, n_0은 용질의 굴절률, c는 단위 부피당 무게인 용질의 농도이고, π는 용액의 삼투압이다.

14.6.2 탁도

산란 때문에 빛의 강도가 감소하는 것을 용액의 **탁도**(turbidity)를 구하는 데 이용한다. 그 감소 또는 희석은 계를 통과한 빛의 통과 길이에 의존하고, Lambert 법칙과 유사한데, 다음 식이 가능하다.

$$\frac{I}{I_0} = e^{-\tau l} \tag{30}$$

여기서 I_0는 입사광 강도이고, I는 통과된 빛의 강도, l은 용액 내에서 빛의 통과 길이, τ는 탁도이다. 식 (30)을 변형하여 다음 식이 얻어진다.

$$e^{-\tau l} = \frac{I_0 - I_s}{I_0} = \frac{I_0 - I'_s l}{I_0} = 1 - \frac{I'_s l}{I_0} \tag{31}$$

여기서 I_s는 용액에 의해 산란된 빛의 전체 강도이고, I'_s는 단위 통과 길이당 산란된 전체 강도이다. 광산란된 부분은 매우 작고 식 (31)에서 근사치를 얻을 수 있다.

$$e^{-\tau l} = 1 - \tau l + \tfrac{1}{2}(\tau l)^2 - \tfrac{1}{6}(\tau l)^3 + \cdots \approx 1 - \tau l \tag{32}$$

[1] P. Debye, *J. Appl. Phys.*, **1944**, *15*, 338.

식 (31)과 (32)를 조합하면

$$\tau = \frac{I'_s}{I_0} \tag{33}$$

이 되며, 이는 단위 통과 길이당 전체 산란 강도와 탁도의 관계를 나타낸다.

용액을 통과한 단위 통과 길이당 산란광의 전체 강도는 극좌표의 모든 각을 통한 산란 강도이다.

$$I'_s = \int_0^{\pi}\int_0^{2\pi} r^2 i'(\theta) \sin\theta \, d\theta \, d\phi \tag{34}$$

$r^2 i'(\theta) = I_0 R'(\theta)$ [(29) 참조]이므로, (33)은

$$\frac{I'_s}{I_0} = \tau = \int_0^{\pi}\int_0^{2\pi} R'(\theta) \sin\theta \, d\theta \, d\phi \tag{35}$$

이 되어

$$\tau = \frac{2\pi^2}{\lambda^4 N_0} n_0^2 (n - n_0)^2 \frac{RT}{c(\partial\pi/\partial c)_T} \int_0^{\pi} (1 + \cos^2\theta) \sin\theta \, d\phi \int_0^{2\pi} d\theta \tag{36}$$

가 된다. 적분에 의한 값은 16π/3이므로 탁도와 전체 산란광 강도의 관계는

$$\tau = \frac{I'_s}{I_0} = \left(\frac{32\pi^3}{3\lambda^4 N_0}\right) \frac{n_0^2 (n - n_0)^2 RT}{c(\partial\pi/\partial c)_T} \tag{37}$$

이 된다. 탁도와 Rayleigh 비의 관계는

$$\tau = \frac{16\pi}{3} R_{(90°)} = \frac{16\pi i(90°) r^2}{3 I_0} \tag{38}$$

또는 더 일반적으로는

$$\tau = \left(\frac{16\pi}{3}\right) R(\theta) = \left(\frac{16\pi}{3}\right) \frac{i(\theta) r^2}{I_0 (1 + \cos^2\theta)} \tag{39}$$

이 된다. 식 (38)과 (39)에서 $i(\theta)$ 위의 ′이 빠졌다. 그러므로 이 식은 $i(\theta)$를 측정함으로써 주어진 각에서 산란광 각도를 측정하여 탁도를 구하게 된다.

14.6.3 고분자 용액의 탁도와 분자량

탁도와 단분자량 용질의 분자량과의 관계는 $(\partial\pi/\partial c)_T$를 식 (37)에 대입시켜 얻을 수 있다. 그러나 대입하기 전에 식 (37)을 정리하여 식 (40)을 만드는 것이 편리하다.

$$\frac{Hc}{\tau} = \frac{1}{RT}\left(\frac{\partial \pi}{\partial c}\right)_T \tag{40}$$

여기서 함수 H는

$$H = \frac{32\pi^3}{3\lambda^4 N_0} n_0^2 \left(\frac{n - n_0}{c}\right)^2 \tag{41}$$

고분자와 다른 굴절률을 갖는 용매를 선택하여 용액과 용매의 굴절률 차 $n-n_0$의 어긋남이 가장 많으면 대단한 장점이 있음을 유의하라.

식 (21)로부터 $(\partial\pi/\partial c)_T$를 대입하면 다음과 같이 된다.

$$\frac{Hc}{\tau} = \frac{1}{M}(1 + 2\Gamma c + 3g\Gamma^2 c^2 + \cdots) \tag{42}$$

식 (41)과 (42)에 따르면 광산란에 의한 분자량의 결정은 (a) 다양한 농도의 용액과 순수 용매 간 굴절률의 차이로 측정, (b) 용액의 탁도 측정, (c) 절편이 $1/\overline{M}$이 되는 Hc/τ를 $c=0$까지 외삽하는 것이 필요하다. 삼투압 자료의 처리와 유사하므로, 초기 기울기는 2차 비리얼 계수 Γ를 얻는다. 톨루엔 내의 폴리스타이렌 용액에 대한 자료를 표 14.4에 나타내었고, 식 (42)에 대한 그림을 그림 14.8에 표시하였다.

14.6.4 무게 평균 분자량

고분자 용액에 식 (42)를 적용시켜 얻은 분자량은 고분자의 분자량 분포의 특성에 대한 평균값이다. 따라서 어떤 종류의 **평균**인지 알아보는 것도 중요할 것이다.

$\tau°$를 무한 희석한 극한에서 고분자 용액의 탁도라 정의하고, 즉 $\tau°$가 산란 강도의 입자 간 방해가 없는 용액의 탁도라 할 때, 분자량 분포를 가지고 있는 고분자와 같은 용질에 대해 다음과 같이 쓸 수 있다.

표 14.4 광산란에 의한 톨루엔 내의 폴리스타이렌 분자량의 측정

Concn. (g/cm³)	$n - n_0$	τ (cm⁻¹)	$Hc/\tau \times 10^6$ (mol/g)
0.066	0.0075	0.0061	2.79
0.128	0.0145	0.0100	3.34
0.255	0.0288	0.0159	4.17
0.510	0.0576	0.0202	6.55

자료: Frank, H. P. and Mark, H. P., *J. Polymer Sci.*, **1955**, *17*, 1.

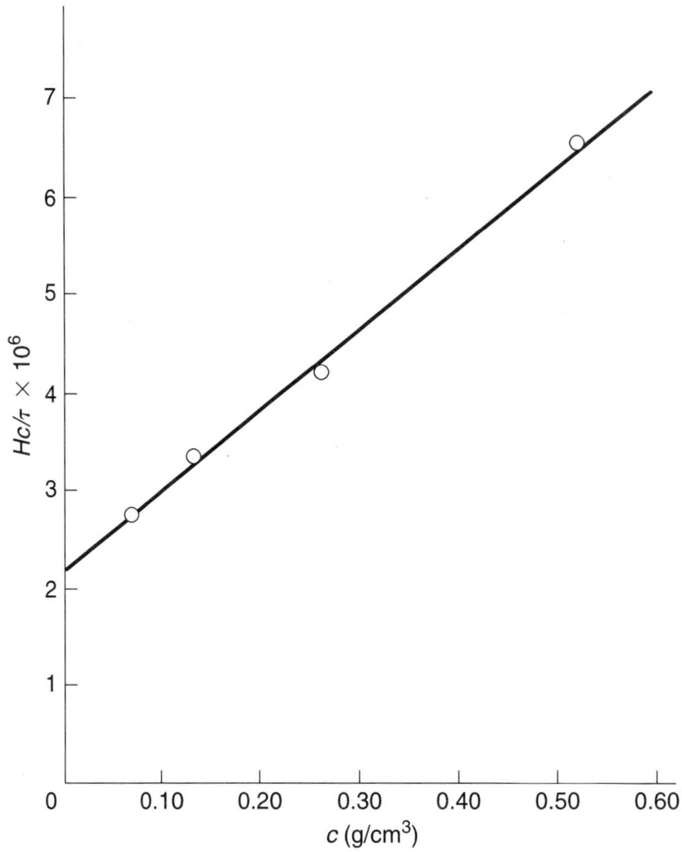

그림 14.8 광산란에 의한 톨루엔 내의 폴리스타이렌 분자량의 측정(표 14.4로부터의 자료)

$$\tau^{\circ} = \sum_i \tau_i^{\circ} \tag{43}$$

여기서 τ_i°는 분자량 M_i를 갖는 물질에 영향을 끼치는 탁도이다. 식 (42)에 따르면 τ는 $c \to 0$이 될 때 HMc로 접근한다. 그러므로 식 (43)은 식 (44)로 바꿀 수 있다.

$$\tau^{\circ} = H^{\circ} \sum_i M_i c_i \tag{44}$$

여기서 $H°$는 $c \to 0$일 때 (41)에 의해 정의된 정수의 값이다. 농도 c_i는 분자량 M_i를 갖는 분자 용액의 단위 부피당 무게이다. 그러므로 우리는

$$c_i = \frac{w_i}{V} = \frac{(N_i/N_0)M_i}{V} \tag{45}$$

을 얻고, w_i는 분자량 M_i인 분자의 무게이고, N_i는 분자량 M_i인 분자의 수, N_0는 Avogadro 수, V는 용액의 부피이다. 식 (45)를 식 (44)에 대입하면

$$\tau^{\circ} = \frac{H^{\circ}}{N_0 V} \sum_i N_i M_i^2 \tag{46}$$

이 된다. 식 (46)으로부터 탁도가 고분자 분자량의 제곱에 비례하는 것을 알 수 있다. 이는 큰 분자가 작은 분자보다 용액의 탁도에 더 공헌하는 것을 의미한다. **그러므로 탁도로부터 정의된 무게 평균 분자량은 작은 분자보다 큰 분자에 의해 더 영향을 받는다.**

고분자의 무게 평균 분자량은 다음과 같이 구해진다.

$$\overline{M}_w = \frac{\sum_i w_i M_i}{\sum_i w_i} = \frac{\sum_i N_i M_i^2}{\sum_i N_i M_i} \tag{47}$$

식 (47)로부터 식 (48)이 나오고

$$\sum_i N_i M_i^2 = \overline{M}_w \sum_i N_i M_i \tag{48}$$

식 (48)을 식 (46)에 대입시킨 후 식 (49)를 얻는다.

$$\tau^{\circ} = \frac{H^{\circ}}{N_0 V} \overline{M}_w \sum_i N_i M_i = H^{\circ} \overline{M}_w \sum_i \frac{(N_i/N_0) M_i}{V} \tag{49}$$

식 (45)를 참조하여

$$\tau^{\circ} = H^{\circ} \overline{M}_w \sum_i c_i = H^{\circ} \overline{M}_w c \tag{50}$$

을 얻는데, 여기서 c는 고분자의 전체 농도이다. τ°와 H°가 무한 희석의 극한에서 나온 것임을 상기하면 식 (50)은 다음과 같이 쓸 수 있다.

$$\lim_{c \to 0} \frac{Hc}{\tau} = \frac{1}{\overline{M}_w} \tag{51}$$

그러므로 광산란법은 무게 평균 분자량을 얻는다. 분자량 분포를 갖는 어떤 용질에서 무게 평균 분자량은 수평균 분자량보다 크다. $\overline{M}_w/\overline{M}_n$비, 즉 광산란 측정과 삼투압 측정에서 얻어진 이 비는 분자량 분포 폭을 측정하게 된다.

14.6.5 고분자 디멘션과 산란의 불균형에 대한 수정

앞 절에서 언급했던 광산란과 고분자 분자량과의 관계는 만약 산란이 등방성(즉, 90°로 대칭)이라면 만족스럽다. 고분자의 가장 큰 디멘션(dimension)의 평균 크기가 입사광 광자의 약 1/20보다 작다면, 그 관계는 고분자 용액에 대해 맞다고 볼 수 있다. 고분자의 평균 최대 디멘션이 λ/20보다 더 커진다면, 90° 정도의 산란광의 불균형(dissymmetry)이 관찰된다. 이러한 불균형은 **같은 분자의** 다른 부분으로부터 산란된 빛의 파괴적인 간섭 때문에 일어난다. 이 입자 내 간섭(intraparticle interference)은 무한 희석으로 외삽하여도 제거되지 않는다.

입자 내 간섭의 원인을 그림 14.9에 나타내었다. 이 그림에서 두 평행한 입사광 R_1, R_2가 같은 고분자의 다른 부분으로부터 입사 방향에서 θ각만큼 산란되었다. 빛의 파동은 동일면에 있으나(in-phase), 검출되기 전에 다른 거리를 이동하므로 각 산란된 빛 R_1', R_2'은 면을 벗어난다(out-of-phase). 면을 벗어난 산란광의 검출기에서의 상호 감쇠를 **파괴적 간섭**이라 한다. 파괴적 간섭이 일어나는 정도는 검출기에 이르는 두 빛의 통과 길이의 차에 의존한다. 기하학적으로 고려해 보면 다음의 두 사실이 증명된다.

1. 주어진 θ각에서, θ에서 감지된 두 산란광의 통과 길이(path-length) 차는 180° − θ에서 감지된 두 산란광의 통과 길이의 차보다 작다. 즉, $[R_1 + R_1'(\theta) - R_2 - R_2'(\theta)] < [R_1 + R_1'(180 - \theta) - R_2 - R_2'(180 - \theta)]$이다. 그 결과 파괴적인 간섭은 θ(전진 방향)에서보다 180 − θ(후진 방향)에서 더 크다. 다시 말하면 이것은 후진 방향에서보다 전진 방향에서 더 큰 산란 강도를 갖게 된다. 즉, $I_s(\theta) > I_s(180 - \theta)$이다.
2. θ가 0°에 접근할수록, 분자의 다른 부분으로부터 전진 산란 광선 간의 통과 길이 차 역시 0으로 간다. 그러므로 θ = 0으로 될 때 산란광의 입자 내 파괴적 간섭은 일어나지 않는다.

입자 내 간섭에 의한 산란 강도의 감소를 고려하기 위해 탁도 τ를 Rayleigh 비, $R(\theta)$로 치환하는 것이 편리하므로 식 (42)를 고치면

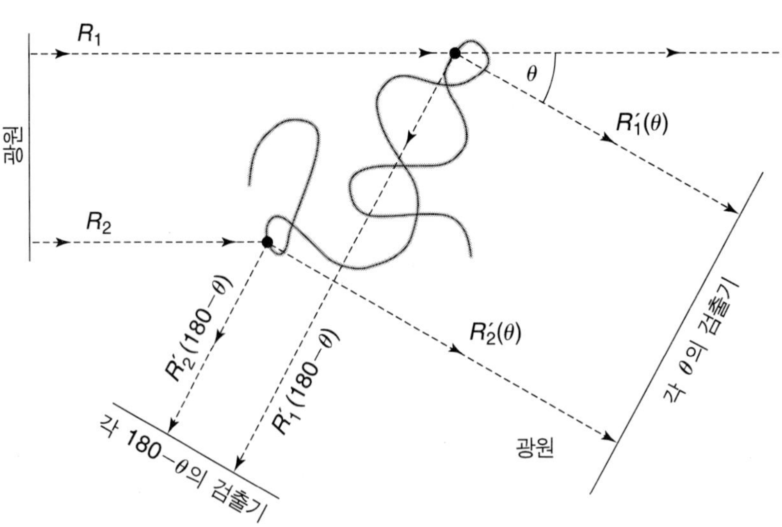

그림 14.9 커다란 고분자에서 분자 내 파괴적 간섭

$$\frac{Kc}{R(\theta)} = \frac{1}{\overline{M}_w P(\theta)} + \frac{2\Gamma}{\overline{M}_w} c + \frac{3g\Gamma^2}{\overline{M}_w} c^2 + \cdots \tag{52}$$

이 되고, $K = (3/16\pi)H$이고, $P(\theta)$는 $\theta \to 0$일 때 $P(\theta) \to 1$이 되는 산란 함수이다. 그러므로 큰 고분자의 분자량 측정은 분자 간 간섭을 없애기 위해 $c \to 0$까지뿐만 아니라 분자 내 간섭을 없애기 위해 $\theta \to 0$으로 외삽도 필요하다.

$$\frac{1}{\overline{M}_w} = \lim_{\substack{c \to 0 \\ \theta \to 0}} \frac{Kc}{R(\theta)} \tag{53}$$

비록 실험적 산란 자료를 $\theta = 0$으로 외삽하는 것은 용액 내 고분자에 관한 어떠한 모델과도 무관하지만, 산란 함수 $P(\theta)$는 주어진 모델에 따라 달라진다. 더구나 평균 고분자 디멘션을 결정하는 것도 주어진 모델에 역시 의존한다. 아래의 산란 함수들은 고분자 디멘션, 빛의 파장, 용매의 굴절률에 의한 3가지 모델에 의해 구해진 것이다.

1. 랜덤 코일 고분자(random coil polymer)

$$P(\theta) = \frac{2}{v^2}[e^{-v} - (1 - v)] \tag{54}$$

여기서

$$v = \tfrac{8}{3}\pi^2 n_0^2 \left(\frac{\overline{r^2}}{\lambda^2}\right) \sin^2\frac{\theta}{2}$$

$\overline{r^2}$ = 고분자 양말단 간의 평균 제곱 거리[1]

2. 구형 고분자 분자(spherical polymer molecules)

$$P(\theta) = \left[\left(\frac{3}{u^3}\right)(\sin u - u\cos u)\right]^2 \tag{55}$$

여기서

$$u = 2\pi\left(\frac{n_0 d}{\lambda}\right)\sin\frac{\theta}{2}$$

$$d = \text{구의 지름}$$

[1] 사슬 통계학에 관한 최근의 문헌들은 평균값에 대한 기호를 괄호 <...>를 치는 것으로 바꾼다. 예를 들어, 평균 관성 반지름을 $\langle S^2 \rangle$으로, 평균 사슬 간 거리를 $\langle r^2 \rangle$으로 표시한다.

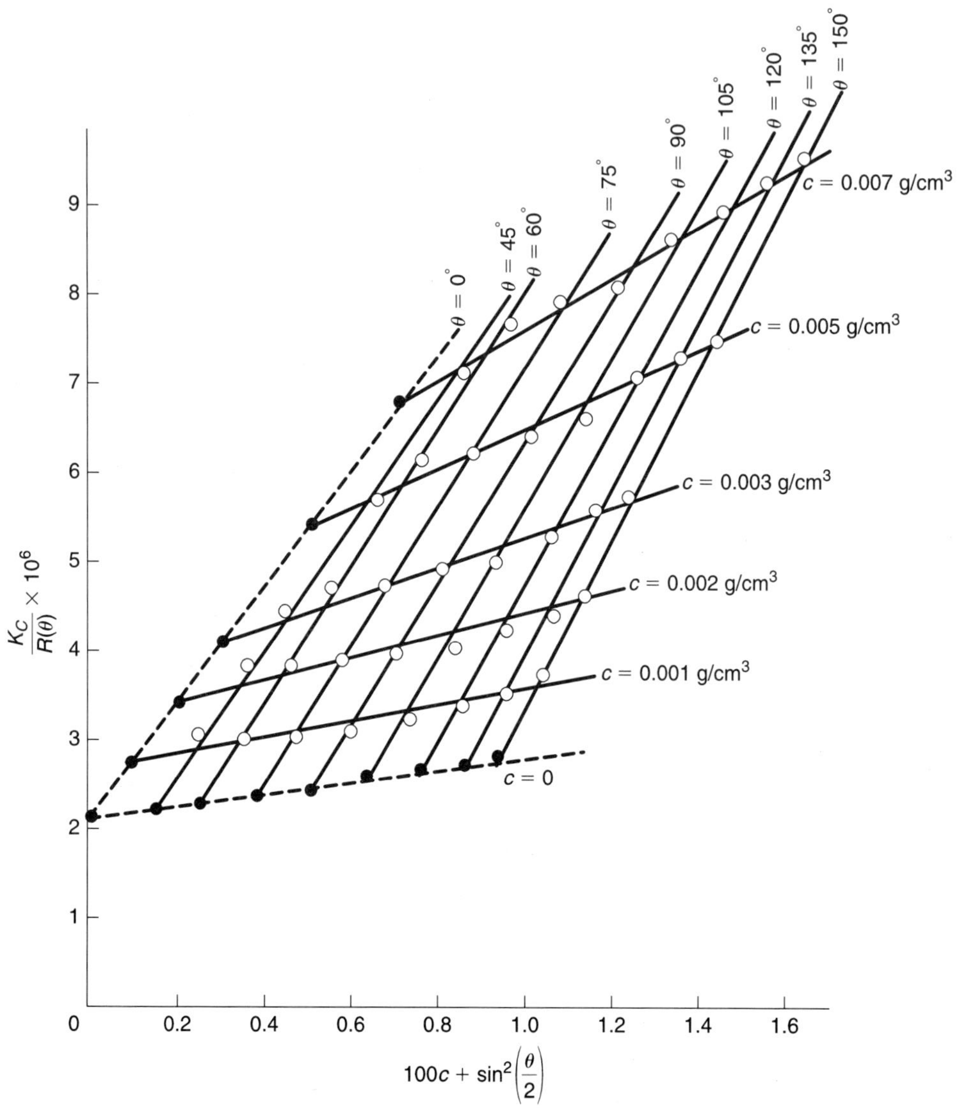

그림 14.10 브로모벤젠 내의 폴리(L-락트산) 용액에 대한 λ = 5461 Å의 광산란 측정

3. 단단한 막대 고분자(rigid-rod polymer)

$$P(\theta) = \frac{1}{x} S(2x) - \left(\frac{1}{x} \sin x\right)^2 \tag{56}$$

여기서

$$S(x) = \int_0^x \frac{\sin y}{y} dy$$

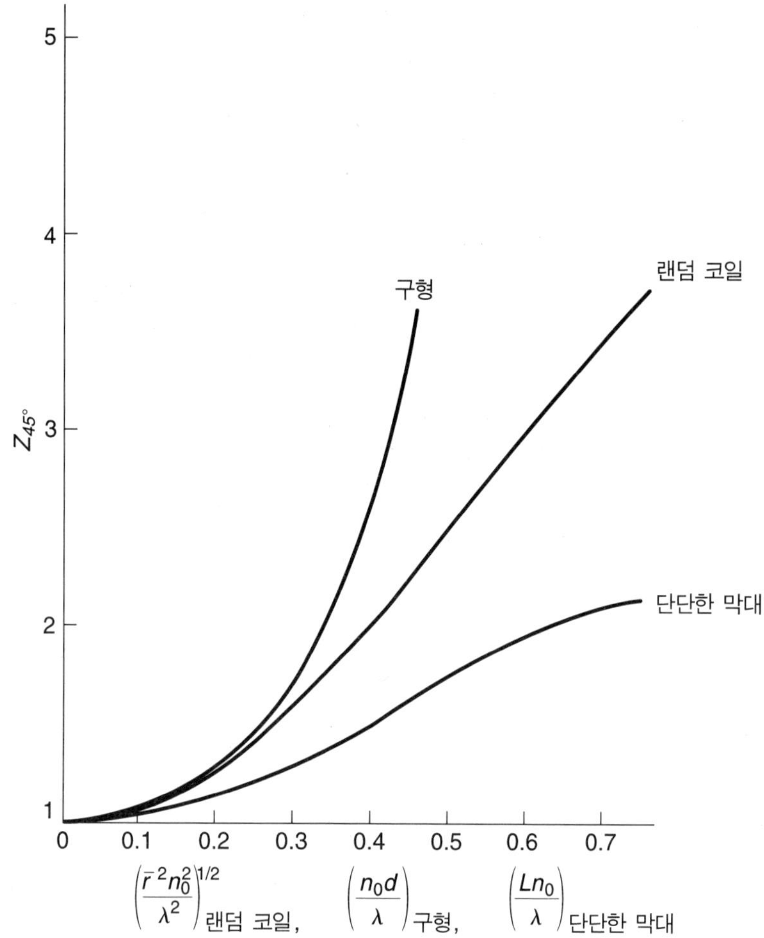

그림 14.11 고분자 크기의 함수로 나타낸 45°에서의 불균형 계수

$$x = 2\pi\left(\frac{Ln_0}{\lambda}\right)\sin\frac{\theta}{2}$$

$$L = \text{막대의 길이}$$

모든 산란 함수는 $\sin(\theta/2)$를 통한 각 θ, 또는 (랜덤 코일의 중요한 경우에서) $\sin^2(\theta/2)$에 의존한다. 이는 $Kc/R(\theta)$와 $kc + \sin^2(\theta/2)$를 도시하여(여기서 k는 임의의 상수) 이중 외삽하면 편리하게 분자량을 얻을 수 있다는 것을 나타낸다[반응식 (53) 참조]. 이렇게 하여 브로모벤젠 내의 폴리(L-락트산)에 대해 그림 14.10에서 볼 수 있듯이 점들의 눈금 모양이 얻어진다. $1/\overline{M}_w$의 값은 $\theta = 0$이고 $c = 0$인 수직축의 절편으로부터 계산된다. 이러한 외삽 과정에서 얻어진 분자량은 모든 모델에서 $\theta \rightarrow 0$일 때 $P(\theta) \rightarrow 1$이므로 정해진 모델과 무관하다. 그림 14.10과 같은 눈금 모양의 그림을 Zimm 플롯(plot)이라 한다.[1]

---

[1] B. H. Zimm, *J. Chem*. Phys., **1948**, *16*, 1099.

고분자의 평균 크기는 다음과 같이 정의된 불균형 계수(dissymmetry coefficient)[1]에 의해 얻어진다.

$$Z_\theta = \frac{i(\theta)}{i(180° - \theta)} = \frac{P(\theta)}{P(180° - \theta)} \tag{57}$$

그렇게 얻어진 고분자의 크기는 선택한 모델이 실제 고분자를 나타내는 정도에 의존한다는 것을 알아야 한다. 용액 내 고분자의 3가지 모델에서 고분자 디멘션의 함수로서 Z°_{45}의 이론값을 그림 14.11에 나타내었다. 특정 모델에 대해 적절히 정해진 디멘션을 구하려면 강도비(intensity ratio) i_{45}/i_{135}를 실험적으로 측정해야 한다. 실험적으로 얻어진 값을 그림 14.11에 넣어 $(\overline{r^2})^{1/2}n_0/\lambda$, n_0d/λ, Ln_0/λ를 얻게 된다. 용매의 굴절률 n_0와 빛의 파장 λ를 알기 때문에 $(\overline{r^2})$, d 또는 L이 구해진다.

14.6.6 실험 기기와 작동 기술

식 (41)과 (42)에 따르면 분자량을 계산하기 위해 결정되어야 하는 인자들은 탁도 τ와 굴절률 증가분 $(n - n_0)/c$이다. 입사광 강도의 희석이 너무 작기 때문에 이렇게 희석하여 탁도를 측정하는 것은 현실적이지 못하다. 용액의 탁도 τ는 Rayleigh 비로부터 구해야 한다[식 (38), (39) 참조]. 이는 입사광에 대해 θ각(보통 90°)에서 용액의 단위 부피당 산란광 강도가 측정되어야 하는 것을 의미한다. 더욱이 고분자 분자가 평균적으로 사용된 빛의 파장의 1/20 정도(약 4000 ~ 5000)보다 더 큰 디멘션을 갖는다면 몇 가지 각도에서 산란광의 강도를 측정할 필요가 있다.

그러므로 광산란법에 의한 분자량과 분자 크기를 측정하는 데는, (1) 다양한 농도의 용액에 대해 여러 각도에서 산란광의 각도, (2) 다양한 농도에서 용액과 용매 간 굴절률의 차를 측정하는 것이 요구된다.

광산란 광도계법 원칙적으로 지난 40여 년간 광산란 광도계에 관해 간단하고 수많은 디자인이 문헌에 나와 있다. 모든 광산란 광도계는 광원(radiation source), 시료에 입사광을 쬐기 위한 광학 장치와 산란각의 함수로서 산란광 강도를 연속적으로 감지한다. 예전의 광도계들은 광원으로 수은 아크를 사용했으나, 최근의 대부분의 기기는 아크 대신 레이저를 사용하며, 일반적으로 아르곤 이온과 He – Ne 레이저를 사용한다. 수은 아크는 436, 546, 578 nm의 파장을 갖는 입사광을 낼 수 있지만, 위의 레이저는 각각 488, 514, 633 nm의 빛을 낼 수 있다. 레이저의 정밀한 방향적 성질로 인해 더 작은 산란각에서의 측정을 허용하여 0°까지 산란 강도의 외삽(Zimm plot)을 가능하게 해 준다.

일반적인 광원으로 수은 아크를 갖는 광산란 광도계[2]를 그림 14.12에 나타내었다. 레이저를 장

---

[1] P. Debye, *J. Phys. Colloid Chem.*, **1947**, *51*, 18.

[2] H. Utiyama and Y. Tsunashima, *Appl. Opt.*, **1970**, *9*, 1330.

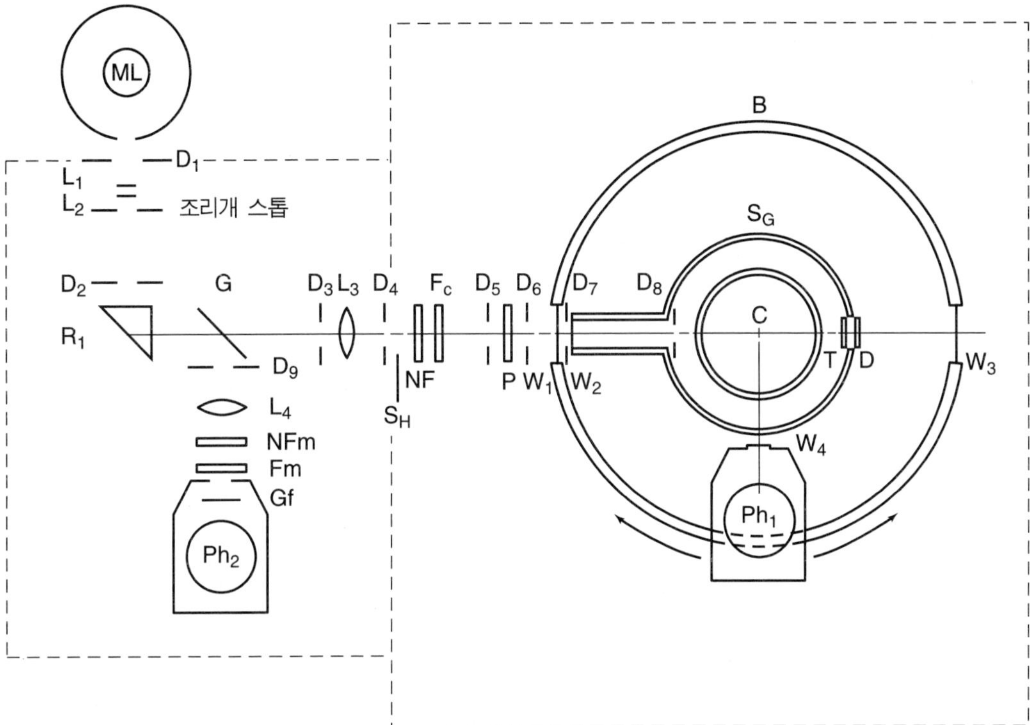

그림 14.12 광산란 광도계

치하는 것은 쉬운 일이다. 이 그림에 나타난 기기를 보면, 광원에서 나온 빛은 렌즈인 L_1, L_2에 의해 초점이 맞춰져 조리개 스톱(aperture stop)의 상이 렌즈 L_3에 의해 고분자 용액이 있는 산란 셀(scattering cell)의 중심 C에서 초점이 맞춰진다. 전반사 프리즘(total reflection prism) R_1과 얇은 유리판 G는 조리개 스톱과 L_3 사이에 위치해 있다. 프리즘은 유리판이 광확장기 Ph_2로 접수되는 입사광의 일부분의 반사에 영향을 주는 반면, 레이저가 입사광의 방향과 같게 자리잡도록 위치하고 있다. 통과를 조절하는 4가지 중립 필터(neutral filter) NF, 색굴절 필터로서 F_C가 광원으로부터 여러 가지 방출선(emission line)을 제거하기 위해 장치되었다. 편광계 P도 입사광 경로에 도입되어 있다. 유리 실린더 S_G를 통과한 후 셀에서 나온 산란광은 입사광에 관계된 전 영역의 각을 측정할 수 있는 광확장기 Ph_1에 의해 감지되고 측정된다. 더 자세한 기계나 성능에 관해서는 원논문을 참조하기 바란다.

레이저를 이용하는 예로 광산란 광도계에 많은 다른 진전이 있었다. 하나의 예가 Wyatt Technology Corporation(미국 Santa Barbara)의 기기 디자인이다. 초기에는 단일 광셀(photocell, PC)이 각 θ의 함수로 산란 강도를 얻기 위해 platter를 회전시켰으나, 그림 14.13에 소개한 바와 같이 고정각에 위치한 광셀을 배열하는 것으로 대체되었다. 이 방법으로 여러 θ값에서 산란 강도를 동시에 구할 수 있게 되었다. 또한 각을 정할 때 생기는 오차를 최소화하며 분자량, 2차 비리얼 계수, 회전 반지름 등을 계산하는 소프트웨어 프로그램을 이용한다.

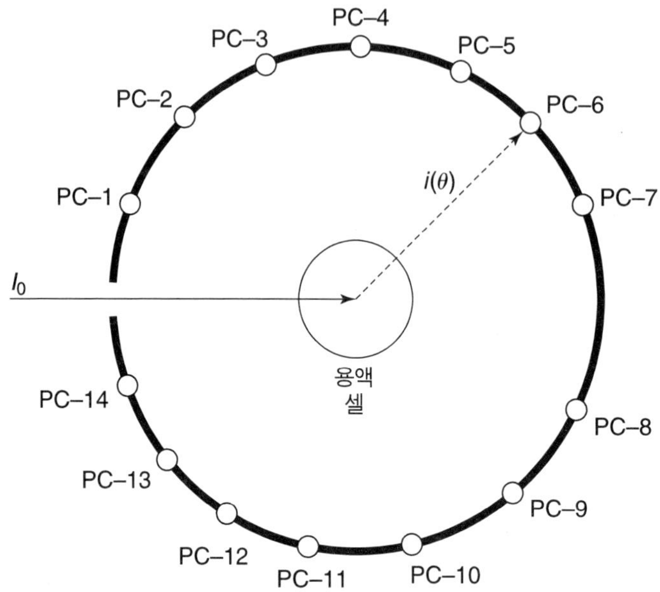

그림 14.13 “starburst” 덴드리머 고분자의 성장 단계

여러 종류의 단면 모양을 갖는 산란 셀이 사용되는데, 그림 14.14에 그 예를 나타내었다. 셀 (a)는 90°에서 산란 강도 측정만을 필요로 하므로 작은 고분자의 분자[즉, $(\overline{r^2})^{1/2} < \lambda/20$]에 이용된다. $i(\theta)$가 여러 θ값에서 측정되어야 하는 거대 분자는 셀 (b)를 쓰게 되고, 셀 (c)는 $R(90°)$뿐만 아니라 Z_{45}를 측정하는 데 사용되는 불균형 셀이다.

다른 산란기법인 X선이나 중성자 기법으로는 절댓값을 구할 수 있다. 그러나 요구되는 장치가 너무 비싸서 사용하기 쉽지 않고 또한 진공을 요한다는 단점이 있다. 이러한 이유들로 인해 X선과 중성자 산란은 고분자의 크기를 재거나 다성분계 내의 영역들을 측정하는 데 더 잘 사용된다.

굴절률 증가 용액과 용매 간의 굴절률 차이를 측정하기 위한 시차 굴절계(differential refractometer)가 그림 14.15에 나와 있다. 여기에 나타낸 기기는 약 ±0.000003 정도의 정확도를 갖는 $n - n_0$의 측정이 가능하다고 보고되었다. 15장에 기술된 젤 투과 크로마토그래피에 사용될 수 있다.

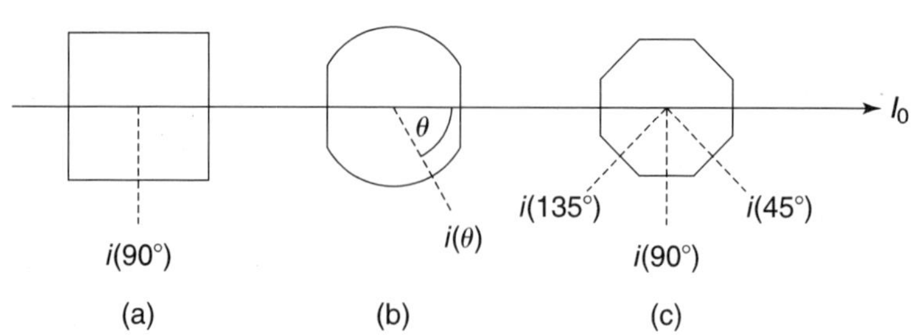

그림 14.14 일반적인 광산란 셀의 평면도

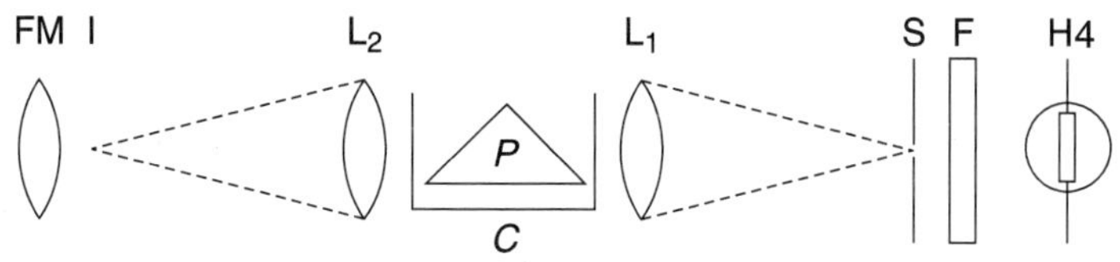

그림 14.15 간단한 시차 굴절계 장치도

단색광이 수은 아크 H4에서 나와 필터 F를 지나 슬릿 S를 통과한다. 슬릿 S의 이미지 I를 0.001 cm의 상의 이동을 측정할 수 있는 마이크로미터로 볼 수 있다. 직각으로 바깥에 위치한 셀 C는 용매를 갖고 유리로 만들어져 있으며, 용액을 함유하고 속이 빈 프리즘 셀 P를 둘러싸고 있다. 렌즈 L_1과 L_2는 평행한 빛을 만들고 I 위치에 초점을 맞추기 위한 렌즈이다. 용액과 용매 간 굴절률의 차이에 의해 상 I가 굴절되게 된다. 더구나 굴절률 차이가 크지 않으면 상의 굴절은 $n - n_0$에 비례한다. 예를 들어, A가 프리즘 셀의 꼭대기 각이고 f가 렌즈의 초점 거리라면 이미지의 굴절은 식 (58)과 같게 된다. 알려진 f와 A값으로 Δd를 측정하면 $n - n_0$를 알게 된다.

$$\Delta d = 2f(n - n_0)\tan\frac{A}{2} \tag{58}$$

농도의 범위가 정해진 경우, 굴절률의 차 $n - n_0$는 농도의 선형 함수이다. 즉, **비굴절률 증가**(specific refractive index increment)라 불리는 $(n - n_0)/c$는 주어진 고분자–용매계와 주어진 빛의 파장에서 일정하다. 이는 $n - n_0$가 한 가지나 두 가지 농도에서 측정될 필요가 있다는 것을 의미한다. 일반적인 비굴절률 증가가 표 14.5에 있으며, 여기서 보듯이 $(n - n_0)/c$는 짧은 파장에서 조금 커지고, 사용된 빛의 파장에 의존한다는 것을 알 수 있다.

용액의 조제 산란광의 강도를 측정하기 전에 용액으로부터 모든 먼지 입자들을 제거하는 것이 중요하다. 먼지 입자는 고분자보다 크고 더 많은 산란을 일으킨다. 용매와 용액은 여과(일반적으로 압력하에서)에 의해 또는 원심 분리에 의해 정화한다. 이러한 과정에서 분자량 분포가 무거운 쪽에 있는 분자량을 갖는 큰 고분자가 제거되지 않도록 주의해야 한다.

표 14.5 대표적인 고분자 용액의 비굴절률 증가(단위 m^3/g)

고분자	용매	λ = 4360 Å	λ = 5460 Å
폴리스타이렌	에틸메틸케톤	0.231	0.220
폴리에틸아크릴레이트	아세톤	0.109	0.106
폴리바이닐팔미테이트	네오헥세인	0.122	0.120
폴리바이닐로레이트	네오헥세인	0.118	0.114
β-락토글로불린	0.1 M NaCl, pH 5.2	0.189	0.182
라이소자임	01 M NaCl, pH 6.2	0.196	0.189

14.6.7 광산란법에 의한 분자량의 측정에 대한 정확도

광산란에 의해 측정된 분자량의 정확도는 그림 14.8과 14.10에서 나타낸 정밀성에서 기대되는 것만큼은 되지 못한다. 이는 그림 14.16과 14.17을 보면 알 수 있다. 이 그림들은 같은 폴리스타이렌 시료를 미국, 캐나다, 유럽의 서로 다른 6개 연구소에서 독립적으로 측정한 4360 Å에서 Hc/τ ($Kc/R_{90°}$와 같음)와 c에 대한 관계를 보여 주고 있다. 그림 14.16은 톨루엔에서의 고분자 용액이고, 그림 14.17은 에틸메틸케톤에서의 고분자 용액이다. 삼투압 측정 때와는 달리 약간의 불일치를 나타내고 있다. 이러한 눈에 띄는 차이는 광산란 광도계의 보정의 어려움 때문이라 생각된다.

광산란에 의해 측정된 이 폴리스타이렌 시료의 무게 평균 분자량과 2차 비리얼 계수는 다음과

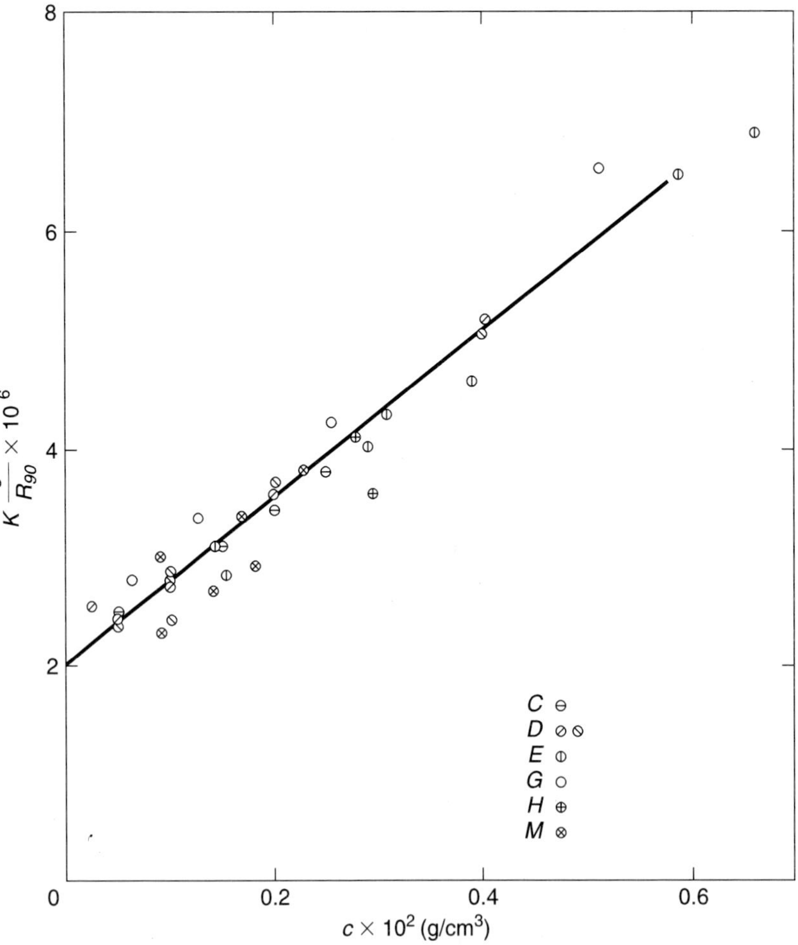

그림 14.16 25°C, 톨루엔 내에서 폴리스타이렌 용액의 광산란 측정(λ = 4360 Å)의 정확도, 각 기호들은 각기 다른 연구소로부터 얻은 결과이다.

같다.

(a) 톨루엔: $\overline{M}_w = 5.90 \pm 0.58 \times 10^5$ g/mol

$\Gamma = 224 \pm 30$ cm^3/g

(b) 에틸메틸케톤: $\overline{M}_w = 5.92 \pm 0.75 \times 10^5$ g/mol

$\Gamma = 79.3 \pm 19$ cm^3/g

두 가지 용매에서 측정하여 얻은 무게 평균 분자량은 실험적 오차 내에서 잘 일치한다. 더구나 이론적인 측면에서 평균과 수평균 분자량의 차이에도 불구하고 두 가지 다른 방법에 의해 얻어진 2차 비리얼 계수가 실험 오차 내에서 일치하고 있다,

이 시험 시료에서 폴리스타이렌 분자가 광산란시 비대칭(asymmetry)을 야기할 만큼 충분히 큰 점도 지적되어야 한다. 위에서 주어진 무게 평균 분자량은 $c \rightarrow 0$과 $\theta \rightarrow 0$일 때 Kc/R_θ를 외삽하는 외삽 과정(Zimm 플롯)으로 구해진다(그림 14.10 참조).

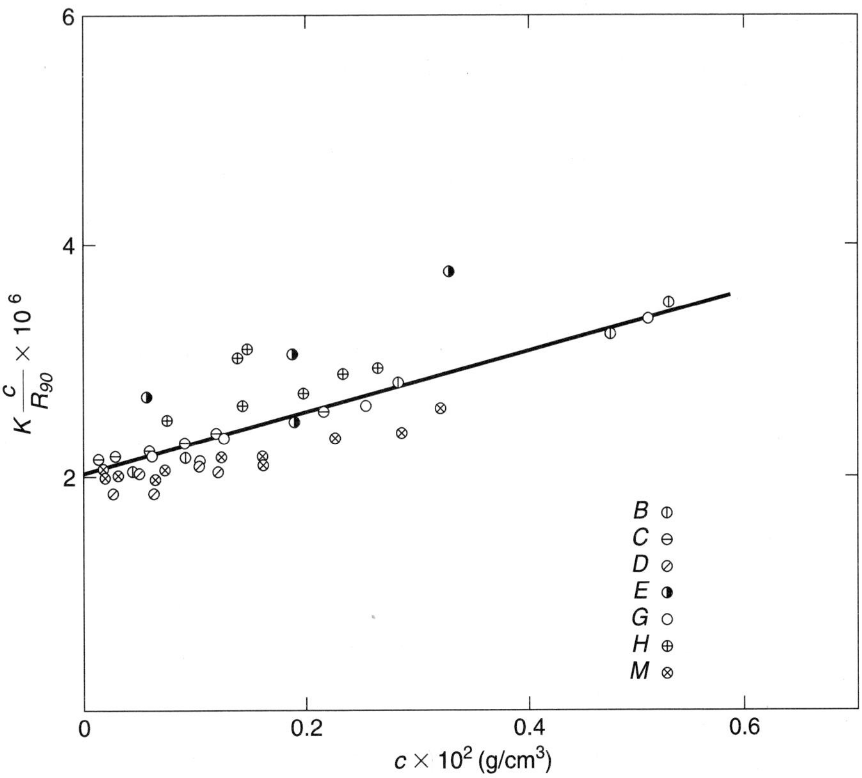

그림 14.17 25°C, 에틸메틸케톤 내에서 폴리스타이렌 용액의 광산란 측정(λ = 4360 Å)의 정확도, 각 기호들은 각기 다른 연구소로부터 얻은 결과이다.

14.7 질량 분석기

비교적 최근까지 질량 분석기는 고분자를 미리 조각내지 않고 증기화시키는 데 어려움이 있어 비교적 저분자량 물질에만 국한되어 사용되었다. 고분자에 사용되는 새로운 방법은 Matrix-Assisted Laser Desorption-Ionization(MALDI)법으로서 고분자를 먼저 조심스럽게 선택한 고체 기질에 섞는다. 기질과 고분자는 강력한 레이저를 쪼여 증기화시켜 기상으로 만들면 정상적인 방법으로 고분자 성분의 질량 분석을 행할 수 있다.

이 방법은 현재 분자량 50만 정도까지 측정이 가능하다. 이 방법의 장점 중 하나는 매우 소량의 고분자 시료가 분석에 요구되며 정확도도 우수하고 측정이 매우 신속하고 정확하게 수행될 수 있다. 전자 스프레이 질량 분석기는 용매에서 고분자 안개를 이온화시키는데, 이렇게 하면 단백질 같은 고분자의 분자량을 알 수 있다.

14.8 절대 분자량 측정을 위한 초원심 분리

14.8.1 원리

침강 속도 지구의 중력장 안에 있는 모든 물질은 밑으로 향하는 힘 mg를 받게 된다. 여기서 m은 물질의 무게이고, g는 중력 가속도이다. 물질이 진공 안에 있다면, 시간에 따라 연속적으로 증가하는 속도 u로 떨어진다. Newton의 운동 제2법칙에 의하면 다음과 같이 표현된다.

$$m\frac{du}{dt} = mg \tag{59}$$

또는

$$u = gt \tag{60}$$

여기서 t는 시간이다. 물질이 진공에 있지 않고 밀도 ρ_s를 갖는 유체에 있다면 변동된 유체의 무게와 같은 부력이 중력과 반대 방향으로 작용하게 된다. 물질에 의해 변동된 부피가 V_p라면 변동된 유체의 무게는 $V_p\rho_s g$가 된다. 부가적으로 속도에 비례하는 마찰력(즉, Fu, F는 마찰 계수)은 중력에 반대이다. 그러므로 용매 내에 있는 물질의 하향력은 아래와 같다.

$$m\frac{du}{dt} = (m - V_p\rho_s)g - Fu \tag{61}$$

결국 물질에 미치는 힘이 0이 되고, **최종 속도**(terminal velocity) 또는 **침강 속도**(sedimentation velocity)라 불리는 일정 속도 u_s로 물질이 떨어지는 어느 값까지, 낙하 속도는 증가하게 된다. 그래서 식 (61)로부터 식 (62)가 나오게 된다.

$$(m - V_p\rho_s)g = Fu_s \tag{62}$$

반지름 r을 갖는 구형 물질의 경우, Stokes 법칙의 F값을 식 (62)에 대입시키면

$$m(1 - \bar{v}_p\rho_s)g = \frac{M}{N_0}(1 - \bar{v}_p\rho_s)g = 6\pi\eta r u_s \tag{63}$$

이 되고, η는 유체의 점도, $\bar{v}_p$는 유체 내 입자의 부분 비부피, M은 몰당 입자의 무게, N_0는 Avogadro 수이다. 식 (63)에서 r을 $\bar{v}_p = (4/3)\pi r^3 N_0/M$으로 제거하고 M에 대해 풀면 다음과 같이 된다.

$$M = 9\pi\sqrt{2\bar{v}_p}N_0\left[\frac{\eta u_s}{(1 - \bar{v}_p\rho_s)g}\right]^{3/2} \tag{64}$$

물론 입자가 고분자라면 식 (64)에서의 분자량 M은 평균 분자량이다. 그러므로 식 (64)는 침강 속도와 고분자의 부분 비부피를 구해서 구형 고분자의 무게 평균 분자량을 구할 수 있다는 것을 보여 준다.

실제적으로 문제는 그렇게 간단하지 않다. 먼저 고분자 용액은 안정하므로 중력에 의한 침강 속도는 매우 작다. 더 큰 가속도의 필요에 따라 정교한 초원심 기술이 사용되어야 한다. 둘째, 식 (64)는 구형 고분자의 분자에서만 적용되는데, 대부분의 고분자는 용액 내에서 랜덤 코일 형태로 존재하므로 중력에 의한 가속도 g를 원심 가속도 $\omega^2 x$로 바꿀 필요가 있다. 여기서 ω는 회전 각속도(angular velocity)이고, x는 회전 중심으로부터 시료까지의 거리이다. 비례 상수 F는 명백하게 나와 있지 않아 F에 의존하는 다른 값을 실험적으로 측정하여 제거한다. 일반적으로 이러한 다른 값은 확산 계수 D이고, 이는 예전에 Nernst[1]가 무한 희석 용액에서 자유 확산에 대한 계수로서 나타낸 것이다.

$$D = \frac{RT}{N_0 F} \tag{65}$$

확산에 대한 비례 상수 F는 침전에 대해 같다고 기대할 수 있다. 식 (62)와 (65)를 조합, F를 없애고 g를 $\omega^2 x$로 바꾼다.

$$(m - V_p\rho_s)\omega^2 x = \left(\frac{N_0 D}{RT}\right)^{-1} u_s \tag{66}$$

[1] W. Nernst, *Z. Physik. Chem.*, **1888**, *2*, 613.

침강 계수는

$$s = \frac{u_s}{\omega^2 x} \tag{67}$$

이고, 식 (66)에 용액 내 고분자의 부분 비부피를 도입하면

$$M = N_0 m = \frac{sRT}{D(1 - \bar{v}_p \rho_s)} \tag{68}$$

이 얻어진다. 이는 Svedverg 식이고, 이 식에 따르면 용액 내 고분자 입자의 분자량을 침강 계수 s, 확산 계수 D, 부분 비부피 $\bar{v}_p$를 측정함으로써 알 수 있다.

사실 실험적인 s와 D의 값은 용액 내 고분자의 농도에 결정적으로 달려 있다. 더구나 Nernst 식 (65)와 (68)은 무한 희석의 한계 내에서 유용하므로 분자 간의 영향을 없애고 믿을 만한 분자량을 얻기 위해 식 (68)에 있는 s와 D값은 농도 0까지 외삽한 값이어야 한다. 엄밀하게 말해서 고분자의 부분 비부피 $\bar{v}_p$도 농도에 의존하나, 그 의존도가 극히 적어 측정된 $\bar{v}_p$값의 농도 0으로부터 외삽할 필요가 없다. 결국 식 (68)은 하나의 분자량을 갖는 용액 입자를 생각한 것이다. 분자량 분포를 갖는 고분자 시료로 일반화[1]하려면, 얻어진 분자량이 무게 평균 분자량 $\overline{M}_w$와 거의 **근사적**으로 일치하는 것을 나타내어야 한다.

Svedverg 식 (68)을 좀 더 적절히 고치면

$$\overline{M}_w = \frac{s_0 RT}{D_0(1 - \bar{v}_p \rho_s)} \tag{69}$$

이고 s_0와 D_0는 농도 0으로 외삽된 값이다. 이 식의 분모가 0에 가까이 가는 것을 막기 위해 용매와 고분자의 밀도들의 어긋남을 가장 크게 하는 것이 대단히 중요하다.

고분자 용액에서 광산란, 삼투압법처럼 s와 D의 농도 의존도를 비리얼식[식 (23), (42) 참조]으로 기술하는 것이 유용하므로 식 (68)의 농도 의존도는 다음과 같이 된다.[2]

$$\frac{D(1 - \bar{v}_p \rho_s)}{sRT} = \frac{1}{M_w}(1 + 2\Gamma c + 3g\Gamma^2 c^2 + \cdots) \tag{70}$$

여기서 Γ는 고분자 용액의 Flory-Huggins 이론의 기본적 함수이고, 식 (24)에 의해 주어진다. 무게 평균 분자량 $\overline{M}_w$는 식 (69)이지만, 식 (70)의 왼쪽 항을 농도 0으로 극한한 것으로부터 구할 수 있다. 2차 비리얼 계수 Γ는 식 (70)의 왼쪽 항을 농도의 함수로 표시한 그림의 초기 기울기로부터 구해진다.

---

[1] G. Meyerhoff, *Angew. Chem.*, **1960**, *72*, 699.

[2] G. V. Schulz, *Z. Physik. Chem.*, **1944**, *193*, 168.

침강 평형 방법 균일한 고분자 용액에서 모든 방향으로의 농도 구배는 0이다. 원심 분리하는 동안 침강은 고분자 입자를 용기 밑으로 이동시키고, 그럼으로써 회전 중심으로부터 원심 셀의 바닥까지의 방향에서 0이 아닌 농도 기울기 dc/dx가 나타나게 된다. 한편 확산 과정은 고분자가 고농도의 영역에서 저농도의 영역으로 분자 이동을 하게 된다. 그러므로 침강과 확산은 원심 분리하는 동안 서로 반대 방향으로 작용하고, 충분한 시간이 지난 후 가평형(pseudo equilibrium), 즉 dc/dx가 0이 아닌 일정한 값을 갖는 상태가 된다. 회전이 빠를수록 dc/dx가 커지고 평형에서 셀 내의 두 위치의 농도비는

$$\ln\frac{c_2}{c_1} = \frac{\omega^2(1 - \bar{v}_p\rho_s)(x_2^2 - x_1^2)\overline{M}}{2RT} \tag{71}$$

이고, c_2, c_1은 각각 x_2, x_1 위치에 있는 고분자의 농도이다. 농도비는 일반적으로 농도에 따라 굴절률이 변화하는 광학법을 이용하여 측정한다.

이 방법으로 얻어진 분자량은 무게 평균 분자량과 큰 오차를 보인다. 침강 속도법과 비교하여 이 방법을 사용했을 때의 단점은 고분자 분자의 작은 확산 계수 때문에 평형에 도달하는 데 시간이 오래 걸린다는 것이다.

실험적 측정 식 (69)에 의한 무게 평균 분자량 $\overline{M}_w$를 계산하려면 침강 상수 s, 확산 계수 D, 고분자의 부분 비부피 $\bar{v}_p$를 실험적으로 측정할 필요가 있다. 더구나 s와 D는 무한 희석에서의 s_0와 D_0를 외삽에 의해 구하기 위해 여러 농도의 용액에서 측정해야 한다.

부분 비부피(partial specific volume): 용액 내 고분자의 부분 비부피는 용액과 용매의 밀도로부터 계산한다. 각 밀도는 용매와 용액이 차지하는 정확한 부피의 무게를 재는 피크노미터법(pycnometric method)[1]에 의해 결정된다. 용액의 부피(피크노미터 부피)와 고분자 용매의 부분 비부피의 관계는 식 (72)와 같다.

$$V = m_p\bar{v}_p + m_s\bar{v}_s \tag{72}$$

부분 비부피는 식 (73)과 (74)에 의해 열역학적으로 정의된다.

$$\bar{v}_p = \left(\frac{\partial V}{\partial m_p}\right)_{m_s,T,p} \tag{73}$$

$$\bar{v}_s = \left(\frac{\partial V}{\partial m_s}\right)_{m_p,T,p} \tag{74}$$

고분자가 유한한 농도를 갖는 실제 용액에서 $\bar{v}_s$는 용매 밀도의 역수(ρ_s^{-1})와 같지 않다. 그러나

[1] D. P. Shoemaker, C. W. Garland, and J. I. Steinfeld, *Experiments in Physical Chemistry*, 3rd ed. (New York: McGraw-Hill, **1974**), p. 171.

희석 용액에서는 $\bar{v}_s \cong \rho_s^{-1}$을 가정하므로 작은 오차가 도입된다. 고분자의 부분 비부피는 식 (72)를 정리해서 얻는다.

$$\bar{v}_p = \frac{V - m_s/\rho_s}{m_p} \tag{75}$$

용액의 밀도 $\rho = (m_p + m_s)/V$와 고분자 농도 $c = m_p/V$를 도입하면 식 (76)이 된다.

$$\bar{v}_p = \frac{1}{\rho_s}\left(1 - \frac{\rho - \rho_s}{c}\right) \tag{76}$$

식 (76)에서 ρ_s와 ρ는 각각 용매와 농도 c인 용액의 밀도이다.

엄밀하게 말해서 식 (76)에서 얻은 $\bar{v}_p$의 실험값은 농도 0에 대해 외삽하고 식 (69)에서 쓰인 외삽값으로부터 구한다. 실제로 사용된 희석 용액에서 $\bar{v}_p$값은 무한 희석에서의 값과 큰 차이가 없어 외삽은 필요하지 않다.

반드시 유의할 것은 $\bar{v}_p$는 고분자 용액의 성질이므로 **고상 고분자**의 밀도의 역수와 같지 않아 $\bar{v}_p \neq \rho_p^{-1}$이라는 것이다.

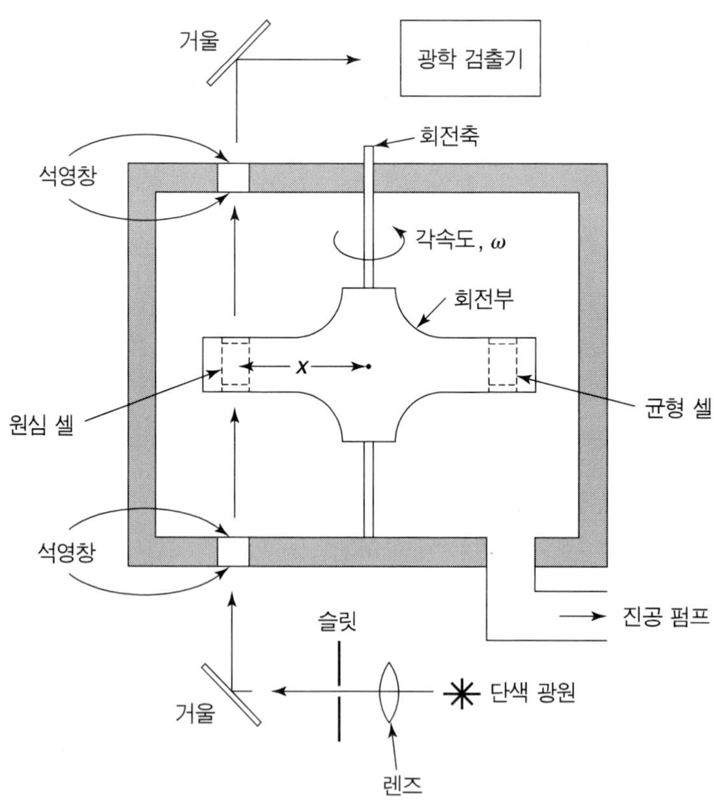

그림 14.18 초원심 분리기의 개략도

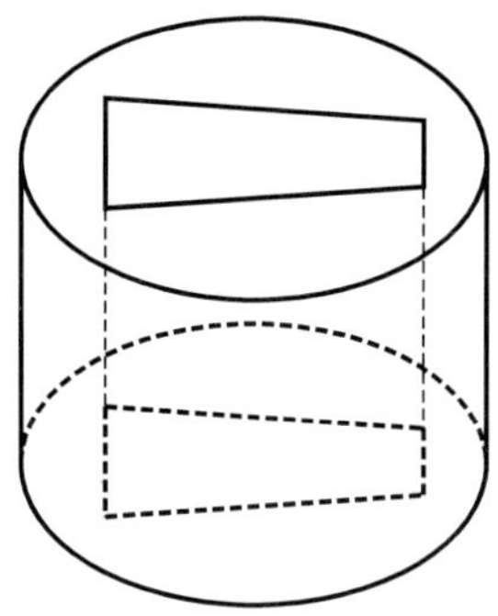

그림 14.19 대표적인 원심 분리 셀

침강 상수(sedimentation constant): 식 (67)에서의 정의에 의하면 침강 상수는 용액이 원심력 $\omega^2 x$를 받을 때 도달하는 최종 침강 속도 u_s의 측정으로부터 계산된다고 했다. 이러한 측정은 회전 속도가 분당 80,000회 이상되는 기기인 초원심 분리기에 의해 수행된다. 이 차원은 중력의 7000~420,000배 범위의 가속도에 비교되는 각속도이다.

초원심 분리기의 개략도를 그림 14.18에 나타내었다. 농도 c인 고분자 희석 용액이 그림 14.19에 보이는 원심 셀에 놓이고, 균형(balancing) 셀과 이 셀이 초원심 분리기의 회전부(rotor)에 놓여진다. 이 회전부는 마찰을 줄이기 위해 진공하에서 온도를 ±0.1°C로 조절하여 조작된다.

초기에, 용액은 셀 내에서 균일($dc/dx = 0$)하지만 회전부를 회전시켜 원심력을 작용시키면, 고분자의 분자는 최종적으로 일정 속도 u_s로 셀의 바닥으로 이동한다. 이러한 고분자의 분자들이 이동하여 용액과 용매 간의 **경계**(boundary)를 형성한다. 이러한 경계가 얼마나 뚜렷하냐 하는 것은 고분자의 분자량 분포에 의존하며, 농도 구배 dc/dx값에 의해 결정된다. 그림 14.20은 두 극단적인 고분자 경우의 원심 분리에 의해 셀 내 고분자들이 이동한 결과를 보여 준다. 왼편 그림은 모든 고분자가 같은 분자량을 갖고 있어 뚜렷한 경계가 나타나 있고, 오른편 그림은 넓은 분자량 분포를 갖는 시료로부터 얻은 확산형의 경계를 보여 주고 있다.

dc/dx의 정량적 측정에는 Schlieren 또는 광간섭 기법을 이용하게 된다. 두 방법은 셀 내 위치의 함수로서 시스템의 굴절률 변화를 측정한다. 굴절률은 농도에 의존하므로 두 방법 모두 거리 x의 함수로 농도 구배 dc/dx를 구하게 된다. 이러한 복잡한 광학 기법을 자세히 알려면 전문적인 분야를 알아야 한다.[1]

각 회전에서 원심 셀은 광선이 통과하는 위치에 오게 되므로(그림 14.18 참조), 각 회전에서(또는 측정 시간과 같이) dc/dx의 분포 곡선이 x의 함수로서 얻어진다. 넓으면서 연속적인 분자량 분포를 갖는 고분자에서 그림 14.21에 나타난 자료가 얻어진다. 이러한 곡선으로부터 다음 관계에

[1] F. Daniels, J. W. Williams, P. Bender, R. H. Alberty, C. D. Cornwell, and J. E. Harriman, *Experimental Physical Chemistry*, 7th ed. (Nev. York: McGraw-Hill, **1970**), pp. 460–465.

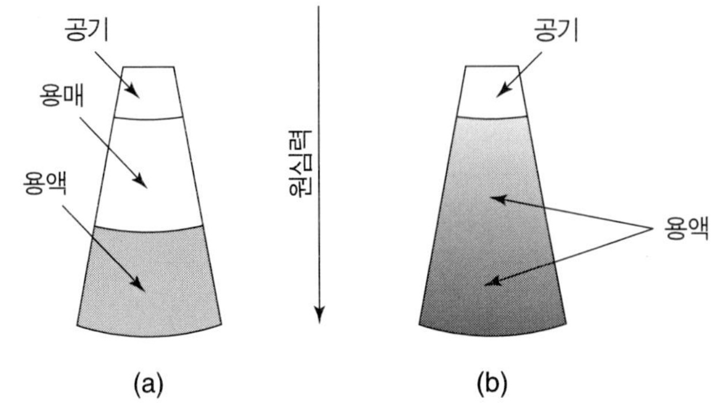

그림 14.20 원심 분리시 셀 내의 모습: (a) 단분산(monodisperse) 고분자, (b) 다분산(polydisperse) 고분자.

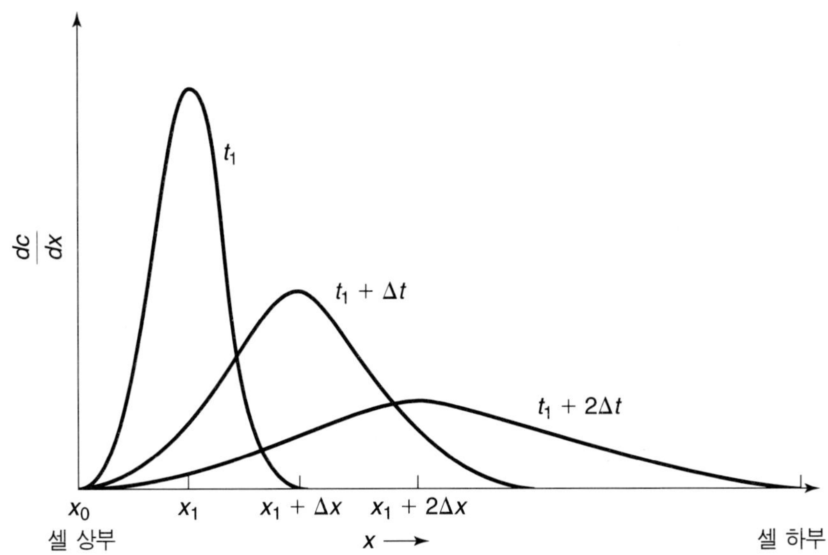

그림 14.21 원심 분리 시간의 함수로 나타낸 셀 내 *dc/dx* 분포의 변화

의해 침강 속도 u_s가 결정된다.

$$u_s = \frac{x_1 + \Delta x - x_1}{t_1 + \Delta t - t_1} = \frac{\Delta x}{\Delta t} \tag{77}$$

침강 계수 s는 다음 식으로부터 얻는다.

$$s = \frac{u_s}{\omega^2 \bar{x}} = \frac{1}{\omega^2}\left(\frac{\Delta x}{\Delta t}\right)\left(\frac{2}{2x_1 + \Delta x}\right) \tag{78}$$

여기서 $\bar{x} = (2x_1 + \Delta x)/2$는 회전 중심으로부터의 평균 거리이다.

앞에서 설명한 바와 같이 식 (78)에서 계산된 s값은 농도에 의존하고, 농도 0으로 외삽하여 입자

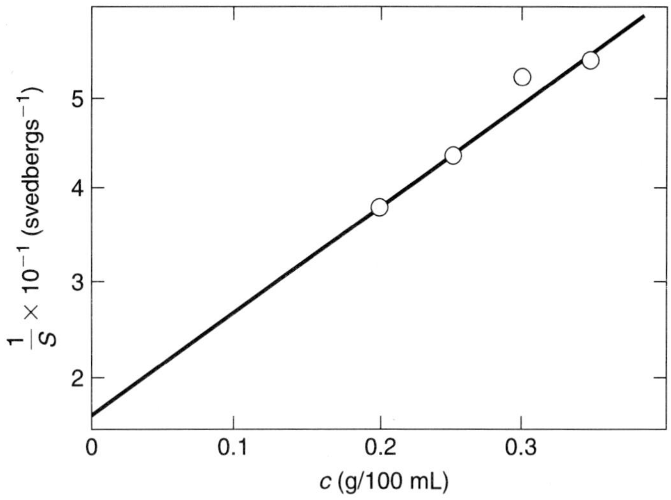

그림 14.22 역침강 상수의 무한 희석까지의 외삽

간의 영향을 없애줄 필요가 있다. 외삽은 다음과 같이 즉시 실험적으로 구해진다.

$$\frac{1}{s} = \frac{1}{s_0} + k_s c \tag{79}$$

따라서 실험값 s의 역수와 농도를 도시해서 절편의 역수로서 s_0가 결정된다. c에 대한 $1/s$의 일반적 도시를 폴리아이소뷰틸렌의 경우에 대해 그림 14.22에 표시하였다.

확산 계수(diffusion coefficient): 확산 과정은 침강에 반하여 일어나므로 침강은 균일 용액($dc/dx = 0$)에서 시작하고 농도 구배를 발생시킨다. 확산은 dc/dx에 대한 유한값에서 시작하고, 계는 평형값인 $dc/dx = 0$으로 진행된다. 따라서, 앞에서 설명한 바와 같은 광학 기법을 이용하여 시간의 함수로 dc/dx의 함수를 측정하고, 이 측정값으로부터 확산 계수 D를 계산한다.

그림 14.23a의 확산 셀을 생각해 보자. 초기에는 농도 c인 고분자 용액과 용매를 나누어 놓는다. c와 dc/dx의 초깃값은 다음과 같다.

$$\begin{aligned} c_0 &= c && \text{for } x < 0 \\ c_0 &= 0 && \text{for } x > 0 \\ \left(\frac{dc}{dx}\right)_0 &= \infty && \text{at } x = 0 \\ \left(\frac{dc}{dx}\right)_0 &= 0 && \text{anywhere else} \end{aligned}$$

용액과 용매를 나누는 칸막이를 제거하면 고분자는 왼쪽에서 오른쪽으로, 즉 고농도 영역에서 저농도 영역으로 확산된다. 칸막이를 제거한 후 두 연속된 시간에서 x 위치의 농도 기울기의 변화를 각각 그림 14.23b와 c에서 나타내었다.

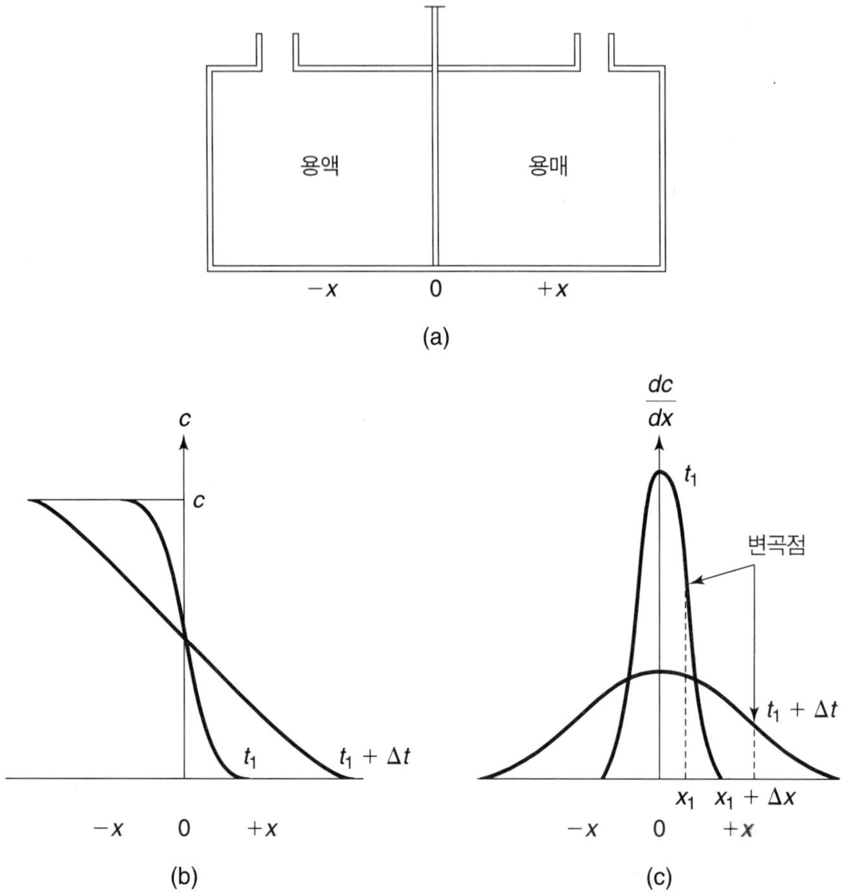

그림 14.23 확산 계수 측정 원리: (a) 확산 셀의 개략도, (b) 위치와 시간에 따른 농도 변화, (c) 위치와 시간에 따른 농도 기울기의 변화

dc/dx 분포 곡선의 변곡점(inflection point) x_{in}의 위치(그림 14.23c)를 확산의 진행 척도로 볼 수 있다. 확산의 평균 속도는 확산에 반비례(x_{in}에 반비례)한다. 그러므로 다음과 같이 쓸 수 있다.

$$\frac{x_{in}^2}{t} = \text{상수} \tag{80}$$

식 (80)에서 상수는 $2D$와 같은데, 여기서 D는 확산 계수이다.[1] 그러므로 확산 계수는 다음 식에 의한 x_{in}과 t의 측정에 의해 결정된다.

$$D = \frac{x_{in}^2}{2t} \tag{81}$$

[1] Moore, op. cit., pp. 159–163.

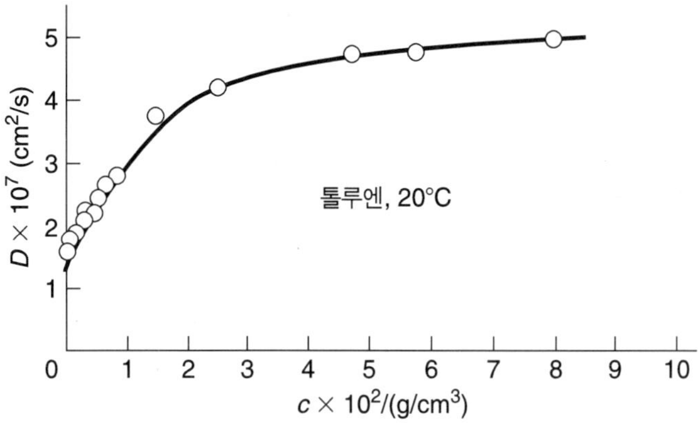

그림 14.24 20°C, 톨루엔에서 폴리스타이렌($\overline{M}_w$=670,000)의 확산 계수의 농도 의존성

변곡점이 존재하지 않거나 결정하기 힘들 경우 차선책을 사용한다. 한 가지 편한 방법으로는 식 (82)에서 x_{in}^2의 평균값을 정의하는 것이다.

$$\overline{x_{\text{in}}^2} = \frac{\int_{-\infty}^{\infty} x^2(dc/dx)dx}{\int_{-\infty}^{\infty}(dc/dx)dx} \tag{82}$$

c에 대해 D를 도시하고 여러 농도의 용액으로부터 얻은 D값을 외삽하여 무한 희석시의 D값을 얻는다. 직선 상의 기울기는 다음 식으로 표현되는 **낮은 농도**에서 얻어진다.

$$D = D_0 + D_0 k_D c \tag{83}$$

이러한 예가 그림 14.24에 있다.

14.8.2 분자량

위에서 서술한 대로 $\overline{v}_p$, s_0과 D_0를 구한 후 이 값들을 식 (69)에 대입하고 무게 평균 분자량을 계산한다. 이 방법의 유용성과 외부의 요소로부터 영향을 받지 않는다는 점 때문에 생체 고분자의 분자량 측정을 위한 초원심 분리법의 사용이 계속해서 확대되고 있다. 20°C에서 여러 생체 고분자와 합성 폴리스타이렌에 대해 측정한 $\overline{v}_p$, s_0, D_0와 M값들을 표 14.6에 나타내었다.

침강 속도 측정에 대한 신뢰성은 5개 연구소가 각자 같은 폴리스타이렌의 분별 시료를 에틸메틸케톤 용액 내에서 실험한 결과를 비교 검토하여 판정하였다. 그 결과 그림 14.25에 나타내었고, 20°C에서 $s_0 = 17.9 \times 0.4 \pm 10^{-13}$ s의 외삽값을 얻는다. 확산 계수는 한 연구소에서만 얻었는데, 그 값은 $3.6 \pm 0.2 \times 10^{-7}$ cm²/s으로 보고되었다.

삼투압법과는 달리, 측정되는 분자량의 범위에는 한계가 없다. 또한 광산란법과는 달리, 용액 내 미세 입자의 존재에 영향을 받지 않는다. 능숙한 실험자는 침강 상수가 재현성이 있으므로(그림 14.25 참조) 이 방법이 믿을 수 있다고 결론지을 수 있다. 그러나 비용 때문에 초원심 분리는 다른

표 14.6 몇 가지 고분자의 부분 비부피, 침강 상수, 확산 계수와 분자량

고분자	$\overline{v}_p$(cm^3/g)	$S_0 \times 10^{13}$(s)	$D_0 \times 10^7$(cm^2/s)	$\overline{M}_w \times 10^{-3}$(g/mol)
Hemoglobin*	0.749	4.48	6.9	63
Serum albumin*	0.736	4.67	5.9	72
Urease*	0.73	18.6	3.46	480
Tobacco mosaic virus*	0.73	185	0.53	31,400
Polystyrene†	0.99	17.9	3.6	592

자료: Moore, W. J., *Physical Chemistry*, 4th ed. (Englewood Cliffs, N. J.: Prentice-Hall, **1972**), p. 939.

* 수용액

† 톨루엔 용액

절대적 방법들에 비해, 합성 고분자의 분자량 측정에 널리 사용되지 않고 있다. 한편 앞에서 설명한 바와 같이 초원심 분리는 단백질과 같은 생체 고분자의 분자량 측정에 매우 널리 사용되고 있다.[1] 구상 단백질은 특히 이러한 관점에서 적당한데, 이는 이들이 매우 조밀한 입체 배위를 가지고 있어 이러한 용액이 보통의 무질서한 나선형 모양 고분자의 용액보다 덜 이상적으로 만들어진다. 그리고 이것은 초원심 분리가 데이터를 처리하는 데 요구되는 외삽을 단순화한다.

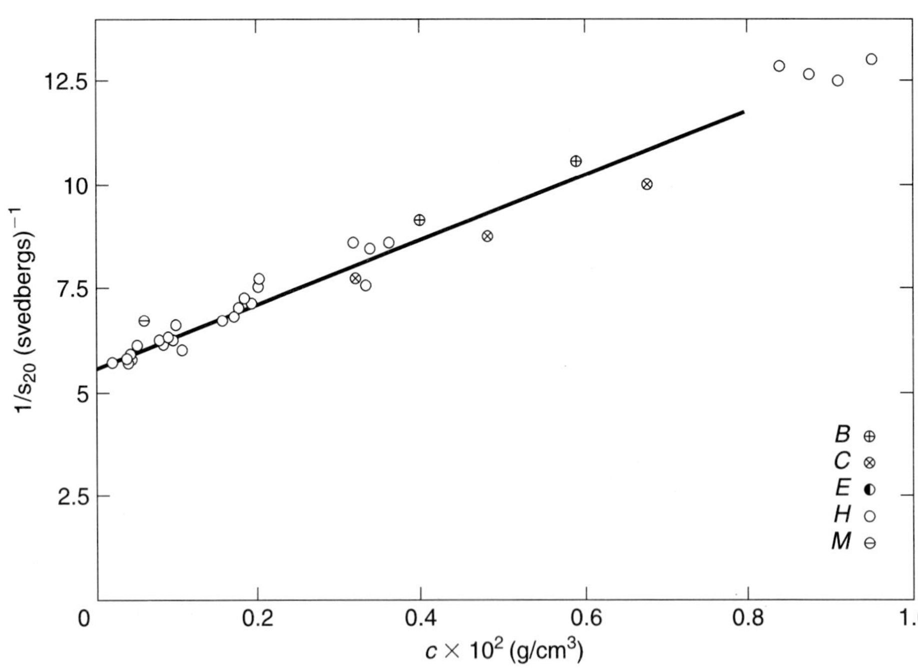

그림 14.25 20°C, 에틸메틸케톤에서 폴리스타이렌의 침강 상수 측정에 대한 정확도, 각 기호들은 각기 다른 연구소로부터 얻은 결과이다.

[1] Freifelder, D., *Physical Biochemistry* (San Francisco: W. H. Freeman, **1976**), Chaps. 11 and 12.

연|습|문|제

1. 20°C에서 3가지 상용 용매의 밀도와 기화 엔탈피는 아래와 같다.

	톨루엔	이황화탄소	물
$\rho\,(g/cm^3)$	0.867	1.263	0.998
$\Delta H_{vap}\,(cal/mol)$	9016	6620	10,540

각 용매의 응집 에너지 밀도를 계산하라.

2. 폴리메틸메타크릴레이트의 밀도는 1.18 g/cm³이다. 이 장에서 사용 가능한 자료로 20°C, 50 cm³의 벤젠에서 1 g의 폴리메틸메타크릴레이트를 녹이는 데 관련된 엔탈피 변화를 측정하라. 이러한 계산을 위해 세운 가정은 무엇인가?

3. 다음과 같은 두 가지 분포에 대해 $\overline{M}_n$, $\overline{M}_w$, $\overline{M}_z$, $\overline{M}_v\,(a = 0.8)$와 비율, $\overline{M}_w/\overline{M}_n$, $\overline{M}_v/\overline{M}_n$, $\overline{M}_v/\overline{M}_w$를 계산하라.

분포	n_i (mols)	$10^{-3}\,M_i$ (g/mol)
A	1.0	7.0
	2.0	10.0
	1.0	13.0
B	1.0	2.0
	2.0	10.0
	1.0	18.0

$M_z = \Sigma N_i M_i^3 / \Sigma N_i M_i^2$와 $M_v = (\Sigma N_i M_i^{1+a} / \Sigma N_i M_i)^{1/a}$.

두 번째 분포가 보다 넓은 M의 영역을 차지한다는 것을 주목하라. 그리고 이것은 고분자 분산도 $\overline{M}_w/\overline{M}_n$에 의해 반영된다. 또한 $\overline{M}_v$는 $\overline{M}_n$보다 $\overline{M}_w$에 더 근접해 있음을 주목하라.

4. 각 사슬의 한쪽 말단에 염소 원자를 갖는 고분자를 분석하면 0.250% 염소를 포함하고 있다는 것이 발견된다. 이때 수평균 분자량은 얼마인가?

5. 20°C의 순수한 벤젠은 75.00 mmHg의 증기압을 갖는다. 만일 80.0 g의 벤젠에 20.0 g의 고분자를 넣어 같은 온도에서 증기압이 74.50 mmHg로 감소한다면, 그 고분자의 수평균 분자량은 무엇인가?

6. 50.0 g의 벤젠에 10.0 g의 고분자를 더하면 벤젠의 어는점이 5.500°C에서 5.400°C로 감소한다. 만일 어는점 내림 상수 $K = 5.07$ deg-kg/mol이라면, 그 고분자의 수평균 분자량은 얼마인가?

7. 수평균 분자량이 428,000 g/mol인 폴리아이소뷰틸렌 시료가 있다. 25°C, 클로로벤젠에서의 2차 비리얼 계수 Γ는 94.5 cm³/g이다. 25°C, 클로로벤젠에서 이 고분자의 7.0×10^{-6} m의 삼투압을 g/cm²로 계산하라. (25°C에서 클로로벤젠의 밀도는 1.11 g/cm³이다.) 이상 용액에 대해 계산한

값과 비교하라.

8. 30°C에서 폴리클로로프렌($\rho = 1.25$ g/cm^3)의 톨루엔 용액은 다음과 같은 삼투압을 갖는다고 보고되고 있다. [Sato, K., Enrich, F. R., and Mark, J. E., *J. Polymer Sci., Polymer Phys.*, **1976**, *14*, 619]:

농도(g/cm^3 × 10^3)	1.33	2.10	4.52	7.18	9.87
삼투압(dyn/cm^2 × 10^{-3})	0.30	0.51	1.32	2.46	3.90

위 자료로부터 (**a**) 시료의 수평균 분자량과 (**b**) 2차 비리얼 계수 Γ와 (**c**) 고분자–용매 상호작용 상수 χ_1을 결정하라. 모든 계산된 양에 대해서 적절한 단위를 써라.

9. 그림 14.7에서 언급한 견본($\rho_p = 1.050$ g/cm^3)에 대한 폴리스타이렌과 용매의 χ_1(상호작용 상수)을 계산하라.

10. 그림 14.4처럼 꾸민 실험 장치로, 25°C에서 밀도 ρ가 0.867 g/cm^{3}인 톨루엔에 폴리바이닐클로라이드($c = 1.5 \times 10^{-3}$ g/cm^3)를 섞은 용액의 삼투압을 측정하였더니 용액과 용매의 높이 차이가 4.67 mm였다.

(**a**) 이 용액의 삼투압은?

(**b**) 2차 비리얼 계수가 $\Gamma = 200$ cm^3/g일 때 고분자의 수평균 분자량은?

11. 30°C의 아세톤에서 PMMA의 분자 무게 분율과 그에 따른 삼투압이다.

$10^2\,c$(g/cm^3)	π(cm of solution head)
0.275	0.457
0.338	0.592
0.334	0.609
0.486	0.867
0.896	1.756
1.006	2.098
1.119	2.710
1.536	3.725
1.604	3.978

$\overline{M}_n$과 A_2(cm^3 mol/g^2) = Γ/M를 π/c와 c 사이를 그래프로 도시하여 계산하라. (단, 용액의 밀도는 30°C, 아세톤과 같이 0.780 g/cm^{3}이다.)

12. 네오헥세인($c = 2.0 \times 10^{-4}$ g/cm^3)에 폴리바이닐팔미테이트을 섞은 용액을 통하여 1 cm 사이의 거리에서 산란된 $\lambda = 546$ nm의 빛의 분율을 계산하라. (단, 고분자의 평균 질량은 5.20×10^4 g/mol이고 용매의 굴절률은 1.3688이다.)

13. 식 (37)과 유사하게 기체의 혼탁도를 유도하라. 25°C, 1기압하에서 SO_2의 1 cm로 산란된

$\lambda = 546$ nm의 빛의 분율을 계산하기 위해 유도한 혼탁도를 사용하라. 단, SO_2의 굴절률은 1.000665이다. 문제 12에서의 고분자 용액으로 산란된 빛의 분율과 구해낸 값을 비교하라.

14. 톨루엔과 폴리스타이렌 시료[D. Rahlwes and R. G. Kirste, *Makromol. Chem.*, **178**, 1793 (1977)]로부터 광산란도를 연구하고 있다. 다음은 여러 가지 농도와 산란각에서 Rayleigh 비를 구한 결과이다.

	$R(\theta) \times 10^4(\text{cm}^{-1})$					
$c \times 10^3$ (g/cm^3)	15°	45°	75°	105°	135°	150°
0.20	2.47	1.53	0.860	0.560	0.428	0.395
0.40	4.40	2.84	1.65	1.09	0.839	0.775
0.60	5.91	3.96	2.37	1.59	1.23	1.14
0.80	7.07	4.91	3.02	2.05	1.60	1.49
1.00	7.98	5.71	3.61	2.49	1.96	1.82

이 데이터에 대한 Zimm 그래프를 그리고, 견본의 무게 평균 분자량을 계산하라. 또한 2차 비리얼 계수를 구하라. (톨루엔의 굴절률은 1.4976이며, 폴리스타이렌–톨루엔 용액의 비굴절률 증가는 0.1121 cm^3/g이다.)

15. 4.10×10^6 g/mol의 무게 평균 분자량을 갖는 폴리(α-메틸스타이렌) 시료는 2609 Å의 양말단 길이의 평균 제곱근을 가지며 톨루엔 용액에서 랜덤 코일 형태로 존재한다. 이 용액의 2차 비리얼 계수는 $\Gamma = 709$ cm^3/g, 톨루엔의 굴절률은 1.4976이다. 그리고 용액의 비굴절률 증가량은 0.1370 cm^3/g이다. $c = 1.0 \times 10^{-4}$ g/cm^{3}인 용액에서 15 ~ 150°로 변하는 산란각의 함수로서 Rayleigh 비 $R(\theta)$를 계산하기 위해 이 장 내의 여러 식과 적당한 산란 함수를 사용하라. 산란의 불균형률을 나타내기 위해 Rayleigh 비를 극좌표에 도시하라. 불균형 계수 Z_{45}는 얼마인가?

16. 음이온 중합법을 사용하여, D. Rahlwes와 R. G. Kirste [*Makromol. Chem.*, 178, 1793(1977)]는 스타이렌/α-메틸스타이렌 블록 공중합체를 매우 균일하게 합성하였다. 톨루엔($n_0 = 1.4976$)에서 이 시료의 $\lambda = 436$ nm에 대한 광산란의 결과가 아래와 같다.

	$R(\theta) \times 10^4(\text{cm}^{-1})$					
$c \times 10^3$ (g/cm^3)	15°	45°	75°	105°	135°	150°
0.20	1.91	1.47	1.01	0.725	0.577	0.537
0.40	3.55	2.78	1.95	1.41	1.13	1.05
0.60	4.95	3.94	2.80	2.05	1.65	1.54
0.80	6.16	4.96	3.59	2.66	2.15	2.01
1.00	7.19	5.87	4.31	3.22	2.62	2.46

톨루엔에서 이 블록 공중합체의 비굴절률 증가는 0.1263 cm^3/g이다.

(**a**) Zimm 플롯을 만들고 무게 평균 분자량을 구하라.

(**b**) 불균형 계수 Z_{45}를 구하고, 톨루엔 용액에서 양말단 길이의 평균 제곱근을 구하라.

(**c**) 2차 비리얼 계수를 구하라.

(**d**) $c = 0.2$ g/cm^3 용액의 탁도와 이 용액에 의한 광산란 분율을 구하라.

17. Benoit, Holtzer 그리고 Doty[*J. Phys. Chem*, **1954**, *58*, 635]에 의해 주어진 아세톤에서 셀룰로스아세테이트의 비 Data가 아래 표로 만들어져 있다.

$10^7\ Kc_2/R_\theta$

$10^3\ c_2$, g/cm^3	$\theta = 30°$	90°	135°
0.86	19.2	49.8	74.0
0.43	16.2	46.7	0.55

아세톤에서 $n_0 = 1.36$, 수은(Hg) 아크는 필터된 빔의 파장 $\lambda = 5461$ Å(mercury green line)로 주어진 것을 사용하였다.

Zimm 플롯은 c에 곱해지는 상수 계수로 2000을 사용하라. 무게 평균 분자량, 2차 비리얼 계수 A_2(cm^3 mol/g^2) 그리고 rms 반지름(Å)을 결정하라.

18. 어떤 단분산계 고분자가 10^6 g/mol의 분자량을 갖는다. 그 고분자가 에틸메틸케톤에서 70 Å의 지름을 갖는 구체라고 했을 때, 20°C, 중력의 영향 아래에서 침강 속도를 구하라. 에틸메틸케톤의 점도는 위의 온도에서 4.284 milipoise를 갖는다. MEK의 밀도는 0.805 g/cm^{3}이다.

19. 회전의 중심에서 5.0 cm 떨어진 원심 분리 셀을 갖는 초원심 분리기가 최고 속력 65,000 rpm으로 작동한다.

(**a**) 중력의 작용으로 생성되는 원심력의 비율을 계산하라.

(**b**) 이 원심 분리기로 관찰되는, 20°C에서 에틸메틸케톤에 들어 있는 연습문제 18의 구형 고분자의 침강 속도를 구하라.

20. 25°C에서 톨루엔 용매 내의 폴리스타이렌의 농도 $c = 5 \times 10^{-2}$ g/cm^{3}을 갖는 용액을 피크노미터로 밀도를 측정하였더니 0.8855 g/cm^{3}이었고, 같은 방법으로 측정한 순수한 톨루엔의 밀도는 0.8788이었다. 무한 희석시켰을 때 침강 계수와 확산 계수는 각각 17.9×10^{-13} s와 3.6×10^{-7} cm^2/s이었다.

(**a**) 폴리스타이렌의 평균 분자량을 계산하라.

(**b**) 연습문제 19번에서 기술된 초원심 분리법을 최고 속도로 하여 측정했을 때, 고분자 시료의 침강 속도를 계산하라.

21. 20°C 수용액에서 헤모글로빈의 확산 계수는 6.9×10^{-7} cm^2/s이다. 그리고 부분 비부피는 0.749 cm^3/g이다. 단백질 분자가 구형이라고 가정했을 때, 분자량을 계산하라. (물의 점도는 20°C에서 10.05 millipoise이다.)

22. G. Meyerhoff[Z. *Physik*. *Chem*., **4**, 336(1955)]는 20°C, 톨루엔 내에 들어 있는 폴리스타이렌

시료의 평균 분자량을 측정하기 위하여 초원심 분리법을 사용하였다. 고분자의 부분 비부피는 0.91 cm^3/g이고 침강 계수와 확산 계수는 다음과 같다.

$c \times 10^3 (g/cm^3)$	4.3	2.2	1.1	0.6	0.4
$s \times 10^{13} (s)$	4.31	5.69	6.72	7.60	7.88

$c \times 10^3 (g/cm^3)$	7.5	5.0	2.5
$D \times 10^7 (cm^2/s)$	2.36	2.17	2.07

이들 자료로부터

(a) 고분자의 평균 분자량을 계산하라.

(b) 톨루엔 용액 내에서의 2차 비리얼 계수를 구하라.

23. 35°C, 사이클로헥세인에서의 폴리스타이렌 시료의 침강 계수가 다음과 같이 보고되었다[W. J. Closs, B. R. Jennings, and H. G. Jerrard, *Eur. Polymer* J., **4**, 639(1968)].

$c \times 10^3 (g/cm^3)$	2.0	3.0	4.0	5.0	6.0	7.0
$s \times 10^{13} (s)$	14.8	13.9	13.1	12.4	11.8	11.2

35°C에서의 사이클로헥세인의 밀도는 0.765 g/cm^3이고, 폴리스타이렌의 부분 비부피는 0.93 cm^3/g이다. 35°C, 사이클로헥세인에 들어 있는 폴리스타이렌의 확산 계수의 무게 평균 분자량 의존도는 $D_0 = 1.3 \times 10^{-4} M_w^{-0.497}$ cm^2/s로 나타난다[T. A. King, A. Knox, W. I. Lee, and J. D. G. McAdam, *Polymer*, **14**, 151(1973)]. 이 자료로부터 폴리스타이렌 시료의 평균 분자량을 계산하라.

참|고|문|헌

BILLINGHAM, N. C., *Molar Mass Measurements in Polymer Science*. New York: Wiley, **1977**.

BILLMEYER, F. W., JR., *Textbook of Polymer Science*, 3rd ed. New York: Wiley, **1984**, Chaps. 1, 8.

CASASSA, E. F., and BERRY, G. C., in *Polymer Molecular Weights* (P. E. Slade, Jr., Ltd.). New York: Dekker, **1975**, Chap. 5.

YUAN, C. J., *Determination of Molecular Weights of High Polymers*. Jerusalem: Israel Program for Scientific Translations, **1963**.

COLLINS, E. A., BARES, J., and BILLMEYER, F. W., Jr., *Experiments in Polymer Science*. New York: Wiley-Interscience, **1973**.

FLORY, P. J., *Principles of Polymer Chemistry*. Ithaca, N.Y.: Cornell University Press, **1953**, Chap. 7.

HANTON, S. D., "Mass Spectrometry of Polymers and Polymer Surfaces," *Chem. Rev.*, **2001**, *101*, 527.

HIEMENZ, P. C., *Polymer Chemistry*. New York: Dekker, **1984**, Chaps. 1, 8, 9, 10.

HIGGINS, J. S., and BENOIT, H., *Neutron Scattering from Polymers*. Oxford: Clarendon Press, **1994**.

HUGLIN, M. B. (Ed.), *Light Scattering from Polymer Solutions*. New York: Academic Press, **1972**.

LIMBACH, P. A., "Matrix-Assisted Laser Desorption-Ionization Mass Spectrometry: An Overview," *Spectroscopy*, **1998**, *13*(10), 16.

MCCAFFERY, E. L., *Laboratory Preparation for Macromolecular Chemistry*. New York: McGraw-Hill, **1970**.

MCINTYRE D., and GORNICK, F. (Eds.), *Light Scattering from Dilute Polymer Solutions*. New York: Gordon and Breach, **1964**.

RAFIHOV, S. R., PAVLOVA, S. A., and TVERDOKHLEBOVA, I. I., *Determination of Molecular Weights and Polydispersity of High Polymers*. Jerusalem: Israel Program for Scientific Translations, **1964**.

ROE, R.-J., *Methods of X-Ray and Neutron Scattering in Polymer Science*, Oxford: Oxford University Press, **2000**.

SANDLER, S. R., KARO, W. BONESTEEL, J.-A., and PEARCE, E. M., *Polymer Synthesis and Characterization. A Laboratory Manual*. San Diego: Academic Press, **1998**.

SEYMOUR, R. B., and CARRAHER, JR., C. E., *Polymer Chemistry*, 2nd ed. New York: Dekker, **1988**, Chap. 4.

SPERLING, L. H., *Introduction to Physical Polymer Science*, 3rd ed. New York: Wiley Interscience, **2001**.

STACEY, K. A., *Light Scattering in Physical Chemistry*. New York: Academic Press, **1956**.

SUN, S. F., *Physical Chemistry of Macromolecules. Basic Principles and Issues*. New York: Wiley Interscience, **1994**.

SVEDBERG, T., and PEDERSEN, K. O. *The Ultracentrifuge*. London: Oxford University Press, **1940**.

TANFORD, C., *Physical Chemistry of Macromolecules*. New York: Wiley, **1961**, Chaps. 4–6.

TOMPA, H., *Polymer Solutions*. New York: Academic Press, **1956**, Chaps. 6, 10.

VOLLMERT, B., *Grundriss der makromolekularen Chemie*. Berlin: Springer-Verlag, **1962**, Chap. 3.

WILLIAMS, J. W., *Ultracentrifugation of Macromolecules*. New York: Academic Press, **1972**.

WIGNALL, G. D., "Neutron and X-Ray Scattering," in *Physical Properties of Polymers Handbook*, (J. E. Mark, Ed.), New York: Springer-Verlag New York, Inc., **1996**, p. 299.

15장

분자량 측정의 상대적 방법

15.1 서론

14장에서 설명한 분자량 측정에 관한 절대적 방법들은 이론적으로나 실험적으로 체계화가 잘 되어 있다. 그러나 절대적 방법들은 조작이 어렵고 시간이 오래 걸리며, 값비싼 기기를 필요로 한다. 이러한 이유로 인해 대부분의 분자량 측정은 용액 점도, 증기상 삼투압계(vapor-phase osmometry)와 젤 투과 크로마토그래피(gel permeation chromatography)법으로 행해지고 있다. 그러나 이러한 방법은 절대적인 방법이 아니다. 이 방법을 사용하여 고분자 용액의 점도나 젤 투과 컬럼으로부터 유출된 고분자 용액의 머무름 부피(retention volume)와 분자량과의 관계로부터 실험적인 관계를 먼저 만든다. 일단 보정이 이루어지면 이 방법은 빠르고, 간단하며, 정확한 상대적인 분자량 측정 방법이 된다. 젤 투과 크로마토그래피(GPC)는 주로 분류 침전법이나 경사 용립(elution)의 초기 방법을 대신하여 분자량 분포에 대한 정보를 얻는 데 사용되고 있다.

15.2 용액의 점도

15.2.1 용액의 점도와 분자 크기

고분자화학의 초기에, Staudinger[1]는 용해된 고분자가 낮은 농도일지라도 순수한 용매의 점도에 비해 용액의 점도가 상대적으로 높음을 발견하였다. 이러한 점도의 증가는 원리적으로, 용해된 고

[1] H. Staudinger, *Kolloid-Z.*, **1930**, *57*, 71.

분자의 특이한 크기와 형태 및 고분자 용액의 성질에 기인한다.

대부분의 고분자는 길고 가는 막대 모양이 아니라, 랜덤 코일형으로 표현된다. 희석 용액에서 이러한 코일은 다른 코일과 접촉하여 엉키지 않고, 자신이 함유할 수 있는 것보다 더 많은 용매를 함유한다. 그러므로 고분자 용액 내의 최소 단위는 실제 고분자 분자가 아니라 고분자 코일과 흡수된 많은 용매 분자로 이루어진 불규칙하게 생긴 "입자"이다. 용액 내에서의 운동이 관련되면, 고분자 코일과 흡수된 용매가 고분자 자신보다 더 무거운 하나의 단위를 형성하게 된다. 여러 면에서 각 고분자 "입자"는 포화된 스펀지와 같다. 이러한 용질 "입자"의 크기를 기초로, 고분자 용액은 **콜로이드 분산**(colloidal dispersion)으로 분류된다. 각 콜로이드 입자는 용매가 포화된 고분자 코일이므로 가끔 **분자 콜로이드**(molecular colloid)라고 한다.

오랜 기간 동안, 콜로이드 용액 또는 분산에서, 큰 입자는 액체가 전단력을 받게 될 때 액체의 인접층의 유동을 막는 경향이 있다고 알려져 왔다. 즉 액체의 점도는 콜로이드 또는 고분자 용질의 존재에 의해 순수한 용매의 점도에 비해 상대적으로 높다는 것이다. 1906년에 Einstein[1]은 구형 콜로이드 입자의 경우 상대 점도는 아래와 같다고 했고, 여기서 η_r은 상대 점도, η_r은 용액의 점도, η_0는 순수한 용매의 점도이고, ϕ_2는 콜로이드 입자의 부피 분율이다.

$$\eta_r = \frac{\eta}{\eta_0} = 1 + 2.5\phi_2 \tag{1}$$

(1)에 따르면, 콜로이드 입자의 크기나 부피(고분자 분자 + 함유 용매)가 증가하면 부피 분율 ϕ_2가 증가하여 상대 점도도 증가한다. 고분자는 크기에 따라 분자량이 증가하기 때문에 용액의 점도 증가와 고분자 분자량을 관련시킬 수 있다.

15.2.2 점도의 측정

원리 점성이 있는 유체가 Newton의 법칙에 따르면, 액체의 두 인접한 층의 유동을 막은 마찰력 F는 다음과 같이 정의된다.

$$F = \eta A \frac{dv}{dx} \tag{2}$$

여기서 A는 접촉층의 면적, dv/dx는 두 층 간의 속도 기울기, 비례 상수 η는 점도 계수, 또는 간단히 점도라고 한다. 점도의 단위는 poise(1 poise = 1 g-cm^{-1}-s^{-1})이다.

외부로부터 추진력(driving force)이 마찰 저항을 이기고 관 속을 균일하게 액체가 흐를 수 있도록 가해지면, 유동 속도는 Poiseuille의 법칙[2]을 따른다.

[1] A. Einstein, *Ann. Physik,* **1906**, *19*, 289.

[2] W. J. Moore, *Physical Chemistry*, 4th ed. (Englewood Cliffs, NJ.: Prentice-Hall, **1972**), pp. 153ff.

$$\frac{dV}{dt} = \frac{\pi R^4 \Delta P}{8\eta L} \tag{3}$$

(3)에서 dV/dt는 단위 시간당 관을 통과하는 액체의 부피이고, R과 L은 각각 관의 반지름과 길이, ΔP는 관의 양끝 간 외압 차이이다. 실제로 측정은 수직으로 세운 모세관에서 추진력이 단지 액체 자신의 무게인 점도계관으로 이루어진다. 그러므로 단위 면적당 추진력인 압력차 ΔP는

$$\Delta P = h\rho g \tag{4}$$

이고, h는 측정 시 객체의 평균 높이, ρ는 밀도, g는 중력 가속도이다. 식 (4)를 (3)에 대입시키고 일정한 유동 속도를 가정하면 점도에 대한 식 (5)를 얻는다.

$$\eta = \frac{\pi R^4 hg\rho t}{8LV} \tag{5}$$

(5)의 응용은 유체가 "Newtonian"이거나 "점도"가 있어야 한다. 이는 Raynolds 수라고 하는 무차원의 양이 1000 이하일 경우 유효하다. 식 (5)의 변수에 의해 이 조건은

$$\frac{2V\rho}{\pi R\eta t} < 1000 \tag{6}$$

이 되고, 고분자 용액의 점도를 측정하는 데 흔히 사용되는 기구와 액체에 만족스럽게 적용할 수 있다. 그러나 점성 유체의 조건에 부가하여 (5)를 유도하려면 다음 가정하에서 가능하다.

1. 추진력의 모든 퍼텐셜 에너지는 마찰 저항을 극복하는 데 소요된다. 이는 엄밀히 말하면 사실이 아니다. 왜냐하면 어느 정도의 에너지가 관 내 액체를 가속시키는 데 쓰이기 때문이다. 이러한 "운동 에너지 보정(kinetic energy correction)"이 생기면 식 (5)는 (7)로 표현된다.

$$\eta = \frac{\pi R^4 hg\rho t}{8LV} - \frac{\rho V}{8\pi Lt} \tag{7}$$

절대 점도를 측정하는 데 있어서, 이 보정항은 10~15%를 차지하나, 고분자화학에서의 관심인 **상대 점도**의 측정에서는 (7)보다 (5)를 사용해서 생기는 오차가 보통 2% 미만이다.

2. 두 번째 가정은 "모세관 벽에 있는 액체의 속도는 0이다"이다. (즉 벽을 따라 액체의 "미끄러짐"은 없다.) 이러한 가정은 모세관 벽을 "적시는" 액체에 대해 유효하다. 모든 경우에 고분자 용액의 점도는, 고분자가 저농도로 존재하는 것이 모세관 영향이 무시될 정도로 용매의 표면장력에 영향을 주지 않는다면, 순수한 용매에 대해 상대적으로 측정된다.

비록 식 (5)와 (7)이 자주 사용되더라도, 실제 점도계관 치수의 정밀한 측정은 불필요하다. 그래서 식 (7)을 **동적 점도**(kinematic viscosity) η/ρ로 다시 쓰면 다음과 같이 된다.

$$\frac{\eta}{\rho} = \alpha t - \frac{\beta}{t} \tag{8}$$

여기서 상수 $\alpha = \pi R^4 hg/8LV$, $\beta = V/8\pi L$이며, 이들은 점도계관의 형태에 의존한다. 두 액체에 대해 알려진 점도 및 밀도와 고정된 부피 V를 갖는 두 액체들이 **동일한** 관을 통과하는 시간을 측정하는 것이 점도계 상수 α, β를 정의하는 데 충분하다. 액체의 점도는 온도에 크게 의존하므로 보정 측정과 고분자 용액의 점도 측정이 세심하게 조절된 같은 온도(± 0.1°C)에서 행해져야 한다.

여기서 점도 비율만이 관련이 있기 때문에 $t - (\beta/\alpha)/t$와 같은 값의 고침 유출 시간을 주기 위해 식 (8)의 양변을 α로 나누는 것이 가능하다. β/α가 전형적으로 100차수이기 때문에 100 s보다도 더 큰 유출 시간을 주는 점도계를 선택함으로써 정정을 완전히 피할 수 있으며, 이 경우 $(\beta/\alpha)/t$ 교정(정정)은 tolerable 1% 이내로 만들 것이다.

고분자화학에서 이용되는 일반적인 용매의 점도와 밀도를 표 15.1에 나타내었다. (8)에서 점도계관의 유동 시간으로부터 얻은 점도가 **동적 점도**라는 것을 주목해야 한다. 상대적으로 동적 점도가 상대 점도로 변환되는 것은 용액과 용매의 밀도가 균일하다는 가정하에서 만들어진 것이다.

실험 장치 액체의 점도를 측정하기 위한 수많은 방법들이 있다. 간편함, 정확성, 비용의 관점에서 볼 때 가장 유용한 방법은 모세관을 통한 액체의 유동 속도 측정에 기초를 두고 있고, 실제로 모세관이 "점도계"의 한 부분을 형성하고 있다.

가장 널리 사용되는 점도계는 Oswald와 Ubbelohde형[1]이다(그림 15.1). Ostwald 점도계에서는

표 15.1 보통 용매의 밀도와 점도

용매	ρ(g/cm³) 20°C에서	30°C에서	100η(poises) 20°C에서	30°C에서
벤젠	0.8737	0.8684	0.652	0.564
톨루엔	0.8669	0.8577	0.590	0.526
파라-자일렌	0.8610	0.8523	0.644	0.568
사이클로헥세인	0.7786	0.7693	0.935	0.820
n-헥세인	0.6594	0.6505	0.326	0.293
에탄올	0.7893	0.7808	1.200	1.003
아세톤	0.7908	0.7793	0.326	0.295
에틸메틸케톤	0.8047	0.7945	0.400	0.365
사염화탄소	1.5940	1.5748	0.969	0.843
클로로폼	1.4892	1.4706	0.568	0.514

[1] L. Ubbelohde, *Ind. Eng. Chem., Aiial. Ed.*, **1937**, *9*, 85.

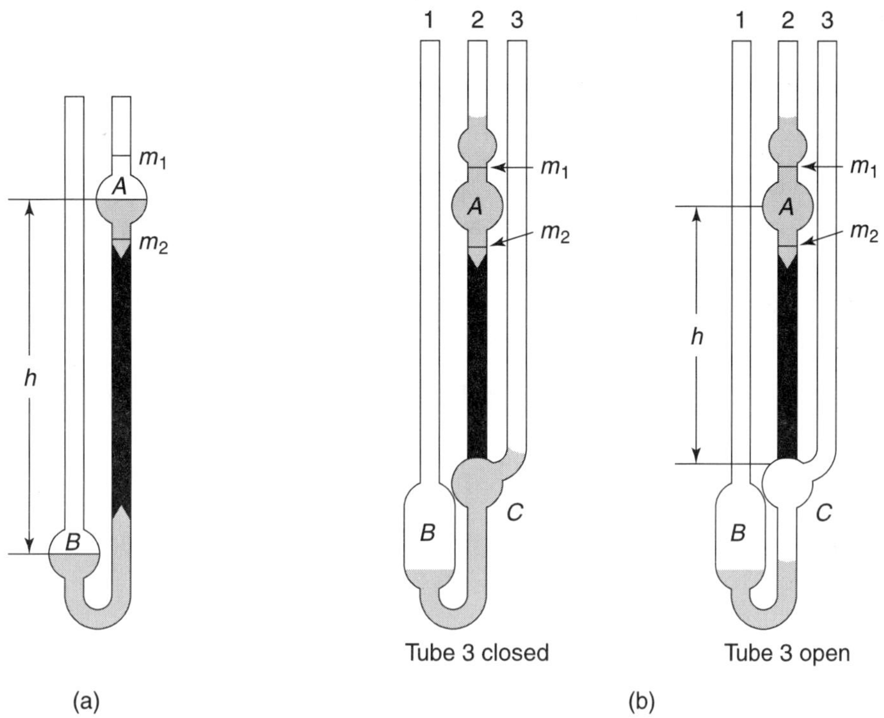

그림 15.1 고분자화학에서 흔히 사용되는 점도계

일정량의 액체가 B로 들어가 액면이 m_1 이상으로 오를 때까지 A쪽에서 빨아올린다. 그리고 빨아올리는 것을 중지하고 m_1에서 m_2까지 액면이 내려가는 데 걸리는 시간을 측정한다. 모세관을 통과하는 액체의 부피가 움직이는 동안 평균 추진력은 관 B와 A에서 액체의 높이의 평균차에 비례한다(즉 그림 15.1a에서 h에 비례). 이러한 추진력을 모든 경우에 같게 하기 위해 항상 같은 양의 액체가 B에 들어가야 하는 것이 중요하다.

같은 양의 액체가 항상 사용되는 조건은 그림 15.1b에 나와 있는 Ubbelohde 점도계의 경우에는 해당되지 않는다. 여기서 액체는 B에 들어가고, 관 3을 막고 액면이 m_1 이상으로 오르도록 액체를 A로 끌어올린다. 이렇게 끌어올리는 것을 중지하고 그 관 안의 액면이 m_1에 도달하기 전에 관 3을 연다. 그러면 C는 공기가 차게 되고, A에서 나온 액체가 C의 벽면에 붙어 내려온다. 이 경우 모세관을 통과하는 유체의 추진력은 평균 높이 h가 항상 일정하므로 B의 액면과 무관하다.

Ostwald 점도계에서 측정된 폴리메틸메타크릴레이트의 클로로폼 용액에서의 유동 시간과 상대 점도가 표 15.2에 나와 있다. 운동 에너지에 대한 수정은 이 측정에서는 실행되지 않았다.

15.2.3 용액–점도 용어의 정의

(1)에서 정의된 상대 점도는 운동 에너지 수정항이 무시되면, 점도계 유동 시간으로 매우 간단하게 쓸 수 있다.

$$\eta_r = \frac{\eta}{\eta_0} = \frac{t}{t_0} \tag{9}$$

여기서 t와 t_0는 용액과 용매의 유동 시간이다. 명확하게 η와 η_0(즉 t와 t_0)는 같은 조건에서 측정되어야 한다. 상대 점도는 고분자 용질이 존재하면 언제나 점도가 증가하므로 항상 1보다 크다.

실험적으로 가장 적합한 범위의 η_r은 1.2에서 1.8 사이이다. 점도의 증가가 20%보다 작을 경우에는 신뢰성 있는 측정이 매우 어렵고, 80% 이상일 경우 무한 희석의 외삽에 있어 뒤틀림이 야기된다.

용매 내에 용해된 고분자가 존재하여 점도가 증가하므로 **비점도**(specific viscosity) η_{sp}를 정의하는 것이 적절하다.

$$\eta_{sp} = \frac{\eta - \eta_0}{\eta_0} = \eta_r - 1 \tag{10}$$

비점도와 상대 점도는 용액 내 고분자의 농도에 완전히 의존한다. 이들은 농도가 증가할수록 증

표 15.2 20°C 클로로폼의 폴리메틸메타크릴레이트 용액 점도

분획	농도 (g/cm³) × 10²	유동 시간* (s)	η_r(Eq.1)	$\frac{\eta_{sp}}{c}$ (Eq.10)
1	0.0000	170.1	1.000	–
	0.03535	178.1	1.047	133
	0.05152	182.0	1.070	136
	0.06484	185.2	1.089	137
	0.100	194.3	1.142	142
	0.200	219.8	1.292	146
	0.400	275.6	1.620	155
2	0.02242	180.8	1.063	281
	0.03520	187.3	1.101	287
	0.04620	192.7	1.133	288
	0.08682	214.2	1.259	298
	0.18806	273.0	1.605	322

자료: Schulz, G. V. and Blaschke, F., *J. Prakt. Chem.*, **1941**, *158*, 130.

* 점도계, $R = 1.5 \times 10^{-2}$ cm, $L = 11$ cm.

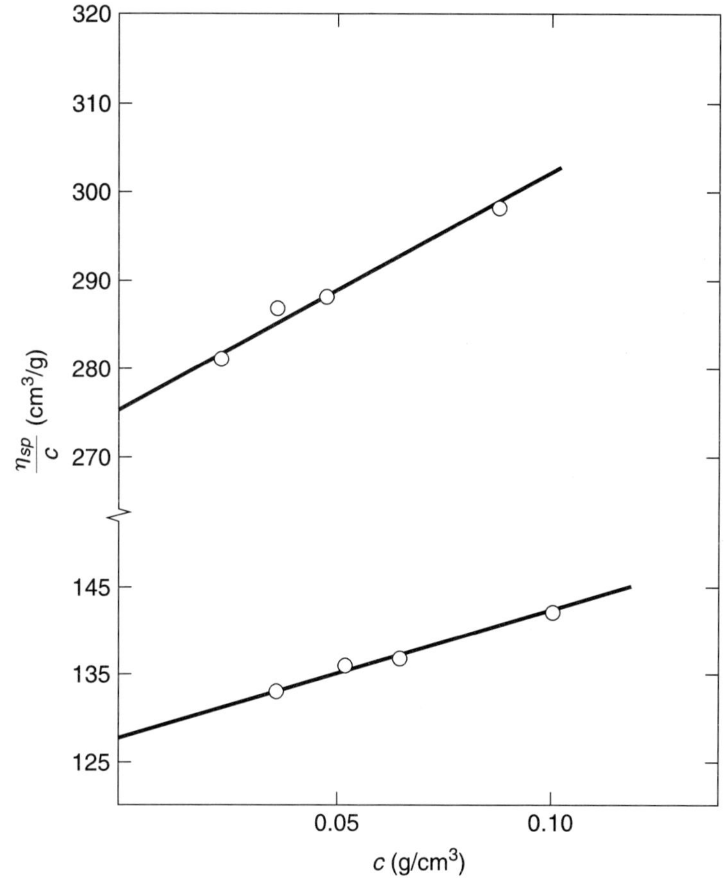

그림 15.2 농도 함수에 대한 20°C 클로로폼에서의 폴리메틸메타크릴레이트 두 시료의 환원 점도

가하며, 그 예가 표 15.2에 나와 있다. c는 g/cm^{3}로 고분자 농도이고, η_{sp}/c량은 **환원 점도**(reduced viscosity), 또는 **환원 비점도**(reduced specific viscosity)의 지표이다. 마지막으로 **고유 점도**(intrinsic viscosity) $[\eta]$는 농도가 0으로 갈 때 환원 점도의 극한으로 정의된다.

$$[\eta] = \lim_{c\to 0}\left(\frac{\eta_{sp}}{c}\right) \tag{11}$$

여기서 정의된 모든 것은 점도의 치수를 갖지는 않는다. 상대 점도와 비점도는 단위가 없고, 환원 점도와 고유 점도는 비부피(cm^3/g)의 단위를 갖는다.

$\eta_r < 2$일 경우 고분자 농도와 환원 점도가 항상 선형 관계를 갖는 것을 알 수 있다. 이러한 선형 관계는 다음 식으로 표현된다.

$$\frac{\eta_{sp}}{c} = [\eta] + k'[\eta]^2 c \tag{12}$$

여기서 k'은 상수로 0.35~0.40 범위이고, Huggins 상수[1]라고도 한다. 식 (11)과 (12)에서 볼 때 고유 점도 [η]는 환원 점도(η_{sp}/c)를 농도 0으로 외삽해서 얻는다. 다른 방도의 외삽은 η_{sp}/c를 η_r/c로, k'을 k''로 바꾼다.

이러한 점도의 예가 표 15.2에서 보는 클로로폼에 녹은 폴리메틸메타크릴레이트의 자료에 나와 있다. 덧붙여서, 그림 15.2에는 η_{sp}/c가 농도의 함수로 나타나 있다. 고분자 시료의 고유 점도는 (11)에 따라 그 그림의 절편으로부터 얻는다.

15.2.4 고유 점도와 분자량

식 (11)에서 정의된 고유 점도 $[\eta]_i$가 주어진 고분자의 서로 다른 분자량을 갖는 부분들에 의해 결정된다고 가정하자. 여기서 각 부분들은 분자량이 매우 좁은 영역을 가지고 있다. 여러 부분의 분자량 M_i는 초원심 분리라든지 광산란과 같은 절대적 방법을 이용하여 알 수 있다. 고유 점도의 로그값과 다른 부분의 분자량의 로그값을 도시하면 직선이 얻어진다. 30°C에서 사이클로헥세인에 녹은 폴리아이소뷰틸렌[2]과 35°C에서 시클로헥세인에 녹은 폴리스타이렌[3], 25°C에서 에틸메틸케톤에 녹은 폴리스타이렌[4]의 부분에 대한 도시가 그림 15.3에 나와 있다. 이 그림에서 보듯이 $10^4 < M < 10^6$의 유용한 범위에서 $\log [\eta]_i$와 $\log M_i$는 선형 관계를 나타낸다. 그림 15.3에서 이 직선들의 기울기는 사이클로헥세인 내의 폴리아이소프렌이 0.69, 사이클로헥세인 내 폴리스타이렌이 0.50, 에틸메틸케톤 내 폴리스타이렌이 0.58이다. 그림 15.3에서 주어진 고분자의 기울기는 용매에 의존하는 것이 명확하다. 그리고 주어진 고분자 용매에서 기울기는 온도에 의존하는 것을 알 수 있다.

주어진 고분자의 좁은 분자량 부분에 대해 $\log M_i$와 $\log [\eta]_i$의 그림이 직선을 나타내므로

$$\log [\eta]_i = \log K + a \log M_i \tag{13}$$

또는

$$[\eta]_i = KM_i^a \tag{14}$$

로 쓸 수 있고, 여기서 K와 a는 그림 15.3에서와 같은 검량선으로부터 쉽게 구해지는 상수이다. (14)에서 주어진 관계는 널리 알려진 Mark-Houwink[5,6] 식이다.

[1] M. L. Huggins, *J. Am. Chem. Soc.*, **1942**, *64*, 2716.

[2] W. R. Krigbaum and P. J. Flory, *J. Polymer Sci.*, **1953**, *11*, 37.

[3] P. Outer, C. I. Carr, and B. H. Zimm, *J. Chem. Phys.*, **1950**, *18*, 830.

[4] H. J. Cantow, *Makromol. Chemn.*, **1959**, *30*, 169.

[5] H. Mark, Z. *Elektrochem.*, **1934**, *40*, 499.

[6] R. Houwink, *J. Prakt. Chem.*, **1940**, *157*, 15.

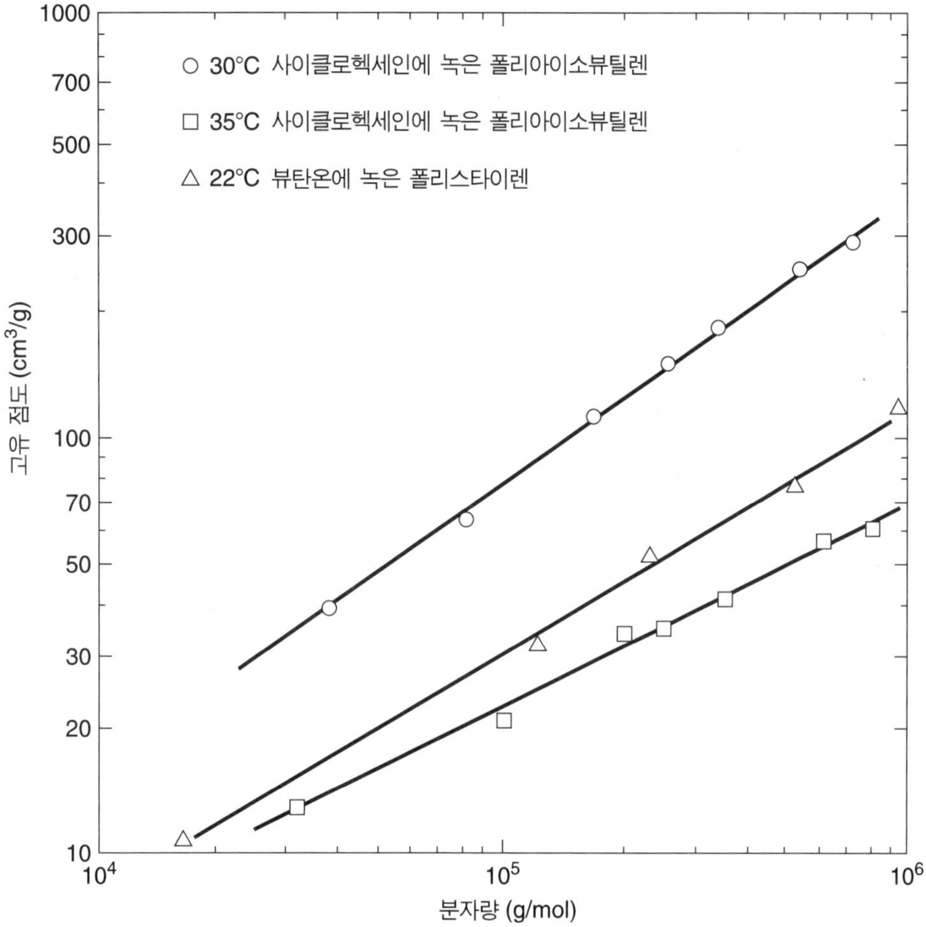

그림 15.3 고분자 용액 점도의 분자량 의존성

그림 15.3의 자료와 식 (13), (14)는 분자량 범위가 아주 작은 부분을 갖는 고분자의 **분획된** 시료(fractionated sample)에서 얻은 것이라는 것을 기억해야 한다. 주어진 온도에서 주어진 고분자–용매 계에 대한 K와 a의 수치적 값을 얻기 위해서는 조심스럽게 분별한 시료를 사용해야 한다. 그러나 실제로 용액 점도를 측정하여 분획되지 않거나 약간만 분획된 고분자의 분자량을 빠르고 쉽게 얻을 수 있다. 시료의 평균 분자량은 이러한 과정으로 얻어지며, 이에 대한 **평균** 종류를 알아볼 필요가 있다.

주어진 분자량 M_i를 갖는 고분자는 $(\eta_{sp})_i$만큼 관측된 전체 비점도에 기여한다[식 (10) 참조]. 관측된 미분획(unfraction) 고분자 용액의 비점도는 용액에 존재하는 모든 분자량의 합으로써 얻어진다. 그래서 식 (15)를 적용한다.

$$\eta_{sp} = \sum_i (\eta_{sp})_i \tag{15}$$

Huggins 식 (12)에 따르면, 농도가 c_i이고 좁은 분자량 영역을 갖는 분자들 i에 대해 이렇게 쓸 수 있다.

$$(\eta_{sp})_i = [\eta]_i c_i + k'_i[\eta]_i^2 c_i^2 \tag{16}$$

식 (14), (15), (16)을 조합해 식 (17), (18)로 표현한다.

$$(\eta_{sp})_i = [\eta]_i c_i = KM_i^a c_i \tag{17}$$

$$\eta_{sp} = K\sum_i M_i^a c_i \tag{18}$$

식 (18)은 미분획된 시료의 무한 희석 용액의 비점도를 나타낸다.

(16)에서 둘째 항을 무시하여 무한 희석으로 외삽을 이미 진행하였으므로, 관측된 고유 점도는 (18)을 용액 내 고분자의 농도 c로 나누면 얻을 수 있다.

$$[\eta] = \lim_{c\to 0}\frac{\eta_{sp}}{c} = K\sum_i M_i^a\left(\frac{c_i}{c}\right) \tag{19}$$

농도비 $c_i/c = c_i/\Sigma_i c_i$는 중량비 $w_i/w = w_i\Sigma_i w_i$와 같다. 그러므로 미분별 시료의 고유 점도에 대한 식 (20)을 쓸 수 있다.

$$[\eta] = K\sum_i w_i M_i^a \Big/ \sum_i w_i = K\sum_i W_i M_i^a \tag{20}$$

여기서 $W_i = w_i/\Sigma_i w_i$는 분자량 M_i인 고분자의 **무게 분율**이다. 식 (21)로 미분별된 고분자에 대한 점도 **평균 분자량**을 정의하면

$$\overline{M}_v = \left(\sum_i W_i M_i^a\right)^{1/a} = \left(\sum_i w_i M_i^a \Big/ \sum_i w_i\right)^{1/a} \tag{21}$$

이 되고, 고유 점도/분자량 관계[식 (14) 참조]는 다음과 같다.

$$[\eta] = K(\overline{M}_v)^a \tag{22}$$

그러므로 용액 점도법을 이용하면 (21)로 정의된 **점도 평균 분자량**을 구할 수 있다. 이 분자량이 수평균 및 무게 평균 분자량과 어떤 관계를 맺고 있는지를 알아보기 위해 지수 β로 정의된 평균 분자량에 대한 식을 생각해 보자.

$$\overline{M}_\beta = \sum_i w_i M_i^\beta \Big/ \sum_i w_i M_i^{\beta-1} \tag{23}$$

식 (23)으로부터 수평균 분자량이 $\beta = 0$에 해당하고, 무게 평균 분자량은 $\beta = 1$에 해당되는 것을 알 수 있다. 한편 Mark-Houwink 식 (21)에서는 무게 평균 분자량은 $a = 1$, 수평균 분자량은 $a = -1$

표 15.3 고유 점도/분자량 상수 $[\eta] = KM^a$

고분자	용매	온도 (°C)	분자량 영역	$K \times 10^2$	a
아밀로스	다이메틸설폭사이드	25	$1.5 \times 10^3 \sim 1.2 \times 10^6$	0.850	0.76
젤라틴	물	35	$3 \times 10^4 \sim 2.1 \times 10^5$	0.166	0.885
천연고무	톨루엔	25	$4 \times 10^4 \sim 1.5 \times 10^6$	5.0	0.67
폴리아크릴로나이트릴	다이메틸폼아마이드	25	$3 \times 10^4 \sim 3.7 \times 10^5$	2.33	0.75
폴리(파라-브로모스타이렌)	벤젠	20	$3 \times 10^4 \sim 3 \times 10^5$	9.4	0.53
폴리뷰타다이엔	사이클로헥세인	20	$2.3 \times 10^5 \sim 1.3 \times 10^6$	3.6	0.70
폴리다이메틸실록세인	톨루엔	25	$3.6 \times 10^4 \sim 1.1 \times 10^6$	0.738	0.72
폴리아이소뷰틸렌	사이클로헥세인	30	$5 \times 10^2 \sim 3.2 \times 10^6$	2.88	0.69
	다이아이소뷰틸렌	20	$5 \times 10^2 \sim 3.2 \times 10^6$	3.63	0.64
	톨루엔	25	$1.4 \times 10^5 \sim 3.4 \times 10^5$	8.70	0.56
폴리메틸메타크릴레이트	아세톤	25	$8 \times 10^4 \sim 4.5 \times 10^6$	0.75	0.70
	클로로폼	25	$8 \times 10^4 \sim 4.5 \times 10^6$	0.48	0.80
	에틸메틸케톤	25	$8 \times 10^4 \sim 4.5 \times 10^6$	0.68	0.72
폴리프로필렌	벤젠	25	$1 \times 10^3 \sim 7 \times 10^4$	9.64	0.73
	사이클로헥세인	25	$1 \times 10^3 \sim 7 \times 10^4$	7.93	0.81
폴리스타이렌	벤젠	20	$1.2 \times 10^3 \sim 1.4 \times 10^5$	1.23	0.72
	에틸메틸케톤	20 ~ 40	$8 \times 10^3 \sim 4 \times 10^6$	3.82	0.58
	톨루엔	20 ~ 30	$2 \times 10^4 \sim 2 \times 10^6$	1.05	0.72
폴리바이닐아세테이트	아세톤	30	$2.7 \times 10^4 \sim 1.3 \times 10^6$	1.02	0.72
	메탄올	30	$2.7 \times 10^4 \sim 1.3 \times 10^6$	3.14	0.60
폴리바이닐알코올	물	25	$8.5 \times 10^3 \sim 1.7 \times 10^5$	30.0	0.50
폴리바이닐브로마이드	사이클로헥산온	20	$1.9 \times 10^4 \sim 1.0 \times 10^5$	3.28	0.55

이 된다. 그러므로 식 (21)과 (23)의 정의로부터 수평균 및 무게 평균 분자량을 얻는다.

$$\overline{M}_n = \overline{M}_v(a = -1) = \overline{M}_\beta(\beta = 0) \tag{24}$$

$$\overline{M}_w = \overline{M}_v(a = 1) = \overline{M}_\beta(\beta = 1) \tag{25}$$

실험적으로 상수 a의 범위는 0.5 ~ 1.0 사이에 있고, 이 상수가 −1만큼 낮아지지 않으므로 점도 평균 분자량은 수평균 분자량에 해당될 수 없다. β와 a 간의 관계는 복잡한 방법으로,[1] 분자량 분

[1] G. Meyerhoff, Fortschr. *Hochpolymer-Forsch.*, **1961**, *3*, 59.

포에 의존하나 $0.5 < a < 1.0$이 $0.75 < \beta < 1.0$에 해당되는 것을 볼 수 있다.

앞에서 토의한 내용을 참조하여 **점도 평균 분자량**이 $\overline{M}_n$과 $\overline{M}_w$ 사이에 있으나 $\overline{M}_w$에 **더 가깝게 있다**는 결론을 내릴 수 있다. 더구나 $a = 1$인 특수한 경우에는 $\overline{M}_v = \overline{M}_w$이지만, $a \neq 1$이면 $\overline{M}_v$와 $\overline{M}_n$는 절대로 같아질 수 없다.

원칙적으로 분자량 측정의 절대적 방법은 보정 플롯을 만들어 K와 a를 구하는 데 사용되지만, 보정이 유효하기 위해서는 다양한 부분의 분자량 영역이 작아야 한다.

실제로는 불완전하게 분획된 고분자를 연구해야 한다. 그래서 여러 부분의 분자량 영역이 원하는 만큼 작지 않으므로 $[\eta]$와 M과의 명확한 관계를 얻기 위해서는 a와 β에 가능한 한 같은 절대적 방법이 사용되어야 한다. 무게 평균 분자량이 $\beta = 1$인 데 비해, 수평균 분자량은 $\beta = 0$이다. 경험상수 a의 **물리적인 실수값**이 $0.75 < \beta < 1$에 해당하므로 절대적 방법으로 무게 평균 분자량을 얻어서 보정하는 데 사용하는 것이 효과적이다. $a = \beta = 1$인 드문 경우에만 $\overline{M}_v = \overline{M}_w$이므로, 이들이 근사값이라는 것을 명심해야 한다. 그러나 이러한 근사값들은 $\overline{M}_n$을 얻는 방법보다 $\overline{M}_w$를 얻는 절대적 방법이 사용될 때 더 효과적이다. 이러한 이유로, K와 a를 구하는 데는 삼투압 측정이나 총괄성 측정보다는 광산란, 초원심 분리 기법으로 이루어진다.

고분자-용매계의 K와 a값이 표 15.3에 나와 있고, 더 많은 표는 문헌을 찾아보기 바란다.[1]

15.2.5 고유 점도로부터 얻은 분자 크기

앞에서 설명한 바와 같이 고유 점도는 비부피(specific volume)의 단위(단위 무게당 부피)를 갖는다. 이는 강직구상입자(rigid spherical particle) 용액의 경우, 1906년에 Einstein이 구해 낸 점도 관계와 일치한다.[2] 이 관계식 (1)은 고유 점도로 표현된다.

$$[\eta] = 2.5\frac{N_0 V_e}{M} = 2.5\frac{N_0(\frac{4}{3}\pi R_e^3)}{M} \tag{26}$$

여기서 N_0은 Avogadro 수, M은 분자량, V_e와 R_e는 각각 부피와 반지름이다. 그러나 고분자는 구상이 아니므로 나중에 나온 고분자 용액에 관한 이론들은 랜덤 코일로 더욱 실제적으로 다루어서 다음 식이 나오게 되었다.

$$[\eta] = \Phi\frac{(\overline{r^2})^{3/2}}{M} \tag{27}$$

---

[1] *Physical Properties of Polymers Handbook*, Mark, J. E., Ed. (New York: Spring–Verlag, 1996); *Polymer Handbook*, 4th ed., Brandrup, J., Immergut, E. H., and Grulke, E. A., Eds. (New York: Wiley, **1999**); *Polymer Data Handbook*, Mark, J. E., Ed. (New York: Oxford University Press, **1999**).

[2] Einstein, op. cit.

여기서 $\overline{r^2}$은 랜덤 코일 용질의 양말단 거리의 평균 제곱이고, Φ는 상수로 알려져 있다.

Φ는 $\overline{r^2}$과 M의 광산란 측정과 같은 용매 및 온도에서 측정된 고유 점도 값과 비교하여 결정된다. r의 단위는 cm이고, $[\eta]$는 cm^3/g, M은 원자 무게 단위가 되며, Φ는 단위가 없고 그 값은

$$\Phi = 2.0 \times 10^{23} \tag{28}$$

과 같다. 이러한 Φ값을 이용해 용액 내 평균 제곱근 양말단 거리$(\overline{r^2})^{1/2}$는 고유 점도와 분자량에 관한 정보로부터 구할 수 있다. 그러므로 (14)와 (27)을 조합하면,

$$(\overline{r^2})^{1/2} = \left(\frac{KM^{1+a}}{\Phi}\right)^{1/3} \tag{29}$$

이 되고, K와 a는 표 15.3에 있는 상수들이다.

일반적으로 주어진 고분자 사슬의 양말단 거리는 고분자–용매 상호작용에 의존한다. 빈 용매에서는 고분자–고분자 상호작용을 극대화시키기 위해 고분자 사슬은 엉키게 되고, 부용매에서는 고분자–용매의 상호작용을 최소화하기 위해 길게 뻗게 된다. 빈 용매에서 고분자 조각은 이미 거대한 분자 사슬에 둘러싸여 있어서 고분자 사슬이 열릴거라는 주장은 주목할 만한 내용은 아니다. 더 설득적인 설명은 삼투압에 관한 것이다. 큰 비리알 계수를 가지면 부용매에서 큰 삼투압을 가진다. 이렇게 증가된 π는 더 많은 용매가 랜덤 코일 안으로 들어가게 된다. 같은 방식으로 확장시켜 보면 박막 삼투압 측정기의 용매 부분 안으로 용매가 끌려간다. 용매–용매, 용매–고분자, 고분자–고분자 상호작용의 자유 에너지가 모두 같은 용매를 θ 용매(theta solvent)라고 한다. 원칙적으로 어떤 용매라도 θ 온도(theta temperature)에서 주어진 고분자에 대해 θ 용매가 될 수 있다[16장, 식 (43), (51), (52) 참조].

θ 용매의 특수한 경우 $\overline{r_0^2}$을 **비섭동** 고분자(unperturbed polymer)의 평균 제곱 양말단 거리라고 정의하면, 어떤 용매에 대해

$$\overline{r^2} = \alpha^2\overline{r_0^2} \tag{30}$$

으로 나타낼 수 있고, α는 팽창 계수로 알려져 있다. 비섭동 평균 제곱 양말단 거리 $\overline{r_0^2}$의 유용성은 고분자를 사슬 단위가 자유롭게 결합된 것(freely jointed)으로 생각할 때 더 커지게 된다. 고전적 취보 이론(random walk theory)을 자유롭게 결합된 사슬에 응용[1]하면 다음 관계를 유도할 수 있다.

$$(\overline{r_0^2}) = L^2 \cdot x \tag{31}$$

여기서 x는 사슬 단위 또는 단량체 단위의 수이고, L은 각 단위의 길이이다. 분자량은 다음과 같이 주어지므로 식 (31)로부터 (33)을 유도한다.

[1] P. J. Flory, *Principles of Polymer Chemistry* (Ithaca, N.Y.: Cornell University Press, **1953**), Chap. 14.

$$M = M_0 x \tag{32}$$

여기서 M_0는 단량체 단위의 분자량이다.

$$\frac{\overline{r_0^2}}{M} = \frac{L^2}{M_0} \tag{33}$$

그러므로 (33)에 따르면, $\overline{r_0^2}/M$은 분자량과 용매와 관계없는 상수이고, 식 (30)을 (27)에 대입하면,

$$[\eta] = \Phi(\overline{r_0^2})^{3/2}\frac{\alpha^3}{M} = \Phi\left(\frac{\overline{r_0^2}}{M}\right)^{3/2}\alpha^3 M^{1/2} \tag{34}$$

이 되고, $\overline{r_0^2}/M$은 상수이므로, 식 (34)는 다시

$$[\eta] = K\alpha^3 M^{1/2} \tag{35}$$

이고, 점도 상수 K는 다음과 같이 된다.

$$K = \Phi\left(\frac{\overline{r_0^2}}{M}\right)^{3/2} \tag{36}$$

식 (35)에서와 같이 점도와 $\alpha^3 M^{1/2}$이 비례하므로 점도는 분자량 증가와 함께 증가한다. 실험적으로 $[\eta]$가 M의 지수 1/2보다 좀 더 큰 지수를 가지며, 증가하는 것이 알려졌으므로 α는 아주 작게라도 분자량에 의존해야만 한다. 그래서 식 (35)와 (14)를 비교하면 이 의존도는

$$\alpha^3 = M^{a-1/2} \tag{37}$$

이 된다. 그러나 정의에 의해 θ 용매에서 $\alpha = 1$이고, 이 경우 고유 점도는 $KM^{1/2}$로 간단히 주어진다. 이러한 θ 용매($\alpha = 1/2$) 내에서 $[\eta]$가 M의 제곱근에 의존한다는 것이 실험적으로 증명되었다.

15.2.6 고유 점도 측정의 정확도

그림 15.4와 15.5는 주어진 고분자–용매의 고유 점도를 구하는 데 예상되는 정확도를 나타내주고 있다. 이 그림들은 유럽의 6개 연구소, 미국과 캐나다의 4개 연구소에서 각각 측정한 폴리스타이렌 시료의 η_{sp}/c와 c를 나타낸다.[1] 그림 15.4는 톨루엔 내에서의 고분자 용액에 관한 것이고, 그림 15.5는 에틸메틸케톤 내에서의 고분자 용액에 관한 것이다.

이 그림들로부터 얻은 평균 고유 점도와 표 15.3에서 계산된 평균 분자량은 다음과 같다.

[1] H, P. Frank and H. F. Mark, *J. Polymer Sci.*, **1955**, *17*, 1.

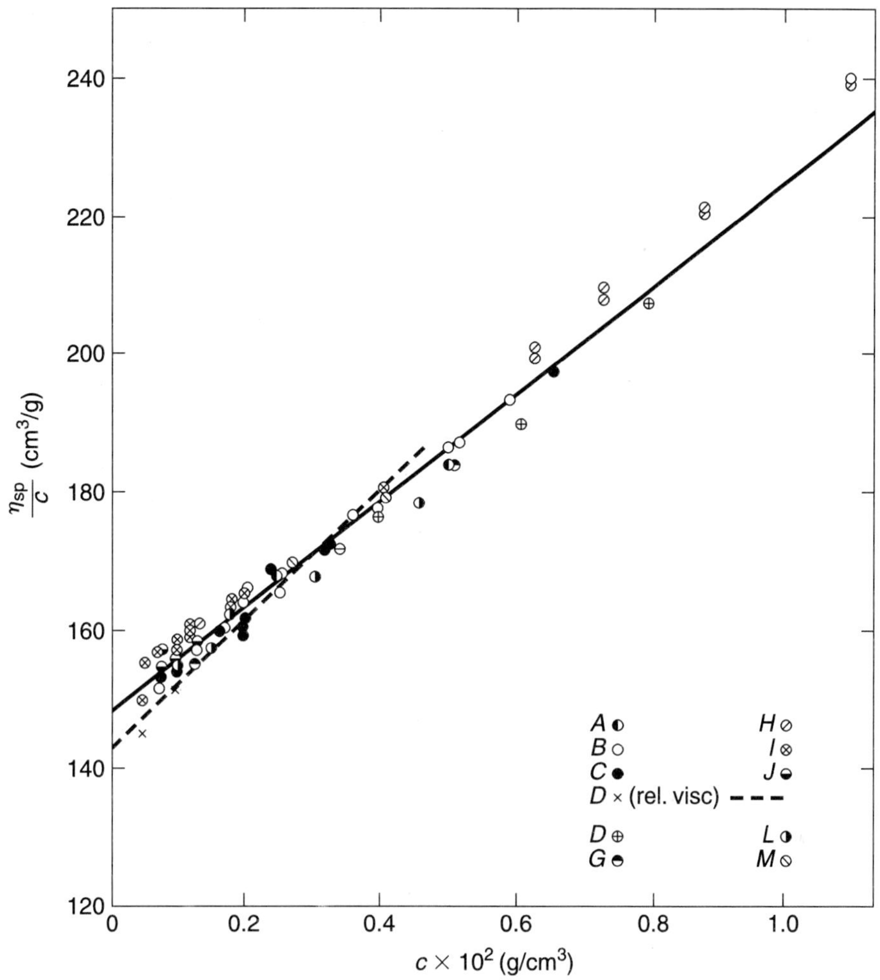

그림 15.4 몇몇 연구소에서 측정된 25°C, 톨루엔에서의 폴리스타이렌의 고유 점도. 각 표시는 다른 연구소에서 얻은 결과임.

(a) 톨루엔: $[\eta] = 148.3 \pm 2.3\ \text{cm}^3/\text{g}$

$$M_v = 5.60 \pm 0.08 \times 10^5\ \text{g/mol}$$

(b) 에틸메틸케톤: $[\eta]\ 82.9 \pm 2.8\ \text{cm}^3/\text{g}$

$$\overline{M}_v = 5.66 \pm 0.19 \times 10^5\ \text{g/mol}$$

위의 $\overline{M}_v$값에서 오차 범위는 [η]에서의 오차에만 기인하는 것이다.

두 가지 다른 용매들 내에서 측정한 고분자의 고유 점도는 거의 2배만큼 차이가 있지만, 이 자료로부터 얻은 평균 분자량들은 실험 오차 내에 들어 있음을 알게 될 것이다. 더구나 이 장의 처음에 설명한 바와 같이 이 예로부터 $\overline{M}_v$는 $\overline{M}_n$와 $\overline{M}_w$ 사이에 있고, $\overline{M}_w$에 더 가까이 있다는 것을 확인할 수 있다. 이를 확인하기 위해 같은 폴리스타이렌 시료에서 삼투압법과 광산란법으로 결정된 $\overline{M}_n$ 및 $\overline{M}_w$(14.4.3과 14.5.7절 참조)와 앞으로 다룰 $\overline{M}_v$를 비교해 보기 바란다.

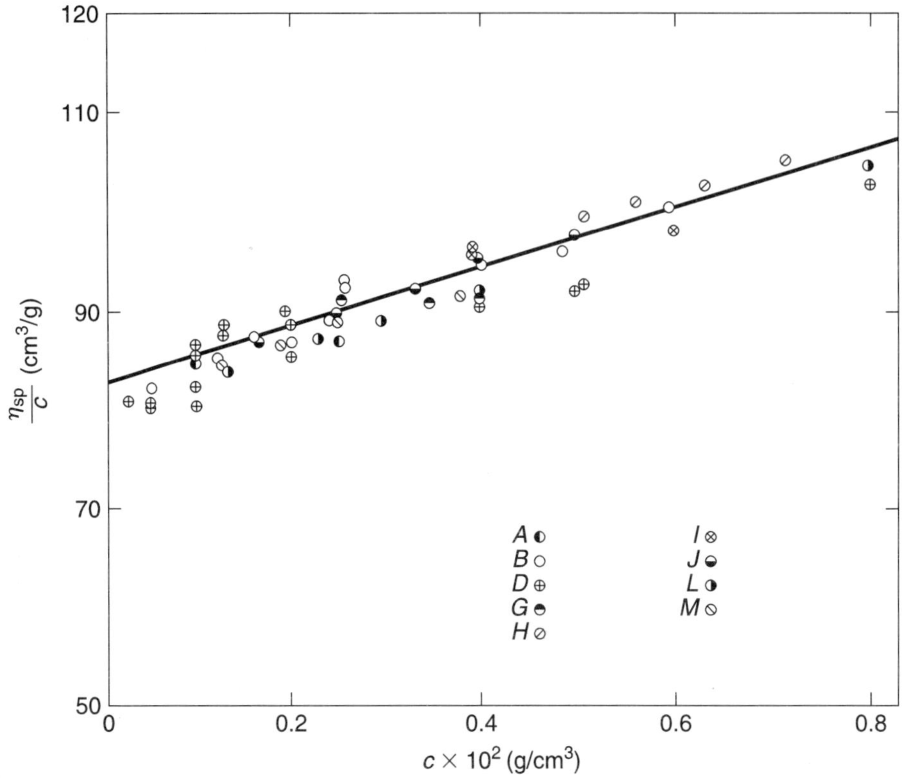

그림 15.5 몇몇 연구소에서 측정된 25°C, 에틸메틸케톤에서 폴리스타이렌의 고유 점도. 각 표시는 다른 연구소에서 얻은 결과임.

고분자 분자량 측정을 위한 용액 점도 방법은 만족할 만한 정확성을 나타낸다. 더구나 용매와 온도에 대한 상수 *K*와 *a*를 알면 이 방법은 고분자의 믿을 만한 평균 분자량을 측정하는 데 가장 간편하고 값싼 방법이다.

15.3 증기상 삼투압 측정

고분자 분자량의 절댓값을 얻기 위해 막 삼투압 측정과 다른 방법을 14장에서 설명하였다. 삼투막 방법에 의한 절대 분자량 측정법은 평형에 이르는 삼투압을 얻고 적당한 침투 능력을 선정하는 데 많은 시간과 인내가 필요한 다소 귀찮은 방법이다. 이와 같은 이유 때문에 절대적 방법에 대해 검량으로 분자량을 상대적으로 측정한다거나 또는 부차적으로 측정하는 희생을 감수할지라도 위의 문제를 제거하기 위해 방법이 고안되었다.

이 방법은 그림 15.6에 설명된 등온 증류(isothermal distillation) 방법을 근거로 한다. 밀폐된 건조기 속에는 용매와, 같은 용매의 비휘발성 용질을 포함한 용액이 각각 들어 있는 비커 두 개가

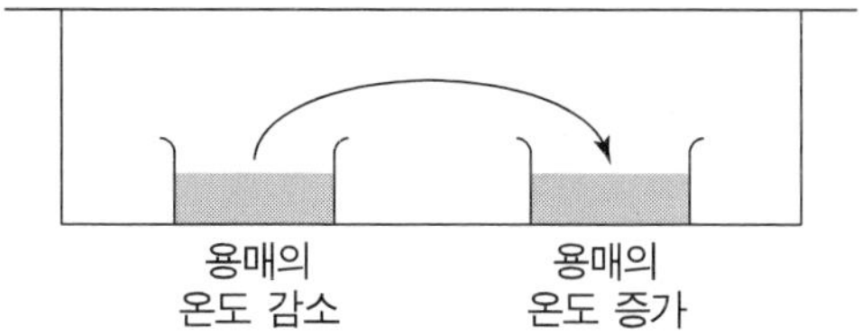

그림 15.6 "등온" 증류

들어 있다. 열 공급 없이 순수한 용매 비커로부터 용매가 용액 속으로 증발한다. 이것은 활동도(activity), 증기압, 자유 에너지 화학 퍼텐셜 등의 말로 설명할 수 있다. 그러나 가장 단순한 방법은 엔트로피이다. 용액 속으로 전달된 용매 분자는 용질과 섞임으로써 무질서하게 된다. 반면에 왼쪽에 남아 있는 분자는 혼란되지 않고 시스템은 최대 무질서 방향으로 이동한다. 그러나 이 프로세스는 등온 과정에서는 일어나지 않는다. 순수한 용매의 온도가 낮아지는 반면, 용액의 온도는 올라가고 남아 있는 용매는 더 낮은 에너지 상태로 되면서(더 낮은 평균 온도가 되면서) 순수한 용매의 경우 에너지가 큰 분자는 이동에 필요한 증기 상태가 되기 시작한다. 이들 분자가 다른 비커 용액 속으로 응축될 때 열역학적으로 용액의 온도는 상응하는 에너지만큼 올라간다. 이것은 멤브레인 대신 증기상이 용질 분자와 용매 분자 사이의 분리를 야기시키는 삼투압계(osmometer)에서의 설계를 이용하는 것이다.

그림 15.7은 도식적인 삼투압계를 나타내고 있다. 온도 변화에 매우 민감한 저항을 가진 금속 또는 반도체로 구성된 더미스터(thermistor)에 용액 한 방울이 놓여진다. 그러고 나서 정확한 무게 농도 용액 한 방울을 다른 더미스터에 놓고 이들의 저항 차이를 시간의 함수로서 표시된 온도 차이 ΔT로 전환한다. 그림 15.8에 전형적인 곡선을 나타내었다. 이 그림에서 나타낸 것과 같이, ΔT는 평형값에 도달하는 것 같다. 간단한 플래토우(plateau) 후에 영점으로 되돌아가기 시작하지만 이것은 와이어를 통해서 또한 복사(radiation)로부터 열 잃음에 의해 야기된다. 결과적으로 ΔT가 영점이 아닌 값은 특히 Clausius-Clapeyron 식과 관련된 열역학식을 이용할 수 없는 평형과 관련되지 않는다. 그래서 하나의 절대적 방법으로 이 방법을 사용하기보다는 그 결과는 플래토우

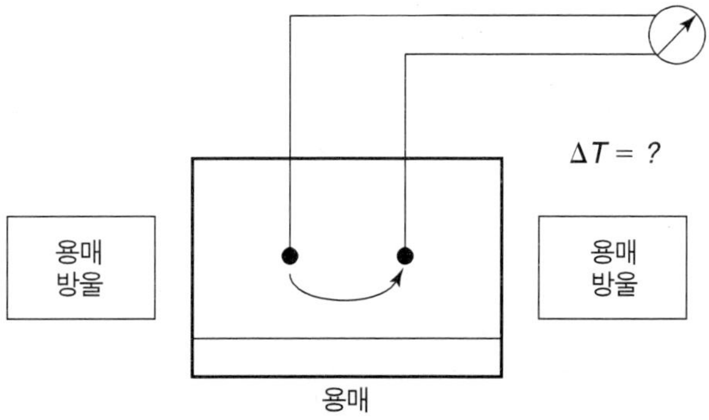

그림 15.7 증기상 삼투압계

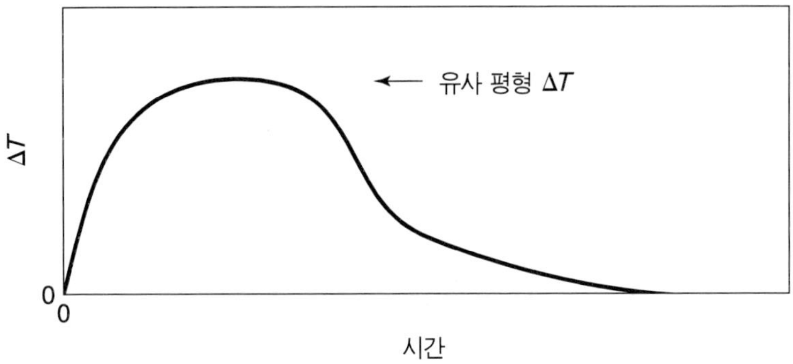

그림 15.8 증기상의 삼투압 측정에서의 온도 변화

(plateau)에서 ΔT값의 의미로 검량된다. 이 유사 평형값은 몰랄 농도(molality)에 대해 알려진 분자량의 물질 용액을 표준 직선을 그려서 측정한다. 이것으로 14장에서 논의된 총괄성(colligative property) 식과 유사한 식 $\Delta T = Km$에서 검량 상수 k값을 구할 수 있다. 그러한 도면은 그림 15.9에 도식적으로 나타나 있다. 해석은 일반적 방법에 따르고 미지 용액에 대해 측정된 ΔT값은 m의 값을 얻는 데 사용된다. mX 분자량은 알고 있는 무게 농도 c와 같다는 사실로부터 분자량을 얻는다.

만약 Calibration 분자가 미지 용질보다 훨씬 더 작은 분자량을 가진다면 그 용액은 훨씬 덜 비이상 기체가 될 것이다. 이 경우에 신뢰성은 무한 희석 용액에 K값을 외삽함으로써 개선될 수 있다.

이 방법의 주요 장점은 시료가 매우 적은 양이어도 가능하고 빨리 측정할 수 있다는 것이다. 단점은 얻어진 분자량이 표준 물질 분자량에 상대적이라는 것이다.

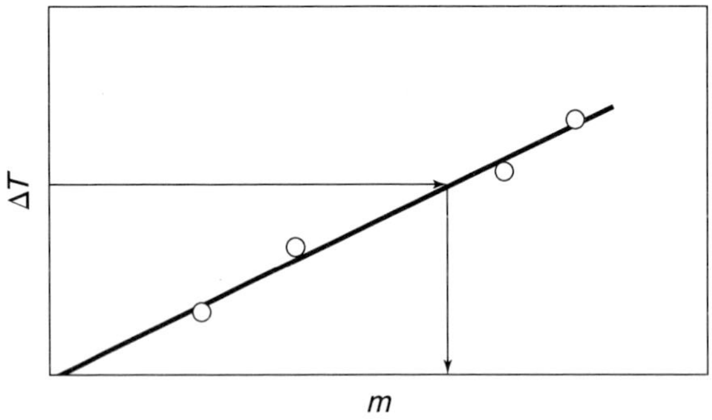

그림 15.9 증기압의 삼투압 측정 결과의 보정

15.4 분자량 분포

15.4.1 중요성

고분자의 많은 물성이 평균 분자량뿐만 아니라 분자량 분포에 크게 의존하고 있다. 초기에는 이와 같은 사실을 인지하지 못해서 고분자 가공에 있어서 상당한 혼란이 야기되었다. 예를 들면 동일한 조건하에서 전 회분식보다 더 빨리 흐를 수 있거나 더 느리게 흐를 수 있어서 같은 분자량을 가졌더라도 고분자 회분식마다 완전히 다르게 압출되었다. 그 이유는 빛산란 연구에서 큰 기여를 하지 않았던 매우 저분자량 물질의 아주 적은 양이나 총괄성 물성 측정에서 인지할 수 없는 매우 큰 고분자 물질의 아주 적은 양의 존재 때문이다. 저분자량 고분자나 고분자량 고분자는 가지형 고분자와 함께 빈번하게 프로세싱 조제(aids)로 사용된다는 것으로 그 효과는 아주 유명하다.

위의 설명은 특히 분자량 분포 연구에 대한, 즉 구조와 물성 관계를 이해하는 목적에 대한 이유를 설명한다. 또 다른 이유는 앞서 여러 장에서 설명한 것과 같이 중합 반응기구 평가이다. 제안된 반응기구는 어떤 분자량 분포를 예측하지만 다른 분자량 분포를 나타내는 실험은 제안된 메커니즘이 포기되거나 변경되기를 요구할 것이다.

분포에 관한 정보는 일반적으로 조사자에게 어미(parent) 고분자를 부분부분으로 나누거나 분자량이 거의 단분산인 상태인 소량으로 나누기를 요구할 것이다. 만약 분리가 단순한 분석용이 아니라 제조용으로 대량으로 행해진다면 그때 그 결과적인 부분은 다분산의 문제에 영향을 받지 않는 구조-물성 관계를 만드는 데 크게 영향을 줄 것이다.

15.4.2 분자량 계산의 설명

고분자 시료의 분자량 분포를 나타내는 가장 단순한 방법은 두 개의 다른 형태(type)의 분자량 평균비로 설명하는 것이다. 가장 일반적으로 선택된 비율이 수평균에 대한 무게 평균 분자량이다. 즉 "다분산 지수(polydispersity index)" PI의 비가 1보다 큰 정도가 분산폭의 척도이다. 전형적 값들은 단분산(한계치)에 대해 1, 일부 음이온 중합으로부터 얻은 좁은 분산에 대해 1.05, 많은 다른 형태의 중합에 대해 2.0이다(4장에서 설명 참조). 예상치 않은 높은 값은 예로 에틸렌가스의 고온 고압 중합과 같은 경우에서 나타날 수 있다. 이 조건하에서 분포가 넓어지는 이유는 혹한 반응 조건하에서 일어날 수 있는 상대적으로 많은 양의 가지화 반응 때문이다. 가지화 반응은 폴리에틸렌 사슬로부터 수소 라디칼을 제거할 때 발생하며, 이로부터 사슬에 남아 있는 상응하는 탄소 라디칼로부터 부차적인 가지 성장이 생긴다. 짧은 사슬보다 더 긴 사슬의 가지화로부터 더 큰 분자량이 증가하는 경향이 있다. 왜냐하면 더 긴 사슬이 더 많은 수소 원자를 가지고 있기 때문이다. 이것은 큰 것이 더 커지게 되고 성공한 사람이 더 크게 성공한다는 또 다른 예다. 개환 중합(6장)은 때때

표 15.4 분자량에 대한 예시

w_i(g)	M_i(g/mol)	n_i(mol)	n_iM_i(g)	$n_iM_i^2$(g^2 mol)
1,000	1.0×10^3	1.000	1,000	1.0×10^6
1,000	1.0×10^6	0.001	1,000	1.0×10^9
		1.001	2,000	1.001×10^9

로 매우 넓은 분자량 분포를 나타낸다.

다른 형태의 분자량은 한 시료의 저분자량과 고분자량 부분에 대해 다른 감도(sensitivity)를 나타낸다. 1장에서 정의한 수평균 분자량과 무게 평균 분자량($\overline{M}_n$과 $\overline{M}_w$)에 대해 표 15.4에 설명하였다. 한 고분자는 분자량이 1.0×10^3 g/mol이고, 다른 고분자는 분자량이 1.0×10^6 g/mol을 가지는 단분산의 두 고분자를 섞어서 만든 가설적 시료에 대해서 생각해 보자. 이 두 고분자는 표의 첫 번째 두 세로줄에 설명되어 있고 남아 있는 세로 줄에는 $\overline{M}_n$, $\overline{M}_w$ 그리고 다분산도를 계산하는 데 필요한 수치를 나타낸다. 세 번째 세로줄에서 볼 수 있듯이 저분자량 고분자는 혼합물 속에 i 몰수 n_i의 수가 우세하고 분자량이 작을수록 물질의 특정 무게에 있는 분자수가 더 많다. 똑같이 n_iM_i에 동등하게 기여하고 분자량이 더 큰 성분은 $n_iM_i^2$에 지배적이다. 1장에서 정의된 식들은 약 2000 g/mol 수평균 분자량을 주며 이것은 고분자량 고분자가 거의 $\overline{M}_n$에 기여하지 않는다는 것을 의미한다. 이 평균은 고분자의 수에만 의존하고 상대적으로 고분자량의 고분자가 거의 없다. 한편 평균 분자량이 약 500,000 g/mol인 경우는 저분자량 고분자가 무게 평균에 많이 기여하지 않는다는 사실을 설명하고 있다. PI는 이 가설 분포의 특이성을 나타내는 매우 높은 값인 약 250이다. 중요한 것은 시료를 분석하기 위해 분자량의 한 가지 형태 이상이 필요하다는 것이다.

15.4.3 설명

물론, 분자량 분포에 관한 더 자세한 정보를 가지는 것이 더 유리하다. 예로서, 분자량이 5,000~10,000 g/mol인 고분자가 5%, 분자량이 10,000~15,000 g/mol인 고분자가 10% 등을 아는 것이 유용할 것이다. 이러한 정보는 전형적으로 상호 전환할 수 있는 두 방법 중에 한 방법에서 얻을 수 있다. 두 방법은 "누적(cumulative) 또는 적분(integral)" 분포 또는 "미분(differential)" 분포이다. 전형적 두 누적 평합 분포를 그림 15.10에 도식적으로 나타내었다. 세로는 가로에 나타낸 값과 분자량이 동등하거나 작은 고분자의 무게 분율이다. 따라서 그러한 곡선에 있는 어떤 점은 시료의 최초값으로부터 그 점에서의 가로 좌표에 상응하는 값에 이르기까지의 분자량을 가지는 모든 사슬의 무게 합에 상응한다. 이 곡선은 "S형"으로 보여진다. 이 기울기는 M의 작고 큰 값에서 매우 짧은 사슬과 긴 사슬이 거의 없기 때문에 매우 작다. 이 두 극한 때문에 곡선들은 변곡점에서 극대 기울기를 나타내며, 이것은 물리적으로 시료의 M의 가장 일어날 수 있는 값에 상응한다. 이 특징은 가스에서 분자 속도 분포에 관한 것을 독자에게 생각나게 한다. 0.0으로부터 1.0에 이르는 고

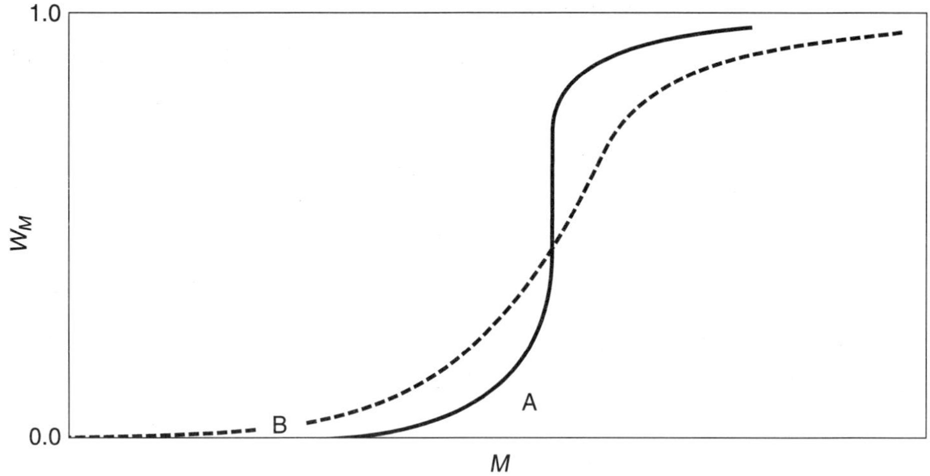

그림 15.10 누적 평합 분포에서 좁은 폭(A)과 넓은 폭(B) 분자량 분포

분자 무게 분율에 대해 요구된, M에서보다 더 좁은 범위에 의해 증명된 것과 같이 분포 A는 분포 B보다 더 좁은 것 같이 보인다. 다른 의미인 "누적 분포(integral distribution)"와 유사한 적분으로부터 명백히 두 점 사이의 곡선 밑에 있는 면적을 합치는 것에 이른다.

누적 분포의 성격은 얼핏 보기에는 받아들이기 어렵다. 이와 같은 이유에 대해서는 일반적으로 상응하는 미분 표현법으로 전환된다. 이것은 누적 분포 곡선에 따라 기울기를 취하면서 행해지며 물론 이것은 미분에 해당된다. 그러고 나서 그림 15.11에서 같은 두 분포에 대해 설명된 것같이 이들의 기울기는 분자량에 대해 그림을 그리고, 세로는 특정값 주변 M에 관한 미소 간격의 고분자 무게 분율에 상응하고, 결과적인 곡선은 통상적인 종 모양이다. 특정값들 사이의 분자량을 가

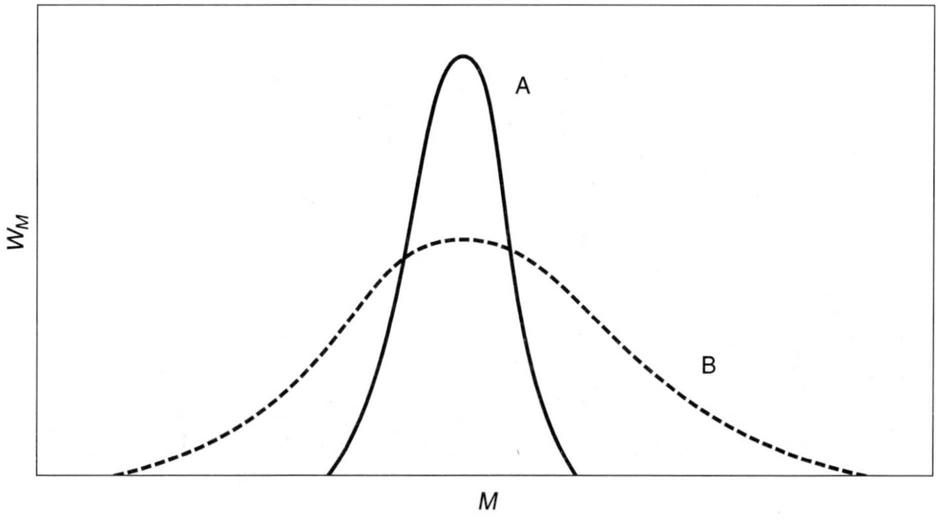

그림 15.11 같은 분자량이지만 좁은 폭(A)과 넓은 폭(B)의 분자량 분포를 나타내는 미분 표현법

지는 고분자 무게 분율은 곡선의 이들 값 밑의 면적에 상응한다. 따라서 그러한 곡선 한 점 밑의 면적이 0이기 때문에 특별한 분자량을 가지는 고분자의 무게 분율에 대해 아는 것은 무의미하다. 사슬이 가질 수 있는 다른 값들의 무한수가 있다는 점에서 이것은 연속 곡선의 특징이다. 이 표현은 훨씬 더 직접적으로 분포의 가장 중요한 특징, 즉 특히 곡선의 *vr*에 의해 측정된 분포의 폭 넓이 정도를 나타낸다. 곡선의 폭에 의해 측정된 분포의 폭(예로 최대 중간 높이에서)은 가장 가능성 있는 값을 나타낸다. 그리고 분포가 *M*의 더 큰 값에 대해 빗나간 정도이다.

미분 표현법은 미분 곡선 밑의 면적 조각 합에 의한 누적 형태로 전환된다. 이것은 NMR 주사(scan)에서 일반적으로 대체 결과로서 나타내는 누적 표현을 주는 핵자기 공명 피크 밑에 있는 면적의 합과 유사하다.

15.4.4 분별 침전으로부터 분포

위에서 언급한 바와 같이 이 방법의 주 목적은 고분자를 좁은 분포 분율들로 분리하는 것이다. 이를 그림 15.12에 도식적으로 나타내었다. 이렇게 하는 가장 오래된 방법이 "분별 분포"법이고, 이것은 고정된 온도, 주어진 용액에서 고분자 용해도는 분자량이 증가할수록 점차적으로 감소한다는 사실에 근거를 두고 있다. 이 의존도는 그림 15.13에 도식적으로 나타내었다. 이 접근법에서 고분자는 시스템에 존재하는 가장 큰 분자 사슬조차도 충분히 녹일 수 있는 용매에 녹아 있어야 한다. 그러고 나서 녹일 수 있는 능력은 용질을 녹이지 못하는 적은 용매량이나 온도를 낮춤으로써 약간 감소된다. 두 방법은 휘저으면서 정온 실험 욕조에서 행해진다. 용해도의 분자량 의존 때문에 첫 번째 단계에서 침전된 고분자 부분은 그림 15.12와 15.13에서 분율 F1으로 확인하고 시료에

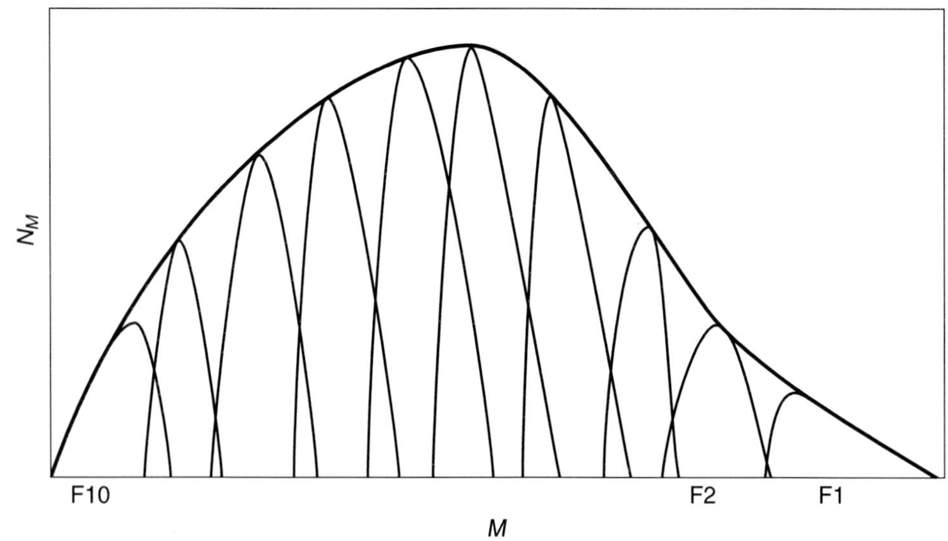

그림 15.12 더 좁은 분포를 가지는 부분의 묶음으로 넓은 분자량 분포를 보이는 고분자의 분류

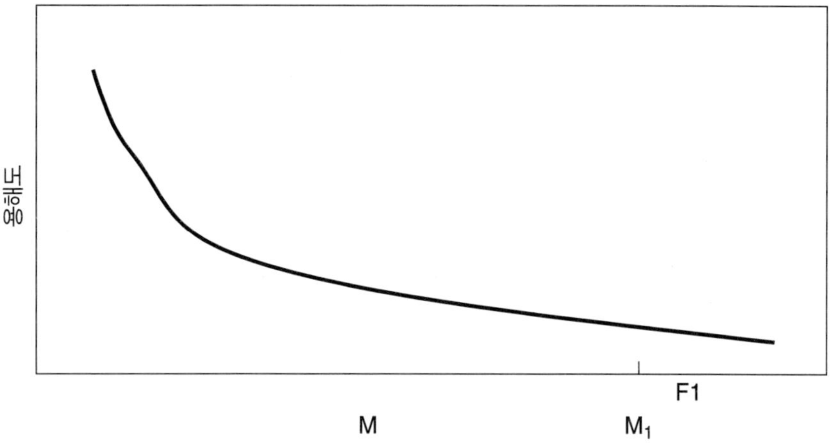

그림 15.13 분별 침전에 사용된 분자량에 따른 용해도의 감소

서 존재하는 가장 큰 분자량이다. 침전상의 윗 용액을 기울여서 따라내면 첫 번째 부분이 원래 용매에 녹아 있는 것으로부터 쉽게 회수될 수 있다. 이 단계를 n번 반복하면 n 부분을 회수할 수 있다. 고분자 전체 무게를 대략적으로 평균 $1/n$으로 나타내는 이 방법의 주 장점은 침전이 다소 묽은 용액으로부터 행해졌을 때 분리 효율이다.

매우 묽은 용액은 다른 분자량의 고분자 사슬을 분리하며 이들은 고분자의 분자량이 다소 크거나 다소 작음에 의해서 용액상에 녹아 있거나 침전된다. 높은 고분자량의 농도는 사슬 겹침이나 침투로부터 문제를 야기할 수 있다. 고분자의 큰 분자량 때문에 용액으로부터 침전하는 고분자와 엉켜져 있는 작은 분자량의 고분자가 함께 침전된다. 이것은 그림 15.14의 왼쪽 그림에 설명되어 있다. 물론 매우 묽은 용액은 많은 양의 용매가 필요한데, 많은 양의 부피를 다루는 안전 문제가 이 기술의 단점 중 하나다. 다른 단점은 침전상과 접해 있는 희석 용액상과의 평형을 확신할 수 있도록 하루 정도의 시간이 필요하다는 것이다. 마지막으로 이 기술은 자동화가 불가능하다. 그림

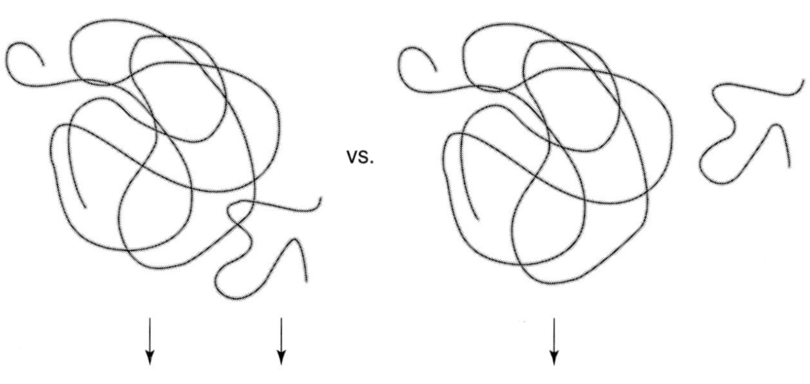

그림 15.14 그림의 오른쪽 부분은 작은 고분자 사슬과 큰 고분자 사슬 간의 엉킴을 막기 위해 고희석 방법을 사용하는데, 분별 침전에서 그들을 분리하는 것을 복잡하게 하는 것을 나타낸다.

에도 불구하고 1953년도에 Flory[1]가 쓴 책에 기술된 바와 같이 초기 분배 방법은 성가신 방법에 의해 얻어졌다.

15.4.5 경사 용출에 의한 분배

빈번하게 분리에 있어서 상당한 시료의 손실을 가지면서도 위의 방법들을 단순화하기 위해 여러 방법이 연속적으로 개발되었다. 첫 번째 방법이 “경사 용출법(gradient elution)”이다. 이를 그림 15.15에서 단계적 연속도로 설명하였다. 초기 고분자의 얇은 띠를 대개 녹이지 못하는 용매(NS)로 구성된 혼합 용매에 담근다. 그 예가 10% 톨루엔과 90% 메탄올이다. 이것은 용해도가 가장 좋은 분자량이 작은 물질만을 녹이고 이것으로부터 첫째 부분이 회수될 수 있을 것이다. 그러고 나서 이 띠(strip)는 증가된 용매력(solvent power)의 혼합 용매(20% 톨루엔과 80% 메탄올)에서 추출하게 되고 이 추출물은 첫 번째 부분보다 더 큰 분자량을 가진 또 다른 부분을 제거할 것이다. 90% 톨루엔과 10% 메탄올 혼합물에 이르러 모든 물질이 마지막에 녹을 때까지 이 단계의 반복은 부분 분별 시리즈를 만들 것이다. 경사 용출법의 단점은 잘못된 방향으로부터 평형에 도달하려고 하는 것이다. 매우 점도가 크고 광범위한 엉킴 덩어리의 사슬로부터 짧은 사슬을 추출함으로써 자동화될 수 있다는 것이 주요 장점이다. 분리될 고분자는 온도 증가에 의해 상대적으로 잘 녹이지 않는 용매에 녹게 된다. 그러고 나서 기공을 가진 유리, 즉 표면적이 큰 유리구슬로 충전된 컬럼 속으로 따뜻한 용액을 흘린다. 이 용액의 냉각은 충전된 유리 입자에 얇은 코팅으로 컬럼에 고분자가 침전된다. 상대적으로 잘 녹이지 않는 용매는 고분자로 코팅된 입자를 통과하게 되고 잘 녹이지 않는 가장 작은 분자량 부분을 추출한다. 그러고 나서 혼합 chamber는 잘 녹이지 않는 용매의 일부를 good 용매로 바꾸는 데 사용되고 속도는 실험자에 의해 조절될 수 있다. 이와 같은 방법에서, 추출 액체는 점차적으로 잘 녹이는 용매의 비율이 낮은 것으로부터 심지어 가장 큰 분자량을 지닌 고분자를 녹이게 되는 정도가 되는 양 만큼의 비율로 변하게 된다. 결과물은 크로마토

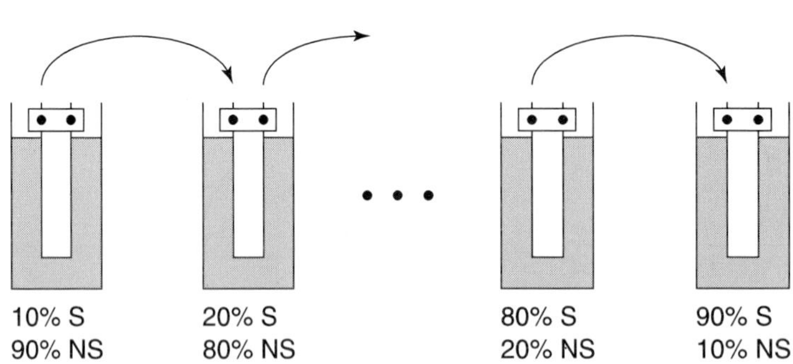

그림 15.15 경사 용출법에 의한 분류의 수동화

[1] P. J. Flory, *Principles of Polymer Chemistry*. (Itliaca NY: Cornell University Press, **1953**).

그래피로 분리하는 것과 유사한 분리 수집기에 모아지게 된다.

용출 분리 형태의 마지막 방법은 두 가지 이름으로 알려져 있다. GPC(젤 투과 크로마토그래피)는 장치(고분자 용액에 의해 침투된 젤)를 설명하고 반면에, 크기 배제 크로마토그래피(SEC)는 분리 메커니즘을 강조한다(분자의 크기를 받아들일 수 없는 큰 크기 때문에 분자가 젤의 기공으로부터 배제됨). GPC의 폭넓은 사용은 분리해서 다음 장에서 논의될 것이다.

15.5 젤 투과 크로마토그래피

15.5.1 원리

젤 투과 크로마토그래피(gel permeation chromatography, GPC) 방법은 크기에 따라 고분자를 **분리**하는 공정이다. 이 방법은 생화학에서 Sephadex 컬럼을 이용해 저분자 오염 물질로부터 생체 고분자를 분리하는 데 널리 사용되어 왔다. 이 방법은 1970년대 합성고분자화학에 응용되어 고분자 분석과 분자량 측정 과정에 혁명을 일으켰다.

이 방법의 기본을 이루는 원리는 다음과 같다. 넓은 분자량 분포를 가진 고분자 사슬 올리고머나 심지어는 단량체를 갖는 희석 용액이 분석 가능하다고 생각된다. 지름이 1000 Å 정도인 동공(pore)을 투과할 수 있는 고운 고체 물질로 채워진 컬럼을 이 용액이 통과한다고 가정하자. 용해

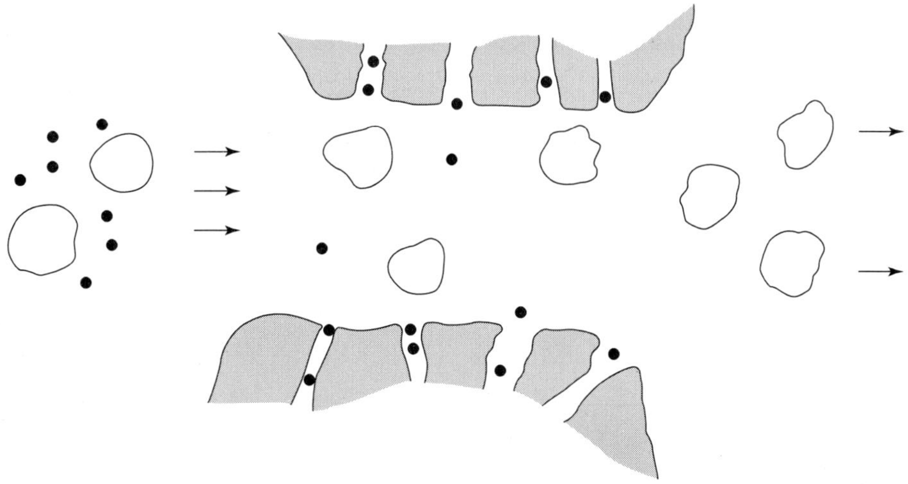

그림 15.16 젤 투과 크로마토그래피(GPC). 크기가 다른 고분자와 올리고머 분자의 혼합물이 다공성 물질의 컬럼을 통해 용매와 함께 유출된다. 작은 분자(검은 원 ●)는 동공으로 들어가 유출이 지연되고, 큰 분자는 상대적으로 방해받지 않고 유출된다. 다른 분자 크기의 분포를 갖는 물질이 컬럼에 동시에 들어가면, 분자 크기에 따라 차례로 컬럼으로부터 분자들이 나오게 된다.

된 용질이 각각의 입자를 통과함에 따라 보다 작은 분자들(크기가 1000 Å보다 작은 것들)이 동공의 트인 틈으로 들어가서 통상적인 열운동의 영향을 받으면서 동공의 공간들 사이를 움직일 것이다. 이로 인해 보다 크기가 작은 분자들이 컬럼을 통과하여 유출되는 시간이 지연될 것이다. 이와는 반대로 크기가 보다 큰 고분자들(랜덤 코일의 반지름이 1000 Å보다 큰 것들)은 동공으로 침투해 들어갈 수 없기 때문에 용매가 흘러가는 데로 함께 씻겨나가 크기가 작은 분자들보다 먼저 유출될 것이다(그림 15.16).

실제로 담체 입자들이 균일한 크기의 동공을 가졌더라도 이 공정은 연속적인 분자량 분포를 이루는 분자들을 분리할 수 있다. 이것은 1000 Å 미만의 지름을 갖는 그러한 분자들이 분자 크기에 따라 시차적으로 지연되기 때문이다. 가장 작은 분자는 터널 안으로 깊숙이 들어갈 수 있을 것이며, 중간 크기의 분자는 터널의 입구에만 있을 것이다. 그러므로 원칙적으로 일정한 동공의 크기를 갖는 컬럼은 분자량이 큰 분자(이 예에서 1000 Å 이상의 것)를 그 나머지로부터 **분리해 내고**, 그 크기에 따라 작은 분자를 분별할 수 있으리라고 예상할 수 있다. 분명히, 가장 작은 분자(단량체, 이량체, 삼량체)는 1000 Å 컬럼에 의해 지연의 차이가 매우 작아 같이 유출될 것이다. 한편, 동공의 지름과 거의 같은 코일 지름을 갖는 분자는 효율적으로 분별될 것이다.

동공 크기가 다른 입자들을 함유한 몇 개의 다른 컬럼을 순차적으로 이용하여 모든 분자량에 대한 분별 과정의 효율성이 개선될 수 있다. 예를 들어 1×10^6, 1×10^5, 1×10^3, 500 Å의 동공 지름을 갖는 물질을 함유한 컬럼을 순차적으로 이용하면 전체 영역 모두를 나타내는 분자량 분포를 분별하는 것이 가능하다.

그러므로 젤 투과법은 고분자의 크기, 즉 분자량에 따라 고분자를 분별하는 과정이다. 그러한 분자량은 직접적으로는 결정이 안 되고, 특수 장비를 사용하여 특정한 고분자의 분자량 부분에 예상되는 유출 시간(또는 유출된 용액의 부피)으로 시스템을 보정한 후에 가능하다. 대체 방법은 분자량의 절댓값을 결정하기 위하여 GPC 컬럼으로부터 직접 빛 분산 광측정기로 용액을 통과시키는 것이다. 어느 한 경우에 전체 용출 곡선은 위에 설명한 미분 분포 곡선 형태로 전환될 수 있다.

15.5.2 장치

분자량 측정을 위해 이 방법을 사용하려면 같은 분자량과 같은 분자량 분포를 갖는 같은 고분자의 서로 다른 두 시료에 대해 컬럼에 대한 유출 시간이 재현될 수 있어야 한다. 이러한 요구 조건은 다음 두 조건을 충족해야 한다. (1) 컬럼을 통한 유출 용매의 유동 속도가 같게 유지되고, (2) 고정상 입자(stationary particle) 안의 터널의 크기는 다른 실험에서도 같게 유지되어야 한다. 이러한 두 인자들은 컬럼 온도가 변하거나 용매의 조성이 변하면 달라진다. GPC에 사용되는 장비는 이러한 문제들을 피하도록 설계되어 있다.

전형적인 GPC 기기가 그림 15.7에 나와 있다. 작은 분자들로부터의 고분자의 분리는(재래식 크로마토그래피와 같이) 수직 컬럼을 통한 중력 유출에 의해 이루어지지만, 이러한 조건하에서는 유

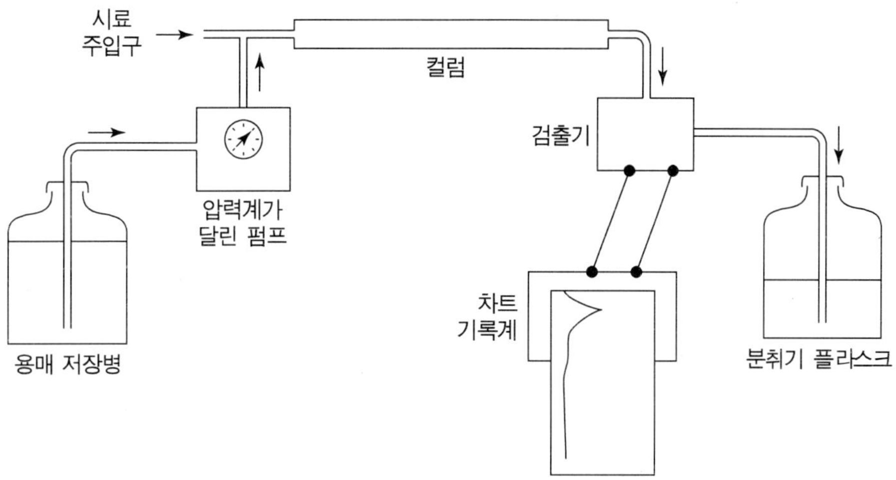

그림 15.17 GPC 장치의 개략도

출 속도가 느리고 재현성이 없다. 따라서 기계 펌프를 이용해 1000~4000 psi의 압력으로 2~3 mL/min의 속도로 컬럼을 통해 시료와 유출 용매에 힘을 가하게 된다. 시료의 주입은 주사기 [0.5~3.0 mL 정도 고분자 용액(0.05~0.1% 농도)]로 수행한다.

컬럼은 사용되는 충전제의 종류에 따라 3~10 ft 길이, 3/8 in(약 1 cm) 지름의 스테인리스강을 이용한다. 두 가지 중요한 형태의 컬럼 충전제로는 미세 다공성 유리구슬과 분말화되고 팽윤된 가교 폴리스타이렌이 있다. 보통 폴리스타이렌이 더 자주 사용된다. 폴리스타이렌 입자에서 동공의 크기는 가교화된 양에 의해 결정되는데, 그 이유는 터널이 가교 간에 존재하는 용매에 의해 팽윤된 구멍으로 인해 형성되기 때문이다. 고정상의 입자 크기는 분리의 **분해능**에 큰 영향을 끼친다. 젤 투과는 확산에 의해 조절되는 현상이고, 고정상 입자 크기가 감소하고 상대적 표면적이 증가할수록 시차적 흡수 속도와 효율은 증가한다. 그러므로 작은 입자(≈10 μm 지름)들을 사용하고 시료량을 적게 하고 짧은 컬럼을 사용하면, 큰 입자(34~37 μm)를 사용하는 것보다 빠르게 분리시킬 수 있다.

컬럼을 통과한 후 유출액은 검출기를 통과한다. 두 가지 검출 방법이 사용되는데, 하나는 시차 굴절률 측정법이고, 다른 하나는 자외선 흡수법이다. 시차 굴절계는 유출한 용매와 순수한 용매 간에 굴절률의 차이를 측정한다. 굴절률 차를 시간에 대해 도시하면 분자량 분포 곡선을 얻을 수 있다. 물론 이 공정에 대한 정확도는 고분자와 용매 간의 굴절률 차가 고분자 용액의 농도에 의존하고 분자량에 관계없다는 요구 조건에 따라 다르다.

자외선 검출기를 이용할 때는 분광계는 특정 파장(예를 들어 페닐 고리를 갖는 고분자인 경우는 방향족 흡수 영역에서)에 맞추고 흡광도를 유출 시간의 함수로 측정한다.

15.5.3 젤 투과 크로마토그래피의 문제점

이 방법의 사용 시 두 가지 큰 문제가 발생하는데, 그것은 실제적 문제와 자료 해석상의 문제이다. 가장 심각한 실제적인 문제는 고분자에 의한 고정상의 과부하이다. 컬럼 내 모든 동공에 고분자가 채워지면 효율적인 분리는 불가능해지는 것이 확실하다. 그러므로 매우 적은 양의 희석 고분자 용액을 사용해야 하고, 용액의 양은 적으면 적을수록 좋다. 두 번째 실제적인 문제는 다공성 유리와 같은 극성 고정상 매체와 관련지어 발생한다. 이러한 상황하에서 고분자는 매체의 표면에 화학적으로 흡착하게 된다. 극단적인 경우에는 그것은 단순한 용매 유출로 제거가 불가능할 수도 있다. 또 다른 경우에는 시차적 흡착에 의존하는 분별 효과 때문에 젤 투과 유출 패턴이 매우 왜곡된다는 것이다. 셋째로, 고정상으로 사용된 가교 폴리스타이렌이 팽윤될 때, 폴리스타이렌의 팽윤도가 유출 용매의 성질에 따른다는 것이다. 폴리스타이렌이 녹지 않는 유체는 동공을 완전히 막을 수도 있으므로, 특정한 유출 용매만을 사용해야 한다(예: 테트라하이드로퓨란, 벤젠, 자일렌, 클로로폼, 다이메틸폼아마이드, 플루오르화알코올).

젤 투과 자료의 해석은 두 가지 주요 인자들로 인해 복잡해진다. 먼저, 고분자가 동공을 통과하기 쉬운 정도는 사용하는 용매 내에서 그 분자가 랜덤 코일 형태인지, 늘어진 막대 형태인지에 따라 다르다. 그러므로 고분자의 크로마토그래피 거동은 두 가지 다른 용매계에서 무척 다르다. 둘째로, 젤 투과법의 중요한 특징 중 하나는 평균 분자량과 분자량 분포가 측정될 수 있는 속도이다. 엄밀히 말해서 정확한 분자량을 측정하려면 특정한 분별 시료의 평균 분자량을 먼저 다른 방법으로 측정하고 장치로 보정하여 얻을 수 있다. 이것은 GPC법 속도에 대한 장점이 있는 데 반하여 시간이 오래 걸리는 과정이다. 물론, 주어진 고분자에 대해 기계가 일단 보정되면 같은 고분자의 다른 시료는 쉽고 빠르게 조사할 수 있다. 분자량에 관한 예비 지식을 얻기 위해서, 서로 다르지만 화학적으로나 구조적으로 관련이 있는 고분자의 알려진 부분을 이용해 장치를 보정하고 이러한 보정이 측정하려는 고분자에 적용된다고 **가정**한다. 특성 조사가 잘된 폴리스타이렌이나 다른 고분자로 만들어진 "표준" 시료는 상업적으로 구입이 가능하다. 더 만족스럽고 "만능" 검정 기술이 개발되어 표준 시료들(좁은 분자량 범위를 갖는 폴리스타이렌)을 사용하여 광범위한 고분자로 된 젤 투과 컬럼을 보정할 수 있다. 그러나 최선의 접근 방법은 이미 언급했던 바와 같이 직접적으로 빛 분산 광측정기와 GPC 컬럼이 접촉하게 하는 것이다.

15.5.4 젤 투과 크로마토그래피의 만능 검정

주어진 고분자-용매계에서 젤 투과 컬럼을 검정하려면 유출된 용액의 부피(즉 용액의 유동 속도에 대한 유출 시간)와 고분자 중 **단분산**(monodisperse) 부분의 분자량 간의 관계 수립을 필요로 한다. 여기서 부딪히는 중요한 문제는 대체로 고분자의 단분산 시료는 몇 가지 특정한 고분자를 제외하고는 얻기가 어렵다는 것이다. 그 두드러진 예가 수평균 분자량에 대한 무게 평균 분자량의 비가 1.15 이하인 분자량 $10^3 \sim 10^6$을 갖는 시료가 공업적으로 얻을 수 있는 폴리스타이렌이다.

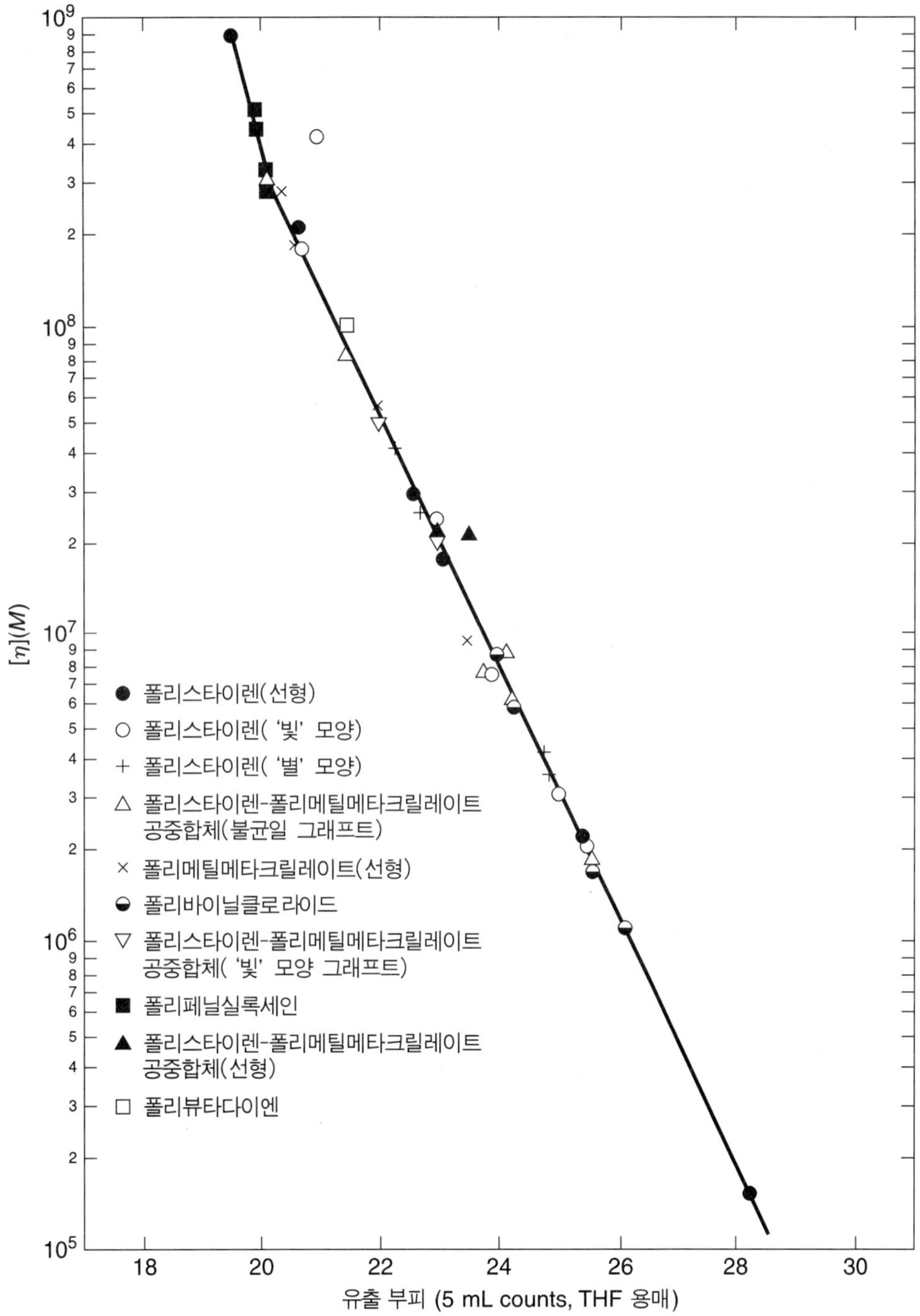

그림 15.18 테트라하이드로퓨란에서 여러 고분자에 대한 GPC의 보정

고분자의 단분산 시료 한 세트를 얻을 수 있다면, 남은 문제는 특정한 GPC 컬럼을 이용해 유출된 용액의 부피와 화학적으로 다른 고분자의 분자량 간의 관계를 수립하는 것이다. 명백하게 이를 수행하기 위해, 고분자의 화학적 성질과 무관한 검정 변수, 즉 **만능 검정 변수**(universal calibration parameter)가 필요하다. 이러한 변수는 고유 점도와 분자량의 곱(즉 [η]M)으로 실험적으로 알려져 왔다.[1] 고분자 코일의 실제의 크기에 기초하여 분리가 일어나므로 이런 연관성을 나타내며, $(\overline{r^2})^{3/2}$에 비례된다. 식 (27)을 보면, 이 식 역시 [η]M에 비례한다. 그래서 그림 15.18에서 보듯이 테트라하이드로퓨란을 용매로 사용해 컬럼으로부터 유출된 용액의 부피에 대해 [η]M의 log값을 나타낸 그림에서 여러 종류의 고분자에 대해 결정된 모든 점들이 **단일 곡선**상에 있음을 알 수 있다. 이는 log M과 유출 부피의 그림에서는 불가능하다.

여러 가지 다른 고분자들에 대한 [η]M과 유출 부피와의 함수가 같다는 실험적인 지식은 여러 가지 만능 검정법의 가능성을 제시한다. 만저, 고정된 조건하에서 주어진 용매와 컬럼에 대해 단분산 표준 시료의 분자량과 용액의 유출 부피 간의 함수 관계가 결정되어야 한다. 이러한 관계가 용매로 테트라하이드로퓨란을 사용하고 컬럼 충전을 위해 구형 다공성 실리카를 사용하여 25°C에서 상용 폴리스타이렌을 측정한 예가 그림 15.18에 나와 있다.[2] 주어진 온도, 같은 유출 부피에서 주어진 용매 내의 모든 고분자에 대해 log [η]M이 일정하다고 가정[3]하면 식 (38)이 가능하다.

$$\log\,[\eta]_x M_x = \log\,[\eta]_s M_s \tag{38}$$

여기서 x와 s는 각각 미지의 고분자와 표준 고분자를 표시한다. 식 (38)에서 고유 점도 항을 Mark-Houwink 식으로 바꾸고

$$[\eta]_j = K_j M_j^{a_j} \tag{14}$$

log M_x에 대해 풀면 M_x에 대한 유출 부피 보정 곡선을 의미하는 식 (39)를 얻는다.

$$\log M_x = \left(\frac{1}{1 + a_x}\right)\log\frac{K_s}{K_x} + \frac{1 + a_s}{1 + a_x}\log M_s \tag{39}$$

미지의 고분자의 GPC 피크에 해당하는 V_e값을 사용하여 그림 15.19에서부터 log M_s 값을 얻으면 M_x는 식 (39)로부터 계산된다. 또 다른 방법은 V_e값을 간단히 선택하여 그림 15.19와 식 (39)와 같은 곡선으로부터 미지의 고분자에 대한 새로운 보정 곡선을 만드는 것이다. 이러한 모든 것들은 Mark-Houwink 상수, 즉 K_s, a_s, K_x, a_x를 알고 있다고 가정한다. K_s, a_s는 여러 종류의 용매에서 구할 수 있다(표 I5.3 참조). 그리고 이들은 많은 경우 K_x, a_x 값이다. 반면에 원하는 Mark-Houwhik 상수들을 연구하려는 고분자나 사용하려는 용매 내의 표준 시료에 대해 얻을 수 없을 경우에는 분별된 고유 점도를 측정하여 쉽게 구할 수 있다. 알고 있는 평균 분자량을 갖는 미분획된 또는 부분적으로 분획된 시료들에 대해 고유 점도를 측정하여 K_x, a_x를 구하는 데 사용할 수 있고, 또한

[1] Z. Grubisic, P. Rempp and H. Benoit, *Polymer Lett.*, **1967**, *5*, 753.

[2] M. Kolinsky and J. Janca, *J. Polymer Chem. Ed.*, **1974**, *72*, 1181.

[2] Grubisic et al., op. cit.

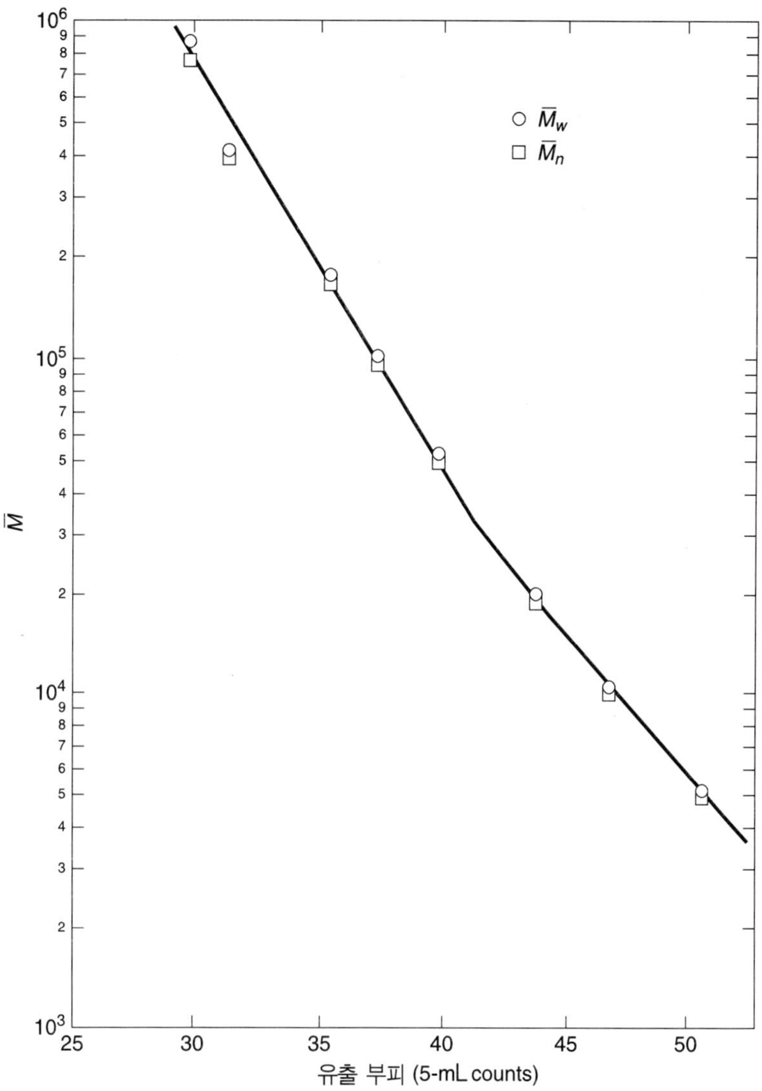

그림 15.19 단분자 폴리스타이렌 표준 분자량을 테트라하이드로퓨란에서 용리 부피의 함수로서 표시하였다.

적당한 정확도를 얻을 수 있다.

표준 물질로서 단분산 폴리스타이렌 시료를 사용한 만능 검정법의 예로서 GPC에 의한 톨루엔 용액 내 폴리아이소뷰틸렌의 분자량을 구할 필요가 있다고 가정해 보자. 먼저 톨루엔 내의 폴리스타이렌 표준 물질에 대한 그림 15.19와 같은 톨루엔 내에서 두 고분자들에 대한 Mark-Houwnk 상수들은 표 15.3에 나타나 있고, 이것을 식 (39)에 치환하면 식 (40)이 얻어진다.

$$\log M_x = -0.589 + 1.10 \log M_s \tag{40}$$

폴리아이소뷰틸렌의 GPC에서 피크의 유출 부피가 검정 곡선의 M_s에 대해 10^5값이라 가정하자.

식 (40)에 따르면, 이 피크는 $M_x = 8.15 \times 10^4$을 갖는 폴리아이소뷰틸렌에 해당된다.

GPC 측정에서 피크 최댓값의 위치에 의해 알 수 있는 평균 분자량의 종류에 관해서는 문헌에 따라 차이가 있다. 어떤 연구자는 피크 최댓값이 수평균 분자량에($\overline{M}_n$)을 나타낸다고 하고, 다른 이들은 무게 평균 분자량을 구하는 방법으로 생각한다. 최근에 제안된 것[1]은 GPC에서 검정법을 사용할 때 평균 제곱근 분자량, $\overline{M}_{\text{rms}} = (\overline{M}_w \cdot \overline{M}_n)^{1/2}$가 $\overline{M}_w$보다 피크 최댓값과 더 관계가 좋다는 것이다. 한편 (39)를 대신할 검정법에 대한 연구[2]가 진행되어 (41)이 유도되고, 이것은 $\overline{M}_w$와 피크 최댓값의 좋은 관계만큼 잘 맞는 식이다.

$$\log M_x = \left(\frac{1}{1 + a_x}\right) \log \frac{K_s}{K_x} \frac{f(\varepsilon_x)}{f(\varepsilon_s)} + \left(\frac{1 + a_s}{1 + a_x}\right) \log M_s \tag{41}$$

여기서

$$f(\varepsilon_j) = 1 - 2.63\varepsilon_j + 2.86\varepsilon_j^2 \tag{42}$$

$$\varepsilon_j = \tfrac{1}{3}(2a_j - 1) \tag{43}$$

비록 젤 투과 크로마토그래피에서 만능 검정 변수가 $[\eta]M$이라고 언급했지만, 더 기본적이고 일반적인 변수는 무한 희석 시 고분자의 부분 몰부피이다. 이것은 구형 콜로이드 용질의 상대 점도에 대한 Einstein 관계식에 따라 다음과 같이 쓸 수 있다.[3]

$$\eta_r - 1 = \eta_{\text{sp}} = 2.5\phi_2 \tag{1}$$

여기서 Φ_2는 용액 내 용질(즉 고분자)의 부피 분율이다. 부피 분율의 정의에 의해 Φ_2는 다음과 같다.

$$\phi_2 = \frac{n_2 \overline{V}_2}{n_1 \overline{V}_1 + n_2 \overline{V}_2} \tag{44}$$

여기서 n_1, n_2는 용매와 용해된 고분자의 몰수이고, $\overline{V}_1$과 $\overline{V}_2$는 각각 용매와 용해된 고분자의 부분 몰부피이다. (44)는 단순한 용액 부피에 관한 식이므로 (45)와 같이 쓸 수 있다.

$$\phi_2 = \frac{(w_2/M_2)\overline{V}_2}{V_{\text{soln}}} = \frac{\overline{V}_2}{M_2} c \tag{45}$$

여기서 c는 단위 부피당 중량으로 표현되는 용액의 농도이고, M_2는 고분자의 분자량이다. 식 (45)를 (1)로 치환하고 정리하면

[1] Kolinsky and Janca, op. cit.

[2] H. Coll and D. K. Gilding, *J. Polymer Sci* (*A2*) **1970**, *8*, 89.

[3] Einstein op. cit.

$$\frac{\eta_{sp}}{c} = 2.5\frac{\overline{V}_2}{M_2} \tag{46}$$

이 되고, 무한 희석의 극한으로 표시하면

$$\lim_{c\to 0}\frac{\eta_{sp}}{c} = [\eta] = 2.5\frac{\overline{V}_2^{\circ}}{M_2} \tag{47}$$

이 되며, $\overline{V}_2^{\circ}$는 무한 희석에서 고분자의 몰부피이고

$$\overline{V}_2^{\circ} = \lim_{n_2\to 0}\left(\frac{\partial V_{soln}}{\partial n_2}\right)_{\eta_1,T,p} \tag{48}$$

고분자의 수력학적 부피(hydrodynamic volume)와 동일하다. (47)과 유사하나 다른 비례 상수를 갖는 식은 고분자 용질이 구형이 아니라 랜덤 코일일 때 얻어진다[즉 식 (26), (27)].

(47)을 간단히 정리하면 $[\eta]M$이 $\overline{V}_2^{\circ}$에 비례한다는 것을 보여 주고 있다. 그래서 $[\eta]M$이 주어진 용매 내의 모든 고분자에 대한 용리 부피와 같은 함수 관계를 갖는다는 말은 무한 희석 시 주어진 용매에서 모든 고분자의 부분 몰부피가 GPC 유출 부피의 같은 함수로 주어진다는 관찰과 같은 뜻이다. 이 절에서 토의한 실험적인 결과들은 단일 용매 내의 다양한 고분자들에 대한 토론이 유효하다는 것을 보여 준다. 그러나 이 말은 고분자와 고정상 젤 간에 특정한 화학적 작용이 존재하는 경우에는 유효하지 않다. 더구나 V_e와 $[\eta]M$ 곡선은 랜덤 코일의 경우와 같은 방법으로는 보통 강봉 형태의 고분자에는 적용되지 않는다.[1]

마지막으로 컬럼과 시료 크기가 충분히 크다면 많은 양을 분리할 수 있고, 이것은 구조–물성 관계를 잘 설명할 수 있는 충분한 양으로 저분산 부분을 줄 것이다.

연|습|문|제

1. 식 (23)으로부터 $\overline{M}_{\beta=0} = \overline{M}_n$, $\overline{M}_{\beta=1} = \overline{M}_w$임을 설명하라.

2. 다음 자료는 22°C, 다이클로로에테인에서 측정한 폴리스타이렌의 고유 점도이다. 이는 분자량의 절대적 측정 방법인 광산란을 이용한 것이다.

$[\eta](cm^3/g)$	260	278	142	138	12.2	4.05
$\overline{M}_w \times 10^4$	178	157	56.2	48.0	1.55	0.308

3. $R = 2.00\times10^{-2}$ cm, $L = 11.0$ cm, $V = 4.00$ cm^3, $h = 16.0$ cm인 Ostwald 점도계가 있다. 다음을 구하는 데 식 (27)의 운동 에너지 수정을 무시함으로써 도입되는 오차(퍼센트)는 얼마인가?

[1] H. Coll and Prusinowski, L. R., *Polymer Lett.*, **1967**, *5*, 1153.

(**a**) 20°C에서 170초의 유동 시간을 갖는 클로로폼의 절대 점도

(**b**) 유동 시간이 230초인 클로로폼에서 점도계를 통한 폴리메틸메타크릴레이트 용액의 상대 점도

4. 연습문제 3의 점도계로 농도 0.0865 g/cm^{3}의 아세톤 내 폴리메틸메타크릴레이트 용액이 232초의 유동 속도를 갖는다는 것을 알았다. 식 (12)에서 Huggins 상수 $k' = 0.40$을 갖는다고 할 때, 이 고분자의 점도 평균 분자량을 계산하라.

5. ln η_r/c 무한 희석 용액으로 외삽은 η_{sp}/c에서와 같이 같은 절편 [η]이 되는 것을 보이라.

6. 다음에 주어진 데이터로부터 고유 점도 [η](dL/g)과 Huggins 상수 k'와 k''를 계산하라.

c (g/dL)	유출 시간(sec)
0.0000	66.78
0.0780	84.03
0.1428	101.18
0.1788	110.57
0.2336	127.89

운동 에너지 보정 상수 β/α는 이 점도계에 대해 110이고 dL은 deciliter이다.

7. 이 장에서 주어진 자료(표 15.2와 그림 15.2를 참고해서)를 이용해서 PMMA 부분의 점도 평균 분자량을 계산하라.

8. 아래 설명된 주어진 자료의 고분자–용매 계에 대해 Mark-Houwink 매개 변수, K와 a를 계산하라.

M 10^{-6}(g/mol)	[η](dl/g)
0.0743	0.325
0.119	0.493
0.175	0.604
0.261	0.838
0.272	0.864
0.509	1.32

9. 증기상 삼투압계(vapor-phase osmometer)는 아래 주어진 결과를 가지고 벤질$(C_6H_5CO)_2$을 사용해서 표에 주어진 고분자의 수평균 분자량을 구하라(여기서 c는 용매의 kg당 용질의 g이고 저항 변화 ΔR은 임의적 단위이다).

시료	c	ΔR(임의의 단위)
벤질	20.0	1.00
	40.0	2.10
	60.0	3.20
고분자	10.0	0.080
	20.0	0.170
	30.0	0.270

10. 100°C, 클로로벤젠으로부터 분별 침전에 의해 신디오탁틱 폴리아이소프로필아크릴레이트 19.03 g을 분리하였다. 그 결과는 다음과 같다. 이 고분자에 대해 적분 분포(w_M 대 M) 및 미분 분포(w_M 대 M) 곡선을 그리라(각 부분의 분포는 대칭이고, 즉 0.32 g의 부분 14는 0.146×10^6 g/mol보다 작은 분자량이다). [답: 적분 분포 내에 변곡점과 미분 분포에서 최곳값이 약 0.8×10^6 g/mol에서 발생한다.]

Fraction	Wt(g)	$10^{-6}\,M$(g/mol)
1	0.32	2.58
2	2.03	2.31
3	1.21	2.16
4	1.50	1.69
5	0.87	1.31
6	2.32	1.15
7	1.51	0.946
8	1.93	0.798
9	1.30	0.737
10	1.50	0.557
11	0.92	0.441
12	0.55	0.325
13	0.76	0.236
14	0.63	0.146

11. THF에 녹인 표준 폴리스타이렌 시료에 대해 25°C에서 GPC로부터 고유 점도와 용출 부피(elution volume)의 데이터는 다음과 같다.

$\overline{M}_w \times 10^{-3}$ (g/mol)	867	411	173	98.2	51	19.85	10.3	5.0
$[\eta]$(cm^3/g)	206.7	125.0	67.0	43.6	27.6	14.0	8.8	5.2
$V_{e\frac{1}{5}}$(cm^3)	29.8	31.4	35.4	37.3	39.9	43.8	46.8	50.7

25°C THF에서 폴리바이닐브로마이드에 대한 Mark-Houwink 상수는 $K = 1.59 \times 10^{-2}$ cm³/g과 $a = 0.64$이다. THF에서 폴리바이닐브로마이드에 대한 적절한 GPC 보정 곡선(즉 V_e 함수로서 $\log \overline{M}_w$)을 만들라.

12. 폴리바이닐브로마이드 시료를 녹여서 연습문제 11의 GPC 컬럼 속으로 액체 유속 2 cm³/min으로 흘렸다. 순수 용매와 용출된 용액 사이의 굴절률 차이를 용출 시간에 대해 그래프를 그렸을 때, 결과는 폭넓은 피크로 용출 시간 90분에서 최댓값을 나타내었다. 폴리바이닐브로마이드 시료의 피크 최댓값에 상응하는 평균 분자량을 계산하라.

13. 다음 용출 부피는 클로로폼 용액에 녹은 단분산 폴리스타이렌 표준 시료들에 대해 35°C에서 GPC 결과로 얻었다.

M(g/mol) $\times 10^{-3}$	1900	867	670	411	160	98.2	51	19.8	10.3	3.7
$V_e \frac{1}{5}$(cm³)	23.75	24.55	25.20	25.80	27.30	28.20	29.40	31.30	32.50	34.00

35°C에서 클로로폼 용매 속의 폴리스타이렌에 대한 Mark-Houwink 상수 K는 4.9×10^{-3} cm³/g과 $a = 0.79$이다. 만능 검정 곡선이 타당하다고 가정하고, 35°C 클로로폼에서 폴리다이메틸실록세인의 분자량-용출 부피에 대해 검정 곡선을 그리라(35°C 클로로폼에서 이 고분자의 Mark-Houwink 상수는 $K = 5.4 \times 10^{-3}$ cm³/g과 $a = 0.77$이다).

14. 클로로폼에서 폴리다이메틸실록세인 시료를 연습문제 13에서 사용된 것과 같은 GPC 속으로 투입했다. 검출기로서 미분 굴절계를 사용해서 굴절률 차이 Δn과 용출 시간 V_e의 1차적 데이터를 아래와 같이 얻었다.

$\Delta n \times 10^5$	0.6	3.4	12.4	15.0	11.7	4.1	1.0
V_e (cm³) $\times \frac{1}{5}$	32.00	31.20	30.41	29.72	29.02	28.19	27.40

연습문제 13의 결과를 사용해서 폴리다이메틸실록세인의 분자량 분포를 도식적으로 그리라. Δn은 농도에 비례하고 비례 인자는 분자량과 무관하다고 가정하라.

참|고|문|헌

BOYD, R. H., and PHILLIPS, P. J., *The Science of Polymer Molecules*, Cambridge: Cambridge University Press, **1993**.

BRAUN, J.-M., and GUILLET, J. E., "Study of Polymers by Inverse Gas Chromatography," *Advan. Polymer. Sci.*, (**1976**), *21*, 107.

CALDWELL, K. D., "Field-Flow Fractionation," *Anal. Chem.*, (**1988**), *60*(17), 959A–960A, 962A–966A, 968A, 970A–971A.

CARRAHER, C. E., JR., *Seymour/Carraher's Polymer Chemistry*, 5th ed., New York: Marcel Dekker, Inc., **2000**.

CHANDA, M., *Advanced Polymer Chemistry*, New York: Marcel Dekker, Inc., **2000**.

COLLINS, E. A., BARES, J., and BILLMEYER, F. W., JR., *Experiments in Polymer Science*, New York: Wiley-Interscience, **1973**.

DAVID, D. J., and MISRA, A., *Relating Materials Properties to Structure. Handbook and Software for Polymer Calculations and Materials Properties*. Lancaster, PA: Technomic Publishing Co., **1999**.

FLORY, P. J., *Principles of Polymer Chemistry*. Ithaca, N.Y.: Cornell University Press, **1953**, Chaps. 7, 14.

GEDDE, U. W., *Polymer Physics*. London: Chapman & Hall, **1996**.

GIDDINGS, J. C., "Characterization of Colloid-Sized and Larger Particles by Field-Flow Fractionation," *Polymer Mater. Sci. Eng.*, **1988**, *59,* 156–159.

GIDDINGS, J. C., "Polymer Characterization by Thermal Field-Flow Fractionation and Related Methods," *Polymer Mater. Sci. Eng.*, **1988**, *59,* 1–3.

HIEMENZ, P. C., *Polymer Chemistry*. New York: Dekker, **1984**, Chaps. 2, 9.

MCCAFFERY, E. L., *Laboratory Preparation for Macromolecular Chemistry*. New York: MGraw-Hill, **1970**.

MEYERHOFF, G., "Die viscosimetrische Molekulare Wichtsbestimmung von Polymeren," *Fortschr. Hochpolymer.-Forsch.*, **1961**, *3,* 59.

MOORE, W. R., "Viscosities of Dilute Polymer Solutions," *Progr. Polymer Sci.* (A. D. Jenkins, ed.), **1967**, *1,* 1.

MENCER, H. J., "Efficiency of Polymer Fractionation: A Review," *Polymer Eng. Sci.* **1988**, *28*(8), 497–505.

OUANO, A. C., "Quantitative Data Interpretation Techniques in Gel Permeation Chromatography," *J. Macromol. Sci., Rev. Macromol. Chem.*, **1973**, *C9,* 123.

PORTER, R. S., and JOHNSON, J. F., "Gel Permeation Chromatography," *Progr. Polymer Sci.* (A. D. Jenkins. ed.), **1970**, *2,* 201.

SANDLER, S. R., KARO, W., BONESTEEL, J.-A., and PEARCE, E. M. *Polymer Synthesis and Characterization. A Laboratory Manual*. San Diego: Academic Press, **1998**.

SPERLING, L. H., *Introduction to Physical Polymer Science*, 3rd ed. New York: Wiley Interscience, **2001.**

SUN, S. F., *Physical Chemistry of Macromolecules. Basic Principles and Issues*, New York: Wiley Interscience, **1994**.

TUNG, L. H., "Recent Advances in Polymer Fractionation," *J. Macromol. Sci., Rev. Macromol. Chem.*, **1971**, *C6,* 51.

16장

고분자 용액의 열역학

16.1 서론

고분자의 가장 중요한 물리적 성질은 분자량으로서, 14장에 그 측정 방법에 대해 고분자 용액 물성을 근거로 기술하였다. 따라서 고분자화학을 배우는 사람으로서는 고분자 **용액**의 열역학에 대해 일반적인 지식을 갖고 있어야 하며, 그러한 용액의 열역학적 성질이 작은 분자들의 열역학적 성질과 어떻게 다른가에 대해서도 알아야 한다. 고분자는 용매 분자에 비해 크기가 매우 크므로 이상 용액론과 같은 재래식 용액론을 고분자 용액에 맞게 변형시킬 필요가 있다.

고분자 용액에 대한 이론적 바탕은 각각 Flory[1]와 Huggins[2]에 의해 약 45년 전에 독립적으로 이루어졌으나, 기본적으로는 같은 개념이라고 볼 수 있다. 이 장에서는 Flory에 의한 용액론 개념을 바탕으로 설명하고자 한다.

16.2 이상 용액의 정의

이상 용액에 대한 전통적인 정의는 Raoult 법칙 (1)을 따르는 계로 알려져 왔다. 즉

$$a_1 = X_1 = (1 - X_2) = \frac{P_1}{P_1^{\circ}} \tag{1}$$

[1] P. J. Flory, *J. Chem. Phys.*, **1942**, *10*, 51.

[2] M. L. Huggins, *J. Phys. Chem.*, **1942**, *46*, 151.

이 식에서 a_1은 용매의 열역학적 활동도, X_1은 용매의 몰분율, X_2는 용질의 몰분율, P_1은 용액에 가해지는 용매 증기의 압력, P_1^o는 순수한 용매의 증기압이다. 이러한 정의가 열역학적으로 중요한 것은 이상 용액 내의 용매의 화학 퍼텐셜이 식 (2)와 같이 주어지는데, 여기서 μ_1^o는 순수한 용매의 화학 퍼텐셜, 다시 말하면 몰당 Gibbs 자유 에너지이다.

$$\mu_1 = \mu_1^o + RT \ln X_1 \tag{2}$$

식 (1)과 (2)는 14장에서 이상 용액의 삼투압을 유도하는 데 쓰여진 바 있다.

고분자 용액을 포함하는 모든 용액들은 무한 희석하여 이상 용액이 되는 범위 내에서 식 (1)과 (2)를 따른다. 작은 용질 분자들의 용액에 대해 용질의 몰분율과 **무게 분율**이 작으며, 이상성으로부터의 편차는 무시해도 좋다. 그러나 고분자 용질의 분자량은 전형적인 용매의 분자량과는 매우 다르므로 고분자의 무게 분율이 매우 크더라도 용질의 **몰분율**은 매우 작다(즉 $X_2 \to 0$). 이러한 조건하에서, 몰분율이나 Raoult 법칙에 따르느냐 하는 이상성을 판단하는 데는 적합하지 못하다. 예를 들면 고분자의 분자량 $\overline{M}_2 = 10^6$, 용매의 분자량 $M_1 = 10^2$, 고분자 용액의 농도가 91%(무게)이면 용매의 몰분율은

$$X_1 = \frac{n_1}{n_1 + n_2} = \frac{w_1/M_1}{w_2/M_2 + w_1/M_1} = \frac{M_2/M_1}{w_2/w_1 + M_2/M_1} \tag{3}$$

이고, 여기서 n_i는 몰수, w_i = 성분 i의 중량(무게)이다. $w_2/w_1 = 10$이고 $\overline{M}_2/M_1 = 100$을 식 (3)에 넣으면 $X_1 = 0.999$가 된다. 따라서 용매가 용액에 대해 무게비로는 9%를 차지하는 반면(이 경우 용액이 비이상성을 나타낼 것으로 예상되나), 용매의 몰분율은 거의 1에 가까우므로 이상적인 거동을 나타냄을 알 수 있다. 이러한 모순으로부터 알 수 있는 것은 이상 고분자 용액(ideal polymeric solution) 내에서 용매의 열역학적 **활동도**는 몰분율과는 같지 않으나, 저분자 용질로 이루어진 용액의 경우에는 활동도와 몰분율이 같다는 사실이다. 따라서 고분자 용액에 대해서는 Raoult 법칙을 적용할 수 없다. 이상 고분자 용액의 경우에는 용매의 활동도는 오히려 용매의 **부피 분율**과 같다. 이 같은 정의를 일반 용액에도 적용시킬 수 있는데, 그 이유는 일반 용액의 경우 부피 분율과 몰분율이 거의 동일하기 때문이다.

식 (1)과 (2)로 표시되는 이상 용액의 정의는 용매와 용질 입자들의 **상호교환성**(interchangeability)에 근거를 두고 있다. 상호교환성이란, 용매 분자를 용질 분자로 치환해도 분자들의 인력과 반발력에는 변화를 일으키지 않음을 의미한다. 결과적으로 이상 용액이란, 순수한 용매 n_1몰과 순수한 용질 n_2몰로부터 용액이 형성된다면, 다음과 같은 열역학적 조건들을 만족시킨다.

$$\Delta H_{\text{mix}} = 0 \tag{4}$$

$$\Delta S_{\text{mix}} = -R(n_1 \ln X_1 + n_2 \ln X_2) \tag{5}$$

고분자 용액에 대한 초기의 실험 결과들에서 알 수 있는 것은, 이상성으로부터 벗어나는 것은

약하게 온도에만 의존한다는 것이다. 혼합 자유 에너지의 온도 의존성은 다음 식으로 나타낼 수 있다.

$$\frac{\partial}{\partial T}\left(\frac{\Delta G_{\text{mix}}}{T}\right)_P = -\frac{\Delta H_{\text{mix}}}{T^2} \tag{6}$$

이 식에서 일반적으로 ΔH_{mix}는 큰 값이 아니다. 따라서 이상성으로부터의 편차는 고분자 용액 제조 시 식 (5)의 **혼합 엔트로피**의 정의에 문제가 있음을 알 수 있다. 용매와 용질의 혼합 엔트로피를 이론적으로 처리하는 데 주의를 기울여 보도록 하자. 먼저 간단한 저분자의 경우를 보고, 추후 고분자 용질로 확대해 보기로 한다. 마지막으로 고분자 용액 형성에 수반하는 혼합 자유 에너지와 엔탈피도 고려해 보기로 한다.

16.3 용매와 용질의 혼합 엔트로피

16.3.1 저분자 용매에 용해된 저분자 용질

먼저 용질과 용매의 혼합 엔트로피를 가상 격자에 위치하고 있는 용매와 용질 입자를 나타내는 통계 이론의 관점에서 접근해 보기로 한다. 이 경우 용질과 용매 분자가 같은 크기를 갖는 구형의 입자라고 가정하자. 또한 용매 분자를 용질 분자로 치환해도 인접한 입자들의 상호작용에는 아무런 변화를 일으키지 않는다고 가정한다. 이 같은 조건하에서 용매와 용질의 혼합 엔트로피는 용액을 이루는 최대 격자 배열(또는 입체 배열)수로 나타낼 수 있다.

그림 16.1에 가상 격자를 이차원으로 표시하여 놓았는데, 흰 원은 용매 분자이고, 검은 원은 용질 분자를 나타낸다. 이 경우 격자 위치에 입자를 놓을 때 아무런 제한도 받지 않는다고 생각하자.

격자 위치의 수를 N_0, 용매 분자의 수를 N_1, 용질 분자의 수를 N_2라고 하고, 모든 격자들이 용매나 용질로 채워졌다고 가정하면 다음 식이 성립한다.

$$N_0 = N_1 + N_2 \tag{7}$$

여기서 문제는 N_0개의 분자들이 N_0개의 격자 위치에 배당되는 가지의 수를 계산해 보는 것이다. 모든 N_0개의 분자들이 식별 가능하다면, 첫 번째 분자를 격자에 무질서하게 놓을 수 있는 가짓수는 N_0이다. 첫 번째 분자를 택하는 데 N_0개의 가짓수가 있는 데 비해, 두 번째 분자를 택하는 데는 $N_0 - 1$의 가짓수가 있으며, 처음 두 분자들을 택하는 데는 $N_0(N_0 - 1)$개의 가짓수가 있는 데 비해, 세 번째 분자를 택하는 데는 $N_0 - 2$의 가짓수가 있다. 따라서 N_0개의 **식별 가능한** 입자들에 대해 격자 내의 배열수 Ω'은

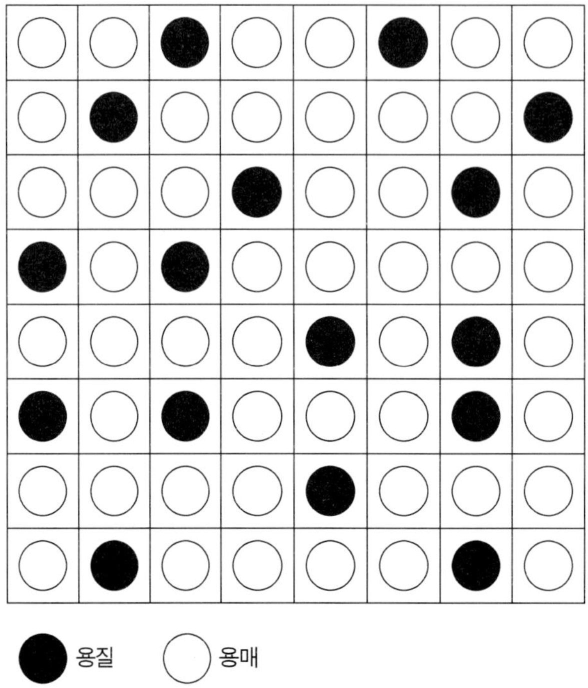

그림 16.1 이차원 격자로 표시된 용액

$$\Omega' = N_0(N_0 - 1)(N_0 - 2)(N_0 - 3)\cdots(1) = N_0! \tag{8}$$

이다. 그러나 비록 용매 분자가 용질 분자와 구별이 가능하지만, 용매 분자들끼리 또는 용질 분자들끼리의 구별은 할 수 없다. 식 (8)에서는 구별할 수 있다고 가정했으므로 Ω'은 N_1개의 용매 분자들과 N_2개의 용질 분자들 내에 순열로 배치할 수 있는 가지의 수로 교정을 해주어야 한다. 따라서 격자 내의 **식별 가능한** 배열의 수는

$$\Omega = \frac{N_0!}{N_1!N_2!} \tag{9}$$

순수한 용매와 용질의 경우 구별 가능한 배열수는 다음과 같다.

$$\Omega_1 = \Omega_2 = \frac{N_1!}{N_1!} = \frac{N_2!}{N_2!} = 1 \tag{10}$$

Boltzmann에 의하면, 계의 엔트로피는

$$S = k \ln \Omega \tag{11}$$

이고, 여기서 k는 Boltzmann 상수($k = 1.38 \times 10^{-23}$ J/deg-분자)이고, Ω는 위에서 계산한 바와 같이 계의 식별 가능한 가짓수 또는 배열수이다. 용매와 용질의 혼합 엔트로피는 혼합계와 비혼합계의

가능한 입체 배열수의 변화에만 의존하며, 다음과 같이 나타낼 수 있다.

$$S_c = \Delta S_{\text{mix}} = S - S_1 - S_2 \tag{12}$$

또는

$$S_c = \Delta S_{\text{mix}} = k \ln \Omega - k \ln \Omega_1 - k \ln \Omega_2 \tag{13}$$

여기서 S_c는 입체 배열 엔트로피를 의미한다. 식 (9)와 (10)을 식 (13)에 넣으면 식 (14)를 얻을 수 있다.

$$S_c = \Delta S_{\text{mix}} = k[\ln N_0! - \ln N_1! - \ln N_2!] \tag{14}$$

여기서 커다란 수들의 계승(階乘: factorial)에 대한 Stirling의 근사값을 이용한다. 즉

$$N! = \left(\frac{N}{e}\right)^N \tag{15}$$

또는

$$\ln N! = N \ln N - N \tag{16}$$

식 (7)과 (16)을 식 (14)에 넣으면

$$S_c = \Delta S_{\text{mix}} = -k\left[N_1 \ln \frac{N_1}{N_1 + N_2} + N_2 \ln \frac{N_2}{N_1 + N_2}\right] \tag{17}$$

마지막으로 $R = N_A k$이고 $N_i = N_A n_i$인데, 여기서 N_A는 Avogadro 수, n_i는 i번째 성분의 몰수이므로 (17)은 몰분율 X_i의 항으로 전환된다.

$$S_c = \Delta S_{\text{mix}} = -R[n_1 \ln X_1 + n_2 \ln X_2] \tag{18}$$

16.3.2 저분자 용매에 용해된 고분자 용질

위에 기술한 간단한 경우는 용질 분자 및 용매 분자의 상호교환성과 깊은 관련이 있다. 비록 간단히 표현되어 있기는 하지만, 식 (18)은 용매와 용질 분자의 크기 비(즉 몰부피)가 1에서 3 또는 4의 범위에 이르는 분자들의 혼합 엔트로피에 대해 잘 기술하고 있다. 그러나 고분자의 몰부피가 용매 분자보다 수천 배 가량 클 때는 용매와 용질 분자들의 상호교환 개념은 불합리하며, 쓸모없게 된다. 그러나 이같이 간단하면서도 일반적인 혼합 엔트로피 법칙은 관심을 끌고 있어, 용매와 용질 분자의 크기가 매우 다른 경우를 고려하여 위의 모델을 변형시킬 필요가 있다.

이 모델은 고분자 용질이 x개의 사슬 세그먼트로 이루어진 긴 사슬 분자로서 각 **세그먼트**는 용매 분자와 같은 크기(즉 부피)를 갖고 있다고 가정한다.[1,2] **용매 분자들**과 고분자 사슬 **세그먼트**들은 용액의 격자 모델에서는 상호교환이 가능하다. 용매 분자를 흰진주라 하고, 고분자를 x개의 흑진주 목걸이라고 생각해 보자. 흑진주와 흰진주의 크기는 같으므로 격자점들 내에서 서로 상호교환이 가능하다. 따라서 이 모델에 의하면, 사슬 세그먼트수(즉 목걸이 내의 진주수)는 크기 비와 관련이 있다.

$$x = \frac{\overline{V}_2}{\overline{V}_1} \tag{19}$$

여기서 $\overline{V}_1$와 $\overline{V}_2$는 각각 용매와 용질의 몰부피이다.

용매 분자들과 사슬 세그먼트들이 상호교환 가능하다는 가정을 이용하여 저분자 용질들에 대한 간단한 경우와 같은 방식으로 식을 유도할 수 있다. 차이점은 고분자 용질 내에 x개의 사슬 세그먼트가 연결되어 있다는 점이다. 이것은 사슬 세그먼트들이 임의로 격자점들에 위치할 수 없다는 뜻으로, 각 세그먼트에 인접하여 적어도 하나의 다른 고분자 세그먼트가 있어야 한다. 그림 16.2에 고분자 용액의 격자 모델을 도시하였다. 격자점의 수와 용매, 용질 분자들의 수와의 관계는

$$N_0 = N_1 + xN_2 \tag{20}$$

이고, 여기서 N_0, N_1, N_2는 각각 격자점의 수, 용매 분자수, 용질 분자수이다.

혼합물의 입체 배열수를 계산하기 위해 먼저 x개의 사슬 세그먼트를 갖는 고분자가 이미 채워져 있는 i번째 고분자 격자에 붙여지는 가짓수를 생각해 보자. $(i+1)$ 번째 고분자의 첫 번째 세그먼트가 빈 위치에 놓여지는 수, 즉 이렇게 될 가짓수는 (N_0+xi)이다. $(i+1)$ 번째 고분자의 첫 번째 세그먼트가 놓여지는 빈 위치 중 하나를 택하며, 이제 고분자의 두 번째 세그먼트를 놓는 가짓수가 얼마인지 알아야 한다. Z를 격자점의 배위수(즉 어느 주어진 점에 가장 인접한 점의 수)라고 하면, 두 번째 세그먼트는 첫 번째 세그먼트 위치에서 가장 가까운 점들의 수인 Z개의 점들 중 하나에 가게 된다. 그러나 Z점들이 모두 가능한 것은 아니다. 이 중 몇 개는 이미 첫 번째 i 고분자들의 세그먼트들에 의해 격자가 채워져 있다. $(i+1)$번째 분자의 세그먼트에 의해 차지된 것에 인접한 점이 첫 번째 i개의 분자들 중의 한 분자의 세그먼트에 의해 이미 차지되어 있을 확률을 f_i라고 하자. 그러면 두 번째 세그먼트가 첨가될 가짓수는 $Z(1-f_i)$이다. 세 번째 세그먼트에 대해서는 두 번째 세그먼트의 인접한 점 중 하나가 이미 첫 번째 세그먼트에 의해 차지되어 있다. 따라서 세 번째 세그먼트를 첨가하는 가짓수는 $(Z-1)(1-f_i)$이다. 격자 내의 $(i+1)$번째 분자의 입체 배열수 v_i+1은 각 세그먼트들에 대한 수의 곱으로 표시된다.

[1] Flory, op. cit.

[2] Huggins, op. cit.

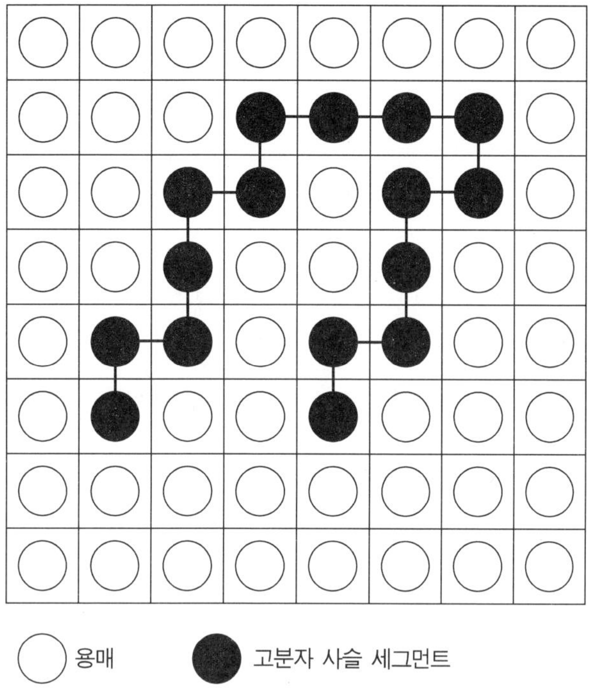

그림 16.2 용액 내의 고분자에 대한 이차원 격자 모델

$$\nu_{i+1} = \underbrace{(N_0 - xi)}_{\substack{\text{첫 번째}\\ \text{세그먼트}}} \cdot \underbrace{Z(1-f_i)}_{\substack{\text{두 번째}\\ \text{세그먼트}}} \cdot \underbrace{(Z-1)(1-f_i)}_{\substack{\text{세 번째}\\ \text{세그먼트}}} \cdot \underbrace{(Z-1)(1-f_i)}_{\substack{\text{네 번째}\\ \text{세그먼트}}} \cdots \tag{21}$$

또는

$$\nu_{i+1} = (N_0 - xi)Z(Z-1)^{x-2}(1-f_i)^{x-1} \tag{22}$$

f_i의 근사치로서 주어진 점이 첫 번째 i 분자들의 세그먼트에 의해 차지되어 있지 않을 평균 확률을 첫 번째 i 분자들이 첨가된 후, 점들 중 비어 있는 점의 분율과 같다. 따라서

$$(1 - f_i) \approx \frac{N_0 - xi}{N_0} \tag{23}$$

식 (23)과 근사값 $Z(Z-1)^{x-2} \approx (Z-1)^{x-1}$을 이용하면 식 (22)를 좀더 간결한 식 (24)로 만들 수 있다.

$$\nu_{i+1} = (N_0 - xi)^x \left(\frac{Z-1}{N_0}\right)^{x-1} \tag{24}$$

마지막으로 식 (24)를 Stirling의 근사값인 식 (15)를 이용해 다시 정리해 보면 다음과 같다.

$$\nu_{i+1} = \frac{(N_0 - xi)!}{[N_0 - x(i+1)]!}\left(\frac{Z-1}{N_0}\right)^{x-1} \tag{25}$$

식 (25)는 격자 내 한 고분자만의 입체 배열수를 나타낸다. N_2개 만큼의 식별 불가능한 고분자들을 놓을 가짓수는 이러한 각 입체 배열수의 곱을 N_2 분자들의 순열의 가짓수로 나눈 값이다.

$$\Omega = \frac{1}{N_2!}\left(\prod_{i=1}^{N_2} \nu_i\right) = \frac{1}{N_2!}\left(\prod_{i=0}^{N_2-1} \nu_{i+1}\right) \tag{26}$$

식 (25)를 식 (26)에 대입하면

$$\Omega = \frac{1}{N_2!}\left[\frac{N_0!}{(N_0 - x)!}\cdot\frac{(N_0 - x)!}{(N_0 - 2x)!}\cdot\frac{(N_0 - 2x)!}{(N_0 - 3x)!}\right.$$
$$\left.\cdots\frac{[N_0 - (N_2 - 1)x]!}{(N_0 - N_2x)!}\right]\left(\frac{Z-1}{N_0}\right)^{N_2(x-1)} \tag{27}$$

이고, 간단히 하면

$$\Omega = \frac{N_0!}{N_2!(N_0 - xN_2)!}\left(\frac{Z-1}{N_0}\right)^{N_2(x-1)} = \frac{N_0!}{N_1!\,N_2!}\left(\frac{Z-1}{N_0}\right)^{N_2(x-1)} \tag{28}$$

용매 분자들이 남아 있는 격자점을 차지할 수 있는 방법은 한 가지이므로 식 (28)은 용액의 모든 입체 배열수가 된다. 식 (28)은 일반 용액에 대한 식 (9)와 유사하나, $[(Z-1)/N_0]^{N_2(x-1)}$만이 다르다. 이 인자에 값을 대입해 보면(즉 $Z\sim 10$, $x=10^3$, $N_0\sim 10^{23}$, $N_2\sim 10^{18}$), $[(Z-1)/N_0]^{N_2(x-1)} \lll 1$이다. 이것은 저분자 용액에 비해 고분자 용액에서는 가능한 입체 배열의 수가 적음을 의미한다.

식 (11)에 전체 입체 배열 엔트로피를 나타내었다. 식 (28)을 식 (11)에 대입하고 계승에 대한 Stirling의 근사값을 사용하면 식 (29)를 직접 유도할 수 있다.

$$S_c = -k\left[N_1 \ln\frac{N_1}{N_1 + xN_2} + N_2 \ln\frac{N_2}{N_1 + xN_2} - N_2(x-1)\ln\frac{Z-1}{e}\right] \tag{29}$$

여기서 e는 자연로그의 밑(base)이다. 식 (29)의 입체 배열 엔트로피는 $S=0$인 순수한 고분자가 순수한 용매와 완벽하게 배열되었을 때의 혼합 엔트로피를 나타낸다. 이 혼합 공정을 두 개의 가역 단계로 나눌 수 있다. 첫 번째 단계는 잘 배열된 고분자를 무질서하게 배향된 고분자로 전환하는 것이며, 이 공정은 우리 모델에서는 용매 없이 격자에 고분자들을 무질서하게 놓는 것과 같다. 두 번째 공정은 용매 분자들을 빈 격자들에 첨가하는 것으로 무질서하게 배향된 고분자와 용매와의 혼합에 대한 엔트로피를 나타낸다. 첫 번째 공정의 엔트로피 변화를 ΔS_{dis}라 하고, 두 번째 공정의 엔트로피 변화를 ΔS_{mix}라고 하면,

$$\Delta S_{\text{mix}} = S_c - \Delta S_{\text{dis}} \tag{30}$$

이다. 무질서하게 배향된 고분자와 용매와의 혼합 엔트로피를 평가하는 데 식 (30)을 사용하기 위해서는 S_c는 식 (29)로 주어지고, ΔS_{dis}도 식 (29)로 표시될 수 있으나, 이 경우 $N_1 \to 0$(즉 격자에 용매 첨가가 없음)이라는 특별한 조건하에서 가능하다는 사실을 주의할 필요가 있다. 따라서

$$\Delta S_{\text{dis}} = \lim_{N_1 \to 0} S_c = k\left[N_2 \ln x + N_2(x-1)\ln\frac{Z-1}{e}\right] \tag{31}$$

이고, 식 (29)에서 식 (31)을 빼면

$$\Delta S_{\text{mix}} = -k\left(N_1 \ln\frac{N_1}{N_1 + xN_2} + N_2 \ln\frac{xN_2}{N_1 + xN_2}\right) \tag{32}$$

x를 부분 부피비(즉 $x = \overline{V}_2/\overline{V}_1$)로 바꿀 수 있다면, 위 식을 몰 기준(즉 $k = R/N_A$)으로 바꿀 수 있으며, 그 결과

$$\Delta S_{\text{mix}} = -R(n_1 \ln \phi_1 + n_2 \ln \phi_2) \tag{33}$$

이고, 여기서 n_i는 i번째 성분의 몰수이고, ϕ_i는 부피 분율이다.

$$\phi_i = \frac{n_i\overline{V}_i}{\sum_i n_i\overline{V}_i} \tag{34}$$

식 (33)과 (18)을 비교하면 고분자 용질과 용매와의 이상 혼합 엔트로피는 저분자 용질과 용매 분자의 이상 혼합 엔트로피와 유사하다. 단, 한 가지 차이점은 고분자 용액에 대해서 몰분율 대신 부피 분율이 농도의 무차원값이다. 용액 내 저분자 용질들의 몰분율과 부피 분율은 근본적으로 같고, 만약 분자 크기들이 같아지면, 식 (33)은 좀더 일반적인 식인 (18)로 축소된다.

식 (33)은 모든 분자들이 같은 크기를 갖는 단분산 고분자 용질임을 나타낸다. 분자량 분포를 갖는 다분산성 고분자에 대해서는 $n_2 \ln \phi_2$항을 용질 입자들에 대한 합 $\boldsymbol{\Sigma}_i\, n_i \ln \phi_i$항으로 바꾸어야 한다. 이 이론은 고분자 블렌드에 유용하며(역시 "용매"가 고분자인 점에서)[1] 액정상을 형성하는 충분한 막대상 사슬의 견고함에 대해 잘 맞도록 수정되었다.[2]

---

[1] N. P. Balsara, in *Physical Properties of Polymers Handbook*, J. E. Mark, Ed. (New York: Springer-Verlag, **1996**), p. 257.

[2] Y. Yang, A. Kloczkowski, J. E. Mark, B. Erman and I. Bahar, *Macromolecules*, **1995**, *28*, 4920.

16.4 용매와 고분자 용질의 혼합 엔탈피

고분자 용질을 용매에 첨가하면 용매–용매, 용질–용질 상호작용이 용매–용질 상호작용으로 바뀌므로, 엔탈피 변화가 일어난다. 격자 이론에 의하면, 이러한 상호작용들은 격자 내에서 가장 인접한 곳의 숫자와 형태로 표시된다. 가장 인접한 상호작용은 격자의 접촉으로 정의되며, 따라서 세 가지 형태의 접촉이 가능하다. 즉 [1, 1], [2, 2], [1, 2]이다 용해 공정은 이 같은 접촉의 변화로 나타낼 수 있다.

$$\tfrac{1}{2}[1, 1] + \tfrac{1}{2}[2, 2] \rightarrow [1, 2] \tag{35}$$

용매–용질 접촉 형성과 연관된 에너지 변화 $\Delta w_{1,2}$는

$$\Delta w_{1,2} = w_{1,2} - \tfrac{1}{2}(w_{11} + w_{22}) \tag{36}$$

이다. 여기서 $P_{1,2}$를 모든 격자의 입체 배열에 걸친 용매–용질 접촉(즉 1,2 접촉)의 평균 수라면, 용질 입자당 용매와 용질의 혼합 엔탈피는 다음 식으로 표시된다.

$$\Delta H_{\text{mix}} = \Delta w_{1,2} P_{1,2} \tag{37}$$

고분자 세그먼트를 갖는 격자점에 인접한 격자점으로 동시에 용매 분자들에 의해 차지되어 있는 격자점들의 분율(즉 1,2 접촉 확률)은 대략 용매의 부피 분율인 ϕ_1로 나타낼 수 있다. $(x-2)$개의 고분자 세그먼트들(여기서 화학적으로 결합한 것은 제외)의 여러 가지 형태의 접촉 수를 $(Z-2)$라고 하면, 말단의 두 개의 세그먼트는 각각 $(Z-1)$개의 접촉을 하게 된다. 각 고분자에 대한 1,2 접촉의 수는

$$P_{1,2} = [(x-2)(Z-2) + 2(Z-1)]\phi_1 \tag{38}$$

Z값이 크면 $P_{1,2} \approx Z_x\phi_1$이고, N_2개 고분자와 N_1개 용매 분자들과의 혼합 엔탈피는

$$\Delta H_{\text{mix}} = Zx\phi_1\, \Delta w_{1,2} N_2 \tag{39}$$

부피 분율 ϕ_1, ϕ_2의 정의로부터, $xN_2\phi_1 = N_1\phi_2$이다. 몰 개념으로 바꾸면 혼합 엔탈피는

$$\Delta H_{\text{mix}} = Z\, \Delta w_{1,2} n_1 \phi_2 N_A = Z\, \Delta W_{1,2} n_1 \phi_2 \tag{40}$$

이고, 여기서 $\Delta W_{1,2} = N_A \Delta w_{1,2}$이다. 용매 몰수당 상호작용 에너지 $Z\Delta W_{1,2}$는 무차원의 상호작용 매개 변수 RT를 곱한 값으로 나타내는 것이 편리하다. 따라서 $Z\Delta W_{1,2} = \chi_1 RT$라고 정의하면, 식 (40)의 혼합 엔탈피는

$$\Delta H_{mix} = RT\chi_1 n_1 \phi_2 \tag{41}$$

이다. 상호작용 매개 변수 χ_1은 $Z\Delta W_{1,2}/RT$로 주어지며, 1몰의 용매 분자가 순수한 용매($\phi_2 = 0$)에서 제거되어 무한한 양의 순수한 고분자($\phi_2 = 1$)에 담겨질 때 생기는 에너지 변화이다. χ_1은 용액의 농도에 의존한다. 정의에 의하면, χ_1은 온도에 반비례한다. χ_1은 일반적으로 양수이며, 25°C에서 무한 희석 시 값은 0.5 근처이다. 식 (41)에 의하면, χ_1이 양수이면 고분자 용질이 용매에 용해되는 것이 일반적으로 흡열 반응임을 알 수 있다.

16.5 고분자 용질과 용매의 혼합 자유 에너지

고분자 용질의 용해에 대한 Gibbs 자유 에너지 변화는 잘 알려진 열역학 식으로부터 쉽게 얻을 수 있다.

$$\Delta G = \Delta H - T\Delta S \tag{42}$$

식 (33)과 (41)을 식 (42)에 대입하면 다음 식을 얻는다.

$$\Delta G_{mix} = RT(\chi_1 n_1 \phi_2 + n_1 \ln \phi_1 + n_2 \ln \phi_2) \tag{43}$$

용매 내의 고분자가 용해될 때 자유 에너지가 양 또는 음으로 변하는지를 알아보자. 식 (43)은 확실히 용액의 농도 및 χ_1의 부호에 따라 변한다. 온도가 상승하면 χ_1이 감소하고 용해는 열역학적으로 더 유리하다.

16.6 용매의 화학 퍼텐셜과 활동도

14장에서는 순수한 용매보다 용질이 존재하는 용매의 화학 퍼텐셜이 낮다고 설명하였다. 이것은 삼투압 변화를 유도하는 데 매우 중요하다. 용매의 화학 퍼텐셜 감소에 대해 이론적으로 살펴보면, 순수한 용매에 비하여 용액 내 용매의 화학 퍼텐셜은

$$\mu - \mu_1^{\circ} = \left(\frac{\partial[G_{soln} - G_1^{\circ}]}{\partial n_1}\right)_{T,P,n_2} = \left(\frac{\partial \Delta G_{mix}}{\partial n_1}\right)_{T,P,n_2} \tag{44}$$

식 (43)의 ΔG_{mix}를 일정한 T에서 n_1에 대해 편미분하면

$$\mu_1 - \mu_1^{\circ} = RT\left[\frac{n_1}{\phi_1}\left(\frac{\partial\phi_1}{\partial n_1}\right)_{n_2} + \ln\phi_1 + \frac{n_2}{\phi_2}\left(\frac{\partial\phi_2}{\partial n_1}\right)_{n_2} + \chi_1\phi_2 + \chi_1 n_1\left(\frac{\partial\phi_2}{\partial n_1}\right)_{n_2}\right] \tag{45}$$

위 식의 편도함수는 부피 분율의 정의로부터 유도할 수 있다. 부피 분율은 다음과 같이 몰부피비 $x = \overline{V}_2/\overline{V}_1$로 나타낼 수 있다.

$$\phi_1 = \frac{n_1}{n_1 + xn_2} \tag{46}$$

그리고

$$\phi_2 = \frac{xn_2}{n_1 + xn_2} \tag{47}$$

식 (46)과 (47)을 식 (45)에 대입하면

$$\mu_1 - \mu_1^{\circ} = RT\left[\ln(1 - \phi_2) + \left(1 - \frac{1}{x}\right)\phi_2 + \chi_1\phi_2^2\right] \tag{48}$$

이상 용액의 경우 용매와 용질 분자의 크기나 형태가 같고(즉 $x = 1$), $\Delta H_{mix} = 0$(즉 $\chi_1 = 0$)이며, 부피 분율과 몰분율이 동일하다. 이때 식 (48)은 식 (49)가 된다.

$$\mu_1 - \mu_1^{\circ} = RT\ln X_1 \tag{49}$$

여기서 X_1은 용매의 몰분율이다. 불균일 고분자의 경우, 식 (48)의 x는 중합도(즉 **평균** 중합도)로 바뀔 수 있다.

고전 용액론에서 식 (49)는 이상 용액의 경우에만 유효하다. 그러나 비이상 용액에 대해 이 식을 간단히 하기 위해 용액 내 용매의 활동도는 다음 식으로 정의된다.

$$\mu_1 - \mu_1^{\circ} = RT\ln a_1 \tag{50}$$

따라서 고분자 용액 내 용매의 활동도는

$$\ln a_1 = \ln(1 - \phi_2) + \left(1 - \frac{1}{x}\right)\phi_2 + \chi_1\phi_2^2 \tag{51}$$

이고, 용질의 경우는 다음과 같이 된다. a_1의 실험적인 값은 용액 내의 용매의 증기압으로부터 순수한 상태의 증기압의 값을 알아낼 수 있다($a_1 = p_1/p_1^{\circ}$).

$$\ln a_2 = \ln\phi_2 + (1 - x)(1 - \phi_2) + \chi_1 x\phi_2^2 \tag{52}$$

16.7 고분자 용액의 삼투압

14장에서 유도한 용액의 삼투압에 관한 기본 법칙에 따르면, 용매에 용질을 가하면 화학 퍼텐셜이 감소하고 외압을 가하면 용매의 화학 퍼텐셜이 그만큼 증가한다. 식 (49) 대신 식 (48)을 이용해 삼투압 식을 유도해 보면 다음과 같다.

$$\Pi = -\frac{RT}{\overline{V}_1}\left[\ln(1-\phi_2) + \left(1-\frac{1}{x}\right)\phi_2 + \chi_1\phi_2^2\right] \tag{53}$$

여기서 Π는 삼투압, $\overline{V}_1$는 용매의 몰부피이다. 식 (53)의 ln항을 다음과 같은 수열 (54)로 확장하면 식 (55)를 얻는다.

$$\ln(1-\phi_2) = -\phi_2 - \tfrac{1}{2}\phi_2^2 - \tfrac{1}{3}\phi_2^3 - \cdots \tag{54}$$

$$\Pi = \frac{RT}{\overline{V}_1}\left[\frac{\phi_2}{x} + (\tfrac{1}{2} - \chi_1)\phi_2^2 + \tfrac{1}{3}\phi_2^3 + \cdots\right] \tag{55}$$

때로는 부피 분율 ϕ_2 대신 부피당 무게에 관한 항으로 용액의 농도를 표현하는 것이 더 편리하다. 그래서 농도에 관한 항으로 식 (55)를 전개해 보면 다음과 같다.

$$\phi_2 = \frac{n_2\overline{V}_2}{n_1\overline{V}_1 + n_2\overline{V}_2} = \frac{w_2\overline{V}_2}{M_2V_{\text{soln}}} = \frac{c\overline{V}_2}{M_2} \tag{56}$$

엄밀히 말하자면, $\overline{V}_i$는 부분 몰랄 부피이지만, 다른 이름을 통해 각각의 몰랄 부피와 동일하다는 것을 추측할 수 있다. 식 (56)을 식 (55)에 치환하면 $x = \overline{V}_2/\overline{V}_1$에 의해 x항이 제거된다.

$$\frac{\Pi}{c} = \frac{RT}{M_2}\left[1 + \frac{\overline{v}_2^2M_2}{\overline{V}_1}\left(\frac{1}{2} - \chi_1\right)c + \frac{\overline{v}_2^3M_2}{3\overline{V}_1}c^2 + \cdots\right] \tag{57}$$

여기서 $\overline{v}_2$는 고분자의 비부피(specific volume)로 $\overline{v}_2 = \overline{V}_2/M_2$이다. 불균일 고분자의 경우 M_2는 수평균 분자량으로 대치할 수 있다.

식 (57)을 비리알식의 형태로 바꿔 쓰면 다음과 같다.

$$\frac{\Pi}{c} = \frac{RT}{M_2}(1 + \Gamma c + g\Gamma^2c^2 + \cdots) \tag{58}$$

그리고 2차, 3차 비리알 계수인 Γ와 $g\Gamma^2$는 식 (59)와 (60)에 의해 계산된다.

표 16.1 25°C, 무한 희석 시 고분자–용매 상호작용 에너지

고분자	용매	χ_1	$RT\chi_1$(cal/mol)
천연고무	벤젠	0.42	249
폴리다이메틸실록세인	클로로벤젠	0.47	278
폴리아이소뷰틸렌	벤젠	0.50	296
폴리아이소뷰틸렌	사이클로헥세인	0.43	254
폴리아이소뷰틸렌	*n*-펜테인	0.49	290
폴리스타이렌	에틸메틸케톤	0.47	278
폴리스타이렌	에틸벤젠	0.40	237
폴리스타이렌	사이클로헥세인	0.505	299
폴리메틸메타크릴레이트	클로로폼	0.377	223
폴리메틸메타크릴레이트	4-헵탄온	0.509	301
폴리메틸메타크릴레이트	테트라하이드로퓨란	0.447	265

$$\Gamma = \frac{\overline{v}_2^2 M_2}{\overline{V}_1}\left(\frac{1}{2} - \chi_1\right) \tag{59}$$

그리고

$$g\Gamma^2 = \frac{\overline{v}_2^3 M_2}{3\overline{V}_1} \tag{60}$$

Π/c의 농도 의존성에 관한 결과로부터 고분자와 용매의 비부피 또는 밀도값을 알면 χ_1값을 알 수 있다. 표 16.1에 25°C에서 여러 가지 용매의 무한 희석 시 고분자들의 χ_1값을 표시하였다. 같은 표에 1몰의 용매를 순수한 용매에서 빼내 무한히 많은 고분자에 담가 놓을 때 생기는 에너지 변화를 나타내는 상호작용 에너지인 $RT\chi_1$을 나타내었다.

표의 고분자-용매 계는 χ_1이 양의 값을 갖는다. 이러한 양의 값이 갖는 의미는 용매 분자를 고분자로 치환시키면 양의 엔탈피 변화(즉 흡열 반응)를 갖는 것이다. 음의 χ_1값은 발열 반응으로 $\Delta H_{mix} < 0$이며, 고분자나 용매가 극성을 갖는 계에서도 매우 드물게 나타난다. 결론적으로 25°C에서의 용해 과정은 흡열 반응이다. 용해는 어느 온도와 조성에서 열역학적으로 유리할 경우에만(즉 $\Delta G < 0$) 성립하며, 자유 에너지에 관한 식인 식 (43)이 혼합 엔탈피보다 수치적으로 커야 한다. 따라서 열역학적으로 유리한 용해 과정인 경우 (61)이 성립한다.

$$-(n_1 \ln \phi_1 + n_2 \ln \phi_2) > \chi_1 n_1 \phi_2 \tag{61}$$

16.8 Flory-Huggins 학설의 다른 응용들

이 학설의 다른 응용은 용액으로부터 고분자가 침전될 때 발생하는 액체-액체 평형이다. 고분자 분자량이 충분히 클 때 잘 녹지 않은 용매 속 용액 중합에서 발생한다. 5장에서 설명한 바와 같이 고분자의 용해도가 분별 침전에서 감소할 때도 발생한다(온도를 낮추거나 완전히 녹지 않은 용매를 넣음으로써). 침전상은 순수 고분자라기보다는 표면에 떠오르는 용액과 평형 상태에 있는 고분자 용액이다. 표면에 떠오르는 상과 비교한다면, 훨씬 적은 부피를 가졌고 고분자로 더 응축되어 있고 고분자 분자량이 더 크다(이것이 분별 침전법을 수행하는 이유이다).

실험적으로 침전 온도 T_p는 조성의 함수로서 측정되고 보통 전형적으로 헥세인과 나이트로벤젠의 부분 섞임 혼합물에 대해 물리화학책에서 설명한 것과 같이 바이노달 곡선은 그 상 지역으로부터 단일상 지역을 분리한다. 단순한 액체 혼합물과 같은 특징은 (i) 곡선의 최댓값에서 임계 온도의 존재, (ii) 상 분리가 "tie lines"의 끝점들에 의해 발생할 때 두 상의 조성의 위치, (iii) 평형에서 두 상의 상대적 양을 얻기 위하여 tie-line segment의 길이에 "lever rule"의 적용성이다.

고분자 용액의 독특한 특징은 (i) 각 분자량에 대해 바이노달 곡선의 발생, (ii) 매우 낮은 고분자 농도에서 이들 바이노달의 발생, (iii) 고분자 분자량의 증가에 따라 다음과 같은 효과가 발생한다. (a) 바이노달은 더 낮은 농도로 이동, (b) 이들의 최대(임계 온도) 증가, 그리고 바이노달 폭이 더 좁혀진다. 이 특징은 그림 16.3에 도식적으로 보여 주고 있다.

이들은 Flory-Huggins 이론에 의해 적어도 준정량적으로 모두 재현할 수 있다. 관련된 식은 다음과 같다.

$$1/T_c = (1/\Theta)[1 + (1/\psi_1)(1/x^{1/2} + 1/2x)] \tag{62}$$

여기서 Θ는 15장에서 이미 언급한 Flory Θ 온도이다. 이것은 무한 분자량 고분자에 대한 임계 온도가 됨을 볼 수 있지만 배제된 부피 효과의 제거에 관하여 역시 중요하다. ψ_1은 엔트로피 매개

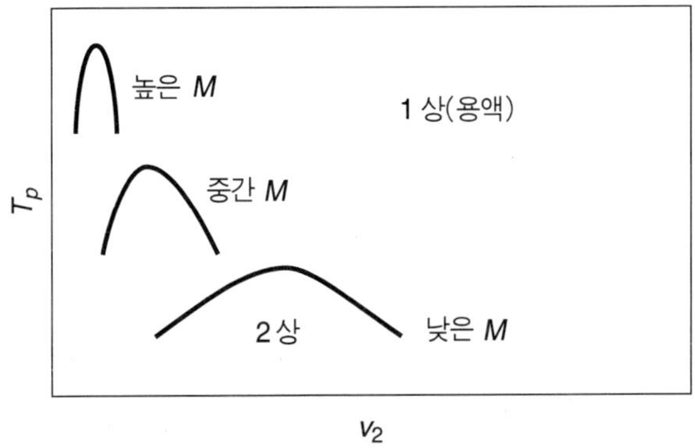

그림 16.3 고분자 용액에서 액체-액체 상분리의 바이노달 도표

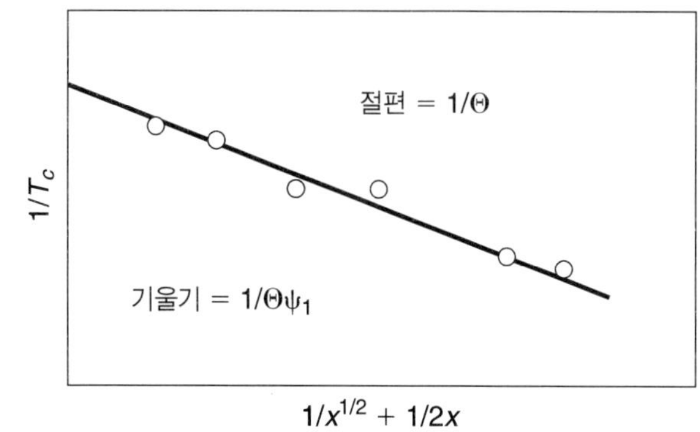

그림 16.4 액체-액체 상 분리 자료의 도표

변수이고, x는 고분자의 중합도, $(1/x^{1/2} + 1/2x)$는 "크기 함수"라고 한다. 그림 16.4에서 보여진 것과 같이 이 식의 항들에 실험 데이터 처리는 $1/T_c$와 $(1/x^{1/2} + 1/2x)$의 plot과 관련이 있다. 절편은 Θ 온도를 나타내고 기울기와 함께 그것의 값은 혼합 변수의 엔트로피를 구할 수 있다.

Flory-Huggins 이론은 고분자 용액과 침전된 결정성 고분자 사이의 평형을 다루는 데 사용되어왔다. 이것을 결정–액체 평형 또는 녹는점 내림(용매에 의해 유도된)이라고 한다.

녹는점 내림 T_m의 원인은 그림 16.5에 도식적으로 나타내었다. 형태적으로 고분자 자체의 무질서뿐만 아니라 고분자끼리 혼합할 수 있기 때문에 용매의 존재는(과정에 대해) 엔트로피 변화를 증가시킨다. 엔트로피 변화는 융해열과 융해 엔트로피 비인 $T_m = \Delta H_m/\Delta S_m$에서 엔트로피 변화는 분모를 감소시킨다. Flory-Huggins 이론 응용으로부터 만들어진 식은 다음과 같다.

$$(1/T_m - 1/T_m^\circ)/v_1 = (R/\Delta H_m)(\overline{V}_2/\overline{V}_1)(1 - \chi_1 v_1) \tag{63}$$

여기서 T_m과 T_m°는 각각 용매 존재하에서, 그리고 용매가 없을 때의 녹는점이고, v_1은 용매의 부피

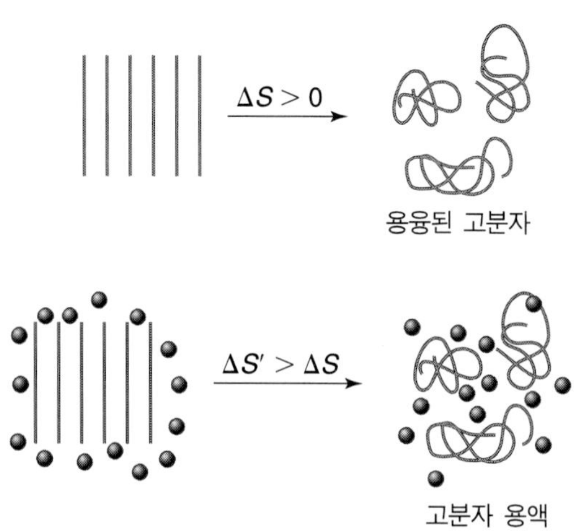

그림 16.5 용매 존재하에 결정 격자로부터 이탈된 사슬 혼합물에 의한 녹는점 내림

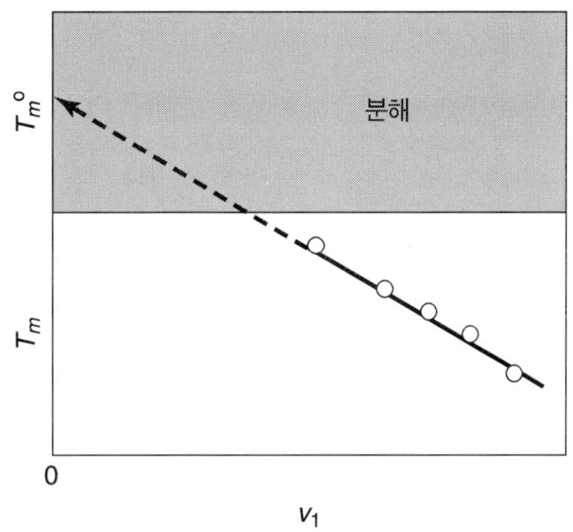

그림 16.6 희석되지 않은 미분해 고분자에 의해 보여지는(용매에 의해 유도된) 녹는점 내림 외삽

분율, ΔH_m은 반복 단위 몰당 사용된 융해열이고, $\overline{V}_1$과 $\overline{V}_2$는 각각 고분자와 용매의 몰부피, χ_1은 Flory-Huggins 상호작용 매개 변수이다. 그래서 $(1/T_m - 1/T_m^\circ)/v_1$을 v_1에 대해 plot하면 절편이 ΔH_m이고 기울기가 χ_1인 선형 관계를 준다.

그래서 얻어진 융해열은 100% 결정성 고분자에 대한 것이다. 왜냐하면 세기 성질(intensive properties)인 온도의 측정에 의해 얻어졌기 때문이다(세기 성질은 실험에서 미소결정(crystallites)의 수에 의존하지 않기 때문에). 융해열의 최댓값은 결정성 %를 평가하는 데 훨씬 많이 사용된다. 녹는점 내림 측정으로부터 얻어진 최댓값과 실제적 녹는점(열량계에 의해 측정)과의 비로부터, 역시 사슬 유연성의 유용한 열역학적 도식인 $\Delta S_m = \Delta H_m / T_m^\circ$으로부터 융해 엔트로피를 얻는 데도 사용된다. 아래에서 설명된 바와 같이 사슬 딱딱함의 구조적 척도인 사슬 차원(chain dimension)의 특성비에 대한 부차적인 정보를 제공한다. 마지막 응용은 고분자가 녹기 전에 분해하는 고분자의 녹는점의 측정이다. 녹는점 내림값을 다른 조성에서 얻고 나서 v_1에 대해 plot한다. 고분자가 $v_1 = 0$에 이를 때 분해되는 최고 온도로 외삽하면 녹는점 T_m°을 얻을 수 있다.

마지막에는 망상 구조의 팽윤을 해석하는 데 Flory-Huggins 이론이 사용된다. 이 이론은 망상 사슬과 팽윤 용매 혼합에 관한 열역학이다. 고무 탄성의 분자 이론 중 하나인 용매가 들어감으로써 야기된 팽창에서 늘어난 사슬의 기계적 변형을 분석하는 데 사용되며, 결과 식은 21장에 있다.

16.9 이론의 제한

식 (57)에 따르면 χ_1값은 넓은 고분자 농도 영역에서 삼투압이나 다른 열역학적 성질들을 기술하기에 충분해야 하나, 실험값으로부터 보면 χ_1은 용액의 **농도**에 의존하여 ϕ_2가 증가하면 χ_1값이

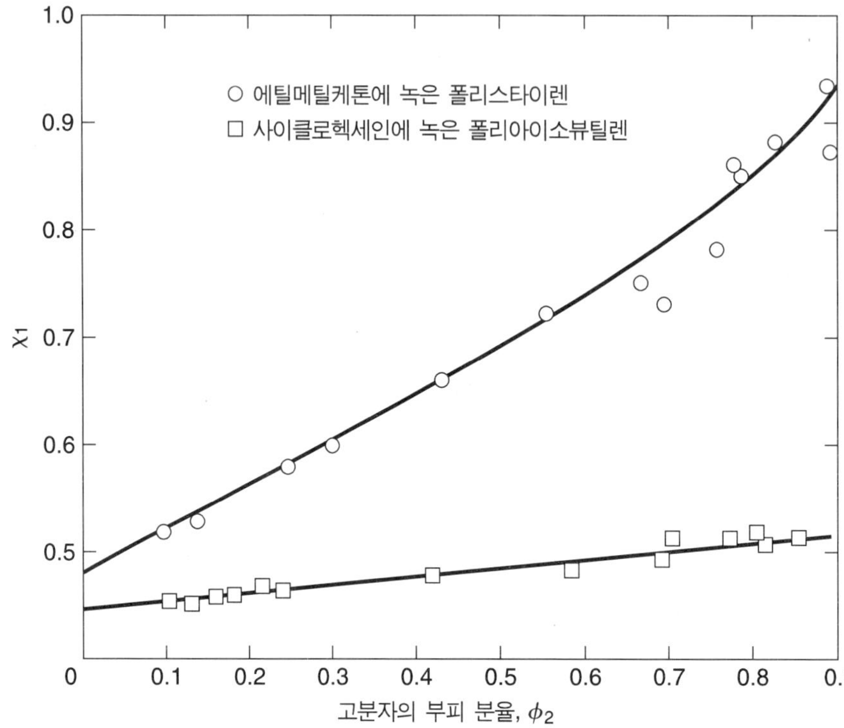

그림 16.7 25°C에서 고분자-용매 상호작용 매개 변수와 χ_1의 농도 의존성

같이 증가한다. 그림 16.7에 에틸메틸케톤-폴리스타이렌, 사이클로헥세인-폴리아이소뷰틸렌에 대해 실험값과 이론값의 예를 나타내었다.

위의 이론이 χ_1의 농도 의존성을 잘 설명하지 못하는 것은 이론에 근사값을 사용했기 때문이다. 그러나 이 같은 결점이 있더라도 간단한 격자론으로부터 고분자 용액과 관련된 여러 가지 인자들을 수치로 표시할 수 있다. 이러한 이론이 발전하여 χ_1의 농도 의존성을 설명하고 있으나, 이 책에서는 생략하기로 한다.

16.10 묽은 용액, 그리고 배제 부피 효과에 의해 평정된 사슬

χ_1에 의해 일반적으로 나타난 기대하지 않은 농도 의존에 부가해서 Flory-Huggins 이론에는 많은 단점이 있다. 또 다른 단점은 이론이 묽은 고분자 용액에 대해 믿을 수 있는 결과를 주지 못한다는 사실이다. 이 문제는 위치 점유 확률이 격자를 통해서 균일하다는 가설과 같은 격자 계산 가정에 연유된다. 그러나 그림 16.8에서 설명된 것과 같이 묽은 용액에서 이와 같은 위치(site) 점유

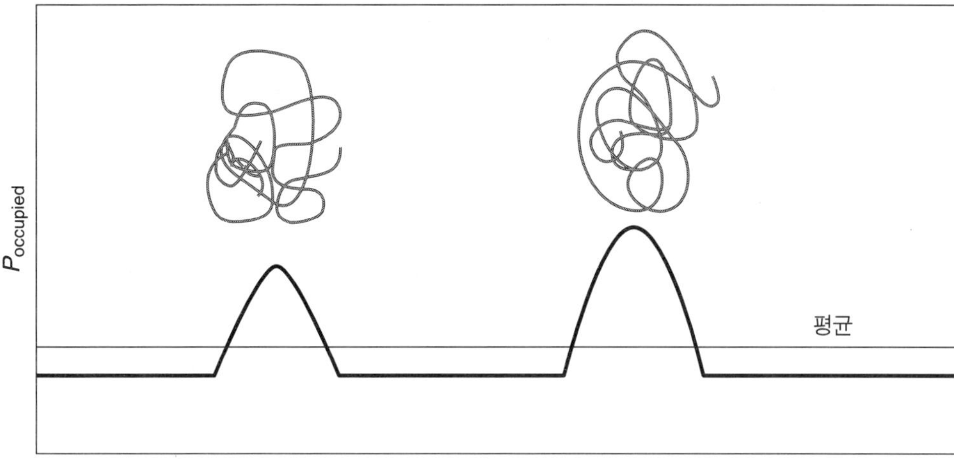

그림 16.8 묽은 용액에서 Flory-Huggins 격자 계산에 의한 점유 확률 도식

가능성은 코일들 사이에서보다 고분자 코일 안에서 훨씬 더 중요하게 될 것이다. 평균 확률은 일반적으로 충분하지 않다.

Flory-Krigbaum 이론은 묽은 고분자 용액을 다루는 한 접근법이다. 이 이론은 분자적 관점을 이론적으로 문제시되어 왔던 배제 부피 효과 문제에 제공하였다. 이것은 관련 배경 정보를 문맥 속에 내포시키는 것이 매우 중요하다.[1]

배제 부피 효과의 가장 단순한 예가 기체에서 발생한다. 기체는 단원자 분자종에서 다원자 분자종에 걸친 구조의 범위를 정할 수 있다. 배제 부피의 형태는 전적으로 분자 간이므로 압력을 0으로($p \to 0$) 감소시킴으로써 줄일 수 있다. 아래에서 지적한 바와 같이, 이것은 지금까지 가장 큰 기체의 몰부피에 관련된 분자당 배제 부피를 무시할 수 있도록 한다. 즉 $\overline{V} = b \cong \overline{V}$. 물론 고분자 분자의 경우에 상응하는 분자 간 배제 부피가 있다. 용액의 경우에 이것은 무한 희석 용액($c \to 0$)으로 가면서 무시될 수 있다. 그러나 이 분자 간 부분은 분자 내 성분에 의해 더욱 더 증가된다. 왜냐하면 고분자 분자는 매우 길어서 같은 분자 내의 다른 부분을 서로서로 간섭하기 때문이다. 이러한 간섭 세그먼트는 공간상에 서로 가깝게 있게 되지만 사슬 궤도에 따라 일반적으로 잘 떨어져 있다. 이러한 이유로 배제 부피 효과의 이 형태를 "긴 범위 상호작용(long-range interaction)"이라고 한다. 고분자 분자의 긴 사슬 구조가 고유 특성이기 때문에 이 상호작용을 억누를 수 있는 방법이 없다. 대신에 한 접근법은 비이상 기체를 Boyle 법칙으로 다루는 것과 같이 사용하는 것이다.[2] 이 처리에서 이상성에 대한 기준은 $p\overline{V}/RT = 1$, 기체 압력의 함수로서 평가되고 p가 증가함에 따라 배제 부피 효과는 압력을 증가시키고 분자 간 끌어당김은 압력을 감소시키면서 비이상 기체

[1] J. E, Mark, *J. Chem. Educ.* **2002**, *79*, 1437.

[2] P. W., Atkins, *Physical Chemistry*, 4th ed. (Oxford: Oxford University Press, **1990**).

에 대한 Van der Waals 식에서

$$(p + a/\overline{V}^2)(\overline{V} - b) = RT \tag{64}$$

이다. 여기서 a와 b는 (+) 값이고 특이 기체에 대해 특별한 값을 가진다. 이 식을 다시 정리하면

$$p = RT/(\overline{V} - b) - a/\overline{V}^2 \tag{65}$$

이 된다. 이것은 0이 아닌 배제 부피($b \neq 0$)는 p를 증가시키는 반면, 0이 아닌 분자 간 인력은 더 명확하게 p를 감소시킨다. 높은 온도에서 배제 부피 효과가 지배적이고, 따라서 배제 부피 효과가 야기시키는 압력에서의 증가는 분자 간 인력으로부터 압력 감소에 의해 상쇄될 때까지 온도는 낮아진다. 이것과 관련하여 T_1에서부터 T_2, T_3, T_B에 이르기까지 온도를 낮추는 것에 대한 설명이 그림 16.9에 있다. 특별한 기체에 대한 "Boyle 온도"라고 불리는 특이한 온도에서 배제 부피 상호작용은 여전히 거기 있지만 분자 간 인력에 의해 정확하게 상쇄됨으로써 0이 된다. 그래서 이상 기체는 때때로 압력에서 꽤 큰 범위에 걸쳐서 이상 기체인 척한다.

제14장에서 설명한 Van't Hoff 관계를 근거로 한 이상성에 대한 기준으로서 이 생각은 고분자에 확장된다.

$$\pi M/cRT = 1 \tag{66}$$

여기서 π는 고분자 용액의 삼투압이다. 온도를 감소시키는 범위에서 농도 c의 함수로서 이 비율

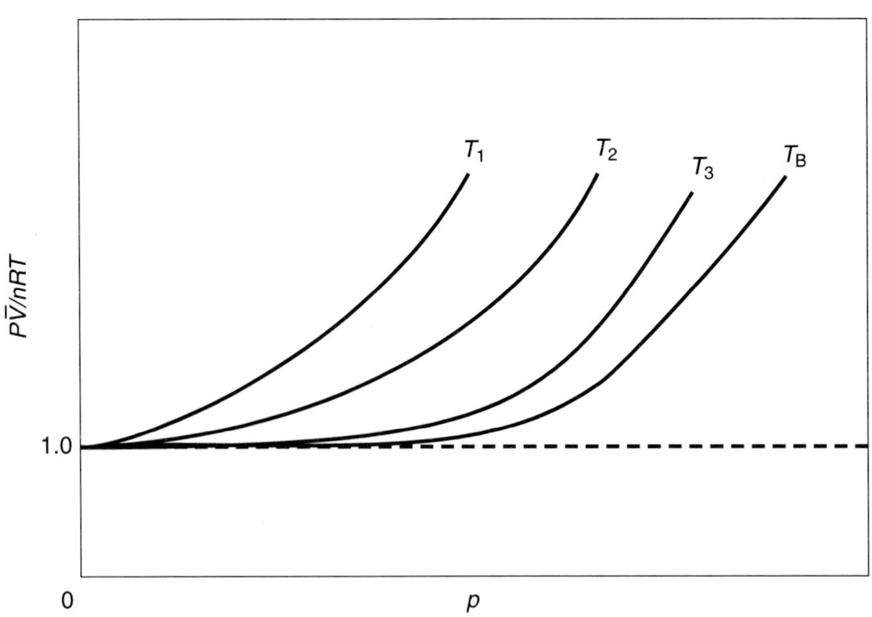

그림 16.9 Boyle 온도 T_B의 위치, 여기서는 실제 기체가 이상적으로 행동한다.

은 감시되어진다. 만약 선택된 용매가 분석되고 있는 고분자의 가장 강력한 용매라면 고분자 랜덤 코일의 상응하는 큰 크기 때문에 배제 부피 효과는 매우 크다. 온도를 낮추는 것은 용매를 더 덜 녹게 하여 용매와 고분자 세그먼트의 상호작용보다는 고분자 세그먼트끼리 상호작용을 더 잘하도록 만든다. 고분자 세그먼트 사이의 증가된 인력은 랜덤 코일을 억누른다(그리고 온도가 충분히 낮아진다면, 결국에는 용액으로부터 고분자 침전이 야기될 것이다). 이 경우에 억제 효과는 배제 부피 상호작용으로부터 사슬 확장 효과를 없앨 정도로 충분히 크게 만들어진다. 이것은 Θ 온도, Flory 온도 또는 이상 온도로 이미 설명한 독특한 온도에서 일어난다. 무한 분자량 고분자에 대한 임계 온도로서 액체-액체 평형하에서 전에 설명했었다. 어떤 경우에는 Θ에서 배제 부피 상호작용이 있지만 효과가 없고 사슬은 단면적(cross-section area)이 없는 것같이 거동한다. 이 Θ 상태에서 사슬 분자의 물성은 "unperturbed"(평정된)라고 말하며, 구조-물성 관계를 잘 설명하는 데 훨씬 더 많이 이용된다. 예로서 반복 단위 속에 **파라**-페닐렌기는 상응하는 고분자의 강성도(stiffness)를 얼마나 증가시키는가?

위의 접근법에 대한 특별한 예는 Θ 온도에서 용액 속의 고분자를 사용해서 14장에서 설명한 빛 산란 측정을 수행하였다. 관성 반지름(radius gyration)$<S^2>_o$은 $<r^2>_o = 6<S^2>_o$의 관계에 의해 무동요 말단간 치수(unperturbed end-to-end dimension)로 전환해서 얻어진다(이 영역에서 통계적 평균은 overbar 또는 <>로 나타내었다). 전통적으로 이 치수는 0/비로 고분자량 한계로서 정의되는 "특성비(characteristic ratio, CR)"로 표현된다. 여기서 n은 골격 결합의 수, l은 골격 결합 길이 $<r^2>_o/nl^2$이다. CR값을 얻기 위한 다른 접근법은 15장에서 언급한 바와 같이 고유 점도 측정이다. 중요한 점은 CR값이 1을 초과하는 정도보다 큰지가 사슬 강성도의 표준(구조) 척도이다.

한 혼란은 심지어 거의 같은 Θ 온도에서조차 다른 Θ 용매에서 다소 다른 특성값(CR)을 줄 수 있다는 점에서 "특별한 용매" 효과가 있다는 사실이다. 이 효과는 극성 고분자의 경우에 약 20% 정도일 수 있고, 이 효과의 일부는 형태 에너지 변화를 야기시켜 평정된 치수 변화에 이르는 유전 상수 차이에 기인된다. 또 다른 효과는 일부 용매가 다른 사슬 형태와 다르게 상호작용하고 이와 같은 방법에서 평정된 치수를 변화시키기 때문에 야기된다.

열역학적으로 잘 녹이는 용매에서 사슬 치수를 얻어서 평정된 값으로부터 멀리 떨어진 확장된 사슬에 대한 대략적 보정(correction)을 적용하는 것도 가능하다. 15장에서 설명된 이 확장은 $\alpha = [<r^2>/<r^2>_o]^{1/2}$비에 의해 선형적으로 분석된다. 잘 녹이는 용매에서 그 크기 평가는 사슬 확장에 기여한 고분자-용매 상호작용 크기를 필요로 한다. 이 목적으로 개발된 Flory-Orofino 식의 경우, 14장에서 설명된 A_2, 2차 비리알 상수이다.

$$A_2M/[\eta] = (2^{5/2}\pi N_{avo}/27\Phi)\ln[1 + (\pi^{1/2}/2)(\alpha^2 - 1)] \tag{67}$$

여기서 π는 수치 상수(numerical constant) 3.1416, N_{avo}는 Avogadro 수, Φ는 상수이다.

고분자 형태 분석에서 관심 있는 물성의 온도 계수값을 얻는 것은 중요하다. 예를 들면 평정된 치수인 경우에 $d\ln<r^2>_o/dT$이다. 한 접근법은 Θ의 여러 값은 이 계수의 믿을 수 있는 평가를 제

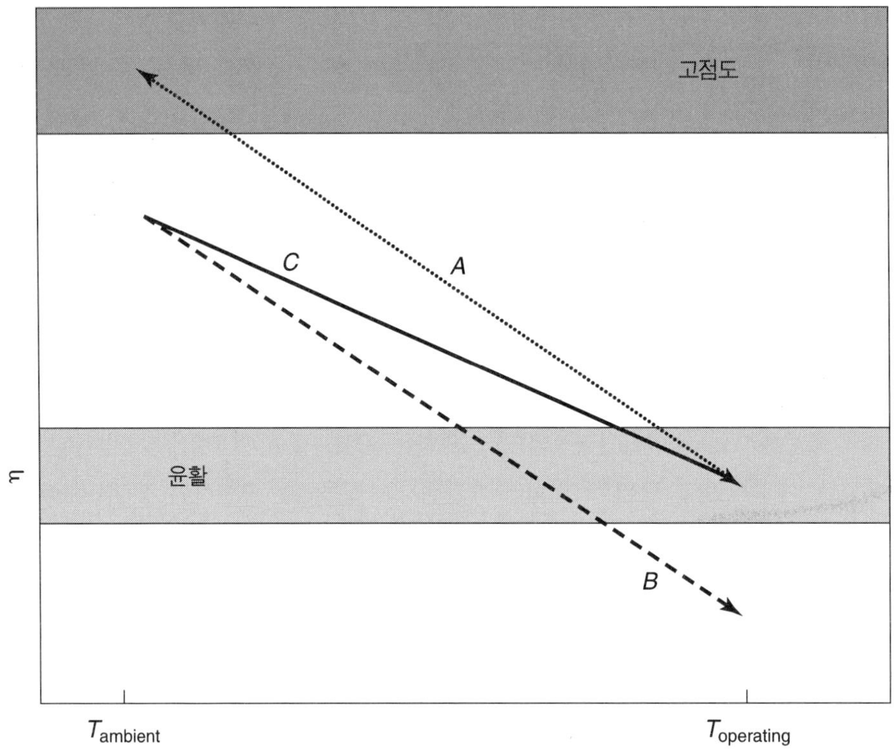

그림 16.10 자동차 오일에 녹아 있는 고분자의 점도-온도 도식

공하기에 충분히 다른 일련의 Θ 용매들을 이용하는 것이다. 특이한 용매 효과 때문에 Θ 용매가 구조적으로 유사해야만 한다는 것도 중요하다. 예로서 일련의 알코올을 들 수 있다. 두 번째 접근법은 온도의 함수로서 잘 녹이는 용매에서 측정되어야 하고, 그러고 나서 관심 있는 각각의 온도에서 α값을 얻기 위해 식 (67)을 사용한다. 마지막으로 18장과 21장에서 설명할 고무 망상 구조의 힘-온도 측정을 행하는 것이다.

열역학적으로 잘 녹이는 용매에서 고분자 코일의 팽창은 일부 실질적 응용에 사용된다. 다른 온도에서 오일 점도 변화를 감소시키기 위해 자동차 오일에 고분자를 넣는 것이 좋은 예다. 이에 대해서는 그림 16.10에 설명되어 있다. 여기서 $T_{ambient}$는 엔진이 작동되지 않았을 때의 자동차 온도이고, $T_{operating}$은 엔진이 작동되었을 때의 자동차 온도이다. 위의 점선된 영역은 엔진이 켜질 때 방해하기 충분히 높은 점도를 표시한다(특히 매우 추운 날씨). 아래의 점선 영역은 좋은 윤활에 상응하는 점도 범위를 나타낸다. 자동차 오일이 엔진이 뜨겁지 않을 때 좋은 윤활을 제공하는 탄화수소 일부를 자동차 오일과 같이 사용된다면 그때 점도는 *A*선을 따라 냉각되는 동안 받아들일 수 없을 정도로 증가한다. 반대적 접근은 실온에서 바람직한 저점도가 되도록 오일을 만들게 될 것이다. 그러나 *B*선을 따라 설명된 것같이 작동 엔진에서 일단 온도가 증가하면 적절한 윤활 작용을 하기에는 오일 점도가 너무 낮다. 이와 같은 상태를 피하기 위해 고분자를 오일 속에 녹여서 온도가 올라갈 때 기름 용매가 열역학적으로 용매 역할을 더 잘해서 고분자의 사슬이 확장된다. 고분자 사슬 확장 때문에 상승된 온도에 따라 점도의 정상적 감소가 완화되고 엔진의 작동 온도에서 C선을 따라 윤활 수용 영역에 이른다.

16.11 더 정교한 학설

언급된 학설의 성공에도 불구하고 고분자 용액의 일부 물성은 그들의 범위를 벗어난다. 한 예로 과잉 부피인 경우인데, 이 경우 부피 변화가 있고, 이 부피 변화는 부피 팽창이나 수축에 상응할 수 있는 혼합에서 발생한다. 단순한 부피 부가로부터 이탈은 더 정교한 이론을 요구한다. 한 예로 상태 방정식(the equation-of-state) 접근법인데, 여기서 상태 방정식 정보는 고분자와 용매 둘 다에서 필요하다. 열팽창 계수는 때때로 이 목적에 이용될 수 있지만 압축률(compressibility)에서는 거의 사용되지 않는다. 압축률은 이 이론의 사용을 제한해 왔다. 고분자 물성과 그 용액을 설명하는 일반 법칙을 얻는 데 초점을 맞춘 Scaling 이론도 역시 존재한다. 여기서의 목적은 기능적 윤곽(functional form)을 찾는 것이지만 알고자 하는 물성의 크기를 실제적으로 예측하는 데 있어서 계수는 필요치 않다.

연|습|문|제

1. 간단한 격자론을 이용해 20°C에서 메타-자일렌 내에 $10^{-2}\,M$의 농도로 존재하는 100 cm^{3}의 스타이렌 용액의 식별 가능한 배열의 수 Ω를 구하라(단, $\rho_{자일렌} = 0.861$ g/cm^3, 20°C). 또한 용액 제조시 혼합 엔트로피를 구하라.
2. 연습문제 1에서, 녹아 있는 스타이렌 단량체가 모두 $\overline{DP} = 1000$을 갖는 고분자로 변했다고 하자. 배위수가 12라고 가정하고, 이 용액 내의 용질과 용매의 식별 가능한 배열의 수를 구하고, 연습문제 1의 답과 비교하라. 이 용액 100 cm^3 제조 시 혼합 엔트로피와 스타이렌 중합 시의 엔트로피를 구하라.
3. 격자론을 이용해 $\overline{DP} = 500$인 고분자 10^{-6}몰을 잘 배열된 상태에서 무질서한 상태로 변화시키는 데 필요한 엔트로피 변화를 계산하라(배위수 = 12로 가정).
4. 10^{-5}몰의 폴리메틸메타크릴레이트($\overline{M}_n = 10^5$ g/mol, $\rho = 1.20$ g/cm^3)가 20°C에서 150 g의 클로로폼($\rho = 1.49$ g/cm^3)에 녹아 있을 때 혼합 엔탈피를 계산하라. 부피는 가법적(additive)이라고 가정하라.
5. $\chi N_2\phi_1 = N_1\phi_2$임을 증명하라.

6. 연습문제 4의 용액 제조 시 Gibbs 자유 에너지 변화를 계산하라.

7. 식 (48)을 유도하라.

8. 식 (57)을 유도하라.

9. 폴리스타이렌의 톨루엔 용액 내에서의 2차 비리알 계수는 25°C에서 219 cm^3/g이다. 용액 내의 고분자의 부분 비부피는 0.91 cm^3/g이다. χ_1을 구하라.

10. 두 시리즈의 용액은 몰부피 $\overline{V}_1 = 100\ cm^3/mol$을 가지는 같은 저분자량 용매를 사용한다. 각 용액은 $n_1 = 1 \times 10^{23}$개의 용매 분자를 가진다. 시리즈 A는 $\overline{V}_2 = 200\ cm^3/mol$을 가지는 저분자량 용질을 지니고 있다. 그리고 (분자수는 $10^{-23}\ n_2 = 0.1, 0.3, 0.5, 0.8, 2.0, 4.0$) Flory-Huggins 식을 사용해서 혼합 엔트로피값 $\Delta S_M/n_0k$을 계산하라. 여기서 n_0는 분자의 총수, k는 Boltzmann 상수이다. 이 용액 시리즈에 대해서 용질 부피 분율 v_2의 함수로 결과를 나타내라. 시리즈 B에 대해서도 똑같이 하라. 시리즈 B는 $\overline{V}_2 = 200{,}000\ cm^3/mol$과 $10^{-23}\ n_2 = 0.00004$, 0.0001, 0.0004, 0.001, 0.003, 0.006인 고분자량 용질을 지니고 있다. 상수 v_2에서 두 곡선 사이의 두드러진 차이를 설명하라.

11. 150 g의 클로로폼($\rho = 1.49\ g/cm^3$) 용매에 50.0 mg의 폴리메틸메타크릴레이트($\rho = 1.20\ g/cm^3$, $\overline{M}_n = 3.52 \times 10^5$) 고분자를 녹인 용액이 있다. 이 용액의 삼투압을 계산하라.

12. 벤젠만이 침투될 수 있는 막에 의해 순수한 벤젠으로부터 분리된 고분자 폴리다이메틸실록세인의 벤젠 용액에 의해 생긴 삼투압을 고분자 부피 분율 $v_2 = 0.1, 0.25, 0.5, 0.8, 0.9$의 함수로 적절한 Flory-Huggins 식을 사용해서 그리라. 온도는 25°C, χ_1값은 0.5, 0.65, 0.75, 0.8, 0.87의 5개 부피 분율로 각각 가정하라. 벤젠과 몰부피가 같은 고분자에 대해 가설적으로 열을 통과하지 못하는 가설적인 용매에 의해 생긴 이론적 삼투압을 같은 도표에 그리라. 이 두 곡선을 무한 희석 용액으로 외삽하고, 열을 통과하지 못하는 용매에 대한 곡선이 벤젠의 곡선 위에 놓여 있는 이유를 설명하라.

13. 액체-액체 평형에 대한 다음 결과는 노말-데케인에 녹아 있는 아이소탁틱 폴리아이소프로필 아크릴레이트에 대해 "Wessling, R. A, Mark, J. E. and Hughes, R. E. [*J. Phys. Chem*, **1966**, *70*, 1909]"에 의해서 보고되었다.

$10^{-6}\ \overline{M}$(g/mol)	T_c(°C)
0.123	159.2
0.278	165.3
0.531	168.7
1.04	171.8
2.77	174.6

이 시스템에 대해 이상 온도 Θ와 혼합 매개 변수 ψ_1의 엔트로피를 계산하라.

14. Quinn, F. A, Jr.와 Mandelkem, L. [*J. Am. Chem. Soc.* **1958**, *80*, 3178; **1959**, *81*, 6533]은 폴리에틸렌, α-클로로나프탈렌 시스템에 대해 아래와 같은 녹는점을 보고하였다.

v_1	T_m(°C)
0.00	137.6
0.07	135.2
0.16	131.7
0.23	128.4
0.32	126.0

고분자와 용매의 비부피는 각각 1.25와 0.92 cm^3/g이다. 이 시스템에 대해 ΔH_u(CH_2CH_2 단위 몰당) 융해열과 상호작용 매개 변수(χ_1)를 계산하라. 또한 $T = 130$°C에서 다른 상호작용 매개 변수 $B = RT\chi_1/\bar{V}_1$값을 계산하라(여기서 R은 기체 상수이며, $\bar{V}_1$은 용매의 몰부피이다).

15. Crescenzi, V와 Hoiy, P. J [*J. Am. Chem. Soc.*, **1964**, *86*, 141]에 따르면, 에틸메틸케톤은 20°C에서 폴리다이메틸실록세인에 대해 Θ 용매이다. 이 상태하에서 1.20×10^6의 분자량을 가지는 이 고분자의 분율은 고유 점도 $[\eta]_\Theta = 0.835$ dL/g을 가진다. $\Phi = 2.5 \times 10^{21}$ dl cm^{-3} mol^{-1}을 사용해서 PDMS의 $<r^2>_o/nl^2$ 특성값을 계산하라. 여기서 $<r^2>_o$은 평정 치수(unperturbed dimension), n은 골격 결합수, $l = 1.64$ Å은 골격 결합 길이이다.

16. *trans*-1,4-폴리뷰타다이엔 $[CH_2—CH═CH—CH_2—]_x$의 분율이 열역학적인 잘 녹이는 용매에서 삼투와 점도계에 의해 연구되었다. 그 결과는 $\bar{M} = 6.7 \times 10^4$ g/mol, $A_2 = 1.21 \times 10^{-3}$ cm^3 mol/g^2, $[\eta] = 1.01$ dL/g이다. Flory-Orofino 식을 사용해서 이 고분자의 사슬 팽창 인자 α와 $CR = <r^2>_o/nl^2$을 계산하라. 단, 특별한 용매 상호작용은 이 계수에 영향을 주지 않는다고 가정하라.

17. Ching, R. [J. *Phys. Chem.*, **1966**, *70*, 2348] 논문에는 유사한 구조의 3개의 Θ 용매에 대한 고분자량의 폴리에틸렌의 고유 점도가 나타나 있다.

용매	Θ(°C)	$[\eta]_\Theta$(dL/g)
도데카놀-1	137.3	0.943
데카놀-1	153.3	0.928
옥탄올-1	180.1	0.881

용매들 간의 상호인력은 계수에 영향을 끼치지 않는다고 가정하고, 교란되지 않는 차원의 $d\ln<r^2>_o/dT$의 온도 계수를 계산하라.

18. 열을 통과시키지 않은 용매에서 고분자 용액의 고유 점도값은 아래와 같다.

T(°C)	[η] (dL/g)
20	1.000
40	1.021
60	1.042
80	1.064
100	1.085

이 온도 범위에 걸쳐 고분자와 용매의 열팽창 계수는 각각 $\beta = 0.80 \times 10^{-3}$, $1.00 \times 10^{-3}\ K^{-1}$이다. 이 온도에서 독립적으로 결정된 사슬 팽창 인자 값은 $\alpha = 1.400$이다. 평균 온도 60°C에서 $<r^2>_0/dT$를 계산하라.

참|고|문|헌

BILLMEYER, F. W., Jr., *Textbook of Polymer Science*, 3rd. ed. New York: Wiley, **1984**, Chap. 7.

BINDER, K. (Ed.), *Monte Carlo and Molecular Dynamics Simulations in Polymer Science*. New York: Oxford University Press, **1995.**

DES CLOIZEAUX, J., and JANNINK, G., *Polymers in Solution. Their Modelling and Structure*. New York: Oxford University Press, **1990**.

DE GENNES, P.-G., *Scaling Concepts in Polymer Physics*. Ithaca, NY: Cornell University Press, **1979**.

FLORY, P. J., *Principles of Polymer Chemistry*. Ithaca, N.Y.: Cornell University Press, **1953**, Chap. 12.

FLORY, P. J., "Thermodynamics of Polymer Solutions," *Discussions Faraday Soc.*, **(1970)**, *49*, 7.

FORSMAN, W. C. (Ed.), *Polymers in Solution. Theoretical Considerations and Newer Methods of Characterization*. New York: Plenum Press, **1986**.

FREED, K. F., *Renormalization Group Theory of Macromolecules*. New York: John Wiley & Sons, **1987**.

GROSBERG, A. Y., and KHOKHLOV, A. R., *Statistical Physics of Macromolecules*. New York: Am. Inst. Phys., **1994**.

HIEMENZ, P. C., *Polymer Chemistry*. New York: Dekker, **1984**, Chap. 8.

ISIHARA, A., and GUTH, E., "Theory of Dilute Macromolecular Solutions," *Advan. Polymer Sci.*, **1967**, *5*, 233.

KAMIDE, K., and DOBASHI, T., *Physical Chemistry of Polymer Solutions. Theoretical Background*. Amsterdam: Elsevier, **2000**.

KLENIN, V. J., *Thermodynamics of Systems Containing Flexible-Chain Polymers*. Amsterdam: Elsevier, 1999.

MORAWETZ, H., *Macromolecules in Solution*. New York: Wiley-Interscience, 1975.

PETHRICK, R. A., and DAWKINS, J. V. (Eds.), *Modern Techniques for Polymer Characterization*. New York: Wiley & Sons, Inc., **2000**.

RICHARDS, E. G., *An Introduction to Physical Properties of Large Molecules in Solution*. Cambridge: Cambridge University Press, **1980**.

SUN, S. F., *Physical Chemistry of Macromolecules, Basic Principles and Issues*. New York: Wiley Interscience, **1994**.

TERAOKA, I., *Polymer Solutions. An Introduction to Physical Properties*. New York: Wiley & Sons, Inc., **2002**.

YAMAKAWA, H., *Modern Theory of Polymer Solutions*. New York: Harper & Row, **1971**.

17장

모폴로지, 유리 전이 온도 및 고분자 결정성

17.1 고분자의 모폴로지 변화

대부분의 긴 사슬을 갖는 고분자들은 가열하면 점차적으로 특성이 변화된다. 모든 선형 고분자는 저온에서는 유리상이나, 온도가 상승함에 따라 고무상으로 바뀌게 된다. 이러한 변화가 일어나는 온도를 유리 전이 온도(T_g)라고 한다. T_g 이상으로 가열하면 무정형의 고분자가 고무상의 껌

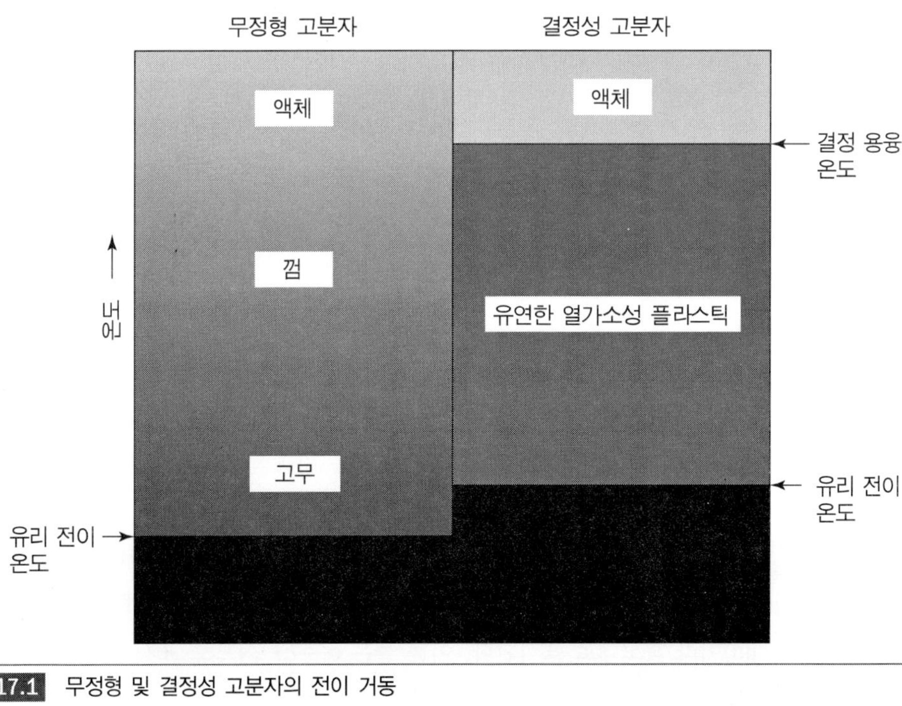

그림 17.1 무정형 및 결정성 고분자의 전이 거동

(gum)과 같은 형태에서 최종적으로는 액상이 된다. 반면 결정성 고분자는 T_g 이상, 그리고 결정 용융 온도인 T_m 이하에서는 유연성과 열가소성을 나타낸다. T_m에서는 고분자가 녹아서 점성 액체가 된다. 결정 용융 현상은 인접한 사슬들이 규칙적인 배열을 갖고 함께 채워져 있을 때 일어나며, 녹는점은 이러한 미세결정체들이 열적으로 붕괴되는 온도를 나타낸다. 그림 17.1에 무정형 고분자와 결정성 고분자들의 특성을 도시하였다. 가교가 많이 된 경우는 전이 거동이 달라지게 된다.

같은 고분자에 결정성을 부여할 때와 비결정성을 부여할 때를 비교할 때, 결정 형태 내의 유리 전이 온도가 높거나 낮으며, 고무상의 온도 영역이 없어지는 경우가 있다. 실제로 결정성 고분자들에서는 무정형 형태의 고무상이 유연한 열가소성 형태로 바뀌는데, 이것은 재래식 탄성체보다는 더 늘어나지는 않으나 훨씬 강인하다.

17.2 점탄성의 특징

기초물리학에서는 물질을 3개의 뚜렷한 범주로 나누는데, 이들은 고체, 액체, 기체이다. **고체**는 일정한 형태와 부피를 갖는 물질이며, 흐름이 없다. **액체**는 쉽게 흐르며, 일정한 부피를 갖는다. **기체**는 흐르며 부피 변화가 쉽게 일어난다. 이러한 간단한 설명으로는 가교 고분자의 성질을 이해하기는 어렵다. 대부분의 고분자들은 고체도 액체도 아닌 **점탄성 물질**(viscoelastic material)이며, 점탄성이란 고체와 액체상의 특성을 함께 갖는 것을 말한다.

예를 들어 약간 가교된 천연고무가 실험대 위에 놓여 있다면 고체의 특성을 가질 것이지만, 잡아당기거나 한쪽에 압력을 가하면 액체에서와 같이 형태가 변화하게 된다. 물론 이러한 장력이나 압력을 제거하면 원래 형태로 되돌아가게 될 것이다. 이들이 점탄성의 예로서 고분자에서는 유용한 특성이다. 이러한 성질을 갖는 고분자들은 재래식 고체나 액체로는 부적합한 곳에 많이 응용될 수 있다.

이 절에서는 점탄성의 몇 가지 특이점에 대해 살펴본 후 두 개의 중요한 현상인 유리 전이 온도(T_g)와 고분자 결정성에 대해 알아보도록 한다.

17.2.1 용어

특정한 물질이 유리, 탄성체, 고무, 액체인지를 식별하기는 비교적 쉬우나, 한 고무가 다른 고무보다 "딱딱한지"를 언급하려면 좀더 상세한 용어가 필요하다.

통상적으로 아래의 용어가 사용되는데, 인장은 물질을 잡아당기는 것을 말한다. 물질을 잡아늘리는 데 필요한 힘을 **인장 응력**(tensile stress)이라 하고, σ로 표시한다. 시료에 일어난 신축량을 **인장 변형**(tensile strain)이라 하고 ε로 표시한다. 이들 둘은 $\sigma = E\varepsilon$ 식으로 표시되며, 이때 비례 상수 E는 **탄성률**(modulus) 또는 Young률이라고 한다. E는 특정한 고분자의 성질을 나타내며, 강성도를 측정하는 값이다. 높은 탄성률을 갖는 물질은 강성도가 커서 상당한 응력을 가해야만 변형이 일어난다. 신축 저항(즉 탄성률 또는 강성도)은 파괴 저항과 같지는 않다. 다시 말하면, 극히 강한 물질이라도 낮은 응력하에서 파괴되기도 한다. 따라서 **인장 강도**(tensile strength)라는 용어가 필요한데, 이것은 물질이 파괴되지 않고 견딜 수 있는 최종 하중이다. 피아노 줄의 인장 강도는 약 2×10^{10} dyn/cm^{2}이고, 유리상의 폴리메틸메타크릴레이트는 약 8×10^8 dyn/cm^{2}이다. **인성**(tenacity)은 물질의 파괴점에서의 응력이다. **충격 강도**(impact strength)는 충격을 가했을 때 물질의 파괴 저항을 일컫는다. **강인성**(toughness)은 파괴 저항의 일종으로 파괴점에서의 전체 에너지로 정의된다. 그러므로 이것은 $\int fdL$의 적분이다. 여기서 f는 힘이고, L은 길이이다.

점탄성 거동은 **전단**(shear)에 관한 항으로 나타낼 수 있다. 예를 들면 고분자 시료 표면과 평행한 방향으로 시료 위에 힘을 가하여 부피 변화 없이 변형이 일어날 때 전단이 생긴다. 변형에 대한 저항을 **전단율**(shear modulus)이라 하고 G로 표시한다. 물체에 정역학적 압력(hydrostatic pressure)을 가하면 부피에서의 감소가 일어난다. 이때 부피 축소에 대한 저항의 **부피 탄성률**(bulk modulus)로 주어진다.

크리프(creep)는 고분자에 중력과 같은 일정한 힘이 작용될 때 고분자의 형태가 서서히 변하거나 흐름 거동을 나타내는 것을 의미한다. 이것은 점탄성 중 "액체와 같은" 거동을 나타내는 것으로써 고분자 응용에 치명적인 단점이 된다. **응력 완화**(stress relaxation)는 시간에 따른 수축력에서의 감소를 나타내는 것이다.

17.2.2 유리상

전형적인 유리상 고분자로는 폴리메틸메타크릴레이트와 폴리스타이렌이 있다. 이들은 실온에서 형태 안정성이 있고, 크리프도 일어나지 않는다. 얇은 시료라면 유연성이 있으나 탄성체와 같지는 않고, 보통의 강도가 있으며, 충격 강도는 약간 있으나 망치로 치면 부서진다. 실온에서는 두 물질 모두 유리 전이 온도(약 100°C) 이하이다. 대부분의 유리상 고분자들이 구조재로 사용되므로 경도, 내크리프성, 고충격 강도, 높은 유리 전이 온도 등이 가장 바람직한 성질들이다. 그러나 고충격 강도란, 유리상보다는 탄성체의 특성이므로 높은 경도와 고충격 강도 간의 절충이 필요하다.

단단하면 조그만 파괴가 일어나도 고분자 내부로 전파하기 쉬워진다. 유리상 고분자에 충격을 주면, 충격점에서 사슬의 분리가 일어나고 사슬 결합이 파괴된다. 각 사슬들의 분리는 약한 van der Waals 인력을 극복하여 일어나게 된다. 공유 결합을 끊기 위해서는 더 많은 에너지가 필요하다. 문제는 유리상 고분자 표면에 작은 충격에 기인한 사슬의 불연속성이 일어나 바로 그 점에서 국부적인 응력이 증가하는 데 있다. 이것이 대부분의 충격 응력을 비교적 적은 수의 화학 결합에 집중시켜 공유 결합과 van der Waals 인력이 없어지는 대신 틈(crack)이 빠른 속도로 성장한다. 유리의 근본적인 문제는 충격 에너지가 결합 파괴로 전환되는 것이 에너지 분산에 적용되는 메커니즘 중 하나라는 것이다. 그와 반대로 탄성체는 에너지를 **흡수**하여 분자 운동을 하게 된다. 유리

상에서는 고분자 사슬들이 딱딱하게 고정되어 있고, 그러한 충격 흡수가 가능한 분자 이동이 존재하지 않으므로 물질이 깨진다.

이러한 문제를 해결하기 위한 세 가지 방안이 개발되었다. 첫 번째로는 공유 결합한 가교가 사슬 사이에 형성되면, 틈 성장에 필요한 에너지의 양이 증가하는 결과를 초래한다. 따라서 더욱 많은 공유 결합들이 남아서 파괴되게 된다. 두 번째로는 "충전재"라고 하는 미세한 물질을 고분자에 넣는 것이다. 이렇게 하면 틈 성장이 방해받게 된다. 세 번째로는 충격 흡수하는 두 번째 상을 고분자 기질에 도입하는 것이다. 다음에서 이 세 번째 방법에 대해 더 검토해 보기로 한다.

17.2.3 고무상

탄성체(elastomer)는 유리 전이 온도보다 훨씬 높은 온도에서 존재하는 고분자이다. 탄성체가 미세결정상을 가진 경우는 드물고 대부분은 무정형인 물질이다. 그러나 온도를 높여 고무와 같은 거동을 나타낼 정도가 되면 탄성체의 특성은 잃어버리게 된다. 그러나 사슬 사이의 가교들이 고온에서도 탄성체의 특성을 유지시켜 준다.

탄성체의 현상은 앞에서 이미 언급하였으며, 이것은 21장에서 더 자세히 다룰 것이다. 탄성체들은 액체의 성질을 갖고 있어서 힘을 조금만 가해도 쉽게 변형을 일으키거나 흐름 현상을 나타낸다. 그러나 액체와 다른 점은 힘을 제거하면 원래의 형태로 되돌아가는 것이다. 이러한 거동은 주사슬 결합의 높은 이동도 때문이다. 사슬들은 쉽게 입체 형태 변화를 일으켜서 외력이 작용하면 수축하거나 확장하게 된다. 변형 후 탄성체가 원래의 형태로 돌아가는 능력은 다음의 두 가지에 기인하다. 첫째는 엔트로피적인 이유 때문에 매우 꼬여 있는 분자 형태가 유리하며, 따라서 응력이 제거되어 엔트로피가 최대가 되면 당겨진 고분자는 수축하게 된다. 둘째는 가교가 있으면 가한 응력이 과다하더라도 사슬들이 서로 미끄러지는 것을 방지한다. 결과적으로 많은 가교 탄성체들은 잡아당겨도 탄성률과 강도가 높다. 또한 가교로 인해 고분자의 크리프 경향을 감소시켜 준다.

탄성체가 갖고 있는 두 가지 다른 성질들은 "탄력성"과 "용매 흡수성"이다. **탄력성**(resilience)이란, 물질이 튕겨나오는 능력을 의미한다. 고무공을 일정한 높이에서 떨어뜨려서 바닥에서 튀어오를 때 초기 높이와 튀어오른 높이비를 탄력성이라 한다. 탄력성은 탄성체가 에너지를 흡수하여 저장하고 충격 후에 에너지를 **빨리** 되돌려주는 능력을 말한다. 분자적으로 보면, 고분자 사슬들이 원래 상태에서 형태 변형을 일으키기 쉬운 정도나 원래 상태로 다시 돌아가 저장하고 있는 자유 에너지를 방출해 내기 쉬운 정도를 말한다. 탄성체가 내충격성을 지니는 것은 이러한 분자 특성에 기인한다. 에너지 흡수는 화학 결합이 끊어짐에 의해 일어나는 것이 아니라, 입체 형태 변화(conformational change)에 의해 일어난다.

탄성체가 용매를 흡수하여 현저한 부피 팽창이 일어나는 것은 잘 알려진 사실이다. 고무가 벤젠이나 톨루엔에 팽윤되는 것이 한 예이다. 용매 흡수가 잘 일어나는 것은 고분자 사슬이 상온에서 유연한 운동을 하기 때문이다. 따라서 용매 분자가 고분자 격자를 쉽게 통과할 수 있어 큰 분자들의 분리를 일으킨다. 결국 고분자는 가교가 없으면 용해한다. 가교는 사슬들이 분리될 수 있는 정도를 제한하여 팽윤도를 조절하게 된다. 용매의 팽윤도는 가교 밀도 측정에 사용된다. 몇 가지 탄성체들은 용매에 팽윤된 상태로 이용되기도 한다. 여기서 "용매"는 "가소제"로 알려져 있다.

탄성체들은 일반적으로 치수 안정성(dimensional instability)이 있어 구조재로도 응용되고 있으나, 주용도는 에너지 흡수재나, 타이어 또는 유연성이 있는 충격 도료로 널리 이용된다.

17.2.4 유연한 비탄성 상태

유리 전이 온도 이상에서 많은 미세결정성 고분자들은 유연한 필름 형태나 섬유 형성 재료로 존재하며, 탄성체와 같은 성징(예를 들면 유연성, 내충격성, 탄성, 용매 팽윤성 등)을 띠지만, 중요한 특성으로는 유연성과 치수 안정성의 조합이라고 볼 수 있다.

그러한 재료들은 무정형 탄성체들로서, 여기에 미세결정 영역의 형태로 임시 가교점들이 끼워져 있다. 여기서 결정 영역들은 무정형 상태에 비해 어느 정도 강성도를 나타내어 고분자의 크리프성을 감소시킨다. 결정성이 매우 높으면 내충격성이 저하되므로 결정성과 내충격성 간의 절충이 필요하게 된다. "질긴" 고분자들은 이러한 절충으로 이루어진 결과이다.

고분자의 유연한 성질을 확대하는 데 가소제가 종종 사용된다. 가소제 효과로는 무정형 영역을 팽윤시켜 사슬들 간의 응집을 낮추고, 이러한 영역을 유연한 탄성체 영역으로 작용하도록 한다. T_g가 상온 이상인 고분자를 변형하는 데 가소제가 사용되어 T_g를 상온 이하로 낮춘다.

17.2.5 액체 상태

만약 가교가 없으면 무정형 고분자의 미세결정성 고분자 모두 고온에서 용융한다. 용융 과정을 통해 사슬들이 서로 분리되어 점성 흐름이 쉽게 일어나도록 한다. 그러나 공업적으로는 용융 상태의 고분자로 이용되는 경우는 없으나, 고분자를 가공하는 데 광범위하게 이용된다(20장 참조).

17.2.6 여러 가지 현상학적 모델

앞에서 언급했듯이, 높은 점성을 나타내고 실타래처럼 얽혀져 있는 매질 내에서 사슬이 움직이는 것이 어렵기 때문에 고분자는 시간 지연 효과를 나타낼 뿐 아니라 평형 탄성 효과를 나타낸다. 그래서 고분자 물질의 "점탄성(viscoelasticity)"을 이해하기 위해서는 액체와 관련된 점성 효과와 고체의 특성인 탄성 효과를 조합해야만 한다.

이러한 목적을 위해 사용되는 가장 간단한 모델은 현상학적이고, 분자 구조에 관계없이 물질을 취급해야 하는 것을 의미하며, 고분자 필름, 나무 보드나 콘크리트 판에도 동등하게 잘 적용되어야 한다. 이것은 큰 보편성의 장점을 가지고 있지만, 분자 구조와 성질과의 관련성이라는 일반적인 목표와는 거리가 있어, 많은 화학자나 물리학자들에게는 불편하다. 어떤 경우에서든지 기본 개

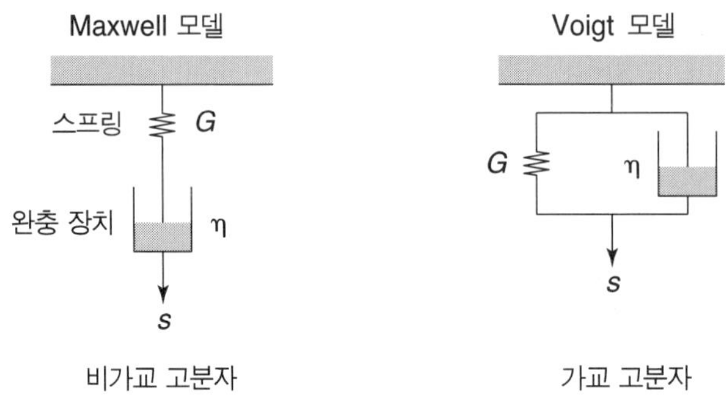

그림 17.2 점탄성에 대한 가장 간단한 현상학적 모델

념은 맥스웰(Maxwell-Boltzmann 통계학의 Maxwell)과 보이트(Voigt) 모델로 설명될 수 있다. 이들은 그림 17.2에 체계적으로 나타나 있다. 이 모델에서 탄성 응답은 탄성 계수 G를 가지며 점도 η을 갖는 유체를 포함하는 완충 장치에 연결되어 있는 스프링으로 모형화된다. 스프링은 연신되었다가 높은 엔트로피의 랜덤 코일 공간 배열로 되돌아가려 하는 사슬의 회복 가능한 탄성 응답을 모형화하였다. 이와는 달리 완충 장치(dashpot)는 고분자 매질 내에서 스스로 재배열하는 사슬의 시간 지연 효과를 모형화한 것이다. 이들은 자동차에서의 충격 흡수체나 문이 너무 빨리 닫히는 것을 방지하는 장치와 유사한 것으로 생각될 수 있다. 기본적인 개념은 응력(stress, s)이 그림에서처럼 가해질 때 응력에 대응하기 위해서 유체는 완충 장치로 흘러야만 한다. 유사하게 수축할 때 완충 장치로부터의 흐름은 시간 지연 회복을 나타낸다. 두 경우 모두 느림(slowness)은 유체의 점도에 직접적으로 의존한다.

Maxwell 모델에서, 이들 두 요소는 "직렬"로 연결되어 있으며 이러한 관점에서 용어의 많은 부분은 전기 회로를 연상하면 된다. 이 배열은 비가교 고분자를 모델화한 것이며, 여기서 스프링은 수축될 수 있기 전의 연신된 사슬의 일시적인 탄성을, 완충 장치는 탄성 응답이 지연되는 정도를 모형화하였다. 이러한 경우에 변형 속도 $\dot{\gamma} = d\gamma/dt$는 두 가지 성분을 가진다. 하나는 탄성 계수 G에 대한 식이고($G = s\dot{\gamma}$), 다른 하나는 점도에 관한 식으로 $s = \eta\dot{\gamma}$이다. 구체화하면,

$$\dot{\gamma} = s/\eta + (1/G)(ds/dt) \tag{1}$$

이 미분식은 고분자 과학에서 흥미 있는 두 가지 경우(응력 완화와 크리프)에 풀릴 수 있다. 응력 완화에서는 시료를 원하는 길이만큼 늘린 후에 응력이 감소하는 동안 이 길이를 유지한다(가교되지 않은 사슬은 서로 미끄러지기 때문에). 일정한 길이에서 변형 속도 $\dot{\gamma} = 0$이고, 식 (1)은 조사에 의해 풀 수가 있다. 해답은 시간에 대한 특징 함수 s이고, 첫 번째 미분 계수를 도입하면 s에 대한 함수는 0이 되기 때문에 식의 왼쪽 부분만 나타나게 된다. 이것은 t에 대해서 지수함수가 되고, 이 식은 다시 다음과 같이 된다.

$$s = s_o e^{-t/\tau} \tag{2}$$

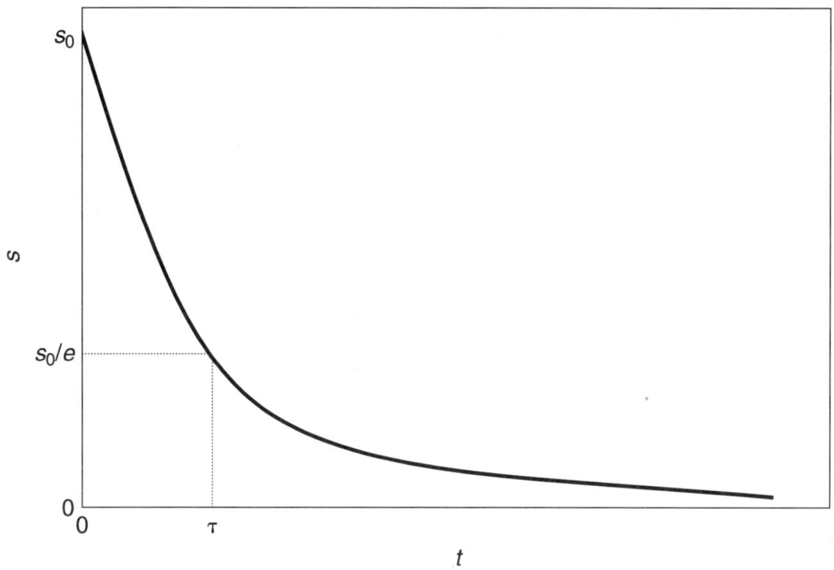

그림 17.3 응력 완화에 대한 Maxwell 모델의 해답

여기서 s_0는 초기 시간 $t = 0$일 때의 응력, $\tau = \eta/G$는 완화 시간이다.

식 (2)에서 보는 바와 같이 이것은 응력이 원래 값 s_0의 $1/e$로 완화되는 데 걸리는 시간이다. 이것은 지수함수에서의 계수가 1/2에서 $1/e$로 변화한 것을 제외하면 핵분열의 반감기와 유사하다. 해답은 식 (2)를 식 (1)에서 치환함으로써 풀 수가 있고, 이것은 그림 17.3에 체계적으로 나타내었다.

또 다른 관련된 실험, 크리프 비가교화된 고분자의 위를 클램프에 고정시키고 일정한 응력을 가할 수 있는 무게를 갖는 용기에 고정시킨다. 고분자 시료는 사슬이 미끄러져 시료가 끊어질 때까지 늘어나게 된다. 응력이 일정한 경우 식 (1)에서 ds/dt 항은 0이기 때문에 분리 변수(separable-

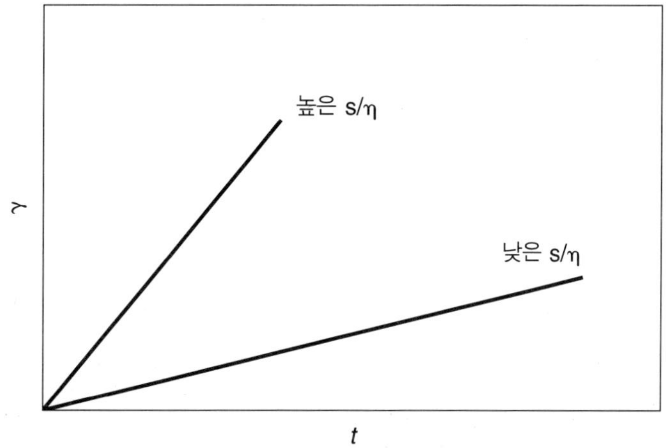

그림 17.4 크리프에 대한 Maxwell 모델에 대한 해답

variables) 방법에 의해 식을 풀 수 있다. 미분식은 다음과 같다.

$$d\gamma = (s/\eta)dt \tag{3}$$

미분하면,

$$\gamma = (s/\eta)t + I \tag{4}$$

여기서 I = 적분 상수이다. t가 0일 때 γ는 반드시 0이 되어야 하므로, I도 반드시 0이 되어야 하고, γ는 시간에 비례한다. 이것은 그림 17.4에 두 가지 곡선으로 나타내었다. 만약 비례 상수가 크다면(큰 응력이나 낮은 점도 때문에), 크리프 속도는 상대적으로 빨라진다. 만약 높은 분자량에 기인하는 낮은 응력이나 높은 점도 때문에 이 상수가 작다면 크리프 속도는 늦어진다.

보이트 모델을 특징짓는 미분식은 응력 s가 스프링 요소와 완충 장치 요소로 분배되어 있는 것으로부터 얻을 수 있다. s에 대해 풀면 두 가지의 분배항이 주어진다.

$$s = G\gamma + \eta\dot{\gamma} \tag{5}$$

다시, 해답은 첫 번째 미분 계수를 도입하면 γ에 대한 함수가 아니라 s에 대한 함수로 주어진다. 이는 다음과 같은 결과로 유도된다.

$$\gamma = (s/G)(1 - e^{-t/\tau}) \tag{6}$$

유사하게, 만약 응력이 제거된다면 식의 왼쪽은 0이 되고 식은 응력 완화에서 응력에 대한 식 (2)와 유사하다.

$$\gamma = \gamma_0 e^{-t/\tau} \tag{7}$$

여기서 γ_0는 변형 응력을 제거한 직후의 변형이다. 변형은 시간 지연을 특징짓는 τ와 관련하여 지수적 감소를 나타내지만, 주기의 회복 부분에 대한 것이다. 변형과 그 이후의 수축은 그림 17.5에 나타내었다. 석영 스프링(quartz spring)은 어떤 시간 의존 효과 없이 최대 변형을 나타낼 것이며, 이는 응력 제거 직후 바로 회복된다.

어느 고분자 시료에서나 스프링 상수, 점도와 완화 시간은 아마도 어떤 범위나 스펙트럼으로 나타낼 것이다. 이러한 변수의 다른 값은 분자량이나 사슬의 꼬임 정도 등이 다른 사슬일 때 필요하다.

요약하면, 점탄성 연구는 고분자에 적용 가능한 응력-변형-시간 데이터를 해석하는 데 적당한 모델을 제공하였다. 이것은 다른 조건에서 물질의 거동을 예측하는 데 이용되는 G, η, τ의 값을 제공하였다. 이 현상학적인 접근은 분자 정보에 대한 접근을 잃는 단점이 있지만, 시간 의존 거동을 예측하는 것과 최적화된 물성을 가진 물질을 설계하는 데는 상당한 장점이 있다.

많은 연구가 현상학적인 것보다는 분자학적인 접근을 이용하여 수행되고 있다. 하나의 예로서,

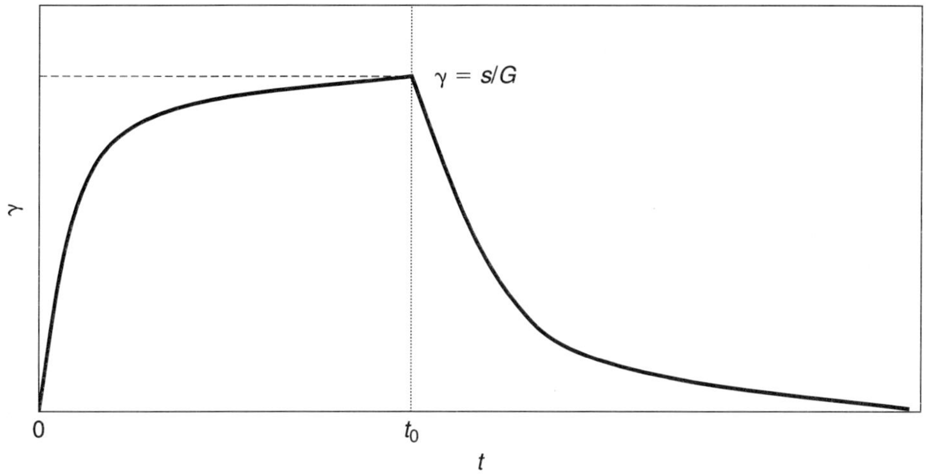

그림 17.5 연신 후에 수축에 의한 Voigt 모델에 대한 해답

뱀이나 다른 파충류에 의해 사용되는 "사행운동(reptation)"이란 용어로 사슬의 거동을 취급한다.

17.2.7 특이한 점탄성 물질

"Silly Putty®"로 불리는 고분자 복합체의 신기한 형태는 점탄성의 몇 가지 흥미 있는 면을 예증하고 있다.[1] General Electric사에서 1950년에 분자량이 작은 폴리실록세인과 붕산을 혼합하여 처음으로 만들었다. 이것은 오늘날 사용되는 것과 기본적으로 동일한 기술이며, 수억 개의 견본 대부분이 아이들의 장난감으로 팔렸다.

장난감으로 관심을 갖는 이유는 물질이 짧은 시간 간격에는 고무 같은 고체가 되지만, 더 연장된 시간에서는 점성의 액체로 된다는 사실 때문이다. 그래서 물질은 고무공과 같이 튀지만, 지구 중력장 내에서는 점성의 액체같이 천천히 흐를 수 있다. 바로 이 유연한 성질이 접촉 강도를 증가시키고, 응력을 완화하여 이 고분자를 다방면으로 이용할 수 있게 하였다. 만약 이 물질이 액체라는 사실을 인식하지 못하는 아이들이 그냥 방치한다면, 유체는 카펫 등에 흘러 들어가는 문제를 야기할 것이다. 이러한 모든 관점은 일반적인 고분자 물질의 기계적 성질은 시간에 의존하는 예를 제공한다.

Silly Putty®는 신문 페이지로부터 형상을 옮길 수 있게 하며, 그것의 변형은 고분자를 잡아당겨 이미지를 재미있는 형상으로 왜곡시키는 데 이용할 수도 있다. 그러나 이 물질은 가교된 것이 아니기 때문에 보통의 흐름 과정은 이미지의 수명을 짧게 한다.

[1] A. Thayer, Chem. Eng. News, November 27, **2000**, p. 27.

17.2.8 이성분계

앞에서 언급했듯이 공업적으로 고분자를 이용하는 데 주된 문제는 치수 안정성과 고충격 강도를 갖는 물질을 설계하는 것이다. 한 가지 방법으로는 유리 섬유, 석면, 분말형 탄소 등을 "보강" 충전재로 T_g가 높은 고분자에 첨가하는 것이다. 이 방법은 20장에서 논의되었다. 두 번째 방법으로는 유리상과 고무상 영역을 모두 갖고 있는 고분자계를 만드는 것이다. 유리상 영역은 내변형성을 나타내며, 고무상 영역은 충격 흡수 영역으로 작용한다. 그 예로 음이온 중합법을 이용한 스타이렌과 뷰타다이엔 블록 공중합체(SBR) 제조를 들 수 있다(Kratons™으로 판매되고 있다). 양쪽 끝의 폴리스타이렌 블록은 T_g가 100°C이고, 중앙의 폴리뷰타다이엔 블록은 T_g가 −63°C이다. 상온에서 폴리스타이렌 블록은 유리 상 "충전재" 영역으로서, 폴리뷰타다이엔 영역이 팽창하거나 크리프되는 것을 방지해 주어 순수한 폴리스타이렌보다 내충격성이 훨씬 높다. 폴리스타이렌의 유리전이 온도 이상으로 온도를 올리면 "가교점"이 유연해지기 때문에 물질은 재생성을 가진다. 폴리스타이렌이 연속상이고, 폴리뷰타다이엔이 그 속에 분산되어 있으면 상전이가 가능하다. "고 내충격성 폴리스타이렌"(HIPS)의 고무상은 폴리스타이렌의 충격 저항을 매우 증가시킨다. 아크릴로나이트릴-뷰타다이엔-스타이렌(ABS) 고분자도 이와 같은 특성을 지니고 있다.

이러한 이성분계는 고분자 과학자나 엔지니어에게 또 다른 도전을 부여하였다. 두 성분 사이의 계면은 고분자 물성과 관련하여 매우 중요하며, 특히 고분자-필러 복합체의 경우에 있어서 더 중요하다. 계면은 일반적으로 접착에 관한 중요한 문제를 제기하고 있다.

Van der Waals 힘, Coulomb 힘, 수소 결합과 같은 비공유 결합에 의해 자기조립하여 고차원 구조를 형성하는 분자들에 대한 연구가 과학자들에게 매우 큰 관심을 끌고 있다. 이 "초분자 구조"의 영역은 원자가 모여 분자를 이루는 것과 병행하여 생명체에서 다양한 방법으로 이용되고 있다.

17.3 전이의 열역학

두 가지 종류의 전이는 상대적인 열역학에 의해서 1차, 2차 전이로 구분될 수가 있다. 이 두 가지 정의는 고분자를 분석하고 실험을 수행하는 데 지침이 된다.

특히 1차 전이는 자유 에너지의 1차 미분 시 불연속성이 존재한다. 일정한 온도와 압력에서의 가공에 대한 직접적인 관련성 때문에, Gibbs 자유 에너지가 여기서 가장 적당하다. 이것은 열역학 제1법칙($dE = dq - dW$, 여기서 E는 에너지, dq는 계로의 열흐름, dW는 공정에서 계에 의해 행해진 일)으로부터 얻어진다.

제1법칙을 엔트로피의 정의에 대입하고 $dH = dE + d(pV)$, $dW = pdV$와 $dG = dH - d(TS)$를 이용하면 열역학의 "기본적인" 네 가지 식 중의 하나가 주어진다.

$$dG = Vdp - SdT \tag{8}$$

이는 압력과 온도에 따라 Gibbs 자유 에너지가 어떻게 변하는가를 나타내었다(어떤 화학 반응이 없을 때). 이 식에서는 세 가지 변수가 있기 때문에, 정의에 적합한 인자를 편미분한다. 하나는

$$(\partial G/\partial p)_T = V \tag{9}$$

그러한 전이를 측정하는 방법은 팽창 측정(부피–온도)을 하는 것이다. 다른 변수를 편미분하면,

$$(\partial G/\partial T)_p = -S \tag{10}$$

열용량과 엔트로피가 가장 관련이 있기 때문에 이것은 열량을 측정하는 다른 방법이 될 수 있다.

반면에, 2차 전이는 Gibbs 자유 에너지의 2차 미분 시 불연속성을 나타내는 전이이다. 전형적인 고분자 분석 실험과 관계된 하나의 2차 미분은 다음과 같다.

$$(\partial[(\partial G/\partial p)_T]/\partial T)_p = (\partial V/\partial T)_p = V\alpha \tag{11}$$

여기서 α는 열팽창 계수$(d\ln V/dT)_p$이다. 팽창 요소에 대한 열량 인자는 다음과 같다.

$$(\partial[(\partial G/\partial T)_p]/\partial T)_p = -(\partial S/\partial T)_p = -(dq_{\text{rev}}/TdT)_p = -C_p/T \tag{12}$$

여기서 C_p는 일정한 압력에서의 열용량이다.

두 전이 사이의 다른 구분은 1차 전이는 용융점에서 용해 상태에 접촉되어 있는 결정성 고체를 녹이는 데는 열이 더 필요하거나, 끓는점에서 증기와 접촉되어 있는 액체를 증발시키는 데는 열이 필요한 것처럼 잠열과 관계 있다는 사실이다. 2차 전이는 이러한 잠열이 존재하지 않는다.

그림 17.6은 팽창과 열량 실험에서 예상되는 차이를 보여 준다. 1차 전이의 경우에는 온도가 증가함에 따라 점차적으로 부피가 증가하다가, 용융점(T_m) 이상에서는 다른 상(액체 상태)이 나타난다. Gibbs의 상법칙은 모든 결정상이 완전히 액체로 전이될 때까지 $T = T_m$에서 온도가 유지되는 것을 나타낸다. 액체상의 부피는 그에 상응하는 결정 부피(효과적인 패킹이 안 되기 때문)에 비해 크며, 그림에서 보는 것처럼 일정한 온도에서 부피가 급격하게 증가한다. 무한한 기울기를 가진 이 부분은 열역학을 다룰 때는 불연속성으로 정의된다. T_m 이상의 온도에서는 액체의 가열과 비슷하게 일어난다.

부피를 온도에 따라 도시하면 2차 전이의 경우 기울기에서의 변화를 나타내지만 불연속성이 없다. 일반적으로 기울기 변화는 고분자의 유리 전이 온도 T_g로 받아들여진다. 유리 전이 온도에서 기울기가 변하기 때문에 2차 미분 계수(열팽창 계수에 비례하는)는 이 온도에서 불연속성을 가지고, 전이의 이러한 형태의 열역학과 일치한다.

1차 전이에 대한 열용량 실험에서, 열운동이 증가하기 때문에 온도 증가는 엔트로피를 서서히 증가시킨다. 이러한 증가 추세는 용융 온도까지 계속되고, 이 점에서 팽창계 실험에서의 부피와

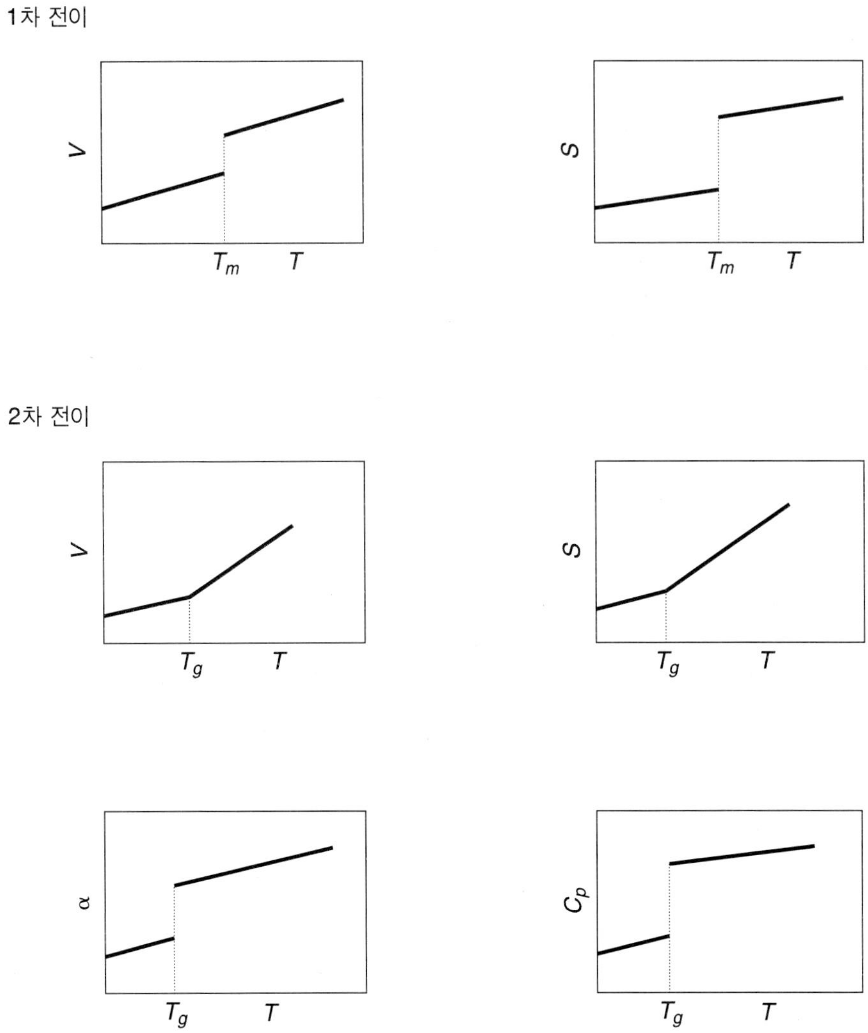

그림 17.6 1차와 2차 전이 간의 열역학적 구분

마찬가지로 불연속성이 된다. 엔트로피(S)의 급격한 증가는 상응하는 결정상보다는 더 무질서한 상태에 있는 액체상에 의해 엔트로피(S)가 급격하게 증가된다.

유사하게, 2차 전이의 엔트로피는 온도에 의존하는 불연속성을 보이는 것보다는 기울기의 변화를 보인다. 팽창계에서처럼 기울기가 변하는 온도가 고분자의 유리 전이 온도로 받아들여지며, 여기에서는 열용량(C_p)이 불연속성을 나타낸다.

이와 같은 실험에서는 시간이 중요하기 때문에 유리 전이 온도가 정말 2차 전이인지 회의론이 존재한다. 동일 실험을 더욱 더 늦게 실험하면 매우 낮은 유리 전이 온도값을 주거나, 전혀 그렇지 않을 수도 있다. 유리 전이 온도를 보는 하나의 관점은(유리 전이 온도 이하에서는 물질이) 단순히 불변의 고체처럼 행동한다고 보는 것이다.

17.4 유리 전이 온도

유리 전이(glass transition)는 모든 선형 고분자에 있어 유리상에서 고무상 또는 유연한 열가소성 형태로의 비교적 명확한 변화를 일으키는 것을 말하고, 이것을 "2차 전이(second order transition)"라고도 한다. 이것은 특정한 고분자의 특성으로서 마치 저분자 화합물들의 용융점과도 같다. 실제로 유리 전이 온도는 주사슬 원자의 형태나 곁사슬기의 형태 및 곁사슬기의 공간 변형에 의해서도 달라진다. 표 17.1에 여러 고분자들의 T_s값을 나타내었다.

고분자의 실용성이나 각기 다른 성질들은 대체로 유리 전이 온도에 의해 영향을 받는다. 따라서 고분자 연구의 중요한 분야는 어떻게 서로 다른 분자 구조가 유리 전이 온도에 영향을 미치는가를 이해하는 데 있다. 이 중 하나를 18장에 기술하였다. T_g와 고분자 사슬의 **유연성**(flexibilky)은 매우 밀접한 관계가 있다. 사슬의 유연성은 결합각이나 결합 길이의 변화보다는 사슬의 회전이나 비틀림 운동에 더 의존한다. 무질서하게 꼬인 사슬을 잡아당겨서 늘어진 형태로 만들면, 사슬 결합은 각이 뒤틀리기보다는 감겨진 것이 풀리게 된다(그림 17.7). 따라서 거시적 의미에서의 유연성은 분자 단계에서의 **비틀림 운동**(torsional mobility)과 같다. 만약 매우 유연한 사슬이 있으면, 유리 전이 온도는 일반적으로 낮다. 사슬이 단단하면 T_g는 높다. 폴리다이메틸실록세인은 T_g가 −123°C로 가장 낮은 값을 갖는 것 중의 하나다. 그 이유는 Si—O 결합이 매우 큰 뒤틀림 운동을 하기 때문이다.

그러나 주사슬 구조의 고유 강도나 고유 유연성은 단지 하나의 인자일 뿐이다. 골격 결합의 뒤틀림 운동이 곁사슬기에 영향을 미친다. 즉 같은 구조에 큰 곁사슬이나 하전 구조를 갖고 있으면, 서로 인력이나 반발력이 작용하여 사슬의 이동도를 낮춘다. 표 17.1에서 이러한 효과의 예를 볼 수 있다. 또한 인접 사슬들 사이의 극성 상호작용이 T_g값을 올려준다. 사슬의 길이도 영향을 미쳐서 T_g는 일반적으로 사슬 길이가 어느 정도의 값에 도달할 때까지는 증가한다. 다시 말하면, 유리 전이 현상은 각 사슬들 사이의 특정한 상호작용에 의존하기보다는 고체나 탄성체의 거동에 더 의존한다. 이러한 접근 방법으로 보면, 전체 재료의 유연성은 그 물질 내의 "자유 부피(free

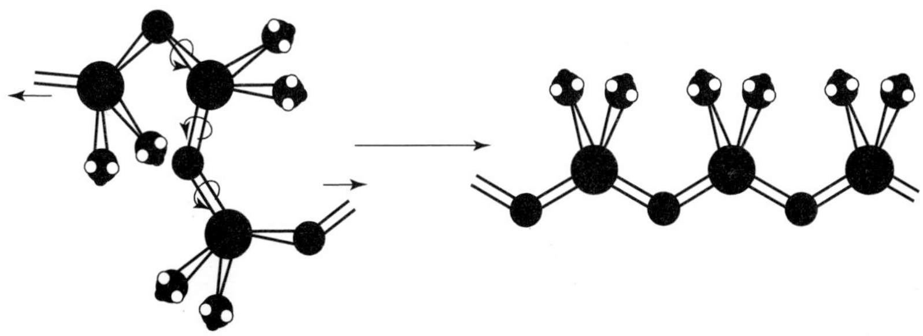

그림 17.7 실리콘 고무와 같은 고분자의 탄성은 사슬들이 무질서한 코일에서 늘어나기 쉬운 정도에 달려 있다. 사슬의 신축은 결합각이 커지는 것이 아니라, 결합이 감겨진 것이 풀리는 결과이다.

표 17.1 몇 가지 고분자들의 유리 전이 온도 T_g와 결정 용융 온도 T_m*

고분자	T_g(˚C)	T_m(˚C)
폴리스타이렌(아이소탁틱)	100	240
폴리(메타-메틸스타이렌)(아이소탁틱)	70	215
폴리메틸메타크릴레이트(아탁틱)	114	–
폴리메틸메타크릴레이트(아이소탁틱)	48	160
폴리메틸메타크릴레이트(신디오탁틱)	126	200
폴리(*cis*-1,4-아이소프렌)	−67	36
폴리(*trans*-1,4-아이소프렌)	−68	74
폴리(다이메틸실록세인)	−123	-29
폴리(다이클로로포스파진)	−63	−10
poly[bis(trifluoroethoxy)phosphazene]	−66	242
poly[bis(ethoxy)phosphazene]	−84	–
poly(trifluoroethoxypentafluoropropoxyphosphazene) rubber	−77	–
폴리아크릴로나이트릴	85	317
나일론 6,6	45	267
폴리(에틸렌테레프탈레이트)	17	–
폴리에틸렌	−20	141
폴리에틸렌	−107	95

* A compilation of T_g and T_m values can be found in O. G. Lewis, *Physical Constants of Linear Homopolymers* (New York: Springer-Verlag, 1968).

volume)"에 의존한다. 사슬에 인접해 있는 곁사슬기들이 비효율적으로 채워져 있어 분자 간에 빈 공간이 존재하고 고분자 사슬들에 응력이 가해지면, 사슬의 재배열이 쉬워진다. 따라서 재료가 유연하거나 탄성을 나타낸다. 물론 자유 부피, 사슬의 유연성, 곁사슬의 상호작용 등은 상호 연관된 인자들로서 각 영향을 분리하기는 힘들다. 분자 구조에 근거한 유리 전이 온도의 예측은 복잡한 문제로서 아직도 개발 초기 단계이다.

유리 전이 온도와 유리 용융 온도는 일반적으로 매우 밀접한 상관관계가 있다. 예를 들면 높은 유리 전이 온도는 사슬 형태를 변화시키는 동역학적 유연성이 낮은 부분에 의해 일어날 수 있다. 하지만 동역학적 유연성을 감소(또는 증가)하는 구조의 변화는 일반적으로 평형 유연성(빽빽한 마구잡이 배열로 떨어지는 능력)을 감소(또는 증가)시킨다. 이러한 상관 관계는 엄지손가락의 법칙으로 유도된다.

$$T_g = (2/3)T_m \tag{13}$$

여기서 온도는 절대 온도(K)이다.

17.5 유리 전이 온도의 측정

유리 전이 온도를 측정하는 가장 직접적인 방법은 고분자가 단단한 유리에서 고무나 유연한 열가소성 플라스틱으로 변하는 온도를 알기 위해 냉각하거나 열을 가하여 측정하는 것이라고 생각할 수 있다. 원칙적으로는 부정확하기는 하나, 다음과 같은 방법을 사용할 수 있다.

17.5.1 "톱니"법(투과도계)

고분자는 T_g 이하에서 딱딱하고 유리상이며, T_g 이상에서는 유연하다. 따라서 주어진 온도에서 날카로운 바늘이 고분자의 표면을 통과할 수 있는 정도를 측정하여 전이를 알 수 있다. 실제로 무게를 아는 바늘 끝을 고분자 표면에 놓고 온도를 올린다. 고분자가 T_g를 통과하면서 바늘이 표면을 통과하고, 바늘의 움직임을 증폭계로 측정할 수 있다. 이 방법은 다음 절의 방법보다는 덜 정확하며, 비교적 큰 고분자 시료가 필요하다. 그러나 이 방법은 공학적으로 응용되는 고분자의 예비 실험으로 유용하다.

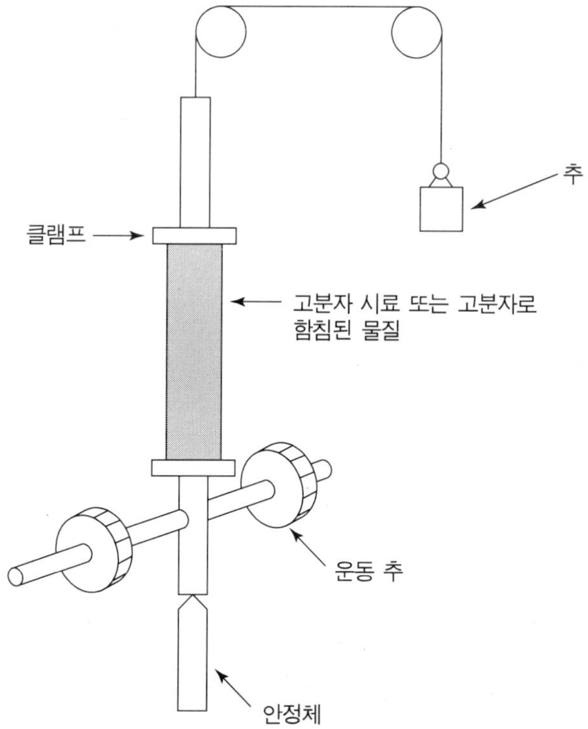

그림 17.8 고분자 시료 또는 고분자가 함침된 다공성 기질(종이)로 이루어진 비틀림 추. 강도 및 비틀림 에너지 흡수 등은 추의 진동수와 감폭 특성으로 측정한다.

17.5.2 비틀림 강도법

고분자 시료의 비틀림 저항은 그 고분자가 유리상인지 또는 유연한 상태인지에 따라 다르다. 이 원리에 근거를 둔 공학적인 방법으로는 고분자 막대의 끝에 비틀림 진동을 가하여 고분자의 비틀림 저항과 에너지 손실을 각기 다른 온도에서 측정한다.

실험실에서 사용하는 좀더 간편한 방법으로는 비틀림 추(torsional pendulum)를 이용하는 것이다(그림 17.8 참조). 일례로, 꼬은 유리 섬유를 고분자 용액에 침적시킨 후 증발시킨다. 이 섬유를 그림 17.9에 있는 비틀림 추에 걸고, 추가 움직이는 시간과 감폭 주파수(damping frequency)를 측정한다(그림 17.10). 시료를 T_g 이상으로 가열하면 급격한 강도의 저하가 오고 감폭 곡선에 급격

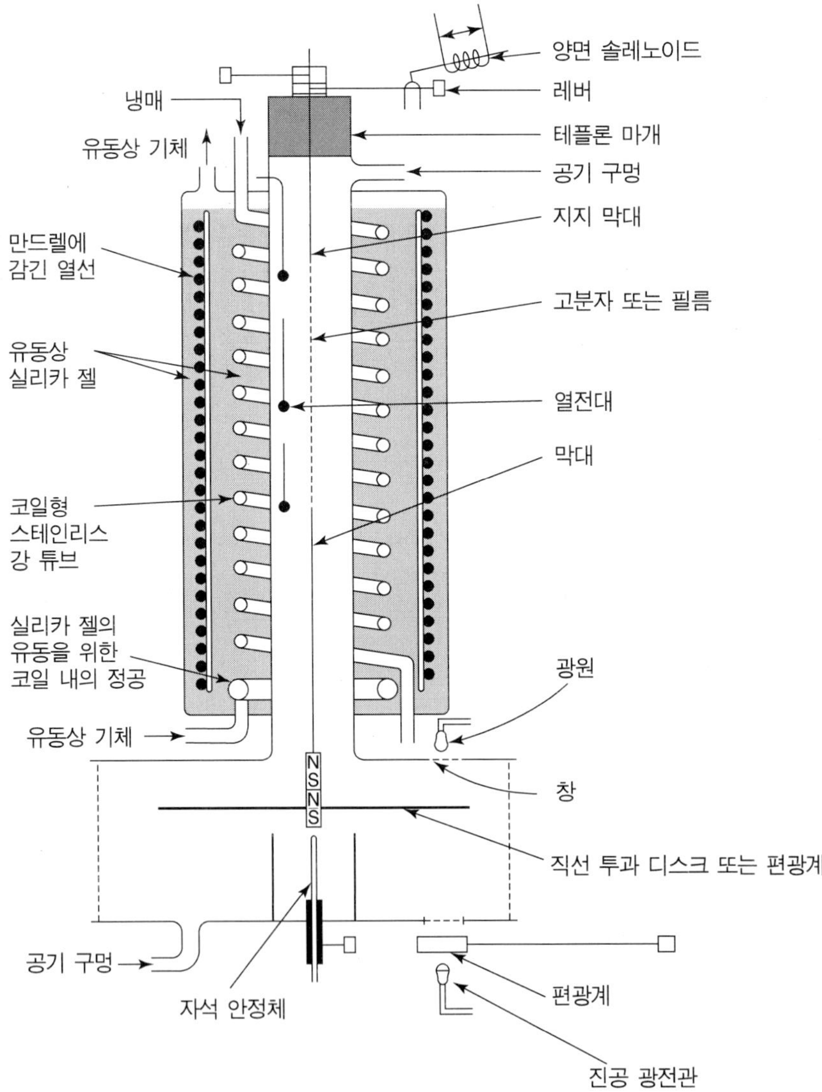

그림 17.9 비틀림 추와 비틀림 braid analyzer 구조도

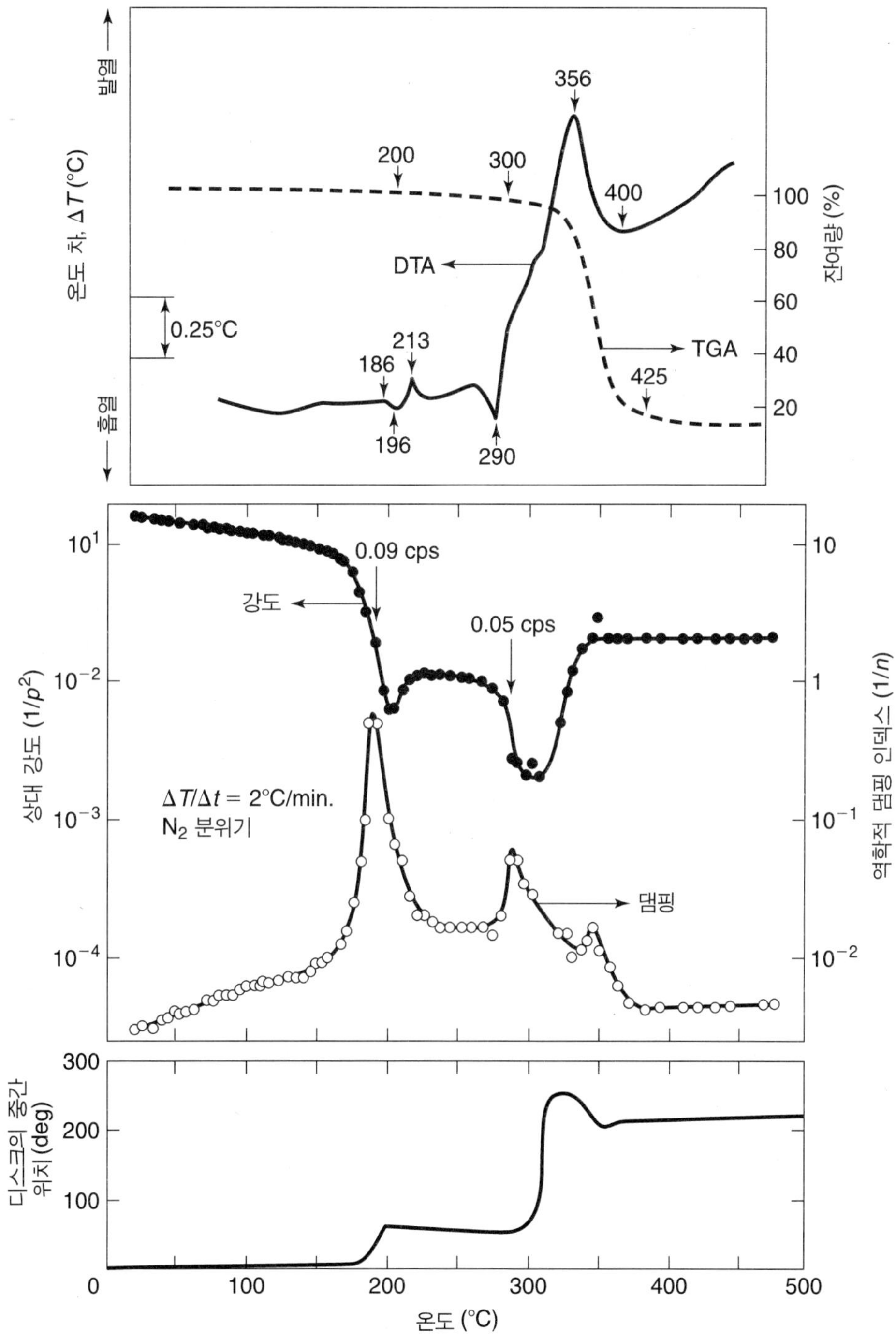

그림 17.10 셀룰로스 트라이아세테이트의 열기계적(비틀림 braid), 시차열 분석, 열중량 분석 데이터 비교. 가장 아래의 그림은 T_g와 T_m에서의 시료의 팽창 및 수축에 의해 일어나는 진동이 없을 때 시료의 비틀림을 나타낸다.

한 최대치를 나타낸다. 이 방법은 매우 민감한 전이 온도 측정 방법이고, 매우 적은 시료(0.25 g)를 사용하므로 실험실에서 사용하기에는 이상적이다.

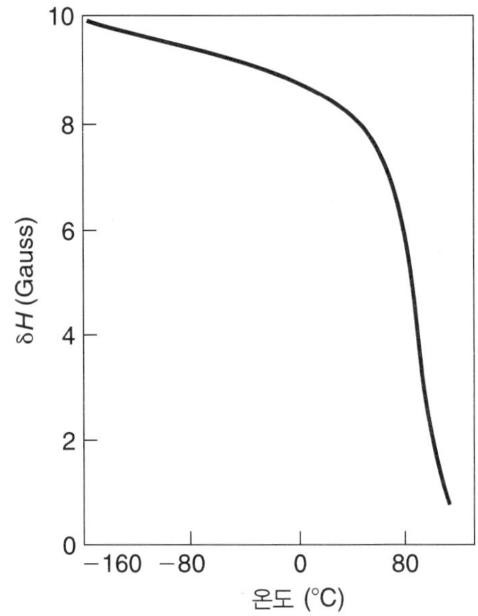

그림 17.11 상품화된 폴리바이닐클로라이드를 유리 전이 영역으로 가열 시 ^{1}H nmr 선폭의 변화를 나타내는 곡선

17.5.3 광역 핵자기 공명법

희석 용액 내의 저분자량 화합물이나 용융시료의 전형적인 nmr 스펙트럼에서는 일련의 날카로운 피크들을 볼 수 있다. 반면 고체 시료의 nmr 스펙트럼은 넓고 산란스러워서 검출이 어렵다. 고분자를 T_g 이상으로 가열하면 어느 의미에서는 고체에서 유사 액체(pseudo liquid)로 변화하는데, 이러한 전이를 광역 핵자기 공명법으로 검출해 낸다. 조심해야 할 점으로는 유리 전이와 **결사슬**의

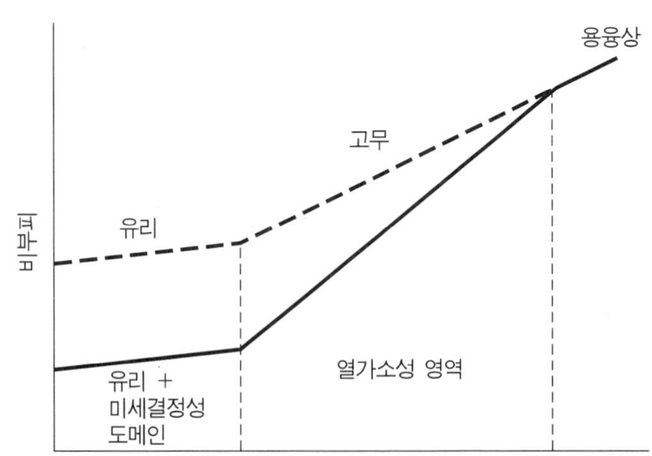

그림 17.12 결정성 고분자(실선)와 같은 고분자의 무정형 형태를 변형시킨 것(점선)의 온도 변화에 따른 비부피(specific volume)의 변화. 전이는 직선들의 급격한 변화로 나타내어진다.

비틀림 운동을 구분해야 한다. 그림 17.11에 nmr 변화를 이용해 유리 전이를 측정하는 방법을 도시하였다.

17.5.4 팽창계법(dilatometry)

온도 변화에 따른 고분자의 부피 팽창 계수는 고분자가 유리상인지, 고무상인지, 열가소성인지, 액체 상태인지에 따라 다르다. 따라서 부피 대 온도 그림에서 기울기 변화를 이용해 유리 전이를 구분할 수 있다(그림 17.12). 실제로 그림 17.13에 있는 바와 같은 팽창계를 이용해 측정하며, 온도에 따라서 모세관 위치를 도시할 수 있다.

17.5.5 시차 열분석(DTA) 및 시차 주사 열계량법(DSC)

시차 열분석(DTA)과 시차 주사 열계량법(DSC)은 유리 전이 온도 측정에 가장 많이 쓰이는 방

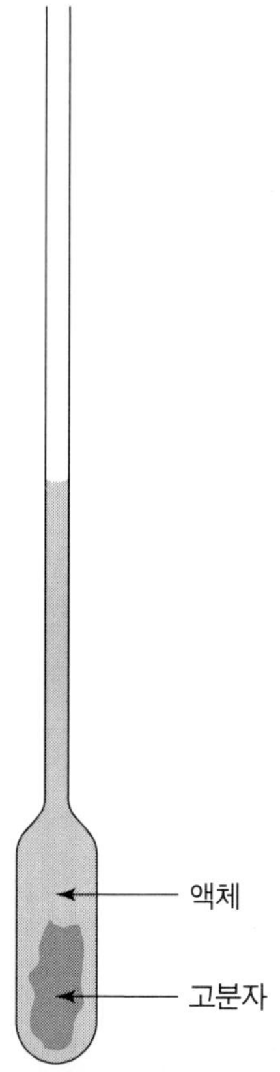

그림 17.13 팽창계로서 고분자와 주위의 액체의 온도에 따라 모세관 내의 액체의 높이 변화로 부피 변화를 측정한다. 가열 시 액체가 날카로운 전이를 보이지 않으나, 고분자는 전이를 보이므로 부피 대 온도의 기울기 변화는 고분자의 T_g, T_m 전이에 의거한다.

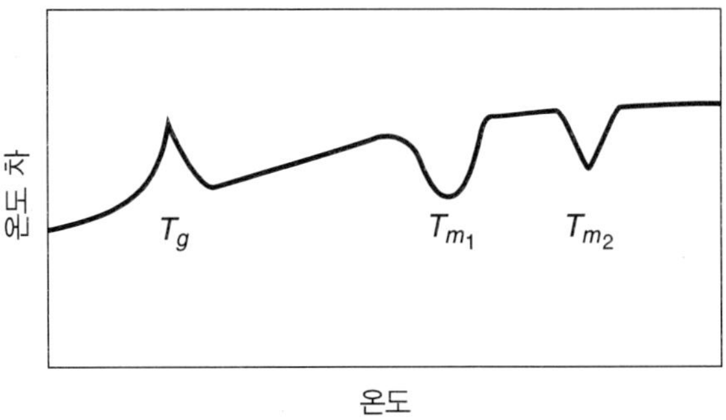

그림 17.14 고분자의 시차 열분석(DTA) 그래프로서 T_g와 T_m을 보여 주고 있다.

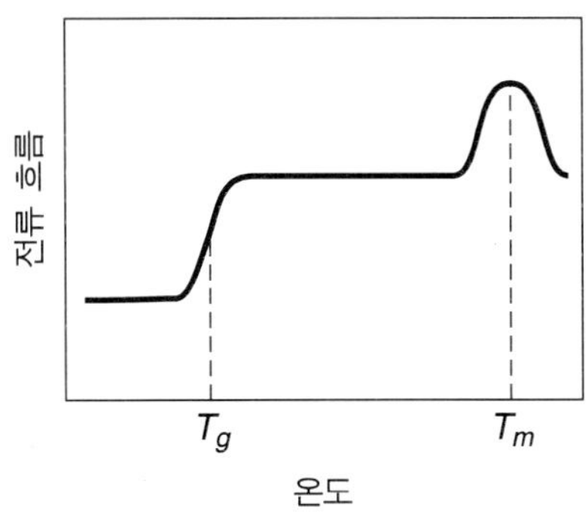

그림 17.15 시차 주사 열계량(DSC) 그래프로서 곡선 변화점들이 T_g와 T_m 전이를 보여 주고 있다.

법이다. DTA법은 소량의 고분자 시료를 일정한 온도로 가열하여 측정 온도 범위에서 전이를 일으키지 않는 알루미나와 같은 표준 물질의 온도와 고분자의 온도를 비교한다. 고분자와 표준 시료 간의 온도 차는 두 물질들의 비열 차의 함수가 된다. 그림 17.14에 나타낸 바와 같은 유리 전이 특성을 나타내는 흡열 변화에 접근함에 따라 고분자의 비열은 급속히 변화한다. 흡열 피크들은 녹는점(1차 전이)을 나타낸다. DTA법의 두 가지 장점으로는 소량의 고분자로도 가능하고 측정이 빠르다는 것이다. 또한 전이 온도는 1~2°C 범위 내에서 구별이 가능하다. 단점으로는 결정성이 높은 고분자들은 약한 발열 피크를 나타내어 구분하기 어렵다는 점이다.

시차 주사 열계량(DSC)은 조금 다른 원리로 움직인다. 두 개의 작은 금속 용기에 하나는 고분자 시료를 넣고, 하나는 표준 시료를 넣은 후 전기로로 가열한다. 각 용기의 온도는 열센서로 탐지한다. 만약 시료가 전이를 일으키는 동안 열을 갑자기 흡수하면 센서가 이러한 변화를 측정하여 손실을 보상하기 위해 전기로에 보다 더 많은 전류를 흘려보낸다. 따라서 시료에 의한 열의 흡수는 큰 전류 흐름을 초래한다. 전류 흐름의 변화를 정확히 측정할 수 있기 때문에 이 같은 측정을 하면 전이 온도를 정확히 예측할 수 있다. 그림 17.15는 DSC 그래프를 보여 주고 있다.

17.6 미세결정성

결정성 고분자와 단결정을 이루는 저분자 물질을 구분할 필요가 있다. 후자와 같은 결정의 경우, 결정성은 3차원 격자 내의 분자들이나 이온들의 정규적인 충전으로부터 유래한다(그림 17.16). 저분자 화합물로부터 얻어지는 결정에 온도를 가하면 분자간력보다 진동력이 더 중요한

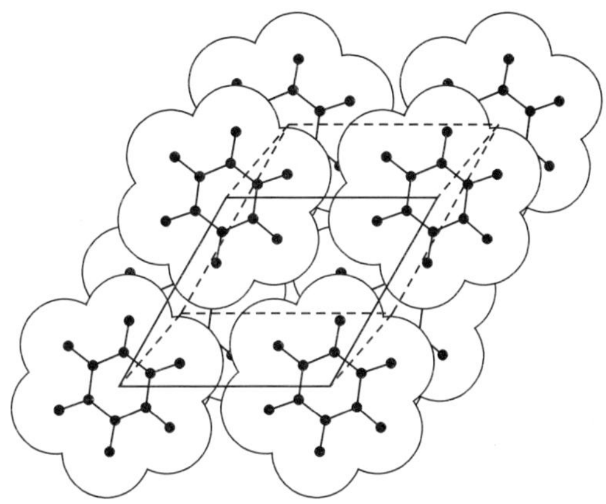

그림 17.16 단결정 공간 격자 내의 헥사메틸벤젠 분자들의 정규 충전

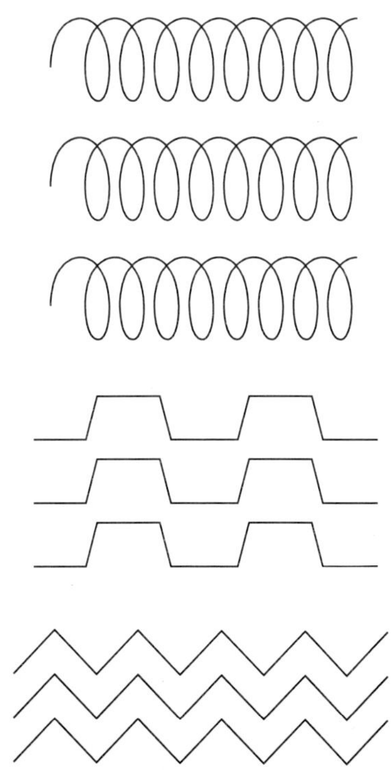

그림 17.17 고분자의 미세결정 영역은 정규적으로 충전된 각 사슬들로 이루어진다.

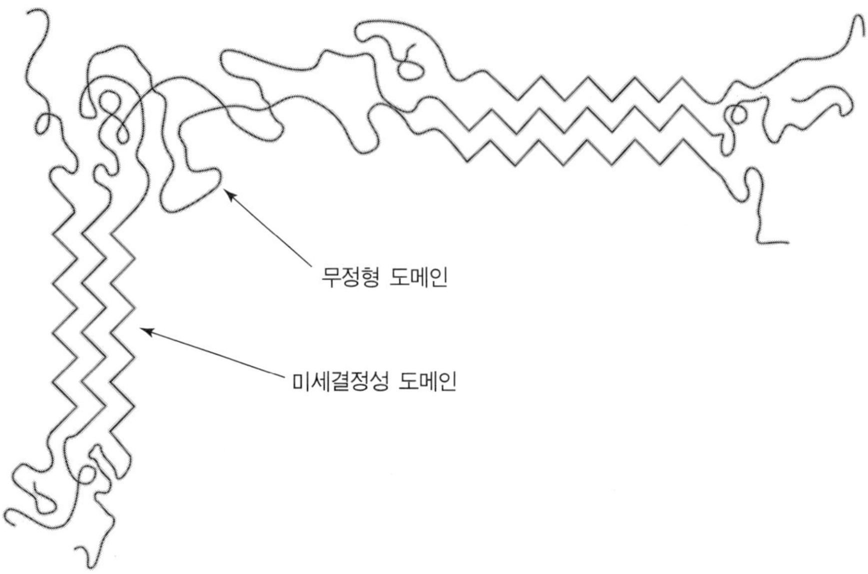

그림 17.18 미세결정성 고분자 구조는 무정형의 랜덤 코일 영역으로 분리된 미세결정 영역으로 이루어진 것으로 일반적으로 알려져 있다. 단일 고분자 사슬은 여러 개의 미세결정형, 무정형 영역을 통과한다.

온도에 이를 때까지 응집력을 유지한다. 이 온도에서 격자가 좁은 온도 범위 내에서 파괴되어 결정이 급히 녹게 된다.

반면 미세결정성 고분자들에서는, 결정성은 사슬의 정규적인 충전(그림 17.17)에 의해 이루어진다. 그러나 그러한 **정규 충전 배열**(regular packing of chain)들은 통상 고분자 내의 작은 도메인(domain)에서만 존재한다. 따라서 미세결정성 고분자는 무정형 고분자 내에 미세결정들이 심어져

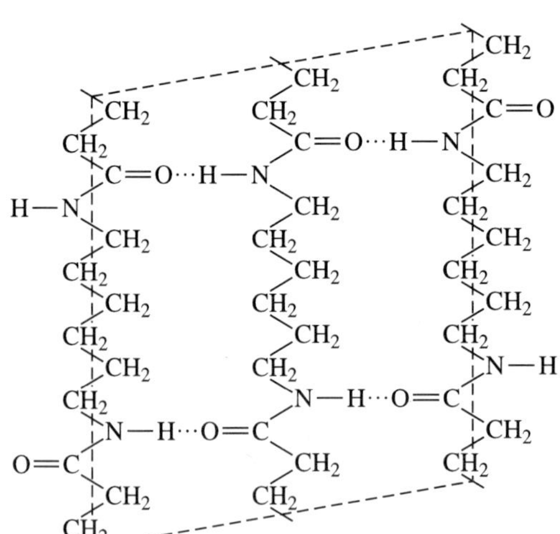

그림 17.19 폴리아마이드(나일론 6,6)의 미세결정 영역 내의 사슬의 배향. 각 사슬들은 수소 결합으로 연결되어 있다.

있는 형태로 이루어져 있다. 실제로 고분자 사슬은 여러 개의 무정형 영역과 결정성 영역을 통과하게 된다(그림 17.18). 이 그림에서 알 수 있듯이 결정들 자신이 같은 축에 배열할 때에만 최대 규칙도를 얻을 수 있으며, 이러한 공정은 "배향(orientation)"이라고 알려져 있다. 미세결정 영역은 주어진 공간을 보다 더 효율적으로 사용하는 것을 알 수 있다. 따라서 미세결정 영역을 갖는 고분자들은 무정형인 고분자보다 밀도가 크다. 폴리아마이드와 같은 고분자계에서는 인접한 사슬들의 정규 충전은 분자간 수소 결합뿐 아니라 van der Waals 인력에 의해서도 촉진된다(그림 17.9). 그러한 고분자들은 매우 높은 결정 용융 온도를 갖고 있다. 명확한 이유는 용융의 엔트로피를 감소시키고 상응하여 용융점을 증가시키는 수소 결합의 존재 때문이다.

17.7 물성에 미치는 결정성의 영향

고분자들이 결정화하면 낮은 에너지 상태가 된다. 사슬들이 정규적으로 충전되면, **보다 더 밀접히** 충전하게 되며, 분자 간 인력을 향상시키게 된다. 이것이 결정화하는 데 추진력으로 작용한다. 그러나 입체 형태적인 무질서도가 증가하여 엔트로피가 최대로 되는 계에서는 반대의 힘이 필요하다. 따라서 관측된 구조는 이러한 반대 힘들 사이에 균형이 이루어진 것을 나타낸다. 전형적인 예로, 어느 고분자의 30～70%가 무정형 상태에 있으면, 논리적인 의문은 왜 이 고분자가 무정형인 물질과 같은 거동을 하지 않는가 하는 것이다.

미세결정 영역에서는 사슬들이 주로 쌍극성, 수소 결합, van der Waals 힘에 의해 연결되어 있다. 이러한 이유로 결정성 영역은 무정형 영역에 대해 **가교**(cross-link)와 같이 작용한다. 이러한 가교는 녹는점에서는 유동적이다. 결정성 가교는 고분자를 딱딱하고 질기게 하며, 용매 내의 팽윤을 감소시킨다. 거시적인 관점에서는 미세결정성을 부여하면, 고무상 고분자를 질기고 유연한 물질로 변화시킬 수 있다.

예를 들면 실온에서 폴리에틸렌은 본래 T_g보다 약 100°C나 높은 온도에 있지만, 질긴 플라스틱 물질로 남아 있다. 미세결정이 없으면 유연한 고무상의 물질이었을 것이나, 실제로는 결정성 녹는점이 115°C 또는 135°C 가량 된다. 이러한 효과는 유기 포스파진 고분자에서 잘 나타난다. poly[bis(trifluoroethoxy)phosphazene] $[NP(OCH_2CF_3)_2]_n$, poly(diphenylphosphazene) $[NP(OPh)_2]_n$은 모두 높은 결정성을 갖고 있고, 질기며 유연한 열가소성 플라스틱이다. 그러나 만약 대칭 구조가 두 번째 치환기에 의해 파괴되면, 고분자들은 고무상인 탄성체가 된다.

이러한 효과를 잘 이해하면 고분자 화학자들은 화학적인 방법 외에도 물리적인 방법을 이용해 고분자를 개질할 수 있다. 실제로 많은 공업적으로 중요한 고분자들의 물성은 결정화도(degree of crystallinity)로 조절할 수 있다.

17.8 결정성의 양상

미세결정성 고분자들은 일반적으로 무정형 고분자보다 더 질기다. 결정성 고분자는 무정형 고분자보다 파괴되지 않고도 더 잘 휘며, 온도 변화나 용매 침투에도 영향을 덜 받는다. 이러한 이유로, 특히 제조 공정에서 결정화도를 증가시키려고 시도하고 있다.

이러한 목적에 부합하는 가장 간단한 예로는 고분자 섬유나 필름을 연신하는 것을 들 수 있다(그림 17.20). 고분자를 필름으로 캐스트하거나 섬유로 사출하면, 다소간의 미세결정성이 도입된다. 그러나 미세결정의 수는 작고, 각각에 대해 무질서하게 배향되어 있다. 연신에 의해 배향된 시료의 역할은 각 사슬들을 당겨서 대체로 평행인 배향을 갖도록 한다(그림 17.21). 이렇게 하여 인접한 사슬들의 정규 충전이 일어나는 기회를 늘려 주게 된다. 소위 “열처리(annaealing)” 공정을 이용해 늘어난 고분자를 가열 및 냉각하여 부수적인 결정화를 얻을 수 있다. 결정화 및 열처리 공정 중에 재료의 원래 길이보다 4~5배 늘어나는 것은 보통이다. 이러한 공정은 그림 17.22에 나타낸 바와 같이 섬유를 가열된 회전 드럼을 통과시키면서 열처리 및 결정화를 한다. 이러한 배향 공정을 나일론의 경우에 살펴보면, 연신되지 않은 섬유는 딱딱하지만 연신된 섬유는 강하고 질기면서 탄성을 띠고 있다. 몇몇 강한 섬유는 자기조립하여 액정상으로 변화될 수 있을 만큼 충분한 딱딱함을 가지고 있다고 알려져 있다. 이들 “메조 결정상(mesophase)”은 전형적인 네마트이며, 이것은 사슬이 서로 평행이지만 2차원적 규칙성을 갖지 않는다는 것을 의미한다. 이러한 형태의 규칙적 구조는 섬유를 방사하는 데 필요한 유동성을 가질 수 있다.

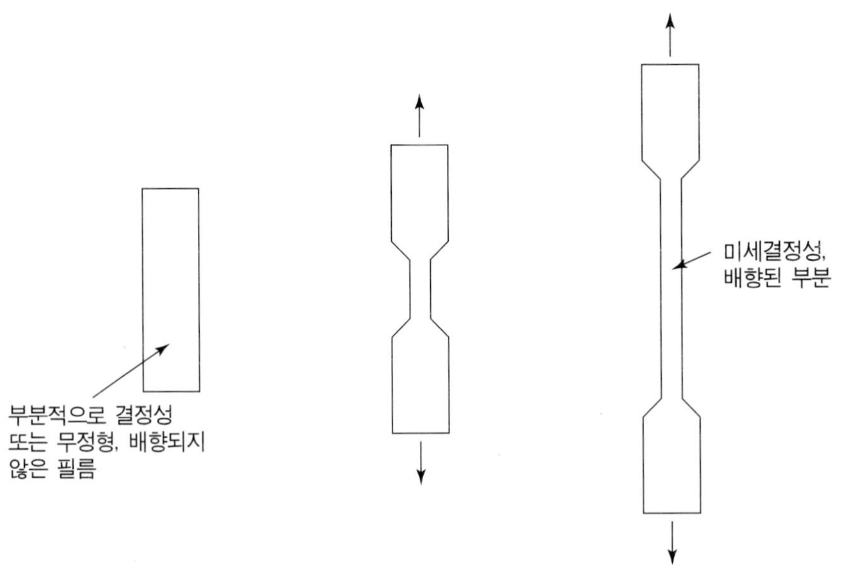

그림 17.20 고분자 필름을 잡아당겨 배향할 수 있다. 때때로 필름의 중간 부분이 먼저 늘어나며, 장력이 계속 적용됨에 따라 필름의 끝 쪽으로 배향이 전개된다.

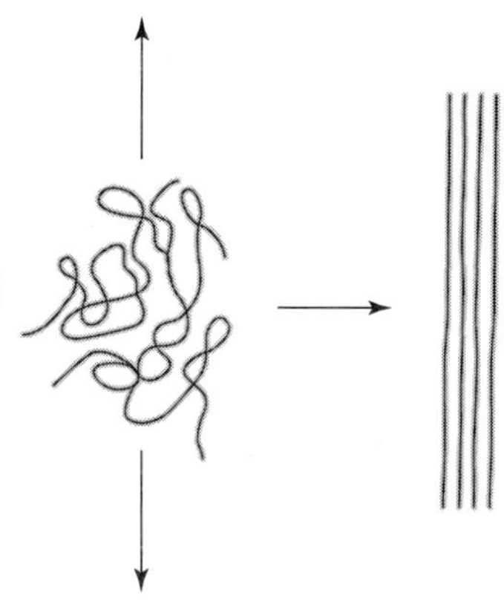

그림 17.21 분자 수준에서 고분자 필름이나 섬유를 늘이면, 고분자 사슬들이 대체로 평행하게 배열한다. 이로 인해 결정성이 촉진된다.

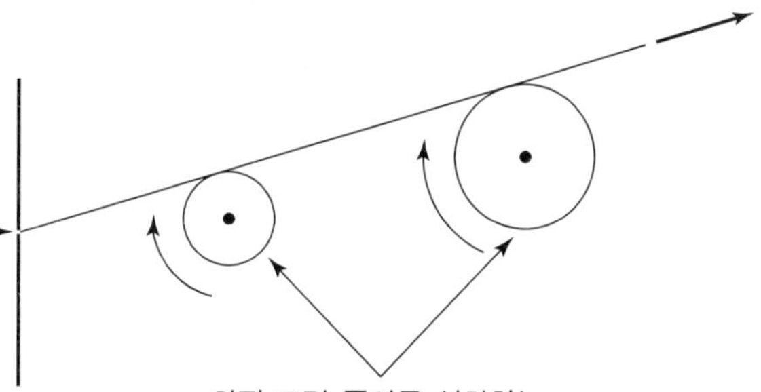

그림 17.22 섬유를 회전 드럼 주위로 연속적으로 회전시켜 신장이나 배향시킬 수 있다. 연속해서 있는 드럼 중 나중 드럼이 앞 드럼보다 지름이 크거나 같으면 빠른 속도로 움직인다.

17.9 결정화의 동역학

결정화는 고분자의 물성에 많은 영향을 미치기 때문에, 가공에 대한 부가적인 식견을 개발하는 것이 유용하다. 이미 언급했듯이, 일정한 온도와 압력에서의 자유 에너지($\Delta G_{T,p} = \Delta H - T\Delta S$) 변화에서 자발적 반응은 음이고, 이것은 결정화를 포함한다. T가 정확한 용융점일 때($T_m = \Delta H/\Delta S$), 예상 평형 결과는 $\Delta G_{T,p} = 0$이 된다. 결정화될 때 ΔH는 음이고, $-T\Delta S$는 양이다. 그러므로 $\Delta G_{T,p}$가 음이 되기 위해서 T는 반드시 T_m보다 작아야 하는 것은 명백하다. 그리하여 고분자가 결정화하도록 유도한다.

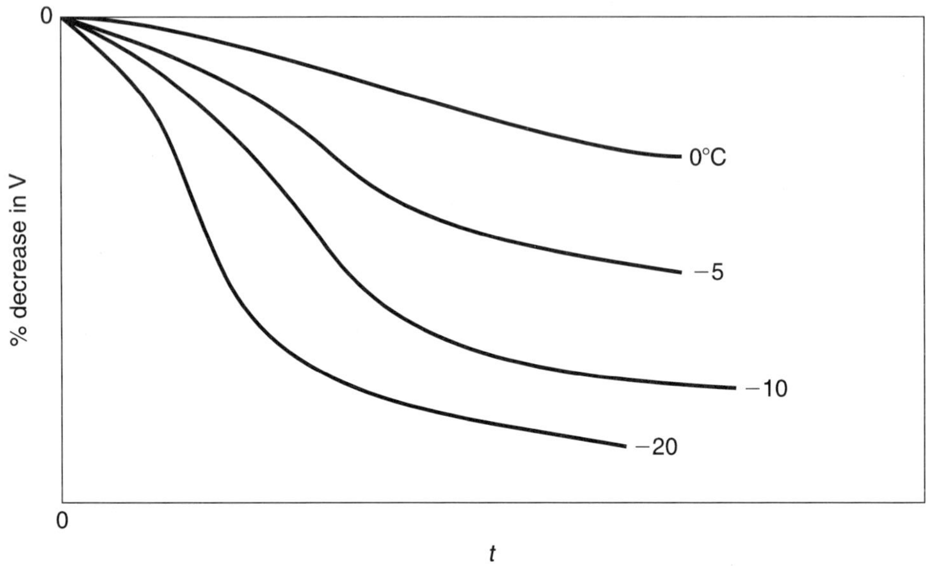

그림 17.23 각각의 곡선은 시간에 대한 결정화 속도를 나타낸다.

온도가 용융점보다 낮으면 낮을수록, 결정화하는 열역학적 구동력은 커진다. 하지만 유리 전이 온도 근처로 접근함에 따라서 결정화하는 데 필요한 사슬의 재배열은 거의 완전히 억제되고, 고분자는 "얼어붙는다(quenched)"고 말하며, 동역학은 더욱 더 중요해진다. 이것은 부피의 시간 의존성에 의해 측정되는 일반적인 결정화 속도를 나타내는 그림 17.23에서 예증되었다. 수축이 크면

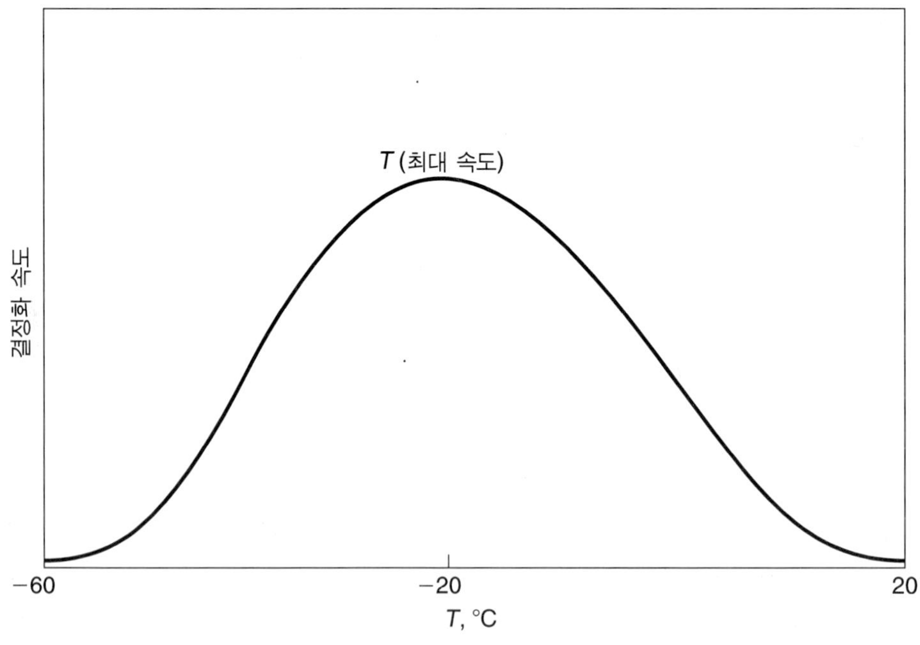

그림 17.24 최대 결정화 속도에서 온도의 영향

클수록 결정화도가 큰 것을 나타내고, 곡선의 기울기는 결정화 속도를 나타낸다. 다른 결정화 온도에 대한 곡선은 초기의 결정화 속도에서는 유사한 형태를 보인다. 왜냐하면, 초기에 형성된 대부분의 결정은 양의 계면 자유 에너지의 불안정 효과를 극복하는 문턱 크기(threshold size)(부피에 대한 최소 표면적비)에 도달하기 어렵기 때문이다. 결정화 속도는 변곡점에서 최대점을 통과하고, 결정화하는 사슬의 수가 감소함에 따라 0으로 감소한다.

이 곡선은 용융점이 약 11°C이고, 유리 전이 온도는 약 −72°C인 천연고무의 거동을 설명하기 위해 그려진 것이다. 0°C에서의 곡선은 결정화 속도가 상대적으로 낮은 것을 설명하는 단지 11°C 정도의 과냉각(undercooling or supercooling)을 표시하는 것이다. −5, −10, −20°C 정도의 과냉각은 결정화 속도를 크게 증가시킨다. 약 −20°C보다 낮은 온도는 이미 언급한 동역학적 복잡함 때문에 **낮은** 결정화 속도를 보인다. 이것은 그림 17.24에 설명되어 있고, 여기서는 결정화 온도의 함수로서 최대 결정화 속도를 보인다. 최대 결정화 속도를 주는 온도는 유리 전이 온도와 용융점 간격의 2/3라는 것이 실험적으로 밝혀졌다.

$$T(\text{최대 속도}) = T_g + (2/3)(T_m - T_g) \tag{14}$$

그림 17.23에서 도식적으로 보여 준 그와 같은 결정화 등온선은 자주 Avrami 방정식과 관련하여 해석되며, 결정성 분율은 아래 식으로 표시된다.

$$\theta = 1 - \exp(-kt^n) \tag{15}$$

여기서 k는 결정 성장에 대한 정보를 포함하는 상수, n은 다양한 기핵(nucleation)과 성장 과정을 해석하는 데 사용하는 지수이다.

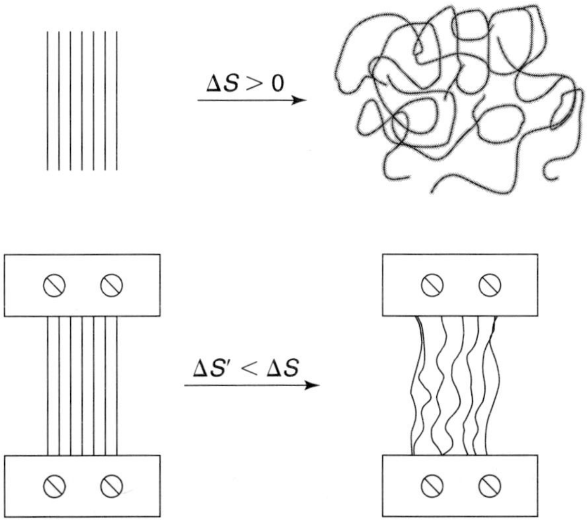

그림 17.25 역학적으로 변형된 상태를 유지한 사슬로부터 엔트로피의 감소에 의한 변형-유도 결정화의 분자학적인 설명

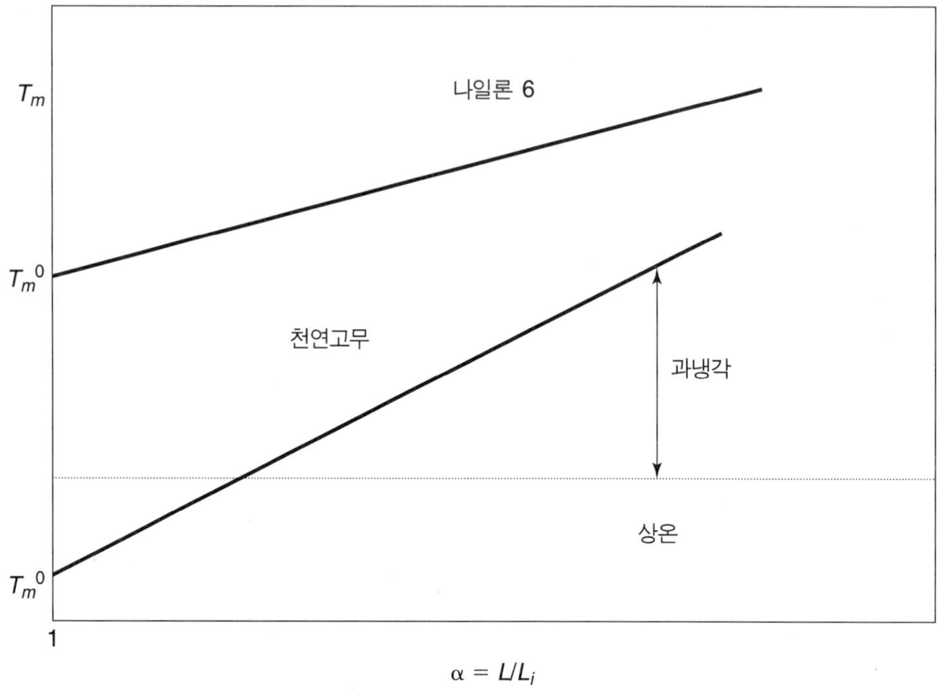

그림 17.26 일반적인 섬유와 탄성체의 연신에 따른 용융점의 증가

결정화는 "변형 유도 결정화(strain-induced crystallization)"에 의해 촉진될 수 있다. 사슬은 변형(일반적인 신장)에 의해 연신되고, 이것은 엔트로피 S를 감소시킨다. 용융점(T_m)은 $\Delta H/\Delta S$로 주어지기 때문에 결정화를 일으키기 위해서는 단지 부가적인 작은 엔트로피 감소가 필요하며 이 감소된 ΔS가 T_m을 증가시킨다. 이러한 관점에서 변형은 결정화를 유도한다는 것이다. 그림 17.25에 설명된 가장 직접적인 실험은 천연고무와 같은 탄성체를 늘이고 그 이후에 변형된 상태를 유지시키는 것이다. 연신된 시료에 X선 광선을 통과시켜 회절 패턴을 확인한다. 그리고 회절 반점이 없어질 때까지 온도를 올린다. 이것이 변형에 의해 상승된 용융점이다. 그림 17.25에 나타낸 것처럼 효과는 매우 커질 수가 있다. 시료가 연신됨에 따라서 결정화가 일어나는 실온 이상으로 될 때까지 용융점은 단조롭게 증가한다. 만약 탄성체가 비변형 상태까지 급속히 되돌아가는 것이 허용된다면 용융점은 실온보다 낮을 것이며, 이것은 다시 무정형 상태로 될 것이다. 즉 가역적이라는 것이다. 이 실험의 재미있는 변형은 먹다 남긴 음식을 포장하는 것과 같이 물체 주위를 연신된 고무밴드로 싸서 냉장고에 두는 것이다. 냉장고에서 온도는 천연고무의 용융점 아래로 내려가게 되고, 탄성체는 다시 탄성을 갖기 위해 상승된 용융점 이상으로 온도를 올리기 전까지는 끊어지기 매우 어려운 강한 섬유로 전환될 것이다.

비교를 위해서, 그림은 비변형 상태에서도 실온 이상의 용융점을 갖는 고분자의 거동을 보여 준다. 나일론 6에 의해 설명되는 이 경우에, 용융점은 변형에 의해서 다시 상승되지만 변형이 없어지면 되돌아간다. 이것은 기체에서의 대응 상태의 법칙과 유사하다. 다른 기체는 액체로 되는 응축성과 같은 성질면에서 매우 다르다. 환산 온도($T_r = T/T_c$)와 환산 압력($p_r = p/p_c$)(여기서 첨자 c는 임계 상태의 값)에서 기체의 거동을 비교하면, 매우 유사한 성질을 보인다. 고분자의 경우에 실온이 100°C 정도 낮아진다면, 천연고무는 나일론 6과 물성이 매우 유사하게 되고, 의류용 섬유와 같은 분야에 적용할 수 있다. 다른 한편으로, 실온이 100°C 정도 더 높아진다면, 나일론 6은 탄성 물질로서 천연고무와 경쟁할 수 있다.

17.10 결정성의 측정

앞에서 언급한 거의 모든 유리 전이 온도 측정법을 이용해 결정 용융 온도를 측정할 수 있다. 예를 들면 시차 열분석 곡선 중의 흡열 피크(그림 17.14)나 팽창 곡선의 변곡점(그림 17.11)에서 T_m값을 찾을 수 있다. 결정화로 인해 부피 감소가 생긴다. 비틀림 추법(그림 17.8 ~ 17.10)의 곡선에서 강도의 급격한 감소나 감폭 최댓값(damping maxima)으로부터 T_m값을 찾을 수 있다. 핵자기 공명법도 가능하나 복굴절법(birefringence)과 X선법을 이용해서 미세결정성의 존재 여부를 가려낼 수 있다.

광학 복굴절법은 편광 현미경을 이용하며, 가능한 한 시료의 온도를 올리기 위해 가열판이 붙어 있으면 더욱 좋다. 교차형 편광계(crossed polarizer)를 통해서 보면, 미세결정성 고분자는 결정성 영역으로 인한 검은 바탕에 하얗게 쪼개진 것들을 볼 수 있다. 다른 고분자들은 좀더 복잡한 구조를 띠고 있는데, 미세결정들이 어느 점에서 모든 방향으로 퍼져 있는 모양으로 구정(sphemlite)들을 이루고 있다(그림 17.27). 각 구정의 구조는 미세결정들이 각 구의 반경을 따라 배향된 것으로 알 수 있다. 실제로 구정들은 성장하여 서로 만나서 그림 17.27에서와 같은 모양을 나타낸다. 편광 필터를 회전하면 밝은 부분들이 없어지기도 하고, 다시 나타나기도 한다. 이 같은 모양은 온도가 결정 용융점이 될 때까지 유지되다가, 그 이상에서는 밝은 점들과 구정이 모두 사라진다.

X선 회절법을 이용하면 완전히 무정형인 고분자는 날카로운 회절 패턴을 나타내지 않고 단지 확산된 산란원만이 보인다. 이것은 마치 액체의 X선 패턴과 유사하다. 무배향 미세결정성 고분자는 날카로운 원들로 된 X선 사진을 볼 수 있다(19장 참조). 이러한 사진들은 마치 분말상의 저분자 결정성 물질의 Debye-Scherrer "분말" 사진과 너무도 닮은 모양을 하고 있다. 날카로운 집중 영역이나 원들은 무질서하게 배향된 미세결정들에 의한 회절 때문에 생긴다.

배향된 미세결정성 고분자 섬유 또는 필름은 회절점(spot) 또는 원을 나타낸다. 이 같은 형태의 사진을 얻을 수 있는 장치를 19장에 설명해 놓았다. 또한 온도 상승에 따른 X선 패턴을 찍을 수 있는 장치도 있다. 무정형 형태의 패턴이 나타나는 것과 결정형 패턴이 사라지는 것으로 결정 용융점을 측정할 수 있다. 그러나 온도 상승에 따라 하나의 결정성 패턴이 다른 패턴으로 바뀌는 것도 있으며, 이런 식으로도 여러 T_m값들을 측정할 수 있다.

그림 17.27 저밀도 폴리에틸렌 시료의 편광 현미경 사진으로 다른 두 배율에서 구정 구조를 보여 주고 있다. 빛의 편광 방향은 수평과 수직이다.

시료의 결정성의 양을 추정하는 것 역시 중요하다. 고분자의 결정성(θ) 분율을 결정하는 한 가지 방법은 16장에서 이미 언급하였다. 이것은 녹는점(용융점) 내림 측정법으로부터 100% 결정성 고분자의 용융열을 측정하는 것을 의미하며, 주어진 양의 고분자를 실제로 녹이는 데 필요한 분율을 찾는 것이다.

또 다른 중요한 방법은 밀도에 기초한 것이다. 100% 결정성 물질의 비중은 단위세포(unit cell)의 특징으로부터 판단할 수 있는데, 이때 단위세포는 눈으로 볼 수 있는 가장 기초적인 결정성 인자(building block)를 말한다. 단위세포는 건축에서 벽 또는 다른 석조의 구조를 지닌 성벽을 만들 때 세 방향에 따라 서로 다르게 보여질 수 있는 벽돌과 유사한 것으로 생각할 수 있다. 이것은 결정 구조에 기인한 회절 반점(diffraction spot)의 상대적 세기와 위치 등의 데이터들을 수반한 X선 결정학(X-ray crystallography)으로 얻을 수 있다. 단위세포의 치수(dimension)는 면과 면 사이의 각도와 구성 원자들을 결정할 수 있으며, 간단한 단위세포는 그림 17.28에 보여 주고 있으며 부피는 단순히 3차원 *abc*의 곱으로 표현할 수 있다. 단위세포 안의 구성 원소를 알 수 있기 때문에 단위세포의 중량은 구성 원자의 중량의 합으로 알 수 있으며, 그리고 부피에 대한 중량의 비가 "최대" 혹은 "결정학적" 밀도(crystallographic density)가 된다. 완전한 무정형의 밀도를 파악하는 것 역시 중요한 요소인데, 아마도 용융점 이상에서 측정된 액체의 밀도를 외삽에 의해서 상온이나 원하는 온도로 내려서 구할 수 있다. 비부피(specific volume, $v = 1/\rho$)란 용어에서, 이러한 두 데이

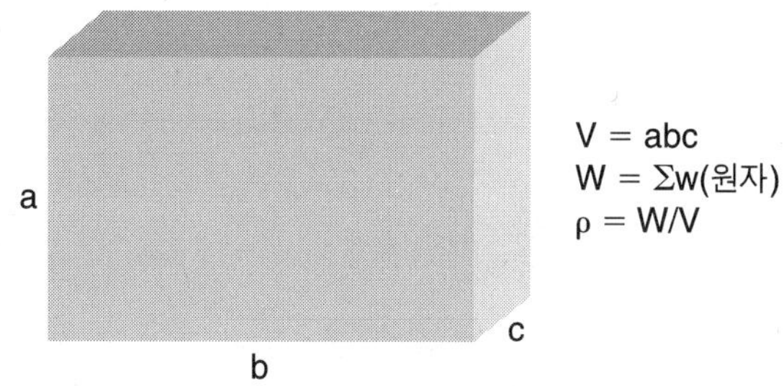

그림 17.28 기하학과 단위세포의 함량으로부터 100% 결정성 고분자의 밀도 계산

터는 결정화에 의해 나타낼 수 있는 비부피(v)에서 최대 감소를 보여 준다. 즉 v(전체 무정형) − v(전체 결정성). 팽창계는 특성이 잘 분석된 고분자에 대한 실제 감소를 측정하는 데 사용된다. 즉 v(전체 무정형) − v(부분 결정성). 이러한 고분자의 결정성 비율은 아래와 같은 식으로 간단히 표현할 수 있다.

$$\theta = [v(\text{전체 무정형}) - v(\text{부분 결정성})]/\ [v(\text{전체 무정형}) - v(\text{전체 결정성})] \tag{16}$$

X선 방법을 이용한 또 다른 예는 전체 회절 데이터로부터 무정형에 의해 나타나는 것을 제외한 결정성 상태에 의해 나타나는 피크를 알아내는 것이다. 이것은 온도 증가 또는 용매의 첨가에 의한 용융에 의해 결정성 상태가 억제되었을 때 사라지는 피크를 알아냄으로써 알 수 있다. 결정성 분율(crystallinity fraction)은 전체 회절 면적에 대한 결정성 피크의 합의 분율로부터 구할 수 있다.

17.11 고분자 단결정

전 항까지는 미세결정성 고분자들에 관해 살펴보았다. 그러나 몇 가지 고분자들은 단결정으로 존재하는 것이 알려져 있다. 폴리에틸렌이 가장 잘 알려진 예이다. 고분자 단결정 생성법에는 두 가지가 있는데, (1) 비활성 용매로 매우 희석하여 고분자 결정을 얻는 법으로, 예를 들어 선형 폴리에틸렌을 탄화수소 매체로 2000배로 희석시켜 서서히 냉각하는 법이 있고, (2) 단량체의 동시 중합과 고분자의 결정화가 있다. 이 방법은 폴리옥시메틸렌 단결정을 얻는 데 사용되어 왔다.

폴리에틸렌으로부터 얻어진 결정들은 현미경으로만 관찰이 가능하고 평평하면서 lozenge형을 하고 있다(그림 17.29). 그러한 결정들의 X선 패턴 사진은 저분자량 물질의 사진과 유사하다. 그러나 결정 내의 분자 구조는 지그재그 사슬들이 접힌 배열로 구성되어 있다(그림 17.30). 접힘 간격은 고분자 사슬의 길이나 용매의 종류보다는 결정화 온도에 더 의존한다.

구상 단백질이나 바이러스들은 결정화하여 단결정을 이룬다. 그러나 이러한 분자들은 저분자량의 화합물의 결정과 같은 방법으로 격자 내에 각각 배열하고 있다. 예를 들어 Bushy stunt 바이러

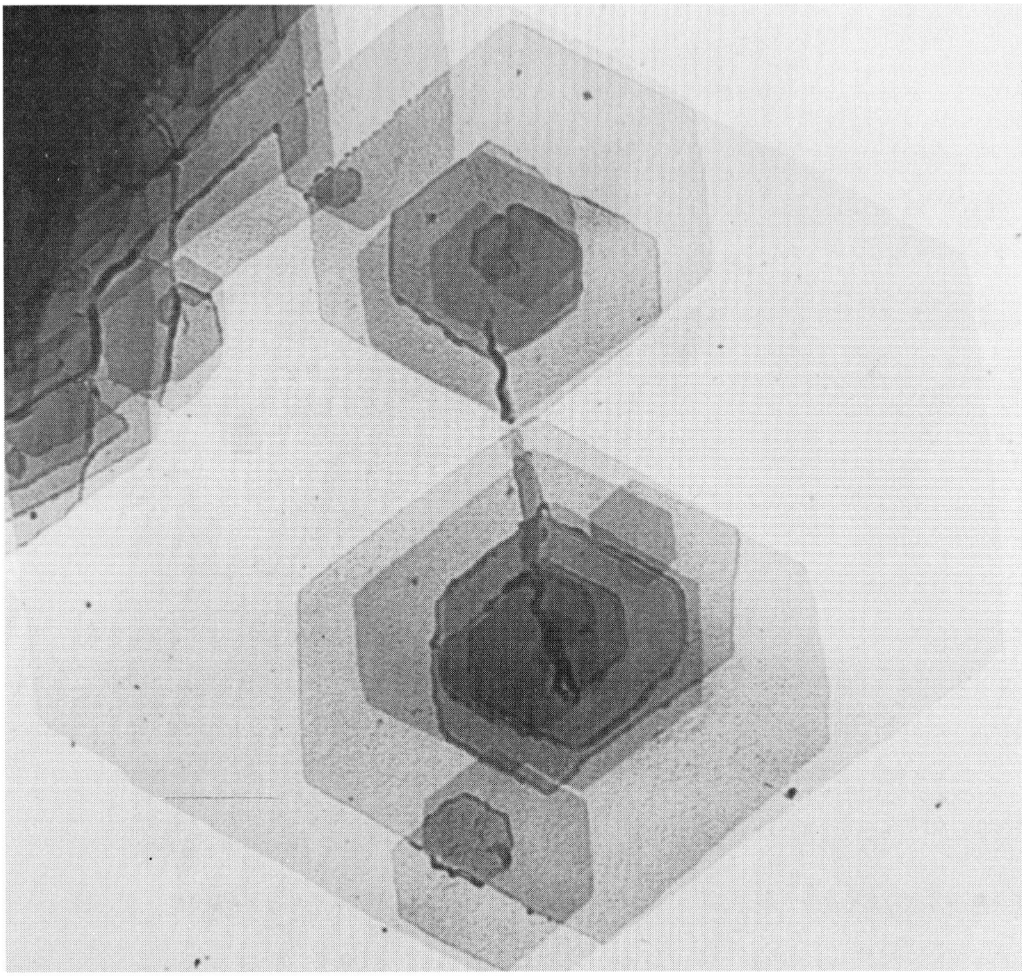

그림 17.29 폴리에틸렌의 lozenge형 단결정 사진

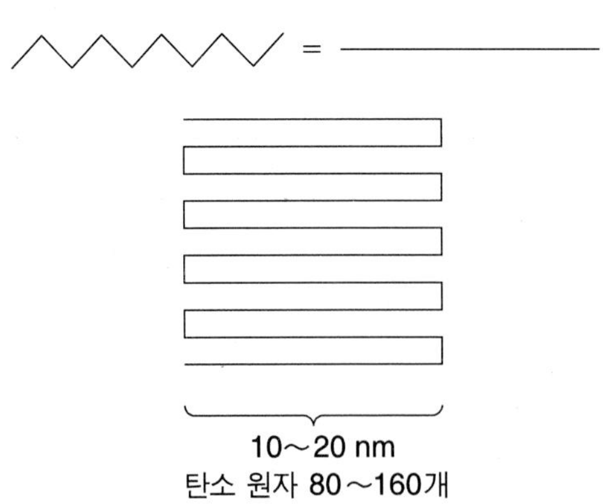

그림 17.30 단결정 내의 폴리에틸렌 사슬들의 가상 충전 배열. 이것은 소위 인접 reentrant 모델 구조로서 단사슬이 휘어져 사슬이 서로 평행인 배열을 하게 된다. 다른 모델(소위 "switchboard" 모델)은 사슬이 나온 곳에서 어느 정도 떨어진 곳으로 다시 재진입한다.

스는 분자량이 1,300만이고, 단위세포당 4개의 분자가 있고, 단위 격자 끝은 318 Å이다. 이러한 계들의 X선 분석에 대해 19장에 간단히 다루었다.

17.12 다른 테크닉

현재 주사 탐침 현미경(scanning probe microscope)에 의해 고분자 구조와 형태에 대한 다른 측면과 결정성에 관한 부가적인 정보가 얻어지고 있으며 여기에는 몇 가지 접근법이 있다.

하나의 접근 방법은 주사 터널링 현미경(scanning tunneling microscope, STM)이다. STM은 캔틸레버(cantilever) 위에 매우 뾰족한 금속 팁을 측정하고자 하는 표면 위를 통과시키면, 양자 역학 터널링을 통하여 전류 흐름이 측정된다. 전류의 측정으로 탐침(probe)이 표면 위의 고정된 높이에 유지된다. 표면 좌표의 작용으로 탐침 높이의 표시는 원하는 위상도를 보여 준다. 이러한 접근의 한계는 시료가 반드시 전기 전도성이 되어야 한다는 것이다.

다른 한편으로, 원자간력 현미경(atomic force microscopy, AFM)은 전도성 표면을 요구하지 않는다. 탐침은 단순히 표면으로부터의 인력과 반발력에 응답하며, 그에 일치하는 아래쪽, 위쪽 방향의 운동만 기록되어져 직접적인 표면 구조의 기복도(relief map)로 나타난다. 탐침은 표면에 접촉시키거나 표면에 접근시켜 측정하며 Coulomb 힘이나 van der Waals 힘에 반응한다.

다른 형태의 주사 탐침 현미경은 다음과 같다.

- 전기화학적 STM과 AFM
- 마찰력 현미경(Frictional force microscopy)
- 표면력 컴플라이언스(Surface force compliance)
- 자력 현미경(Magnetic force microscopy)
- 전기력 현미경(Electric force microscopy)
- 주사열 현미경(Scanning thermal microscopy)
- 근접장 주사 광학 현미경(Near-field scanning optical microscopy)

여러 가지 다른 테크닉은 이미지의 기복을 나타낼 뿐만 아니라, 개개의 원자와 분자를 분리하여 옮길 수 있게 된다. 다른 접근은 고분자의 두 끝에 탐침을 붙이고, 사슬을 잡아당겨 평형과 동적 역학 성질을 측정할 수가 있다. "단일 분자 탄성"에 관한 이러한 실험의 참고문헌이 21장에 나타나 있다.

연|습|문|제

1. 만약 유리 전이 온도에서 일어나는 물리적 변화가 사슬의 갑작스러운 비틀림 운동의 시작을 나타내는 것이라면, 미세결정성이 있어도 T_g값이 변화하는 이유는?
2. 유리 전이 온도와 용융점을 측정하는 데 이 장에서 언급한 여러 방법 중 **(a)** 기초 합성 실험실, **(b)** 물리시험 실험실, **(c)** 제조 공장에서 쓰기에 가장 적당한 방법은 무엇이며, 그 이유는?
3. glass braid를 사용하는 대신 비틀림 진동법을 이용해 **(a)** 나일론 6,6, **(b)** 셀룰로스 아세테이트, **(c)** 종이, **(d)** 구리로 만든 braid를 사용하기로 결정했다면, 어떠한 문제점들이 발생하는지 예측해 보자.
4. 그림 17.19를 참조하여 폴리아마이드의 유리 전이 온도와 용융점을 올리거나 내릴 수 있는 방법들을 제시하라.
5. 어림하여 $T_g \approx (2/3)T_m$(절대 온도 K)임을 확인하기 위해 표 17.1에 있는 정보를 이용하라.
6. 비부피(specific volume)가 1.1 cm^3/g인 가상 시료의 퍼센트 결정화도를 다음의 팽창계 데이터를 이용하여 계산하라. 100% 무정형 고분자의 비부피는 1.2이고 100% 결정성 고분자는 1.0 cm^3/g이다.
7. $T_m = 11°C$와 $T_g = -72°C$인 천연고무 탄성체가 최대 결정화 속도를 보이는 온도 T(최대 속도)를 예측하라.
8. 왜 폴리에틸렌이 단결정을 형성하는 몇 안 되는 합성 고분자에 속하는지를 설명하라.

참|고|문|헌

AKLONIS, J. J., MACKNIGHT, W. J., and SHEN, M., *An Introduction to Polymer Viscoelasticity*. New York: Wiley-Interscience, **1972**.

BAER, E., "Relaxation Processes at Cryogenic Temperatures," *CRC Crit. Rev. Macromol. Sci.*, **1972–73**, *1*, 215.

BIRLEY, A. W., HAWORTH, B., and BATCHELOR, J., *Physics of Plastics, Processing, Properties and Materials Engineering*. Munich: Hanser Publishers, **1992**.

BONNELL, D. A. (Ed.), *Scanning Probe Microscopy and Spectroscopy. Theory, Techniques, and Applications*, 2nd ed. Berlin: Springer, **2001**.

BROSTOW, W., *Performance of Plastics*. Cincinnati: Hanser Gardner Publications, Inc., **2001**.

CANNON, S. L., MCKENNA, G. B., and STATTON, W. O., "Hard-Elastic Fibers (A Review of a Novel State for Crystalline Polymers)," *J. Polymer Sci. (D), Macromol. Rev.*, **1976**, *11*, 209.

CASALE, A., PORTER, R. S., and JOHNSON, J. F., "Dependence of Flow Properties of Polystyrene on Molecular Weight, Temperature, and Shear," *J. Macromol. Sci., Rev. Macromol. Chem.*, **1971**, *C5*, 387.

CHANZY, H., "Nascent Morphology of Polyolefins," *CRC Crit. Rev. Macromol. Sci.*, **1972–73**, *1*, 315.

CHIU, J. (Ed.), *Polymer Characterization by Thermal Methods of Analysis* (Symposium-Selected Papers). New York: Dekker, **1974**.

DAVID, D. J., and MISRA, A., *Relating Materials Properties to Structure. Handbook and Software for Polymer Calculations and Materials Properties*. Lancaster, PA: Technonic Publishing Co., **1999**.

DEANIN, R. D., "Compatibility and Practical Properties of Polymer Blends," *Appl. Polym.*, Proc. Am. Chem. Soc. Symp. O. A. Battista, Appl. Polymer Sci., 1987 (R. Seymour and H. F. Mark, Eds.). New York: Plenum Press, **1988**, pp. 53–63.

DESPER, C. S., "Technique of Measuring Orientation in Polymers," *CRC Crit. Rev. Macromol. Sci.*, **1972–73**, *1*, 501.

De STEFANIS, A., and TOMLINSON, A. A. G., *Scanning Probe Microscopies. From Surface Structure to Nano-Scale Engineering*. Uetikon-Zurich: Trans Tech Publications Ltd., **2001**.

DICKIE, R. A., LABANA, S. S., and BAUER R. S., (Eds.), *Cross-Linked Polymers: Chemistry, Properties, and Applications, ACS Symp. Ser.*, **1988**, *367*.

DUSEK, K., and PRINS, W., "Structure and Elasticity of Non-crystalline Polymer Networks," *Advan. Polymer Sci.*, **1969**, *6*, 1.

EISENBERG, A., "Ionomer Blends," *Polymer Mater. Sci. Eng.*, **1988**, *58*, 978–980.

ESTES, G. M., COOPER, S. L., and TOBOLSKY, A. V., "Block Polymers and Related Heterophase Elastomers," *J. Macromol. Sci., Rev. Macromol. Chem.*, **1970**, *C4*, 313.

FAN, L. T., and SHASTRY, J. S., "Polymerization Systems Engineering," *J. Polymer Sci. (D), Macromol. Rev.*, **1973**, *155*.

FAVA, R. A., "Polyethylene Crystals," *J. Polymer Sci. (D), Macromol. Rev.*, **1971**, *5*, 1.

FERRY, J. D., *Viscoelastic Properties of Polymers*, 3rd ed., New York: Wiley, **1980**.

FISA, B., "Nascent Morphology of Polyolefins," *CRC Crit. Rev. Macromol. Sci.*, **1972–73**, *1*, 315.

FRISCH, K. C., KLEMPNER, D., and FRISCH, H. L., "Recent Advances in Interpenetrating Polymer Networks," *Polymer Eng. Sci.*, **1982**, *22*(17), 1143–1152.

FRISCH, K. C., KLEMPNER, D., and FRISCH, H. L., "Recent Advances in Polymer Alloys and IPN Technology," Parts 2 and 3, *Mater. Design Eng.*, **1983**, *4*(5), 855–862.

GEIL, P. H., *Polymer Single Crystals* (*Polymer Reviews*, Vol. 5). New York: Wiley-Interscience, **1963**.

GILLHAM, J. K., "A Semimicro Thermomechanical Technique for Characterizing Polymeric Materials: Torsional Braid Analysis," *A.I.Ch.E. J.*, **1974**, *20*, 1066.

HAN, C. D. (Ed.), *Polymer Blends and Composites in Multiphase Systems, ACS Symp. Ser.*, **1984**, *206*.

HASSAN, A. M., "Application of Wide-Line NMR to Polymers," *CRC Crit. Rev. Macromol. Sci.*, **1972–73**, *1*, 399.

HAY, J. N., "Polymer Crystallization," *Macromol. Chem* (London), **1982**, *2*, 214–233.

HILTNER, A., "Relaxation Processes at Cryogenic Temperatures," *CRC Crit. Rev. Macromol. Sci.*, **1972–73**, *1*, 215.

JACOBY, M., "New Tools for Tiny Jobs," *Chem. Eng. News*, **2000**, *October 16*, 33.

KARASZ, F., "The Glass Transition of Linear Polyethylene," *J. Macromol. Sci., Rev. Macromol. Chem.*, **1979**, *C17* (1), 37.

KLEMPNER, D., and FRISCH K. C., (Eds.), *Polymer Science and Technology*, Vol. 20, *Polymer Alloys 3: Blends, Blocks, Grafts, and Interpenetrating Networks*. New York: Plenum Press, **1983**.

KLEMPNER, D., FRISCH, K. D., XIAO, H. X., CASSIDY, E., and FRISCH, H. L., "Two- and Three-Component Interpenetrating Polymer Networks," *ACS Advan. Chem. Ser.*, **1986**, *211*, 211–230.

LABANA, S. S., and DICKIE R. A., (Eds.), *Characterization of Highly Crosslinked Polymers, ACS Symp. Ser.*, **1984**, *243*.

LEE, L. H. (Ed.), *Polymer Wear and Its Control, ACS Symp. Ser.*, **1985**, *287*.

LIPATOV, Y. S., "Relaxation and Viscoelastic Properties of Heterogeneous Polymeric Compositions," *Advan. Polymer Sci.*, **1977**, *22*, 1.

LLOYD, D. R. (Ed.), *Materials Science of Synthetic Membranes, ACS Symp. Ser.*, **1984**, *269*.

MACKNIGHT, W. J., KARASZ, F. E., and FRIED, J. R., "Solid State Transition Behavior of Blends," in *Polymer Blends* (D. R. Paul and S. Newman, Eds.), pp. 185–242. New York: Academic Press, **1978**.

MACOSKO, C. W., *Rheology. Principles, Measurements, and Applications*. New York: Wiley & Sons, Inc., **1994**.

MANDELKERN, L., *Crystallization of Polymers*. New York: McGraw-Hill, **1964**.

MANDELKERN, L., "Thermodynamic and Physical Properties of Polymer Crystals Formed from Dilute Solution," *Progr. Polymer Sci.* (A. D. Jenkins, Ed.), **1970**, *2*, 163.

MANSON, J. A., and SPERLING, L. H., *Polymer Blends and Composites*. New York: Plenum Press, **1976**.

MARCHESSAULT, R. H., "Nascent Morphology of Polyolefins," *CRC Crit. Rev. Macromol. Sci.*, **1972–73**, *1*, 315.

MARK, J. E., "Thermoelastic Results on Rubberlike Networks and Their Bearing on the Foundations of Elastic Theory," *J. Polymer Sci. (D), Macromol. Rev.*, **1976**, *11*, 135.

MARTUSCELLI, E., PALUMBO, R., and KRYSZEWSKI M., (Eds.), *Polymer Blends: Processing, Morphology, and Properties*. New York: Plenum Press, **1980**.

MCCRUM, N. G., BUCKLEY, C. P., and BUCKNALL, C. B., *Principles of Polymer Engineering*. New York: Oxford University Press, **1988**.

MINNE, S. C., MANALIS, S. R., and QUATE, C. F., *Bringing Scanning Probe Microscopy Up to Speed*. Boston: Kluwer Academic Publishers, **1999**.

MIRABELLA, F. M., and JOHNSON, J. F., "Polymer Configuration and Compositional Variables as a Function of Molecular Weight," *J. Macromol. Sci., Rev. Macromol. Chem.*, **1975**, *C12*, 81.

MUNK, P., *Introduction to Macromolecular Science*. New York: John Wiley & Sons, **1989**.

PAUL, D. R., and SPERLING L. H., (eds.), *Multicomponent Polymer Materials, ACS Advan. Chem. Ser.*, **1986**, *211*.

PETRIE, S. E. B., "The Effect of Excess Thermodynamic Properties Versus Structure Formation on the Physical Properties of Glassy Polymers," *J. Macromol. Sci., Phys.*, **1976**, *B12*, 225.

RIO, A., and CERNIA, E. M., "Polyblends of Cement Concrete and Organic Polymers," *J. Polymer Sci. (D), Macromol. Rev.*, **1974**, *9*, 127.

RUDOLPH, H., "Polymer Blends: Current State of Progress and Future Developments from an Industrial Viewpoint," *Makromol. Chem. Macromol. Symp.*, **1988**, *16*, 57–89.

SANCHEZ, I. C., "Modern Theories of Polymer Crystallization," *J. Macromol. Sci., Rev. Macromol. Chem.*, **1974**, *C10*, 113.

SANDMAN, D. J. (Ed.), *Crystallographically-Ordered Polymers, ACS Symp. Ser.*, **1987**, *337*.

SAUER, J. A., RICHARDSON, G. C., and MORROW, D. R., "Deformation and Relaxation Behavior of Polymer Single Crystals," *J. Macromol. Sci., Rev. Macromol. Chem.*, **1973**, *C9*, 149.

SHEN, M., and CROUCHER, M., "Contribution of Internal Energy to the Elasticity of Rubber-like Materials," *J. Macromol. Sci., Rev. Macromol. Chem.*, **1975**, *C12*, 287.

"Special Issue on Nanotechnology", *Sci. Am.*, **2001**, *285*(3).

SPERLING, L. H., "Interpenetrating Polymer Networks," *ChemTech.*, **1988**, *18*(2), 104–109.

SPERLING, L. H., *Interpenetrating Polymer Networks and Related Materials*. New York: Plenum Press, **1981**.

TADOKORO, H., *Structure of Crystalline Polymers*. New York: Wiley-Interscience, **1979**.

TOBOLSKY, A. V., and DUPRÉ, D. B., "Macromolecular Relaxation in the Damped Torsional Oscillator and Statistical Segment Models," *Advan. Polymer Sci.*, **1969**, *6*, 103.

VASKO, M., BLEHA, T., and ROMANOV, A. "Thermoelasticity in Open Systems," *J. Macromol. Sci., Rev. Macromol. Chem.*, **1976**, *C15*, 1.

WATTS, M. P. C., ZACHARIADES, A. E., and PORTER, R. S., "New Methods of Production of Highly Oriented Polymers by Solid State Extrusion," *Contemp. Top. Polymer Sci.* (M. Shen, Ed.), **1979**, *3*, 297.

WIESENDANGER, R., *Scanning Probe Microscopy and Spectroscopy*. Cambridge: Cambridge University Press, **1994**.

WIESENDANGER, R. (Ed.), *Scanning Probe Microscopy. Analytical Methods*. Berlin: Springer, **1998**.

WILKES, G. L., "The Measurement of Molecular Orientation in Polymeric Solids," *Advan. Polymer Sci.*, **1971**, *8*, 91.

WILKES, G. L., "Rheo-Optical Methods and Their Application to Polymeric Solids," *J. Macromol. Sci., Rev. Macromol. Chem.*, **1974**, *C10*, 149.

YANNAS, I. V., "Nonlinear Viscoelasticity of Solid Polymers (in Uniaxial Tensile Loading), *J. Polymer Sci. (D), Macromol. Rev.*, **1974**, *9*, 163.

YEH, G. S. Y., "Morphology of Amorphous Polymers," *CRC Crit. Rev. Macromol. Sci.*, **1972–73**, *1*, 173.

18장

고분자의 입체 형태 해석

18.1 입체 형태 해석의 역할

현대 기초 화학 연구를 하는 주된 동기는 재료의 물리적 성질과 화학적 성질을 분자 구조와 연관지어 보는 것이다. 이러한 구조-물성에 관한 연구는 분광학, 반응 메커니즘 연구, 합성화학 등 많은 분야에서 행해지고 있으며, 특히 고분자화학 분야에서는 대단히 중요하다. 과학의 주된 목적 중 하나는 관측된 현상을 미시적인 분자나 원자의 거동으로 이해하려는 것이다. 고분자과학 분야에서는 강도, 인성, 용액 점도, 탄성률, 결정화도 등과 같은 성질을 성분 분자의 조성, 형상, 속도론적 거동 등과 연관시켜 본다.

앞 장에서도 언급한 바와 같이, 화학 조성의 변화가 고분자의 성질에 영향을 미친다는 사실에 대해 알아보았다. 하지만 우리는 모양과 분자 간의 유연성의 차이가 물성에 연관될 수 있는 방법에 대해 단편적인 지식만 알고 있다.

입체 형태 해석(conformation analysis)이란, 분자들이 그들의 공유 결합들의 비틀림 회전 운동으로 인해 기하학적 입체 형태가 변하는 방법들을 연구하는 것이다. 분자 내의 *d*-형이 *l*-형 입체 배위와 같이 밀접한 분자들 사이의 고정된 기하학적 차이와 관련된 **입체 배위적 해석**(configurational analysis)과는 차이가 있다. 그러나 고분자 물리 화학자들은 고분자 사슬 내에서 단위의 모든 배치를 나타내기 위해 **공간** 배열(spatial configuration)이란 용어를 사용한다. 이것은 통계 역학(statistical mechanics)("배열 분할 함수")과 X선 결정학(crystallography)("특별한 구조에서 원자 배열")에서 많이 사용되었다.

입체 형태 해석은 결합의 끊어짐이 없이 분자의 **입체 형태** 변화가 일어나는 것에 관한 것이다. 많은 결합들의 비틀림 운동이 상온에서도 쉽게 일어나므로, 입체 형태 변화는 거시적인 물리적 성질들의 변화와 연관이 있는 많은 현상들을 유발한다. 따라서 고분자의 유리 전이 온도나 용융 전이, 결정성 존재 여부, 탄성률, 고분자가 저분자 용매의 점도를 올리는 것 등은 모두 거대분자들의 입체 형태 변화와 관련이 있다. 사실 고분자의 거의 모든 유용한 성질들은 조성 분자들의 입체 형태 특성과 어느 정도 관련이 있다.

따라서 왜 어떤 고분자는 어느 한 입체 형태를 갖고, 다른 고분자는 또 다른 입체 형태를 갖는가, 또는 어떤 특정한 고분자가 어떤 특정한 온도에서 입체 형태 변화를 갖는가, 또는 언제 용매나 pH가 변하는가 하는 것들에 대한 원인들을 이해할 필요가 있다. 상세히 살펴보면, 고분자의 입체 형태를 예측하거나 이론적으로 설명하는 데는 다음과 같은 몇 가지 이유가 있다.

1. 왜 어떤 고분자는 결정화하며, 어떤 것은 결정화하지 않는가?
2. 왜 어떤 고분자는 실온에서 유리상을 가지며, 어떤 것은 고무상, 열가소성, 액체들인가?
3. 아직 합성되지 않은 고분자들의 성질을 예측해 보는 것이 중요한데, 왜냐하면 이들을 만들 가치가 있는지를 알아볼 수 있기 때문이다.
4. 평균제곱 사슬간 거리, 용액 점도, 광산란 거동 등 고분자의 생물학적 기능을 설명하는 것이다.
5. 단백질, 핵산과 같은 천연 고분자의 생물학적 기능을 설명하는 것이다.

Scheme 1은 이 장에서 다룰 입체 형태 해석의 여러 가지 면들 사이에 존재하는 관계를 요약해

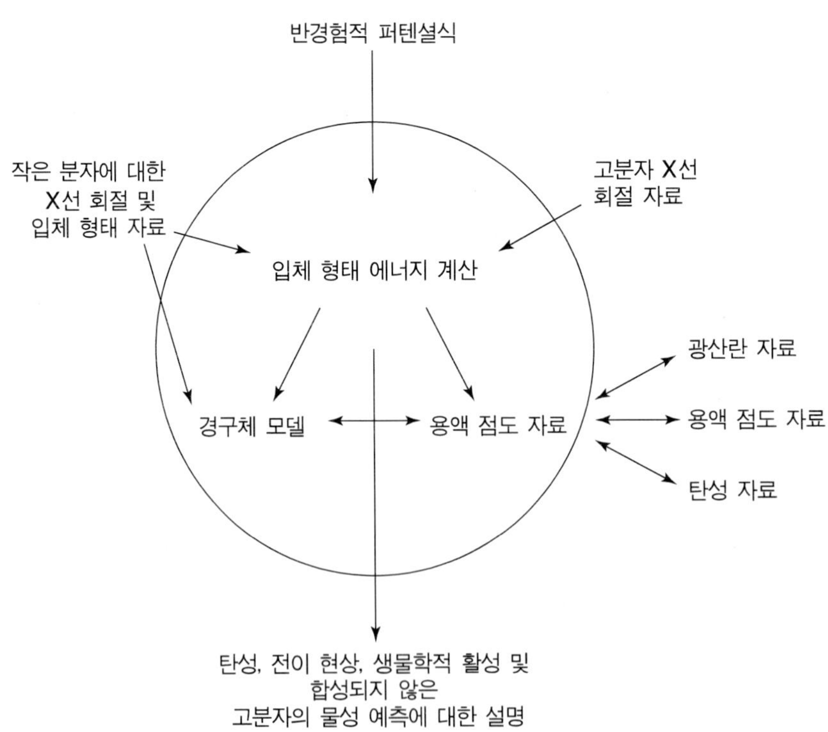

Scheme 1 여러 가지 입체 형태 해석들 사이의 관계

놓았다. 원 내의 세 가지 주제는 입체 형태 해석을 위한 세 가지 주된 이론적 접근법을 나타내며, 화살표로 연결된 주제들은 이론적 처리로부터의 출력이나 입력 등을 나타낸다.

18.2 고분자의 입체 형태

에테인(**1**)과 같은 작은 분자는 비교적 작은 수의 다른 입체 형태를 갖는다. 그 이유는 자세한 분자 형태는 한 결합(C—C 결합)만의 비틀림에 영향을 받기 때문이다(물론 진동 운동에 의해서도 입체 형태가 변하나 물리적 성질에는 비교적 효과가 적다). 그러나 프로페인(**2**)은 C—C 결합이 두 개여서 이론적으로 C—H 결합들이 서로 다른 공간 배열을 할 수 있으므로 더 많은 독립적인 입체 형태를 만들 수 있다. 폴리에틸렌(**3**)은 같은 분자 내에서 거의 무한대의 서로 다른 입체 형태들이 만들어질 수 있다.

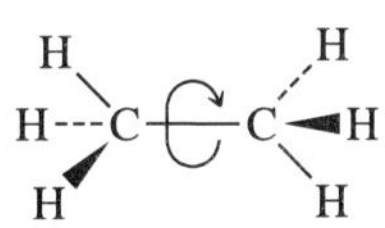

1

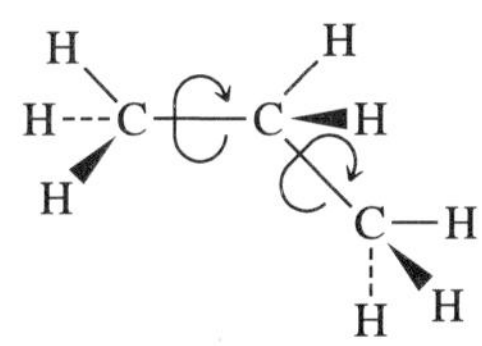

2

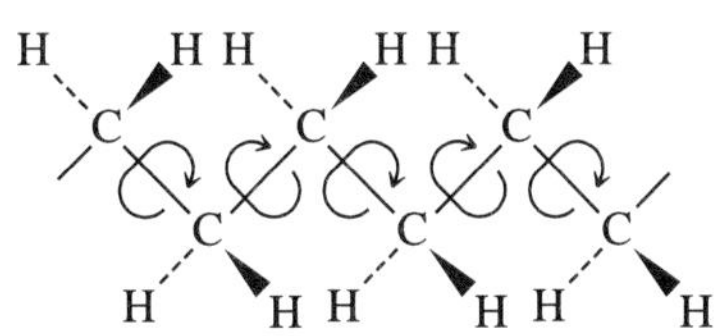

3

입체 형태 변화에 **입체 배위적** 변화가 더해지면 문제는 좀더 복잡해진다. 따라서 폴리바이닐클로라이드는 아이소탁틱, 신디오탁틱, 아탁틱 입체 형태로 존재하며, 각각의 입체 형태가 새로운 입체 형태의 가능성을 갖고 있다. 결과적으로 고분자의 입체 형태 거동을 이해하는 것은 너무 복잡해서 처음에 보면 신중한 토의를 할 수 없을 것 같으나, 만약 고분자를 다음과 같은 세 가지로 분류하면 문제는 간단해질 수 있다.

1. 결정성 고체 상태나 용액 내에서 하나의 독특한 분자 입체 형태를 갖기를 매우 원하는 고분자
2. 원하는 분자 입체 형태가 없으며, 랜덤 코일 입체 형태를 갖는 고분자
3. 각각의 독립적인 사슬이 랜덤 코일을 갖거나 사슬 중 서로 다른 부위들이 특정한 입체 형태를 갖는 고분자

세 번째 부류의 고분자는 첫 번째와 두 번째 부류의 혼합이다. 그러나 간단히 살펴보면 고분자

의 입체 형태에 관한 문제는 한편으로는 대단히 정상적으로 반복 입체 형태를 갖는 상태와, 다른 한편으로는 랜덤 코일 입체 형태를 갖는 부류로 구분할 수 있다. 앞으로 이 두 가지 부류에 대해 살펴보기로 한다.

18.3 고분자에 대한 저분자 모델

복잡한 고분자 구조가 주어지면 먼저 작은 분자들에 대한 입체 형태 문제들을 살펴보고, 그러한 접근법이 큰 분자들에도 적용할 수 있는가를 알아보도록 한다. 작은 분자들의 입체 형태는 두 가지 방법으로 검토하여 보았다. 즉 정성법과 정량법으로 이들에 대해 차례로 살펴보기로 한다.

18.3.1 정성법

오랜 기간 동안 유기화학자들과 무기화학자들은 간단한 공유 결합 분자의 입체 형태를 예측하여 왔다. 이러한 예측은 같은 분자 내에 여러 부분을 형성하는 원자들이 서로 너무 근접해 있으면 반발한다는 직관적인 가정에 근거를 들고 있다. 이것이 **입체 장애**(steric hindrance) 개념 저변에 있는 개념이다. 다음과 같은 두 개의 원칙이 전통적인 화학의 한 부분이 되었다.

1. 중심들 사이의 주어진 거리 내에서 큰 원자들이나 작용기들이 작은 원자들보다 더 큰 반발을 일으킨다.
2. 엇갈린 형태(staggered conformation)가 가려진 형태(eclipsed conformation)보다 낮은 에너지 상태에 있다.

이 모두를 생각해 보면 에테인이 적어도 낮은 온도에서는 엇갈린 형태(**4**)를 취해야 한다고 예측할 수 있으며, *n*-뷰테인은 (**5**)의 입체 형태를 갖게 된다.

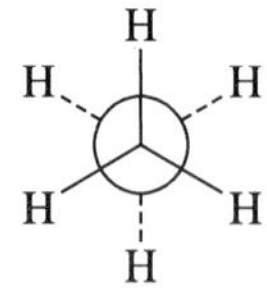

4

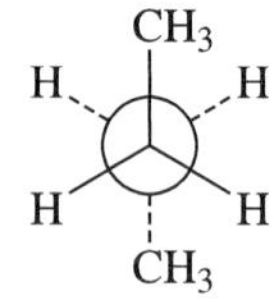

5

이러한 주장들은 "경구체(hard-sphere)" 분자 모델들을 사용하는 이론적 근거가 된다. 원자들이나 기(group)들이 충돌을 피하는 경향이 있다는 가정을 통해 원하는 입체 형태를 예측할 수 있다. 이러한 방법들은 간단한 시스템에는 잘 적용된다. 따라서 "경구체"법을 이용해 탄소와 같은 사면체 원자 두 개가 서로 연결된 결합에 비틀림이 일어나 입체 형태 변화를 수반하는 에테인과 같은

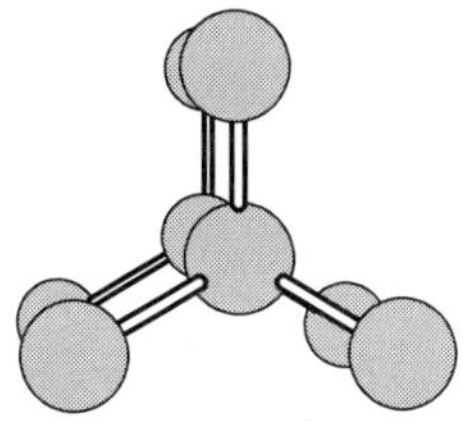

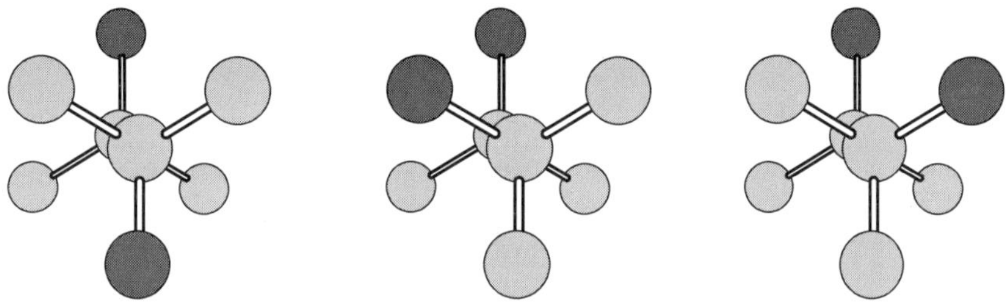

그림 18.1 경구체 모델로서 가려진 형태들보다는 3개의 엇갈린 형태(trans, gauche, gauche′)가 더 안정하다고 예측할 수 있다.

분자에서는 그림 18.1과 같이 3개의 "엇갈린" 형태를 나타낸다. 좀더 복잡한 화합물의 경우는 이 개념을 이용해 "삼중 회전 이성질체 모델(threefold rotational isomeric model)"을 제시하는 근거를 이룬다.

그러나 분자들이 더 복잡해질수록 정성적 모델로는 효과적으로 예측하기가 어려워진다. 이러한 이유로 정량적인 처리가 필요하게 된다.

18.3.2 정량법

기본 원리 한 분자가 계에서 가장 낮은 에너지를 주는 입체 형태를 갖는다고 가정해 보자. 이때 가장 중요한 문제는 가장 낮은 에너지를 갖는 특정한 입체 형태를 결정하기 위해 여러 가지 다른 입체 형태들의 에너지를 계산할 필요가 있다. 실제로 다음 세 가지 인자들을 고려해야 한다.

1. 원자들 사이의 단거리 비결합 분자 내 인력
2. 장거리 비결합 분자 내 인력(이것은 특히 크고 유연한 분자들에서 중요하다)
3. 인접한 분자에 있는 원자들 사이의 분자 간격(분자 간격은 매우 예측하기 곤란함)

이러한 세 가지 입체 형태에 대해 결정해야 할 사항은 다음과 같다.

(a) 원자들 사이의 거리

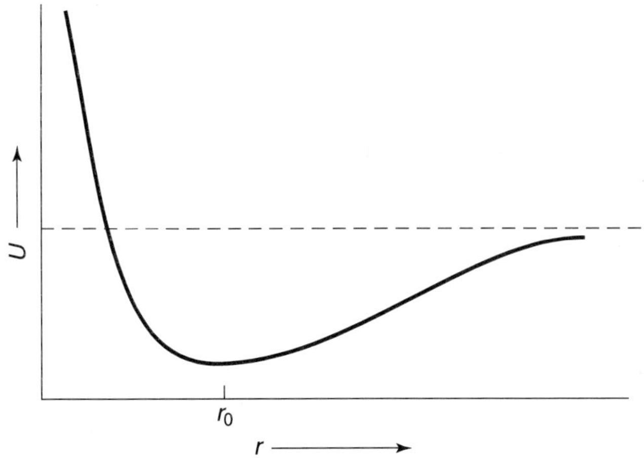

그림 18.2 두 비결합 원자들 사이의 원자간 퍼텐셜. 핵 간의 거리(r)가 가까워질수록 에너지(U)가 급격히 증가하는 반면, 거리가 멀어지면 상호작용 에너지는 0이 된다. r_0에서 에너지가 최소가 된다.

(b) 원자들 사이의 퍼텐셜의 특성

작은 분자들에 대해서는 같은 분자 내의 원자들 사이의 **거리**에 대한 정보는 단결정 X선 데이터나 적외선-Raman 또는 초단파 실험으로부터 얻을 수 있다. 그러나 특히 수소 외에 다른 원자들이 존재할 때 가장 잘 사용할 수 있는 비결합 **퍼텐셜**에 대해서 연구자들 사이에 의견의 일치를 보지 못하고 있다. 이 점에 대해서는 후에 논하기로 한다. 몇몇 연구자들은 결합이 비틀림 작용을 받을 때 고유 삼중 회전 장애를 받는다고 믿고 있으며, 이러한 효과는 그룹들의 비결합 상호작용보다도 결합 그 자체나 오비탈 배열의 특성과 더 연관이 있다고 생각하고 있다.

원자 간 퍼텐셜 만약 단거리 분자 간격이 입체 형태 변화의 에너지학(energetics)을 지배한다고 가정하면, 중요한 문제 중 하나는 기여하는 원자들 사이의 힘의 종류나 특성을 알아내는 것이다. 따라서 작은 분자들에 대한 계산에서는 Lennard-Jones나 Buckingham 퍼텐셜과 같은 양자 역학적 또는 반경험적 퍼텐셜을 사용하게 된다. 이러한 퍼텐셜들은 기체들의 거동으로부터 나오는 실험 데이터에서 얻어진 상수들을 이용하게 된다.[1]

각각의 무극성 기체 분자들이 서로 접근할 때, 그들의 에너지는 그림 18.2에서와 같이 변화한다. 두 개의 분자들이 접근함에 따라, 처음에는 "London" 인력이 작용하고, 결국은 핵–핵 반발로 인해 반발력이 작용한다. r_0에서 최소의 에너지를 갖는 것은 이 두 상반되는 인력들이 평형에 이른 위치를 나타낸다. 이러한 거리는 "분자 간 접촉 거리" 또는 고체 내의 van der Waals 거리를 나타낸다. 일반적으로 같은 입체 형태의 퍼텐셜 곡선은 거대한 분자들에 있어 비결합 분자 내 상호작

[1] J. O. Hirschfelder, C. F. Curtiss, and R. B. Bird, *Molecular Theory of Gases and Liquids* (New York: Wiley, **1954**).

용 효과를 나타낸다고 가정하고 있다. 이러한 상호작용은 거리가 클 때는 인력이고, 거리가 짧을 때는 반발력이라고 생각된다. 중요한 문제는 상호작용이 각기 다를 때, 즉 수소–수소, 수소–탄소, 염소–염소 상호작용의 정확한 곡선 입체 형태를 예측하는 것이다.

Lennard-Jones 퍼텐셜이 가장 잘 알려지고 널리 쓰이는 식으로 (1)과 같은 형태를 갖는다.

$$U_{ij} = \frac{B_{ij}}{r_{ij}^{12}} - \frac{A_{ij}}{r_{ij}^{6}} \tag{1}$$

여기서 U_{ij}는 원자 i와 j 사이의 거리 r에서의 에너지이며, A와 B는 상수들이다. $-A/r^6$ 항은 원자들 사이의 "분산"력을 나타내고, $+B/r^{12}$은 반발력을 나타낸다. 반발력항은 인력항보다 더 가파르고 "거칠다." 인력과 반발력 항이 "거칠거나 유연한" 정도는 원자들의 입체 형태에 따라 다르다. 위 식은 "6–12"퍼텐셜로 알려져 있다. 그러나 다른 연구자들은 "7–11"이나 다른 변수를 사용한다. 상수들 A와 B가 깊이와 거리 r_0를 결정한다. 따라서 적절한 상수들을 알면, 거리 r에서의 어느 비결합 상호작용 에너지를 계산할 수 있다. 분자 내 모든 상호작용의 합은 어느 특정한 입체 형태를 갖는 분자의 에너지를 나타낸다.

에너지 계산에 다른 식들도 사용할 수 있다. 변형된 Buckingham 퍼텐셜, Stockmayer 퍼텐셜 등이 다른 교과서[2]나 문헌[3]에 잘 기술되어 있다.

적당한 퍼텐셜을 선택하는 것은 각자의 취향이지만, 기체 데이터로부터 구한 상수들을 사용하는 것은 큰 분자들에 대한 계산에 항상 유효한 것은 아니다. 예를 들면 두 H_2 분자들의 상호작용은 ~2.5 Å 이내의 거리에서는 중요한 반발력을 나타내고, 3 Å 이상에서는 r_0가 최소인 거리를 나타낸다. 반면에 두 개의 C—H 단위들이 서로 작용할 때 H ⋯ H 반발은 1.9 Å보다 짧은 거리에서만 중요하며, 이때 r_0는 2.4 Å이다.

분산력과 van der Waals 반발력을 나타내는 퍼텐셜 함수를 사용함과 더불어 Coulomb 힘 항을 포함시킬 필요가 있다. 점전하(point-charge) 식을 이용하여 쌍극자 효과를 모의 실험할 수 있으나, 완전히 만족스러운 것은 아니다.

작은 분자들에 대한 모델 계산 첫째로 **에테인**을 생각해 보자. 탄소–탄소 결합의 비틀림에 대한 장애 높이가 실험적으로 약 2.8 kcal/mol로 알려져 있다. 이 분자 내의 비틀림 퍼텐셜은 그림 18.3에 나타낸 바와 같이 C—C 결합을 10°씩 올리면서 360°를 비틀었을 때 생기는 모든 입체 형태에 대한 모든 상호작용의 퍼텐셜 에너지의 합으로 계산할 수 있다. 계산된 퍼텐셜 곡선은 그림 18.4와 같다. 에테인에서 2.8 kcal/mol의 비틀림 장애는 실온에서 분자가 1초당 10^{10}의 속도로 최솟값에서

---

[2] Hirschfelder et al., op. cit.

[3] Birshtein과 Ptitsyn에 의한 출판물을 참고하라; De Santis et al.; Flory (*Statistical Mechanics of Chain Molecules*); Hopfiuger; Lowe; Scheraga; Suter; and Volkenstein. 이 장의 끝부분에 더 읽을거리를 제안하였음.

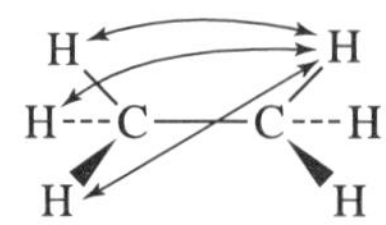

그림 18.3 에테인 분자에 대한 모델로서 C—C 결합의 비틀림으로 인해 발생되는 각 입체 형태의 전체 에너지를 계산하기 위해 분자 내 상호작용들을 가산해˝주어야 한다.

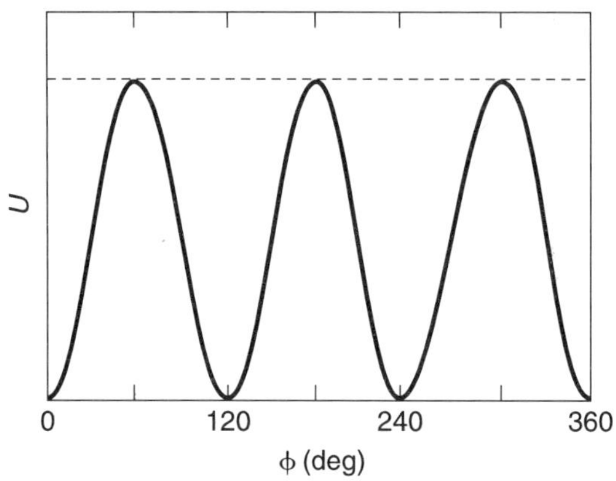

그림 18.4 에테인에 대한 퍼텐셜 에너지 함수(U)의 내부 회전각에 대한 의존성

또 다른 최솟값으로 이동할 수 있음을 의미한다.

고분자 내의 입체 형태 효과들을 알아보기 위해서 그림 18.5에서와 같이 1,2-**다이클로로에테인**의 비틀림 에너지 profile을 생각해 보는 것이 좋겠다. 탄소 원자에 있는 수소를 염소로 치환하면 그림 18.1에 나타낸 바와 같은 *trans* 입체 형태를 갖는 비틀림 profile을 나타내게 된다. 에너지 장벽 U_1은 약 3.05 kcal/mol이고 U_2는 5.58 kcal/mol이다.

마지막으로 *n*-뷰테인(그림 18.6)을 생각해 보자. 이 분자는 각기 다른 비틀림을 수행할 수 있는 3개의 골격 결합을 갖고 있다. 결합 ϕ와 χ가 고정된 위치에 있는 동안 결합 ψ의 비틀림은 그림 18.4에 나타낸 바와 유사하지만 커다란 장애를 받는 삼겹 profile을 형성한다. ψ나 χ의 비틀림이 없을 때는 결합 ϕ의 비틀림으로 인해 그림 18.5와 유사한 3개의 안정한 입체 형태 이성질체를 생성하게 된다. 그러나 만약 한 개 이상의 결합이 비틀려진다면, 퍼텐셜은 2차원 측면도 대신 3차원 에너지 **표면**을 비틀림각 ψ, 각 ϕ, 에너지로 나타내야만 한다. *n*-뷰테인의 경우 **3개**의 결합들이 독립적인 비틀림 운동을 수행한다고 볼 수 있으므로, 상황은 더욱 복잡해져서 모든 입체 형태 에너지를 나타내기 위해서는 4차원계가 필요하다.

실제로 두 개의 결합은 독립적인 비틀림을 행하게 되고, 셋째, 넷째, 다섯째 결합들은 고정되어 있다. 에너지가 처음 두 결합에 대해 최소가 된 후, 다음 결합들이 변화할 수 있다. 그림 18.7은 *n*-뷰테인에 대해 결합 ϕ의 독립적인 비틀림과 결합 ψ와 χ의 동시 비틀림에 대해 계산한 표면을 나타낸다. 표면이 4겹 대칭이므로 1/4만을 보여 주고 있다. 계산된 에너지들은 등고선(kcal/mol)으로

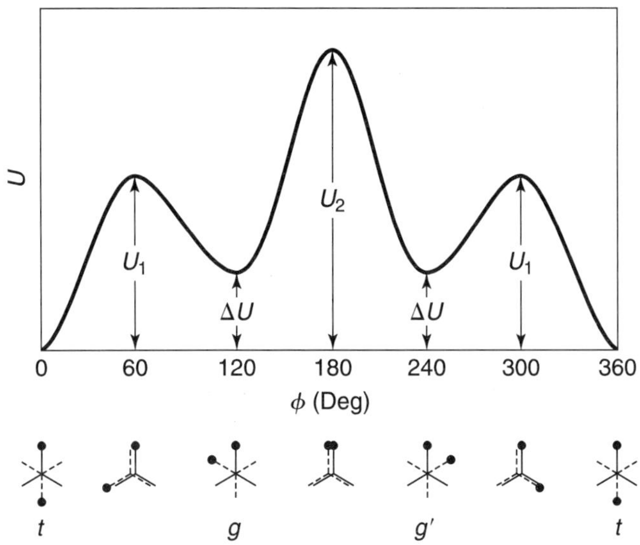

그림 18.5 1,2-다이클로로에테인에 대한 비틀림 각함수에 따른 퍼텐셜. 염소 원자는 검은 원으로 나타내었다.

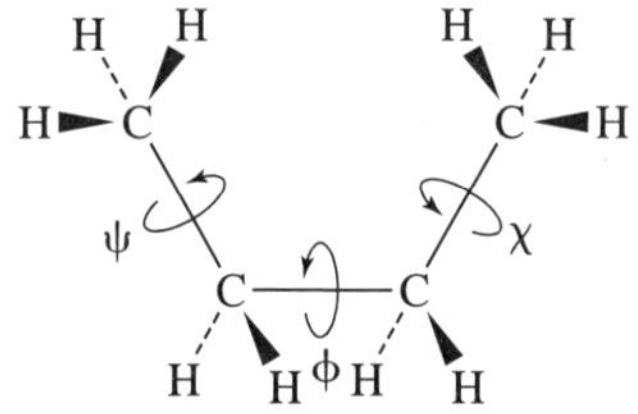

그림 18.6 n-뷰테인 내에서 결합 ψ, ϕ, χ의 비틀림에 따른 퍼텐셜 에너지 효과를 나타내는 모델

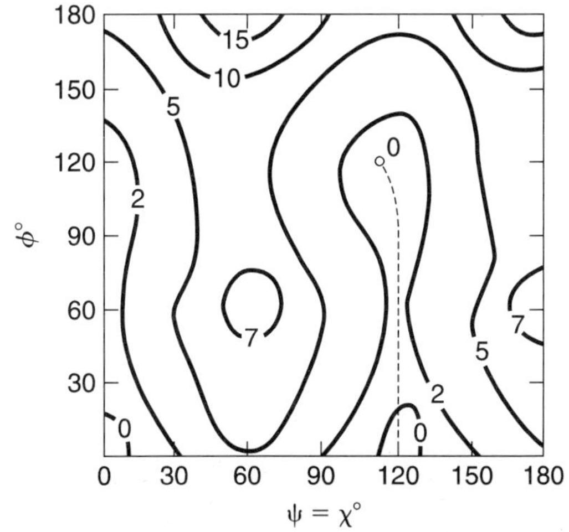

그림 18.7 n-뷰테인에 대해 계산한 에너지 표면의 4등분 중 하나

나타내었고, **최소 에너지 경로**(minimum energy path) 또는 두 저에너지들 사이의 **에너지 경로**(energy pass)는 점선으로 표시하였다. 실제 분자가 비틀림 운동을 행할 때, 적은 저항을 갖는 이 경로를 따를 것이다. 분자가 원하는 입체 형태는 이론적으로 표면의 저에너지 위치의 ψ와 ϕ 값으로 나타낼 수 있다.

이러한 주장을 고급 지방족 알케인으로 확대해 보면, 가능한 안정한 입체 형태 이성질체의 수는 $3^{(N-3)}$으로 주어지며, 여기서 N은 사슬 내의 탄소 원자수를 표시한다. 폴리에틸렌의 경우 접근하기 쉬운 입체 형태 상태의 수는 천문학적 숫자가 된다. 따라서 이를 간략화할 필요가 있다.

18.4 고분자에 대한 단사슬 모델

18.4.1 단사슬 개념

전체 고분자 사슬이 가질 수 있는 입체 형태를 사슬의 짧은 세그먼트가 가질 수 있는 입체 형태로 나타낼 수 있다고 간단히 가정해 보자. 이것은 많은 연구에 기초를 둔 핵심 개념이다. 다시 말하면, 이것은 전체 고분자의 입체 형태가 분자 내의 모든 **단거리**(short-range) 상호작용의 복합체 또는 합으로 결정된다는 가정에 기인한다.

이렇게 하면 문제를 매우 간단히 할 수 있다. 그런데 이러한 가정이 얼마나 유효한가 하는 의문이 생길 것이다. 일반적으로 알려지기는, 만약 사슬이 늘어진 입체 형태(그림 18.8a 또는 b)를 갖고 있다면, 이러한 가정은 대체로 유효하다고 볼 수 있다. 그러나 만약 그림 18.8c에서와 같이 치밀한 나선(helix)이 형성되면 장거리 인력이 중요해지므로 무시할 수가 없다. 따라서 결정 상태에서 특히 극성 곁사슬이 있을 때는 분자 간격이 중요한 효과를 나타낸다. 그러나 계산에는 이것을 별로 포함시키지는 않는다. 더욱이 이 장 첫 부분에서도 언급한 가정으로부터 확실한 것은 이러한 개념이 통계적으로 고분자의 랜덤 코일이 선호하는 입체 형태를 제안할 수는 있으나, 정확하게 적용될 수는 없다는 것이다. 후에서도 알 수 있는 바와 같이 단사슬 입체 형태 해석의 목적 중 하나는 최솟값을 확인하고 최솟값이 가질 수 있는 확률을 예측해 보는 것이다. 따라서 이 절에서 다룰 방법은 반복 입체 형태 구조뿐만 아니라 랜덤 코일에도 모두 중요하다.

18.4.2 입체 형태에 필요한 술어

사슬의 입체 형태는 사슬 결합들의 비틀림 각도로 간단히 나타낼 수 있다. 불행히도 두 개의 서로 다른 관계가 사용되고 있다. 첫째는 모든 골격의 각도가 *trans-trans*(즉 사슬의 평면 지그재그 입체 형태) 입체 형태로부터의 편차로 나타내어지는 것이다. 예를 들면 그림 18.8a의 입체 형태는 $\psi=0°$, $\phi=0°$로 나타낼 수 있다. 그림 18.8b의 *cis-trans* 평면 입체 형태는 $\psi=0°$, $\phi=180°$로 나

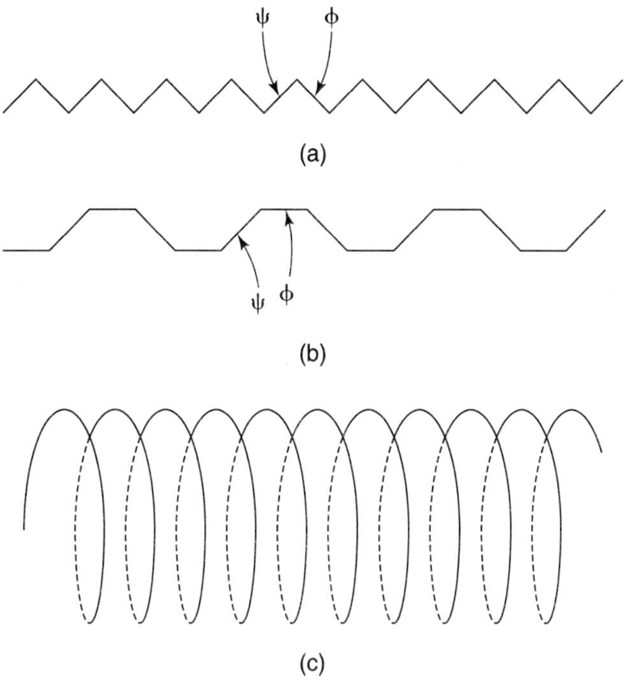

그림 18.8 (a)와 (b) 같은 늘어진 입체 형태에서는 단거리 분자 내 인력(및 분자 간격)효과가 입체 형태 에너지를 지배한다. 그러나 만약 고분자가 치밀한 나선 입체 형태(c)를 가지면 장거리 인력이 중요하게 된다.

타낸다. 그림 18.8c의 나선들은 ψ와 ϕ 값들이 $0 \sim 180°$ 사이이고 양이나 음의 값들을 갖는다. 그러나 몇몇 연구자들은 *cis-cis* 입체 형태를 $\psi = 0$, $\phi = 0$인 처음 입체 형태로 사용하지만, 이것은 혼란을 야기할 수 있다.

비틀림 운동이 좌선형이나 우선형일 수 있으므로 두 번째 관례가 필요하다. 그림 18.9a에서와 같이 원자 1에서 원자 2까지의 결합을 보면 결합 (y)와 결합 (x)가 겹쳐지기 위해서는 결합 (x)를 **시계 방향**으로 회전시키면, ψ는 양의 값을 갖는다. 180° 이하로 반시계 방향으로 회전하면 음의 값을 갖는다. 이러한 시스템을 이용하면 그림 18.8a에서와 같은 *trans*-평면 구조는 $\psi = \phi = 180°$이며, $\psi = \phi = 0°$가 아니다. 그러나 그림 18.8b의 *cis-trans* 구조는 $\psi = 0°$, $\phi = 180°$이다.

늘어난 *trans*-평면 구조에 $\psi = \phi = 0$인 표시법을 사용하도록 하면 비틀림각의 부호는 다음과 같이 결정한다. 결합 y(그림 18.9)가 *trans-trans*($\psi = \phi = 0°$) 위치로부터 180° 이내로 시계 방향으로 움직여 관측된 입체 형태 이성질체를 만드는 경우 양의 비틀림각을 나타낸다. 양의 각도는 우선형(시계 방향)의 나선형이 되는데, 기억해 두기 바란다.

18.4.3 경구체법

작은 분자들에 대해 기술했던 간단한 경구체 모델을 고분자의 단사슬 세그먼트에도 적용할 수 있다. 예를 들어 폴리에틸렌은 간단히 보면 n-뷰테인 분자가 확장된 것이며, 연필로 종이에 그려

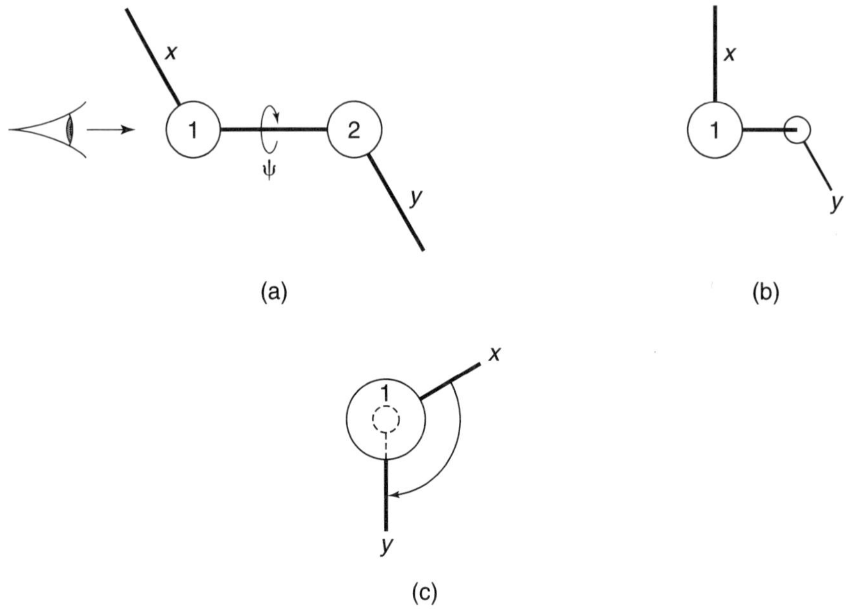

그림 18.9 결합의 비틀림 회전에 대한 일반적인 부호 관계. 결합 *x*가 시계 방향으로 회전하여 결합 *y*와 겹쳐지면 비틀림은 양의 값을 갖는다.

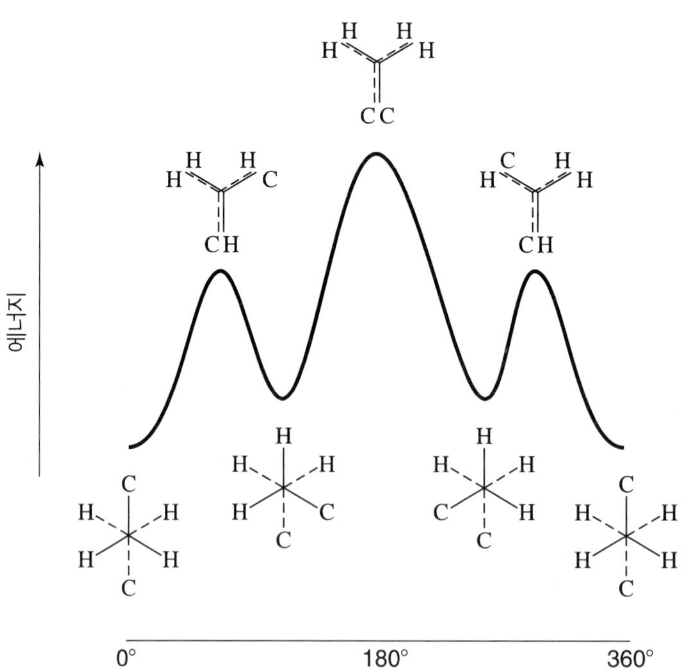

그림 18.10 경구체법에 근거를 두고 폴리에틸렌의 단사슬 세그먼트 내의 주사슬의 360˚ 비틀림에 대한 예상 비틀림 profile

보면 확장된 지그재그 입체 형태(**6**)가 된다. 폴리에틸렌의 한 결합의 비틀림으로 인한 입체 형태 변화는 그림 18.10과 같다.

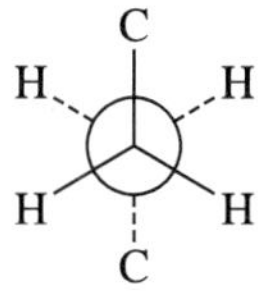

6

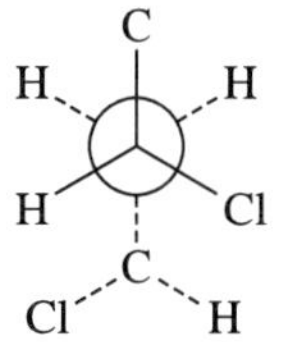

7

만약 염소 원자들이 서로 유별나게 반발이 심하면, 신디오탁틱 폴리바이닐클로라이드(**7**)가 평면 지그재그 배열(**8**)을 가져야 한다는 것을 예측할 수 있는데, 이 입체 형태는 큰 염소 원자들 사이의 거리가 가장 멀기 때문이다. 이러한 거동에 대해서는 결정 충전력이 부분적인 원인이 되며, 주로 고체 상태에서 이러한 입체 형태를 볼 수 있다.

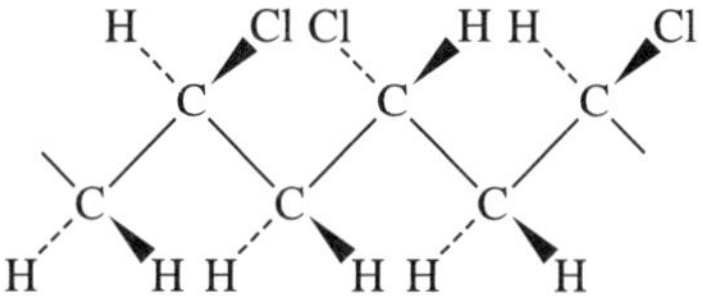

8

18.4.4 분자 내 퍼텐셜의 이용

비틀림 에너지 profile과 작은 분자들의 표면에 대해 계산한 방법을 긴 사슬의 짧은 세그먼트에 대해 직접 적용할 수 있음을 알 수 있다. 이때 가정은 원하는 입체 형태가 단거리 인력에 의해 지배된다는 것이다.

9와 같은 폴리에틸렌 사슬의 짧은 세그먼트를 생각해 보자. 원자들 사이의 **분자간 거리**는 저분자 화합물 또는 다른 고분자의 단결정 X선 연구 결과로부터 얻어진 결합각과 결합 길이 데이터에서 어느 정도 추측할 수 있다. 예를 들어 정사면체 탄소의 결합각은 109.5°에 가깝고, 포화 상태의 유기 화합물의 C—H 결합 길이는 1.09 Å이며, C—C 결합 길이는 1.54 Å이다. 세그먼트에는 원자가 15개뿐이어서 어느 한 사슬 입체 형태 내에서 세그먼트와의 모든 비결합 상호작용(H ⋯ H, H ⋯ C, C ⋯ C 등)에 대한 길이와 에너지 계산은 사소한 문제이다. 결합 A와 B의 360° 비틀림에 의한 모든 가능한 입체 형태들도 현대의 컴퓨터를 사용하면 모두 계산이 가능하다.

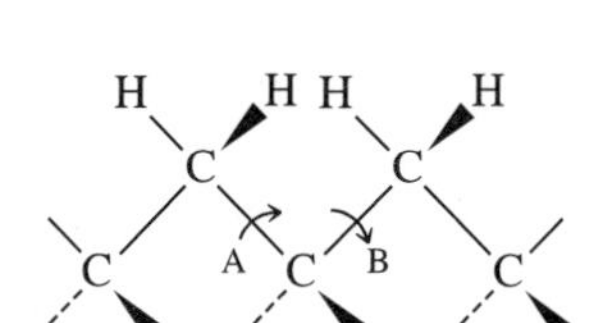

9

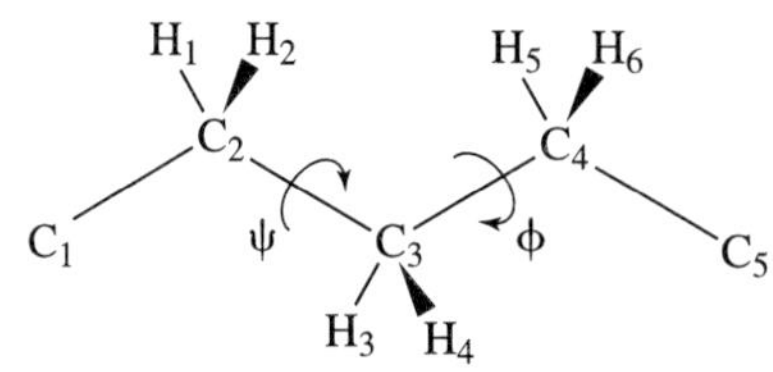

그림 18.11 단사슬 세그먼트를 모델로 이용해 폴리에틸렌의 입체 형태 에너지를 계산할 수 있다.

극성이 큰 곁사슬을 갖는 고분자들인 경우에는 특별한 방법으로 다루어야 한다. 여기에 포함되는 고분자들로는 폴리메틸메타크릴레이트, 폴리아크릴로나이트릴, 폴리바이닐알코올 등이 있다. 극성 또는 수소 결합력은 계산하기가 어렵다.

다음과 같은 일련의 조작으로 고분자 입체 형태에 대한 예비 계산을 수행할 수 있다.

1. 사슬의 짧은 세그먼트를 생각해 보고 그것을 처음 입체 형태로 한다. 예를 들어 폴리에틸렌에 대한 가능한 초기 입체 형태는 그림 18.11에서와 같다고 하자.
2. 결합각과 길이를 정한다(작은 탄화수소에 대한 X선 단결정 연구 결과 얻어진 값을 사용할 수 있다).
3. 결합 C_2—C_3와 C_3—C_4를 10° 간격으로 비트는 컴퓨터 프로그램을 만든다. 각 입체 형태의 위치에서 비결합 거리($C_1 \cdots C_5$, $H_1 \cdots H_6$ 등)를 계산한다.
4. 적당한 비결합 퍼텐셜을 계산에 넣어 각각의 계산 거리에 대한 상호작용 에너지를 컴퓨터에서 계산한다. C_2—C_3와 C_3—C_4가 360° 비틀림이 될 때까지 각 입체 형태에 대한 모든 에너지의 합을 구한다.
5. ψ와 ϕ의 각각의 값들에 대해 주어진 에너지를 컴퓨터에서 프린트하여 미리 선택된 각각의 간격에 대해 에너지 등고선을 그린다.
6. 표면으로부터 원하는 입체 형태의 최솟값을 선택하거나 처음에 선택한 최솟값을 사용하고 계산하여 인접한 골격 결합의 비틀림 운동 효과를 검토한다. 실제로 후자의 경우 4, 5 또는 그 이상의 골격 결합들이 각각 독립적인 비틀림을 받으며, 전체 입체 형태의 최솟값을 알아내기 위한 프로그램에 사용된다.
7. 원하는 최솟값들 사이의 최소 에너지 경로를 찾고 장애물 크기, Boltzmann 분포 등을 계산한다.
8. 반복 단위당 단량체 단위수를 계산한다. 이러한 정보는 X선 결정학 연구와 함께 사용할 수 있다(19장 참조).

위와 같이 처리한 예 세 가지를 설명해 보도록 한다.

1. 그림 18.12에 폴리테트라플루오로에틸렌 사슬의 짧은 세그먼트에 대해 계산한 퍼텐셜 에너지 profile을 나타내었다. 이 그림에서는 경구체 모델 단독만으로 예측되는 값보다 더 자세한 것

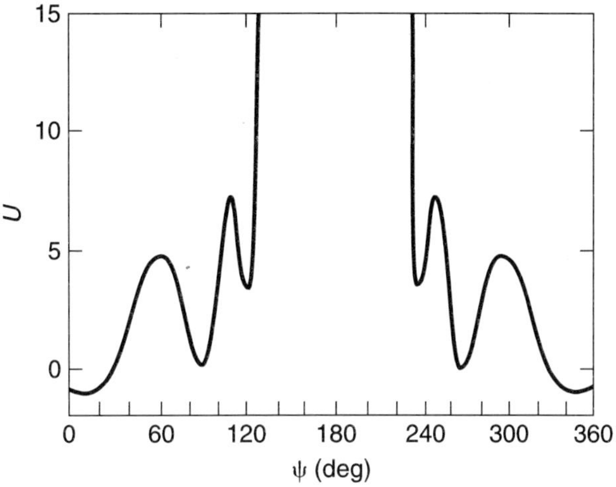

그림 18.12 폴리테트라플루오로에틸렌 사슬의 짧은 세그먼트에 대해 계산한 입체 형태 퍼텐셜 에너지 profile

을 볼 수 있다. 여러 개의 현저한 최솟값들이 존재하는데, 이것은 계가 장애물을 극복할 수 있다면 여러 개의 단결정-결정 전이가 이 고분자에서 일어난다는 것을 보여 주고 있다. 주요 최솟값들은 0° : 0° 근처(평면 지그재그)에서 나타난다. 이것은 사슬이 매우 치밀하지 않은 나선형 구조로 되어 있음을 의미한다. 이 결과는 X선 회절 실험 결과, 즉 결정상인 20°C 이하에서 고분자가 13개, 단량체 단위가 6번 회전하는 결과와 일치한다.

2. 그림 18.13은 폴리아이소뷰틸렌에 대한 에너지 profile로서 분자의 짧은 세그먼트가 인접한 단위들의 운동에 의해 **최소 에너지 경로**를 찾도록 할 때 나타나는 profile이다. 경구체 분자 모델로 보면, 이 고분자는 탄성률이 변함에 따라 매우 장애를 받고 있음을 알 수 있다. 그러나 비틀림 profile에 대한 계산값을 살펴보면 가장 낮은 최솟값이 밀집된 나선형 배열을 한다는 사실과 일치하지만, 이러한 최솟값들은 넓은 저에너지 평면(plateau)을 형성하여 장애가 나타나기 전에 200°의 비틀림 운동을 허락하게 된다. 이러한 동시적인 결합의 움직임은 마치 "크랭크축 운동"으로 생각할 수 있다. 따라서 폴리아이소뷰틸렌의 한 입체 형태 이성질체에서

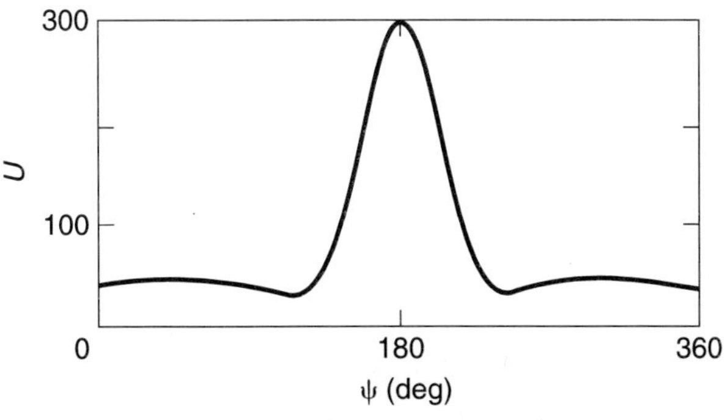

그림 18.13 폴리아이소뷰틸렌의 단사슬에 대한 에너지 profile 계산값으로서 인접한 사슬의 운동으로 최소 에너지 경로를 따른다.

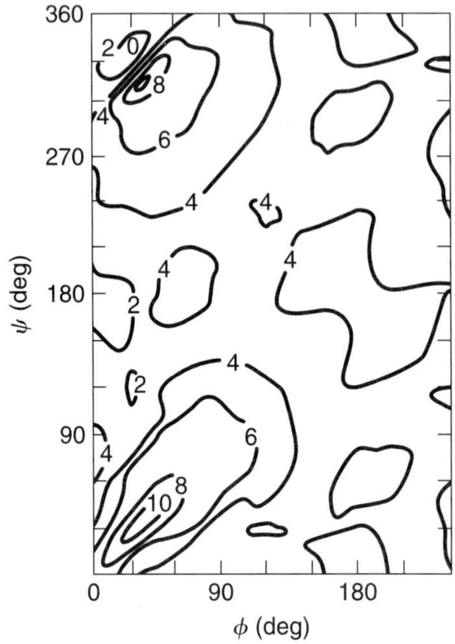

그림 18.14 Phosphazene poly[bis(trifluoroethoxy)]에 대해 계산한 에너지 표면

다른 것으로의 변환은 매우 용이한 공정으로서, 이러한 양상을 이용해 폴리아이소뷰틸렌의 탄성률이나 낮은 유리 전이 온도를 설명하는 데 이용하면 재미있을 것으로 사료된다.

3. 이러한 계산을 이용해 복잡한 곁사슬을 갖는 고분자들에도 적용할 수 있다. 예를 들면 poly[bis(trifluoroethoxy) phosphazene], $[NP(OCH_2CF_3)_2]_n$으로 곁사슬 자체가 사슬의 각 입체 형태에 대해 여러 가지 다른 입체 형태 배향을 할 수 있다. 이 문제에 대한 접근법으로는 곁사슬들이 테스트하는 각 주사슬 입체 형태에 대해 에너지 최솟값을 갖도록 하는 것이다. 그림 18.14에 **10**과 같은 세그먼트에 대해 계산된 에너지 표면을 나타내고 있다. 곁사슬이 큼에도 불구하고 표면은 입체 형태의 현저한 움직임을 보여 주는 낮은 퍼텐셜 영역들이 넓게 분포하고 있음을 나타내고 있다. 바로 이것이 이 고분자가 낮은 T_g값(−66°C)을 갖는 것과 일치하는 것이다.

긴 사슬 모델 앞서 언급한 간단한 방법으로는 그림 18.11과 화합물 **9**에 나타낸 바와 같이 두 개의 인접한 골격 결합들의 독립적인 비틀림으로 인한 퍼텐셜 표면을 계산할 수 있다. 고분자가 특히 *trnas* 평면 또는 *cis-trans* 평면 입체 형태라고 가정했을 때 이러한 방법을 이용해 중요한 데이터를 얻을 수 있다. 그러나 고분자 사슬에 의한 실제 에너지 최솟값들을 선택할 때 주의를 기울일 필요가 있다. 단사슬 세그먼트에 대해 계산한 최솟값들은 실제로 장거리 인력이 작용된 경우 제거할 수 있다. 예를 들어 사슬 내의 짧은 두 결합 세그먼트의 비틀림에 대한 모델의 경우는 치밀한 나선형이나 *cis-cis* 입체 형태로 되었을 때 에너지 최솟값을 갖는다. 이러한 입체 형태는 골격 원자들의 1:6 충돌에 의해 방해를 받는다. 따라서 좀더 엄밀히 하자면, 세 번째에 인접한 결합의 비틀림이 이 계산에 포함되어야 한다. 이상적으로는 네 번째 또는 다섯 번째 골격 결합들도 고려해야 한다. 그러나 이렇게 하면 해가 대단히 복잡해진다. 만약 고분자가 복잡한 비틀림 운동을 할 수 있는 다원자 곁사슬을 갖고 있으면, 계산이 거의 불가능할 정도로 복잡해진다.

1. 3- 또는 4-결합 비틀림 세그먼트에 대한 완벽한 입체 형태들은 앞서 언급한 프로그램을 연장시켜 계산할 수 있다. 이렇게 하면 컴퓨터 작동 시간이 많이 걸린다.
2. "hunting" 또는 "searching" 절차를 넣는다. 여기서는 2-결합 세그먼트에 대한 최솟값을 먼저 찾고, 이 최솟값을 근거로 하여 세 번째 또는 네 번째 최솟값을 찾아나간다. 다원자 곁사슬의 입체 형태들은 골격은 각 입체 형태에 대해 최소화된 에너지를 갖게 되어 컴퓨터 작동 시간을 절약할 수 있다. 그러나 주의해야 할 점은 계산 초기에 존재하는 최솟값이 계산 끝에서도 주요한 최솟값이 된다. 다시 말하면, 새로운 최솟값("진" 최솟값)이 프로그램으로는 찾을 수 없는 입체 형태 표면에 존재할 수도 있다. 따라서 이 방법에서는 판단력, 통찰력, 직관력이 대단히 중요한 역할을 한다. 더욱이 계산 초기부터 실험값에서부터 멀리 벗어나지 않도록 하는 것이 필요하다. 결과를 검토하여 실제 고분자 입체 형태, 유리 전이 온도, 작은 분자들의 회전에 대한 장애들을 만족할 때까지 잘 검토해야 한다. 이러한 역검토 과정이 필요한 것은 원자들이 탄소나 수소가 아닌 경우에 필수적인데, 그것은 그러한 원자들의 경우에는 사실에 입각한 퍼텐셜 데이터가 거의 없기 때문이다.
3. 2-, 3-, 4- 또는 그 이상의 회전 이성질체 모델에서의 최솟값을 찾기 위해 이 과정들이 단축될 수 있다. 이러한 과정은 후에 토의하도록 한다.

18.5 통계적 코일 개념과의 관계

앞서 언급했듯이, 규칙적인, 반복된, 늘어난 또는 나선형 사슬 입체 형태 등은 단지 여러 가지 입체 형태 중의 하나일 뿐이다. 이런 입체 형태들은 앞 절들에서 토의한 기술로 쉽게 알려질 수 있는 입체 형태들이다. 다른 극단적인 입체 형태는 랜덤 코일 입체 형태가 있는데, 여러 가지 다른 입체 형태들이 각 사슬을 통해 다소간 무질서하게 일어난다고 가정할 수 있다.

사슬 분자의 공간 배열인 입체 형태나 "입체 배열"은 자유 연결 사슬(freely jointed chain)에서 불변으로 시작한다. 이러한 주된 이유는 인식된 사슬의 통계학은 오래 전에 시작되었고, 확산이나 Brownian 운동과 같은 현상을 해석하는 데 이용되었다. 이 모델의 2차원적 해석은 "랜덤 걷기(random walk)"로 불리고, 이것은 술고래가 비어 있는 공원 주위를 걷는 모습을 우스꽝스럽게 표현한 것이다. 의외라기보다는, 3차원 걷기에서 동일한 관계를 갖고 보통 random-flight 모델로 불린다. 길이가 l일 때 n번 걸음 후에 사람은 얼마나 멀리 움직였는가는 중요한 질문이다. 유도된 결음에 대한 확실한 결과는 $r = nl$이다. 고분자 입체 형태에서 평형인 상황은 "자유 회전" 사슬[1]로 불리고 그림 18.15에 도식으로 나타내었다.

3차원에서 원하는 상호 관계를 유도하는 가장 간단한 방법의 골격 결합 벡터의 벡터합이다. 평균제곱 거리는

$$\vec{r} = \sum_i \vec{l}_i \tag{2}$$

$$\vec{r}^{\,2} = \vec{r} \cdot \vec{r} = \left(\sum_i \vec{l}_i\right) \cdot \left(\sum_j \vec{l}_j\right) = \left(\sum_i \sum_j (\vec{l}_i \cdot \vec{l}_j)\right) \tag{3}$$

여기서 두 벡터의 점으로 된 곱은 코사인 각도에 대한 두배 곱, 즉 $\vec{a} \cdot \vec{b} = |\vec{a}||\vec{b}| \cos\theta$이다(그래서 이러한 입체 형태의 문제점은 사슬에서 모든 다른 골격 결합당 각각의 골격 결합의 요소를 얻는 것과 관계가 있다). 식 (3)을 두 가지 요약으로 풀어보면,

$$<r^2>_0 = \sum \sum_{i=l} <\vec{l}_j \cdot \vec{l}_j> + 2 \sum \sum_{i<j} <\vec{l}_i \cdot \vec{l}_j> \tag{4}$$

여기서 첫 번째 이중합은 nl^2, 왜냐하면 점이 있는 그 자체의 골격 결합 한 개는 개개가 n항이기 때문이다.[2] 두 번째 두배 합은 자유롭게 연결되는 사슬에서는 골격 결합 간에는 전혀 상관관계가 없기 때문에 여기서는 0이다. 그래서 매우 간단한 모델로서, $<r^2>_0 = nl^2$이다.

말단–말단 거리 r의 분포는 역시 상당히 중요하고, 고무 같은 탄성체의 많은 이론에서 중심에 있고, 희석 고분자 용액의 Flory-Krigbaum 이론 등에서도 나타난다. 목적은 분포 함수 $W(r)\,dr$을 결정하는 것이다. 여기서 r은 극소 간격, dr은 r의 구체적인 값이다. 자유롭게 회전하는 사슬은 Gaussian 분포를 보인다.

$$W(r)dr = (\beta/\pi^{1/2})^3[\exp(-\beta^2 r^2)]4\pi r^2 dr \tag{5}$$

여기서 $\beta^2 = 3/2nl^2$. Gaussian 범위는 만약 사슬이 다음과 같지 않다면, (1) 매우 짧음, (2) 매우 딱딱함, (3) 최대 연장에 가깝게 늘어남, 더 실제에 가까운 모델이고, 좋은 근사치를 보이는 데 역시 사용된다. 일반적인 분포는 그림 18.16에 나타내었다.

자유 회전 모델은 매우 간단하게 만들었을지라도, 새롭게 정의된 결합은 방향에는 상관관계가 없는 충분한 숫자의 연속적인 골격 결합으로 확대하기 위해 "가상의 결합"을 정의하여 실제 사슬에 적용할 수가 있다. 폴리에틸렌에서 대략 7개의 골격 결합을 그룹화하는 것이 필요하며, 첫 번째 가상 결합은 탄소 원자 1에서 8까지 확장하고, 두 번째는 8에서 15까지 확장한다. 예를 들면

---

[1] P. J. Flory, *Principle of Polymer Chemistry* (Ithaca, N.Y.: Cornell University Press, **1953**)

[2] Note that $<r^2>$ means the mean square end-to-end distance which is also given as $\overline{r^2}$.

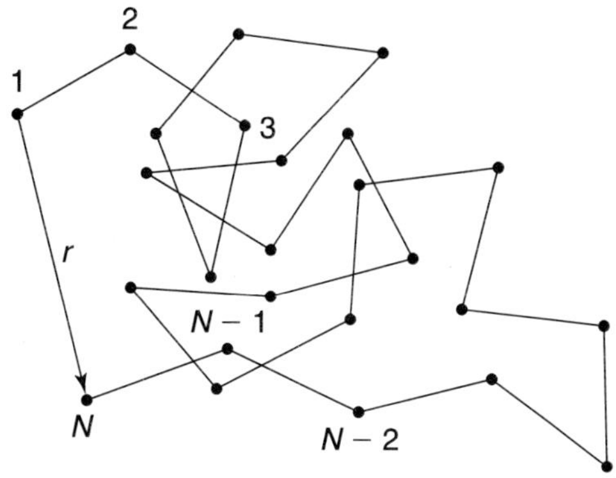

그림 18.15 *N*개의 원자로 이루어진 자유 회전하는 사슬에 대한 사슬 간 거리 *r*

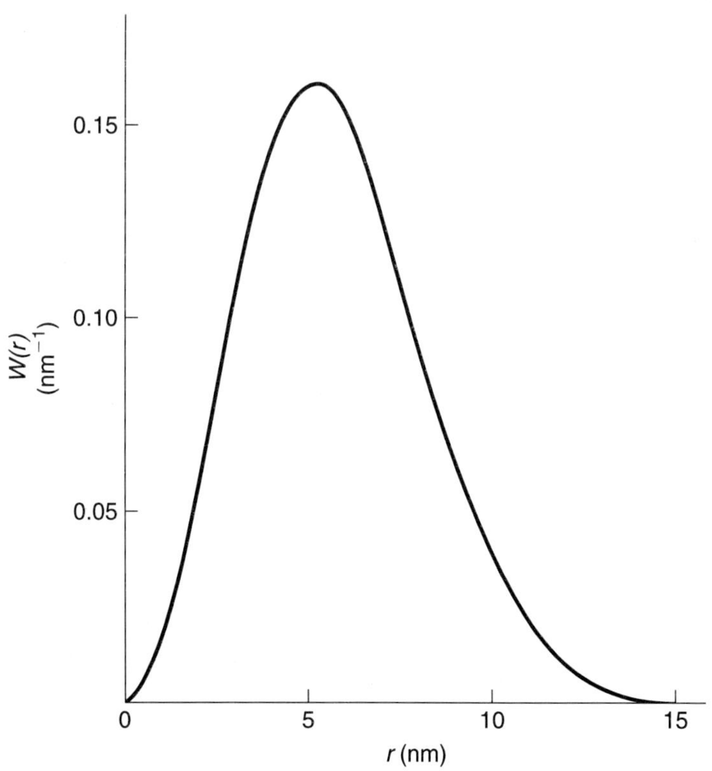

그림 18.16 $N = 10^4$이고 결합 길이 = 25 Å인 경우 통계적인 코일의 사슬 말단 사이의 거리에 대한 분포 함수 $W(r)$

가상 결합 간의 상관관계를 무시하기 이전에 딱딱한 사슬의 경우에 있어서 많은 수의 골격 결합이 필요하다.

자유 연결 모델을 자체적으로 더 실제에 가깝게 만들기 위해서 간단한 마무리를 하면, 자유 회전값(nl^2)을 초과하는 $<r^2>_0$에 의한 인자를 결정하기 위해 두 번째 이중 가법(double summation)

의 직접적인 평가와 관계한다. 사실, 이 결과는 큰 분자량의 제한비($\langle r^2\rangle_0/nl^2$)로서 특성비(characteristic ratio, CR)의 기본 정의이다. 이미 언급했듯이, 1(unity)을 초과하는 정도는 사슬 강인성의 측정이며, 범위는 4.0~40 근처이다.

첫 번째 정련은 자유롭게 회전하는 사슬로 불린다. 여기서 골격 결합 간의 각이 어느 정도 제한되지만 이러한 결합에 대한 회전(φ)은 자유롭고 모든 것이 일어날 확률은 동등하다는 것을 의미한다.

$$\langle r^2\rangle_o = [(1 + \cos\theta)/(1 - \cos\theta)]\, nl^2 \tag{6}$$

두 가지 결합각은 값 θ'와 θ'' 간에 교대로 바뀐다. 폴리실록세인에서 O—Si—O에서 실리콘에 대한 결합각은 근사적으로 사면체이지만 Si—O—Si에서 O에 대한 결합각은 대략 143°이다. 이 경우에 대해서, 식 (6)을 일반화하면

$$\langle r^2\rangle_o = [(1 + \cos\theta')(1 + \cos\theta'')/(1 - \cos\theta' \cos\theta'')]nl^2 \tag{7}$$

이들 두 경우에, 변형은 2 정도의 인자로 특성비를 증가시킨다. 왜냐하면 실제 사슬은 입체 형태학적 선호를 보이며, 이 인자는 회전 각도의 평균값 $\langle\cos\varphi\rangle$으로 계산되며, 이것을 주어진 식에 도입하면,

$$\langle r^2\rangle_o = [(1 + \cos\theta)/(1 - \cos\theta)][(1 + \langle\cos\varphi\rangle)/(1 - \langle\cos\varphi\rangle)]nl^2 \tag{8}$$

여기서 자유 회전을 억제하는 부가 인자 $(1 + \langle\cos\varphi\rangle)/(1 - \langle\cos\varphi\rangle)$는 “강성비(stiffening ratio)”로 불린다. 일반적으로 다른 1.5~2.0의 인자로 특성비가 증가하며(주어진 값은 3.4 정도임), 이것은 전형적인 랜덤 사슬 고분자인 폴리에틸렌의 6.7보다도 훨씬 작은 값이다.

여전히 도입되어야 할 주된 부가적인 정련은 연속적인 결합에 대한 회전이 동등하다는 사실이다. 유기화학에서 가장 중요한 예는 펜테인이 그런 효과가 일어나는 가장 작은 분자이기 때문에 “펜테인 효과”로 불린다. 이 분자에서 4개의 골격 결합 중에서 단지 중간에 두 개만 입체 형태에 영향을 받으며, g^+g^-와 g^-g^+ 입체 형태가, g^+g^+와 g^-g^-의 두 개 중 하나보다 더 많은 에너지를 가진다. 왜냐하면 두 개의 CH_3 말단이 너무 가깝게 있기 때문이다. 폴리에틸렌과 같은 사슬에서 동일한 상황이 일어나며, 여기서 두 CH_3기가 폴리에틸렌의 왼쪽과 오른쪽 부분으로 교체될 수 있다. 이 효과의 도입은 이 장의 남은 부분에서 더 복잡한 접근이 이루어져야 한다. 앞부분에서 이미 사용된 부분에는 고분자 사슬의 어떠한 부분도 놓일 수 없다는 사실을 알아야 하고(확산되는 입자는 앞선 지역에 재방문이 가능한 다른 방법임), “배제 부피(excluded volume)”의 효과 또한 고려되어야 한다.

앞에서 언급했듯이, 입체 형태 분석은 자유 결합 비틀림의 제약에 관한 정보를 제공하며, 랜덤 코일 고분자계에 관한 연구뿐만 아니라, 규칙적이고 늘어난 사슬에 대한 연구에서도 중요한 역할을 한다. 아울러 랜덤 코일 배열에 영향을 미치는 물리적 성질(예를 들면 탄성 또는 희석 용액 물

성)과 입체 형태 계산 결과를 연관지을 수 있다. 이에 대해서는 이 장 끝에 간략히 설명하도록 하겠다.

18.6 Boltzmann 분포의 영향

그림 18.12나 18.13과 같은 비틀림 퍼텐셜 profile들이나 그림 18.14와 같은 에너지 표면 등은 매우 귀중한 것으로서, 이들은 (1) 원하는 입체 형태(저에너지)의 위치, (2) 분자가 넘어야 할 장애물의 높이, (3) 분자가 한 입체 형태에서 다른 입체 형태로 전환하기 위한 저에너지 경로 등에 관해 알 수 있다.

첫째로 고분자가 항상 최저 에너지에 상응하는 입체 형태라고 상상할 수도 있다. 그러나 실험 결과는 다르다. 랜덤 코일 배열이 존재하는 것, 늘어진 많은 고분자 사슬들이 고에너지 입체 형태라는 증거, 입체 형태 전이의 증거 등은 모두 저에너지 준위가 모든 경우에 적용되는 것은 아니라는 것을 의미한다. 열역학적으로, 높은 에너지의 입체 형태의 발생은 사슬을 무질서하게 하며, 이 효과는 에너지 증가에 의해 만들어지는 것보다 더 많이 자유 에너지에 대한 엔트로피를 증가시킨다.

사실상 물리화학에서도 잘 알 수 있듯이, 분자는 온도에 따라 다른 에너지 준위에 위치하게 된다. 다른 조건이 모두 똑같으면, 분자는 저온에서는 낮은 에너지 준위에 있고, 온도가 올라감에 따라 점차적으로 높은 준위에 위치하게 된다. 따라서 어떤 특정한 사슬의 세그먼트가 비틀림각 ψ를 갖고 있다면, Boltzmann 식은

$$P(\psi) \sim \exp\left[\frac{-U(\psi)}{RT}\right] \tag{9}$$

이고, 여기서 U는 최소 에너지이다. 온도를 올리면, 사슬이 고에너지 입체 형태를 차지할 확률이 높아진다. 준위들 사이의 장애물의 높이는 결합이 한 입체 형태에서 다른 입체 형태로 바뀌는 속도에 영향을 주나, 이러한 장애물들은 너무 낮아서 정상 온도에서는 일초에 몇 번씩 전이하지는 못한다.

따라서 중요한 점은 입체 형태 에너지 계산은 한 입체 형태에서 다른 입체 형태를 차지하는 **확률**을 측정할 수 있다는 것이다. 이것은 $\langle r^2 \rangle_0$이 온도에 따라 변화하는 방법을 고려하는 데 있어 중요한 역할을 한다. 또한 다음 절에서 다룰 통계 매트릭스 방법에 대단히 중요하다.

18.7 통계 매트릭스법

18.7.1 회전 이성 상태 모델[1]

이제까지 살펴본 바에 의하면, 고분자 사슬이 단결정인 경우만을 제외하고는 무한 반복 사슬 입체 형태를 갖는다는 생각은 효율적이지 못하다는 것이 확실하다. 더욱이 확실한 것은 같은 사슬 내에 다른 입체 형태가 존재하면 대단히 복잡해지는데, 이것은 사슬의 한 세그먼트의 입체 형태가 변화하면 인접한 입체 형태의 안정성에도 영향을 미치기 때문이다. 따라서 고분자의 **정확한** 입체 형태를 아는 것은 현재 우리가 사용하는 컴퓨터 시스템으로는 불가능하다고 본다.

그러나 분자가 어느 상태를 차지할 **확률**에 대한 정보에 만족한다면 **통계적**인 접근법이 적당할 것이다 더욱이 각 결합의 비틀림 상태의 수가 적다고 가정한다면, 문제는 극히 간단해진다. 예를 들어 앞서 언급한 경구체 모델을 사용하면 이러한 상태들은 유기 화합물에서 흔히 사용되는 3개의 엇갈린 입체 형태(그림 18.1)로 되어 있을 수 있다. 대신 좀더 복잡한 레벨에서 보면, 이런 상태들은 입체 형태 에너지 계산으로 검출된 주요 에너지 준위를 나타낼 수 있다. 이 방법을 흔히 **"회전 이성 상태 모델"**이라고 한다. 주사슬에 지방족 탄소 원자들을 포함하는 고분자에 대해서는 세 가지 가능한 상태만을 고려할 수 있다. 즉 *trans*, *gauche*(+), *gauche*(−)이다. 다른 원자들을 포함하는 고분자에 대해서는 회전 이성 상태의 수는 3 이하 또는 이상이 되고, 매우 다른 위치에서 일어난다.

18.7.2 통계 가중 매트릭스[2]

만약 삼중 이성 모델을 사용하면, 각 사슬 원자의 입체 형태는 *trans*, *gauche*(+), *gauche*(−) 중 하나일 것이다. 따라서 두 인접 결합(A와 B)들의 비틀림으로 인해 9개의 가능성, 즉 3×3 매트릭스로 나타낼 수 있다. 분자 모델이나 비틀림 에너지도를 살펴보면, 9개의 가능성 각각의 상대적인 가능성을 판단할 수 있을 것이다. 만약 경구체 모델을 사용하면, "충돌"(van der Waals 반지름들의 심각한 상호 침투)하는 입체 형태는 확률이 0이다. 예를 들어 포화 탄화수소 주사슬을 가진 고분자는 *gauche*(+), *gauche*(−) 입체 형태를 연속해서 가지므로 심각한 입체 장애를 받는다. 이러한 비결합 인력이 있을 법한 상호작용들은 높은 확률을 갖고 있다. 또한 이러한 확률은 준위들의 에너지를 계산하거나 이러한 준위들의 Boltzmann 분포로 추정할 수도 있다.

예를 들어 두 인접한 결합이 삼중 회전 이성 비틀림 운동을 하는 사슬의 세그먼트가 있다고 하자. 각 결합의 *trans* 입체 형태가 최저 에너지 상태라고 가정하면 통계 가중 매트릭스는 다음과 같다.

---

[1] M. V. Volkenstein, *Configurational Statistics of Polymer Chains* (New York: Wiley-Inlerscience, **1963**).

[2] P. J Flory, *Statistical Mechanics of Chain Molecules* (New York: Wiley-Interscience, **1969**).

$$U' = \begin{array}{c} \\ (t) \\ (g+) \\ (g-) \end{array} \begin{array}{c} \begin{array}{ccc} (t) & (g+) & (g-) \end{array} \\ \begin{bmatrix} 1 & u_{12} & u_{13} \\ u_{21} & u_{22} & u_{23} \\ u_{31} & u_{32} & u_{33} \end{bmatrix} \end{array} \tag{10}$$

trans-trans 조합은 임의의 통계 가중치를 1로 놓는다. 분자 모델을 살펴보거나 에너지 표면을 계산해 보면, g(+)g(−) 및 g(−)g(+)와 같은 입체 형태는 에너지가 매우 높다. 이 경우는 통계 가중치를 0으로 놓는다. 만약 분자가 구조적으로 대칭이면, *gauche-trans* 조합의 에너지는 *gauche-gauche*가 갖는 에너지의 반이라고 생각할 수 있어서(단, 모든 에너지를 *trans-trans* 조합과 비교할 경우), 매트릭스는 다음과 같이 간단해진다.

$$U' = \begin{bmatrix} 1 & \delta^{1/2} & \delta^{1/2} \\ \delta^{1/2} & \delta & 0 \\ \delta^{1/2} & 0 & \delta \end{bmatrix} \tag{11}$$

여기서 $\delta = \exp[-\Delta U_{g(+)g(+)}/kT]$, $\Delta U_{g(+)g(+)}$는 *gauche*(+)*gauche*(+)의 에너지로서 *trans-trans* 입체 형태보다 에너지가 매우 높다.

두 번째 3×3 매트릭스를 결합 *B*와 *C*에 대해서 계산할 수 있다. 두 매트릭스의 곱은 두 결합들의 여러 가지 조합된 입체 형태의 확률을 나타낸다. 이러한 과정을 결합수 4 또는 그 이상의 복잡한 결합들에 대해서도 확장할 수 있다.

통계 역학의 중심에 있는 분할 함수(Z)는 통계 가중 매트릭스의 복잡한 연승법에 의해 만들어지고, 사슬의 부피, 쌍극자 모멘트 등에 의한 물성은 통계 가중뿐만 아니라 결합 각도, 회전 각도, 결합 벡터, 쌍극자 모멘트 벡터 등을 포함한 “생성(generator)” 매트릭스의 승법으로 계산된다.[1]

18.8 입체 형태 해석의 응용

입체 형태 해석에 대한 관심은 재료의 물성을 분자 모양이나 분자 모양의 변화의 항으로 설명할 수 있다는 이론에 근거를 두고 있다. 따라서 입체 형태 해석이 물리적 현상을 이해하는 데 도움을 준 몇 가지 분야를 간단히 살펴볼 필요가 있다.

18.8.1 입체 형태와 결정성

고분자는 사슬이 규칙적으로 쌓일 수 있어 결정화하게 된다. 그러한 규칙적인 충전은 두 가지

---

[1] Flory, *Statistical Mechanics of Chain Molecules*, op. cit.

인자들에 의해 좌우되는데, 하나는 사슬의 최소 에너지 형태이고, 또 다른 하나는 입체 규칙도 (tacticity)의 존재 여부이다.

공 모양의 단백질은 천연의 입체 형태에서는 결정화할 수 있을지라도, 랜덤 코일은 결정화하지 않는다. 늘어난 사슬 입체 형태만이 인접 사슬들끼리 평행 배열을 할 수가 있다. 그리하여 몇 가지 늘어난 사슬 입체 형태들은 다른 것들보다 더 결정화하기가 쉽다. 선형 폴리에틸렌은 쉽게 결정화하는데, 이것은 늘어난 지그재그 입체 형태를 갖고 있다(**3**). 그러한 분자 배열은 결정체 내에서 쉽게 규칙적으로 충전될 수 있다. 폴리테트라플루오로에틸렌도 결정화하지만, 사슬 입체 형태는 13개의 탄소 원자에 한 번씩 꼬인 지그재그 배열을 하고 있다. 플루오린 원자들 사이의 반발력

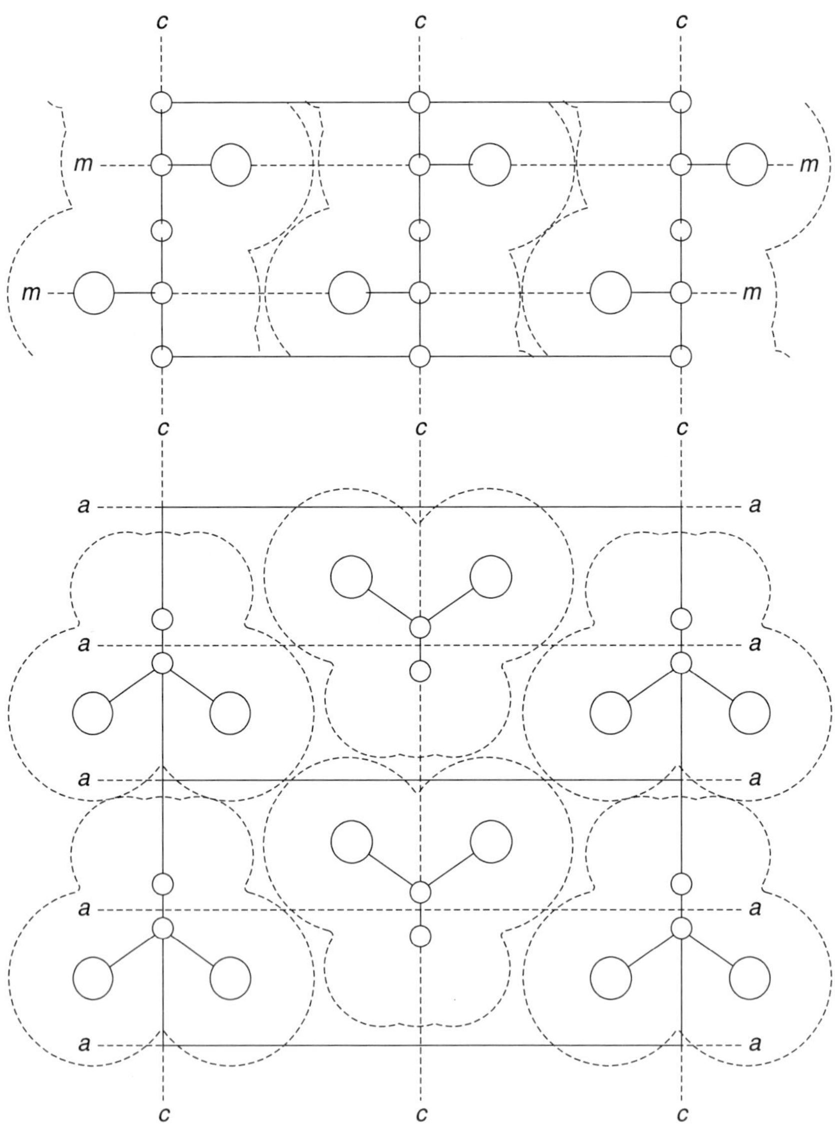

그림 18.17 신디오탁틱 폴리바이닐클로라이드 내의 사슬 충전 배열

으로 인해 주사슬이 약간 꼬여 있다. 또한 플루오린 원자들은 늘어난 인접 사슬 사이에 조밀한 배열을 갖기 쉽게 한다. 신디오탁틱 폴리바이닐클로라이드는 사슬이 평면 지그재그 입체 형태라고 생각되며, 따라서 결정화한다. 결국 사슬의 입체 형태가 매우 결정화하기 쉬운 입체 형태인 것을 알 수 있다.

이러한 경우 입체 형태 해석을 이용해 미세결정상이나 단결정상에서 존재할 수 있는 저에너지 준위를 구분할 수 있다. 그러나 앞에서 언급했듯이, 정상 온도에서도 고에너지 상태로 있을 수 있으므로 긴 일련의 반복 단위가 별개의 반복 형태를 갖는 데는 원하는 사슬 입체 형태만이 충분 조건은 아니고, 분자 간격이 고에너지 상태를 희생하여 한 입체 형태를 안정화시키는 데 결정적인 역할을 하는 것 같다. 그러나 결정 충전력은 저에너지 상태에 비해 고에너지 단결정 입체 형태를 선호한다.

신디오탁틱 폴리바이닐클로라이드의 경우에 이러한 효과의 예를 알 수 있다. 이 고분자의 *trans*-평면(평면 지그재그) 입체 형태는 단독 사슬에 대해 최저 에너지 상태는 아닐 수 있다. 그러나 이 입체 형태는 결정형 매트릭스로 충전이 되어(그림 18.17 참조), 전체 다사슬 배열이 다른 입체 형태보다 저에너지 상태이고, 덜 충전된 입체 형태로 되어 있다.

따라서 입체 형태 에너지 계산은 고분자가 갖는 결정상의 입체 형태를 예측하는 데 무조건 사용될 수는 없다. 다시 말하면, 고분자의 X선 구조 연구 결과로부터 얻어진 입체 형태는 의문의 여지도 없이 단결정 입체 형태 계산이 유효하냐는 문제를 입증하는 데 응용될 수 없다. 만약 사슬 간격을 입체 형태 에너지 계산에 적용할 수 있으면, 그러한 비교가 가능하다. 이렇게 하기 위해서는 가능한 단사슬 입체 형태를 탐색해야 할 뿐만 아니라, 각 사슬 입체 형태의 여러 가지 충전 배열을 검토해야 한다. 따라서 입체 형태 계산으로부터 결정 구조를 예측한다는 것은 매우 어려운 문제이다. 반면에 알려진 결정 구조를 단결정 계산과 분자 간격의 항으로 설명하는 것이 더 쉽다.

즉 결정 입체 형태를 이해하기 위해 단결정 계산을 이용하는 것이 덜 의문시된다. 첫째로, 만약 특정한 입체 형태가 차지하는 계산된 에너지 준위가 다른 준위보다 더 깊고 입체 형태 변화에 대한 장애물이 높으면 사슬 간 충전력이 다른 입체 형태로 가기에는 불충분할 것이다. 둘째로, 저에너지 입체 형태에 있는 사슬의 단면 profile이 원에 가깝다면, 각 사슬들은 사슬 간 충전력의 간섭 없이 기질 내에서 독립적인 회전을 행할 수 있다. 이것은 마치 원통형의 연필이 똑같은 연필들 위에서 돌아가는 것과 같다. 몇몇 나선 또는 늘어난 입체 형태[즉 폴리다이클로로포스파진의 *cis*-*trans* 평면(180°:0°) 입체 형태]가 이 범주에 속한다.

18.8.2 사슬의 유연성

일반적으로 고분자의 벌크 유연성과 분자 사슬들의 유연성 간에는 어떤 관계가 있다고 생각된다. 고분자 사슬의 유연성은 랜덤 코일을 갖고 있는 사슬이 풀려서 늘어나기 쉬운 정도라고 정의될 수 있다. 사슬의 신장은 사슬 결합이 풀려서 일어나게 되므로(그림 17.2 참조), 결합의 비틀림을 방해하는 어떠한 인자들은 고분자의 유연성을 감소시킨다. 이러한 가정이 맞다면, 고분자의 상

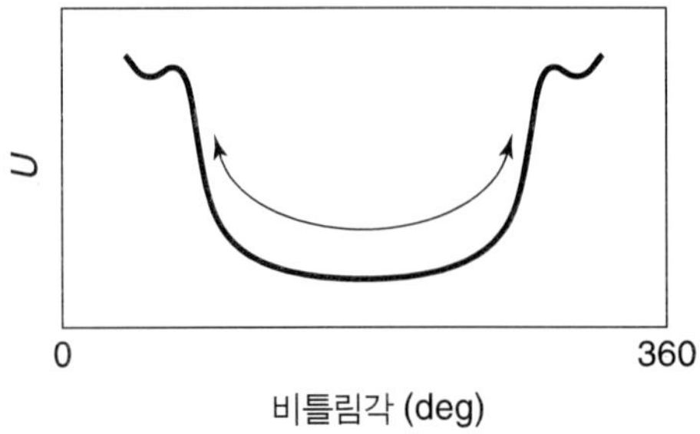

그림 18.18 비틀림 에너지 profile로서 넓은 에너지 샘(well)이 있어 주사슬 결합 내의 현격한 비틀림 자유도를 허락하는 개념을 보여 주고 있다. 이로 인해 미시적 수준에서 고분자의 유연성이나 탄성이 일어난다.

대 유연성을 비틀림 에너지 profile로부터 예측할 수 있을 것이다.

이 문제에 대해 두 가지 접근 방법이 제안되고 있다. 첫째로, 주사슬 결합의 비틀림 유연성은 특정한 에너지 준위 내에서 비틀림 진동폭에 의존한다. 따라서 비틀림이 용이한 것은 에너지 준위 벽의 가파름에 의존하며, 유연성이란 장애물 높이의 간접 함수일 뿐이다. 이것을 그림 18.18에 나타내었다.

넓은 에너지 샘은 최소 진동으로부터 많은 엔트로피를 도입하기 때문에 샘의 폭은 매우 중요하고, 회전상태에서의 발생 확률이 증가한다. 이것은 선지수(pre-exponential)의 엔트로피 인자에 의해 보통의 Boltzmann 인자를 곱하는 것에 의한 정교한 접근이다.[1]

두 번째 방법은 주사슬 결합들이 한 샘에서 다른 샘으로 바뀌어지면서 비틀림을 행한다고 가정한다. 다시 말하면, 결합의 내부 회전으로 장애물을 뛰어넘는 것이 필요하다. 이 개념이 맞다면, 유연성은 결합이 한 샘에서 다른 샘으로 뛰어넘기 쉬운 정도에 따라 결정되어야 하며, 바꿔 말하면 Boltzmann 분포에 의존한다. 더욱이 유사한 에너지 최솟값을 갖는 여러 개의 밀집한 샘들이 존재하면 유연도가 높아진다

두 형태의 유연성을 구분하는 것은 매우 중요하다. 왜냐하면 문헌에서 이것을 소홀히하여 많은 혼동을 야기하였다. “평형 유연성”은 높은 자유도(엔트로피)의 밀집한 입체 형태로 포갤 수 있는 능력이 있다. 이것은 위치와 잠재 에너지 표면에서 최소의 입체 형태 에너지에 의해 결정되고, 엔트로피 확산에 대한 중대한 영향을 통해 용융점에 영향을 미친다. 다른 한편으로는, “동적 유연성”은 모양을 바꾸는 사슬의 능력과 관계가 있고, 최소 에너지를 분리하는 장벽에 의한 부분에 의해 결정된다. 이 유연성의 형태는 유리 전이 온도(T_g)에 주된 영향을 미치는데, 다음 절에서 다룰 것이다. 높은 동적 유연성은 낮은 값의 유리 전이 온도와 관련이 있다. 하지만 명확한 분자 간 인력의 기여를 기억해야 하며, 강한 분자 간 인력은 유리 전이 온도를 증가시킨다. 만약 이것이 사실이 아니라면, 분자량이 작은 용매는 유리 전이 온도를 낮게 하는 “가소제”와 같은 작용을 할 수 없을 것이다.

[1] J. D. Honeycutt, in *Physical Properties of Polymers Handbook*, J. E. Mark, ed. New York: Springer-Verlag, **1996**.

18.8.3 매우 유연한 사슬

딱딱한 막대(rigid-rod) 고분자는 매우 적은 입체 형태 유연성을 가지기 때문에 어떤 통계학적인 접근도 딱딱한 막대 고분자에는 유용하지 않다. 딱딱한 막대 고분자는 적은 엔트로피 혼합을 가지기 때문에 사실 그와 같은 고분자를 용해시키려면 심각한 문제에 직면한다. 일반적인 해답은 고분자 전해질(polyelectrolyte)로 사슬이 전환하도록 강산을 이용하는 것이다. 고분자 전해질은 가공이 가능하도록 각각의 사슬을 충분히 길게 만들어 준다. 다른 방법은 일반적으로 사슬의 유연성, 혼합 엔트로피, 용해도와 취급성을 증가시키기 위해 공중합하여 사슬 내에 꼬임(kink)을 만드는 것이다. 진짜 혁신적인 접근은 길고 유연한 곁사슬을 딱딱한 사슬 골격으로 도입(comb 고분자)하여 용매와 혼합할 수 있도록 하는 것이다. 이것은 흥미로운 생체 모방의 예로서, α 나선(helical)상에서 단백질을 용해하게 하는 생물학에서 일어났던 일이다. 이 아이디어는 나노튜브를 용해하기 위해 사용된다.[1]

18.8.4 유리 전이 온도와의 관계

17장에서는 유리 전이 온도와 고분자 사슬의 유연성과의 사이에 대략적인 관계가 존재한다고 강조하였다. 고분자가 유연할수록 T_g값이 낮아진다. 그러므로 고분자의 입체 형태 해석에서 중요한 점은 유리 전이 온도를 예측하려는 시도라고 볼 수 있다. 현재에는 이 분야가 아직 개발 초기이고, 대략적인 관계만이 이루어져 있다. 예를 들어 폴리아이소뷰틸렌이 낮은 유리 전이 온도(−76°C)를 갖는 것은 아마도 그림 18.13에서와 같은 넓은 샘과 관계가 있는 것 같다. 폴리다이할로포스파진들의 유리 전이 온도는 다음 순서로 증가한다. $(NPF_2)_n$ −90°C; $(NPCl_2)_n$ −66°C; $(NPBr_2)_n$ −8°C. 이러한 고분자들에 대해 계산하면 장애물의 높이가 놀랍게도 증가하며, 중요한 샘이 좁아지는 것을 알 수 있다.[2]

18.8.5 탄성률 측정

탄성 현상은 유연한 고분자 사슬이 잡아당겨진 후 랜덤 코일 입체 형태를 다시 갖는 경향을 나타낸다. 이러한 수축에 대한 원동력은 랜덤 코일 형성과 관련된 엔트로피의 증가이다.

단순한 엔트로피 탄성의 가정은 일정한 연신(elongation, α)(그리고 부피 V)에서 변형(stress)은 절대 온도에 비례한다는 예측에 이르게 한다. 비례로부터의 편차가 있는 정도는 탄성체(elastomer)의 열역학적인 비이상성의 측정으로 이용될 수 있다. 사실, 탄성체의 이상성의 정의는 탄성력(f)에 대한 강력한 기여(f_e)는 0이다. 이 양을 정의하면

[1] E. Wilson, *Chem. Eng. News*, **February 7, 2002**, 12.

[2] H. R. Allcook, R. W. Allen, and J. J. Meister, *Macromolecules*, **1976**, *9*, 950.

$$f_e \equiv (\partial E/\partial L)_{V,T} \tag{12}$$

여기서 이상 기체에서 $(\partial E/\partial V)_T$가 0이 되는 것과 매우 유사한 정의이다. 이것은 직접적으로 사슬 부피가 온도 의존성을 나타내는 것과 관련이 있고, 앞으로 다룰 것이다.[1,2]

힘-온도("열탄성, thermoelastic") 측정은 원래 강력한 힘의 분수(fraction) 실험값을 얻기 위해 사용되었다. 그와 같은 실험은 일정한 부피에서 가장 직접적으로 행해지며, 단지 열역학적인 관계의 이용을 통하여 해석된다.

$$f_e/f = -T[\partial ln(f/T)/\partial T]_{V,L} \tag{13}$$

그러나 이 실험에서 일정한 부피를 유지하는 것은 매우 어렵기 때문에, 보통 일정한 압력하에서 행한다. 그 이후에 다음의 식을 통해서 해석한다.

$$f_e/f = -T[\partial ln(f/T)/\partial T]_{p,L} - \beta T/(\alpha^3 - 1) \tag{14}$$

여기서 β는 네트워크의 열팽창 계수이다. 이 관계는 일정한 압력에 대한 데이터를 보정하기 위해 Gaussian을 기초로 한 탄성 방정식을 이용하여 얻어진다.

이러한 에너지 변화는 분자 간이며, 사슬이 어떤 공간 배열로부터 다른 곳으로의 전이로부터 일어난다(다른 배열은 일반적으로 다른 입체 형태 에너지에 상응하기 때문에). 따라서 이것은 흐트러지지 않는 부피의 온도 계수와 관련되어 있다. 정성적인 관계는

$$f_e/f = T\, dln\langle r^2\rangle_o/dT \tag{15}$$

이것은 일반적으로 희석 용액에서 고유 점도 측정으로부터 얻어진 것과 탄성 측정으로부터 얻어진 것과의 관계된 정도를 알 수 있는 매우 중요한 연결식이다. 이러한 형태의 비이상성은 분자 내이기 때문에 사슬을 희석에 의해 제거하지 못하고(네트워크 팽윤), 네트워크 사슬의 길이를 증가하지 못하는 것(가교도의 감소)을 아는 것은 흥미롭다. 이러한 관점에서 탄성체는 압력을 충분히 낮은 값으로 감소하여 이상적으로 행동하게 할 수 있는 기체와는 많이 다르다.

이러한 방법으로, 폴리에틸렌과 폴리아이소뷰틸렌은 온도가 증가함에 따라 복원력(동일한 수축)의 증가를 보인다. 반면에 천연고무와 폴리(다이메틸실록세인) 고무는 반대 효과를 보인다. 무정형 폴리에틸렌에서는 다음의 해석이 만들어진다.

식 (13)의 이용은 탄성력에 대한 에너지 기여는 크고 음성이다. 이러한 결과는 알려진 폴리에틸렌의 입체 형태의 특성으로 이해해야 한다. 사슬의 선호(낮은 에너지)하는 입체 형태는 CH_2기 간의 입체 반발을 일으키기 때문에 모두 *gauche*로 되는 것이다. 왜냐하면 *trans* 입체 형태는 가능한

---

[1] A. Ciferri, *J. Polymer Sci.*, **1961**, *54*, 149.

[2] A. Ciferri, C. A. J. Hoeve, and P. J. Flory, *J. Am. Chem. Soc.*, **1961**, *83*, 1015.

한 가장 큰 공간 확장을 하기 때문에, 폴리에틸렌 사슬의 확장은 몇 개의 *gauche* 상태(랜덤한 코일 형태에서 나타나는)가 교대의 *trans* 상태로 전환해야 한다. 이러한 변화는 입체 형태학적 에너지를 감소하고, 실험값 f_e/f에서 보여 준 이상성의 음성 형태의 유래이다. 이 물리적 형상은 온도 증가에 따라서 사슬의 흐트러지지 않은 부피가 감소하는 것을 설명한다. 부가적인 열에너지는 *trans*보다 더 많이 압축하는 높은 에너지의 *gauche* 상태를 증가한다.

폴리(다이메틸실록세인)[—Si(CH_3)$_2$O—]의 경우에는 반대되는 결과가 나타났다. 모든 *trans* 형태가 다시 우선되는 입체 형태이다. 상대적으로 Si—O 결합이 길고 특이하게 넓은 Si—O—Si 결합각이 일반적인 입체 반발을 감소시키고, *trans* 입체 형태는 CH_3 곁사슬이 강하게 끌어당기는 분리된 거리에 놓인다. 하지만 Si—O—Si와 O—Si—O의 결합각이 다르기 때문에 이 입체 형태는 닫힌 다각형에 가까운 매우 작은 입체 확장을 보인다. 그래서 폴리(다이메틸실록세인) 사슬의 확장은 *gauche* 상태의 수를 증가시킨다. 이들은 높은 에너지를 갖기 때문에, 네트워크가 이상성으로부터 편차가 왜 양성으로 나타나는가를 설명한다. 이것은 온도가 증가되는 동안 흐트러지지 않은 부피가 역시 증가하는 것을 설명한다. 부가적인 열에너지는 *trans*보다 덜 압축하는 높은 에너지 *gauche* 상태의 수를 증가시킨다.

열탄성 결과는 또한 21장에서 설명된 분자 이론의 개발에서 만들어진 몇 가지 가정을 시험하기 위해 사용된다. 결과는 f_e/f 비가 기본적으로 네트워크의 팽윤도와는 관련이 없다는 것을 나타내며, 분자 간 인력은 탄성력에는 중요한 기여를 하지 않는다는 가정을 지지한다. 이러한 가정은 열탄성 실험으로부터 얻어진 흐트러지지 않은 부피(dimension)의 온도 계수의 값이 희석 용액에서 분리된 사슬에 대한 점도-온도 측정으로부터 얻어진 결과와 잘 일치한다는 것으로부터 더 많이 지지되어진다.

분자 간 인력은 힘에는 영향을 주지 않기 때문에, 변형의 정도와는 무관하고, 따라서 사슬의 공간 배열과도 무관하다. 다시 말하면, 공간 배열은 분자 간 인력과 무관하고, 무정형 사슬은 무질서하고 불규칙한 배열이며, 부피가 변하지 않아야 한다. 이 결과는 특별히 많은 연구진에 의해 희석되지 않은 무정형 고분자에 대해 중성자 산란(neutron-scattering) 연구에 의해 이제 널리 증명되어야 한다.

18.8.6 몇 가지 다른 물성 사슬 입체 형태와 공간 배열

랜덤 코일 고분자의 입체 형태의 물리적 형상을 알 수 있는 가장 일반적인 방법은 말단-말단 거리(r)를 통해서이다. 수축되거나, 확장되거나, 또는 특정 방향으로 부피의 증가에 의한 거시적인 변형에 대해 응답하는 사슬을 형상화하는 것은 쉽다. 회전 반지름(radius of gyration)은 동일한 정보를 나타내지만, 다소 더 어렵게 형상화한 것이다. 그럼에도 불구하고 다른 물성의 변화는 표 18.1에 나타낸 것과 같이 입체 형태와 공간 배열을 분석하는 데 사용되어 왔다.

쌍극자 모멘트는 두 가지 중요한 장점을 갖는다. 첫째, 분자 항을 매우 작은 분자량까지 내려서

표 18.1 랜덤 코일 고분자의 공간 배열을 분석하는 데 사용되는 부가적인 물성

쌍극자 모멘트	고리화 평형(cyclization equilbria)
광학 활성	입체 화학적 평형(stereochemical equilibria)
NMR 화학 이동	변형 복굴절(strain birefringence)
엑시머(excimer)와 여기 전이(excitation transfer)	변형 이색성(strain dichroism)

해석할 수 있다. 분자 점도 이론은 매우 긴 사슬을 위해 개발되었기 때문에 작은 분자량의 고유 점도는 때로는 분자의 크기를 평가하는 데 사용하는 것이 불가능하다. 사실 쌍극자 모멘트는 많은 작은 유기 분자와 무기 분자의 가능한 구조를 결정하는 데 오랫동안 도움을 주었다. 둘째, 배제 부피 효과를 위한 조정은 쌍극자 모멘트의 경우에 훨씬 더 작아진다. 이러한 접근은 사슬에 극성이 어느 정도 있어야 하며, 중요한 탄화수소 고분자는 제외된다. 이것이 제외되는 이유를 증명하지는 못했지만, 실험과 계산은 사슬 말단에 극성기를 도입함으로써 극성을 부과하고 사슬의 쌍극자 모멘트를 측정한다.

광학 활성도 측정은 일반적으로 생체 고분자(biopolymer)에 제한되고, 거의 모든 경우에 비대칭 탄소(C*)가 존재해야 한다. 단백질이나 폴리펩타이드의 반복 단위가 좋은 예이다. 즉 [—C*HRCONH—]이다. 가장 간단한 비생체 고분자의 유사체는 폴리(프로필렌옥사이드) [—C*H(CH)$_3$CH$_2$O—]이고, 곁사슬에 광학적 활성을 가진 바이닐 고분자도 이러한 범주에 포함된다. NMR의 화학적 이동은 역시 국부적인 공간 배열에 민감하고, 입체 형태학적 선호에 대한 정보를 얻는 데 역시 유용하다. 엑시머와 여기 전이가 역시 이용된다. 예를 들면 소멸자(quencher)와 발색단(chromophore)이 동일한 사슬에 놓였을 때의 거동은 그것들이 분리되는 거리와 호스트(host) 사슬의 입체 형태에 의존한다.

고리화 평형은 중합 후나 재평형 후에 직접적으로 고리와 선형 분자의 평형 상수의 측정에 관계한다. 평형의 분별에서 물리적 형상은 사슬의 유연성에 초점을 맞춘다. 다시 요약하면, 사슬 말단이 만나고 고리 구조를 만들기 위해서는 압축된 입체 형상 내로 접히는 상태가 필요하다. 폴리실록세인은 매우 높은 유연성으로 인하여 많은 고리 화합물을 만들기 때문에 이러한 시스템에서 최고이다. 딱딱한 막대형 고분자는 사슬 말단이 결합을 형성할 만큼 충분히 가깝지 않기 때문에 고리를 형성하지 못한다. 입체 화학의 평형 상수는 적당한 촉매하에서 메조(아이소탁틱)와 라세믹(신디오탁틱) 배치 간의 평형이 되는 것이다. 이것은 역시 사슬의 입체 형태에 의존한다.

변형 복굴절은 탄성체의 변형과 관계가 있고, 사슬의 배향으로 나타나는 복굴절의 변화를 측정하는 것과 관련이 있다. 이 역시 사슬의 방향에 대해 수평과 수직의 다른 분극(polarizability)을 갖는 것에 의존한다. 이것은 사슬이 거시적 변형에 대한 응답에 대해 입체 형태를 바꾸기 때문에 중요하다. 변형 이색성은 매우 유사하지만, 광학적 복굴절보다는 적외선 스펙트럼에 기초한다.

18.9 폴리펩타이드와 단백질

현재의 고분자의 입체 형태 연구 중에서 가장 복잡한 목표는 비결합 에너지 계산법에 의해 폴리펩타이드와 단백질의 입체 형태를 모사하는 것이다. 이러한 목표가 중요한 것은 많은 단백질의 생화학적 활성이 사슬의 입체 형태나 입체 형태 변화의 함수이기 때문이다(8장 참조). 아마도 이 분야에서 가장 중요한 목표는 사슬이 상대적으로 형상이 없는 랜덤 코일로부터 공 모양의 효소로 작용하는 데 필요한 정밀하게 정의된 형태로 재배열 가능한 "단백질 겹침(protein folding)"을 이해하는 것이다. 원칙적으로 비결합 상호작용에 근거하여 단백질의 입체 형태를 계산할 수 있다. 실제로 이것은 다음과 같은 이유로 인해 매우 복잡한 문제라 생각된다.

1. 단백질은 복잡한 **공중합체**이다. 사슬 내의 각기 다른 단량체 단위가 서로 다른 비결합 상호작용을 일으킨다.
2. 이 같은 구조에서는 Coulomb 힘이 중요하다.
3. 수소 결합이 존재한다.
4. 사슬의 광범위한 꼬임으로 인해 **장거리 힘**을 일으킨다.
5. 생물계 내의 수용성 기질이 입체 형태에 영향을 미친다.

이와 같은 어려움들이 있지만, 최근 몇 년 동안 단백질의 입체 형태 계산에 대해 꾸준한 발전을 거듭해 왔다. 그러나 궁극적인 목표는 달성되지 않았음을 강조한다. 이 분야의 연구는 더욱 복잡한 생체 고분자들이 입체 형태 해석 기법을 이용해 계속해서 성공적으로 처리되고 있다고 보아야겠다. 이러한 연구의 전문성으로 인해, 개괄적으로 다음과 같이 요약할 수 있겠으나, 더 전문적인 지식을 요하는 독자들은 이 장 뒤의 참고문헌 또는 서적을 참고하기 바란다.

첫째로, 일반적인 전략은 단백질 사슬[1,2] 내의 아미노산 잔기의 거동을 모사하는 가장 간단한 저분자 모델 구조에 대해 입체 형태 에너지 계산을 행하는 것이다. 선형 다이펩타이드 또는 다른 간단한 단사슬의 선형 올리고펩타이드로서 글리신-글리신, 글리신-프롤린, 프롤린-프롤린 등의 단위를 갖는 올리고머 등에 관해 검토해 봤다. 이러한 예비 계산의 목적은 (1) 선형 올리고머들에 대해 알려진 실험적 거동과 비교할 수 있는 적절한 퍼텐셜 함수를 개발하고, (2) 특정한 펩타이드 결합들이 *trans* 평면, *cis* 평면, 또는 비평면 입체 형태들 중 어느 환경을 선호하는지를 알고,[3] (3) 사슬 내의 굽어짐(bend)을 생성하게 하는 일련의 잔기들을 확인하는 데 있다. 예를 들어 테트라

[1] S. Tanaka, and H. A. Scheraga, *Macromolecules*, **1974**, *7*, 698.

[2] I. Simon, G. Nemethy, and H. A. Scheraga, *Macromolecules*, **1978**, *11*, 797.

[3] S. S. Zimmeman, and H. A. Scheraga, *Macromolecules*, **1976**, *9*, 408.

펩타이드인 Asp-Lys-Thr-Gly에 대한 계산을 통해 이러한 배열(sequence)이 단백질 α-카이모트립신에 나타날 때 bending점들이 존재하느냐 등을 설명할 수 있다.[1]

다음으로, 에너지 계산은 선형 합성 호모폴리펩타이드인 폴리(L-프롤린) 또는 폴리(L-발린)에도 연장이 된다. 이러한 계산과 실험 데이터를 비교하여 수용성 기질 또는 사슬 간 충전력의 역할을 검토할 수 있다. 따라서 확인된 사슬 간 상호작용 퍼텐셜은 후에 접힌 사슬 내의 장거리 분자 내 상호작용을 계산하는 데 사용될 수 있다. 호모폴리머의 나선-코일 전이 거동도 입체 형태 계산으로 평가할 수 있다.

이러한 계산에서 얻어진 정보는 천연에 존재하는 환상 올리고펩타이드 공중합체(예를 들면 환상 데카펩타이드임, Gramicidin S[2])의 입체 형태를 예측하는 데 사용될 수 있다. 이러한 단계에서는 배위수의 역할도 예측될 수 있다.

마지막으로, 이러한 계산을 긴 사슬 합성 폴리펩타이드 공중합체나 단백질에도 연장할 수 있다. 이러한 연구들은 서로 다른 아미노산 성분들의 상호작용 에너지와 아미노산의 곁사슬기의 친수성, 소수성 등을 고려해야 한다. 알려진 단백질 구조들을 분석하여 α-나선, 늘어난 사슬, 또는 다른 코일 상태를 나타내는 데 여러 가지 다른 배열들이 어떠한 영향을 미치는지를 확인하고, 이러한 데이터를 이용해 예측할 수 있는 뼈대를 만들게 된다.[3] 요즈음에는 더욱 복잡한 계산을 진행시켜 단백질 내의 나선-코일 전이, 수용액상에서 단백질 접힘 속도와 메커니즘, 섬유상 단백질들의 나선-코일 구조의 존재 여부에 대한 이유를 이해하는 데 사용하였다. 결국 이러한 계산을 통해 단백질 구조 내의 metalloporphyrin과 같은 보결족(prosthetic group)의 역할을 알아내는 데도 연장될 수 있을 것이다.

18.10 분자 그래픽

특히 단백질에 대한 입체 형태 해석은 자동화되어 소위 "분자 그래픽(molecular graphics)"이라는 이름으로 소프트웨어/하드웨어가 조합되어 제공되고 있다. 이것의 목적은 특정한 비결합 퍼텐셜 함수에 근거하여 빠르게 폴리펩타이드의 입체 형태를 해석하고, 컴퓨터 스크린 상에서 구조를 볼 수 있도록 하는 방법을 제공하는 것이다. 또한 열진동 효과도 모사될 수 있다. 이것은 분자생물학 분야에서 매우 중요한 기술이다. 만약 합성 비생물 고분자에 적용하면, 분자 디자인이나 합성에도 귀중한 도구로 사용될 수 있을 것이다. 현재는 Accelrys 사(샌 디에고)와 Tripos 사(세인트

---

[1] J. C. Howard, A. Ali, H. A. Scheraga, and F. A. Momany, *Macromolecules*, **1975**, *8*, 607.

[2] M. Dygert, N. Go, and H. A. Scheraga, *Macromolecules*, **1975**, *8*, 751.

[3] S. Tanaka, and H. A. Scheraga, *Macromolecules*, **1977**, *10*, 9.

루이스)와 같은 회사로부터 필요한 상업적 프로그램을 많이 구할 수 있다.

연|습|문|제

1. 당신의 컴퓨터를 이용하여 *n*-프로페인, 폴리에틸렌, 폴리옥시메틸렌의 에너지 표면을 계산하는 간단한 프로그램을 만들라. 하나의 퍼텐셜 함수(원자 간 거리를 가진 에너지의 변화)를 선택하고, 잠재적으로 사용할 수 있는 형태로 어떻게 에너지 표면을 바꿀지 평가하라(이 문제는 다른 퍼텐셜 함수나 구조 매개 변수를 이용하여 수업에 기초하여 다른 참가자와 예측해 보라).
2. 보통의 삼중 회전 이성질체의 접근(threefold rotational isomeric approach)보다는 이중 회전 이성질체의 접근에 의한 방법이 왜 고분자의 형태를 취급하는 데 효과적인가?
3. 황 원자 사슬은 단지 90°와 −90°에서 회전 상태를 가진다. 8개의 황 원자가 사슬로 존재하면 몇 개의 공간 배열이 존재하는가?
4. 입체 형태 에너지 계산을 위한 대부분의 모델은 골격 내에 고정된 결합각으로 가정한다. 만약 상당한 에너지의 손실 없이 골격 결합각의 상당한 원자가−결합각 뒤틀림(±20° 이상)이 일어날 수 있다면, 고분자의 물성에 어떤 영향이 있을 것으로 생각하는가?
5. 고분자에 대한 실험 물성 데이터로부터 분자 내 비결합성 퍼텐셜을 성공적으로 계산이 가능한가? 만약 그렇다면, 어떻게 당신은 그것을 계산하고, 이 방법의 단점은 무엇인가?
6. 90°의 골격 결합을 갖는 가상의 자유 회전하는 사슬에 대한 특성비($CR = \langle r^2\rangle_0/nl^2$)를 계산하라(여기서 $\langle r^2\rangle_0$은 흐트러지지 않은 부피, n은 골격 결합수, l은 골격 결합 길이를 나타낸다).
7. 사슬이 자유 회전하는 이상화된 폴리(다이메틸실록세인) 사슬에 대한 특성비를 계산하라. O—Si—O 결합각은 110°, Si—O—Si 결합각은 143°이다.
8. 단지 두 개의 회전 상태를 갖는 가상의 사면체로 결합된 고분자에 대한 특성비를 계산하라. *trans*($\phi = 0°$)와 *cis*($\phi = 180°$). 전자보다 후자의 에너지가 500 cal/mol 높다. 회전 상태에는 무관하고 온도는 25°C로 가정한다.
9. 동등한 에너지를 가진 $\phi = 0$, 72, 144, 216, 288°에 위치한 회전 상태를 갖는 가상의 사슬에 대한 "강성비(stiffening ratio)" $(1 + \langle\cos\phi\rangle)/(1 - \langle\cos\phi\rangle)$의 값을 계산하라.
10. 딱딱한 막대형 고분자의 경우 특성비의 값이 얼마인가?
11. $r = (2nl^2/3)^{1/2}$에서 최대(가장 가능한 값의 r)를 갖는 Gaussian 분포 함수의 반지름 형태를 보이라.
12. 나선형으로 긴 영역을 갖는 고분자를 생각해 보자. 온도를 증가함에 따라 부피가 증가하겠는가, 아니면 감소할 것으로 예상하는가?
13. Z의 값에 대한 답을 구하라.

$$Z = [1 \quad 2 \quad 3]\begin{bmatrix} 2 & 0 & 0 \\ 0 & 3 & 0 \\ 0 & 0 & 4 \end{bmatrix}\begin{bmatrix} 1 \\ 1 \\ 1 \end{bmatrix}$$

14. g^+ 상태로 단지 존재하는 가상의 고분자에 대한 통계 가중 매트릭스를 적으라[t 차수(order)에서 g^+, g^- 둘다 열과 행을 가진 일반적인 지수화 방식을 이용하라].

15. 흐트러지지 않은 부피에 대한 특성비보다 쌍극자 모멘트를 가졌을 때의 특성비가 왜 일반적으로 훨씬 작은가?

16. 만약 *gauche*$^{\pm}$ 상태가 $\pm 120°$에서 $\pm 100°$으로 된다면 가상의 탄화수소 고분자의 특성비는 증가, 감소, 아니면 그대로 유지되는가?

17. 통계 가중 매트릭스에 의해 표현되는 고분자의 입체 형태를 그리라.

$$\begin{bmatrix} 0 & 0 & 0 \\ 0 & 1 & 0 \\ 0 & 0 & 1 \end{bmatrix}$$

참|고|문|헌

BICERANO, J. (Ed.), *Computational Modeling of Polymers*. New York: Marcel Dekker, Inc., **1992**.

BINDER, K. (Ed.), *Monte Carlo and Molecular Dynamics Simulations in Polymer Science*. New York: Oxford University Press, **1995**.

BIRSHTEIN, T. M., and PTITSYN, O. B., *Configurational Statistics of Polymer Chains*. New York: Interscience, **1996**.

BIRSHTEIN, T. M., and PTITSYN, O. B., *Conformations of Macromolecules* (*High Polymers*, Vol. XXII). New York: Wiley-Interscience, **1966**.

BOVEY, F. A., "NMR Observations of Polypeptide Conformations," *J. Polymer Sci. (D), Macromol. Rev.*, **1974**, *9*, 1.

BOVEY, F. S., *Polymer Conformation and Configuration*. New York: Academic Press, **1969**.

BOVEY, F. A., *Chain Structure and Conformation of Macromolecules.* New York: Academic Press, **1982**.

BOYD, R. H., and Phillips, P. J., *The Science of Polymer Molecules.* Cambridge: Cambridge University Press, **1993**.

CARPENTER, D. K., "Colloids," *Encycl. Polymer Sci. Technol.* (H. F. Mark, N. G. Gaylord, and N. M. Bikales, Eds.), **1966**, *4,* 16.

CIFERRI, A., "Present Status of the Rubber Elasticity Theory," *J. Polymer Sci.,* **1961**, *54,* 149.

CIFERRI, A., HOEVE, C. A. J., and FLORY, P. J., "Stress–Temperature Coefficients of Polymer Networks and the Conformational Energy of Polymer Chains," *J. Am. Chem. Soc.,* **1961**, *83,* 1015.

DE SANTIS, P., GIGLIO, E., LIQUORI, A. M., and RIPAMONTI, A., "Stability of Helical Conformations of Simple Linear Chains," *J. Polymer Sci.,* **1963**, *A1,* 1383.

FARINA, M., "The Stereochemistry of Linear Macromolecules," *Top. Stereochem,* **1987**, *17,* 1–111.

FLORY, P. J., "Foundation of Rotational Isomeric State Theory and General Methods for Generating Configurational Averages," *Macromolecules,* **1974**, *7,* 381.

FLORY, P. J., *Principles of Polymer Chemistry.* Ithaca, N.Y.: Cornell University Press, **1953**, especially Chaps. X and XIV.

FLORY, P. J., *Statistical Mechanics of Chain Molecules.* New York: Interscience, **1969**; reissued by Hanser Publishers, Munich, **1989**.

FLORY, P. J., CIFERRI, A., and CHIANG, R., "Temperature Coefficient of the Polyethylene Chain Conformation from Intrinsic Viscosity Measurements," *J. Am. Chem. Soc.,* **1961**, *83,* 1023.

FLORY, P. J., CRESCENZI, V., and MARK, J. E., "Configuration of the Poly(dimethylsiloxane) Chain, III: Correlation of Theory and Experiment," *J. Am. Chem. Soc.,* **1964**, *86,* 146.

FLORY, P. J., and MARK, J. E., "The Conformation of the Polyoxymethylene Chain," *Makromol. Chem.,* **1964**, *75,* 11.

GELIN, B. R., *Molecular Modeling of Polymer Structures and Properties.* Cincinnati: Hanser Publishers, **1994**.

GROSSBERG, A. (Ed.), *Theoretical and Mathematical Models in Polymer Research.* New York: Academic Press, **1998**.

HONEYCUTT, J. D., "Rotational Isomeric State Models and Results," in *Physical Properties of Polymers Handbook,* (J. E. Mark, Ed.). New York: Springer-Verlag, **1996**.

HOPFINGER, A. J., *Conformational Properties of Macromolecules.* New York: Academic Press, **1973**.

LOWE, J. P., "Barriers to Internal Rotation about Single Bonds," *Progr. Phys. Org. Chem.* (A. Streitwieser and R. W. Taft, Eds.), **1967**, *6,* 1.

LOWRY, G. G., *Markov Chains and Monte Carlo Calculations in Polymer Science.* New York: Marcel Dekker, Inc., **1970**.

MATTICE, W. L., and SUTER, U. W., *Conformational Theory of Large Molecules. The Rotational Isomeric State Model in Macromolecular Systems.* New York: Wiley, **1994**.

MONNERIE, L., and SUTER, U. W. (Eds.), *Atomistic Modeling of Physical Properties. Adv. Polym. Sci.* Berlin: Springer-Verlag, **1994**, *116.*

MORAWETZ, H., "Some Studies on the Rates of Conformational Transitions and of *Cis-Trans* Isomerizations in Flexible Polymer Chains," *Contemp. Top. Polymer Sci.,* **1977**, *2,* 171.

ORVILL-THOMAS, W. J. (Ed.), *Internal Rotations in Molecules.* New York: Wiley, **1974**.

PETERLIN, A., "Conformation of Polymer Molecules," in *Polymer Science and Materials* (A. V. Tobolsky and H. F. Mark, Eds.). New York: Wiley-Interscience, **1971**, Chap. 3.

POLAND, D., and SCHERAGA, H. A., *Theory of Helix-Coil Transitions in Biopolymers.* New York: Academic Press, **1970**.

REHAHN, M., MATTICE, W. L., and SUTER, U. W., "Rotational Isomeric State Models in

Macromolecular Systems," *Adv. Polym. Sci.,* **1997**, *131/132,* 1.

RIANDE, E., and SAIZ, E., *Dipole Moments and Birefringence of Polymers.* Englewood Cliffs, NJ: Prentice Hall, **1992**.

ROE, R.-J. (Ed.), *Computational Simulation of Polymers*. Englewood Cliffs: Prentice Hall, **1991**.

SCHERAGA, H. A., and coworkers. A series of papers on the conformational analysis of polypeptide chains. *Macromolecules,* **1970**, *3,* 178, 188, 628; **1971**, *4,* 112; **1972**, *5*, 455; **1973**, *6,* 91, 447, 525, 535, 541; **1974**, *7,* 137, 459, 468, 698, 797; **1975**, *8,* 479, 491, 494, 504, 516, 607, 623, 750; **1976**, *9,* 142, 159, 168, 395, 408, 812; **1977**, *10,* 9, 291, 305, 1049; **1978**, *11,* 9, 552, 797, 805, 812, 819, 1168.

TERAMOTO, A., and FUJITA, H., "Conformation-Dependent Properties of Synthetic Polypeptides in the Helix-Coil Transition Region," *Advan. Polymer Sci.,* **1975**, *18,* 65.

TERAMOTO, A., and FUJITA, H., "Statistical Thermodynamic Analysis of Helix-Coil Transitions in Polypeptides," *J. Macromol. Sci., Rev. Macromol. Chem.,* **1976**, *C15,* 165.

VOLKENSTEIN, M. V., *Configurational Statistics of Polymeric Chains* (*High Polymers,* Vol. XVII). New York: Wiley-Interscience, **1963**.

19장

회절, 산란, 분광학을 통한 고분자의 구조 분석

19.1 서론

고분자의 분자 구조를 결정하는 데는 많은 방법이 이용된다. 이 중에는 적외선 및 자외선 분광법, 광회전 분산법(ORD), 핵자기 공명, 광산란, 초원심 분리, 젤 투과 크로마토그래피, 입체 형태 해석 및 X선 결정 분석 등이 있다. 이상적으로는, 주어진 고분자의 구조 해석에 가능한 한 많은 기술을 적용해야 한다. 하지만 실제적으로는 두 가지 기술이 특히 효과적인 것으로 판명되었는데, 그것은 핵자기 공명과 X선 결정 분석이다. X선과 중성장 산란 및 nmr, 그리고 몇 가지 분광법에 대해 이 장에서 다루기로 한다. 그러나 좀더 자세한 사항에 대해서는 참고문헌을 참조하기 바란다. 이 장에서는 주로 X선 회절에 대해 다룬다.

19.2 X선 회절

X선 회절법은 고체 상태인 규칙성 고분자를 시험하는 데 이용되는 가장 효과적인 방법이다. 일반적으로 고분자가 배향된 섬유이거나, 미세결정성이거나, 단결정(폴리에틸렌, 결정성 구상 단백질, 바이러스 등)을 형성할 때만 유용한 정보를 얻을 수 있다. X선 회절 실험으로부터는 다음과 같은 정보를 얻을 수 있다.

1. 고분자 시료의 결정화도 평가
2. 고분자 결정의 배향도 결정
3. 고분자의 "거시 구조" 분석 — 결정이나 사슬 다발이 겹쳐진 방법

4. 사슬의 입체 형태와 각 원자의 위치 등을 포함한 분자 구조의 결정. 이 방법은 가장 난해하지만, 유용한 정보를 가장 많이 얻을 수 있다.

이 장에서는 위의 항목 1에서 3까지는 간단히 설명하기로 하고, 항목 4에 관해 상세히 다루기로 한다.

19.3 실험

19.3.1 시편 제조

1. 만일 고분자가 자연계에 존재하는 섬유 단백질(예: 머리칼)이라면, 섬유나 섬유다발을 금속 홀더에 고정할 수 있다(그림 19.1a). 섬유에 장력이 걸리게 해서 홀더와 섬유를 X선 사진기에 올려놓는다.
2. 만일 고분자가 합성 고분자라면, 용융이나 용액 추출로 섬유를 만들거나, 탈용매화나 용융 방법으로 필름을 제막한다(20장 참조). 그러고 나서 섬유나 필름을 홀더에 고정하기 전에 연신(배향)시킨다(그림 19.1b). 나선형 고정 장치를 서서히 작동시켜 좀 더 연신시킨다. 이 단계에서 시료의 신장률을 400%까지 연신시키는 것이 보통이다. 이 과정에서 미결정 성장을 촉진시키기 위해 시료를 승온과 냉각을 반복해도 된다. 사용된 시료가 섬유이든, 필름이든 상관이 없는데, 이는 전체적인 결정의 규칙성이 고분자 사슬 다발 **사이에는** 일반적으로 존재하지 않기 때문이다. 그러므로 섬유와 필름 모두 원통형 대칭성을 찾을 수 있다. 그렇지만 섬유와 필름의 회절 거동 사이에는 약간의 차이가 있다. 예를 들면 섬유나 섬유다발은 박막보

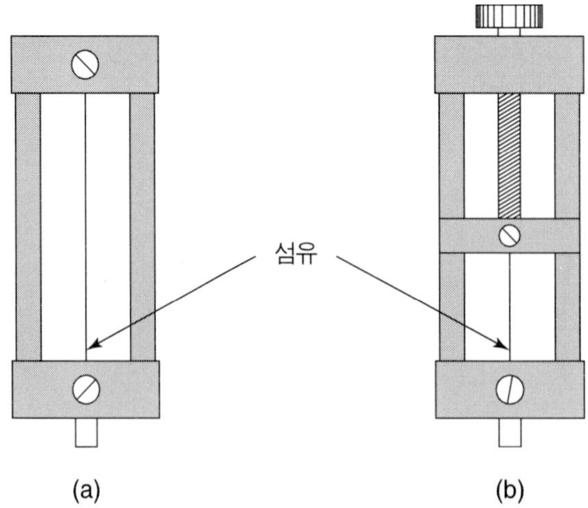

그림 19.1 (a) 고분자 섬유나 필름의 배향시 X선 빔 조사용 청동 홀더, (b) 섬유나 필름 연신 장치

다는 시편이 두꺼울 수도 있어서 섬유의 X선 회절 강도가 커져 노출을 짧게 해야 한다. 한편 매우 두꺼운 섬유(지름이 약 1 mm)는 섬유 중심을 통과하는 X선이 완전히 흡수되지만, 가장자리를 통과한 것은 흡수되지 않으므로 두 개로 나누어진 X선이 완전히 흡수되고, 가장자리를 통과한 것은 흡수되지 않으므로 두 개로 나누어진 X선 반사를 생성하게 된다. 2축으로 배향된 고분자는 X선 회절 형태가 광선이 필름에 입사하는 각도에 의존하므로 특별한 문제를 유발할 수도 있다. 원통형 단면을 갖는 섬유는 두꺼운 필름보다 더 쉽게 X선 흡수 효과를 보정할 수 있는 데이터를 만든다. 그러므로 특별한 연구를 하려는 것이 아니라면, 시편은 가는 원통형 섬유(지름이 약 0.5 mm)이거나, 1축 배향된 매우 얇은 필름이어야 한다.

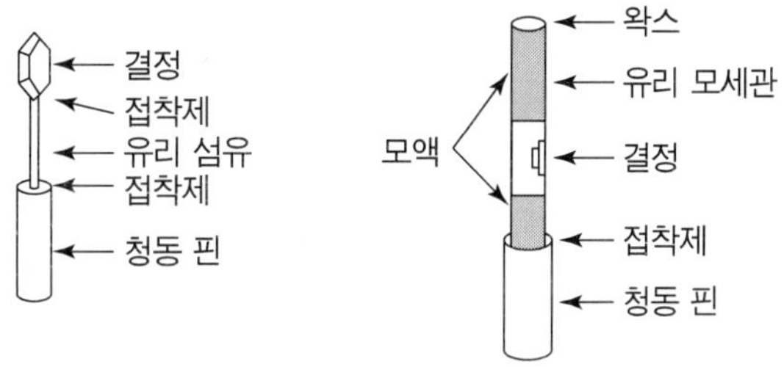

(1) (2)

(a)

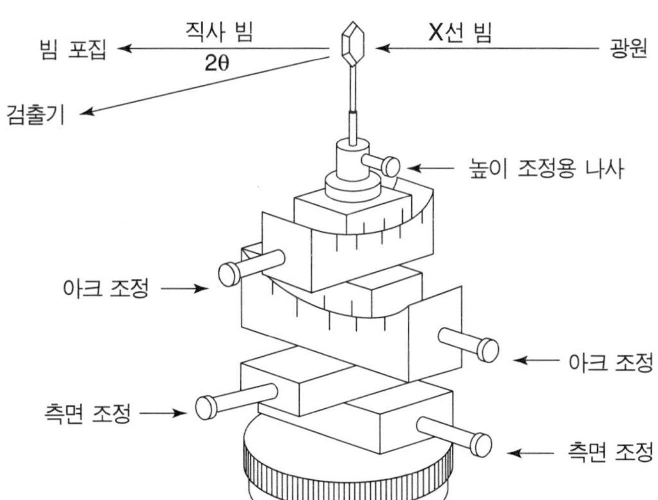

(b)

그림 19.2 (a1) 각도계 끝에 놓인 유리 섬유와 접할 수 있는 공기 안정성 결정 화합물, (a2) 공기에 민감한 단백질 결정으로 모액(mother liquor solution)과 같이 모세관에 고정시킬 수 있음, (b) 결정 배열에 쓰는 각도계의 머리 부분

3. 고분자가 단결정(구상 단백질, 바이러스 등)을 형성하는 경우에는 다른 방법을 사용한다. 생체 고분자는 액체로부터 결정화되어야 하며, 흔히 물 분자는 결정 부분을 형성한다. 따라서 항상 모액과 접촉된 결정을 올려놓을 필요가 있다. 결정을 모액과 함께 모세관에 꽂고, 물의 증발을 막기 위해 관을 봉한다. 그러고 나서 모세관을 각도계 머리에 붙이고, 머리의 움직임으로 X선 광선에 관련된 결정의 방향을 잡도록 한다(그림 19.2 참조). 만일 결정이 공기 중에서 안정하다면 결정을 유리 섬유 끝에다 붙이거나, 유리 섬유를 각도계 머리에 붙일 수 있다. 적당한 결정 크기는 가장자리 길이가 0.5 mm 이하이다.

19.3.2 X선의 발생

X선은 진공관에서 발생된 고에너지의 전자광이 금속 목표물을 때릴 때 생성된다. X선의 파장은 사용된 목표 물질에 달려 있다. 일반적으로 구리나 몰리브데넘이 목표물로 사용된다. X선관으로부터 나온 X선광은 안전 차폐 장치와 필터를 통해서 구리관이나 "조준기(collimator)"를 통과함으로써 좁은 광선(지름이 약 0.5 mm)으로 된다.

이런 방법으로 발생된 X선은 다색성이기 때문에 원치 않는 파장을 없애기 위해 광선을 여과할 필요가 있다. 구리 방사선에 대한 필터로 얇은 니켈판을 사용한다. 어떤 응용에는 필요한 순도의 방사선을 발생시키기에 여과로는 불충분한 경우도 있다. 평판의 표면이나 굴곡진 결정 표면으로부터 주요 광선을 회절시켜 더 순수한 단색광을 만들 수도 있다.

19.3.3 X선 사진기와 회절계

사진기와 회절계는 매우 다양한 것들이 사용된다. 다음은 고분자를 연구하는 데 가장 널리 사용되는 장치를 소개한다.

원통형 사진기 이 사진기는 회전 사진기라고도 한다. 이것은 모든 고분자들의 예비 실험과 배향된 섬유나 미세결정성 고분자의 전반적인 분자 구조 관찰에 이용된다. 또한 원통형 사진기는 결정화도의 결정 배향도를 측정하는 데에도 사용될 수 있다. 사진기는 원통형 구리관(지름이 약 57.3 mm)으로 이루어져 있는데, 이것은 사진 필름의 외부 지지체로도 작용한다(그림 19.3 참조). X선은 조준기를 통해 사진기로 들어가 고분자 시료를 때리고, 이 필름을 현상해 보면 회절광이 필름을 통과한 위치를 알 수 있다. 사진기는 보통 빛을 차단하기 위해 납으로 씌워져 있으며, 시료는 배향을 위해 각도계 위에 올려놓는다. 필요하다면 시편을 수직축을 중심으로 기계적으로 회전시킬 수도 있으나, 섬유의 결정 구조 연구에는 일반적으로 불필요하다. 경우에 따라서는 공기에 의한 X선의 산란을 감소시키기 위하여 사진기를 진공으로 하거나, 공기를 헬륨과 같은 가벼운 기체로 치환시키는 것이 유용하다. 원통형 사진기를 사용해서 얻은 전형적인 사진을 그림 19.4에 나타내었다.

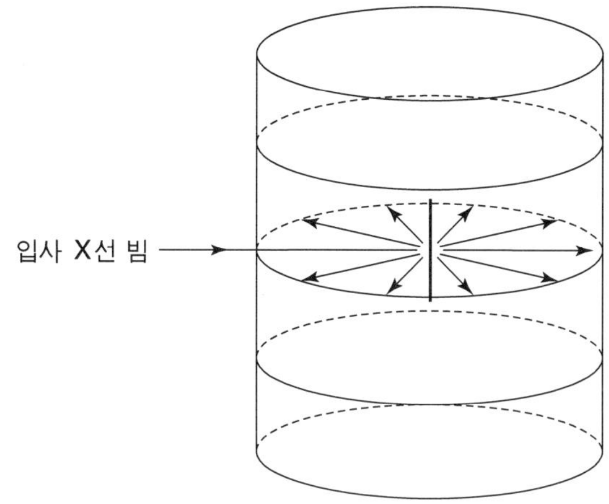

그림 19.3 원통형 또는 "회전형" 사진기에 놓인 고분자 섬유의 도시. 필름의 적도 부위(0 레벨)에 떨어지는 회절만 보임. 그러나 상부 및 하부 선반사도 같이 일어난다.

Debye-Scherrer 사진기는 원통형 사진기를 단순히 약간 변형시킨 것으로 주로 무질서하게 배향된 시편의 사진을 얻기 위해 사용된다. Gmnier-Wolff 사진기는 원통형 사진기의 형태를 하고 있고, 방사선이 단색화되어 있으며, 곡면 결정에 의해 초점이 맞추어진다. Weissenberg 사진기는 원통형 사진기로서 결정의 회전 진동과 동조해서 사진기 축을 따라 필름을 기계적으로 옮긴다.

전진 사진기 Buerger 전진 사진기[1]는 때때로 분자 구조 연구용 원통형 사진기의 대체품으로 사용된다. 이것의 장점은 역수 격자(reciprocal lattice)의 일그러지지 않은 사진을 얻을 수 있다는 것이다. 전진 사진기는 효소나 해마틴 단백질과 같은 생체 고분자의 결정 구조 확인에 널리 사용된다. 평판형 사진 필름이 사용되고, 이것은 섬유나 결정과 함께 전진 운동을 하게 한다.

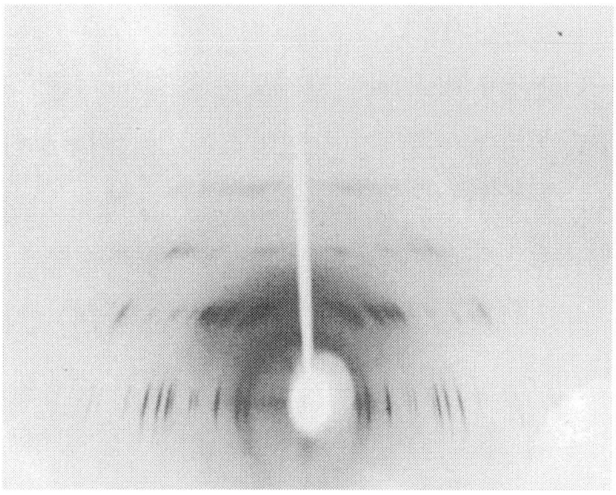

그림 19.4 폴리(다이클로로포스파진), $(NPCl_2)_n$의 X선 섬유 사진으로 층선을 따라 arc 형태의 반사들의 배열을 볼 수 있다. 사진 아래의 층선은 $l = 0$인 선

[1] M. J. Buerger, *The Precession Method* (New York: Wiley, **1964**).

전진 사진기를 단순화한 것은 Laue 사진기로 고정된 시료를 X선 회절시켜 고정된 평판형 사진 필름에 노출시키도록 한 것이다. Laue 사진의 해석은 전진 사진의 분석보다 더 복잡하다.

회절계 사진에 의해 회절 여부를 알아보는 대신 Geiger, 비례 또는 신틸레이션 계수기를 사용할 수 있다. 실제로 계수기형 장치를 사용하여(반사가 몇 개밖에 없다면), 회절각을 빨리 결정할 수 있으며, 회절각과 강도를 보다 정확하게 측정할 수 있다. 회절계는 자동 및 수동 회절계의 두 가지가 사용되고 있다. 수동에서는 사용자가 회절된 광선의 검출과 측정을 위해서 검출기를 적당한 위치로 직접 움직여야만 한다. 이런 장치는 일반적으로 낡은 형태이고, 이것의 사용과 관련해서 약간의 안전상의 문제가 있다. 자동 또는 반자동 회절계는 소형 컴퓨터가 통제하거나 간접적으로 사용자의 통제하에 작동한다. 단결정 연구에서는 결정의 공간 그룹을 사용하여 컴퓨터가 회절계를 자동으로 움직여 정확한 각도에서 반사 강도를 측정한다. 이러한 장치는 보통 소각(small-angle) 연구에는 사용할 수 없다. 섬유 회절 연구에는 소위 "Weissenberg geometry" 회절계만이 사진기보다 나은 상당한 이점이 있지만, 비교적 적은 수가 이용되고 있다.

소각(small-angle) **사진기** 앞 단원에서 서술한 것과 같은 광각 장치(wide-angle instrument)는 결정성의 검색이나 분자 구조 결정에 유용하다. 그렇지만 고분자의 거시 구조에 관한 정보(즉 섬유상이나 결정상의 충전)는 beam stop에 매우 가까이에 떨어지는 반사로부터 얻는 협각 회절로부터만 얻어질 수 있다. 이 같은 반사를 측정하기 위해서는 특수 장치가 필요하다. Kjatky 소각 사진기가 하나의 예이다.

19.3.4 결정화도 측정

결정이나 미세결정 물질은 X선을 특정한 각도로 회절시킨다(그림 19.5b와 c). 한편 무정형인 물질은 X선을 모든 방향으로 산란시키기만 한다(그림 19.5a 참조). 그러므로 만일 이론적으로 고분자로부터 나오는 일반적인 산란과 비교해서 날카로운 회절이 나올 수 있다면, 결정화도를 측정할 수 있다. 최근까지는 바로 이렇게 하는 것이 일반적인 방법이었으나, 산란원들이 날카로운 원이나 점으로 변하는 정도는 무엇보다 사슬 꼬임(chain folding), 라멜라 결정 성장, 격자 변위(lattice dislocation)의 존재 여부와 배향 시편의 질서도에 의해 영향을 받는다고 알려져 있다. 더욱이 분자 간 결정 충전이 없을 때에도 배향된 나선형 구조를 가진 고분자 사슬에서도 결정과 유사 구조를 가진 X선 형태를 얻을 수 있다. 그러므로 믿을 만한 결정화도를 측정하기 위해서는 X선 회절뿐만 아니라 핵자기 공명, 밀도 측정, 적외선 분광 결과도 같이 고려해야 한다.

19.3.5 결정 배향도

미세결정성 고분자의 결정 배향은 고분자의 성질에 큰 영향을 미친다. 외부 응력의 방향과 평행

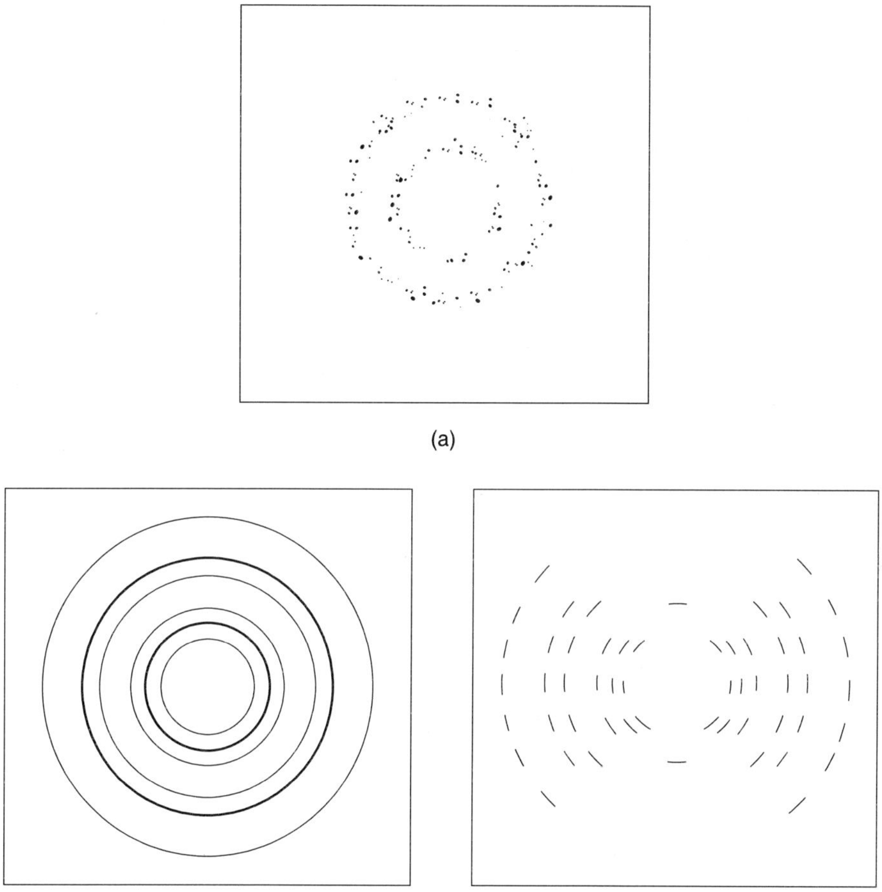

(a) (b) (c)

그림 19.5 (a) 무정형 고분자, (b) 비배향 미세결정성 고분자, 배향된 미세결정성 고분자 또는 배향된 나선형 고분자의 X선 회절

으로 적절히 배향하면, 파괴에 대한 높은 저항과 이에 상응하는 높은 인장 강도를 나오게 할 수 있다. 나일론 섬유의 강도는 부분적으로는 이 효과 때문으로 생각된다. X선 결정학은 배향 효과를 평가하는 데 편리한 방법이다.

이미 설명한 바와 같이 단결정 X선 사진과 배향된 고분자로부터 나온 사진들과의 주된 차이 중 하나는 확산성과 고분자로부터 나오는 반사광이 arc형태를 나타내느냐 않느냐 하는 점이다. 이런 차이는 전형적인 고분자 사진(그림 19.4)과 저분자 단결정으로부터 얻은 회절 형태(그림 19.6)를 비교하여 설명할 수 있다. 그림 19.4와 19.5c에서 현저한 산란 반사가 beam stop 아래와 위에서 분명하다는 것에 주의를 기울일 필요가 있다. 이것은 자오선 반사로 알려져 있다.

고분자 X선 사진에서 회절의 산란과 arc형 특성은 부분적으로는 결정들의 비이상적인 배향의 결과이다. 전체적으로는 무질서한 배향으로 인해 그림 19.5b에서 보듯이 arc가 완전한 원으로 변하게 되었다. 그러므로 결정이 서로 평행하게 배향하는 정도를 측정하는 데는 반사의 형태와 크기

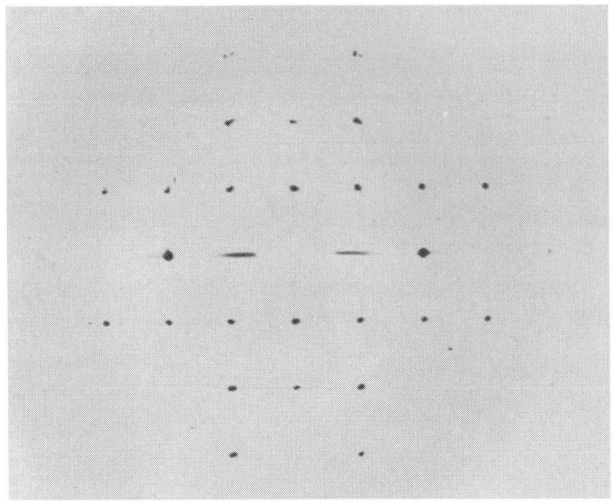

그림 19.6 저분자 단결정 X선 회절 패턴. 선명한 "반사", 회절점, 강도가 다른 것 등이 특색이 있다.

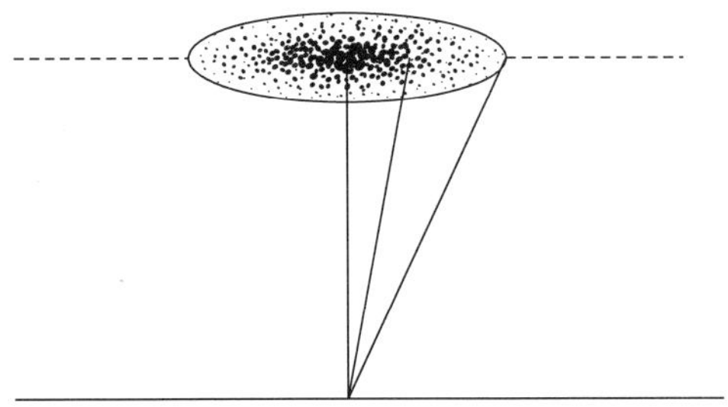

그림 19.7 자오선 반사를 지나는 강도 변화로부터 특정한 반사 방향 쪽으로 배향된 미세 결정들의 상대적인 개수에 대한 정보를 알 수 있다.

로 알 수 있다. 결정 배향의 두 번째 단서는 자오선이다. 결정의 완전한 평행 배향 결과, 고분자시편이 입사 X선 광선과 같은 각도에 놓이면 자오선 반사가 완전히 사라지게 된다. 그렇지만 완전히 배향된 시편을 광선 쪽이나 광선 반대쪽으로 수직으로 기울이면, 결정 반사가 사진에 나타나게 된다. 이러한 현상으로 배향도를 보다 정밀하게 관찰할 수 있다. 더불어 강도가 자오선 반사를 지나 변하는 방법은 특정한 방위각으로 배향된 결정의 수에 따른다(그림 19.7).

19.4 분자 구조와 입체 형태의 결정

19.4.1 다른 방법들

섬유상 또는 미세결정성 고분자의 해석과 단결정 고분자의 구조 해석에는 두 가지의 밀접한 관계가 있지만, 완전히 다른 접근법이 사용된다는 것을 기억할 필요가 있다. 비교적 간단한 분자의

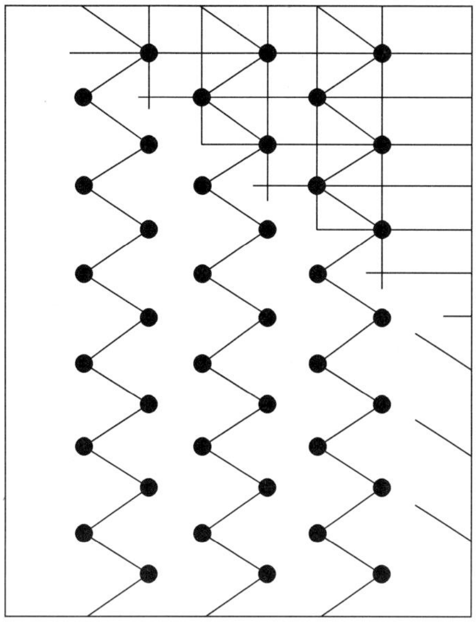

그림 19.8 미세결정 영역의 단면으로서, 측면으로 충전된 고분자 사슬과 원자들 간의 면 간격을 보여 주고 있다.

해석에 사용되는 단결정 기술을 약간 변형시키고, 조금 복잡하게 하여 고분자 단결정 구조 해석에 응용할 수 있다. 한편 미세결정성이나 섬유상 고분자는 사슬 충전의 불규칙성 때문에 특별한 문제를 유발한다. 구조에 대한 예비 정보는 쉽고 빠르게 얻을 수 있지만, 자세한 분석은 대단히 어려운 일이다. 단결정 분석에 사용되는 기술은 널리 알려져 있고, 많은 책에 서술되어 있다(참고문헌 참조). 여기서는 이 기술을 간단히 다루며, 미세결정성 물질과 비결정성 섬유상 고분자의 연구에 주로 초점을 맞추어 설명하겠다.

19.4.2 미세결정성 고분자 X선 사진의 해석

배향된 미세결정성 고분자는 회전된 방향으로부터 얻은 사진들과 피상적으로는 유사한 사진들을 얻을 수 있다. 그림 19.5c에 전형적으로 배향된 미세결정성 물질의 사진을 나타내었다. 두 가지 가장 두드러진 점은 자오선 반사의 존재와 평행 수평선상에 배열한 arc의 존재이다. 이러한 수평선은 **층선**(layer line)이라고 알려져 있으며, 표시에 따라 번호를 붙인다. 즉 $l = 0, 1, 2, 3, \cdots, -1, -2, -3, \cdots$. "0층"은 직사광이 필름을 통과하는 점을 포함한다. 이 층은 섬유 방향에서 수직으로 시료로부터 나오는 회절 arc나 반사를 나타낸다(그림 19.3 참조). 높고 낮은 층선에 있는 arc는 사진기면에서 상승하거나 감소하는 각에서 시료로부터 나오는 회절된 X선광으로부터 형성된다.

각각의 반사나 0층은 다음과 같은 메커니즘에 의해 형성된다. 그림 19.8에 나타내었듯이 수직 방향(배향축에 따라)으로 배향되고, 규칙적으로 충전된 미세결정 부분을 생각해 보자.

이제 그림 19.9a의 두 평면에 입사된 X선광의 경로를 생각해 보자. Bragg 회절법에 의하면 만일 파장의 정수가 "경로차" $x+y$에 존재하도록 입사각 θ가 결정되면, X선은 층으로부터 강하게

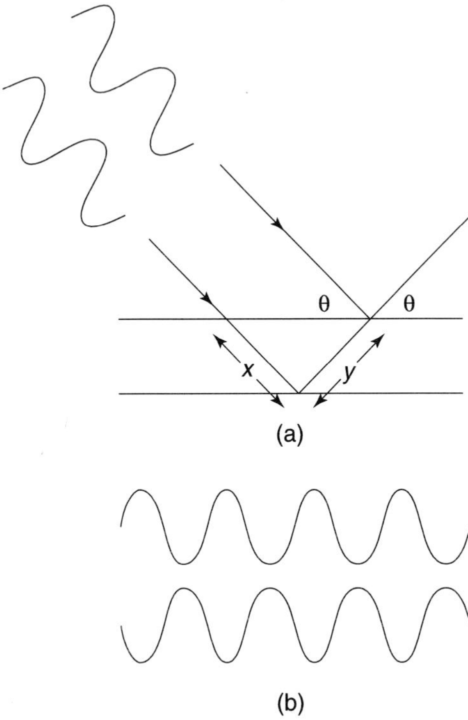

그림 19.9 (a) 단결정 또는 미세결정 내의 원자들의 평행면으로부터의 X선 회절, 경로차($x+y$)는 간섭이 없으면 파장의 합과 같다. (b) 위상차가 180°인 두 파동계로서 간섭이 일어난다.

반사될 것이다. 이 같은 상황에서는 결정으로부터 나오는 빛은 파장의 중첩으로 인해 강화될 것이다. 다른 각에서는 파장은 서로 파괴적으로 간섭할 것이다(그림 19.9b 참조). 그러므로 반사는 불연속각으로만 나오며, 이러한 각도는 경로-길이 편차, 즉 층 간의 분리에 의해 결정된다. 회절각과 층간 거리의 관계는 잘 알려진 Bragg 식에 의해 주어진다.

$$n\lambda = 2d \sin \theta \tag{1}$$

여기서 n은 상수(1, 2, 3, ⋯), λ는 X선의 파장, d는 층간 거리이다.

사진의 0층에 나타난 회절반사는 다른 수직면들 사이의 서로 다른 분리를 나타낸다. 그런 면들은 그림 19.10에 나타낸 식으로 형성됨을 알 수 있다.

가장 커다란 d-spacing을 갖는 면들은 1차광(작은 2θ 각)에 가장 가까운 반사를 하며, 가장 작은 d-spacing을 갖는 면들은 광각(wide-angle)에서 반사를 한다.

높은 쪽과 낮은 쪽의 층선($l=0$, 1, 2, 3, ⋯, −1, −2, −3, ⋯)에 떨어지는 반사들은 섬유축 쪽으로 기울어진 미세결정 내의 면을 나타낸다. 마지막으로 자오선 반사는 섬유축(그림 19.8 참조)에서 수직인 평면으로부터 나온다. 반사의 기하학(그림 19.9 참조) 때문에 이러한 면들은 섬유가 빔 쪽의 어느 각으로 기울어질 때만 회절이 가능하다. 그러므로 전에 언급했듯이, 자오선의 존재 여부가 결정 배향의 측정에 사용될 수 있다.

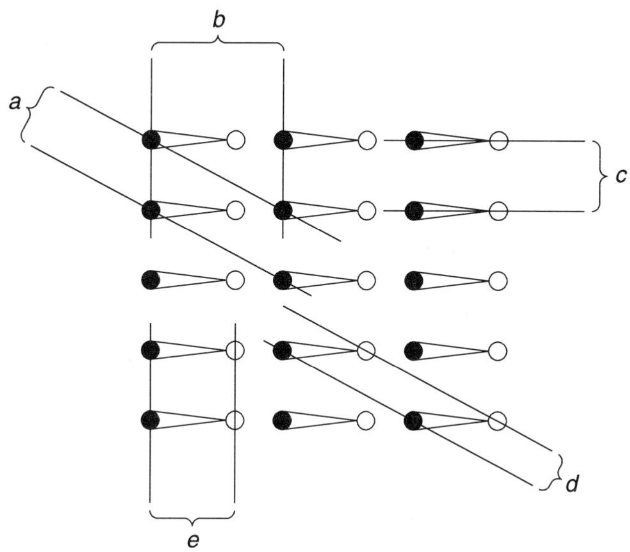

그림 19.10 미세결정 내에 충전된 사슬의 장축. 이 그림은 그림 19.8에 나타낸 것의 90° 회전된 그림이다. ●은 ○보다 관측자에 더 가까이 있는 원자들의 위치를 나타낸다. 원자들을 관통하는 수직면들을 그리는 것에 유의하라. 이러한 수직면들은 X선 사진의 0층(적도선)에 나타나는 반사들이다. 더 큰 격자들(*b*, *c*)은 좁은 각도(beam stop에 가까운)에서 반사를 한다. 더 작은 간격들(예: *d*)은 광각에서(사진의 구석) 회절점을 낸다.

19.4.3 구조에 대한 예비 단서

d-spacing을 간단히 분석하면 사슬의 형태나 인접 사슬의 충전에 관한 다양한 단서를 알 수 있다. 예를 들면 층선 간의 분리는 시료의 *c*축(섬유축)으로의 반복 거리에 반비례한다. 그러므로 한 번의 필름 측정으로 고분자 반복 거리를 산출할 수 있다. 두 번째로, 자오선 반사는 섬유축에 수직인 평면으로부터 발생한다. 이들은 단량체 잔기 평면으로부터의 반사를 나타낸다. 그러므로 자오선 반사가 떨어지는 층선의 수는 입체 형태 반복 거리 내에 있는 단량체 잔기의 수이다. 이것을 그림 19.11에 설명하였다.

세 번째로, 사진의 0층에서의 반사로부터 지그재그로 되어 있는지, 나선형인지, 또는 다른 사슬의 입체 형태로 되어 있는지를 알 수 있다. 이들은 또한 곁사슬의 원자들과 주사슬 원자들 사이의 거리를 나타내거나, 인접 사슬 내의 원자 간 거리를 나타낸다. 잘 해석하면 단위세포의 길이나 형태를 알 수 있다. 만일 결정 영역의 밀도를 알면 단위세포당 단량체 잔기의 수 Z를 다음 식으로 계산할 수 있다.

$$\text{밀도} = \frac{(Z)(\text{MW})}{V \times 6.023 \times 10^{23}} \tag{2}$$

여기서 MW는 단량체 잔기의 "분자량"(g/mol), V는 단위세포의 부피(cm^3)이다.

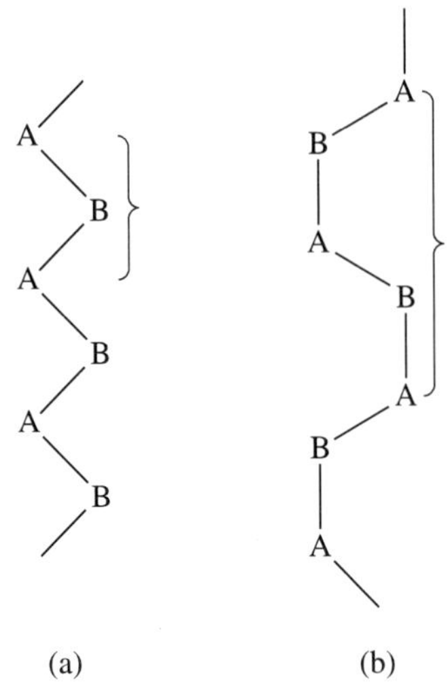

그림 19.11 반복 단위 A–B를 갖는 고분자들: (a) 반복 단위당 한 단량체 잔기를 가짐: $l = 1$인 층선에서 자오선 반사를 할 것으로 예상, (b) 반복 단위당 두 단량체 잔기를 가짐: $l = 2$인 층선에서 자오선 반사를 할 것으로 예상

미세결정성 물질에 관한 X선 연구에 대해서는 여기서 끝내도록 한다. 만일 결합각과 결합 길이를 알면 얻어진 정보를 이용하여 사슬의 입체 형태를 충분히 규정할 것으로 생각된다. 그렇지만 관찰자가 예비 자료로 인해 오판할 수도 있다. 구조를 확정하기 위해서는 반사의 **강도**(intensity)에 대한 세심한 분석이 필요하다.

19.4.4 강도 자료의 예비 분석

상세한 분자 구조에 관한 가장 믿을 만한 단서들은 각 반사의 상대 강도를 분석하여 얻어진다. "강도"란 현상된 필름에 침전된 은의 밀도나 주어진 시간에 계수기에 기록된 수를 말한다. 비록 필름 위의 arc의 위치가 단위세포 내 분자들의 전체적인 배향을 나타내지만, 강도로부터 정확하게 확인된 각 원자들의 **위치**를 찾아낼 수 있다.

예비적인 강도 분석에는 두 가지 접근법이 사용된다. 첫 번째는 사진을 간단히 살펴보면, 어떤 반사들은 다른 것들보다 훨씬 강하다는 것을 알 수 있다. 각 반사는 일련의 동일한 평행면을 나타내고, 산란 강도는 그 면들에서의 전자 밀도와 관계되기 때문에 강한 반사는 많은 원자가 그 면에 있다는 것을 의미하기도 한다.

그러므로 평면 상의 고분자 사슬을 가지고 있는 결정면들은 특히 높은 강도로 X선을 반사시킨다. 특히 인이나 황 같은 무거운 원소들이 있으면 더욱 그렇다. 방향족 고리를 갖는 면들도 같은 방법으로 알 수 있다.

두 번째로, 예측되는 반사가 완전히 없을 경우이다. 이러한 "체계적 부재"가 의미하는 것은 단위셀이 특정하게 배향되어 있어 활주면, 나사축, 결정 중심 등이 존재한다는 것을 말한다. 그러한 정보는 어느 특정한 구조에 대해 가치 있는 증거로 작용한다.

때로는 실험 결과 단위세포 내의 사슬의 올바른 형태와 배열을 알 수 있다. 다음 단계로는 더 체계적인 방법으로 강도에 대한 자료를 분석하는 것이다.

19.4.5 구조 인자 분석

두 가지 주요 인자들이 결정이나 미세결정으로부터 나오는 반사의 강도에 영향을 준다. 첫 번째는 위에서 논의한 바와 같이 특정한 반사가 높은 강도를 갖는 것은 특정한 평면들 내의 무거운 원자들이나 많은 원자들 때문에 일어난다. 두 번째는, 강도는 같은 분자 내의 다른 부분에서 반사된 X선광 사이의 파괴적 또는 구조적인 간섭 효과를 나타낼 수도 있다.

그림 19.12에 나타낸 반복되는 motif를 고려해 보자. 각 motif가 격자점(실선 A)을 차지해도 motif의 부분들이 격자점의 좌우나 상하에 놓이게 된다. 이러한 부분들의 motif는 파선 B로 표시된 부수적인 평면을 형성하게 된다. X선의 반사는 같은 평면 간의 거리를 갖는 모든 층들로부터 작은 각도 θ에서 일어나지만, 두 평면으로부터 나오는 반사는 다른 데서 나오는 반사와 간섭하게 된다. 간섭은 완전히 파괴적일 수도 있으며, 이 경우 강도는 0이 된다. 대신에, 또한 부분적으로 상쇄되는 상(phase) 관계 때문에 부분적으로 파괴적일 수도 있다. 강도는 분명히 다른 형태를 갖는 면들 사이의 거리의 함수이다. 각각의 종속면들은 다른 종류의 **원자들**을 나타내기 때문에 주어진 반사의 강도는 단위세포 내에 있는 다른 원자들 간의 거리의 함수로 표시될 것이다.

강도는 쉽게 측정할 수 있지만, "상 차이"는 알 수 없다. 그러나 구조 모델을 가정하여 그 모델이 옳다면 강도가 어느 정도인지 예측할 수 있다. 만약 계산된 강도가 실험 강도와 일치한다면, 그 모델은 옳다고 할 수 있다. 그들이 일치하지 않는다면 유사한 값을 얻을 때까지 모델을 변경해 본다. 이 과정을 **시행착오법**(mal-and-error technique)이라 하며, 전체적인 방법은 **구조 인자법**(structure-factor calculation)이라 한다.

이 방법은 단결정 구조 해석에 쓰이는 고전적인 방법이다. 구상 단백질은 비록 모양은 크고 복잡하다 해도 단결정 X선법으로 연구할 수 있다. 각각의 단백질 분자는 그림 19.12에서 보는 것과 같은 방법으로 규칙적인 격자 내의 위치를 차지한다. 저분자 결정학과의 두 가지 주된 차이는 (1) 많은 반사들이 복잡한 구조로부터 발생된다는 것과 (2) 구상 단백질이 전형적인 저분자들보다 X선 파괴에 더 민감하다는 것이다. 이러한 이유로, 일반적으로 반사에 따른 연속적인 강도의 측정은 통상 사진 필름 또는 전자식 "면적 적분기"를 사용하여 동시에 자료를 수집한다. 생체 고분자 단결정 구조 내에 수은과 같은 무거운 원자를 도입하면, 항상 구조 분석을 촉진시킬 수 있다. 이것들은 구조 분석에 대한 기준점이나 "phasing atom"으로 작용하게 된다.

그러나 이런 방법은 대부분의 배향된 섬유나 미세결정성 고분자에 만족스럽게 적용할 수 없다. 완전한 결정 배향이 없거나, arc가 결과적으로 확산되었거나, 고분자 구조가 원통형으로 대칭이거나, 비교적 적은 반사로부터 정보를 많이 얻거나 하면, 단결정 분석에 일반적으로 알려지지 않은 어려움이 발생하게 된다. 더욱이 유용한 데이터가 서로 겹쳐져서 몇 개의 저각 반사들이 $l = 0$이나

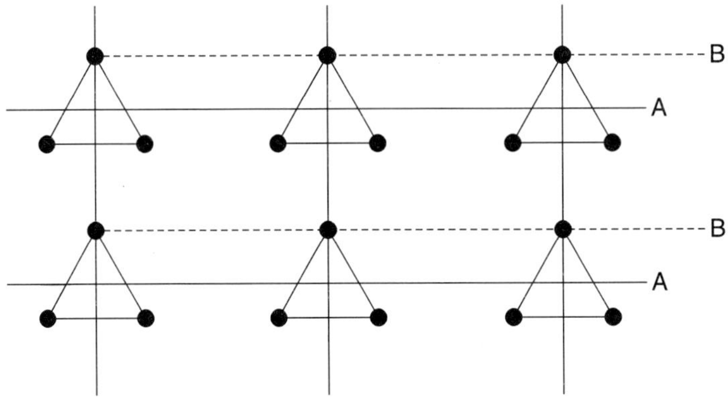

그림 19.12 격자점을 중심으로 한 원자들의 motif. Motif 내의 모든 원자들은 같은 격자점에 놓일 수 없으므로 다른 면들에서 나오는 X선 반사는 상이 결합되지 않는 한 파동 간섭이 일어난다.

$l = 1$ 층선에 밀집되는 경향이 발생한다. 이러한 문제들 때문에 단결정 분석에서는 정확하게 구조 해석이 가능하나, 미세결정성이나 비결정성 섬유 구조를 정확히 해석할 수 없게 된다. 그럼에도 불구하고, 미세결정성 고분자 구조는 이 방법으로 해석되어 왔으며, 현재에도 그렇게 하고 있다.

19.4.6 나선 구조에 의한 회절

대부분의 합성 고분자들과 일부의 생체 고분자들(DNA, 섬유상 단백질과 바이러스 등)은 배향된 상태에서 나선 형태를 갖고 있다고 생각된다. 이러한 나선 구조는 미세결정으로 서로 충전될 수도 있고, 그렇지 않을 수도 있다. 나선 구조들은 결정성 배열의 한 부분을 이루지는 않지만, 특정한 X선 패턴을 발생할 수 있다. 이러한 패턴 연구는 **나선 구조 변환 해석**(helical transform analysis)이라고 한다. 이 방법은 1952년에 Cochran, Crick, Vand[1,2], Stokes에 의해 처음 소개되었다. 폴리-α-메틸-L-글루타메이트의 구조와 DNA의 이중 나선 구조는 이러한 방법으로 성공적으로 확인된 바 있다.

분리된 나선형 고분자 분자에 의해 생성된 회절 효과 분석은 3단계 논리로 생각할 수 있다 즉 (1) 사슬축으로의 1차원 또는 2차원의 규칙적인 반복 배열에 의한 회절, (2) 연속 나선 구조로부터 예상되는 회절 효과, (3) 각각의 원자들과 곁사슬로 된 불연속 나선 구조 등이다. 이러한 세 가지 접근법을 차례로 살펴보기로 한다.

1차원 또는 2차원 배열에 의한 회절 많은 배향된 고분자 시료들 내의 사슬들은 고분자 골격이 섬유축 방향으로 규칙적으로 반복 연결되어 있는 식으로 연신되어 있다. 이것은 사슬에 곁사슬이 불규칙하게 붙어 있어도 그렇게 된다. 회절 실험은 계에서 규칙적인 것만 확인하고 불규칙적인 것은

[1] W. Cochran and F. H. C. Crick, *Nature*, **1952**, *169*, 234.

[2] W. Cochran, F. H. C. Crick, and V. Vand, *Acta Cryst.*, **1952**, *5*, 581.

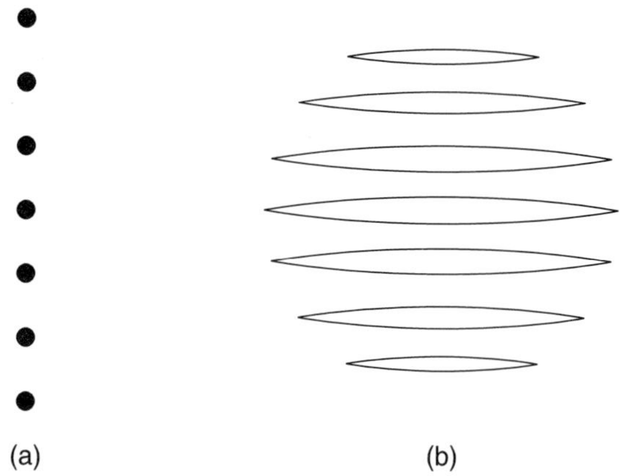

그림 19.13 (a) 규칙적으로 배열한 회절 중심들(원자, motif 또는 반복 단위들)의 직선 배열로서 고분자 사슬을 저해상도로 나타내었다. (b) 형태의 구조에서 나오는 회절 패턴은 일련의 평행 포정(envelope)으로 구성되어 있다.

무시한다. 만일 상세한 것을 생각치 않는다면, 고분자를 그림 19.13a에서와 같이 저해상도로 볼 때, 1차원적으로 연속된 "단위"라고 예측할 수 있다. 이런 상황이 일어나는 것은 표시된 주기성이 사슬축을 따라 존재하지만, 그 축에서 수직 방향으로는 주기성이 거의 없을 때이다. 그런 1차원 배열을 Fourier 변환(그리고 X선 패턴)시키면, 그림 19.13b에서 보듯이 일련의 "포정(envelope)"이 생긴다. 이와 같은 포정들은 앞의 그림 19.5c에서 서술한 것과 관련된 초기 층선들을 나타낸다. 그런 패턴들은 실제로 몇 가지 고분자계에서 생기는 것을 알 수 있다.

이제 해상도를 약간 높여 각각의 단량체 잔기 또는 원자들을 사슬 방향으로의 모든 점들에서 식별할 수 있고, 사슬의 나선 형태를 대충 식별할 수 있는 방법으로 볼 수 있다고 생각해 보자. 나선 방향에 있는 원자나 단량체 잔기가 표면에 투영되면 지그재그 패턴을 만든다(그림 19.14a와 b 참조). 따라서 고분자의 회절점들은 옆에서 보면 2차원 형태로 배열되어 있으며(그림 19.14b), 이러한 배열에 의해 생성된 회절 패턴을 그림 19.14c에 나타내었다. 층선의 포정들은 떨어져 있고, 넓

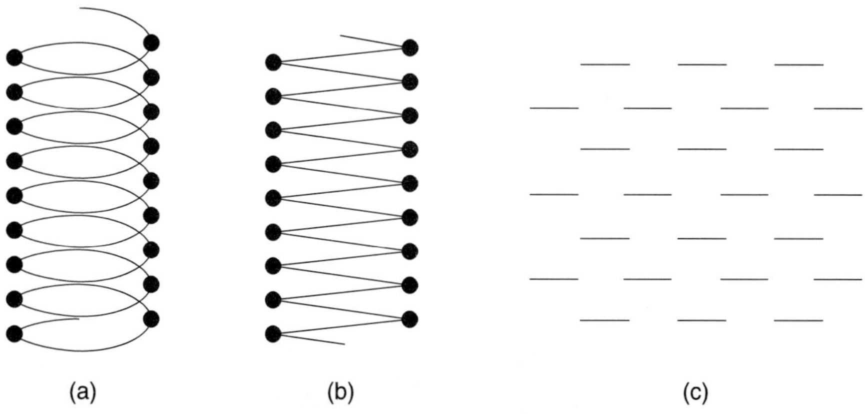

그림 19.14 (a) 나선 위의 회절 중심들(원자들이나 단량체 motif들)의 투영, (b) 면 표면 위의 투영, (c) 그러한 투영으로부터 예상되는 회절

지만 불연속적으로 "반사"된 것을 주의해서 보자. 이런 패턴들은 그것에 직각으로 규칙적으로 배열한 1차원 원자들의 "회절"에 의해 생성된다. 물론 이러한 회절 형태에는 고분자 구조의 3차원적 특징을 고려하지 않았으므로 Fourier 변환으로 예측된 매우 초보적인 방법이라 할 수 있다. 다음에서는 이러한 결점을 부분적으로나마 고쳐보도록 한다.

연속 나선 구조에 의한 회절 독립된 연속 3차원 나선(예를 들어 원통형 표면에 나선형으로 감긴 무한히 가는 철사)에 의해 나오는 회절 패턴을 생각해 보자(그림 19.15a 참조). 나선을 자른 단면은 원형이다. 그러므로 회절 현상은 원통 표면에서의 회절을 고려할 수 있지만, 그 축 방향으로 규칙적인 주기성을 가지는 원통으로 생각할 수도 있다. 그런 계에 의한 회절은 일반적인 X선 분석에 사용되는 평면 파동의 회절에 의해서보다는 원통형 파동에 의해 매우 쉽게 분석될 수 있다. 원통형 파동은 자갈을 개울에 던졌을 때 생기는 동심원 파동이나 바다에서 파도가 장애물을 때릴 때 형성되는 원형 파동과 유사한 것을 알 수 있다.

연속 나선에 의한 회절은 그림 19.15b에 나타낸 바와 유사한 형태로 일어난다. 그런 패턴들은 광학 회절계를 사용하여 거시적인 크기로 생성될 수 있다. 이 패턴에서 중요한 점들은 (1) 층선의 존재($n=0,\ 1,\ 2,\ \cdots$), (2) 강한 반사에 의해 형성되는 특징적인 대각선 패턴으로, 이것은 (3) 각 층선 내의 가장 강한 반사는 보다 높은 층선으로 갈수록 자오선으로부터 점차적으로 먼 층선에서 나타난다는 사실로부터 나오는 결과이다.

그러한 거동은 Bessel 함수를 사용하여 묘사할 수 있다. Bessel 함수는 물리학에서 원통형 물체에서 나오는 파동 거동을 묘사하는 데 사용되는 특별한 적분식이다. 차수 n을 갖는 원통형 파동은 차수 n인 Bessel 함수(J_n)에 주기 n의 코사인 파동을 곱하여 만들어진다.

$$C_n(r, \phi) = J_n(2\pi Rr)\cos n(\phi - \theta + \pi/2) \tag{3}$$

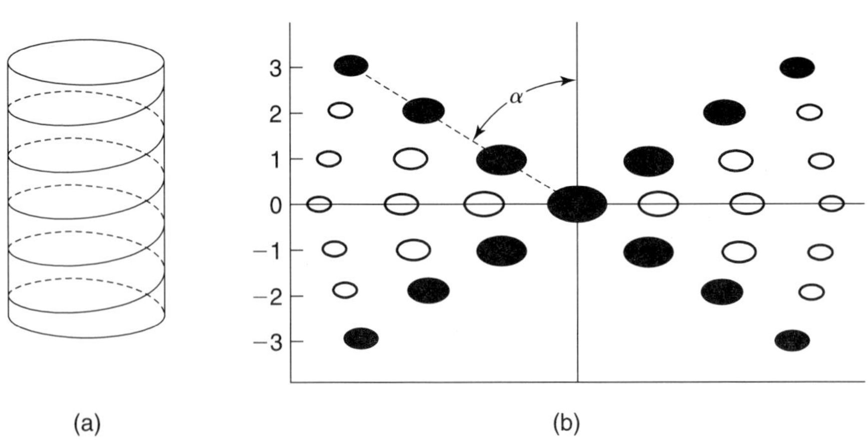

그림 19.15 연속 나선의 회절 패턴. ●은 각 층선에 기여하는 Bessel 함수의 가장 큰 피크이다. ○은 각 Bessel 함수의 보조 피크를 나타낸다. 0차 Bessel 함수는 0층선의 주요 기여 인자이고, 1차 Bessel 함수는 1층선의 주요 인자 등이다. 각 α는 나선의 피치(pitch)를 나타낸다.

여기서 r과 ϕ는 실공간에서의 반지름과 방위각 좌표이고, R과 θ는 역공간에서의 적당한 좌표이다.

각 층선 n에 대한 연속 나선의 Fourier 변환(즉 원자나 반복 잔기의 존재 여부에 불연속성이 없는 것)은

$$G(R, \theta, z) = J_n(2\pi Rr)e^{in(\theta+\pi/2)} \tag{4}$$

으로 주어진다. $n=0$, 1, 2에 대한 Bessel 함수의 형태를 그림 19.16에 나타내었다.

차수 $n=0$인 Bessel 함수는 X=0에서 최대 피크를 갖는 감쇠파(attenuated wave)를 생성한다. 이러한 거동은 마치 그림 19.15b에 있는 회절 패턴에서 0층선을 따라 그린 상황을 묘사한 것이다. 차수 $n=1$의 Bessel 함수는 그 최곳값이 원점에서 떨어져 있고, 이 피크의 위치는 $n=1$에서 가장 강한 반사의 위치에 상당한다. 실제로 전체 회절 패턴이 형성되는 것은 각 Bessel 함수의 원점이 사진의 자오선을 차지하며, 높은 차수의 층선은 높은 Bessel 함수가 된다.

실제 고분자는 위에서 토의한 두 가지 상황과는 조금 다른데, 실제 고분자는 불연속 원자들 또는 단량체 잔기들과 3차원 나선 배열을 둘 다 가지고 있기 때문이다. 그러므로 연속 나선 구조의 회절에 대해 위에 나온 그림을 변형하여 불연속 구조를 고려해야 한다. 이것은 두 가지 결과가 결합하여 이루어지게 된다. 수학적 절차에 대해서는 이 책의 범위를 넘어선 것이지만(상세한 것은 참고문헌 참조), 그림 19.17에 그 결과만을 나타내었다.

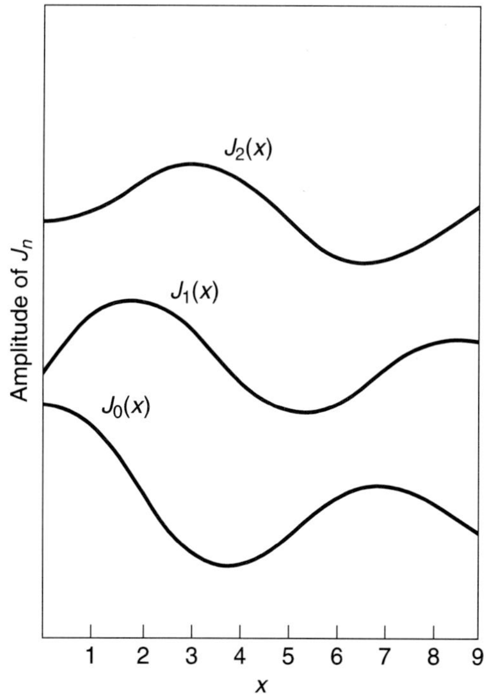

그림 19.16 Bessel 함수 J_0, J_1, J_2는 J_n에서 n의 차수가 커질수록 강한 피크가 원점에서 멀어진다. 그림 19.15와 비교하면 n차 Bessel 함수의 거동이 n차 층선의 회절 밀도 프로필과 일치하는지를 알 수 있다.

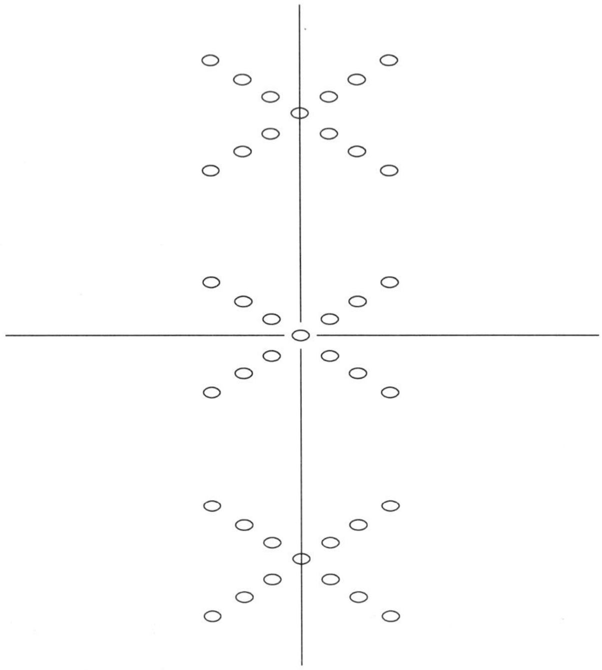

그림 19.17 불연속 나선 구조(즉 원자나 단량체 반복 단위로 된 나선 구조)로서 여러 개의 대각선들이 자오선에 배열된 회절 패턴

따라서 실제 회절 형태는 다층선과 대각선들로 이루어지게 된다. 만약 대각선들의 원점들 사이의 간격이 작으면, 대각선 형태는 겹쳐져서 이루어지게 된다. 만약 대각선들의 원점들 사이의 간격이 작으면, 대각선 형태는 겹쳐져서 극히 복잡한 양상을 띠게 될 것이다(그림 19.18 참조). 회절 형태는 1회 반복하는 데 몇 개의 나선의 움직임이 필요하다면 더 복잡해질 수도 있다. Straightforward 기법("*n-l* 그림", "수직 투영," "나선 투영"과 같은)을 이용하면, 이 같은 복잡한 형태를 해석하는 데 도움이 된다.[1–4] 배향된 비결정성 나선형 고분자에 대한 실제 구조 해석 과정은 회절 사진과 측정한 강도를 적절한 구조와 기하학적으로 연관시키는 시행착오법을 사용하고 있다.

미세결정 내의 나선형 만일 각각의 나선이 미세결정 영역 내에 함께 채워져 있으면 분자 간격으로부터 반사들이 부수적으로 나타나게 된다. 동시에, 회절 원판들은 크기가 줄어들어 단결정 사진에서 나타나는 점들과 유사하게 된다. 그러한 경우 구조 해석을 하는 데 공간 그룹 정보(즉, 단위세

[1] Cochran and Crick, op cit.

[2] Cochran et al., op. cit.

[3] A. Klug, F. H. C. Crick, and H. W. Wyckoff, *Acta Cryst.*, **1958**, *11*, 199.

[4] K. C. Holmes and D. M. Blow, *The Use of X-Ray Diffraction in the Study of Protein and Nucleic Acid Structure* (New York: Wiley-Interscience, **1966**).

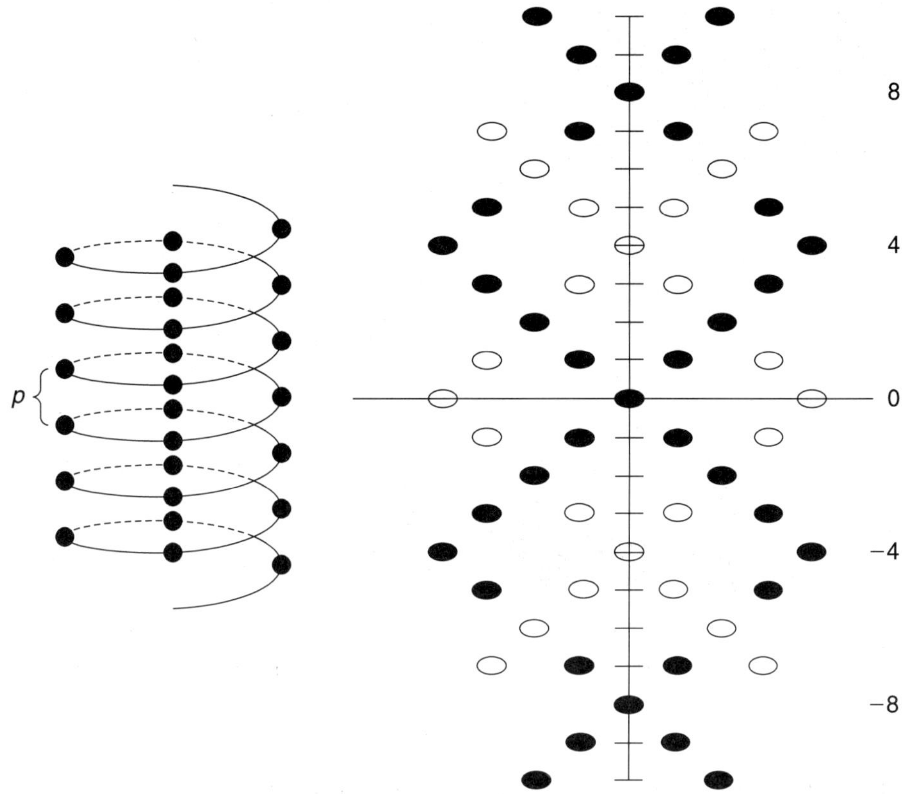

그림 19.18 나선 한 회전당 4개의 motif가 있는 불연속 나선 구조의 회절 패턴. 대각선 패턴들은 0, 4, 8, −4, −8, … 층선에 중심을 두고 있다. 따라서 회전당 단량체 단위수(이 경우 4)는 자오선 반사를 내는 0 이상의 층선 중 가장 낮은 층선(이 경우 층선 4)임을 사진으로부터 알 수 있다. ○와 ●은 서로 다른 대각선 패턴에서 나오는 반사를 나타내며, 강도 차는 아니다.

포 내의 충전 대칭), 표준 구조 인자, 나선 변환 수식을 연구해 볼 필요가 있다. 이것은 대단히 복잡하기 때문에 많은 고분자 구조가 아직까지 상세하게 연구되지 못하고 있다.

19.4.7 광학 회절

원자 간의 거리가 빛의 파장보다 짧기 때문에 매우 강력한 광학 현미경으로도 분자 구조를 정확하게 볼 수 없다. X선은 원자 간 거리와 비슷한 파장을 가지고 있지만, 회절된 X선광의 초점을 맞출 수 있는 렌즈는 존재하지 않는다. 그러므로 X선 결정학에서는 상을 직접 재현하기보다는 회절 형태를 수학적으로 해석해야만 한다.

그러나 연구할 고분자 "모델"의 광학 회절 패턴을 측정 가능하게 하는 장치가 있다. 만일 모델로부터 나온 광학 회절 패턴이 고분자로부터 나온 X선 회절 패턴과 비슷하다면, 그 모델은 실제 고분자 구조를 나타낸다고 생각된다. 만일 그렇지 않다면, 그 모델을 실제 패턴과 잘 일치되게 시

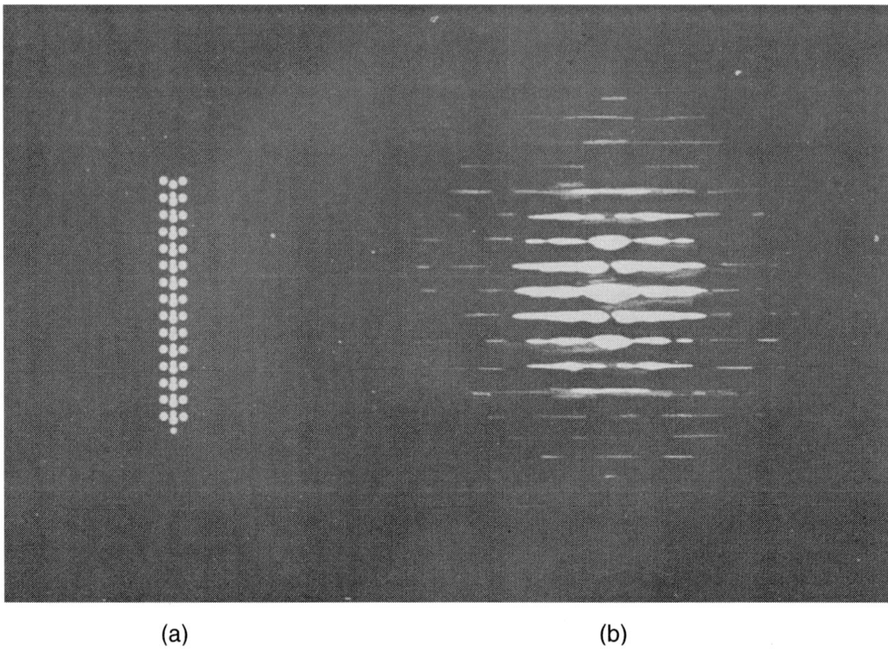

그림 19.19 (a)에서 나오는 고분자 motif로부터 얻어진 광학 회절 패턴. (b) motif는 폴리다이클로로포스파진의 한 형태이다.

행착오법으로 변형시켜야 한다. 지금은 Fourier 계산식이 단결정 물질에는 사용하기 쉽지만, 섬유 도형에는 응용이 덜 되기 때문에, 단결정보다는 섬유 고분자에 일반적으로 이 모델 광학 회절법이 더 사용된다. 광학 회절법은 나선 변환 계산에 대해 잘 알 수 있는 공정이다.

실제로 그 "모델"은 불투명한 사진 필름에 구멍을 내거나 분자 모델로부터 나오는 사진의 투명한 구멍을 비교하는 것이다. 구멍은 원자를 나타내며, 이때 구멍의 크기는 대충 원자의 크기와 관련이 있다. 한 개 사슬에 의해 생성된 회절 패턴을 연구할 수 있으며, 사슬의 충전 효과도 묘사할

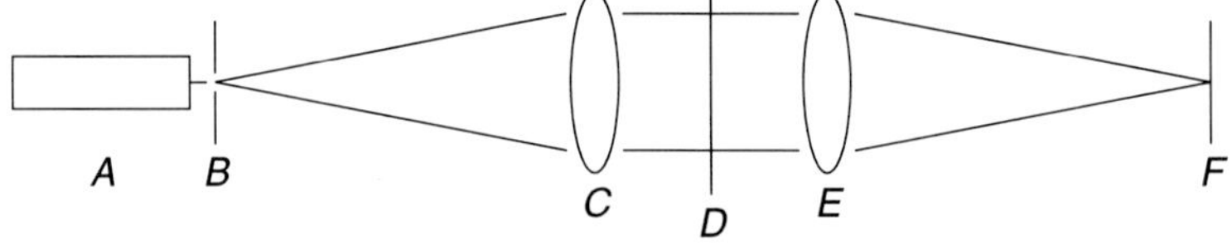

그림 19.20 광학 회절계의 구성도. 레이저(*A*)에서 나오는 응집된 광선이 구멍(*B*)에서 점원으로 변환되고, 평행 빔이 렌즈(*C*)에 의해 형성된다. 구멍난 마스크(*D*)를 통과한 후 빔이 렌즈(*E*)에 의해 초점이 모아지고, 사진 필름(*F*)으로 가게 된다. 가장 최적의 결과를 내기 위해 렌즈 C와 E는 긴 초점 거리를 갖는 것이 좋다. 전형적인 기기에서는 렌즈의 유효 지름이 약 10 cm인 것이 좋다.

[1] C. A. Taylor and H. Lipson, *Optical Transforms* (N.Y. Ithaca,: Cornell University Press, **1964**).

수 있다(그림 19.19 참조).

Taylor와 Lipson[1]이 고안한 광학 회절계를 그림 19.20에 도시하였다. 광원은 저출력 레이저이다. 회절된 상은 조그만 망원경을 통해서 검토하거나 사진기와 사진 필름을 이용하여 연구한다. 이 방법이 갖고 있는 장점은 많은 다양한 모델 구조를 빠르게 평가할 수 있다는 것이다. 일단 광학 회절과 X선 회절 패턴 사이에 합당한 일치성을 얻으면, 나선 변환 계산식을 실행하여 구조를 최적화할 수 있다.

19.5 산란

19.5.1 개관

산란된 X선과 중성자 빔을 사용하는 것은 고분자 구조를 연구하는 데 있어서 가시광선 현미경이나 광산란에서 광자를 사용하는 것에 비해 많은 장점을 가지고 있다. X선과 중성자는 더 짧은 파장(λ)을 가지기 때문에 더욱 작은 구조를 해석하는 데 사용할 수 있다. X선 산란과 핵으로부터의 중성자는 이들이 제공하는 정보의 형태로 볼 때 서로 보완적인 방법이 될 수 있다. 중성자의 파장은 de Broglie 방정식에서 보여지는 바와 같이 중성자의 속도 v를 조정함에 따라 달라질 수 있다.

$$\lambda = h/p \tag{5}$$

여기서 h는 플랑크 상수이고 운동량 $p = mv$이다(m은 중성자의 질량이다).

X선법은 높은 플럭스(강도)를 가지며 장비가 비싸지 않기 때문에 널리 사용 가능하다. 반면 중성자 산란은 낮은 플럭스를 가지고 장비가 고가인 점 때문에 널리 사용하기에는 제약이 있다. 이에 반해 중요한 장점은 동위 원소 치환을 통해 연구하고자 하는 분자와 여타 분자들 사이의 차이를 확실히 구별할 수 있다는 것이다. 특히 중수소와 수소의 산란은 서로 다르다. 또한 고분자에 중수소를 도입하는 것은 상대적으로 물리적 영향이 작은 편이기 때문에 같은 고분자 내의 중수소화된 부분과 그렇지 않은 부분을 쉽게 구별할 수 있다. 중수소화된 부분의 산란은 주위의 기질(중수소화된 부분 외에 모든 다른 사슬)의 산란으로부터 구별할 수 있다. 이러한 독특한 상황은 다음과 같은 질문에 해답이 될 수 있다. "비희석 무정형 상태 내의 하나의 고분자 사슬의 차원은 무엇인가?"

그러한 구조적 특징의 측정은 복사선의 진동수가 변하지 않는 "탄성" 산란에 기초한다. "유사탄성" 산란은 진동수의 작은 변화를 갖고 있으며 사슬 운동과 확산에 대한 동적인 정보를 제공할 수 있다. "비탄성" 산란은 진동수의 큰 변화를 수반하며, 따라서 사슬의 국부적인 진동에 대한 정보를 제공한다.

19.5.2 구조 해석

이미 언급하였듯이, 벌크(희석되지 않은) 무정형 상태의 사슬의 차수는 탄성 중성자 산란으로부터 결정할 수 있다.[1] 그 상태의 차수는 θ 상태, 즉 원거리 상호작용(부피에 대한 영향은 제외하고)에 의해서 영향을 받지 않는 상태에서의 사슬의 차수가 된다고 판명되었다. Flory는 측정이 가능하기 오래 전에 이를 예견하였다. 분자 내 배제 부피의 상호작용이 분자 간 상호작용으로 교체되기 때문에 사슬의 차수가 증가되는 것이 실질적인 장점이 없다는 점에서 가능하였다.

비슷한 실험으로 용매를 첨가함에 따라 사슬의 차수가 어떻게 변하는지와 고농도의 벌크 상태, 준 희석 상태, 완전 희석 상태에서 계의 급격한 변화에 관한 내용이 보고되어 왔다. 관련된 연구로서 고분자 사슬이 어떻게 이완되며, 특히 탄성체를 통하여(망상 구조와 가교 구조는 사슬의 운동에 장애물이 된다) 펼쳐진 사슬이 어떻게 꼬이게 되는지에 대한 연구가 이루어졌다. 또한 탄성체에 있어서 중성자 산란은 시료의 변형 과정 동안의 거시적인 차수의 변화를 사슬의 차수의 변화가 얼마나 정확히 따르는지 살펴보는 데 사용할 수 있다. 이는 서로가 평형하게 변화하는 affine 변형과 그렇지 않는 non-affine 변형을 구별할 수 있다.

이는 단순한 신장과 같은 기계적 변형이나 흡수된 용매에 의한 팽윤 정도의 측정을 가능하게 해준다. 길이가 서로 다른 두 가지 분포를 갖는 망상의 사슬에도 적용 가능하며 왜 긴장 상태로부터 기인한 결정화가 그렇게 즉각적으로 일어나는지에 대한 설명이 가능하다. 만약 길이가 긴 사슬과 달리 짧은 사슬에 표시가 되어 있다면 이들 두 종류의 사슬이 거시적인 외부의 긴장 상태로부터 서로 다르게 반응하여 배향되는 것을 볼 수 있다.

일반적으로 결정화는 중성자 산란을 통하여 널리 연구되어 왔다. 예를 들면 물질이 결정화할 때 사슬 차수가 변하는지를 측정하는 것이 가능하다. 또한 얇은 라멜라 구조의 단일 결정에서 사슬의 겹침에 있어 근원적인 것에 대한 이해를 위한 시도가 가능하다.

상분리 상태의 구조에서도 이러한 기술이 연구되어 왔다. 두 가지의 중요한 예로서 블록 공중합체와 하이브리드 유/무기 복합체(실리카 강화 폴리실록세인)가 있다. 이러한 예들은 고분자 혼합에 대한 일반적인 영역과 관련성이 깊다. 핵–껍질 구조, 미셀, 라텍스와 같은 자기 조립 시스템 또한 관심 영역이다.

19.5.3 동적 성질

준탄성 중성자 산란은 고분자 사슬의 큰 세그먼트의 운동을 연구하는 데 이용되어 왔다. 분자량이 충분히 작은 전체 고분자의 변형에 대한 정보도 줄 수 있다. 이 방법은 고리 올리고(다이메틸실록세인) 분자의 확산 연구에도 사용되어 왔다. 대개 확산은 사슬역학의 중요한 분야로서의 다른

---

[1] R. Ullman, *Polym. News*, **1987**, *13*, 42.

양상이다.

비탄성 산란은 고분자 사슬의 국지적인 운동을 특징짓고자 사용하여 왔다. 이러한 종류의 연구와 관련한 예로서 폴리에틸렌 결정의 운동에 대한 국지적인 모드의 결정이 있다.

19.6 분광학

표 19.1에 분광학의 중요한 세 가지 종류인 자외선 및 적외선, 핵자기 공명, 전자 상자기 공명에 대하여 나열하였고 그에 따른 적용 가능한 고분자 분석의 예를 보았다.

고분자 특성 분석에 대한 적외선과 자외선 분광법의 대부분의 적용은 저분자의 적용과 유사하다. 예를 들어 미지의 고분자의 확인, 미지의 저분자의 확인과 본질적으로 다르지 않다. 고분자에 있어 공단량체, 말단기, 불포화도, 불순물 등의 양을 측정하는 것도 작은 분자에서와 마찬가지이다. 또한 고분자의 화학 반응에 대한 연구에도 적용할 수 있다(산화 반응, 부분적으로 분해된 폴리에틸렌에서 C═O 적외선 흡수선의 측정을 통하여).

또 다른 예로 결정화도, 사슬의 배향(편광 적외선을 이용하여)을 결정할 수도 있다. 고분자의 입체 화학적 구조도 같은 분광학적 측정법으로 확인할 수 있으나 이러한 접근법은 핵자기 공명(NMR) 방법으로 교체되고 있다.

표 19.1 고분자 분광법의 전형적인 응용

적외선 및 자외선	미지의 고분자의 구조 확인 공단량체의 양 말단기, 불포화, 불순물 등의 예측 고분자의 화학 반응 연구 입체 화학 결정 결정화도 및 배향도(편광 IR 이용) 측정
핵자기 공명	입체 화학 결정 입체 형태 해석(*trans* 대 *gauche*, 등) 고분자 내의 화학 조성, 화학 연결 분포 측정 완화 공정 및 분자 운동 연구
전자 상자기 공명	다음 경우의 라디칼 측정: 중합 반응 가교 반응 고에너지 조사 광화학 분해 및 산화 반응 기계적 파괴

고분자화학에 있어서 고분리능의 액상 NMR은 다양한 적용이 가능하다. NMR은 입체 형태 분석에 사용할 수 있다(고분자의 *trans*와 *gauche*의 상대적인 양을 측정하기 위해).

그리고 화학 조성과 공중합체의 배열 분포를 결정하는 것 또한 가능하다. 고체 NMR을 최근 들어 사용하게 된 것은 고분자 구조와 형태의 연구에 많은 기회를 열어 주었다. 고분자의 완화 과정과 고분자 사슬 운동에 대한 연구가 그 예라고 할 수 있다. 또한 온도가 증가함에 따라 증가된 이동도에 수반한 공명선이 가늘어짐으로부터 유리 전이 온도 T_g, 녹는점 T_m을 결정하는 것도 가능하다. 고분자에 기초한 복합물의 영상화 또한 가능하다. 분자의 구조적 정보도 NMR을 사용하여 얻을 수 있다.

고체의 고분자가 액상의 것보다는 묘사되는 정도가 낮다 할지라도 전자 상자기 공명은 고분자의 특성을 규명하는 데 널리 사용되어 왔다. 이 방법은 검출 및 자유 라디칼의 연구를 할 수 있고, 따라서 사슬 성장 중합과 탄성체의 가교와 같은 반응을 연구하는 데 유용하다. 고분자에 고에너지를 복사하였을 때의 영향이나 광화학적 분해, 산화에 대한 연구를 수행할 수 있다. 고분자의 변형에서 깨짐이나 치료 과정을 연구할 수 있다. 예를 들면 나일론 6과 같은 고성능 열가소성 플라스틱은 고분자 사슬이 깨지고 대단한 파괴가 일어나기 전에 자유 라디칼이 발생하게 된다. 이러한 라디칼은 높은 점성의 환경에서 주목할 만하게 오랫동안 존재하게 된다. 왜냐하면 공유 결합을 형성할 파트너를 즉각적으로 찾을 수 없기 때문이다.

연|습|문|제

1. 합성 고분자의 분자 구조의 해석이 단결정의 일부분을 이루는 저분자의 구조 해석보다 항상 좀더 포괄적 과정인 이유를 설명하라.

2. 새로운 고분자에 관한 X선 구조 분석을 시도하기 전에 보충적인(예를 들면 non X선) 정보를 먼저 알아보아야 하는 이유를 제시하라.

3. X선의 파장이 $\lambda = 1.54$ Å일 때, 면간 거리가 5 Å일 때 2차($n = 2$) Bragg 각은 얼마인가?

4. 분자 구조를 검토하여 두 개 이상의 고분자 사슬의 3차원적 반복 구조를 원자면으로 해석할 수 있다는 것을 확인하라. 다른 일련의 면과 회절된 X선이 형성되는 방향과 연관시켜 보라. X선 사진의 “상부” 층선에 반사를 생성하는 원자면을 찾으라.

5. 고분자 사슬의 반복 거리는 알지만, 결합각, 결합 길이나 사슬의 형태를 모른다면, 분자 구조를 해석하기 위해서는 어떤 단계를 취해야 하는가? 어떤 실수를 하였는가?

6. 이 장을 읽은 뒤 참고문헌에 언급된 책이나 단원 몇 개를 참조하고, 어떤 고분자 하나를 선택하여 구조 해석을 제안하는 것을 주제로 연구 계획서를 쓰라. 사용하려는 실험과 구조 분석 방법을 강조하여 기술하라.

7. 고분자를 종이 한 장이나 사진 필름 한 장에 투영하여 그릴 수 있는 방법을 생각해 보라. 만일 이 투영이 광학 회절계의 마스크로 사용된다면, 다음 변화들로부터 변환에 어떤 효과들을 예측할 수 있는가? 즉 1개의 사슬 대신 10개의 사슬이 서로 연결되어 배향된 경우, 사슬들 간의 분리가 늘어날 때, 긴 사슬 대신에 하나의 반복 단위를 사용할 때, 사슬을 표시하는 데 각 원자로 표시하는 대신에 연속선을 사용할 때, 구조로부터 곁사슬을 없앨 경우, 입사광의 파장을 감소시키는 경우.

참|고|문|헌

고분자 결정학

ALEXANDER, L. E., *X-Ray Diffraction Methods in Polymer Science*. New York: Wiley-Interscience, **1969**.

ATKINS, E. D. T., "Problem Areas in Structure Analysis of Fibrous Polymers," in *Fiber Diffraction Methods*, ACS Symp. Ser., **1980**, *141*, 31–41.

AZAROFF, L. V., "X-ray Diffraction by Liquid-Crystalline Polymers," *Mol. Cryst. Liq. Cryst.*, **1987**, *145*, 31–58.

BRUMBERGER, H. (Ed.), *Small-Angle X-Ray Scattering*. London: Gordon and Breach, **1967**.

FRENCH, A. D., and GARDNER, K. H., *Fiber Diffraction Methods*, ACS Symp. Ser., **1980**, *141*.

HARBURN, G., TAYLOR, C. A., and WELBERRY, T. R., *Atlas of Optical Transforms.* Ithaca, N.Y.: Cornell University Press, **1975**.

HIGGINS, J. S., and BENOIT, H., *Neutron Scattering from Polymers*, Oxford: Clarendon Press, **1994**.

HOLMES, K. C., and BLOW, D. M., *The Use of X-ray Diffraction in the Study of Protein and Nuclei Acid Structure*. New York: Wiley Interscience, **1966**.

HOSEMANN, R., "The Paracrystalline State of Synthetic Polymers," *CRC Crit. Rev. Macromol. Sci.*, **1972–73**, *1*, 351.

KAKUDO, M., *X-Ray Diffraction by Polymers*. New York: Elsevier, **1972**.

LIPSON, H. (ed)., *Optical Transforms.* London: Academic Press, **1972**.

LOHSE, D. J., "The Use of Small Angle Neutron Scattering in Polymer Research," *Polym. News,* **1986**, *112*, 8.

RICHARDS, R. W., "Small-Angle Neutron Scattering Studies of Polymers: Selected Aspects," *J. Macromol. Sci.-Chem.*, **1989**, *A26*, 787.

ROE, R.-J., *Methods of X-Ray and Neutron Scattering in Polymer Science*. Oxford: Oxford University Press, **2000**.

SCHULTZ, J. M., *Polymer Crystallization. The Development of Crystalline Order in Thermoplastic Polymers*. Washington, DC: American Chemical Society, **2001**.

SHERWOOD, D., *Crystals, X-rays, and Proteins*. New York: Halsted Press (Wiley), **1976**.

SHIBAYAMA, M., JINNAI, H., and HASHIMOTO, T., "Neutron Scattering," in *Experimental Methods in Polymer Science. Modern Methods in Polymer Research and Technology*, (T. Tanaka, Ed.). San Diego: Academic Press, **2000**, p. 57.

SPERLING, L. H., "Characterization of Polymer Conformation and Morphology Through Small-Angle Neutron Scattering—A Literature Review," *Polym. Eng. Sci.*, **1984**, *24*, 1.

STEIN, R. S., "Studies of Polymers with Radiation," *MRS Bull.*, **2000**, *25*(10), 19.

TADOKORO, H., *Structure of Crystalline Polymers*. New York: Wiley Interscience, **1979**.

TADOKORO, H., "Structure of Crystalline Polyethers," *J. Polymer Sci. (D), Macromol. Rev.*, **1967**, *1*, 119.

TADOKORO, H., "Recent Developments in Structure Analysis of Fibrous Polymers," in *Fiber Diffraction Methods*, ACS Symp. Ser. **1980**, *141*, 43–60.

TAYLOR, C. A., and LIPSON, H., *Optical Transforms.* Ithaca, N.Y.: Cornell University Press, **1964**.

TONELLI, A. E., GOMEZ, M. A., TANAKA, H., SHILLING, F. C., COZINE, M. H., LOVINGER, A. J., and BOVEY, F. A., "Solid State NMR, DSC, and X-ray Diffraction Studies of Polymer Structures, Conformations, Dynamics, and Phase Transitions," *Polym. Mater. Sci. Eng.*, **1988**, *59*, 295–301.

ULLMAN, R., "Small Angle Neutron Scattering of Polymers," *Polym. News*, **1987**, *13*, 42.

VAINSHTEIN, B. K., *Diffraction of X-Rays by Chain Molecules*. New York: Elsevier, **1966**.

WIGNALL, G. D., "Scattering Techniques with Particular Reference to Small-Angle Neutron Scattering," in *Physical Properties of Polymers*, 2nd ed., (J. E. Mark, A. Eisenberg, W. W. Graessley, L. Mandelkern, E. T. Samulski, J. L. Koenig, and G. D. Wignall, Eds.). Washington, DC: American Chemical Society, **1993**, p. 313.

WIGNALL, G. D., "Neutron and X-Ray Scattering," in *Physical Properties of Polymers Handbook*, (J. E. Mark, Ed.). New York: Springer-Verlag New York, Inc., **1996**, p. 299.

WILSON, H. R., *Diffraction of X-Rays by Proteins, Nucleic Acids, and Viruses*. London: Arnold, **1966**.

WUNDERLICH, B., *Macromolecular Physics. Vol. 1. Crystal Structure, Morphology, Defects*. New York: Academic Press, **1973**.

NMR

AXELSON, D. E., and RUSSELL, K. E., "Characterization of Polymers by Means of Carbon-13 NMR Spectroscopy," *Progr. Polymer Sci.*, **1985**, *11*(3), 221–282.

BOVEY, F. A., *High Resolution Nuclear Magnetic Resonance of Macromolecules*. New York: Academic Press, **1972**.

BOVEY, F. A., "The High Resolution Nuclear Magnetic Resonance Spectroscopy of Polymers," *Progr. Polymer Sci.* (A. D. Jenkins, Ed.), **1971**, *3*, 1.

BUNN, A., "Synthetic Macromolecules," *Nucl. Magn. Reson.*, **1988**, *17*, 225–269.

CUNLIFFE, A. V., "Synthetic Macromolecules," *Nucl. Magn. Reson.*, **1986**, *15*, 216–263.

CUNLIFFE, A. V., "Synthetic Macromolecules," *Nucl. Magn. Reson.*, **1987**, *16*, 223–289.

GERSTEIN, G., "High Resolution NMR Spectrometry of Solids, Part II," *Anal. Chem.*, **1983**, *55*(8), 899A-900A, 902A-904A, 906A-907A.

HAVENS, J. R., and KOENIG, J. L., "Applications of High-Resolution Carbon-13 Nuclear Magnetic Resonance Spectroscopy to Solid Polymers," *Appl. Spectroscopy*, **1983**, *37*(3), 226–249.

HEATLEY, F., "Synthetic Macromolecules," *Nucl. Magn. Reson.*, **1981**, *10*, 205–221.

HEATLEY, F., "Nuclear Magnetic Resonance of Solid Polymers: An Introduction" in *NATO Advan. Study Inst. Ser., Ser. C, 94* (*Static Dyn. Prop. Polymer Solid State*), **1982**, 251–270.

JELINSKI, L. W., "Solid State Deuterium NMR Studies of Polymer Chain Dynamics," *Ann. Rev. Mater. Sci.*, **1985**, *15*, 359–377.

KAUSCH, H. H., and ZACHMANN H. G. (eds.), *Advances in Polymer Science*, Vol. 66: *Characterization of Polymers in the Solid State I*: Part A; *NMR and Other Spectroscopic Methods*: Part B, *Mechanical Methods*. Berlin: Springer-Verlag, **1985**.

KOMOROSKI, R. A. (ed.), *High Resolution NMR Spectroscopy of Synthetic Polymers in Bulk*. Deerfield Beach, Fla.: VCH Publishers, **1986**.

LIU, K.-J., and ANDERSON, J. E., "Proton Magnetic Resonance Studies of Molecular Interactions in Polymer Solutions." *J. Macromol. Sci., Rev. Macromol. Chem.*, **1970**, *C5*, 1.

MCBRIERTY, V. J., "NMR of Synthetic Polymers," *Magn. Reson. Rev.*, **1983**, *8*(3), 165–242.

RAMHARACH, R., "NMR Spectroscopy of Polymers," *Polymer News*, **1988**, *13*(6), 174–180.

SILLESCU, H., "Solid State NMR: A Tool for Studying Molecular Motion in Polymers," *Makromol. Chem., Macromol. Symp.*, **1986**, *1*(1), 39–49.

TONELLI, A. E., "NMR Spectroscopy of Polymers," in *Physical Properties of Polymers Handbook*, (J. E. Mark, Ed.). New York: Springer-Verlag New York, Inc., **1996**, p. 271.

Various authors, a series of articles on NMR spectroscopy of polymers (including solid state) in *Methods Stereochem. Anal.*, **1986**, *7*, 1 334.

단결정 X선 결정학

BUNN, C. W., *Chemical Crystallography*, 2nd ed. London: Oxford University Press, **1961**.

DUNITZ, J. D., *X-Ray Analysis and the Structure of Organic Molecules*. Ithaca, N.Y.: Cornell University Press, **1979**.

GLUSKER, J., and TRUEBLOOD, K. N., *Crystal Structure Analysis: A Primer*. New York: Oxford University Press, **1972**.

KITAIGORODSKY, A. I., *Molecular Crystals and Molecules*. New York: Academic Press, **1973**.

LIPSON, H., and COCHRAN W. *The Determination of Crystal Structures*, 3rd ed. Ithaca, N.Y.: Cornell University Press, **1966**.

MILBURN, G. H. W., *X-Ray Crystallography*. London: Butterworth, **1973**.

SHERWOOD, D., *Crystals, X-rays and Proteins*. New York: Halsted Press (Wiley), **1976**.

STOUT, G. H., and JENSEN, L. H. *X-Ray Structure Determination*. New York: Macmillan, **1968**.

고분자 분광학(일반)

CAMPBELL, D., "Electron Spin Resonance of Polymers," *J. Polymer Sci. (D), Macromol. Rev.*, **1970**, *4*, 91.

CLARK, D. T., "ESCA Applied to Polymers," *Advan. Polymer Sci.*, **1977**, *24*, 125.

CLARK, D. T., and FEAST, W. J., "Application of Electron Spin Spectroscopy for Chemical Applications (ESCA) to Studies of Structure and Bonding in Polymer Systems," *J. Macromol. Sci., Rev. Macromol. Chem.*, **1975**, *C12*, 191.

CRAVER, C. D. (Ed). *Polymer Characterization: Spectroscopic, Chromatographic, and Physical Instrumental Methods, ACS Advan. Chem. Ser.*, **1983**, *203*.

FISCHER, E. W., "Neutron Scattering Studies of the Structure of Amorphous and Crystalline Polymers and of Polymer Blends," *Makromol. Chem., Macromol. Symp.*, **1987**, *12*, 123–144.

GRAYA, A., "IR Spectroscopy of the Low-Dimensional Organic Crystals and Polymers," *Mater. Sci. Forum*, **1987**, *21*, 69–93.

HUMMEL, D. O., *Infrared Analysis of Polymers, Resins, and Additives: An Atlas*. New York: Wiley-Interscience, **1969**.

IVIN, K. J. (ed.), *Structural Studies of Macromolecules by Spectroscopic Methods*. New York: Wiley, **1976**.

JENNINGS, B. R., "Electro-Optic Methods for Characterizing Macromolecules in Dilute Solution," *Advan. Polymer Sci.*, **1977**, *22*, 61.

KITAGAWA, T., and MIYAZAWA, T., "Neutron Scattering and Normal Vibrations of Polymers," *Advan. Polymer Sci.*, **1972**, *9*, 335.

KOENIG, J. L., *Spectroscopy of Polymers*. Washington, DC: American Chemical Society, **1992**.

KOENIG, J. L., "Spectroscopic Characterization of Polymers," in *Physical Properties of Polymers*, 2nd ed., (J. E. Mark, A. Eisenberg, W. W. Graessley, L. Mandelkern, E. T. Samulski, J. L. Koenig, and G. D. Wignall, Eds.). Washington, DC: American Chemical Society, **1993**, p. 263.

KRIMM, S., "Infrared Spectra of High Polymers," *Fortschr. Hochpolymer.-Forsch.*, **1960**, *2*, 52.

MORAWETZ, H., "Studies of Synthetic Polymers by Nonradiative Energy Transfer," *Science*, **1988**, *240*, 172–176.

NODA, I., DOWREY, A. E. and MARCOTT, C., "Group Frequency Assignments for Major Infrared Bands Observed in Common Synthetic Polymers," in *Physical Properties of Polymers Handbook*, (J. E. Mark, Ed.). New York: Springer-Verlag New York, Inc., **1996**, p. 291.

O'KONSKI, C. T. (Ed.), *Molecular Electro-optics*. New York: Dekker, **1976–77**.

RANDY, H., and NAMA, I. I., *Spectroscopy in Polymer Research.* New York: Springer Verlag, **1997.**

RUBINSON, K. A., and RUBINSON, J. F., *Contemporary Instrumental Analysis*. Englewood Cliffs, NJ: Prentice Hall, **2000**.

Safford, G. J., and Naumann, A. W., "Low Frequency Motions in Polymers as Measured by Neutron Inelastic Scattering." *Advan. Polymer Sci.,* **1967**, *5,* 1.

SNYDER, R. G. "Infrared and Raman Spectra of Polymers," *Methods Exp. Phys.,* **16A**, (Polymers), **1980,** 3–148.

SUN, S. F., *Physical Chemistry of Macromolecules. Basic Principles and Issues*. New York: Wiley Interscience, **1994**.

TOSI, C., and CIAMPBELL, F., "Applications of Infrared Spectroscopy to Ethylene Propylene Copolymers," *Advan. Polymer Sci.*, **1973**, *12*, 87.

WILLIAMS, J. L. R., and DALY R. C. "Photochemical Probes in Polymers," *Progr. Polymer Sci.* (A. D. Jenkins, Ed.). **1977**, *5*, 21.

WOODY, R. W., "Optical Rotary Properties of Biopolymers," *J. Polymer Sci. (D). Macromol. Rev.*, **1977**, *12*, 181.

Part IV

고분자 가공 및 시험법

20장

고분자 가공

20.1 서론

본 교재를 통해서 고분자의 실제적인 이용과 현대 사회에서의 중요성에 대한 이유를 강조하고자 한다. 이 장에서는 고분자를 이용한 생산품으로 전환시키는 방법을 다룬다. 대부분의 고분자 화학자나 화학공학자들은 고분자를 이용해 만들 수 있는 섬유, 필름, 각종 성형품 등을 제조하는 데 상당히 만족하고 있다. 이런 활동들은 과학자들이 결정 성장으로부터 또는 화학 반응에서 생기는 색상 변화를 관찰함으로써 얻을 수 있는 심도 있는 만족스런 결과를 낳는다. 즉 고분자 가공은 제조 공정뿐만 아니라, 실험적인 연구 방법으로도 가능하다. 따라서 본 교재에서는 소규모의 실험실적 규모의 가공법과 대규모의 공업적 가공법을 모두 설명하고자 한다.

가공법은 크게 필름, 섬유 또는 성형물의 제조로 나눌 수 있다. 특히 중요한 부분은 탄성체 기술, 발포된 고분자 형성, 표면 코팅이다. 이런 과제들과 밀접하게 관련된 기술로는 고분자 배합, 블렌딩, 경화, 고분자 강화 등이 있다. 이들에 대해 차례로 간략하게 언급한다.

20.2 필름의 제조

고분자 필름은 근본적으로 다음 두 가지 기술로 제조할 수 있다. 용액 주형 방법과 용융 또는 소결법이다.

20.2.1 용액 주형

용액 주형의 기본적 원리는 점성이 있는 용액을 만들기 위해 고분자를 적당한 용매에 용해시키는 것이다. 용액을 표면 점착성이 없는 판 위에 캐스팅하여 용매를 증발시키고, 건조된 필름을 판의 표면으로부터 떼어 낸다.

고분자량과 저분자량의 중요한 차이점 중의 하나는 고분자는 필름을 형성할 수 있는 반면, 저분자는 결정이나 약한 응집체로서 침전된다. 고분자가 형성되었는지를 확인하려면 강한(응집력이 있는) 필름을 만들어 보면 알 수 있다.

실험실적 규모에서 필름의 용액 주형법은 매우 쉽다. 그러나 첫 번째 문제점은 고분자의 적당한 용매를 찾는 것이다. 이상적인 용매란, 상온이나 그보다 약간 높은 온도에서 적당한 속도로 증발할 수 있는 충분한 휘발성이 있어야 하지만, 휘발성이 너무 강해 용매의 증발로 인한 기포나 반결정(semicrystalline)을 생성하지 않아야 한다. 급격한 휘발성은 필름 냉각의 원인이 되며, 금이 가거나 대기로부터 물이 축합되는 원인이 된다. 끓는점이 60~100°C인 용매가 좋은 필름을 형성할 수 있다. 만약 개방된 실험대 위에서 캐스팅을 하면 용매의 독성이나 인화성 등을 고려해야 한다.

고분자는 대부분의 용매에 서서히 용해된다. 먼저 고분자의 팽윤이 일어나고 고분자 입자의 끝으로부터 용해가 일어난다. 교반, 특히 고속 교반을 하면 용해 과정을 가속화할 수 있다. 실험실에서는 고속의 디스크 교반기를 사용한다. 이것은 그림 20.1에 나타낸 바와 같이 교반기의 축에 금속 디스크를 붙여 놓았다. 고분자 용액은 교반할 때 교반축을 따라서 상승하는 경향이 있으므로,

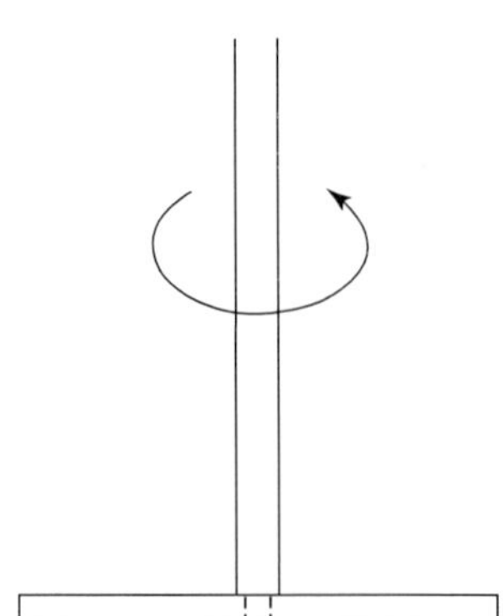

그림 20.1 금속 디스크로 된 고속 교반기로 적당한 용매에 고분자를 녹여 용액을 제조하는 데 쓰인다.

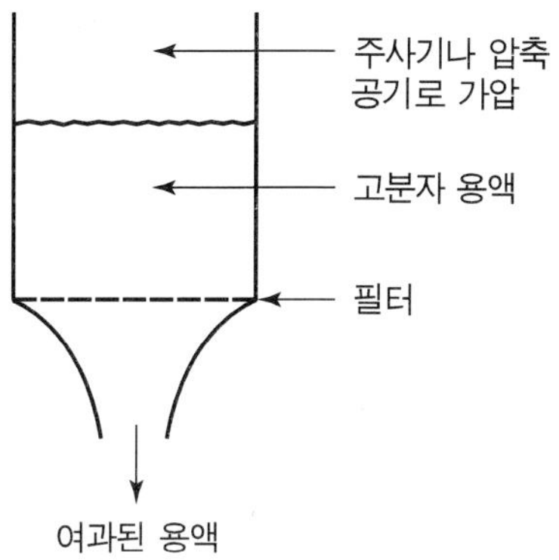

그림 20.2 고분자 용액에 대한 가압 여과기

디스크로서는 이런 현상을 방지할 수 있는 것이 필요하다. 최종 고분자 용액은 매우 점성이 커서 느린 유동 흐름이 가능해야 하나, 캐스팅한 표면에 쉽게 퍼지지 않아야 한다. 20 wt% 이상의 고분자 용액이 용액 주형에 적당한 점도를 갖는다.

캐스팅하기 전에 고분자 용액을 여과시킬 필요가 있을 경우에 여과는 중력이나 **감압** 여과법보다는 가압법으로 실행하는 것이 좋다. 적은 양의 고분자 용액은 때로는 주사기로 여과할 수도 있고, 대량의 고분자 용액은 압축 공기 여과법(그림 20.2 참조)으로 할 수 있다.

가장 간단한 실험실적 표면 캐스팅법으로는 고분자 용액을 유리판 위에 부은 후 유리 막대(그림 20.3 참조)로 용액을 밀어서 일정한 두께의 필름이 되도록 한다. 물론 용액의 두께는 최종 필름의 두께를 결정하며, 용매가 증발하여 용액이 수축한다. 즉 20%의 고분자 용액의 경우 초기 용액의 두께는 필요한 건조 필름 두께의 5배 이상이어야 한다.

이러한 간단한 기술에 대해 여러 가지 개선점들이 제시되었다. 그 첫째로 유리판을 낮은 점착력을 갖는 폴리테트라플루오로에틸렌 필름으로 교체하거나 크로뮴으로 도금된 가열된 "캐스팅 벤치" 등이 있다. 두 번째는 "Gardner 나이프"를 사용하는 것으로서, 필름 두께를 캐스팅 표면 위의 칼날의 높이를 마이크로미터로 정확히 측정하여 조절하는 것이다. 세 번째로는 캐스팅 표면의 용매증발 속도를 천천히 하고 필름 표면에 먼지 입자의 점착을 방지하기 위해 캐스팅 용액 주위를 뚜껑으로 덮는 방법이다. 가장 복잡한 기구로는 그림 20.4와 같이 마치 glove box와 같은 장치로 투명한 폴리메틸메타크릴레이트로 만든 뚜껑을 만들어서 덮고 여과된 공기를 주입한다. 실험실에

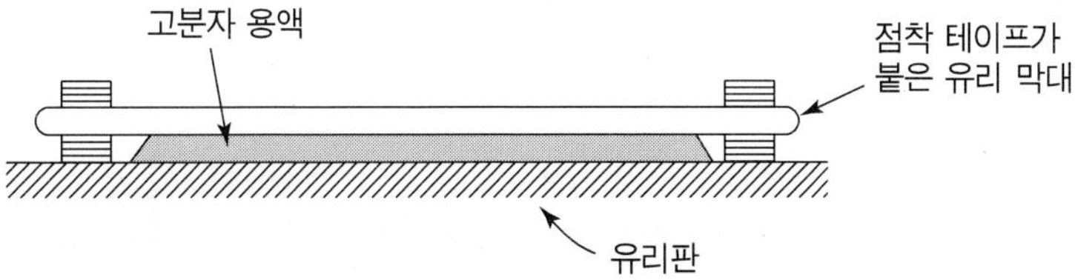

그림 20.3 필름용 실험실적 용액 주형기

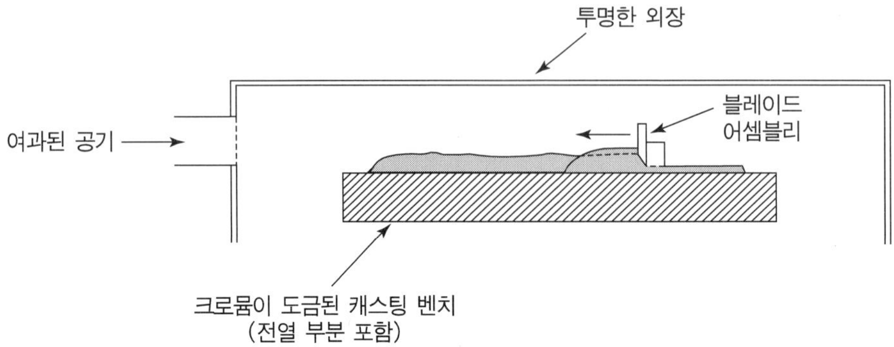

그림 20.4 고분자 캐스팅 벤치

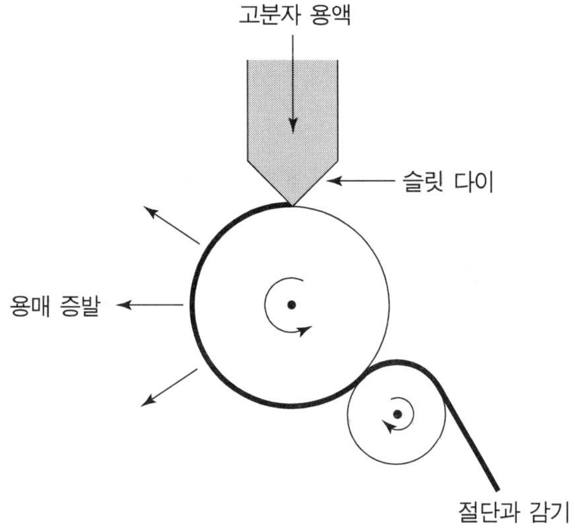

그림 20.5 필름의 공업적 용액 주형기로 회전 금속 드럼을 사용한다.

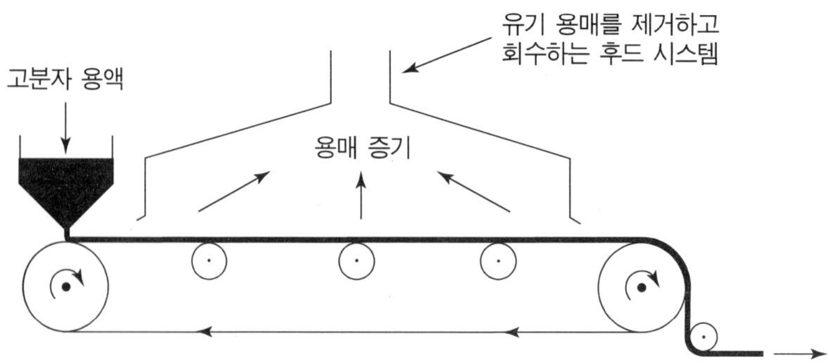

그림 20.6 분자 필름의 연속 용액 주형기로 벨트를 사용한다.

서는 알루미늄 포일이나 쿠킹팬으로 뚜껑을 만들어 유사하게 쓸 수 있다-

공업적인 규모로는 커다란 회전 드럼(그림 20.5 참조)이나 이동하는 금속 벨트(그림 20.6 참조)를 통하여 고분자 용액을 연속적으로 공급한다. 작업장으로부터 유기 용매를 제거하는 데 후드를 사용한다. 폴리바이닐알코올(PVA), 폴리바이닐클로라이드(PVC), 바이닐클로라이드 공중합체의 필름은 이런 기술을 사용해 제조된다.

20.2.2 필름의 용융 압착

용융점이나 연화 온도 이상에서 열적으로 안정한 고분자는 열과 압력을 이용하여 필름을 제조할 수 있다. 용융 압착법은 커다란 필름을 제조하기 어렵고, 불연속적인 공정 때문에 공장보다는 실험실에서 더 많이 이용된다. 그림 20.7에 기구를 나타내었다. 전기로 가열되는 두 개의 판으로 이루어졌으며, 첫 번째 판은 유압에 의해 다른 판에 압력을 가한다. 분말 또는 분쇄된 고분자를 알루미늄 포일이나 구리 포일로 싸서 두 개의 판 사이에 놓는다. 30초 동안 2,000 ~ 5,000 psi를 가한 후 샌드위치를 제거하고 식힌 다음, 필름을 포일로부터 떼어 낸다. 실제로 온도와 압력은 시행착오적으로 결정한다. 만약 온도가 너무 높다면 고분자는 단순히 샌드위치의 밖으로 흘러나오고, 너무 낮으면 필름은 불충분한 융합으로 인해 불투명하게 되거나 약해진다. 금속틀이나 개스킷의 두께가 필름의 두께를 결정하게 된다.

필름의 소결 가공 폴리테트라플루오로에틸렌(테플론[1], PTFE)과 같은 고분자는 녹는점이 너무 높기 때문에 고압에서 용융 제조 기술로 만들기는 어렵다. 그러나 그러한 고분자 분말은 고압에서 비교적 약한 필름으로는 제조할 수 있다. 그 후 녹는점 이상에서 가열하여 소결 공정을 완결시킨다. 이 방법은 특정한 금속들이나 세라믹들의 가공법에 사용하는 것과 유사하다. PTFE의 경우 초기에 1,500 ~ 6,000 psi에서 예비 성형하고, 다음 단계의 소결은 고온 조건에 노출되는 동안 365 ~ 385°C에서 일어난다.

필름의 용융 압출 제조 공장에서는 이와 같은 연속적인 공정을 선호하고 있다. 전체적인 연속 공정은 그림 20.8에 설명하였다. 고분자 펠릿이나 분말을 스크류 압출기에 보낸다. 이것은 먼저 고분자를 가열하고 스크류축의 회전에 의해 다이에 그것을 전하는 장치이다. 이때 용융된 고분자는 다이 슬릿을 통하여 압출된다. 평평한 용융 고분자판은 회전 드럼에 의해 모아지고, 녹는점 이하로 필름을 냉각시킨다. 다이로부터 나온 용융 고분자판은 최종 필름보다 10 ~ 40배 정도 두껍다. 왜냐하면 회전 드럼의 속도가 다이로부터 압출되는 고분자의 속도보다 빠르기 때문이다. 최종 필름의 두께는 0.5 ~ 4 mile(약 0.01 ~ 0.1 mm)이다. 필름은 압출 방향에서 단축으로 배향될 것이며 이축 배향으로 만드는 것도 가능하다. 예를 들면 끝이 퍼지는 컨베이어 벨트의 양면을 클램프로 부

[1] 플루오로탄소 수지에 대한 DuPont사의 상품명

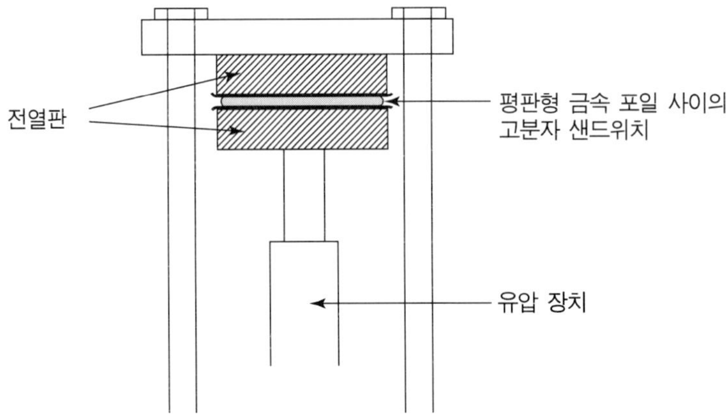

그림 20.7 고분자 필름용 용융 압착기

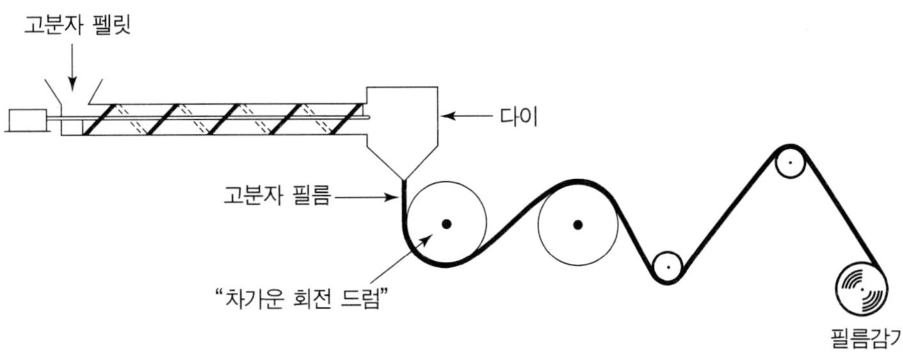

그림 20.8 고분자 필름용 연속 공정식 용융 압출기

착하여 단축으로 배향된 필름면을 연신함으로써 가능하다. 이것은 다음 절의 블로잉 공정에서 더 자세히 다룰 것이다. 이러한 두 가지 형태의 배향이 기계적 성질에 미치는 영향은 다음의 섬유절 (20.3)에서 다룰 것이다.

20.2.3 버블-블로운 필름(Bubble-Blown Film)

필름의 용융 압출법에 대한 대체법으로는 고분자의 튜브 압출이 있다. 이것은 그림 20.9에 나타낸 바와 같이 압축 가스를 주입하여 필름을 팽창시킨다. 스크류 압출기로부터 용융 고분자를 밀어서 고리 모양의 다이에 보낸다. 압출 튜브 내에 가스 압력이 걸린 후 튜브에서 실린더 밸브로 주입된다. 버블은 롤러에 의해서 눌러지고, 연속적으로 필름이 형성되며, 롤에 필름이 감기게 된다. 이런 식으로 만들어진 필름은 커다란 이축(biaxial) 배향을 갖게 된다. 바이닐클로라이드, 바이닐리덴클로라이드의 공중합체(Saran)가 이런 방법으로 제조된다.

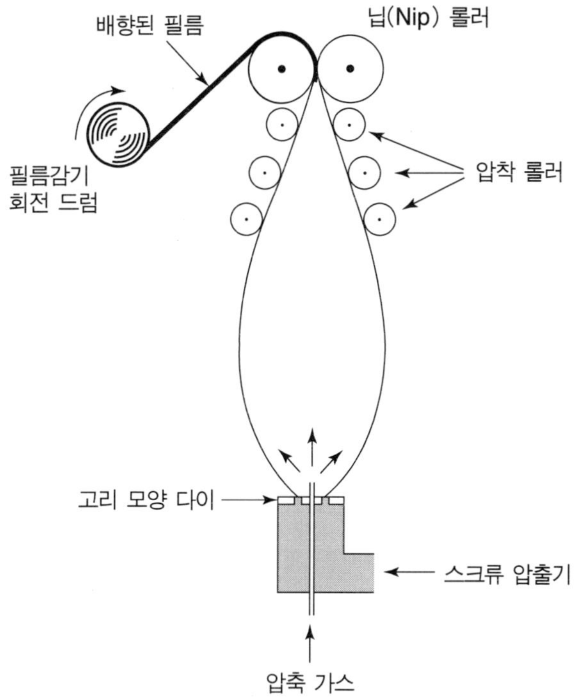

그림 20.9 필름의 "버블" 블로잉

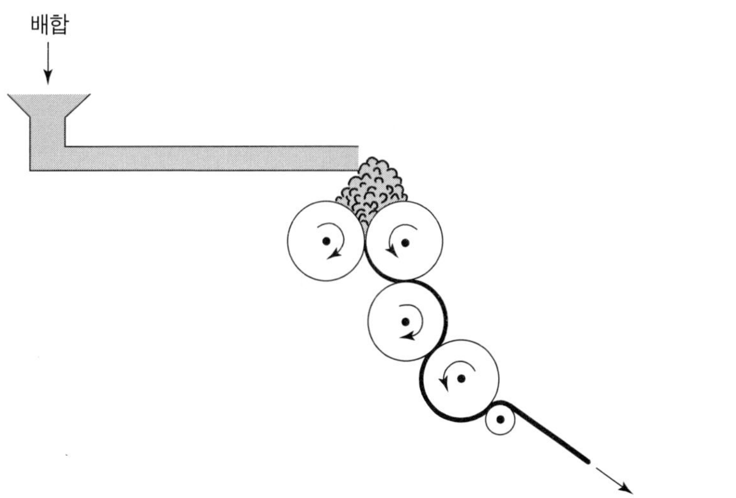

그림 20.10 캘린더 공정에 의한 필름 제조

20.2.4 캘린더 가공에 의한 필름의 제조

캘린더 공정은 용융 고분자를 가열된 롤러 사이에서 얇은 필름(박막)을 만드는 방법이다. 이 방법은 일반적으로 두꺼운 필름(0.05 ~ 0.25 mm)을 만들 때 이용된다. 그림 20.10은 이 공정을 나타낸다. 캘린더 가공은 PVC나 관련 공중합체에 많이 이용되는 공정이다.

20.3 섬유

합성 섬유의 생산은 고분자 기술 중 가장 크고 중요한 분야 중의 하나이다. 연구실에서도 새로운 고분자로부터 섬유를 제조하여 기계적 성질이나 X선 회절법으로 고분자의 물리적 성질을 평가한다.

섬유 생산에 사용되는 두 가지 기본적인 기술로는 용액 방사와 용융 방사법이 있다. 용액 방사는 고분자 용액을 압출하여 필라멘트로 만들고, 이를 비용매로 보내 응고시키거나(**습식 방사**), 더운 공기나 가스를 주입하여 필라멘트로부터 용매를 제거한다(**건식 방사**). 용융 방사는 용융 고분자를 방사하여 필라멘트를 만든다. 방사된 후 섬유는 대개 강도를 개선하기 위해 **연신**하거나 **배향**시킨다.

필라멘트는 세 가지 형태로 제조된다. **필라멘트 얀**(filament yarn)은 길고 평행인 수십 내지 수백 개를 꼬아 놓은 뭉치로 구성되어 있고, **스테이플**(staple)은 짧고 불규칙하게 배향된 섬유 수천 개가 모여 이루어져 있으며, **모노필라멘트**(monofilament)는 매우 긴 섬유로 구성되어 있고, 다른 형태의 섬유보다 두께(지름 0.1 ~ 2 mm)가 더 두껍다.

20.3.1 용액 방사

습식 방사 용액 방사법은 합성 섬유를 제조하는 데 있어 가장 오래된 공정이다. 습식 방사법은 점성 고분자 용액을 고분자에 대해 비용매 욕조에 방사하여 응고시켜 섬유를 제조하는 방법이나 실험실적 규모에서는 그림 20.11과 같은 장치를 이용하여 습식 방사를 한다.

점성 고분자 용액을 유압 주사기와 바늘을 통하여 연속적으로 섬유로 방사하고 비용매 내에서 응고한다. 섬유는 권취기를 통하여 감긴다. 실제로는 유압 주사기 바늘은 요구되는 섬유의 지름보

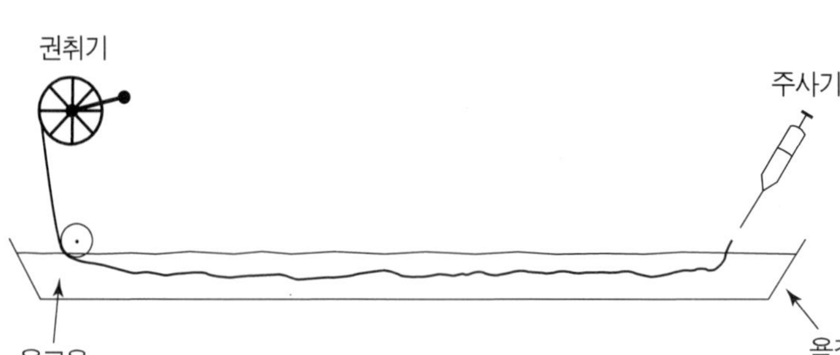

그림 20.11 섬유의 실험실적 습식 방사에 관한 장치

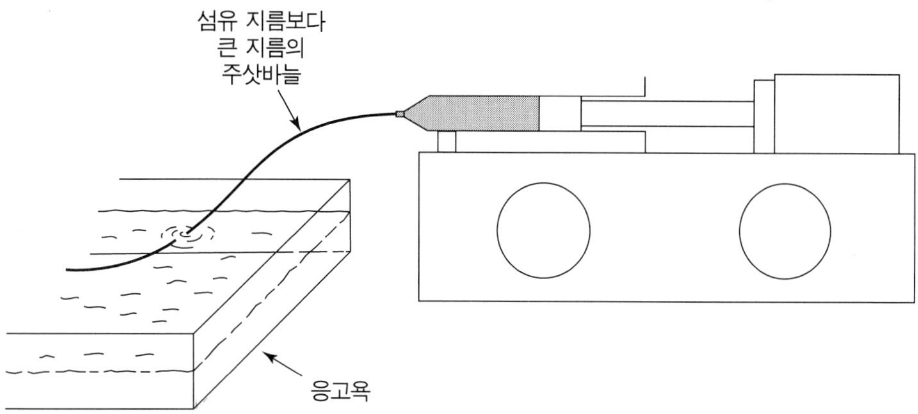

그림 20.12 습식 방사 섬유의 실험실적 장치에 대한 전동 주사기 펌프의 사용

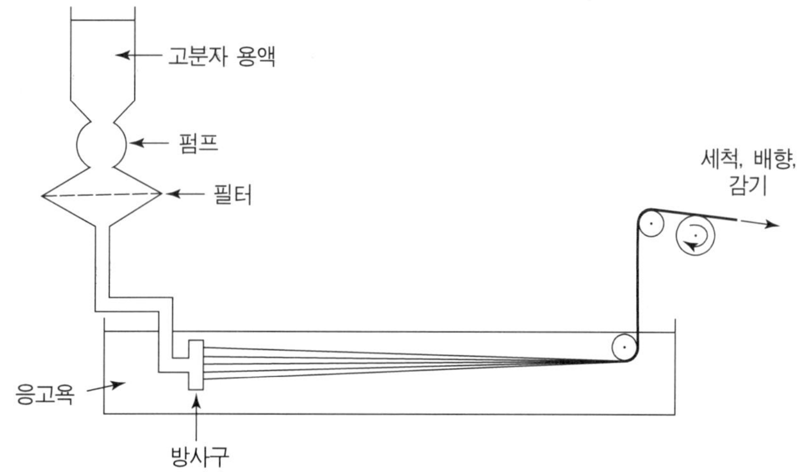

그림 20.13 산업적인 습식 방사

다 크다. 이때 비용매를 선택하는 것과 응고 욕조의 온도가 중요하다. 응고가 너무 빠르면 섬유가 약하거나 매끄럽지 못한 덩어리 형태의 섬유가 된다. 즉 응고 욕조는 보통 용매와 비용매의 혼합물로 이루어져 있어 침전을 천천히 하며, 조절할 수 있게 한다. 여기서 더 개량된 실험 도구로는 전동 주사기를 사용하여 일정한 사출 속도를 유지하도록 하며, 또한 권취기를 사용하여 필라멘트를 감는다. 섬유 연신기도 사용한다(그림 20.12 참조).

산업적 규모에서 습식 방사는 비스코스레이온, 단백질, 폴리바이닐알코올, 폴리아크릴로나이트릴, 폴리바이닐클로라이드 및 다른 고분자들로부터 필라멘트 얀을 제조할 때 쓰인다. 그림 20.13에 방사 기구를 나타내었다. 고분자 용액은 우선 압력에 의해 여과하고 방사구(spinneret)를 통하여 섬유로 만들어진다. 방사구는 금속판에 작은 구멍들을 뚫어 놓은 것이다. 필라멘트 얀에 사용할 때는 수십에서 수백 개의 구멍을 내어야 하고, 스테이플을 만들기 위해서는 수천 개의 구멍이 있어야 한다. 구멍의 크기가 섬유의 최종 두께를 결정하지는 않는다. 섬유의 두께는 권취 속도, 응고 속도, 배향 정도 등에 의해 결정된다.

실험실 공정에서와 마찬가지로 용액의 점도, 비용매의 성질과 온도가 모두 섬유의 성질에 영향을 미친다. 압출 단계에서 섬유가 작은 덩어리로 분리되는 것을 막기 위해서는 점성이 큰 용액이 필요하다. 전형적인 응고계로는 다음과 같은 것이 있다. 희석 황산 수용액, 황산 소듐 수용액, 황산 아연 수용액 등을 비스코스레이온 잔테이트 용액을 방사한 후의 응고욕으로 사용한다. 반면 큐프로암모늄레이온은 물을 응고욕으로 사용한다. 폴리아크릴로나이트릴은 다이메틸폼아마이드 용액에서 방사하여 다이메틸아세트아마이드에서 응고시키거나, 또는 50% 싸이오사이안산 소듐에서 방사하여 싸이오사이안산 소듐에서 응고시킨다. 스판덱스(폴리유레테인 탄성체) 섬유는 다이메틸폼아마이드에서 방사하여 물에서 응고시킨다.

비록 습식 방사 섬유가 합성 섬유물의 많은 부분을 차지하지만 단점도 많이 있다. 예를 들면 단면이 균일한 섬유를 습식 방사로 제조하기는 매우 어렵다. 각 섬유의 바깥쪽 표면이 우선 표면층을 형성하며 응고된다. 중심 부분의 응고 속도가 매우 느릴 때, 외부 표면층은 수축되어 둘둘 말리게 된다. 연신에 의한 배향은 중심보다 표면에서 더 크다. 공정상 단점이라면 속도가 매우 느리다는 것이다. 느린 압출 속도 때문에 긴 응고 욕조가 필요하다. 이런 난점들을 개선하기 위해 건식 방사와 용융 방사를 사용한다.

건식 방사 건식 방사 공정은 방사구를 통해 방사된 고분자 용액에 더운 공기를 불어넣어 용매를 날려 건조된 고분자 섬유를 제조한다. 이러한 기술은 실험실적 규모로 실행할 수 있기는 하나 매

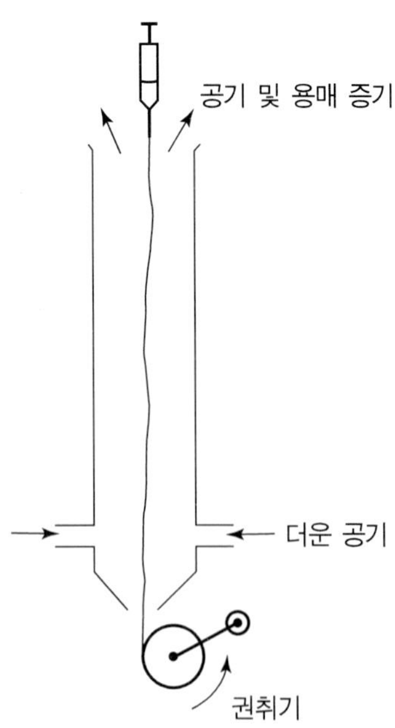

그림 20.14 섬유의 건식 방사용 실험 기구

우 어렵다. 그림 20.14에 나타낸 것과 같이 고분자 용액을 유압 주사기로 방사하여 더운 공기를 불어넣은 유리나 금속통 속으로 들여보낸다. 문제점은 용액에 충분한 점성이 없을 경우 섬유 대신에 작은 방울을 형성하고, 통의 벽면에 섬유가 붙는 현상이 일어난다는 것이다. 그 이유는 더운 공기의 흐름이 불규칙하기 때문이다. 또한 인화성 또는 독성 용매의 증기를 효과적으로 제거해야 한다.

그렇지만 이 공정은 산업적 규모에서 효과적으로 이용되고 있다. 건식 공정 단계를 그림 20.15에 설명하였다. 고분자 용액을 여과시켜 방사구를 통하여 나오게 한다. 섬유는 수직 튜브(최대 길이 약 7.5 m)를 통해 내려오고, 더운 공기는 반대로 흘려 보낸다. 점도가 작은 용액을 만들기 위해 방사 전에 가열하는 경우가 있다. 이렇게 하면 사용되는 용매의 양을 적게 할 수 있다. 만약 아세톤이나 이황화탄소와 같은 휘발성 용매를 사용하면 건식 방사의 장점이 있다. 폴리바이닐알코올의 용매로는 물을, 폴리아크릴로나이트릴이나 스판덱스의 용매로는 다이메틸폼아마이드나 다이메틸아세트아마이드를 사용한다.

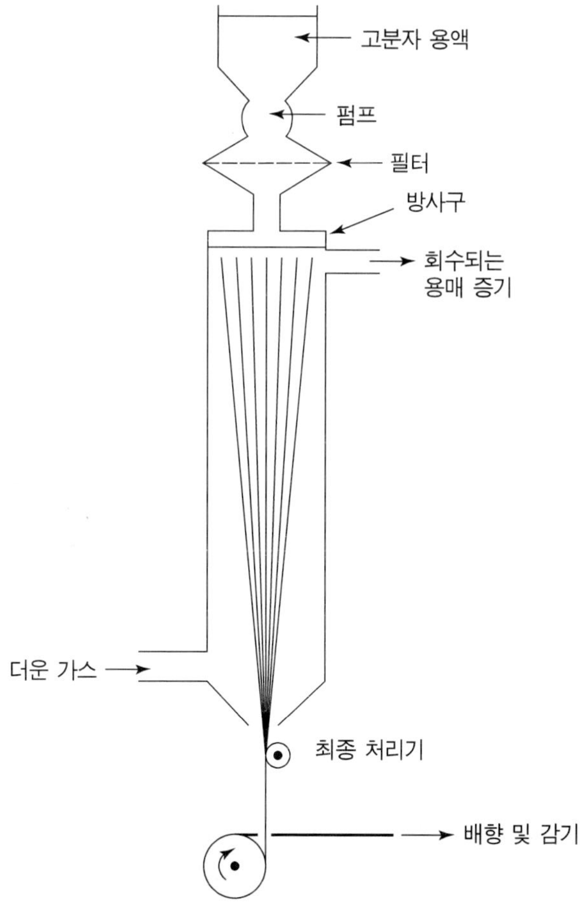

그림 20.15 섬유 건식 방사 제조기

20.3.2 용융 방사

이 공정에서는 용융된 고분자는 방사구를 통하여 방사된다. 방사 후 즉시 냉각시키면 고형화하여 섬유가 되며, 이때 섬유를 연신시키거나 보빈(bobbin)에 감는다. 용융 방사 기술의 장점은 (1) 방사 공정이 매우 빠르고, (2) 섬유가 균일하고 원형의 단면을 갖는다는 것이다. 한편 용융 방사의 단점으로는 용융온도 이상에서 방사 과정을 거치기에는 불안정한 고분자들이 있다는 점이다.

용융 방사로 섬유를 만드는 실험실적으로 가장 간단한 방법은 용융 방사기 부분에 유리 막대를 넣어 긴 섬유를 끌어내는 것이다. 더 복잡한 방법이나 파일럿 플랜트 방법으로는 질소 가스나 유압으로 압력을 가하여 작은 구멍을 통해 용융물을 가압 압출하는 방법이 있다(그림 20.16 참조).

대규모 공업적 규모에서 사용되는 기구를 그림 20.17에 나타내었다. 고분자의 펠릿이나 칩을 열선으로 용융시키고 기포를 제거한다. 용융 과정에서 질소 분위기를 유지시킨다. 가압하에서 여과한 후 용융 고분자를 방사구를 통해 방사하고 찬 공기를 흘려보내 용융 섬유를 고형화하여 롤러나 보빈에 감는다. 이러한 기술을 이용하여 필라멘트 얀을 분당 수천 피트의 속도로 생산할 수 있다. 용융 방사 공정을 이용해 나일론 6, 나일론 6,6, 폴리에틸렌테레프탈레이트, 폴리에틸렌, 바이닐리덴클로라이드 공중합체, 폴리우레테인, 폴리아크릴로나이트릴 등의 섬유를 제조할 수 있다. PAN에는 방사하기 전에 30~40% 다이메틸폼아마이드를 첨가하여 가소화한다.

유리 섬유는 이와 같은 방법으로 필라멘트와 스테이플을 만든다. 이 경우 출발 물질로는 방사 전에 녹여진 용융 유리나 대리석을 사용한다. 유리 섬유의 압출 온도는 1250~1450°C 정도이다.

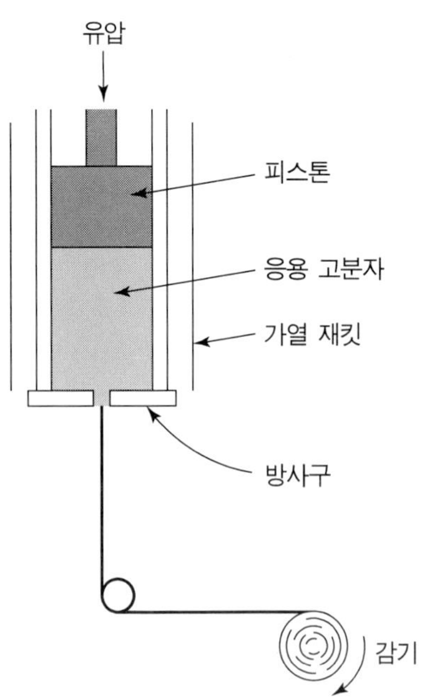

그림 20.16 실험실 또는 파일럿 플랜트식 섬유 용융 방사기

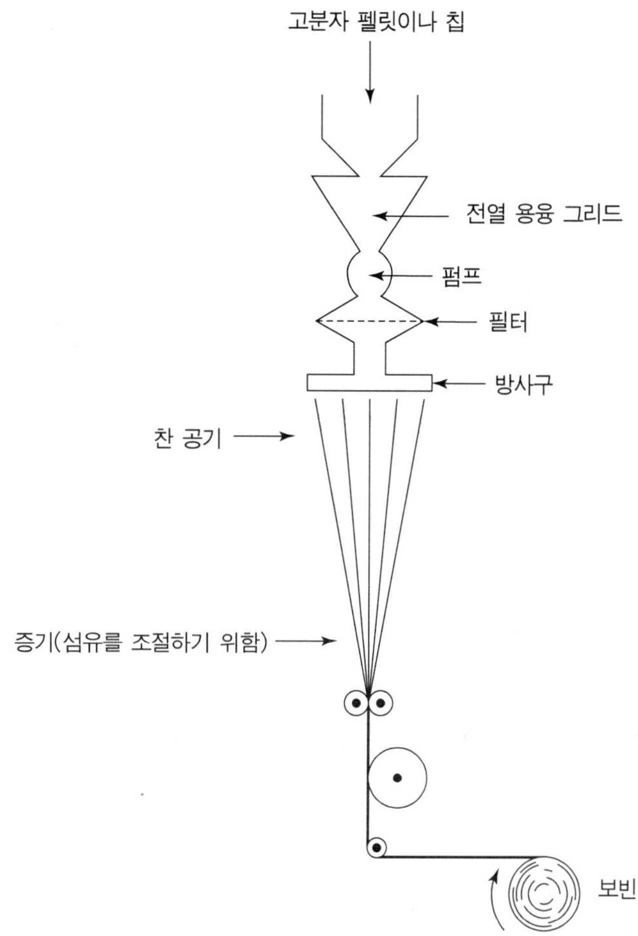

그림 20.17 산업적 용융 방사기

모노필라멘트는 용융 방사 기술로 만들어진다. 예를 들면 나일론 6,10, 나일론 11, 폴리에틸렌, Saran 및 폴리프로필렌 모노필라멘트 등이 있다.

20.3.3 섬유의 배향과 후처리

고분자 사슬들이 배향되기 전까지는 섬유의 최대 강도는 나오지 않는다(17장 참조). 대량 생산 시 섬유를 배향하려면 둥근 드럼을 통과시킨다. 이때 드럼의 회전 속도를 계속 증가시키든가 또는 같은 속도이지만 드럼 지름을 변화시켜 연신한다(그림 20.18). 폴리에스터와 같이 높은 T_g를 갖는 고분자는 연신시키는 동안에 가열을 할 필요가 있다. 배향 영역에서는 섬유가 내려감에 따라 지름이 현저하게 감소한다. 어떤 고분자들은 방사 후 즉시 연신시킨다. 나일론 6과 같은 고분자는 먼저 보관하여 결정화를 한 후 배향시킨다.

많은 섬유들은 방사 공정 직후에 즉시 윤활제나 정전 방지제 처리를 행한다. 어떤 섬유들은 방

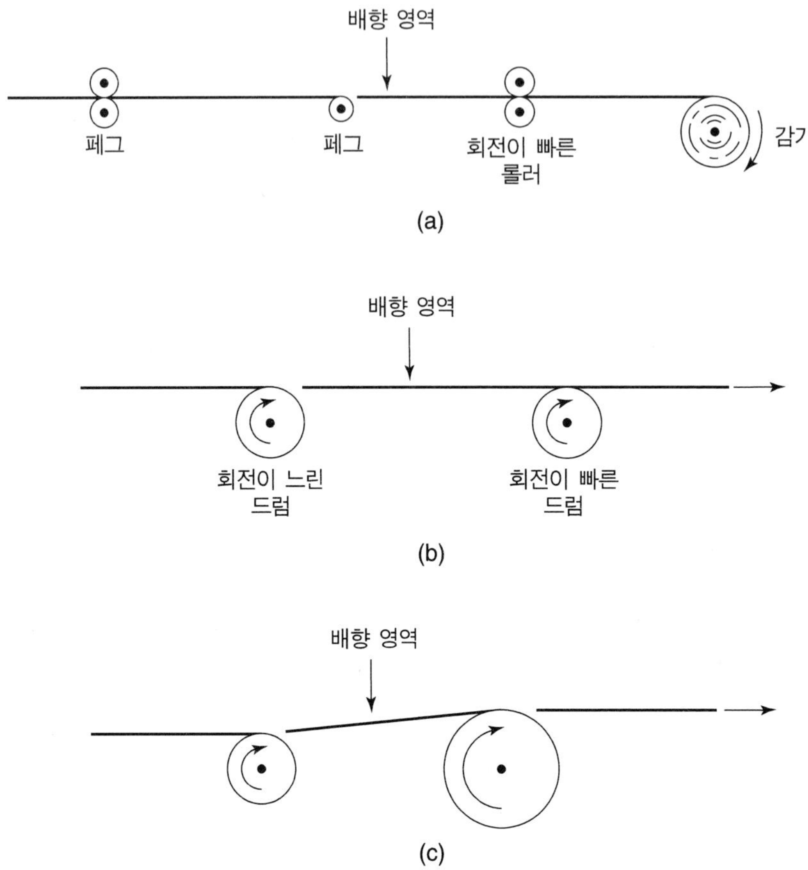

그림 20.18 세 가지 연속식 섬유 제조법: (a) 섬유가 "페그(peg)"에 감겨서 통과한 후 보다 빠른 속도로 회전하는 두 롤러를 통과하면서 배향이 일어난다. (b) 빨리 회전하는 드럼이 고분자를 배향한다. 여기서 어려운 점은 배향 영역에서의 안정화이다. (c) 두 드럼이 같은 속도로 회전하나 두 번째 드럼의 원주가 첫 번째 드럼보다 크므로 섬유가 늘어난다.

사 후에 염색을 하지만, 방사하기 전에 고분자 용액이나 용융 상태로 염료를 배합하는 것이 더 편리하다.

20.4 사슬 배향과 강화

20.4.1 강화의 분자적 원인

가공은 강제로 고분자가 한 배향 상태에서 다른 배향을 갖게 한다. 결과적으로 물질의 흐름은 사슬을 정렬시켜 그 계를 비등방성으로 만든다. 이러한 정렬이나 배향이 이용될 수 있으며 어떤 가공 단계는 극대화하도록 설계되거나, 또는 적어도 물성에 미치는 가공의 영향이 최적화되도록 한다. 비등방성은 그림 20.19에서 매우 간단히 설명되어 있는데, 두 개의 배열된 사슬이 그들의

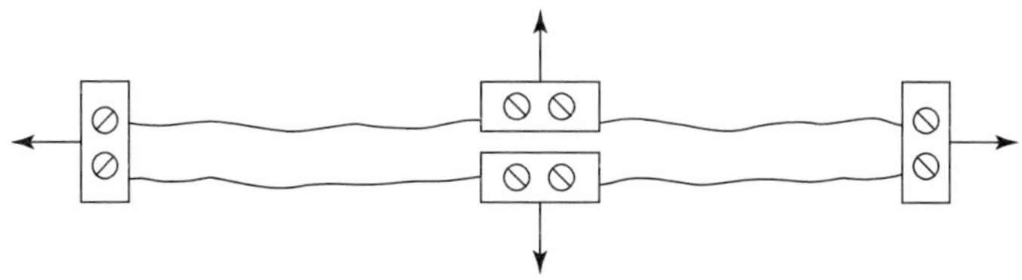

그림 20.19 두 개의 근접한 사슬이 수평과 수직에 따라 나타내는 매우 다른 기계적 물성

중앙과 양쪽 끝에서 고정되어 있다. 중앙에서 사슬을 수직 방향으로 서로 떼어 놓는 데는 상대적으로 적은 에너지가 필요하다. 이는 이 방향에서는 관련된 에너지가 단지 몇 kcal/mol에 불과한 van der waals 인력이나 극성 결합 및 수소 결합에 의해 사슬이 묶여지기 때문이다. 다른 방향(수평 방향)으로 물질을 잡아당기는 것은 전적으로 다른 문제이다. 일부 사슬을 **파괴**하는 것이 필요하며 이때 결합 해리 에너지는 100 kcal/mol 이상이다. 그러므로 이러한 기본적인 계는 기계적인 물성에서 매우 큰 비등방성을 나타내며, 많은 가공 기술들은 이러한 차이점을 이용하도록 설계되었다. 이것은 덜 중요한 방향에서의 기계적 성질의 저하를 가져오면서 특별한 응용에서 가장 중요한 방향의 물성을 증가시키는 배향을 유도시킴으로써 가능할 것이다. 이러한 원리는 필름, 섬유 및 다른 흥미 있는 예와 관련지어 설명될 것이다.

20.4.2 필름

앞 절에서 언급했듯이 필름에서의 고분자 사슬은 압출되는 방향에서 일반적으로 **단축**으로 배열된다. 배향은 이 방향으로 필름을 강하게 만들지만 그것의 수직한 방향으로는 약하게 만든다. 이것은 길이 방향으로는 강하지만 넓이 방향으로는 쉽게 떼어지는 반창고 테이프에서 가장 쉽게 설명된다.

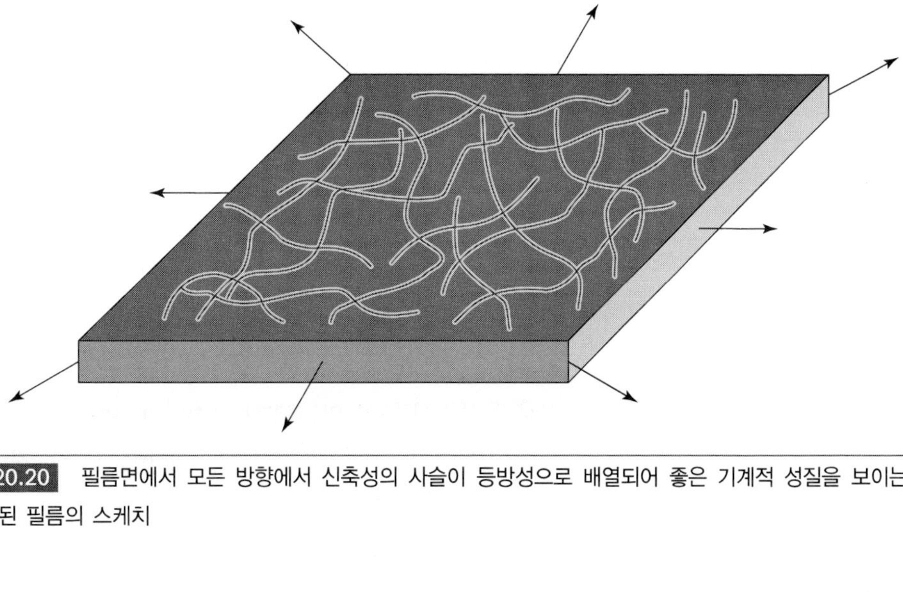

그림 20.20 필름면에서 모든 방향에서 신축성의 사슬이 등방성으로 배열되어 좋은 기계적 성질을 보이는 이축으로 배향된 필름의 스케치

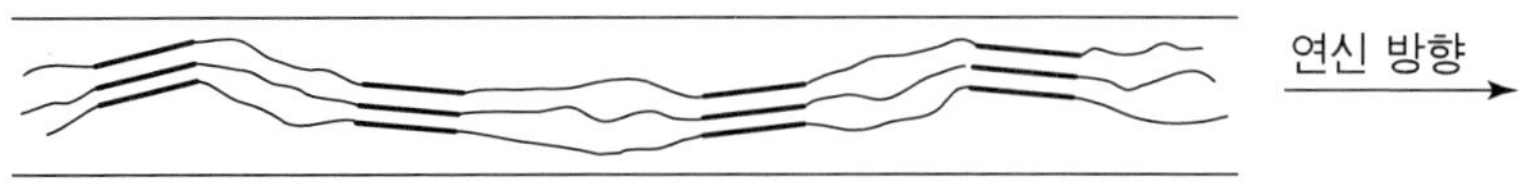

그림 20.21 결정을 배열하고, 결정 사이의 무정형 사슬을 신장시키고 배향하기 위한 섬유의 연신

그림 20.20에서 설명되었듯이, 이러한 비등방성의 형태는 **이축**으로 배향된 필름에서는 회피된다. 사슬은 필름면에서 신축성이 있을 뿐 아니라 말단과 말단의 벡터가 무작위로 되어 있다. 항상 적용된 힘의 방향으로 사슬들이 배향할 것이며, 깨어질 때 저항하게 될 것이기 때문에 이 필름면에서 어떤 방향으로는 강하게 만들어진다. 마이카가 얇은 시트로 되는 것과 같이 어떤 광물의 파편을 생각나게 하는 이 필름은 기본적으로 수직 방향으로 약하고, 쉽게 쪼개어진다.

20.4.3 섬유

용융된 고분자나 용액에 방사구를 통해 힘이 가해질 때, 만약 고분자가 부분적인 결정성이면, 공정은 압출 방향으로 유사한 결정 배열을 가진 사슬로 배열한다. 일반적으로 방사 이후에 나타나는 부가적인 배향은 결정의 부가적인 배열과 결정을 분리하는 무정형 사슬의 신장과 배열이 일어난다. 이것은 그림 20.21에 도식으로 나타내었다. 섬유는 축 방향으로는 엄청나게 강하지만 수직 방향으로는 약하다. 그리하여 "파편 모직물(splitting hairs)"을 만들 수 있다. 이 비등방성은 케블라®와 같은 고성능 섬유에서 딱딱한 막대형(rigid-rod) 사슬의 경우에 특별히 나타난다. 압축하에 놓이면 이러한 섬유는 수많은 미세 섬유소로 분리된다. 이 섬유소화는 일반적인 응용에서는 중요하게 보이지 않을지 모르지만, 섬유가 압력 용기나 우주선의 원뿔꼴 상부의 강화를 위해 싸여져 있을 때, 섬유의 상부는 팽창하게 되고 하부는 수축하게 된다.

오래 전에 H. F. Mark에 의해 수행된 몇 가지 출판되지 않은 실험에서는 누에를 통해 중요한 사실을 배웠다고 설명하였다. 누에에서 강제로 실을 뽑아 자연적으로 방출하는 실크와 다른 정도로 연신시킨 실크는 누에가 자연적으로 만든 실크만큼 균형된 물성을 갖고 있지 않은 반면, 고정된 누에로부터 인공적으로 권취기에 감은 섬유는 자연적으로 만들어진 섬유보다 우수할 수 있다는 것이다.

20.4.4 다른 응용 예

합판은 그림 20.22에서 설명되어 있듯이 생체 모방(biomimicry)이나 생명체로부터 영감을 얻은(bio-inspired) 예로 생각된다. 나무의 얇은 시트는 나무 섬유 방향을 따라서는 강하지만 수직 방향으로는 약하다. 이 응용에서 섬유는 고분자 사슬이 뻗어 있는 것과 유사하다. 어떤 경우라도, 여러 면의 섬유를 다른 방향으로 향하게 하여 접착한 두 개 이상의 시트는 표면에 대해 수직 방향을 제외한 모든 방향에서 동등하게 강한 복합체를 형성한다.

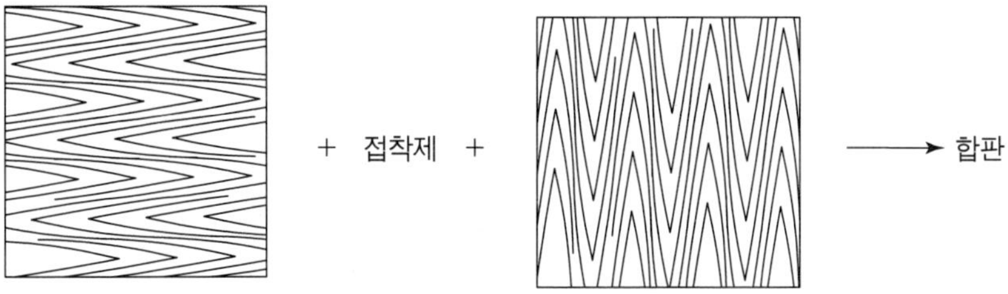

그림 20.22 두 개 이상의 얇은 나무 시트를 접착에 의해 합판을 형성함. 이것은 섬유 방향을 충분히 다르게 하여 보드면에 평형하게 모든 방향으로 좋은 기계적 물성을 만들어준다.

어떤 적용에서는 의도적이고 한시적으로 배향시킨다. 예를 들면 열수축관이 한 형태이다. 폴리에틸렌과 같은 일부 결정성 고분자의 얇은 튜브는 방사에 의해 가교되고, 용융점 이상으로 가열되고 압력하에서 뜨거운 물이나 공기의 도입에 의해 확장되고, 그 이후에 확장된 상태에서 냉각시킨다. 이 확장된 튜브는 수축된 상태에서 높은 엔트로피의 기억을 가지지만 결정에 의해 사슬의 어떤 위치가 고정되어 있기 때문에 원래의 상태로 돌아갈 수가 없다. 튜브는 전기 연결 처리를 하고, 그 이후에 고분자의 용융점 이상으로 온도를 올리면 수축된다. 결과적인 수축은 확장된 고무밴드의 수축이나, 고무풍선의 공기가 빠져 나갈 때의 가스 방출과 유사하다. 이러한 납땜이 없는 전기 접합은 진동, 수증기, 부식성 액체에 대한 저항성이 뛰어나다. 그러므로 이것은 우주선의 배선이나 사람의 목숨이 위험해질 수 있는 곳에서의 응용 등의 중대한 분야에서 보다 더 선호된다.

20.5 성형물의 가공

고분자를 성형물로 가공하는 데 다양한 기술들이 사용되고 있다. 이들 기술은 몇 가지를 제외하고는 복잡하고 비싼 기계를 이용해야 할 필요가 있다. 따라서 실험실적으로 가공하기에는 부적당하다. 합성 고분자로부터 만들어질 수 있는 성형물의 형태는 볼펜의 플라스틱 하우징이나 병마개로부터 냉장고 내부재 또는 미사일이나 초음속 항공기의 부품에 이르기까지 매우 다양하다. 다음 절에 이들에 관해 개괄적으로 기술하고자 한다.

20.5.1 주형

주형은 액상 단량체나 프리폴리머를 적당한 틀 안에서 중합시키는 공정이다. 광화학적 방법이나 고에너지 방사선 기술 등이 종종 사용되고 있지만, 일반적으로 화학 약품에 의해 중합이 개시된다. 화학적으로 개시할 경우에는 틀을 오븐에서 가열하여 "경화"나 중합을 개시시킨다. 주형 공정의 주된 장점으로는 복잡한 형태의 성형물도 쉽게 만들 수 있다는 것이다. 더욱이 이 공정은 값싸고 실험실이나 소규모의 생산자들도 쉽게 택할 수 있다.

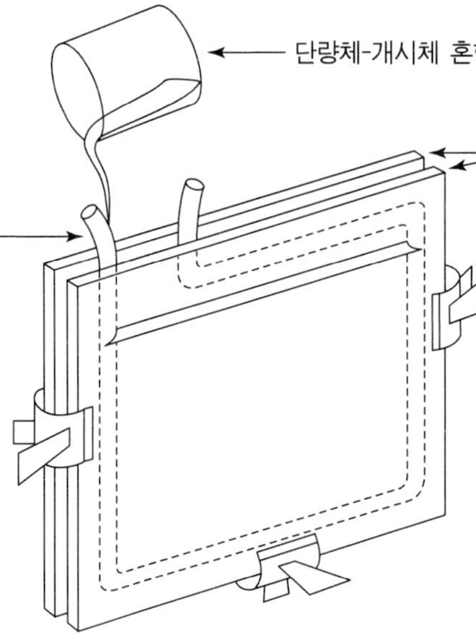

그림 20.23 주형법으로 고분자판을 만드는 방법

주형 공정을 가장 간단하고 쉽게 응용할 수 있는 것은 단단한 고분자판을 제조할 때이다. 이 공정을 이용해 폴리메틸메타크릴레이트판을 제조하는 것에 관해 이미 3장에서 언급하였다. 틀은 두 개의 유리판으로 되어 있으며, Tygon 튜브로 된 개스킷으로 분리하고 클립으로 고정하였다(그림 20.23 참조).

고분자-촉매 혼합물을 틀에 붓고 기포를 제거한 후 개스킷을 잘 밀봉하고 틀을 오븐에 넣어 경화시킨다. 과열을 피하도록 주의를 기울여야 하며, 수축과 열처리도 주의해야 한다. 유리창 형태의 넓은 판을 이런 방법으로 만들 수 있다. 폴리스타이렌이나 에폭시 수지로부터도 이와 유사한 판을 만들 수 있다. 이와 같이 만들어진 고분자판은 유리판보다 가볍지만 쉽게 흠집이 생긴다.

더 복잡한 성형물의 경우에는 적당한 틀을 사용하여 쉽게 만들 수 있다. 틀의 표면을 비접착성 물질로 코팅하는 경우는 석고, 점토, 나무들이 틀로 종종 사용되기도 한다. 이 같은 틀들은 수명이 짧지만 취미가나 예술가에 의해 이용되고 있다. 유리와 금속의 틀은 더 내구성이 있지만 테플론이나 탄성체로 만들어진 틀은 고분자를 틀로부터 쉽게 분리할 필요가 있을 경우에 더 좋다. 왁스, 그리스, 실리콘 등과 같은 "이형제(release agent)"는 틀에 고분자가 접착되는 것을 방지할 때 사용한다. 또한 주형 공정은 전기 부품들을 싸거나 전기스탠드 제조 등에 사용된다.

에틸메타크릴레이트나 메틸메타크릴레이트 등이 보통 이러한 기술로 제조된다. 폴리스타이렌, 에폭시, 페놀-폼알데하이드 수지와 폴리유레테인 등으로부터 주형법을 이용해 제조한다. 특히 에폭시 수지는 매우 질기며 내구성이 있다.

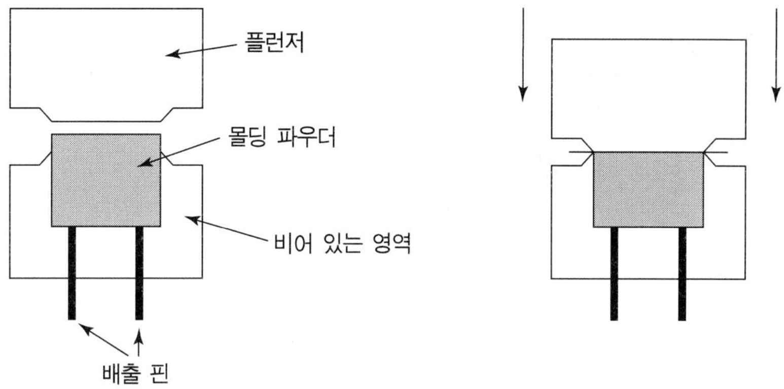

그림 20.24 압축 몰딩

20.5.2 압축 몰딩

압축 몰딩 기술은 일반적으로 페놀-, 요소-, 멜라민-폼알데하이드, 알키드, 다이알릴프탈레이트, 또는 실리콘 수지와 같은 열경화성 수지를 제조하는 데 사용된다. 몰딩 분말이나 혼합물을 가열된 틀의 아랫부분에 위치하게 한다(그림 20.24). 틀을 밀착하고 공기와 과잉의 수지는 밖으로 밀려나오고, 틀은 수지가 경화될 때까지 봉한 상태로 유지한다(보통 30초에서 수분). 틀을 열고 성형물을 분리하여 떼어 낸다. 일반적으로 틀의 재질은 크로뮴 도금 금속판을 사용한다. 온도는 150°C 이상, 압력은 2000 psi 이상이 보통이다. 압축 몰딩을 개량한 것이 **트랜스퍼** 몰딩이다. 이것은 수지를 틀 밖에서 용융시킨 후 빨리 틀 안으로 주입한다. 이 공정은 전통적인 압축 몰딩 방법보다 덜 마모된다. 압축 몰딩의 단점은 경화하기 위해 시간이 필요하다는 것이다.

20.5.3 사출 성형

사출 성형은 열경화성 고분자 및 열가소성 고분자를 고속으로 가공하는 데 사용된다. 그림 20.25에 장치를 도시하였다. 분말상 고분자나 수지는 용융점 또는 연화점 이상으로 가열하여 액체를 두 개의 봉합된 몰드로 사출한다. 고분자를 냉각하거나 경화하고 고체가 되면 틀을 개봉하고 성형품을 떼어 낸다. 이 공정은 10~30초 정도에만 일어나며, 반복하면 특히 대량 생산에 적합하다. 때로는 액체를 250°C 이상으로 가열하고, 사출 압력은 10,000~30,000 psi까지 올리기도 한다. TV 캐비닛보다 같거나 큰 성형물도 사출 성형으로 만들 수 있다.

20.5.4 발포 성형

이 기술은 열가소성 고분자로부터 병, 장난감, 탱크, 그 밖의 다른 중공 성형물을 만드는 데 사용된다. 그림 20.26에 나타낸 바와 같이 가열하여 연화된 튜브상의 고분자("parison"이라 알려져

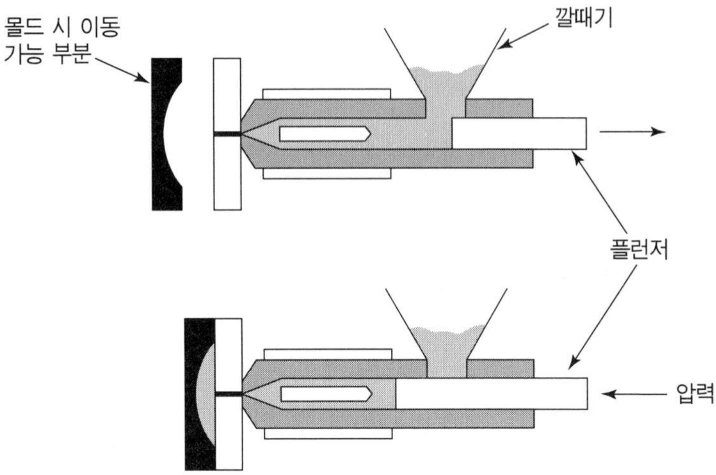

그림 20.25 사출 몰딩

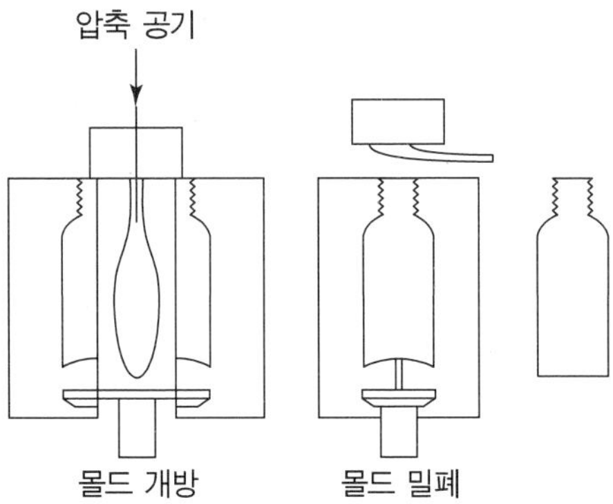

그림 20.26 블로우 몰딩

있음)를 사출기에서 틀에 넣는다. 패리슨(parison) 주위의 틀을 밀봉하고 양 끝을 닫고, 압축 가스 (25~100 psi)를 패리슨에 주입시키면 냉각된 틀 안에서 팽창한다. 열가소성 고분자는 딱딱하게 굳어져 있으며, 틀을 열어 성형물을 제거하고 이 같은 공정을 반복한다. 실제로는 모든 공정을 자동화하여 패리슨을 틀 하나에 주입하든지 또는 연속적으로 여러 개의 틀에 동시에 주입하는 것이 가능하다. 블로우 몰딩 공정은 저렴한 공정이다. 패리슨의 두께를 간단히 변화시켜 제품의 두께를 쉽게 변화시킬 수 있다. 더욱이 블로우 몰딩 사출 성형에서 사용된 고분자의 분자량보다 높은 분자량을 갖는 고분자들을 사용할 수 있다. 그 이유는 고점도가 이 경우에는 단점이라기보다는 장점이기 때문이다. 폴리에틸렌, 폴리바이닐클로라이드, 폴리카보네이트, 폴리메틸메타크릴레이트, 폴리폼알데하이드, 폴리스타이렌 등은 일반적으로 블로우 몰딩을 한다.

20.5.5 열융합과 열성형

열융합은 폴리에틸렌과 같은 열가소성 수지로부터 배, 통 및 큰 용기와 같은 커다란 성형품을 제조하는 데 쓰이는 공정이다. 분말을 커다란 금속틀에 넣고 고분자를 오븐에서 용해시킨다.

열성형은 열가소성 수지판을 연화 온도 이상으로 가열시켜 틀에 넣고 압력을 가하는데, 때로는 진공을 이용하기도 한다(그림 20.27 참조). 이 방법은 납작한 접시, 태양광선 "차단용" 지붕, 모형지도 등을 만드는 데 사용된다. 이 방법에 적당한 고분자들로는 폴리에틸렌, 폴리바이닐클로라이드, 폴리메틸메타크릴레이트, 폴리스타이렌, 폴리카보네이트 및 ABS 등이 있다.

20.5.6 회전 몰딩

이 기술은 열가소성 수지로부터 중공 성형품을 제조하는 데 이용된다. 고체 고분자를 폐쇄된 틀 안에 넣고 녹인다. 틀을 종방향 및 횡방향으로 동시에 회전시켜 고분자를 내부 표면에 균일하게 도포한다. 이 기술을 이용하여 물 탱크, 연료 탱크, 글로브 박스, 짐 상자, 배터리 상자, 하우징이나 관 등을 제조한다.

20.5.7 백 몰딩(bag molding)

이것은 특히 고강도, 고성능 구조가 필요한 큰 성형품을 소량 생산할 경우에 사용된다. 항공기나 미사일의 앞부분을 이 방법으로 제조한다. 열경화성 수지나 강화 재료를 틀에 넣고 유연한 칸막이로 덮는다. 이때 틀 주위의 공기실을 봉하고 공기압을 넣는다. 압력을 칸막이에 가하면 수지는 틀 안으로 들어가고, 온도가 상승하면서 경화가 일어난다.

20.5.8 튜브 제조

일반적으로 튜브 제조는 고리형 다이를 통해 가열된 스크류 압출기로 압출하여 제조한다. 이 방법으로 제조하기에 적당한 열가소성 수지로는 폴리에틸렌, 폴리바이닐클로라이드, 폴리프로필렌, 폴리폼알데하이드, 나일론, ABS 삼원 공중합체, 고무와 폴리스타이렌의 블렌드 등이 포함된다.

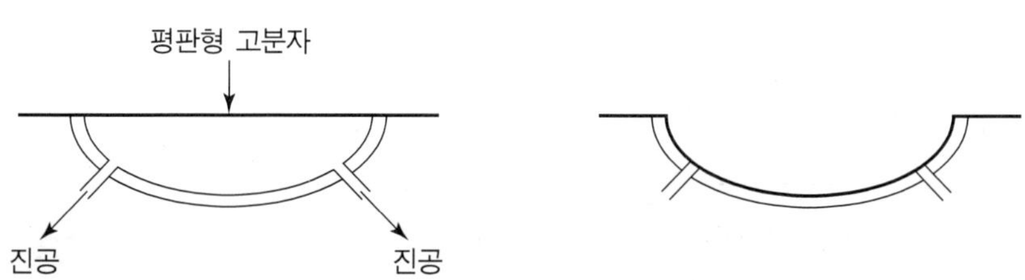

그림 20.27 고분자판의 열성형

튜브 압출된 열가소성 수지 중 대부분은 수도관, 배수관, 용수관, 가스관, 전기 전화 도관 등에 이용된다. 실험실에서 이용되는 Tygon 튜브는 프탈레이트 에스터로 가소화된 폴리바이닐클로라이드이다. 또한 고분자 봉과 용기도 압출법으로 성형된다.

그와 같은 튜브 제조는 전기선을 위한 절연 및 보호 코팅으로 사용된다. 일반적으로 폴리에틸렌과 같은 고분자는 얇고 작은 구경의 튜브로 압출되며, 역시 압출기를 통해 공급되는 전선 위에서 수축될 때까지 튜브를 잡아주는 굴대(mandrel)를 통해서 주입된다. 이 폴리에틸렌 외장은 냉각되며 전선 주위에 보호막을 형성한다. 높은 온도의 경우 폴리에틸렌 코팅이 전선을 노출시킬 수 있기 때문에 크리프(creep)를 방지하기 위해서 고에너지 방사를 통해서 가교된다. 사실, 방사 가교는 바닥 아래의 열수 가열을 위해 사용되는 튜브와 같이 높은 온도에서의 적용을 위해서 고분자의 안정성을 증가시키는 데 사용된다.

20.5.9 압출 시 팽윤

고분자 압출 시에 고분자가 다이에서 나올 때 중대한 문제점이 발생한다. 특이하게 흐름 방향의 수직 방향으로 크게는 두 배 가까이 팽창한다. 잘못 사용된 이름인 "다이 팽윤(die swell)"은 이러한 효과에 자주 사용되며, 적당한 표현은 "압출 시 팽윤(extrudate swell)"이나 "용융 팽윤(melt swell)"이다. 그림 20.28에 더 자세히 표현하였으며, 그것의 분자학적인 원인을 나타내었다. 둥근 개구를 갖는 다이를 통해 고분자가 압출되는 둥근 막대를 고려해 보자. 효과의 크기는 그림의 왼쪽에 보이듯이 **팽윤비**나 지름의 비(*D*/*d*)로 나타난다. 이러한 비는 압출되는 고분자의 분자량이나 분산 지수, 온도, 흐름 등에 영향을 받지만, 실제 가공 조건에서는 1.8에 근접한다. 팽창은 오른쪽 그림에서 보이듯이 흐름의 성질 때문에 일어난다. 다이 벽에서 마찰이 일어나기 때문에 다이의 내부 벽에서 흐름이 최소가 되고 중앙부에서 최대가 된다. 결과적으로 전단 경사(shear gradient)는 고분자 사슬을 구형의 모양에서 흐름 방향으로 배열된 시가(cigar) 형태로 연신시킨다. 이때 고무 밴드가 당겨질 때 사슬이 연신되는 것과 같은 방법으로 고분자의 엔트로피가 감소한다. 사슬이 다이 밖으로 흘러 나왔을 때 사슬은 그들의 높은 엔트로피를 갖는 공간 배열로 되돌아가 팽창한다. 이것은 "기억(memory)" 효과의 다른 예이다. 축방향에서의 수축은 고분자 흐름의 수직 방향으로 팽창을 일으킨다. 흐름 속도가 증가하면 연장된 사슬이 보다 더 쉽게 흐르기 때문에 점도가 감소되지만, 그와 상응하여 팽윤비를 증가시킨다. 이것은 그림 20.29에 나타내었다.

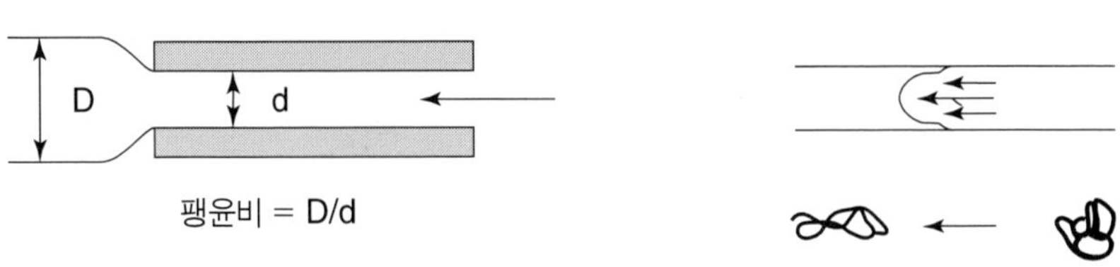

그림 20.28 둥근 막대를 압출하는 경우에 압출 시 팽윤의 정의와 분자학적인 원인

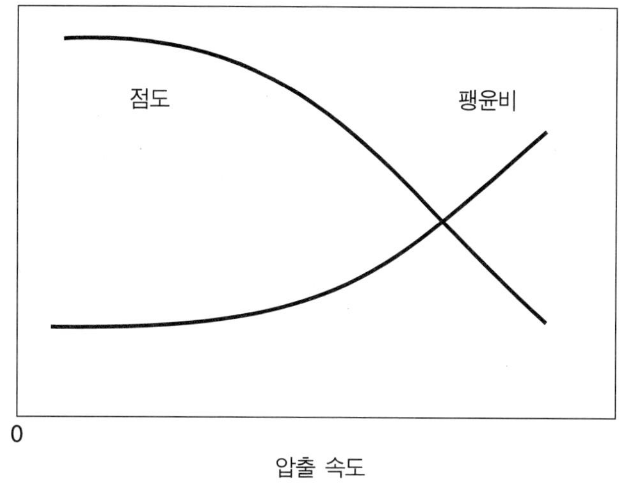

그림 20.29 흐름 속도의 증가 시 동반되는 점도 감소와 압출 시 팽윤의 증가

다이 개구(die opening)가 비원형인 경우에는 압출 시의 단면이 **모양**뿐만 아니라 부피도 변하기 때문에 상황이 더 악화된다. 예를 들면 그림 20.30의 왼쪽에 나타내었듯이, 정방형 모양의 개구를 통한 압출은 활 모양의 밖으로 굽은 단면을 갖는 막대가 만들어진다. 그리하여 정방형의 단면을 갖는 막대를 만들기 위해서는 오목한 부분을 가진 다이를 이용해야 하며, 그것의 정확한 모양을 예상하는 것은 매우 어렵다. 그림의 오른쪽에는 형상 변화의 기원을 나타내었다. 흐름은 개구의 가장자리(z점)의 최댓값으로부터 수직 방향(zy)과 사선 방향(zx)의 양방향을 따라 0으로 감소한다. 수직 방향이 사선 방향보다는 더 짧기 때문에, 전단 경사는 이 방향을 따라서 더 크며 이 방향으로 놓인 고분자 사슬이 더 비틀어진다. 그래서 모퉁이보다는 측면이 더 활 모양으로 굽어져 있다.

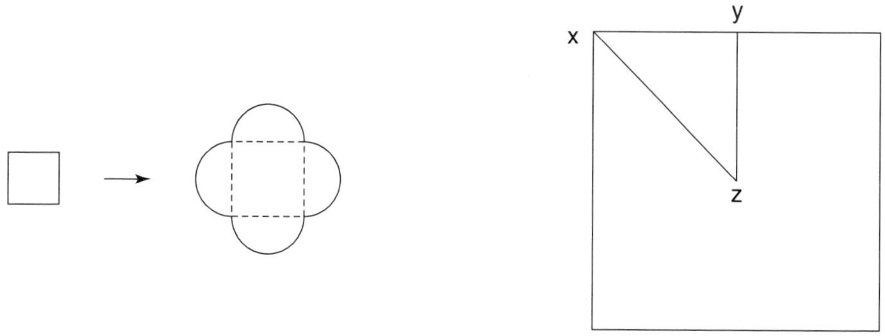

그림 20.30 원형 단면을 갖지 않는 압출된 물체의 형상에 있어서 예가 되는 변화와 불균일의 분자학적인 설명

20.6 발포 고분자

기포 고무와 세포상 절연재들은 고분자 내에 가스 기포를 발생시킨 후, 발포 구조를 안정하게 하여 제조한다. 이같은 공정들은 폴리우레테인폼(foam), 폴리스타이렌폼으로 된 음료수컵과 가구, 폴리바이닐클로라이드 직물 코팅, 일반적인 스펀지 고무와 에폭시 부유 기구를 만들 때 사용된다. 세포상 발포 공정을 그림 20.31에 도시하였다. 가스 기포를 형성하는 데 있어서 세 가지 방법은 다음과 같다.

1. 라텍스 기포 고무는 라텍스나 액상 고무를 기계적으로 발포한 후 발포된 상태의 고분자를 가교시킨다.
2. 액상 고분자나 단량체는 화학 "발포제"와 혼합하고 가열하면 가스를 발생한다. 아조아이소뷰티로나이트릴(AIBN)을 가열하면 질소 가스를 발생한다. 탄산수소소듐의 경우는 탄산가스를 방출한다.
3. 끓는점이 낮은 액체와 가스는 가압하에서 액상 고분자에 용해한다. 고분자를 가열하면, 액체는 끓게 되며 기포를 발생한다. 펜테인, 헥세인, 할로카본 등이 일반적인 발포제로 사용된다.

일단 고분자가 팽창되거나 "발포"된 후 세포상 구조를 급속히 안정시켜야 한다. 그렇지 않으면 기포가 파괴된다. 안정화 방법으로 두 가지가 사용되는데, 첫째로 고분자가 열가소성일 경우 팽창은 연화점 또는 용융점 이상에서 행하고, 폼을 즉시 녹는점 이하로 냉각시킨다. 이것을 **물리적 안정화**(physical stabilization)라고 한다. 두 번째 방법은 **화학적 안정화**(chemical stabilization)로서 고분자를 발포시킨 후 즉시 가교시키는 방법이다.

폴리스타이렌이나 폴리바이닐클로라이드폼은 보통 냉각하면 간단히 안정화된다. 이 같은 고분자와 발포제의 혼합은 종종 슬릿을 통하여 압출된다. 폴리우레테인폼은 물 또는 카르복시산과 과

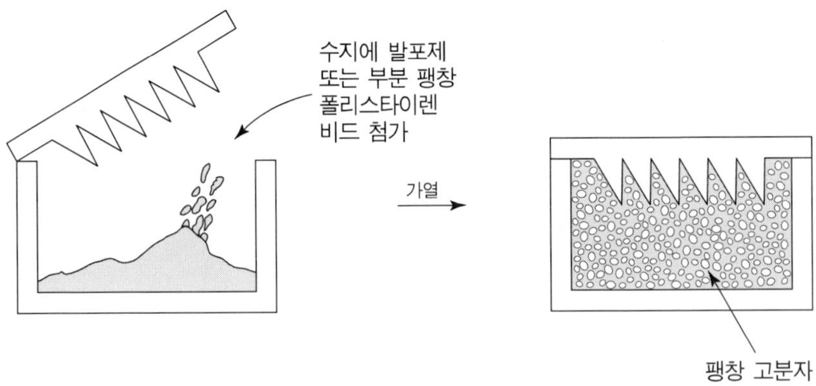

그림 20.31 팽창 세포상 고분자로부터 성형물의 제조

량의 아이소사이아네이트와의 반응으로 생성된 탄산가스 기포에 의해, 그리고 휘발성 유기 발포제에 의해서 발포하게 된다. 폼이 생성되는 동안에 가교가 일어난다. 에폭시폼과 페놀 수지 등은 가교에 의해 안정화된다. 실리콘폼은 화학적 발포제에 의해 팽창되고, 가교 촉매인 과산화물과의 반응에 의해 안정화된다.

폼 내부의 각각의 세포는 서로 분리되어 있거나(폐쇄 셀폼), 서로 연결된 것(개방 셀폼)이 있다. 폐쇄 셀폼은 절연 재료에 더 적당하다는 것은 명백하다.

폐쇄셀 또는 개방셀 중 어느 것이 형성되느냐는 액상 고분자의 점도와 화학적 발포제의 분해 속도 사이의 비에 의존한다.

몇 가지 부유 기구에 사용되는 폐쇄셀은 유리나 실리카로 제조된 미세풍선(microballon)을 고분자에 분산시킨 것을 이용하고 있다.

20.7 강화 고분자

많은 고분자들은 사용하기 전에 가교시켜야 한다. 예를 들어 대부분 원래 탄성체의 원료들은 유연하며 내충격 강도를 갖는 장점이 있으나, 이들은 너무 유연하고 약하여 고무 타이어로는 사용될 수 없다. 강화를 시키면 강인하게 되고 높은 외압 조건에서도 그 원래 형태를 유지한다. 강화를 하는 곳은 유연하거나 탄성을 갖는 고분자뿐만 아니라, 고체상의 유리상 고분자에도 사용된다.

강화에는 보통 두 가지 기본적인 형태가 사용된다. 즉 직물이나 끈에 의한 강화와 카본 블랙, 유리 섬유, 카본 섬유, 석면, 마이카, 목재가루, 탄산칼슘 등과 같은 미세섬유에 의한 강화가 있다. 유리 섬유 강화 보트와 고무 타이어의 경우는 두 가지 모두 사용한다.

유리 섬유, 나일론, 폴리에스터 또는 레이온 등으로 만든 부직포는 자동차 타이어의 강화에 사용된다. 직물 자체에 고무 화합물을 도포하여 캘린더 가공한다. 고무 타이어의 트레드(tread)와 옆면은 압출하여 만든다. 타이어 제조 공정은 우선 드럼을 캘린더 가공한 고무 타이어로 싸고 직물 강화한 것을 놓은 후 트레드와 옆면을 바깥쪽으로 해서 놓은 후 가열하여 경화시킨다.

유리 섬유 직물도 열경화성 고분자를 강화하여 적층판을 제조하는 데 쓰인다. **적층**(laminate) 이란, 직물층 사이에 고분자를 놓고 샌드위치상으로 만든 것이다. 직물에 수지를 침적시켜 쌓아서 프레스에서 가압하고 오븐에서 압력과 열을 가하여 경화시킨다. 이렇게 만든 적층판은 강인하고, 치수 안정성이 있으며, 외압이 있을 때 파괴에 대한 저항성이 있다.

고분자 기질에 미세한 충전제를 넣어도 강화시킬 수 있다. 대부분의 충전제는 van der Waals 힘에 의해 고분자와 결합한다. 따라서 결합 강도는 충전제의 표면적과 충전제의 미세 점도에 따라 증가한다. 그러나 카본 블랙은 고무나 다른 고분자에 대하여 특히 효과적인 충전제로 알려져 있는데, 이것은 고분자에 화학적으로 그래프트되기 때문이다. 잘게 자른 유리 섬유들은 열경화성 수지의 충전제로서 보트 제조, 자동차 차체, 건축 패널, 헬멧 등에 광범위하게 사용된다. 수지 형성에 일반적으로 사용되는 것은 에틸렌글리콜(EG)과 말레산 또는 프탈산 무수물로부터 축합하여 생성된 용액에 스타이렌이 포함되는 것이다. 이때 벤조일퍼옥사이드(BPO)가 적당한 경화 가속제로 사용된다. 페놀폼알데하이드, 에폭시, 실리콘, 알키드, 멜라민-폼알데하이드 등과 같은 수지도 사용된다. 고분자는 전체 재료 중량의 10~60% 정도를 차지한다. 수지와 잘게 자른 유리 섬유를 개폐틀에 분사시키고 부직포를 사용하여 더 강화한다. 보트, 대형 탱크, 하우징, 헬멧 등이 이 방법으로 제조된다.

나일론, 폴리아크릴레이트, 폴리카보네이트, 폴리프로필렌, 폴리폼알데하이드, ABS 삼원 공중합체 등과 같은 열경화성 고분자들이 충전제의 도입으로 강화된다. 자동차 산업에서 이런 재료들의 사용이 증가하고 있다.

다른 형태의 강화로는 벌집 모양의 금속과 필라멘트를 감은 제품이 사용되고 있다. 필라멘트를 감는 기술로는 굴대에 연속적으로 섬유를 감으면서 수지에 침적시킨다. 원형 또는 구형의 제품들이 매우 큰 강도를 갖고 있다.

20.8 탄성체 기술

천연 또는 합성 고무의 원료를 그대로 응용하는 것은 부적당하다. 순수한 탄성체는 너무 연하고 늘어나기 쉬우며, 산소나 오존에 의해 쉽게 공격을 받는다. 이러한 이유로 그 성능을 개선하기 위해 고분자에 첨가제를 배합시킨다. 첨가제로는 다음과 같은 것들이 사용된다.

1. **가황제**(vulcanizing agent)로 머캡토싸이아졸(가황 촉진제)을 사용하고, 이 외에 첨가제로 활성화제, 지연제 등을 사용한다. 금속 산화물인 산화 아연은 활성화제이다. 가황 공정은 열적인 가교단계로서 고분자를 강화시키고, 점성 유동에 대해 저항을 나타내며, 탄성을 띠게 한다. 천연고무, SBR-뷰틸 고무, 나이트릴 고무 등이 황을 사용하여 가황된다. 실리콘 고무는 과산화물을 사용하여 가황된다.
2. 카본 블랙과 같은 **충전제**(filler)들은 인장 강도와 탄성을 증가시킨다. 특히 카본 블랙은 고분자 사슬 사이에 약한 공유 결합을 갖는 가교 역할을 한다. 이러한 효과로 탄성체를 단단하게 하며 강인하게 만든다. 점토와 같은 충전제들은 가황시키기 전에 고무 등에 첨가하여 취급 특성을 개선시킨다. 실리카는 실리콘 탄성체의 강화 충전제로 사용된다.
3. **안료**(pigment)는 탄성체의 색상을 개선시키기 위해 쓰인다. 만약 카본 블랙이 충전제로 쓰였을 경우에는 안료를 사용할 수 없다.
4. **가소제**(plasticizer)는 탄성체를 유연하게 만들기 위해 첨가한다.
5. **산화 방지제**(antioxidant). 대부분의 탄성체는 산소 또는 오존과 서서히 반응한다. 이 과정에

서 이들은 유연해지거나 딱딱해진다. 특히 다이엔(diene)으로부터 제조한 탄성체의 경우 이러한 효과가 매우 심하다. 산화 방지제는 이런 효과로부터 탄성체를 보호하기 위해서 첨가한다.

탄성체의 다른 물성은 21장에서 다룰 것이다.

20.9 표면 코팅

고분자는 금속, 나무, 종이, 직물 등의 코팅 재료로 널리 사용되고, 돌이나 벽 등의 건축 재료에도 사용된다. 또한 고분자는 방수, 방화, 방균 또는 다른 지지제 보호용 코팅재로 사용된다. 고분자 코팅으로는 점착제, 절연, 장식, 굴절 코팅 등이 있다. 표면 코팅의 특성을 이용하여 금속 페인팅, 직물 코팅, 자성 테이프 생산, 점착 테이프, 책바인딩, 종이, 철사, 바닥 보호 사진용 에멀션 등을 생산하고 있으며, 몇 가지 방법을 다음에 소개한다.

20.9.1 침적

틀을 우선 고분자 용액이나 에멀션에 침적시키고 응고 욕조에 넣는다. 고분자가 충분히 층을 이룰 때까지 이 작업을 반복한다. 예를 들어 공장에서는 고무장갑을 만들 때 직물 장갑을 틀 위에 놓고 고분자를 코팅하여 강화한다. 고무와 폴리에틸렌 코팅 등이 이런 방법을 이용하고 있다.

20.9.2 캘린더 코팅

코팅용 고분자 필름을 캘린더 공정으로 제조한 후, 이것을 지지체 필름 위에 연속적으로 위에 넣고 롤러로 두 필름을 함께 누른다.

20.9.3 압출 코팅

열가소성 고분자를 판을 통해 압출하여 얇은 필름을 만든다. 이 필름을 움직이는 지지체 필름의 한쪽 면에 코팅한 다음, 두 층을 롤러를 통하여 힘을 가한다.

20.9.4 정전기적 코팅

이것은 분사될 코팅 물질에 정전기를 부여하여 분사하는 방법이다. 코팅될 물질은 접지시키거나 반대 전하를 띠게 한다. 이 방법을 이용하면 균일한 코팅을 쉽게 한다. 이것은 자동차 코팅뿐만 아니라 직물, 종이에도 이용한다.

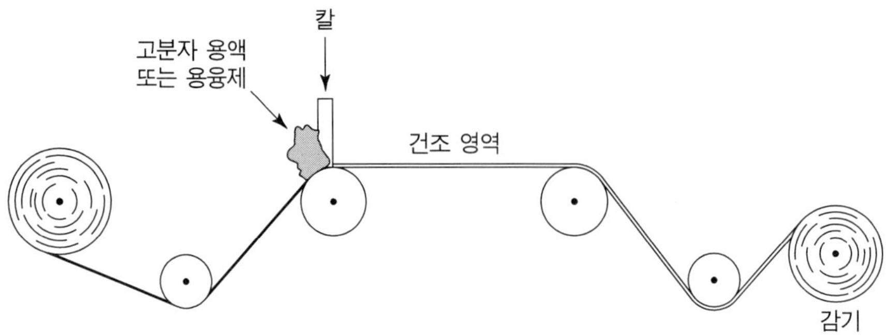

그림 20.32 나이프 코팅으로 고분자로부터 필름의 제조

20.9.5 나이프 코팅

이 방법은 앞에서 논한 용액 필름 캐스팅의 발전 단계로 대규모의 연속적인 공정이다. 지지 필름 재료가 이동하는 벨트를 통과하면서 용액을 연속적으로 캐스팅하여 필름을 만든다. 그 공정도를 그림 20.32에 나타내었다. 또한 같은 형태의 공정을 이용하여 용융 캐스팅도 할 수 있다.

20.9.6 롤 코팅

코팅되는 재료로 만들어진 판이나 필름을 연속적으로 롤러를 통과시킨다. 롤러는 용융된 고분자나 용해된 고분자를 취하여 연속적인 공정으로 필름에 코팅한다. 이 방법은 신문 인쇄를 위한 대량 생산법과 매우 유사하다.

20.9.7 유동상 코팅과 분말 주조

예열된 금속물을 분말 고분자의 유동상과 압축 가스에 담근다. 고분자 입자들이 뜨거운 물체에 달라붙는다. 이때 물체를 오븐에 통과시켜 고분자를 녹여 필름을 만든다. 코팅은 금속을 보호하기도 하고, 중공 성형품을 생산하기 위해서는 금속 물체에서 제거하기도 한다.

20.9.8 방사선-경화 코팅

비록 열경화성 재료의 경화에 대한 주요한 방법으로 열이 사용되지만, 고분자를 가교시키기 위해 감마선이나 자외선으로 조사하여 코팅을 하고 있다. 이렇게 하여 지지체에 대해 화학적 그래프트를 하게 된다.

연|습|문|제

1. 다음 고분자들의 특성과 대량 생산 시에 적당한 가공법을 기술하라. 폴리바이닐알코올, 폴리벤즈이미다졸, 폴리카보네이트, 고분자 황(polymeric sulfur), 보로실리케이트, 유리, 폴리뷰타다이엔, 폴리스타이렌
2. 메틸메타크릴레이트가 틀 안에서 중합될 때 부피 감소가 일어나는 이유는?
3. 폴리에틸렌이 뜨거운 자일렌에 녹아 있는 용액을 섬유로 용액 방사하는 실험을 할 때 주의할 점은?
4. 여러분이 얇은 고분자 필름을 이용하여 기체 확산에 대한 장애물로 사용하고자 할 때 가공법상의 문제점을 지적하고 그에 대한 해결 방안도 제시하라.
5. 새로운 로켓 추진 비행기의 머리 부분을 가공하는 계획을 수립한다고 하자. 이 경우 열적 안정성과 치수 안정성을 필요로 한다. 이 계획에 대한 제안서를 작성하고 각 단계에서 결정되는 사항에 대한 정당성도 논하라.
6. 유리 섬유 강화 열가소성 플라스틱이 자동차용 부품의 가공에 널리 쓰이고 있다. 이러한 부품을 제조할 때 재래식의 가공법을 사용한다면 부딪힐 수 있는 문제점들은 무엇인가?
7. 모터 보트나 요트 등의 선체 제작에 고분자가 많이 쓰이고 있다. 여기에 쓰이는 제작 기술을 사용하여 화물선이나 여객선과 같은 대형 선박이나 대형 여객기 등의 동체 제작을 할 수 없는 이유는 무엇이라고 생각하는가?
8. **(a)** 섬유, **(b)** 포장용 필름, **(c)** 인조 가죽, **(d)** 옥외용 표면 코팅, **(e)** 가정용 냉장고의 라이너 등에 사용하는 고분자가 가져야 할 기본적인 물리화학적 성질들을 기술하라.
9. 이 장에서 다루지 않은 가공 기술은 고분자의 전선 코팅용의 응용이다. **(a)** 열가소성 플라스틱과 **(b)** 열경화성 수지를 사용하여 금속 전선을 코팅하는 기술을 제시해 보라. 이러한 응용에서 고분자가 지녀야 할 특별한 성질들은?
10. 왜 유리 섬유, 석면, 카본 블랙, 보론 섬유, 카본 섬유 등과 같은 무기 물질들이 고분자의 보강재로 사용되는가? 예를 들어 나일론 섬유는 왜 에폭시 수지의 보강용 재료로 사용되지 않는가?
11. 고강도 섬유인 케블라®와 같은 딱딱한 막대 고분자의 가공(방사)은 왜 어려운가?

참|고|문|헌

CORISH, P. J. (Ed.), *Concise Encylopedia of Polymer Processing & Applications*. Oxford: Pergamon Press, **1992**.

Encyclopedia of Polymer Science and Engineering (H. F. Mark, N. M. Bikales, C. G. Overberger, G. Menges, and J. I. Kroschwitz, eds.). New York: Wiley, **1986**, including sections on extrusion, fibers, films, laminates, and so on.

FRIED, J. R., *Polymer Science and Technology*. Englewood Cliffs, NJ: Prentice Hall, **1995**.

GRULKE, E. A., *Polymer Process Engineering*, 2nd ed. Englewood Cliffs, NJ: Prentice Hall, **1994**.

KRASSIG, H., "Film to Fiber Technology," *J. Polymer Sci. (D), Macromol. Rev.*, **1977**, *12*, 321.

KRAUS, G., "Reinforcement of Elastomers by Carbon Black," *Advan. Polymer Sci.*, **1971**, *8*, 155.

MANSON, J. A., and SPERLING, L. H. *Polymer Blends and Composites*. New York: Plenum Press, **1976**.

MCCRUM, N. G., BUCKLEY, C. P., and BUCKNALL, C. B., *Principles of Polymer Engineering*. New York: Oxford University Press, **1988**.

PEARSON, J. R. A., *Mechanical Principles of Polymer Melt Processing*. New York: Pergamon Press, **1966**.

PENN, W. S., *PVC Technology*. New York: Wiley, **1971**, **1972**.

RASTOGI, A. K., "Fiber-Reinforced Plastics Today," *ChemTech.*, **June 1975**, 349.

RODRIGUEZ, F., *Principles of Polymer Engineering*, 2nd ed. New York: McGraw-Hill, **1982**.

SORENSON, W. R., and CAMPBELL, T. W. *Preparative Methods of Polymer Chemistry*, 2nd ed. New York: Wiley-Interscience, **1968**.

WILLIAMS, H. L., *Polymer Engineering*. New York: Elsevier, **1975**.

21장

고분자의 시험법

21.1 서론

고분자는 여러 가지 용도로 광범위하게 사용될 수 있으나, 각각의 용도에 적합한 성질을 지니고 있어야 한다. 그러므로 고분자 기술의 중요한 측면의 하나로 새로운 고분자가 여러 다른 용도에 적합한지 아닌지를 결정하는 시험법을 들 수 있다. 모든 고분자의 기본적인 시험법은 적합한 목표에 맞게 시행되어야 하며, 실제 사용 시의 조건과 같은 시험 조건에서 이루어져야 한다. 고분자의 시험법은 경비와 시간을 많이 소비하므로, 새로운 고분자를 시험한 결과로 가장 적절한 응용 분야를 제시해 줄 수 있는 **실험실**적인 일반적 시험법을 강조하고 있다.

새로운 고분자에 대해서 행하는 대부분의 시험법은 **공학적** 평가가 기재된다. 그에 대한 자세한 설명이나 이론은 이 책의 범위를 벗어나므로 생략한다. 다음 절에서 모든 새로운 고분자에 일반적으로 응용되는 실험실적 시험법을 몇 가지 설명하겠다. 더 자세한 설명은 이 장의 끝에 제시된 참고문헌을 참조하기 바란다. 여기서는 기본적인 물리화학적 시험법, 기계적 평가, 열적 특성, 전기적 시험법 등과 기후, 태양의 방사선, 여러 환경 영향에 대한 안정성을 예측할 수 있는 시험법의 역할에 대해 알아보기로 한다.

21.2 기본적인 물리화학적 시험법

고분자를 평가하는 기초를 형성하는 두 가지 특성이 있는데, 그것은 **유리 전이 온도**(T_g)와 **결정의 녹는점**(T_m) 유무이다. T_g가 30°C 이상으로 높으면 일반적으로 유연성이나 고무의 특성을 필요로 하는 용도에 적당하지 않다. 어떤 물질을 극지방이나 항공기 등에 사용할 수 있도록 저온 환경에 적합한 탄성체로 쓰려고 한다면, 그 물질은 매우 낮은 T_g와 낮은 결정화도(degree of crystallinity)를 가져야 할 것이다. 섬유로서 적절한 고분자는 사용 온도보다 높은 T_g를 가지고, 또한 그 온도보다 높은 T_m을 가져야 하며, 강직한 구조를 가지는 물질로 쓰이는 고분자는 100°C 이상의 높은 T_g를 가져야 할 것이다.

한때 섬유나 필름으로 사용되도록 설계된 고분자는 일반적으로 노출되는 온도보다도 훨씬 낮은 유리 전이 온도를 가져야만 한다고 생각되었다. 지금은 물체 크기가 단지 상대적으로 크다면 T_g 아래에서 깨지기 쉽게 될 것이기 때문에 필요 없다고 생각한다. 어떤 필름은 두께가 얇은 1차원(1D)이다. 그리고 1차원 폴리스타이렌 필름은 폴리스타이렌 필름(T_g = 100°C)이 실온 또는 그 이하의 온도에서 포장지로 사용될 수 있게 한다. 어떤 섬유는 2차원 구조이다. 그리고 이런 2차원은 유리 섬유(glass wool)가 유리 전이 온도 T_g(≈ 800°C)보다 수백도 낮은 온도에서 사용될 수 있게 한다. 열가소성 탄성체인 폴리스타이렌 도메인(domain)의 경우에는 3차원 구조를 가지고 있다. 그리고 이것은 실온에서 폴리스타이렌 도메인들이 변형할 수 있게 만든다.

유리 전이 온도는 유연성 사슬보다 훨씬 더 높은 T_g 값을 가지는 딱딱한(stiff) 사슬의 사슬 구조 분자 내 효과에 의존한다. 또한 분자 간 효과에도 의존한다. 이 경우 약한 인력보다는 더 높은 T_g 값을 가지도록 강하게 잡아당기는 분자 간 인력에 더 잘 의존한다. 또한 이것은 분자 간 인력 의존성이 사슬을 윤활하게 하고 사슬을 분리시키는 묽힘제로서 가소제가 어떻게 작용하는가를 설명한다.

녹는점과 관련된 혼란은, 큰 결정은 더 작은 결정보다 훨씬 더 높은 T_m을 갖는다는 것이다. 그 이유는 양의 계면 자유 에너지가 작은 입자를 불안정하게 만들기 때문이고, 이 불안정은 부피(V)에 대한 표면적(S)이 크기 때문에 생긴다. $V : S/V \propto r^2/r^3 \propto 1/r$. 여기서 r은 입자의 효과적 반지름이다. 그러므로 서냉에 의한 미소결정(crystallite)의 크기 증가는 T_m을 크게 증가시킨다. 그러나 이것은 일단 녹아서 재결정화된 고분자는 더 낮은 온도에서 부차적으로 녹게 된다는 것을 의미한다.

그러므로 17장과 19장에서 설명한 방법들로 T_g와 T_m을 측정하는 것이 모든 고분자 평가에 있어서 첫 번째 단계이다. 이 방법들은 고분자의 분자량(14장, 15장)을 고려하여 측정해야 하는데, 그 이유는 일반적으로 물리적 특성은 저분자량 물질일수록 평균 사슬 길이에 의존하기 때문이다.

21.3 기계적 시험법

화학자들은 **분자적 측면**에서 물질의 물리적 특성을 이해하려고 한다. 예를 들면 분자의 모양, 입체 형태적 유동성(conformational mobility), 결정 충전력, 결합 에너지 등이다. 한편 엔지니어나 기술자는 이런 기본적 특성들을 잘 알고 있지만 다음과 같은 것들에 더 관심이 있다. 즉 '이 고분자는 어떤 특별한 성질 때문에 그러한 용도로 응용되는가?' 등 최근에 고분자의 물리 및 화학적 분야는 괄목할 만한 성장을 보였지만, 기계적 성질은 몇몇 경우를 제외하고는 아직도 기본적인 분자 구조적 원칙으로부터 예측할 수는 없다. 예를 들면 고분자의 실제 강도는 결합력이나 분자간력에 기초한 계산값보다 1/10, 1/100밖에 되지 않는다. 그러므로 현재의 기계적 시험법은 새로운 고분자에 대한 공학적 평가법이다. 이러한 시험법은 재료실험실이나 산업체의 연구실에서는 일상적으로 행해진다. 대부분의 시험법으로 시편은 파괴되며, 재현성이 높지 않으므로 타당한 결과를 얻기 전에 비슷한 시편에 대한 여러 번의 반복 시험이 필요하다.

기계적 성질에 관한 4가지 질문들이 그 고분자 응용을 평가하는 기준으로 생각될 수 있다.

1. 응력과 변형에 대한 물질의 응답은 무엇인가? 물질은 잡아당길 때 쉽게 변형되거나 늘어나는가? 잡아당기는 힘을 없애 주면 원래의 형태로 돌아갈까, 늘어난 형태로 있을까? 잡아당기는 힘을 걸었을 때 시편이 어떻게 끊어질까? 압력하에서 고분자가 딱딱하게 그대로 있을까, 흐를까?
2. 충격에 대한 저항성은 무엇인가? 고분자는 유리처럼 분쇄될까, 고무처럼 힘을 흡수해서 손상되지 않고 남아 있을까?
3. 굴곡 변형에 대한 물질의 강도는 무엇인가? 봉이나 판을 휘었을 때 부러질까, 휜 채로 있을까, 아니면 힘이 제거될 때 다시 스프링처럼 원 상태로 돌아갈까? 연속되는 긴 시간의 굴곡 변형(피로)에 대한 응답은 무엇인가?
4. 물질의 경도와 마모 저항성은 무엇인가? 고분자 표면을 날카로운 물질로 누를 때 점차 변형될까? 베어링에 사용할 때 마모될 것인가? 금속, 플라스틱, 직물, 돌멩이 등으로 갈 때 표면이 쉽게 긁힐까?

고분자를 어떤 중요하거나 광범위한 응용에 사용하거나, 섬유나 로켓의 머리끝 원추체에 사용하기 전에 반드시 이러한 의문을 가지는 것은 당연하다.

21.3.1 응력-변형 곡선

어느 물질의 인장 강도는 잡아당기는 힘이 걸렸을 때 늘어나거나 끊어지는 것에 대한 저항의 측정치가 된다. 여기서 쓰인 이 용어는 변형(주어진 응력하에서의 시편의 늘어남)에 대한 응력(시편에 걸리는 하중이나 잡아당기는 힘)과 관련이 있다(17장 참조). 대부분 물질의 응력-변형 거동은 시간에 의존하기 때문에 응력이 걸리는 속도를 반드시 계산해야 한다. 예를 들면 갑자기 응력을 주면 섬유는 끊어지나, 같은 힘을 천천히 주면 섬유는 늘어나고 절단에 대한 높은 저항성을 보인다.

실질적으로 응력-변형 실험은 그림 21.1과 같은 모양의 납작한 시편으로 한다. 시편의 끝을 시험기의 조임쇠로 잡고 양쪽으로 잡아당긴다. 시편은 언제나 그 중간 부위에서 좁아지면서 끊어진다. 응력과 변형은 기계에 달려 있는 계기에 나타나고, 데이터는 도표에 직접 나타난다.

변형에 대한 응력의 비는 **강성도**(stiffness)의 측정치이다(즉 딱딱한 고분자는 응력이 걸렸을 때

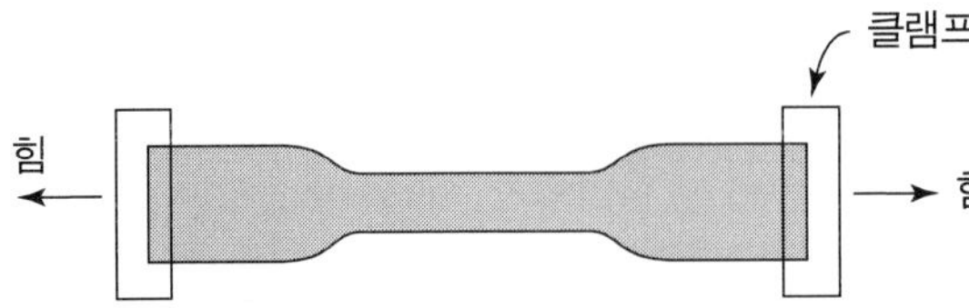

그림 21.1 응력-변형 시험에 사용되는 평판형 고분자 시료

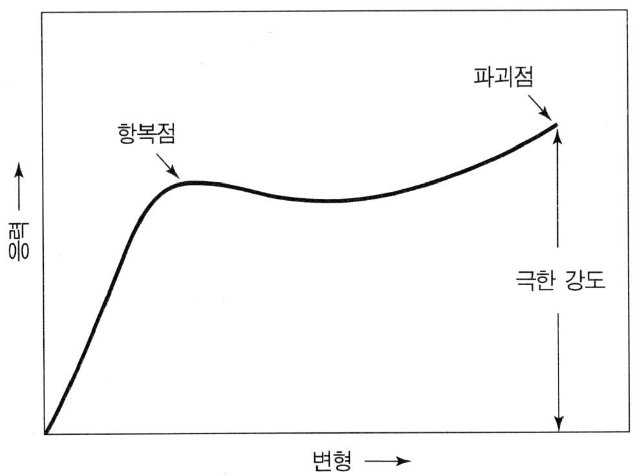

그림 21.2 폴리에틸렌과 같은 열가소성 재료의 응력-변형 곡선. 곡선의 초기 부분에서는 응력이 증가해도 변형이 조금 일어나지만, 계속 응력을 가하면 변형이 많이 일어나 항복점에 이른다.

변형이 매우 작다). 탄성체와 같이 유연한 고분자는 같은 조건에서 변형이 많이 일어난다. 데이터들은 그림 21.2와 같이 그려지며, 이 그림은 폴리에틸렌과 같은 전형적인 열가소성 수지의 거동의 특징을 나타낸다. "강인성(toughness)"은 끊어짐에 견딤을 나타내는 수치이다. 이 특성은 응력-변형 곡선에서 대강 평가될 수 있으며, 충격 시험으로도 평가가 가능하다. 다섯 가지 형태의 응력-변형 곡선을 그림 21.3에 나타내었다. 예를 들면 경화되지 않은 탄성체는 (a) 곡선과 같은 형태로 나타난다. 질긴 구조적 특성을 나타내는 포장이나 기어휠(gear wheel)에 쓰이는 플라스틱은 (d)와 같은 곡선을 나타낸다. 딱딱하고 부러지기 쉬운 폴리스타이렌은 (c)와 같은 응력-변형 곡선을 나타낸다. 응력-변형 곡선에서 얻어지는 중요한 정보 중 하나는 파괴점(breaking point)에서의 인장강도이다. 여러 가지 물질의 전형적인 값을 표 21.1에 나타내었다.

열가소성 물질은 일반적으로 유리 전이 온도나 녹는점에서 연속적인 강성의 변화를 보이지는 않지만, 온도가 증가할수록 강성이 줄어든다. 강성은 구조재로 쓰이는 플라스틱에 선호되는 성질이며, 더욱 중요한 것은 **콜드 플로우**(cold-flow)나 **크리프**(creep)에 오랫동안 견디는 능력이다. 이러한 특성에 대한 시험은 시편의 한 끝을 힘을 준 상태로 오랜 시간 유지하며 신장률을 측정하는 식으로 행한다.

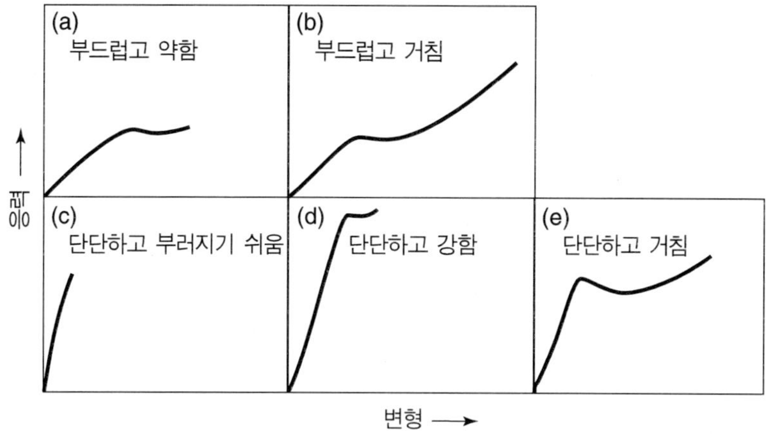

그림 21.3 여러 가지 고분자 재료들의 응력–변형 곡선

표 21.1 여러 가지 고분자들과 강철의 인장 강도

고분자	인장 강도(psi)
폴리에틸렌(저밀도 또는 중밀도)	1,000 ~ 2,400
폴리테트라플루우오로에틸렌	3,500
폴리에틸렌(고밀도)	4,400
폴리다이메틸실록세인	5,000
폴리프로필렌	5,000
폴리바이닐리덴클로라이드	8,000
폴리스타이렌	8,000
ABS 삼원 공중합체	8,500
폴리아마이드	9,000 ~ 12,500
폴리카보네이트	9,500
폴리에스터(캐스트)	~10,000
폴리설폰	10,200 ~ 12,000
폴리페닐렌옥사이드	10,500
에폭시 수지 캐스트	12,000
몰드	16,000
유리 강화 나일론	31,000
섬유 강화 에폭시 수지	60,000 ~ 85,000
탄소강	80,000
필라멘트 감긴 에폭시 수지	100,000 ~ 250,000
Type 420 스테인리스강	250,000
강선	500,000

21.3.2 충격 강도 시험

충격 강도는 일반적으로 **강인성**과 관련이 있다. 충격이 가해질 때 부서지는 경향이 있는 고분자는 비록 그것이 어떤 구조 물질로 아주 적합하다 할지라도 많은 경우 사용될 수 없다. 유리 상태, 즉 유리 전이 온도 이하 상태에 있는 고분자는 특히 충격에 부서지기 쉽다. 표준 충격 강도 시험법은 두 가지로 나누어진다. 적당한 위치에서 추를 흔들어서 시편을 치거나, 적당한 높이에서 낙구를 떨어뜨려서 행한다. 충격 강도는 시편이 부러질 때까지 증가하며, 이 시험법은 강인성의 정도를 비교하는 간단한 방법이다. 나일론처럼 실제적인 사용 조건에서 매우 질긴 몇몇 고분자는 표준 충격 강도 시험에서 나쁜 특성을 보이며, 또한 이 시험법에서 얇은 시편이 두꺼운 시편보다 비교적 더 질기게 나타난다.

21.3.3 굴곡 강도

어느 물질이 손상이나 부서짐 없이 유연한 변형을 하는 것은 기어휠, 진동 부품, 자동차, 보트, 비행기의 구조재로 쓰이는 고분자에 있어서 가장 중요한 성질이다. 고분자 물질에 정해진 만큼의 변형을 주는 데 필요한 힘을 보통 굴곡 강도의 평가 기준으로 사용한다. 그러나 더욱 의미 있는 기준은 **피로**(fatigue), 즉 연속적인 굽힘 동작에 견디는 물질의 능력이다. 시료의 파괴가 일어나기까지의 응력과 굴곡 사이클의 횟수를 그려보면 특정한 고분자의 피로 특성을 평가할 수 있다.

21.3.4 경도와 내마모성 시험

경도, 내마모성, 내찰과성, 내마찰성 등은 반드시 고분자의 성질과 관련되지는 않는다. **경도**(hardness)는 강철구를 시편의 표면에 같은 하중으로 누를 때 움푹 파인 길이로 나타내며, 다시 회복되는 길이로 복원도를 나타낸다. 이러한 식으로 폴리올레핀은 연성이며, 폴리아마이드나 폴리에틸렌테레프탈레이트는 경성이라고 할 수 있다.

내마모성(abrasion resistance)과 내찰과성은 차이가 미묘한 성질들이다. 내마모성은 고분자가 다른 표면에 계속 밀착해서 움직일 때, 표면의 부드러움을 유지하는 정도를 나타낸다. 예를 들면 스핀들 베어링, 왕복 운동하는 기구의 미끄러지는 면, 경첩, 기어 등에 쓰일 때 부드러움을 유지하는 정도이다. 내마모성과 마찰 계수 사이에는 관계가 있다. 딱딱하고 작은 마찰 계수를 가지는, 즉 잘 미끄러지는 표면을 가지는 고분자들은 일반적으로 내마모성이 좋다. 내마모성 시험은 마모된 표면에 질량 감소를 측정하여 행한다. 이 시험에서 나일론, 폴리아세탈, 폴리에틸렌테레프탈레이트 등은 좋은 성능을 나타낸다.

부드러운 고분자 표면의 긁힘도는 고분자가 창, 렌즈, 자동차 바람막이로 사용될 수 있는지를 결정하는 데 있어서 중요한 값이다. **내찰과성**(scratch resistance) 시험은 여러 실험실에서 다르게 행해지므로 매우 주관적이라 할 수 있다. 몇 가지 시험들은 사포로 시편을 누르거나 휘어서 하며,

여러 가지 경도의 연필로 표면을 긁기도 한다. 내찰과성은 딱딱하고 부러지기 쉬운 표면 특성보다 고무상 특성과 관련되며, 고분자의 콜드 플로우에 의한 표면의 복원도와도 관련된다.

21.4 고탄성 고무

앞서 기계적 물성의 논의는 열가소성과 열경화성 수지의 탄성 물성에 집중했다. 탄성체의 또 다른 거동은 고분자 재료의 또 다른 하나의 특징으로 분류된다. 탄성체는 응력이 완화될 때 본질적으로 완전히 회복성을 가지는 매우 큰 변형성으로서 정의된다. 물질이 이와 같은 형태의 탄성을 나타내기 위해서는 세 가지 분자적 요구가 만족되어야 한다. (i) 재료는 고분자 사슬로 구성되어야 하고, (ii) 사슬은 매우 높은 정도의 유연성과 움직임을 가져야 하고, (iii) 사슬은 네트워크 구조 또는 매듭이나 미세결정을 통한 물리적 사슬의 결합이 되어야 한다.

첫 번째 조건은 고무나 완전 탄성체의 분자가 부가된 응력에 대해 공간상에서 순간적으로 재배치와 확장을 변경할 수 있어야 한다는 사실로부터 유래한다. 고무 탄성에 대한 두 번째 요구되는 특징은 다른 형태 배치가 쉬워야 한다는 것이다. 즉 배치에서 변화가 사슬 고유 견고성, 확장된 사슬의 결정성 또는 유리 상태의 특징인 고점도와 같은 것으로부터 야기되는 구속에 의해 방해받지 말아야 한다. 망상 구조는 탄성 회복성에 필요하다. 약 100 중에 1 정도 서로 묶임으로써 또는 다른 고분자 분자의 부분의 교차 결합쌍에 의해 얻어진다. 결과적으로 뻗어진(stretched) 고분자 사슬이 서로서로로부터 범위를 넘어 비가역적 이동을 못하도록 한다. 얻어진 네트워크 구조를 그림 21.4에서 설명하고 있다. 그림 21.4에서 교차 결합은 일반적으로 화학 결합(가황된 자연고무에서 일어나는 것과 같이)이지만, 화학 결합이라기보다는 물리적 결합으로 네트워크 구조가 이루어질 수 있다. 빈번하게 탄성체는 열경화성 수지 범주에 포함된다. 열경화성 수지는 네트워크 구조를 가진 고분자 또는 열로 인한 화학적 교차 결합 반응에 의해 굳어진 고분자이다. 그러나 이것은

그림 21.4 사슬 간 엉킴을 나타내는 탄성 네트워크의 그림

가교도가 높은, 그리고 유리 전이 온도 아래에 있는 네트워크의 특별한 의미에 국한되어 사용된다. 예로 페놀-폼알데하이드와 에폭시 수지와 같은 재료는 전형적 탄성체와 관련되어 있지만 연성이 없는 매우 딱딱한 재료이다. 탄성 네트워크에서 교차 결합은 일시적일 수 있거나 또는 물리적 집합체일 수 있다. 예로, 부분 결정성 고분자 속의 작은 결정 혹은 다중상 3블록(triblock) 공중합체 속의 유리상 부분(domain)이 있다.

최초의 탄성 실험은 응력-변형-온도(stress-strain-temperature) 관계나, 네트워크 "열탄성"과 관계가 있다. 이 실험은 1805년에 J. Gough에 의해 처음으로 행해졌다. 1839년에 C. Goodyear나 N. Hayward에 의해 고무를 네트워크 구조로 만들 수 있는 경화나 가황 방법이 발견되었다. 이 발견은 높은 신뢰성을 가지고 연구되어야 하는 시료의 제조를 가능하게 하였기 때문에 중요한 발견이라 할 수 있다. 1859년 J. P Joule에 의해 정량적 실험이 수행되었으며, 이것은 엔트로피가 열역학에서 일반적 개념으로 도입된 몇 년 후의 일이였다. 고분자를 이해하는 데 기여한 또 다른 중요한 실험적 결과는 결정이 생기지 않는 조건에서 고무와 같은 물질의 기계적 변형이 일반적으로 일정한 부피에서 일어난다는 것이다(이것은 탄성체와 기체의 변형은 매우 다르다는 의미이다).

"고무 탄성이 본질적으로 엔트로피적이다"라는 개념의 분자 해석은 고분자가 작은 분자의 집합체가 아니라 콜로이드 화학자에 의해 연구된 공유적으로 결합된 분자라는 사실을 증명한 H. Staudinger에 의해 1920년대에서 비로소 알려지게 되었다. 1932년에 W. Kuhn은 엔트로피의 변화는 네트워크 사슬의 공간상 배치 또는 배향에서 변화를 포함해야 한다는 것을 지적하기 위해서 관찰된 부피의 불변성을 관찰하는 데 Staudinger의 이론을 이용했다.

1930년대 후반에 W. Kuhn, E. Guth과 H. F. Mark가 처음으로 네트워크 사슬이 부가된 응력에 반응해서 골격 결합 회전에 의한 형태의 변화를 겪는다는 생각을 기초로 한 정량적 이론을 전개하기 시작했다. 연이어 더 정밀한 이론이 1941년 H. M James와 E. Guth에 의한 "phantom network" 이론과, 1942년과 1943년에 F. T. Wall, P. J. Flory 그리고 J. Rehner, Jr에 의한 "Affine model" 이론이 함께 전개되었다. 일반적으로 현대 이론은 phantom model과 함께 시작되었고, 분자 사슬간 상호작용 등을 고려함으로써 확장되었다.

고무 탄성에 대해서 유연성과 이동성이 필요하기 때문에 일반적으로 탄성체는 고리 구조나 큰 곁사슬과 같은 딱딱한 기를 지니지 않는다. 이것이 탄성체에서 전형적으로 발견되는 낮은 유리 전이 온도 T_g에 대한 이유이다. 이러한 고분자는 녹는점이 낮거나 녹는점이 없는 경향이 있다. 그러나 일부 고분자는 충분히 큰 변형을 수반하는 결정화가 일어난다. 자연고무와 뷰틸 고무(변형 유도결정화를 겪는), 폴리(다이메틸실록세인), 여러 포스파진 고분자, 폴리아크릴레이트, 스타이렌-뷰타다이엔 공중합체와 에틸렌-프로필렌 공중합체(일반적으로 결정화하지 않는 고무)가 이 예에 속하는 전형적인 탄성체이다.

일부 고분자는 정상적 상태에서는 탄성이 없지만 온도를 올리거나 희석제("가소제")의 부가에 의해 탄성이 있게 만들 수 있다. 폴리에틸렌은 매우 높은 정도의 결정성 때문에 이 범주에 속한다. 폴리스타이렌, 폴리바이닐클로라이드, 생고분자 엘라틴도 역시 이 범주에 속하지만, 이들은 상대적으로 높은 유리 전이 온도 때문에 이들을 높은 탄성체로 만들기 위해서는 높은 온도가 필요하거나 희석제를 첨가해야 한다.

마지막 분류는 고유적으로 비탄성체이다. 고분자 황(사슬이 매우 불안정하기 때문에), 폴리파라페닐렌(사슬이 매우 견고하기 때문에), 열경화성 수지(교차 결합 사이의 거리가 너무 짧기 때문에)가 이 분류에 속한다.

21.4.1 네트워크의 제조

고무 탄성에 필요한 교차 결합을 도입하는 가장 단순한 방법 중 하나는 두 단량체 중 하나가 3 또는 그 이상의 기능성을 가진 상태에서 공중합을 수행하는 것이다. 그러나 이 방법은 너무 높은 교차 결합에 의해 탄성 네트워크라기보다는 단단한 열경화 고분자를 만드는 데 주로 사용되어 왔다. 더 일반적 방법은 가황(불포화 위치에 황 원자의 부가), 과산화물 열분해(자유 라디칼 발생을 통한 공유 결합), 기능성 말단 사슬의 결합(하이드록실-말단을 지닌 폴리에테르, 하이드록실-말단을 지닌 폴리실록세인에 유기 실리케이트, 바이닐 말단을 지닌 폴리실록세인에 실레인)이다.

매우 안정된 네트워크 구조는 충전제 입자에 사슬 세그먼트 일부의 물리적 집합체, 미세결정체의 형성, 금속 이온에 이온 곁사슬의 축합, 금속 이온에 리간드 곁사슬의 착체, 3블록 공중합체 속에 유리나 결정성 말단 블록의 미세 상분리 등에 의해 얻어질 수 있다. 일부 어떤 프로세스 조건 하에서 고분자가 매듭으로 엉켜질 수 있는 가능성은 교차 결합되지 않은 고분자에서 고무 탄성을 설명할 수 있다. 이런 물질의 주 장점은 교차 결합이 일반적으로 일시적이다. 즉 이러한 물질은 자주 가역적 프로세스를 할 수 있다는 의미이다. 물론 교차 결합의 일시성은 단점일 수 있다. 물질이 높은 온도에 의해서나 또는 희석제나 가소제의 존재에 의해 집합체가 깨어지지 않는 조건에서만 탄성체이다.

21.4.2 탄성체의 전형적 응용

탄성체의 전형적 비생물 응용은 타이어, 개스킷, 컨베이어 벨트, 드라이브 벨트, 고무띠, 스트레치 옷, 호스, 풍선과 다른 부유 기기막, 부도체 및 봉지제 등이다. 생물 응용은 살아 있는 유기체의 부분(피부, 동맥, 혈관, 심장 및 폐조직) 그리고 생의학 기기(콘택트렌즈, 보철, 도뇨관, 약물 전달 시스템 등) 등이다. 이 응용의 대부분은 단지 작은 변형이 필요하다는 것을 의미하는 것이 흥미 있다. 상대적으로 대부분 탄성 재료의 특징인 매우 큰 확장(늘릴 수 있음, 연장성, 전개성)은 거의 장점이 아니다.

특별한 응용은 특별한 형태의 탄성체를 요구한다. 예로서 호스는 호스가 전달하게 될 유체와 가능한 큰 용해도 매개 변수의 불일치를 가져야만 한다. 그래서 폴리클로로프렌과 같은 극성을 가진 탄성체가 가솔린, 제트 연료, 그리스, 오일, 윤활제 등과 같은 탄화수소계 유체에 사용되는 호스에 가장 적합하다.

21.4.3 탄성체 연구에 대한 실험 상세

탄성체의 기계적 물성 대부분의 연구는 변형 형태가 단순하기 때문에 신장 실험에 근거로 행해져 왔다. 이 결과는 전형적으로 공칭 응력(norminal stress) $f^* = f/A$의 의미로 표현되며 가장 단순한 형태는 다음과 같이 주어진다.

$$f^* = (\nu kT/V)(\alpha - \alpha^{-2}) \tag{1}$$

여기서 v/V는 네트워크 사슬의 밀도, 즉 단위 부피당 수 v, k는 Boltzmann 상수, T는 절대 온도, α는 신장 혹은 늘어난 탄성체의 상대적 길이이다.

다음과 같이 정의된 modulus도 자주 사용된다.

$$[f^*] \equiv f^* v_2^{1/3}/(\alpha - \alpha^{-2}) = \nu kT/V \tag{2}$$

여기서 v_2는 가능한 팽윤된 탄성체 속에서 고분자의 부피 분율이다. 아주 적은 연구가 신장 이외 변형의 형태를 이용해서 수행되어 왔다. 예를 들어 2축 확장 또는 수축 응력(shear), 비틀림이 사용되었다. 이 형태의 전형적 연구는 아래에 언급하였다.

팽윤은 비기계적 물성이지만 역시 탄성체를 분석하는 데 매우 많이 사용된다. 다소 무시되지만 **부피 변화**가 핵심적으로 중요하다는 의미에서 특별한 변형이다. 팽윤은 3차원적 팽윤이고 여기서 네트워크가 용매를 흡수해서 평형 팽윤도에 도달한다. 이때 팽윤의 평형에서 자유 에너지의 감소는 용매와 네트워크 사슬과의 혼합 때문에 사슬 펼침을 동반하는 자유 에너지 증가에 의해 균형이 잡힌다. 이 형태의 실험에서, 전형적으로 네트워크는 과잉 용매에 놓이게 되고 사슬의 팽윤 뻗침이 더 흡수를 못할 때까지 흡수한다. 이 팽윤 평행의 정도는 고분자–용매 상호작용 매개 변수가 알려진다면 조건하에 네트워크의 교차 가교 정도를 계산하는 데 이용될 수 있다. 역으로 독립된 실험으로부터 교차 가교의 정도를 안다면 그때 상호작용 매개 변수가 결정될 수 있다. 평형팽윤도와 여러 매개 변수의 조건에 대한 이들의 의존은 이론의 중요한 테스트를 제공한다.

많은 광학적 및 분광학적 물성도 역시 사용된다. 예로 변형된 고분자 네트워크의 광학 복굴절이다. 변형 유도된 복굴절은 세그먼트 배향, Gaussian과 Non-Gaussian 탄성, 결정화, 사슬 질서도의 형태 및 짧은 범위의 보정을 분석하는 데 사용될 수 있다. 다른 광학과 분광기에 의한 기술도 세그먼트 배향에 대해 중요하다. 예로서 형광 편광, 중수소 NMR, 편광 IR 등이다.

탄성체에 적용되고 있는 상대적으로 새로운 기법은 예로 중수소화된 사슬이 중수소화되지 않은 호스트 속에 존재할 때 소각 중성자 산란이 사용된다. 응용으로는 변형되지 않은 상태에서, 즉 탄성 이론의 기본적 가설에 중요한 문제에서 사슬 배치의 무질서도의 정도를 결정하는 것이다. 방식의 결정이 심지어 더 중요하다. 방식에서 사슬의 치수는 시료의 거시적 치수, 즉 변형의 "affineness"의 정도를 따른다. 탄성체에서 미시적 그리고 거시적 수준 사이의 관계는 고무 탄성 연구에서 하나의 중요한 문제이다.

작은 각도 X선 산란 기술은 역시 탄성체에도 적용되어 왔다. 예로서 기계적 물성을 향상시키기 위하여 탄성체 속에 침전된 충진제의 분석과 세라믹 매트릭스 속에 탄성체 혼합에 적용된다.

21.4.4 탄성체의 전형적 응력-변형 거동

자연고무와 같은 교차 결합된 탄성체의 작은 조각에서 얻은 전형적 응력-변형 등온은 그림 21.5에 도식적으로 나타나 있다. 힘에 대한 단위는 일반적으로 뉴턴이고 얻어진 곡선은 가역성에 대해 조사되었다. 이 형태의 표시에서 곡선 밑의 면적은 변형과 관계된 일에 비례하기 때문에 곡선 밑의 면적에 대해 상당한 관심을 가지게 된다. 그러므로 파열점에 이르는 값은 재료의 **질김**(toughness) 척도이다.

높은 신장에서 탄성률의 상승은 중요하다. 왜냐하면 탄성률의 상승은 질김의 증가에 상응하기 때문이다. 일반적으로 네트워크 사슬의 녹는점 증가로부터 변형 유도 결정화(strain-induced crystallization)가 되는데, 이것으로부터 질김의 증가가 생긴다. 역으로, 이것은 "펼쳐진 사슬의 감소된 엔트로피 비와 녹는점은 융해 엔트로피에 반비례한다"는 사실에 의해 야기된다. 그러나 어떤 경우에서 탄성률의 상승은 사슬의 한정된 확장성에 의해 야기된다. 온도의 증가 또는 희석제의 첨가에 의해 결정화의 양을 감소시킴으로써 상승이 작아지지 않게 되기 때문에 이들의 예는 쉽게 확인된다. 신장(stretching)은 네트워크 일부 사슬의 결정화를 유도한다.

그림 21.5에 보여 주는 응력-변형 등온 곡선의 초기 부분은 예측된 형태를 보여 주고 있으며, 여기서 α가 충분히 크게 되면 식 (1)에서 α^{-2} 항을 무시할 만큼 작게 만듦으로써 f^*는 선형으로 접근한다. 자연고무의 특별한 경우에 큰 변형에서 f^*의 큰 증가는 전적으로 응력 유도 결정화는 아닐지라도 대부분 일어난다.

이론적으로 편차는 역신장률에 대한 탄성률(modulus)의 일반적 plot 조사 실험에 의해 확인된 적당한 변형 영역에서 발견된다. 식 (2)는 탄성률과 신장률이 무관하다는 것을 예측할 수 있을지라도 일반적으로 탄성률은 α에서 증가와 더불어 급격하게 감소한다. 그런 선형 plot의 절편과 기

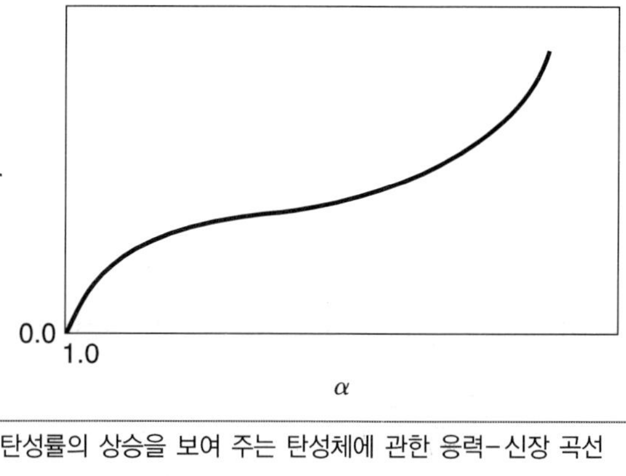

그림 21.5 높은 신장에서 탄성률의 상승을 보여 주는 탄성체에 관한 응력-신장 곡선

울기를 일반적으로 반경험적 관계 $[f^*] = 2C_1 + 2C_2\alpha^{-1}$로부터 얻는데 $2C_1$(절편)과 $2C_2$(기울기)를 Mooney-Rivlin 상수라고 부른다. 위에서 언급한 바와 같이 고무 탄성의 더 정교한 분자 이론은 phantom 한계를 향해 신장률이 증가함에 따라 변형의 내유사성(non-affineness)에서 점진적 증가에 의해 고무 탄성이 감소한다고 설명한다.

21.4.5 네트워크 구조의 조절

최근까지 구조와 응력의 관계에 대해 상대적으로 믿을 만한 정량적인 정보가 거의 존재하지 않았다. 탄성 네트워크를 조절해서 제조할 수 없었기 때문이다. 공간상에서 매우 가깝게 있는 세그먼트는 사슬에 따라 그들의 위치와 상관없이 결합되어 있다. 이것은 매우 무질서 네트워크가 되고 이 네트워크에서 교차 결합의 수와 위치는 근본적으로 알 수 없다. 이러한 구조는 그림 21.4에 나타나 있다. 그러나 구조를 알 수 있는 "모델" 고분자 네트워크를 제조하는 데 새로운 합성 기술이 현재 사용되고 있다. 예로 그림 21.6에 제시된 반응이다. 폴리다이메틸실록세인(PDMS)의 하이드록시 말단 사슬은 테트라에틸 오쏘 실리케이트를 사용해서 말단을 결합시켰다. 수평균 분자량 M_n과 분자량 분포에 관한 교차 결합되지 않은 사슬 특성의 탄성체가 합성되며 이들의 연속적 반응에 의해 반응이 완결된다. 합성된 탄성체에서 네트워크 사슬은 다음의 특성을 가진다. 첫째 교차 결합 사이의 분자량 M_L는 M_n과 같고, 둘째 교차 결합은 말단 결합제의 기능성을 가진다.

위에서 설명한 말단 결합 반응은 특이한 사슬 길이 분포를 가진 네트워크를 만드는 데 사용될 수 있다. 특별한 분포를 가지는 것은 다음에서 설명하는 것과 같이 그들의 궁극적 물성에 관해 특별한 관심이 있다.

21.4.6 매우 큰 변형에서의 네트워크

그림 21.5에서 이미 설명한 바와 같이 일부 미가교된(unfilled) 네트워크는 높은 신장에서 탄성률이 크고 다소 급격한 증가를 보여 주고 있다. 이 증가는 탄성체의 중요한 질김성에 상응하기 때문에 중요하다. 그러나 이 현상에 관한 분자 차원에서 이유가 상당한 논란거리가 되어 왔다. 그러나 네트워크 사슬이 "제한된 연장성", 즉 Gaussian 분포함수에서 부적합성 때문으로 널리 알려졌다. 이 문제는 말단-결합, 비결정화할 수 있는 모델인 폴리(다이메틸실록세인) 네트워크를 사용함으로써 해결되었다. 이 결과는 자연고무와 같이 결정화할 수 있는 고분자에서 발견된 탄성률에서

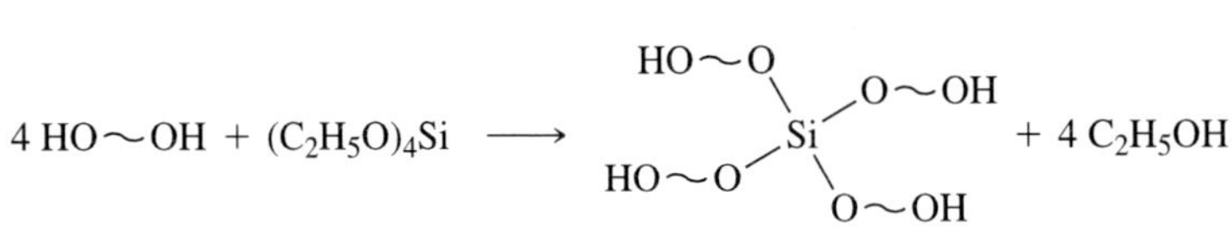

그림 21.6 구조가 알려진 네트워크 탄성체를 합성하기 위한 전형적인 말단기 설계안

비정상적 상승은 변형 유도 strain-induced 결정화에 기인한다는 것을 나타낸다.

소위 여러 "극한 물성(ultimate property)"은 관심거리다. 이들은 인장 강도, 최대 연장성, 파열 에너지(toughness) 등이다. 그리고 모두는 변형에 의해 야기되는 결정(strain-induced crystallization)에 의해 영향을 받는다. 온도가 올라가면 올라갈수록 결정화 정도는 낮아지고 그에 상응해서 궁극적 물성도 더 나빠진다.

그러한 비결정화할 수 있는 비충전 탄성체의 경우에 **네트워크 파열**에 대한 메커니즘은 이미 설명된 것과 유사한 모델 네트워크 연구에 의해 설명되어 왔다. 예로 그림 21.7에 설명된 매우 짧은 사슬과 상대적으로 긴 사슬의 말단 결합 혼합물에 의해 형성된 이정 네트워크의 탄성률의 값은 "가장 약한 결합(weakest-link)" 이론을 시험하는 데 사용된다. 이 이론에서 가장 짧은 사슬의 매우 한정된 연장성 때문에 이것에서 파열은 시작된다고 생각된다. 그러나 매우 짧은 사슬수에서의 증가는 극한 물성을 충분히 감소시키지 않는다. 이 이유는 그러한 높은 신장에서 변형의 매우 비유사성 특성 때문이다. 더 이상 재배분할 수 없을 때까지 고분자 사슬은 변형이 증가되는데, 이 변형을 네트워크가 단순히 재배분한다. 단지 이 상태에 도달한 후에 사슬 절단이 시작되고 그래서 부피(bulk) 탄성체의 파열에 이른다. 가장 약한 결합 학설은 암시적으로 유사 변형을 가정하며 신장률에서 탄성률이 증가하는데, 신장은 네트워크에서 짧은 사슬의 수와 무관하다는 예측에 이른다.

사실 네트워크 사슬 길이 다정 분산이 많은 수의 짧은 사슬을 긴 사슬 네트워크와 말단 결합에 의해 형성된다면 예상치 않은 장점이 있다. 이때 궁극적인 물성은 실제적으로 향상된다. 말단 결합 기술에 의해 제조된 이정 네트워크는 매우 좋은 극한 물성을 가지며 현재 그러한 네트워크를 제조하고 특성화하고, 그들의 물성에 대한 이론적 해석을 개발하는 데 많은 관심을 가지고 있다. 얻어진 물성 향상의 형태는 도식적으로 그림 21.8에 나타나 있다.

결과는 응력-변형 곡선 밑의 면적은 네트워크 파열을 요구하는 에너지에 상응한다. 만약 네트워크가 모두 짧은 사슬로 되어 있다면 깨어지기 쉬운 것이고, 모두 긴 사슬로 되어 있다면 연장성

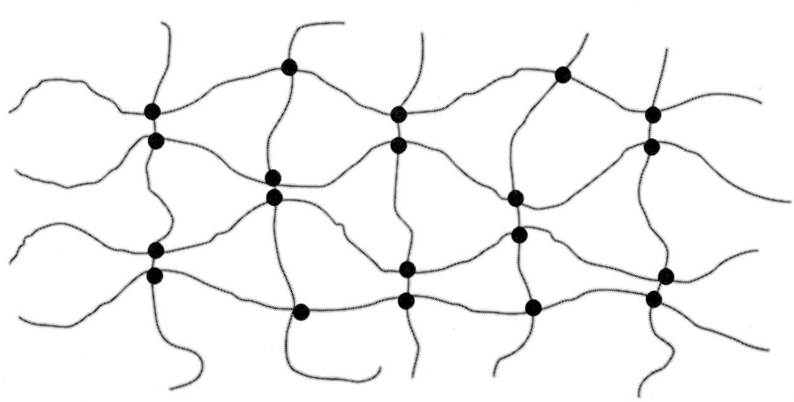

그림 21.7 네트워크 사슬 길이의 이정 분산성을 보이는 네트워크의 밑그림(긴 사슬과 짧은 사슬의 혼합물로 이루어진 네트워크의 밑그림)

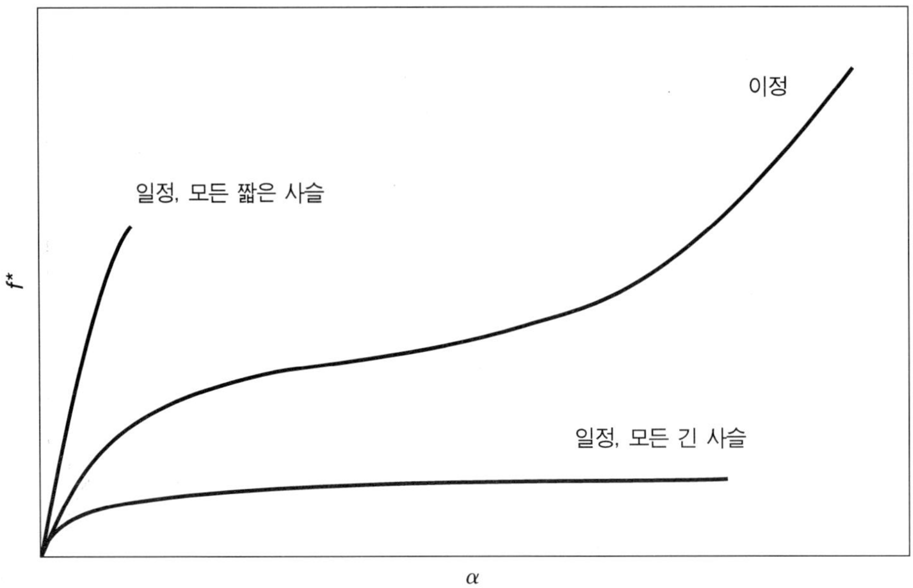

그림 21.8 상대적으로 길고, 짧은 사슬의 말단 연결에 의해 얻어진 일정과 이정 네트워크에 대한 공칭 응력 대 신장에 관한 전형적인 곡선. 각 곡선 밑의 면적은 파열 에너지로 나타낸다.

은 매우 크지만 극한 강도는 매우 낮을 것이다. 곡선 밑의 면적이 매우 작기 때문에 어느 경우도 질긴 탄성체 물질은 아니다. 왜냐하면, 그림에서 곡선은 이정 네트워크가 훨씬 물성이 향상된 탄성체라는 이유를 설명한다. 그들은 최대 연장성에서 평상적 감소 없이 매우 높은 극한 강도를 가질 수 있다.

이정 PMDS 네트워크에서 이와 같은 강화 효과는 변형 유도 결정화와 같은 일부 분자 간 효과로부터 가능할 수 있는지 아닌지를 결정하는 많은 시도가 행해졌다. 예로서 상승된 온도 또는 팽윤 상태에서 측정을 수행하였다. 모든 결과는 결정화 존재 또는 분자 간 배열의 다른 형태에 대해 강하게 반대했다. 명백하게 탄성률에서 관찰된 증가는 긴 사슬에 의한 파열 과정을 지연시키는 것과 짧은 사슬의 한정된 사슬 연장성에 기인한다. 이것은 사장을 책임대표라고 부르는 것과 같은 의미라고 생각할 수 있다.

네트워크가 변형에 의해 야기되는 결정화를 행할 때 그러한 이정성(bimodality)에 대한 다른 장점은 부가적인 질긴 효과를 제공하는 것이다. 최소한 일부 이정(bimodal) 네트워크의 극한 강도에 상응하는 일정(unimodal) 네트워크의 것과 비교해서 온도의 감소와 더불어 증가한다. 이것으로 이정성은 변형 유도 결정화를 용이하게 한다고 제안되었다.

실질적인 의미에서, 위의 결과는 짧은 사슬의 한정된 연장성은 질김을 향상시키기 위해 긴 사슬 네트워크와 결합되어야 한다. 반대 효과를 얻기 위해서도 가능하다. 그러므로 상대적으로 긴 탄성 사슬의 적은 수를 상대적으로 딱딱한 짧은 사슬 PDMS 열경화성 수지에 연결하는 것은 충격 저항을 증가시킨다.

21.4.7 다른 형태의 변형

응축, 2축 신장, 전단, 비틀림을 포함한 많은 다른 변형도 관심이 있다. 불행히도 이들 변형의 일부는 단순히 신장률보다 실험적으로 연구하기가 상당히 더 어렵다. 그래서 집중적으로 연구되지 못했다.

2축 신장의 측정은 포장 분야에서 실용적으로 중요하다. 두 독립적 변수량에 의해 수평면의 두 수직 방향에서 시료 시트의 똑바로 잡아당김(stretching)에 의해 변형이 부여될 수 있다. 같은 2축의 경우에 변형은 응축과 같은 뜻이다. 2축 신장의 연구는 항상 탄성체 공기 주입(bubble-blowing) 시트(sheet)의 팽창에 의해 수행될 수 있다. 탄성률에서 상승은 기대한 것과 같이 높은 2축 신장에서 일어난다. 전단에서 자연고무 네트워크의 실험 결과는 상당히 관심이 크다. 전단에서 탄성률의 상승은 신장에서 얻어진 것과 매우 유사하다는 것이 발견되었다. 탄성체 비틀림에 관한 연구는 거의 행해지지 않았다. 특히 특별한 이정 네트워크와 다음에 설명될 특별한 본래의 장소에서 발생된 일부의 충전제를 지닌 네트워크에 대해서 많은 결과가 예견된다.

21.4.8 팽윤과 젤

팽윤은 비기계적 물성이지만 탄성 물질을 분석하는 데 널리 쓰인다. 기계적 변형에서 부피 변화가 무시되는 것과는 달리, 팽윤은 부피 변화가 핵심적 중요성을 가지기 때문에 특별한 변형이다. 팽윤은 3차원 팽창이다. 이 팽창에서 네트워크가 팽윤 평형 정도에 도달할 때까지 용매를 흡수한다. 이 점에서 용매를 네트워크 사슬과 혼합함으로써 야기된 자유 에너지 감소는 사슬의 펼침을 동반하는 자유 에너지 증가에 의해 균형이 맞추어진다. 이 형태의 실험에서, 네트워크는 과잉 용매에 놓이게 되고 사슬의 팽창 펼침이 더 이상 흡수를 못하게 할 때까지 용매를 빨아들인다.

팽윤의 평행 정도는 고분자–용매 상호작용 매개 변수 χ_1이 알려져 있다는 조건하에서 네트워크에 관한 구조 정보를 얻는 데 사용될 수 있다. 관련된 관계를 Flory-Rehuer 식이라고 하고 교차연결 사이의 분자량에 대한 결과는 다음과 같다.

$$M_c = -[\rho V_1(v_{2m}^{1/3} - v_{2m}/2)]/[ln(1 - v_{2m}) + v_{2m} + \chi_1 v_{2m}^2] \tag{3}$$

여기서 ρ는 고분자 밀도이고, V_1은 용매의 몰부피이다. 그리고 v_{2m}은 팽윤 평형에서 네트워크상의 고분자(최대) 부피 분율이다. 반대로, 교차 결합 정도를 독립적 실험으로부터 알 수 있다면 상호작용 매개 변수는 결정될 수 있다. 팽윤의 평행 정도와 여러 가지 변수 조건에 대한 의존도는 고무 탄성 이론의 부가적 시험이다. 팽윤 평형에서 네트워크의 대부분 연구는 결합 밀도에 대한 값을 주거나 기계적 물성 측정으로부터 얻는 값과 거의 일치하는 정량적 값을 준다.

예로서 물에 기름 엎지름을 조절하기 위한 시도에서와 같이 탄성체가 액체를 흡수할 때 젤이 형성된다. 유기 액체가 흡수될 때 결과적인 물질을 유기젤이라고 부른다. 물이 흡수된다면 수화젤이라고 한다. 수화젤은 생의약에서 큰 관심을 가지고 있다. 수화젤이 물리적 특성에서 부드러운 생체 조직을 닮았기 때문에 수화젤은 효소와 영장 세포를 고정화하는 데도 사용될 수 있다.

일부 수화젤의 중요한 물성은 온도, pH, 용매 조성 등에서 상대적으로 작은 변화에 의해 급격하게 부피에서의 감소를 야기하는 것이다. 크고 통째로 된 젤에서 붕괴(부피 감소)가 아주 천천히 일어날지라도 스위치, 액추에이터, 감지막과 관련된 기계적 디바이스 또는 인공 근육의 제조에 관하여 이 현상을 유용하게 만드는 섬유와 필름에서는 충분히 빠르다.

21.4.9 충전제 강화 탄성체

위에서 언급한 바와 같이 다중상 탄성체의 한 분류는 변형 유도 결정화를 겪을 수 있다. 이 경우에 두 번째 상은 미세결정체(crystallites)로 구성되어 있다. 이 미세결정체는 상당한 강화를 제공한다. 그러나 변형의 제거, 가일소제의 부가 또는 온도의 증가에 의해 사라지기 때문에 그러한 강화는 단지 일시적이다. 이와 같은 이유에서 많은 탄성체는(특히 변형 유도 결정화를 겪을 수 없는 탄성체) 일반적으로 영구 강화 충전제를 가지고 혼합된다. 가장 중요한 예로 자연고무와 합성 고무에 카본 블랙 부가와 폴리유기실록세인 탄성체에 실리카의 부가이다. 실제로 자연고무와 관련된 재료의 강화는 탄성체 공업에서 가장 중요한 프로세스 중 하나다. 이것은 주어진 변형(strain)에서 탄성률의 증가 및 찢어짐과 마모 저항, 탄성(탄력) 연장성과 인장 강도와 같은 여러 가지 기술적으로 중요한 물성의 향상을 준다. 자기 이력(그러므로 열 형성)에서 증가와 압착 세트(항구적 변형) 등을 포함한 단점도 역시 있다. 강화 메커니즘은 잘 이해되지 않고 또한 이 영역에서 가장 중요한 미해결 문제 중의 하나는 충전제 입자와 고분자 사슬 사이의 결합의 성질이다.

가교 전에 고분자에 심하게 덩어리진 충전제를 혼합(blend)하기보다는 네트워크 구조 속에 강화 충전제의 **침전**에 의해 얻어지는 것이 더 좋다고 생각된다. 이것은 여러 충전제에 대해 행해졌다. 예를 들어 유기실리케이트의 가수 분해에 의해 형성된 실리카, 타이타네이트로부터 타이타니아, 알루미네이트로부터 알루미나 등이 있다. 전형적으로 중요한 반응은 산 또는 염 촉매 존재하의 테트라에틸오쏘실리케이트의 가수 분해이다.

$$Si(OC_2H_5)_4 + 2H_2O \longrightarrow SiO_2 + 4C_2H_5OH \tag{4}$$

이 형태의 반응은 고성능 세라믹(9장을 참조)에 대한 졸-젤 화학 루트에서 세라믹 연구자에 의해 널리 사용되었다. 세라믹 합성에 대한 장점을 저온 사용의 가능성, 생성물의 고순도, 미세 구조 조절(나노 수준에서), 세라믹 혼합물 형성이 상대적으로 용이한 점이다. 탄성체 강화에 대해 장점은 덩어리진 충전제를 고분자량 및 고점도 고분자에 혼합하는 데 어렵고 시간이 많이 소요되며 에너지 집약 프로세스를 피하는 것과 매우 좋은 분산을 얻는 데 대한 용이성을 예로 들 수 있다.

탄성체 강화에 대한 가장 단순한 방법은 유기실리케이트 재료의 일부가 교차 가교 네트워크에 흡수되고 암모니아나 에틸아민과 같은 휘발성 염인 촉매를 지닌 물 속에 팽윤 시료가 놓여지게 될 때이다. 실리카와 같은 입자를 형성하기 위한 가수 분해는 실온에서 빨리 진행되어 1시간도 채 되지 않아 대략적으로 50 wt% 충전제를 만든다. 충전 강화의 매우 높은 수준은 in-site 기술에 의해 얻어질 수 있다. 탄성률 [*f**]은 일반적으로 충분히 증가하고, 응력–변형 등온선은 양호한 강화의 표시로 높은 신장률에서 상승을 나타낸다. 일반적으로 충전 탄성체에서 일어나는 것과 같이 스트레칭 거동의 상당한 비가역성이 있을 수 있다. 이와 같은 비가역성은 충전 입자의 표면에 걸쳐 사슬의 비가역성에 의해 야기된다.

21.4.10 탄성체 변형 세라믹

유기실리케이트–고분자 계에서 가수 분해가 많은 양의 실리케이트를 가지고 행해진다면 서로 상호 침투하는 실리카와 고분자상의 두 연속상(bicontinuous)이 얻어질 수 있다. 여전히 높은 실리케이트 농도에서 발생된 실리카는 고분자가 실리카 속에 분산된 연속상이 된다. 그 결과는 "ORMOCER", "CERAMER", "POLYCERAM" 등 여러 가지로 불리우는 고분자 변형 세라믹이다. 고분자상 종종 고무상은 세라믹에 분산되었을 때 세라믹의 기계적 물성을 어떻게 향상시키는가를 아는 것이 중요하다.

21.4.11 현재의 문제와 미래의 경향

극저온에서 탄성이 있고 매우 높은 온도에서 상대적으로 안정한 고성능 탄성체에 대한 현실적 요구가 있다. $[NP(OCH_2CF_3)—(OCH_2CF_2)_xCF_2H]_n$와 같은 일부 포스파진 고분자가 이 부류에 속한다(9장 참조). 인–질소 사슬의 골격 결합은 보통과 다른 형태의 결합을 가지는 사실에도 불구하고 이들 고분자는 다소 낮은 유리 전이 온도를 가졌다. 그래서 보통과 다른 준무기 고분자의 탄성 거동과 관련된 많은 흥미 있는 문제가 있다. 역시 액정 거동을 나타내는 탄성체 연구에 흥미를 증가시키고 있다.

특별하게 흥미 있는 문제는 자연고무에서 카본 블랙과 실리콘 고분자에서의 실리카와 같은 충전제 입자 효과를 더 정량적 분자 차원에서 이해에 대한 전개이다. 그러한 충전제는 일반적으로 탄성체에서 매우 큰 강화를 제공하고 그들이 어떻게 그런 효과를 주는가에 대해서는 여전히 잘 이해되지 않는다. 관련이 있지만 좀더 복잡한 문제는 한 성분 또는 두 성분이 **in-situ**에서 발생하는 위 유형의 시스템(위에서 설명된)과 관련된다. 구조와 형태의 무한한 다양성이 이 방법에 의해 일어날 수 있다. 탄성 거동과 같은 물리적 물성이 이와 같은 다양성에 어떻게 의존하는가에 대한 이해가 도전적이지만 매우 중요한 문제이다.

특히 응력–변형 등온에 관한 미래 연구의 중요한 주제의 한 예가 고분자 사슬 연구이다. 민감한 힘 측정 장치 및 "광학 가위" 같은 정교한 장치가 요구된다. 그리고 지금까지 이 분야에서 대부분 노력이 다양한 형태 사이의 기계적 유도 전이 조사를 포함해서 생체 고분자와 관련이 있다. 그러한 연구는 탄성 네트워크 내에 사슬들 사이의 상호작용에 관한 많은 풀리지 않은 문제와 반드시 관련이 있는 것은 아닐지라도 그들은 당연히 확실하게 흥미가 있다.

21.5 열적 특성

합성 고분자가 많은 분야에서 아직도 금속이나 세라믹 등을 대체하지 못하는 이유는 150~200°C 이상의 온도에서 그 특유의 물리적 특성을 유지할 수 없기 때문이다. 다른 이유로는 고분자들이 낮은 온도에서는 높은 열팽창 특성과 경도를 가지고 높은 온도에서는 인화성과 낮은 화학 안정성을 가지기 때문이다. 고분자에 관한 연구나 기술에서 중요한 추진력의 하나는 더욱 나쁜 열적 조건에서 고분자를 사용하고자 하는 것이다. 그러므로 열적 시험은 고분자 평가에서도 근본적으로 중요하다고 할 수 있다.

21.5.1 열팽창

고분자의 열팽창 계수는 팽창계(dilatometer)나 여러 온도에서 고분자 막대의 길이를 측정하는 직접적인 역학적 방법으로 구할 수 있다. 대부분 고분자의 열팽창 계수는 일반적으로 금속보다 10배 정도 커서 고분자를 금속에 접합시켰을 때 열변형을 일으키게 된다.

21.5.2 역학적 변화

고분자의 취화도(brittleness), 강성도(rigidity), 강도(strength) 등은 가열되거나 냉각된 시편에 행한 응력-변형 시험이나 충격 시험에 의해 온도 변화의 함수로서 측정할 수 있다. 열적 연화는 투과 형태의 측정기를 사용하여 시험할 수 있다.

21.5.3 내연성

고분자의 내연성은 이제 고분자의 잠재적 용도를 결정하는 결정적 요인이 되고 있다. 각국에서 내연성에 대한 법규도 섬유나 가정 기구, 수송기의 내부 장식, 열적, 전기적 절연체의 사용 등에 더욱 규제를 강화하고 있다. 많은 유기 고분자들이 불에 타기 때문에, 발화가 시작되는 조건과 발화 후 얼마나 계속해서 타는지와 불타는 고분자에서 유독 가스가 나오는지의 의문에 대한 답변이 있어야 한다.

때때로 일반적인 사용에 있어서 실험실적인 내연성 시험은 고분자의 가능한 연소 거동과 약간의 관련을 가진다. 예를 들면 섬유로 된 천에 대한 내연성 실험에서는 천의 시편을 오븐에서 건조시키고, 데시케이터에서 냉각시킨 후 대기 중에 노출시킨 상태로 분젠(bunsen) 버너로 짧은 시간 동안 태운다. 또 다른 시험법은 시편이 인화하는 데 실험실적인 절차를 거친다. 연소된 물질은 증기상 크로마토그래피나 질량 분석기로 검출한다. 동물에 대한 독성 시험은 연소하는 고분자에서 나오는 연기가 사람에게 미치는 생리적인 영향을 평가하는 데 필요하다.

21.5.4 열분해

온도 상승에 따른 고분자의 화학적 분해는 실제적으로 언제나 물리적 특성의 저하에 대한 명백한 증거가 된다. 열분해에 대한 화학적인 측면에서의 고찰은 7장에서 다루었다. 이러한 화학적 특성은 때때로 높은 온도에서 고분자가 사용될 때 예상되는 성질의 변화를 예측하는 데 사용된다. 예를 들면 고분자의 해중합은 기계적 강도의 감소, 취화도의 증가, 용해 등을 유발한다고 예측할 수 있다. 그러나 기술적인 열적 안정성에 대해 더욱 의미 있는 시험법으로는 온도 상승에 따라 여러 기간의 시간 동안 가열된("노화된") 후의 물질의 기계적 성질을 시험하는 것이다. 단독적인 화학적 시험으로부터의 정보보다는 응력-변형 시험과 충격 시험으로 열적 안정성에 관한 정보를 더욱 많이 알 수 있을 것이다.

21.6 전기적 시험법

고분자는 전기 절연체, 전선 코팅제, 절연체뿐만 아니라 자석, 반도체, 초전도체로도 쓰인다. 그러므로 고분자의 전기적 성질에 관한 시험은 고분자 평가 과정 중 중요한 역할을 담당한다. 항상 측정하는 성질에는 다음과 같은 것들이 있다.

21.6.1 저항성

전류에 대한 저항성은 고분자 시편을 사이에 둔 두 개의 전극 사이의 차이로 측정한다. 부피 저항은 측정된 저항과 전극의 거리의 곱을 단면적으로 나눈 값으로 정의한다. 절연체로 쓰이는 물질은 높은 부피 저항성 및 표면 저항성을 가져야 하며, 다음의 인자들 역시 중요하다.

21.6.2 유전 강도와 아크 저항성

고분자 시편에 걸린 전압이 증가할 때 어느 순간에 갑자기 전기적 파괴가 일어나는 점에 이르게 된다. 이 점은 고분자의 얇은 판상 시편을 사이에 두고, 마주한 전극에 걸린 전압의 증가에 의해서 결정된다. 고분자는 때때로 비교적 낮은 전압을 계속해서 연속적으로 걸어주면, 결국 전기적

"파괴"가 일어나는 전기 피로 현상을 보인다. 유기 고분자는 탄화된 불꽃 통로 형성에 의한 표면 아크를 겪기 쉽다.

21.6.3 유전 상수와 역률

물질이 부도체나 절연체로서 콘덴서에 사용될 때 고분자의 유전 상수를 아는 것은 매우 중요하다. 실제적으로 유전 상수는 절연체로서 고분자를 함유한 콘덴서의 용량을 공기만이 들어간 콘덴서의 용량으로 나눈 값이다. 높은 유전 상수는 고분자 기질에서 각각의 결합을 형성하는 전자들의 분극화와 분극도에 관련이 있다. 바꿔 말하면, 이것은 고분자 내의 극성기의 **배향성**에 의존한다. 각 고분자 사슬의 세그먼트들이나 구성 부위들의 배향 거동은 입체 형태의 변화나 열적 거동에 의존한다. 그러므로 고분자 작용기들이 전류가 변함에 따라 배향을 바꿀 수 있는 능력에는 한계가 있고, 특히 높은 주파수에서는 더욱 그렇다. 이러한 상의 지체는 고분자에 의한 에너지의 흡수를 가져오며, 이는 전기장으로부터 고분자에 의해 사이클당 흡수되는 에너지로 측정되는 **손실 인자**(loss factor)이다. 상 차이나 손실각의 사인값을 **역률**이라고 하며, 이 값은 유전 상수와 곱하면 손실 인자를 나타낸다.

역률이 높은 고분자는 변화하는 전기장에서 비교적 많은 열을 흡수하기 때문에 이러한 고분자들은 연화되거나 녹아서 절연성을 잃기 쉽다. 폴리에틸렌은 역률이 낮기 때문에 절연체로 적당하다. 또 다른 용어인 **분산 인자**(dissipation factor)는 손실각의 탄젠트 값이다. 이것은 out-of-phase에 대한 in-phase의 전력의 비로 측정된다.

21.7 환경에 대한 안정성

대부분의 합성 고분자는 약산성 수용액이나 무기염을 함유하는 습한 환경에서 철, 구리, 사암, 석회암보다 더 안정하다. 그러나 대부분 형태의 돌이나 철강에 비해서 합성 고분자는 태양의 방사광이나 오존을 함유하는 도시의 대기에 노출될 때 매우 불안정하다. 예를 들면 자동차의 고무타이어는 광화학 스모그를 함유하는 대기에서는 급속히 분해된다. 고분자 표면 코팅은 옥외용으로 특히 강한 직사광선에 노출되는 곳에서는 한계가 있다. 저밀도 폴리에틸렌과 같이 매우 안정한 고분자에서조차 대기에 오래 방치되면, 특히 햇빛을 쬐면 균열이 생기고 분해된다. 많은 고분자들은 유기 용매, 세제, 강산, 산화제와 접촉할 때 영향을 받는다. 분해된 고분자 물질의 재생에 들어가는 임금과 고분자의 가격이 올라갈수록 환경 안정성에 중점을 두어야 하며, 이를 증대시키는 것이 강조된다. 환경 안정성을 감시하고 향상시키는 것을 아무리 강조해도 지나치지 않다.

21.7.1 내후성 시험법

환경에 대한 안정성은 오랜 기간 동안 시편을 대기나 햇빛에 노출시켜서 그 기계적, 광학적 성질의 변화를 측정함으로써 평가한다. 이런 시험은 몇년간에 걸쳐서 행해진다. 예비 평가로는 실험실 내에서 가혹한 환경 조건을 설정해서 일상적으로 행할 수 있다. 이러한 장치는 태양 방사광의 효과를 낼 수 있는 고강도 램프를 사용한다. 비행기나 우주선에 쓰이는 고분자는 높은 자외선 함량을 가진 여과되지 않은 햇빛의 효과를 낼 수 있는 수은 증기 램프로 방사선 시험을 행한다.

햇빛에 노출될 때 고분자에 일어나는 대부분의 화학 반응은 산화 반응이다. 이 반응들의 경로는 7장에서 이미 설명한 바 있다.

21.7.2 내약품성

어떤 고분자들은 계속해서 유기 액체나 탄화수소와 접촉하면서 사용된다. 수력계의 오링(O-ring)은 오랜 기간 유체에 대한 저항성이 필요하다. 용매 저항성 시험에는 다음과 같은 두 가지 방법이 있다. 첫째, 고분자가 특정 유체에 녹거나 팽윤되는지를 보는 것이고, 둘째, 고분자가 유기 용매와 접촉할 때 깨지거나 분해되는지를 보는 것이다. 대부분이 그렇듯이 이렇게 처리하면 물질의 강도와 유연성을 낮추게 된다.

21.8 부수적인 성질들

21.8.1 광학적 성질

투명한 고분자는 렌즈, 프리즘, 병, 사진 필름의 기본재로 쓰인다. 이러한 물질들에 대한 시험법은 고분자가 오랜 시간 동안 특히 햇빛에 노출되었을 때 황변이 일어나는지를 보는 것이다. 또 다른 광학적 시험법으로는 고분자 표면의 광택을 측정한 것이 있다.

21.8.2 수분 및 기체 투과성

친수성 고분자 필름은 수증기는 투과시키나, 소수성 고분자 필름은 물에 대해서 투과성이 없다. 이러한 성질은 고분자를 포장용이나 건축재로 응용할 때 꼭 필요하다. 상품을 보호하는 필름으로 고분자가 쓰일 때, 즉 상품이 음식이나 산화성 물질일 때, 산소 같은 기체에 대한 투과도를 생각해서 고분자 필름을 선택해야 한다. 고분자가 투석용 막이나 심폐기 같은 의료용 재료로 사용될 때, 역시 물이나 산소의 투과도가 중요하다. 이에 대한 자세한 내용은 24장에서 다룬다.

연|습|문|제

1. 다음에 나열한 여러 가지 용도의 물질들은 어떠한 응력-변형 거동을 나타낼까?

(a) 자동차의 충격 방지용 하우징

(b) 볼펜의 표면 처리 물질

(c) 부엌의 싱크대에 쓰이는 플라스틱 대야

(d) 복잡한 기기에 쓰이는 완충물

(e) 축구공의 표면 처리 물질

(f) 장식용 문진

(g) 자동차 범퍼

2. 왜 실제 고분자의 내구력은 고분자의 골격에 근거한 결합 에너지와 분자간력에 근거해서 계산한 값보다 떨어지는가?

3. 분자 현상을 이용하여 "부드럽고 연약한"(그림 21.3a) 응력-변형 거동을 설명하고, 이들을 어떻게 하면 "단단하고 질긴(tough)" 고분자로 변화시킬 수 있을까?

4. 분자 구조를 생각하면서, 왜 폴리아이소프렌이나 실리콘 고무가 폴리스타이렌보다 내충격성이 강한지를 설명하라.

5. 금속을 반복적으로 유연한 운동을 가하면 갑작스런 균열이 생겨 산업 재해를 많이 일으켜 왔다. 고분자가 이런 방식으로 결함이 생긴다면, 그 메커니즘은 어떻게 될까? 다음 용도로 쓰이는 고분자에 대한 평가 방법을 생각해 보자.

(a) 배의 건조에 쓰이는 재료

(b) 고층 건물의 구조재

(c) 비행기 날개의 구조재

6. 강성이 있는 고분자를 철과 결합시킬 때, 높은 온도 변화에도 영향을 받지 않는 샌드위치 구조를 만드는 방법을 제안하라.

7. 0.5 cm의 평평한 폭과 같은 0.1 cm 두께를 가지는 교차 가교된 자연고무 작은 조각은 25°C에서 다음 응력-변형 데이터를 주었다.

L(cm)	w(g)
5.0	0.0
6.0	30.0
65	41.0
7.0	50.0
7.5	58.0

a. 상수(N mm^{-2})를 얻기 위하여 선형식 $[f^*] = 2C_1 + 2C_2\alpha^{-1}$에 대해 그림을 그리라.

b. Phantom 이론 결과 $2C_1 = vkT/2V$와 4기능 교차 결합 관계인 $\mu = v/2$를 이용해서 교차 결합 밀도(mol cm^{-3})를 계산하라.

c. 자연고무의 밀도 $\rho = 0.915$ g cm^{-3}을 이용해서 교차 결합 사이의 분자량($M_c = p/v/V$)을 계산하라.

8. $\alpha_x = \alpha_y$에서 2축 신장에 대한 탄성 상태 방정식을 구하라.

9. 다음의 열탄성 데이터는 *cis*-1,4-뷰타다이엔에 대한 상수 길이 측정(constant length measurement)으로부터 얻었다.

T(°C)	f, 뉴턴(N)
50	0.838
60	0.857
70	0.866
80	0.884
90	0.909

$\alpha = 1.25$와 $\beta = 0.68 \times 10^{-3}$ deg^{-1}을 사용해서 이 데이터로부터 평균 온도 70°C에서 f_e/f와 $d\ ln\langle r^2\rangle_o/dT$를 계산하라.

10. 묶지 않은 상태에서 제조된 자연고무 네트워크는 25°C에서 벤젠에 놓였을 때 원래 부피의 10배가 팽윤된다. 벤젠의 비부피 1.14 cm^3 g^{-1}와 특정 온도에서 고분자−용매 상호작용 매개변수 $\chi = 0.40$을 이용해서 건조 네트워크의 cm^{3}당 교차 결합 몰당에서 교차 결합($v/2V^*$) 정도를 계산하라.

11. 전체 힘의 25%($f_e/f = 0.25$)가 탄성체를 변형시키는 데 에너지 변화가 있다고 가정하자. 엔트로피만이 관련 있을 때 요구된 초과 힘 $f = f_e + f_s$이 전체 힘을 얼마만큼 증가시킬 것인가?

12. 전기 전도 고분자 연구에 참가했다고 가정하자. 테스트(시험)를 행하기 위해 어떠한 종류의 기기를 구성해야 하는가? 당신은 어떠한 문제에 직면하게 되는가?

참|고|문|헌

ALLCOCK, H. R., and DUDLEY, G. K. "Lower Critical Solubility Temperature Study of Alkyl Ether Based Polyphosphazenes." *Macromolecules*, **1996**, *29*, 1313–1319.

ALLCOCK, H. R., and AMBROSIO, A. M. A. "Synthesis and Characterization of pH-Sensitive Poly(organophosphazene) Hydrogels." *Biomaterials*, **1996**, *17*, 2295–2302.

ALLCOCK, H. R., KELLAM, E. C. and MORFORD, R. V. "Gel electrolytes from co-substituted oligoethyleneoxy/trifluoroethoxy linear polyphosphazenes." *Solid State Ionics* **2001**, *143*, 297–308.

BIKERMAN, J. J., "Sliding Friction of Polymers," *J. Macromol. Sci., Rev. Macromol. Chem.*, **1974**, *C11*, 1.

BLOCK, H., "The Nature and Application of Electrical Phenomena in Polymers," *Advan. Polymer Sci.*, **1979**, *33*, 93.

BRINKER, C. J., GIANNELIS, E. P. LAINE, R. M. and SANCHEZ, C. (Eds.), *Better Ceramics Through Chemistry VIII: Hybrid Materials*. Warrendale, PA: Materials Research Society, **1998**, Vol. *519*.

BUCHHOLZ, F. L., "Superabsorbent Polyacrylates," *Trends Polym. Sci.*, **1994**, *2*, 277.

BUCHHOLZ, F. W., and GRAHAM, A. T. (Eds.), *Modern Superabsorbent Polymer Technology*. New York: Wiley & Sons, Inc., **1997**.

CHU, S., "Laser Manipulation of Atoms and Particles," *Science*, **1994**, *253*, 861.

Encyclopedia of Polymer Science and Engineering (H. F. Mark, N. M. Bikales, C. G. Overberger, G. Menges, and J. I. Kroschwitz, eds.). New York: Wiley, **1986**.

ERMAN, B., and MARK, J. E. *Structures and Properties of Rubberlike Networks*. Oxford University Press, New York: **1997**.

FRISCH, K. C., and PATSIS, A. V., *Electrical Properties of Polymers*. Lancaster, Pa.: Technomic Publishing Co., **1972**.

GENT, A. N. (Ed.), *Engineering with Rubber. How to Design Rubber Components*. New York: Hanser Publishers, **1992**.

GRINBERG, V. Y., DUBOVIK, A. S., KUZNETSOV, D. V., GRINBERG, N. V., GROSBERG, A. Y., and TANAKA, T. "Studies of the Thermal Volume Transition of Poly(*N*-Isopropylacrylamide) Hydrogels by High-Sensitivity Differential Scanning Microcalorimetry. 2. Thermodynamic Functions," *Macromolecules*, **2000**, *33*, 8685.

HAYAKAWA, R., and WADA, Y., "Piezoelectricity and Related Properties of Polymer Films," *Advan. Polymer Sci.*, **1973**, *11*, 1.

HERTZBERG, R. W., "Fatigue Failure in Polymers," *CRC Crit. Rev. Macromol. Sci.*, **1972–73**, *1*, 433.

JANSHOFF, A., NEITZERT, M., OBERDORFER, Y., and FUCHS, H., "Force Spectroscopy of Molecular Systems—Single Molecule Spectroscopy of Polymers and Biomolecules," *Angew. Chem. Int. Ed.*, **2000**, *39*, 3213–3237.

KAELBLE, D. H., "Rheology of Adhesion," *J. Macromol. Sci., Rev. Macromol. Chem.*, **1971**, *C6*, 85.

KAMBOUR, R. P., "A Review of Crazing and Fracture in Thermoplastics," *J. Polymer Sci. (D), Macromol. Rev.*, **1973**, *7*, 1.

KOYAMA, T., and STEINBUCHEL, A. (Eds.), *Biopolymers, Vol. 2: Polyisoprenoids*. New York: Wiley-VCH, **2001**.

LEE, L.-H., *ACS International Symposium on Advances in Polymer Friction and Wear, Los Angeles, 1974*. New York: Plenum Press, **1974**.

LI, H., RIEF, M., OESTERHELT, F., and GAUB, H. E., "Single-Molecule Force Spectroscopy on Xanthan by AFM," *Adv. Mater.*, **1998**, *3*, 316.

LI, Y., and TANAKA, T., "Phase Transitions in Gels," *Annu. Rev. Mater. Sci.*, **1992**, *22*, 243.

LOCKETT, F. J., *Non-linear Viscoelastic Solids*. New York: Academic Press, **1972**.

MANSON, J. A., "Fatigue Failure in Polymers," *CRC Crit. Rev. Macromol. Sci.*, **1972–73**, *1*, 433.

MARK, J. E., "Rubber Elasticity," *J. Chem. Educ.*, **1981**, *58*, 898.

MARK, J. E., "Molecular Aspects of Rubberlike Elasticity," *Acc. Chem. Res.*, **1985**, *18*, 202.

MARK, J. E., and ERMAN, B., *Rubberlike Elasticity. A Molecular Primer*, Wiley-Interscience. New York: **1988**.

MARK, J. E., "The Rubber Elastic State," in *Physical Properties of Polymers*, 2nd ed., J. E. MARK, A. EISENBERG, W. W. GRAESSLEY, L. MANDELKERN, E. T. SAMULSKI, J. L. KOENIG and G. D. WIGNALL (Eds.), Washington, DC: American Chemical Society, **1993**, p. 3.

MARK, J. E., and CALVERT, P. D., "Biomimetic, Hybrid, and In-Situ Composites," *J. Mats. Sci., Part C*, **1994**, *1*, 159.

MARK, J. E., LEE, C. Y-C, and BIANCONI, P. A. (Eds.), *Hybrid Organic-Inorganic Composites*. Washington: American Chemical Society, **1995**, *585*.

MARK, J. E., "The Sol-Gel Route to Inorganic-Organic Composites," *Hetero. Chem. Rev.*, **1996**, *3*, 307–326.

MARK, J. E., "Ceramic-Reinforced Polymers and Polymer-Modified Ceramics," *Polym. Eng. Sci.*, **(1996)**, *36*, 2905.

MARK, J. E., and ERMAN, B., "Elastomers and Rubber-like Elasticity," in Performance of Plastics, W. BROSTOW (Ed.), Cincinnati: Hanser, **1999**.

MARK, J. E., "Thermoset Elastomers," in Applied Polymer Science—21st Century, Craver, C. and Carraher, C. E., Jr. (Eds.), Washington: American Chemical Society, **2000**.

MARK, J. E., "Some Recent Theory, Experiments, and Simulations on Rubberlike Elasticity," *J. Phys. Chem.*, **2003,** *107,* 000.

MARK, J. E., "Some Aspects of Rubberlike Elasticity Useful in Teaching Basic Concepts in Physical Chemistry," *J. Chem. Educ.*, **2002,** *79,* 1437.

MASON, P., *Cauchu. The Weeping Wood*. Australian Broadcasting Commission, Sydney: **1979**.

ORTIZ, C., and HADZIIOANNOU, G., "Entropic Elasticity of Single Polymer Chains of Poly(Methacrylic Acid) Measured by Atomic Force Microscopy," *Macromolecules*, **(1999)**, *32*, 780.

REBENFELD, L., MAKAREWICZ, P. J., WEIGMANN, H. D., and WILKES, G. L., "Interactions between Solvents and Polymers in the Solid State," *J. Macromol. Sci., Rev. Macromol. Chem.*, **(1976)**, *C15*, 279.

SEYMOUR, R. B., *Modern Physics Technology*, Reston, Va.: Reston, **1975**.

SMITH, S. B., CUI, Y., and BUSTAMANTE, C., "Overstretching B-DNA: The Elastic Response of Individual Double-Stranded and Single-Stranded DNA Molecules," *Science*, **(1996)**, *271*, 795.

TANAKA, T., "Gels," *Sci. Am.*, **(1981)**, *244*, 124.

WILLIAMS, D. J., *Polymer Science and Engineering*. Englewood Cliffs, N.J.: Prentice-Hall, **1971**.

WILLIAMS, J. G., *Stress Analysis of Polymers*. London: Longmans, **1973**.

WRASIDLO, W., "Thermal Analysis of Polymers," *Adran. Polymer Sci.*, **(1974)**, *13*, 1.

Part V

분자 구조, 물성 및 응용

22장

고분자 구조와 물성과의 관계

22.1 서론

여러 가지 고분자들은 왜 서로 다른가? 이 질문은 고분자화학과 기술에 관한 모든 생각과 연구의 기초가 된다. 이 질문에 대한 대답에는 두 가지 접근 방법이 있다. 하나는 각 분자들의 구조와 이런 분자들로 이루어진 물질의 물성과의 관계를 이해하는 것이다. 다른 접근 방법은, 예를 들어 고체 상태에서처럼 거대 분자들 사이의 상호작용력의 항으로 물성을 관찰하는 것이다. 이 두 번째 관점에서는 고분자 영역과 영역 경계, 충전제에 의한 고분자의 보강, 고체 상태의 결함, 다른 거대 분자들의 합금화, 고체 상태에서 규칙적인 부분의 존재 유무가 매우 강조되고 있다.

두 가지 접근법 모두 매우 중요하다고 볼 수 있으나, 이들의 효과는 다른 종류의 성질을 이해하는 데 달려 있다. 분자법은 용액과 용융 상태에서의 고분자의 성질이나 화학적 안정성과 매우 관계가 있다. 그러나 재료 연구에서는 고체 상태의 고분자가 필요하다. 또한 표면 특성을 이해하는데는 두 가지 모두가 중요하다.

고분자 구조와 물성과의 관계에 관해서는 이 책 전반에 걸쳐 언급하고 있다. 이 장에서는 중요한 효과에 관해 두 가지 주제로 나누어 보았다. 첫째는 고분자 주사슬의 구성 요소 차이의 관점에서 보는 것이고, 둘째는 다른 곁사슬들의 영향을 살펴보는 것이다.

각각의 경우에 흥미 있는 성질은 각 분자가 있는 환경과 관련이 있다. 용액 내의 환경은 주로 용매 분자들이다. 고체 상태에서의 주위 상황은 다른 고분자들로 이루어져 있다. 표면에서는 고분자의 분자들끼리 서로 접촉하거나 또는 인접한 증기나 액체 분자들과 접촉할 것이다. 그러므로 물성은 바로 근접해 있는 **많은** 거대 분자들에 의해 발생되고, 물질의 성질이 변하며, 어떤 경우에는 각 분자들로부터 예측되는 특성을 넘어선다.

각 분자들의 성질을 논의하기 위해 분자들의 고분자 용해도, 경도나 유연성과 같은 고체 성질,

표면 특성, 화학적 안정성, 많지 않은 경우이지만 생물학적 적합성에 미치는 영향들을 고려하기도 한다. 23장과 24장에서는 전기적 특성과 생체의학적 특성을 자세히 다루기로 한다. 이 같은 연구는 이론에 기초를 둔 것이 아니라, 고분자 합성 실험에서 얻은 여러 가지 경험에 기초를 둔 직관에 따른 것이다. 이러한 경험이 새로운 고분자들의 합성을 계획하고 실천하는 출발점이 된다.

22.2 거대 분자 구조에 의한 영향

우선, 고분자 주사슬이 나타내는 주작용이 분자가 연결될 때 **선형성**을 유지하여 물질의 유연성, 강도, 고점도를 발생시킨다는 것을 강조하고자 한다. 대부분의 고분자에 있어서는 용해도, 결정성, 표면화학 등과 같은 성질을 결정하는 것은 곁사슬기이다. 그러나 폴리올레핀 또는 바이닐 고분자보다 축합형 고분자에 있어서는 주사슬의 구조가 대부분의 성질을 결정한다.

주사슬의 두 가지 중요한 분자 구조 특성은 다음과 같다. (1) 주사슬 결합의 비틀림 운동을 하기 쉬운 정도나 주사슬 결합각이 기계적 힘이나 열적 활성에 따라 넓어지거나 좁아지는 정도에 의존하는 유연성과, (2) 화학 약품과 온도 상승에 대한 골격 결합의 **안정성**이다. 다음 절에서 다른 골격 구조들이 이런 성질들에 미치는 영향을 살펴보겠다.

22.2.1 지방족 탄소-탄소 단일 결합

탄소-탄소 단일 결합은 고분자 사슬에 상당한 유연성을 제공해 주는 단위이다. 이 유연성이 나오는 것은 탄소-탄소 단일 결합의 비틀림에 대해 본질적으로 낮은 장애의 결과이며, 이것은 폴리에틸렌, 폴리메틸바이닐에터, *cis*-폴리펜테나머 등과 같은 고분자에서 분명히 볼 수 있다. 지방족 탄소-탄소 사슬 단위가 주로 약한 것은 열산화 분해에 대해 민감한 것으로부터 알 수 있다. 이 성질은 이 결합이 자유 라디칼 분해 반응을 할 수 있기 때문이며, 곁사슬기가 수소 원자일 때 더욱 분해 반응이 심해진다. 곁사슬기가 플루오린이나 아릴기이면 분해에 대해 사슬이 보호될 수 있다.

22.2.2 지방족 탄소-탄소 이중 결합

지방족 탄소-탄소 이중 결합은 탄소-탄소 단일 결합보다 내부 비틀림에 대해서 높은 장애가 있다. 그러므로 탄화수소 사슬에서 이중 결합은 사슬의 강성이 높은 유리 전이 온도를 나타낼 것으로 예측되나, 항상 그런 것은 아니다. *cis*-폴리펜테나머(**1**)는 사슬에 이중 결합이 있으나, 탄화수소 고분자 중에서 가장 낮은 유리 전이 온도(−114°C)를 갖는 것 중의 하나이다. 천연고무(폴리-*cis*-1,4-아이소프렌)(**2**)($T_g = -70°C$)와 그것의 *trans* 형태(gutta percha)($T_g = -68°C$)도 같은 예이다. 사실, 올레핀 탄소에 단지 하나의 곁사슬기가 있으므로 분자 내 입체 장애가 작아서 근처에 있는 단일 결합의 비틀림 운동을 충분히 증가시킨다.

$$-\!\!\left[CH{=}CH{-}CH_2{-}CH_2{-}CH_2 \right]_n\!\!-$$

1

$$-\!\!\left[CH_2{-}\underset{}{\overset{CH_3}{\overset{|}{C}}}{=}\overset{H}{\overset{|}{C}}{-}CH_2 \right]_n\!\!-$$

2

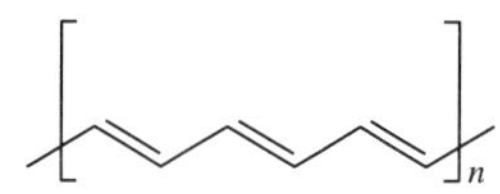

3

그러나 폴리아세틸렌(**3**)과 같이 **교대로** 단일 결합과 이중 결합을 가질 때 최대 π 오비탈의 겹침이 일어나기 때문에 만약 사슬이 평판형이면 상당한 골격 강성이 얻어진다. 이러한 형태의 공액 배열로 인해 색과 전기 전도성을 나타낸다(23장 참조).

탄화수소 골격 내의 이중 결합은 화학적 공격에 민감하다. 특히 가시광선이나 자외선 조사하에서 또는 오존이나 산소에 민감하다. 그러므로 이런 고분자들은 대기상에서 천천히 산화하는 경향이 있다.

22.2.3 골격 단위로서 방향족 고리

고분자 골격 내에 있는 방향족 고리는 강성을 나타내게 하며, 늘어난 사슬(단단한 막대)의 특성을 나타낸다. 다시 말하면, 고분자의 분자가 마치 강에 통나무가 있는 것 같아서 서로서로 배향된다는 것이다. 고체 상태에서는 이러한 배향으로 인해 높은 강도를 나타낸다. 방향족 고리는 일반적으로 열적 산화에 대해 저항성이 있어 고온에서 사용하기 위해 설계되는 많은 고분자들은 사슬을 이루는 필요 부분으로서 방향족 단위를 갖는다. 공액 방향족 고리를 갖는 고분자(또는 황 같은 헤테로 원소를 갖는 아릴 링)는 도핑을 하면 전도체로서 작용한다(23장 참조).

22.2.4 방향족 사다리 구조

제2장에서 설명한 것처럼 거대 분자의 강성, 단단한 막대의 특성과 열산화안정성은 방향족 고리를 갖는 이중 가닥(double-strand) 고분자에서 나타난다. 그러나 이런 특성은 값비싼 공정으로부터 얻어진다. 그래서 내열성 고분자를 설계할 때는 강부(rigid segment), 유연 사슬부, 용해성 단위들 사이의 균형이 필요하다. 이런 형태의 고분자들은 다른 종류의 고분자들보다 내열성을 나타내는데 사슬 구조에 더 의존하며, 곁사슬기에는 덜 의존한다.

22.2.5 에터형 탄소-산소 결합

탄화수소 사슬 내의 산소 원자(**4**)는 대개 "회전고리그룹"으로 작용하여 골격으로 비틀림 유동과 물질의 유연성을 갖게 한다. 골격 산소 원자와 관련된 유연성은 그 원자에 곁사슬기가 없기 때문이며, 또한 산소 원자 근처에 분자 내 상호작용이 감소되기 때문에 나타나는 결과이다(그러나 산소 원자는 두 개의 비공유 전자쌍을 가지고 있으며, 이들은 작지만 중요한 작용을 한다). 산소의 결합각은 입체 형태 변화에 따라 변하며, 이들 효과는 사슬의 유연성에 영향을 준다.

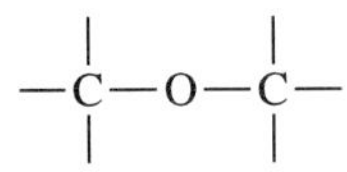

4

고분자 내의 에터형 탄소–산소 결합의 화학적 안정성은 거의 골격 단위의 특성에 의존한다. 일반적으로 에터 결합은 가수 분해와 열산화에 대해 안정하다. 그러나 상온에서 폴리알데하이드는 해중합(depolymerization)이 쉽게 일어나는데, 이것은 C—O—C 결합이 불안정하다는 것을 의미하며, 특히 Lewis 산 존재 시에 더 불안정하다. 폴리옥시메틸렌은 강한 무기산에 불안정하다. 화학적 안정성은 산소 원자가 아릴기에 의해 보호될 때만 나타난다.

만약 근처의 곁사슬기가 수소처럼 충분히 작아서 골격 산소 원자와 물 사이의 상호작용을 유발시키면, 고분자는 친수성 또는 수용성이 된다. 폴리에틸렌옥사이드$(OCH_2CH_2)_n$는 수용성이다. 폴리옥시메틸렌은 높은 결정성 때문에 물에는 불용성이고, 대부분의 용매에 아주 조금씩 녹는다. 이런 이유로 내용매성이 요구되는 곳에 종종 응용된다.

22.2.6 폴리에스터의 탄소-산소 결합

폴리에스터의 C—O—C 결합(**5**)은 사슬에 유연성을 부여한다. 그러나 많은 폴리에스터들의 성질은 고체 상태의 구조, 특히 결정체 형성에 의해 결정된다. 화학적 안정성은 다른 사슬 단위의 존재 여부에 따라 다르다. 근처에 방향족기가 있으면 가수 분해로부터 보호되지만, 방향족기가 없으면 용액 또는 용융 상태에서 산이나 염기에 의해 분해된다. 폴리글리콜산과 폴리락트산, 그리고 이들의 공중합체는 에스터 결합이 37°C, pH 7.5에서 분해되기 때문에 의료용 재료로서 사용된다. 탄화수소 대 에스터 단위의 비가 큰 고체 폴리에스터는 결정성 영역 내에 있는 사슬 단위가 보호되며, 또한 표면 효과 때문에 화학적으로 안정하다.

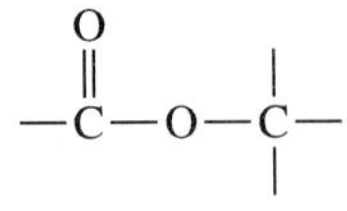

5

22.2.7 무수물 결합

24장에 언급된 것처럼 무수물 결합(**6**)은 물에 불안정한 성질이 있다. 그래서 폴리안하이드라이드(polyanhydride)는 일반적인 응용에는 사용하지 않고 의료용 재료로서 사용된다. 그러나 방향족 단위보다 지방족이 사슬에 많이 존재하면 가수 분해하기 쉽다. 가수 분해 거동은 구조 내에 무수물에 대한 탄화수소의 비에 의해 결정된다.

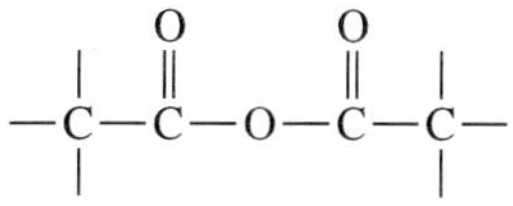

6

22.2.8 Schiff 염기 결합

알데하이드와 아민의 반응으로 생성된 고분자는 Schiff 염기 결합(**7**)을 갖는다. 비록 방향족 Schiff 염기 고분자가 일반적인 조건하에서 안정하고 주쇄 액정을 형성한다고 하지만, 이것은 가수 분해에 불안정하다.

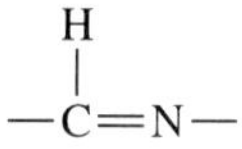

7

22.2.9 아마이드 결합

일반적으로 아마이드 결합(**8**)은 N—C 결합의 부분적인 이중 결합 특성과 폴리아마이드류에 존재하는 분자 내 및 분자 간 수소 결합 때문에 "사슬 경직" 단위로 인식되고 있다. 그러나 다른 골격 구조에서처럼 특정한 폴리아마이드의 성질들은 사슬 내의 아마이드 결합에 대한 유연한 메틸렌 단위 또는 유연하지 않은 아릴기의 비에 의존한다.

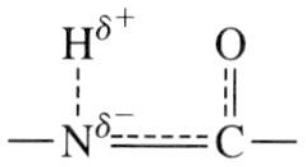

8

아마이드 결합은 가수 분해에 대체로 민감하지만 가수 분해 조건하에서 합성 고분자의 거동은 결합 그 자체의 화학적 특성보다는 물질과 표면 효과에 의존한다. 예를 들면 많은 상용화된 폴리아마이드류는 높은 결정성이 있고, 각 결정 영역 내의 반복 단위는 물이나 다른 약품이 침투하기 어렵다. 아마이드 결합이 가수 분해에 대해 가장 민감한 경우는 구형 단백질에서 볼 수 있는데, 각 반복 단위들은 물, 산소, 효소와 인접하게 된다.

22.2.10 유레테인 결합

폴리유레테인은 **9**에 나타낸 결합들을 가지며, 올리고-에터 또는 올리고-에스터 골격 세그먼트가 인접해 있다. 이론적으로 이런 고분자 내의 유레테인 결합은 가수 분해에 민감한 부분이다. 그러나 화학적 특성은 사슬의 다른 성분에 의해서 나타나며, 가수 분해적인 사슬의 붕괴는 고분자를 오랫동안 가수 분해시킨 후에 나타난다. 유레테인 결합이 분자 유연성을 초래하는 근원이라고 생각되며, 이 성질로 인해 많은 폴리유레테인을 탄성체로 사용하고 있다. 그러나 에터, 에스터, 지방족 탄화수소, 방향족 고리 단위가 그 자신의 특성을 고분자에 부과시키므로 유레테인 인접 부분이 전체 고분자의 물질 특성에 유레테인 결합과 같거나 더 많은 영향을 준다. .

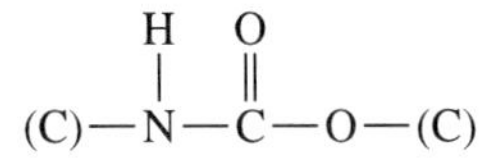

9

22.2.11 실록세인 결합

규소-산소 결합(**10**)은 어떤 고분자 주사슬보다도 높은 비틀림 유동성을 갖는 것 중의 하나이다. 그래서 곁사슬기가 충분히 작으면 유연성에 영향을 주지 못한다. 유리 전이 온도는 매우 낮아서 (폴리다이메틸실록세인의 경우 −125∼−130°C) 탄성체의 성질을 나타낸다. 규소-산소 결합에 의해 나타나는 유연성은 아마도 규소보다는 산소 원자 때문이라고 생각된다. Si—O—Si 결합각은 외부의 힘에 따라 120∼140°로 매우 넓어서 결합 비틀림에 대한 분자 내의 제약을 감소시킨다.

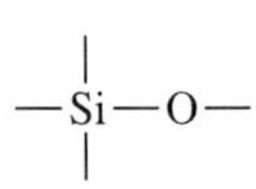

10

실록세인 결합은 지방족 탄소-산소 결합보다 열산화에 대해 매우 안정하다. 그러나 용액 내에서 Si—O 결합은 산과 염기를 포함한 다양한 용매에 대해 매우 민감하다. 그러므로 폴리실록세인의 화학적 안정성은 고유한 화학적 비활성 때문이라기보다는 표면 효과와 소수성 때문인 것으로 생각된다.

폴리실록세인은 산소의 흡수나 투과에 특별한 능력이 있다. 그래서 이것을 이용하여 막소재로서 사용하고 있다. 이런 성질은 완전히 규명된 것은 아니지만 Si—O 골격 결합의 존재와 연관된 것으로 추정된다.

22.2.12 포스파진 결합

포스파진(phosphazene) 고분자의 각 반복 단위에 이중 결합이 존재하는 것(**11**)에서 예측할 수 있는 바와는 다르게 포스파진 주사슬은 가장 유연한 구조의 하나로 알려져 있다. 이 분자 유연성이 나타나는 것은 (1) 구조 결합 거리가 1.6 Å으로 C—C의 1.54 Å보다 약간 길며, 이것이 분자 내 단거리 상호작용을 감소시키는 요소로 작용하고, (2) 질소의 다양한 결합각(120~135°), (3) 골격 결합의 비틀림을 방해하는 결합이 없는 특성(9장 참조) 등에 기인한다. 그래서 이 고분자에서 유연성 또는 강성은 골격 구조보다는 곁사슬기의 구조에 더 의존한다.

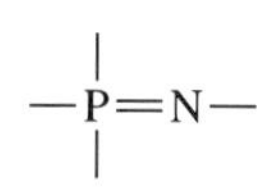

11

인-질소 골격은 높은 화학적 안정성을 갖는다. 화학적으로 매우 안정하여 여러 가지 거대 분자 곁사슬 치환 반응에 충분히 견딘다. 그러나 인의 수산기 곁사슬에서 어떤 반응이 일어나며, 식 (1)에 나타낸 바와 같이 궁극적으로는 사슬 붕괴가 일어난다. 포스파진 주사슬은 광분해 안정성과 열산화 안정성이 뛰어나며, 오존과 여러 가지 자유 라디칼 시약에 대해 특별한 저항성을 나타낸다. 폴리포스파진에 있는 골격 질소 원자는(특히 전자 공여성 곁사슬이 존재하면) 염기성이다. 이것은 질소 원자가 양성자화하여 금속 이온과 착물을 형성할 수 있다는 것을 의미한다.

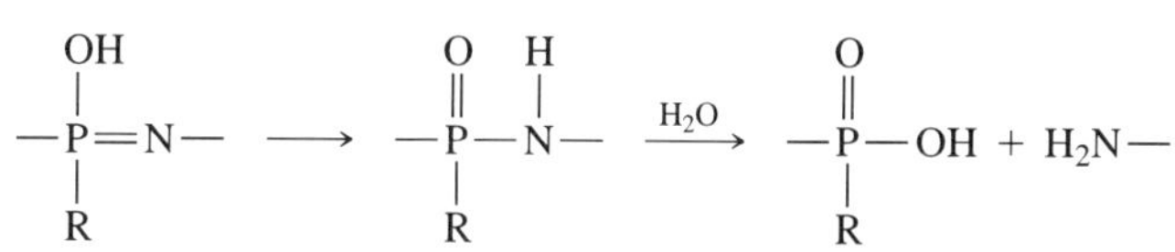

(1)

22.2.13 황-황, 황-탄소, 황-질소 결합

황-황 결합은 고유한 유연성이 매우 크나, 열적으로 불안정하고 열산화에 민감하다. 설폰 구조에서 황-탄소 결합(**12**)은 황이 충분히 산화된 상태이기 때문에 산화에 저항성이 있다. 그래서 이 결합은 방향족 고리를 연결해서 내열성 고분자에 사용된다. 황-질소 골격(**13**)은 높은 전기 전도성을 가지므로 관심을 끌고 있다. 그러나 결합이 산소에 민감해서 산화가 진행되면 전도성이 감소된다.

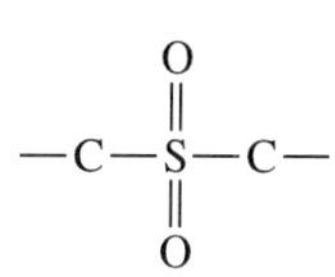

12

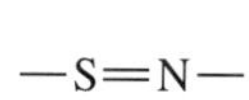

13

22.3 다른 곁사슬기의 영향

고분자 사슬의 골격을 이루는 분자보다도 사슬에 붙어 있는 곁사슬기가 고분자 성질에 더 많은 영향을 준다. 곁사슬기는 사슬 분열 반응으로부터 골격을 보호하기도 하고, 고분자의 용해도 특성에 관계가 깊으며, 동일한 사슬과 다른 사슬에 있는 곁사슬기 간의 입체 효과와 극성 작용으로 인해 고분자의 유리 전이 온도, 결정성, 표면 효과에 크게 영향을 미친다. 폴리테트라플루우오로에틸렌에서와 같이 곁사슬이 작을 때에도 물성에 영향을 주는 것은 곁사슬이다.

그래서 고분자화학에서는 분자 설계를 통해 주사슬을 선택하여 "default" 물성(강도, 유연성, 산화 안정성, 사슬 길이와 분자량 분포, 합성의 용이성)을 나타내도록 하며, 곁사슬기를 잘 선택하면 거의 다른 모든 특성을 조절할 수 있다.

22.3.1 곁사슬기로서의 수소

곁사슬기 수소는 그것이 부착되어 있는 골격 원자에 의존하는 물성을 나타낸다. 탄화수소 고분자에서 C—H 결합의 거동이 거대 분자의 물성을 좌우한다. 그래서 탄화수소 고분자는 소수성이고, 유기 용매(특히 탄화수소 계통)에 용해되며, 자유 라디칼 공격(지방족 단위)에 민감한 성질을 나타내지만 고분자의 표면이 보호될 때는 여러 가지 화학 작용에 영향을 많이 받지 않는다. C—H 결합은 수소 원자가 작고 C—H 결합의 극성이 작아서 C—C 주사슬 결합의 비틀림에 대해 아주 적은 장애를 준다. 그래서 곁사슬로서 수소 원자를 갖는 고분자는 아주 낮은 유리 전이 온도를 나타낸다. 그러나 작은 수소 원자는 사슬의 규칙적인 배열로 높은 결정화도를 나타낸다.

만약 수소 원자가 탄소가 아닌 다른 원소에 결합되면 수소 원자의 이런 특성은 나타나지 않는다. 알려진 바와 같이 질소에 결합된 수소는 수소 결합의 가능성을 나타낸다. Si—H 결합은 P—H 결합처럼 높은 반응성을 나타낸다.

22.3.2 곁사슬 단위로서의 알킬기

알킬기의 "탄화수소" 특성(소수성, 화학적 비활성 등)은 거대 분자에 결합되면서 거의 사라진다.

많은 고분자들에 메틸 곁사슬기가 붙어 있다. 이러한 예들을 **14**부터 **17**에 나타내었다. 폴리프로필렌(**14**)과 폴리아이소뷰틸렌(**15**)에서 메틸기는 골격에 탄화수소 특성을 보강하여 소수성과 유기 용매 내에서의 용해성을 나타낸다. 폴리프로필렌 내의 메틸기는 고분자의 입체 규칙도(tacticity)에 영향을 줄 만큼 충분히 크다. 이소탁틱 폴리프로필렌은 결정성 열가소성 플라스틱이고, 아탁틱 형태는 껌 모양이다. 그러나 폴리아이소뷰틸렌에 있는 동일한 메틸기는 물질에 유연성을 증진시킨다(고분자가 중력의 영향으로 천천히 흐른다). 이것을 설명하면, 두 개의 메틸기와 두 개의 수소가 사슬을 따라 교대로 배열되어서 "자유 부피"를 만들어 분자의 재배향을 촉진시킨다는 것이다. 폴리다이메틸실록세인(**16**)에 있는 메틸 곁사슬기는 소수성을 나타내며, 거대 분자 유연성을 유발한다. 24장에 언급하겠지만 폴리실록세인을 의료용 재료로서 이용하는 것은 바로 이러한 몇 가지 특성 때문이다.

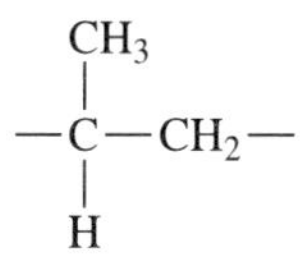
14

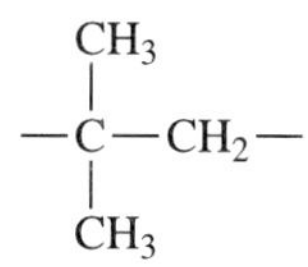
15

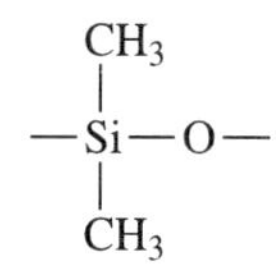
16

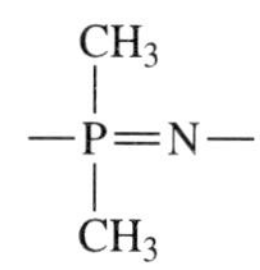
17

그러나 폴리다이메틸포스파진(**17**)은 친수성이다. 이러한 특이한 성질은 주사슬이 강한 영향을 미치기 때문인 것 같다. 아마도 이것은 메틸기가 충분히 크지 못해 골격 질소 원자가 물 분자들과의 양성자화나 수소 결합을 방해하지 못하기 때문이다. 고분자 **17**은 탄성체라기보다는 미세결정성 물질인데, 아마도 골격이 쌍극자 힘의 영향 때문인 것으로 생각된다.

에틸-, 프로필-, 뷰틸- 또는 더 큰 알킬 곁사슬은 고분자의 탄화수소 특성을 유지시키거나 증진시킨다. 비록 긴 사슬을 갖는 곁사슬이 폴리에틸렌 형태의 결정을 만드는 예가 있으나, 올리고-메틸렌 사슬에 의해 입체 형태의 불규칙성을 유발시켜 결정성을 약화시킨다. 곁사슬에 올레핀 불포화기가 존재하면 고분자의 반응성을 증가시키며, 특히 가교 공정의 기본인 자유 라디칼형 반응이 증진된다.

22.3.3 아릴 곁사슬기

페닐 고리는 소수성이고, 강성이며, 상당히 크다. 곁사슬기로서의 페닐 고리는 이들이 결합된 사슬에 강성과 입체 장애를 부여한다. 예를 들면 유리 전이 온도가 100°C인 폴리스타이렌(**18**)은 폴리프로필렌(**19**)보다는 100°C, 폴리에틸렌(**20**)보다는 200°C 높다. 방향족 곁사슬 고리의 수가 커지면 사슬의 강성 효과가 증가된다.

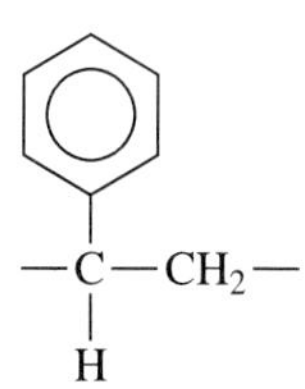
18

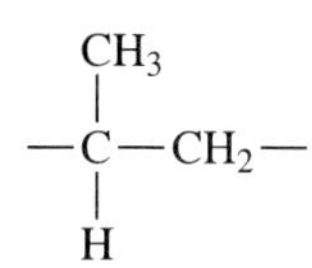
19

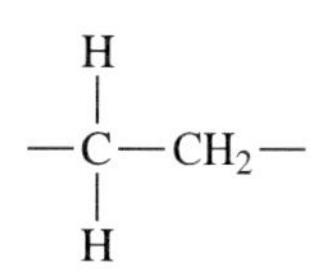
20

방향족 고리는 자외선 파장 부분에서 강하게 에너지를 흡수한다. 그래서 방향족 곁사슬기가 존재하면 광분해 반응을 일으켜서 실제적으로 고분자의 변색과 분해를 야기시킨다.

22.3.4 액정성(mesogenic) 곁사슬기

바이페닐(**21**), 방향족 아조(**22**) 또는 콜레스테릴(**23**)과 같은 강성이고 평평한 단위가 곁사슬에 있으면 "곁사슬 액정"을 형성하기도 한다. 이런 형태의 곁사슬은 용융 또는 용액 상태에서 규칙적으로 배열될 수 있다. 곁사슬 배열은 메소젠 단위가 겹쳐지거나 동일선상에 배향되는 형태를 갖는다(그림 22.1 참조). 이렇게 생성된 물질은 일반적으로 고체 상태에서 미세결정일 뿐만 아니라, 용융 또는 용액 상태에서 특정한 온도 범위를 넘으면 액정 고분자가 된다.

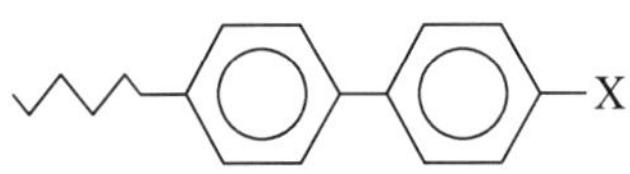

21

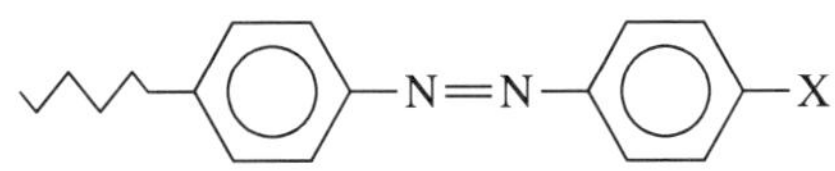

22

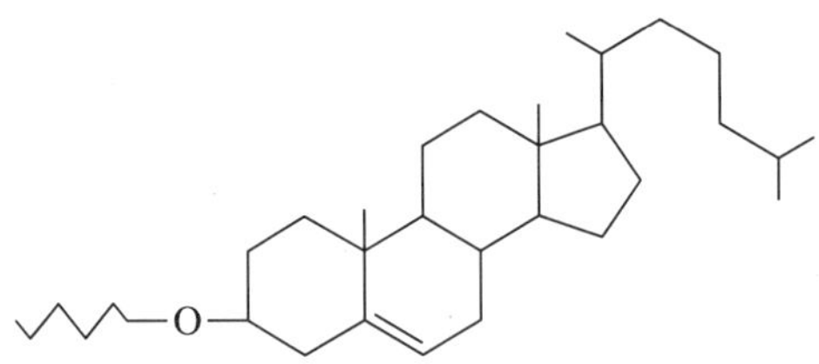

23

곁사슬 액정성이 나타나려면 분자적으로 특별히 조합되어야 한다. 첫째는 주사슬이 충분히 유연해야 한다. 즉 주사슬이 특정한 형태를 가져 곁사슬의 상호작용에 지나치게 영향을 주지 않아야 한다. 폴리실록세인 또는 폴리포스파진 사슬들은 충분히 유연성을 갖고 있으며, 폴리아크릴레이트 사슬도 충분히 유연하다. 둘째, 강성 단위(메소젠)는 유연한 연결기로 골격에 연결되어야 한다. 연결부의 길이와 유연성이 매우 중요한데, 이것은 골격의 운동이 메소젠 단위의 운동과 겹치지 않도록 해야 한다. 이러한 용도로 올리고-에틸렌옥시 연결 단위가 종종 이용된다. 메소젠 단위 간의 충전력은 비교적 약해서 메소젠이 모든 골격 운동에 응답할 때 선형 배향이 쉽게 붕괴된다. 마지막으로, 말단기(**21**과 **22**)의 특성은 놀랄만큼 커다란 효과를 나타낸다. OCH_3, CN, NO_2와 같은 극성기는 액정성을 나타내는 데 유리하다.

22.3.5 곁사슬기로서의 플루오린

고분자의 곁사슬에 플루오린이 존재하면 그 물질의 거의 모든 성질에 지대한 영향을 미친다. 이 효과는 너무 두드러져서 "플루오린 고분자"는 다른 것들과는 전혀 다른 특성을 갖는 특이한 부류의 고분자로 분류되어 다루어진다.

플루오린은 고분자에 극도의 소수성과 물에 대한 불용성을 부여한다. 어떤 경우에는 플루오린이 사슬 내 상호작용을 유발하여 고분자를 어떤 용매에도 녹지 않도록 매우 강하게 만든다. 이런 물성을 나타내게 하는 것은 플루오린 그 자체보다는 C—F 결합 때문이다. 다른 원소에 결합된 플루

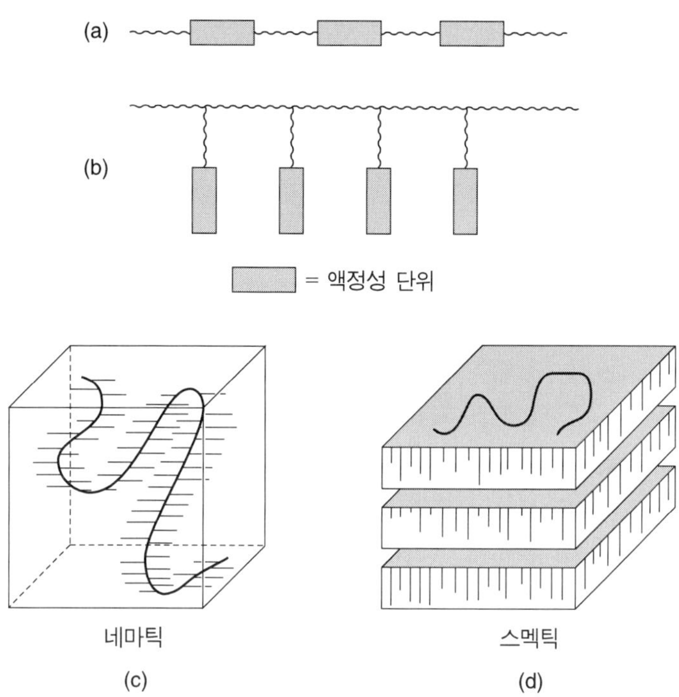

그림 22.1 액정 고분자들은 주사슬에 강성인 메소젠 단위들(a)을 갖고 있거나 곁사슬에 포함되어 있다(b). 곁사슬 액정계에서는 메소젠 단위들이 다른 식으로 배열되어 있다. 네마틱(C)과 스멕틱(d) 배열이 그 예이다.

오린(Si—F 또는 P—F 단위에 있는 것)은 가수 분해에 대해 민감하고 높은 반응성이 있다.

플루오로 고분자의 예로는 폴리테트라플루오로에틸렌(Teflon)(**24**), 폴리바이닐리덴플루오라이드(**25**), 여러 가지 플루오로- 및 플루오로클로로카본 탄성체, 플루오로알킬실록세인 탄성체(**26**), 플루오로알킬옥시포스파진 탄성체(**27**)가 있다. 모두 내용매성이 있으며 산화, 열, 가수 분해 안정성이 있는 물질이다. 이들은 소수성이 있어 생체 적합성을 나타낸다(24장 참조). 폴리테트라플루오로에틸렌은 결정성이 높고 C—F 결합이 있어 표면 윤활성을 나타내며, 여러 가지로 응용되고 있다. 폴리바이닐리덴플루오라이드는 전기장에서 쌍극자 배열이 가능하여 압전 고분자로서 사용되고 있다. 압전체는 이 고분자의 압전성을 이용하여 마이크, 스피커, 음성 검출기에서 많이 사용되고 있다.

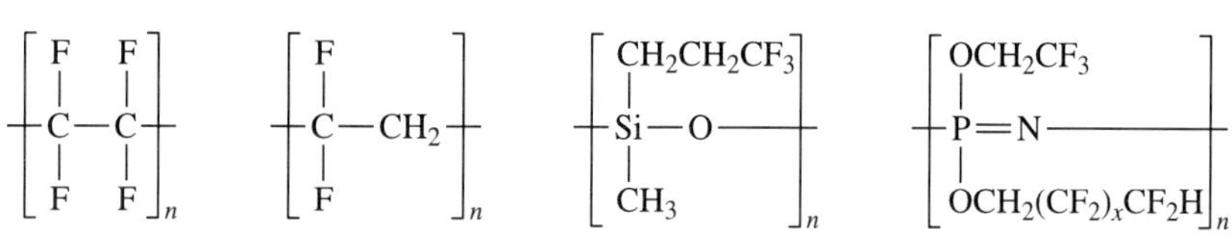

24 **25** **26** **27**

22.3.6 염소

탄화수소 고분자 또는 알킬, 아릴 곁사슬기에 붙어 있는 염소는 화학적 공격에 저항성이 있는데,

특히 고분자가 고체 상태일 때 강하다. 그래서 폴리바이닐클로라이드(**28**)와 폴리바이닐리덴클로라이드(**29**)는 안정한 고분자로 여러 분야에 사용되고 있다. 그러나 곁사슬의 벤질클로라이드 단위($C_6H_4CH_2Cl$)는 여러 가지 시약과 반응한다. 반복 단위당 하나 이상의 염소가 탄소 골격에 직접 연결되면 사슬의 강성이 증가한다.

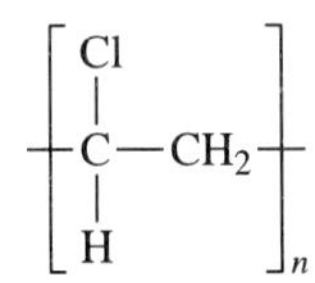

28

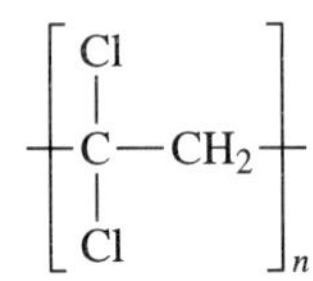

29

고분자 내의 탄소-염소 결합은 태양 노출 시 광화학 반응에 민감하다. 비록 염소가 고분자에 어느 정도의 방염 특성을 부여하기는 하지만, 고온 분해 물질(염화수소가 포함됨)은 유독하다. 탄화수소 고분자에 염소를 도입하면, 탄화수소 용매나 연료 등에의 용해성을 약화시키며, 이런 특성이 응용에서는 중요하다. 염소를 갖고 있는 고분자는 포유동물 세포에 비적합성을 나타내어 의료용 재료로서의 사용은 적합하지 않다.

플루오린에서와 마찬가지로 염소를 갖는 고분자의 안정성은 이것이 탄소와 결합되었을 때에나 적용된다. 예를 들면 Si—Cl과 P—Cl 결합은 여러 가지 친핵 반응에 대해 높은 반응성을 나타낸다(9장 참조).

22.3.7 사이아노 곁사슬기

사이아노 단위는 극성기이며 친수기로서 탄소 주사슬 고분자에 특별한 물성들을 부여한다. 전형적인 예가 폴리아크릴로나이트릴(**30**)이다. 시아노기는 탄화수소 고분자의 용해 거동을 극적으로 변화시켜서 무극성 용매에 대한 용해성을 약화시키고, 다이메틸폼아마이드, 다이메틸설폭사이드, 다이메틸아세트아마이드와 같은 용매에 대한 용해성을 증가시킨다. 폴리아크릴로나이트릴의 유리전이 온도는 85°C인데, 이것은 곁사슬의 극성이 쌍극자 상호작용으로 인해 사슬의 유동성을 제한하기 때문에 나타나는 현상이라고 생각된다. 이와 같은 이유로 이 고분자는 결정성이 있다.

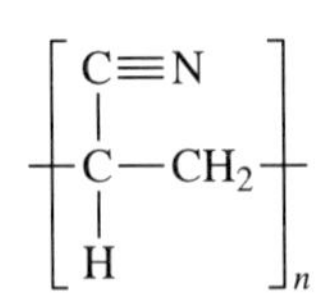

30

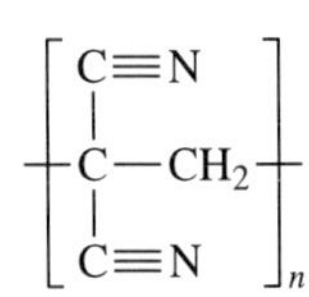

31

사이아노 고분자의 열안정성은 별로 좋지 않다. 온도가 상승하게 되면, 고분자의 색이 짙어지고 내부 부가 반응이 생긴다(9장 참조). 그러나 폴리아크릴로나이트릴은 뛰어난 광안정성, 화학 약품 안정성, 미생물 안정성이 있다. 폴리바이닐리덴사이아나이드(**31**)는 가수 분해에 불안정하다.

22.3.8 수산기

수산기는 친수성이며 물에 녹는 치환체이다. 이들은 강한 수소 결합을 형성한다. 폴리바이닐알코올(**32**)은 친수성이지만, 상온에서는 물에 녹지 않으나 뜨거운 물에는 녹는다. 물에서 열을 가하면, 분자간 수소 결합을 끊게 된다. 88% 바이닐알코올과 12% 바이닐아세테이트 반복 단위를 갖는 고분자는 25°C에서 물에 용해되는데, 이것은 아세테이트 곁사슬기가 분자 간 회합을 방해하기 때문이다. 아세테이트에 대한 수산기의 비가 70% 이하로 되면, 고분자는 물에 용해되지 않고 단지 에탄올-물 용매에만 용해된다. **32**에서 화합물 내의 수산기가 골격 유동성에 미치는 효과로는 70~85°C의 유리 전이 온도라고 할 수 있다. 분자 내 수소 결합이 아마도 골격 비틀림 운동을 제한하는 것 같다.

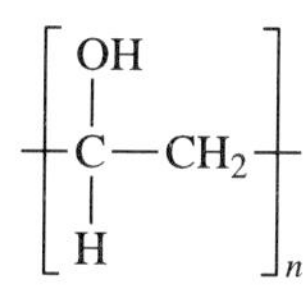

32

곁사슬 수산기에 의한 영향이 유사한 경우로는 다당류, 단백질과 다양한 합성 고분자에서 볼 수 있다. 예로서 글리세린 또는 글루코실 곁사슬을 갖는 폴리포스파진은 물에 용해한다. 지방족 또는 방향족 곁사슬의 말단에 있는 수산기는 친수성 또는 수용성을 띠게 한다. 그러나 수산기에 대한 탄화수소의 비가 커지면 고분자의 수용성이 감소된다.

22.3.9 아마이드 곁사슬기

폴리아크릴아마이드(**33**) 내의 아마이드 곁사슬기가 이 고분자의 특성을 나타낸다. 폴리아크릴아마이드는 물에 잘 용해되는데(30°C, 물 100 mL에 215 g), 이것은 NH_2와 C=O기 모두가 물 분자와 수소 결합을 형성하기 때문이다. 고체 상태의 고분자는 강성이 있고 유리상(T_g = 153~204°C)인데, 이것은 수소 결합에 의해 분자 재배향이 제한되기 때문인 것 같다. 고체는 흡습성이 좋다. 카복실기를 생성하는 알칼리 가수 분해는 빠르게 일어나지만, 산 가수 분해는 느리게 진행된다. 아크릴아마이드 단량체는 매우 강한 신경독으로 작용하나 고분자는 독성이 작아진다.

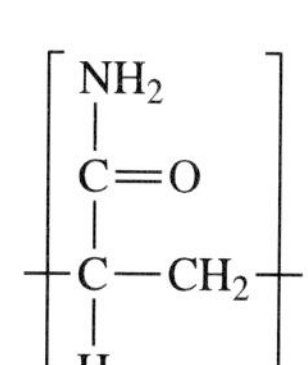

33

22.3.10 알킬 에터 곁사슬기

폴리메틸바이닐에터(**34**)는 에터형 곁사슬의 특성을 나타낸다. 이 고분자는 25°C의 물에 용해되나 온도가 올라감에 따라 용해도가 감소한다. 용해도와 고체 상태 특성은 고분자의 입체 규칙도와 말단기에 의존한다. 예를 들면 아탁틱 폴리메틸바이닐에터는 상온에서 점성이 있는 액체이며, T_g는 −31°C이다. 에틸에터 유사체는 T_g가 −42°C이고, *n*-프로필 유도체는 T_g가 −49°C이며, 뷰틸 유도체는 −55°C이다. 만약 곁사슬이 내부 재배향 운동을 쉽게 하도록 충분히 유연하다면, 탄화수소 사슬의 고유 유연성이 얼마나 높은지를 이들 값으로부터 알 수 있다. 이러한 입체 규칙성 고분자는 결정성이고, 유연한 고체상이다. 곁사슬에 올리고에틸렌옥시 단위가 존재하면, 수용성은 유지된다. 올리고에틸렌옥시기의 예로는 —$OCH_2CH_2OCH_3$ 또는 —$OCH_2CH_2OCH_2CH_2OCH_3$ 등이 있다.

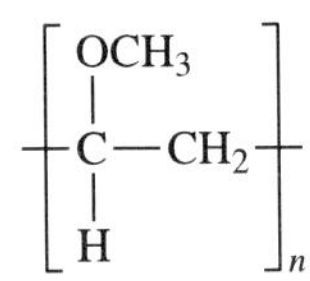

34

22.3.11 에스터 곁사슬기

폴리아크릴산(**35**)과 폴리메타크릴산(**36**) 또는 폴리바이닐알코올(**37**) 등의 에스터화물과 같은 에스터 곁사슬기를 갖는 두 가지 형태의 고분자가 관심을 끌고 있다. 세 가지 고분자 내의 에스터기들은 유기 용매에 용해성이 좋다. 그러나 **35**와 **36**의 경우에 R기가 메틸이나 에틸과 같이 작으면 상당히 극성의 곁사슬기가 된다. 이 경우 고분자는 케톤, 에터 또는 에터-알코올과 같은 극성 용매에 용해한다. R기가 더 크고 더 소수성이면 지방족 또는 방향족 탄화수소와 같은 무극성 용매에 대한 용해도가 증가한다. 폴리바이닐아세테이트(**37**)는 방향족, 케톤, 에스터, 염소화 용매에 용해되나 무수 에탄올 또는 지방족 탄화수소에는 불용성이다.

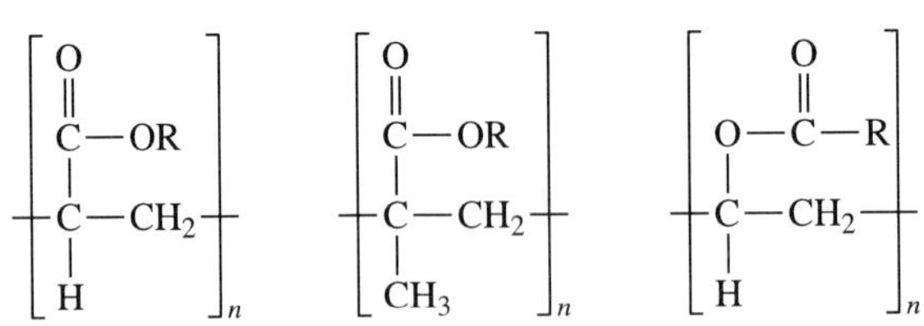

35 **36** **37**

에스터 곁사슬기를 갖는 탄소 주사슬 고분자의 유리 전이 온도는 입체 규칙도와 R기의 성질에 따라 다양하다. 아탁틱 폴리메타크릴레이트는 T_g가 105°C이다. 폴리바이닐아세테이트의 T_g는 28~31°C이다.

고분자의 가수 분해 안정성은 **36** > **35** > **37**의 순서로 감소된다. 메타크릴에스터 고분자는 아크릴에스터 고분자보다 산, 염기 가수 분해에 대해 안정하다. 이들 모두 폴리바이닐아세테이트보다 가수 분해에 대한 저항성이 크다. 실제로, 폴리바이닐아세테이트를 가수 분해하여 폴리바이닐알코올을 제조하고 있다. 이와 같은 세 가지 부류의 고분자들은 다른 열분해 거동을 한다. 아크릴레이트에스터와 바이닐에스터 고분자는 몇 개의 조각으로 분해되고, 메타크릴에스터 고분자는 단량체로 분해된다. 이 세 고분자는 독성은 없다.

22.3.12 카복실산 곁사슬기

폴리아크릴산(**38**)과 폴리메타크릴산(**39**)은 카복실산 단위가 고분자의 성질에 영향을 나타내는 두 전형적인 고분자이다. 두 고분자 모두 고체 상태에서 흡습성이 있고 물, 에탄올, 메탄올에 용해되지 않는다. 친수성을 나타내는 것은 직접적으로는 카복실산이 물이나 에탄올에 잘 용해되는 결과이다. 염기성 용액에서의 용해도는 2가 양이온이 이온 가교를 이루어서 고분자를 불용성으로 만들기도 하지만, $-COO^{-}Na^{+}$ 형태의 이온 단위를 형성하면 좋아진다. 카복실산 곁사슬기를 갖는 고분자는 때로는 산성 용액에는 불용성이다. 이런 특성은 방향족 또는 지방족 단위가 사슬에서 카복실산기가 분리되어도 계속 유지된다. 그러나 커다란 소수성 연결 단위가 도입되면, 친수성이 감소한다. 곁사슬에 설폰산(SO_3H)기가 도입되면, 카복실기의 도입에서 나타나는 것과 유사한 성질을 나타낸다.

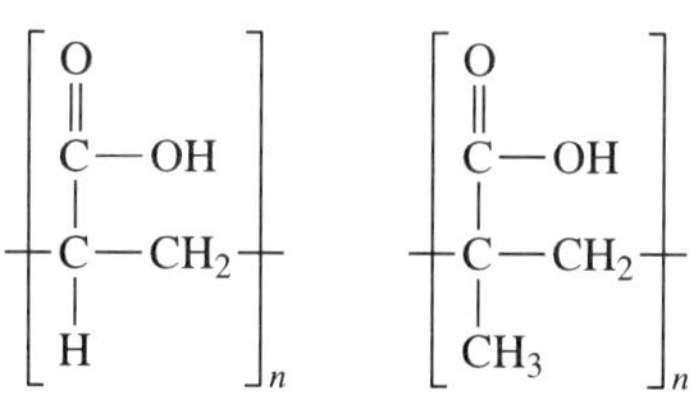

38 **39**

22.3.13 피리딘기와 다른 아미노기

폴리바이닐피리딘(**40**)은 산성 용액과 에탄올에는 가용성이지만, 중성 또는 염기성 용액에서는 불용성이다. 산성 용액에서의 용해도는 분자 내의 염기점인 질소 원자(**41**)가 양성자화되어 나타난다. 할로젠화알케인으로 동일 작용점을 4차 구조(**42**)로 하면 수용성이 되고 이것이 고분자 전해질이 된다. 4차화되지 않은 고분자(**40**)는 금속 이온과 착물을 형성한다. 곁사슬에 아미노기를 갖는 다른 고분자들도 똑같은 거동을 한다.

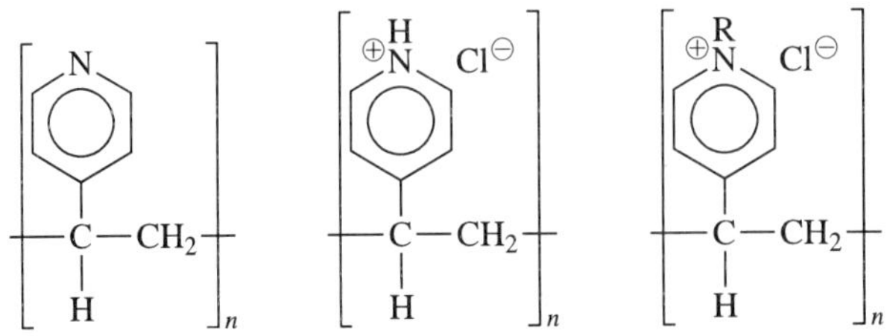

40 41 42

22.4 표면 특성과의 관계

분자 구조 모양이 고분자의 용해도, 친수성, 소수성에 미치는 영향에 대해 앞 절에서 언급하였다. 고분자의 표면 특성은 많은 응용에서 물질을 선택하는 중요한 요소이다. 표면 특성은 물질이 얼마나 빨리 유기 용매, 물, 화학 약품 등에 의해서 영향을 받는가 하는 것뿐만 아니라 그것이 점착성, 생체 적합성, 마찰성 등에 어떠한 역할을 하는가를 결정한다.

골격 단위와 곁사슬기에 관한 정보로부터 표면 거동은 예측할 수 있으나, 이렇게 하면 너무 간단하게 생각하기 쉽다. 표면에 형성된 계면의 영향으로(공기, 물, 유기 용매, 수은, 유리 등) 특정한 곁사슬기들이 표면에 농축되고 다른 것들은 계면 밑에 있을 수 있다. 더욱이, 고분자 운동으로 인해 새로운 계면이 생성되고 다른 단위들은 그 밑에 묻히게 된다. 예를 들어 표면에서 임의의 곁사슬기를 다른 작용기로 대치시켜서 시간에 따른 표면 소수성 변화를 검출하는 것은 매우 일반적인 것이다.

22.5 고체상 물성에 미치는 구조적 영향

이 책의 앞에서 언급했듯이, 주어진 온도에서 유리 전이 온도(T_g)와 미세결정 용융 온도(T_m)의 두 가지 인자가 고분자의 물리적 상태를 결정한다. 액정 변화와 같은 중간 전이 역시 전체 물성에 영향을 미친다. 그래서 고분자 설계의 주목표는 기본 화학 구조, 입체 화학, 공중합체 순서의 분배, 가지화도와 가교화도의 조절에 의해서 여러 가지 전이 온도를 조절하는 것을 가능하게 한다. 이 절에서의 접근은 고체상의 구조-물성의 상관관계가 동종 중합체에 대해 개발될 수 있는 정도를 평가한 후에, 공중합체에 이러한 이론을 어떻게 확장하는가 하는 것을 고려하는 것이다.

22.5.1 평형과 역학 유연성

유리 전이 온도와 용융 전이는 모두 사슬 유연성에 의존한다. 유연성에는 두 가지 형태가 존재한다. “평형” 유연성은 높은 엔트로피의 압축, 자유 형태가 붕괴하는 사슬의 능력을 측정하는 것이다. 형태 엔트로피가 크면 용융 엔트로피(ΔS_m)를 크게 하기 때문에 낮은 용융점을 가지게 한다. 왜냐하면, $T_g = \Delta H_m/\Delta S_m$이기 때문이다. 여기서 ΔH_m은 융해열이다. 대조적으로 “역학” 유연성은 형태나 모양을 **변화**하게 하는 능력을 측정한다. 이러한 관점에서 높은 유연성은 사슬이 유리상에서는 억제되는 장거리 운동(long-range motion)을 잃기 전에 보다 낮은 온도로 냉각되기 때문에 낮은 유리 전이 온도를 가지게 한다.

22.5.2 분자 간 인력

고분자의 용융점은 용융열에 비례한다. 용융은 몇 가지를 제외하고는 모든 물질이 용융 시에는 확장하기 때문에 거의 항상 고분자 사슬의 거리 증가를 요구한다. 이것은 많은 에너지가 강한 인력에 의해 같이 묶여 있는 사슬을 분리하기 위해 확장되는 것을 의미하며, 이것은 큰 값의 ΔH_m으로 나타나며, 그리하여 높은 값의 용융 온도를 갖는다. 용융점은 다음의 순서에 의해 증가된다. 즉 무극성 사슬 < 극성 사슬 < 수소 결합 사슬이다.

한 번에 사슬의 이러한 형상의 단 한 가지만 변화시키는 것은 어렵다. 예를 들면 평형 유연성을 감소시키는 구조의 변화는 역시 동적 유연성을 감소시킨다. 그러한 변화는 사슬에 거대 곁사슬의 연결과 고분자의 주사슬에 고리 구조의 도입을 포함한다. 구조에 있어서 이러한 형태의 유연성을 고치는 변화는 분자 간 상호작용을 종종 변화시킨다. 예를 들면 유연성을 증가시키기 위해 산소 원자를 주사슬에 도입하면 그러한 변화는 사슬을 더 극성으로 만든다.

“회전 고리 단위”로 알려진 산소는 사슬에 도입될 수 있는 최고의 유연성-유도 원자이다. 산소 원자는 반지름이 작으며, 2가이고 치환체를 가지지 않는다. 어떤 고분자 내의 이 배위 질소는 포스파진과 동일하게 작용한다. 아마도 탄소-황(C—S) 결합이 탄소-산소(C—O) 결합보다 더 길고, 입체 효과를 상쇄하는 데 도움을 주기 때문에 황은 역시 이러한 관점에서는 매우 좋다. 에스터 결합(O—C(═O)—)은 일반적으로 사슬의 유연성을 증가시킨다. C—O 결합은 이중 결합 성질을 다소 가지고 있고, 이것은 사슬을 딱딱하게 하는 경향이 있지만, 산소 원자의 작은 크기는 대부분의 경우에 가장 중요하다. 결과는 변형된 사슬의 형태에 의존한다. 이미 매우 딱딱하게 만들어진 사슬의 구조 변화는 거의 더 유연하게 만들지만, 유연성을 가진 사슬에서 동일한 변화는 사슬을 더 딱딱하게 만든다.

22.5.3 실례

평형과 동적 유연성 유연성을 제어하는 몇 가지 관련성들을 표 22.1에서 설명하였다. 참고 물질은 폴리에틸렌(PE)이고, 다른 고분자와 비교하였다. 모든 두 CH_2—CH_2 단위 사이에 산소 원자의 도입은 용융점을 75°C까지 떨어뜨린다. 그러나 이 고분자에서 유리 전이 온도는 떨어지지 않는다.

표 22.1 용융점과 유리 전이 온도에 대해 유연성의 변화가 미치는 몇 가지 영향

유연성 변화	고분자와 반복 단위	용융점(T_m)	유리 전이 온도(T_g)
변화 없음—기준 물질	폴리에틸렌[CH_2—CH_2—]	135	−125
증가	폴리(에틸렌옥사이드)[CH_2—CH_2—O—]	65	−60
증가	폴리(다이메틸실록세인)[$Si(CH_3)_2$—O—]	−45	−125
감소	폴리(에틸렌테레프탈레이트) [O—$(CH_2)_2$—O(C=O)—C_6H_4—C=O—]	265	70

대신에 65°C까지 증가한다. 이러한 증가는 아마도 극성이 증가하기 때문에 일어난다. 게다가, 극성은 폴리(에틸렌옥사이드)(PEO)가 물에 용해될 만큼 높다. 폴리(다이메틸실록세인)의 경우에는 두 가지 전이 온도 모두가 감소한다. 이것은 알려진 것 중에서 가장 유연한 고분자 중의 하나이다. 그러한 몇 가지 이유는 (1) 탄화수소 고분자에서 실리콘–산소(Si—O) 결합이 탄소–탄소(C—C) 결합보다 더 크고, (2) 실리콘–산소–실리콘(Si—O—Si) 결합각이 보통의 사면체의 값보다도 더 넓으며, (3) 실리콘–산소(Si—O) 결합 주위의 회전 장애가 탄소–탄소(C—C) 결합에서보다 낮고, (4) 실리콘–산소–실리콘(Si—O—Si) 결합각이 잘 변화될 수 있다는 것이다.

유연성의 **감소** 효과는 폴리(에틸렌테레프탈레이트)에 의해 설명되었다. 에스터 결합의 존재는 유연성을 증가시키지만, 이러한 효과는 반복 단위에 존재하는 **파라**-페닐렌기의 딱딱함에 의해서 간과되며, 두 가지 전이 온도가 매우 증가한다. 이것은 직물 섬유 원료로 사용되는 지방족 폴리아마이드와 비교해 충분히 높은 용융점을 갖는 폴리에스터 중의 하나이다.

이러한 딱딱함의 접근은 섬유상 단백질의 용융점을 높이기 위해 역시 생명체에서 사용되지만, 생명체는 알파 아미노산(α-amino acid) 반복 단위의 선택을 통해서 조절한다. 섬유상의 단백질은 좋은 기계적 물성을 발생시키기 위해 어느 정도의 결정성을 요구한다. 반복 펩타이드 단위는 그림 22.2의 왼쪽에 나타내었고, 곁사슬 R의 변화를 통해서 단백질을 만들 수 있는 20개의 아미노산 반복 단위를 제공한다. 원하는 딱딱한 효과는 그림의 오른쪽에 도식으로 나타낸 불규칙한 구조의 프롤린(proline; PRO)과 하이드록시프롤린(hydroxyproline; HPRO) 두 가지의 존재에 의해 도입된다. 골격의 고리 구조는 탄소 원자와 결합된 질소 원자 위에 R기를 갖게 함으로써 형성된다. 이것은 폴리(에틸렌테레프탈레이트)나 케블라®와 같은 딱딱한 막대 고분자에 **파라**-페닐렌기의 사용과

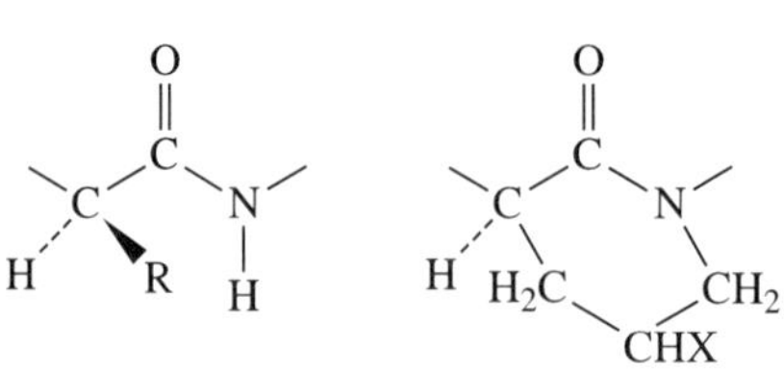

그림 22.2 왼쪽 그림은 단백질 반복 단위의 일반적인 구조이며, 오른쪽 그림은 사슬의 딱딱함을 주는 변형된 구조를 나타내었다. PRO의 경우에 X는 H이며, HPRO의 경우에 X는 OH이지만, 이 책에서는 중요하지 않다.

표 22.2 다른 종의 콜라젠에서 딱딱하게 하는 알파 아미노산 반복 단위가 용융점에 미치는 영향

소스	%(PRO와 HPRO)	용융점(T_m, °C)	체온(T_{Body}, °C)
대구	16	16	12
상어	19	29	26
송아지	23	39	37

유사하다. 이 딱딱함의 효과는 콜라젠(섬유상이며, 다양한 동물의 결합 조직에서 발견되는 부분적으로 결정성인 단백질)의 몇 가지 형태의 아미노산 조성으로부터 증명된다. 흥미를 자아내는 몇 가지 데이터를 표 22.2에 나타내었다. 대구에 있는 콜라젠은 16%의 PRO와 HPRO로 구성되어 있다. 이러한 함량은 용융점이 이 어류종이 살아가는 온도 이상인 16°C로 되게 할 만큼 충분하다. 그리하여 단백질은 결정상으로 남아 있다. 상어의 콜라젠은 26°C 이상의 체온에서 견딜 수 있기 때문에 보는 바와 같이 PRO와 HPRO의 양이 더 큰 값을 가진다. 송아지와 같은 포유동물은 그들의 체온인 37°C(98.6°F) 이상의 콜라젠 용융점을 유지하기 위하여 이들 아미노산의 더 높은 함량이 필요하다. 주어진 표에서 용융점은 정말 낮은 한계점이다. 체내에서 콜라젠은 긴장하에 있고, 이것은 언급된 값 이상에서는 용융점을 증가시킨다. 만약 그렇지 않으면, 사람들은 매우 높은 고열 발생 시에 콜라젠의 용융을 걱정하게 될 것이다.

분자 간 인력 전이 온도에 대한 분자 간 인력의 영향은 표 22.3에 나타내었다. 폴리(바이닐클로라이드)는 폴리에틸렌에서 탄소에 있는 수소가 하나 건너서 염소로 치환된 것으로 볼 수가 있다. 쿨롱 인력은 결과적으로 용융 온도(T_m)와 유리 전이 온도(T_g) 모두를 증가시킨다. 용융점의 증가는 용융열의 증가 때문이다. 다른 한편으로, 유리 전이 온도의 증가는 사슬 간의 증가된 인력 때문이다. 증가된 인력은 유리상에서는 구조가 잠겨져 있게 하는 장거리 운동을 풀리게 하는 데 필요한 온도를 증가시킨다.

표의 남은 부분에서는 알려진 고분자의 일반적인 종류로 대략적이고 평균값의 용융점과 유리 전이 온도를 나타내었다. 그래서 점선 부분은 길이 m이 정의되지 않은 지방족 알킬$(CH_2)_m$의 순서

표 22.3 용융점(T_m)과 유리 전이 온도(T_g)에 대한 분자 간 인력의 영향

상호작용	고분자	용융점(T_m)	유리 전이 온도(T_g)
Coulmob 힘	폴리(바이닐클로라이드)[CHCl—CH_2—]	270	85
Coulmob 힘	폴리에스터[C(=O)—O— ⋯]	100	30
수소 결합	폴리아마이드[C(=O)—NH— ⋯]	200	50
수소 결합	폴리유레테인[O—C(=O)—NH— ⋯]	170	30
수소 결합	폴리유레아[NH—C(=O)—NH— ⋯]	300	70
수소 결합	셀룰로스와 유도체	매우 높음	100

를 나타낸다. 폴리에스터는 상대적으로 낮은 전이 온도를 나타내는데, 이것은 아마도 에스터 결합의 상대적으로 높은 유연성 때문이다. 폴리아마이드는 수소 결합 때문에 매우 높은 값을 갖는다. 이 경우에 용융점의 상승은 ΔH_m 때문이 아니라 용융 상태로 유지하게 하는 수소 결합의 ΔS_m의 값이 감소했기 때문이다. 폴리유레테인은 카보닐을 브래킷하는 산소 원자와 아민(NH)기를 가지기 때문에 폴리에스터와 폴리아마이드의 혼성으로 생각된다. 폴리유레테인의 전이 온도는 폴리에스터와 폴리아마이드 사이에 존재한다. 폴리유레아는 반복 단위당 두 개의 수소 결합 위치가 있기 때문에 폴리아마이드가 두 개 겹쳐 있는 것으로 생각할 수 있다. 셀룰로스와 유도체는 다음의 세 가지 이유인 (i) 극성, (ii) 수소 결합, (iii) 사슬 골격이 환상 단위체에 의해 딱딱해짐으로 인해서 높은 전이 온도를 보인다.

22.5.4 엘라스틴의 경우

생탄성체의 물성은 몇 가지 구조와 물성의 상관관계를 설명하는 데 이용될 수 있다. 좋은 예로 포유동물에 있는 단백질 엘라스틴(protein elastin)과 곤충의 레실린(resilin)이다. 인체는 회복을 가진 높은 변형이 필요할 때 탄성체를 합성한다. 확실한 예는 혈관, 피부와 심장, 폐 조직이다. 포유동물이 어떻게 탄력소의 구조를 이용하는가를 아는 것은 유익하다. 엘라스틴은 온도나 결정화도에 관계없이, 결정화하지 않는 랜덤 공중합체이다. **랜덤**한 화학 순서의 이용은 상업적인 에틸렌-프로필렌 공중합체를 생각나게 한다. 여기서 프로필렌의 "불규칙성"은 에틸렌 단위가 결정화하는 것을 막아주고, 고분자 사슬이 고무와 같은 탄성체에 필요한 무정형으로 만들어 준다. 전체적인 결정의 부재는 강도와 관련된 문제를 야기하지만, 이것은 생명체 시스템에서는 강한 콜라젠 섬유 조직 주위에 모여 있는 엘라스틴에 의해 해결된다. 나일론 섬유에 의해 강화된 실험실의 압력-튜브의 구조와 유사하지만, 엘라스틴-콜라젠 생복합체는 더욱 더 복잡하다. 콜라젠 섬유는 엘라스틴 내에 둘러싸여 있을 때는 느슨하다. 예를 들면 압력이 심장으로부터 박동하는 동안 동맥은 방사상으로 확장하게 한다. 이러한 부드러움은 혈액의 흐름이 수축과 확장 부분의 펌핑 주기를 갖는 동안 평탄하게 해준다. 하지만 동맥류를 확장하는 동안 콜라지(collage) 섬유는 긴장되어 있고, 혈관의 치명적인 파열을 일으키는 과도한 팽창을 강하게 저지한다.

그림 22.2의 왼쪽에서 보여준, 생명체가 곁사슬의 R과 관련해서 만드는 선택을 아는 것은 인상적이다. 몇 가지 결과를 표 22.4에 나타내었다. 글리신(glycine), 알라닌(alanine), 발린(valine)은 가장 작은 곁사슬을 가지며, 놀랍게도 65%의 높은 선택으로 이용된다. 글리신은 특별히 간단하며, 입체적 밀집을 회피하기 위해 널리 사용된다. 이 아미노산은 콜라젠의 케이블 형태의 구조를 만들거나, 사슬의 체절 내에서 효소와 같은 구형의 단백질이 압축되어 꺽여 젖혀 있도록 하는 등의 세 가지 나선에서 광범위하게 사용된다. 극성 곁가지는 탄성체가 느슨해지며, 높은 유리 전이 온도를 가지게 하는 사슬 간의 강한 인력을 야기시키기 때문에 회피된다. 실제로, 엘라스틴의 유리 전이 온도는 단백질 골격의 회피할 수 없는 극성 때문에 200°C 근처로 매우 높다. 이러한 이유로 체내

표 22.4 엘라스틴에서 여러 가지 펩타이드 단위, 곁사슬과 함유율

펩타이드 단위	곁사슬	대략적인 몰 %
글리신	H	30
알라닌	CH_3	20
발린	$CH(CH_3)_2$	15
극성 단위	여러 가지	< 5

에서 엘라스틴은 가소제로 작용하여 체온의 작동 범위 아래인 유리 전이 온도로 만들어 수용성 체액이 항상 녹아 있게 한다.

다른 강한 인상이 남는 점은 차가운 물 속에서 수영하는 물고기가 매우 낮은 체온을 갖게 하는 사실과 관련이 있다. 엘라스틴을 가소화하는 수용성 체액은 열역학적인 관점에서는 덜 "좋은" 것으로 생각될 수 있다. 엘라스틴은 팽윤을 없애고, 낮아진 가소제의 농도는 유리 전이 온도를 증가시킨다(연결 조직에서 치명적으로 부서지기 쉬움). 그러나 엘라스틴은 정확히 반대로 작용한다. 물고기가 생존하는 데 필요한 것은 온도가 감소할 경우 더 많이 팽윤하는 것이다. 이것은 극성 골격 주위에 엘라스틴의 무극성 곁사슬이 오일성의 외장[신경섬유 주위에 미엘린(myelin) 외장과 유사체]을 형성하는 것으로 추측된다. 이것은 매우 특이한 열역학적인 혼합의 유래로 생각된다.

22.5.5 랜덤 및 블록 공중합체

동종 중합체의 이용은 그림 22.3의 용융점과 유리 전이 온도가 각각 평행하게 변화하는 회색 영역에 대해 토의하는 것을 제한한다. 하지만 용융점과 유리 전이 온도의 제어에는 무관하게 수행할 수 있다는 것이 중요하다. 예를 들면 부분적으로 결정성 고분자의 유리상을 고무상(A 영역)으로 만들지 않고 용융점을 낮추거나, 고무상을 유리상(B 영역)으로 만드는 것 없이 용융점을 증가시킬 때 바람직하다. A 영역으로의 접근은 **랜덤 공중합체**를 사용하여 가능하고, B 영역으로는 **블록** 공중합체를 사용하여 가능하다.

랜덤 공중합체에서는 조성이 변함에 따라서 용융점이 유리 전이 온도보다 더 많이 변한다. 왜냐하면, 용융은 협동 과정인 반면에, 유리 전이 온도는 덜하기 때문이다. 그림 22.4에서 만약 결정성 아이소탁틱 고분자에 신디오탁틱 단위가 첨가되면, 불규칙한 단위는 먼저 아이소탁틱 결정체를 작게 하고 용융점을 감소시킨다. 게다가 신디오탁틱 단위의 첨가는 아이소탁틱의 배열을 너무 작게 하여 결정화되기에 충분할 만큼 길지 않게 한다. 결정성 신디오탁틱 고분자에 "불규칙"의 아이소탁틱 단위를 첨가하면 같은 결과가 생긴다. 그렇지만 유리 전이 온도는 조성에 크게 의존하지는 않는다. 에틸렌-프로필렌 탄성체에서 프로필렌 단위에 의해 야기된 논쟁이 에틸렌 단위에 대해서도 같은 논쟁이 제기되었다.

유리 전이 온도를 감소시키는 동안 용융점을 증가시키려면 블록 공중합체를 이용해야 한다. 한

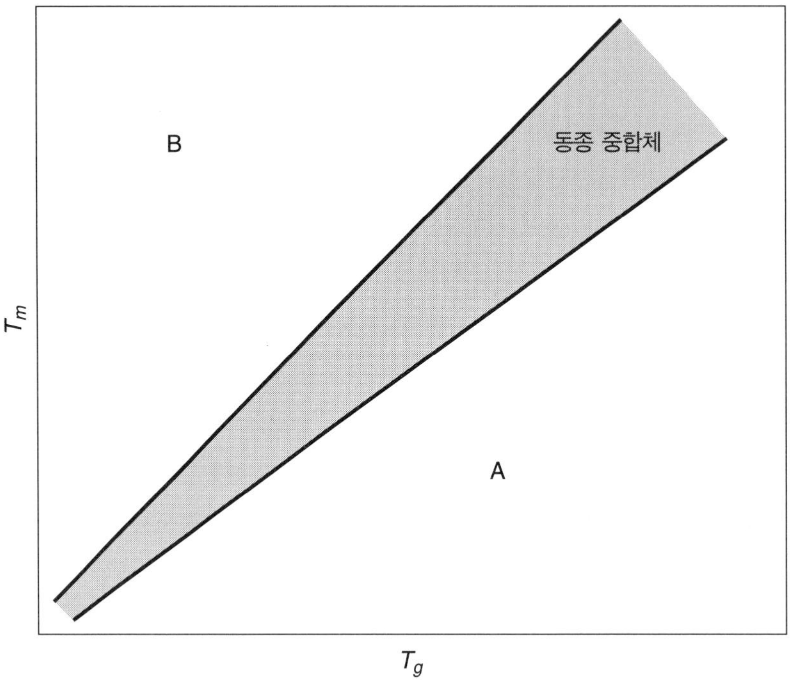

그림 22.3 단독 중합체의 경우에 용융점과 유리 전이 온도가 얼마나 강하게 연관되어 있는지를 나타내는 도식도

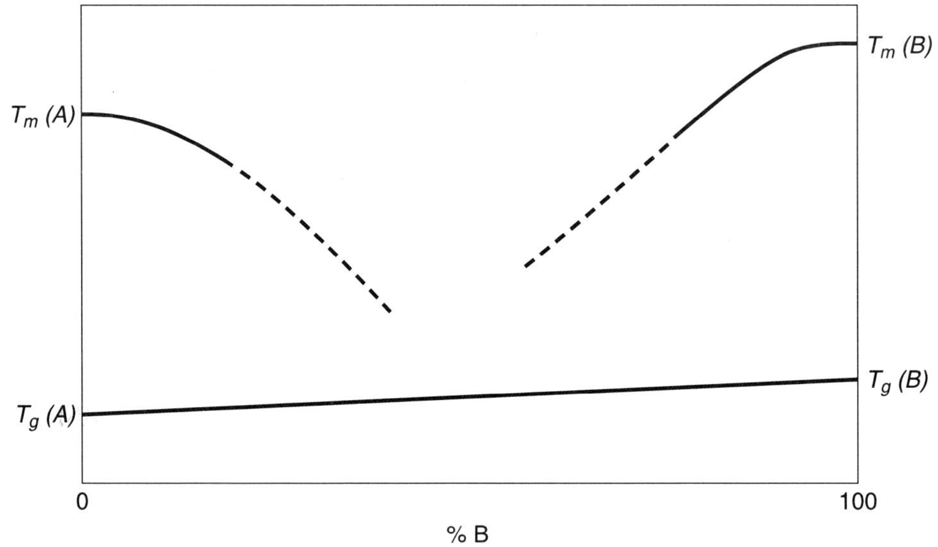

그림 22.4 입체 화학적 또는 화학적인 공중합체에서 용융점은 유리 전이 온도보다 조성에 민감하다.

블록은 견고한 블록("H")으로 매우 딱딱한 구조를 가지며 매우 높은 용융점과 유리 전이 온도를 가진다. 유연한 블록("S")으로 불리는 다른 블록은 낮은 두 전이 온도를 가진다. 블록 공중합체에서 블록은 상분리가 일어나며, 각각의 영역은 각각의 다른 전이 온도를 나타낸다. 이것은 책임 부

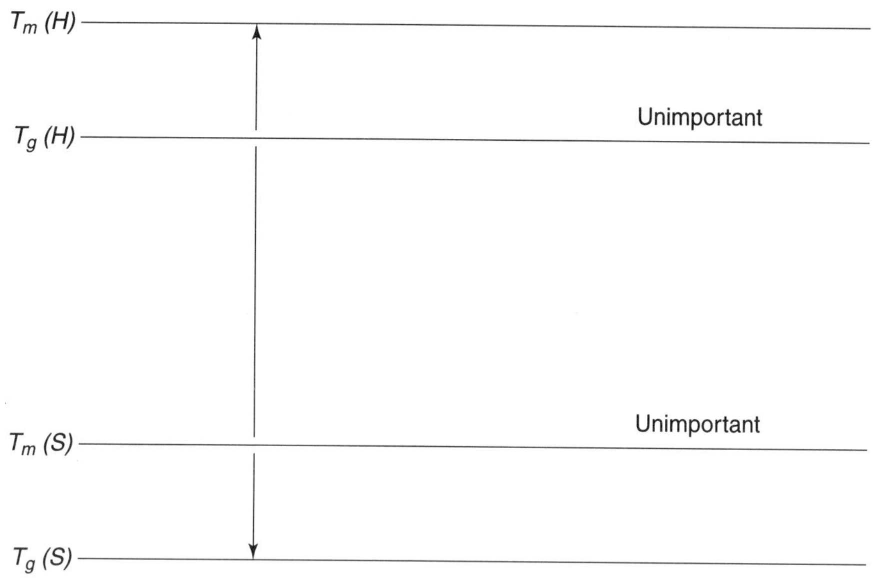

그림 22.5 블록 공중합체는 두 개의 용융점과 두 개의 유리 전이 온도를 보이기 때문에, 두 유리 전이 온도에서 낮은 것과 두 용융점에서 높은 것에 의해서 물성이 나타난다.

과("delegation of responsibility")의 다른 경우이다. 높은 용융점 때문에 견고한 블록이 존재한다(상응하는 높은 유리 전이 온도에는 부적절하다). 낮은 유리 전이 온도 때문에 유연한 블록이 나타난다(상응하는 낮은 용융점에는 마찬가지로 부적절하다). 이러한 상황은 그림 22.5에 나타내었다. 물질은 두 개의 용융점을 초과하기 전에는 흐르지 않고, 두 개의 유리 전이 온도보다 낮은 온도가 되어야 유리상으로 된다. 이것은 유리 전이 온도가 감소하는 동안 용융점은 효과적으로 증가하며, 그림에서 설명되었듯이 물질은 넓은 영역에 걸쳐서 유용한 물성을 나타낸다.

"분절된 폴리유레테인"은 이러한 형태의 블록 공중합체의 좋은 예이다. 만약 단단한 블록이 소량 존재한다면 유연한 상 내에서는 가교된 것처럼 작용한다. 굿리치사의 Estane® 고무는 이러한 범주이다. 다른 한편으로는, 만약 딱딱한 블록이 주된 것이면, 섬유에서는 뛰어난 확장성을 보인다. 이러한 범주에 있는 Lycra®나 스판덱스® 섬유는 듀폰사에 의해 만들어졌다.

22.5.6 가지화와 가교

적은 양의 가지화(branching)는 결정성과 용융점을 감소시킨다. 저밀도 폴리에틸렌이 그 예이다. 가지화를 증가시키는 것은 완전히 결정성을 억제하는 것이다.

100개의 반복 단위당 한 개의 가교를 가진 적은 양의 가교는 무정형의 고분자를 탄성체로 바꾸어준다. 그러나 10개의 반복 단위당 한 개의 가교를 갖도록 가교 밀도가 더 증가하면 고무상의 거동은 보이지 않으며 딱딱한 열경화성으로 바뀐다.

22.6 과학자들은 새로운 고분자와 고분자 물질을 어떻게 설계하는가?

새로운 고분자의 생산은 금속이나 세라믹을 합성된 고분자에 의해 대체하는 원동력이며, 연료 전지, 배터리, 발광 장치, 생의학 재료와 항공기 및 자동차의 구성 요소 등의 광범위한 범위로의 사용을 유도한다. 새로운 고분자 물질은 분자 설계의 조합과 새로운 고분자 합성 기술의 개발 등으로 일어난다. 기본적인 거대 분자의 설계 원리는 앞 장의 이전 절에서 개략적으로 설명하였고, 이제는 바꾸어서 새로운 합성 방법의 개발과 고체상과 고분자의 표면 물성을 조절할 수 있는 새로운 방법에 대해서 알아보고자 한다. 이러한 관점에서, 구조와 물성의 상관관계가 알려진 넓은 포트폴리오를 가진 현대 고분자화학은 새로운 고분자의 합성이 예기치 않은 물성의 조합을 초래했던 초기의 접근보다는 장점을 가진다. 그렇다 하더라도 과학적인 연구에서 여전히 놀라운 일들이 알려지곤 한다. 게다가, 때로 과학자들의 역할이 예상하지 못한 일들을 해야 될 때가 있으며, 일반 지식의 기초에 대해 항상 정당화되지는 못한다. 단지 이러한 방법으로 과학은 받아들여진 실용성으로부터 탈출해야 하고 새로운 영역으로 실제 돌파구를 창조해야 한다. 잘 알려진 지식과 프로토콜을 절대적으로 고수하여 따르는 것은 새로운 통찰력을 잉태하지는 못한다.

그리하여 새로운 고분자는 세 가지 다른 방법으로 만들어진다. 첫째, 우연한 발견, 두 번째는 과학자가 지금까지는 인식하지 못했던 두 가지 다른 형태의 화학을 보고 그것을 조합하여 새로운 것을 만드는 것, 세 번째 방법은 하나의 구조와 물성의 상관관계를 선행하는 것이다. 두 가지 다른 영역으로부터 아이디어를 합친 결과로부터의 개발은 종종 다른 시스템의 구조와 물성의 상관관계를 어렴풋이 인식하는 데 기초로 한다.

폴리(다이메틸실록세인)과 폴리(테트라에틸렌)(Teflon®)과 고밀도 폴리에틸렌의 발견은 우연한 반응으로부터 일어났다(차례로, Kipping, Plunkett와 Ziegler에 의해서). 폴리(오르가노포스파진)은 유기화학과 무기화학으로부터 아이디어를 조합하여 만들었다.

보통 이러한 형태의 우연한 발견이나 교차-학문 분야를 통한 발견은 탐구 연구의 출현을 촉진시켰고, 때때로 발견자보다는 연구자에 의해서 더 많은 다른 유도체의 합성과 구조와 물성의 상관관계의 발전을 이끌었다. 어떤 판단에서 Kipping은 그의 실험실에서 처음으로 합성된 폴리(오르가노실록세인)을 그들이 찾던 물질이 아니었기 때문에 팽개쳐 버렸다. 다른 연구자가 그것의 가치를 발견하였고, 자세히 개발되었다. 여기에 다른 교훈이 있다. 다른 면에서 대부분의 새로운 고분자의 발견자는 발견의 중요성을 즉시 깨닫고, 때때로 회의론과 반대에도 불구하고 새로운 분야를 개척하며, 새로운 분야를 개발하는 데 필요한 구조와 물성의 일차 관계를 개발한다. 그 이후에 유용한 고분자는 대부분 직접적인 설계에 의해서 개발되었다.

개발되는 디자인의 접근은 종종 존재하는 고분자의 **결점**의 지식과 엔지니어, 물리학자, 내과 의사와 다른 이용자들로부터 나온 정보로부터 시작된다. 그래서 설계 과정은 더 나은 물질을 만들기 위해 필요한 물성을 조합하는 지식으로부터 시작되고, 그 이후에 이러한 물성이 만들어질 수 있는 양자의 방법으로 고려한다. 예를 들면 소방수나 자동차 경주 운전자를 위한 난연성 의류가 필요하다면 높은 용융점을 갖는 고분자가 필요할 것이고, 이것은 방향족 폴리아마이드와 같은 상대적으로 딱딱한 고분자를 사용할 것을 제안할 것이다. 여기서 구조와 물성의 상관관계의 열쇠는 딱딱한 사슬은 높은 용융점을 준다는 것이다. 이러한 형태의 고분자를 선택하는 것은 축합 반응을 이용한 탐험적인 고분자 합성을 요구한다. 다른 방법은 고분자의 섬유 내에서 높은 인장 강도를 부여하는 결정성이 필요할 것이다. 결정성은 단량체 배열과 곁사슬의 존재에 의존한다. 불에 대한 저항은 분자 구조에 인을 도입함으로써도 높일 수 있다.

고분자 화학자들은 새로운 분자를 설계하고, 구조와 물성의 상관관계를 숙고하는 데 그들의 시간을 대부분 소비하며, 독자들은 일상적으로 경험을 얻기 위해 이러한 과정을 연습하는 것이 장려된다. 몇 가지 연습의 예가 연습문제에 주어져 있다.

연|습|문|제

1. 용액 내에서 금속 이온들을 제거할 수 있는 수화젤 고분자가 필요하다. 이 장에서 토의한 원리들을 근거로 하여 수화젤 고분자를 설계하고 합성법을 쓰라.

2. 방향족 사슬들이 서로 연결된 고분자들은 대부분의 용매에 용해되지 않는다. (**a**) 지방족 탄화수소, (**b**) 에터, (**c**) 방향족 탄화수소에서의 용해성을 증가시키려면 방향족기에 어떠한 곁사슬을 붙이겠는가?

3. 고분자에서 물에 대한 용해성을 갖게 하는 곁사슬기들은 어떤 것이고, 그 이유는? 다음과 같은 고분자를 설계할 때 어떤 기들을 선택하겠는가? (**a**) 염기성 수용액에는 불용성이고 산성 수용액에는 용해, (b) 염기성 수용액에는 용해되고 산성 수용액에는 불용성, (**c**) 일원자 양이온(예: Na^+) 용액에는 용해되나 이원자가 양이온(예: Ca^{2+}) 용액에는 불용성

4. 실리케이트 광물 내의 Si—O 결합은 강염기성 수용액에 의해 분해된다. 왜 폴리다이메틸실록세인은 이 시약에 비교적 비활성인가?

5. 메소젠이 사슬의 한 부분이고 곁사슬 구조에 있을 때 고분자 내에 액정성이 있다. 이 장에서 언급한 단위들과는 다른 평면형이고 단단한 단위가 액정성을 나타낼 가능성을 에세이 형식으로 기술해 보라.

6. 폴리에틸렌에 공단량체(comonomer)로 프로필렌을 적은 양 첨가함으로써 상업적으로 중요한 탄성체로 전환할 수 있는가?

7. 만약 100개 단위당 한 개의 가교가 있다면, 결과물은 탄성체가 된다. 하지만 10개의 반복 단위당 한 개의 가교를 갖도록 하면 에폭시 수지와 같은 열경화성으로 바뀐다. 만약 반복 단위의 분자량이 50 g/mol이면, 두 가지의 경우에 가교된 것 사이의 대략적인 분자량(M_c)은 얼마인가?

참|고|문|헌

ALFREY, T., and GURNEE, E. F., *Organic Polymers*. Englewood Cliffs, NJ: Prentice Hall, **1967**.

ALLEN, G., and BEVINGTON, J. C., *Comprehensive Polymer Science* (7 volumes). Oxford: Pergamon Press, **1988**.

ASKADSKII, A. A., *Physical Properties of Polymers. Prediction and Control*. Amsterdam: Gordon and Breach Publishers, **1996**.

BERRY, G. C., "Rheological Properties of Nematic Solutions of Rodlike Polymers," *Mol. Cryst. Liq. Cryst.*, **1988**, *165*, 333.

CALUNDANN, G. W., and JAFFE, M., "Anisotropic Polymers, Their Synthesis and Properties," in *Synthetic Polymers* (Proc. of the Robert A. Welch Foundation XXVI, Houston), **1983**, p. 247.

CIFERRI, A., KRIGBAUM, W. R., and MEYER, R. B., (Eds.), *Polymer Liquid Crystals*. New York: Academic Press, **1982**.

CRAVER, C., and CARRAHER, C. E., Jr. (Eds.), *Applied Polymer Science—21st Century*. Washington: American Chemical Society, **2000**.

ECONOMY, J., "Ordering Processes in the Aromatic Polyesters," *Polymer Mater. Sci. Eng.* **1985**, *52*, 1.

EISENBERG, A., and KING, M., *Ion Containing Polymers*. New York: Academic Press, **1977**.

ENGLAND, D. C., USCHOLD, R. E., STARKWEATHER, H., and PARISER, R., "Fluoropolymers: Perspectives of Research, in *Synthetic Polymers* (Proc. of the Robert A. Welch Foundation XXVI, Houston), **1983**, p. 193.

ERMAN, B., and MARK, J. E., *Structures and Properties of Rubberlike Networks*. New York: Oxford University Press, **1997**.

FELDMAN, D., and BARBALATA, A., *Synthetic Polymers: Technology, Properties, Applications*. London: Chapman & Hall, **1996**.

GROSBERG, A. Y., and KHOKHLOV, A. R., *Giant Molecules. Here, There, and Everywhere ...* San Diego: Academic Press, **1997**.

HOLLIDAY, L. (Ed.), *Ionic Polymers*. London: Applied Science Publishers, **1975**.

LENZ, R. W., "Structure–Order Relationships in Liquid Crystalline Polyesters," *Pure Appl. Chem.*, **1985**, *57*, 1537.

MARK, H. F., BIKALES, N. M., OVERBERGER, G. C., and MENGES, G., *Encyclopedia of Science and Engineering* (16 volumes). New York: Wiley-Interscience, **1985–89**.

MORGAN, P. W., KWOLEK, S. L., and PLETCHER, T. C., "Aromatic Azomethine Polymers and Fibers," *Macromolecules*, **1987**, *20*, 729.

PORTER, D., *Group Interaction Modelling of Polymer Properties*. New York: Marcel Dekker, Inc., **1995**.

RICHARDS, R. W., and PEACE, S. K. (Eds.), *Polymer Surfaces and Interfaces III*. Chichester: John Wiley and Sons, **1999**.

VAN KREVELEN, D. W., *Properties of Polymers*. Amsterdam: Elsevier, **1997**.

23장

전기 활성 및 전기 광학적 고분자

23.1 서론

9장에서 고분자와 세라믹 및 금속 간에 존재하는 관계에 대해서 지적하였고, 아울러 현대의 연구와 기술 중에 중요한 것으로 고분자와 세라믹 또는 고분자와 금속 양자의 특성을 갖는 새로운 물질을 제조하는 것에 대해 설명한 바 있다. 여기서는 고분자와 금속의 조화된 특성, 특히 이들의 전기 전도성에 대해서 조사해 보기로 한다.

대부분의 유기 고분자는 전기적으로 부도체이고(그림 23.1 참조), 많은 금속들은 도체이다. 고분자는 가공이 쉽고, 유연하고, 강도가 있으며, 무게가 가볍고, 화학적으로 비활성이어서 쓸모가 있다. 금속은 전기적으로 전도성이 좋고, 강도와 유연성(연성)이 있기 때문에 유용하다. 그러나 많은 금속들은 무겁고 부식하기가 쉽다. 비금속 반도체는 딱딱하고 정제와 가공이 어렵다.

전도성 고분자는 쉽게 성형되는 반도체 칩과 집적 회로에서부터 전극, 경량 전지 성분, 센서, 대전 충전물에 이르기까지 다양하게 이용되고 있다. 이것이 바로 전도성 고분자가 활발한 연구의 초점이 되고 있는 한 이유이다. 앞으로 이것에 대한 중요성이 더욱 증가할 것이다.

전기 전도성 고분자에는 세 가지 다른 유형이 알려져 있는데, 이온-고분자 고체 전극계와 비전도성 물질 내에 전기 전도성 물질이 있는 복합체, 전기 전달체에 의한 전도성 고분자가 바로 그것이다. 전류가 통과할 때 굴절률이나 색깔과 같은 광학 물성을 변화시키거나 빛을 발생시키는 물질이 광전 고분자이다.

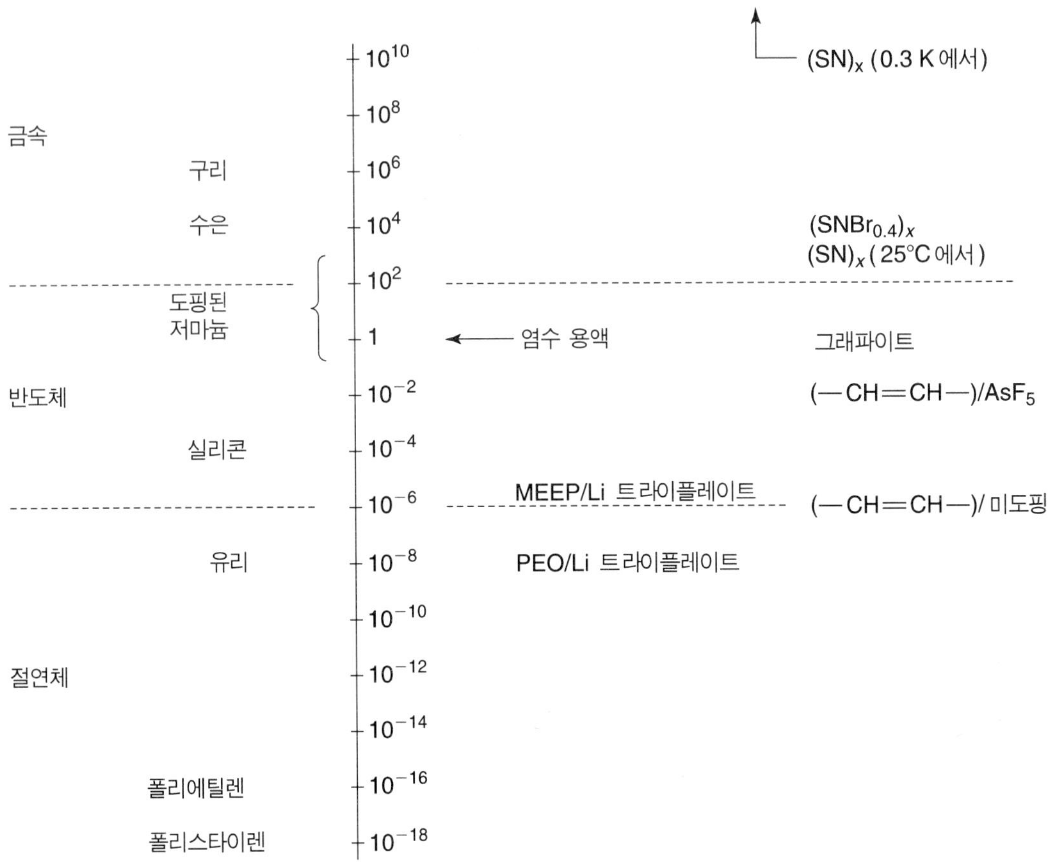

그림 23.1 여러 가지 재료들의 전기 전도성(단위 Ω^{-1} cm^{-1}). 측정값들은 온도를 표시하지 않는 한 25~30°C 사이의 값임.

23.2 고체 고분자 내의 이온 전도성

23.2.1 현상

염화 소듐과 같은 염이 물과 같은 액체에 용해되면, Na^{+}와 Cl^{-} 이온이 전기적으로 퍼텐셜 아래서 반대 전극으로 이동하여 전기가 전도된다(그림 23.2 참조). 이 거동은 물 분자가 두 이온들을 용해하여 이들을 분리할 수 있는 능력에 따라 달라진다. 일반적으로 물 내에서 염의 농도가 커지면 용액의 전기 전도성이 높아지는데, 이것은 계 내에 더 많은 전하 운반체들이 존재하기 때문이다.

어떤 고분자 내의 분자들은 염에 대해 **고체 용매**로서 작용한다. 일반적으로 이들은 염의 양이온 부분에 약한 결합을 할 수 있는 전자 공여체(염기), 배위점들을 갖는 거대 분자들이다. 이렇게 거동하는 데 있어서 고분자는 하나 또는 양쪽 이온 모두를 용해해서 이온 분리를 쉽게 한다. 만약

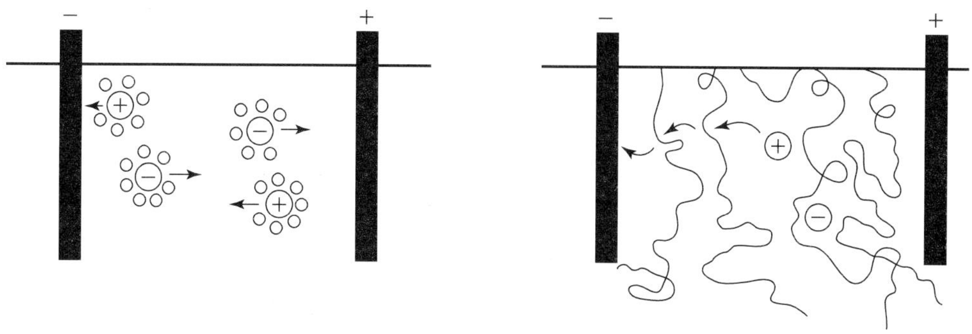

그림 23.2 물에 용해된 염 용액 내에서의 이온의 전도도와 고체상에서 용해된 고분자 내의 염의 전도도 거동 비교. 수용액상의 염의 전도도 거동 비교. 수용액상에서는 물 분자들이 용해 이온의 외부를 둘러싸고 있으며, 이들은 반대 전하를 띤 전극으로 자유로이 움직일 수 있다. 고체 고분자 용액 내에서는 고분자들이 열운동을 하는 동안 하나 또는 양쪽 모두의 이온들이 고분자를 통과한다.

이온들이 잘 분리되지 않는다면, 이온들은 전하 운반체로 작용하지 못할 것이다. 대신에, 이들은 전기적으로 중성인 이온쌍으로 강한 결합을 하게 된다.

그러나 이온이 용해하여 잘 분리되는 계라고 할지라도 이온들이 쉽게 적당한 전극으로 이동할 만한 충분한 유동성이 없다면 나쁜 전기 전도성을 갖게 될 것이다. 그래서 호스트(host) 고분자는 이온의 이동이 용이하도록 충분한 유연성과 충분한 "자유 부피"를 갖고 있어야 한다. 실제로, 이것은 고분자가 낮은 유리 전이 온도와 낮은 결정화도를 가져야 한다는 것을 의미한다.

적당한 고분자 내에 고체 염 용액을 제조하는 것은 매우 간단하다. 고분자와 염에 대한 일반적인 용매는 두 성분의 용액을 분리하는 데 사용된다. 용액을 혼합하고 용매를 제거하여 고분자 염이 결합된 필름을 만든다.

비록 고분자 내의 이온 전도에 관한 정확한 메커니즘이 완전히 규명되지는 않았지만, 다음과 같이 설명되고 있다. 만약 이온 중 하나 또는 두 개 모두가 고분자 사슬을 따라 어느 위치에 **약하게** 배위되어 있다면, 고분자가 정상적인 열적 굽힘 운동이나 꼬임 운동 및 사행운동(reptation)을 하여 배위점을 따라 이온들이 움직이게 될 것이다. 이 운동을 통해 이온이 고분자 내의 배위점에서 다른 유사한 곳으로 이동하게 된다(그림 23.2 참조). 만약 전기적 퍼텐셜을 주면 이온 확산은 주로 한 방향으로 일어나게 된다. 예를 들면 양이온은 손을 잡은 모양으로 고분자 내의 한 분자에서 다른 분자로 양극을 향해서 통과한다. 자유 부피 효과는 이온 수송에서 중요한데, 이것은 이온들이 확산할 수 있는 경로를 제공한다. 이 메커니즘은 왜 무정형인 고분자가 좋은 물질이며, 왜 전도성이 온도에 따라 증가하는지를 설명하고 있다.

23.2.2 고체 전해질로 사용되는 호스트 고분자

여러 가지 다른 호스트 고분자들이 위와 같은 특성을 갖고 있으며, 자세하게 연구되어 온 몇 가지 예를 **1**에서 **4**의 구조에 나타내었다.

$$-\!\!\left[CH_2-CH_2-O \right]_n \qquad -\!\!\left[(CH_2-CH_2-O)_x(CH_2-CH(CH_3)-O)_y \right]_n$$

1 **2**

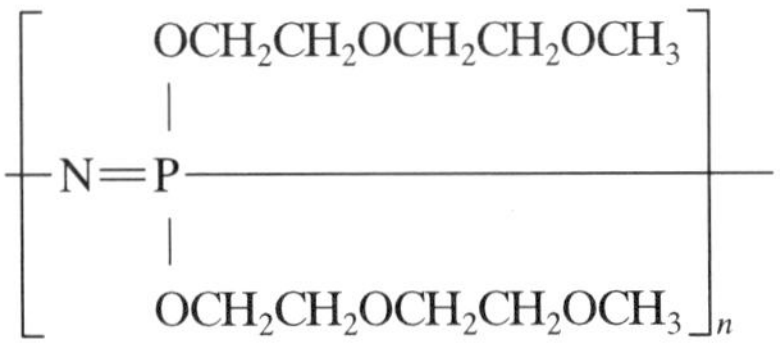

3

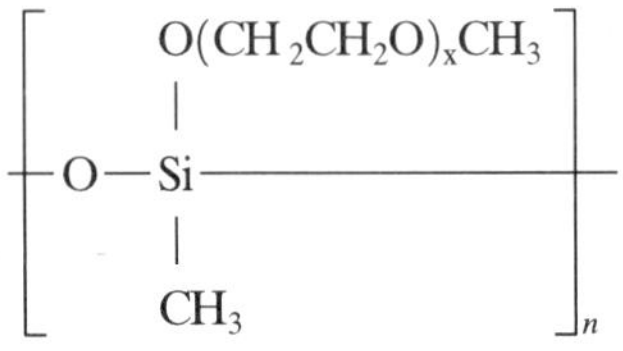

4

23.2.3 폴리에틸렌옥사이드

폴리에틸렌옥사이드(**1**)는 다른 여러 가지와 비교해서 전형적인 고체 고분자 전해질이다. 이것은 1970년대 자세하게 연구된 최초의 고분자이다. 골격이 산소 원자는 알칼리 금속 양이온과 배위 결합할 수 있는 전자 공여점이 있고, 이런 것들의 존재 여부가 이 고분자가 고농도의 리튬트라이플레이트[$LiOS(O)OCF_3$]와 같은 염을 취하는지를 설명해 주고 있다. 그러므로 고분자가 이온 중 하나 또는 양자와 배위 결합을 하여 이온을 분리시켜 결국 이온성 전도체가 된다. 25°C일 때 이 계에서 얻을 수 있는 최대 전도도는 $10^{-6}\ \Omega^{-1}\ cm^{-1}$(또는 S/cm)이다. 그러나 폴리에틸렌옥사이드–염계가 얻을 수 있는 최대 전도도(100°C에서 약 $10^{-4}\ \Omega^{-1}\ cm^{-1}$)는 같은 조건에서 염 수용액 값의 100분의 1밖에 되지 않는다. 이것은 고분자 물질에 남아 있는 잔류 양이온–음이온 상호작용 때문이다.

폴리에틸렌옥사이드는 고체 전해질로 사용되는데, 커다란 결점은 이것이 부분적으로 결정성이 있다는 것이다. 이온 수송은 단지 무정형 부분에서만 일어나며, 이런 고분자를 기본으로 하는 계는 결정체의 용융이 발생하기 전인 70~100°C로 가열해야만 최대 전도도를 얻을 수 있다. 이런 문제는 구조 **2**에서 나타낸 에틸렌옥시와 메틸렌옥시 사슬을 갖는 비결정성 공중합체를 사용함으로써 줄일 수 있다.

Comb 고분자 고체 전해질 호스트 고분자를 설계하기 위한 다른 방법을 구조 **3**과 **4**에 나타내었다. 여기서 곁사슬기들은 양이온들에 대해 약한 배위 결합점을 제공하며, 반면에 매우 유연한 고분자 사슬은 이온 운동을 허락하는 입체 형태의 전이를 도와 준다.

폴리비스메톡시에톡시에톡시포스파진(**3**)("MEEP"로 알려져 있음)은 고체 전해질 계로서 요구되는 모양을 최적화하기 위해 설계, 합성된 comb 형태의 거대 분자이다. 이것은 낮은 유리 전이 온도(−8°C)를 갖고 있으며, 완전히 무정형이고, 트라이플레이트의 용매인 테트라하이드로퓨란과 같은 유기 용매에 용해되며, 곁사슬에 고농도의 알킬에터 단위를 갖는다. 상온에서 MEEP-리튬트라이플레이트계의 전도도($2.2 \times 10^{-5}\ \Omega^{-1}\ cm^{-1}$)는 폴리에틸렌옥사이드와 비교하면 1000배나 높다. 더욱이 이 계의 치수 안정성(흐름에 대한 저항)은 전도성에 특별한 감소 없이 화학적 또는 방사선 가교를 통해 증가된다. 구조 **4**와 같은 폴리실록세인 고분자도 유사한 특성을 갖는다. MEEP에 선형 결사슬기 대신에 곁가지 에틸렌옥시 곁사슬의 사용은 전기 전도도를 $10^{-4}\ \Omega^{-1}\ cm^{-1}$ 정도로 상승시키고 물질을 껌(gum)에서 고체로 바꾼다.

염 고체 고분자 전해질에 사용되는 염은 낮은 결정 격자 에너지를 가져야만 한다. 바꾸어 말하면, 이온쌍과 결정력이 고분자와 이온쌍 분리에 따른 용해도를 지배하게 된다. 이것이 왜 트라이플레이트와 같은 커다란 음이온이 이온 전도에 사용되는가 하는 이유이다. 고분자 내의 염의 농도는 전도도 거동에 깊은 영향을 준다. 낮은 염 농도에서 전도도는 낮은데, 이것은 비록 이온쌍들이 잘 분리된다 하더라도 그 수가 매우 적기 때문이다. 염 농도가 증가하게 되면 전도도가 최대로 올라가고, 그 후 떨어지게 된다. 이러한 전도도의 감소는 아마도 부분적으로는 이온쌍 때문이지만, 이온들이 고분자에서 많은 일시적 가교를 형성하는 결과이다. 이로 인해 유리 전이 온도는 증가하고, 이온 유동성은 감소한다.

MEEP 타입의 고체 고분자 전해질에 의한 명백한 발전에도 불구하고 실온에서의 전기 전도도는 범용 건전지에 대해 요구되는 것보다 여전히 1차원 낮은 상태이다. 그러나 프로필렌 카보네이트와 같은 적은 양의 배위 유기 용매를 첨가함으로써 요구된 $10^{-3}\ \Omega^{-1}$ 수준의 전기 전도도로 올릴 수 있다.

23.2.4 고체 고분자 전해질의 용도

경량이며 고밀도 건전지에 이런 시스템을 이용하려는 관심이 고조되고 있다. 고분자를 이용한 충전식 리튬 전지는 일반적인 납-산 자동차 전지보다 단위 무게와 단위 부피당 2~5배 많은 에너

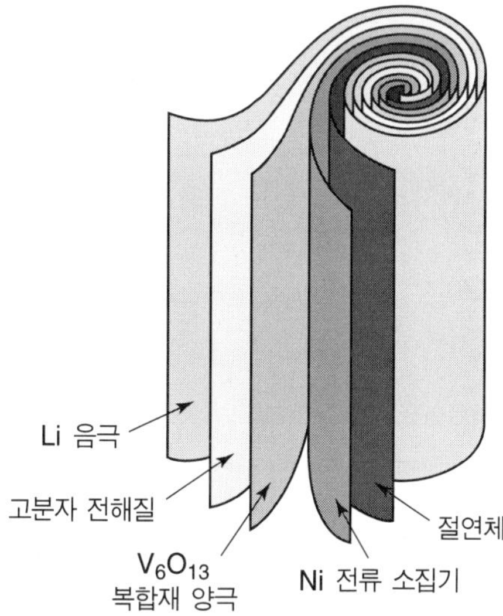

그림 23.3 고분자 전해질을 사용한 고에너지 밀도 재충전식 리튬 전지의 디자인. 방전 시 리튬은 리튬-고분자 계면에서 산화되어 Li^+ 이온이 고분자 전해질을 통과하여 이동한다. 동시에 리튬트라이플레이트 전해질에서 양극으로 삽입된다. 충전 시에는 이 과정이 역으로 된다.

지를 저장할 수 있다. 이런 형태의 전지 설계를 그림 23.3에 나타내었다. 다른 응용들은 고체 광전셀, 센서들과 같은 전기화학적 트랜지스터, 초고용량 축전기 등에 제안되고 있다.

23.2.5 프로톤 전도체

고체 이온 전도도의 두 번째 분류는 양성자(H^+)를 전달하는 것이다. 이 고분자로부터 제조된 막은 수소, 메탄올, 메테인과 같은 화합물을 전기 에너지로 전환시키는 연료 전지의 중요한 분류의 핵심 성분이다. 그림 23.4는 고분자막을 근거로 한 연료 전지의 구조를 설명하고 있다. 각 셀은 두 전극을 분리시키는 양성자 전도성막으로 구성되어 있다. 양극은 미세하게 나누어진 백금과 루테늄 합금으로 되어 있고, 음극은 백금(미세 분말)으로 되어 있다. 연료로서 수소는 양극에 있는 디바이

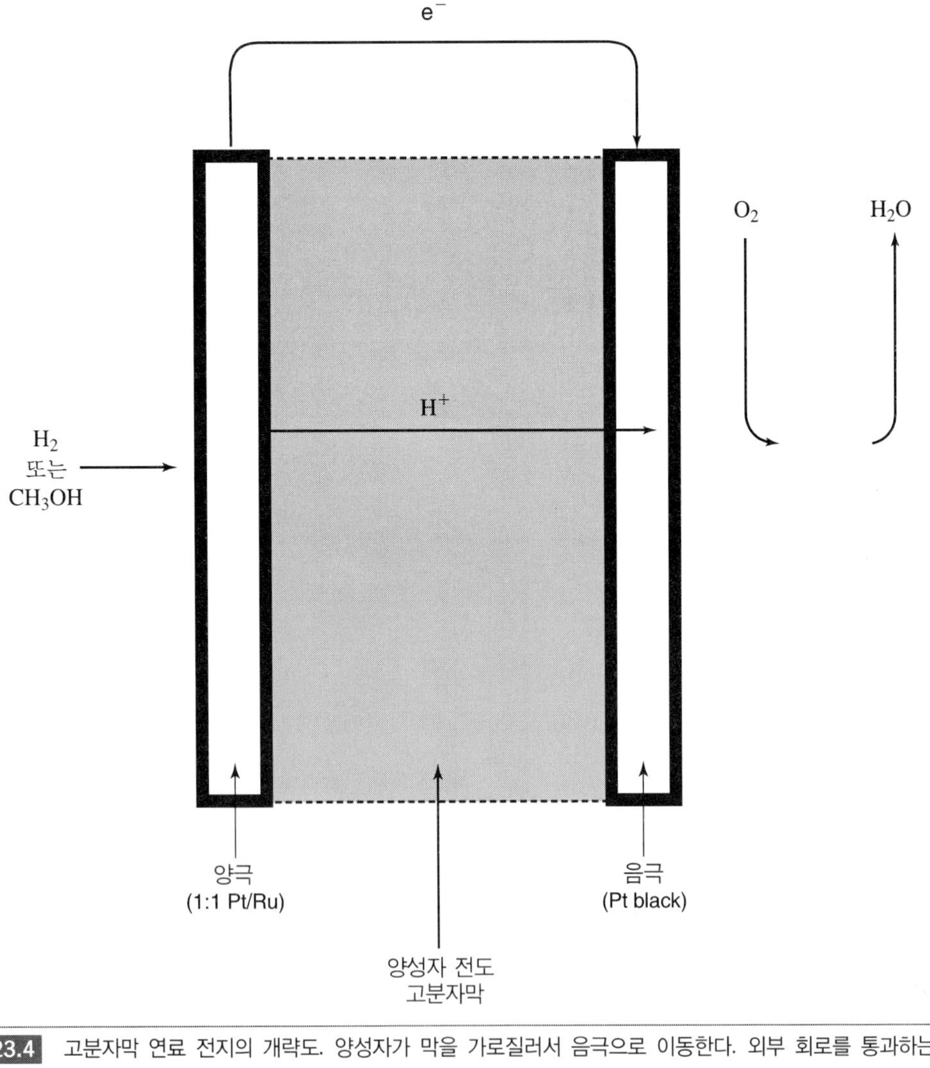

그림 23.4 고분자막 연료 전지의 개략도. 양성자가 막을 가로질러서 음극으로 이동한다. 외부 회로를 통과하는 전자는 랩톱 컴퓨터나 자동차, 핸드폰을 가동하는 전원 역할을 한다.

스에 들어가서 양성자, 전자로 전환된다. 양성자는 고분자막을 통해 음극으로 이동하는 반면에 전자는 외부 회로를 통해 음극으로 이동하고 음극에서는 수소가 대기 중의 산소에 의해 산화되어 물이 된다. 직접 메탄올 연료 전지(Direct Methanol Fuel Cell, DMFC)는 메탄올이 이산화탄소와 물로 전환되는 것을 제외하고는 같은 원리로 작용한다. 직접 메탄올 연료 전지(DMFC)는 메탄올이 음극으로 확산하도록 허락하지 않는 막을 요구한다. 수소–산소 연료 전지는 버스나 작은 고정 전력 공장에 사용하기 위해 개발되었다. 그러나 직접 메탄올 연료 전지는 자동차, 핸드폰, 랩톱 컴퓨터용으로 수소에 대해 매우 중요한 장점을 제공한다. 수백 개의 각각의 전지가 자동차에 필요한 전력을 제공한다.

이 응용에 사용된 전형적 고분자는 산성기를 가진 고분자이다. 물 존재하에 물의 도움으로 막을 가로질러서 산성 양극에서 음극으로 양성자를 이동하도록 한다. 고전적인 양성자 전도막(proton-conductive membrane)은 설폰산(—SO_3H)기를 지닌 플루오로탄소 고분자인 Nafion-117 물질이다. 80°C 이상에서 탈수화하기 때문에 Nafion은 80°C 이상의 온도에서 사용될 수 없다. 그것은 또한 메탄올에 대해 높은 투과성을 가진다. 그래서 Nafion을 대체하기 위해 상당한 연구가 진행되었다. 설폰화된 폴리스타이렌이 Gemini 우주 임무에서 수소–산소 연료 전지로 사용되었다. 그러나 이것도 연료 전지의 격렬한 반응 조건에서 상대적으로 짧은 수명을 가졌다. 최근 설폰화 폴리이미드나 고온용 고분자에 연구가 집중되었고 설폰산, 인산 또는 설폰이미드 작용기를 가진 아릴옥시포스파진으로부터 좋은 결과가 얻어졌다.

23.3 전도성 영역을 갖는 열분해 고분자와 복합 고분자

전기적으로 절연인 고분자를 흑연으로 열분해하거나 흑연가루 또는 금속 입자들을 복합체 구조에 도입함으로써 전도성 물질로 변화시킬 수 있으며, 고분자 기술의 분야로서 연구되어 왔다. 열처리된 폴리아크릴로나이트릴 또는 열처리된 폴리에스터와 같은 물질은 반도체 정도의 전기 전도성을 갖는다. 이런 성질은 무정형 탄소 기질에 함유되어 있는 전도성 흑연 영역이 존재하기 때문이다. 다방향족 고분자는 전도성 영역이 존재하며, 이것들이 전도 경로를 제공한다.

흑연 입자 또는 금속을 고분자 기질에 결합시켜 만든 복합체 물질은 때때로 놀랄 만한 전기 전도도를 나타낸다($1\ \Omega^{-1}\ cm^{-1}$까지). 전기 전도성은 전도성 입자들끼리의 접촉에 의존한다. 그래서 전도성 물질을 많이 넣을 필요가 있다. 그러므로 이 방법으로 유용한 전도성 물질을 제조하려면 많은 양의 입자를 고분자에 결합시키는데, 이에 따른 강도와 다른 기계적 특성들이 약화되어 높은 전도성을 필요로 할 경우 이들의 균형이 필요하다. 전기 전도성 복합체는 대전 코팅, 충전물, 전극 그리고 전기 공업 분야에서 여러 가지 장치로서 사용되고 있다.

23.4 전기 전도성 고분자

23.4.1 일반 개요와 목적

전기 전도성 고분자의 세 번째 부류는 고체 상태에서 **전기 전도** 경로를 제공하는 거대 분자이다. 특히, 이들은 전자가 고분자 사슬을 따라 이동하거나 사슬에서 사슬로 점프할 수 있는 경로를 제공하는 고분자들이다. 이 공정은 피상적으로는 금속 또는 비금속 반도체에서의 전기 전도와 유사하다.

고분자에서 공정은 폴리설퍼나이트라이드[poly(sulfumitride)] 또는 폴리아세틸렌에서 관찰되는 비편재화된 이중 결합인 "공액" 배열의 존재 여부에 의존한다. 그러한 고분자들을 "도핑(doping)"하여 전자를 비편재화된 골격에 투입하거나 전자를 제거하고 양성을 띠는 정공을 남길 필요가 있다. 이 같은 형태의 많은 계들은 고분자의 분자 구조뿐만 아니라 고체 상태 배열의 규칙성과 결정성에 의존하고 있다. 본 단원의 뒷부분에서 다룰 폴리설퍼나이트라이드, 폴리아세틸렌, 폴리페닐렌, 폴리페닐렌설파이드, 폴리피롤, 폴리싸이오펜, 폴리아닐린과 전이 금속 결합 고분자 등 많은 고분자들은 비록 전도 메커니즘에는 많은 의문이 남아 있지만, 전도 공정을 알아볼 수 있다. 전기 전도성 고분자들은 가벼울 뿐만 아니라 쉽게 가공할 수 있어 반도체 칩과 집적 회로, 경량 전선, 연료 전지와 건전지의 전극, 그리고 다양한 광전자 장치의 성분으로 사용될 수 있는 가능성이 있어 다양한 관심을 끌고 있다.

23.4.2 띠(band)이론

고분자 내의 전기 전도는 분자 구조와 고체 상태 구조를 통해 전자가 용이하게 이동하여 나타난다. 이러한 공정은 비편재화된 구조를 갖는 큰 분자에서 나타나는데, 이것은 상호 교류할 수 있는 이중 또는 삼중 결합을 갖는 전자 구조를 갖고 있어 간단하면서 작은 분자에서는 발견할 수 있는 특성을 갖고 있기 때문이다. 그러나 전기적인 성질은 전자 구조가 다르기 때문에 다르다.

결합 가능한 전자 한 개만을 가지고 있는 두 개의 동일한 분자들로 만들어진 이원자 분자를 생각해 보자. 이들 두 전자들의 결합 형성 전후에서의 에너지 준위를 그림 23.5에 나타내었다. 결합이 형성되어 두 개의 에너지 준위를 생성하는데, 이들은 두 전자가 차지하는 결합 준위와 차지하지 않는 반결합 준위가 그것이다. 만약 결합 준위 전자들이 열 또는 빛으로부터 전이를 나타내기에 충분한 에너지를 얻게 되면, 이 높은 반결합 준위도 일시적으로 채워질 수 있다.

더 복잡한 분자 내에서의 결합의 형성도 같은 원칙을 따른다. 각 결합이 형성됨에 따라 부수적인 결합 준위와 반결합 준위가 전체 전자 구조에 첨가된다. 따라서 분자 구조 또는 초구조(ultrastructure) 내에 같이 결합되어 있는 원자들의 구조가 커질수록 결합 오비탈과 반결합 오비탈들의 수도 커진다. 따라서 고분자 분자나 고체 상태계에서 수천수만의 원자가 관계되며, 분자 오

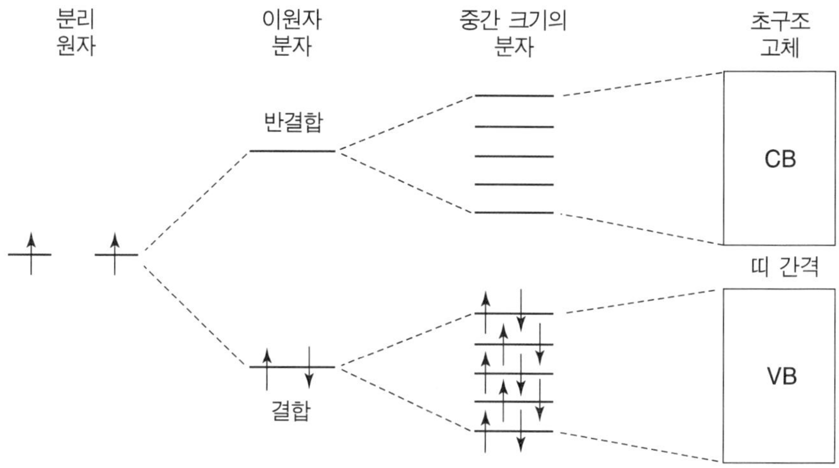

그림 23.5 독립된 두 원자들 내의 원자 오비탈이 간단한 이원자 분자 내에서 결합 오비탈을 형성하는 과정과 중분자 내의 여러 개의 결합 오비탈의 생성을 통해 띠들로 결합 에너지 준위가 연합되는 과정을 도시한 그림. 마지막 경우는 수억 개의 원자들이 3차원 망상으로 서로 연결되어 있는 상태이다. 저분자들의 경우와 마찬가지로 에너지 준위들은 결합 세트(원자가 띠, VB)와 반결합 세트(전도 띠, CB)로 분리된다.

비탈의 수도 그에 따라 커진다.

"분자"의 크기가 일정 수준을 넘어서면 에너지 스케일에서 밀집되어 두께의 밀집 충전 에너지 준위를 형성한다. 이 준위들은 **결합 띠**(banding band)라고 알려져 있으며, 물리 또는 고체 상태 전문용어로는 **원자가 띠**(valence band)로 알려져 있다. "띠"라는 용어는 에너지 준위들이 너무 밀집 충전되어 에너지 연속체를 형성하며, 그 안에서 이 연속체 전자들이 위치를 서로 교환하고 물질을 통해 자유롭게 왕래할 수 있어 사용되고 있다. 유사한 밀집 현상과 띠 형성이 반결합 오비탈에서 생기며, 이들은 **전도 띠**(conduction band)라고 일컫는다. 두 띠는 **띠 간격**(band gap)이라고 알려진 에너지 차에 의해서 분리된다. 물질이 절연체, 반도체, 금속 또는 "준금속"인가 하는 것은 띠 간격

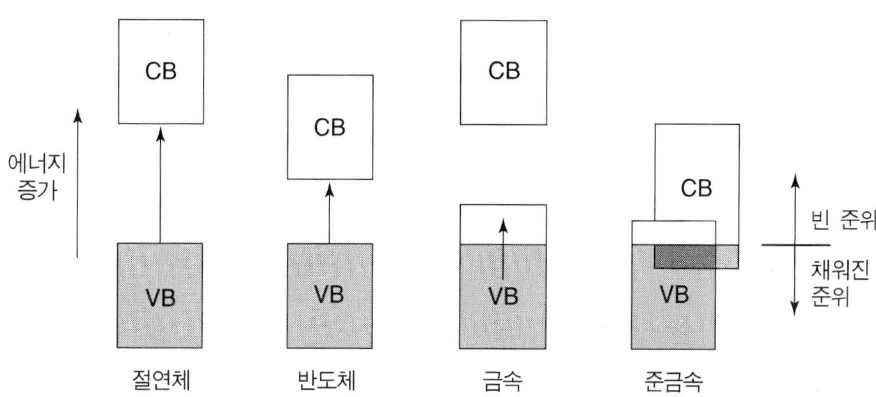

그림 23.6 절연체, 반도체, 금속, 준금속 등에서 발견할 수 있는 띠 구조의 도시. 빗금친 박스들은 전자들로 채워진 영역이고, 채워지지 않은 부분들은 채워진 준위로부터 전자가 올라와 전자를 받을 수 있는 영역이다.

의 높이와 원자가 띠가 전자들로 채워지는 정도로서 결정된다. 이러한 가능성들을 그림 23.6에 나타내었다.

비록 띠 내의 전자들이 띠 내의 에너지 한도 내에서 자유롭게 움직인다 해도, 만약 그들이 비공유 에너지 준위에 근접할 수 없다면, 그리고 만약 그들이 홀전자들로 작용하지 않는다면, 전자들의 전체적인 운동은 일어나지 않을 것이다.

23.4.3 절연체

전기 전도성이 나타나는 것은 전도 띠나 원자가 및 띠 간격 내의 새로운 에너지 준위에 비공유 전자나 유도 상태가 존재하기 때문이다. 비공유 전자는 스핀쌍을 이룬 전자가 있어서 자유로우며, 작용하는 전자 퍼텐셜이 가는 방향으로 자유롭게 이동한다.

만약 원자가 띠의 모든 준위가 차 있으면 한 방향으로의 전자의 흐름이 가능하지 않거나 어려울 것이다. 비공유 전자들이 생성될 수 있는 방법으로는 전자들이 열에너지나 빛에 의해 활성화된 후에 상층의 원자가 띠에서 낮은 준위의 전도 띠로 띠 간격 들뜸에 의해서 가능하다. 절연체들은 띠 간격이 너무 넓어서 이 정도의 전자 들뜸이 실제적으로 일어나지 않는 물질이다. 대부분 고분자들이 이 범주에 들어 있다.

절연체와 반도체 간에는 명확한 경계선이 없다는 것을 주지할 필요가 있다. 이러한 두 가지 물질 사이의 차이는 종류라기보다는 정도라고 볼 수 있다. 띠 간격이 큰 물질은 절연체라고 하는 개념은 지나치게 단순화된 것이라는 것을 주지해야 한다. 절연체의 전기적인 거동은 예측할 수 없을 만큼 온도나 전압 증가에 따라 변하며 띠 간격 이론으로도 설명이 불가능하다.

23.4.4 반도체

여러 가지 이유로 띠 간격이 좁은 물질(그림 23.6 참조)을 반도체라고 한다. 이들의 전도성은 작지만 중요한 전기적 흐름을 갖고 $10^{-7} \sim 10^{2}\ \Omega^{-1}\ \mathrm{cm}^{-1}$의 전도도를 갖는다. 이런 부류에 있는 대부분의 고분자들은 단일 결합과 이중 결합이 교대로 된 공액계로서 전자들이 비편재화하기 쉬운 긴 골격 구조를 갖는다. 일반적으로 전도는 비공유 전자들 또는 여러 가지 방법 중의 하나로 생성된 관련 상태를 통해서 이루어진다.

첫째, 만약 띠 간격이 작다면 열 또는 빛이 원자가 띠가 갖고 있는 고에너지 준위에서 전도 띠 내의 저에너지 준위로 뛰어넘기에 충분한 에너지를 전자에 공급하게 된다(그림 23.6 참조). 촉진된 전자는 자유롭게 전자가 사슬을 따라 양극으로 이동할 때 전류 운반체가 될 것이다. 그러는 동안에 원자가 띠에 남아 있는 띠는 양전하를 띤 정공을 이룬다. 역시 이것도 고분자 사슬을 따라 반대 방향으로 이동한다. 그래서 전류가 흐르게 된다. 그러한 물질은 **고유 반도체 특성**이 있다고 알려져 있다. 온도가 증가하거나 빛의 강도가 증가하면 반도체의 전도성은 분명히 증가한다.

둘째, 반도체 고분자의 전기 전도성은 외부로부터 전자를 주입하거나 제거하면 증가한다. 저분자 전자 공여성 화합물(예를 들면 나프탈렌소듐과 같은 라디칼 이온)을 첨가하거나 전기화학적 전지 내의 고분자를 환원하면 전자들이 주입된다. 바꾸어 말하면, 고분자를 전자 수여체(예를 들면 AsF_5, SbF_5, 아이오딘)로 처리하거나 전기 화학적으로 산화시키면 전자가 제거될 수 있다. 이것을 **도핑**(doping)이라고 한다. 도핑은 전하 운반체 수를 증가시킬 뿐만 아니라, 만약에 주입된 전자들이 차이 내에서 새로운 에너지 상태를 점유하게 되면 도핑으로 인해 띠 간격이 낮아진다.

고분자 내의 반도성에 관한 설명은 너무 간략한 것으로서, 자유 전자 운반체들이 전류를 운반하는 스핀쌍 물질로 일부 변경될 수 있기 때문이다. 그러나 분자를 설계하는 데 도움을 주는 데는 이러한 간단한 설명도 어느 정도 가치가 있다.

23.4.5 금속

금속은 채워지지 않은 전도 띠와 부분적으로 채워진 원자가 띠를 갖고 있는 물질이다(그림 23.6 참조). 이것은 많은 금속 **원자**들이 비공유 전자를 갖고 있으며, 이 전자들은 이웃 전자들과 공유 결합을 형성한다. 반면에 전자들이 원자가 띠의 저준위를 점유하고 같은 띠에 있는 채워지지 않은 고에너지 준위에 쉽게 접근할 수 있다. 따라서 전자들은 이동하기에 적절한 에너지 준위를 찾기 위해(금지된) 띠 간격을 뛰어넘을 필요가 없다. 이들 전자들은 간단하게 동일한 띠에 남아 있게 된다. 예를 들면 소듐은 원자당 **하나의** 3*s* **원자가 전자**를 갖는다. 이것은 금속 상태에서는 **분자** 오비탈이 형성되지 않기 때문에 가능한 3*s* 전자가 원자가 띠 내에서 가능한 원자가들 중에서 반만을 채우고 동일한 띠에 점유되지 않은 고준위들이 자유롭게 전자 이동을 가능하게 한다는 것을 의미한다.

그러므로 금속 전도체들은 원자가 띠에 있는 에너지 상태를 전자들보다 많이 갖고 있다. 고유 반도체와 절연체들은 에너지 상태들과 같은 수의 전자를 갖는다. 이것이 중요한 차이이다.

금속의 온도가 증가하면 전도성은 감소한다. 이것은 온도 증가가 격자의 열적 진동을 증대시키고, 이것이 움직이는 전자들의 산란을 증가시키기 때문이다. 낮은 온도에서 금속은 격자 내의 결함에 의한 전자 산란에 의해 전도도에 제한을 받는다. 적어도 알려진 전기 전도성 고분자들은 금속의 모든 특성을 가지고 있다.

23.4.6 준금속

준금속이란, 원자가 띠의 상부와 전도 띠의 하부가 중첩되는 물질이다. 원자가 띠는 기본적으로 채워지나 중첩으로 인해 전자들의 재분배가 일어나 금속같이 빈 고준위들이 생긴다. 따라서 금속과 같은 전도가 생긴다.

23.4.7 폴리설퍼나이트라이드 $(SN)_x$

폴리설퍼나이트라이드의 합성에 관해서는 9장에 언급하였다. 이 고분자는 금 같은 모양을 하고 있으며, 상온에서 금속 준위의 전기 전도성을 갖는 뛰어난 특성을 갖는다. 전도성(3×10^3 Ω^{-1} cm^{-1})은 수은, 니크롬, 비스무트의 전도도(1×10^4 Ω^{-1} cm^{-1})보다 약간 작다. $(SN)_x$는 고분자 사슬축 방향의 전도성이 사슬축의 직각 방향보다 더 현저하다. 물질이 0.3 K로 냉각되면 **초전도체**로 변하며, 이때 전기 흐름에 대한 저항은 없다(그림 23.7 참조). 초전도체는 3차원적으로 비등방성이다. 만약 고분자 사슬이 완전히 "1차원적"이라면 불가결하게 생기는 구조 내의 결함 등은 1차원적 금속의 성질과 초전도성 모드를 제한한다. 실제로 구조 내에 결함이 존재하는 것으로 알려져 있다. 그래서 사슬 간에 전도성이 발생한다.

전기적 성질은 고분자 구조적으로 설명할 수 있다. 사슬의 구조를 그림 23.8에 도시하였다. 각각의 사슬들은 *cis-trans* 평면 형태를 갖고 있으며(18장 참조), 이때 S—N 결합 길이는 단일 결합과 이중 결합의 중간이다. 이것으로부터 알 수 있는 것은 결합 배열이 비편재화되어 있고, 반만 채워진 π 오비탈을 따라서 있으므로 금속성 전도 띠가 존재한다고 생각된다. 인접한 사슬들에 있는 S—S, N—N, S—N 쌍들 사이의 오비탈 겹침을 통해 전자 이동이 생길 수 있도록 사슬 충전되어 있어 비스무트 같은 준금속처럼 전자와 정공을 생성한다.

$(SN)_x$가 금속과 같은 전도성과 초전도성을 갖는 정확한 이유는 여전히 논쟁의 대상이 되고 있다. 비편재화된 불포화 골격을 갖는 각 분자의 구조는 확실히 전자 이동에 대한 경로로서 작용한다. 더욱이, 고체의 각 단위세포가 44개의 전자를 갖고 있기 때문에 띠 구조를 쉽게 알 수 있다. 각각의 S—N 단위는 형식적으로는 전하 운반의 근원인 비공유 전자 한 개를 제공한다. 어떤 점에서는, 이러한 배열은 소듐의 구조와 유사하며, 반만 채워진 원자가 띠가 된다. 그래서 이 띠 내의 전자들은 띠 내에서 고에너지로 움직이기 위한 전하 운반체로서 쉽게 작용할 수 있다.

상온 전도성에 관한 다른 설명으로는 준금속처럼 채워지거나 채워지지 않은 띠가 에너지적으로

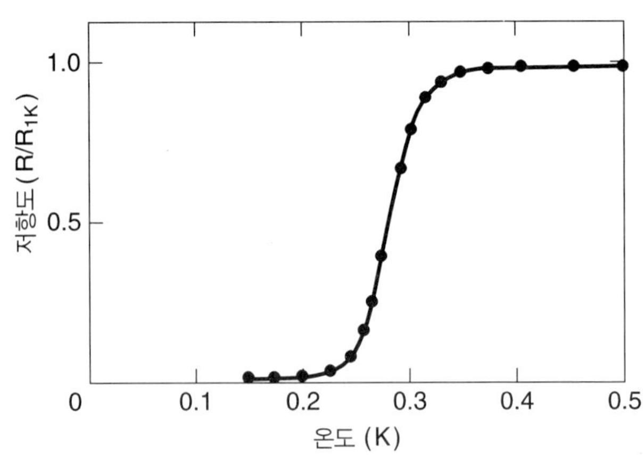

그림 23.7 $(SN)_x$은 0.3 K로 냉각됨에 따라 금속성 전도체로부터 초전도체로 변화한다.

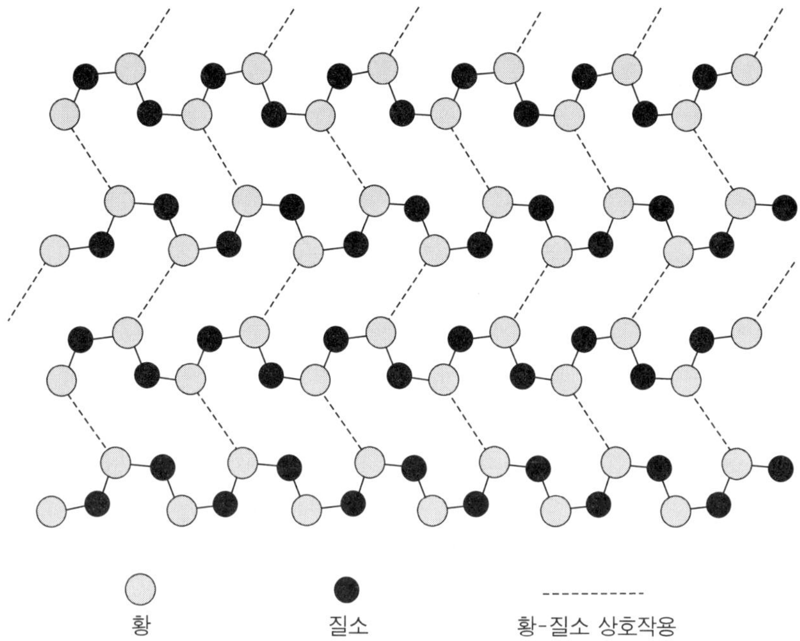

그림 23.8 결정상 기질 내의 $(SN)_x$ 사슬들의 충전

중첩되고, 두 개의 부분적으로 채워진 띠들로 전자들이 재분배되는 거동을 한다는 것이다.

이러한 설명들은 비편재화된 골격계를 갖는 고분자들에서 예측되는 복잡성을 무시한 것으로, 소위 Peierl의 비틀림으로서, 이것은 골격 결합을 짧은 이중 결합들과 긴 단일 결합로 분리시켜 결과적으로 금속성 특성을 갖는 반도체의 특성으로 변화시킨다. 이러한 현상은 $(SN)_x$에서는 일어나지 않는데, 이는 사슬 간 결합 연결이 비틀림 현상을 방지하기 때문이라고 추측된다. 0.3 K에서 초전도체로 변화에 대한 다양한 이론적 관점이 있지만 정확히 알려져 있지는 않다.

이런 특이한 특성에도 불구하고, $(SN)_x$는 실제 응용되는 유용한 재료라기보다는 전자 전도성을 갖는 고분자 모델로 관심을 모으고 있다. 이 고분자는 산화에 민감하다. 또한 공기 중에서 열을 가하거나 높은 압력을 가할 때 폭발하는 경향을 가진다.

$(SN)_x$의 브로민화 유도체들은 고분자를 브로민 증기에 노출시킬 때 형성된다. $(SNBr_{0.4})_x$로 구성되는 검은 고분자가 형성된다. 이것은 $(SN)_x$로 된 섬유 구조를 유지하며, 또한 향상된 전기 전도성을 나타낸다. 진공 상태에서 $(SNBr_{0.4})_x$를 가열하면 브로민이 부분적으로 손실되며, 구리색을 띤 $(SNBr_{0.25})_x$ 결정이 된다. 이 구조에서 적어도 브로민의 일부는 고분자 사슬 **간에**(그리고 고분자 사슬들과 평행으로) Br_2와 Br_3^- 단위들로 결합된다. 전도성이 증가하는 것은 $(SN)_x$의 전도 띠로부터 전자들을 제거하여 정공을 생성한다는 것을 의미한다.

23.4.8 폴리아세틸렌

합성, 구조 및 모폴리지 폴리아세틸렌(**5**, **6**)은 다른 전기 전도성 고분자보다 많은 관심을 받아왔지만, 그것은 (1) 단량체가 값이 싸고 구하기 쉽고, (2) 합성이 상당히 간단하고, (3) 전도성은 도펀트(dopant)의 참가에 의해 매우 다양하며, (4) 그 성질을 규명하기 위한 상당한 논쟁의 초점이 되고 있기 때문이다.

5

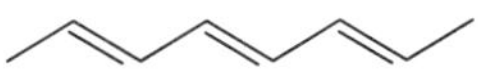

6

전기 활성이 있는 폴리아세틸렌을 합성하는 데 유용한 여러 가지 방법이 있으며, 이들 중 몇 가지는 앞부분에서 언급하였다. 그러나 가장 보편적으로 사용되는 방법은 Shirakawa법으로서, 이것은 아세틸렌을 농축된 Ziegler-Natta 촉매(전형적인 트라이에틸알루미늄과 타이타늄 테트라-*n*-뷰톡사이드의 4:1 혼합물)와 접촉시켜 제조한다. 이런 조건하에서 폴리아세틸렌은 미세섬유상 매트가 형성되고, 각 피브릴상 섬유는 약 200 Å의 지름을 갖는다. 고분자는 다공성 구조임에도 불구하고 금속 모양을 나타낸다. 만약 중합이 −78°C에서 진행되면 *cis-trans* 평면 형태를 이루며, 반응온도가 150°C이면 *trans-trans* 형태를 나타낸다(**6**). 후자의 형태 이성질체가 열역학적으로 우세하다. 상온에서는 *cis-trans*에서 *trans-trans*로의 전이는 천천히 진행되고, 200°C에서는 더 빠르게 진행된다. 이 방법으로 만들어진 폴리아세틸렌은 약 85%의 결정성을 갖는다고 믿어지고 있다.

전도성과 도핑 순수한 고분자의 전기 전도도가 매우 낮은 값을 갖는데(*cis-trans*형 $10^{-9}\ \Omega^{-1}\ cm^{-1}$, *trans-trans*형 $10^{-5}\ \Omega^{-1}\ cm^{-1}$), 이것은 부도체와 반도체 경계 근처의 값이다. 그러나 1977년에 순수한 폴리아세틸렌이 알칼리 금속, 라디칼 이온 또는 전기화학적으로 환원되거나 AsF_5, SbF_5, 아이오딘과 같은 전자 수여체와 전기화학적인 방법으로 산화되어 전도성이 매우 증가한다는 것을 발견한 후에 중요한 진전이 있었다. 어떤 경우에는 전도성이 도핑에 의해 $10^6\ \Omega^{-1}\ cm^{-1}$까지 증가한다. 그래서 도핑 정도를 조절하여 물질을 반도체에서 금속으로 전환시킬 수 있다. 최근에는 강한 수소산(과염소산, 황산, 트라이플루오로메테인설폰산)이 "양성자 도펀트"로서 작용하여 범위의 전도성을 나타낸다고 알려졌다.

구조나 모폴로지를 변화시키면 사슬의 평면성과 비편재화된 사슬의 길이를 낮추고, 결정화도를 낮추면 전도성도 낮아진다. 예를 들면 알킬 또는 아릴 곁사슬기를 갖는 폴리아세틸렌은 비평면 형태의 사슬을 갖고 있어 상당한 전도성의 감소를 나타낸다. 결정화도가 매우 낮고, 낮은 가교도를 갖는 고분자들은 도핑한 후 구리의 약 1/3인 $1.5 \times 10^5\ \Omega^{-1}\ cm^{-1}$ 정도의 전도도를 갖는다. 더욱이 이런 고분자들은 대기 상태에서 매우 안정하다고 보고되고 있다.

이론 왜 원래의 *trans*-폴리아세틸렌은 전도성이 나쁜가? 왜 도핑은 전도성에 그런 극적인 영향을 주는가? 이러한 계 내에서 전하 운반체들은 어떤 것인가? 이런 질문에 대한 대답을 간단하게 이야기하면 "지금 많은 논쟁의 주제다"라고 말할 수 있다.

먼저 순수한 폴리아세틸렌을 생각해 보자. 고전 유기화학 측면에서 보면, 전자의 비편재화로 인해 사슬을 따라 동일한 결합 길이가 생성되고(**7**)(예를 들면 벤젠), 이 연속적인(원자가 띠) 분자 오비탈이 쉽게 전자 이동 경로를 제공한다. 이것은 대체로 금속의 구조와 관계가 있고, 반만 채워진 원자가 띠를 생성한다. 사슬 쪽으로 전도성이 높은데, 이것은 금속에서처럼 비공유 전자가 쉽게 비공유 전위에 있는 원자가 띠에 접근할 수 있기 때문이다.

7

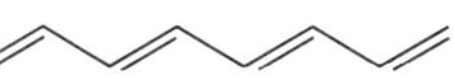

8

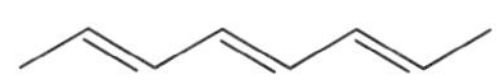

9

그러나 앞에서 언급한 Peierl의 비틀림은 그러한 구조가 존재한다는 사실을 배제한다. 반면에 **8**과 **9**에 나타낸 것처럼 단일 결합과 이중 결합이 연속적으로 교대하여 분리되어 있다. 그러한 계는 에너지 준위들이 채워진 원자가 띠와 채워지지 않은 전도 띠로 분리되며, 이 둘은 커다란 띠 간격에 의해 분리되기 때문에 더 이상 금속성을 지니고 있지 않다. 그래서 전기 전도성은 전자들이 열과 빛에 의해 활성화되어 충분한 에너지를 받아 간격을 점프하여 전도 띠의 낮은 준위에 도달한 후 나타난다. 이것은 왜 순수한 폴리아세틸렌이 거의 부도체(*cis-trnas* 형태)이거나 금속이 아닌 단지 중간 정도의 반도체(*trans-trans* 형태)인가를 설명해 주고 있다.

폴리아세틸렌 도펀트가 폴리아세틸렌에 미치는 효과를 간단히 설명하면, 화학적 또는 전기화학적으로 환원되어 가장 낮은 준위의 전도 띠에 비공유 전자들을 주입하여 이들이 전류 운반체로서 작용한다는 것이다. 반대로 산화하면 원자가 띠 상부에서 전자를 제거하여 양성을 띤 정공과 비공유 잔류 전자를 형성하여 이들이 전하 운반체가 된다. 그러나 이 간단한 설명을 부정하는 실험적 증거가 있다. 예를 들면 도핑된 고분자의 전도성이 비공유 전자가 존재할 때 예측할 수 있는 것보다 매우 크다는 것이다. 비공유 전자의 수는 전자 스핀 공명(electron spin resonance) 실험으로 측정할 수 있다. 더욱이 도핑하지 않은 폴리아세틸렌이 열적으로 활성화되어 전도 띠에 들어간 비공유 전자보다 더 많은 비공유 전자를 갖는 것을 발견하였다. 이러한 관찰로부터 "스핀 없는 전도성"과 고분자 사슬 내의 구조적 결함을 통한 전자 이동에 관한 생각에 기초를 둔 해석에 논쟁을 불러일으켰다.

이 해석에서는 도핑에 의해 폴리아세틸렌에 첨가된 전자는 전도 띠로 가는 것이 아니라, 띠 간격 내에 있는 중간 전자 상태로 간다고 가정하고 있다. 이것을 그림 23.9에 나타내었다. 환원 생성물은 라디칼 음이온으로서 간격 간의 에너지 상태가 π 결합 내에 있는 두 전자들과 환원에 의해 첨가된 전자를 갖고 있다. 이 상태를 **폴라론**(polaron)이라고 한다. 같은 자리에 두 번째 전자를 부가하면 **바이폴라론**(bipolaron)이라고 하는 di-anion이 형성된다(그림 23.9 참조). 바이폴라론은 바공유 전자를 갖고 있지 않지만, 띠 간격 내의 에너지 준위가 전자들로 하여금 전도 띠로 쉽게 들뜰 수 있게 한다. 그러므로 반영구적인 자유 전자 상태가 존재하지 않아도 전도 경로는 생성된다.

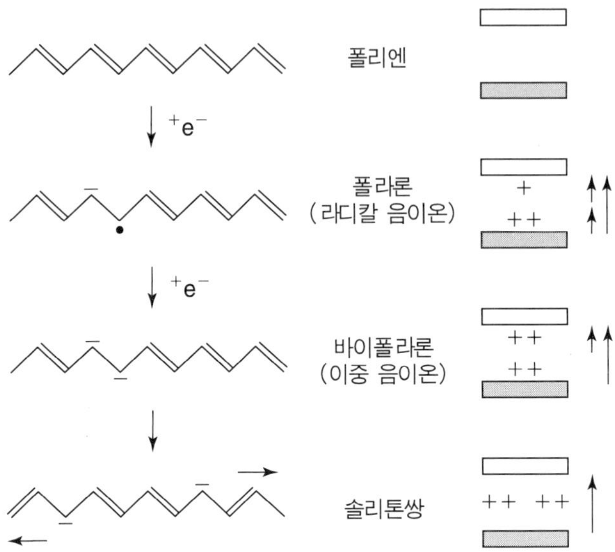

그림 23.9 폴리아세틸렌이 환원(도핑)되어 플라론, 바이폴라론, 솔리톤쌍을 이룬다.

폴리아세틸렌의 산화는 원자가 띠에서 전자 한 개를 제거하여 라디칼 양이온(양성의 폴라론)을 형성한다. 산화가 더욱 진행되면 양성의 바이폴라론을 생성한다.

폴리아세틸렌은 **8**과 **9**에 나타낸 것과 같이 두 개의 다른 등에너지 공명 상태를 갖고 있기 때문에 불포화 주쇄를 갖는 고분자 중에서도 가장 독특하다. 이 띠들은 솔리톤으로 알려진 결함을 통한 다른 전도 메커니즘을 설명할 수 있게 해준다. 도핑되지 않은 폴리아세틸렌은 약 3,000개의 탄소 원자당 한 개의 비공유 전자를 갖는다. 이것은 열에 의해 원자가 띠에서 전도 띠로 전자가 전이하여 생성된 것보다 훨씬 많은 수이다. 이러한 비공유 전자들은 **8**과 **9**에 나타낸 두 가지 구조 간의 경계에 결함점을 형성한다. 이러한 결함은 구조 **10**에 나타내었으며 그러한 결함 구조를 솔리톤이라고 한다.

10

"중성"인 솔리톤(자유 라디칼)은 이성질화와 같은 *cis-trans*에서 *trans-trans* 폴리아세틸렌으로 입체 형태 변화가 일어나 형성된다. 그러나 그것의 근원과는 무관하게 전류 운반체로서 사슬을 따라 어느 방향이든지 쉽게 이동할 수 있다. 원자가 띠에서 전도 띠로 전자를 여기시키기 위해서는 0.7 eV가 필요하지만, 솔리톤을 형성하는 데는 0.4 eV가 필요하다. 이것은 솔리톤의 에너지 상태가 띠 간격의 중간에 있기 때문이다.

이론상으로 솔리톤은 도핑한 폴리아세틸렌 내에서도 전류 운반체로 작용한다. 그림 23.9에 나타낸 것처럼 바이폴라론은 midgap 에너지 준위에서 두 개의 음성 솔리톤으로 분리되어 에너지를 낮춘다. 하전된 솔리톤들과 결함점들이 사슬을 따라 움직이므로 전류가 운반된다.

폴리아세틸렌의 전도도를 설명하기 위한 이 같은 제안들은 매우 복잡하게 보일 것이다. 그러나 이들은 많은 복잡한 실험적 사실들을 설명해 주고 있으며, 새로운 실험적 증명이나 간단한 이론들이 제시될 때까지는 좋은 이론이라고 생각한다.

폴리아세틸렌의 용도 전기 회로에서 구리나 여러 가지 금속을 대치할 수 있는 경량 "전선"으로서 폴리아세틸렌 섬유를 사용할 수 있다. 폴리아세틸렌 필름을 산화, 환원시키거나, 두 필름을 함께 압착하여 형성된 *p-n* 결합을 한 기구들도 가능하다. 그러나 폴리아세틸렌은 다공성이 높은 구조를 갖기 때문에 건전지나 연료 전지에서 경량 전극으로 사용하는 데 매우 적당한 것 같다. 이 같은 실제적인 개발은 고분자를 필름이나 섬유 또는 복잡한 모양의 기구를 잘 가공하는 데 달려 있다.

폴리아세틸렌이 전자 또는 전광 응용에 가장 좋은 재료라고 생각지 않을지라도, 이 고분자의 연구는 전도성 고분자에 대한 최근 연구들에 대해 도약판을 제공했다. 이와 같은 이유에서 Heeger, MacDiarmid, Shirakawa는 폴리아세틸렌의 선구자적 연구로 2000년에 노벨화학상을 수상했다.

23.4.9 페닐렌 고분자

폴리페닐렌은 골격에 긴 공액 이중 결합을 갖는 고분자의 일종이다. 고분자 사슬의 방향족 고리도 비편재화 골격 구조를 형성하는 데 기여할 수 있다. **11**과 **12**에 그 예가 있으며, 유사한 구조를 가지나 비공액계인 고분자를 **13**에서 나타내었다.

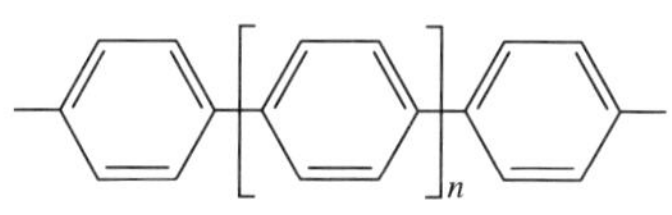

11

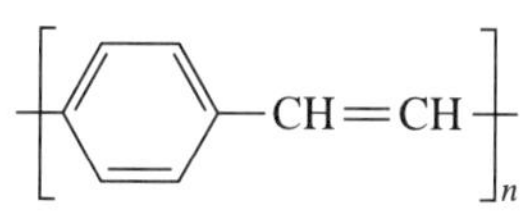

12

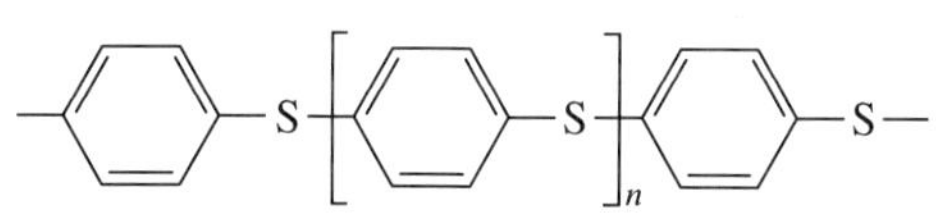

13

폴리파라페닐렌(11) 폴리파라페닐렌은 매우 비편재화된 π 전자 구조를 갖기 때문에 전기 전도성이 좋을 것이라고 오래 전부터 생각되어 왔다. 그러나 이 같은 전기활성 고분자의 개발은 합성과 가공상 문제점으로 인해 지연되어 왔다. 단사슬 폴리페닐렌은 대부분 용매에 불용성이며, 녹는점이 매우 높다. 그리고 합성하는 동안 용액 내에서 올리고머가 침전되고 사슬 성장이 정지된다. 이러한 이유로 고분자보다는 올리고머가 도핑과 전도성 실험에 사용되고 있다. 그러나 폴리페닐렌 올리고머 분자들을 AsF_5와 같은 산화성 도펀트로 처리하게 되면, 결합하여 고분자량이 된다는 증거들도 있다. 도핑하지 않은 올리고폴리페닐렌의 전도도는 낮으나($10^{-14}\ \Omega^{-1}\ cm^{-1}$), AsF_5로 도핑된 것은 전도도가 $5 \times 10^2\ \Omega^{-1}\ cm^{-1}$ 범위로 상승한다. 일반적으로 도펀트로 환원시킨 것도 전도성이 많

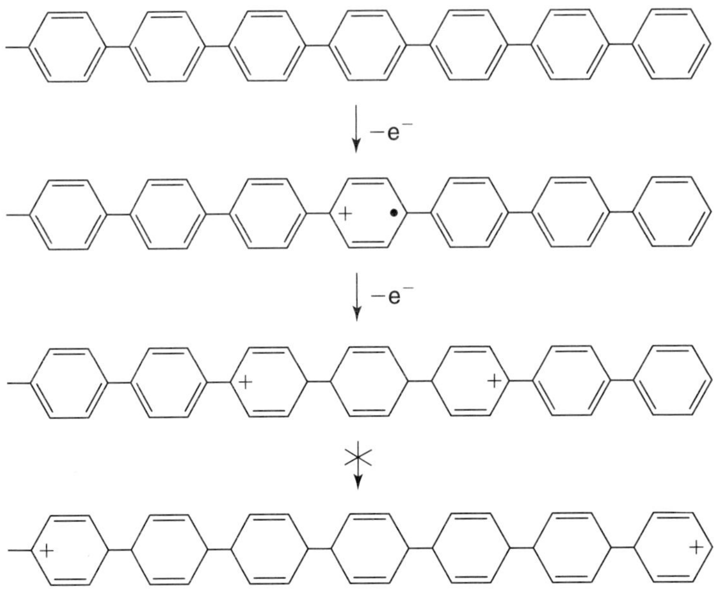

그림 23.10 올리고-파라-페닐렌의 산화 도핑. 전자 한 개를 제거하면 처음에 라디칼 양이온(polaron)을 만들고, 나중에 바이폴라론을 생성한다. 바이폴라론과 솔리톤쌍의 분리는 이런 경우에는 일어날 것 같지 않은데, 그 이유는 quinonoid 구조가 비교적 에너지를 갖고 있기 때문이다.

이 상승된다.

올리고페닐렌과 폴리페닐렌이 전도성을 갖는다는 것을 이론적으로 설명하는 것은 폴리아세틸렌의 경우보다 더욱 추상적인데, 이것은 단사슬 물질만을 제한적으로 이용하여 유용한 실험 데이터를 얻었기 때문이다. 그럼에도 불구하고 산화 또는 환원으로 라디칼 음이온 또는 라디칼 양이온(polaron)을 생성하고 더욱 산화 또는 환원시키면 바이폴라론(그림 23.10)을 생성한다고 제안되어 왔다. 폴리아세틸렌과 대조적으로 폴리페닐렌에서는 바이폴라론에서 솔리톤으로의 전환이 가능하지 않다고 생각되는데, 그 이유는 솔리톤에 요구되는 quinonoid 구조는 방향족 형태보다 덜 안정하기 때문이다. 폴리아세틸렌에서처럼 폴라론과 바이폴라론 상태들이 띠 간격 내에서 두 개의 에너지 준위를 차지하며, 채워지지 않은 준위를 갖는 전도 띠로 접근하게 해 준다.

폴리페닐렌 바이닐렌(12) 지금까지 전기 전도성 고분자의 가장 실용적 발전은 폴리(페닐렌 바이닐렌)의 합성과 연구로부터 왔다. 유기 용매에 용해도를 향상시키기 위해 아릴 고리에 연결된 지방성 곁사슬을 가졌지만, **12**에 보여준 일반적 구조를 가진 고분자이다. 용해할 수 있는 곁사슬이 없이는, 이 고분자는 녹지 않는 짧은 사슬 올리고머이다.

그러나 AsF_5로 도핑되었을 때 3 Ω^{-1} cm^{-1}의 전도도를 나타낸다. 최근 연구에서 높은 분자량 전구체로부터 제거 반응에 의해 분자량이 크게 변화된 고분자가 제조되었다. 이들의 전기 전도도는 AsF_5나 I_2에 의해 도핑되었을 때 5×10^2에서 3×10^3 Ω^{-1} cm^{-1}의 범위를 나타내었다. 아이오딘에 도핑된 고분자는 공기 중에서도 안정하다.

이 고분자는 폴리(**파라**-페닐렌)과 폴리(아세틸렌)의 혼성 구조로 되어 있다. 혼성 구조에서와 같이, 전기 전도도 거동은 같은 의미에서 설명될 수 있다. 그러나 공기에 대한 안정성은 폴리아세틸렌보다 좋고 이것이 나노 전선으로서 이 고분자의 광범위한 관심과 상업화된 전자발광 디바이스에 현재 사용이 되는 한 이유이다.

폴리페닐렌설파이드(13) 이 고분자는 공업적으로 생산되고 있으며 뛰어난 화학적, 열적 안정성이 있고 필름과 섬유로 가공이 용이하다. AsF_5로 산화시키면 전도도는 1에서 10 Ω^{-1} cm^{-1}로 증가한다. 이 물질을 도핑한 후 나타내는 거동에는 의문점이 남아 있는데, 이것은 이 물질의 기본적인 구조(**13**)가 비공액계이기 때문이다. 아마도 **14**와 같은 공명 형태가 장거리 전자 전달에 관여하는 것 같다. 그러나 이 상태는 고분자가 방향족 고리의 *o*-탄소 원자들 사이에 결합을 형성하면서 AsF_5와 반응하므로 복잡해진다. 그래서 이 고분자의 전기 활성을 명확히 이해하기 어렵다.

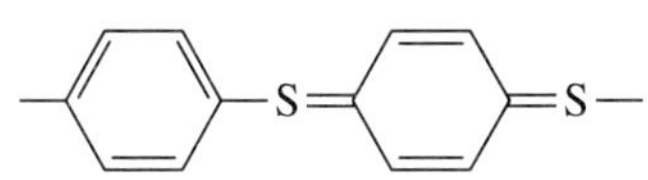

14

폴리피롤과 폴리싸이오펜 피롤은 전기화학적으로 중합하는 것에 관해서는 5장에서 설명하였다. 이 방법으로 제조한 폴리피롤(**15**)은 음극을 피복하며, 부드럽고 연속적인 흑색 물질이다. 중합은 각 3개 또는 4개의 피롤 잔기당 하나의 음이온이 부가되므로 양전하를 띤 고분자와 음이온들이 존재하여 전체적으로는 전기적으로 중성을 띤다. 전해질이 부가되어 생성된 음이온은 설폰화톨루엔($CH_3C_6H_4SO_3^-$) 또는 과염소산 이온(ClO_4^-)이 전형적이다.

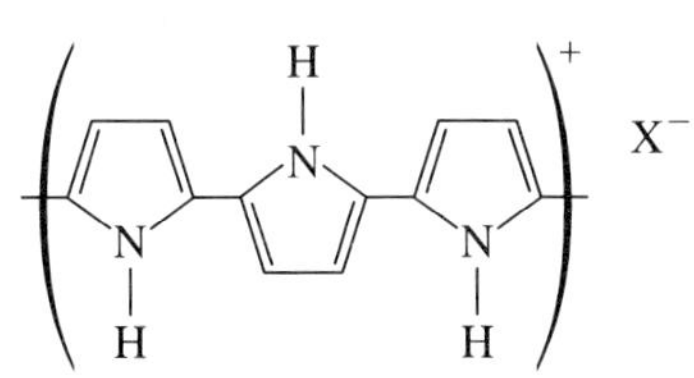

15

그러한 고분자가 전기화학적으로 환원되어 양전하를 중성화하며, 이때 색이 검은색에서 초록색으로 바뀐다. 동시에 이 같은 환원은 물질을 전도체에서 부도체로 변화시키고 가역적으로 재산화시키면 전도성이 재생된다.

검은색(산화) 고분자는 전도도가 매우 높아서 10 Ω^{-1} cm^{-1}에 이른다. 높은 전도도에도 불구하고 고분자는 금속보다 반도체이며, 전도성은 온도에 따라 증가한다.

전기 전도 메커니즘은 폴라론과 바이폴라론들이 포함된다고 믿고 있다. 전자를 전기화학적으로 제거하면 비편재화된 라디칼 양이온을 생성한다. 더욱 산화하면 이것은 전하 운반체를 가지나 자유 라디칼(spin) 성분이 없는 바이폴라론으로 변한다. 이 두 상태는 띠 간격 내에 위치하며, 원자가 띠에서 전자들이 쉽게 갈 수 있는 곳에 전자를 이동시킨다.

폴리피롤은 기술적인 측면뿐만 아니라, 과학적인 면에서도 관심의 대상이다. 이 고분자 필름은 좋은 기계적 강도를 가지며, 전도성 고분자는 상압에서 안정하며, 산화나 환원에 의한 색 변화는 전시 기기에서 electrochromic 스위치로 사용할 수 있다. 이 고분자는 공업적으로는 건전지에 사용된다고 보고되었다.

폴리싸이오펜(**16**)은 폴리피롤 제조법과 유사하게 싸이오펜을 전기화학적으로 산화시켜 만든다. 그러나 폴리피롤과는 달리 폴리싸이오펜은 상당히 낮은 전도도(10^{-3} 10^{-4} Ω^{-1} cm^{-1})를 가지며, 공기 중에서 불안정하다. 폴리피롤의 경우처럼 치환된 싸이오펜을 중합하여 다양한 고분자 유도체를 얻는다.

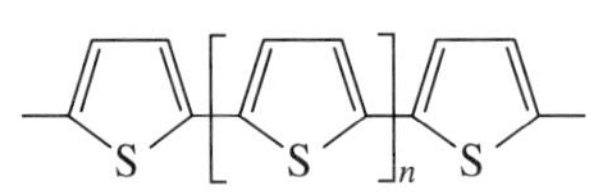

16

23.4.10 폴리아닐린

"폴리아닐린"은 검은색, 진한 녹색 또는 청자주색 물질로서 100여 년간 조성이 불확실했으며, "아닐린 블랙" 또는 "에메랄드색"으로 불리워 왔다. 이것은 아닐린을 산화시켜 만든다. **17**과 **18**에 나타낸 것을 포함한 여러 가지 이상적인 구조가 제안되었다.

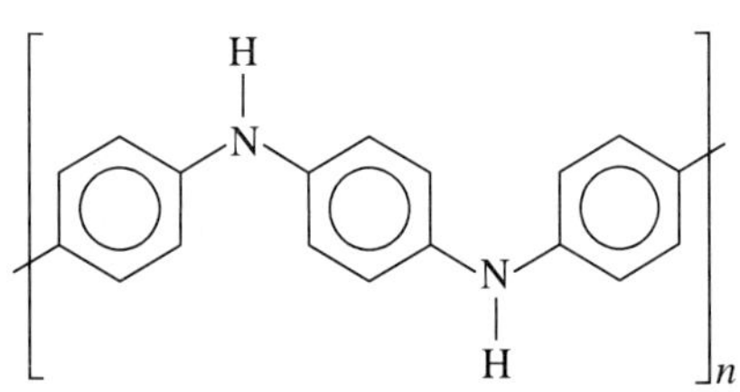

17

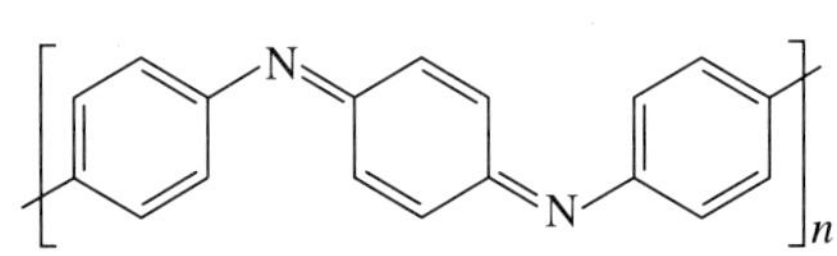

18

최근에 아닐린을 전기화학적 그리고 화학적으로 산화시켜 전기 활성 물질을 만들기 위한 합성법이 시도되었다. 그러나 전기화학적 공정은 폴리피롤 또는 폴리싸이오펜의 경우보다 더욱 복잡하다. 일정한 전위하에서 아닐린을 전기적으로 산화시키면 분말상 생성물을 만들며, 음극에 달라붙는 필름을 형성하지 않는다. 대조적으로 −0.2～+0.8 V 사이에서 전압을 순환시키면 전극 표면에 잘 접착하는 점착 필름을 생성한다.

역설적으로 말하면, 비록 폴리아닐린의 정확한 분석은 이 장에서 다루어 본 거의 모든 다른 고분자들에 대한 분석보다는 어렵지만, 가장 유용한 전도성 고분자 물질 중의 하나라는 것을 증명해 준다. 이것은 수용액 전기화학용 전극으로서 적당하며, 여러 다른 응용에도 이용할 수 있을 것이다.

적층 프탈로사이아닌 고분자 Poly(elementophthalocyanine)의 합성과 구조에 관하여는 9장에서 설명하였다. 이러한 고분자는 프탈로사이아닌 구조의 일부를 형성하는 각각의 비산소 해테로 원소를 갖는 포화 elemento-oxy 주사슬(실록세인 주사슬)로 구성되어 있고, 꼬치(shishkebab) 구조로 되어 있다(**19**). 이런 유형의 고분자는 황산에 용해시켜 섬유를 만든다. 아이오딘(도펀트)으로 처리하거나 전기화학적으로 산화시키면 사슬축을 따라 전기 전도성을 발현하며, 보고된 바로는 거의 1 Ω^{-1} cm^{-1}의 전도도를 갖는다.

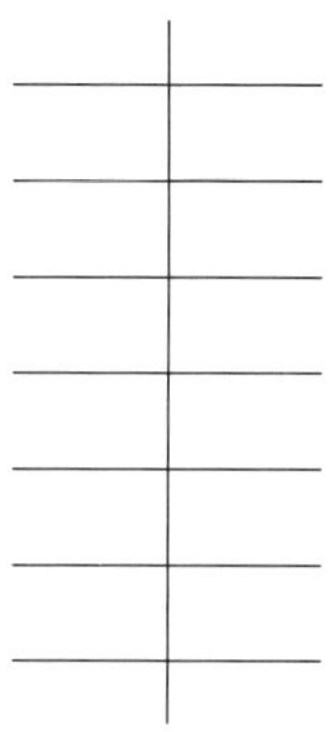

19

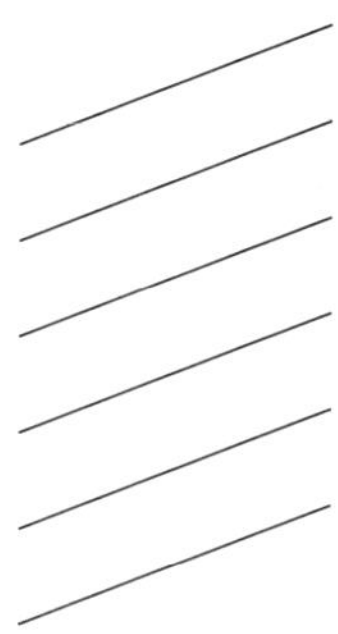

20

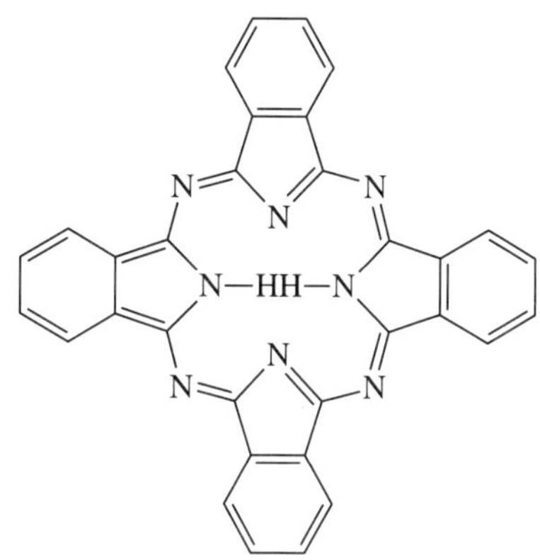

21

전도 방식은 앞에서 설명한 것과는 매우 다르다. 전자의 이동은 고분자 골격에서는 일어나지 않는다. 실제로 골격이 전혀 존재하지 않고 평판형 프탈로사이아닌 고분자가 결정 내에서 층을 쉽게 형성할 때 고전도도가 검출된다(**20**). 전도에 중심 원소는 필요하지 않다. **21**에 나타낸 조성은 상온에서 약 7×10^2 Ω^{-1} cm^{-1}의 전도도를 나타내는 층을 형성하고, 계가 15 K로 냉각되면 전도도는 3.5×10^3 Ω^{-1} cm^{-1}로 상승한다. 따라서 이 물질의 거동은 금속과 유사하다.

결국 결론은 전기 전도성은 전자의 투과나, 3.3 Å 떨어져 있는 프탈로사이아닌 구조 간 들뜸에 의한 정공(hole)에 관계한다는 것이다. 도펀트로 사용되는 아이오딘은 I_3^-로 존재하며 프탈로사이아닌 분자에 인접한 층 사이에 편재하고 있다.

곁사슬 구조로서 전이 금속을 갖는 고분자 이 장에서 언급하는 전기 활성 고분자 중 마지막 부류로서 다루는 것으로는 고분자 구조는 전기적으로 비활성이지만, 전이 금속을 곁사슬에 갖는 것이다. 전이 금속은 전극 표면에서 산화-환원할 수 있으며, 전자를 전극에서 시약으로 또는 그 역으로 용이하게 이동하게 하는 촉매 역할을 한다. 전극에 결합된 고분자에 저분자 전이 금속 화합물이 결합되면, 전극 표면에 인접한 부분에서 고분자의 유동성을 제한한다. 또한 전자의 이동은 고분자에 부착된 다른 금속 원자들 간에도 발생할 수 있다. 따라서 금속성 고분자는 유사 금속 형태, 즉 전극과 용액상 내에서 일어나는 반응 사이의 중간체로서 작용한다(그림 23.11 참조).

이렇게 작용하는 예를 9장에 나타내었다. 일반적으로 ferrocene 단위와 metallo porphyrin 또는 아민-전이 금속 착물과 같은 metallocenyl 곁사슬기를 갖는 고분자가 이런 목적으로 사용된다. 또

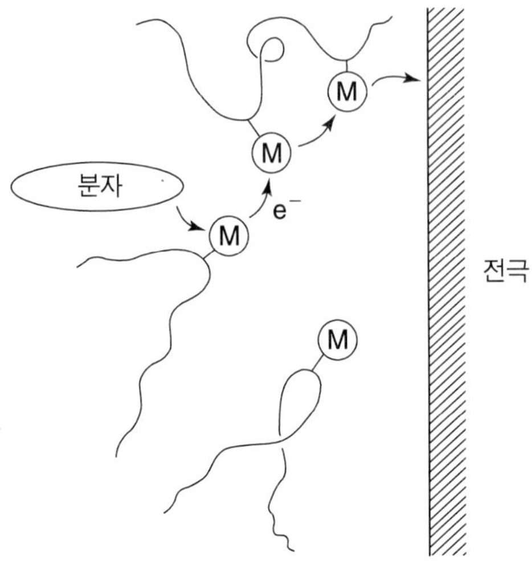

그림 23.11 전극 표면에 점착된 금속 원자들. 고정화된 금속 원자가 전자를 용액 내 분자로부터 전극으로 이동시킨다. 전자는 특별한 장애물 없이 한 금속 원자에서 다른 금속 원자로 들뜬다.

한 전이 금속 음이온의 폴리바이닐피리딘염도 사용되어 왔다. 어떤 경우에는 미리 만들어진 금속상 고분자를 전극 표면에 용액 캐스팅하여 제막한다. 또 다른 경우에는 바이닐-리간드 또는 바이닐 금속성 단량체를 전극 표면에서 전기 중합하는 경우도 있다.

23.4.11 고분자 전도체를 이용한 집적 회로

실리콘에 대한 미세 가공 회로에 의해 현재까지 가능한 전자 회로와 현재 이용할 수 있는 디바이스의 고비용을 넘어선 전자 회로의 소형화에 대한 기술적 절박성은 고분자 전도체가 사용되어야 한다는 것에 관심을 집중시키고 있다. 특히 "나노 전선"으로서 그리고 분자 수준 트랜지스터로서 전도성 고분자의 사용은 관심을 고조시키고 있다. 그러나 중요한 문제와 장애가 남아 있다. 예로서 전도성 고분자의 박막을 미세 가공 회로화해서 선택적 도핑을 어떻게 할 수 있을까? 도펀트의 이동을 못하도록 고분자 안에서 도펀트를 고정화할 수 있을까? 칩 속에 단지 나노미터 두께의 전선을 만들 수 있을까? 그리고 그 전선이 고분자 트랜지스터에 어떻게 연결될 수 있을까? 그러한 디바이스는 얼마나 오랫동안 작동할까? 그들의 공기에 대한 안정성은 어떤가? 그리고 그러한 작은 크기의 형상은 믿을 만한 디바이스를 유지하기 위해 타서 끊어지지 않고 충분히 전류를 이동시킬 수 있는가?

상당한 노력이 이 질문에 답하기 위해, 그리고 사용할 수 있는 디바이스를 개발하기 위해 진행되었다. 고분자 레지스트와 전자빔 쓰기와 같은 고전적 미세 가공 회로 기술의 사용(5장)이 가능하다. 그리고 이 방법으로 만들어진 가볍고, 유연하고, 물리적으로 강한 IC(집적 회로)는 일부 특별 용도에서 사용되었다. 그럼에도 불구하고 반도체 산업은 실리콘에 막대한 투자가 되고 좀 작지만 갈륨비소화물 산업에도 투자가 되고 있지만 고분자는 당분간은 이 물질(실리콘이나 갈륨비소

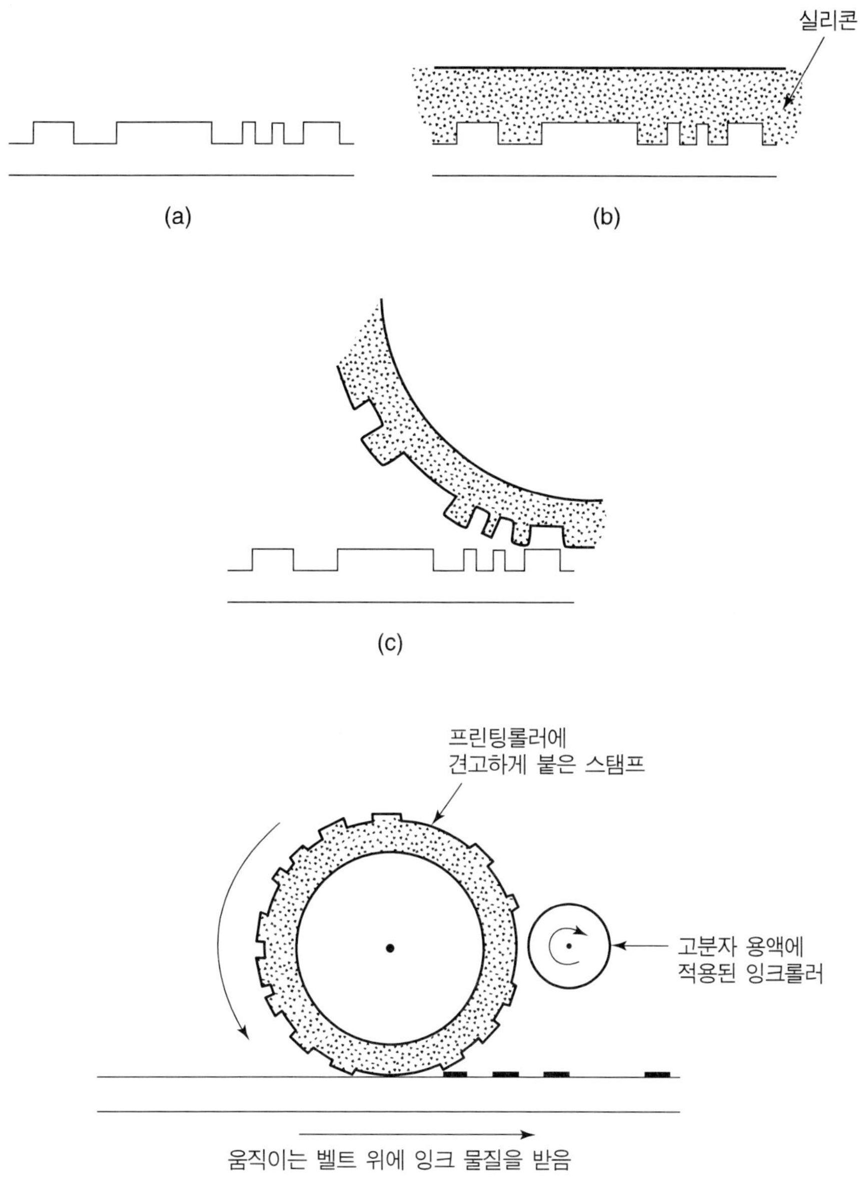

그림 23.12 "Soft lithography"는 다음과 같이 행해진다. (a) 실리콘 같은 적합하고 견고한 기판에 회로의 형태를 가진 음각원판을 광리소그래프로 제조. (b) 표면을 폴리다이메틸실록세인으로 가교시켜 표면 형태의 사본을 만든다. (c) 실리콘 고무 스탬프를 형판으로부터 제거한다. (d) 프린팅롤러에 견고하게 붙은 실리콘 스탬프는 전도성 고분자 용액을 최종 기판에 전달하는 데 사용된다.

화물)을 대체하지는 않을 것 같다.

그러나 중요한 장점은 더 새롭고 여전히 실험적 방법이지만 "soft lithography"와 연관해서 고분자 전도체의 사용은 예측될 수 있다. 이 프로세스에서 실리콘의 원판이나 다른 물질에 에칭된 회로를 만들 수 있는 원패턴(master pattern)은 고무 스탬프(그림 23.12)로 만들기 위해 형판(template)으로서 사용된다. 이 스탬프는 주로 원형판(master template)과 접촉에 의해 눌려진 교차 가교 폴리다이메틸실록세인에 의해 만들어진다. 탄성체가 교차 가교된 후에, 형판으로부터 벗겨지고 고분자 용액을 가지고 잉크가 묻혀지고 난 후에 제조된 표면에 프린트된다. 총 천연색 신문을 발행하는 연속 롤러 프린팅을 상상할 수 있다. 이 방법에서 고분자와 연결 전선의 연속적인 층이 실리콘 스탬프가 제작할 수 있는 정확도, 즉 소형화의 한계를 가지고 표면에 조립하게 된다.

이 프로세스는 소형 회로를 대량 생산에 이르게 할 수 있고 실리콘이나 갈륨비소에서 가능하지 않는 방법으로 고분자를 전도체나 반도체로서 사용할 수 있게 한다. 극소형화(나노회로)가 이 방법에 의해 얻기 어려울지라도 평판 표시 소자(컴퓨터와 전화 스크린, 자동차 데시보드 패널, 핸드폰 등)에서 사용이 가능하다.

과학적 견지에서, 이 과정은 스탬프용 다른 탄성체의 개발과 표면 특성의 조절에 대한 기회를 제공한다. 역시 전도성 고분자의 용해도나 형태학적 성질을 향상시키는 연구가 남아 있다.

23.5 광학 및 전기 광학 장치

23.5.1 다른 광학 물성

렌즈, 광학 도파로(optical wave guide), 비선형 광학 소자, 발광 다이오드는 전통적으로 완전 무기 물질로 만들어졌다. 그러나 이들 응용에 있어서 고분자의 경량성과 제조 용이성은 기존의 무기 물질을 고분자 물질로 바꾸려는 데 더없이 매력 있는 점들이다. 고분자의 광학 소재 용도는 세 가지 형태로 볼 수 있다. 첫 번째, 깨끗하고 색이 없는 유리 고분자는 렌즈, 프리즘, 광학 도파로 혹은 창문으로 사용된다. 이들 고분자에서 색이나 굴절률은 전기장의 존재나 빛 강도의 변수에 의해 변하지 않는다. 두 번째, 색이나 광밀도가 전기장의 적용에 의해 바뀔 수 있는 고분자이다. 세 번째는 굴절률이 빛 강도에서 변화나 적용된 전기장의 세기에 의해 변화되는 고분자이다. 소위 비선형 광학 물질이다(NLO). 마지막으로 전류를 적용했을 때 전기 발광 소자나 고분자 발광 다이오드로 알려진 빛을 발생시키는 고분자이다. 이들 각각은 다음에 상세히 설명한다.

23.5.2 “선형” 광학 물질

“선형” 광학 물질은 가시광선 영역에서 흡수가 없는 것과 단지 성분과 온도에 굴절률이 의존하는 소재로 창문에 사용된 실리케이트와 같은 고전 무기 유리, 렌즈, 프리즘, 광도파로와 같은 물질로 특징지어진다. 이 물질은 무겁고, 깨지기 쉽다. 그리고 고온에서 제조된다. 빠르게, 일상적으로 그리고 값싸게 생산할 수 있는 형태의 복잡성에 대한 한계를 가진다(즉 정교하게 가공하기 어렵다). 그래서 카메라 렌즈[특히 비구면(aspherical) 렌즈], 프리즘, 충격 강화 안경, 방탄 유리에서 무기 유리를 고분자로 바꾸어 점점 많이 사용하고 있다. 자동차나 비행기에서 통신이나 조절 시스템용 광학 도파로의 용도는 무게 감소 때문에 미래에 매우 중요한 목표이다. 광학 응용에 필요한 중요한 요소는 광학적 투명(작은 결정체나 산란 중심체의 부재로부터 생김), 높은 녹는점과 굴절률을 조절하는 생산자의 능력 등이다.

표 23.1은 많은 무기 유리와 고분자의 굴절률을 나타내고 있다. 무기 유리와 비교해서 고전 고분자의 하나의 단점은 다른 고분자들끼리 섞어서 중간의 굴절률을 만들 수 없다는 것이다. 처음 장에서 논의된 바와 같이 다른 고분자들끼리는 잘 섞이지 않는다—혼합체는 서로 분리되는 경향이 있고 따라서 불투명하거나, 이질상을 갖는다. 그래서 굴절률은 재료 수준에서라기보다는 **분자 수준**에서 조절되어야 한다. 둘 이상 다른 단량체의 랜덤 공중합이나 고분자 치환에 의해서 만들어질 수 있다.

굴절률은 물질 단위 부피당 전자의 수에 의존한다. 이것은 납유리("Flint glass")가 대부분 보로실리케이트 유리보다 더 큰 굴절률을 가지는 이유이다. 고분자화학에서 높은 전자 밀도는 두 가지 방법으로 얻을 수 있다—π 전자(방향족 고리)의 높은 농도를 확보함으로써 또는 할로젠 원자, 특히 브로민이나 아이오딘 존재하에서. 그러므로 일부 가장 널리 사용된 광학 고분자는 주쇄에 방향족 고리를 지니고 있는데, 이것은 유리 전이 온도가 높다는 부가적 장점을 가지고 있다. 고분자 치

표 23.1 무기물, 유기물, 고분자의 굴절률

물질	굴절률(589~623 nm에서)
물	1.33
수정	1.50
크라운유리	1.52
납유리	1.65
벤젠	1.49
나이트로벤젠	1.55
아닐린	1.58
카본 다이설파이드	1.63
PMMA	1.49
폴리카보네이트(Lexan)	1.57
폴리스타이렌	1.59
폴리(2-클로로스타이렌)	1.61
폴리(에틸렌테레프탈레이트) PET	1.64
2-와 4-페닐페녹시 곁사슬을 갖는 폴리포스파진	1.69
아이오도나프톡시 곁사슬을 갖는 폴리포스파진	1.75

환 방법은 특히 방향족 고리에 브로민이나 아이오딘을 가진 바이페닐옥시와 나프탈렌옥시 곁사슬을 지닌 폴리포스파진에 대해 연구되어졌다.

전화 교환기용 광학 스위치는 고분자가 가열되었을 때 일어나는 굴절률 변화를 이용하여 만들어졌다(열광학 스위치). 그래서 도파로 접속점에 열의 적용은 신호를 여러 광학 회로 중 하나로 바꿀 수 있다. 고분자 T_g 이상에서 효과가 잘 알려져 있다.

광학 필터용 또는 고분자 속에 유기 염료를 녹임으로써, 그리고 공중합체나 고분자 치환에 의한 고분자 속에 염료 분자의 결합에 의해 장식 효과용 채색된 고분자가 상대적으로 쉽게 제조될 수 있다는 것을 특별히 언급한다.

23.5.3 조절할 수 있는 불투명체 고분자

광변색 선글라스가 잘 알려져 있다. 빛 강도가 증가했을 때 렌즈의 불투명이 증가하는 물질을 사용한다. 빛 강도가 증가함에 따라 빛을 덜 통과시키는 창문에도 이용된다. 이 소재는 강한 빛을 쪼였을 때 색이 없다가 색이 있는 상태로 분자 변화를 한다. 전형적으로 이 형태의 고분자는 고분자에 녹은 또는 고분자 사슬에 연결된 광변색 유기 분자를 포함하고 있다. 광변색 화합물의 예로 스피로피란(**22**)은 유색 메로사이아닌(**23**)으로 전환된다.

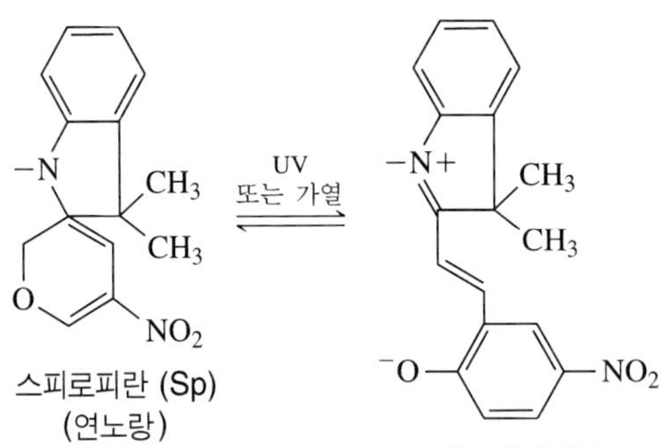

스피로피란 (Sp)
(연노랑)

22

메로사이아닌
(reddish-violet)

23

강한 빛에 노출되었을 때, 유색 상태인 π-π* 전이가 되는 폴리 방향족 화합물은 눈 보호 장치용으로 연구되어 왔다.

불투명의 두 번째 형태는 전장에서 액정 분자를 이용하고 있다. 작은 분자 액정은 액정 표시에 잘 알려진 역할을 제공한다. 그러나 작은 분자 시스템은 액정 배향을 조절하는 데 한정된 온도 범위가 존재한다. 곁사슬 액정 고분자는 이 효과를 사용할 수 있는 온도 범위를 확장하는 수단으로서 제안되어 왔다. 이 원리는 그림 23.13에 단순한 형태로 설명되어 있다.

액정을 지닌(소위 메조겐) 많은 고분자가 합성되었다. 메조겐은 전형적으로 전기장에 대응하는 극성 바이페닐이나 방향족 아조 단위이다. 메조겐은 메조겐의 배향이 고분자 형태에 의해 구속되

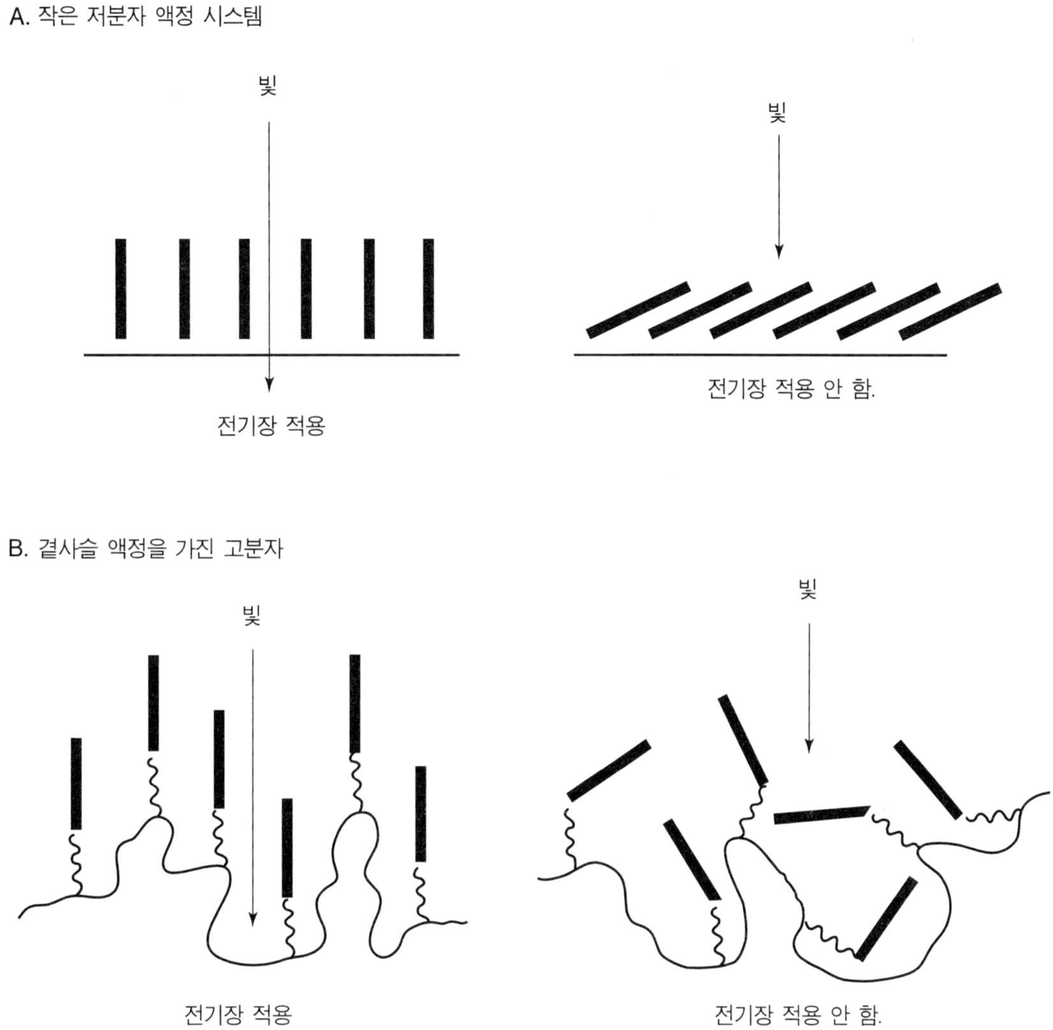

그림 23.13 곁사슬 액정을 가진 고분자와 비교한 저분자 액정 시스템의 작동 원리. 굵은 선은 메조겐을, 얇은 선은 유연한 간격자(spacer)를 나타낸다.

지 않도록 유연한 간격자(spacer) 그룹을 주고 분자 사슬에 연결되어 있어야 한다. 이와 같은 목적으로 연구된 고분자는 폴리아크릴레이트, 폴리실록세인, 폴리포스파진 등이 있다.

23.5.4 비선형 광학 고분자

위에서 설명한 투명 고분자 유리와 달리 비선형 광학 고분자는 전기장에 노출되거나 빛 세기가 바뀐 후에 굴절률이 변화하도록 설계되어 있다. 이 두 가지 형태의 비선형 고분자는 χ^2와 χ^3(2차와 3차) 물질로 설계되어 알려져 있다.

χ^2 고분자는 **곁사슬**이 크고, 변극화할 수 있는 단위인 방향족 아조기 또는 신나메이트기이다. 정

상적으로 그들은 각 끝에 전자 극성기를 지녔고 유연한 간격자 그룹을 통해 주사슬에 연결되어 있다. 전형적인 NLO 화합물은 **24**와 **25**에 나타나 있다.

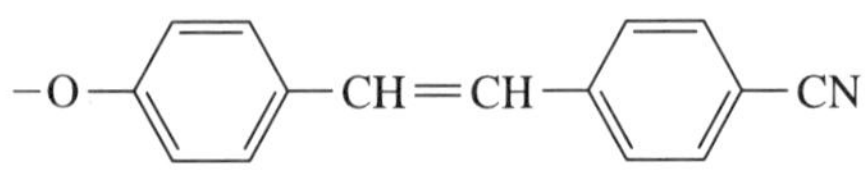

24

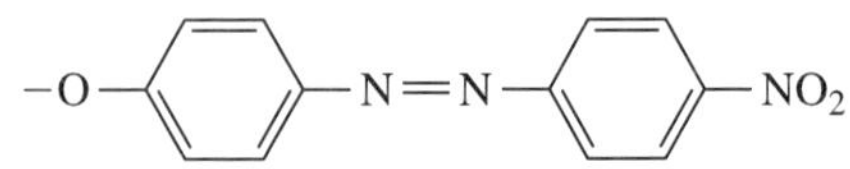

25

χ^2의 활성에 대한 요구는 모든 재료 구조가 비대칭적이어야만 한다. 한편으로 모든 곁사슬은 같은 방향으로 향해야만 한다. 이것은 주로 강한 킬로볼트급 전기장을 고분자에 적용하면서 유리 전이 온도 이상으로 고분자의 필름이나 섬유를 가열함으로써 만들고, 그러고 나서 전기장을 유지시키면서 T_g 밑으로 고분자를 냉각한다. T_g 밑에서 NLO 그룹의 배향은 고분자 매트릭스의 견고함 때문에 유지된다. 그러나 T_g가 실온 위에 있지 않다면 물질 속의 열운동은 며칠 또는 몇주 이상 후에 곁그룹 배향은 서서히 무질서하게 될 것이다. 그리고 NLO 효과는 잃게 될 것이다. 폴링 동안 고분자의 교차 가교는 배향 질서를 유지하는 기회를 증진시킬 것이다. 단순한 소자에서 NLO 고분자의 사용은 그림 23.14에 설명되어 있다.

그래서 장치에 들어오는 광빔은 도파로 속에서 스위치될 수 있다. A나 B는 장치의 굴절률이 두 세트의 조건하에 변하기 때문에 전극에 적용된 전기장이 켜지고, 꺼지는 데 달려 있다. 그러한 스위치는 예로 광신호가 전화 교환기 속의 여러 광도파로 중에서 하나로 전달하도록 전자 신호가 바뀌게 되는 장치의 중요한 특징이다. 다른 장치(Mach-Zender 간섭계)는 NLO 소재를 통과한 광빔이 전기장에 노출됨으로써 절반의 파장으로 느려지고(굴절률이 바뀌기 때문에), 이것이 변화되지 않는 빔과 결합할 때 감쇄 간섭을 만든다. 이것은 전기장에 의해 조절된 On-Off 광스위치의 기본

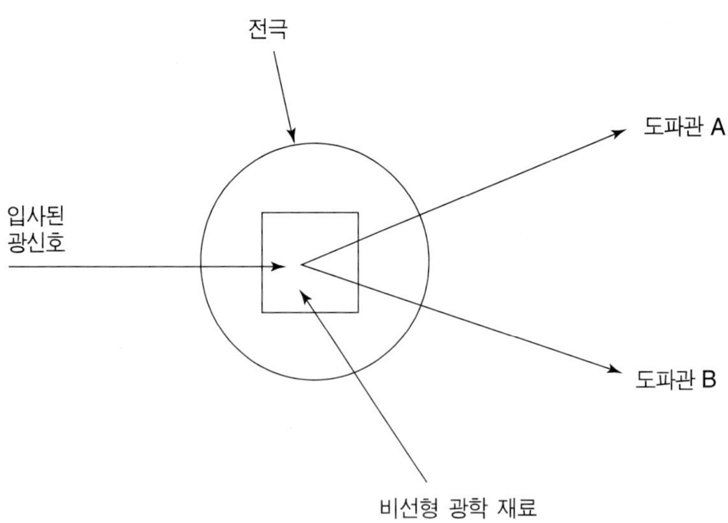

그림 23.14 NLO 고분자에 전기장을 적용한 후 굴절률 변화에 따른 간단한 스위칭 장치

원리이다.

NLO 고분자의 두 번째 분류는 주사슬에 광범위하게 비편재화된 전자를 지닌 χ^3 물질이다. 예로 폴리아세틸렌, 폴리(페닐렌바이닐렌), 폴리-파라-페닐렌 등이다. χ^3 효과는 χ^2보다 더 약하지만 분자들은 폴링(분자를 세움)에 의해 배향되지 않는다. 그래서 χ^3 물질은 NLO 효과를 잃기 전에 보다 긴 수명의 전망을 유지시킨다.

고분자 NLO 물질이 가진 문제점 중의 하나는 통신 장치에 사용된 레이저 빛에 대해 장기간 안정하지 못하다는 것이다. 더욱이 높은 전자 비편재화 고분자는 색깔을 띠는 경향이 있다. 그러므로 해서 고분자 구조와 적용 파장 사이의 관계가 매우 중요하다.

23.5.5 광전지

광전지는 빛으로부터 직류 전기를 만드는 장치이다. 이 응용에 대해 고분자 반도체 사용의 잠재적 장점은 현존하는 기술인 비싼 반도체급 실리콘이나 혹은 생산을 하기 위해서는 특별한 장비가 요구하는 비정질 반도체 실리콘 어느 것이나 사용 가능한 것이다. 유기 용매로부터 도포된 얇은 고분자 필름의 광전지는 현존하는 기술에 중요한 대체 기술을 제공하는 것이다.

가설적인 광전지는 그림 23.15에 나타나 있다. 광자의 흡수는 원자가 띠로부터 전도성 띠로 *p-n*

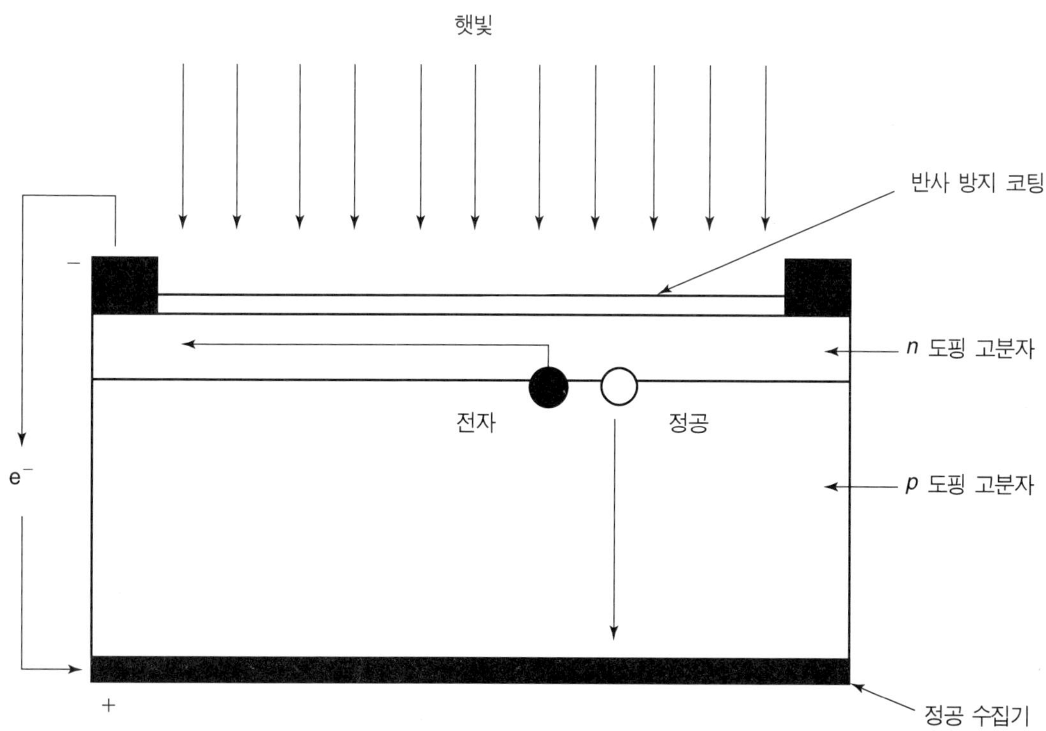

그림 23.15 전기 전도성 고분자를 이용한 광전지 설계도. 전자는 *p-n* 접합에서 원자가 띠로부터 전도성 띠로 움직인다. 전자는 *p*형 층으로 움직이는 반면, 정공은 *n*형 물질을 통해 이동하는데, 그 결과로 전류가 발생된다.

접합에서 전자의 들뜬 상태를 야기시킨다. 고분자가 도핑되었다면, 전자 점프는 띠 간의 에너지 준위에 이르게 될 것이다. 띠는 *p-n* 접합에서 구부러져 있기 때문에 들뜬 전자는 *p* 도핑된 쪽으로 "내리막끈"으로 움직일 것이다. 그럼으로 해서 접합이 빛에 노출되는 동안 전류가 흐른다.

23.5.6 전기 발광 고분자

이 장에서 처음에 언급한 바와 같이 폴리페닐렌바이닐렌은 발광 평판 장치용으로 상업화되었다. 이 장치는 그림 23.16에 나타낸 것과 같은 원리로 작동한다. 전자와 정공은 고분자 반도체의 반대 전극에서 나온다. 이 둘이 만났을 때 그들은 서로서로 없어지고 광자의 형태로 에너지가 나온다. 다시 말해 전류가 고분자 반도체를 통과하였을 때 빛이 나온다. 방출된 빛의 색깔은 고분자 구조와 그 띠 간격에 의존한다. 예로서 매우 큰 띠 간격을 가진 고분자는 파란색을 방출하고 더 작은 띠 간격을 가진 것은 녹색, 이보다 더 작은 띠 간격은 붉은색을 방출할 것이다. 그래서 R. G. B 발광 픽셀의 결합은 발생될 가시광선 스펙트럼 속에 어떠한 색상을 나타낸다. 지금까지 극복되지 않은 파란색 이미터의 개발이 무엇보다도 중요하다.

폴리(페닐렌바이닐렌)으로부터 만들어진 초기 장치는 핸드폰용으로 사용된 작은 표시 장치이지만 초기에 설명한 미세프린트 기술과 결합시킨 전도성 고분자는 미래의 랩톱 컴퓨터와 텔레비전 스크린용 총천연색 스크린에 사용될 것이다.

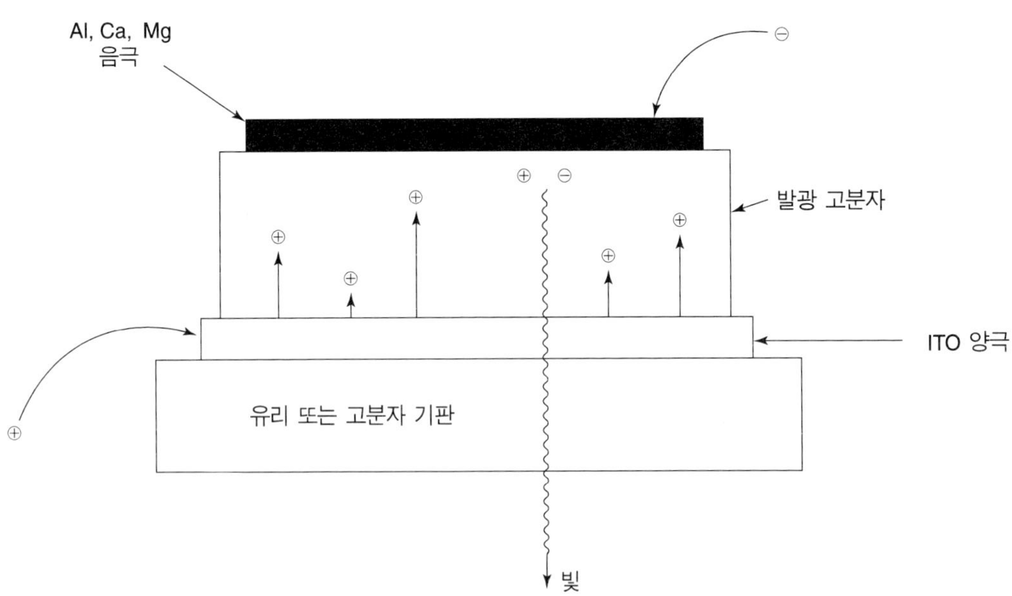

그림 23.16 전기 전도성 고분자를 근거로 한 전기 발광 장치의 단면도. 전자는 반응성 금속을 경유해 방출되어 고분자 속으로 들어간다. 정공은 투명 인듐 주석 산화물(ITO) 전극을 통해서 방출된다. 전자와 정공은 고분자 속에서 서로 결합되어 소멸되면서 빛이 방출된다.

23.6 주해

전기 활성 고분자에 관한 연구와 개발은 현대의 고분자 연구가 나아가는 경향을 나타내는 것이다. 이것은 대량으로 생산되는 물질이라기보다는 매우 특별한 목적을 위해 사용하는 고분자이다. 전도 물질 또는 광학 물질 분야에서는 고분자가 값싸고 대량화가 쉽기 때문에 사용되는 것이 아니라, 다른 물질들에서 발견할 수 없는 특성의 조화가 가능하기 때문이다. 24장에서 언급할 의료용 고분자로 사용하기 위해 개발되고 있는 고분자에도 똑같은 원칙이 적용된다.

연|습|문|제

1. 우주 항공용 경량 배터리를 디자인해 보라. 음극, 양극, 고체 용매, 전해질 등에 어떠한 재료들을 쓸 것인가?
2. 전도성 고분자들이 어느 때인가는 고압선으로 사용될 것인지를 토의하라. 이러한 응용에 특정한 고분자를 사용하는 장점과 단점은?
3. 여러분이 고분자를 선택하여 집적 회로 가공용 반도체에 응용하려는 임무를 부여받았다고 하자. 어떠한 고분자를 선택해야 하는가? 어떻게 고분자가 여러 영역에서 *n* 도핑되고 *p* 도핑되는가? 얼마만큼 소형화가 가능하겠는가? 어떠한 문제점들이 있고 어떻게 극복할 것인가?
4. 그림 23.15에 나타낸 광전지 장치의 설계에 있어서 나타날 수 있는 단점은 무엇이고, 존재하는 문제를 어떻게 해결할 수 있는가? 오염 없는 전력의 공급원을 가지고 광범위한 불모지를 보호하기 위하여 어떻게 그러한 장치가 대량 생산될 수 있는가?
5. 여러분의 학급에서 다른 학생과 논의를 통해서 현존하는 기술과 비교해서 컴퓨터 모니터나 텔레비전의 고분자 전기 발광 평판 스크린의 장 · 단점을 논의해 보라. 특히 만약 대형 스크린으로서 생산될 수 있다면 고분자 소자에 대해 어떤 다른 용도가 있는가?
6. 곁사슬 액정, 비선형 광학 그리고 고굴절률 고분자 합성에서 만나게 될 문제를 논의하라. 이와 같은 장해를 어떻게 극복할 것인가? 이들 세 가지 특징 중 두 가지를 갖는 고분자 혼합 응용에 대해 생각할 수 있는가?
7. 작은 분자 시스템이나 고분자 시스템으로 만들어진 액정 장치를 사용하기 위한 선택을 한다면 어떤 환경하에서 여러분은 작은 분자 시스템이나 고분자 시스템을 각각 쓸 것인가?
8. 용융염 전해질을 사용하는 장치와 비교해서 고분자막을 사용하는 연료 전지의 장 · 단점은 무엇인가? 22장 내용을 근거로 (a) 수소-산소 연료 전지용과 (b) 직접 메탄올 전지용의 향상된 연료 전지막을 어떻게 설계할 것인가를 논의하라. 인공위성, 자동차, 랩톱 컴퓨터, 핸드폰에 충전 가능한 리튬 전지보다는 연료 전지를 사용하면 어떠한 장점을 얻을 수 있는가?

9. 고분자량 전기 전도성 고분자로부터 한 섬유가 만들어졌다고 가정하자. 그리고 저분자량 전기 전도성 고분자로부터 다른 한 섬유가 만들어졌다고 하자. 이들 두 섬유의 전도도가 다르다고 예상되는 이유를 설명하라.

10. 일부 고분자는 리튬니오베이트($LiNbO_3$)와 같은 경쟁적인 무기 물질보다 훨씬 더 뛰어난 비선형 물성을 가질 수 있다. 고분자는 이 응용에서 어떤 다른 장점을 가지고 있는가?

11. NLO 물질 영역에서 주파수가 배가($2v$)가 되면 가질 수 있는 장점은 무엇인가?

참|고|문|헌

고분자 전해질

ABRAHAM, K. M., JIANG, Z., and CARROLL, B., "Highly Conductive PEO-like Polymer Electrolytes," *Chem. Mater.*, **1997**, *9,* 1978.

ALLCOCK, H. R., NAPIERALA M. E., OLMEIJER, D. L., CAMERON, C. G., KUHARCIK, S. E., REED, C. S., and O'CONNOR, S. J. M., "Macromolecules for Solid Polymer Electrolytes," *Electrochimica Acta*, **1998**, *43*, 1145.

BLONSKY, P. M., SHRIVER, D. F., AUSTIN, P. E., and ALLCOCK, H. R., "Polyphosphazene Solid Electrolytes," *J. Am. Chem. Soc.*, **1984**, *106*, 6854.

GOTTESFELD, S., HALPERT, G., and LANDGREBE, A., (Eds.) *Proton Conducting Membrane Fuel Cell*. Pennington, N.J.: Electrochem. Proc. Series, **1995**.

GRAY, F. M. *Solid Polymer Electrolytes*. New York: VCH Publishers, **1991**.

KOPPEL, T. *Powering the Future*, Canada: John Wiley & Sons, Ltd., **1999**.

RATNER, M. A., and SHRIVER, D. F., "Ion Transport on Solvent-Free Polymers," *Chem. Rev.*, **1988**, *88*, 109.

SHRIVER, D. F., and FARRINGTON, G. C., "Solid Ionic Conductors," *Chem. Eng. News*, May 20, **1985**, p. 42.

SKOTHEIM, T. A. (ed), *Handbook of Conducting Polymers*, Vols. 1 and 2. New York: Dekker, **1986**.

전기 전도성 고분자

BAKER, I. B., "Progress toward Processable, Environmentally Stable Conducting Polymers," in *Electronic and Photonic Applications of Polymers* (M. J. Bowden and R. S. Turner, eds.) *ACS, Advan. Chem. Ser.*, **1988**, *218.*

BOWDEN, M. J., and TURNER, S. R., (Eds.), *Electronic and Photonic Applications of Polymers, ACS Advan. Chem. Ser.*, **1988**, *218.*

BREDAS, J. I., and Street, G. B., "Polarons, Bipolarons, and Solitons in Conducting Polymers," *Acc. Chem. Res.*, **1985**, *18*, 309.

COWAN, D. O., and WIYGUL, F. M., "The Organic Solid State," *Chem. Eng. News*, July 21, **1986**, p. 28.

DIAZ, A. F., and BARGON, J., "Electrochemical Synthesis of Conducting Polymers," in *Handbook of Conducting Polymers*, Vol. I, (T. A. Skotheim, ed.). New York: Dekker, **1986**, p. 81.

EPSTEIN, A. J., and MILLER, J. S., "Linear-Chain Conductors," *Sci. Am.*, October, **1979**, p. 52.

EPSTEIN, A. J., "Electrically-Conducting Polymers: Science and Technology," *Mater. Res. Bull.*, **June 1997**, 16 .

FAULKNER, L. R., "Chemical Microstructures on Electrodes," *Chem. Eng. News*, Feb. 27, **1984**, p. 28.

FROMMER, J. E., and CHANCE, R. R., "Electrically Conductive Polymers," in *Encyclopedia of Polymer Science and Engineering*, 2nd ed., Vol. 5 (H. F. Mark, N. Bikales, C. G. Overberger, G. Menges, and J. I. Kroschwitz, Eds.). New York: Wiley, **1986**, p. 462.

LABES, M. M., LOVE, P., and NICHOLS, L. F., "Polysulfur-Nitride: A Metallic, Superconducting Polymer," *Chem. Rev.*, **1979**, *79*, 1.

MACDIARMID, A. G., and KANER, R. B., "Electrochemistry of Polyacetylene: Application to Rechargeable Batteries," in *Handbook of Conducting Polymers*, Vol. 1 (T. A. Skotheim, Ed.). New York: Dekker, **1986**, p. 689.

MACDIARMID, A. G., "Polyaniline and Polypyrrole: Where are We Headed?" *Synth. Mater.*, **1997**, *84*, 27.

MACDIARMID, A. D., and ZHENG, W., "Electrochemistry of Conjugated Polymers and Electrochemical Applications," *Mater. Res. Soc. Bull.*, **June 1997**, 24 .

MARKS, T. J., "Electrically Conductive Metallomacrocyclic Assemblies," *Science*, **1985**, *227*, 181.

MCCULLOUGH, R. D. "The Chemistry of Conducting Polythiophenes," *Adv. Mater.,* **1998**, *10*, 93.

REYNOLDS, J. R., "Advances in the Chemistry of Conducting Organic Polymers: A Review," *J. Mol. Electron.*, **1986**, *2*, 1.

REYNOLDS, J. R., "Electrically Conductive Polymers," *ChemTech.*, **1988**, *18*, 440.

SEANOR, D. A., *Electrical Properties of Polymers*. New York: Academic Press, **1982**.

TOUR, J. M., "Soluble Oligo- and Polyphenylenes," *Adv. Mater.* **1994**, *6*, 190.

일반 전기 광학 관련 참고문헌

CIFERRI, A. (Ed.), *Supramolecular Polymers*. New York: Marcel Dekker, Inc., **2000**.

CRAVER, C., and CARRAHER, C. E., Jr. (Eds.), *Applied Polymer Science—21st Century*, Washington: American Chemical Society, **2000**.

HAMLEY, I. W., *Introduction to Soft Matter. Polymers, Colloids, Amphiphiles and Liquid Crystals*, Chichester: John Wiley and Sons, **2001**.

KIM, D. Y., CHO, H. N., KIM, C. Y., "Blue Light Emitting Polymers," *Prog. Polymer Sci.*, **2000**, *25*, 1089.

LEE, L.-H. (ed.), *New Trends in Physics and Physical Chemistry of Polymers*, New York: Plenum, **1989**.

PRASAD, P. N., and NIGAM, J. K. (Eds.), *Frontiers of Polymer Research*, New York: Plenum Press, **1991**.

PRASAD, P. N., and WILLIAMS, D. J., *Introduction to Nonlinear Optical Effects in Molecules and Polymers*, New York: John Wiley and Sons, **1991**.

PRASAD, P. N. (Ed.), *Frontiers of Polymers and Advanced Materials*, New York: Plenum, **1994**.

SAEGUSA, T., HIGASHIMURA, T., and ABE, A. (Eds.), *Frontiers of Macromolecular Science*, Oxford: Blackwell Scientific Publishers, **1989**.

TAKEMOTO, K., OTTENBRITE, R. M., and KAMACHI, M. (Eds.), *Functional Monomers and Polymers*, 2nd ed., New York: Marcel Dekker, **1997**.

TANABE, Y. (Ed.), *Macromolecular Science and Engineering. New Aspects*, New York: Springer, **1999**.

VOGTLE, F., *Supramolecular Chemistry. An Introduction*, Chichester: John Wiley and Sons, **1991**.

장치

BREDAS, J.-L., CORNIL, J., and HEEGER, A. J., "The Exciton Binding Energy in Luminescent Conjugated Polymers," *Adv. Mater.*, **1996**, *8*, 447.

GAO, J., YU, G. and HEEGER, A. J., "Polymer p-i-n Junction Photovoltaic Cells," *Adv. Mater.* **1998**, *10*, 692.

MAO, S. S., RA, Y., GUO, L., DALTON, R. L., CHEN, A., GARNER, S., and STEIER, W., "Progress Toward Device-Quality Second-Order Nonlinear Optical Materials," *Chem. Mater.* **1998**, *10*, 146.

RENAK, M. L., BAZAN, G. C., and ROITMAN, D., "Microlithographic Process for Patterning Conjugated Emissive Polymers," *Adv. Mater.* **1997**, *9*, 392.

WILBUR, J. L., JACKMAN, R. J., WHITESIDES, G. M., CHEUNG, E. L., LEE, L. K., and PRENTISS, M. G., "Elastomeric Optics," *Chem. Mater.*, **1996**, *8*, 1380.

WOHRLE, D., and MEISSNER, D., "Organic Solar Cells," *Adv. Mater.* **1991**, *3*, 129.

ZHAO, X.-M., STODDART, A., SMITH, S. P., KIM, E., XIA, Y., PRENTISS, M., and WHITESIDES, G. M., "Fabrication of Single-Mode Polymeric Waveguides Using Micromolding in Capillaries," *Adv. Mater.*, **1996**, *8*, 420.

YANG, Y., "Electroluminscent Devices," *Mater. Res. Soc. Bull.*, **(June 1997)**, 31.

24장

합성 고분자의 생체의학적 응용

24.1 생체의학에서의 고분자의 응용

합성 고분자는 과학 기술뿐만 아니라 일상생활에서도 광범위하게 사용되고 있으며, 이것은 현대 문명에서 일반화된 모습이다. 고분자는 현재, 상상할 수 있는 모든 곳에 사용되고 있으며, 이들 용도는 앞으로 계속해서 증가하리라는 것이 지적되고 있다. 그러나 일반적으로 합성 고분자를 사용하는 데 조심스럽게 제한되는 중요한 분야가 있는데, 그것이 의학 분야이다. 합성 고분자가 의학 분야에서 사용되기 위해서는 많은 과학적인 타당성이 필요하다. 이들에 대해서는 다음에서 설명하겠다. 중요한 것은 새로운 합성 고분자가 개발될수록 의학적 기술에는 대단히 깊은 변화가 일어난다는 것이다. 사실상 고분자를 의학 분야에 응용하는 것은 고분자 과학도가 직면한 기본적인 도전 중의 하나가 되고 있다.

의료용으로 이용하기 위해 요구되는 합성 고분자의 형태는 크게 세 가지로 나눌 수 있다. (1) 혈액 펌프, 혈관 보철, 심장 밸브, 골격 이음새, 신장 보철 등과 같은 인공 장기로서 충분한 생체 안정성을 갖고 있어 오랜 기간 사용이 가능한 고분자류, (2) 생체 분해성이 있는 고분자류—이들은 체내에서 단기간 사용을 목적으로 하고 대사 또는 배출될 수 있는 작은 분자로 분해되어야 하며, 때때로 약물의 방출을 수반한다. (3) 혈장이나 대체 혈액 용액 또는 거대 분자 의약을 이루는 수용성 고분자(대개 붕괴가 가능하다). 일반적으로 1과 2 형태의 고분자류에 관해 많은 노력이 이루어지고 있고, 3의 물질은 약학적으로 관심이 높다.

24.1.1 의료용 재료의 표면 특성의 중요성

의료용 재료의 고체 특성(탄성, 유연성, 강성)이 중요하다고 하지만, 표면 특성은 어떤 다른 분야에서보다 의료용 재료 분야에서는 매우 중요한 역할을 한다. 이것은 생체 조직이 "이물질(foreign material)"의 표면에 대해 매우 민감하기 때문이다. 이 민감성은 혈액이 많은 고분자 표면과 접촉하여 응고하거나 비생체 표면을 이식하기 위해 미생물의 역할을 하는 능력 및 인접 세포들을 죽이는 독성 물질의 방출에 이르기까지 다양하다.

고분자 표면에 대한 생물학적 응답은 매우 복잡하다. 이들은 표면의 소수성 또는 친수성, 평활성, 거칠음, 다공성, 이온기의 존재 유무, 표면에 유출되는 인자들의 형태; 생체 분해성과 생체 안정성; 그리고 표면의 고체 또는 수화젤과 부착성 등에 의존한다. 합성 고분자 화학자들은 이 분야에서 고분자와 고체 및 표면 특성을 정확히 조합하여 새로운 물질을 설계함으로써 매우 중요한 역할을 하고 있다. 22장에 언급한 많은 원리들은 새로운 의료용 재료의 개발에 중요한 역할을 한다.

24.2 생체 안정성 물질

24.2.1 기본 원리

대부분의 사람들은 장기를 이식할 수 있다는 생각을 갖고 있다. 심장, 신장, 각막 이식은 현재 자주 시행되고 있다. 장기 이식 과정이 갖는 문제점 중의 하나는 수요에 비해 공급이 충분하지 않다는 것이다. 다른 문제점으로는 이식 받는 사람의 항체가 제공되는 조직을 거부하고, 이 조직들을 파괴시키려고 한다는 것이다. 비록 이 효과가 면역 억제제에 의해 감소되더라도 궁극적으로 이 식물은 생체로부터 거부된다. 더욱이 면역 억제제는 미생물과 싸우거나 비정상적인 세포를 파괴시키는 인체의 능력을 약화시킨다. 그래서 면역 억제제를 사용하면 심각한 감염 또는 암과 관계가 있다.

이러한 이유들로 생체 장기 이식 수요를 충족시키기 위해 합성 고분자로 만들어진 인공 장기를 사용하는 실례가 증가하고 있다. 심장 밸브, 혈관, 폐, 신장 등의 기능을 완전하게 할 수 있는 고분자 장치가 수년에 걸쳐 개발되고 있다. 현재 고분자가 사용되는 의료용 분야로는 실험적인 심장 펌프, 뼈 대체물, 체내 접안렌즈, 인공 각막, 영구적으로 삽입되는 인공 치아 또는 치아 복구 물질(보존 재료) 등이 있다.

이런 모든 용도에서 많은 합성 고분자들이 넓은 범위에서 금속, 유리, 세라믹을 능가하는 이점이 있다. 이런 장점 중에서도 특히 뛰어난 것으로는 고분자가 저밀도이고 화학적으로 비활성이며, 유연성, 탄성, 강성을 가지고 있어 복잡한 모양으로 제작하기가 편하다(가공성 우수)는 것이다. 더욱이 적당한 고분자를 선택하여 본래 조직의 촉감, 경도, 유연성 등을 그대로 나타낼 수 있다. 거의 모든 종류의 고분자가 생의학적 용도로 이용 가능한지가 조사되어 왔다. 그러나 어떤 고분자가 인공 장기에 사용되려면 일련의 중요한 요구를 만족시켜야만 한다.

첫째로, 고분자 재료는 생리학적으로 비활성이어야 한다. 거의 모든 합성 고분자는 일반적인 단점이 있는데, 그것은 생체에 의해 거부 반응을 유발시킨다는 것이다. 이런 거부 과정들이 분명한 것은 고분자와 접하는 곳에서 혈액을 응고시키거나 고분자가 오랜 기간 동안 내부 조직과 접하게 될 때 감염 또는 암을 발생시킨다. 이런 유독한 반응을 극복하는 것이 합성 고분자 과학이 직면해 있는 가장 절박한 문제 중의 하나이다. 현재 시도 중인 몇 가지 방법들을 아래에서 약술하겠다.

둘째로, 고분자는 체온 상태에서 수년 동안 가수 분해와 산화 조건에 노출되는 동안 안정해야 한다. 이들은 효소에 의한 공격에 견뎌야 하고, 수용액 또는 지질 및 다른 지방 물질들과 접촉해도 크기 변화가 없어야 하고, 분해되지 말아야 하며, 용해되지 않아야 한다.

셋째로, 만약 재료가 뼈 대체를 위한 구조 물질로서 사용되려면 강하고 충격에 견뎌야 한다.

넷째로, 고분자가 화학적으로나 열적으로 충분히 안정하여 약품이나 열 또는 방사선 조사에 의한 소독 시 견딜 수 있어야 한다.

24.2.2 생체 내에서의 고분자의 안정성

생체 내에서 합성 고분자를 사용하려면 고분자가 완전히 비활성이거나 완전히 분해가 가능한 두 가지 조건 중의 하나를 고려해서 구성하는 것이 중요하다. 불행하게도 대부분의 고분자는 이 두 범위의 중간에 있다.

생물학적인 비활성에 관해서는 직관적인 화학적 지식으로는 예상하기가 어렵다. 분명히 생체가 고분자에 대해 제일 먼저 공격하는 것은 가수 분해 반응이지만, 대부분의 합성 고분자가 수용액 내에서는 거의 불용성이기 때문에 화학자들과 친숙한 일상적인 반응은 일어나지 않는다. 그럼에도 불구하고 다른 것보다 약간 불용성인 합성 고분자들은 주위의 조직에 염증과 혈전 등을 야기시키며, 암을 발생시키기도 한다.

생체는 이물질의 삽입에 대해 세 가지 기본적인 반응을 한다. 첫째, 대상물의 물리적 특성(모양, 거칠기 등)에 반응한다. 이런 반응들은 이물질의 상피 피막을 형성하거나, 조직 주위의 각질화, 연결조직의 농밀화 또는 거대세포의 생성 등을 야기시킨다. 둘째, 생체는 조직 감염이나 상피세포 성장 금지 및 다른 요인들에 의해 나타나는 고분자의 화학 독에 대해 반응한다. 마지막으로 발생하는 현상은 삽입물 표면에서 박테리아, 균류 또는 바이러스성 감염 발생 가능성과 고분자 표면에 있는 화학 성분에 의한 항원 반응이 직접 유발될 가능성이 있다.

그러므로 의료용 재료로 사용하기 위해 여러 고분자를 비교하는 것은 간단한 것이 아니다. 연구자들 사이에는 삽입물 설계의 중요성이나 물질의 화학적 특성에 관해 의견이 일치되지 않고 있다. 또한 쥐나 토끼와 같은 설치류에서 종양을 발생시킨다는 것이 인체에서도 종양이 성장할 것이냐는 것에 대한 문제점에서도 의견의 일치를 보지 못하고 있다. 비록 인간이 설치류보다 오래 살지만, 신진대사는 매우 느리다. 덧붙여 이야기하면, 많은 상업적인 고분자는 독성 또는 발암성 단량체와 체내에서 쉽게 걸러지는 첨가제들을 가지고 있다. 그래서 어떤 고분자가 특정한 의료용 재료의 응용에 가장 좋은가라는 질문에 대답하기 원하는 연구자들은 커다란 어려움에 직면하게 될 것으로 생각된다.

이 같은 불확실성과 조직 배양 실험으로부터 다음과 같은 순서로 독성이 증가하는 것을 알았다.[1,2]

실리콘 고무 ≈ 폴리에틸렌 < 폴리(테트라플루우오로에틸렌)
≈ 플루오린화 폴리(에틸렌-프로필렌)
≈ 폴리(페닐렌옥사이드)
≈ 폴리(메틸메타크릴레이트) < 폴리(바이닐리덴플루우오라이드)
≈ 나일론-폴리스타이렌 < 폴리유레테인
≈ 폴리(바이닐클로라이드)
≈ ABS

항목의 끝으로 갈수록 조직 배양 세포의 성장을 방해한다. "실리콘"(폴리실록세인) 수지는 가슴 성형 수술에 사용되는 젤로부터 올리고실록세인 분자의 이동을 가능하게 하여 최근에 많은 도전을 받고 있다. 이 분자는 체내 다양한 기관으로 확산에 의해 수동적으로 또는 세포에 의해 능동적으로 전달되는 것으로 알려지고 있다. 그러나 이들 전달 분자에 의해 문제점이 발생한다는 주장에 대해서는 의학 분야에서 지지하지는 않았다.

물론 고분자와 인체와의 반응은 고분자 자체를 약화시킨다. 폴리유레테인은 인체 내에서 16개월이 지나면 분해된다. 나일론은 생체에 삽입된 후 3년이 지나면 인장 강도의 80%가 손실되고, 폴리아크릴로나이트릴은 삽입 후 2년이 지나면 24%의 손실이 발생하고, 폴리테트라플루우오로에틸렌은 삽입 후 1년에 6%의 인장 강도 손실이 발생한다. 한편 실리콘 고무는 생체 내에서 1년 반 동안 아무런 변화가 없었다.

고분자를 의학에 이용하는 데 있어 4개의 고분자들이 생체 안정성이 있다고 말하고 있다. 이들은 폴리테트라플루우오로에틸렌, 폴리에스터, 폴리다이메틸실록세인, 폴리유레테인이 갖고 있는 탄성과 유연성 때문에 의료용 재료로 가장 많이 사용되고 있는 재료 중의 하나다. 의료용 공학에 있어서 절충은 항상 필요하다.

24.3 심장관(cardiovascular) 응용

24.3.1 심장 밸브와 혈관(vascular) 보철

손상된 심장 밸브, 약화된 동맥벽과 막힌 동맥 등이 가장 일반적인 심장관 질병을 일으키는 요

[1] H. Lee and K. Neville, *Handbook of Biomedical Plastic* (Pasadena, Calif.: Pasadena Technology Press, **1971**), Chap. 14, p. 4.

[2] C. A. Homsy, K. D. Ansevin, W. O'Bannon, S. A. Thomson, R. Hodge, and M. E. Estrella, in *Biomedical* Polymers, A. Rcmbaum and M. Shen, eds. (New York: Dekker, **1971**), p. 132.

인이며, 이러한 문제를 해결하는 데 고분자가 광범위하게 사용되고 있다. 불완전한 심장 밸브는 다양하게 고안된 기계적 밸브로 대치할 수 있다. 예를 들면 실리콘 고무공이 스테인리스강 틀 내에 들어 있는 형태이다(그림 24.1 참조). 실리콘 고무가 사용된 것은 이것이 비활성이고 탄성체이며 항혈전성이 뛰어나기 때문이다. 이 같은 밸브가 실패하는 요인은 대개 공이 "쪼개지거나(wedging)"[공이 틀에 대해 힘을 받는 점에서 골이 형성] 또는 마찰과 지질 흡착으로 인해 표면에서 분해가 발생하는 것이다. 그러나 이 같은 밸브가 여전히 사용되고 있다. 최근에는 열분해 탄소 또는 폴리옥시메틸렌으로 만든 뚜껑핀을 갖는 소형이며, 원형인 밸브가 고안되었다. 다른 외과 시술 예로는 돼지의 피부를 개질화한 가교 심장 밸브를 삽입시킨다. 합성 수화젤로 만들어진 장치가 궁극적으로는 돼지 밸브를 교체할 것이다.

동맥류(동맥벽 팽창; 동맥의 관벽이 이완 확대되어 생기는 현상으로 심하게 되면 외출혈과 내출혈로 사망하게 된다)는 폴리에스터 직물 또는 폴리테트라플루오로에틸렌으로 된 관으로 동맥을 보강하여 치료할 수 있다. 완전히 막힌 동맥은 제거하고 다공성 폴리테트라플루오로에틸렌(Gore Tex)관으로 대치한다. 이 고분자는 항혈전성이 우수하고 재료의 다공성으로 인해 고분자를 혈액과 격리시키는 작용을 하는 내피세포층을 형성시키고 성장시키는 데 도움을 준다. 이러한 혈관 보철이 실패하는 요인은 대개 원래 조직의 밸브와 고분자가 탄성이 다르기 때문에 연결부에서 난류가 형성되고, 혈소판과 트롬빈의 침적이 발생하기 때문이다. 따라서 생체 조직의 탄성과 유사한 탄성을 갖는 새로운 의료용 고분자의 개발이 절대적으로 필요하다.

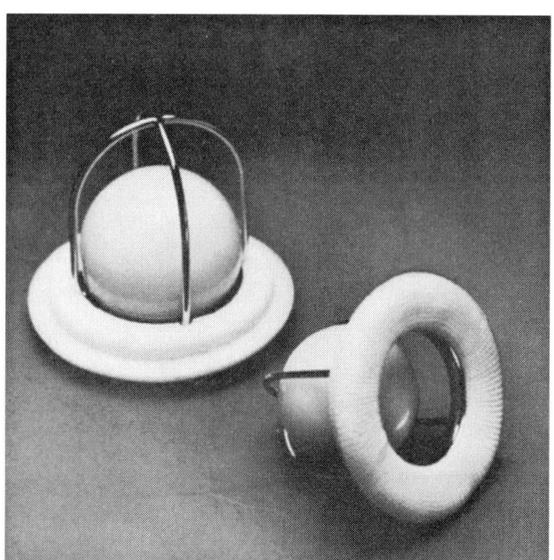

그림 24.1 Starr-Edwards 볼형 심장 밸브로서 실리콘 고무공, 크로뮴-코발트 바구니와 테플론®링으로 이루어져 있으며, 심장세포 수술용으로 사용한다.

24.3.2 인공 심장

세계 어느 지역보다 북아메리카와 서유럽에서 사망의 가장 큰 요인이 심장병과 순환기 장애이다. 가장 심각한 문제는 동맥 경화증과 심장 동맥이 계속적으로 좁아지는 증세로부터 야기된다. 이러한 동맥 중의 하나가 막히면 "심장 마비"가 일어난다. 재생 불가능하게 된 손상된 심장을 갖는 환자는 두 가지 가능성이 있다. 첫째, 심장 이식이 가능하다. 그러나 이 과정은 앞에서 언급하였지만 매우 제한적이다. 둘째, 손상된 심장의 기능이 영원히 또는 일시적으로 인공 펌프로 대치할 수 있는 것인가 하는 것이다. 많은 연구자들이 인공 심장 펌프의 설계와 시험에 종사하고 있다. 이런 장치를 구성하는 데 합성 탄성체와 단단한 고분자들이 상당히 사용되고 있다. 불행하게도 대부분의 합성 고분자는 혈액 응고를 촉진시킨다. 이 문제는 매우 심각해서 펌프의 실험을 하는 동물들은 펌프에 형성된 젤상의 혈전 때문에 수시간 안에 죽는다. 혈전 생성 방지는 혈전이 펌프의 설계와 난류의 존재 유무뿐만 아니라, 구조물에 사용되는 물질에도 관계되기 때문에 복잡한 문제이다. 다음 절에서 우선 간단하게 설계의 문제점을 설명한 후 고분자의 문제점을 설명하기로 한다.

심장 펌프 설계 두 가지 형태의 펌프가 실험적으로 개발되어 왔다. 이들은 (1) 손상된 심장 펌프가 스스로 연결될 때까지 손상된 심장의 작동을 우회시키거나 보완하기 위한 보조 혈액 펌프, (2) 생체 장기와 완전 교체가 가능한 인공 심장 펌프가 있다. 대부분의 추진 펌프는 실리콘 고무를 관 내부에 장착한 단단한 틀(종종 강화에폭시 수지가 쓰임)이 사용된다(그림 24.2 참조). 단단한 틀 안쪽으로 유입된 공기는 관 내부의 실리콘 또는 폴리유레테인 고무를 압축하고, 이것이 펌프로부터 혈액을 민다. 밸브는 역류를 막기 위해 사용하며, 또 압축 사이클은 심장의 펌핑 운동과 일치한다. 부수 장치로는 대동맥 내부 벌룬(balloon)으로, 이것은 25 cm × 2 cm 폴리유레테인 벌룬으로 압축된 헬륨과 이산화탄소가 출입하면서 팽창되는 대동맥에 삽입한다. 다른 장치들은 타이타늄,

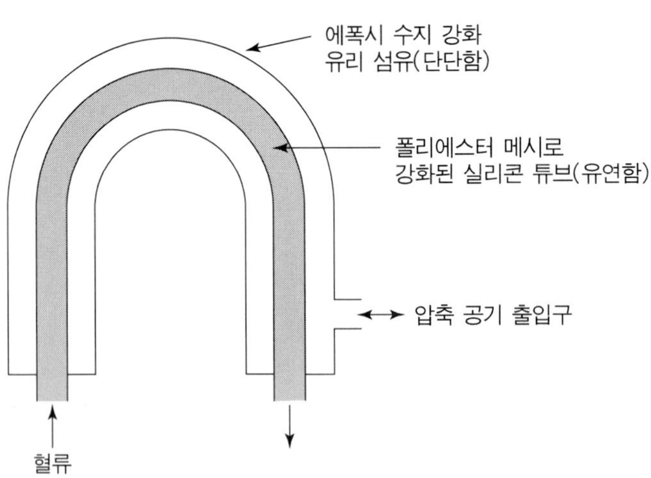

그림 24.2 신체 내 이식용으로 고안된 간단한 "인공 심장" 장치. 압축 공기 박동이 실리콘 고무 튜브의 내부를 압축하며, 이것은 대동맥에 연결되어 있다. 펌핑 횟수는 환자의 심장 박동수와 맞춰져 있다.

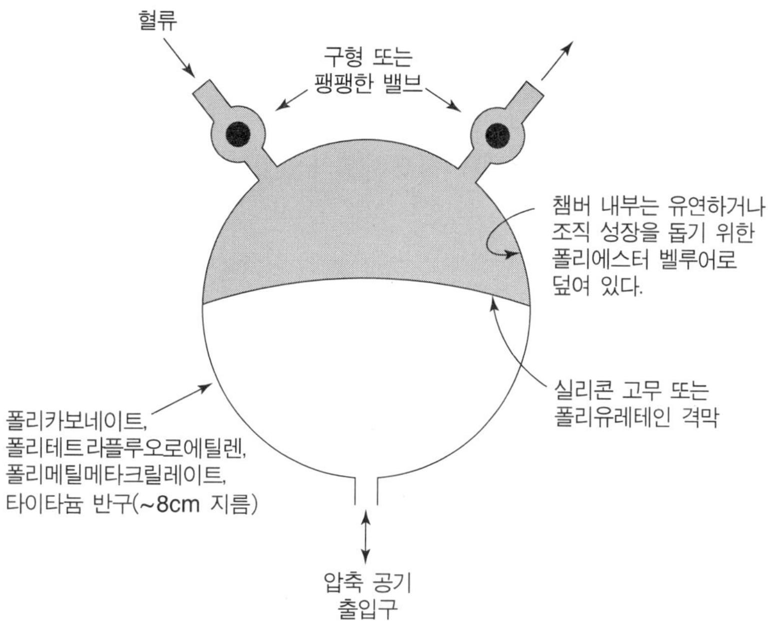

그림 24.3 반구형 "인공 심장" 펌프로서 환자 신체 외부에서 작용한다. 폴리유레테인 고무막이 압축 공기에 의해 작동한다. 밸브를 통과할 때 혈액의 난류 흐름이 혈전이 생기는 주된 요인이다.

폴리카보네이트, 폴리유레테인막을 갖고 있는 폴리메틸메타아크릴레이트 반구체 등을 사용한다. 압축된 공기와 이산화탄소의 펄스가 막을 자극하고 혈액을 밀어 보낸다(그림 24.3 참조). 인공 심장은 일반적인 심장과 유사하게 만들어져 있으며, 이들은 압축가스나 오일에 의해 움직인다. 원심펌프 설계가 개발 중에 있다.

심장 펌프용 고분자 매우 다양한 고분자들이 심장 펌프 제작에 이용되어 왔다. 이들은 실리콘 고무, 폴리유레테인고무, Dacron®, 폴리에스터, 테플론®, 폴리카보네이트, 폴리메틸메타크릴레이트, 폴리바이닐클로라이드와 열분해 탄소가 포함된다. 몇 가지 물질들이 다른 것보다 우수하지만, 대부분의 물질들이 혈액 응고와 적혈구 파괴 및 혈액 단백질 변화를 야기시킨다.

앞에서 언급한 것처럼 폴리유레테인은 가장 일반적으로 사용되는 유연한 의료용 재료이다. 이들은 유연한 굽힘 강도를 갖고 있다(심장 펌프에서 판막은 10년 동안 쉼 없이 9억 회 굽힘 운동을 견뎌야 한다). 그러나 이들은 수용액상에서 오랜 기간 사용하면 화학적으로 불안정하다. 몇몇 발명가들은 고분자의 분해가 내피 조직 성장과 동시에 발생한다면 좋을 것이라고 믿는다. 폴리유레테인막의 칼슘화가 장기간 사용시 문제가 된다.

이론적으로는 실리콘 고무가 이상적인 의료용 재료이다. 이것은 화학적으로 비활성이고 부드러우며 유연하다. 그러나 혈류 속도가 느릴 때 혈전을 형성시키고 연속적인 굽힘 운동 후에는 부서진다. 다른 문제로는 실리콘 고무가 혈액에서 지방을 흡수하고 팽윤되며 결과적으로 약화되는 경향이 있다는 것이다. 플루오로알킬실록세인 고분자 또는 폴리포스파진이 인공 심장에 응용하는 데 더 적당한 것으로 판명되었다.

합성 고분자가 혈액을 응고시키는지는 고분자의 표면 특성(부드러운 표면이 거친 표면보다 좋다)과 화학적, 물리적 특성에 의존한다. 예를 들면 물과 친화력이 없어 반발력이 큰 물질들은 혈액과의 접촉에서 훌륭한 물질로 나타나 있다. 혈관 내벽이 음전하를 띠고 있기 때문에 표면에 전하를 띠고 있는 고분자가 표면에 전하를 띠지 않는 고분자보다 더욱 효과적일 것이라고 예상된다.

혈액 적합성에 관한 두 가지 방법이 검토된 바 있다. 우선 헤파린과 같은 항응고제를 고분자의 표면에 결합 또는 흡착시키는 것이고, 둘째로 고분자를 혈액에서 분리시키기 위해 조직 성장을 용이하게 하는 고분자를 사용하는 것이다. 폴리에스터 섬유로 만든 벨루어 벨벳 직물을 시험하여 이런 기능을 발견하였다. 조직이 16주 이상 무성하게 성장하였다. 장치를 삽입하기 전에 생체 세포를 벨루어 직물에 심어주면 이러한 공정이 빨라진다. 폴리프로필렌 미세섬유로 만든 직물도 유사한 기능을 나타내었다.

삽입물의 표면에서 박테리아 균류가 성장하여 환자의 생명을 유지하는 인공 심장막 장치의 파손을 일으키게 된다.

24.4 조직 접착제와 인공 피부

수년 동안 조직을 함께 접합할 수 있는 합성 고분자가 필요하다는 것이 인식되어 왔다. 접착제를 사용하면 봉합사로 상처를 꿰매는 것보다 훨씬 빠르고 효과적이다. 폴리-α-사이아노아크릴레이트 구조를 기본으로 하는 고분자류가 조직 접착제로 효과적이라는 것이 증명되었다. α-사이아노아크릴레이트는 **1**과 같은 구조를 갖고 있다. 여기서 R은 메틸, 뷰틸, 헥실, 옥틸 등이다. 이 단량체들은 물이 존재하면 음이온 반응으로 중합한다. 고급 알킬 유도체일수록 생물학적 기질 위에서 빠르게 중합하고, 저급 알킬 유도체보다 조직을 덜 자극한다. 그러나 이들의 치료 특성이 어느 정도인지는 예견할 수 없다. 이들은 피부 접착체로서의 용도와 더불어 각막과 망막 수술에서의 접착제로, 내과 수술용 봉합 보조제로 시험되고 있다.

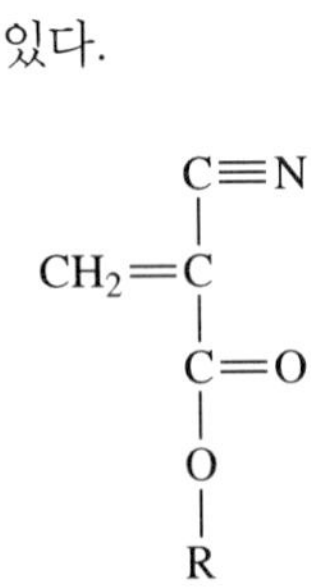

1

넓은 화상 부위를 회복하기 위한 합성 피부로서 사용할 수 있는 고분자 물질을 찾은 결과 합성 폴리아미노산과 콜라젠, 하이아론산 및 이들에 세포를 배양한 제품들을 사용하게 되었다. 나일론 섬유로 만든 벨루어(velours) 직물과 폴리-α-사이아노아크릴레이트 필름도 이런 용도로 시험되고 있다.

24.5 뼈, 관절, 치아

골절상은 폴리유레테인, 에폭시 수지 및 급속 경화 바이닐 수지를 사용하여 치료할 수 있다. 실리콘 고무 막대와 스펀지는 손가락과 손목 관절 교환용으로 사용되어 왔으며, 바이닐 고분자와 나일론은 손목과 팔꿈치 관절 대체용으로 검토되고 있다. 더욱이 최근에는 셀로판과 실리콘 고무가 뼈의 용해를 막기 위해 무릎 관절에 사용되고 있다. 스테인리스강과 폴리에틸렌 볼 관절을 폴리메틸메타크릴레이트 충전제와 바인더를 이용해서 대퇴부에 부착시키는 골반 관절 수술에서 극적인 진전이 이루어졌다. 테플론 직물과 실리콘 고무가 합성 인대와 근육을 만드는 데 사용되고 있다.

합성 고분자를 이용해 오랫동안 의치를 만들어 왔다. 폴리메틸메타크릴레이트는 아크릴 치아뿐만 아니라, 기본 물질로서 중요한 고분자이다. 또한 아크릴 수지는 치관용으로 사용되고 있고, 에폭시 수지는 치아 고정을 위한 시멘트관에 이용되기도 한다. 치아 대체물을 아래턱 또는 위턱에 삽입시키는 것에 상당한 관심이 모아지고 있다. 치아용으로 융합된 카본에 거부 반응을 늦추기도 한다.

최근의 연구와 개발은 치아의 부식을 방지하기 위해 고분자 코팅제 및 페인트를 사용하고 있으며, 치아 충전물로서 은이나 금을 대치할 수 있는 열경화성 또는 광경화성 고분자가 개발되고 있다. 또한 무기질 분말을 속경화성 폴리아크릴산 시멘트로 접착하여 좋은 결과를 얻고 있다.

24.6 콘택트렌즈(외부 접안렌즈)와 각막 렌즈

콘택트렌즈에 의한 시력 보정은 어려운 문제이다. 눈은 신진대사를 하기 위하여 산소를 필요로 하지만 시각 기능을 방해하는 동맥과 정맥이 복잡하게 얽히면 견디지 못한다는 사실에 또 하나의 제약을 받는다. 결과적으로 필요한 산소는 확산에 의해 대기에서 눈의 표면을 통하여 직접 흡수된다. 이 현상은 산소와 접촉하는 안구 부분의 표면을 덮는 콘택트렌즈에 사용되는 재료의 선정에 제약을 준다. 폴리메틸메타크릴레이트와 같은 유리상 고분자로 만들어진 초기 재료는 투명성이 매우 뛰어났지만, 산소 투과율이 고무상 고분자에 비해 1/1000밖에 되지 않기 때문에 만족할 만한 재료가 아니었다. 한 가지 개선책으로 “하드” 렌즈에 작게 불룩한 부분을 만들어서 눈을 깜박거릴 때에 렌즈가 움직임으로써 새롭게 노출되는 표면을 통하여 산소가 확산되는 방법을 사용하였다. 사람이 하루에 대략 20,000번을 깜박인다는 사실이 도움이 되긴 했지만 이 방법은 비효율적인 방법이었다.

최근에는 "소프트" 콘택트렌즈로 가고 있는 추세이다. 이 방법은 폴리다이메틸실록세인과 같은 고무상 고분자를 사용하는 것으로, 투명성도 매우 뛰어나며 비교할 수 없는 산소 투과율을 갖는다. 그러나 이 고분자는 소수성 재료라는 단점이 있으며, 이는 사용자로 하여금 렌즈가 윤활제 역할을 하는 눈물에 젖지 않음으로써 불편함을 느끼게 한다. 극단적인 예로 실록세인이 물에 젖지 않고 안구와 융화되어, 이를 제거하기 위해서는 외과 수술이 필요할 수도 있을 것이다. 이 문제를 해결하기 위해서는 렌즈의 내부면에 친수성 고분자를 얇게 코팅함으로써 해결할 수 있다. 이 방법으로 산소 투과율을 떨어뜨리지 않으면서 표면의 특성을 변화시킬 수 있다.

소프트 콘택트렌즈는 광가교된 수용성 고분자로부터 만든다. 이러한 고분자들은 수용액에 팽윤하기는 하나 용해되지는 않는다. 대신에 이들은 부드러운 **수화젤**을 형성한다. 수화젤은 많은 조직(연골, 피부, 혈관 내벽 등)의 물리적 특성을 모방하여 설계할 수 있어서 생의학 분야에서 수화젤 연구는 중요한 부분이 되고 있다. 각막 렌즈(백내장으로 손상된 수정체의 제거 또는 눈의 부상에 따른 수정체의 대치를 위한 렌즈)용 수화젤을 설계하는 것은 무척 어려운데, 이것은 눈을 조금 절개하여 대체 렌즈를 삽입할 때 아무 손상 없이 작은 부피로 접혀야 하기 때문이다.

24.7 인공 신장과 혈액 투석 재료

신장의 기능은 혈류에서 저분자 노폐물을 제거하는 것이다. 인공 신장은 수년 동안 이용되어 왔다. 이들은 순환 유체에 담가 놓은 투석셀의 벽들 사이에 혈액을 통과시켜 사용한다. 일반적으로 병원에서 사용하는 혈액 투석기는 크고 비싸기 때문에 장치를 보다 작고 싸게 만들려는 노력이 계속되고 있다. 합성 고분자를 이용하여 새로운 개발을 시도하고 있다.

셀로판(재생 셀룰로스)은 재래식 신장기에서 반투막으로 이용되고 있다. 그러나 소규모화가 요구됨에 따라 투석셀로서 중공사를 이용하게 되었다. 한 개발품의 예를 보면, 개질 폴리아크릴로나이트릴(길이 17 cm, 지름 300 μm) 중공사를 2000에서 11,000개씩 묶어서 사용한다. 이 고분자는 혈액 응고를 막기 위해 "해파린"(항응고제)을 도입하였다. 중공(hollow) 레이온사나 폴리카보네이트, 셀룰로스, 아세트 섬유 등도 투석용으로 사용되었다.

24.8 산소-수송막

대개 심장 수술에서는 혈액을 순환시키고 혈액에 산소를 공급하기 위해 심폐기를 필수적으로 사용하고 있다. 여러 가지 기구들이 개발되었으나 대부분 산소와 이산화탄소를 통과시키는 막을 사용한다. 폴리다이메틸실록세인막은 기체 투과 효율이 높다. 이들은 Dacron®이나 테플론®을 실리콘 고무가 분산된 자일렌에 담가서 피막(dip-coating)시켜 만든다. 건조되면 0.075 mm 또는 그 이상의 두께가 얻어지며, 이것을 산소 발생기에 장착한다. 실리콘 고무막은 수중 호흡을 위한 "인공 아가미(artificial gill)"로도 실험된 바 있다. 실리콘 고무의 산소 투과성이 플루오로실리콘의 6배, 폴리에틸렌의 80배, 테플론의 150,000배라는 것은 흥미있는 사실이다.[1] 이것은 실록세인 사슬의 높은 비틀림 유동성을 갖는 것과 관계있다.

24.9 생붕괴성 고분자

대부분의 고분자 연구는 더 안정한 새로운 고분자를 설계하고 합성하는 데 치우쳐 왔다. 그러나 의료용 재료 연구의 중요한 분야로 생체 내에 재료가 삽입되었을 때 분해 가능한 고분자에 관한 연구가 있다. 분해 반응은 생체 내에서 배설 또는 신진대사가 가능한 비독성 저분자로 가수 분해(효소 또는 비효소적 반응으로 유발)가 되는 것이 일반적이다. 이런 형태의 고분자는 세 가지 의학 분야에 이용된다. 즉 외과용 봉합사, 조직 내부 성장 재료, 약물 방출 조절제 등이다.

24.10 수술용 봉합사

내상 또는 외상을 꿰매기 위해 봉합사를 이용하는 것에 대해서는 잘 알려져 있다. 장사(catgut)가 최근까지 모든 봉합사에 사용되어 왔다. 그러나 장사는 상당히 불활성이고 일반적으로 조직이 치유되는 15일 후에 봉합사를 제거해야 하는 후처리 공정이 필요하다. 장사의 대치물로는 합성 폴리글리콜산(**2**) 또는 글리콜산과 락트산의 축합 공중합체가 있다. 폴리글리콜산은 높은 기계적 강도를 가지며, 인체 조직과 적합성이 있다. 그러나 이것은 15일 안에 완전히 흡수된다는 것이 장사와 다르다. 그러므로 봉합사를 제거하는 공정이 필요 없게 된다. 고분자는 가수 분해에 의해 무독성의 글리콜산이 된다. 또한 폴리글리콜산/락트산 공중합체는 다음 단락에 기술한 것처럼 조직 재생을 위한 대체 물질로 사용된다.

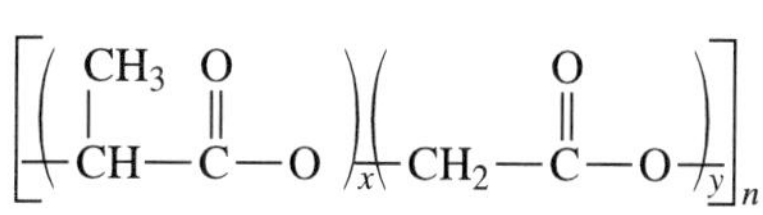

2

[1] 플루오린 수지 테플론은 DuPont의 등록상표임.

글리콜라이드-락타이드 공중합체에서 글리콜라이드 부분은 락타이드 부분보다 더 결정성을 띠게 되는데, 이는 락타이드 단위[—CH(CH_3)C(O)O—]가 비대칭 탄소 원자를 갖고 있으며, 입체적으로 불규칙하기 때문이다. 글리콜라이드 부분의 결정성은 가수 분해에 의한 분해에 대하여 저항성을 갖게 한다. 상처 부위에 수술된 봉합사의 분해 속도는 공중합체에서 글리콜라이드의 양을 증가시킴으로써 조절이 가능하다.

24.11 조직공학에 사용되는 고분자

조직공학은 사람의 세포를 재생시키기 위한 기질로 사용되는 고분자에 의해 이루어지는 학문이다. 재생하고자 하는 조직의 모양으로 생긴 고분자 물질에 환자 자신의 세포를 넣은 후, 고분자는 가수 분해되면서 세포는 분열하고 증식하며, 가수 분해된 고분자는 그 부분에서 확산되어 나오게 된다. 결국 새로운 조직이 원래 고분자로 이루어진 공간과 모양을 대신해서 채우게 된다. 이러한 연구의 목적은 피부, 뼈 그리고 다른 장기들을 재생시키는 것으로, 대부분 생분해성 재료인 폴리글리콜라이드/락타이드가 섬유 매트나 다양한 다공성 형태로 사용되고 있다. 하지만 폴리포스파진과 같은 새로운 고분자가 중성 pH에서 가수 분해되는 특성 때문에 뼈나 신경 재생에 대해서 연구되고 있다. 예를 들어 고분자 **3**은 pH 7에서 천천히 분해되어 아미노산, 포스페이트, 에탄올과 같은 물질대사로 변화되고, 암모니아는 분비된다. 수화젤은 기능성 기관 조직의 재생에 사용되기 때문에 흥미롭다.

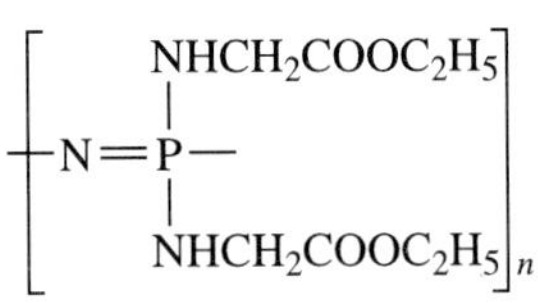

3

24.12 약물 방출 조절용 재료

많은 병을 치료하는 데는 인체에 약물을 주입해야 한다. 많은 약들이 제기능을 발휘하기 전에 배설되기 때문에 필요량보다 더 많은 양의 약물을 투여해야 한다. 이 같은 결과로 환자들은 과량의 약물 투과와 화학 약제의 결합에 고통받고 있다.

이런 원치 않는 상황을 그림 24.4에서 점선으로 표시하였다. 최적의 전달 속도는 시간에 상관없이 시간당 같은 양의 약물을 방출하는 "0차"에 해당된다. 방출되는 약의 양은 치료에 필요한 약물

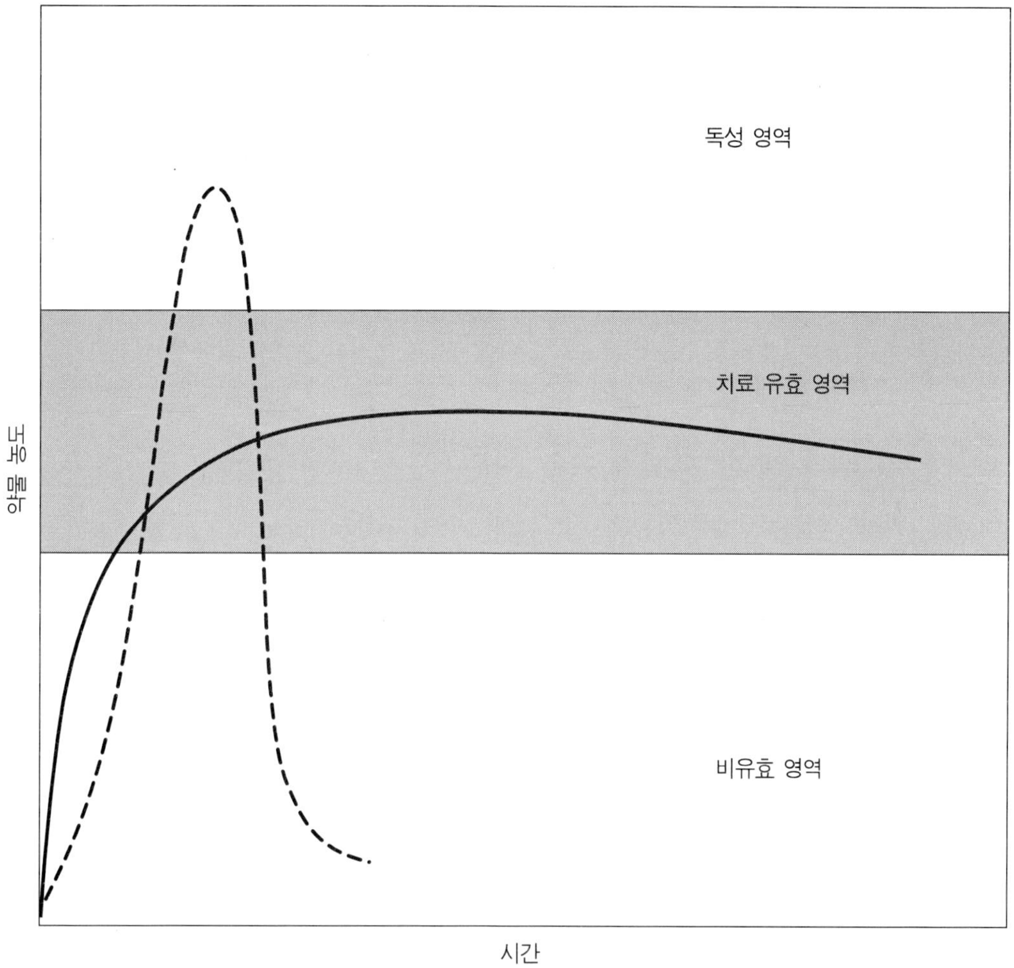

그림 24.4 체내 약물 농도의 시간 의존성. 점선은 약물이 조절되지 않은 채 용해되는데, 아래쪽은 농도가 너무 낮아 비효과적이고 위쪽은 농도가 너무 높아 독성이 된다. 실선은 약물 조절 방출의 목표로서 오랜 기간 동안 치료 유효 범위 내에서 비교적 일정한 방출 속도를 나타낸다.

방출량의 범위 안에 들어야 하며, 또한 요구되는 시간 동안 지속적으로 약물이 전달되어야 한다. 그림의 어두운 부분에 있는 평행한 선이 최종적인 목표라고 할 수 있다.

그러므로 오랫동안 천천히 연속적으로 약물이 방출되는 시스템이 병 치료에 장점이 있다고 알려져 왔다. 예를 들면 인슐린을 혈류에 조절 방출시켜 당뇨병 환자의 치료에 크게 기여하였다. 유사한 것으로 인체에 항암제를 연속적으로 조절 방출시키면, 매우 독성이 큰 약제를 최소한으로 투여할 수 있을 것이다. 이러한 장점들은 수개월 또는 수년 동안 혈류에 산아 조절제를 천천히 연속적으로 방출시키는 것을 예상할 수도 있게 한다. 더 상상해 보면 인체에 고분자 항산화제를 투입하여 고에너지 방사선에 대해 인체를 보호할 수 있을 것이다.

약물의 서방 효과를 나타내기 위해 고분자를 사용하는 세 가지 시도로는 첫째가 확산-조절 장애물로서 고분자막을 사용하는 것, 둘째가 캡슐화된 약제의 방출 조절을 위해 생체 분해가 가능한

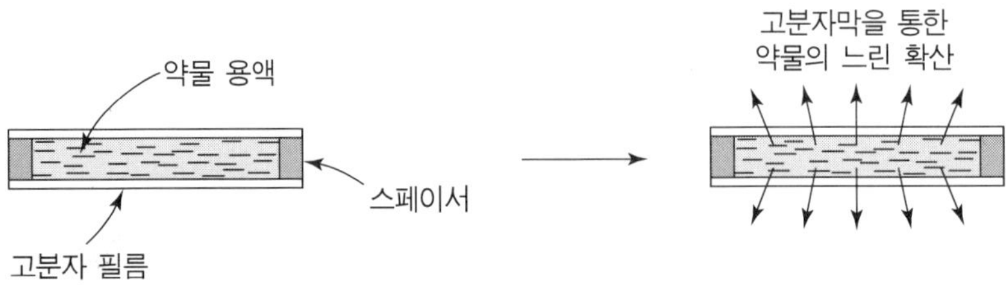

그림 24.5 고분자막을 통한 확산에 의한 약물의 조절 방출

고분자를 사용하는 것, 셋째가 수용성 고분자에 화학적으로 결합된 약제를 사용하는 것이 있다.

24.12.1 확산-조절막 또는 재료

대부분의 화학 약물은 상당히 작은 분자로 되어 있어서 고분자막을 통해 서서히 확산할 수 있다. 그러므로 만약 약물 수용액이 고분자막으로 둘러싸이게 되면, 약물은 막의 두께와 조성에 의해 조절된 속도로 막을 투과해 방출할 것이다. 이런 원리로 된 장치가 눈꺼풀 밑에 장치된 캡슐에서 항녹내장제나 필로카핀을 서서히 방출하는 데 사용하고 있다(그림 24.5 참조).

똑같은 원리를 이용해 약제가 최대 효과를 나타낼 수 있는 곳에 약물이 함입된 고분자 필름, 봉, 구슬을 삽입시킨다. 피부와 접촉을 하는 부위에서는 고분자로부터 약물이 확산하는데, 피부 통과 약물 전달 체계에 근거를 두고 있다. 고분자 기질로부터 약물이 확산되면 수주일 또는 수개월 동안에 걸쳐서 연속적인 방출 조절이 가능하다. 이 경우 약물의 규칙적인 투여 또는 구강 투약은 더 이상 필요하지가 않다. 이 기술을 이용해 산아 조절제의 방출 조절에 응용하고 있으며, 화학 요법을 이용한 항암 치료에의 사용 가능성이 검토되고 있다.

이 같은 조절 방출 장치가 갖는 중요한 의학적 장점은 치료가 더 이상 필요하지 않을 때면 언제든지 약물 전달 기구를 제거할 수 있다는 것이다.

24.12.2 고체, 생분해성 물질

고체 기질에서 약물을 서서히 조절 방출시킬 수 있는 좋은 방법은 기질로서 생분해성 고분자를 사용하는 것이다. 고분자가 천천히 분해(대개 가수 분해)할 때 화학 요법용의 약 분자들이 방출된다(그림 24.6 참조). 여기서 중요한 요구 사항은 고분자에서 가수 분해된 물질들이 무독성이어야 하고, 쉽게 배출되어야 한다는 것이다.

두 번째로 요구되는 것은 방출 속도가 사전 기록에 따라야 한다는 것이다. 예를 들면 어떤 병을 치료하는 데 국부적으로 고농도로 약을 도출시키고, 그 후 약을 방출하지 않는 것을 정확한 간격으로 반복해야 한다. 이와는 대조적으로 수일, 수주 또는 수개월에 걸쳐서 약의 방출 속도를 일정하게 유지시키면서 방출하는 소위 "0차" 방출이 선호되고 있다. 이러한 요구들로 인해 기질 고분

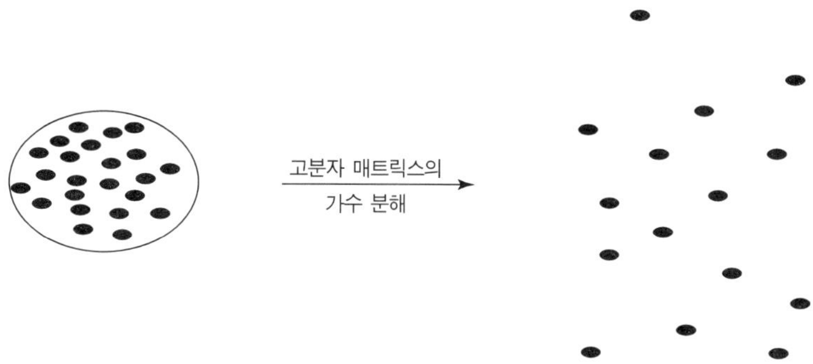

그림 24.6 캡슐화 고분자 물질이 용해(침식)되어 화학 요법용 의약 분자들이 조절 방출된다.

자와 장치 모양의 설계 연구에 많은 기회를 제공하고 있다.

앞에서 언급한 많은 고분자들을 이 같이 응용하는 데 흥미가 있다. 폴리글리콜산, **3**과 같은 폴리아미노산 에스터포스파진, 측쇄에 이미다조릴당(imidazolyl sugar) 또는 글리세린 잔기를 갖는 폴리포스파진과 지방족 폴리안하이드라이드가 모두 검토되고 있다. 방향족(소수성)과 지방족 공중합체 성분을 모두 갖는 폴리안하이드리이드를 사용하여 넓은 범위에 걸쳐 생분해 속도를 조절하는 것이 가능해졌는데, 이것은 지방족 무수물 결합이 가수 분해에 더 영향을 잘 받기 때문이다. 이 같은 분해 기질은 뇌종양 치료에 특별히 사용하는 항종양제의 방출 조건을 위한 일보 진전을 가져왔다. 기질 고분자의 친수, 소수 성분의 방출 속도를 조절하는 이론을 이용해 폴리포스파진 약물 전달 체계에 응용하고 있다. 4-카복시페녹시의 곁사슬을 가진 폴리포스파진은 마이크로캡슐로서 구강으로 전달되어 백신을 천천히 지속적으로 방출하는 것으로 사용되고 있다.

24.12.3 약물이 결합된 수용성 고분자

수용성 생분해성 고분자는 두 가지 응용에 관심의 초점이 되고 있다. 첫째, 약물 분자가 결합된 수용성 고분자는 많은 약물의 거동에 현저한 향상을 가져올 것이다. 둘째, 이러한 고분자들은 중점제 또는 산소 전달 고분자로서 합성 대체 혈액에 사용될 수 있을 것이다.

앞에서 언급한 것처럼 재래식 약물 치료법이 비효율적인 두 가지 주된 이유는 목표물로 또는 목표물로부터 약물이 확산되어 약물이 급속히 희석되는 것과 저분자 약물의 경우는 신장을 통해 배설이 쉽다는 것이다. 그래서 의학적 문제를 해결하기 위해 필요한 양보다 많은 양의 약물이 체내에 투입되어야 한다.

수용성 고분자는 조직을 통해서 서서히 확산되며, 더욱이 일반적으로 반투막은 거대 분자를 통과시키지 못하기 때문에 저분자들처럼 빠르게 배설되지 않는다. 그러므로 고분자 결합 약제는 저분자 약제보다 상당한 장점이 있다.

이 목표를 달성하는 데 다음과 같은 세 가지 가능성이 있다. 첫째는 약물의 활성과 약물의 세포 내 주입이 개선된다. 둘째는 고분자가 생체 내에서 분해되며 동시에 약물이 방출되면, 약제의 화학 활성이 변하지 않을 것이다. 세 번째 가능성은 수용성 고분자 그 자체가 생리 활성이 있는 것이다. 세 번째 부류의 예로는 2장에서 언급한 다이바이닐에터-말레산 무수물 고리 고분자(DIVEMA)로부터 유도된 다가 음이온이다. 이 고분자는 인터페론 제조를 활발하게 해준다. 적정한 수용성을 갖고 독성이 없고 생체 온도에서 적당한 가수 분해를 하는 고분자를 설계하고 합성하는 연구는 앞으로 고분자화학이 직면한 가장 요구되는 과제 중의 하나이다.

24.13 고분자 대체 혈액

혈액은 산소와 이산화탄소, 자양분, 무기물과 백혈구 등의 운반 등 여러 가지 기능을 담당한다. 이러한 기능을 만족시키기 위해서 난류를 막을 수 있는 적당한 점도를 유지해야 한다. 합성 고분자는 대체혈장 심폐기 사용 중에 필요로 하는 혈액량을 감소시키기 위한 부피 확장제로서 검토되고 있다. 더욱이 감염된 혈장을 사용하면 간장염과 다른 병들을 전이시키므로, 이러한 유체를 합성치환제로 사용하기 위해 계속적으로 개발이 되고 있다. 폴리바이닐피롤리돈(**4**)은 2차 세계대전 중에 독일에서 부상자 치료용으로 콜로이드형 대체 혈장으로서 광범위하게 사용되어 왔다. 이 용도로 사용하는 데 있어 단점은 생체 분해성이 나쁘다는 것이다. 사실, 이것은 비장, 임파결절, 간, 골수에 무한히 쌓여서 발암성 역할을 한다. 그러므로 무독하며 생분해성이 있는 수용성 또는 친수성 고분자 개발의 필요성이 절실하다. 몇 가지 수용성 폴리포스파진이 이런 용도로서 가치가 있다.

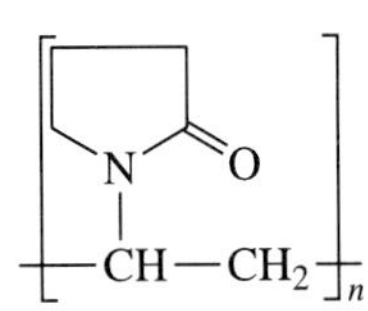

4

더욱 요망되는 수준으로는 특정한 고분자들이 혈액에서 사용할 수 있는 산소 전달 성분으로 사용되어야 하며, 이에 대해 검토되어 왔다. 예를 들면 폴리테트라플루오로에틸렌 입자(지름 0.001 mm 이하)의 에멀션 또는 물 속에서 액상 플루오린화탄소들이 글루코스, 염, 계면 활성제와 함께 쥐의 혈액 대치용으로 사용되었다. 쥐는 5시간에서 수일 동안 생명과 활동성을 유지하였다. 금속 포피린과 같은 산소 운반 곁사슬기를 갖는 생분해성, 수용성 고분자가 합성됨으로써 장기간 활동할 수 있는 가능성이 생겼다. 그러한 고분자 용액이 대체 혈액으로서 사용될 수 있으나, 인체가 새로운 혈액 세포를 만들면서 대체 혈액물이 분해되고 배설되었다. 이 같은 고분자의 모형이 개발 중에 있다.

연|습|문|제

1. 이 장에서 토의한 모든 고분자들 중 다음의 용도로 사용하려고 할 때, 어떤 고분자가 가장 적당하다고 생각되는지를 적고 그 이유를 쓰라. **(a)** 인공 심장 펌프, **(b)** 외상용 테이프, **(c)** 콘택트렌즈, **(d)** 정맥 대체 혈관, **(e)** 고막, **(f)** 대체 눈물, **(g)** 코 연골 대체물
2. 이식 장치용으로 "수술용" 재료를 제조하려고 다음의 고분자들을 사용하고자 할 때 그 정제법을 설명하라. 폴리바이닐클로라이드, 폴리다이메틸실록세인, 플루오로알콕시포스파진 고무, 폴리스타이렌, 폴리에스터. 각 고분자들의 경우 정제 공정이 물성에 미치는 효과는?
3. 신경 섬유 대체물로 적당한 합성 고분자는 무엇이고 그 이유는?
4. 소형 인공 신장을 제조할 때 모든 부품을 합성 고분자로 사용하여 설계해 보라.
5. 화학 요법용 약물에 대한 운반체용으로 알려진 수용성 고분자는 어떤 것이 있는가? 스테로이드, 항생제, 항암제 등의 약물이 고분자에 연결되는 방법을 제안하라.
6. 고체 생붕괴성 기질법을 사용한 방출 조절 장치의 장점과 단점을 기술하라. 위의 수용성 고분자에 공유 결합한 약물 방법보다 이 방법을 사용하면 왜 좋은지, 나쁜지 등에 관한 법적, 윤리적 이유를 쓰라.
7. 박테리아나 곰팡이의 이식에 견디는 재료라는 가정하에 외과용 카테터 제조에 사용되는 새로운 고분자를 고안하라.
8. 인간의 면역 예방 주사나 백신 접종은 일반적으로 살아 있거나 죽은 유기체를 환자에 주사하여 항체 반응을 자극한다. 항체 생성을 자극하기 위해 미생물이 고분자 표면에 고정화된 생체 내 삽입 가능한 기구를 고안해 보라(7장과 8장 참조).
9. 가슴에 이식된 젤에서 저분자량의 폴리실록세인이 신체의 다른 부분으로 전달될 가능성을 알아보는 데 ^{29}Si NMR이 어떻게 사용될 수 있는지에 대하여 설명하라.

참|고|문|헌

ALBERTSSON, A. C., DONARUMA, L. G., and VOGL, O., Functional Polymers. Part XXXVIII. Synthetic Polymers as Drugs, *Ann. N. Y. Acad. Sci.*, **1985**, *446*, 105.

ALLCOCK, H. R., "Polyphosphazenes as New Biomedical and Bioactive Materials," in *Biodegradable Polymers as Drug Delivery Systems* (R. Langer and M. Chasin, Eds.), New York: Dekker, **1989**.

ALLCOCK, H. R., GEBURA, M., KWON, S., and NEENAN, T. X., "Amphiphilic Polyphosphazenes as Membrane Materials," *Biomaterials*, **1988**, *19*, 500.

ALLCOCK, H. R., and KWON, S., "Glyceryl Polyphosphazenes: Synthesis, Properties, and Hydrolysis," *Macromolecules*, **1988**, *21,* 1980.

ALLCOCK, H. R., "Inorganic-Organic Polymers as a Route to Biodegradable Materials," *Macromol. Symp.*, **2000**, *144*, 33.

ANDERSON, J. M., "Selected Examples of Pathologic Processes Associated with Human Polymeric Implants," *Polymer Sci. Technol.*, **1981**, *14*, 11.

ANDERSON, J. M., and KIM, S. W., (Eds.), *Recent Advances in Drug Delivery Systems*. New York: Plenum Press, **1984**.

ATALA, A., and LANZA, R. P. (Eds.), "Methods of Tissue Engineering", San Diego, Academic Press, **2002**.

BANO, M. C., COHEN, S., VISSCHER, K. B., ALLCOCK, H. R., and LANGER, R., "A Novel Synthetic Method for Hybridoma Cell Encapsulation," *Biotechnology*, **1991**, *9*, 468.

BATZ, H. G., "Polymeric Drugs," *Advan. Polym. Sci.*, **1977**, *23*, 25.

Biomaterials, Medical Devices, and Artificial Organs, **1973**, *1*, and subsequent issues.

BRALEY, S. A., "Acceptable Plastic Implants," in *Modern Trends in Biomechanics* (D. C. Simpson, Ed.). London: Butterworth, **1970,** 25–51.

BRALEY, S. A., "The Chemistry and Properties of the Medical-Grade Silicones," *J. Macromol. Sci. Chem.*, **1970**, *A4*, 529.

BRESLOW, D. S., "Biologically Active Synthetic Polymers," *Pure Appl. Chem.*, **1976**, *46*, 103.

BRUCK, S. D., "Polymeric Materials in the Physiological Environment," *Pure Appl. Chem.*, **1976**, *46*, 221.

BRUCK, S. D., *Properties of Biomaterials in the Physiological Environment*. Boca Raton, Fla.: CRC Press, **1980**.

BUTLER, G. B., "Synthesis and Properties of Novel Polyanions of Potential Antitumor Activity," *J. Macromol. Sci. Chem.*, **1979**, *A13*, 351.

CHANG, T. M. S., *Artificial Cells*. Springfield, Ill.: Charles C. Thomas, **1972**.

CHASIN, M., LEWIS, D., and LANGER, R., "Polyanhydrides for Controlled Drug Delivery," *Biopharm. Manuf.*, **1988**, *1*(2), 33–35, 38–40, 46.

CHIELLINI, E., SOLARO, R., "Biodegradable Polymeric Materials," *Adv. Materials*, **1996**, *8*, 305.

COHEN, S., BANO, M. C., CIMA, L. G., ALLCOCK, H. R., VACANTI, J. P., VACANTI, C. A., and LANGER, R., *Clinical Materials*, **1993**, *13*, 3.

COLE, G., HOGAN, J., and AULTON, M., *Pharmaceutical Coating Technology*, 2nd ed., Bristol, PA: Taylor & Francis Inc., **1995**.

COOPER, S. L., PEPPAS, N. A., HOFFMAN, A. S., and RATNER B. D. (Eds.), *Biomaterials: Interfacial Phenomena and Applications, Advan. Chem. Ser.*, **1982**, *199*.

CRAVER, C., and CARRAHER, C. E., Jr. (Eds.), *Applied Polymer Science—21st Century*. Washington: American Chemical Society, **2000**.

DONARUMA, L. G., "Synthetic Biologically Active Polymers," *Progr. Polymer Sci.* (A. D. Jenkins. Ed.), **1974**, *4*, 1.

DONARUMA, L. G., and VOGL, O. (Eds.), *Polymeric Drugs*. New York: Academic Press, **1978**.

FENDLER, J. H., "Membrane Mimetic Chemistry," *Chem. Eng. News*, **Jan. 2 1984**, *25*.

GOEDEMOED, J. H., and DE GROOT, K., "Development of Implantable Antitumor Devices Based on Polyphosphazenes," *Makromol. Chem., Macromol. Symp.*, **1988**, *19*, 341.

HASTINGS, G. W., and DUCHEYNE P. (Eds.), *Macromolecular Biomaterials*. Boca Raton, Fla.: CRC Press, **1984**.

KAMMERMEYER, K., "Biomaterials: Developments and Applications," *ChemTech.*, **1971**, *1*, 719.

LANGER, R., "Controlled Release of Macromolecules," *ChemTech.*, **1982**, *12*, 98.

LANGER, R., and CHASIN M. (Eds.), *Biodegradable Polymers as Drug Delivery Systems*. New York: Dekker, **1989**.

LANGER, R., SIEGEL, R., BROWN, L., LEONG, K., KOST, J., and EDELMAN, E., "Controlled Release: Three Mechanisms," *ChemTech.*, **1986**, *16*, 108.

LARSSON, R., LARM, O., and OLSSON, P., "The Search for Thromboresistance Using Immobilized Heparin," in *Blood in Contact with Natural and Artificial Surfaces, Ann. N. Y. Acad. Sci.*, **1987**, *516*, 102.

LEE, H., and NEVILLE, K., *Handbook of Biomedical Plastics*. Pasadena: Pasadena Technology Press, **1971**.

LINDSEY, A. S., "Polymeric Enzymes and Enzyme Analogs," *J. Macromol. Sci., Rev. Macromol. Chem.*, **1969**, *C3*, 1.

LUBICK, N., "Contact Lenses. The Hard and the Soft," *Sci. Am.*, **2000**, *284*(10), 88.

LYMAN, D. J., "Biomedical Polymers," *Rev. Macromol. Chem.*, **1966**, *1*, 355.

MCGINITY, J. W., *Aqueous Polymeric Coatings for Pharmaceutical Dosage Forms*, 2nd ed. New York: Marcel Dekker, Inc., **1997**.

OKAWARA, M., and MATSUNGA T. (Eds.), *Advanced Materials*. Tokyo: CMC Co., **1987**.

PAUL, D. R., and HARRIS F. W. (Eds.), *Controlled Release Polymeric Formulations, ACS Symp.* Ser., **1976**, *33*.

PRASAD, P. N., MARK, J. E., and TING, F. J. (Eds.), *Polymers and Other Advanced Materials. Emerging Technologies and Business Opportunities*, New York: Plenum, **1995**.

PRASAD, P. N., MARK, J. E., KANDIL, S. H., and KAFAFI, Z. H. (Eds.), *Science and Technology of Polymers and Advanced Materials*, New York: Plenum Press, **1998**.

RATNER, B. D., "Surface Structure of Polymers for Biomedical Applications," *Makromol. Chem., Macromol. Symp.*, **1988**, *19*, 163.

RHODES, C. T., and PORTER, S. C., "Coatings for Controlled-Release Drug Delivery Systems", *Drug Dev. Ind. Pharmacy*, **1998**, *24*, 1139.

RINGSDORF, H., "Structure and Properties of Pharmacologically Active Polymers," *J. Polymer Sci. Polymer Symp.*, **1975**, *51*, 135.

ROUHI, A. M. "Contemporary Biomaterials," *Chem. & Eng. News* (**Jan. 18, 1999**).

RUPP, F., GEIS-GERSTORFER, J., and GECKELER, K. E., "Dental Implant Materials: Surface Modification and Interface Phenomena," *Adv. Materials*, **1996**, *8*, 254.

SEDLACEK, B., OVERBERGER, C. G., and MARK H. F. (Eds.), "Medical Polymers: Chemical Problems," *J. Polymer Sci. Polymer Symp.*, **1979**, *66*.

SHALABY, S. W., and PEARCE, E. M., "The Role of Polymers in Medicine and Surgery," *Chemistry*, **1978**, *51*, 20.

TIRRELL, D. A., DONARUMA, L. G., and TUREK, A. B. (Eds.), *Macromolecules as Drugs and as Carriers for Biologically Active Materials, Ann. N. Y. Acad., Sci.*, **1985**, *446*.

TIRRELL, J. G., FOURNIER, M. J., MASON, T. J., and TIRRELL, D. A., "Biomolecular Materials," *Chem. & Eng. News*, (**December 19, 1994**).

VISSCHER, G. E., ROBINSON, R. L., MAULDING, H. V., FONG, J. W., PEARSON, J. E., and ARGENTIERI, G. T., "Biodegradation of and Tissue Reaction to 50:50 Poly(DL-lactide-co-glycolide) Microcapsules," *J. Biomed. Mater. Res.*, **1985**, *19*, 349.

부록 I

고분자 명명법

서론

고분자 명명법은 아직도 완벽하게 체계화되어 있지 않으며, 몇몇 분야에서는 매우 유동적이다. 서로 다른 명명 체계들이 연구, 기술 분야에서 자주 사용되고 있으며, 때때로 일반적인 고분자의 이름 중에도 혼동을 일으키는 것이 있다. 몇 가지 명명법에서 중요한 부분들을 1장과 4장에서 다루었다. 이 부록에서는 알아야 할 중요한 원칙들을 정리하기로 한다.[1]

구조와 원료에 의한 명명

고분자 명명법에는 두 가지 기본적인 체계가 널리 사용되고 있다. 즉 "구조"와 "원료"(또는 "치환제")에 의한 방법이다. 구조에 의한 명명은 어떤 단량체에서 합성되었는지와 상관없이 고분자의 **실제적인** 구조를 강조한다. 원료에 의한 명명은 원단량체의 이름에 근거하며, 단량체에 단순히 **폴리**(poly)라는 접두어를 붙여서 명명한다. 예를 들면 구조 **1**과 **2**는 같은 고분자를 나타내나, "폴리메틸렌(polymethylene)"이라는 명명은 기본 구조를 표현한 것이다.[2] "폴리에틸렌"은 고분자가 어떻게 만들어졌는지를 보여 준다. 일반적으로 원료에 의한 명명이 더욱 보편적이며, 구조에 의한 명명은 새로운 명명 체계에서 더 선호된다. 예를 들면 "폴리옥시메틸렌(polyoxymethylene)"과 "폴리폼알데하이드(polyformaldehyde)"는 둘다 모두 널리 쓰인다.

---

[1] 자세한 사항은 다음 문헌들을 참고 바람: *Macromolecules*, **1968**, *1*, 193; *Macromolecules*, **1973**, *6*, 149; *J. Polymer Sci., Polymer Lett.*, **1973**, *11*, 389.

[2] 물론 폴리메틸렌이 carbene, CH_2에 의해 합성되거나 I—CH_2—I 분자의 축합 반응에 의해 합성된다면, 폴리메틸렌이라는 명칭이 구조명이나 원료명으로 가능할지도 모른다.

$$\overset{}{-\!\!(CH_2)_n\!\!-} \qquad\qquad -\!\!(CH_2-CH_2)_n\!\!-$$

폴리메틸렌 폴리에틸렌

1 **2**

괄호

중괄호와 대괄호는 혼돈을 막는 데 사용된다. "Polyethyl acrylate"는 애매모호하나 "Poly(ethyl acrylate)"는 그렇지가 않다. "Polyacrylonitrile"은 어떻게 써도 애매모호하지 않다. 일반적으로 중괄호와 대괄호는 단량체 이름이 둘 이상의 단어로 되어 있거나 원명 자체에 번호를 가지고 있을 때 필요하다. 가장 적절한 예를 들면 poly[bi(2,2,2-trifluoroethoxy) phosphazene]인데, 여기서 중괄호와 대괄호를 썼기 때문에 뜻이 매우 명확하게 되었다.

말단기

말단기는 분자량이 큰 고분자에서는 중요하지 않다. 저분자량의 고분자(telomer)에서는 말단기가 다음과 같이 α와 ω라는 기호로 표시될 수 있다. α-chloro-ω-(trichloromethyl) polymethylene, $Cl-\!\!(CH_2)_n\!\!-CCl_3$.

불포화 단량체로 제조된 고분자

부가 반응형 고분자는 언제나 원료에 의해서 명명된다. 예를 들면 poly(vinyl chloride)(polyvinyl chloride가 아니다), poly(methyl methacrylate), polypropylene 등이 있다.

그러나 두 가지 복잡한 면이 있다. 첫째는 단량체가 다이엔일 때 중합이 여러 가지 부가 경로를 가질 것이다(1,2 또는 1,4). poly(1,2-butadiene)은 고분자가 1,2-butadiene에서 부가된 것이 아니기 때문에 원료에 의한 방법으로는 애매모호하게 된다. 정확한 이름은 1,2-polybutadiene이다. 다음과 같은 구조 $-\!\!(CH{=}CHCH_2CH_2)_n\!\!-$는 혼돈을 피하기 위해서 poly(1-butenylene)이라고 한다.

두 번째 문제점은 주사슬에 붙은 곁사슬의 불분명한 표현과 관련이 있다. 고분자의 반복 단위는 **3**과 **4**가 같다. poly(methylstyrene)이라는 이름은 두 가지 모두에 쓸 수 있다. poly(2-methylstyrene) 역시 애매모호한 이름이다. 구조 **3**은 poly(α-methylstyrene)이 가장 적절한 명명이고, 구조 **4**는 poly(*o*-methylstyrene)이라는 것이 적절하다. 전통적인 유기 화합물의 명명법에서는 **5**와 **6**을 각각 1,1-dichloroethylene 또는 vinylidene chloride, 4-chloro-1-butene라고 명명한다. 이러한 표현들은 고분자의 원료에 의한 명명이다.

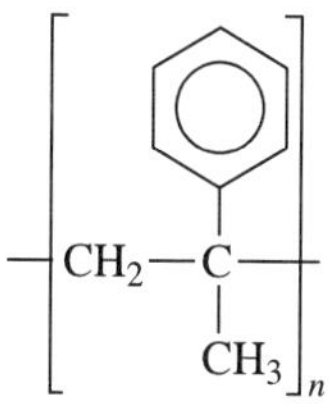

3

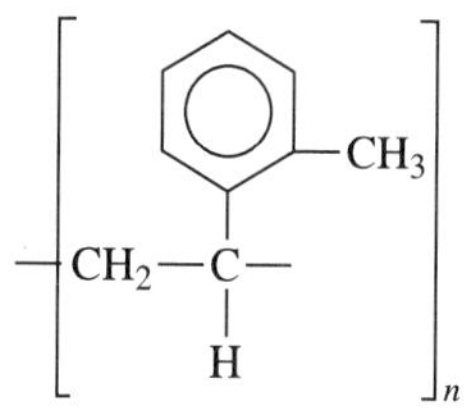

4

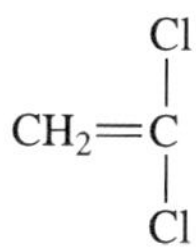

5

$CH_2{=}CH{-}CH_2{-}CH_2{-}Cl$

6

단계 중합으로 합성된 고분자

이러한 고분자에 대한 명명법은 애매하다. 폴리아마이드와 폴리에스터는 구조와 치환체에 의한 명명 방법이다. **7**에 나타낸 고분자는 poly[imino(1-oxohexamethylene)], poly(6-hexanoamide), poly(6-aminocaproic acid), poly(ε-caprolactam)이라고 불리나 실제적으로는 원료에 의한 명명인 polycaprolactam을 주로 쓴다. 폴리에스터 **8**은 언제나 poly(ethylene terephthalate)라고 하며, 이것은 구조에 의한 명명이다. 고분자 **9**에 있어서는 그 명명이 poly(ethylene oxide), poly(oxyethylene), poly(ethylene glycol) 등으로 매우 애매하다. **10**과 같은 구조를 가진 물질은 poly(*p*-phenylene), **11**과 같은 구조를 가진 물질을 poly(phenylene oxide) 또는 poly(oxy-1,4-phenylene)이라고 한다.

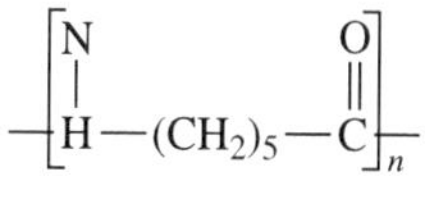

7

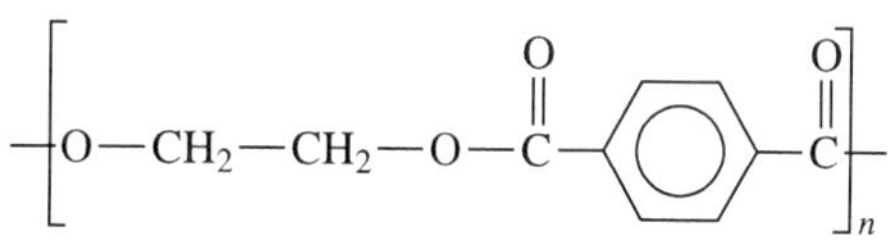

8

$-\!\!(CH_2{-}CH_2{-}O)\!\!-_n$

9

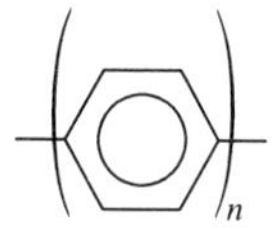

10

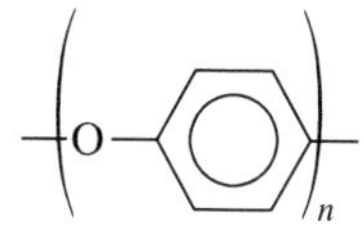

11

무기 고분자

무기 고분자 분야는 아직까지는 선호되지 않는 분야일 뿐만 아니라, 그 명명법도 아직은 "시행착오"를 거듭하는 단계에 있다. 이러한 문제들은 무기 고분자 분야가 광물학, 저분자 무기, 유기화학 등 서로 다른 명명법을 만들어서 쓰는 분야를 전공한 연구자들의 기여를 무시할 수 없기 때문이다. 그러나 통일된 명명법 체계를 세우려는 노력이 계속되고 있으며, 그중 몇 가지 의견을 아래에 나타내었다.[1]

첫째, 몇 가지 공유 결합으로 이루어지거나 구조적 명명이 널리 인정되는 1차원의 무기 고분자들은 유기 고분자 명명법의 방식에 따른다. 예를 들면 polysiloxane[즉 poly(dimethylsiloxane)], polyphosphazene[즉 poly(diphenoxyphosphazene)], polythiazene 또는 polythiazy[poly(sulfur nitride)]와 polysulfur 등이 이러한 방식으로 명명된 것들이다.

둘째는 배위 결합만 하거나, 아니면 공유 결합과 같이 결합되어 있는 무기 고분자들이다. 이러한 종류의 물질들이 이론적으로 가질 수 있는 배위수와 그 구조의 다양성은 우리가 모두 이해하기에는 너무나 복잡하다. 그러므로 명명법의 문제는 아직도 해결해야 될 점이 많다.

1차원 고분자들의 이름들은 접두사 *catena*-를 붙이고, 2차원 고분자는 접두사 *phyllo*-, 3차원 고분자는 접두사 *tecto*-를 붙임으로써 구별한다. 기본적인 명명법은 중심 원자와 그 **중심 원자**에 리간드로 붙어 있는 여러 기들에 의존한다. 다리 역할을 하는 브릿지 작용기는 μ로 표시하며, 브릿지기가 붙는 위치는 그 원자나 각각의 중심을 통해서 맞닿는 원자의 앞에 이탤릭체로 된 심볼로 표시를 한다. 다른 중심 원자에 붙은 원자의 심볼은 콜론으로 분류한다. 두 가지 예를 아래에 나타내었다.

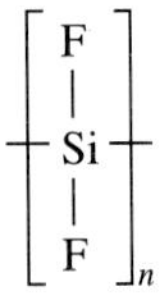

catena-Poly(difluorosilicon)

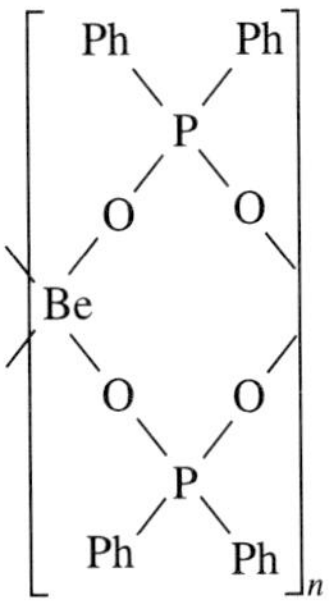

catena-Poly[bis[μ-diphenylphosphinato(1-)*O*:*O*]beryllium(II)]

약어, 머리글자, 상품명

고분자들은 종종 약어로 불린다. 예를 들면 폴리메틸메타크릴레이트[poly(methyl-methacrylate)]는 PMMA, 폴리아크릴로나이트릴(polyacrylonitrile)은 PAN으로, 폴리옥시메틸렌(poly-oxymethylene)은 POM 등으로 알려져 있다. 만약 이런 이름들이 "간단한" 표시법으로 널리 쓰일

[1] B, P. Block and G. Donaruma, Committee on Nomenclature, American Chemical Society Division of Polymer Chemistry.

수 있었다면 매우 유용한 명명법 체계가 될 수 있었겠지만, 불행하게도 모든 고분자에 대해서 선호되는 머리글자들이 일치하지 않았으며, 서로 다른 고분자에 대해서 같은 약어를 쓰는 경우도 있다. 그러므로 언어를 정확하게 구사해야 하는 과학잡지 등에서 머리글자를 쓰는 것은 혼란을 가중하게 되므로, 이러한 약어의 사용은 가까운 동료들 사이에서의 일상적인 대화에서만 사용하기를 권장하는 바이다.

어떤 고분자의 상품명들은 이제 하나의 새로운 명칭이 되었다(예를 들면 nylon이나 rayon). 상품명에 있어서의 문제는 같은 고분자에 대해서 회사마다 다른 이름이 붙는다는 것이다. 이런 이유에서 상품명은 기술문헌에서는 받아들여져도, 일반적으로 기초과학 잡지에서는 쓰이지 않는다.

참|고|문|헌

LENZ, R. W., *Organic Chemistry of Synthetic High Polymers*. New York: Interscience Publishers, **1967**.

ODIAN, G., *Principles of Polymerization*, 3rd ed. New York: Wiley-Interscience, **1991**.

SPERLING, L. H., METANOMSKI, W. V., and CARRAHER, C. E., Jr., "Polymer Nomenclature," in *Applied Polymer Science—21st Century*, (C. Craver and Carraher, J. C. E. (Eds.), Washington: American Chemical Society, **2000**, p. 49.

부록 Ⅱ

여러 가지 고분자의 성질과 용도

고분자화학을 처음 접하는 많은 사람들이 겪게 되는 문제가 많기 때문에 광범위한 합성 고분자들의 구조, 성질, 기술적 사용법 등에 대해서 숙지하고 싶어한다. 이 부록의 데이터들은 독자가 교재의 내용이나 연습문제에서 새로운 고분자의 이름이나 구조를 접했을 때 기준으로 할 수 있는 것들을 정리한 것이다. 이 정리된 부록이 독자들이 특정한 분야에 적절한 성질을 나타낼 수 있는 새로운 고분자 구조를 생각해야 될 때 또는 고분자의 구조와 용도 사이의 관계를 이해하는 데 있어 촉매 역할을 할 수 있기를 바란다.

Name	Repeating Unit	T_g(℃)	T_m(℃)	Properties and Uses
	Polyamides			
Poly(decamethylene carboxamide) or poly(11-aminoundecanoic acid) (nylon 11, Rislan)	$-\mathrm{N(H)}-(\mathrm{CH_2})_{10}-\mathrm{C(=O)}-$	46	198	Manufacture of fishing lines, bristles, gunstocks, and gasoline lines.
Poly(hexamethylene adipamide) (nylon 66, Bri-Nylon)	$-\mathrm{N(H)}-(\mathrm{CH_2})_6-\mathrm{N(H)}-\mathrm{C(=O)}-(\mathrm{CH_2})_4-\mathrm{C(=O)}-$	45	267	Fibers used in textiles, tire cords, rope, thread, belting, and fiber cloth. Polymer also used in molded objects such as high-impact gear wheels and electrical insulators.
Poly(hexamethylene sebacamide) (nylon 610)	$-\mathrm{N(H)}-(\mathrm{CH_2})_6-\mathrm{N(H)}-\mathrm{C(=O)}-(\mathrm{CH_2})_8-\mathrm{C(=O)}-$	50	165,226	Used in sports equipment and bristles for brushes.
Poly(nonamethylene urea) (Urylon)	$-\mathrm{N(H)}-(\mathrm{CH_2})_9-\mathrm{N(H)}-\mathrm{C(=O)}-$		236	Fibers.
Polycaprolactam, poly(pentamethylene carboxamide), or poly(6-aminohexanoic acid) (nylon 6. Perlon, Caprolan)	$-\mathrm{N(H)}-(\mathrm{CH_2})_5-\mathrm{C(=O)}-$		223	Fibers used in textiles and tire cords. Polymer also molded into gears, cams, and shoe heels.
Poly(*m*-phenylene isophthalamide) (Nomex)	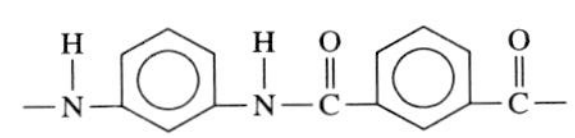		390	Heat-resistant polymer: retains dimensional stability and mechanical properties up to or above 250°C: decomposes above 370°C. Used as fiber in manufacture of heat-resistant textiles for use in space suits, filter fabrics for high-temperature filtration, conveyer belts, parachute cables, and aircraft tire cords. Also used in electrical insulation and aircraft panels.
	Polyesters and Polycarbonates			
Poly(cyclohexane-1,4-dimethylene terephthalate (Kodel)	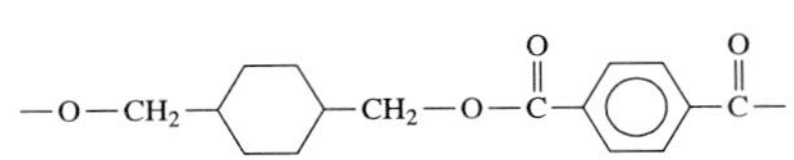	92(*cis*)	318(*cis*), 256(*trans*)	Fabricated into textile fibers. As isophthalate copolymer, used in "blister" packaging material.
Poly(ethylene terephthalate) (Dacron, Terylene, Fortrel, Mylar)	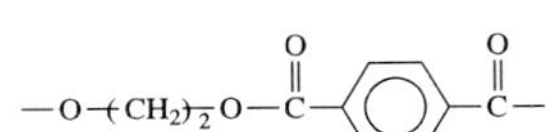	69	270	Strong, tough, thermoplastic with surface lubricity and resistance to wear. As textile fibers, used in tire cords, yacht sails, and electrical insulation. Films used as base for photographic film or magnetic tape. Bulk polymer used to make gear wheels and structural objects.

Polymer	Repeat unit			Properties and uses
	Polyesters and Polycarbonates			
Poly(butylene terephthalate)	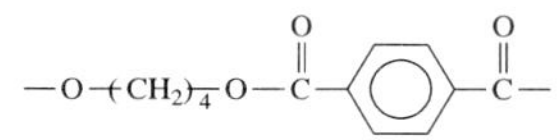			Tough, solvent resistant, thermoplastic with good fatigue resistance, and low moisture absorption. Used in automobile ignition systems.
Poly(4,4′-isopropylidine-diphenyl carbonate) or poly(4,4′-carbonato-2,2-diphenylpropane) (Lexan)	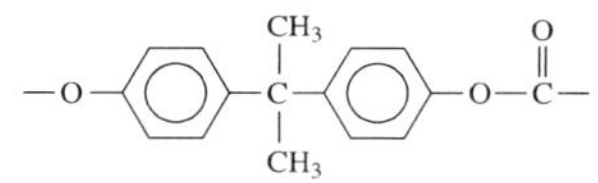	150	267	Tough, transparent polymer with high impact strength and tensile strength near 5500 psi; fire resistant. Used as safety glass, bullet-proof windows, skylights, bathroom fixtures, plumbing, automobile components, lighting fixtures, food containers, and expanded foams. Also used in automobile doors and as expanded foam in automobile roofs.
	Polyethers			
Poly(butylene glycol) (Polyglycol B)	$-O-CH(C_2H_5)-CH_2-O-CH(CH_3)-CH(CH_3)-$			Used as an additive to gasoline, oils, greases, antifoaming agents, and detergents.
Poly(epichlorohydrin) (Polyglycol 166)	$-O-CH_2-CH(CH_2Cl)-$		121 (isotactic)	Used in manufacture of urethanes, coatings, resins, and surfactants, specialty elastomers, fuel-pump diaphragms, oil and fuel hoses, and oil-well equipment.
Poly(epichlorohydrin-ethylene oxide) copolymers (ECO, Hydrin)	$-CH_2-CH(CH_2Cl)-O-CH_2-CH_2-O-$			Used in seals, gaskets, and hoses for automobiles.
Poly(ethylene oxide) (Carbowax)	$-O-CH_2-CH_2-$	67	66.2	Used as a thickening agent; textile sizing agent, polymer intermediate water-soluble films, and pharmaceutical binder.
Polyformaldehyde (Delrin, Celcon)	$-O-CH_2-$	(−30) (−82)	(182.5) (60)	Tough plastic used for fabrication of gears, brushes, pipes, molded articles, pens, and carburetor components.
(Nitroso rubber)	$-O-CF_2-CF_2-N(CF_3)-$			Solvent-resistant, low-temperature elastomer used for the manufacture of nonburning molded objects.
Poly(tetramethylene oxide), poly(tetrahydrofuran)	$-(CH_2)_4-O-$			Used as a plasticizer for cellulose or chlorinated rubber. Used in artificial leather. Soft block in segmented polyurethanes.

(Continued)

Name	Repeating Unit	T_g(°C)	T_m(°C)	Properties and Uses
Poly(2,6-xylenol) or poly(2,6-dimethyl-1,4-phenylene oxide) (Parlene)	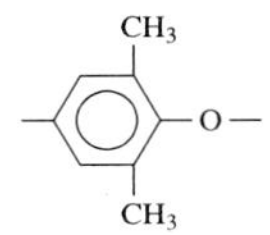		338	Structural plastic used in appliances, business machines, automobile components, water distribution equipment, and high-temperature applications.
Poly(phenylene sulfide)	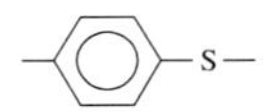	85	288	Solvent-resistant polymer below 200°C, with high thermal stability. Used in protective coatings for valves, pumps, pipes, and tanks, and in the manufacture of injection-molded articles.
	Polyimides			
Poly(pyromellitimide) (Kaptan)	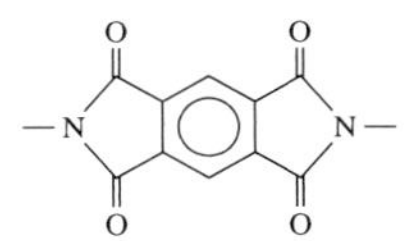			Used in high-temperature applications.
Polyimide	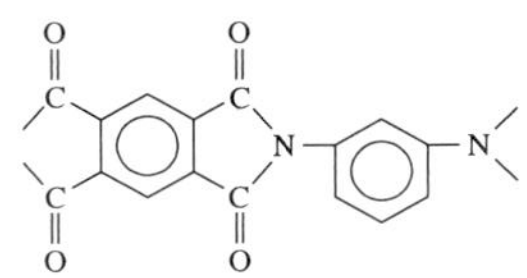			Used in wire enamels, laminates, and high-temperature applications.
	Polymines			
Poly(ethylene imine)	$-CH_2-CH_2-N(H)-$			Wet-strength improver for paper.
	Inorganic			
Poly[bis(aryloxy)phosphazenes]	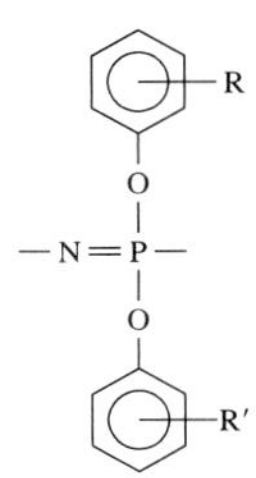			Nonburning elastomers

		Inorganic		
Poly[bis(methylamino) phosphazene]	$-N{=}P(NHCH_3)(NHCH_3)-$	14	—	Water-soluble polymer. Experimental carrier polymer for chemotherapeutic agents.
Poly[bis(trifluoroethoxy) phosphazene]	$-N{=}P(OCH_2CF_3)(OCH_2CF_3)-$	−66	242	Highly water-repellent, ultraviolet stable, nonburning, film- and fiber-forming polymer. Projected uses in biomedical implantation devices.
Poly[bis(fluoroalkoxy)phosphazene] mixed substituent polymers (PNF or Eypel-F rubber)	$-N{=}P(OR_F)(OR_F)-$	~−80	—	Low-temperature, solvent and oil-resistant, nonburning elastomers, used on O-rings, gaskets, seals, fuel lines, pipes, carburetor components and other automotive and aircraft applications. Possible biomedical applications.
Poly(carborane-siloxanes)(Dexsil)	$-m\text{-carborane}-[Si(CH_3)_2-O]_x-$ (Others contain phenylsiloxane units)			Thermal stability up to 300–500°C. Used in heat-stable elastomers, O-rings, etc., and as a stationary phase in chromatography.
Poly(dimethylsiloxane)(silicone rubber)	$-O-Si(CH_3)(CH_3)-$	−123	−29	Oxidation-resistant elastomer, used in seals, hoses, biomedical devices, mold releases, and water-proofing agents.
Carbon fibers				Strengths of up to 100×10^6 lb/in^2 in extension. Used as reinforcing agent in high-strength, heat-resistant composites. Some use in heat-resistant fabrics.
Poly(sulfur nitride), polythiazyl	$-S{=}N-$			Purple-gold fibrous polymer that is an electrical conductor at room temperature and a superconductor at very low temperatures.

(*Continued*)

Name	Repeating Unit	T_g(°C)	T_m(°C)	Properties and Uses
	Phenol- and amine-formaldehyde			
Poly(phenol formaldehyde) resins (Bakelite)	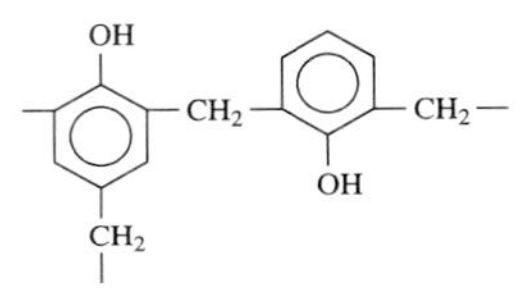 (Three-dimensional network)			Hard thermosetting polymer with high resistance to deformation under load. Used for the manufacture of cast and molded articles such as telephones, electrical insulators, buttons, laminates, and heat-resistant objects. Resist layer for printed circuits.
Poly(melamine-formaldehyde) resins	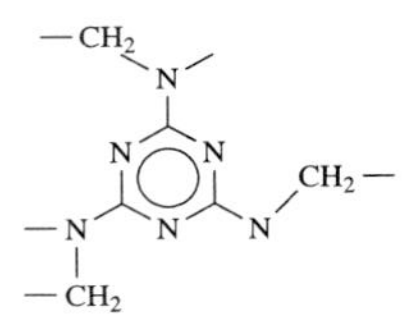			Thermosetting polymer fabricated into moded objects (e.g., dinnerware), laminates, surface coatings, table and countertops: used in textile and paper-treatment agents, adhesives, and wall paneling.
Poly(urea-formaldehyde) resins	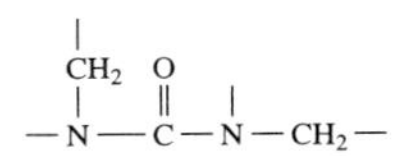 (Three-dimensional network)			Used in the manufacture of molded objects, thermal insulation, adhesives, lighting fixtures, and plywood.
	Polysaccharides			
Cellulose (R = H)	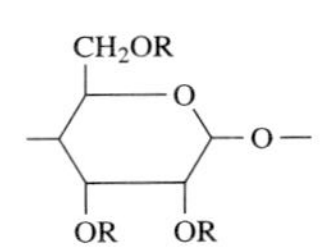		>270	Used in paper, textiles, and wood products; employed as starting material for rayon manufacture; as rayon, used in textile fiber and tire cord; as Cellophane, used as packaging film.
Carboxymethylcellulose	R =H, CH_2COOH			Used as adhesive and emulsifying agent; utilized in pharmaceuticals.
Ethylcellulose	R = H, C_2H_5			Transparent film used for packaging, molded articles, laquers, and as a printing ink stabilizer.
Cellulose acetate	R = H, and $COCH_3$	157	306	Clear, transparent material used as fibers, or as injection-molded, extruded, and sheet plastics.
Cellulose nitrate	R = H, NO_2			Used in lacquers, adhesives, and molded objects.
Ethylcellulose Methylcellulose	R = H, CH_3	43	165	Employed as textile finish; as an adhesive or sizing agent, and as a thicking agent.

	Polysulfones			
Poly(diphenylether sulfone) (polyether sulfone)	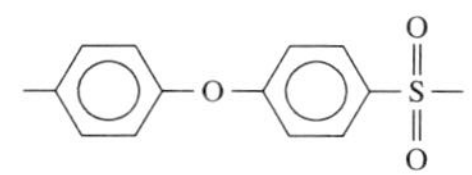	230		Tough polymer with good electrical insulation and self-extinguishing flame behavior. Used for the manufacture of heat-stable, injection-molded articles.
Poly(diphenyl sulfone-diphenylene oxide sulfone) copolymer (Astrel 360) (polyether sulfone)	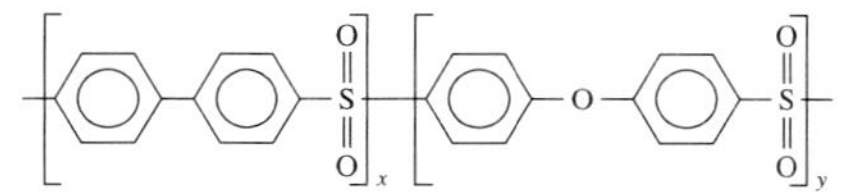	250–285, (depending on copolymer composition)		Tough polymer with good electrical insulation and self-extinguishing flame behavior. Used for the fabrication of heat-stable, injection-molded articles.
(Udel polysulfone)	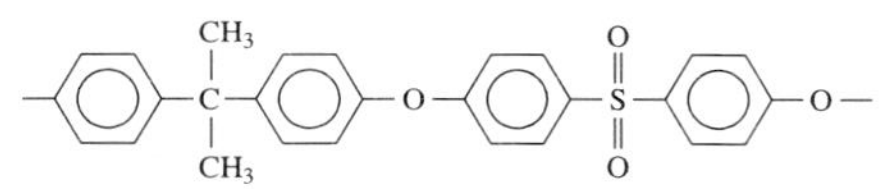	190		Tough impact-resistant polymer with good electrical insulation and fire-resistant properties. Manufactured into injection-molded articles, housings for power tools, computer parts, circuit breakers, meter housings, battery cases, etc.
	Polyurethanes			
Polyurethane	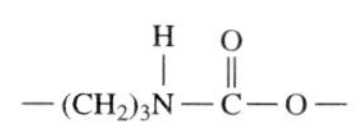		148	Foam rubber, synthetic leather. Used as segmented copolymers with poly(tetramethylene oxide) in Spandex elastomers.
Polyurethane	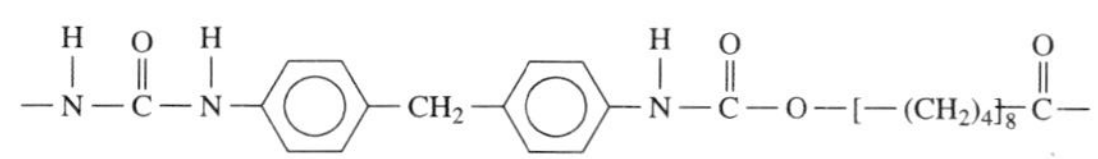			Expanded foam rubber; textile laminates; carpet underlays; thermal insulation.
	Polyvinyl and Polyolefin Compounds			
Polyacrylamide	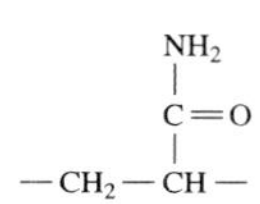	165		Water-soluble polymer used in paper treatment or as a thickening agent.
Poly(acrylic acid)	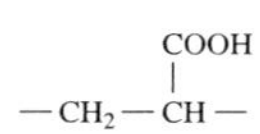	106		Water-soluble polymer used as an adhesive or thickening agent.
Polyacrylonitrile (Orlon, Acrilan, Creslan)	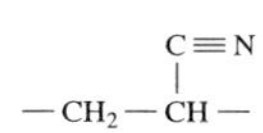	85	317	Often copolymerized with small amounts of acrylamide. A fiber-forming polymer with extensive use in textiles, netting, and as a precursor for the pyrolytic preparation of carbon fibers.

(Continued)

Name	Repeating Unit	T_g(°C)	T_m(°C)	Properties and Uses
Poly(acrylonitrile-butadiene) copolymers (nitrile rubber)	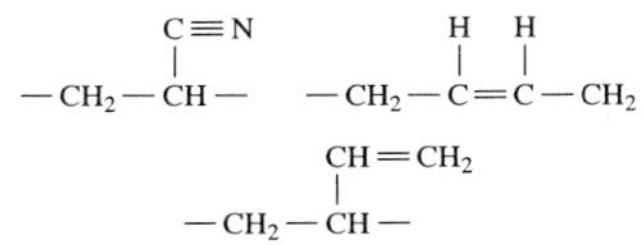			Solvent-resistant elastomer used in gaskets, oil hoses, oil seals, fan belts, oil-well components, adhesives, and in tank linings.
Poly(acrylonitrile-butadiene-styrene) copolymers (ABS polymers)	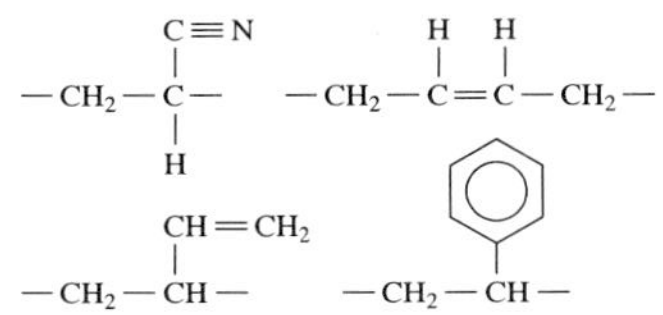			Tough structural plastic or rubber used in the manufacture of telephones, pipes, and a wide variety of molded articles.
Poly(acrylonitrile-vinyl chloride) copolymer (Dynel)	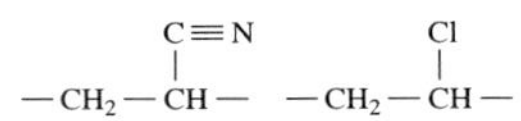			Used as a textile fiber material.
Polybutadiene (butadiene rubber)	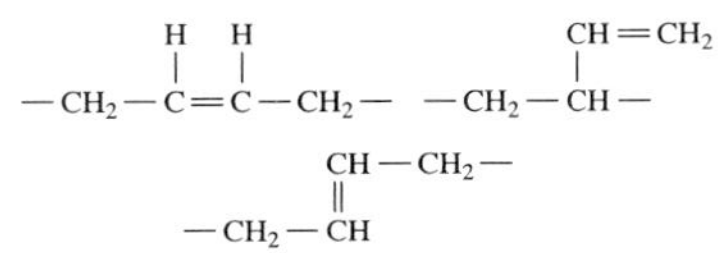 etc.	−58(1,3); −65(1,2-isotactic); −102(1,4-*cis*); −10, 48 (1,4-*trans*); −85(20% 1.2)	125(1,2-isotactic); 154(1,2-syndiotactic); 6.3(1,4-*cis*); 148, 109(1,4-*trans*)	Rubber polymer used as an alternative to natural rubber or SBR in the manufacture of footwear, belting, hoses, pneumatic tires, and toys.
Butadiene-acrylonitrile copolymers		−56(80–20 copolymer); −41(70–30 copolymer)		Used as an adhesives.
Poly(1-butene)	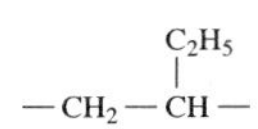	−45, 24(isotactic)	142, 126, 106, 65 (isotactic)	Rubbery polymer used in heavy-duty plastic sheet, as a base for pressure-sensitive tapes, and in pipes and tubes.
Poly(butyl-α-cyanoacrylate)	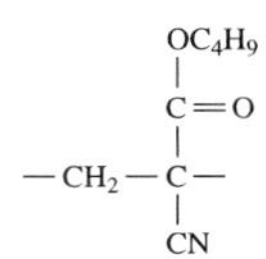	85		Used as an adhesive.
Polychloroprene (neoprene)	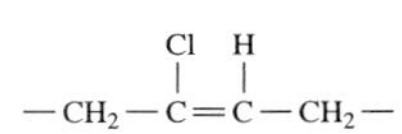	−45(85% *trans*-1,4); −20(*cis*-1,4)	43 70(*cis*-1,4)	Solvent-resistant elastomer used in adhesives and cable jackets, seals, and golf-ball covers.
Poly(chlorotrifluoroethylene-vinylidene fluoride) copolymers (Kel-F)	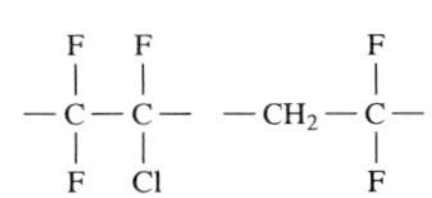			Solvent-resistant, high-temperature elastomer used in rocket motors, molded articles, O-rings, and pipe lining.

Polyvinyl and Polyolefin Compounds

Poly(ethyl acrylate)	$-CH_2-CH(C(=O)OC_2H_5)-$	−22		Used in varnishes and printing inks.
Poly(ethyl vinyl ether)	$-CH_2-CH(OC_2H_5)-$	−42		Elastomeric polymer used in adhesives and as a nonmigratory plasticizer.
Polyethylene or polymethylene	$-CH_2-CH_2-$	−125, −20	~140, 95	Tough plasic with extensive uses in monofilament fibers, films, extrusion-molded objects, electrical insulation, bottles, and toys.
Poly(ethylene-vinyl acetate) copolymers	$-CH_2-CH_2-$ $-CH_2-CH(O-C(=O)CH_3)-$			Used in medical tubing and syringes, toys, and cable insulation.
Poly(ethylene-propylene) copolymers (Noedel) (EPR)	$-CH_2-CH_2-$ $-CH_2-CH(CH_3)-$	−60 (50–50 copolymer)		Used in high-pressure steam hoses, automobile parts, appliances, and seals.
Fluorinated ethylene-propylene copolymers (Teflon FEP)				Used for electrical cable insulation.
Polyisobutylene (butyl rubber)	$-CH_2-C(CH_3)_2-$ (often copolymerized with small amounts of isoprene)	−70	1.5	Rubbery, elastomer used in adhesives, tire inner tubes, caulking compounds, dairy hoses, raincoats, and seals.
Poly(*cis*-1,4-isoprene) (natural rubber)	$-CH_2-C(CH_3)=C(H)-CH_2-$	−70	36	Extensive uses in automobile tires and in a wide range of other industrial products.
Poly(*trans*-1,4-isoprene) (gutta percha)	$-CH_2-C(CH_3)=C(H)-CH_2-$	−68	74	Used in toys, balloons, golf-ball covers, and automobile equipment.
Poly(methacrylic acid)	$-CH_2-C(CH_3)(C(=O)OH)-$			Adhesive and thickening agent.

(*Continued*)

Name	Repeating Unit	T_g(°C)	T_m(°C)	Properties and Uses
Poly(methyl acrylate)	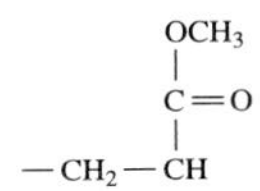	5–9 (atactic)		Used in surface coatings.
Poly(methyl-2-cyanoacrylate)	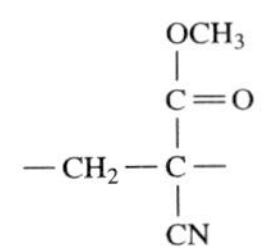			Adhesive, especially for metals.
Poly(methyl methacrylate) (Plexiglas, Lucite, Perspex, PMMA)	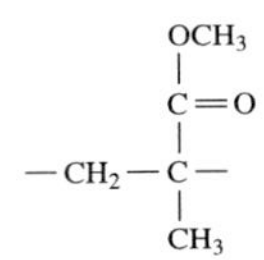	105 (114); (60) (−7); 48 (isotactic); 128 (syndio)	160 (isotactic); 200 (syndio)	Clear, transparent, glassy polymer used extensively in castings, lenses, roof "bubbles," windows, dentures, fiber optics, and illuminated signs.
Poly(styrene butadiene) copolymers (SBR and GRS elastomers)	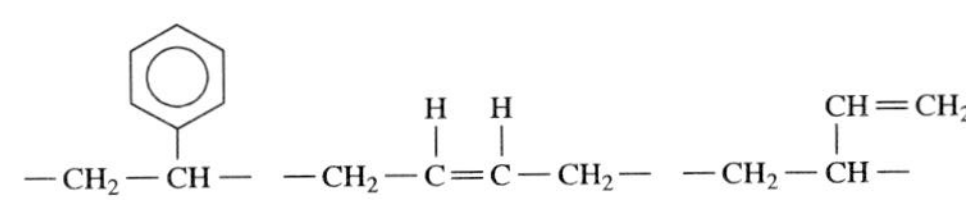	−56, (23–77 copolymers); −41 (30–70 copolymers)		Elastomeric polymers used as a replacement for natural rubber: for example in footwear, latex paints, and tire treads.
Poly(styrene-α-methylstyrene) copolymer	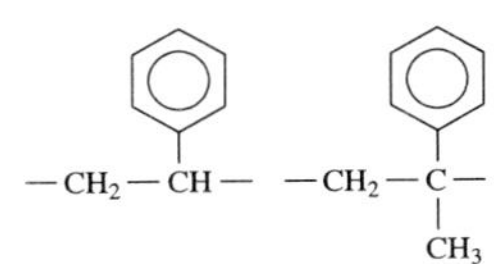			Used in electrical appliances and refrigerator linings.
Poly(tetrafluoroethylene) (Teflon)	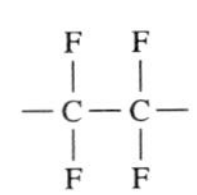	130; −113	327; 30	Highly water repellent polymer with a surface lubricity. Extensively utilized in bearings and other sliding surfaces, nonsticking cooking utensils, seals, machined parts, and protective liners.
Poly(tetrafluoroethylene-hexafluoropropylene) copolymers (Teflon FEP)	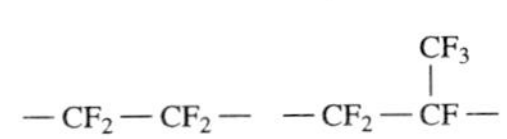			Used in capacitors, printed circuits, mold liners, textile finishes, wire insulation, tubing, and in fluid power transmission.
Poly(vinyl acetate)	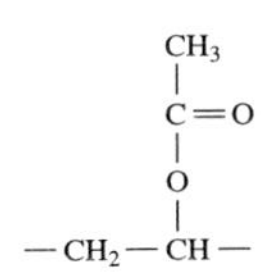	30		Used in emulsion paints and as a precursor for poly(vinyl alcohol) manufacture: a component of chewing gum, drinking straws, and adhesives.

		Polyvinyl and Polyolefin Compounds		
Poly(vinyl alcohol) (Vinylon)	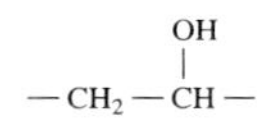	99	258	Water-soluble or hydrophilic polymer used in fibers, aqueous adhesives, sizing agents for textile fibers, as a binder for the fluorescent layer in TV tubes, as a thickening agent, as wet-strength adhesives, and films.
Poly(vinyl butyral)*	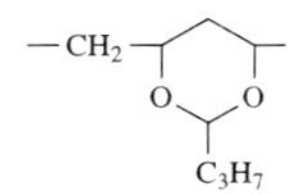			Adhesive used in laminated safety glass.
Poly(*N*-vinylcarbazole) (Luvican, Polectron)	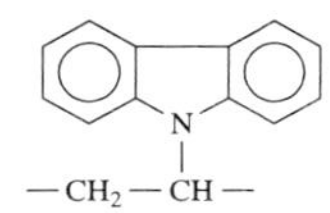	200		Used for high-temperature electrical insulation, injection-molded products, and as an asbestos substitute.
Poly(vinyl chloride) (PVC)	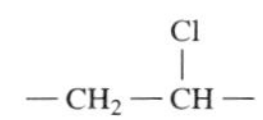	+78–81 (atactic)	285 (extrapolated)	Hard, inflexible polymer in the unplasticized state. When plasticized (usually with phthalate esters), used in Tygon tubing and films, automobile seat covering, electrical insulation, floor tiles, molded and extruded objects, coated fabrics, and plumbing pipes.
Poly(vinyl chloride vinyl acetate) (Vinylite)	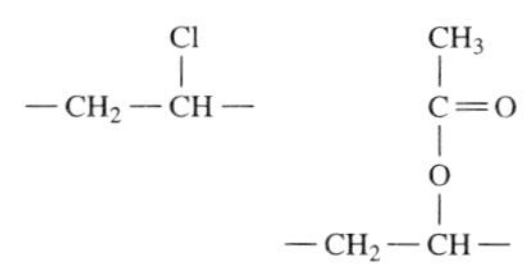			Used for the manufacture of phonograph records, and in coatings for cans and other metal containers.
Poly(vinyl cinnamate)	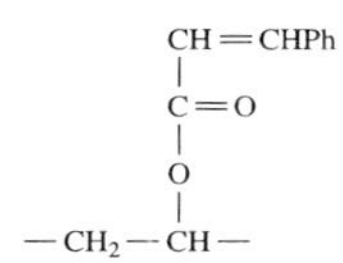			Photocrosslinking polymer for use in the preparation of photoresist printing plates and printed circuit boards.
Poly(vinyl fluoride)	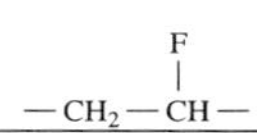		200	Used in films, window glazing, and in coatings for aluminum and wood.

*Prepared from poly(vinyl alcohol) and butyraldehyde.

(Continued)

Name	Repeating Unit	T_g(°C)	T_m(°C)	Properties and Uses
Poly(vinyl pyrrolidone) (Kollidon, Periston)	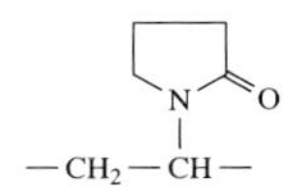			Used formerly as a blood plasma extender. Used as a protective colloid, thickening agent, emulsion stabilizer in cosmetics, surfactant in dyeing, clearing agent in beer and other beverages, and in hair sprays.
Poly(vinylidine chloride)	$-CH_2-CCl_2-$	18	210	Polymer with low-gas permeability. A component of Saran copolymer films [with poly(vinyl chloride)]: used in blow-molded bottles, pipes, and tape.
Poly(vinylidine fluoride)	$-CH_2-CF_2-$	−39(13)	171	Piezoelectric polymer used in microphone diaphragms, molded and extruded objects.
Poly(vinylidine fluoride-hexafluoropropylene) copolymer (Viton)	$-CH_2-CF_2-\quad -CF_2-CF(CF_3)-$	−55		Solvent-resistant elastomer used for the manufacture of O-rings, seals, hose, tubing, and fuel-resistant diaphragms.
Poly(methyl vinyl ether)	$-CH_2-CH(OCH_3)-$	−13(−31) (atactic); −21 (isotactic)	150 (isotactic)	Water-soluble polymer used in adhesives and nonmigratory plasticizers.
Polypropylene (Herculon)	$-CH_2-CH(CH_3)-$	26, −35 (isotactic)	183, 130; 150 (isotactic)	Tough plastic widely used as fibers for ropes, seat covers and carpets; as films for packaging, and in injection-molded articles, especially for automotive applications.
Polystyrene	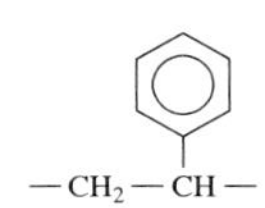	100 (atactic and isotactic)	240 (isotactic)	Clear, transparent, glasslike polymer used widely for the fabrication of molded objects and foamed insulation. Also used as a substrate (when crosslinked) for polymer-bound transition metal catalysts or as a gel permeation chromatography substrate.
		Polyalkyne		
Polyacetylene	$=CH-CH=$			Silver- or gold-colored, metallic-type polymer that conducts electricity.

참|고|문|헌

BRANDRUP, J., IMMERGUT, E. H., and GRULKE, E. A. (Eds.), *Polymer Handbook*, 4th ed. New York: Wiley, **1999**.

ELIAS, H.-G., *New Commercial Polymers, 1969–1975*. New York: Gordon and Breach Science Publishers, **1977**.

ELIAS, H.-G., *New Commercial Polymers 2*. New York: Gordon and Breach Science Publishers, **1986**.

MARK, J. E. (Ed.), *Physical Properties of Polymers Handbook*, New York: Springer-Verlag, **1996**.

MARK, J. E. (Ed.), *Polymer Data Handbook*, New York: Oxford University Press, **1999**.

RODRIGUEZ, F., *Principles of Polymer Engineering*, 2nd ed. New York: McGraw-Hill, **1982**.

ULRICH, H., *Introduction to Industrial Polymer*. Munich: Hanser Publishers, **1982**.

찾아보기

[영문]

[한 글]

ㄱ

ㄴ

ㅎ

| 역자 소개 |

이영무 한양대학교 에너지공학과 교수
ymlee@hanyang.ac.kr

서동학 한양대학교 화공생명공학부 화학공학전공 교수
dhsuh@hanyang.ac.kr

권순기 경상대학교 나노 · 신소재공학부 고분자공학전공 교수
skwon@nongae.gsnu.ac.kr

고분자화학 제3판

|저 자 Harry R. Allcock, Frederick W. Lampe, James E. Mark
|역 자 이 영 무 · 서 동 학 · 권 순 기
|발 행 인 주 정 희
|발 행 처 자유아카데미
|주 소 경기도 파주시 회동길 37-42
파주출판도시
|전 화 031-955-1321
|팩 스 031-955-1322
|전자우편 main@freeaca.com(대표)
editor@freeaca.com(편집)
crm@freeaca.com(영업)
|홈페이지 www.freeaca.com
|등 록 제406-2003-017호, 1980. 7. 12
|제 3 판 2016년 2월 25일 발행
|정 가 39,000원

역자와의
협의하에
인지생략

Prentice Hall
is an imprint of
PEARSON www.pearsonhighered.com

Printed in Korea
ISBN 979-11-5808-062-4 93430